"101 计划"核心教材
计算机领域

计算机科学导论

—— 计算 +、互联网 + 与人工智能 +

战德臣　张丽杰　主编

中国教育出版传媒集团
高等教育出版社 · 北京

内容提要

本书是教育部计算机领域本科教育教学改革试点工作（“101计划”）核心课程“计算概论（计算机科学导论）”之配套教材，由哈尔滨工业大学牵头，北京大学、上海交通大学等12所高校的优秀教师组成的课程建设组共同编写。“计算概论（计算机科学导论）”是计算机类专业的一门纲领性课程，是面向大学一年级学生开设的第一门专业核心课程，旨在培养学生的科学与工程思维——计算思维，涉及“计算+”思维、“互联网+”思维、“大数据”思维和“人工智能+”思维，为学生今后深入学习设计、构造和应用各种计算系统求解学科问题奠定思维基础。本书主要分为七个模块共18章内容：模块1——计算与计算思维，含第1~2章；模块2——计算机与计算的本质，含第3~5章；模块3——计算机系统，含第6~8章；模块4——程序与算法思维，含第9~11章；模块5——网络化思维、数据化思维与智能化思维，含第12~14章；模块6——软件思维与安全思维，含第15~16章；模块7——学科与专业，含第17~18章。本书总体思路与各章逻辑关系清晰，层次分明，叙述深入浅出，重点突出，图文并茂。教学内容精心选择，既有高站位的宏观思维讲解，又有细节化的微观思维示例，既有广度性的思维介绍，又有深度性的思维讲解，引导学生对计算思维从一个较浅的理解层次逐步过渡到较深入的理解层次。本书为读者提供了丰富多样的视频资源，包含计算思维系列讲座视频67个、计算机科学发展史讲座14讲、高层次学者系列讲座视频30个。

本书可作为高等学校计算机类专业第一门计算机课程的教材，也可作为各个专业第一门计算机课程的教材。对于各类计算机教育工作者、从事计算机各领域工作的人员，本书也是一本极具价值的参考书。

计算机科学导论

—— 计算 +、互联网 + 与人工智能 +

1. 计算机访问https://abooks.hep.com.cn/1266242，或手机扫描二维码，访问新形态教材网小程序。
2. 注册并登录，进入“个人中心”，点击“绑定防伪码”。
3. 输入教材封底的防伪码(20位密码，刮开涂层可见)，或通过新形态教材网小程序扫描封底防伪码，完成课程绑定。
4. 点击“我的学习”找到相应课程即可“开始学习”。

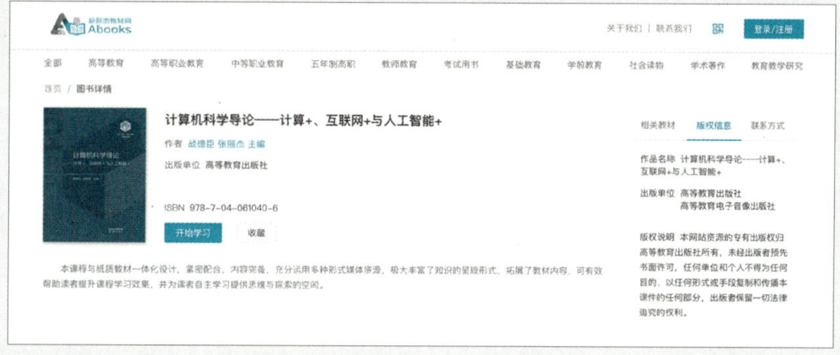

绑定成功后，课程使用有效期为一年。受硬件限制，部分内容无法在手机端显示，请按提示通过计算机访问学习。

如有使用问题，请发邮件至 abook@hep.com.cn。

扫描二维码
访问新形态教材网
小程序

https://abooks.hep.com.cn/1266242

出版说明

为深入实施新时代人才强国战略，加快建设世界重要人才中心和创新高地，教育部在2021年底正式启动实施计算机领域本科教育教学改革试点工作（简称“101计划”）。“101计划”以计算机类专业教育教学改革为突破口与试验区，从教育教学的基本规律和基础要素着手，充分借鉴国际先进资源和经验，首批改革试点工作以33所计算机类基础学科拔尖学生培养基地建设高校为主，探索建立核心课程体系和核心教材体系，提高课堂教学质量和水平，引领高校人才培养质量的整体提升。

核心教材体系建设是“101计划”的重要组成部分。“101计划”系列教材基于核心课程体系的建设成果，以计算概论（计算机科学导论）、数据结构、算法设计与分析、离散数学、计算机系统导论、操作系统、计算机组成与系统结构、编译原理、计算机网络、数据库系统、软件工程、人工智能引论等12门核心课程的知识体系为基础，充分调研国际先进课程和教材建设经验，汇聚国内具有丰富教学经验与学术水平的教师，成立本土化“核心课程建设及教材写作团队”，由12门核心课程负责人牵头，组织教材调研、确定教材编写方向以及把关教材内容。工作组成员高校教师协同分工，一体化建设教材内容、课程教学资源和实践教学内容，打造一批具有“中国特色、世界一流、101风格”的精品教材。

在教材内容上，“101计划”系列教材确立了如下的建设思路和特色：坚持思政元素的多元性，积极贯彻《习近平新时代中国特色社会主义思想进课程教材指南》，落实立德树人根本任务；坚持知识体系的系统性，构建核心课程的知识图谱，系统规划教学内容；坚持融合出版的创新性，规划“新形态教材+网络资源+实践平台+案例库”等多种出版形态；坚持能力提升的导向性，借助“虚拟教研室”组织形式、“导教班”培训方式等多渠道开展师资培训，提升课堂教学水平，提高学生综合能力；坚持产学协同的实践性，遴选一批领军企业参与，为教材的实践环节及平台建设提供技术支持。总体而言，“101 计划”系列教材将探索适应专业知识快速更新的融合教材，在体现爱国精神、科学精神和创新精神的同时，推进教学理念、教学内容和教学手段方面的有效提升，为构建高质量教材体系提供建设经验。

本系列教材在教育部高等教育司的精心指导下，由高等教育出版社牵头，联合机械工业出版社、清华大学出版社、北京大学出版社等共同完成系列教材出版任务。“101 计划”工作组从项目启动实施至今，联合参与高校、教材编写组、参与出版社，经过多次协调研讨，确定了教材出版规划和出版方案。同时，为保障教材质量，工作组邀请 23 所高校的 33 位院士和资深专家完成了规划教材的编写方案评审工作，并由 21 位院士、专家组成了教材主审专家组，对每本教材的撰写质量进行把关。

感谢“101 计划”工作组 33 所成员高校的大力支持，感谢教育部高等教育司的悉心指导，感谢北京大学郝平书记、龚旗煌校长和学校教师教学发展中心、教务部等相关部门对“101 计划”从酝酿、启动到建设全过程给予的悉心指导和大力支持。感谢各参与出版社在教材申报、立项、评审、撰写、试用等出版环节的大力投入与支持，也特别感谢 12 位课程建设负责人和各位教材编写教师的辛勤付出。

“101 计划”是一个起点，其目标是探索适合中国本科教育教学的新理念、新体系和新方法。“101 计划”系列教材将作为计算机类专业 12 门核心课程建设的一个里程碑，与“101 计划”建设中的课程体系、知识点教案、课堂提升、师资培训等环节相辅相成，有力推动我国计算机领域本科教育教学改革，全面促进课堂教学效果的进一步提升。

“101 计划”工作组

序

“计算概论(计算机科学导论)”是教育部计算机领域本科教育教学改革试点工作(“101 计划”)确定的计算机类专业 12 门核心课程之一。“101 计划”的一个重要目标是建设具有中国特色、世界水平的计算机领域核心课程,形成一批具有先进性与包容性的一流核心教材,支持面向不同高校需求的课程定制。为此,经遴选确定了哈尔滨工业大学为牵头单位,北京大学、上海交通大学等国内 12 所高校的优秀教师组成了“计算概论(计算机科学导论)”核心课程建设组,完成了《计算机科学导论——计算+、互联网+与人工智能+》教材的编写。

该教材从计算与计算机的本质开篇,到机器程序执行机制与计算资源管控调度的系统思维,再到高级语言程序与算法思维。在此基础上,由计算机网络到网络化社会,进而引出大数据、人工智能,以及软件定义一切与网络空间安全等计算与社会的融合思维,系统深入介绍计算机科学与技术学科和专业。

该教材突破了传统教材中以计算机基础知识普及与典型软硬件应用为目标的教学体系,突出了计算思维能力培养。而计算思维不局限于问题求解、算法与程序设计思维,还包含了计算+、互联网+、大数据和人工智能+等融合思维。教材内容脉络清晰,章节划分合理,由内及外,由计算的底层逻辑再到计算与社会的融合,环环相扣,层层递进,为读者呈现了一幅生动的充满时代感计算思维的画卷。

在大学一年级开展计算思维教学是一个挑战。该教材着力解决怎样讲好计算思维这一根本问题。如何做到既有高站位的宏观思维讲解,又要避免思维教学的概念化,还要兼顾计算思维体系的系统性,是计算思维类教材需要解决的难题。该教材通过一个个具体的案例,引出一个个有趣的问题,进而引导学习者探索一个个问题解决方案,体验计算思维的内涵和运用,形成了“联想体验式”“阶梯递进式”等创新性的计算思维教学方法,既有深度,又有广度,特色鲜明。

该教材在内容编排方面同样富有特色。一方面,不仅章节标题进行了高度凝练,而且每章前给出了简明的思维导图,核心段落也进行了要点概括,这些核心段落的要点串联起来,能让读者很好地理解课程内容的脉络,有助于读者在学习细节知识的过程中不忘把握知识脉络与本质。另一方面,该教材制作了大量插图,以插图形式示例化呈现教学内容,使读者更容易理解和接受抽象的计算思维。结合插图的正文文字叙述平实,贴近学生思考习惯,给学生以亲切之感。在陈述问题时,重视对于问题来源和意义的说明,和学生共同发现知识和理解知识,而非生硬地引入定义和定理,使得教材叙述生动。在选择具体的例题和习题方面,作者同样花费了大量心血,本书一大特点是贴近时代重大应用和重要前沿问题,通过教材的组织和提炼,去繁就简,抽取其中与教学内容相关的部分,这样学生学起来既不感到陌生,也会进一步产生好奇心。

该教材的另一个特色是组织优秀教师(含国家级教学名师、岳麓学者特聘教授、高校教师教学创新大赛一等奖获奖者、国家级一流课程负责人等)为本教材制作了系列化的教学视频 100 余个,并精选了 14 个计算思维程序实践项目,以分级递进形式设置 200 余个编程任务,建立在线实验环境,形成了计算思维系列讲座、计算机科学发展史系列讲座、课程教学内容示范讲座(部分章节由多位教师讲授),以及配套的在线实验,并以二维码的形式置入教材相应部分供读者学习和在线编程体验。这些教学视频和在线实验不仅为读者提供了多样化的学习资源,而且延伸了教材内容,即有些在教材中没有讲透或讲授不到位的知识,以视频的形式、图文并茂的方式为读者进行系统讲授;同时帮助学习者在进阶式编程实践中理解计算思维,从而建立计算系统或工具的系统思维。这些教学视频和在线实验也为不同层次的高校依据本教材进行课程定制提供了参照。

从参与该书的作者群体和教材编写过程来看,该教材充分发挥了课程建设组成员的群体智慧。首先课程建设组组织研讨,明确了课程定位与总体思路,以及课程的核心知识体系。在总体思路的指导下,12 所高校的优秀教师分工合作,每个高校负责 1~2 章内容,编写了课程教学手册(一种面向教师的教学指导性文件)和教学课件,并基于教学手册进行了数十轮次的教学内容与教学方法研讨,以及课程教学观摩,保证各章节很好地贯彻课程总体思路及各章逻辑关系,最终完成了教材,这是形成精品教材的重要方法。

该教材教学内容系统新颖、有创新,内容组织与教学方法有突破,体例编排有特色,教学资源丰富多样,达到了“101 计划”核心课程“中国特色、世界水平”的要求,是一本难得的优质教材,对于我国大学第一门计算机类课程——“计算概论(计算机科学导论)”的教学内容和教学水平的整体提升将产生重要影响,值得推广和普及。

中国科学院院士
“101 计划”专家委员会成员

前　言

教育部计算机领域本科教育教学改革试点工作（“101 计划”）的目标是集中国内优势力量，建设好 12 门核心优秀课程，形成完整的计算机核心课程体系，包括课程知识点建设、在线资源建设、系列教材建设和实践平台建设等；同时，通过现场听课和研讨，促进课堂教学效果提升，培养一批优秀的核心课程授课教师。本教材是 12 门核心课程之一——“计算概论（计算机科学导论）”课程的配套教材。

计算概论又可称为计算机导论、计算机科学导论、计算思维导论等，是计算机类专业的一门纲领性课程，是面向大学一年级学生开设的第一门专业核心课程，旨在培养学生的科学与工程思维——计算思维（计算思维不仅是程序思维和算法思维，还包含“计算+”思维、“互联网+”思维、“大数据”思维和“人工智能+”思维），促进学生从思维层面深入理解计算与计算机的本质，理解计算系统的构成与特征，理解问题求解与算法思维，理解大数据、互联网、人工智能等思维及其对社会发展的影响和促进作用，理解计算学科的研究对象、研究方法及核心课程体系，为学生今后深入学习设计、构造和应用各种计算系统求解学科问题奠定思维基础。

在“101 计划”框架下，组建了以哈尔滨工业大学为牵头单位，北京大学、北京理工大学、上海交通大学、西安交通大学、北京邮电大学、中国科学院大学、中国科学技术大学、武汉大学、西北工业大学、东南大学、湖南大学等为参与单位的 12 所高校的优秀教师组成的“计算概论（计算机科学导论）”课程建设组。经过数十轮的研讨和交流，明确了课程定位，确定了课程的总体思路与核心知识体系，集课程建设组群体智慧共同完成本教材的编写工作。

课程总体思路如图 1 所示。从“计算”开始，首先理解计算机的本质——符号化、计算化、自动化思维，编码与存储思维，程序与递归思维；然后理解“机器自动计算”的系统思维，理解程序如何被机器自动执行，理解通用计算系统由硬件到软件、由单机系统到并行分布系统再到云计算系统的演化；随后进一步讲解社会/自然问题利用计算手段进行求解的基本思维模式——算法思维，强调算法思维的本质是枚举-计算-验证-优化，求精确解算法的优化思路是减少无效计算量，而难解性问题求解算法的优化思路是求近似解以降低枚举空间，层层递进，为学生建立“计算+”思维。在此基础上，使学生理解计算与社会的融合思维，理解机器网络、信息网络和网络化社会的形成机理、计算模式与社会影响（“互联网+”思维），理解数据管理与数据处理的基本手段、计算模式与社会影响（“大数据”思维），理解机器学习、深度学习等人工智能的计算模式与社会影响（“人工智能+”思维），理解软件思维与安全思维，理解计算机类学科的研究对象与研究方法及核心课程体系。课程强调培养学生的系统观、大思维观，它既不是计算机基础知识与相关术语的简单堆砌，也不是各门核心课程绪论的简单堆砌，更不是简单的计算机语言程序设计，而是强调将学生领进计算之门的“导”。课程不仅聚焦问题求解思维（程序思维与算法思维），还包含“互联网+”思维、“大数据”思维和“人工智能+”思维等，强调计算思维对学生未来创新思维的促进作用，强调提升学生基于计算系统理解真实世界系统的能力。

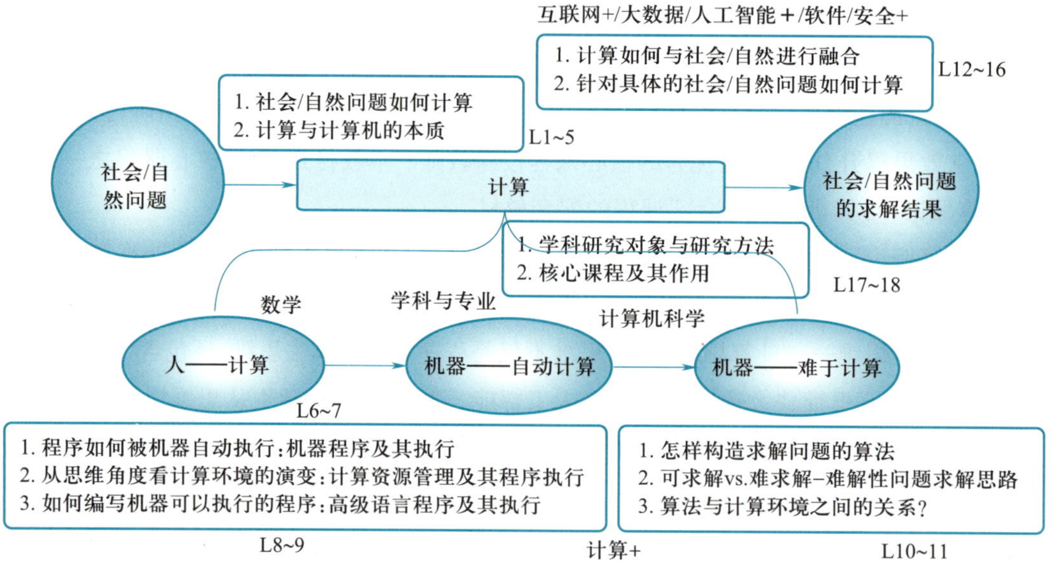

图 1　“计算概论（计算机科学导论）”课程的总体思路

围绕课程总体思路，教材将核心知识分为七个模块共 18 章内容：模块 1——计算与计算思维，分为 2 章即 L1 和 L2；模块 2——计算机与计算的本质，分为 3 章即 L3、L4 和 L5；模块 3——计算机系统，分为 3 章即 L6、L7 和 L8；模块 4——程序与算法思维，分为 3 章即 L9、L10 和 L11；模块 5——网络化思维、数据化思维与智能化思维，分为 3 章即 L12、L13 和 L14；模块 6——软件思维与安全思维，分为 2 章即 L15 和 L16；模块 7——学科与专业，分为 2 章即 L17 和 L18。各章的逻辑关系如图 2 所示。

本书特点如下。(1) 贯彻了图 1 的课程总体思路和图 2 的各章之逻辑关系，叙述深入浅出，图文并茂；教学内容精心选择，既有高站位的宏观思维讲解，又有细节化的微观思维示例，既有宽度性的思维介绍，又有深度性的思维探究，引导学生对计算思维从一个较浅的理解层次逐步过渡到较深入的理解层次；教学思路清晰，重点突出，层次分明；案例丰富，既有社会/自然及生活中的案例，又有计算技术与计算系统的案例，有助于学生更好地理解计算思维、计算系统与计算技术。(2) 章节标题命名言简意赅，使学生和教师更容易把握重点；设置"章前知识导图"，以"最重要的—次重要的—基本重要的"形式给出本章重点、次重点和基本重要内容，有助于教师把握课程教学内容的关键之处；主要段落前通过"**段落要点**"给出一个或多个段落的要点归纳，这些要点串联起来即为本节或本章的思维脉络，学习计算思维重要的是学习这种脉络、把握这种脉络、运用这种脉络；对一些术语以"一般术语"进行标记，重要术语以黑体字"**重要术语**"给出，有助于初学者理解相关内容。(3) 课程建设组组织了优秀教师(含国家级教学名师、岳麓学者特聘教授、高校教师教学创新大赛一等奖获奖者、国家级一流课程负责人等)对本书内容提供了视频讲解，100 余个教学视频以二维码的形式给出了视频链接地址，读者可下载学习；有些视频是教材内容的系统化讲解，有些视频是教材内容的延伸，部分章节还配置了同样教学内容的不同教师讲解的视频，供学习者选择学习。(4) 本书特别邀请了上海交通大学教学团队精心制作了《计算机科学发展史》系列讲座视频 14 讲，作为本教材的延伸内容供读者学习。(5) 本书部分章节设置了"国产软硬件典型产品介绍"，以使读者更好地了解国产软硬件技术与产品的发展，进而更好地支持国产软硬件技术生态环境建设。(6) 各章后配备有思考题，促进学生进行课程内容学习后的思考，同时在相关 MOOC 课程"大学计算机——计算思维导论"和"计算机专业导论"中配备了大量练习题，并提供在线测试，读者可参考

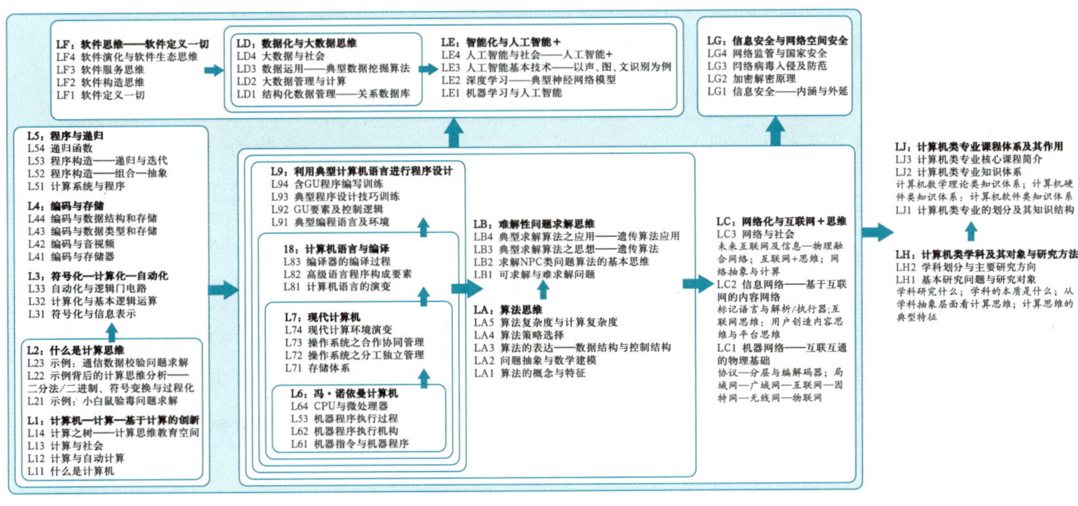

图 2 教材各章的逻辑关系及核心知识点示意图

并练习。

本书由“101计划”计算概论(计算机科学导论)核心课程建设组编写,主编是战德臣教授和张丽杰教授。战德臣教授对课程教学内容统一规划与设计,张丽杰教授负责书稿编著出版的协调与组织工作。各位老师在本书编写过程中的贡献如下。

内容	执笔者	参与者	审稿者
前言	战德臣(哈尔滨工业大学)	—	—
第1章	李戈(北京大学)	战德臣(哈尔滨工业大学) 谷松林(哈尔滨工业大学(威海))	高晓沨(上海交通大学) 左兴权、黄海(北京邮电大学)
第2章	张丽杰(哈尔滨工业大学)	战德臣(哈尔滨工业大学) 聂兰顺(哈尔滨工业大学)	罗娟(湖南大学) 洪义(上海交通大学)
第3章	战德臣(哈尔滨工业大学) 张锡宁(武汉大学)	李骏扬(东南大学)	潘理(上海交通大学) 王韫博(上海交通大学)
第4章	李骏扬(东南大学) 夏小俊(东南大学)	战德臣(哈尔滨工业大学)	潘理(上海交通大学) 王韫博(上海交通大学) 聂兰顺(哈尔滨工业大学)
第5章	孙广中(中国科学技术大学) 聂兰顺(哈尔滨工业大学)	战德臣(哈尔滨工业大学) 何钰(中国科学技术大学)	蔡宇辉(湖南大学) 夏小俊(东南大学)
第6章	罗娟(湖南大学) 战德臣(哈尔滨工业大学)	邓磊(西北工业大学) 谷松林(哈尔滨工业大学)	陈宇峰(北京理工大学) 夏小俊(东南大学) 张丽杰(哈尔滨工业大学)
第7章	聂兰顺(哈尔滨工业大学) 师斌(西安交通大学)	战德臣(哈尔滨工业大学) 谷松林(哈尔滨工业大学)	蔡宇辉(湖南大学) 余月(北京理工大学) 林馥(武汉大学)
第8章	王鹏飞(北京邮电大学) 袁宝库(北京邮电大学)	李戈(北京大学) 战德臣(哈尔滨工业大学)	李骏扬(东南大学) 张昀(武汉大学)
第9章	左兴权(北京邮电大学) 黄海(北京邮电大学)	李戈(北京大学)	李骏扬(东南大学) 张丽杰(哈尔滨工业大学)
第10章	蔡宇辉(湖南大学)	高晓沨(上海交通大学) 战德臣(哈尔滨工业大学)	高晓沨(上海交通大学) 李戈(北京大学)
第11章	蔡宇辉(湖南大学)	孙广中(中国科学技术大学) 何钰(中国科学技术大学)	张家琳(中国科学院大学) 李戈(北京大学) 张昀(武汉大学)

续表

内容	执笔者	参与者	审稿者
第 12 章	陈宇峰(北京理工大学)	林馥(武汉大学) 李小英(湖南大学) 谭小琼(武汉大学)	苏科华、张锡宁(武汉大学) 王鹏飞(北京邮电大学) 聂兰顺(哈尔滨工业大学)
第 13 章	王韫博(上海交通大学) 战德臣(哈尔滨工业大学)	高晓沨(上海交通大学)	孙广中(中国科学技术大学) 师斌(西安交通大学) 林馥(武汉大学)
第 14 章	洪义(上海交通大学)	战德臣(哈尔滨工业大学) 张伟男(哈尔滨工业大学)	孙广中(中国科学技术大学) 余月(北京理工大学)
第 15 章	李兵(武汉大学) 张昀(武汉大学)	张锡宁、邹华(武汉大学) 林馥、苏科华(武汉大学) 谭小琼(武汉大学)	战德臣(哈尔滨工业大学) 陈宇峰(北京理工大学)
第 16 章	潘理(上海交通大学) 翟健宏(哈尔滨工业大学)	战德臣(哈尔滨工业大学) 李小英(湖南大学)	罗娟(湖南大学) 邹华、张锡宁(武汉大学) 张伟男(哈尔滨工业大学)
第 17 章	徐志伟(中国科学院大学)	张昀(武汉大学)	师斌(西安交通大学) 洪义(上海交通大学)
第 18 章	师斌(西安交通大学)	张锡宁(武汉大学) 林馥(武汉大学)	徐志伟(中国科学院大学) 战德臣(哈尔滨工业大学)
视频主讲	战德臣(哈尔滨工业大学):计算思维系列讲座(67) 高晓沨、陈全、吴晨涛、李超、田晓华、傅洛伊、王韫博、沈为、钱彦旻、潘理、王磊、陈国兴(上海交通大学):计算机科学发展史系列讲座(14) 李戈(北京大学):第 1 章和第 6 章讲座(8) 李骏扬(东南大学):第 4 章讲座(7) 罗娟(湖南大学):第 6 章讲座(6) 陈宇峰(北京理工大学):第 12 章讲座(5) 潘理(上海交通大学):第 16 章讲座(3)		

本教材适合高等学校计算机类各专业本科生学习,建议课程在大学一年级开设。教材全部内容建议设置 56 学时为宜,不含程序设计实验学时。有些学校设置该课程时如果包含程序设计实验,则需增加 12~24 学时。不同基础的学校、不同学时的课程,可选择不同的内容进行讲授。

本书得到教育部“101 计划”工作组的指导,在此表示感谢。王怀民院士担任本书主审并为本书作序，国防科技大学毛晓光教授通读了书稿并提出许多宝贵意见，教育部虚拟教研室建设试点“计算思维导论课程虚拟教研室”的众多一线教师为本教材提出了很好的建议，在此对他们表示感谢。华为公司技术人员为本书国产软硬件系统提供了材料支持，在此特别表示感谢。感谢哈尔滨工业大学本科生院、计算学部及高等教育出版社对本书出版工作所给予的大力支持。在此对本书出版工作作出贡献的所有人员一并表示衷心的感谢。

尽管已经十分努力，但教材中的内容难免存在不完善之处，敬请广大读者谅解，并诚挚地欢迎各位读者提出宝贵建议。作者联系方式为 dechen@ hit. edu. cn。

主编于哈尔滨工业大学

2022 年 11 月 20 日

目　录

第 1 章

计算机—计算—基于计算的创新

本章要点： 理解多种形态的计算机，理解计算的内涵以及自动计算的探索路径，理解计算的发展与基于计算的创新；理解计算对社会的影响，初步了解典型的计算思维。

本章导图：

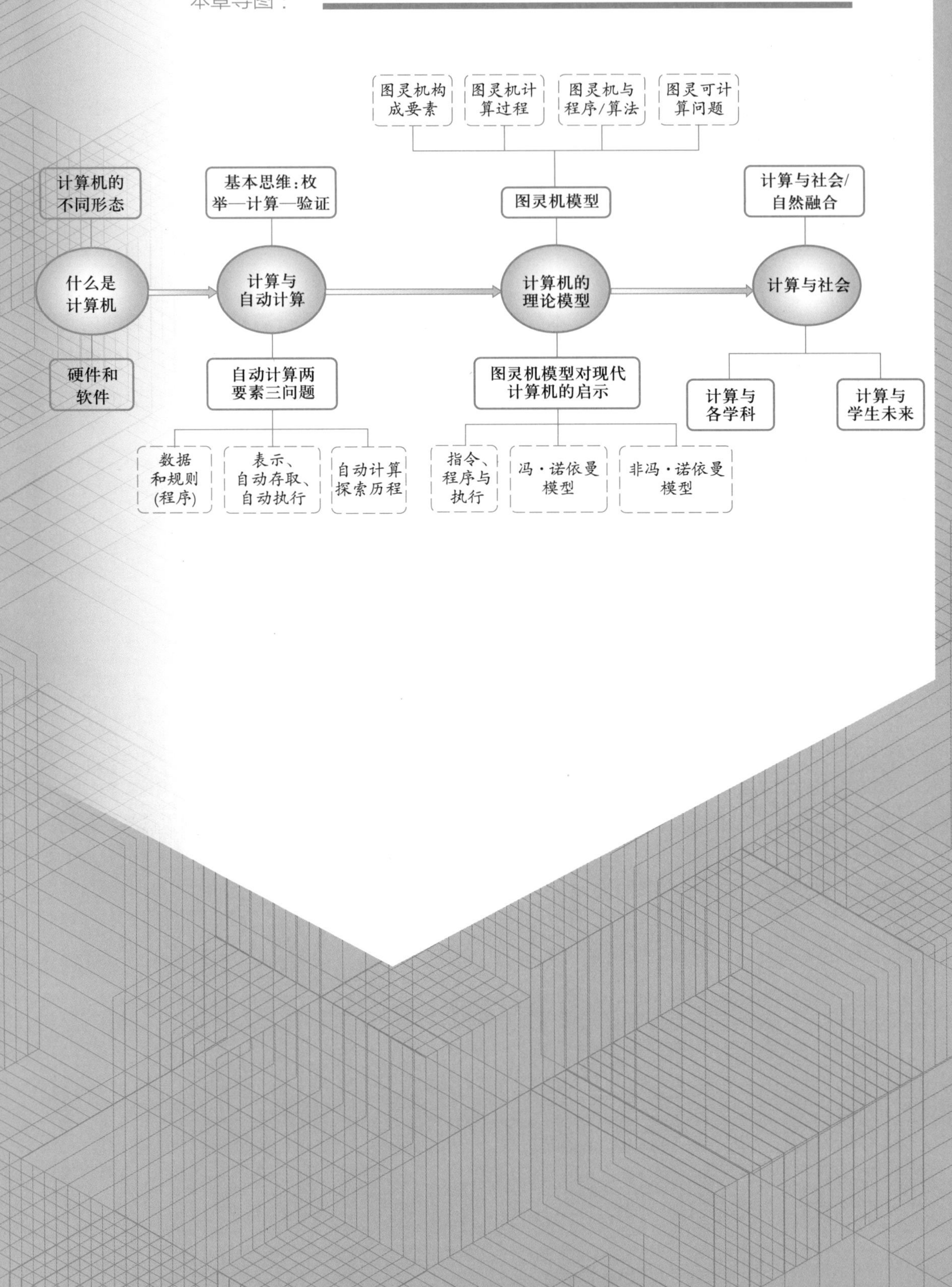

计算机的
不同形态
什么是
计算机
硬件和
软件
基本思维：枚
举—计算—验证
计算与
自动计算
自动计算两
要素三问题
数据
和规则
(程序)
表示、
自动存取、
自动执行
自动计算
探索历程
图灵机构
成要素
图灵机计
算过程
图灵机与
程序/算法
图灵可计
算问题
图灵机模型
计算机的
理论模型
图灵机模型对现代
计算机的启示
指令、
程序与
执行
冯·诺依曼
模型
非冯·诺依曼
模型
计算与社会/
自然融合
计算与社会
计算与
各学科
计算与
学生未来

1.1 什么是计算机

什么是计算机？计算机是否仅限于人们常见的台式计算机和笔记本计算机？

多种形态的计算机 计算机自 20 世纪 40 年代出现以来，已经发生了巨大变化：从大如楼房的“电子管计算机”，到普通个人使用的“台式计算机”；从便于携带的“笔记本计算机”，到如今人们应用的各种电子设备，例如手机、平板计算机、随身听、导航仪、智能手表等。

内嵌于各种设施/设备中的计算机 不仅如此，各种服务设施如飞机、汽车、高铁等，各种设备如制造用的机床、辅助医疗诊断用的断层扫描仪等，也都内嵌了各种各样的计算机来计算并控制设施/设备的运行——即各种机器的“大脑”（计算机控制系统）同样是计算机，计算机甚至被嵌入人的身体以辅助生活与工作。当前，计算机控制系统已经成为体现设施/设备智能化、尖端化程度的关键点和竞争点。图 1.1 展示了无处不在的形形色色的广义的“计算机”。

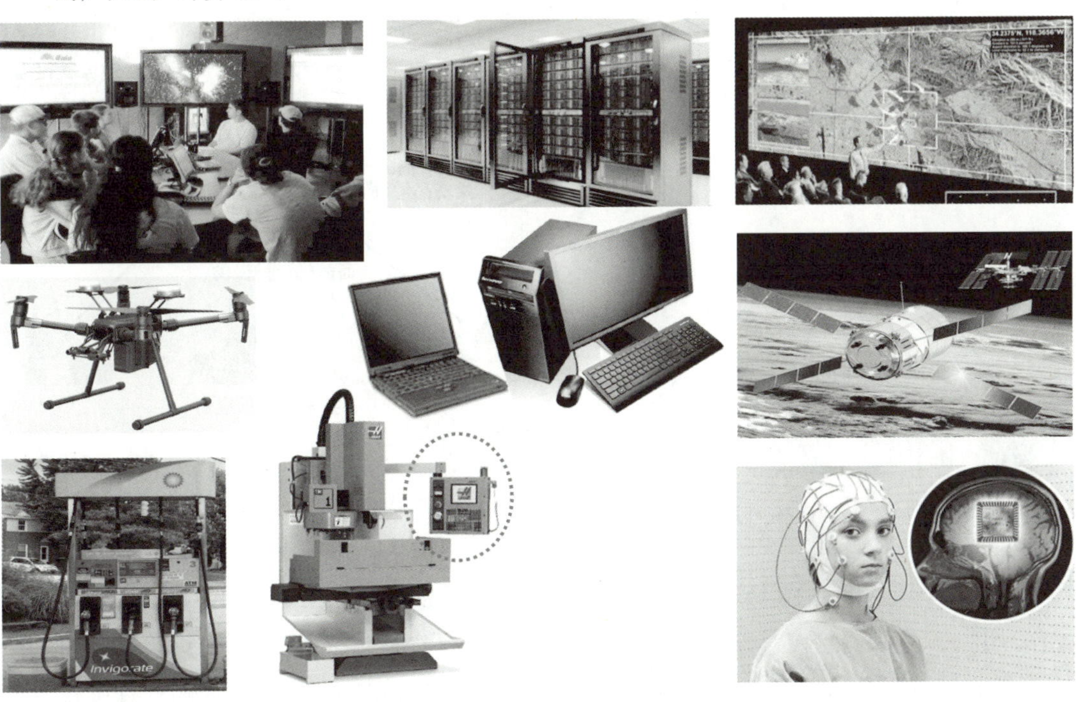

图 1.1 形形色色的“计算机”——硬件示意

计算机不仅包括硬件，还包括软件 计算机不仅包括上述这些看得见摸得着的硬件，还包括看不见摸不着但却可以使用的软件。Netscape 公司创始人 Marc Andreessen 曾预言

"软件正在占领全世界"。

【示例 1.1】软件及其应用。

下面以"华为应用市场"和"淘宝网"为例绘制了两个场景图,如图 1.2 所示。其中图 1.2 左侧反映的是"华为应用市场"相关产品的生态系统。它聚集了众多软件供应商为各种终端设备开发软件,又通过"应用市场"聚集和销售软件产品。众多用户通过购买终端设备进而连接到"应用市场",通过"应用市场"购买所需要的软件产品。"应用市场"既为终端设备用户提供所需要的软件,又为软件开发商提供软件的销售渠道等,提供了软件开发、软件销售与软件购买、软件分发与软件更新等的一种不借助于传统媒介(如纸质说明书、光盘等)的新方式,即一切通过网络手段提供和服务。这种生态系统体现了软件的一种作用。图 1.2 右侧反映的是"淘宝网"的典型电子商务应用场景。一方面它聚集了众多实体商品供应商在网上开店,并进行网上店铺的管理;另一方面它聚集了众多用户,用户可通过浏览网上店铺及其中的商品,进行商品购买与支付等。这种基于互联网销售实体商品的场景体现了软件的另一种作用。

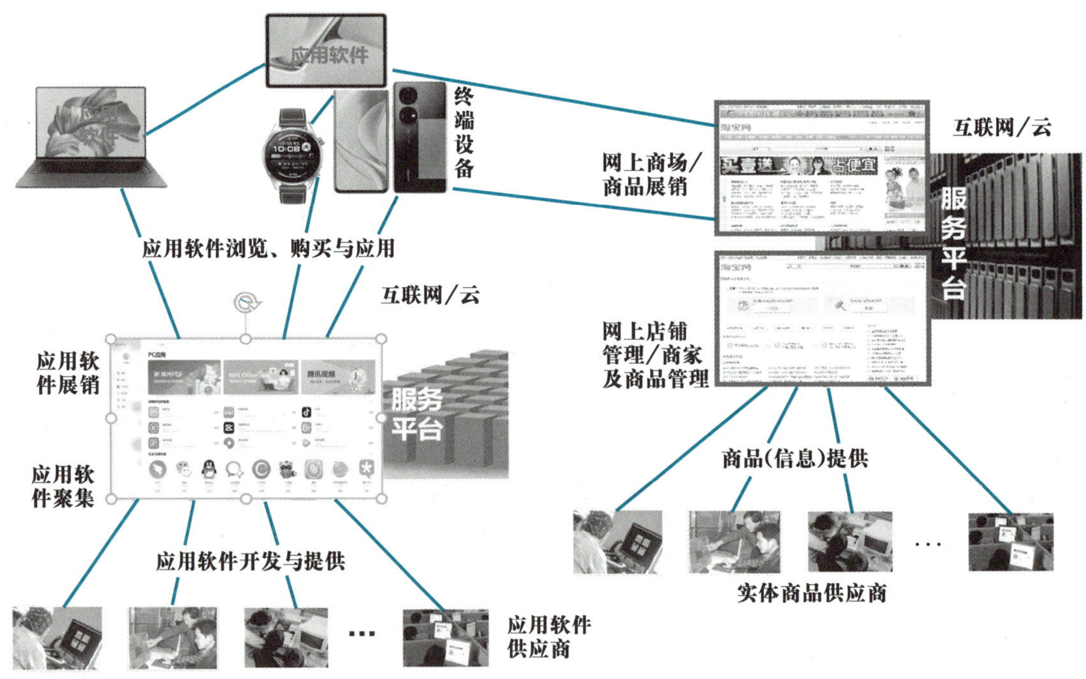

图 1.2　形形色色的计算机——软件示意

上述两个场景描绘了以软件所体现的现代计算机系统已经改变了人们的诸多生活与工作习惯。从这一角度而言,硬件(例如各种终端设备)只是一个载体,即用户赖以使用软件的载体,而软件体现了计算机丰富的功能。同样的计算机硬件装载不同的计算机软件则将拥有不同的功能。软件实现的功能越发多样,软件的作用也越发强大。

什么是计算机呢?简单来讲,**计算机**是指能够执行"程序"完成各种"自动计算"的机器,包括了硬件和软件。**硬件**是指看得见摸得着的硬设备,**软件**是指运行于硬设备上的各种“程序”。那么什么是“计算”？什么是自动计算？自动计算与程序存在何种关系？

1.2 计算与自动计算

1.2.1 计算与自动计算概述

什么是计算 简单计算，例如人们从幼年时开始学习和训练的加减乘除等算术运算：

“3+2=5”；“8−3=5”；“3×2=6”；“8÷(2×2)=2”等

是指由数据和运算符形成运算式，按照运算符的计算规则对数据进行计算并获得结果。人们不断练习两个方面的内容：一是用各种运算符及其组合来表达对数据的变换，即熟悉各种运算式；二是能够按照运算符的计算规则对运算式进行计算并得到正确结果。熟悉这种运算式的计算，从而使人能够完成计算并获得正确结果，可被称为人计算。

广义地讲，假设函数$f(x)$如下所示：

$$f(x)=\frac{1}{\sqrt{2\pi}\sigma}e^{-(x-\mu)^2/2\sigma^2}$$

其中，将x变成$f(x)$即可视为一次计算。在高中及大学阶段，人们不断学习各种函数及其计算规则，并应用这些规则求解各种问题，得到正确的计算结果，例如对数与指数函数、微分与积分函数等。

什么是自动计算 计算规则可以学习与掌握，但应用计算规则进行计算则可能超出了人的计算能力，即人知道规则却无法得到计算结果。一种解决方法是研究复杂计算的各种简化的等效计算方法，使人可以计算并求得结果，这是数学家要研究的内容；另一种解决方法是设计简单的规则（要求简单是因为可能难以制造能够执行复杂规则的机器），令机器重复执行从而自动完成计算，即使用机器代替人按照计算规则自动计算，这正是计算机科学家要研究的内容。

人计算与自动计算的思维差异 下面以示例的形式简单比较“人”和“机器”进行计算的思维差异。

【示例 1.2】人和机器如何求解一元二次方程“$ax^2+bx+c=0$”的整数解？

【答】如果“人”进行求解，则可直接利用公式“$x=\frac{-b\pm\sqrt{b^2-4ac}}{2a}$”进行求解。“机器”求解则采取如下方式：**“从$-n$到$n$产生$x$的每一个整数值，将其依次代入方程，如果其值使方程式成立，则该值即为方程的解”**，概括来讲就是枚举—计算—验证，即枚举每一个可能值并代入方程计算,然后验证方程是否成立。

可能有读者会问:x 一定是整数吗?当然不一定。如果考虑实数,则可以 0.1,0.01,…,0.000 000 01 等为步长枚举 x 的每一个实数值,代入方程进行自动计算,然后验证方程是否成立。可以发现要求解的精度越高则枚举的 x 的数目将越多,计算量也越大,计算时间也越长。

示例 1.2 解释了计算与自动计算的基本差异。"人"进行计算时可使用计算量较小的复杂计算规则(例如求根公式,只需按照求根公式计算一次即可),但人需要知道具体的计算规则才能完成计算(这正是数学家需要提供的),有时人所应用的规则只能满足特定方程的求解,例如上述公式可求解一元二次方程,但不能应用于一元三次方程或一元任意次方程。而"机器"进行计算是通过枚举—计算—验证,采用的规则可能十分简单,只需要简单的加减乘除运算,但计算量却十分庞大,有多少个 x 值就需要按照方程重复多少次计算。机器所采用的方法可以应用于一元任意次方程,并不仅限于一元二次方程。需要说明的是,如果存在"人"可以使用的快速计算方法,则"机器"也可以采用。

"枚举—计算—验证"是计算机科学家的基本思维模式 下面以两个问题的求解示例来看,如果理解了"枚举—计算—验证"模式,那么问题求解是否变得容易?

【示例 1.3】问题 1:1 只公鸡 5 元,1 只母鸡 3 元,3 只小鸡 1 元,问:用 100 元买 100 只鸡,则公鸡、母鸡、小鸡各能买多少只?问题 2:为 123456789 给出一个排列,使得前 n 位组成的整数能被 n 整除($n=1,2,3,\cdots,9$)。

【答】问题 1 的求解思维如下:设有公鸡 x 只,母鸡 y 只,小鸡 z 只,则有方程组:

$$5x+3y+z/3=100 \tag{1.1}$$

$$x+y+z=100 \tag{1.2}$$

其中:$0\leqslant x\leqslant 100, 0\leqslant y\leqslant 100, 0\leqslant z\leqslant 100$。

首先采用"枚举—计算—验证"思维模式思考:对 x、y 和 z 分别在 0~100 范围内枚举每一个值并代入方程,使(1.1)(1.2)式均成立的就是问题 1 的解。**然后进一步思考**:有些 x、y、z 值不可能使等式成立,没有必要计算,因此限定 x、y、z 的枚举范围为"$0\leqslant x\leqslant 20, 0\leqslant y\leqslant 33, 0\leqslant z=100-x-y$"。在"枚举—计算—验证"基础上再考虑去除无效计算,这样即可快速求解。

再看问题 2 的求解思维:首先将数字的排列及其大小进行表达——用 $A\sim I$ 表示排列中的数字,其大小为 $A\times10^8+B\times10^7+C\times10^6+D\times10^5+E\times10^4+F\times10^3+G\times10^2+H\times10^1+I\times10^0$。然后分析 $A\sim I$ 应满足的条件(注:式中的%为求余数运算):(1)$A\%1=0$(能被 1 整除);(2)$(A\times10^1+B\times10^0)\%2=0$(能被 2 整除);(3)$(A\times10^2+B\times10^1+C\times10^0)\%3=0$(能被 3 整除);(4)$(A\times10^3+B\times10^2+C\times10^1+D\times10^0)\%4=0$(能被 4 整除);…(依次类推,至…$\%9=0$(能被 9 整除))。其中 $A\sim I$ 分别取数字 1~9 中的某一个。**首先采用"枚举—计算—验证"思维模式思考**:对 $A\sim I$ 分别枚举每一个 1~9 的数字产生一个排列,计算并验证条件是

否均能满足，若均能满足则为问题 2 的解。**再进一步思考**，$A \sim I$ 并不需要验证每个 1~9。例如，前 5 位组成的数能被 5 整除，则第 5 位 E 只能是 5；前 2、4、6、8 位组成的数能被 2、4、6、8 整除，则第 2、4、6、8 位只能是偶数，因此第 1、3、7、9 位只能是奇数。由此仅需验证下述范围的排列即可：$A=\{1,3,7,9\}$，$B=\{2,4,6,8\}$，$C=\{1,3,7,9\}$，$D=\{2,4,6,8\}$，$E=5$，$F=\{2,4,6,8\}$，$G=\{1,3,7,9\}$，$H=\{2,4,6,8\}$，$I=\{1,3,7,9\}$。此时还需考虑 A、C、G、I 不能重复，B、D、F、H 不能重复。从“枚举—计算—验证”思维出发继续考虑去除无效计算，问题求解思路是否可以更加容易？

1.2.2 自动计算的探索历程

图 1.3 展示了人们对自动计算的探索历程。

机械计算机：机械执行计算规则，计算规则固定不变，简单计算 1642 年，法国科学家 Pascal 发明了著名的 Pascal 机械计算机，首次确立了计算机器的概念。该机器用齿轮表示与存储十进制各个数位的数字，通过齿轮的比及其啮合来解决进位问题。低位的齿轮每转动 10 圈，高位的齿轮只转动 1 圈，由此可以进行 8 位数的加减法运算，不仅用机械实现了数字在计算过程中的自动存储，而且用机械自动执行一些计算规则。德国数学家 Leibniz 随后对此进行了改进，设计了“步进轮”并实现了计算规则的**自动连续重复执行**，可以实现自动连加/连减运算，进而可以实现乘/除法运算（注：乘/除法运算可以看作多次的连加/连减运算）。Pascal 机的意义在于：它告诉人们“**用纯机械装置可以代替人的思维和记忆**”，开辟了自动计算的道路。Leibniz 在研究过程中发现十进制运算规则十分复杂，那么能否有更为简单的计算规则便于机械实现呢？他借鉴中国的《易经》提出了二进

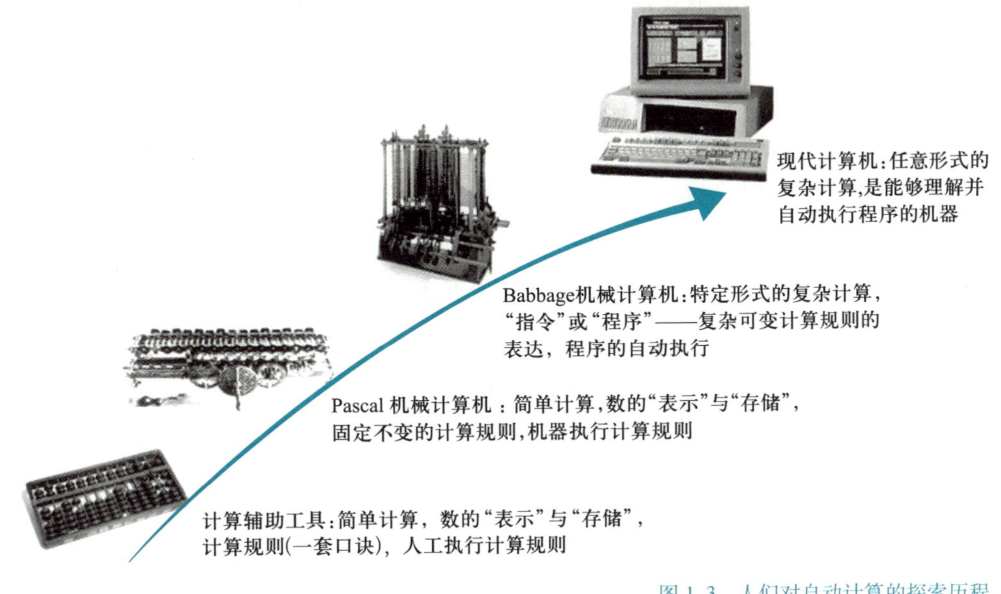

现代计算机：任意形式的复杂计算，是能够理解并自动执行程序的机器
Babbage机械计算机：特定形式的复杂计算，“指令”或“程序”——复杂可变计算规则的表达，程序的自动执行
Pascal 机械计算机：简单计算，数的“表示”与“存储”，固定不变的计算规则，机器执行计算规则
计算辅助工具：简单计算，数的“表示”与“存储”，计算规则(一套口诀)，人工执行计算规则

图 1.3 人们对自动计算的探索历程

制，发现二进制的运算规则非常简单，而且能够和逻辑相互统一，因此他深入研究并创立了“数理逻辑”，将理论的真理性论证归结于一种计算的结果，奠定了电子计算机的实现基础。1854 年，Boole 基于二进制创立了布尔代数，为百年后的数字计算机的电路设计提供了重要的理论基础。

机械计算机：机械执行计算规则，计算规则复杂可变，特定形式计算 1822 年，Babbage 受前人 Jacquard 发明编织机的启迪，花费 10 年时间，设计并制作了差分机——利用差分方法计算各种函数，例如实现一个数的求平方操作。这台差分机和 Pascal 机相比存在以下区别：Pascal 机使用机械实现一些计算规则，其计算规则虽可重复执行但是不可变化；而 Babbage 利用堆栈、运算器、控制器设计的差分机可以在一定程度上变化一些计算规则以自动处理不同函数的计算过程。英国著名诗人 Byron 的独生女 Ada Augusta 为差分机编制了人类历史上第一批程序，即一套可预先变化的有限有序的计算规则。Babbage 用 50 年时间不断研究如何改进差分机，但限于当时的科技发展水平，其第二代差分机未能制造出来。在 Babbage 去世 70 多年后，Mark Ⅰ在 IBM 的实验室被成功制造，Babbage 的夙愿才得以实现。Babbage 用一生进行科学探索和研究，这种精神永远地流传了下来。

现代计算机：计算规则任意变化（程序），自动执行计算规则（执行程序），任意形式的计算 正是前人对机械计算机的不断探索与研究，不断追求计算的机械化、自动化、智能化（如何能够自动存取数据？如何能够令机器识别可变化的计算规则并按照规则执行？如何能够使机器像人类一样地思考？），促进了机械技术和电子技术的结合，最终导致了现代计算机的出现。现代计算机在借鉴前人的机械化、自动化思想后，首先用电子技术解决了 0 和 1 的存储（电子管和晶体管），然后基于二进制数据表示和计算规则设计了数字电路（集成电路和大规模/超大规模集成电路），设计了**能够理解和执行任意复杂程序的机器，可以进行任意形式的计算**，例如数学计算、逻辑推理、图形图像变换、数理统计、人工智能与问题求解等，计算机的能力正在不断**提高**。

概括来讲，计算与自动计算需要解决以下 4 个问题：（1）数据如何表示；（2）计算规则如何表示；（3）数据与计算规则的存储及自动存储；（4）计算规则的自动执行。换句话说，若要进行自动计算，则需要由机器自动存储和获取数据，自动存储和获取计算规则（即程序），自动按照计算规则对数据进行计算和处理（即程序的自动执行）。计算机科学家需要研究哪些问题可以自动计算，能够实现自动计算的机器应当怎样构造，以及在已经存在自动计算机器时，如何面向各行各业开展自动计算。

1.3 计算机的理论模型——图灵机和基本实现模型——冯·诺依曼计算机

1.3.1 图灵机的通俗理解——通用计算机器——指令、程序及其执行

图灵及其贡献 通用计算机器即自动计算系统。20 世纪 30 年代,图灵(Turing)发表了论文《论可计算数及其在判定问题中的应用》,提出了图灵机模型,奠定了计算的理论基础,这是图灵最伟大的贡献。1950 年,图灵发表了划时代的文章《机器能思考吗?》,成为了人工智能的开山之作。正是因为有了图灵机模型,才发明了人类有史以来最伟大的工具——计算机,因此图灵被称为计算机科学之父。为了纪念这位伟大的科学家,计算机界最高荣誉奖被定名为"图灵奖"。

图灵机的通俗理解 图灵认为,所谓**计算**就是计算者(人或机器)对一条两端可无限延长的纸带上的一串 0 或 1 执行指令,一步一步地改变纸带上的 0 或 1,经过有限步骤,最终得到一个满足预先规定的符号串的变换过程。如图 1.4 所示,它非常简明且形象地阐释了指令、程序及自动执行的基本思想。

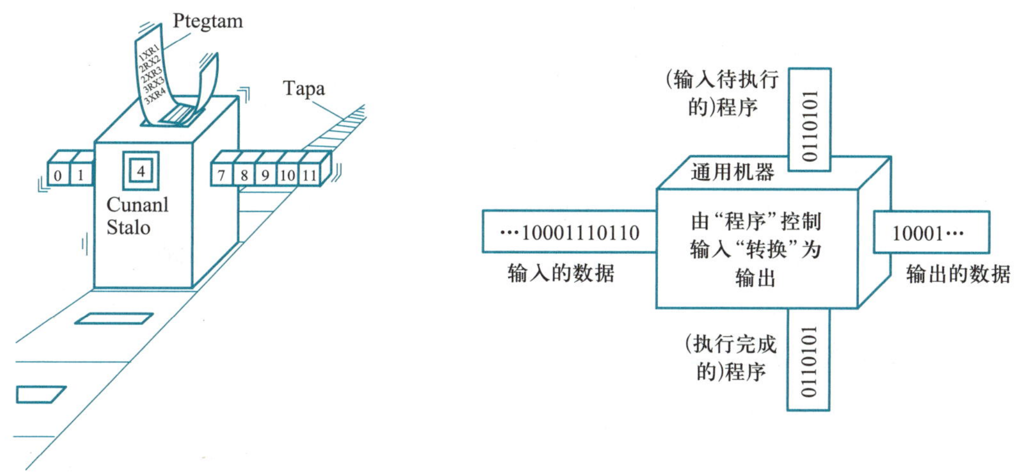

图 1.4 图灵机装置和原理示意

指令、程序及其执行的概念及示例 (1)**数据**被制成一串 0 和 1 的纸带送入机器,作

为输入,例如数据“00010000100011…”;(2)机器可对输入纸带执行一些**基本动作**,例如“翻转0为1”“翻转1为0”“前移1位”“停止”;(3)机器对基本动作的执行由**指令**控制,机器按照指令的控制选择执行的动作,指令也可以用0和1表示,例如,01表示“翻转0为1”(当输入为1时不变),10表示“翻转1为0”(当输入为0时不变),11表示“前移1位”,00表示“停止”;(4)关于输入如何变为输出的控制,可以用指令编写一个**程序**来完成,例如“01,**11**,10,**11**,01,**11**,01,**11**,00…”(注:为便于阅读,程序的两条指令中间增加了逗号以示区分,实际可以省略);(5)机器能够按程序中的指令顺序读取指令,读取一条指令便**执行**一条指令,然后再读指令并执行指令,直到程序结束,由此实现**自动计算**。上述程序的执行过程描述为“01——翻转0为1,11—前移1位,10——翻转1为0,11——前移1位,01——翻转0为1,11——前移1位,01——翻转0为1,11——前移1位,00——停止。无论纸带内容如何,其都将输出1011”。

可以看出,这就是一个最简单的计算机模型,它将控制输入转换为输出的规则(程序与指令)并用0和1表达,将待处理数据(输入)及处理结果(输出)也用0和1表达,所谓的处理即对0和1的变换,它可以用机械系统实现,也可以用电子系统实现,当然也可由人系统实现。

图灵机思想的启示 图灵机思想给人们一个启示,即令人们思考一个复杂计算系统如何实现。系统可被视为由基本动作(注:基本动作是容易实现的)以及基本动作的各种组合构成(注:多变的、复杂的动作可由基本动作的各种组合实现),因此实现一个系统仅需实现这些基本动作以及实现一个控制基本动作组合与执行次序的机构。对基本动作的控制就是指令,而指令的各种组合及其次序就是程序。系统可以按照“程序”控制“基本动作”的执行以实现复杂的功能。图灵又将程序看作将输入数据转换为输出数据的一种变换函数,这种变换函数可以一步一步地实现。进一步而言,数据、指令和程序均可用0和1表达,因此也均能被计算。

1.3.2 图灵机模型——以状态变换表达程序及其执行

下面进一步理解图灵机模型,即理解图灵如何用数学形式表述“计算机”及其工作过程,以及理解什么是“计算”及计算机怎样进行计算。该部分内容较难,同学们尽量理解即可,随着后续学习的深入,可能会有更加全面的理解。

图灵想象的“计算机”的构成 图灵机由一个**控制器**(又称“有限状态转换器”,顾名思义,其可进行机器状态转换,由一个状态转换到另一状态)和一条可无限延伸的**纸带**(纸带上有格子,每个格子包含一个字符,用于输入与输出)以及一个可与纸带做相对移动并可读入或写出的**读写头**构成。控制器可以依据机器状态和纸带上当前读写头位置的符号(作为输入),改变或不改变纸带上的符号(作为输出),并控制读写头相对于纸带左右移动,从而将一个纸带上的符号由输入变为输出。

图灵机模型 图灵机被定义为一个七元组,即 M=(Q,Σ,Γ,δ,S,B,F)。

(1) Q 为**内部状态集合**,表明该机器可能出现的所有状态。

(2) Σ为**输入字符集合**,说明该机器能够识别和处理的字符就是Σ中的字符,不在Σ中的字符则该机器无法处理或识别。一个图灵机首先需要明确可处理的输入字符集合。例如若Σ={0,1},则该图灵机仅处理0和1;若Σ={A~Z, a~z},则该图灵机可处理由英文字母组成的符号串。

(3) Γ为**带符号集合**,输入字符集合中的符号外加一个空白符号即构成了纸带上可出现的所有符号。

(4) δ为**移动函数**,又称**状态转移函数**、**动作集合**,实际上是一个**算法/程序**。一个**动作**(也称一个**指令**或一次**状态变换**)用一个五元组**<q,X,Y, R/L/N,p>**表示,也可以在数学上表示为δ(q, X)=(p,Y, R/L/N),表明"**机器在状态 q 下,读写头从纸带中读入字符 X 时,所采取的动作为在该纸带读写头位置写入符号 Y,然后将纸带向右移动 1 格(R)或向左移动 1 格(L)或不移动(N),同时将机器状态设为 p 供下一条指令使用**"。(特别注意:也可定义读写头向右/向左移动1格。读写头向右移动即纸带向左移动,本书定义为纸带向右/向左移动,便于后续示例的一致性)

(5) S 为**开始状态**,表明机器从 S 状态开始读取并处理纸带上的符号。

(6) B(或 b)为**空白符号**,表明 B 处无输入字符,用于标识纸带上有无输入字符。

(7) F 为**终止状态集合**,机器运行到 F 中的状态时将终止运行,终止状态可能有1个或多个。

可以由构造者给出输入字符集合、内部状态集合以及动作集合,即一个图灵机。换句话说,若输入字符集合不同、内部状态集合不同或动作集合不同,则实现不同的计算。

图灵机的图示化表达:状态转换图 图灵机中的动作集合也可由一个状态转换图表达,如图1.5所示,其中,图中的节点(圆圈)为状态,包含起始状态(如 q_1)和终止状态(如 q_3),其他状态为中间状态(如 q_2)。两个状态之间的箭头表示由箭头尾部的状态转换为箭头指向的状态,箭头上标记的(X, Y,R/L/N)表示若输入为 X 则输出 Y,同时使纸带向右移动(R)或向左移动(L)或不移动(N)。图中右侧下方的状态转换图等同于其上方的状态转移函数。一个状态转换图即一个状态转移函数,或称一个程序。

【示例 1.4】图灵机及其计算示例。

图 1.5 右侧给出了图灵机示例:3 个状态(q_1,q_2,q_3)中 q_1 为起始状态,q_3 为终止状态。五元组描述的指令集及其对应的状态转换图如图 1.5 所示。图 1.6(a)(b)(c)分别给出了该图灵机的 3 个典型模拟示意,图中的箭头为读写头,自上而下呈现图灵机运行结果:依据机器当前状态和当前纸带输入,完成相应输出及状态改变(由下方的纸带示意)。为便于阅读,此处将五元组形式的指令集在图 1.6(d)中讲解。

图 1.6(a)表示机器状态为起始状态且读写头恰好停留在纸带输入的左端空白处,其模拟执行过程及结果简述如下。

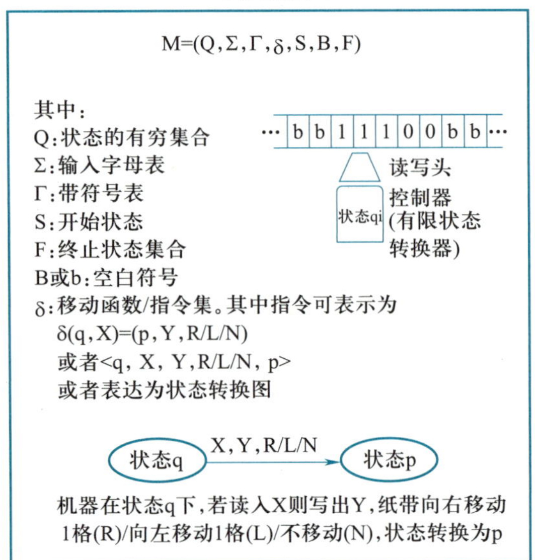

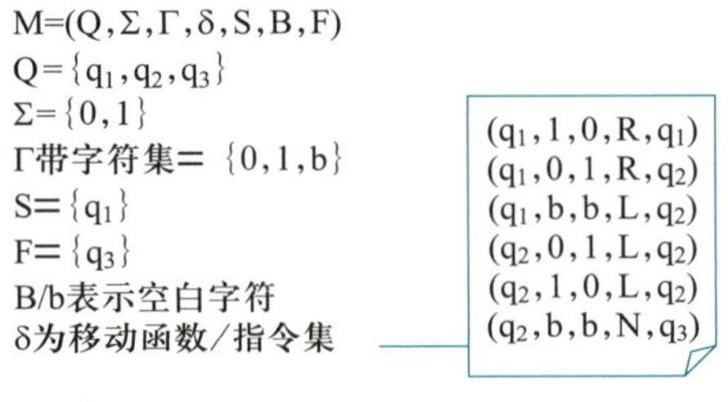

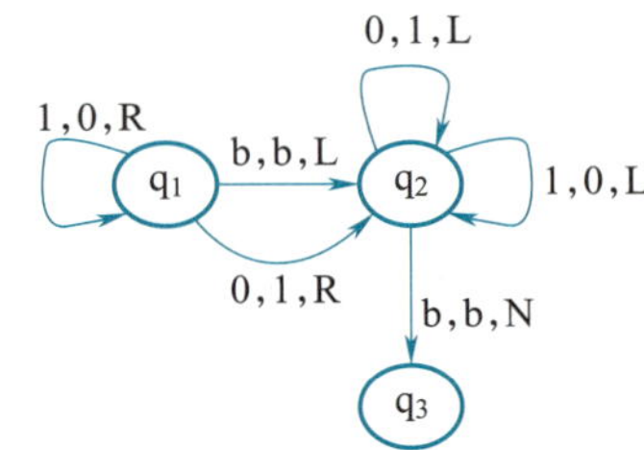

图 1.5　图灵机模型及其示例

步骤 1:在 q_1 状态遇到空白符,则仍写出空白,纸带左移 1 格,状态改为 q_2,即执行的指令为(q_1,b,b,L,q_2)。

步骤 2:在 q_2 状态遇到输入 0,则写出 1,纸带左移 1 格,状态仍为 q_2,即执行了(q_2,0,1,L,q_2)。

步骤 3~5:在 q_2 状态遇到输入 1,则写出 0;遇到输入 0,则写出 1;纸带左移 1 格,状态仍为 q_2,即执行了(q_2,0,1,L,q_2)或(q_2,1,0,L,q_2)。

步骤 6:在 q_2 状态遇到空白符,则仍写出空白符,纸带不移动,状态改为 q_3,停机,即执行了(q_2,b,b,N,q_3)。

可以看出,机器将纸带上的输入进行一个变换,即原来是 1 则变为 0,原来是 0 则变为 1。

图 1.6(b)是指机器状态为起始状态且读写头停留在纸带输入的中间某个“1”的位置,其模拟执行过程及结果简述如下。

步骤 1~2:在 q_1 状态遇到 1,则仍写出 0,纸带右移 1 格,状态仍为 q_1,即执行的指令为(q_1,1,0,R,q_1)。

步骤 3:在 q_1 状态遇到空白符,则仍写出空白符,纸带左移 1 格,状态改为 q_2, 即执行了 (q_1,b,b,L,q_2)。

步骤 4~7:在 q_2 状态遇到输入 1,则写出 0;遇到输入 0,则写出 1;纸带左移 1 格,状态仍为 q_2,即执行了(q_2,0,1,L,q_2)或(q_2,1,0,L,q_2)。

步骤 8:在 q_2 状态遇到空白符,则仍写出空白符,纸带不移动,状态改为 q_3,停机,即执行了(q_2,b,b,N,q_3)。

可以看出,机器在初始状态时,将读写头左侧纸带上连续的 1 保持不变(首先变为 0,

然后又变回1),将读写头右侧纸带上的1或0变为0或1。

图1.6(c)表示机器状态为起始状态且读写头停留在纸带输入的中间某个“0”的位置,其模拟执行过程及结果简述如下。

步骤1:在q_1状态遇到输入0,则写出1,纸带右移1格,状态改为q_2,即执行的指令为(q_1,0,1,R,q_2)。

步骤2~4:在q_2状态遇到输入1,则写出0;遇到输入0,则写出1;纸带左移1格,状态仍为q_2,即(q_2,0,1,L,q_2)或(q_2,1,0,L,q_2)。

步骤5:在q_2状态遇到空白符,则仍写出空白符,纸带不移动,状态改为q_3,停机,即(q_2,b,b,N,q_3)。

可以看出,机器在初始状态对读写头左侧纸带上的符号仅处理1个(原来是0则变为1,原来是1则变为0),读写头当前位置的0保持不变,读写头右侧纸带上的1或0改变为0或1。

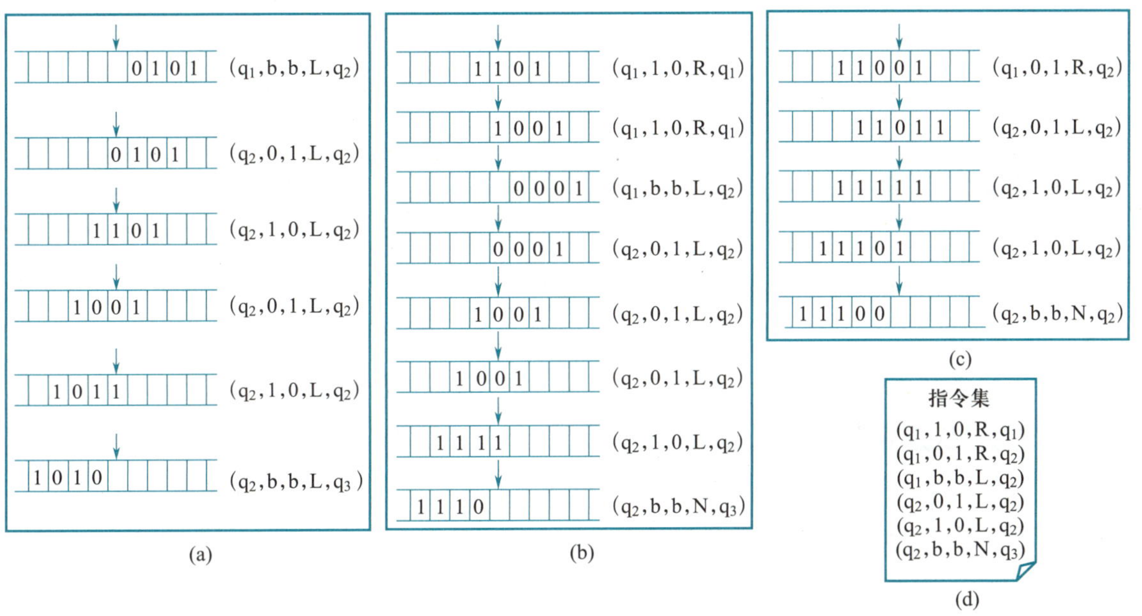

图1.6 示例图灵机的典型计算过程示意

1.3.3 图灵机是计算机的基本理论模型

图灵机与程序 图灵机是一种思想模型。一个图灵机就是一个程序,但该程序与人们通常接触的程序(逐条执行的指令集合)略有不同,其依据当前状态和输入决定执行哪条指令,而非顺序执行指令。

图灵计算与问题可解性 图灵机从初始状态开始对纸带上的输入符号进行处理,如果能够到达终止状态,则被视为成功完成一次计算,此时纸带上的符号就是输出。当图灵机的输入纸带为X,运行指令集,如果能够到达终止状态且输出纸带变为期望的M(X),则称图灵机求解了X。将问题“能否由A计算得到B?”利用图灵机作一个判定,即:如果能在A与B之间找到或设计出一个图灵机,使输入A**停机**得到的结果是B,则说明该问题可解;否则说明该问题不可解。

判定问题 存在一类特殊的问题,其输入为X,而输出是1(接受)或0(拒绝),该类问题被称为判定问题。例如,输入一个字符串,如果输出为1则表明该字符串是可接受的符合规则的字符串,否则为不可接受的或不符合规则的字符串。图灵机从初始状态开始对纸带上的输入符号进行处理,如果输入处理完毕且能够到达{**接受、拒绝**}等某一终止状态,则被视为成功完成了一次判定:输入被接受或者被拒绝。

停机问题 图灵机根据指令集对输入进行处理,有的输入(初始状态与初始输入)可能导致停机(即能够到达某一终止状态),有的输入则可能导致无限执行序列(即不能到达任一终止状态或停留在非终止状态)。**停机问题**是指是否存在一个算法,对于任意给定的图灵机都能判定任意的初始状态+初始输入是否会导致停机。人们已经证明这样的算法是不存在的,即停机问题是不可判定的,证明方法可通过继续学习相关课程进行了解。

图灵可计算函数 假设纸带上的符号串为与自然数 n 相关的编码。如果机器以此为输入,到达终止状态时,纸带上的符号串已被改造为 m 相关的编码,则称机器计算了函数 $f(n)=m$。如果一个函数以自然数为值域和定义域,并且可由一个图灵机计算,则称该函数为“可计算函数”。关于可计算函数的其他定义,例如递归函数、λ 可定义函数等,均等价于图灵机定义的可计算函数,原因可通过继续学习相关课程进行了解。

图灵机模型被视为计算机的基本理论模型 计算机使用相应的程序来完成预先设定的任务。图灵机是一种离散的、有穷的、构造性的问题求解思想,**一个问题的求解可以通过构造其图灵机(即算法和程序)来解决**。图灵认为:“凡是能用算法解决的问题也一定能用图灵机解决,凡是图灵机解决不了的问题任何算法也无法解决”,这就是著名的**图灵可计算性问题**。这里只是思想性地介绍,更为细致的内容需要学习“计算理论”等课程进行理解。

图灵机的意义 图灵机这一模型十分神奇。如果扩大输入字符集合、内部状态集合和动作集合,其所自动执行的功能则可十分复杂,以至于人们有可能失去对图灵机行为的预测能力。但是不论怎样复杂,仍然处于图灵机模型的描述范围之内,这正是其伟大之处——用一个简单的模型表征多变的、复杂的自动计算世界,而这也是众多科学家追求计算形式化的动力之一。另外也可将多个图灵机进行组合,可以从最简单的图灵机开始,构造复杂的图灵机。最简单的图灵机可以是用0和1及其3种逻辑运算(与、或、非)构造的图灵机(继续学习本书第3章即可理解)。从“最简单的逻辑运算操作最简单的二进制信息”出发,人们可以构造任意图灵机(继续学习本书第5章即可理解)。这点不难理解:任何图灵机均可将输入、输出信息进行 0-1 编码，任何变换也可最终分解为对 0-1 编码的变换，而对 0-1 编码的所有计算均可分解为前述 3 种运算（继续学习本书第 4 章和第 6 章即可理解）。这正是与计算相关的研究人员要研究数字逻辑电路和算法与程序的根本原因。

1.3.4 图灵机模型对现代计算机的启示

图灵机模型与冯·诺依曼计算机模型 图灵机模型提出了数据、程序、指令的概念，提出了用 0 和 1 表达指令和数据，读写头可以将 0 变为 1，也可以将 1 变为 0，控制器依据机器状态和输入决定执行的指令，进而产生输出。冯·诺依曼依据该模型提出了“存储程序”的思想，设计出了现代计算机：(1) 仅包含 0 和 1 两种输入符号的纸带，被设计为能存储 0 和 1 的存储器——可自动存入和读出 0 和 1 形式的数据；(2) 指令集（即程序）也被表达为 0 和 1 的形式，事先存储于存储器中；(3) 读写头被设计为能够进行算术运算和逻辑运算的运算器，用于对数据进行变换；(4) 控制器被设计为能够解析和执行指令的控制部件，也被称为控制器。这样即形成一个包含运算器、控制器、存储器，外加输入设备和输出设备的计算机模型，该模型即**冯·诺依曼计算机模型**。将控制器和运算器封装在一块芯片中形成中央处理器（central processing unit，CPU），CPU 和存储器通过总线（即各部件的连接线及连接线使用方面的控制机制）相连，即构成现代计算机。其重要思想发展是：程序由多条指令构成，并非“执行一条指令便输入一条指令”，这样输入速度太慢，无法跟上机器执行指令的速度，而是“将一个程序的所有指令事先存储于存储器中，由机器自动从存储器中读取指令并执行指令”，程序事先存储，则程序的执行速度随 CPU 执行指令速度的提升而提升。关于冯·诺依曼计算机，将在第 6 章中详细介绍。

非冯·诺依曼计算机模型 冯·诺依曼计算机模型是由一个运算器、一个控制器和一个存储器构成的计算机模型，指令和数据不加区分地混合存储在同一个存储器中，可被视为一种串行执行的指令流机器。随着技术的发展，许多不同于冯·诺依曼计算机的模型被提出。例如，将指令和数据分别存储于不同存储器的哈佛计算机模型，是一种存储器并行的计算机模型，形成了指令流和数据流并行处理模式；再如，一个控制器和多个运算器、多个控制器和多个运算器等形成的并行计算机模型；还有以数据流驱动的计算机模型，同样不同于指令流的冯·诺依曼计算机模型。相关内容读者可继续在其他课程中深入学习。

1.4 计算与社会

1.4.1 计算与社会/自然深度融合与基于计算的创新

计算系统的发展趋势 计算系统目前正朝微型化、大型化、网络化和智能化方向进一步发展。微型化是指使计算系统的体积越来越小,这样计算系统不仅能够随身携带,而且能够被嵌入各种物体甚至人体,使这些物体/人体具有相当的计算能力,进而具有一定的智能化能力。大型化是指具有高速度、大容量、强大功能的超级计算系统,例如气象预报、航天工程、石油勘测、人类遗传基因检测、机械仿真等,都离不开高性能超级计算系统。网络化是指计算系统之间的互联互通以及基于计算系统互联互通的物体之间的互联互通、人与组织之间的互联互通、网络与网络之间的互联互通以及虚拟世界与物理世界的互联互通等。智能化是指使计算机具有类似人的智能,这一直是计算机科学家不断追求的目标。所谓类似人的智能,是使计算机能像人一样思考和判断,令计算机完成过去只有人才能完成的智能的工作,例如智能搜索、自动翻译、与人类棋类高手对弈、无人驾驶、类人机器人等。

基于计算的创新 当今基于计算的创新层出不穷,例如,携程旅行网将世界各地的旅行社、航空公司、酒店、银行、保险公司、电信运营商等分散资源聚集于互联网平台,为用户提供一条龙式的、整合的服务;Uber 和滴滴出行以手机 App 为载体,建立了众多车主、广大普通乘客和服务平台之间的联系,聚集了不同类型的分散化的车辆和司机,建立了移动互联网时代下的现代化出行方式,改变了传统的租车或打车方式;"饿了么"以互联网服务平台为依托,聚集了数百万家餐厅以及众多分散化的配送者,为普通民众提供选餐、订餐、取餐、送餐等一条龙式的服务,使民众足不出户便可享用不同餐厅的优质餐饮;"摩拜单车"以集成了 GPS 和通信技术的智能锁为核心,建立了覆盖校园、地铁站点、公交站点、居民区、商业区、公共服务区的自行车网络,使普通民众能够通过手机 App 随时随地定位并使用最近的摩拜单车。

IBM 科学家提出智慧地球,强调更透彻的**感知**(instrumented)、更全面的**互联互通**(interconnected)和更深入的**智能化**(intelligent),以一种更智慧的方法和技术促进整个生态系统的互动,从而改变政府、公司和人们交互运行的方式,改变社会生活各个方面的运行模式,推动整个产业和整个公共服务领域的变革。2017 年 7 月,国务院印发《**新一代人工智能发展规划**》,指出人工智能是引领未来的战略性技术,正在推动经济社会各领域从数字化、网络化向智能化加速跃升，将深刻改变人类社会生活、改变世界。

1.4.2 计算与各学科深度融合

各学科+计算/计算机 随着计算机、互联网与人工智能技术的发展，计算与社会/自然等各学科深度融合，促进了各学科向计算化、网络化、智能化等高端技术方向发展。计算与医学的融合实现了“远程诊疗”“智慧医疗”“手术机器人”等，医生对疾病的诊断与治疗似乎已离不开越来越智能化的仪器；计算与数理科学的融合，催生了“计算物理学”“计算数学”等；计算与化学化工的融合，催生了“计算化学”“智慧化工”等；计算与生物学的融合，催生了“计算生物学”“生物信息学”等；计算与交通、市政的融合，催生了“智慧交通”“智慧城市”等；计算与社会学/经济学的融合，催生了“计算语言学”“计算经济学”“社交网络”等；计算与文学/艺术的融合，催生了“数字媒体”“数字艺术”“数字游戏”等。各学科的高端研究似乎越来越与计算/计算机相关联。计算机学科也在融合其他学科技术形成新的研究方向，例如“智能计算”“普适计算”“社会计算”“服务计算”等。

【示例 1.5】各学科与计算/计算机深度融合。

此处以 Rolls-Royce 公司提出的“TotalCare”计划为例，如图 1.7 所示。

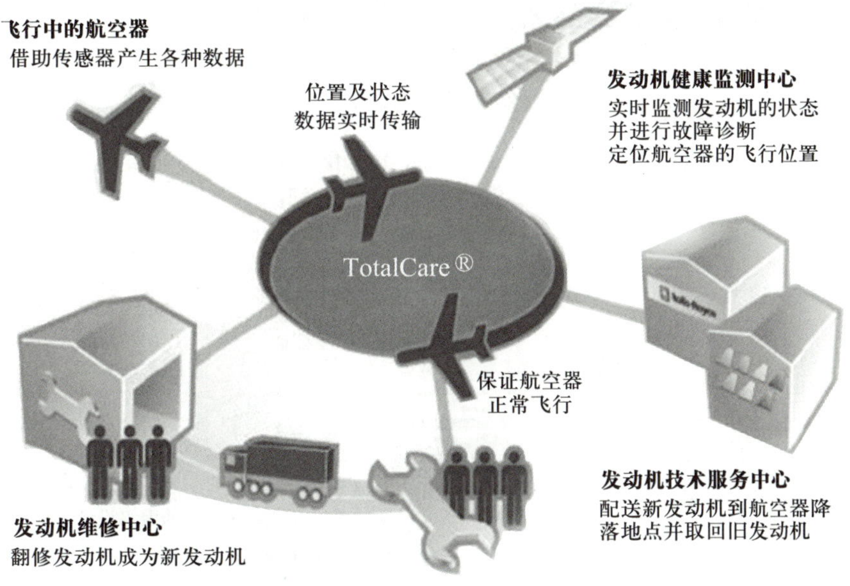

图 1.7 计算与社会/自然深度融合示意：Rolls-Royce 公司的 TotalCare 计划

TotalCare 将航空发动机上布满各种“传感器”，感知各种零件的磨损状态，感知各个部件的运行状态。当航空器在飞行过程中，这些数据被实时传回发动机生产者建立的“发动机健康监测中心”，该中心对发动机的各种数据进行实时分析，并产生状态监测报告，判断发动机的飞行安全状态。如果发现发动机存在安全隐患，则及时通知发动机技术服务中心，该中心将配备一台全新发动机，在航空器即将降落的时刻，将新发动机送到航空器降落的机场，航空器降落后则抓紧时间换下旧发动机并装载上新发动机。随后航空器继续其飞行计划，被换下的旧发动机则送回发动机维修中心进行翻修，翻修后又成为一台新发动机。该示例展现了“计算”与“发动机生产与服务”的融合：传感器产生数据，网络传输数据，基于数据分析，依据分析结果提供更好的服务。

新工科、新农科、新医科、新文科：“四新”学科 国家从战略层面适时提出了“四新”学科（新工科、新农科、新医科、新文科）建设。“四新”学科的一个重要范畴，是各学科融合计算机相关技术，或者是计算机学科融合更多其他学科技术，例如，交通/市政学科发展为智慧交通/智慧城市，能源学科发展为智慧能源，法学学科发展为智慧法学，物理学科、化学学科发展为计算物理、计算化学，医学各学科发展为智慧医疗等。这里的计算机是指“计算+”“互联网+”“大数据”和“人工智能+”等广义的计算含义。国家推出“四新”学科战略的目的是推动各行各业基于互联网+/人工智能技术的创新，引导各行各业及各个学科进行高端研究，从单一的产品本身的技术，发展为计算化、网络化、智能化的产品技术，推动科技进步，进而引领社会发展。

1.4.3 各学科学生为什么要学习计算机

非计算机专业学生的未来：基于计算的创新 信息社会离不开计算化、网络化、智能化，各学科人才未来可能会从事两方面的工作，如图1.8所示。一方面**能够应用本学科相关的计算/仿真系统来研究本学科问题**，例如，计算机类专业相关学生可能要利用虚拟化软件 VMware 或数据库系统 MongoDB，人工智能类或计算类相关专业学生可能要利用人

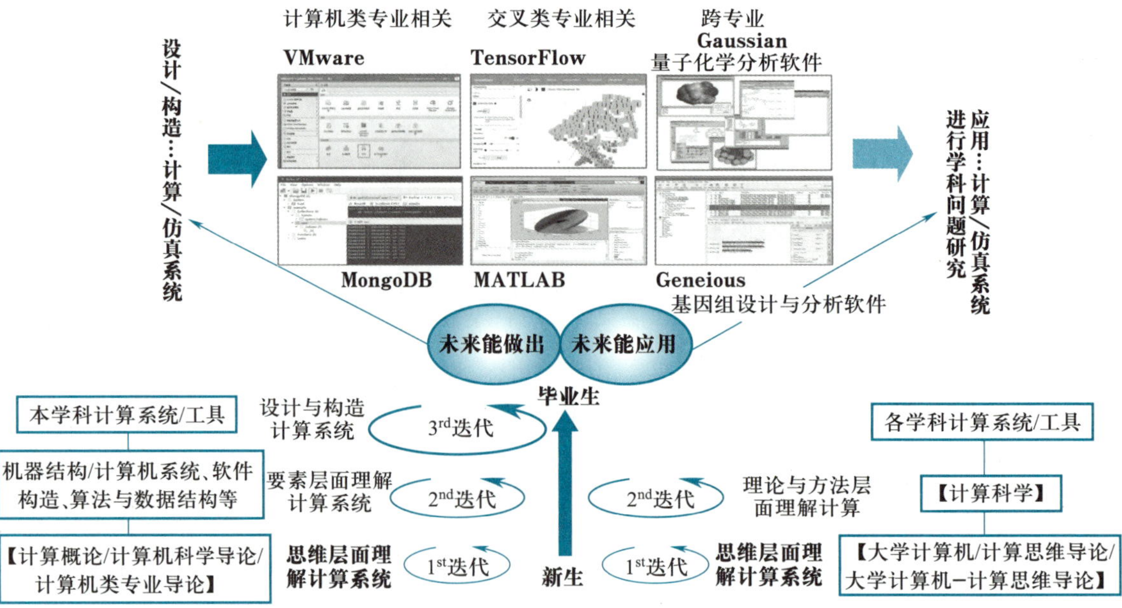

图1.8 学生未来工作场景示意

工智能类软件 TensorFlow 或数学建模与仿真类软件 MATLAB,化学类专业学生可能要利用量子化学分析软件 Gaussian,生物类专业学生可能要利用基因组统计分析软件 Geneious,医疗人员利用远程诊疗系统和诊疗辅助仪器进行疾病诊治,制造人员利用数字化生产线进行产品的制造和加工等。另一方面**能够设计/构造本学科相关的计算/仿真系统**,这样的系统尤其需要计算系统能力和学科专业能力融合的人员,例如设计基于计算技术的专业化工具,如高通量测序平台、数字化生产线、各种互联网服务系统等;再例如产品设计时不仅要设计机械产品,而且要设计数字化产品,更要设计“互联网+”环境下的数字化系统,通过计算化与网络化,进一步实现产品的智能化等。

这样,各学科未来人才不仅仅局限于本学科知识和能力的学习,还需要学习计算学科相关的知识,但更重要的是计算学科与本学科知识与能力的融合。同时,计算学科除培养传统的计算机系统设计与实现人才外,还需要注意培养学生的跨学科思维与跨学科能力。应该说,能够设计/构造(各)学科相关的计算/仿真系统供各学科人员广泛使用是一种源头创新,诺贝尔奖多次授予计算系统相关的人员能够说明这一点,例如:1998 年的诺贝尔化学奖授予 John Pople 以表彰其研制了一个量子化学计算软件包,使所有量子化学研究人员基于该软件从事专业研究工作;2013 年的诺贝尔化学奖、2017 年的诺贝尔医学奖等也是如此。为此,无论是计算机类专业学生还是非计算机类学生,都要在大学率先学习计算思维,首先从思维层面理解计算系统。然后,计算机类专业学生继续学习专业课程,从要素层面理解计算系统,进而达到能够设计与构造计算系统的能力目标;非计算机类专业学生继续学习计算科学相关课程以及专业强相关的计算类课程,达到能够设计与构造专业相关计算系统的能力目标。

1.4.4 大学第一门计算机课程的内容组织脉络

大学第一门计算机课程内容组织脉络如图 1.9 所示。

人们都想利用计算机通过计算求解社会/自然问题。如何计算则涉及人-计算和机器-自动计算。“人-计算”可被视为“数学”学科应当研究和解决的问题,即数学方面会提出一些不同的函数形式,例如指数、对数、微分、积分等,以表达不同的计算含义,同时给出一些可快速计算并获得结果的计算规则,使人掌握以便获得计算结果。“机器-自动计算”则被视为“计算机科学”要研究和解决的问题。若要研究机器自动计算,**一方面要研究数据和计算规则如何表达,以便机器能够理解并执行,这就是“程序”,另一方面要研究能够自动执行规则的“计算系统”**。

因此,若要理解机器自动计算,首先需要理解程序与计算系统/机器,理解程序如何被计算系统/机器自动执行。在计算机中,所有能够被执行的程序都需要被表达成 0 和 1 的形式,这就是为什么要学习 0 和 1 思维的基本原因,用 0 和 1 表达的程序称为机器级程序。但人类不便于编写机器级程序,而是适宜用类似于自然语言的方式编写程序,即高级

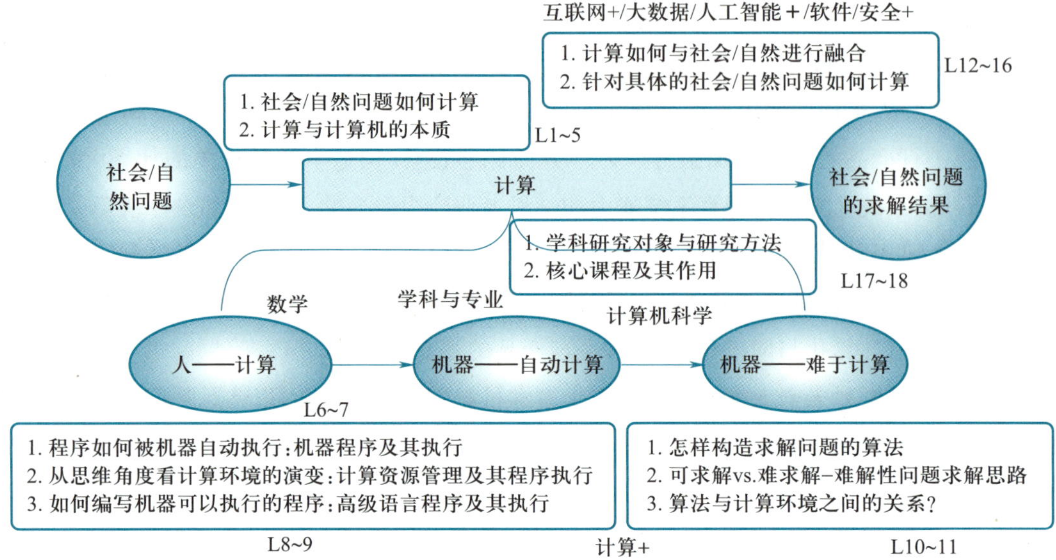

图 1.9　计算思维构建与训练的基本次序暨教材章节内容组织

语言程序。因此，理解计算不仅要理解高级语言程序本身的执行过程，还要理解高级语言程序如何被转换成机器级程序并被执行，换句话说要理解计算机语言和编译（注：只需在思想层面上理解，并不要求在实现层面上理解，因为涉及很多细节）。计算的根本目的是求解社会/自然问题，这种求解规则的表达是关键，有时并不能直接表达成程序，这就出现了算法。算法是规则的表达，程序也是规则的表达，只是在不同的抽象层面上。将问题求解规则首先表达成算法，再表达成高级语言程序，然后表达成机器级程序，最终被机器执行。因此，从某种意义上讲，算法、高级语言程序、机器级程序都是对计算规则的表达，只是位于不同的层面。

进一步思考：如果按照计算规则，由机器自动执行，其计算量能否在短时间内完成？例如如果需要机器执行数天、一年或若干年，则该类问题被称为难解性问题，亦即机器难于计算的问题。人们需要了解哪些问题是可求解的，哪些问题是难求解的。对于难解性问题，需要考虑是否可以不求精确解而求近似解。这就出现了一系列新的算法来解决复杂问题。上述内容可认为是“计算+”的基础。

随着社会的发展和技术的进步，目前的“计算+”正在走向“互联网+”、“大数据”和“人工智能+”，社会/自然问题在互联网环境下，在大数据的支撑下，其求解的思路和方法都在发生变化，原先貌似不能解决的问题，在新环境下变成可能。可以说“互联网+”和“大数据”已深刻影响着社会/自然问题的计算方式，同时促进了计算思维与多学科思维的深度融合，“计算+”“互联网+”“人工智能+”正在成为各学科颠覆性思维的源泉，也在成为各学科高端研究的重要方面。人们要深刻理解社会/自然与计算的深度融合，而非简单地使用计算机，这样才能在未来更好地利用计算求解社会/自然问题。

本书将按照图 1.9 的思路组织教学内容。第 1~2 章为入门，第 3~5 章介绍计算机的本质,第 6~7 章介绍计算系统及其执行程序的过程,第 8~9 章介绍计算机语言及程序的编写,第 10~11 章介绍算法思维,第 12 章介绍网络化思维,第 13 章介绍数据化思维,第 14 章介绍人工智能思维,第 15 章介绍软件思维,第 16 章介绍网络安全相关问题,第 17~18 章介绍计算机类学科和专业。

1.4.5 学习到何种程度

在学习过程中,人们往往会陷于知识细节的学习,这样会有"只见树木不见森林"的感觉,亦会觉得枯燥。但如果将知识贯通起来,将多方面的知识串联思考与学习,有意识地屏蔽一些细节,则会有趣得多。

"知识"通常被认为是人类在实践中认识客观世界(包括人类自身)的成果。学习"知识"固然重要,但如果能体会知识的产生过程则更加重要。因此,比学习"知识"更重要的是学习"知识的贯通"即思维。思维方式是看待事物的角度、方式和方法,它对人们的言行起决定性作用。当人们经过若干年的不断努力,深入理解了知识,实现知识的融会贯通时,就能将思维转变成能力。

由知识学习到思维培养,重要的是能够从"表层含义"理解到"深层含义",最终理解到"集成含义"。

表层含义是指术语、概念、知识点本身的解释。通常表层含义的学习和理解比较容易,是一些事实性或结论性的知识。例如在"二进制"的学习中,表层含义就是二进制数的表示和转换等,如果不能理解,也可到网络中搜索,即可找到相关介绍。

深层含义是指术语、概念、知识点所反映的深刻道理。同样以"二进制"的学习为例,其深层含义是:计算机为什么要采用二进制? 采用二进制可将算术运算转换为逻辑运算进行,可将减法运算转换为加法运算进行等(注:详细内容可参见第 3 章)。其背后的深层含义对每个人思维的形成影响很大,同时令人感觉难于理解。并且随着阅历的提升,人们会越发感觉到深层含义的重要性,对其理解也会越发深刻。

集成含义是指术语、概念、知识点在整个思维脉络/知识体系中的位置,要理解相互之间的衔接关系。计算学科的特征之一就是过程性,即任何事情都能形成一个过程,只要能形成过程,便可由计算系统予以执行。该过程体现为一串知识点的前后衔接,知识点构成了过程的一个个环节,只有连贯各个知识点才能解决问题。

需要注意的是,不要将计算思维的学习看成理论的学习。一个人可以没有理论,但不能没有思维。"**高度决定视野,角度改变观念,尺度把握人生**。"学习本课程也要像王国维先生提出的境界一样,需要进入一定的境界。第一重境界是"昨夜西风凋碧树,独上高楼,望尽天涯路",只有站得高,才能看得远,只有看得远,才能看得真。第二重境界是"衣带渐宽终不悔,为伊消得人憔悴",既要由此及彼,浮想联翩,又要坚定执着,孜孜以求。第三重境界是"众里寻他千百度,蓦然回首,那人却在,灯火阑珊处",能否学好计算机相关的内容，比如计算机语言程序设计、数据结构与算法等，归根结底还是能否具有很好的计算思维能力。

进入大学，需要训练的第1种能力就是“抽象”能力。抽象能力可以通过“理解—区分—命名—表达”4个步骤来训练。

理解是指对现实事物进行观察和了解，从而发现一些规律性的内容，简单而言，就是**“共性中寻找差异，差异中寻找共性”**，从若干不同但看起来相似的事物中发现共性的要素，从若干看起来相同但事实上不同的事物中发现差异，能否发现是决定理解与否的关键。

区分是指对所观察事物或待研究事物的各方面要素进行区分，不同要素起着不同的作用，要区分此要素非彼要素，区分各个要素的颗粒度、程度，要考虑这种区分的必要性和可行性。能否区分各种要素是衡量是否理解的标志。

命名是指对每一个需要区分的要素进行恰当的命名，以反映区分的结果。命名体现了抽象是“现实事物的概念化”，以概念的形式命名和区分所理解的要素。是否给出恰当的命名是衡量能否区分的标志。

表达是指以适当的形式，表述区分和命名的要素及其之间的关系，也即形成“抽象”的结果。如果将所抽象的结果用数学形式严格进行表达，便可研究相应的性质，提出公理和定理，由此进入“理论”领域；而如果将所抽象的结果用模型、语言或程序表达，便可设计算法和系统，进入“设计”领域。

人们应当训练自己的抽象能力，即按照“理解—区分—命名—表达”的步骤进行日复一日的训练，使抽象能力得到提高。表达能力包含面向数学的表达与面向应用的表达。要提高自己的表达精度和对复杂事物的表达能力，唯一的方法就是练习、练习、再练习。

关于怎样学习，需要了解评价认知学习不同深度的一种模型——“Bloom分类法”，其对认知层次即学习深度定义了6个层次：

（1）**了解**——学习过后，是否能够回忆或记住知识，是否能够区分与辨识知识；

（2）**理解**——学习过后，是否能够用自己的话陈述或解释知识；

（3）**应用**——学习过后，是否能够在新场景下运用学过的知识；

（4）**分析**——学习过后，是否能够从不同角度分解或分析知识并进行更透彻的理解；

（5）**综合**——学习过后，是否能够综合不同的知识产生新概念和新知识；

（6）**评价**——学习过后，是否能够量化评价一项决策。

后人对“Bloom分类法”进行了改进，形成了新的6个层次，即**记忆（了解）**、**理解**、**应用**、**分析**、**评价**和**创造**。所谓创造，即学习过后是否能够创造新产品或新观点。

本章小结

本章主要介绍了 4 个方面内容：首先介绍了什么是计算机，即能够执行程序完成各种计算的机器，包括硬件和软件，呈现为独立的计算机和嵌入各种设备的计算机的多种形态；然后介绍了什么是自动计算，以及人计算（数学学科研究的计算）和机器计算（计算机学科研究的计算）之间最基本的差异，指出“枚举—计算—验证”是最基本的计算思维，并进一步介绍了图灵计算模型、自动计算原理以及自动计算的探索历程；之后介绍了计算与社会，包括基于计算的创新、计算与社会/自然的深度融合、计算与各学科的深度融合等；最后介绍了本教材的内容组织思路以及学习方法和学习程度等。

视频学习资源目录 1（标＊者为延伸学习视频）

本章视频学习资源

1. 视频 1-1　枚举—计算—验证
2. 视频 1-2　计算规则与迭代
3. 视频 1-3　计算机发展概览（1）——计算机的起源
4. 视频 1-4　计算机发展概览（2）——电子计算机的发展
5. 视频 1-5　计算机发展概览（3）——计算机学科与应用
6. 视频 1-6　从机械计算到电子计算
7. 视频 1-7　电子计算机及其发展
8. 视频 1-8　计算与社会

*9. 视频 1-9　计算机理论模型——图灵机（上）

*10. 视频 1-10　计算机理论模型——图灵机（下）

*11. 视频 1-11　数学危机与图灵机

*12. 视频 1-12　图灵机模型与思想

13. 视频 1-13　二进制及其运算

*14. 视频 1-14　计算思维导论课程的定位和价值

思考题 1

1. 为什么人人都要学习计算思维？计算思维对不同专业(结合你自己的专业)的价值在哪？如何实现基于计算的创新？

2. 计算如何与社会/自然深度融合？试举例说明计算与社会/自然深度融合。

3. 从思维上讲,“人-计算”与“机器-自动计算”有何异同？

4. 为什么说“计算”是科学研究的第 3 种手段？什么是计算？有何特点？

5. 人们需要学习哪些计算思维？怎样学习这些计算思维？本课程的脉络是怎样的？

第 2 章

由小白鼠检验毒水瓶问题到数据传输校验问题——初识计算思维

本章要点：　本章通过两个示例展现什么是计算思维以及计算思维的价值，进一步讲解计算之树——大学计算思维教育空间。

本章导图：

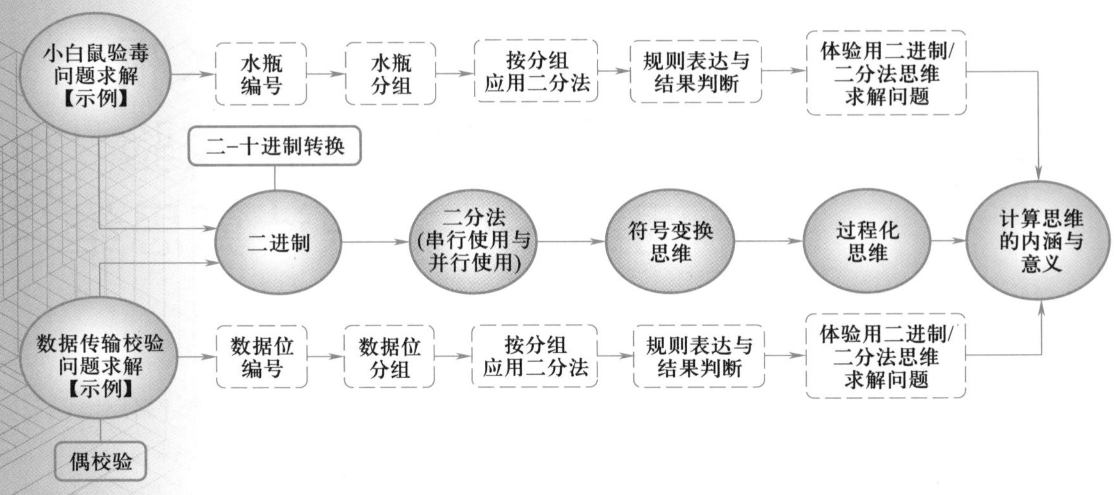

小白鼠验毒问题求解【示例】
水瓶编号
水瓶分组
按分组应用二分法
规则表达与结果判断
体验用二进制/二分法思维求解问题
二-十进制转换
二进制
二分法(串行使用与并行使用)
符号变换思维
过程化思维
计算思维的内涵与意义
数据传输校验问题求解【示例】
数据位编号
数据位分组
按分组应用二分法
规则表达与结果判断
体验用二进制/二分法思维求解问题
偶校验

2.1 小白鼠检验毒水瓶问题及求解

学习计算机,首先要学习计算思维。什么是计算思维?首先观察一个问题及其求解,该问题无须复杂的数学知识,所有读者都应能够求解。

【问题1】有1 000瓶水,其中1瓶是有毒的,小白鼠只要尝到有毒的水,就会在24小时内死亡,问:至少需要多少只小白鼠才能在24小时内检验出哪瓶水有毒?如何检验?

读者刚看到此题时,可能觉得比较复杂,没有头绪,因此先来看另一道题。

【问题2】有8个相同大小的小球,已知其中7个小球重量相同,1个小球比其余7个略重,可以用到的工具只有一个天平,问:如何用最快速的方法找出这一稍重的小球?

【问题2求解】想找出稍重的小球其实很容易,最简单的方法是拿出两个小球分别放在天平两侧,如果天平平衡则再拿两个小球比较,直到天平向一侧倾斜,即可找到稍重的那个。如此最多只需测量4次即可找到"与众不同"的小球。

是否存在更快速的方法呢?可按如下操作进行。

首先将8个小球平均分成两组,将两组小球分别放在天平两侧,由于所有小球均在天平上,因此必然有一侧重于另一侧。将较重一侧的4个小球继续平均分成两组并放在天平上,然后将较重一侧的2个小球分别放在天平两侧,最终较重一侧的小球即为所求。如此只需测量3次即可找出较重的小球。**【问题2解毕】**

问题2的第2种解法就利用了所谓的"二分法"思维。掌握这种方法后,即可使用相同的方法解决类似问题,比如在1 000个小球中找出较重的那个。细心的读者此时会发现,如果将"小球"换成"水瓶",较重的那个"小球"即有毒的"水瓶","天平"即"小白鼠",称重次数变成使用"小白鼠"的只数,用此解法可以很容易地解决以下问题。

【问题3】8瓶水中1瓶是有毒的,小白鼠只要尝到有毒的水就会死亡,问:需要几只小白鼠才能判断出哪瓶水有毒?

【问题3求解】采用与问题2求解相似的二分法思维进行求解,如图2.1所示,则需要3只小白鼠即可判断出哪瓶水有毒。**【问题3解毕】**

【问题4】有1 000瓶水,其中1瓶是有毒的,小白鼠只要尝到有毒的水就会死亡,问:需要几只小白鼠才能判断出哪瓶水有毒?

【问题4求解】在只有8瓶水的情况下,需要3只小白鼠。按照问题3的二分法求解,问题4需要10只小白鼠,读者可自行验证:将1 000瓶水分成2组,第1只小白鼠能识别出包含毒水瓶的一组500瓶水;将这500瓶水继续分成2组,则第2只小白鼠能识别出包含毒水瓶的一组250瓶水;依次进行下去,第3只识别125瓶,第4只识别63瓶,第5只识

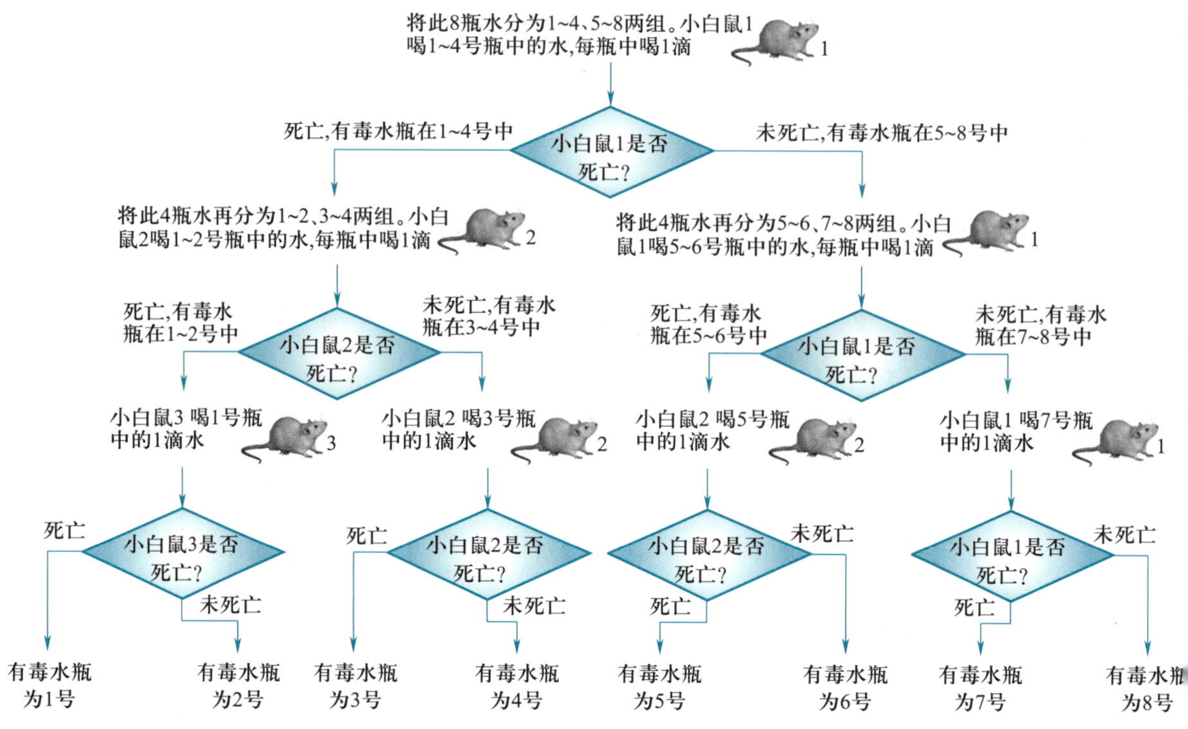

图 2.1　二分法求解问题 3 示意

别 32 瓶,第 6 只识别 16 瓶,第 7 只识别 8 瓶,第 8 只识别 4 瓶,第 9 只识别 2 瓶,第 10 只识别出毒水瓶。**【问题 4 解毕】**

问题 4 的二分法求解体现了二进制思维。人们日常熟悉的是十进制,0~9 表示 1 位十进制数,逢 10 进 1。也就是说在计算时,数字 9 的下一个数字是 10(由 1 位变为 2 位),数字 19 的下一个数字是 20(向高位进位),数字 99 的下一个数字是 100(由 2 位变为 3 位)。类比十进制,相信读者很容易理解二进制:每一位只有 0 和 1 两个数码,逢 2 进 1。假设存在一个 4 位二进制数,0001(十进制的 1)后面是 0010(十进制的 2,逢 2 进 1 形成),0011(十进制的 3)后面是 0100(十进制的 4,依次逢 2 进 1 形成),0111(十进制的 7)后面是 1000(十进制的 8)。0000、0001、0010、0011、0100、0101、0110、0111、1000、1001、1010、1011、1100、1101、1110、1111 等分别表示十进制的 0~15。此时又出现一个问题:数字“1000”究竟是多少?此时不能武断地认为它是一个二进制数,而是需要知道其用几进制表示,人们用$(1000)_{\text{二}}$或$(1000)_{\text{十}}$等括号带数字下标的方式标明其为几进制(注意:**如果不特别指明进位制,则默认为十进制**)。关于二进制与十进制的具体转换方法,将在 2.4 节进行详细介绍。

再看问题 4 的求解。将 8 瓶水编号为二进制数的 000、001、010、011、100、101、110、111,可以看出 8 瓶水的编号能够由 3 位二进制数实现,因此需要 3 只小白鼠,3 位二进制数能够编号 2^3 瓶水,类似地,n 位二进制数能够编号 2^n 瓶水。1 000 瓶水的编号“1 000”转换成二进制则需要 10 位二进制数,由于 $2^9<1\ 000<2^{10}$,因此需要 10 只小白鼠,即 10 位

二进制数才能编码每一瓶水。只要能用二进制编码，则能使用二分法求解。

问题 4 虽然可以求解，但似乎仍然不能解答问题 1，因为**问题 1 比问题 4 多了一个限制条件“24 小时内”**，即一只小白鼠死亡可能需要 24 小时，而题目要求 24 小时内必须能够判断。此时可用如下方法求解。

【问题 1 求解】观察下面的求解过程，如图 2.2 所示。

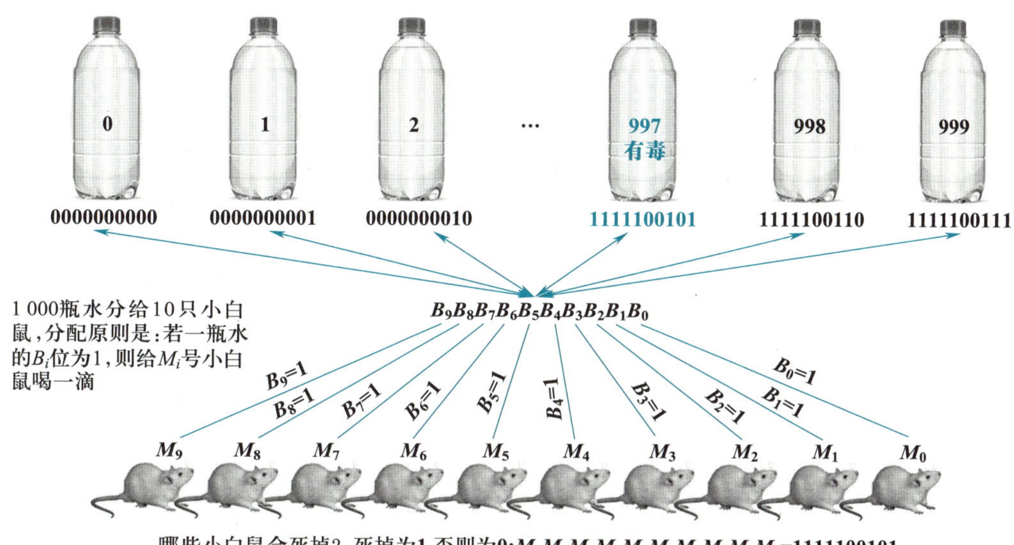

图 2.2 小白鼠检验毒水瓶问题求解示意

步骤 1：将 1 000 瓶水逐瓶编号，编号为 0~999，假设第 997 号瓶水有毒。

仅用十进制编号，很难看出如何求解。因此可以用二进制求解该题。

步骤 2：作一个变换，将每瓶水的编号由十进制转换为二进制。

我们知道，1 位二进制数只能表示 0~1（最大编号为 2^1-1），2 位二进制数能表示 0~3（最大编号为 2^2-1）……以此类推，10 位二进制数能表示 0~1 023（最大编号为 $2^{10}-1$）。因此，若要表示 999 这一编号，则需要 10 位二进制数。由此能够联想到需要 10 只小白鼠即可检验出哪瓶水有毒。

问题接踵而至：应当怎样让小白鼠尝试，才能用 10 只小白鼠的状态从 1 000 瓶水中判断出哪一瓶有毒呢？注意：小白鼠喝了有毒的水可能很快死亡，但也可能在接近 24 小时时死亡，因此不能逐只进行实验，否则时间不够。

步骤 3：每瓶水的编号都是 10 位二进制数，记为 $B_9B_8B_7B_6B_5B_4B_3B_2B_1B_0$（其中 B_i 仅为 0 或 1，$i=0, \cdots, 9$），10 只小白鼠分别编号为 M_9、M_8、M_7、M_6、M_5、M_4、M_3、M_2、M_1、M_0。制定规则如下：编号为 $B_9B_8B_7B_6B_5B_4B_3B_2B_1B_0$ 的一瓶水，如果 B_i 位为 1，则令 M_i 号小白鼠尝试；如果 B_i 位为 0，则不令 M_i 号小白鼠尝试。

该步骤是对 1 000 瓶水分组，按分组并行应用二分法：第 1 只（M_0）小白鼠负责喝第 1 位（B_0）为 1 的约 500 瓶水，即按 B_0 为 0 或 1 分为两组；第 2 只（M_1）小白鼠负责喝第 2 位（B_1）为 1 的约 500 瓶水，即按 B_1 为 0 或 1 分为两组……第 10 只（M_9）小白鼠负责喝第 10

位(B_9)为1的约500瓶水,即按B_9为0或1分为两组。每只小白鼠均负责两组,但分组对每只小白鼠都是不同的,这样可以并行使用二分法。

步骤4:1 000瓶水均按上述规则进行处理。小白鼠尝试完毕后,静等24小时,然后观察小白鼠的状态。若M_i号小白鼠死掉,则$M_i=1$,否则$M_i=0$。将M_i联合起来观察,有$M_9M_8M_7M_6M_5M_4M_3M_2M_1M_0=1111100101$,即可得出有毒水瓶的二进制编号,最后还原回十进制编号,便可得知997号瓶水有毒。**【问题1解毕】**

2.2　小白鼠检验毒水瓶问题求解背后的思维

小白鼠检验毒水瓶问题(以下简称"小白鼠问题")已经能够求解,但该问题背后的思维是怎样的呢? 下面尝试归纳。

2.2.1　二分法——人类普遍应用的思维

小白鼠问题的求解运用了二分法思维,这是人类普遍应用的一种思维模式。所谓的二分法,就是通过不断地排除"不可能",进而找出问题正确解的一种方法。之所以称为"二分",是因为每次处理都把所有情况分成"可能"和"不可能"两种情况,然后排除所有"不可能"的情况,而在"可能"的情况中再进行下一次排除。

例如,一种典型的猜数游戏是:机器随机设定一个数,由用户来猜。每当用户给出一个猜测值时,系统会告知"大了"还是"小了"。如果大了,则用户向比猜测值小的方向选择新猜测值;如果小了,则用户向比猜测值大的方向选择新猜测值,直到找出正确答案。

再例如,工人要维修一条电话线路,如何迅速查出故障所在位置呢? 如果沿着线路一段段查找,则每查一个点要爬一次电线杆,将会浪费时间和精力。此时可使用二分法:设电线两端分别为A、B,首先从中点C查起,检查A点和C点是否可以通信,如果通信成功则AC段正常,BC段存在故障;再检查BC段中点D,若发现BD段正常,则断定故障位于CD段;再到CD段中点E检查……这样每查一次,即可将待查线路长度缩减为一半,从而节省很多查找时间和精力。

前述两个例子的二分法思想是否可直接用于小白鼠问题的求解呢? 似乎不可以,如图2.3(a)所示,每一次有毒/无毒的分类需要等本次实验的小白鼠死亡或等待24小时后才能确定,无法满足时间约束。解决方法如图2.3(b)所示——可采取多只小白鼠同时进行实验:每一只小白鼠负责尝试500瓶水,如果死亡,则说明这500瓶水中有毒而另外500瓶水中无毒;如果没有死亡,则说明这500瓶水中无毒而另外500瓶水中有毒。每只小白鼠检验的范围不同，多只小白鼠交错可唯一确定某一瓶水是否有毒，即如果尝试这瓶水的所有小白鼠均未死亡，则说明该瓶水无毒。这就需要借助二进制编码的方式决定哪一只小白鼠负责检验哪些水瓶。这种方法本质上仍然是二分法，但是并行实现。

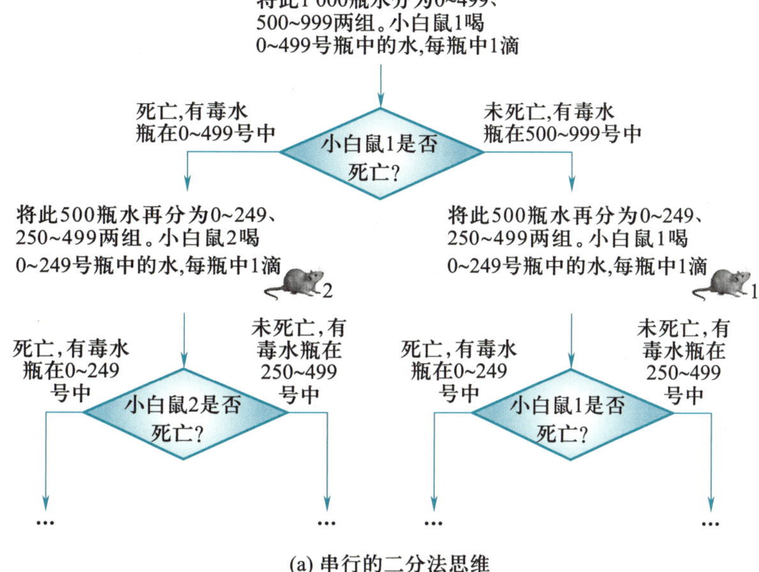

(a) 串行的二分法思维

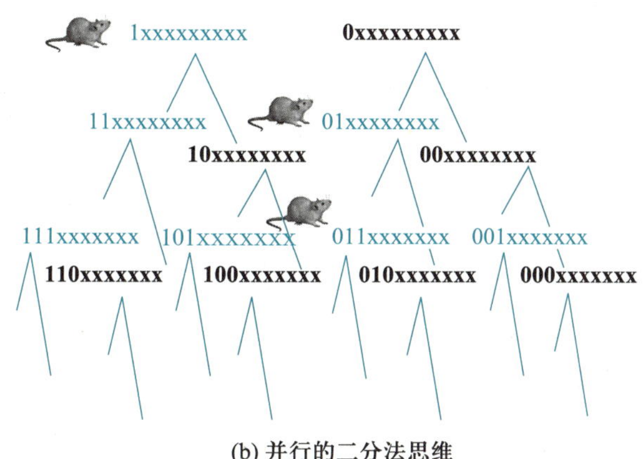

(b) 并行的二分法思维

图2.3　小白鼠问题的二分法求解示意

2.2.2　由二分法到二进制思维

小白鼠问题的求解运用了二进制思维。二进制和十进制一样都是一种进位计数制。所谓进位计数制是指一种用数码和数位(权)表示数值型信息的方法。一个数由若干数码排列在一起组成，每个数码的位置规定了该数码所具有的数值等级——“权”，该位置也称“数位”，可区分数码的个数称为“基值”。该计数制又称以基值为进位的计数制，数位的“权”值是基值的幂。计数中,某一数位累计到基值后,向高数位进 1;高数位的 1 相当于低数位的基值大小。在日常生活中,常见进位计数制包括十进制(自然数)、十二进制(月)、二十四进制(日)、六十进制(时/分/秒)、七进制(星期)和 360 进制(角度)等。在计算机中,还包括二进制、八进制和十六进制等。

一般而言,以后缀 B 表示二进制数、后缀 O 表示八进制数、后缀 H 或前缀 0x 表示十六进制数、后缀 D 表示十进制数,或者以**(数码串)**$_r$ 表示一个 r 进制数。如果不进行标识,既无前缀也无后缀,则默认为十进制数。参见图 2.4。

$r^{n-1}r^{n-2}\cdots r^2r^1r^0.r^{-1}r^{-2}\cdots r^{-m}$ —— 数位的权值

$n-1\,n-2\cdots 2\,1\,0.-1-2\cdots -m$ —— 数位

$(d_{n-1}d_{n-2}\cdots d_2d_1d_0.d_{-1}d_{-2}\cdots d_{-m})_{r-1}$ —— r进制数

$$=d_{n-1}r^{n-1}+d_{n-2}r^{n-2}+\cdots+d_2r^2+d_1r^1+d_0r^0+d_{-1}r^{-1}+d_{-2}r^{-2}+\cdots+d_{-m}r^{-m}=\sum_{i=-m}^{n-1}d_ir^i$$

(a) r进制及其相关概念示意

$2^72^62^52^42^32^22^12^0.2^{-1}2^{-2}$ —— 数位的权值

7 6 5 4 3 2 1 0.−1−2 —— 数位

$(1\,1\,1\,1\,0\,1\,0\,1.0\,1)_{二}$ —— 二进制数

$$=1\times2^7+1\times2^6+1\times2^5+1\times2^4+0\times2^3+1\times2^2+0\times2^1+1\times2^0+0\times2^{-1}+1\times2^{-2}=(245.25)_{十}$$

(b) 二进制及其相关概念示意

$10^210^110^010^{-1}10^{-2}$ —— 数位的权值

2 1 0 −1 −2 —— 数位

$(2\,4\,5\,.2\,5)_{十}$ —— 十进制数

$$=2\times10^2+4\times10^1+5\times10^0+2\times10^{-1}+5\times10^{-2}$$

(c) 十进制及其相关概念示意

图 2.4　r 进制与十进制、二进制的概念比较示意

基值为 r 的 r 进制数值 N 的表示方法为:$N=(d_{n-1}d_{n-2}\cdots d_2d_1d_0.d_{-1}d_{-2}\cdots d_{-m})_r$。

该数表示的十进制大小为:

$$N=d_{n-1}r^{n-1}+d_{n-2}r^{n-2}+\cdots+d_2r^2+d_1r^1+d_0r^0+d_{-1}r^{-1}+d_{-2}r^{-2}+\cdots+d_{-m}r^{-m}=\sum_{i=-m}^{n-1}d_ir^i \quad (2.1)$$

其中,m、n 为正整数,n 为整数部分的位数,m 为小数部分的位数,d_i 为 r 个数码 0,1,⋯,$r-1$ 中的任意一个,r 为基值,r^i 为数位的权值,小数点位于 d_0r^0 之后。

1. 十进制

当 $r=10$ 时,表示十进制数。在十进制数中,10 个数码为 0,1,⋯,9。逢十进一,其数位权值为 10^i。

【示例 2.1】$(245.25)_{十}=2\times10^2+4\times10^1+5\times10^0+2\times10^{-1}+5\times10^{-2}$。

2. 二进制

当 $r=2$ 时,表示二进制数。在二进制数中,2 个数码为 0 或 1。逢二进一,其数位权值为 2^i。

【示例 2.2】$(11110101.01)_{二}=1\times2^7+1\times2^6+1\times2^5+1\times2^4+0\times2^3+1\times2^2+0\times2^1+1\times2^0+0\times2^{-1}+1\times2^{-2}=(245.25)_{十}$。

3. 八进制和十六进制

当 $r=8$ 时,表示八进制数。在八进制数中,8 个数码为 0,1,…,7。逢八进一,其数位权值为 8^i。当 $r=16$ 时,表示十六进制数。在十六进制数中,分别用 A 表示$(10)_{十}$,用 B 表示$(11)_{十}$,用 C 表示$(12)_{十}$,用 D 表示$(13)_{十}$,用 E 表示$(14)_{十}$,用 F 表示$(15)_{十}$。因此,16 个数码为 0,1,2,…,8,9,A,B,C,D,E,F。逢十六进一,其数位权值为 16^i。

【示例 2.3】$(365.2)_{八}=3\times8^2+6\times8^1+5\times8^0+2\times8^{-1}=(245.25)_{十}$,

$(F5.4)_{十六}=F\times16^1+5\times16^0+4\times16^{-1}=(245.25)_{十}$。

二进制思维有十分重要的意义,它可将许多事物(或状态)非常巧妙地统一起来。如 2.1 节所示,1 和 0 可以表示"有毒"与"无毒",可以表示"喝"与"不喝",还可以表示"死"与"生"。通过一串 0 和 1,人们实现了不同语义的无缝转换,即很容易从一种语义转换到另一种语义中。对同一串 0 和 1,如"000010",可以有不同的解读:

① 000010 表示对应编号为 000010(十进制 2)的水瓶;

② 000010 表示第 i 位对应第 i 只小白鼠,且 1 表示喝水,0 表示不喝水;

③ 000010 表示第 i 位对应第 i 只小白鼠,且 1 表示死亡,0 表示存活。

许多情况下看起来不容易解决的问题,用二进制思维便可解决,如小白鼠问题的求解。小白鼠问题之所以看起来十分复杂,是因为多种含义的 0 和 1 交织在一起,影响了思维的清晰性。但不管怎样,强化"将多种事物及状态用 0 和 1 统一"的训练是运用计算思维的关键之一。

2.2.3 过程化与符号变换思维

小白鼠问题的求解运用了"过程化"与"符号变换"的思维。"过程化"与"符号变换"是典型的计算思维,那么何为计算思维中的"计算"? 一些学者认为"任何一个过程都有输入和输出,过程是将输入变换为输出的一组活动",也有学者认为"过程实现了系统从一个状态(始态)变换成另一个状态(终态)"。万事万物都可被转换成符号作为过程的输入,通过符号变换,转换成另一种符号作为输出并转换成自然状态的万事万物,这也是计算。

小白鼠问题的求解体现了这样一种过程:水瓶十进制编号(所有)➡(变换为)二进制编码➡(变换为)分配给小白鼠,并产生小白鼠状态的结果➡(变换为)二进制编码➡(变换为)十进制编号,找出有毒水瓶。

"过程化"是任何事物利用计算机进行处理的前提,即首先需要过程化,然后才能将这种过程转变为计算机能够执行的程序,进而才能实现自动化。

上述内容都是计算思维。不要将计算思维看作一个概念,计算思维是人们在问题求解过程中的一种思维模式,二进制、二分法、符号变换、过程化等都是计算思维。并非要记住一个概念，而是要体验这种思维在问题求解、系统设计和人类行为理解方面的意义。

2.3　类比小白鼠检验毒水瓶问题求解做一个发明

计算思维有什么价值？学好计算思维，有助于人们创新想法，并将创新想法变为现实。下面类比小白鼠问题做一个发明。

2.3.1　数据通信领域需要解决的一个问题

众所周知，计算机中所有的信息都展现为 0-1 串，例如“1001110010010111”，并且需要不断地进行传输，例如从一台计算机传输到另一台计算机或者从一台计算机传输到网络中，那么有没有可能传输错误呢？当错误发生时，如何判断并纠正错误呢？

首先分析 0 和 1 的特性，然后探讨判断并纠正错误的方法。

二进制算术运算是位相关运算，即逢二进一、借一当二，规则如下：

加法运算规则

0+0=0；　0+1=1；　1+0=1；　1+1=0（本位为 0，进位为 1）

减法运算规则

0-0=0；　0-1=1（借位为 1）；　1-0=1；　1-1=0

如果仅进行 1 位的加法，加数、被加数与和均为 1 位，所有进位将被自动舍弃，则 n 个 1 的累加和也只能是 1 位，其结果依赖于 n 是偶数还是奇数。若 n 是偶数，则累加和为 0；若 n 是奇数，则累加和为 1。该特性十分重要，可以看出：判断一个 0-1 串中 1 的个数是偶数还是奇数，只需将该 0-1 串的各个位逐位累加即可，依据其累加和为 0 还是 1 即可判断。

为了更加严格地表述，此处引入异或运算。

异或运算规则 异或运算⊕是一种位运算，规则为“相同为 0，不同为 1”，具体如下：

$0 \oplus 0=0$；　$0 \oplus 1=1$；　$1 \oplus 0=1$；　$1 \oplus 1=0$

为叙述方便，这里定义一个新的运算——按位异或和，该运算用以判断一个 0-1 串中 1 的个数是奇数还是偶数。

按位异或和 一个 0-1 串（又称比特串）的按位异或和，即将该 0-1 串的每一位实施异或运算得到的结果。该结果依赖于 0-1 串所包含的 1 的个数：如果包含奇数个 1，则其按位异或和为 1；如果包含偶数个 1，则其按位异或和为 0（可由异或运算规则予以证明）。

按位异或和得到的结果与仅作 1 位运算的按位累加和结果是一致的,所不同的是按位异或和没有产生任何进位,而按位累加和舍弃了所有进位。两个操作的目的都是判断一个 0-1 串中 1 的个数是奇数还是偶数。

【示例 2.4】0-1 串"1011"的按位异或和,即 $1\oplus0\oplus1\oplus1=1$(奇数个 1,其按位异或和为 1)。

【示例 2.5】0-1 串"1001"的按位异或和,即 $1\oplus0\oplus0\oplus1=0$(偶数个 1,其按位异或和为 0)。

在计算过程中,通过统计 1 的个数即可获知,"1011 0110 1011 0110 1110 1001 1101 1010"的按位异或和为 0(其包含了 20 个 1,即偶数个 1),"1011 0111 1111 1110 1111 1101 1101 1010"的按位异或和为 1(其包含了 25 个 1,即奇数个 1)。

2.3.2 偶校验——判断数据传输有无错误

下面用对比的方式进行讨论。

传输校验问题 对于一个 n 位的 0-1 串"010…1101",如果在传输过程中仅可能有 1 位发生错误,若不考虑是哪一位错误,而仅考虑是否有传输错误,该怎样检测呢?

【小白鼠问题】n 瓶水中仅可能有 1 瓶水有毒,如果不考虑是哪一瓶有毒,而仅考虑是否存在有毒的水瓶,该怎样检测呢?

【小白鼠问题解决方案】仅判断是否存在有毒的水瓶,则只需 1 只小白鼠。令小白鼠逐一尝试 n 瓶水。如果小白鼠死亡,则表示存在有毒的水瓶;如果小白鼠未死亡,则表示不存在有毒的水瓶。

传输校验问题解决方案 仅判断有无传输错误,则只需增加 1 位校验位 P(P 的值只能是 0 或 1)。传输前,P 如何产生呢?

假设制定以下规则:若传输前 0-1 串中 1 的个数,与传输后 0-1 串中 1 的个数始终均保持为偶数,则表示传输正确。

因此,传输前应使待校验 0-1 串 S 与校验位 P 所形成的新 0-1 串 S' 中 1 的个数为偶数。则 P 的产生规则为:P 为 S 的按位异或和,即:若 0-1 串 S 中 1 的个数为奇数,则 P 为 1;若 0-1 串 S 中 1 的个数为偶数,则 P 为 0。这样无论 S 是怎样的 0-1 串,带校验位的 0-1 串 S' 中 1 的个数始终为偶数。

当 S' 传输完成后,对传输的 S' 计算其按位异或和 P':若 $P'=1$(相当于小白鼠死亡),则有传输错误;若 $P'=0$(相当于小白鼠未死亡),则无传输错误。即:如果传输后 S' 中 1 的个数仍为偶数,则表明没有传输错误;如果传输后 S' 中 1 的个数为奇数,则表明有传输错误。

偶校验 通过增加一位校验位 P,使得待传输 0-1 串 S 与 P 组合形成的新 0-1 串 S' 中 1 的个数始终为偶数。通过判断传输中 S' 中 1 的个数是否仍为偶数来判断数据是否传输错误的方法就是偶校验。

【示例 2.6】传输 0-1 串“1001 1010”，若采用偶校验，则其校验位 P 的值应为________。

【解】$P=1\oplus0\oplus0\oplus1\oplus1\oplus0\oplus1\oplus0=0$。

【示例 2.7】传输 0-1 串“1111 1010 1011”，若采用偶校验，则其校验位 P 的值应为________。

【解】$P=1\oplus1\oplus1\oplus1\oplus1\oplus0\oplus1\oplus0\oplus1\oplus0\oplus1\oplus1=1$。

【示例 2.8】假设 0-1 串“1001 1110 1101”传输后变为“1001 1010 1101”，且校验位传输无错误，若采用偶校验，请叙述其检测过程。

【解】S 为“1001 1110 1101”，$P=1\oplus0\oplus0\oplus1\oplus1\oplus1\oplus1\oplus0\oplus1\oplus1\oplus0\oplus1=0$。

传输前 S' 应为“1001 1110 1101 0”；传输后的 S' 为“1001 1010 1101 0”，$P'=1\oplus0\oplus0\oplus1\oplus1\oplus0\oplus1\oplus0\oplus1\oplus1\oplus0\oplus1\oplus0=1$。

因 $P'=1$，故有传输错误。

【示例 2.9】已知接收到的 0-1 串为“1101 1111 1011 0”，若采用偶校验，请判断是否传输错误。

【解】$P'=1\oplus1\oplus0\oplus1\oplus1\oplus1\oplus1\oplus1\oplus1\oplus0\oplus1\oplus1\oplus0=0$，因而传输无错误。

基于前述规则可以发现，偶校验能够检测出单数位数的数据传输错误，即当传输过程中有 1 位传输错误、3 位传输错误或 5 位传输错误时，偶校验可以判断出传输发生错误。而当存在偶数位数的传输错误时，偶校验则无法发现。

2.3.3 类比小白鼠检验毒水瓶问题判断哪一位出错

2.3.2 节讨论的是判断数据传输过程中有无错误，而并不能确定哪一位出错。那么如何判断哪一位出错呢？此处仍然对比小白鼠问题进行讨论。

传输校验问题 对于一个 7 位的 0-1 串“1101101”，如果在传输过程中仅可能有 1 位发生错误，例如传输后变为“1001101”，怎样判断是第 6 位出错呢（从右向左，或者说从低位向高位编号）？

【小白鼠问题】7 瓶水中仅可能有 1 瓶水有毒，例如第 6 瓶水有毒，怎样判断出第 6 瓶水有毒呢（从右向左，或者说从低位向高位编号）？

【小白鼠问题解决方案】将 7 瓶水按十进制编号为 1，…，7，然后将十进制编号转换为二进制编号，分别为 001、010、011、100、101、110、111。可见编号需要 3 位二进制位，因此需要 3 只小白鼠，编号为 $P_4P_2P_1$。P_1 小白鼠喝二进制编号第 2^0 位为 1 的瓶中水（即第 1、3、5、7 瓶水），P_2 小白鼠喝二进制编号第 2^1 位为 1 的瓶中水（即第 2、3、6、7 瓶水），P_4 小白鼠喝二进制编号第 2^2 位为 1 的瓶中水（即第 4、5、6、7 瓶水）。随后等待小白鼠是否死亡：死亡的小白鼠标记为 1，未死亡则标记为 0。则 $P_4P_2P_1=110$ 还原为十进制为 6，说明第 6 瓶水有毒。

传输校验问题解决方案 参见图 2.5。将 7 位的 0-1 串 $S=1101101$ 按从低位向高位

(自右向左)编号为 1,…,7,然后将十进制编号转换为二进制编号,分别为 001、010、011、100、101、110、111。可见编号需要 3 位二进制位,因此需要 3 位校验位,编号为 $P_4P_2P_1$。采取偶校验,则校验位的产生规则(类似于小白鼠喝水的规则)为:P_1 负责使二进制编号第 1 位为 1 的位中 1 的个数为偶数(即使第 1、3、5、7 位中 1 的个数为偶数),P_2 负责使二进制编号第 2 位为 1 的位中 1 的个数为偶数(即使第 2、3、6、7 位中 1 的个数为偶数),P_4 负责使二进制编号第 3 位为 1 的位中 1 的个数为偶数(即第 4、5、6、7 位中 1 的个数为偶数)。具体表述如下:

P_4 = 第 7 位⊕第 6 位⊕第 5 位⊕第 4 位(即编号第 3 位为 1 的位的按位异或和);

P_2 = 第 7 位⊕第 6 位⊕第 3 位⊕第 2 位(即编号第 2 位为 1 的位的按位异或和);

P_1 = 第 7 位⊕第 5 位⊕第 3 位⊕第 1 位(即编号第 1 位为 1 的位的按位异或和)。

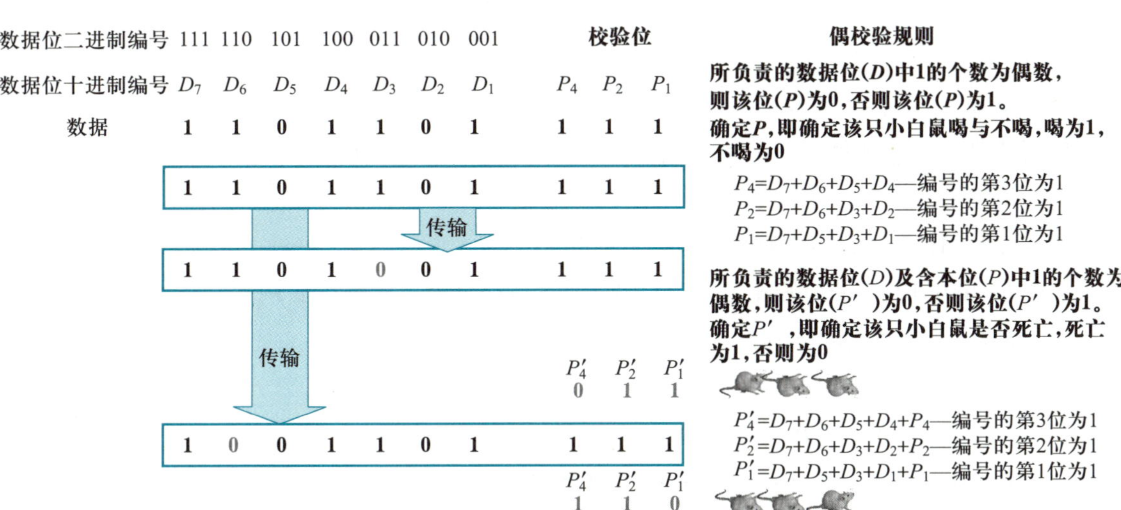

图 2.5　利用小白鼠问题探究数据传输纠错问题解决方案示意

由题可知,$P_4=1\oplus0\oplus1\oplus1=1$,$P_2=0\oplus1\oplus1\oplus1=1$,$P_1=1\oplus1\oplus0\oplus1=1$。由此产生新的 0-1 串 S' 为"1101101 111",传输后 S' 变为"1001101 111"。按照偶校验的规则产生 $P'_4P'_2P'_1$(类似于确认小白鼠是否死亡)。

P'_4 = 第 7 位⊕第 6 位⊕第 5 位⊕第 4 位⊕$P_4=1\oplus0\oplus0\oplus1\oplus1=1$;

P'_2 = 第 7 位⊕第 6 位⊕第 3 位⊕第 2 位⊕$P_2=1\oplus0\oplus1\oplus0\oplus1=1$;

P'_1 = 第 7 位⊕第 5 位⊕第 3 位⊕第 1 位⊕$P_1=1\oplus0\oplus1\oplus1\oplus1=0$。

$P'_4P'_2P'_1=110$,还原为十进制则为 6,说明第 6 位出错。

又例,由题可知,传输后 S' 如果变为"1101001 111",按照偶校验的规则产生 $P'_4P'_2P'_1$(类似于确认小白鼠是否死亡)。

P'_4 = 第 7 位⊕第 6 位⊕第 5 位⊕第 4 位⊕$P_4=1\oplus1\oplus0\oplus1\oplus1=0$;

P'_2 = 第 7 位⊕第 6 位⊕第 3 位⊕第 2 位⊕$P_2=1\oplus1\oplus0\oplus0\oplus1=1$;

P'_1 = 第 7 位⊕第 5 位⊕第 3 位⊕第 1 位⊕P_1 = 1⊕0⊕0⊕1⊕1 = 1。

$P'_4P'_2P'_1$ = 011，还原为十进制则为 3，说明第 3 位出错。

【示例 2.10】待传输 0-1 串为“1001111”，若采用偶校验，则需增加几位校验位才能判断出哪一位传输错误？若传输后变为 0-1 串“1011111”，则如何判断出哪一位出错？

【解】因 2^2< 数据位数 7 < 2^3，故需增加 3 位校验位，记为 $P_4P_2P_1$。其中 $P_4P_2P_1$ 产生如下：

P_4 = 1 ⊕ 0 ⊕ 0 ⊕ 1 = 0，P_2 = 1 ⊕ 0 ⊕ 1 ⊕ 1 = 1，P_1 = 1 ⊕ 0 ⊕ 1 ⊕ 1 = 1。S' 串为“1001111 011”，传输后变为“1011111 011”。按照偶校验的规则产生 $P'_4P'_2P'_1$。

P'_4 = 第 7 位⊕第 6 位⊕第 5 位⊕第 4 位⊕P_4 = 1⊕0⊕1⊕1⊕0 = 1；

P'_2 = 第 7 位⊕第 6 位⊕第 3 位⊕第 2 位⊕P_2 = 1⊕0⊕1⊕1⊕1 = 0；

P'_1 = 第 7 位⊕第 5 位⊕第 3 位⊕第 1 位⊕P_1 = 1⊕1⊕1⊕1⊕1 = 1。

$P'_4P'_2P'_1$ = 101，还原为十进制则为 5，说明第 5 位出错。

【示例 2.11】待传输 0-1 串为“1111”，若采用偶校验，则需增加几位校验位才能判断出哪一位传输错误？若传输后变为 0-1 串“1011”，则如何判断出哪一位出错？

【解】因 2^2< 数据位数 4 < 2^3，故需增加 3 位校验位，记为 $P_4P_2P_1$。其中 $P_4P_2P_1$ 产生如下：

P_4 = 1，P_2 = 1⊕1 = 0，P_1 = 1⊕1 = 0。

S' 串为“1001 100”，传输后变为“1011 100”。按照偶校验的规则产生 $P'_4P'_2P'_1$。

P'_4 = 第 4 位⊕P_4 = 1⊕1 = 0；

P'_2 = 第 3 位⊕第 2 位⊕P_2 = 0⊕1⊕0 = 1；

P'_1 = 第 3 位⊕第 1 位⊕P_1 = 1⊕0⊕0 = 1。

$P'_4P'_2P'_1$ = 011，还原为十进制则为 3，说明“1011”第 3 位出错。

需要注意：前面的讨论仅考虑数据位传输错误，而假设校验位没有传输错误，因此，若校验位传输错误，则不能被正确判断。如果考虑校验位错误也能被判断，则在增加校验位时需将数据位和校验位一并进行二进制编码来确定所需校验位的位数。例如，若数据为 $D_7D_6D_5D_4D_3D_2D_1$，校验位则需要 4 位（即 2^3 <（数据位数 7+校验位数 4）< 2^4），即$P_8P_4P_2P_1$，数据位和校验位的二进制编码次序为：使校验位始终位于第 2^i 位上，排列后如“$D_7D_6P_8D_5D_4D_3P_4D_1P_2P_1$”，即校验位始终位于第 1、2、4、8 位上，其余位自右至左排列数据位，如图 2.6 所示。这样再按类似前述方法产生校验位的值，并传输和校验即可。

本节类比小白鼠问题探究了数据传输的检错问题解决方案，该思想即计算机领域的

1011	1010	1001	1000	0111	0110	0101	0100	0011	0010	0001
			2^3				2^2		2^1	2^0
11	10	9	8	7	6	5	4	3	2	1
D_{11}	D_{10}	D_9	P_8	D_7	D_6	D_5	P_4	D_3	P_2	P_1

图 2.6　数据位和校验位一并进行传输检验的编码示意

一种伟大思想“海明码”，也称“汉明码”，**但请注意，本节并非让读者学习海明码，而只是通过该示例使读者体会计算思维的伟大之处**。关于海明码检错纠错的原理包含许多内容，感兴趣的读者可自行查阅资料学习。

2.4 计算思维与大学计算思维教育空间——计算之树

2.4.1 再看什么是计算思维

科学研究的 3 种手段 当前，计算手段已发展为与理论手段和实验手段并存的科学研究的第 3 种手段。理论手段是指以数学学科为代表，以推理和演绎为特征的“逻辑思维”，用“定义”限定研究的对象，用“公理”和“定理”表达研究对象相关的性质或规律，用“证明”确认公理和定理的正确性，是发现社会/自然现象及规律的重要方法。实验手段是指以物理、化学学科为代表，以观察和总结为特征的“实证思维”，用“实验”再现社会/自然现象及其规律，通过“观察”和“归纳”的方法，发现社会/自然现象及规律。计算手段则是以计算机学科为代表，以设计和构造为特征的“计算思维”，用构造计算算法、构造计算系统进行大规模数据的自动计算来研究社会/自然现象及规律。

技术进步已经使得现实世界的各种事物都可感知、可度量，进而形成大规模的数据。对这些数据采用人工观察并发现规律越发困难，例如生物领域产生的大量数据，通过人工观察并不能达到研究的目的，因此依靠计算手段发现和预测规律成为不同学科的科学家进行研究的重要手段。例如，生物学家利用计算手段研究生命体的特性，化学家利用计算手段研究化学反应的机理，建筑学家利用计算手段研究建筑结构的抗震性，经济学家和社会学家利用计算手段研究社会群体网络的各种特性等。由此计算手段与各学科结合形成了所谓的计算科学，例如计算物理学、计算化学、计算生物学、计算经济学等。或者说，计算科学是将计算机科学与各学科结合所形成的以各学科计算问题研究为对象的科学。计算科学的基础就是计算思维。

计算思维 周以真教授指出，计算思维（computational thinking）是运用计算机科学的基础概念去求解问题、设计系统和理解人类行为的一系列思维活动的统称。它是如同所有人都具备“读、写、算”能力般都必须具备的思维能力，计算思维建立在计算过程的能力和限制之上，由人通过机器执行。因此，理解一些计算思维，包括理解“计算机”的思维，即理解“计算系统是如何工作的,计算系统的功能是如何越发强大的”,以及利用计算机的思维,即理解现实世界的各种事物如何利用计算系统进行控制和处理等,培养一些计算思维模式,对于所有学科的人员建立复合型的知识结构,进行各种新型计算手段研究以及基于新型计算手段的学科创新都有重要的意义。技术与知识是创新的支撑,然而思维是创新的源头。

不同组织对计算思维重要性的认识《2015年地平线报告》指出,复杂性思维教学是一种挑战,计算思维是一种高阶复杂性思维技能,是复杂性思维能力培养的重要支撑,强调计算思维教育,可以帮助学习者解读真实世界的系统并解决全球范围的复杂问题。美国麻省理工学院(MIT)认为,计算思维是新时代人才应具备的11种思维能力之一(11种思维能力是指:制造、发现、人际交往技能、个体技能与态度、创造性思维、系统性思维、批判与元认知、分析性思维、计算思维、实验性思维及人本主义思维)。中国推行了一系列信息技术引领的行动计划,例如“互联网+”行动计划、《新一代人工智能发展规划》等,其关键和基础是要培养一批具有“互联网+”思维、“大数据”思维、“人工智能”思维的人才。而这些思维广义上都是计算思维。“思维有多远,就能走多远”,思维是创新的源头。

2.4.2　大学计算思维教育空间——计算之树

虽然前文对计算思维给出了定义,但通俗地讲,计算思维就是蕴含在计算机学科中那些对人们现在和未来仍然产生影响的一些经典的、伟大的思维。那么,计算(机)学科究竟存在哪些**“经典的”**计算思维,并对人们的未来产生影响和借鉴呢?

大学计算思维教育空间 自20世纪40年代出现电子计算机以来,计算技术与计算系统如同一棵枝繁叶茂的大树,不断成长与发展。为此,本书将计算技术与计算系统的发展绘制成一棵树,如图2.7所示,称其为**“计算之树”**,并试图通过计算之树概括大学计算思维的教育空间,为读者指明未来的学习方向。

树根体现的是奠基性的技术或思维——“0和1”“程序”和“递归”;树干体现的是通用计算环境的演化过程——“冯·诺依曼机”“个人计算环境”“并行分布环境”和“云计算环境”;树枝的两种颜色体现的是“算法”和“系统”,即两种不同的思维;各个树枝体现的是计算学科的分支研究方向,也体现了与其他学科相互融合产生的新研究方向,由树枝到树干体现的是越来越“抽象”,而由树干到树枝体现的是越来越“自动化”。存在3个层面的抽象与自动化机制——“协议”和“编解码器”、“语言”和“编译器”、“模型”和“系统(执行引擎)”。由内向外的3个同心半圆,分别是“网络化”思维的发展、“数据化”思维的发展和“智能化”思维的发展。

这棵计算之树给出了许多术语来刻画相应的计算思维,这些术语并非要求立刻理解,它们将贯穿整本教材、整门课程,读者将在本教材后续章节中陆续学习。理解这些术语及其所体现的计算思维,对今后构造、设计和应用计算技术/计算系统将产生重要的影响。

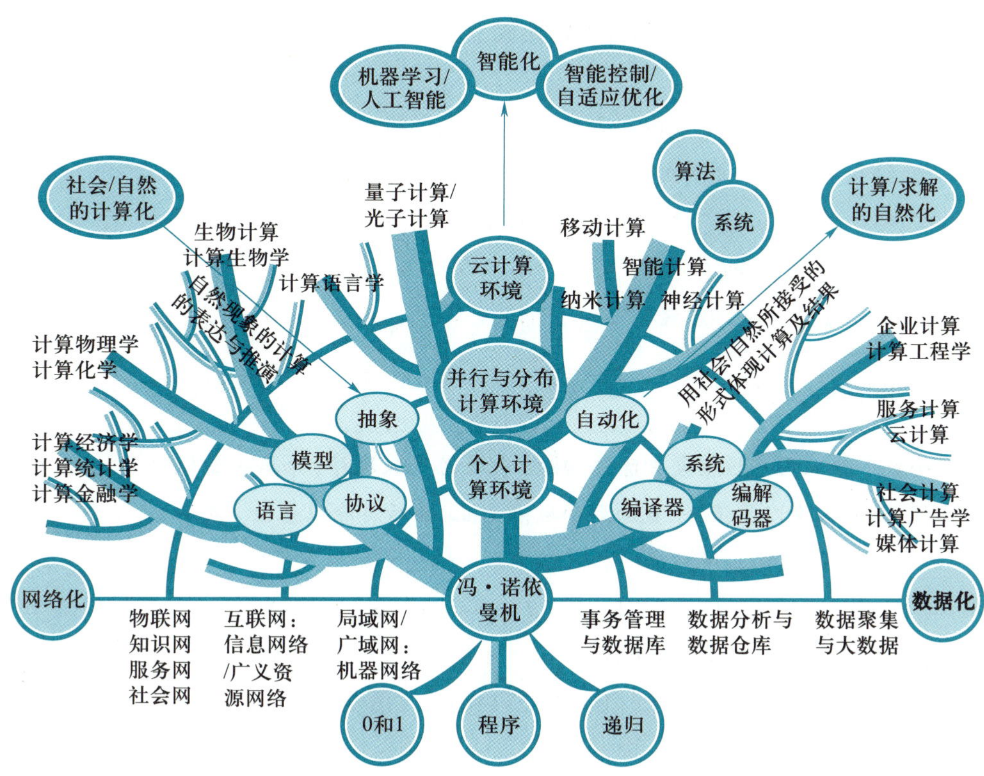

图 2.7 计算之树——大学计算思维教育空间

2.5 进位制及其相互转换

1. 其他进制转换到十进制

表 2.1 给出了 4 种计数制之间相互转换的对应关系。

表 2.1 十进制、二进制、八进制和十六进制对照表

十进制	0	1	2	3	4	5	6	7	8	9	10	11	12	13	14	15	16
二进制	0000	0001	0010	0011	0100	0101	0110	0111	1000	1001	1010	1011	1100	1101	1110	1111	10000
八进制	0	1	2	3	4	5	6	7	10	11	12	13	14	15	16	17	20
十六进制	0	1	2	3	4	5	6	7	8	9	A	B	C	D	E	F	10

一个用任意进制表示的数，都可转换成十进制数。为便于计算，可将整数部分和小数部分分别按下述方法转换。

整数部分采用基值重复相乘法：按括号及优先级次序，计算从最高位开始，乘基值加次高位，结果再乘基值加次次高位，一直加到个位 d_0 为止。即：

$$N = d_{n-1}r^{n-1} + d_{n-2}r^{n-2} + \cdots + d_2r^2 + d_1r^1 + d_0r^0$$
$$= ((\cdots(d_{n-1}\cdot r + d_{n-2})\cdot r + \cdots + d_2)\cdot r + d_1)\cdot r + d_0$$

【示例 2.12】11110101 **B = ? D**

11110101 **B** = ((((((1 × 2 + 1) × 2 + 1) × 2 + 1) × 2 + 0) × 2 + 1) × 2 + 0) × 2 + 1

小数部分采用基值重复相除法：按括号及优先级次序，计算从最低位开始，除以基值加高位，结果再除以基值，一直加到小数点为止，最后再除以基值。即：

$$N = d_{-1}r^{-1} + d_{-2}r^{-2} + \cdots + d_{-m}r^{-m}$$
$$= r^{-1}(d_{-1} + r^{-1}(d_{-2} + \cdots + r^{-1}(d_{-m})\cdots))$$

【示例 2.13】0. F62B **H = ? D**

N=0. F62B**H**=(((B÷16+2)÷16+6)÷16 +F)÷16=0. 96159 **D**

2. 十进制转换到其他进制

整数部分和小数部分分别转换：整数部分采用基值重复相除法，即除基值取余数方法，一直除到商等于 0 时为止，将所得的余数从下到上排列起来即为所要求的进位制数（参见示例 2. 14）。小数部分采用基值重复相乘法，即乘基值取整数方法（参见示例 2. 15）。十进制小数转换成二进制小数时，有时永远无法使乘积变成 0，在满足一定精度的情况下，可以取若干位数作为其近似值。

【示例 2. 14】215 **D = ? B**

如图 2. 8(a)所示，215 不断除以基值 2，直到商等于 0 时为止。将所得余数从下到上排列起来为 11010111，便是该十进制数转换成二进制整数的结果，即 215 D = 11010111 B。

【示例 2. 15】0. 6875 **D = ? B**

如图 2. 8(b)所示，小数部分不断乘以基值 2，将得到的各位整数从上到下排列起来为 0. 1011，便是该十进制小数转换成二进制小数的结果，即 0. 6875 **D**=0. 1011 **B**。

3. 二、八、十六进制转换

由于二进制权值 2^i、八进制权值 $8^i=2^{3i}$、十六进制权值 $16^i=2^{4i}$ 具有整指数倍数关系，即 1 位八进制数相当于 3 位二进制数，1 位十六进制数相当于 4 位二进制数，故可按如下方法转换。

二进制整数转换成八/十六进制整数的方法是：先将二进制整数从右向左每隔 3 位/4

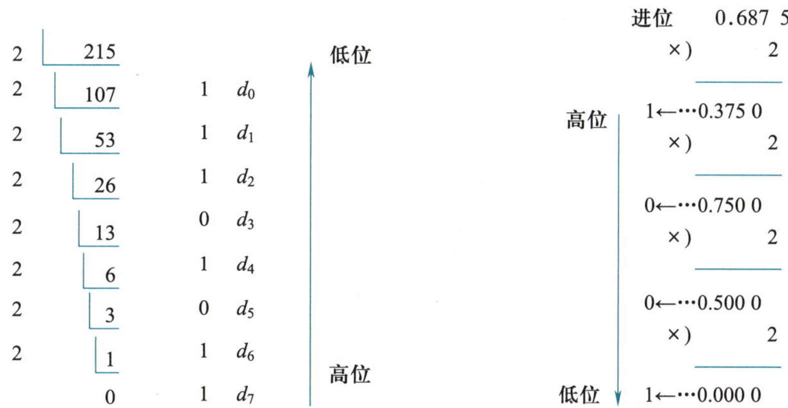

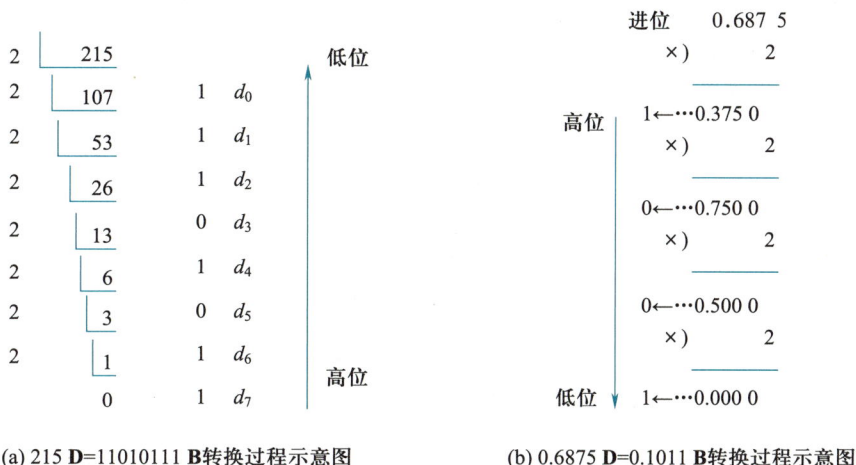

(a) 215 **D**=11010111 **B**转换过程示意图　　(b) 0.6875 **D**=0.1011 **B**转换过程示意图

图 2.8　十进制转换成二进制的转换过程示意图

位分成一组，再将每组按二进制数向十进制数转换的方法进行转换。二进制小数转换成八/十六进制小数的方法是：先将二进制小数从左向右每隔 3 位/4 位分成一组，最后一组若不足 3 位/4 位，则在该组后补相应数量的 0，凑成 3 位/4 位，再将每组按二进制数向十进制数转换的方法进行转换。

【示例 2.16】10110101 **B**=265 **O**=B5 **H**

步骤 1：将 10110101 按每 3 位分组为 10，110，101，按每 4 位分组为 1011，0101。

步骤 2：分别将每组转换成八进制数、十六进制数。

10	110	101		1011	0101
↓	↓	↓		↓	↓
2	6	5		B	5

【示例 2.17】0.1011 **B**=0.54 **O**=0.B0 **H**

步骤 1：将 0.1011 按每 3 位分组为 0.101，100，按每 4 位分组为 0.1011，0000。

步骤 2：分别将每组转换成八进制数。

0.	101	100		0.1011	0000
	↓	↓		↓	↓
0.	5	4		0. B	0

分别将每 1 位**八进制数**转换成 3 位二进制数，每 1 位十六进制数转换成 4 位二进制数，便可实现八进制数、十六进制数到二进制数的转换。

图 2.9 展示了相同数码不同进制表示的值是不同的，相同数值转换为不同进制得到的数码也是不同的，识别一个数码时首先需要明确其采用何种进制。

$(1011110001.01011)=$
$=1\times2^9+0\times2^8+1\times2^7+1\times2^6+1\times2^5+1\times2^4+0\times2^3+0\times2^2$
$+0\times2^1+1\times2^0+0\times2^{-1}+1\times2^{-2}+0\times2^{-3}+1\times2^{-4}+1\times2^{-5}$
$=(753.37)_{十}$

$(753.37)_{八}=753.37\ O$
$=7\times8^2+5\times8^1+3\times8^0+3\times8^{-1}+7\times8^{-2}=(491.484\ 375)_{十}$

$(753.37)_{十六}=753.37\ H=0\times753.37$
$=7\times16^2+5\times16^1+3\times16^0+3\times16^{-1}+7\times16^{-2}=(1\ 875.214\ 8)_{十}$

245的十进制表示记为:
245
245的二进制表示记为:
11110101
245的八进制表示记为:
365
245的十六进制表示记为:
F5

图 2.9　相同数码不同进制表示的值示例，相同数值转换为不同进制的数码示例

本章小结

本章以“小白鼠检验毒水瓶问题”为例，探索了该问题背后的计算思维，进一步以运用该思维于通信领域的数据校验问题，再现了计算思维的价值，试图促进读者在“小白鼠检验毒水瓶问题”和“校验位检验错误传输位”之间对比联想，进而促进读者“计算思维与各专业思维的融合”。各专业的读者在学习计算思维的过程中联想本专业的思维，未来在学习专业课程的过程中就会想起和应用计算思维。本章内容同时体现了学习和认知的不同层次，可以体会“学习”不仅仅是“了解”和“理解”，而且要“应用”（由小白鼠到海明码），要“分析”（不同角度的分析）和“综合”（归纳并产生新的概念，对规则的总结），进而要达到“创造”。后续计算思维的学习都应如此。

视频学习资源目录 2（标 * 者为延伸学习视频）

1. 视频 2-1　计算思维
*2. 视频 2-2　计算思维教育空间——计算之树
*3. 视频 2-3　计算思维导论课程的章节内容解读
4. 视频 2-4　进位制及其转换方法
5. 视频 2-5　怎样学习计算思维

本章视频学习资源

思考题 2

1. 小白鼠检验毒水瓶问题的求解过程使你受到哪些启发？你还能想到哪些类似问题，可以利用小白鼠检验毒水瓶的方法进行求解？

2. 对于小白鼠检验毒水瓶问题，如果时间没有约束，即耗时多久检测出结果不受限制，那么从 1 000 瓶水中检测出 1 瓶有毒的水，可以怎样检测？在该检测方案中，最少需要几只小白鼠？最多需要几只小白鼠？最少会死掉几只小白鼠？最多会死掉几只小白鼠？该方案需要用时多长时间？仍以利用小白鼠检测 1 000 瓶水中的 1 瓶毒水问题为例，如果问题求解的约束是最快得出结果，对小白鼠的用量不限制，即小白鼠的数量足够多，如何设计一个简单的求解方案？在该方案中需要多少只小白鼠？至少会死掉几只小白鼠？对上述问题进行综合分析，能够得出怎样的启发或结论？针对同一个问题，如果约束条件改变，是否可能设计出不同的求解算法？同一个问题是否存在多个求解算法？对于多个求解算法，可以从哪些方面比较算法的优劣？

3. 求解小白鼠检验毒水瓶问题的基本方法是二分法，二分法还可用于解决什么问题？请举例说明。基于二分法的思想，能否设计一个从有序数据集中快速查找给定数据的算法？请简单描述算法的基本步骤。

4. 如果 7 位二进制位传输过程中有 2 位出错，则需几位校验位才能判断哪 2 位出错？在通过增加校验位实现对数据位传输过程差错检验时，什么情况下，出现的差错无法检测？请举例说明。

5. 若基于偶校验利用 3 位校验位检测数据 1010011 的某位错误，则 3 位校验位 $P_4P_2P_1$ 的值是多少？传输 0-1 串“1001 1010”时若采用奇校验，则其校验位 P 的值是多少？

第 3 章

符号化、计算化与自动化——一看计算机的本质

本章要点：　理解 0 和 1 的思维，即语义符号化、符号计算化、计算 0-1 化、0-1 自动化、分层构造化和构造集成化的思维；理解如何将自然/社会现象表达为符号，然后进行符号计算，进一步将符号表达为 0 和 1，用计算机予以实现，0 和 1 可将各种计算统一为逻辑运算，0 和 1 是连接计算机软件与硬件的纽带，0 和 1 是各种计算自动化的基础，符号化、计算化和自动化是计算机的本质。

本章导图：

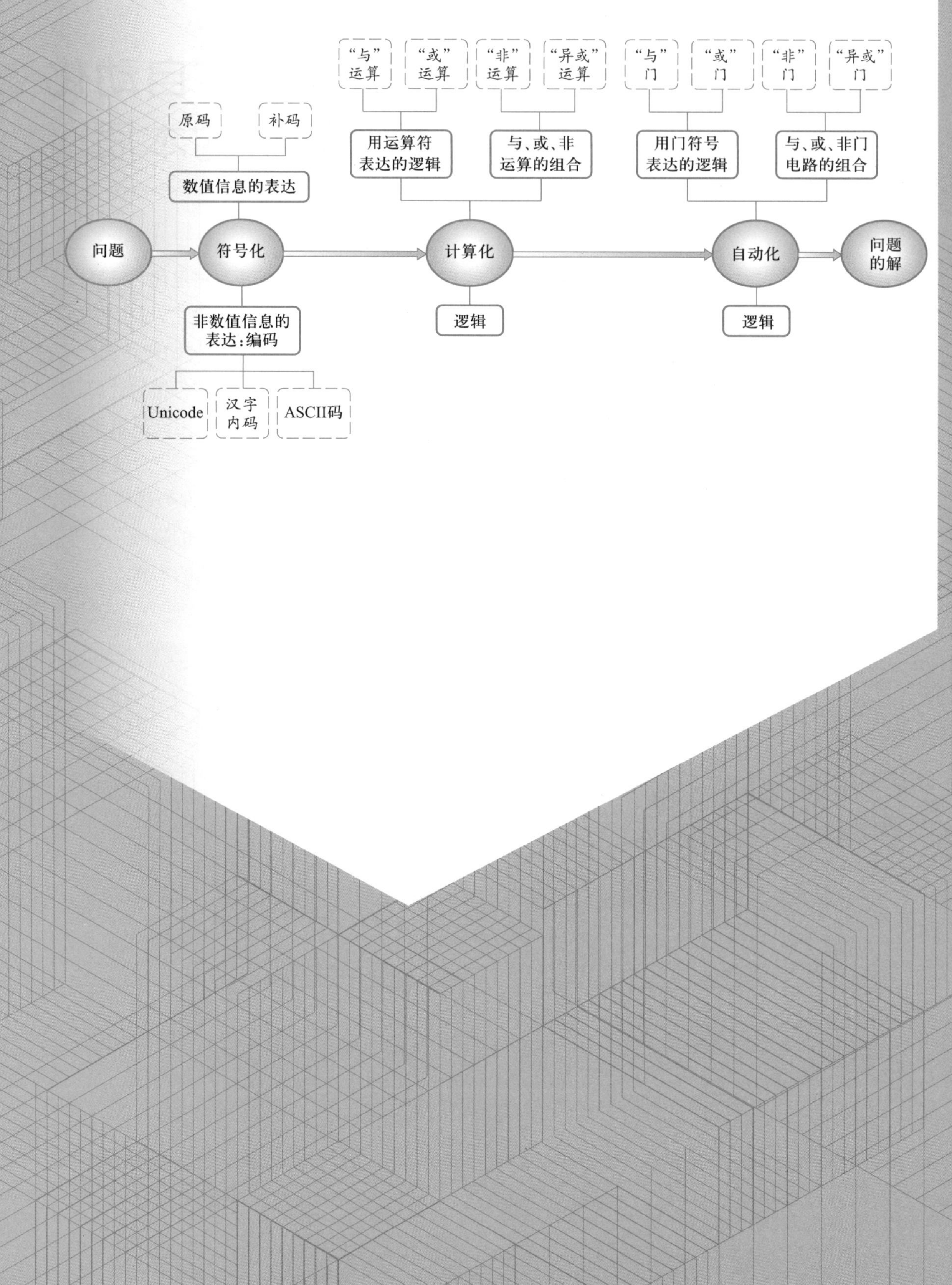

问题
符号化
数值信息的表达
原码
补码
非数值信息的表达：编码
Unicode
汉字内码
ASCII码
计算化
用运算符表达的逻辑
“与”运算
“或”运算
与、或、非运算的组合
“非”运算
“异或”运算
逻辑
自动化
用门符号表达的逻辑
“与”门
“或”门
与、或、非门电路的组合
“非”门
“异或”门
逻辑
问题的解

3.1 万事万物符号化是计算与自动化的前提

万事万物的符号化 现实世界的任何事物，若要由计算系统进行计算，首先需要将其语义符号化。所谓**语义符号化**是指将现实世界的各种现象及其语义用符号表达，进而进行基于符号计算的一种思维。将语义表达为不同的符号，便可采用不同的工具（或数学方法）进行计算；将符号赋予不同语义，则能计算不同的现实世界问题。

符号化的抽象层次 符号化是一种抽象过程，这种抽象是有层次的，而且可能是多层次的。图 3.1 示意了最基本的两个层次。

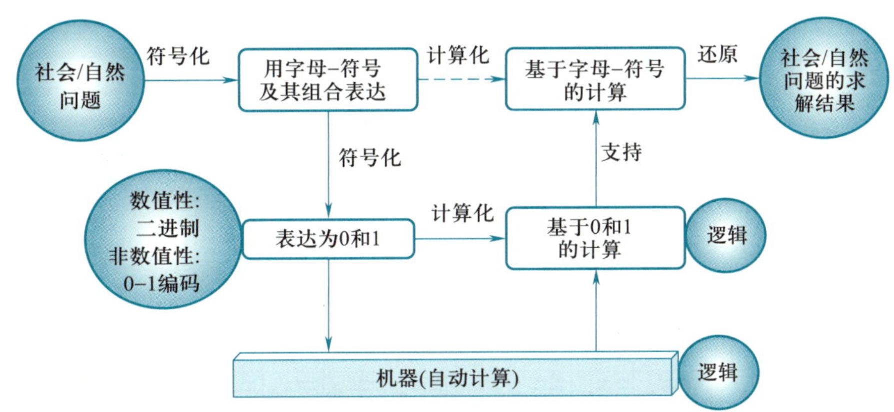

图 3.1 符号化及其计算的层次示意

一是社会/自然问题的符号化结果用字母-符号及其组合表达，所有的计算都是针对字母-符号的计算，即基于字母-符号进行计算。例如用数学符号表达，然后进行数学计算（注：将问题抽象为一组变量 x、y、z 等，然后对 x、y、z 等进行各种函数变换 $f(x,y,z)$），或者用逻辑符号表达，然后进行逻辑推理（注：参见 3.2 节示例），或者用中文或英文自然语言表达（注：中文文字或英文字母表达）等。二是将字母-符号表达为 0 和 1（数值性信息用二进制表达，非数值性信息用 0-1 编码表达，参见 3.2 节示例），所有的计算都是基于 0 和 1 的计算。基于字母-符号的各种计算最终都转换为基于 0 和 1 的计算予以实现。当转换为 0 和 1 后，也就都可以被机器自动计算，当前的电子计算机器基本都是基于 0 和 1 计算的机器。

数学符号化在数学课上已经学习很多了，这里不再赘述。下面看一个经典的非数学符号化的例子——《易经》。数学只能处理数学符号化计算问题，而计算机科学不仅可以处理数学符号化计算问题，而且可以处理非数学符号化计算问题，这也是计算机得以应用于各行各业、无所不能无处不在的根本原因。

【示例3.1】《易经》中的几个基本概念。

《易经》可以说是非数学符号化的典型案例，体现了中国最古老的哲学思想。如图3.2(a)所示，《易经》通过阴（用两短线或用“六”来标记）和阳（用一长线或用“九”来标记）来使用0和1，开始即把0和1赋予了语义。进一步又考虑了阴阳符号的位置和组合关系，如图3.2(b)所示：三画阴阳的一个组合形成了所谓的一卦或称三画卦，可表示一种语义，总计可形成8个组合，表示8种语义，即八卦；六画阴阳的一个组合也可形成一卦或称六画卦，如图3.2(c)所示，可表示一种语义，总计可形成64种组合，表示64种语义，即六十四卦。三画卦或六画卦中的每一个位置上的阴或阳被称为一爻(yáo)，爻是区分位置的，自下而上被称为初爻、二爻、三爻、四爻、五爻、上爻。图3.2(d)给出了六十四卦的各种组合及其卦名示意。通过考虑组合、位置及其演变关系，便可反映一些规律性的内容。

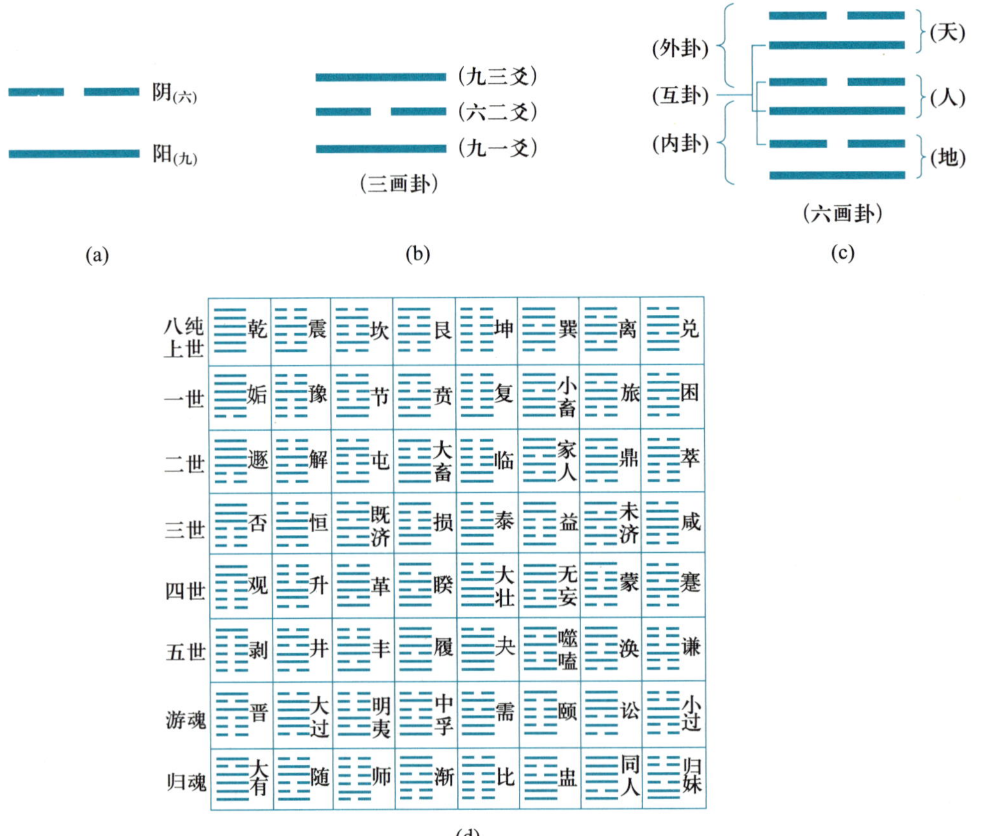

图3.2　《易经》阴阳符号及八卦、六十四卦组合示意

《易经》的启示：什么是抽象　由现象到本体/概念为抽象，由本体到用体为应用。语义符号化过程是一个理解与抽象的过程，它通过对现实世界**现象**的深入理解，抽象出普适的**概念**（或者称**本体**），符号化为**卦**的图形，进行卦之间的变换（即各种计算）；再将本体概

念赋予不同语义,便可解决不同问题。

例如,图3.3示意,《易经》八卦实际上反映的是自然空间中重复出现的八个现象:天、地、山、泽、日(火)、月(水)、风、雷。对这八种现象进行抽象形成了抽象空间中的本体概念:“乾”代表天,“坤”代表地,“震”代表雷,“坎”代表月(水),“离”代表日(火),“巽”代表风,“艮”代表山,“兑”代表泽。用本体概念的好处是:**概念虽然是依据某一空间中某些现象抽象而得,但却可以在变换时空的环境下用于表征其他现象**,如乾、坤是从天、地等自然空间中的现象抽象出来的,但其在人体空间中可表征首、腹,而在家庭空间中又可表征父、母等。即一个概念,有其**本义/本体**即抽象空间的一般语义,也可有若干**用义/用体**,即将其应用在不同空间中的具体语义。

现象	本体	用体
天(白然空间)	乾(抽象空间)	父(家庭空间),首(人体空间),马(动物空间)

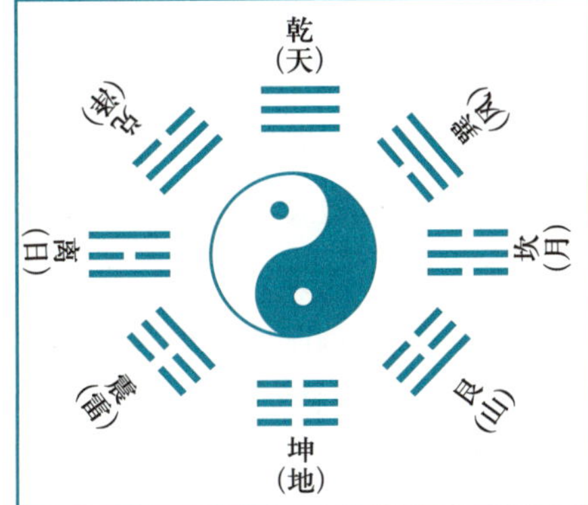

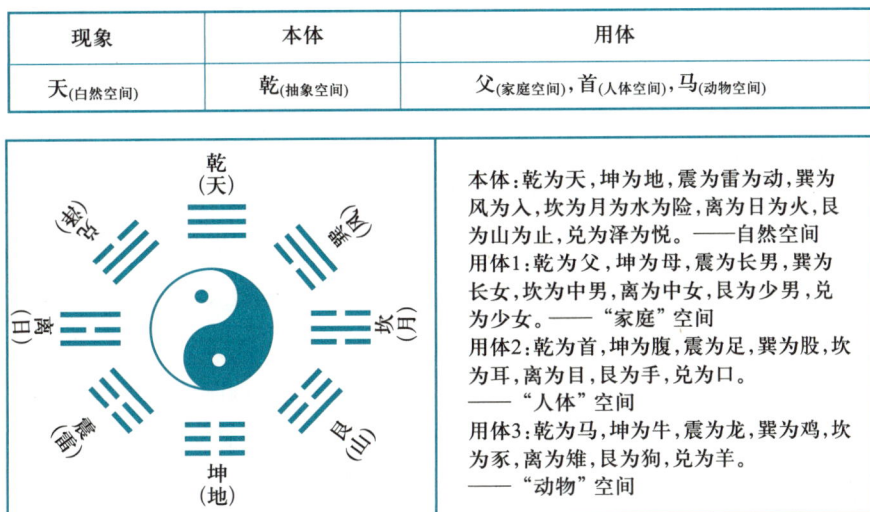

本体:乾为天,坤为地,震为雷为动,巽为风为入,坎为月为水为险,离为日为火,艮为山为止,兑为泽为悦。——自然空间

用体1:乾为父,坤为母,震为长男,巽为长女,坎为中男,离为中女,艮为少男,兑为少女。——“家庭”空间

用体2:乾为首,坤为腹,震为足,巽为股,坎为耳,离为目,艮为手,兑为口。——“人体”空间

用体3:乾为马,坤为牛,震为龙,巽为鸡,坎为豕,离为雉,艮为狗,兑为羊。——“动物”空间

图3.3　《易经》八卦的语义抽象:本体与用体示意

《易经》的启示:什么是计算　从《易经》角度,“卦”是阴阳符号的组合,所谓计算是指“卦/爻”的组合方法,以及“卦/爻”之间的变换方法,不同的卦/爻**变换**次序就是不同的计算。现象被表达成了符号组合,也就能够进行演算或计算。

例如,六十四卦中的演算顺序如何、在演算过程中反映了什么规律等都可通过符号变化展现出来。图3.4展示了一种演算顺序,从任何一卦开始(图中给出了两个卦的演算示意,自左至右为前一卦至后一卦,每次变化一爻),从底部向上逐渐有初爻发生变化、二爻发生变化,再到五爻发生变化,然后再从上向下有四爻发生变化、三爻发生变化……可以看出这种变化轨迹像一段正弦曲线,能够反映人从出生到死亡的一种规律,其本质是一种0和1及其组合之间的变化规律,这实际上是一种运算。类似地,其他变化规律就是其他运算。

不同的阴阳组合反映了不同的现象及其变化。《易经》六十四卦为每一卦及其变化、每一爻及其变化赋予了丰富的语义,试图通过一卦中阴/阳的位置演变(称为爻变)和六十四卦各卦的演变来体现变化中的规律,蕴含了丰富的语义关系。因此,从计算学科角度

对两个六画卦应用相同的运算得到的变化结果。带颜色的爻反映的是相比
前一卦的变化所在，这种运算特点是一卦经过十六次变化后又还原回自身

图 3.4 《易经》基于符号的演算示意

讲，《易经》其实是一种人工编码系统，是由符号集合及符号变换规则集合构成的系统，它组成了阴/阳、八卦、六十四卦和三百八十四爻(64×6)等不同水平的系统层次，是目前所知的上古文明中层次最强、结构最严密的符号语义系统。

示例的结论 《易经》示例还是值得人们仔细研究，即使不研究其语义，仅从形式上仍可学习到很多东西：(1)当将事物符号化后，看起来不可计算的事物就可以进行计算了(注：计算是符号组合及其变换)；《易经》是非数学的符号化的经典案例；(2)示例示意了抽象的过程(注：即由现象，到符号组合，到命名概念)，以及应用概念求解其他问题的过程(注：即由本体/本义，到用体/用义)；(3)将《易经》的阴用0表示，阳用1表示，则《易经》"卦"的变化本质就是0和1的变化，八卦就是"000(坤)，001(艮)，010(坎)，011(巽)，100(震)，101(离)，110(兑)，111(乾)"，只是0-1符号组合没有语义，而八卦则是有语义的；(4)万事万物都可符号化为0和1，也即都可被计算。

因此，"抽象(注：重要的是区分和命名)""符号""组合""变换(变换即是计算)"等是计算机领域最重要的概念，是学习计算机相关知识首先需要理解清楚的内容。

3.2 符号化与计算化——基础是逻辑

3.2.1 逻辑与基本的逻辑运算

什么是逻辑 生活中处处体现着逻辑。所谓逻辑是指事物因果之间所遵循的规律，是现实中普适的思维方式。逻辑的基本表现形式是命题与推理，命题由语句表述，命题即语句的含义，即由一组语句表达的内容为"真"或为"假"的一个判断。例如：

命题1："罗素不是一位小说家"。

命题 2:“罗素是哲学家”。

命题 3:“罗素不是一位小说家”并且“罗素是哲学家”。

推理即依据由简单命题的判断推导得出复杂命题的判断结论的过程。

命题与推理的符号化 命题与推理也可以符号化。

例如:如果命题 1 用符号 X 表示,命题 2 用符号 Y 表示,X 和 Y 为两个基本命题,则命题 3 便是一个复杂命题,用 Z 表示。则:

$$Z=X \text{ AND } Y$$

其中,AND 为一种逻辑“与”运算。因此,**复杂命题的推理可被认为是关于命题的一组逻辑运算的过程**。基本的逻辑运算包括“或”运算、“与”运算、“非”运算、“异或”运算等,定义如下。

三种基本逻辑运算 假设 X、Y 表示命题,其值可能为“真”(符号化为 **TRUE**)或为“假”(符号化为 **FALSE**)。两个命题 X、Y 可以进行 X **AND** Y、X **OR** Y、**NOT** X 等运算,分别称为“与”“或”“非”运算。运算规则定义如下。

AND:当 X 和 Y 都为真时,X **AND** Y 也为真;其他情况下,X **AND** Y 均为假。

OR:当 X 和 Y 都为假时,X **OR** Y 也为假;其他情况下,X **OR** Y 均为真。

NOT:当 X 为真时,**NOT** X 为假;当 X 为假时,**NOT** X 为真。

其他逻辑运算 利用基本逻辑运算“与”“或”“非”等可以组合出复合逻辑运算,如与非(注:先作“与”运算,再作“非”运算)、或非(注:先作“或”运算,再作“非”运算)、与或非(注:先作“与”运算,再作“或”运算,最后作“非”运算)、异或(注:相同为 0,不同为 1)、同或(注:相同为 1,不同为 0)等。例如:

XOR 为“异或”运算。当 X 和 Y 都为真或都为假时,X **XOR** Y 为假;否则,X **XOR** Y 为真。该运算可由基本运算来实现,即:X **XOR** Y = ((**NOT** X) **AND** Y) **OR** (X **AND** (**NOT** Y))。为方便使用,可将该复杂的逻辑组合运算抽象为一个新运算即 **XOR** 运算。

下面再看一个推理的示例。

【示例 3.2】在一次学生测验中,有 3 位老师进行了预测:A. 有人及格;B. 有人不及格;C. 全班都不及格。在考试后证明只有 1 位老师的预测是正确的,请问是哪位老师?

【示例 3.2 求解】该题有 3 个命题,需要通过 3 个命题的关系判断命题的真假。

命题 A:“有人及格”。

命题 B:“有人不及格”。

命题 C:“全班都不及格”。

从 3 个命题的关系中,可以获得如下命题(结果是可以确定的):

(1) 如果 A 为真,则 C 为假;如果 C 为真,则 A 为假;二者有一个成立。

(2) 如果 B 为真,而由(1)可知 A 和 C 可能有一个为真,则与只有一个为真矛盾。

(3) 如果 B 为假,则 “全班都及格”为真,即 C 为假。

由上推断 :A 为真。

【示例 3.2 的符号化求解】上述示例也可以进行符号化求解。如下所示：

已知：(A AND (NOT C)) OR ((NOT A) AND C) = TRUE

(NOT B) AND ((A AND (NOT C)) OR ((NOT A) AND C)) = TRUE

(NOT B) AND (NOT C) = TRUE

组合 A、B、C 形成所有可能解：

{ <A = TRUE, B = FALSE, C = FALSE>,
<A = FALSE, B = TRUE, C = FALSE>,
<A = FALSE, B = FALSE, C = TRUE> }

将上述可能解分别代入已知条件，能够使所有已知条件都满足的便是问题的解。不难得出结果，问题的解为：<A = TRUE, B = FALSE, C = FALSE>。

不同的逻辑 古希腊哲学家亚里士多德(Aristotle)提出了关于逻辑的一些基本规律，如矛盾律、排中律、统一律和充足理由律等，其最著名的创造是"三段论法"和"演绎法"，即最基本的形式逻辑。德国数学家莱布尼茨(Leibniz)将形式逻辑符号化，从而能对人的思维进行运算和推理，引出了数理逻辑。英国数学家布尔(Boole)提出了布尔代数——一种基于二进制逻辑的代数系统，又称为数字逻辑或布尔逻辑，现在通常所说的布尔量/布尔值(注：只有 0 和 1)、布尔运算/布尔操作(注：基于 0 和 1 的操作)等，均是为了纪念他所作的伟大贡献。目前关于逻辑的研究有许多，例如时序逻辑(temporal logic)、模态逻辑(modal logic)、归纳逻辑(inductive logic)、模糊逻辑(fuzzy logic)、粗糙逻辑(rough logic)、非单调逻辑(non-monotonic logic)等。读者可查阅相关资料学习。

3.2.2 基于 0 和 1 的运算——逻辑运算及其组合

现实中的命题判断与推理(真/假)以及数学中的逻辑均可以用 0 和 1 来表达与处理。

两类逻辑运算 用 0 和 1 来表达与处理的逻辑运算有两类：**位逻辑运算**和**值逻辑运算**。若要理解这两类运算，首先要清楚数值的表示。通常一个数值是用 8 位、16 位、32 位或 64 位二进制位来表示，此处以 8 位为例。此时有两种运算方法：一种是将该 8 位数值当作整体来看真或假，此时 8 位全 0 为假，其他情况为真(例如：00000000 表示"假"，而 00000001 或 11110000 只要不是全 0 则都表示"真"，默认以 11111111 表示"真")，按照整体进行逻辑运算，这被称为值逻辑运算或逻辑运算，即 3.2.1 节定义的逻辑运算，如 AND、OR、NOT、XOR 等。另一种是将该 8 位数值的每一位看作真或假，此时 1 为真，0 为假，按数值的对应位进行逻辑运算，这被称为位逻辑运算，为便于区分，我们用 BIT-AND、BIT-OR、BIT-NOT、BIT-XOR 来表示。

位逻辑运算 假设 X 和 Y 都是 1 位的二进制数，如 0 表示假，1 表示真。按位的与、或、非、异或运算定义如下，如图 3.5 所示。

BIT-AND：有 0 为 0，全 1 为 1。即两个操作数 X、Y 只要有 0 出现，则 X BIT-AND Y

结果为 0;两个操作数 X、Y 全为 1,则 X BIT-AND Y 结果为 1。

BIT-OR:有 1 为 1,全 0 为 0。即两个操作数 X、Y 只要有 1 出现,则 X BIT-OR Y 结果为 1;两个操作数 X、Y 全为 0,则 X BIT-OR Y 结果为 0。

BIT-NOT:非 1 为 0,非 0 为 1。即当 X 为 1 时,BIT-NOT X 为 0;当 X 为 0 时,BIT-NOT X 为 1。

BIT-XOR:相同为 0,不同为 1。即两个操作数 X、Y 相同时,则 X BIT-XOR Y 结果为 0;两个操作数 X、Y 不同时,则 X BIT-XOR Y 结果为 1。

既然 0 和 1 能表示逻辑运算,则逻辑推理也就能被计算机处理。

0 BIT-AND 0 → 0	0 BIT-AND 1 → 0	1 BIT-AND 0 → 0	1 BIT-AND 1 → 1
0 BIT-OR 0 → 0	0 BIT-OR 1 → 1	1 BIT-OR 0 → 1	1 BIT-OR 1 → 1
BIT-NOT 0 → 1		BIT-NOT 1 → 0	
0 BIT-XOR 0 → 0	0 BIT-XOR 1 → 1	1 BIT-XOR 0 → 1	1 BIT-XOR 1 → 0

注:1表示真,0表示假

图 3.5 0 和 1 表达的位逻辑运算示意

其他位运算 还有其他一些位运算,如左移 m 位、右移 m 位等,定义如下。

Left-SHIFT:对于 n 位的数值 X,左移 m 位表达为 X Left-SHIFT m。假设数值的位数充足,则 X 左移 1 位相当于 $X \cdot 2$,X 左移 2 位相当于 $X \cdot 2^2$,X 左移 m 位相当于 $X \cdot 2^m$。

Right-SHIFT:对于 n 位的数值 X,右移 m 位表达为 X Right-SHIFT m。假设数值的位数充足,则 X 右移 1 位相当于 $X/2$,X 右移 2 位相当于 $X/2^2$,X 右移 m 位相当于 $X/2^m$。

【示例 3.3】按位操作的逻辑运算如图 3.6 所示。你看出它们有什么作用了吗?

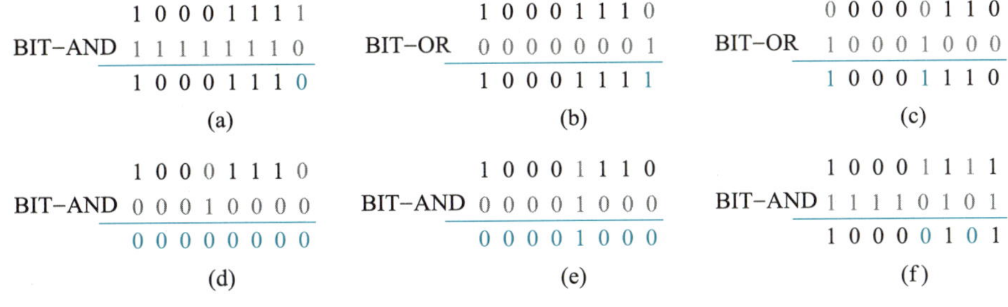

图 3.6 按位逻辑运算示意

【答】假设一个字节自右向左分别为第 0 位到第 7 位。

(a) 无论第 0 位是什么,都将第 0 位设置为 0,其他位不变。如果要将一个字节 X 中的第 i 位设置为 0,则可将 X 与一个第 i 位为 0、其他位为 1 的字节进行按位与运算。

(b) 无论第 0 位是什么,都将第 0 位设置为 1,其他位不变。如果要将一个字节 X 中

的第 i 位设置为1,则可将 X 与一个第 i 位为1、其他位为0的字节进行按位或运算。

(c) 无论第7位和第3位是什么,都将第7位和第3位设置为1,其他位不变。如果要将一个字节 X 中的第 i 位设置为1,则可将 X 与一个第 i 位为1、其他位为0的字节进行按位或运算。

(d) 判断一个字节的第4位是1还是0,从结果为全0(即逻辑值"假")来看,此字节的第4位为0。如果要判断一个字节 X 中第 i 位为1或0,则可将 X 与一个第 i 位为1、其他位为0的字节进行按位与运算,如果结果是全0(即逻辑值"假")则该位为0,否则该位为1。

(e) 判断一个字节的第3位是1还是0,从结果为非全0(即逻辑值"真")来看,此字节的第3位为1。如果要判断一个字节 X 中第 i 位为1或0,则可将 X 与一个第 i 位为1、其他位为0的字节进行按位与运算,如果结果是全0(即逻辑值"假")则该位为0,否则该位为1。

(f) 无论第1位和第3位是什么,都将第1位和第3位设置为0,其他位不变。如果要将一个字节 X 中的第 i 位设置为0,则可将 X 与一个第 i 位为0、其他位为1的字节进行按位与运算。

总结:在高级语言中,通常是按变量(一个8位的字节、一个16位的字或一个32位的双字等)读取数据,若要对其某一位进行判断或设置,则需要上述位逻辑运算,这主要是源于机器如何表示"真""假":一位二进制时则"0"表示"假","1"表示"真";多位二进制时则"全0"表示"假","非全0"表示"真"。因此,X 的真或假可由机器直接判断("全0"还是"非全0"),而 X 中某一位的真或假,则需经过如上变换后进行判断。以字节数据为例,**一个字节 X 与一个特定字节进行"按位与"运算或者"按位或"运算,可以判断该字节的某些位是1或者0,也可以设置该字节的某些位为1或者0而保持其他位不变。**

【示例3.4】图3.7中算式的结果是什么?

```
         0 1 1 1 0 0 0 1              0 1 1 1 0 0 0 1
BIT-AND  1 0 0 0 1 1 1 0       AND    1 0 0 0 1 1 1 0
        -----------------            -----------------
               (a)                          (b)

BIT-NOT  0 1 1 1 0 0 0 1       NOT    0 1 1 1 0 0 0 1
        -----------------            -----------------
               (c)                          (d)
```

图3.7　位逻辑运算与值逻辑运算对比

【答】图3.7(a)的算式结果为00000000;图3.7(b)的算式结果为除00000000外的任何一个数,默认为11111111;图3.7(c)的算式结果为10001110;图3.7(d)的算式结果为00000000。

3.2.3 编码——非数值性信息的表达

编码 非数值性信息可采用编码来表示。所谓**编码**是指以若干位数码或符号的不同组合来表示非数值性信息的方法,它人为地将若干位数码或符号的每一种组合指定一种唯一的含义。例如:可以指定"0 为男,1 为女",也可以指定"1 为男,0 为女"。再例如:可以指定"从 000 始至 110 止分别表示周一至周日",也可以指定"从 001 至 111 分别表示周一至周日"。

这就存在一个问题:如果任意指定编码的含义,则不同人在使用该编码时会引起歧义。因此,编码必须满足 3 个主要特征:唯一性、公共性和规律性。**唯一性**是指每一种组合都有确定的唯一性的含义,能唯一区分开所编码的每一个对象,在同一种编码中不能既表示这个对象又表示那个对象;**公共性**是指不同组织、不同应用程序都承认并遵循这种编码规则;**规律性**是指编码应有一定的编码规则,便于计算机和人识别和使用。

以哈尔滨工业大学学生的学号编码为例,其由 10 位数字构成,第 1 位表示学生类别(本科生、硕士生、博士生、留学生),第 2、3 位表示入学年份,第 4、5 位表示院系,第 6 位表示专业,第 7、8 位表示班级,第 9、10 位表示序号。按照这个规则,可以给每个新入学的学生一个编码,即学号。知道这个规则,可以从学号中了解学生的相关信息。

但是同一个学号在不同的学校代表不同的含义,因为编码规则不同;即使编码规则相同,对应的学生也不同,而同一所学校在不同时期的编码规则也可能不同,这就是**编码的时空性**。在编码中经常可以看到如下现象:某市区的电话号码由 7 位升为 8 位,某市区车牌号的后 5 位中出现了大写英文字母,这就是**编码的信息容量**。以哈尔滨市区的车牌号为例,后 5 位出现大写英文字母之前,车牌号编码为黑 A 后接 5 个 0~9 的数字,这样的编码所能表达的车牌号涵盖黑 A00000 到黑 A99999,共包含 10 万个。当车的数量超过 10 万时,该编码就不再够用。解决方法有两种:一是增加数字位数,二是提升每位的进制。若采用十六进制,从黑 A00000 到黑 AFFFFF 则可形成 $16^5=1\ 048\ 576$ 个车牌号。若在后 5 位使用大写英文字母,则在理论上可以表达 $36^5=60\ 466\ 176$ 个车牌号,将其用于编码车牌号显然绰绰有余。

英文字母、数字等符号的 0-1 编码:ASCII 码 英文中包含 26 个大写字母、26 个小写字母以及 10 个数字和一些标点符号,因此只要 0-1 编码的信息容量能超过这些需要表示的符号的数量即可。但为满足公共性,需有统一的编码标准,率先出现的 ASCII 码便是这样一种标准,它为计算机在世界范围的普及作出了重要贡献。ASCII 码(American standard code for information interchange,美国信息交换标准代码)是用 7 位二进制数表示一个常用符号的一种编码,总共编码有 128 个通用标准符号,包括 26 个英文大写字母、26 个英文小写字母、0~9 共 10 个数字、32 个通用控制字符和 34 个专用字符(如标点符号)等。表 3.1 给出了标准的 ASCII 码表,例如:字母 B 的 ASCII 码为 $b_6b_5b_4b_3b_2b_1b_0=100\ 0010$,符号 $ 的

ASCII 码为 $b_6b_5b_4b_3b_2b_1b_0$ = 010 0100。

表 3.1　标准 ASCII 码表

$b_6b_5b_4$ \ $b_3b_2b_1b_0$	000	001	010	011	100	101	110	111
0000	NUL	DLE	SP	0	@	P	`	P
0001	SOH	DC1	!	1	A	Q	a	Q
0010	STX	DC2	"	2	B	R	b	R
0011	ETX	DC3	#	3	C	S	c	S
0100	EOT	DC4	$	4	D	T	d	T
0101	ENQ	NAK	%	5	E	U	e	U
0110	ACK	SYN	&	6	F	V	f	V
0111	BEL	ETB	’	7	G	W	g	W
1000	BS	CAN	(	8	H	X	h	X
1001	HT	EM	)	9	I	Y	i	Y
1010	LF	SUB	*	:	J	Z	j	Z
1011	VT	ESC	+	;	K	[	k	{
1100	FF	FS	,	<	L	]	l	¦
1101	CR	GS	-	=	M	\	m	}
1110	SO	RS	.	>	N	^	n	~
1111	SI	US	/	?	O	–	o	DEL

为满足机器处理的方便性，例如将 ASCII 码转为十六进制等，编码位数宜采用 2 的幂次方位数来表示，因此通常采用 8 位来编码一个字母符号，其中最高位为 0。例如：B 的 ASCII 码为 $b_7b_6b_5b_4b_3b_2b_1b_0$ = 0100 0010，转换为十六进制为 0x42；$ 的 ASCII 码为 0x24 等。常用英文大写字母 A～Z 的 ASCII 码为 0x41～0x5A，小写字母 a～z 的 ASCII 码为 0x61～0x7A，记住首字母编码后按字母次序递增即可获得某一字母的 ASCII 码。数字 0～9 的 ASCII 码为 0x30～0x39，记住 0 的编码后按数字次序递增即可获得某一数字的 ASCII 码（注：后缀 H 或前缀 0x 表示十六进制数，8 位二进制位称为 1 个字节（byte））。

【示例 3.5】信息“We are students”如果按 ASCII 码存储成文件则为一组 0-1 串：

“01010111 01100101 00100000 01100001 01110010 01100101 00100000 01110011 01110100 01110101 01100100 01100101 01101110 01110100 01110011”

如果要打开该文件并读出其内容，只要按照规则“对 0-1 串按每 8 位分隔一个字符，并查找 ASCII 码表将其映射为相应符号”进行转换即可。

示例 3.5 说明，所有信息在计算机中的存储都为一串 0 和 1，如何解读这串 0 和 1 则有不同的方法，按 ASCII 码存储和解读是其中一种方法。按 ASCII 码存储的文件称为文本文件。

汉字在机器内的表示与存储：汉字内码 如何编码汉字呢？首先汉字中包含 50 000 余个单字，这种信息容量则要求两个字节即 16 位二进制数编码才能满足。1981 年，中国公布了《通讯用汉字字符集（基本集）及其交换标准》（GB 2312—80）方案。GB 2312—80 编码又称国标码，是由 2 个字节表示一个汉字的编码，其中每个字节的最高位为 0。

【示例 3.6】“大”的国标码为 0x3473：00110100 01110011。

“灯”的国标码为 0x3546：00110101 01000110。

“忙”的国标码为 0x4326：01000011 00100110。

这就出现一个问题，即在中英文环境中出现一个 0-1 串“00110100 01110011”，如何知道其是汉字还是英文符号呢？为了和 ASCII 码有所区别，汉字编码在机器内的表示是在 GB 2312—80 基础上略加改变，将每个字节的最高位设为 1，形成汉字的机内码，如图 3.8 所示。因此，汉字内码是用两个最高位均为 1 的字节表示一个汉字，是计算机内部处理、存储汉字信息所使用的统一编码。

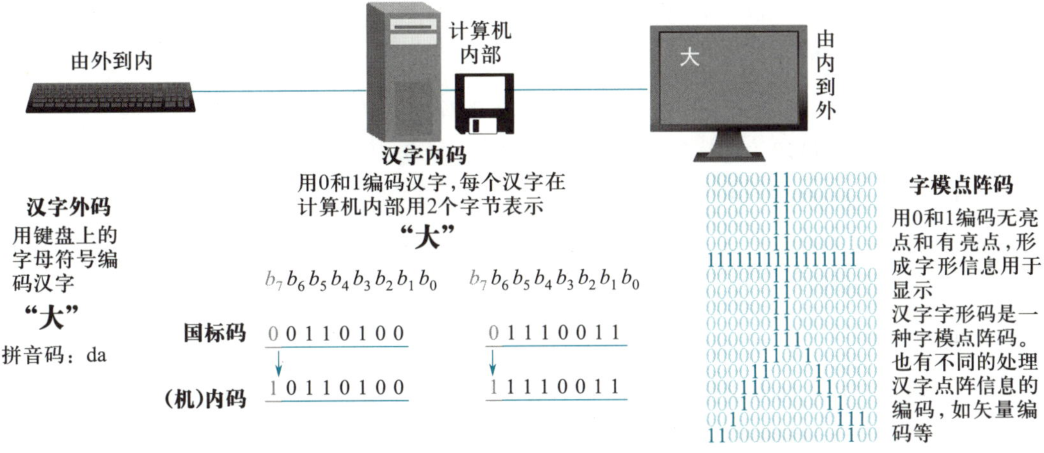

图 3.8　汉字的符号化处理示意

【示例 3.7】“大”的机内码为 0xB4F3：10110100 11110011。

“灯”的机内码为 0xB5C6：10110101 11000110。

“忙”的机内码为 0xC3A6：11000011 10100110。

【示例 3.8】“我的英文名字是 Tom”按汉字内码和 ASCII 码产生的 0-1 串为“11001110 11010010 10110101 11000100 11010011 10100010 11001110 11000100 11000011 11111011 11010111 11010110 11001010 11000111 01010100 01101111 01101101”。

十六进制表示为“CED2 B5C4 D3A2 CEC4 C3FB D7D6 CAC7 54 6F 6D”。为便于阅读，示例中增加了空格以示区分。

世界所有字符/文字的统一编码：Unicode 为容纳所有国家的文字，国际组织提出了 Unicode 标准。Unicode 是可以容纳世界上所有文字和符号的字符编码方案，用数字 0 到 0x10FFFF 的范围来映射所有字符（最多可以容纳 1 114 112 个字符的编码信息容量）。用计算机具体处理时，再将前述唯一确定的码位按照不同的编码方案映射为相应的编码，有UTF-8、UTF-16、UTF-32等多种编码方案。下面以示例辅助简单讲解。

【示例3.9】此处以Unicode码位 $b_{15}b_{14}b_{13}b_{12}b_{11}b_{10}b_9b_8b_7b_6b_5b_4b_3b_2b_1b_0$ 为例讲解UTF-8和UTF-16。

UTF-8是以字节(8位)为单位对Unicode字符进行编码，对不同范围的字符使用不同长度的编码：(1)0x000000至0x00007F区间的符号(此区间的字符为标准ASCII码字符)用1字节编码，即0x00至0x7F，将高位的0均省略，与标准ASCII码完全相同；(2)0x000080至0x0007FF区间的符号用2字节编码，即110xxxxx 10xxxxxx；(3)0x000800至00FFFF区间的符号(中文汉字通常位于此区间)用3字节编码，即 $\mathbf{1110}b_{15}b_{14}b_{13}b_{12}\ \mathbf{10}b_{11}b_{10}b_9b_8b_7b_6\ \mathbf{10}b_5b_4b_3b_2b_1b_0$；(4)其他区间则用4字节编码，即 $\mathbf{11110}b_{20}b_{19}b_{18}\ \mathbf{10}b_{17}b_{16}b_{15}b_{14}b_{13}b_{12}\ \mathbf{10}b_{11}b_{10}b_9b_8b_7b_6\ \mathbf{10}b_5b_4b_3b_2b_1b_0$。UTF-16是以字(16位)为单位对Unicode字符进行编码，在0x000000至0x00FFFF区间的符号(国标汉字和ASCII码字符通常位于此区间)的后16位就是其UTF-16编码。UTF-32是以双字(32位)为单位对Unicode字符进行编码。

“大”的Unicode码 $b_{15}b_{14}b_{13}b_{12}b_{11}b_{10}b_9b_8b_7b_6b_5b_4b_3b_2b_1b_0$ 为01011001 00100111。则其UTF-8编码为**1110** 0101 **10**100100 **10**100111，即0x E5A4A7。其UTF-16编码为01011001 00100111，即0x 5927。

“灯”的Unicode码 $b_{15}b_{14}b_{13}b_{12}b_{11}b_{10}b_9b_8b_7b_6b_5b_4b_3b_2b_1b_0$ 为01110000 01101111。则其UTF-8编码为**1110** 0111 **10**00 0001 **10**10 1111，即0xE7 81 AF。其UTF-16编码为01110000 01101111，即0x706F。

“忙”的Unicode码 $b_{15}b_{14}b_{13}b_{12}b_{11}b_{10}b_9b_8b_7b_6b_5b_4b_3b_2b_1b_0$ 为01011111 11011001。则其UTF-8编码为**1110**0101 **10**111111 **10**011001，即0xE5BF99。其UTF-16编码为01011111 11011001，即0x5FD9。

汉字输入：汉字外码 如何将汉字输入到计算机中呢？人们发明了各种汉字输入码，又称汉字外码，是以键盘上可识别符号的不同组合来编码汉字，以便进行汉字输入的一种编码。常用的汉字外码有国标区位码、拼音码、字形码、音形码等。国标区位码是用汉字在国标码中的位置信息编码汉字的一种方法。它将国标汉字分为94个区，每区分为94位，区号和位号分别用两个二-十进制数表示(注：每一位十进制数用四位二进制数表示)。例如：“大”在第20区第83位，其国标区位码为2083，表示为0010 0000 1000 0011。拼音码是以汉字的拼音为基础编码汉字的一种方法。例如“大”的拼音码为“da”，“型”的拼音码为“xing”等。字形码是以汉字的笔画与结构为基础编码汉字的一种方法。例如：“型”的五笔字型码为“gajf”，其中，g表示“开”上方的一横，a表示“开”下方的草字头，j表示右侧立刀旁，f表示下方的“土”。再例：“例”的五笔字型码为“wgqj”，其中，w表示左侧单人旁，g表示“歹”上方的一横，q表示“夕”，f表示右侧立刀旁。音形码是以汉字的拼音与字形为基础编码汉字的一种方法。

汉字为什么会有如此多的外码？这是因为汉字外码要解决以下难题：(1)一个编码能否唯一对应一个汉字；(2)怎样减少汉字输入的按键次数；(3)编码规律方便人们记忆。由于汉字数量多且涉及四声问题、同音字问题、结构复杂问题等，因而要做到上述几点比较困难。例如，拼音码中同音字多，则重码汉字多，就需要二次选择；五笔字型码在很大程度上能做到唯一，但其规则记忆困难。一种改进思路是词汇/语句输入方式，即通过词汇或语句的连贯性能有效减少二次选择；另外，目前手写识别技术已相当发达，可以通过手写汉字实现输入。

汉字输出：汉字字模点阵码 解决了输入问题，还要解决输出问题，即如何将汉字显示在屏幕上或通过打印机进行打印。人们发现，用0、1的不同组合能够表征汉字字形信息，如0为无字形点，1为有字形点，这样就形成了**字模点阵码**，例如16 × 16点阵汉字为32字节码，24×24点阵汉字为72字节码，ASCII码字符的点阵为8×8，占8个字节。“大”字点阵字模如图3.8所示。除字模点阵码外，汉字还有**矢量编码**(使用汉字的轮廓信息模型来编码)，可实现无失真任意缩放。

汉字的处理过程 图3.8为汉字“大”的处理过程。首先通过拼音码(输入码)在键盘上输入“大”的拼音“da”，然后计算机将其转换为“大”的汉字内码“10110100 11110011”并保存在计算机中，最后依据此内码转换为字模点阵码并显示在显示器上。当在不同系统之间传输或转换时，可以使用“大”的不同编码：如使用UTF-8，则为“0x E5A4A7”；如使用UTF-16，则为“0x 5927”。注意：**采用不同的编码标准，汉字或字符的编码是不同的**。

3.2.4 利用逻辑将信息隐藏于图像中

下面通过一个例子来看非数值性信息编码和位逻辑与值逻辑的综合运用。

【示例3.10】利用图像隐藏信息。

在公共网络上传递隐私信息，最令人担心的是隐私信息被截获或被公开。针对这一现状，很多人思考利用图像传递隐私信息。人们虽然能看到图像，但却无法发现隐私信息，既实现了隐私信息的传输，又无须担心信息被截获，即使被截获也不容易被发现。那么如何利用图像隐藏信息呢？

【解析】为解决此问题，首先需要理解：(1)图像是如何表示的；(2)信息是如何表示的；(3)图像为什么可以隐藏信息；(4)怎样将信息隐藏于图像中。

图像是如何表示的 图3.9显示的是一幅图像，如果将该图像按图示均匀划分成若干个小格，每一小格称为一个**像素(点)**，每个像素呈现不同颜色(彩色图像)或层次(黑白图像)。如果是一幅黑白图像，则每个像素点只需用1位二进制位表示即可，0表示黑，1表示白；如果是一幅灰度图像，则每个像素点需用8位二进制位来表示$2^8=256$个黑白层次；如果是一幅彩色图像，则每个像素点可采用3个8位二进制位来分别表示一个像素的三原色——红、绿、蓝，显示出来就是一种具体的颜色，即目前所说的 24 位真彩色图像。一幅图像的尺寸可用像素点数目，即“水平像素点数×垂直像素点数”来衡量。如果格子足够小，则一个像素即为图像上的一个点，格子越小图像就越清晰，通常将单位尺寸内的像素点数目称为分辨率，分辨率越高则图像越清晰（注意：像素点数目为图像的大小，而单位尺寸内的像素点数目才为图像的分辨率）。

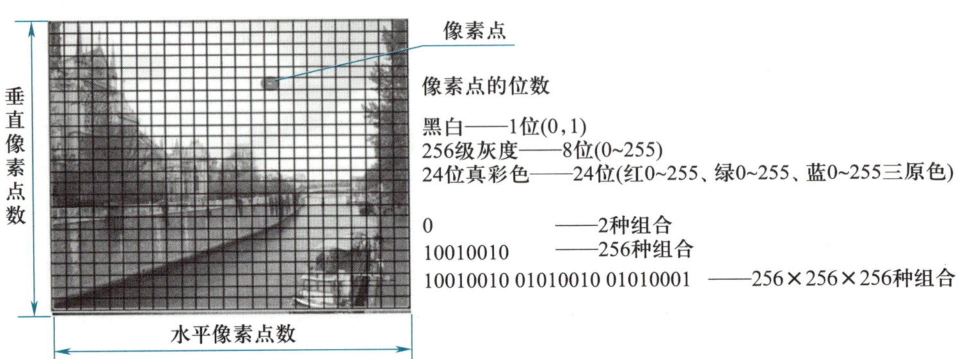

图 3.9　图像相关概念示意

由上文可知，图像即可视为一组像素的集合，对每个像素进行编码（用若干位表示一个像素），然后按行组织一行中所有像素的编码，再按顺序将所有行的编码汇集起来，就构成了整幅图像的编码。因此，一幅图像需占用的存储空间为“水平像素点数×垂直像素点数×像素点的位数”，如一幅常见尺寸的图像为 3 072×2 048×24＝150 994 944 bit（位）＝18 874 368 B（字节），即 18 MB。这种按行按列编码存储每一个像素点的方法所形成的图像称为位图（通常扩展名为.bmp 的图像为位图 bitmap）。由于图像占用的存储空间较大，因此需要用不同的方法进行压缩，然后存储。所谓压缩也是一种编码。目前已出现多种图像编码方法，如 JPEG（joint photographic experts group）、GIF（graphic interchange format）、PNG（portable network graphic）等。具体内容不在本书讨论，读者可查阅相关资料学习。

信息是如何表示的 前面介绍英文信息可采用 ASCII 码编码表示，中文信息可采用汉字内码或 UTF-8、UTF-16 等编码表示。例如待隐藏信息为“Password is ThisWord”，这一信息转换成 ASCII 码为“01010000 01100001 01110011 01110011 01110111 01101111 01110010 01100100 00100000 00100000 01101001 01110011 00100000 00100000 01010100 01101000 01101001 01110011 01010111 01101111 01110010 01100100”。为阅读方便，各个字节之间增加了空格以示区分，这说明信息可以用 0-1 编码表示。

图像为什么可以隐藏信息 以灰度图像为例，每个像素点由一个 8 位二进制位表示，从 00000000 到 11111111 分别表示由最黑的层次到最白的层次。例如某个像素点的值为 10010010，如果将其最高位由 1 变为 0，即由 **1**0010010 变为 **0**0010010，也即由十进制的 146 变为 18，则灰度层次变化较大，在观看图像时容易被发现；但如果将其最低位由 0 变为 1，即由 1001001**0** 变为 1001001**1**，也即由十进制的 146 变为 147，则灰度层次变化较小，在观看图像时不容易被发现。因此,人们很容易想到,可利用每个像素点的最低位来保存待隐藏信息的0-1编码,既可以使观看图像的人感觉不到变化,同时又将信息隐藏于其中。

怎样将信息隐藏于图像中 如图3.10所示,以一幅简单的9×6×8图像为例,待隐藏信息为"A",其ASCII码为"01000001"。观察该幅图像的一列像素点{0, 0, 0, 0, 0, 146, 146, 0, 0},其中仅包含2个值,即146和0,其二进制如图3.10所示。图中由所有像素点的二进制值的最高位构成的平面称为高位位平面(也可看作一幅二值0和1的图像),而由所有像素点的二进制值的最低位构成的平面称为低位位平面。这样便可将待隐藏信息"01000001"写入其低位位平面,该列数据将变为{0, 1, 0, 0, 0, 146, 146, 1, 0}。和原像素点值相比,只有两个像素点的值由0变为1,变化较小而不易在图像中显示,由此将信息隐藏于图像中。

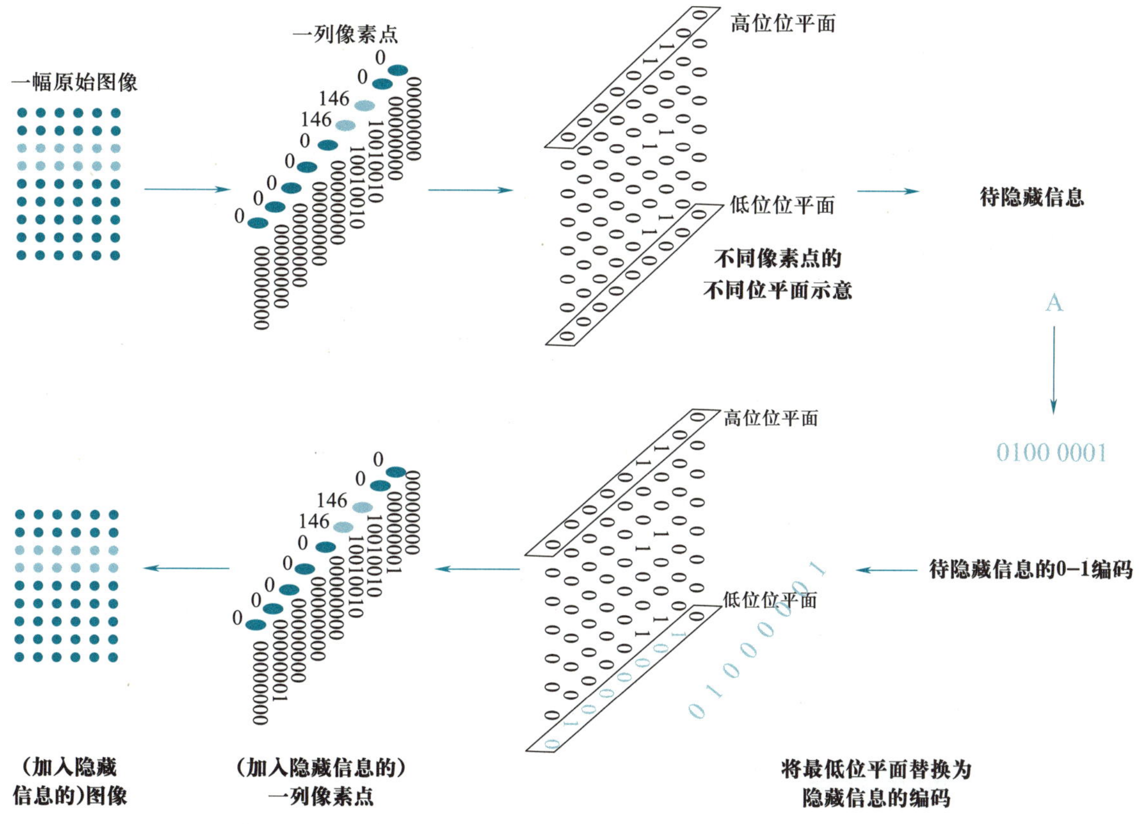

图3.10 图像隐藏信息的过程示意

在操作过程中,需要对待隐藏信息 X 的每一位进行判断,确定其为1还是为0,此时可将 X 与一个某一位为1、其余位为0的字节进行按位与操作(BIT-AND),如果该字节为00000000,则表明该位为0,否则该位为1,参见示例3.3的图3.6(d)(e)。当已知待隐藏信息的某一位为1或0后,就需要在相应图像像素点的二进制最低位上设置1或0。如果将 X 的某一位设为1,则可使其与一个某一位为1、其余位为0的字节进行按位或操作

(BIT-OR),如果设为 0,则可使其与一个某一位为 0、其余位为 1 的字节进行按位与操作(BIT-AND),参见示例 3.3 的图 3.6(b)(a)。

3.2.5 原码-补码——带正负号数值的表达

机器数有字长限制,存在溢出现象 数值性信息是指有大小关系的信息,包括无符号数和有符号数。在计算机中数值性信息通常采取二进制方式存储,**机器中表示数据受到机器字长的限制**。机器字长是指机器内部进行数据处理、信息传输等的基本单元所包含的二进制位数,通常为 8 位、16 位、32 位、64 位等。

【示例 3.11】将$(78)_{十}$转换为二进制数。

(1) $(78)_{十}=(1001110)_{二}$

(2) $(78)_{十}=(01001110)_{二}$

(3) $(78)_{十}=(00000000\ 01001110)_{二}$

(4) $(78)_{十}=(00000000\ 00000000\ 00000000\ 01001110)_{二}$

在该例中,式(1)是没有考虑机器字长的情况;式(2)(3)(4)分别是按 8 位、16 位、32 位字长转换的结果。

不同机器字长所保存的数据有范围限制,超出其范围则称为“溢出”。溢出是一种错误状态,有溢出则说明用于表达数据的字长无法满足要求,此时可考虑用更大的字长表示数据。例如,如果用 8 位字长表达数 468,则会“溢出”,因为 8 位字长表示的最大无符号数是 255,此时则需采用 16 位字长来表示。

用机器表示的数称为**机器数**。如果机器数表示的是无符号整数,则即将该整数按规定字长转换成相应的二进制数。假设机器字长为 n 位,则其表达的无符号数 X 的范围是 $0\leqslant X\leqslant 2^n-1$。

【示例 3.12】给出 8 位、16 位、32 位机器数表达无符号整数的范围。

(1) 8 位字长:$0\leqslant X\leqslant 2^8-1$,即 0~255。

(2) 16 位字长:$0\leqslant X\leqslant 2^{16}-1$,即 0~65 535。

(3) 32 位字长:$0\leqslant X\leqslant 2^{32}-1$,即 0~4 294 967 295。

数值的正负号表达为 0 和 1 有符号数的数值部分直接转换成二进制数即可,其正、负号也可以用 0 和 1 表示,0 表示正号,1 表示负号,正、负号始终位于数值部分的左侧,即二进制数的最高位处。通过判断二进制数最高位处是 0 或 1 来判断其为正数还是负数,前提是需确认这是一个有符号数。

【示例 3.13】将$(+78)_{十}$和$(-78)_{十}$表示成 16 位的机器数。

此时用 15 位表示数值,用 1 位表示正、负号。将$(78)_{十}$表示成 15 位二进制数为$(0000000\ 01001110)_{二}$,则$(+78)_{十}$即在其前面增加符号 0 为$(\mathbf{0}0000000\ 01001110)_{二}$,$(-78)_{十}$即在其前面增加符号 1 为$(\mathbf{1}0000000\ 01001110)_{二}$。

机器数的原码、反码和补码 机器数可用原码、反码和补码来表示,不同表示方法有不同的计算规则。其中**正数的原码、反码和补码相同:最高位为 0 表示正号,其余数值位同其数值的二进制数。负数的原码、反码和补码不同:负数的原码是最高位为 1 表示负号,其余数值位同真实数值的二进制数;负数的反码是最高位为 1 表示负号,其余数值位在真实数值的二进制数基础上逐位取反**(即若是 0 则改为 1,若是 1 则改为 0);**负数的补码是最高位为 1 表示负号,其余数值位在反码基础上由最低位加 1 得到。**

原码、反码和补码的重要性质:

$$((X)_{补码})_{补码}=(X)_{原码}$$

$$((X)_{反码})_{反码}=(X)_{原码}$$

$$((X)_{原码})_{原码}=(X)_{原码}$$

原码、反码、补码的详细规则及示例参见图 3.11。

真实数值(带符号的n位二进制数)	十进制数	机器数(n+1位二进制数,其中第n+1位表示符号,0表示正号,1表示负号)		
		原码	反码	补码
+11…11	$+(2^n-1)$	0 11…11	0 11…11	0 11…11
+10…00	$+(2^{n-1})$	0 10…00	0 10…00	0 10…00
+00…00	+0	0 00…00	0 00…00	0 00…00
−00…00	−0	1 00…00	1 11…11	0 00…00
−10…00	-2^{n-1}	1 10…00	1 01…11	1 10…00
−11…11	$-(2^n-1)$	1 11…11	1 00…00	1 00…01
−100…00	-2^n	–	–	1 00…00
		正数的原码、反码同补码形式是一样的。最高位为0表示正数		
		负数的最高位为1,表示负数。其余同真实数值的二进制数	负数的最高位为1,表示负数。其余在真实数值的二进制数基础上逐位取反	负数的最高位为1,表示负数。其余在反码基础上由最低位加1后形成。它的负数不包括0,但包括-2^n
		机器数由于受到表示数值的位数的限制,只能表示一定范围内的数。超出此范围则为“溢出”		

图 3.11 带符号的机器数的表示示意

【示例 3.14】以 8 位机器字长为例,0 的原码、反码和补码是怎样表示的?

【答】8 位机器字长中,1 位为符号位,7 位为数值位。0 的原码表示有两种,即 **0** 000 0000 和 **1** 000 0000。0 的反码表示也有两种,即 **0** 000 0000 和 **1** 111 1111。0 的补码表示只有 1 种,即 **0** 000 0000。

【示例 3.15】以 8 位机器字长为例,原码、反码和补码表示数的范围是怎样的?各能表示多少个数?

【答】8 位机器字长中,1 位为符号位,7 位为数值位。数值位的绝对值为 000 0000~111 1111,即 0~127(共 2^7-1 个)。

按原码规则,其能表示的数的范围为 **0**000 0000、**0**000 0001、……、**0**111 1111、**1**0000000,**1**0000001、……、**1**1111111,即 0、+1、……、+127、0、−1、……、−127,共包含 255

个不同的数,其中0使用两种方法表示(0 000 0000和1 000 0000)。

按反码规则,其能表示的数的范围为 **0**000 0000、**0**000 0001、……、**0**111 1111、**1**1111111、**1**1111110、……、**1**0000000,即0、+1、……、+127、0、-1、……、-127,共包含255个不同的数,其中0使用两种方法表示(0 000 0000和1 111 1111)。

按补码规则,其能表示的数的范围为 **0**000 0000、**0**000 0001、……、**0**111 1111、**1**1111111、**1**1111110、……、**1**0000001、**1**0000000,即0、+1、……、+127、-1、-2、……、-127、-128,共包含256个不同的数,其中0仅用0 000 0000表示,空出的1000 0000按次序表示-128(即-2^7)。

【示例3.16】以8位机器字长为例,回答以下问题。

(1) $(+78)_+$和$(-78)_+$的原码、反码和补码是多少?

(2) 已知一个数的反码是$(\mathbf{0}\ 1001010)_{反码}$,则该数的补码和原码是多少?

(3) 已知一个数的反码是$(\mathbf{1}\ 1001010)_{反码}$,则该数的补码和原码是多少?

(4) 已知一个数的补码是$(\mathbf{0}\ 1001010)_{补码}$,则该数的反码和原码是多少?

(5) 已知一个数的补码是$(\mathbf{1}\ 1001010)_{补码}$,则该数的反码和原码是多少?

【答】

(1) 按规则,正数的原码、反码、补码相同,负数的原码、反码、补码不同,但符号位均为1。$(+78)_+ = (\mathbf{0}\ 1001110)_{原码} = (\mathbf{0}\ 1001110)_{反码} = (\mathbf{0}\ 1001110)_{补码}$,

$(-78)_+ = (\mathbf{1}\ 1001110)_{原码} = (\mathbf{1}\ 0110001)_{反码} = (\mathbf{1}\ 0110010)_{补码}$。

(2) 由符号位为0可知这是一个正数,正数的原码、反码、补码相同。

因此$(\mathbf{0}\ 1001010)_{反码} = (\mathbf{0}\ 1001010)_{补码} = (\mathbf{0}\ 1001010)_{原码}$。

(3) 由符号位为1可知这是一个负数,负数的补码是在其反码基础上加1,负数的反码的反码是原码。因此$(\mathbf{1}\ 1001010)_{反码} = (\mathbf{0}\ 1001011)_{补码} = (\mathbf{0}\ 0110101)_{原码}$。

(4) 由符号位为0可知这是一个正数,正数的原码、反码、补码相同。

因此$(\mathbf{0}\ 1001010)_{补码} = (\mathbf{0}\ 1001010)_{反码} = (\mathbf{0}\ 1001010)_{原码}$。

(5) 由符号位为1可知这是一个负数,负数的反码是在其补码基础上减1,负数的补码的补码是原码。因此$(\mathbf{1}\ 1001011)_{补码} = (\mathbf{1}\ 0110101)_{原码} = (\mathbf{1}\ 1001010)_{反码}$。

3.2.6 基于0和1的运算——减法由加法实现

二进制的加减法计算规则 二进制算术运算规则十分简单,如图3.12所示。

这种运算规则可以由逻辑运算实现。假设存在被加数A_i和加数B_i,低位向本位的进位为C_i,本位相加的"和"为S_i,本位相加后向高位的进位为C_{i+1}。

如果不考虑C_i,则一位加法A_i加B_i的"和"的产生规则可以用异或运算实现:$S_i = A_i$ XOR B_i,即"A_i和B_i相同为0,不同为1"。加法A_i加B_i中向高位进位的产生规则可以用与运算实现:$C_{i+1} = A_i$ AND B_i,即"A_i和B_i同时为1时,才会产生向高位的进位1"。

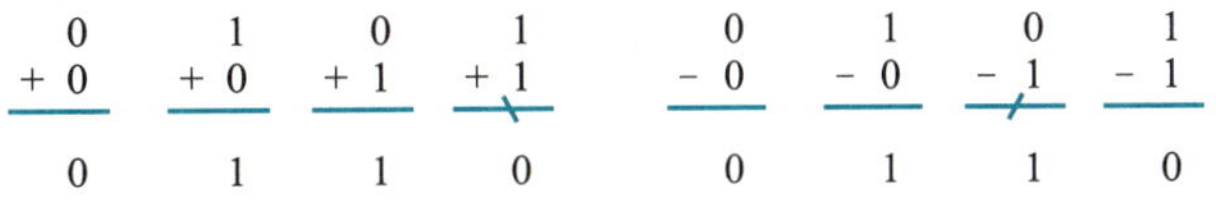

0	1	0	1	0	1	0	1
+0	+0	+1	+1	-0	-0	-1	-1
0	1	1	0	0	1	1	0

(a) 二进制加法运算规则　　(b) 二进制减法运算规则

图 3.12　二进制算术运算规则示意

如果考虑 C_i，则一位加法 A_i 加 B_i 后还需加上 C_i，此时"和"S_i 与进位 C_{i+1} 的产生规则如下：

$$S_i = (A_i \text{ XOR } B_i) \text{ XOR } C_i$$

$$C_{i+1} = ((A_i \text{ XOR } B_i) \text{ AND } C_i) \text{ OR } (A_i \text{ AND } B_i)$$

读者可自行验证其正确性。

利用补码，减法可由加法实现，且符号可参与计算　假设 A 和 B 分别是被减数和减数，所谓的减法可由加法实现，并不是指如 $A-B=A+(-B)$。而是指有了补码后无须做减法，仅用补码和加法即可完成减法运算，即在不产生溢出的前提下，有：

$$(A-B)_{补码} = (A)_{补码} + (-B)_{补码}$$

$$(A-(-B))_{补码} = (A)_{补码} + (B)_{补码}$$

$$(A+(-B))_{补码} = (A)_{补码} + (-B)_{补码}$$

$$(A+B)_{补码} = (A)_{补码} + (B)_{补码}$$

下面通过若干示例讲解补码的加减法。假设机器字长为 8 位，用 1 位表示正负号，用 7 位表示数值。

【示例 3.17】计算 $(+25)_十 + (+45)_十 = (+70)_十$。

首先将数表示成补码：$(+25)_十 + (+45)_十 = (0\ 0011001)_{补码} + (0\ 0101101)_{补码} = (0\ 1000110)_{补码} = (0\ 1000110)_{原码} = (+70)_十$。

按照二进制规则计算，参见图 3.13(a)。两个正数相加时，符号位也参与运算。计算结果的符号与两个加数的符号相同，说明没有溢出；结果的符号为 0，说明结果是一个正数，而正数的补码就是原码，因此结果是正确的。

【示例 3.18】计算 $(-25)_十 + (-45)_十 = (-70)_十$。

首先将数表示成补码：$(-25)_十 + (-45)_十 = (1\ 1100111)_{补码} + (1\ 1010011)_{补码} = (1\ 0111010)_{补码} = (1\ 1000110)_{原码} = (-70)_十$。

按照二进制规则计算，参见图 3.13(b)。两个负数相加时，符号位也参与运算，此时符号位相加产生的进位由于机器字长的限制被自动舍弃。计算结果的符号与两个加数的符号相同，说明没有溢出；结果的符号为 1，说明结果是一个负数，而对负数的补码再求补码就是原码，因此结果是正确的。

【示例 3.19】计算 $(+115)_十 - (+45)_十 = (+115)_十 + (-45)_十 = (+70)_十$。

首先将数表示成补码：$(+115)_十 + (-45)_十 = (0\ 1110011)_{补码} + (1\ 1010011)_{补码} = (0\ 1000110)_{补码} = (0\ 1000110)_{原码} = (+70)_十$。

按照二进制规则计算,参见图 3.13(c)。一个正数和一个负数相加时,符号位也参与运算,此时符号位相加产生的进位由于机器字长的限制被自动舍弃。计算结果如下:两个加数的符号不同,因此不会溢出;结果的符号为 0,说明结果是一个正数,而正数的补码就是原码,因此结果是正确的。

【示例 3.20】计算 $(+115)_+ + (+45)_+ =$(溢出)。

首先将数表示成补码:$(+115)_+ + (+45)_+ = (0\ 1110011)_{补码} + (0\ 0101101)_{补码} = (1\ 0100000)_{补码} =$(溢出)。

按照二进制规则计算,参见图 3.13(d)。两个正数相加时,符号位也参与运算。计算结果如下:因为两个加数的符号相同,而结果的符号与两个加数的符号不同,此种情况说明有溢出,即计算结果超出了机器字长的限制,出现错误。但这种"溢出"可以被明确判断,通过自动判断是否溢出,机器能够保证补码计算结果的正确性。

(+25)+(+45)=(+70)	(−25)+(−45)=(−70)	(+115)+(−45)=(+70)	(+115)+(+45)=(溢出)
0 0011001	1 1100111	0 1110011	0 1110011
+ 0 0101101	+ 1 1010011	+ 1 1010011	+ 1 0101101
0 1000110	1 0111010	0 1000110	1 0100000
(a)	(b)	(c)	(d)

图 3.13 补码计算示例

补码加减法规则归纳 一个正数和一个负数相加,结果永远不会产生溢出。两个正数相加或者两个负数相加,结果可能溢出但可被判断识别:当结果的符号与加数和被加数的符号相同时,结果不会溢出;而当结果的符号与加数和被加数的符号不同时,结果将会溢出。因此,在没有溢出的情况下,补码的加法是正确的。

补码的意义及生活中的补码 通过示例 3.17 可以看出:(1)符号位与数值位一样参与了计算,减法操作以加法的形式实现。这是很有意义的事情,即在构造计算机器时,只要能构造出完成加法的机器,即可实现加减法操作。而乘法操作可以转换为连加操作,除法操作可以转换为连减操作,因此能完成加法运算的机器,是否也就能完成加减乘除运算了呢?这样构造一个计算机器或许就不那么复杂了。请读者仔细体会这种思维的意义。(2)将减法变为加法操作,符号位参与运算,是机器采用补码表示有符号数的重要原因。假设计算 $X-Y$,可以转换为 $X+(-Y)$,然后将 X 和 $-Y$ 转换为补码后再做加法。可用钟表示意这一过程:假设当前标准时间是 5 点,钟表快了 2 个小时变为 7 点。此时可以倒拨 2 个小时,即 7−2=5,做的是减法(注:−2 可看作原码);也可以正拨 10 个小时,即 7+10=17(减去 12 即为 5),做的是加法。在这里,12 被称为模,超过 12 将自动减去一个 12,则 10 为−2 相对于模 12 的补码。机器数的补码同样源于这一思想:以机器字长 8 位为例,其模为 2^8,例如−0000110 的原码为 1 0000110,其补码为 1 00000000 −10000110=1 1111010,即 $[-X]_{补码}+[-X]_{原码}=$模,也就是负数的补码加上负数的原码后结果恰好为模(参阅图 3.13),而"模"正是因机器字长被舍弃的进位。这是计算思维源自生活的一个实例。(3)

对于数值 0,其补码只有一个编码,这样就空出一个码位,能够多表示一个数(例如机器字长为 8 位,则空出的 10000000 用于表示-2^n)。

3.3 计算化与自动化——根本还是逻辑

3.3.1 用开关性元器件实现基本逻辑运算

电路开关与逻辑运算 基本的逻辑运算可以由开关及其电路连接实现。

【示例 3.21】用开关实现与、或、非运算。

用开关实现基本逻辑运算的电路如图 3.14 所示。外界输入为 A、B 开关,即"闭合"(可用 1 表示)或"断开"(可用 0 表示);输出为 L 灯,即"亮"(可用 1 表示)或"灭"(可用 0 表示)。则:

(1) "与"运算可用开关 A 和 B 串联控制灯 L 来实现。显然,仅当两个开关 A、B 均闭合时,灯 L 才能亮;否则,灯 L 灭。可以得出 L=A **AND** B。

(2) "或"运算可用开关 A 和 B 并联控制灯 L 来实现。显然,当开关 A、B 中有一个闭合或者两个均闭合时,灯 L 亮。即 L=A **OR** B。

(3) "非"运算可用开关 A 与灯 L 并联来实现。显然,仅当开关 A 断开时,灯 L 亮;一旦开关 A 闭合,则灯 L 灭。因此,L=**NOT** A。

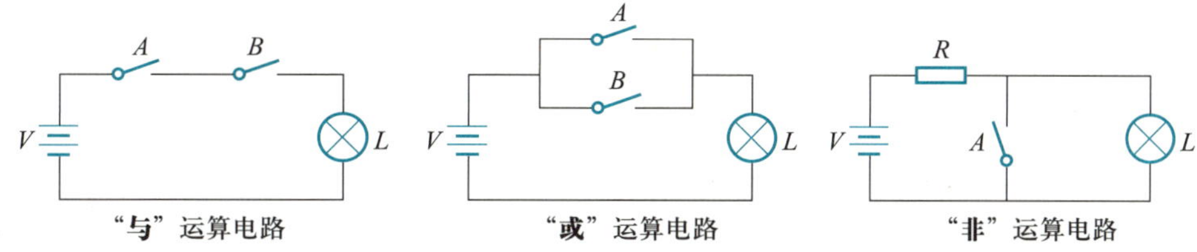

图 3.14 用开关电路实现的基本逻辑运算示意

二极管与三极管:具有 0 和 1 特性的元器件 基本的逻辑运算也可以由电子元器件及其电路连接实现。例如,在图 3.15 中,高电平(即+5 V 电压)为 1,低电平(即 0 V 电压)为 0。二极管是一种可展现 0 和 1 特性的电子元器件,给二极管施加正向电压,则导通,相当于开关的闭合(产生 1);而施加反向电压,则截止,相当于开关的断开(产生 0)。三极管在二极管基础上增加了一个控制极 b。当 b 极施加一个高电平时(相当于输入 1),T 是导通的,相当于开关的闭合,即 c 极和 e 极连通,e 极接地为低电平,则 c 极产生低电平 0;当 b 极施加一个低电平时(相当于输入 0),T 是截止的,相当于开关的断开,c 极和 e 极断开，而 c 极与电源+VCC 相连，则 c 极产生高电平 1。这样即可由 b 极的高电平(1)与低电平(0)控制 c 极产生低电平(0)或高电平(1)，可以得出 c=NOT b。三极管还有另一种作用，即信号放大：以较小的 b 极电流信号控制产生较大的 c 极、e 极流过的电流。

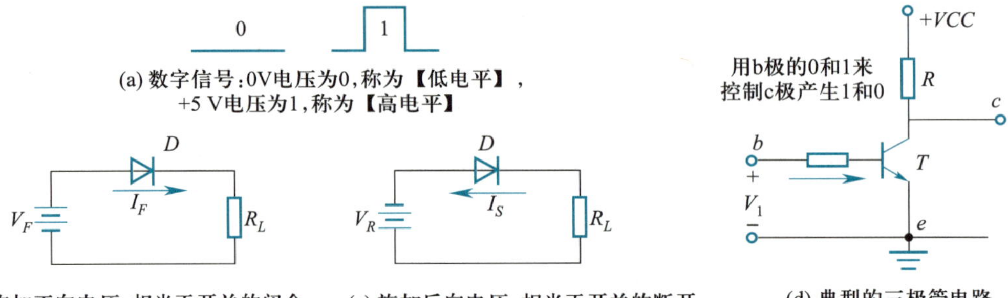

图 3.15　数字电平与二极管、三极管电路示意

【示例 3.22】用二极管、三极管实现与、或、非运算。

用二极管、三极管实现基本逻辑运算的电路如图 3.16 所示。A、B 点为输入，F 点为输出。这些电路被封装成集成电路(芯片)，即所谓的门电路，如图 3.16(d) 所示。对外通过管脚将输入送入门电路，同时通过管脚获得门电路对外的输出，通过输入和输出的连接即可将多个门电路连接构成复杂的电路。

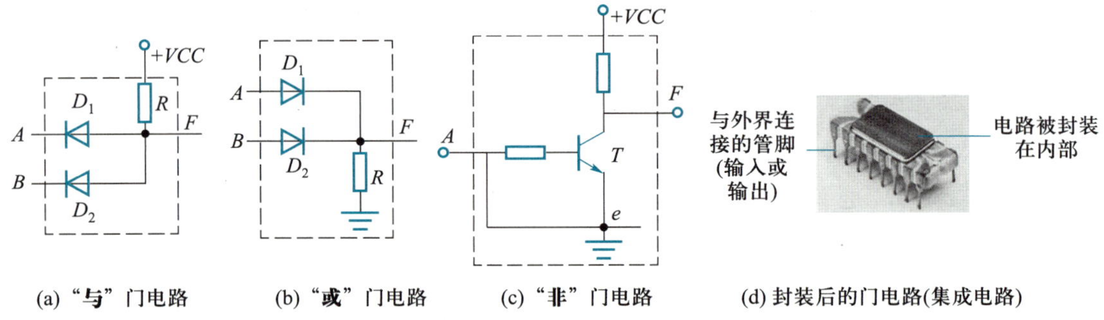

图 3.16　基本门电路内部结构、符号表示及其封装示意

(a) 用二极管实现的与门电路。两个二极管分别由输入信号 A、B 控制，F 点通过一个电阻与电源信号+VCC 相连，其产生的信号作为输出。此时，A 和 B 中只要有一个为低电平(0 V 电压)，二极管 D_1 和 D_2 中与低电平相连的那个就会导通，相当于无电阻状态，则 F 点的电压便因二极管的导通而变为低电平，即产生 0。而当 A 和 B 均为高电平(+5 V 电压)时，相当于对两个二极管均施加了反向电压而使其均处于截止(即断开)状态，则 F 点的电压便因连接电源而变为高电平(+5 V 电压)，即产生 1。此即相当于实现了 $\boldsymbol{F=A}$ **AND** $\boldsymbol{B}$。

(b) 用二极管实现的或门电路。两个二极管分别由输入信号 A、B 控制，F 点通过一个电阻与接地信号相连，其产生的信号作为输出。此时，A 和 B 中只要有一个为高电平(+5 V 电压)，二极管 D_1 和 D_2 中与高电平相连的那个就会导通，相当于无电阻状态，则 F 点的电压便因二极管的导通而变为高电平，即产生 1。而当 A 和 B 均为低电平(0 V 电压)时,相当于对两个二极管均施加了反向电压而使其均处于截止(即断开)状态,则 F 点的电压便因接地而变为低电平(0 V 电压),即产生 0。此即相当于实现了 $\boldsymbol{F=A}$ **OR** $\boldsymbol{B}$。

(c) 用三极管实现的非门电路。三极管由输入信号 A 控制,F 点通过一个电阻与电源信号相连,其产生的信号作为输出。当 A 为低电平(0 V 电压)时,T 将使 F 极与 e 极断开,则 F 点因与电源信号相连而变为高电平,即产生 1;当 A 为高电平(+5 V 电压)时,T 将使 F 极与 e 极导通,相当于无电阻状态,F 点因连接接地信号而变为低电平,即产生 0。此即相当于实现了 $\boldsymbol{F=}$**NOT** $\boldsymbol{A}$。

3.3.2 再用符号化——基本逻辑运算电路的符号表达

为什么要符号化表达门电路 如上文所述,与门、或门、非门、异或门等是构造计算机或数字电路的基本元器件,实现基本的逻辑运算。利用这些门电路可以构造更为复杂的数字电路。为表达数字电路的复杂构造关系,需要用符号来表示这些门电路。

图 3.17 给出了几种基本门电路的符号表示。

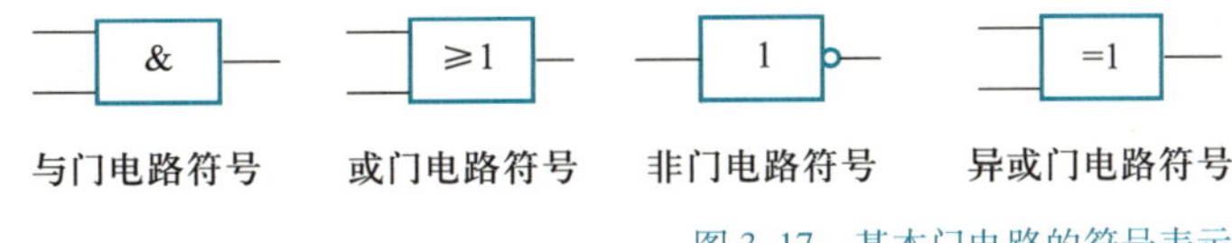

图 3.17 基本门电路的符号表示

基本门电路的符号表示 门电路通常用矩形框表达其内部封装了一些数字电路,按照一定规则完成信号转换。矩形框标注“&”表示“与门”,标注“≥1”表示“或门”,标注“1”并后带小圆圈表示“非门”,标注“=1”表示“异或门”等。门电路矩形框左侧的连线表示输入,右侧的连线表示输出,整体结构表示将输入的信号按照门电路运算规则转换为输出。

根本还是逻辑运算 输入线和输出线是门电路与外界连接的渠道,通过将一个门电路的输出连接到另一个门电路的输入,即将一个逻辑运算和另一个逻辑运算复合,形成一个复杂的逻辑运算。

【示例 3.23】与非门是将一个与运算和一个非运算组合而成的一种门电路,如图 3.18(a1)所示,自左至右观察该电路,最左侧的 A、B 是输入,将与门的输出“A AND B”作为非门的输入,非门的输出“NOT (A AND B)”是该电路最终的输出。或非门是将一个或运算和一个非运算组合而成的一种门电路,如图 3.18(b1)所示,自左至右,观察该电路最左侧的 A、B 是输入,将或门的输出“A OR B”作为非门的输入,非门的输出“NOT (A OR B)”是该电路最终的输出。与或非门是将两个与运算、一个或运算和一个非运算组合而成的一种门电路,如图 3.18(c1)所示,自左至右,观察该电路最左侧的 A、B、C、D 是输入,将两个与门的输出“A AND B”和“C AND D”作为或门的输入,或门的输出“(A AND B) OR (C AND D)”作为非门的输入,非门的输出“NOT((A AND B) OR (C AND D))”是该电路最终的输出。

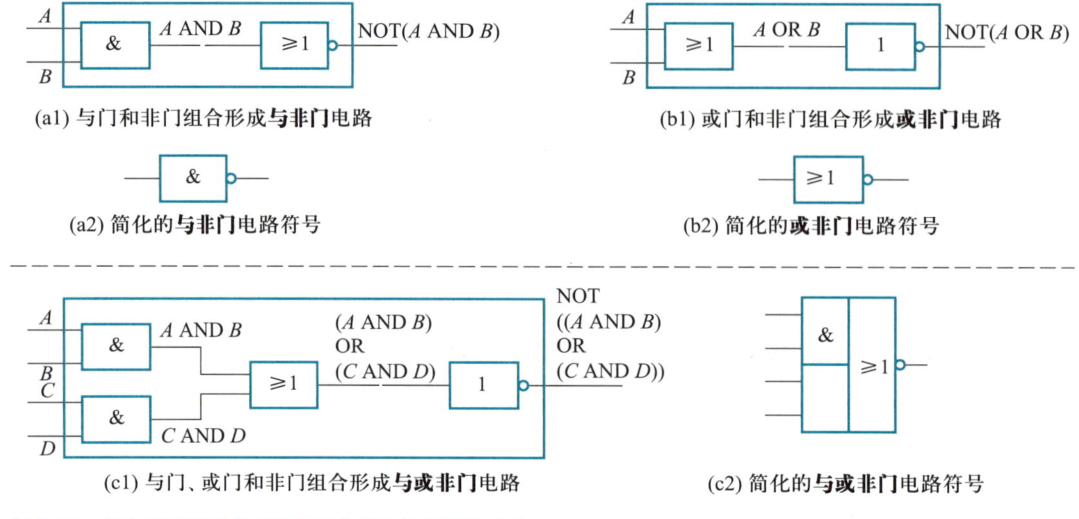

(a1) 与门和非门组合形成**与非门**电路　(b1) 或门和非门组合形成**或非门**电路

(a2) 简化的**与非门**电路符号　(b2) 简化的**或非门**电路符号

(c1) 与门、或门和非门组合形成**与或非门**电路　(c2) 简化的**与或非门**电路符号

图 3.18　门电路连接示意与其他基本门电路的符号表示

示例 3.23 示意了电路的连接关系，这种关系将一个或两个门电路的输出(右侧连线)作为另一个门电路的输入(左侧连线)，经过一个门电路即相当于进行一次逻辑运算。因此，数字电路本质上也可看作复杂逻辑运算的另一种符号表达。与非门、或非门、与或非门也可看作基本的门电路，其简化的门电路符号分别如图 3.18(a2)(b2)(c2)所示。

3.3.3　用硬件逻辑实现加法器

下面进一步讲解如何利用门电路构造加法器等复杂电路。

【示例 3.24】用门电路实现加法器。

如图 3.19 所示。(a)图为一位加法器的示意——用两个异或门、一个与或非门和一个非门构造一个一位的加法器。此时有读者会问：一个与或非运算和一个非运算就是一个与或运算，只需一个与或门即可，为什么要有两个非门呢？这里有个前提：如果能够轻易获得与或门，则可直接使用与或门替代该与或非门和非门；但如果手边没有与或门，只有与或非门，则需使用图中的构造方式。事实上，在实际制造过程中，通常“与或非门”的使用效率更高且成本更低，商家更愿意制造与或非门。(c)图表示用 4 个一位加法器(注意：此时每个一位加法器都是一个芯片，对外仅能显示其输入线和输出线，即芯片的不同管脚)构造一个四位加法器的电路连接示意。4 个芯片分别用作第 0 位的加法、第 1 位的加法、第 2 位的加法和第 3 位的加法，每个芯片都有 3 个输入线——“加数”输入线、“被加数”输入线和“进位”输入线，以及两个输出线——“和”输出线和“进位”输出线。连接时按照进位关系，只需将低位(第 i-1 位)芯片产生的进位输出线与高位(第 i 位)芯片的进位输入线相连：即第 0 位的输入进位线 C_0 接地，始终输入 0；第 0 位产生的输出进位线 C_1 与第 1 位的进位输入线 C_1 相连，第 1 位产生的输出进位线 C_2 与第 2 位的输入进位线 C_2 相连……这样即可将低位加法器芯片产生的进位输出线连接到高位加法器的进位输入线。

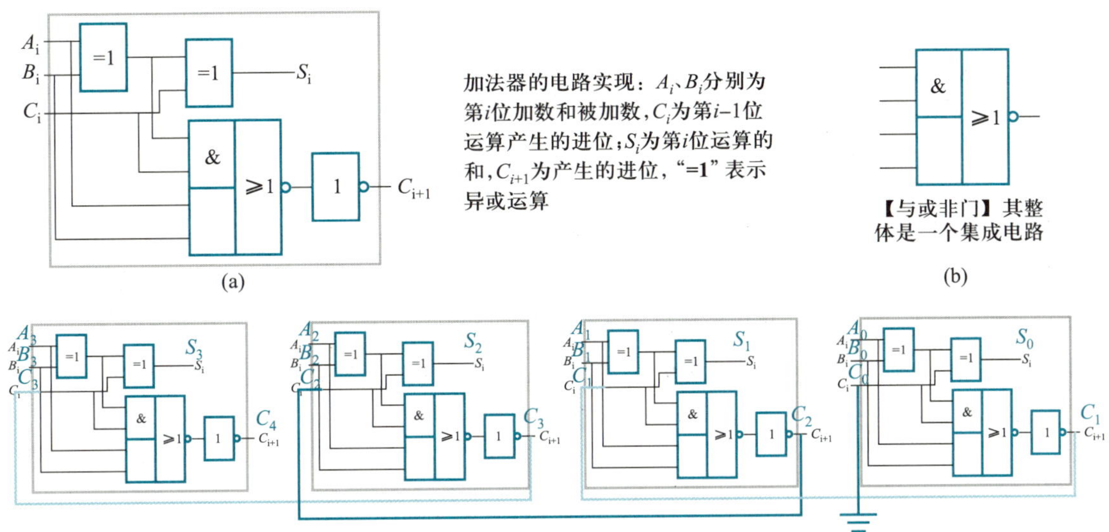
加法器的电路实现：A_i、B_i分别为第i位加数和被加数，C_i为第i–1位运算产生的进位；S_i为第i位运算的和，C_{i+1}为产生的进位，“=1”表示异或运算
(a)
【与或非门】其整体是一个集成电路
(b)
(c) 将多个一位加法器电路串接起来便可形成一个多位加法器：$A_3A_2A_1A_0+B_3B_2B_1B_0=S_3S_2S_1S_0$。例如0100+1110 = 0010(向更高位有一个进位C_4=1)

图 3.19　用基本门电路构造加法器的示意

由于二进制数之间的加、减、乘、除算术运算都可转化为若干步加法运算实现，而通过此电路又可得知，基于逻辑门电路可以构造出能够进行加法运算的机器。因此，有了加法器，再通过“程序”（第 4 章中详细介绍）组合加法的实现步骤，便可构造出能够进行复杂算术运算的机器。因此可以说，计算机中的基本部件“算术逻辑运算部件”中最根本的就是逻辑运算：由逻辑运算实现加法器，再由加法器实现算术四则运算部件，最终构造更为复杂的部件等。如何构造一个电路超出了本书范围，读者可进一步学习“数字逻辑设计”或“数字电路设计”相关的课程。但给定一个电路，如何判断该电路正确实现了相应的功能，则是我们可以判断的。

【示例 3.25】如何判断一个数字电路是否正确地实现了期望的功能？

已知如图 3.20 所示的电路，求该电路所实现的正确逻辑运算。

（A）P=（A AND（NOT B））AND（（NOT A）OR B）

（B）P =A XOR B

（C）P=NOT（A AND B）AND（A AND B）

（D）P=（A OR B）AND（A AND（NOT B））

【解析】构造电路不容易，但给出一个已经构造完成的电路并识别其功能，或者判断其功能实现的正确性还是比较易于完成的。看似是电子电路题，但其本质上就是一组逻辑运算的组合（回顾第 1 章，基本思维就是枚举–计算–验证，是否有思路了呢？）。仔细审视本题，首先要熟悉门电路的符号，识别基本门电路，图 3.20 中出现了与门符号“&”、或门符号“≥1”和非门符号“矩形框右侧带圆圈”。其次要熟悉门电路符号的连接关系，左侧线表示输

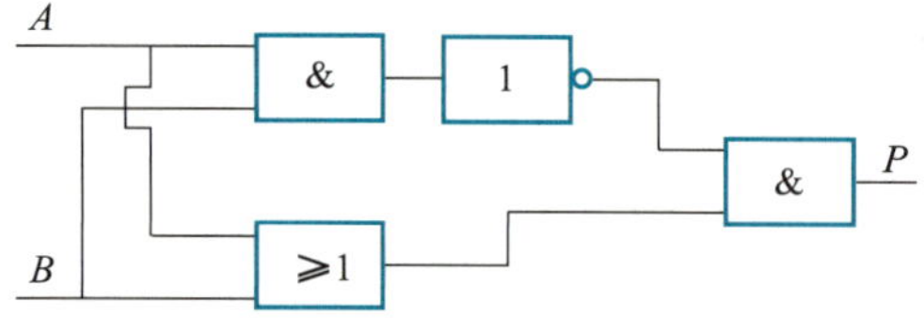

图3.20　一个数字电路示意

入，右侧线表示输出，输出即是将输入进行相关运算后得到的结果。然后要熟悉两个门电路的连接，一个门电路的输出被连接到了另一个门电路的输入；当然，一个输出可以被连接到多个门电路的输入，例如信号 B 被连接到一个或门的输入和一个与门的输入。如果这些都理解了，即可开始解题。可以有两种解法，一种是写出该电路的逻辑运算表达式，具体如下。

【解法1】自左至右写出每一个门电路的输出逻辑表达式，直到最后 P 的输出，如图3.21所示。

$$P=(\text{NOT }(A\text{ AND }B))\text{ AND }(A\text{ OR }B)$$

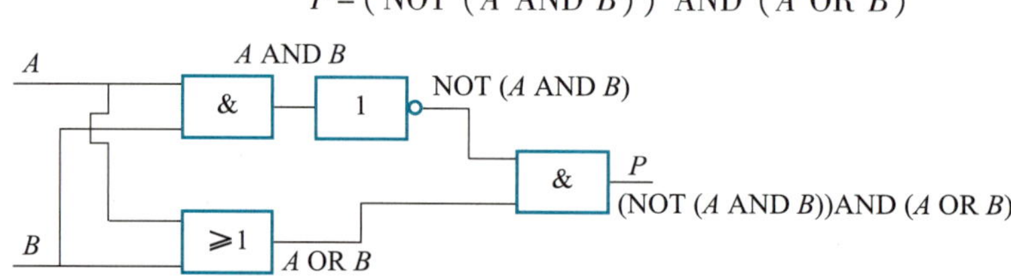

输入A	输入B	图的输出	(A)选项的输出	(B)选项的输出	(C)选项的输出	(D)选项的输出
0	0	0	0	0	0	0
0	1	1	0	1	0	0
1	0	1	0	1	0	1
1	1	0	0	0	0	0

图3.21　数字电路的逻辑表达式转换以及穷举法验证示意

尽管写出了逻辑表达式，但仍然无法判断究竟哪一个选项正确，因为(A)~(D)中没有任何一个选项与图中给出的表达式一致，这就需要逻辑表达式的化简及其等价关系证明方面的知识。目前没有这方面的知识，该如何验证呢？此时可以采取另一种方法验证。

【解法2】使用枚举-计算-验证法验证数字逻辑电路的正确性。从题目中可知输入 A 和 B 总计有4种组合的输入情况，即 A、B 为{00,01,10,11}。将这4种组合分别代入图3.21和4个选项，即可得到相应的输出，这种计算难度较低，只是与、或、非运算等。如图3.21所示，此时如果某个选项的所有输出与图的所有输出一致，则说明图的电路实现的功能正是该选项所表达的功能。从图中很容易得出正确选项应为(B)。

【示例3.26】如何判断所构造的加法器电路是否正确？

类似地，可以通过"模拟所有可能的输入，得到输出，判断输出是否为期望的输出"来判断。如图3.22所示，在 A_i、B_i、C_i 端输入一种可能情况1、0、1，然后依据门电路的特性一步步得到输出。总计有8种组合的输入情况，分别验证其输出是否符合期望的运算逻辑。如果全部验证正确，则说明电路实现是正确的。读者可以自行验证该电路符合期望的一位数加法运算逻辑,即该电路正确。

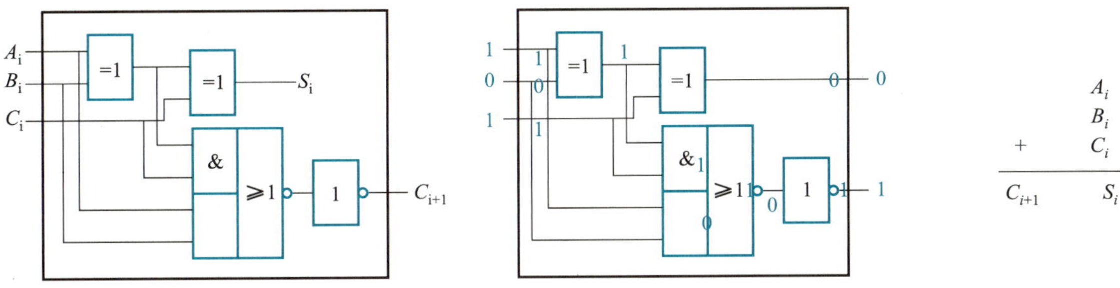

图 3.22 加法器电路的正确性判断过程示意

这是一种简单的电路正确性的判断方法。布尔代数给出了复杂的电路组合设计方法以及组合电路正确性的逻辑判断方法,读者可阅读相关资料进一步学习。

【示例 3.27】2-4 译码器电路。

下面再看一个利用门电路构造复杂电路的例子,如图 3.23 所示。该示例输入为 2 条线,表示一个 2 位的 0-1 编码(输入 00、01、10 或 11),输出有 2^2 条线(每条线对应一个 2 位编码的二进制数值,即第 0 条线至第 2^2-1 条线),同一时刻下一组输入只有对应该输入编码的二进制值的那条线为 1,其他线均为 0。这种电路称为 2-4 译码器。类似地,如果输入为 n 位的编码,则输出有 2^n 条线,只有对应该输入的 n 位编码的二进制值的那条线为 1,其他线均为 0。这种电路称为 $n-2^n$ 译码器。此类译码器经常用于地址编码的翻译电路中,例如一部 16 层的电梯控制,当按下一个 4 位的编码时表示第 0~15 层的楼层编号(例如按下 0101 表示停在第 5 层),此时电梯应该有 16 条线,每条线控制一个楼层的停(1)与不停(0),同一时刻下只有一条线为 1,其他线均为 0。

图 3.23 给出了实现 2-4 译码器功能的数字电路,输入线为 A_1、A_0,输出线为 Y_0、Y_1、Y_2、Y_3,分别对应 00、01、10、11。例如输入为 10,则相应 Y_2 线的输出为 1(有效状态),其他线的输出均为 0(无效状态)。左图给出了电路连接并进行了封装的示意。右图给出了模拟所有组合输入判断电路是否正确的示意,图中给出的 A_1、A_0 输入为 01,如果电路正确则 Y_1 输出为 1(有效状态),其他线输出均为 0(无效状态),一步步验证可知只有 Y_1 为高电平(有效),其他均为低电平。如果所有可能的输入模拟得到的结果都是正确的,则电路正确。

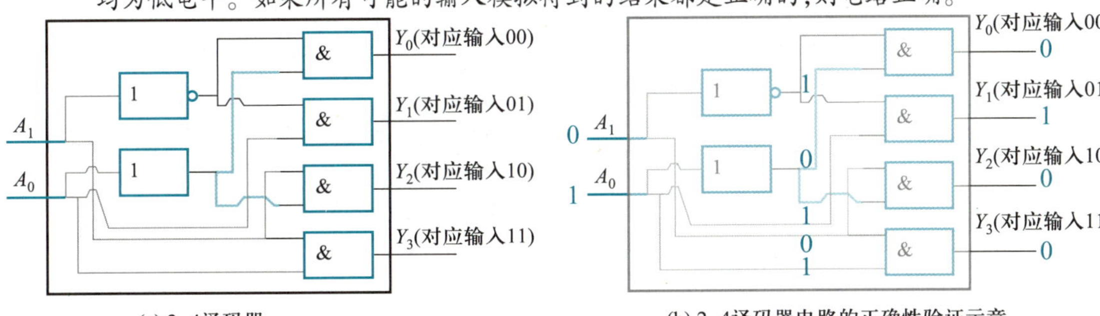

图 3.23 典型的 2-4 译码器电路及其正确性验证示意

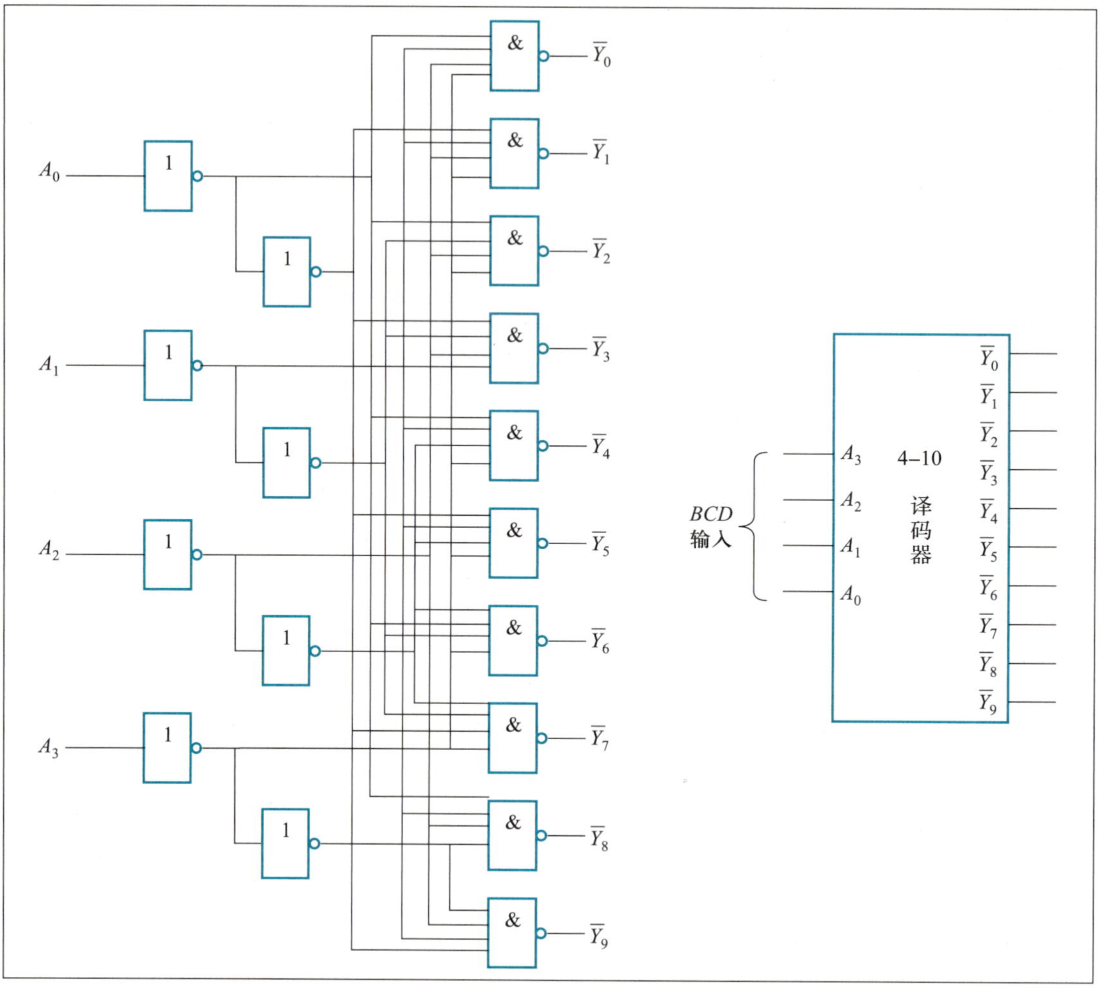

A_0　A_1　A_2　A_3

$\overline{Y_0}$ $\overline{Y_1}$ $\overline{Y_2}$ $\overline{Y_3}$ $\overline{Y_4}$ $\overline{Y_5}$ $\overline{Y_6}$ $\overline{Y_7}$ $\overline{Y_8}$ $\overline{Y_9}$

BCD 输入　A_3 A_2 A_1 A_0　4–10 译码器

(a) 4–10译码器及其电路实现
(将用$A_3A_2A_1A_0$表示的二进制数(10以内)翻译成一位十进制数。
Y_0~Y_9分别对应十进制的0~9。其中$A_3A_2A_1A_0$输入的是0或1,
而Y_0~Y_9如果为0,则有效且同时只能有一个有效)

(b) Intel微处理器芯片及其电路实现

图 3.24　复杂电路构造及微处理器芯片与电路示意

当判断电路设计正确后，便可将其封装成新的集成电路，该新集成电路便可用于构造功能更为强大的复杂电路，即用正确的、低复杂度的芯片电路组合形成高复杂度的芯片，通过逐渐组合实现越发强大的功能。图 3.24(a)给出了更为复杂的 4-10 译码器的电路实现。该 4-10 译码器又可被作为基本芯片，用于更复杂的电路构造中。更为复杂的微处理器芯片便是这样逐渐构造的，从 Intel 4004 在 12 mm^2 的芯片上集成了 2 250 个晶体管开始，到 Pentium 4 处理器采用 0.18 μm 技术内建了 4 200 万颗晶体管的电路，再到英特尔的 45 nm Core 2 至尊/至强四核处理器上装载了 8.2 亿颗晶体管，目前英特尔最新的 Ponte Vecchio 芯片做到了 1 000 亿颗晶体管，微处理器的发展极大地带动了计算技术的普及和发展。

3.3.4 基于二进制的电子元器件的发展

自动计算要解决数据的自动存、自动取以及随规则自动变化的问题，如何找到能够满足这种特性的元器件便成为电子时代下研究者们不断追求的目标。由前所述，存储十进制数需要有能够进行 10 种状态变化的元器件，而存储二进制数则仅需要能够进行两种状态变化的元器件，且二进制计算规则简单并与逻辑运算一致，因此，电子计算的探索便由二进制的元器件开始。图 3.25 展示了基于二进制的电子计算的探索历程。

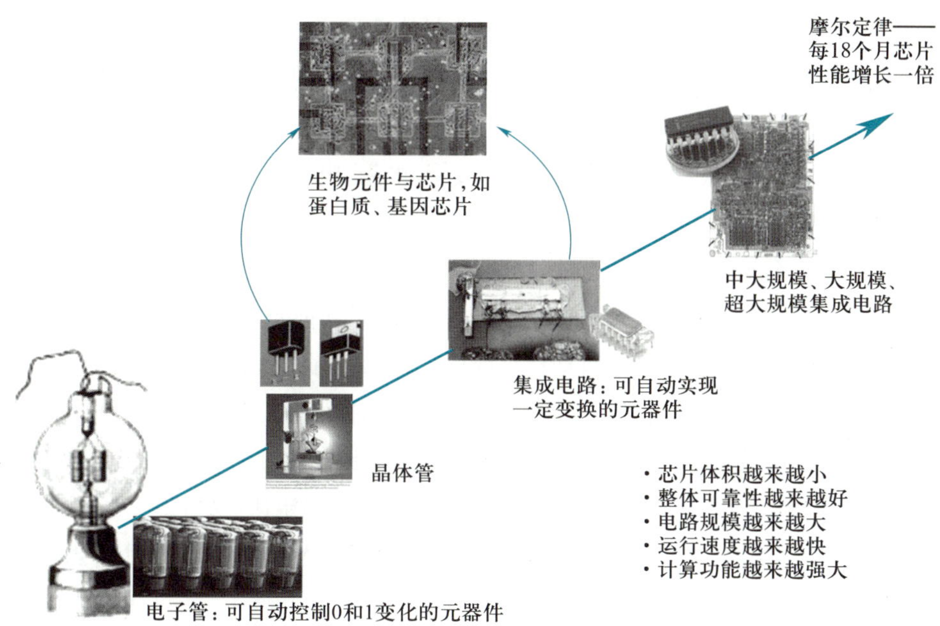

图 3.25 基于二进制的电子计算的探索历程

电子管：可存储和控制 0 和 1 的元器件 1883 年，爱迪生在为电灯泡寻找最佳灯丝材料时，发现了一个奇怪的现象：在真空电灯泡内部碳丝附近安装一截铜丝，结果在碳丝和铜丝之间产生了微弱的电流。1895 年，英国电气工程师弗莱明博士对该“爱迪生效应”进行了深入的研究，最终发明了人类第一只电子管（真空二极管）：一种使电子单向流动的元器件。1907年，美国人德福雷斯发明了真空三极管，他的这一发明为他赢得了"无线电之父"的称号。其实，德福雷斯就是在二极管的灯丝和板极之间增加了一块栅板，使电子流动可以受到控制，从而使电子管进入普及和应用阶段。**电子管是可存储和控制二进制数的电子元器件**。在随后几十年中，人们开始用电子管制作自动计算的机器。标志性成果是1946年宾夕法尼亚大学的ENIAC——世界上公认的第一台电子计算机。ENIAC的成功奠定了"二进制""电子技术"作为计算机核心技术的地位。然而电子管存在很多缺陷，比如体积庞大、可靠性低、功耗大等，对于如何克服这些问题的思考促使了人们寻找性能比电子管更加优秀的替代品。

晶体管：可存储和控制0和1的元器件　1947年，贝尔实验室的肖克莱、巴丁和布拉顿发明了点接触晶体管；两年后，肖克莱进一步发明了可以批量生产的结型晶体管（1956年，三人因发明晶体管共同获得了诺贝尔物理学奖）；1954年，德州仪器公司的迪尔发明了制造硅晶体管的方法；1955年之后，制造晶体管的成本以每年30%的速度下降，至20世纪50年代末，这种廉价的元器件已风靡全世界，以晶体管为主要元器件的计算机也迈入了新的时代。尽管以晶体管代替电子管有许多优点，但仍需要使用电线将各个元器件逐个连接，对于电路设计人员来说，能够用电线连接的单个电子元器件的数量不能超过一定的限度。而当时一台计算机可能就需要25 000个晶体管、10万个二极管以及成千上万个电阻和电容，其错综复杂的结构使其可靠性大为降低。

集成电路：一组用晶体管实现输入输出变换的元器件　1958年，费尔柴尔德半导体公司的诺伊斯和德州仪器公司的基尔比提出了集成电路的构想：在一层保护性的氧化硅薄片下，用同一种材料（硅）制造晶体管、二极管、电阻、电容，然后采用氧化硅绝缘层的平面渗透技术，以及将细小的金属线直接刻蚀在这些薄片表面的方法，将这些元器件互相连接，这样上千个元器件即可紧密地排列在一小块薄片上。将成千上万个元器件封装成集成电路，自动实现一些复杂的变换，集成电路成为了功能更为强大的元器件，人们可以通过连接不同的集成电路，制造自动计算的机器，人类由此进入了微电子时代。

随后人们不断研究集成电路的制造工艺，光刻技术、微刻技术到如今的纳刻技术使得集成电路的规模越发庞大，形成了超大规模集成电路。自那时起，集成电路的发展就像英特尔公司创始人戈登·摩尔（Gordon Moore）提出的摩尔定律一样：

当价格不变时，集成电路上可容纳的晶体管数目，大约每隔18个月便会增加一倍，其性能也将提升一倍。

截至2022年，一个超大规模集成电路芯片的晶体管数量可达1 000亿颗以上。

电子计算机的计算能力应当已经很强大了，但为何仍无法达到或超越人类大脑的计算能力呢？人类的计算模式又是怎样的？这些问题促使科学家们不断追求新形式的元器件，例如生物芯片，科学家们发现蛋白质具有0-1控制的特性，那么能否将其用于芯片制作？这种生物芯片在解决一些复杂计算时是否会有与人类相同的计算模式？目前人们已经取得了诸多成果，此处不予赘述，请感兴趣的读者查阅文献自行学习。

3.4 符号化—计算化—自动化——计算机最基本的思维模式

0-1 思维：最基本的计算思维 图 3.26 完整地展示了 0-1 思维。这种思维贯通起来就是“语义符号化、符号计算化、计算 0-1 化、0-1 自动化、分层构造化、构造集成化”，概括了计算机最基本的思维模式。语义符号化是指万事万物都可被符号化，不仅有数学的符号化，而且有非数学的符号化，《易经》就是典型示例。符号计算化是指万事万物符号化后即可计算，可以基于符号进行计算，例如各种变换。但无论多么复杂的计算，最终都可由组合的逻辑运算予以实现。计算 0-1 化是指基于 0 和 1 的计算，逻辑运算可转换为 0 和 1 的计算。0-1 自动化是指用电子技术实现 0 和 1，以及基于 0 和 1 的计算。分层构造化是指可以先构造简单层次的电路，如基本的门电路；然后基于基本的门电路，可构造复杂层次的电路，如加法器；如此由简单到复杂一层层构造。构造集成化是指将验证正确的复杂电路封装成集成电路（芯片），该芯片可用于更复杂电路的构造。

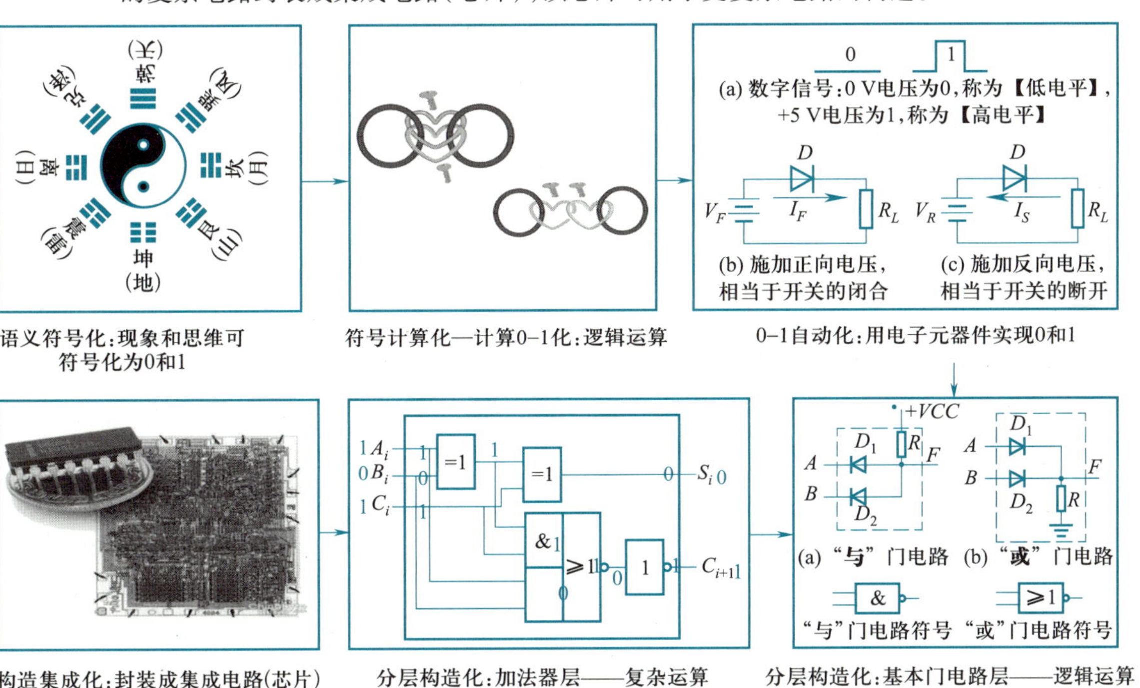

图 3.26 0-1 思维（即符号化—计算化—自动化思维）示意

用计算机求解问题，首先就是要符号化，只有符号化才能计算化，确定符号计算规则；然后将数据转换为0和1，将计算规则转换为基于0和1的规则，其中逻辑是连接的纽带；如果转换为0和1，则可用数字电路实现数据及计算规则，逻辑同样是连接的纽带。读者可仔细体会。

本章小结

本章主要介绍了0和1思维，即语义符号化、符号计算化、计算0-1化、0-1自动化、分层构造化和构造集成化，这是最基本的计算思维，是构造机器进行自动计算的思维。

数值信息和非数值信息均可用0和1表示，也就能够被计算（**信息表示**）。数值信息可采用二进制表示，符号也可用0和1表达形成机器数：原码、反码和补码。非数值信息可采用编码表示，即用若干位二进制数的一种组合表示一种符号，有多少种组合便可表示多少个符号，由此出现了ASCII码、汉字编码和Unicode码。

物理世界/语义信息可通过抽象化和符号化，再通过进位制和编码转换成0和1表示，进而采用基于二进制的算术运算和逻辑运算进行数字计算，便可使用硬件与软件实现。即：任何事物只要能够表示成信息，也就能够表示成0和1，继而能够被计算，也就能够被计算机处理（符号化和数字化）。硬件系统是用正确的、低复杂度的芯片电路组合形成高复杂度的芯片，通过逐渐组合实现越发强大的功能（层次化和构造化）。这种思维是计算及其自动化的基本思维之一。

视频学习资源目录3（标＊者为延伸学习视频）

1. 视频3-1　计算机与逻辑
*2. 视频3-2　机器是怎样处理符号与小数点的
*3. 视频3-3　0和1与《易经》
4. 视频3-4　图像能隐藏信息吗

本章视频学习资源

思考题 3

1. 怎样理解“所有计算都可转换为逻辑运算实现”？例如,乘法运算“6×5”如何用逻辑运算实现?

2. 图形图像、多媒体领域中存在多种格式,相信你在听音乐、看电影的过程中一定对此有所体会,请查阅资料叙述一到两种典型的存储格式,如 BMP、JPG、MP3 等,观察它们如何被编码成 0 和 1。隐藏在格式背后的往往是标准,标准是什么？它与技术、产业有何关系？中国为何高度重视制定标准并使之成为国际标准?

3. 编码涉及分类,编码的好坏与分类标准密切相关。假设现在要对 20 000 个学生进行编码,能否根据所在学校的学生特点制定一个编码规则？注:需要说明用多少位进行编码以及编码每一位的取值及其含义。

4. 举例说明什么是本体概念,怎样在不同空间中应用本体概念。

5. 怎样理解“构造”和“集成”？假如提供一些基本门电路,能否构造出复杂电路?例如一幢楼有 30 层,请设计一个电梯楼层的控制电路——当用户按下电梯楼层指示键,便可产生一个电梯在该层停留的信号。提示:可参考 4-10 译码器的原理。

6. 0 和 1 的思维包括哪些方面？为何它如此重要?

7. 请列举并叙述符号化—计算化—自动化思维的其他示例。

第 4 章

编码与存储——二看计算机的本质

本章要点： 什么是编码？ 计算机的存储器如何存储二进制编码？ 存储器结构对编码提出了怎样的要求？ 万事万物又是通过何种形式、何种结构，转换为计算机可存储的二进制编码？ 编码中蕴含着哪些思维？

本章导图：

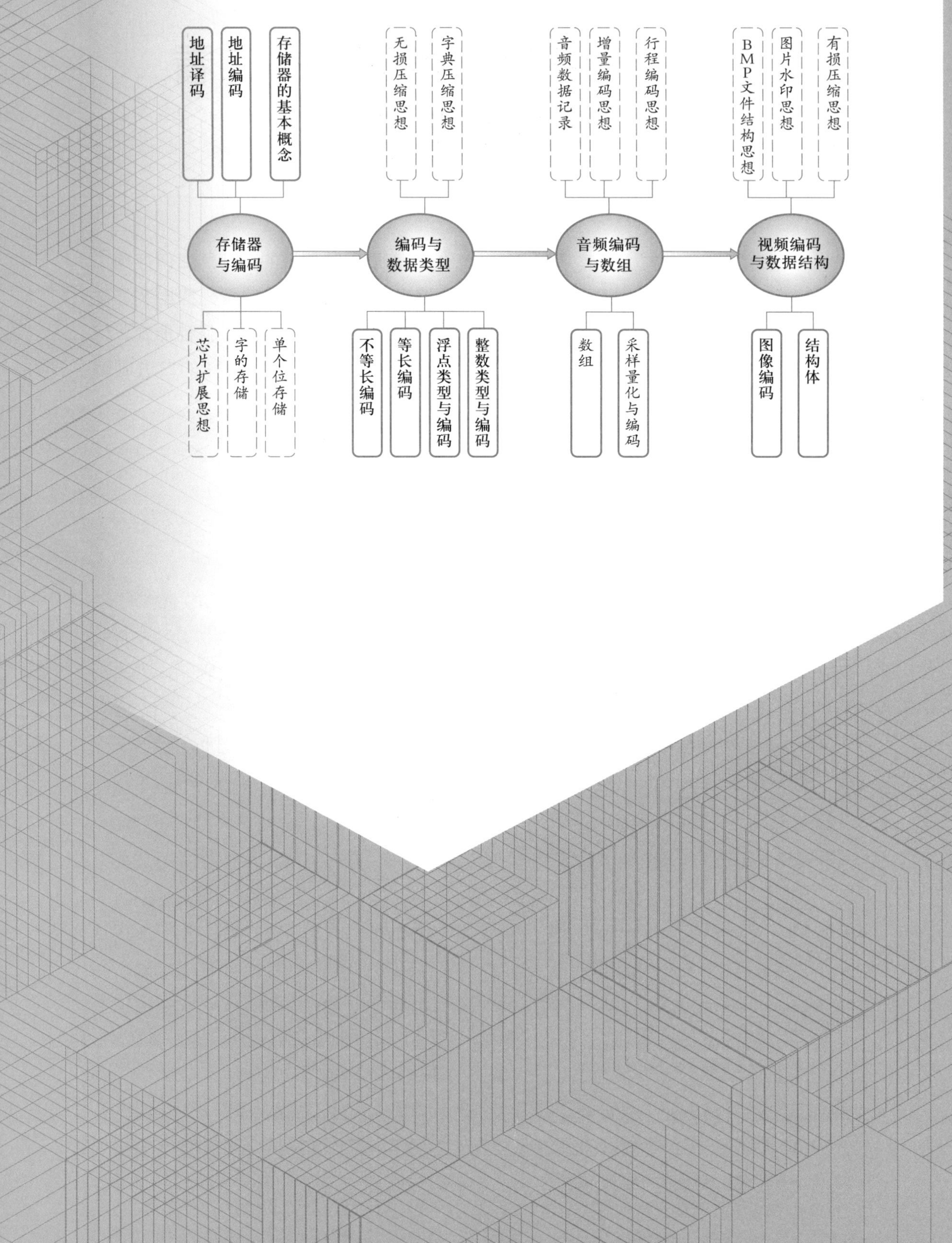

存储器与编码
编码与数据类型
音频编码与数组
视频编码与数据结构
地址译码
地址编码
存储器的基本概念
芯片扩展思想
字的存储
单个位存储
无损压缩思想
字典压缩思想
不等长编码
等长编码
浮点类型与编码
整数类型与编码
音频数据记录
增量编码思想
行程编码思想
数组
采样量化与编码
BMP文件结构思想
图片水印思想
有损压缩思想
图像编码
结构体

4.1 存储器与编码

编码是信息的表达方式，是为了令计算机能够存储并处理自然界的信号。由于存储器的结构直接影响了编码的形式，因此，本节首先讲解存储器。

4.1.1 存储器的基本概念

存储器的宏观介绍 存储器将存储空间划分成多个存储单元，每个存储单元能存储标准位数的一个二进制信息（通常是8位、16位、32位或64位）。每个存储单元都有一个唯一的地址，根据该地址可以读写该存储单元中的二进制信息，地址同样用二进制编码表示（通常是16位、32位或64位）。存储器能够**按地址访问每个存储单元的内容**。

如果将存储器比作一栋宿舍楼，则一个存储单元为一个房间，存储位即为房间的床位，该床位可以住人（类似于存储1）也可以不住人（类似于存储0）。存储字的位数或称存储字长即为房间的床位数，要求所有房间的床位数必须相同。如图4.1所示，每个存储单元的地址线 W_i 就如该房间的钥匙，W_i 有效时就如该房间门有钥匙可以开启，人可以出入，否则门是关闭的。房间数与钥匙数相同。而 n 位的地址编码则对应了 n 位的房间号，共能编码 2^n 个房间（注：假定房间号同样按二进制编码）；地址译码器负责将 n 位编码表示的地址翻译成控制每个房间的钥匙 W，n 位的房间号对应 2^n 把钥匙。输出缓冲器就如整个宿舍楼的大门，D_j 就如走廊，用于连通每个房间，只是该大门在一个时刻仅允许一个房间的人出入。可以想象，如果对宿舍楼的管理方式理解得足够透彻，便能理解存储器；同样地，对存储器的理解也有助于人们对现实对象进行精细化有序管理。

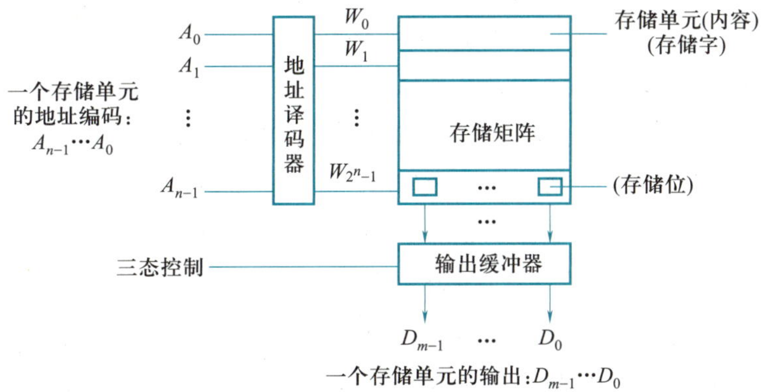

图4.1 存储器的概念结构图

4.1.2　单个位的存储与控制

单个位的存储 位(bit,binary digit 的缩写,通常简写为 b)即一个二进制位。图 4.2 展示了一种能够存储单个位的结构,该结构能够实现:(1) 存储 0 或 1;(2) 控制 0 或 1 的写入;(3) 控制 0 或 1 的读取。有一定电路知识基础的读者可以继续阅读示例 4.1,也可以跳过。

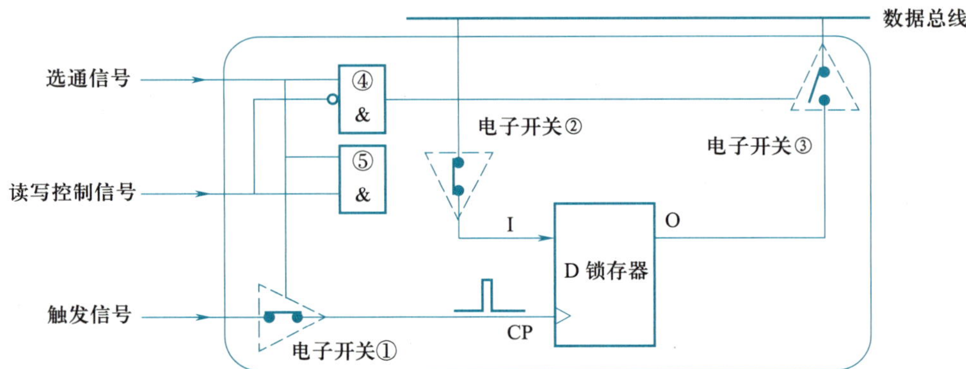

图 4.2　由 D 锁存器构成的单个位存储

【示例 4.1】位的存取过程示意。

图 4.2 是一种单个位存储电路,其中:

数据总线是存储器中传输数据信息的公共通道。

电子开关的功能近似于机械开关,但是没有机械开合动作,而是由电子元器件组成。当图中电子开关侧面的控制信号为 0 时,电路断开;当控制信号为 1 时,电路导通。

D 锁存器可以锁定并存储一个位的数据。当时钟脉冲(clock pulse,CP)信号给出上升沿(即从 0 到 1 变化的瞬间)时,D 锁存器就会锁存输入 I 中的数据(0 或 1),并且令输出 O 始终保持该数据。

控制该电路工作状态的是 3 个外部输入信号:

选通信号能够控制该电路是否选通。只有在选通时,电路才能进行数据的读写操作。在本例中,1 为选通,0 为不选通。

读写控制信号决定了在选通时,该电路是从总线写入数据,还是读取数据并传输到总线。在本例中,0 为读取,1 为写入。

触发信号是当电路处于选通且为写入状态时,驱动数据写入 D 锁存器的信号。在本例中,触发信号是一个上升沿信号,即 0 至 1 的跳变。

D 锁存器周边电路分析 不难发现,电子开关②和③控制了 D 锁存器的输入和输出,而电子开关①控制了 D 锁存器锁定数据的触发信号,这 3 个电子开关也是完成该单元三大功能(存储、写入、读取)的关键。

数据存储功能的实现 D 锁存器自身可以完成存储功能。当电路处于存储状态时，选通信号为 0,使得与门④和⑤输入端为 0,那么与门④和⑤的输出端必为 0,控制电子开关②和③同时断开,D 锁存器的输入、输出全部与总线断开,D 锁存器处于数据保持(即存储)状态。

数据写入功能的实现 选通信号为 1,读写控制信号为 1,使得:

(1) 与门④输入 1 和 0,输出 0,通过电子开关③阻断 D 锁存器的输出 O 与总线的连接;

(2) 与门⑤输入 1 和 1,输出 1,通过电子开关②导通 D 锁存器的输入 I 与总线的连接;

(3) 选通信号控制电子开关①导通,触发信号可以畅通无阻地驱动 D 锁存器。

此时总线准备数据,数据通过 I 端进入 D 锁存器,触发信号给出上升沿信号,并直达 D 锁存器 CP 端,D 锁存器锁定 I 端的数据,写入完成。注意,此时 D 锁存器 O 端会持续输出刚刚写入的新数据,但是电子开关③阻止了该数据再次返回总线。

数据读取功能的实现 选通信号为 1,读写控制信号为 0,使得:

(1) 与门④输入 1 和 1,输出 1,通过电子开关③导通 D 锁存器的输出 O 与总线的连接;

(2) 与门⑤输入 1 和 0,输出 0,通过电子开关②阻断 D 锁存器的输入 I 与总线的连接。

此时 D 锁存器中的数据通过电子开关③直接传输到总线,完成了数据的读取。

各种各样的存储方式 以上是实现单个位存储的一种方式——静态随机存储器(static random access memory, SRAM),其特点是速度快,但是元器件复杂。计算机中还有许多记录数据的方式,例如动态随机存储器(dynamic random access memory, DRAM)采用电容来锁存数据,而日常使用的 U 盘、SD 卡、固态硬盘等则是采用在浮空栅中封印电子的方式,并能保证存储介质在断电时依然能够保存数据。

4.1.3 单个存储单元的存储——地址与地址编码

一个字节(byte,B)被严格定义为 8 个位。一台计算机一次处理的数据量称作字,其包含的位数为字长,字长通常为 8 位(单字节)、16 位(双字节)、32 位(4 字节)、64 位(8 字节)等,目前主流计算机的字长以 32 位或 64 位居多。

从单个位的存储到多字节存储 一个存储器中包含多个存储单元,每个存储单元又包含多个位。目前大多数存储器的存储单元设定为 1 个字节,每个存储单元都拥有独立的地址;地址即每个存储单元的编号,若存储器中共包含 2^N 个存储单元,则地址为 $0 \sim 2^N-1$。

存储单元的选通信号 每个存储单元都拥有独立的选通信号,即一个选通信号对应一个地址,2^N 个存储单元中通常同时只能有 1 个存储单元被选通。

地址编码与译码 由于地址数量庞大,直接控制 2^N 个存储单元选通信号十分不易,考虑到同时只需选通其中一个,则可采用一个 N 位二进制编码来表示 $0 \sim 2^N-1$ 中的哪个地址被选通，该 N 位二进制编码即地址编码。地址编码转换为可用的选通信号，需经历译码的过程，实现这一过程的元器件称作译码器。译码器通常有 N 位编码输入，2^N 位译码输出，因此又称 N-2^N 译码器，示例 4.2 演示了如何通过对 3 位地址的译码来控制 8 个存储单元，如图 4.3 所示。

【示例 4.2】通过 3 位地址译码控制 8 个存储单元。

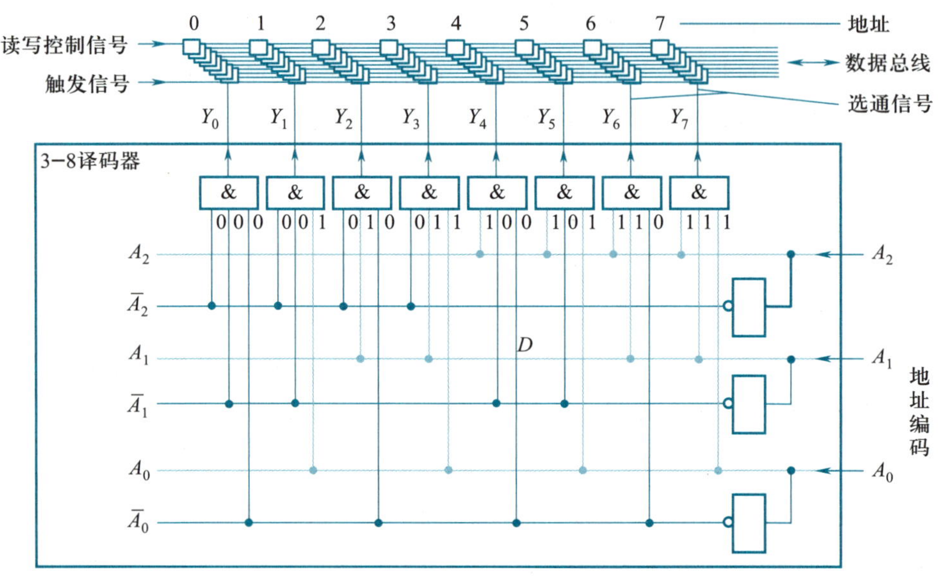

图 4.3　地址编码与地址译码选通

工作过程 在图 4.3 中，3 位地址编码 $A_2A_1A_0$ 通过一个 3-8 译码器输出 $Y_0Y_1\cdots Y_7$，并作为 8 个存储单元（地址 0~7）的选通信号。3-8 译码器的输入输出对应关系如表 4.1 所示。

表 4.1　3-8 译码器输入输出对应关系

编码输入			译码输出							
A_2	A_1	A_0	Y_0	Y_1	Y_2	Y_3	Y_4	Y_5	Y_6	Y_7
0	0	0	**1**	0	0	0	0	0	0	0
0	0	1	0	**1**	0	0	0	0	0	0
0	1	0	0	0	**1**	0	0	0	0	0
0	1	1	0	0	0	**1**	0	0	0	0
1	0	0	0	0	0	0	**1**	0	0	0
1	0	1	0	0	0	0	0	**1**	0	0
1	1	0	0	0	0	0	0	0	**1**	0
1	1	1	0	0	0	0	0	0	0	**1**

译码器工作原理 图 4.3 给出了 3-8 译码器的工作原理。一方面，地址编码 $A_2A_1A_0$ 通过 3 个非门输出了 $\overline{A}_2\overline{A}_1\overline{A}_0$；另一方面，译码结果 $Y_0Y_1\cdots Y_7$ 则通过 8 个与门输出，每个与

门对应一个二进制地址编码。以 Y_5 为例，其对应的二进制编码为 101，则当且仅当 $A_2=1$、$A_1=0$、$A_0=1$ 时，即当 $A_2=\overline{A_1}=A_0=1$ 时，Y_5 输出 1，其余情况下 Y_5 均必须输出 0，由此可以推得 $Y_5=A_2\ \&\ \overline{A_1}\&\ A_0$，若表现在电路连接中，则 Y_5 对应与门的输入连接 A_2、$\overline{A_1}$ 和 A_0 即可。同理可推得其他 7 个与门输入端连接方式。

译码器的优势 一般来说，地址编码的长度 N 要远远小于地址容量 2^N，那么只需利用 $N-2^N$ 译码器，即可利用 N 位地址编码来表示 2^N 个地址中的哪一个被选通，从而有效控制了存储器对外的接口数量；此外，N 位地址编码对 2^N 个地址具有唯一映射，这也可以防止多个选通同时误开启的状况。

地址编码与地址的数量关系 N 位地址编码可以容纳 2^N 个地址。在计算机中，1 KB = 1 024 B = 2^{10} B，1 MB = 2^{20} B，1 GB = 2^{30} B，1 TB = 2^{40} B，1 PB = 2^{50} B。一块 1 MB 的存储器拥有 2^{20} B 的存储容量，需要 20 条地址线。而一个包含 32 条地址线的存储器可容纳 2^{32} 个地址，按字长 1 B 则容量可以达到 4 GB。

4.1.4 双向地址译码中的地址编码分配

译码器的新问题 从图 4.3 中可以发现，$N-2^N$ 译码器的内部元器件数量几乎与 2^N 成正比，即每增加一条地址线，译码器内部元器件规模就增大 1 倍。因此，随着 N 逐步增大，译码器的结构会异常复杂。如何解决该问题？

【示例 4.3】一个 64 单元的存储阵列的双向行列译码。

双向行列译码 在图 4.4 中，64 个存储单元成 8 行 8 列排列，原本只有一个 6-64 译

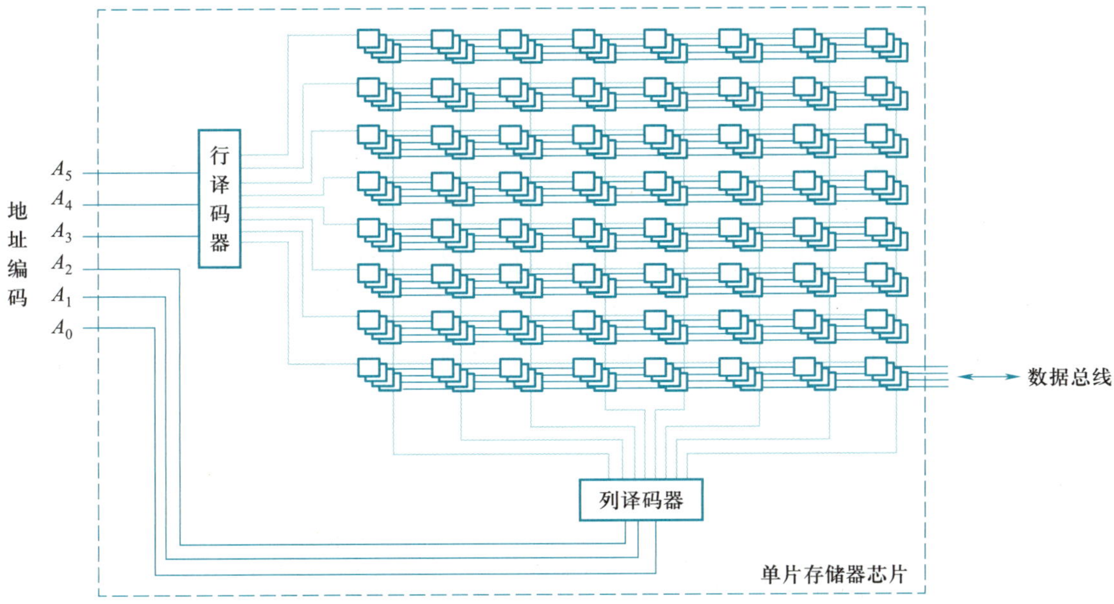

图 4.4 双向行列译码与存储阵列

码器(元器件规模是3-8译码器的平方),现在采用双向行列译码,即采用一个3-8行译码器管理8行的选通信号,再用一个3-8列译码器管理8列的选通信号。每个存储单元只有同时得到行选通信号和列选通信号时才被选通。因此,整个阵列中依然一次仅有一个存储单元被选通。

地址编码分配 此时的6位地址($A_5 \sim A_0$)线被分为两组,$A_5A_4A_3$ 被用于行译码,$A_2A_1A_0$ 被用于列译码。

4.1.5 存储器芯片的扩展

存储器芯片的扩展 当单个存储器芯片的设计容量或字长不能满足使用要求时,通常会将多片存储器芯片进行联合,形成规模更大的存储器。存储器芯片的扩展通常包含位扩展、字扩展、交叉扩展等方式。

位扩展是指在单片存储器芯片的字长不足时,对字长进行扩展。

【示例4.4】存储器芯片的位扩展。

在图4.5中,每一片芯片字长8位,容量为2^N B,包含N条地址线,地址线编号为0 ~ $N-1$。现采用两块相同的存储器芯片,将存储字长从8位扩展到16位。

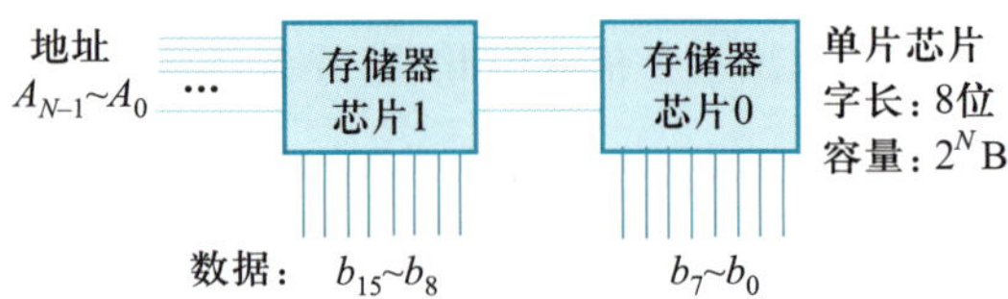

图4.5 存储器芯片之间的位扩展

位扩展中的地址编码 所有的地址线同时分配给每一个芯片,因此扩展后存储单元个数与地址编码不变。

位扩展中的数据总线 扩展后,数据总线由8位扩展至16位,此时每一个字实际存储于两个不同的芯片中。

字扩展是指当存储器芯片的字数(存储单元的个数)不够时所进行的容量扩展。

【示例4.5】存储器芯片的字扩展。

图4.6利用4片容量为2^N B的芯片,将容量扩展到4×2^N B,字长不变,地址编码从N位扩展到$N+2$位。

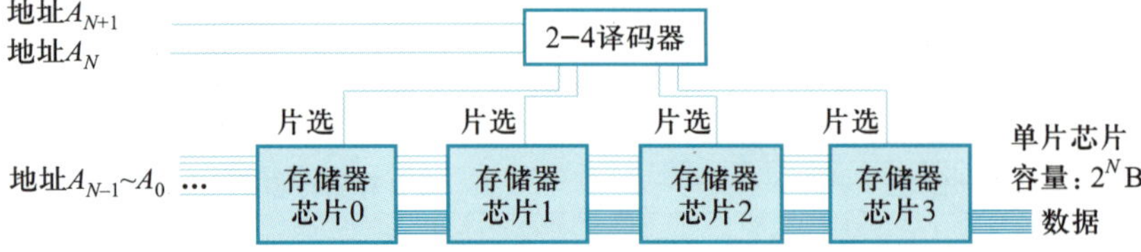

图4.6 存储器芯片之间的字扩展,地址线同时增多

字扩展中的数据总线 数据总线并行接入每一片芯片，数据总线位数保持不变。

字扩展中的地址编码 在本例中，高 2 位地址输入译码器，输出 4 个片选信号。片选信号即芯片的选通信号，只有被选通的芯片才能与总线通信。若每一片芯片接入的二进制地址为“###…#”，则芯片 0 至芯片 3 的数据地址分别为“00###…#”“01###…#”“10###…#”和“11###…#”。

交叉扩展是一种兼顾容量与并行读写效率的存储方式。早期的 32 位 CPU（如 80386）即采用交叉扩展，80386 可以同时向存储器读写 4 个字节，而这 4 个字节又拥有独立的地址。

【示例 4.6】存储器芯片的交叉扩展。

图 4.7 中，单片芯片字长 8 位，容量为 2^N B，联合组成了容量为 4×2^N B 的存储器，但是地址编码与字扩展相比却有所变化。

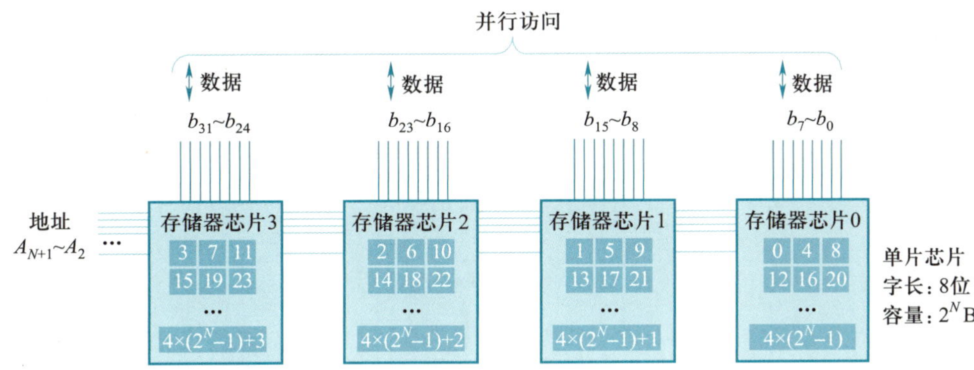

图 4.7 存储器芯片之间的交叉扩展

交叉扩展中的地址编码 4 片芯片扩展后，理论上地址线共包含 $N+2$ 条，编号为 $0\sim N+1$。但在交叉扩展中，将高 N 位地址（即 $A_{N+1}\sim A_2$）并行接入每一片芯片，表面上看每一片芯片都拥有了相同的地址，但实际上 4 片芯片却隐含了低 2 位地址。若每片芯片接入的二进制地址为“###…#”，则芯片 3、芯片 2、芯片 1 和芯片 0 所存储数据的地址分别为“###…#11”“###…#10”“###…#01”和“###…#00”，这就表示地址相邻的 4 个字节存储在 4 片芯片位置相同处，有利于系统给出地址时同时读取。

交叉扩展中的数据总线 4 片芯片的数据总线相互独立，共同组成了 32 位宽度的数据总线，存储器字长从 1 B 扩展到 4 B，但是其中的每一个字节又拥有独立的地址。

【问题】读者可将存储器的管理看作大规模宿舍的管理，管理方式可自行对比图 4.8，观察有何异同点。

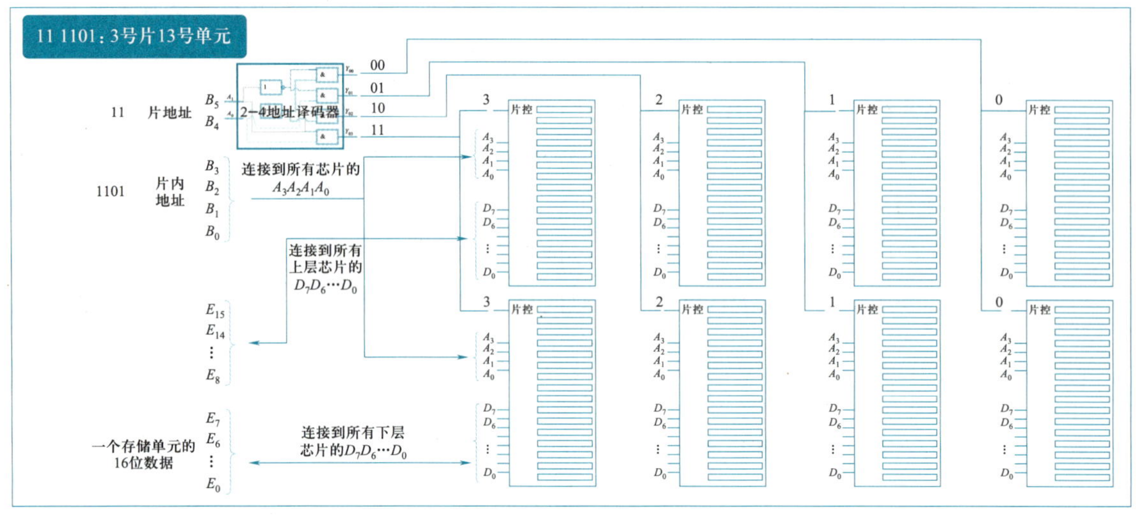

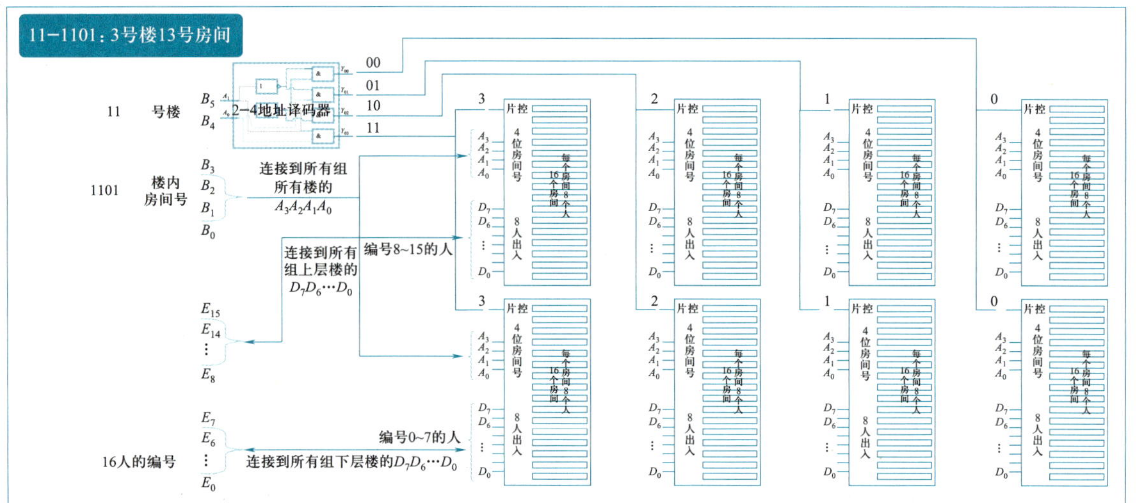

图 4.8　存储器与大规模宿舍的对比

4.1.6　当前存储器的结构

为了便于读者理解，以上示例中所讲的地址编码与存储器结构虽然规模较小，却是当前大规模存储器的基本结构。现代计算机在运行时，通常采用 DRAM 存储运行过程中的数据，DRAM 常被称为“内存”或“内存条”，单条容量大都在 1 GB 以上。示例 4.7 是某种 1 GB 容量内存条的结构示意，感兴趣的读者可以继续阅读。

【示例 4.7】某种 1 GB DRAM 的结构与地址编码分配。

图 4.9 的存储器结构分为 6 个层次，分别如下：

存储条：总容量为 1 GB，数据为 64 位，地址为 30 位；

芯片（chip）：一个存储条上设计有 8 颗芯片，单颗容量为 128 MB，数据为 8 位，地址为

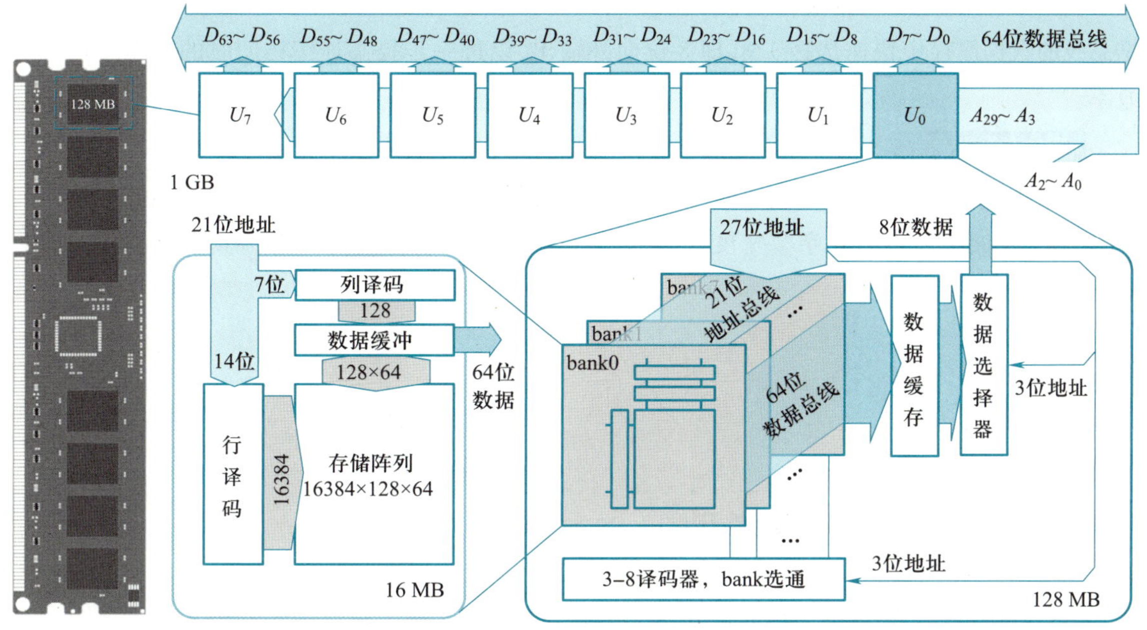

图 4.9 某种 1 GBDRAM 的内部结构

27 位；

存储面(bank)：一颗芯片中有 8 个存储面，单体容量为 16 MB，数据为 64 位，地址为 21 位；

存储阵列(memory array)：单体容量为 16 MB，由 128 列×16 384 行个存储单元组成；

存储单元(memory cell)：每个存储单元由 64 个存储位组成；

存储位(bit)：单个位的存储。

存储位的设计 为了增加存储的集成度，每个存储位仅通过一个电容存储数据。但是，由于无法有效地长时间锁定电容内的电量，芯片必须设计刷新电路，定期对电容进行重新充电。

存储单元的设计 每个存储单元中的所有存储位共用一个选通控制，即所有存储位为同时读取或写入，本例中的存储单元设计为 64 位而非单个字节，旨在降低译码器规模的同时，通过增加并行量来提高数据连续访问的效率。

存储面的设计与地址编码 每个存储面拥有 21 位地址，其中 14 位属行译码器，7 位属列译码器，存储阵列中共有 16 384×128 = 2 MB 个存储单元，每个存储单元为 64 位，即 8 B，因此每个存储面总容量为 16 MB。此外，存储面还必须负责所有存储单元的定期刷新工作。

存储面的组合设计 8 个存储面以字扩展的方式组合。进入芯片的 27 位地址，其中的 21 位直接进入每个存储面，其余 6 位地址分为两组。其中 3 位通过译码器对 8 个存储面进行选通，从而使得连续访问数据时，可以对 8 个存储面进行交替访问，以防止必须定期进行的电容刷新工作过多强制打断数据访问；另外 3 位则通过数据选择器，从 64 位数据总线的数据缓存中快速选择 1/8，即 8 位向外输出，以进一步提高连续访问时的读写效率。

芯片的组合设计 8 颗芯片以交叉扩展的方式组成存储条主体。30 位地址中的高 27 位并联接入每颗芯片。由于每颗芯片拥有 8 位数据通道，8 颗芯片共同组成 64 位数据总线，使得该存储条能够以 8 字节宽度同时向外吞吐数据，并且保持每个字节具有独立地址。

4.2　编码与数据类型

上一节中讲解了存储器的相关知识，本节继续讲解数据如何通过编码进入存储器。

编码的特点 编码通常具有唯一性、可分辨性、公共性等特点。所谓唯一性是指不同的数据通常仅采用一种编码形式；可分辨性是指编码背后的真实含义可以被提取和解析；公共性是指编码规则是大家公认的、读写双方均能够认可的。除此之外，编码的形式也必须兼顾计算机处理效率，不能一味追求存储效率而使得处理过程过于复杂。

4.2.1　从单字节整数开始

两种单字节整数 数据进入存储器时显然都要变成二进制的形式。以整数 3 为例，其二进制表达为 11，但是存储器字长通常是 8 位，即 1 字节，因此整数 3 的单字节编码为 0000 0011。如果所有小于 256 的整数都可以用 8 位（1 字节）的形式进行二进制编码，则创造了一种单字节整数数据类型。

单字节无符号整数类型是一种不考虑负数的整数数据类型，以原码为编码形式，编码长度为 8 位（1 字节），表达范围为 0 ～ 255。以存储 3 为例，该类型数据从编码到存储的过程如图 4.10（左）所示。

单字节有符号整数类型既可以存储正数，也可以存储负数，以补码为编码形式，表达范围为-128～127。以存储-1 为例，-1 的单字节补码编码为 1111 1111，存储过程如图 4.10（右）所示。

【思考】图 4.10 右侧的 8 个 1 可以解读为有符号整数-1，那么是否可以解读为无符号整数 255 呢？其实完全可以。同一个二进制存储内容以不同的编码解释，可以得到完全不同的结果。

两种单字节整数 单字节整数通常有两种：无符号类型可表达的数据范围为 0～255；

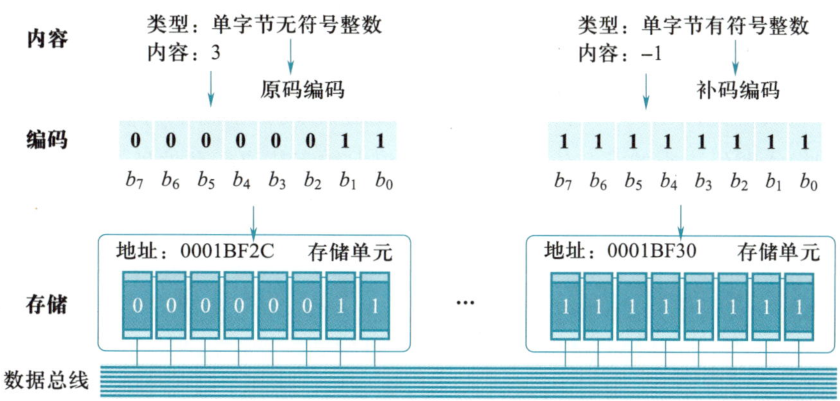

图 4.10 单字节整数存储示例

有符号类型则以补码表示，表达范围为-128～127。同样的二进制序列存储在内存中，不同的解释（有符号、无符号或其他方式）就可能理解成不同的数据。

4.2.2 多字节类型——大端、小端

多字节类型存储 单字节表达范围是有限的（0～255 或 -128～127），如果要表达绝对值更大的数字，则需要更多字节的编码形式。但是数据类型的长度受到存储器字长的约束。真实计算机系统的多字节数据类型通常采用 2、4 或 8 字节的组合。

一般认知中的大端存储 以数字 3 456 789 为例，3 456 789 转换成二进制为 11 0100 1011 1111 0001 0101，前补 0 扩展为 4 字节（32 位）编码为 0000 0000 0011 0100 1011 1111 0001 0101。通常认为这 4 个字节按次序直接存入计算机（如图 4.11 所示）。此类位权大的字节位于低地址，位权小的字节位于高地址的模式称作大端模式。大端模式通常用于网络通信协议中，如 TCP/IP 等。网络中几乎所有的协议都采用大端模式，以保证传输数据时编码与解析的统一。

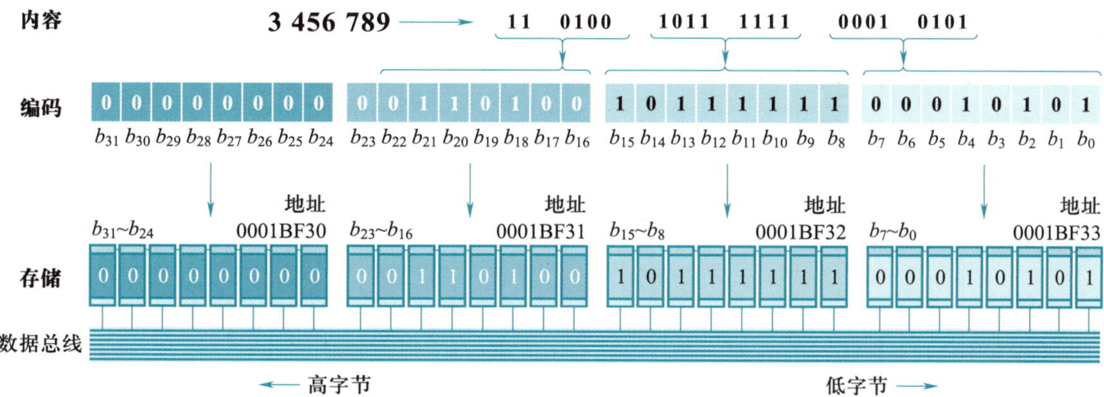

图 4.11 4 字节整数存储的大端模式，通常用于网络通信协议中

实际计算机中常用的小端存储 但是，看似自然的大端模式并非一统天下，例如人们日常使用的 x86 系统（多为个人计算机、服务器）以及 ARM 系统（多为手机、平板计算机）的默认模式，采用了一种与大端模式相反的字节排列模式，称作小端模式。顾名思义，小端模式即位权小的字节位于低地址，位权大的字节位于高地址，如图 4.12 所示。

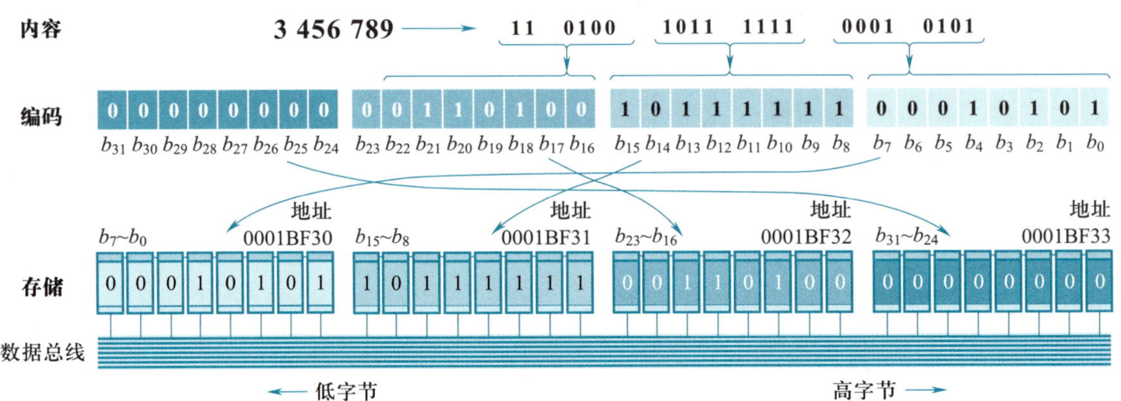

图 4.12　4 字节整数存储的小端模式，通常用于 x86、ARM、文件系统中

4.2.3　整数数据类型

整数数据类型通常包含 8 种，即有符号、无符号与 1 字节、2 字节、4 字节、8 字节整数的自由组合（见表 4.2）。

N 字节有符号整数类型的表达范围为 -2^{8N-1} ~ $2^{8N-1}-1$，N 字节无符号整数类型的表达范围为 0 ~ $2^{8N}-1$。不同语言对数据类型的命名相近，编码形式基本一致。表 4.2 中呈现了不同语言中 8 种数据类型的不同名称。

表 4.2　不同整数数据类型的表达范围，以及在各语言中的名称

数据类型		表达范围		不同语言中的名称							
		最小值	最大值	C / C++	C#	Java	VB	Delphi	FORTRAN	Go	MATLAB
无符号	1 字节（8 位）	0	255	unsigned char	byte	–	byte	byte	–	uint8	uint8
	2 字节（16 位）	0	65 535	unsigned short	ushort	–	–	word	–	uint16	uint16
	4 字节（32 位）	0	$2^{32}-1$	unsigned int	uint	–	–	longword	–	uint32	uint32
	8 字节（64 位）	0	$2^{64}-1$	unsigned longlong	ulong	–	–	–	–	uint64	uint64

续表

数据类型		表达范围		不同语言中的名称							
		最小值	最大值	C / C++	C#	Java	VB	Delphi	FORTRAN	Go	MATLAB
有符号	1 字节（8 位）	−128	127	char	sbyte	byte	–	shortint	integer（kind=1）	int8	int8
	2 字节（16 位）	−32 768	32 767	short	short	short	integer	smallint	integer（kind=2）	int16	int16
	4 字节（32 位）	-2^{31}	$2^{31}-1$	int	int	int	long	integer	integer（kind=4）	int32	int32
	8 字节（64 位）	-2^{63}	$2^{63}-1$	longlong	long	long	–	int64	integer（kind=8）	int64	int64

一种特定的数据类型，通过基于所表达内容的形式选择某种特定的编码方式而实现。编码长度通常会影响所表达数据的范围和精度，同时受到存储器字长的约束。

【思考】编码长度是否越长越好？如何在表达范围、精度、访问效率、容量之间适当平衡？

哪种长度的整数访问更高效 例如，整数类型的长度直接决定了整数的表达范围，同时影响访问效率与存储效率。目前，在 32 位或 64 位系统中，访问单个 4 字节、8 字节整数的效率要高于访问单个 1 字节、2 字节整数。

4.2.4 浮点数据类型

如何存储数字的小数部分 下面介绍计算机如何表示一个实数。现实中既需要表示整数部分，还需要表示小数部分。在一般的科学计算中，既要兼顾计算的精度，又要兼顾数据的表达范围。许多涉及天文学、物理学的数字可能十分庞大（如日地距离 1.5×10^{11} m），或渺小（如质子质量为 1.67×10^{-27} kg），不难发现，这里采用了十进制的科学记数法。一般来说，满足科学计算要求的有效数字的位数是有限的，科学记数法在让数据有足够的表达范围时，也兼顾了数据的精度要求。

【示例 4.8】数字 3.14 的二进制浮点表达。

IEEE 754 浮点规范是 20 世纪 80 年代以来使用最广泛的浮点数运算标准。此处利用 IEEE 754 标准中的 32 位浮点格式，解析数字 3.14 的浮点表达过程（如图 4.13 所示）。

步骤 1：二进制转换。将 3.14 转换为二进制数。整数部分 3 的二进制表达为 11，而小数部分 0.14 转换为二进制是无限循环小数 0.00 1000 1111 0101 1100 0011…，因此，

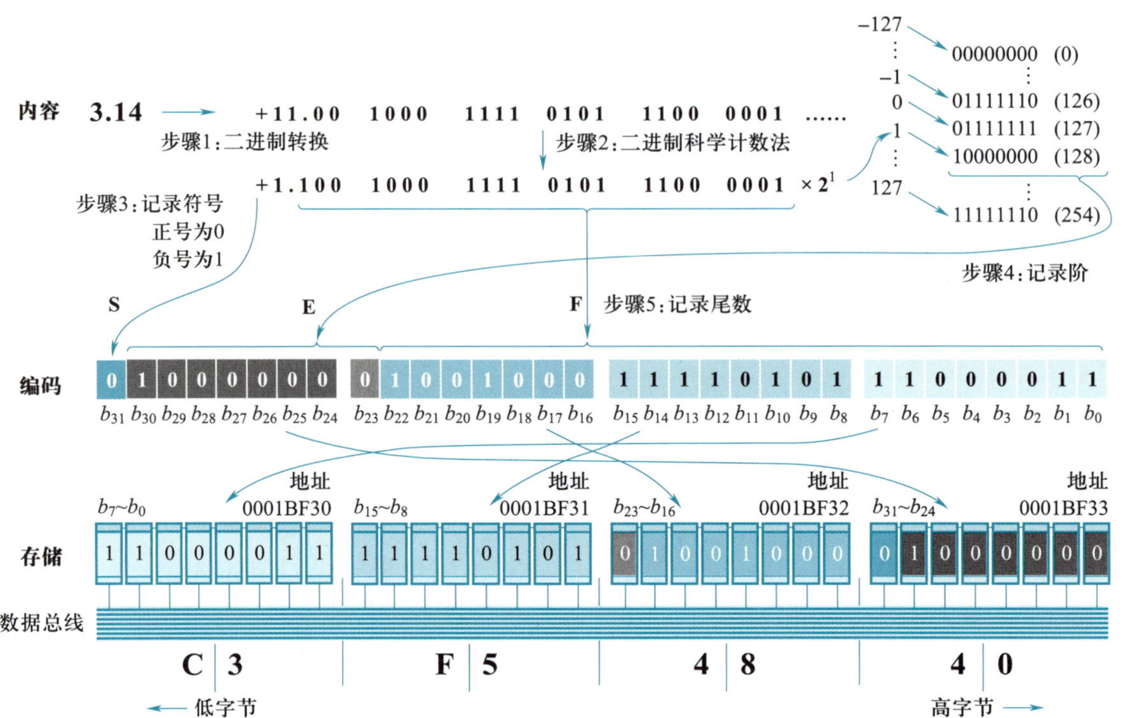

图 4.13　单精度浮点表达数字 3.14(小端模式)

3.14 转换为二进制数字为 11.00 1000 1111 0101 1100 0011…。

步骤 2:二进制科学记数法。11.00 1000 1111 0101 1100 0011… = 1.100 1000 1111 0101 1100 0011… × 2^1。

步骤 3:记录符号。符号的记录使用 1 个位即可,通常用 0 表示正号,用 1 表示负号。因此在本例中,记录符号使用一个“0”位即可。

步骤 4:记录阶。IEEE 754 中的阶采用 8 位记录,支持阶的范围为 -127 ~ 127,这里并没有采用补码表示阶的正负,而是直接对阶进行跨度为 127 的偏移,即将 -127 ~ 127 用 0 ~ 254 表示。在本例中,阶为 1,偏移后为 128,因此 8 位阶记录为“1000 0000”。

步骤 5:记录尾数。IEEE 754 中的尾数有 23 位。理论上,此处应当记录“1.100 1000 1111…”,仔细观察就会发现,除 0 之外二进制中所有的实数科学记数法的尾数都可以写成 1. * * * 的形式,因此在许多浮点系统中,尾数只记录“1.”之后的部分。这样做的优点在于:(1) 节约了一个位的空间,多存储了 1 位尾数,提高了精度;(2) 锁定了二进制科学记数法的书写方式,使得阶不能随意调整,这样一个实数不会出现等价的不同阶的多种表达。因此,此处舍去小数点之前的“1”,只记录“100 1000 1111 0101 1100 0011”。

步骤 6:将符号、阶、尾数组合。最后,1 位符号“0”、8 位阶“1000 0000”、23 位尾数“100 1000 1111 0101 1100 0011”共同组成了 32 位浮点对数字“3.14”的编码表达。图 4.13 最终以小端模式展示了 4 字节浮点对“3.14”编码的存储。

“浮点”名称的由来 通过上例已经了解一个数字如何进行 32 位浮点编码。那么“浮点"这一名称由何而来呢？浮点中的"阶"实际表示了小数点所在的位置。而由于不同数据的阶是变化的，因此小数点并不固定，而是浮动的，故称这种记录符号、尾数和阶的实数表示方法为"浮点数"（floating-point number）。

单精度浮点和双精度浮点 IEEE 754 浮点规范中包含了多种长度的浮点格式，其中最常用的是 32 位（4 字节）单精度浮点（如图 4.14 左图所示）和 64 位（8 字节）双精度浮点（如图 4.14 右图所示），两种格式的浮点均包含 3 个部分——符号、阶、尾数，只是长度不同。单精度浮点的表达范围为 $-3.4\times10^{38}\sim3.4\times10^{38}$，精度为 7~8 位十进制数字；双精度浮点的表达范围为 $-1.79\times10^{308}\sim1.79\times10^{308}$，精度为 16~17 位十进制数字。

图 4.14 IEEE 754 中 32 位单精度浮点（左）与 64 位双精度浮点（右）格式

浮点编码的精度问题 许多十进制位数有限的小数转换成二进制后就变成了无限循环小数，因为存在存储限制，那么，十进制转换到二进制是否会有精度损失呢？例如计算 $\sqrt{2}\times\sqrt{2}-2$，大多数系统不会得到 0，本质上就是浮点运算累积误差造成的。

浮点真的比日常使用的十进制小数精度低吗 在大多数情况下，认为十进制数据更加精确是一种误解。工程、科学计算中的原始数据来自测量，而看似有限位数的十进制数据本身就带有测量误差，人们看到的通常是刻意进行四舍五入后的结果。因此，采用双精度浮点已经能够满足一般的工程、科学计算要求。

【示例 4.9】浮点编码验证实验。

【浮点编码验证的设想】 在示例 4.8 中最后按 IEEE 754 浮点规则推断，数字 3.14 的二进制编码（小端模式）应为"11000011 11110101 01001000 01000000"，该 4 个字节的十六进制表达为 C3-F5-48-40。那么能否验证该编码是正确的？

【验证方法】 在存储器的 4 个连续存储单元中，依次存放 4 个单字节整数 C3、F5、48、40，则如果令程序将这 4 个字节理解为单精度浮点，程序是否会输出数字"3.14"？

【验证过程】 图 4.15 展示了上述"欺骗"计算机的过程。

```
//C++代码示例（标注部分是代码说明，计算机不执行）
//  在内存中开辟四字节存储区，存入 C3-F5-48-40
//  即 11000011 11110101 01001000 01000000
// "byte" 代表字节
// "bytes" 是存储区的名称，可为任意命名，后面会用到
byte bytes[4] = { 0xC3, 0xF5, 0x48, 0x40 };

//  令系统重新解读这 4 个字节，以单精度浮点的方式输出
//  这里的 "*(float*)" 即强制系统重新解读这 4 个字节
// "cout" 代表输出
// "endl" 代表输出后换行，仅为显示清晰，并非必须
cout << *(float*)bytes << endl;
```

```
Microsoft Visual Studio 调试控制台
3.14

D:\OneDrive\Research of
代码为 0。
按任意键关闭此窗口…
```

图 4.15 计算机存储 4 个字节并以浮点形式输出的代码（左）与运行结果（右）

第1行语句“byte bytes[4] = {0×C3,0×F5,0×48,0×40}”是指在计算机中存储4个字节,即(C3、F5、48、40),并将这4个字节统一命名为bytes;第2行语句中的“*(float *) bytes”是指将这4个字节作为一个单独的float看待,“cout <<…”代表输出,“… << endl”代表在输出的末尾增加一个换行。最后,计算机将上述4个字节以浮点形式解释为3.14(图4.15右侧第1行)。

常见语言所支持的浮点类型 几乎所有的语言都支持IEEE 754标准浮点类型,表4.3展示了几种常见语言中的浮点名称。

表4.3　浮点数据类型的范围、精度,以及在各种语言中的名称

数据类型		范围与精度		不同语言中的名称							
		范围	有效数字	C / C++	C#	Java	VB	Delphi	FORTRAN	Go	MATLAB
浮点	单精度4字节(32位)	$[-10^{38}, 10^{38}]$	7~8位(以十进制计)	float	float	float	single	real	real(kind=4)	float32	single
	双精度8字节(64位)	$[-10^{308}, 10^{308}]$	16~17位(以十进制计)	double	double	double	double	double	real(kind=8)	float64	double

4.2.5　字符类型与字符编码

计算如何记录文字 一般来说,计算机只能记录数据(数字),在上一章节中已经了解,计算机记录文字本质上是对文字进行编码,以数字的形式存储字符。

计算机语言对字符编码的支持 在不同的计算机语言中,通常都包含一类数据类型,专门用于表达单个字符,以及由多个字符组成的文本。存储单个字符的类型称作字符类型,存储多个字符从而组成文本的类型称作字符串类型。

不同语言的比较 不同语言的字符类型所占用的字节数以及所采用的字符编码均有所不同(见表4.4)。一些开发较早的语言均包含单字节编码字符类型,如C、Delphi等,之后扩展出双字节Unicode编码字符类型。Java、C#等语言则直接采用了双字节编码字符类型。

表 4.4 不同语言中的字符、字符串类型

数据类型		不同语言中的类型名称						
		C / C++		C#	Java	VB	Delphi	
字符类型	类型名称	char	wchar_t	char	char	string	char	widechar
	类型长度	1 字节	2 字节	2 字节	2 字节	1 字节	1 字节	2 字节
	字符编码	ASCII	Unicode	Unicode	Unicode	ASCII	ASCII	Unicode
字符串类型	类型名称	char 数组或 string	wchar_t 数组或 wstring	string	string	string	string	widestring
	字符串编码	ASCII 或本地编码	Unicode	Unicode	Unicode	ASCII 或本地编码	ASCII 或本地编码	Unicode

4.2.6 等长编码与不等长编码

【示例 4.10】用 GB 2312 编码存储《诗经·芣苡》。

采采芣苡　薄言采之　采采芣苡　薄言有之

采采芣苡　薄言掇之　采采芣苡　薄言捋之

采采芣苡　薄言袺之　采采芣苡　薄言襭之

等长编码 在信号中,若每个字符均采用相同长度的编码,则称作等长编码。ASCII 码和 GB 2312 编码中表达汉字的部分都属于等长编码。

《诗经·芣苡》全诗共包含 48 个字,不重复汉字有 11 个,若直接采用 GB 2312 编码,每个汉字占用 2 字节,共占用 96 字节,即 768 位。若采用自定义等长编码,对于 11 个不同的汉字符号,至少每个汉字采用 4 位二进制编码($2^3<11\leqslant 2^4$),总长度为 $4\times 48=192$ 位。

不等长编码的思想 信号中每个字符出现的概率不同,例如,汉字文本中的"的"和英文中的字母"E",其出现频率一般高于其他字符。若出现概率大的信号采用短编码,出现概率小的信号采用长编码,总体上反而可能达到更好的整体编码效率,这就是不等长编码的思想。

霍夫曼编码的规则如图 4.16 所示,其基本规则如下。

步骤 1:计算每个汉字出现的概率,然后按照一个简单的规则进行合并相加:即不断将全表中尚未使用的两个最小的概率数字求和归并,直到得到 100%。

步骤 2:反向依据归并路径编码,从右向左进行,浅色路径编码 0,深色路径编码 1,走完路径即可得到每一个汉字的编码。

在图 4.16 中,“采”字出现的概率最大,编码长度也最短,仅为 2 位,而出现概率较小的“掇”“襭”等字的编码长度则达到 5~6 位。总体上看,编码长度为 2~6 位不等,综合每个汉字出现的概率,《诗经·芣苡》一诗经过霍夫曼编码后,平均码长为 2.979 位,全诗 48 字可用 143 位完成编码,少于自定义编码的 192 位,更远少于直接使用 GB 2312 编码的 768 位。

汉字	字频	概率		编码	长度/位
采	13	27.08%	52.08%	00	2
芣	6	12.50%	25.00%	010	3
苡	6	12.50%	100.00%	011	3
薄	6	12.50%	25.00%	100	3
言	6	12.50%	47.92%	101	3
之	6	12.50%	22.92%	110	3
掇	1	2.08%	6.25%	11101	5
袺	1	2.08%	4.17%　10.42%	11110	5
有	1	2.08%		1111	5
捋	1	2.08%	4.17%	111000	6
襭	1	2.08%		111001	6
平均码长		2.967 (理论值)			2.979 (实际值)

图 4.16　《诗经·芣苡》中 11 个汉字的霍夫曼编码生成图

当然,此处还有以下问题需要说明。

首先,在霍夫曼编码中,由于每个字符均为不等长编码,且通常不是 8 位长度,因此串联这些编码必须打破字节的约束,进行跨字节编码。

其次,虽然霍夫曼编码缩短了平均编码长度,但必须存在一个字典,用以说明编码所对应的字符。而字典本身同样具有长度,占用存储空间。因此,在实际使用中,只有当需要编码的文字较长时,霍夫曼编码的优势才能充分发挥。

4.2.7　无损压缩

霍夫曼编码利用字符出现概率的不均匀性进行不等长编码,从而实现压缩,这种压缩方式又称“熵压缩”。熵压缩是一种无损压缩,即信号被压缩后仍可以被完全无损还原。

进一步观察《诗经·芣苡》,可以看到一些重复出现的文字片段,其依然可以成为数据压缩的依据。

【示例 4.11】对《诗经·芣苡》进行进一步压缩。

进一步观察《诗经·芣苡》,不难发现,诗中不仅有重复出现的汉字,还有重复出现的汉字短语,若建立如下字典:

A:采采芣苡　薄言　　B:采　　C:之　采采芣苡　薄言　　D:有

E:掇　　F:捋　　G:袺　　H:襭　　I:之

则全诗可以从 48 个汉字字符压缩为 13 个英文字符:

A B C D C E C F C G C H I

其中,C 出现 5 次,其余字符均只出现 1 次。然后对这些字符进行霍夫曼编码:

C(之 采采芣苡 薄言) 编码: 0
A(采采芣苡 薄言) 编码:1000
B(采) 编码:1001
D(有) 编码:1010
E(掇) 编码:1011
F(捋) 编码:1100
G(袺) 编码:1101
H(襭) 编码:1110
I(之) 编码:1111

因此,全诗仅需要 37 位即可完成编码(直接使用霍夫曼编码需要 143 位):

1000 1001 0 1010 0 1011 0 1100 0 1101 0 1110 1111

字典压缩的思想 如果说熵压缩利用了字符出现概率的不均匀性,那么字典压缩则利用了更大尺度上的信息片段出现的不均匀性和重复性。

常见的无损压缩算法 常用的字典压缩算法有 LZ77、LZ78 等,这些字典压缩算法通常包含自动提取字典的算法,以及对字典的额外存储。常见的 ZIP 与 RAR 压缩均采用字典压缩算法,PNG 图片则采用 LZ77 字典压缩算法对图形数据进行无损压缩。

4.3 音频编码与数组

4.2 节讲解了简单的基本数据类型,这些数据类型组成了计算机中表示万事万物的基本信息单元。然而,真实的信息往往具有复杂的结构,这些自然界的信息是如何进入计算机,又是如何被组织、编码,并存储的呢?

4.3.1 音频的采样、量化与编码

音乐、语音等都属于声音信号,是一种在时间维度上的振动,要将声音信号存入计算机,并进行分析处理,目前最常用的做法就是采样、量化与编码。

模拟量与数字量 自然界信号无论在时间还是在信号强度上,宏观上是连续的,即模拟信号,又称模拟量;但是计算机只能记录从自然界获取的,并经过二进制编码的信号,即数字信号,又称数字量。

自然界信号如何进入计算机 由于计算机只能记录单个数据，因此在满足精度的前提下，计算机按一定间隔抽取数据。对于声音信号的数字化记录，该过程通常分为以下步骤（如图 4.17 所示）。

步骤 1：在时间维度的抽取，即采样，例如图 4.17 中声音在等间隔时间 $t_1 \sim t_{11}$ 上进行采样；

步骤 2：在每次采样时读取瞬时模拟信号的强度，将信号强度分为若干等级，即量化，例如在图 4.17 中，声音信号进行了 16 级量化处理；

步骤 3：对每个强度等级进行二进制编码，组成二进制序列并直接输出，或继续进行压缩编码并输出，这一过程统称为编码，例如图 4.17 中将 16 级声音信号编码为 0000～1111 并输出。

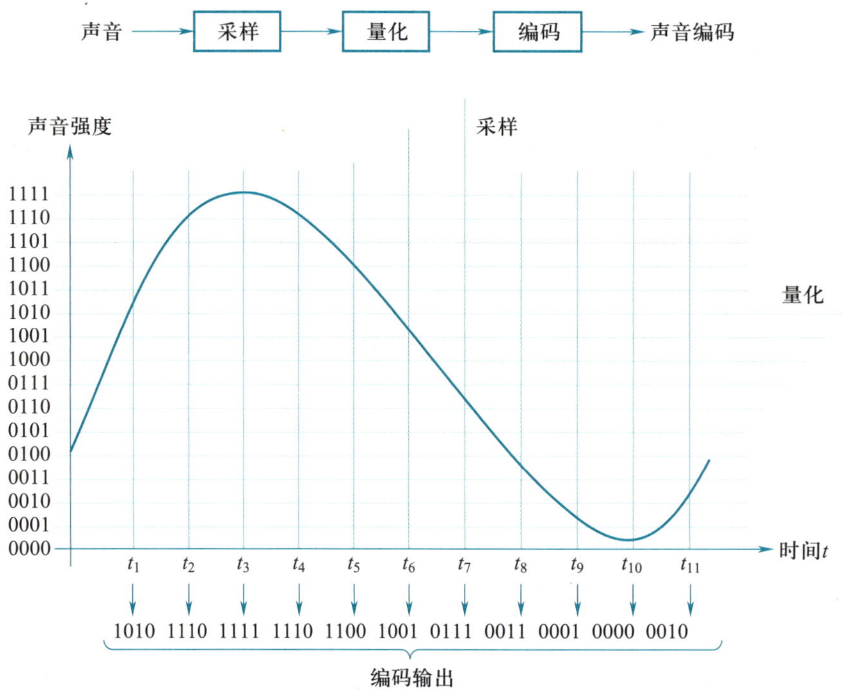

图 4.17　声音信号的采样、量化与编码

采样频率、量化级数、编码位数与数据量的关系 采样频率越高，量化级数越多，编码位数越多，信号编码的精度就越高，还原后的信号也就越逼真，但是编码后的信息量也越大。那么，采样、量化是否越密集越好呢？显然这会大大增加编码后的信号量。因此要根据实际需要选择合适的采样频率、量化级数和编码位数。

通道数量表示有多少路信号进行同时记录。在采样、量化编码时，一般只有一路信号，通道数量即为 1。如果有多路信号同时进行，如记录立体声声音需要左右两路同时记录，则通道数量为 2。

容量计算 一般量化级数与编码位数呈指数关系，即量化级数 $= 2^{\text{编码位数}}$。时间 t 内的采样、量化编码得到的数据量(字节)= $n \times F \times d \times t / 8$,其中 n 为通道数量,F 为采样频率,d 为编码位数。

音频采样的数据量计算 目前,在高质量音频信号采集中,采样率通常设定为人耳所能接收声音频率的两倍以上,即 44.1 kHz,单次采样进行 65 536 级量化,采用 16 位双字节编码,双通道立体声同时采样,每秒数据量约为 2×44.1 KB×16×1 / 8 = 176.4 KB,一首 5 分钟的乐曲约占用 2×44.1 KB×16×(5×60) / 8 ≈ 51.7 MB 的空间,一般的 WAV 格式文件即存储了音乐的原始采样信号。

CD 唱片容量 在早期制定 CD 唱片标准时,就考虑要将世界上几乎最长的一部交响曲——贝多芬第九交响曲《合唱》完整地记录于其中。第九交响曲最常见的演奏版本为 65~74 min,因此将 CD 音轨存储时间定义为 74 min,约折合 2×44.1 KB×16×(75×60) /8 ≈ 750 MB 数据容量。

4.3.2　采样、量化后的多种编码形式

不同的编码形式 对于大规模的采样数据,除了采用图 4.17 所示的等长编码直接输出,还可以采用行程编码、增量编码、字典编码等方式进行压缩编码。

【示例 4.12】某信号采样、量化后以等长编码输出。

等长编码:图 4.18 是某信号在采样、量化后直接编码输出(即等长编码)的结果。该过程共进行了 36 次采样,每次采样输出 4 位,共输出 144 位。

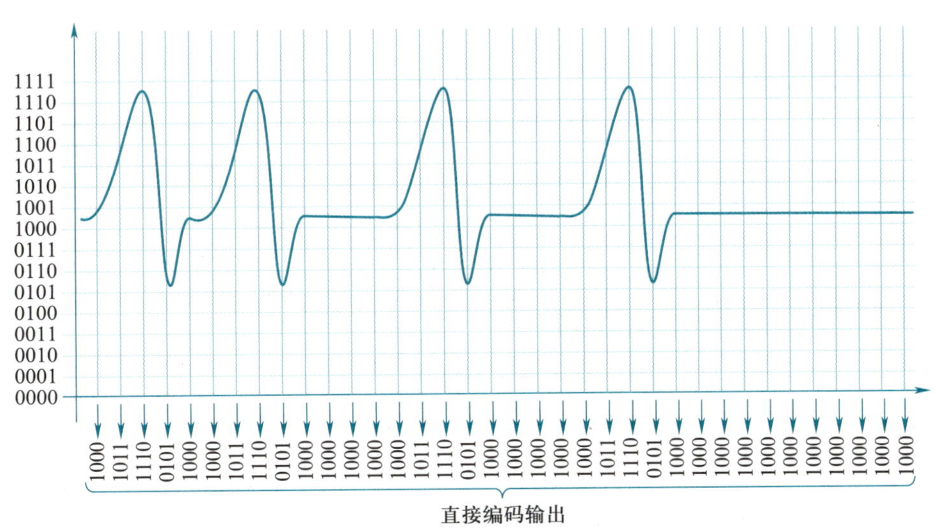

图 4.18　某信号的采样、量化与直接编码输出

行程编码的记录方式为“信号、连续个数、信号、连续个数……”,该类编码方式适用于具有较多重复的信号。

【示例 4.13】行程编码输出示例。

图 4.18 中有多处采样信号连续出现的情况，可以用于行程编码。例如，某段连续出现了 10 个 1000，在行程编码中，采用“信号 连续个数”的方式，可直接表达为“1000 1010”。

行程编码输出 整体来看，36 个信号可以输出为：

1000 0001（1 个）

1011 0001（1 个） 1110 0001（1 个） 0101 0001（1 个） 1000 0010（2 个）

1011 0001（1 个） 1110 0001（1 个） 0101 0001（1 个） 1000 0100（5 个）

1011 0001（1 个） 1110 0001（1 个） 0101 0001（1 个） 1000 0110（5 个）

1011 0001（1 个） 1110 0001（1 个） 0101 0001（1 个） 1000 1011（11 个）

行程编码效率分析 在本例中，行程编码共采用 17 字节，即 136 位，是等长编码的 94.4%。

增量编码是在记录初始值之后，仅记录信号变化的一种编码方式。当信号变化不太剧烈时，信号增量会产生大量重复信息，由此可以通过其他方式更好地压缩信号。

【示例 4.14】增量编码输出示例。

在图 4.18 中，信号增量可表示为：

8（1000）初始值，+3，+3，−9，+3，0

+3，+3，−9，+3，0，0，0，0

+3，+3，−9，+3，0，0，0，0

+3，+3，−9，+3，0，0，0，0，0，0，0，0，0，0

增量编码 + 霍夫曼编码 对初始值和增量进行霍夫曼编码：

0 占比 52.8%，编码 0

+3 占比 33.3%，编码 10

−9 占比 11.1%，编码 110

+8 占比 2.8%，编码 111

增量编码 + 霍夫曼编码输出

111　10　10　110　10　0

10　10　110　10　0　0　0　0

10　10　110　10　0　0　0　0

10　10　110　10　0　0　0　0　0　0　0　0　0　0

增量编码 + 霍夫曼编码效率分析 增量编码采用 58 位完成编码，是等长编码的 40.3%。

观察图 4.18 中的信号，不难发现，其中不仅有单个信号的重复，也有片段式的重复。构建如下字典：

增量编码 + 字典压缩 对增量的结果构建字典：

A：10　10　100　10　0

B：0　0　0

C：111

增量编码 + 字典压缩输出

CA　AB　AB　ABBB

增量编码 + 字典压缩输出 + 霍夫曼编码 其中，A 出现的概率为 40%，B 出现的概率为 50%，C 出现的概率为 10%。再次利用霍夫曼编码，得到 A 的编码为 10，B 的编码为 0，C 的编码为 11。则整体输出为：

1110　10 0　10 0　10 0 0 0

增量编码 + 字典压缩输出 + 霍夫曼编码效率分析 最终编码仅用 15 位完成，是等长编码的 10.4%。

考虑真实情况 在真实情况下，行程编码、增量编码都有其适用场合，某些情况下甚至会起到反效果。霍夫曼编码和字典压缩编码还必须考虑编码映射表和字典占用的存储空间。

4.3.3 思考采用数组记录音频数据

音频数据的排列 若不进行压缩，被采样、量化编码后的声音数据是由无数的单字节整数（256 级量化，电话音质）或双字节整数（65 536 级量化，CD 音质）组成的。这些数据按照时间顺序、通道顺序前后相连紧密排列（如图 4.19 所示）。

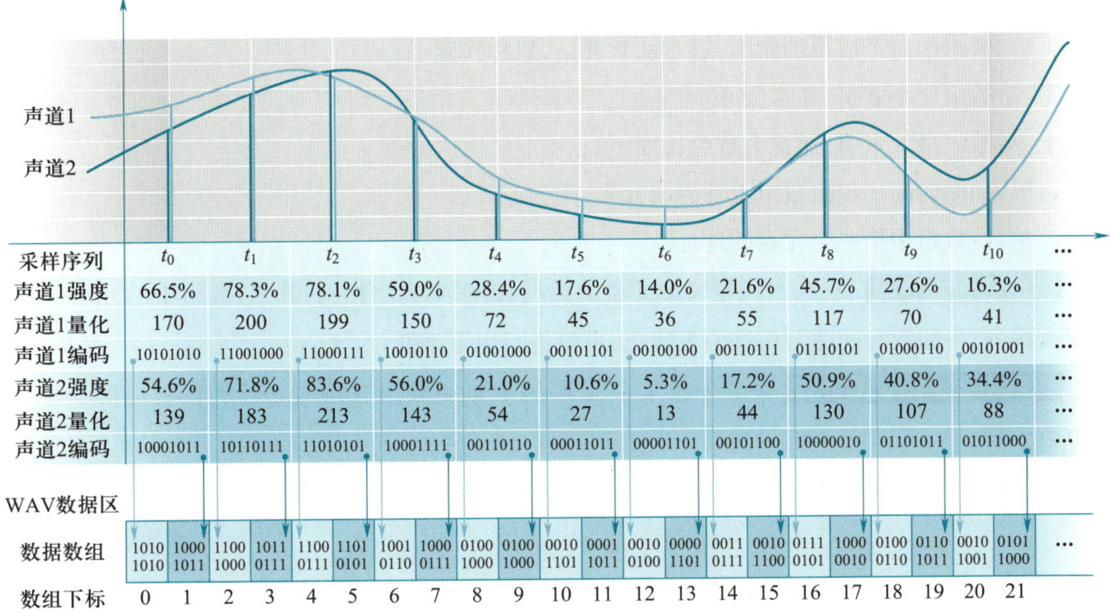

图 4.19　8 位 256 级量化双声道音频数据在标准 WAV 格式中的数组存储

WAV 文件中的数据排列 图 4.19 模拟了一个立体声采集系统的数据存储格式(wave,简称 WAV)。该系统有 2 个声道,每个声道的量化为 256 级,使用单字节编码。则在标准 WAV 文件中,每次采样都会产生两个声道共 2 字节的数据,这些数据在数组中依次交替存放。

4.3.4　同质数据的重复排列——数组

从声音的记录引出数组 在上一节中,同类型数据紧密排列的存储形式称作数组。

数组的结构 图 4.20 展示了数组的结构,该数组中存储了 N 个数据,每个数据为 4 字节,整个数组共占用 $4N$ 字节空间。

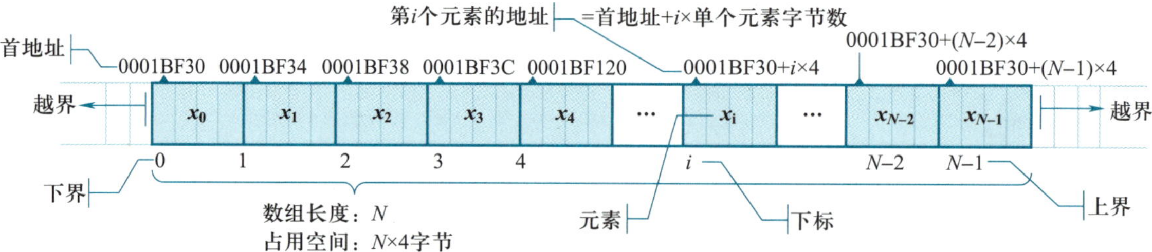

图 4.20　数组结构与相关术语示意

数组中通常包含以下术语:

元素:数组中的每个数据成员;

长度:数组中元素的个数;

下标:数组中每个成员的索引,通常从 0 开始,也称作索引;

下界:数组最小索引,通常为 0;

上界:数组最大索引,通常为数组长度 - 1;

越界:如果访问了超出数组上下界的元素,则为越界;

首地址:数组中第一个元素的地址。

数组有两大特点 其一,数组中每个元素的类型、占用空间均相同;其二,数组中的元素紧密排列,中间没有间隙。由这两大特点,可以进行以下推断。

数组中元素地址的计算 数组中第 i 个元素的地址 = 数组首地址 + $i\times$单个元素字节数。

思考:为什么大多数语言中,数组的下标(索引)都是从 0 开始,而非 1 呢?

4.4 视频编码与数据结构

4.4.1 图像编码

从音频到图像 音频是随着时间流逝，而图像是在二维空间上呈现。从自然界的图像到计算机中的数字化图像，同样要经过采样、量化、编码的过程。

图像的空间采样 与音频不同的是，数字图像是在空间中进行二维采样，即将图像分为若干行和若干列，每一行和每一列的交汇点为一个采样点，即一个像素。一般来说，图像行列像素越多，图像就越清晰。目前大多数照相机已经达到千万像素的空间采样率（横向像素数量×纵向像素数量）。

像素点的量化与编码 数字图像中，必须对每个像素的光线强度进行量化，进而编码输出。这里要区分黑白灰度图像和彩色图像。对于黑白灰度图像，通常在亮度上采用256级量化，即每个像素以1字节编码（少数医学影像会采用65 536级灰度，双字节编码）。图像中最亮的区域像素值为255，最暗的区域像素值为0。

【示例4.15】灰度图像像素阵列示例。

图4.21呈现了一个黑底白字的手写“8”的像素分布与对应数值，这是一个仅包含光线强度而并未记录色彩的图像。

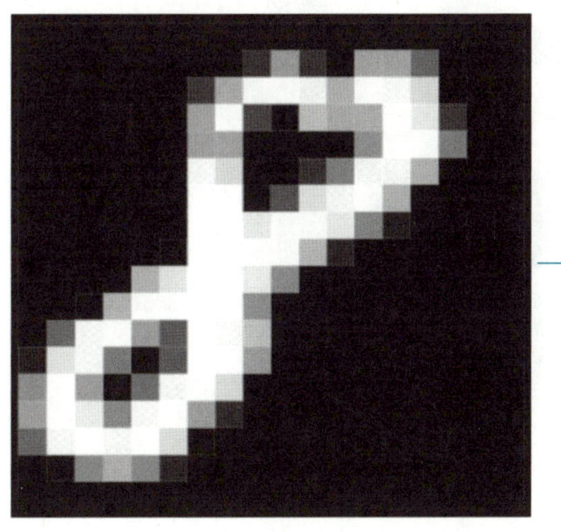

→

0	0	0	0	0	0	0	0	0	0	0	0	0	0	0	0	0	0
0	0	0	0	1	12	0	11	39	137	37	0	152	147	84	0	0	0
0	0	1	0	0	0	41	160	250	255	235	162	255	238	206	11	13	0
0	0	0	16	9	9	150	251	45	21	184	159	154	255	233	40	0	0
10	0	0	0	0	0	145	146	3	10	0	11	124	253	255	107	0	0
0	0	3	0	4	15	236	216	0	0	38	109	247	240	169	0	11	0
1	0	2	0	0	0	253	253	23	62	224	241	255	164	0	5	0	0
6	0	0	4	0	3	252	250	228	255	255	234	112	28	0	2	17	0
0	2	1	4	0	21	255	253	251	255	172	31	8	0	1	0	0	0
0	0	4	0	163	225	251	255	229	120	0	0	0	0	0	11	0	0
0	0	21	162	255	255	254	255	126	6	0	10	14	6	0	0	9	0
3	79	242	255	141	66	255	245	189	7	8	0	0	5	0	0	0	0
26	221	237	98	0	67	251	255	144	0	8	0	0	7	0	1	11	0
125	255	141	0	87	244	255	208	3	0	0	13	0	1	0	1	0	0
145	248	228	116	235	255	141	34	0	11	0	1	0	0	0	0	3	0
85	237	253	246	255	210	21	1	0	1	0	0	6	2	4	0	0	0
6	23	112	157	114	32	0	0	0	0	2	0	8	0	7	0	0	0
0	0	0	0	0	0	0	0	0	0	0	0	0	0	0	0	0	0

图4.21 灰度图像的二维空间采样与单字节量化编码

彩色图像量化与编码 对于普通的彩色图像，每个像素需要红、绿、蓝三色编码，因此每个像素通常占用 3 个字节。一张 1 920×1 080 像素的桌面背景，至少占用 1 920×1 080×3≈6 MB 空间；而一张 1 200 万像素的高清照片，则占用 12 000 000×3≈36 MB 存储空间。直接按照像素存储图像，通常保存为 BMP 格式，也称作位图（bitmap，BMP）。

图像采样、量化、编码与数据容量的关系 图像的像素越多，单个像素采样位数越高，图像就可以表达越多细节。通常像素个数、单像素采样位数也不必无止境增大，图像质量还受限于拍摄镜头，以及计算机处理、存储能力等。例如，一般显示器只需要一个屏幕像素点匹配至少一个图像像素点，即可达到较好的显示效果；而在打印图像时，每英寸要达到 300 像素（约 118 像素/cm）才能达到较好的打印效果。

4.4.2 BMP 图像存储

图像在文件中的存储 BMP 图像在文件中存储，需要每个像素的信息以及一些关键信息。

【示例 4.16】从一张彩色图像看 BMP 存储格式。

利用数组存储像素信息 图 4.22 所示图像共包含 7 行、5 列，35 个像素。图像的数据区（从 H0040 到 H00AF）可以看作一个完整的 112 字节数组，用以存储这 35 个像素。

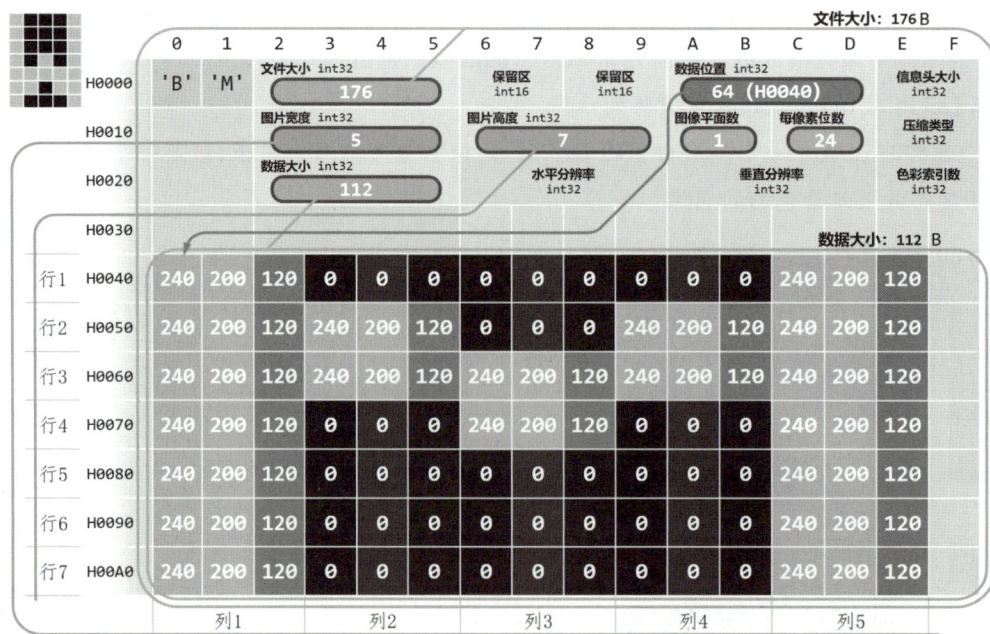

文件大小：176 B

		0	1	2	3	4	5	6	7	8	9	A	B	C	D	E	F
	H0000	'B'	'M'	文件大小 int32 176				保留区 int16		保留区 int16		数据位置 int32 64 (H0040)				信息头大小 int32	
	H0010			图片宽度 int32 5				图片高度 int32 7				图像平面数 1		每像素位数 24		压缩类型 int32	
	H0020			数据大小 int32 112				水平分辨率 int32				垂直分辨率 int32				色彩索引数 int32	
	H0030													数据大小：112 B			
行1	H0040	240	200	120	0	0	0	0	0	0	0	0	0	240	200	120	
行2	H0050	240	200	120	240	200	120	0	0	0	240	200	120	240	200	120	
行3	H0060	240	200	120	240	200	120	240	200	120	240	200	120	240	200	120	
行4	H0070	240	200	120	0	0	0	240	200	120	0	0	0	240	200	120	
行5	H0080	240	200	120	0	0	0	0	0	0	0	0	0	240	200	120	
行6	H0090	240	200	120	0	0	0	0	0	0	0	0	0	240	200	120	
行7	H00A0	240	200	120	0	0	0	0	0	0	0	0	0	240	200	120	
		列1			列2			列3			列4			列5			

图 4.22 BMP 图像文件格式

图像中的 RBG 排列 35 个像素按照每像素 3 字节计算，共需要 105 个字节，那为何数组是 112 字节呢？原因如下。

(1) 图像中的每个像素按照 B(蓝)、G(绿)、R(红)的顺序存储;

(2) 图像中的每5个像素(15字节)组成一行,按照 BMP 每行4字节对齐,即每行字节数能够被4整除的规则,必须补充留空1个字节,达到每行16字节;

(3) 图像包含7行,每行16字节,共112字节。

BMP 图像中的行反向存储 图 4.22 看似绘制的是字母"M",但是 BMP 图像默认为行反向存储(从图像底部的行开始存储),因此这里实际表达的是字母"W",如图 4.22 左上角所示。

4.4.3 BMP 图像头与结构体

BMP 图像头与结构体 从图 4.22 中不难发现,图中除了数据区域存储每一个像素外,还包含开头的部分,用于存储图像的关键信息。与数组不同的是,该部分地址从 H0000 到 H0035 共包含 54 字节,并非由相同数据类型的数据简单密集排列组成,而是由长度、含义各不相同的数据组成。

结构体的概念 通常像 BMP 文件头这样,将多个不同形式的数据组合起来的数据结构称作结构体,结构体中的每一项数据称作成员,结构体中成员的名称必须不同,不同成员的数据类型可以相同也可以不同。一般依据程序中存储信息的需要来设计不同的结构体。

【示例 4.17】几种不同的结构体示意及其在 C 语言中的定义。

图 4.23 列举了几种结构体,结构体的名称一般可以由程序员自行定义。

图 4.23(a)是由两个单精度浮点数(Real、Image)组成的表述复数的结构体 Complex,该结构体在 C 语言中可以表示为:

```
struct Complex {      //定义复数结构体
    float Real;
    float Image;
};
```

图 4.23(b)中的 Color 结构体,采用3个字节分别表示色彩中蓝(B)、绿(G)、红(R)3个分量,这是一种常用的表达色彩的结构体。

图 4.23(c)设计了一种表达时间的结构体 DateTime,集中记录年(year)、月(mon)、日(day)、周(week)、时(hour)、分(min)、秒(sec)。

图 4.23(d)是对某无人机飞行路径航点的描述,其中采用双精度浮点记录无人机途经点的经纬度坐标(Longitude、Latitude)、无人机机头对准点(兴趣点)的经纬度坐标(IPLongitude、IPLatitude),采用单精度浮点记录飞行高度(Height)、速度(Speed)与经过该点的最小转弯半径(Radius),采用一个32位整数存储无人机在该途经点的停留时间

(Stay)。

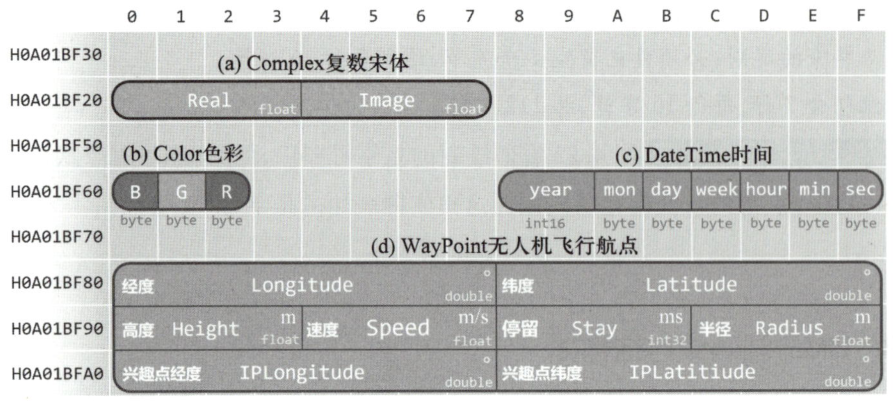

图 4.23　几种结构体在内存中的编码与存储示例

文件记录中的"结构体 + 数组"模式 大多数记录特定信息的文件都采用"结构体(文件头) + 数组(数据区)"的存储模式。文件头通常存储一些必要的特定信息,如一张图像的宽度、高度,一段音频的采样率、单个采样编码长度、声道数等,因此这些信息在文件头中往往以结构体的形式存在。文件的数据区则通常采用数组的模式,用简单的重复结构来存储每一个数据。

【示例 4.18】BMP 图像的结构体表示。

BMP 图像文件格式可以用一个结构体来表示,其 C 语言代码为:

```
typedef unsigned char byte;      //定义单字节整数类型

struct Bitmap {               //定义 BMP 文件结构体
    char head[2];             //BMP 文件开头字母"B"和"M"
    int   fileSize;           //文件大小
    short reserve1;           //保留区 1
    short reserve2;           //保留区 2
    int   dataOffset;         //数据区起始位置
    int   headSize;           //文件信息头大小
    int   width;              //图像宽度
    int   height;             //图像高度
    byte  panelCount;         //平面个数,默认为 1
    byte  bitCount;           //单个像素占用位数,可以为 1、2、4、8、16、24、32
    int   imageSize;          //图像数据区占用的字节数
    int   xPPM;               //水平分辨率,单位:像素/m
```

```
    int   yPPM;            //垂直分辨率,单位:像素/m
    int   clrUsed;         //使用色彩数,默认为 0,表示使用所有可用的色彩
    int   clrImportant;    //重要色彩数,默认为 0,表示所有色彩都是重要的
                           //以上为 BMP 图像文件头

    byte * imageData;      //BMP 图像数据区的存储地址
                           //该区域为一个长度为 imageSize 的数组
};
```

其他类型的文件格式 WAV 无压缩音频文件的文件头为 44,数据区是一个数组,数组的每个元素包含一次采样的所有通道的数据;无人驾驶中常用的激光雷达扫描数据(LAS 文件)的文件头由数百字节组成,包括地理坐标基准等重要信息,而数据区同样由数组组成,数组中的每个元素则是一个结构体,包含传感器探测到的每个点的经纬度坐标、海拔高度、雷达反射强度、RGB 色彩等信息。

结构体与数组的相互组合 结构体与数组的组合方式,除了文件中常用的"结构体+数组"的方式,还有许多其他方式,如结构体中嵌入数组、数组中嵌入结构体、结构体嵌套结构体、数组嵌套数组等,形式根据数据存储与表达的需要,不一而足。

结构体与数组组合需要考虑的各种情况 结构体与数组的组合方式是无穷无尽的,但通常遵循以下规律:

(1) 数据结构的组合要满足信息存储的需要,不丢失关键性数据;

(2) 要考虑数据读取的便捷性,例如 BMP 图像数据区中每行数据进行 4 字节对齐即是为了加快存储访问速度;

(3) 在必要时需要考虑整体数据结构的安全性,如置入冗余数据、校验数据等;

(4) 尽量减少无效或多余的数据,通过压缩等方式提高存储效率,但在优化存储容量的同时,也需要和数据的安全性、处理的快捷性等方面进行权衡。

4.4.4 理解数据结构编码示例——图像水印

图像水印是指在图像中嵌入人类难以感知、在数据上不具有显著可见特征的信息,以对知识产权进行保护,对图像来源进行标记,或使图像具有发送者的不可抵赖性。网络中的许多半透明的数字水印是视觉上能够看到的,而真正的数字水印是在视觉上难以察觉、却又将关键信息真实嵌入图像的。图像数字水印具有多种实现方法,这里介绍一种基于编码的简单方法。

发现图像数据中的每个位在人类感知中的差异 图 4.24 中左右两幅图像略有差异,如果仔细观察,有些数据在左图中为 240,在右图中则修改为 241,但这并不影响图像呈现

		0	1	2	3	4	5	6	7	8	9	A	B	C	D	E	F
	H0030	…			…												
行1	H0040	240	200	120	0	0	0	0	0	0	0	0	0	240	200	120	
行2	H0050	240	200	120	240	200	120	0	0	0	240	200	120	240	200	120	
行3	H0060	240	200	120	240	200	120	240	200	120	240	200	120	240	200	120	
行4	H0070	240	200	120	0	0	0	240	200	120	0	0	0	240	200	120	
行5	H0080	240	200	120	0	0	0	0	0	0	0	0	0	240	200	120	
行6	H0090	240	200	120	0	0	0	0	0	0	0	0	0	240	200	120	
行7	H00A0	240	200	120	0	0	0	0	0	0	0	0	0	240	200	120	
		列1			列2			列3			列4			列5			

		0	1	2	3	4	5	6	7	8	9	A	B	C	D	E	F
	H0030	…			…												
行1	H0040	241	200	120	0	0	0	0	0	0	0	0	0	241	200	120	
行2	H0050	241	200	120	241	200	120	0	0	0	241	200	120	241	200	120	
行3	H0060	240	200	120	241	200	120	241	200	120	241	200	120	240	200	120	
行4	H0070	240	200	120	0	0	0	241	200	120	0	0	0	240	200	120	
行5	H0080	240	200	120	1	0	0	1	0	0	1	0	0	240	200	120	
行6	H0090	241	200	120	1	0	0	0	0	0	1	0	0	241	200	120	
行7	H00A0	241	200	120	0	0	0	0	0	0	0	0	0	241	200	120	
		列1			列2			列3			列4			列5			

图 4.24　原始图像(左)和嵌入水印的图像(右)

的视觉效果。这是因为对于图像中每个像素的 RGB 三色的单字节编码(如图 4.25(左)所示),越左侧的二进制位权重越高,其 0 或 1 的改变对图像某种色彩的亮度改变就越明显,而在像素的最后一位,其 0 或 1 的改变对图像的视觉影响微乎其微。

1	1	1	1	0	0	0	0
b_7	b_6	b_5	b_4	b_3	b_2	b_1	b_0

1	1	1	1	0	0	0	
b_7	b_6	b_5	b_4	b_3	b_2	b_1	**水印**

图 4.25　普通的单字节色彩编码(左)和一种带水印的字节编码(右)

嵌入水印的原理 在图 4.24(右)中,每个 B 通道像素的最低位强制为 0,则可空出最低位用作水印的存储。显然,对于只需要黑白两色的水印来说,0 和 1 两级已足够。而在二进制中最后一位(水印位)为 0 时,整个字节就呈现为偶数,如果最低位(水印位)为 1,整个字节就呈现为奇数。于是,如果将图 4.24(右)中的所有奇数字节标记出来,即可看到水印“X”(如图 4.26 所示)。

4.4.5　有损压缩编码

无损压缩的局限 音频与图像都可以通过无损压缩减少存储量,但是由于采样中噪声的干扰,实际信号中很难找到许多大段重复的部分,使得许多无损压缩算法对多媒体信号的压缩效果有限。

		0	1	2	3	4	5	6	7	8	9	A	B	C	D	E	F
	H0030	…			…												
行1	H0040	241	200	120	0	0	0	0	0	0	0	0	0	241	200	120	
行2	H0050	241	200	120	241	200	120	0	0	0	241	200	120	241	200	120	
行3	H0060	240	200	120	241	200	120	241	200	120	241	200	120	240	200	120	
行4	H0070	240	200	120	0	0	0	241	200	120	0	0	0	240	200	120	
行5	H0080	240	200	120	1	0	0	1	0	0	1	0	0	240	200	120	
行6	H0090	241	200	120	1	0	0	0	0	0	1	0	0	241	200	120	
行7	H00A0	241	200	120	0	0	0	0	0	0	0	0	0	241	200	120	
		列1			列2			列3			列4			列5			

图 4.26 图像中的水印呈现(框线部分)

利用人类的感知差异实现有损压缩 自然界音视频信号均包括主体部分和细节部分。主体部分通常只需要少量数据构建,而细节部分则需要大量数据来维持。如果去掉部分细节,但又在人类感知可接受的范围内,则可大大提高压缩比率,因此,有损压缩是“抓总体放细节”,这就是有损压缩的思想。

音频的有损压缩 一般在图像或音乐中,5%~10%的信息即可表达大多数主体内容,常用的 MP3 音乐通过将声音波形转换为频率信号,去除其中人类难以感知的部分,保留声音主体信息,使得 MP3 音乐相比 WAV 而言大大减少了存储空间,但也损失了部分音质。

图像与视频的有损压缩 图像有损压缩的典型是 JPG 图像,虽然人们通常难以察觉 JPG 图像对画面质量的损失,但是只要放大 JPG 图像的局部,即可看到这种变化(如图 4.27 所示)。MPEG 视频压缩则会利用前后帧图像中相同的内容提高压缩效率,物体运动时,若能在后一帧图像中找到前一帧的位置,则只需记录物体新的位置,而不必重新记录整个物体中的图像内容。

图 4.27 (a) 原图;(b) JPG 压缩后的图像,整体与原图几乎无差别;(c) 压缩图像局部放大,可以看到细节信息的丢失

有损压缩和无损压缩的对比 有损压缩和无损压缩实际上是存储效率、编码质量与计算机处理效率的博弈。在需要更大压缩比率的视频编码中(如 H. 264 等),多种复杂算法(包括跟踪识别算法)均被纳入编解码过程,并需要计算机进行更强大的额外处理。这些处理若通过软件完成,则需消耗一定的算力,甚至令一些小型系统力不从心,因此,许多系统配置了专门的编解码芯片,依靠硬件完成音视频的编解码。

本章小结

编码是计算机存储、处理万事万物信息的基础，存储器的原理结构深刻影响了编码的形式。

本章首先从存储器的内部结构开始，介绍了存储器地址编码与译码选通的原理，以真实的 1 GB 存储条为例，阐述了从单片芯片到多片芯片扩展过程中地址编码发挥的作用。

其次，本章详述了多字节大端、小端编码，阐述了整数、浮点、字符等多种类型的数据编码形式，对比了等长编码与不等长编码的适用场合，分析了熵编码、字典编码等无损压缩编码的设计思想。

最后，本章借助音视频的采样、量化以及多种编码输出的过程，介绍了数组和结构体，解析了音频、图像文件的存储结构，用图像水印示例展示了编码的作用，并以 JPG 和 MPEG 编码为例，分析了有损压缩编码的核心思想。

视频学习资源目录 4

本章视频学习资源

1. 视频 4-1　存储器
2. 视频 4-2　机器是怎样表示文字、声音与图像的（上）
3. 视频 4-3　机器是怎样表示文字、声音与图像的（下）
4. 视频 4-4　存储结构与一个比特位的存储
5. 视频 4-5　地址编码、译码与存储阵列
6. 视频 4-6　存储芯片的扩展
7. 视频 4-7　示例某种 1 GB 存储条的存储结构与地址编码
8. 视频 4-8　整数数据类型与整数编码
9. 视频 4-9　浮点类型与浮点编码
10. 视频 4-10　霍夫曼编码、字典压缩和无损压缩

思考题 4

1. 请简述在 2^m 片存储芯片组成的交叉扩展阵列中，拥有 2^N 个地址的存储器的地址排列是如何进行的?

2. 请查阅相关资料，阐述某种 64 位 4 GB 存储条的总体设计参数与设计思想。

3. 已知一个 8 字节双精度浮点的大端十六进制表达为 C0-5E-28-00-00-00-00-00，请问该数据代表的实数是多少(双精度浮点拥有 1 位阶、11 位阶和 52 位尾数，其中阶的偏移量为 1 023)?

4. 请自选《诗经》中的某一首诗歌进行霍夫曼编码，然后选择《全唐诗》中的某一首五言绝句进行霍夫曼编码，请分析与霍夫曼编码的编码效率相关的因素。这两首诗是否可以进行字典压缩编码? 字典压缩编码的效率又和什么因素有关?

5. 压电陶瓷是一种可以将陶瓷片的振动转换为电压信号的元器件。利用压电陶瓷检测垫片的振动波形，若垫片的振动频率为 100 Hz~2 kHz，所产生的电压为-200 mV~200 mV，要求至少区分出 2 mV 的电压变化，那么以下 3 种采样—量化—编码模块中选择哪一种更为合适? 为什么?

模块一：采样频率为 10 kHz，采样范围为-1 V~1 V，8 位编码输出；

模块二：采样频率为 5 kHz，采样范围为-500 mV~500 mV，10 位编码输出；

模块三：采样频率为 1 kHz，采样范围为-250 mV~250 mV，12 位编码输出。

6. 图 4.26 呈现了水印“X”，如果要将 3 个不同的黑白图案(如“X”“○”“正”)同时作为水印嵌入图 4.22，你会采用什么策略?

7. 某段工业数据记录一个随时间缓慢变化的量，伴有少量随机噪声。实验发现，若在 N 个等间隔时刻($t=0\sim N-1$)采集数据，函数 $f(t)=\sum_{i=0}^{m} a_i t^i$ 可以在 m 远小于 N 的情况下很好地描述这些输出，且将偏差控制在允许的范围内，而记录函数 $f(t)$ 只需记录 $a_0\sim a_m$ 的值即可。那么记录 $a_0\sim a_m$ 本质上就是一种数据压缩方式。请问这种压缩方法属于有损压缩还是无损压缩? 为什么?

第 5 章

程序与递归——三看计算机的本质

本章要点：理解什么是程序——程序及其自动执行是计算系统的核心概念。理解什么是组合，什么是抽象——组合和抽象是构造程序的基本手段。理解什么是递归，什么是迭代——递归和迭代也是构造程序的基本手段，递归是用有限语句来定义对象无限集合的构造方法，既是一种可解决具有自相似性无限重复事物的表达方法，也是自身调用自身、高阶调用低阶的一种构造和执行方法。

本章导图：

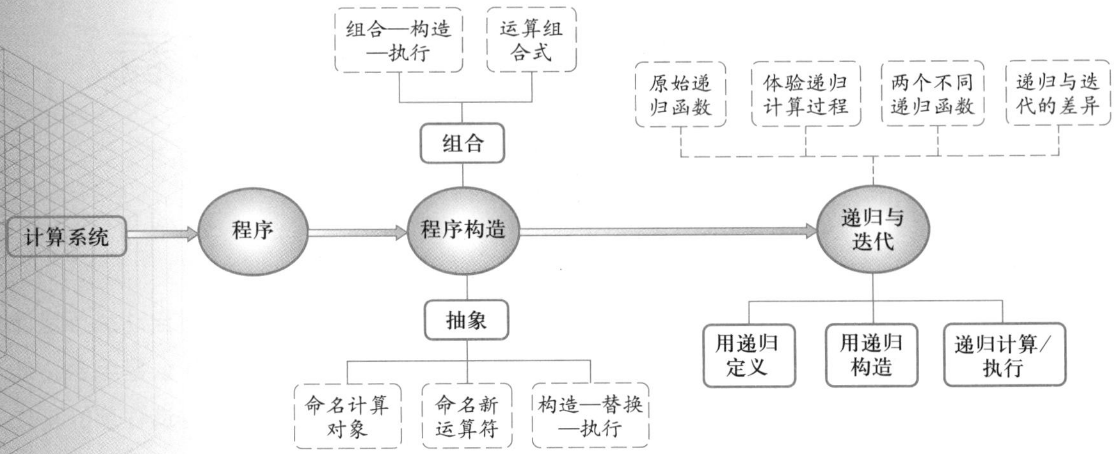

计算系统
程序
程序构造
组合
组合—构造—执行
运算组合式
抽象
命名计算对象
命名新运算符
构造—替换—执行
递归与迭代
原始递归函数
体验递归计算过程
两个不同递归函数
递归与迭代的差异
用递归定义
用递归构造
递归计算/执行

通过前4章的学习,我们理解了0和1,理解了0和1是连接软件和硬件的纽带;理解了基本逻辑运算和基本门电路;理解了由基本门电路可以分层化、集成化构造各种复杂的组合电路等。通用计算机器(暨自动计算系统)的核心是指令、程序及其自动执行,本章将深入讲解什么是程序以及构造程序的基本手段:组合、抽象、递归与迭代。理解了本章的思想,将使得后续章节内容的学习与理解更加容易。

5.1 计算系统与程序

怎样构造自动计算系统:程序的作用 首先思考以下问题。

【问题5.1】怎样设计并实现一个自动计算系统,例如能够完成诸如"(100+70)×20+35"等复杂算术四则运算的计算系统呢?用户所期望计算的算式可能千变万化。

计算系统可能很复杂,但如果把握规律,就可以一步一步地设计和实现。

【问题解析】由第3章可知:

- 加、减、乘、除运算均可转换为加法运算来实现;
- 加法运算又可转换为逻辑运算来实现;
- 基本的逻辑运算与、或、非、异或等,可通过基本门电路予以实现。

因此目前已经有了一个实现的基础:一些基本动作即与、或、非、异或等,能够通过门电路予以实现。假设已经实现了上述基本动作,但是,对一个计算系统的要求不仅仅是基本动作,而是各式各样的复杂动作,复杂动作是随使用者使用目的的不同而千变万化的。怎样实现复杂动作呢?

此处可将复杂动作表达成对基本动作的各种组合,通过一步步调用基本动作完成该复杂动作期望的结果。例如"((a AND b) AND c) OR (NOT c)"这样一个复杂动作,可通过先进行 $x=a$ AND b,再进行 $x=x$ AND c 和 $y=$NOT c,然后进行 $x=x$ OR y 这样4个基本动作实现(注:这里假设 x、y 为可临时存储中间结果的一些符号,"="表示赋值,即将该符号右侧内容的计算结果输入左侧符号临时存储)。这里有几个概念需要区分,具体如下。

基本动作:计算系统实现的、可以完成基本任务的动作,是计算系统的基本构成要素。

指令:控制基本动作执行的命令,也是计算系统的基本构成要素。

计算系统为其已实现的基本动作设计一些按钮、按键,使外界使用者通过按钮、按键来使用这些基本动作。从计算机角度而言,可用一个名称表示一个基本动作,外界使用者通过组合使用该名称来表达使用该基本动作。例如"与"动作用"AND"表示,"或"动作用"OR"表示,"非"动作用"NOT"表示,则AND、OR、NOT就是控制基本动作的命令,即指令。

程序:由若干指令构造的一个指令组合或一个指令序列,是外界使用者用以表达其期望计算系统实现的千变万化功能的一种手段。如前述复杂动作的表达"((a AND b) AND c) OR (NOT c)"即可被视为一个程序。

任何一个计算系统都包含一些基本动作及其指令,通过对指令进行各种组合即可实现各种复杂动作,任何复杂动作均是人编写的程序。如果由人将程序转换成指令的调用步骤一步步执行,虽然能够完成但效率会很低,如图5.1(a)所示。因此,能否由机器自动将程序转换成指令的调用步骤并一步步执行呢?这就需要一个程序执行机构,如图5.1(b)所示。

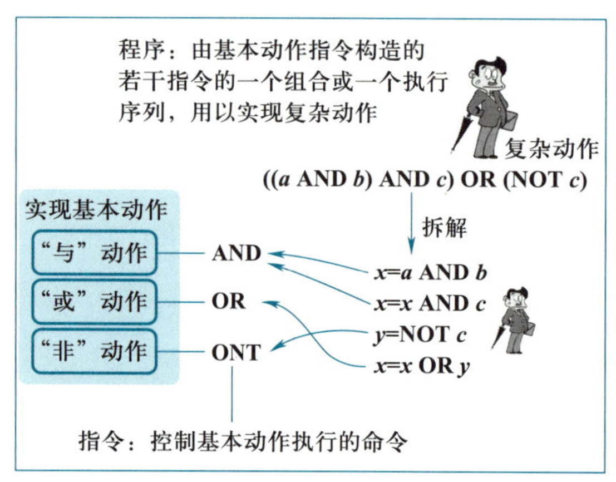

(a) 实现基本动作的系统示意

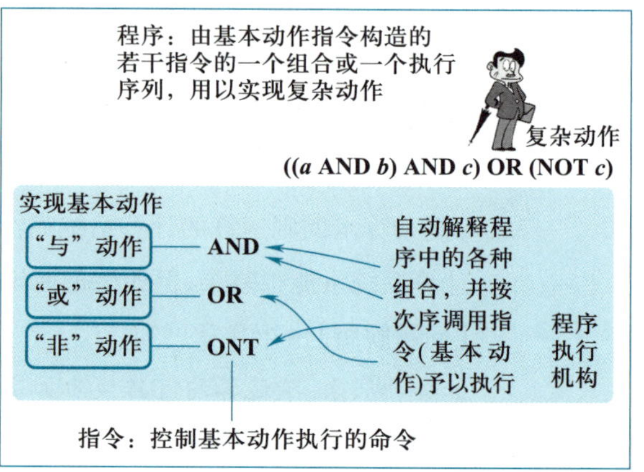

(b) 可实现基本动作组合的系统示意

图5.1　计算系统与程序关系示意

程序执行机构:负责解释程序,即解释指令之间的组合并按次序调用指令,是调用基本动作执行的机构,也是计算系统的基本构成要素。

因此,计算系统应当是能够执行程序的系统。程序是用户表达千变万化功能的手段,计算系统能够执行程序,才能适应千变万化。

计算系统的设计方法 综上,一个计算系统可以通过如下步骤设计和实现:(1) **设计并实现"基本动作"**,基本动作是简单的、容易实现的;(2) **命名基本动作形成"指令"**,即对一些可由外界使用或控制的基本动作进行命名,以便外界利用名称来调用、控制或执行这些基本动作;(3) **允许人利用指令对基本动作进行组合,形成程序**,使用者可通过程序实现千变万化复杂动作的表达;(4) **设计并实现一个程序执行机构,用以自动执行程序**,该机构负责将程序转换成对指令的调用次序,并按次序调用基本动作,完成程序的执行,进而完成使用者期望的功能。当一个系统能够实现上述内容时,便可被视为一个计算系统。

图5.1即表达将任意运算转换为基本逻辑运算进行执行的计算系统。对于这样一个计算系统,可以发现有许多组合可能被重复使用以解决计算问题,例如按照加法规则对基本逻辑运算进行的组合被大量重复使用,如下所示:

不考虑进位 $\begin{cases} S_i = A_i \text{ XOR } B_i \\ C_{i+1} = A_i \text{ AND } B_i \end{cases}$

考虑进位 $\begin{cases} S_i = (A_i \text{ XOR } B_i) \text{ XOR } C_i \\ C_{i+1} = ((A_i \text{ XOR } B_i) \text{ AND } C_i) \text{ OR } (A_i \text{ AND } B_i) \end{cases}$

$$\begin{array}{rr} & A_i \\ & B_i \\ + & C_i \\ \hline C_{i+1} & S_i \end{array}$$

其中,A_i、B_i 为一位的加数和被加数,C_i 为低位向本位的进位,S_i 为一位加法的和,C_{i+1} 为本位相加后产生的向高位的进位。

此时便可将这些可重复使用的组合进行命名,将其抽象为一个新的运算或新的指令,然后即可使用新定义的指令编写程序。这种将经常使用的、可由低层次系统实现的一些复杂动作进行命名,以作为高层次系统的指令被使用的方法即为**抽象**。

如图 5.2 所示,一种较低抽象层次的系统由与、或、非等基本逻辑运算动作及其程序执行机构组成。而基于这些基本逻辑运算编写的程序可以实现一些大粒度动作(相比基本逻辑运算动作而言的大粒度动作),如加、减、乘、除运算等,可将其抽象为一些新的指令名"+""-""×""÷",这样即可使用新定义的大粒度指令编写程序,然后由程序执行机构将大粒度指令的组合转换成对单一大粒度指令的调用,而单一大粒度指令再被自动转换成较低抽象层次的程序,由较低抽象层次的程序执行机构调用基本动作最终实现。这是计算系统或程序的基本构造思维,硬件系统如此构造,软件系统亦可如此构造。

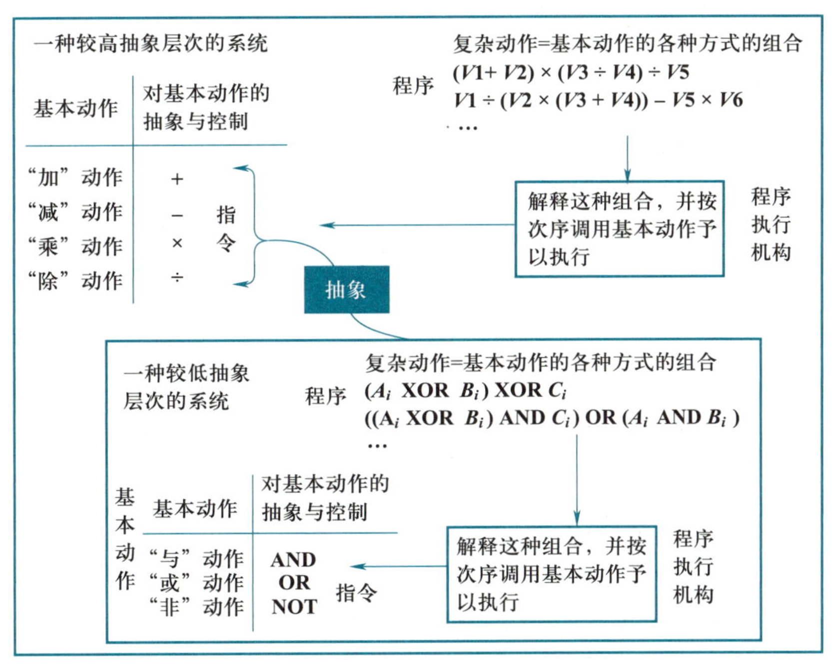

图 5.2 程序的组合与抽象示意

进一步归纳上述思想,接续前面的计算系统实现步骤:

计算系统的设计方法(续) **(5) 对重复使用的大粒度组合进行抽象形成高层次"指**

令"，即将经常使用的可由低层次系统实现的复杂动作抽象为较大粒度的基本动作指令(命名)，该基本动作可由较低抽象层次系统予以实现；(6) **大粒度指令程序的编写**，即利用大粒度的基本动作指令编写程序，实现大粒度基本动作的各种组合；(7) **大粒度指令的程序执行机构**。首先解释大粒度基本动作的各种组合，将其转换为对单一大粒度指令的调用；(8) **大粒度指令的执行**，即进一步将大粒度指令转换为较低抽象层次的基本动作指令的组合，也就是较低抽象层次系统的程序，由较低抽象层次系统予以执行。

如此递进地设计与实现，系统可实现的"基本动作"功能将越发庞大，人们表达千变万化功能的"程序"编写将越发方便。例如要完成"5+7"的计算，在图5.2所示的低抽象层次系统中需要用"基本逻辑动作"指令的组合来表达，而在高抽象层次系统中则可直接用"算术四则运算"指令的组合来表达。有时普通使用者无法找到用低抽象层次系统指令表达期望功能的方法，这就需要专业的程序员来完成程序的编写。

"程序"的概念对计算学科学生而言是非常重要的概念。编写程序旨在告知计算系统(已经被制造的)应当做什么以及如何做。有了程序的概念，制造任意复杂的计算系统将变得简单：仅制造简单动作，任意复杂动作均可通过编写程序实现，因此计算系统是能够执行"程序"的系统。

程序表达的3种机制 归纳后可知，程序表达存在3种机制。

基本动作及其指令：在某一抽象层次上，系统可以实现基本元素及其表达。如图5.2所示，低抽象层次的基本元素是"与""或""非"，而高抽象层次的基本元素是"+""-""×""÷"等。不同抽象层次的基本元素是不同的。

组合：通过组合可以从较简单元素出发构造复杂元素，这些复杂元素称为复合元素。

抽象：通过抽象可以为复合元素命名，进而可将被命名的复合元素当作基本元素操作和使用。

这种思想不仅是构造程序的基本思想，也是设计计算机语言和设计任何一个系统的基本思想。之后可通过5.2节的示例进一步学习这种思想。

5.2 程序——组合、抽象与构造

前文提到构造程序的3种机制是基本动作及其指令、组合和抽象，下面以加、减、乘、除等算术运算的程序构造为例讲解如何进行组合与抽象。

5.2.1 一种简单的语言——运算组合式

中缀表达式与前缀表达式 众所周知,算术运算由数值和运算符构成。如 100、205 等是实际数值,可被抽象地称为计算对象,可以直接表示并参与计算;如+、-、×(在计算机中通常用 * 代替)、÷(在计算机中通常用/代替)等是运算符,可以表达一些计算规则。习惯上采取如下形式:

100 + 205

或者更一般的形式:

计算对象 1　运算符　计算对象 2

上述表示法称为中缀表示法,即用运算符将两个计算对象(即数值)进行组合,运算符位于中间,计算对象位于两侧。将上述表示法进行变换,按如下形式表达:

\+　100　205

所形成的表示法称为**前缀表示法**,即用运算符将两个计算对象进行组合,但运算符在前面,其含义为"将运算符表示的计算规则作用于其后的一组计算对象并求出结果"。此时的运算符可被视为一种指令,负责指明作用于计算对象的操作。

运算组合式 为便于组合并区分多个运算式,可用**括号界定一个运算式的开始和结束**,具体如下:

(+　100　205)

这种形式称为**运算组合式**。基于前缀表示法的运算组合式相比于中缀表示法有一些优点,例如下述连加、连减运算的表示:

(+　100　205　307　400　51　304)

使用前缀表示法只需一个运算符,即可表示多个计算对象的连续重复运算。而使用中缀表示法则可能需要多个运算符予以表达,即 100+205+307+400+51+304。

运算组合式形式规则 1:

(运算符 计算对象 1　计算对象 2 … 计算对象 n)

其中,( )是一个运算组合式的边界。运算符体现的是计算规则,即作用于一系列计算对象的计算规则,初始只有基本运算符(如+、-、*、/)可以使用,之后也可定义新运算符,即新的计算规则。当能够定义新运算符后,系统的功能就会越发强大和复杂。

运算组合式是一种程序,运算组合式的构造体现了程序构造的基本思想。下面讲解前缀表示法及运算组合式构造的示例,以便读者更好地熟悉此类表示法。

【示例 5.1】运算组合式示例。

(-　100　50)

(*　200　5)

(*　200　5　4　2)

(-　20　5　4　2　3)

(+　20　5　4　6　100)

上述运算组合式最终可被计算出结果，即上述括号内的最终结果是一个数值。读者可自行计算（注：其结果自上而下分别为 50、1 000、8 000、6、135）。

5.2.2　组合—构造与执行

运算组合式：组合—构造 用括号括起的运算组合式可以被计算，其计算结果仍然是一个数值，因此整个括号括起的运算组合式也可被称为计算对象。在一个运算组合式的某一计算对象位置，可用另一运算组合式代替，即将一个运算组合式代入另一个运算组合式，这就是组合。例如：

(运算符 1　计算对象 11　计算对象 12)　　(5.1)

(运算符 2　计算对象 21　计算对象 22)　　(5.2)

用式(5.2)代替式(5.1)中的计算对象 11，即为一种组合：

(运算符 1　(运算符 2　计算对象 21　计算对象 22)　计算对象 12)

这样每个计算对象均可被另一个运算组合式所代替，层层“嵌套”，即可构造出复杂的运算组合式。

【示例 5.2】组合—构造示例。

请构造$\dfrac{15+\dfrac{100}{(30+22)\times(30-22)}}{20\times(8+7)}$的运算组合式。

【解】运算组合式的构造即程序构造，体现了用组合的方法构造复杂程序的基本思想。

首先从最后的除法运算开始构造。因分子、分母都是复杂运算式，可暂用抽象的“计算对象 1”“计算对象 2”代替，得到：

(/计算对象 1　计算对象 2)

这里的“计算对象 1”是分子，“计算对象 2”是分母。先看分母，分母最后的计算是一个乘法，可用一个乘法的运算组合式代替“计算对象 2”。如果遇到复杂的计算对象，则可用抽象的计算对象名称来指代，得到：

(/计算对象 1　(*　20　计算对象 3))

然后观察计算对象 3 的位置，应当是一个加法，可用加法的运算组合式代替，得到：

(/计算对象 1　(*　20　(+　8　7)))

这样分母即构造完毕。再看计算对象 1，其对应分子部分。分子最后的计算是加法，可用一个加法的运算组合式代替“计算对象 1”，得到：

(/(+　15　计算对象 4)　(*　20　(+　8　7)))

计算对象4处的最后是一个除法，用一个除法的运算组合式代替“计算对象4”，得到：

(/(+ 15 (/ 100 计算对象5)) (* 20 (+ 8 7)))

计算对象5处的最后是一个乘法，用一个除法的运算组合式代替“计算对象5”，得到：

(/(+ 15 (/ 100 (* 计算对象6 计算对象7))) (* 20 (+ 8 7)))

计算对象6和计算对象7的位置分别是加法和减法，用相应的运算组合式代替，得到：

(/(+ 15 (/ 100 (* (+ 30 22) (- 30 22)))) (* 20 (+ 8 7)))

构造至此，运算符都是已知的基本运算符+、-、*、/，所有的计算对象都是数值，所有的括号均相互匹配，则运算组合式构造完毕，这样的运算组合式是可以被自动计算的。

注意：这里体验的是构造过程，也是一种程序构造训练。类似地，读者可由简单运算组合式一层层地构造复杂运算组合式。示例如下：

(+ 100 205)

(+ (+ 60 40) (- 305 100))

(+ (+ (+ 30 30) 40) (- (+ 300 5) 100))

(+ (+ (+ (* 15 2) 30) 40) (- (+ (* 5 60) 5) 100))

(+ (+ (+ (* 15 2) (* 10 3)) 40) (- (+ (* 5 60) 5) 100))

再例如：

(* (* 3 (+(* 2 4) (+3 5))) (+(- 10 7) 6)) (5.3)

运算组合式：执行/自动计算 如机器能够自动完成加、减、乘、除计算，则机器就能按照规则自动完成运算组合式的计算，无论其有多么复杂。对复杂运算组合式的计算过程如下。

(1) 首先求该组合式中每个子组合式的值；如果子组合式中仍包含子-子组合式，则先求子-子组合式的值；依次类推。

(2) 当所有子组合式的值均求出后，再求本组合式的值。

【示例5.3】运算组合式的自动执行示例。

给出前述式(5.3)所示意的运算组合式的计算过程，在每一步中首先计算带下画线的子组合式，计算完成后产生下一步的组合式。依次计算即可得到最终结果。

第1步 (* (* 3 (+ **(* 2 4)** **(+3 5)**)) (+ **(-10 7)** 6))

第2步 (* (* 3 **(+ 8 8)**) **(+3 6)**)

第3步 (* **(* 3 16)** 9)

第4步 **(* 48 9)**

第5步 432

5.2.3 第 1 种形式的抽象—构造与替换—执行

运算组合式:抽象—构造 尽管如前所述的运算组合式可以构造得十分复杂,但仍旧无法满足现实计算需求,例如可能需要根据前一个组合式的结果进行新组合式的构造。此时可以将前一个复杂组合式进行命名,然后由一个名称代替该复杂组合式参与新组合式的构造,这样可以有效地简化组合式的表达,不必重写已经构造完成的组合式。这种命名运算组合式为一个名称的过程即抽象,已定义的名称可参与新运算组合式的构造。

例如:

(define height 2)

上式表示:定义一个名称“height”,并与“2”关联,之后可以用 height 表示 2。其一般形式如下:

运算组合式形式规则 2:特殊运算符 define 的第 1 种使用形式:

(define 新名称 计算对象)

其中,define 是一种基本运算符,用于表示将一个计算对象定义为一个新名称。这里的计算对象可以是一个数值,也可以是一个复杂的运算组合式。

定义新名称后,即可用新名称进行新组合式的构造,例如:

(+ (+ height 40) (- 305 height))

(+ (* 50 height) (- 100 height))

上述组合式中,所有出现 height 的位置在机器实际计算时均要用 2 替换。

再看下面的例子:

【示例 5.4】抽象—构造示例。

(define pi 3.14159) // 名称的定义,将一个数值 3.14159 定义为一个名称 pi

(define radius 10) // 名称的定义,将一个数值 10 定义为一个名称 radius

(* pi (* radius radius)) // 名称的使用,用名称 pi 和 radius 构造新的运算组合式

(define area (* pi (* radius radius))) // 名称的定义,将一个结果为数值的运算组合式定义为一个名称 area,即 area 代表(* pi (* radius radius))这一运算组合式

(define circumference (* 2 pi radius)) // 名称的定义,将一个结果为数值的运算组合式定义为一个名称 circumference,即 circumference 代表(* 2 pi radius)这一运算组合式

(* circumference 20) // 名称的使用,用名称 circumference 构造新组合式

(* area circumference 20) // 名称的使用,用名称 circumference 和 area 构造新组合式

运算组合式:替换—执行 名称的应用涉及以下方面:(1) **名称的定义**和**名称的使用**,即定义一个新名称,用新名称参与新运算组合式的构造;(2) **替换—执行**,即一个运算组合式在执行时,要将遇到的“名称”用定义该名称的“计算对象”的计算结果进行替换,然后进行该运算组合式的计算并获得结果。

【示例 5.5】替换—执行示例。

请描述(* area circumference 20)的机器自动执行过程。

第 1 步 (* **area** circumference 20) //有名称,则需要替换

第 2 步 (* (* **pi** (* **radius radius**)) **circumference** 20)

//将 area 用其代表的组合式替换

第 3 步 (* (* pi (* radius radius)) (* **2 pi radius**) 20)

//将 circumference 用其代表的组合式替换

第 4 步 (* (* 3.14159 (* **10 10**)) (* 2 3.14159 10) 20)

//将 pi 和 radius 用其代表的数值替换

第 5 步 (* (* **3.14159 100**) (* **2 3.14159 10**) 20)

第 6 步 (* 314.159 62.8318 20)

第 7 步 394783.509124

注意:“抽象—构造”与“替换—执行”是符号化程序编写与执行的基本机制。前述机制相当于普通计算机语言的常量与变量及赋值语句的使用(参见第 7 章)。不同类型的计算对象可以有不同的定义方法,此处统一用 define 运算符定义,而在具体的计算机语言中是用不同方法定义的。

5.2.4 第 2 种形式的抽象—构造与替换—执行

定义新运算符/新运算组合式 前面的运算组合式使用的都是基本运算符加、减、乘、除。通过命名,人们可以定义和使用新运算符,即用一个名称表示一种新运算规则。例如:

(define (square *x*) (* *x* *x*))

该式表示:定义一个新运算符 square,在使用时可写为(square x)形式,表示将 square 操作作用于计算对象 x,其中 x 被称为形式参数,使用时可以被任何具体数值或其他运算组合式所替代。square 表示的运算规则由另一个运算组合式(* x x)定义,该组合式以形式参数 x 书写,表示 x^2。因此,(square x)表示的运算规则为求 x^2 操作,如图 5.3 所示。

给出其一般形式,具体如下。

运算组合式形式规则 3:特殊运算符 define 的第 2 种使用形式:

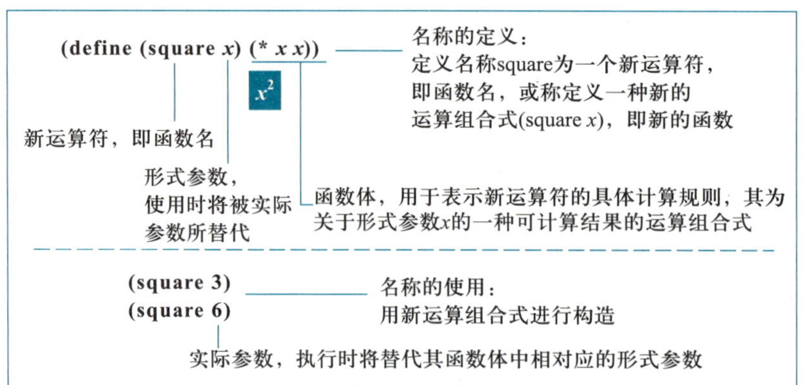

图5.3　过程名称的定义和过程名称的使用示意

(define (新运算符　形式参数1　形式参数2　…) (运算组合式 *P*))

注意，上述形式仍然符合运算组合式"(运算符 计算对象1　计算对象2)"的一般形式，其中define是运算符。前一组括号内给出了新运算符的使用形式，包括新运算符名称和一组形式参数，使用时可将形式参数替换为具体参数，即**(新运算符　实际参数1　实际参数2　…)**；后一组括号内给出了新运算符的计算规则，称为"过程体"或**函数体**，使用另一个可计算结果的复杂运算组合式*P*表达。*P*是使用形式参数书写的一种运算组合式，在实际执行过程中，用对应的实际参数代替形式参数进行计算。这种新定义的运算符也被统一称为过程或**函数**，新运算符即为函数名。

定义square运算后，即可使用square运算构造运算组合式，例如：

(square　3)

(square　6)

上例分别表示求3^2和6^2，其结果仍为一个数值型计算对象。3和6被称为实际参数，计算时将用3和6分别取代函数体中的形式参数*x*进行计算。

下面给出一些应用新运算square的示例。

(square　10)

(square　(+　2　8))

(square　(square　3))

(square　(square　(-　8　5)))

上述示例中的形式参数分别由一个数值、一个基本运算组合式、新运算square自身和前几种情况的组合等表示。此外，上述示例无论多么复杂，都是可计算的。以最后一个示例为例：首先计算最内层组合式(-　8　5)得到3，然后计算(square 3)得到$3^2=9$，最后计算(square 9)得到$9^2=81$，即结果数值为81。

运算组合式：抽象—构造　新运算符(函数)的定义使计算机的功能迅速增强：定义一个新运算符，并在此基础上继续定义一个新运算符，就像一个人站在另一个人的肩膀上，而下一个人又站在此人的肩膀上一样。下面来看示例。

【示例 5.6】抽象—构造示例：站在他人肩膀上定义更复杂的运算符。

在已定义 square 的基础上，继续定义新运算符（SumOfSquare x y）表示求平方和。

（define（SumOfSquare x y） （+ （square x）（square y）））

上式定义的新运算符 SumOfSquare 是关于两个形式参数 x 和 y 的运算，其函数体给出了该运算的计算规则为 x^2+y^2，即一个可计算结果的运算组合式。

（SumOfSquare 3 4）

当一个运算包含多个形式参数时，使用时要相应给出对应数目的实际参数，并自前向后依次匹配。SumOfSquare 包含两个形式参数 x 和 y，因此使用时也要给出两个实际参数，如 3 和 4，其中 3 对应 x，4 对应 y。在实际执行时，二者将替换函数体中相应的形式参数，完成计算。

在已定义（SumOfSquare x y）的基础上，继续定义新运算符（NewOfSum a），表达计算规则为 $(x+1)^2+(x*2)^2$。

（define（NewOfSum a）（SumOfSquare （+ a 1） （* a 2）））

在已定义（NewOfSum a）的基础上，继续定义新运算符（QuadOfSum x y），表达计算规则为 $((x+1)^2+(x*2)^2) - (y+3)^2$。

（define（QuadOfSum x y）（- （NewOfSum x） （Square （+ y 3））））

请读者自行计算（QuadOfSum 5 2）的结果。

运算组合式：替换—执行 一个带有新运算符的运算组合式在执行时，需用定义该运算符的函数体进行替换，用实际参数替换其形式参数后执行。只要存在新运算符，则需进行替换，直到运算组合式均为基本运算符时，便可计算出结果。计算机正是不断重复“替换—执行”这一步骤来实现自动计算各式各样的复杂运算组合式。

【示例 5.7】替换—执行计算复杂运算组合式示例：计算（QuadOfSum 5 2）。

（QuadOfSum 5 2） //待计算的运算组合式

➔（- （NewOfSum 5） （Square （+ 2 3））） //用相应函数体替换新运算，用实际参数替换形式参数

➔（- （NewOfSum 5） （Square 6）） //执行计算（+ 2 3）得到

➔（- （SumOfSquare （+ 5 1） （* 5 2）） （Square 6）） //用相应函数体替换

➔（- （SumOfSquare 6 10） （Square 6）） //执行计算（+ 5 1）和（* 5 2）得到

➔（- （+ （square 6）（square 10）） （Square 6）） //用相应函数体替换

➔（- （+ （* 6 6）（* 10 10）） （* 6 6）） //用相应函数体替换

➔（- （+ 36 100） 36） //执行计算

➔（- 136 36） //执行计算

➔100 //执行计算

对于一个复杂运算组合式,示例5.7给出的是先求值后代入方法,“代入”即替换,用名称所对应的运算组合式替换该名称;“求值”即运算组合式的计算并获得结果的过程。一个不包含子组合式的运算组合式,只要其运算符为基本运算符“+、-、*、/”并且所有计算对象均为数值时,便可将其计算得到一个数值结果,然后进行后续的“替换—执行”。一个不包含子组合式的运算组合式中只要存在某些“名称”,则需代入/替换后才能计算。

实际还有另一种执行方法,即先代入后求值。该方法分两个阶段进行计算:代入阶段和求值阶段。代入阶段即将新运算用其函数体替换,其形式参数用其实际参数替换的阶段,只代入不求值,直到运算组合式中仅包含基本运算为止,而后开始计算过程。下面以一个示例讲解该方法。

【示例5.8】以先代入后求值方法计算(NewOfSum (+ 3 1)),如下所示。

(**NewOfSum (+ 3 1)**) //待计算的运算组合式

→(**SumOfSquare (+ (+ 3 1) 1) (* (+ 3 1) 2)**)

//用NewOfSum的函数体替换该名称,用实际参数组合式替换形式参数,不计算组合式

→(**+ (square (+ (+ 3 1) 1)) (square (* (+ 3 1) 2))**)

//然后用SumOfSquare的函数体替换该名称,用实际参数组合式替换形式参数

→(**+ (* (+ (+ 3 1) 1) (+ (+ 3 1) 1)) (* (* (+ 3 1) 2) (* (+ 3 1) 2))**)

//最后用square的函数体替换名称square,用实际参数替换形式参数。至此仅剩基本运算。此后开始逐层计算

→(**+ (* (+4 1) (+4 1)) (* (* 4 2) (* 4 2))**)

→(**+ (* 5 5) (* 8 8)**)

→ (**+ 25 64**) //计算运算组合式得到计算结果

→**89** //计算运算组合式得到最终计算结果

通过模拟上述两种计算过程,可以体验一个程序的自动执行过程。这里体现了“递归”的思想,将在后文进行介绍。

5.2.5 带条件的计算规则及其构造

运算组合式:条件表达 如何构造如下函数形式的运算组合式呢?

$$|x|=\begin{cases} x, & x>0 \\ 0, & x=0 \\ -x, & x<0 \end{cases} \tag{5.4}$$

上述绝对值函数是一种带条件的计算规则。下面给出条件的表达方法。

运算组合式条件表达的形式：

```
(cond   (<p1>   <e1>)
        (<p2>   <e2>)
        …
        (<pn>   <en>) )
```

其含义为“**若条件** p_1 **为真，则计算** e_1**；否则若条件** p_2 **为真，则计算** e_2**……否则若条件** p_n **为真，则计算** e_n”。其中，条件 p_1、p_2……p_n 可由比较运算符<、>、==、<=、>=和<>构造。注意：p_1、p_2……p_n 等条件表达式以及 e_1、e_2……e_n 等运算式也需符合运算组合式的基本规定。

例如，类似(>　2　3)的组合式称为比较运算式，表示条件“2>3”是否成立，显然其结果为假；再如，(==　height　2)表示条件“height==2”是否成立，结合前面的 height 定义可知其结果为真。也可以由逻辑运算符 and、or、not 连接多个比较运算式或逻辑运算式。条件运算的结果只有“真”或“假”。

运算组合式简单条件表达的形式：

```
(if   <condition>   <true-Expr>   <false-Expr>)
```

上式只有两种情况的判断：对 condition 求值，如果为真则取<true-Expr>的值，否则取<false-Expr>的值。

【示例 5.9】条件表达训练示例。

(1) 用“<”“>”和“==”3 个运算符定义新运算符“<=”和“>=”。

【解】

```
(define (<= x y) (or (< x y) (== x y)))
(define (>= x y) (or (> x y) (== x y)))
```

或定义如下：

```
(define (>= x y) (not (< x y)))
```

(2) 定义“绝对值运算符”。

```
(define (abs x)
    (cond ((> x 0) x)
          ((== x 0) 0)
          ((< x 0) (- x))))
```

上述运算组合式说明(abs　x)的计算规则为：条件“$x>0$”为真时，其值为 x；条件“$x<0$”为真时，其值为 $-x$；条件“$x==0$”为真时，其值为 0。

(3) 请定义一个过程：以 3 个数为参数，返回其中较大的两个数之和。

【解】首先定义判断较大者的运算(bigger　x　y)以及判断较小者的运算(smaller　x　y)：

```
(define (bigger x y) (if (>= x y) x y))
(define (smaller x y) (if (<= x y) x y))
```

然后用这两个运算定义新的过程：

(define (sum2max x y z) (+ (bigger x y) (bigger (smaller x y) z)))

通过上述若干示例，可以看到程序通过组合、抽象构造得到。这样构造的程序可采取“先求值后代入”或“先代入后求值”的方法被机器自动计算。

5.2.6　关于运算组合式的延伸理解——函数式编程语言与命令式编程语言

函数式编程语言 vs. 命令式编程语言 本书介绍的运算组合式是对函数式编程语言LISP的简化，重点不在语言语法而在于程序构造思维。LISP(list processing)语言是一种早期开发的适用于符号处理、自动推理、硬件描述和超大规模集成电路设计等方面的函数式编程语言，在人工智能领域已成为一种具有广泛影响力的计算机语言。函数式编程语言是一种编程范式，它将计算机中的计算视为数学上的函数计算，一个函数代入另一个函数可构成新函数，编程的过程就是不断构造函数的过程，函数是基本的编程单位。例如，由起始函数 $f1()$ 开始，$f1()$ 可能是原子性的数值，可以将 $f1()$ 作为参数构造 $f2(f1())$，再进一步构造 $f3(f2(f1()))$…… 如此一层层地构造下去，函数将越发复杂。函数式编程语言的思维基础是 Lambda 演算(λ 演算)，典型的函数式编程语言有 Haskell 语言、LISP 语言、元语言(meta language)，以及由这些语言衍生的系列语言，读者可自行检索学习。与函数式编程语言相对应的是命令式编程语言，也是一种编程范式，它将计算机中的计算看作动作序列，程序就是用语言提供的操作命令书写的一个操作序列。典型的命令式编程语言有机器指令系统与汇编语言、FORTRAN 语言、C 语言等。

运算组合式转换为其他语言 数学上函数表示为“**函数名(参数1,参数2,…)**”，本章运算组合式表示为“**(函数名 参数1 参数2 …)**”，对应到C语言就是“**函数名(参数1,参数2,…)**”。其中，运算组合式用(define (**新函数**) (…))定义新函数，而C语言用“**类型 函数名(参数1,参数2,…)** {…}”定义新函数。读者在学习过程中注意类比即可，这是 define 运算符的第2种使用形式。而本章中 define 运算符的第1种使用形式，在命令式语言(如C语言)中相当于定义一个变量，将运算组合式的值计算后赋值给该变量，而运算组合式相当于一个表达式。读者可深入体验。

5.3 大规模重复执行规则的程序构造——递归与迭代

为什么需要递归与迭代:无限 vs. 有限 在数学与计算机科学中,递归(recursion)是指**用函数自身定义函数的方法**,用有限的语句定义对象的“无限”集合、动作的“无限”运行,通常用于描述以自相似方法重复事物的过程,是计算机科学领域中一种重要的计算思维模式。表达让机器执行的动作是由人通过构造程序来表达,因此需要“有限”;而机器的特长是可以自动重复执行大量动作,因此可以“无限”。用“有限”表达“无限”则需要递归。

“递归”的概念十分简单,但对“递归”的理解和运用却不简单,需要不断地训练。理解和掌握递归思维与递归手段对于计算机科学的学习,尤其对理解程序如何被执行以及理解与设计算法至关重要。本节从递归的感性认识入手,逐渐通过示例阐释“递归”这一重要的思维。

5.3.1 递归的感性认识——具有自相似性的重复事物

感性体验递归:自相似、重复、无限 当你看到图 5.4 中的图片时,会产生什么感觉呢?是否感到很奇妙?它们有什么共同特点呢?

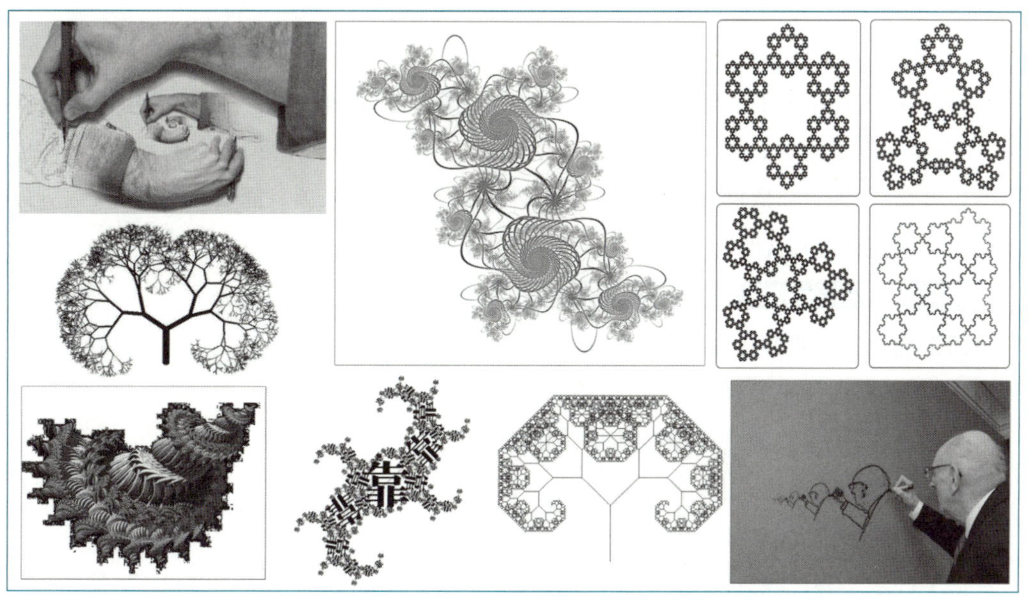

图 5.4 递归的形象示意

如图 5.4 所示,下方中间位置和左侧中间位置的“树”即由 Y 递归构成:底部是一个 Y,两个枝杈分别是一个 Y,其上方的两个枝杈又分别是一个 Y……只是比例略小一些。右下角处,一位先生在画“自己在画自己在绘画”,笔尖又指向“自己在画自己在绘画”……右上角处,大几何图形的某些位置都是略小一些的形状相同的图形……这些都是递归的不同视觉形象。

再以常见的递归语言为例:“从前有座山,山里有座庙,庙里有个老和尚,正在给小和尚讲故事呢!故事是什么呢?(从前有座山,山里有座庙,庙里有个老和尚,正在给小和尚讲故事呢!故事是什么呢?(从前有座山,山里有座庙,庙里有个老和尚,正在给小和尚讲故事呢!故事是什么呢?(从前……)))”。

如何表达这种延续不断却又相似或重复的事物或过程呢?这就需要递归的思维和手段。首先从数学中的递归函数体验递归的魅力。

5.3.2　数学中的递推式与数学归纳法

数学中的“递推”:由前向后依次计算每一项 数学中包含许多递推式,若一个数列的第 n 项 a_n 与该数列的其他一项或多项之间存在某种计算关系,则被表达为一种递推式。

【示例 5.10】等差数列递推式。

(1) $a_0=5$

(2) $a_n=a_{n-1}+d, n\geqslant 1$

【示例 5.11】等比数列递推式。

(1) $a_0=5$

(2) $a_n=a_{n-1}\times q,\ n\geqslant 1$

可以发现,递推式的表达包括两个部分:(1) **递推基础**,即起始一项或多项需直接给出,如前述示例中的 a_0;(2) **递推公式**,即由前若干项或一项计算第 n 项的计算公式。由递推式可知,由第 1 项依据递推公式可依次计算第 2 项至第 n 项。需要注意的是,数列的起始一项或多项应直接给出,否则缺少一个计算起点。

数学归纳法:一种利用递归思想进行证明的方法 数学归纳法是一种与自然数有关的命题正确性的证明方法,能够用有限的步骤解决无穷对象的论证问题,广泛应用于计算理论研究,如算法的正确性证明、图与树的定理证明等方面。

一般而言,数学归纳法由**归纳基础**和**归纳步骤**构成,具体如下。

假定对一切正整数 n,存在一个命题 $P(n)$,若以下证明成立,则 $P(n)$ 为真。

(1) 归纳基础:能够证明 $P(1)$ 为真。

(2) 归纳步骤:能够证明对于任意 i,若 $P(i)$ 为真,则可推导出 $P(i+1)$ 也为真。

【示例 5.12】求证命题 $P(n)$ “从 1 开始连续 n 个奇数之和是 n 的平方”，即公式 $1+3+5+\cdots+(2n-1)=n^2$ 成立。

【证明】(1) 归纳基础：当 $n=1$ 时，等式成立，即 $1=1$。

(2) 归纳步骤：对于任意 k，假设 $P(k)$ 成立，即 $1+3+5+\cdots+(2k-1)=k^2$ 成立。而 $P(k+1)=1+3+5+\cdots+(2k-1)+(2(k+1)-1)=k^2+2k+1=(k+1)^2$，即当 $P(k)$ 成立时能够推导出 $P(k+1)$ 也成立。根据数学归纳法可知，该命题成立。

5.3.3 计算中的递归及递归函数——构造

递推式是无限对象的一种定义方法，数学归纳法是无限步骤的一种论证方法，二者都是递归的基础。与递推式和数学归纳法相对应，**递归**同样由**递归基础**和**递归公式**或称**递归步骤**两部分定义。递归基础是定义、构造和计算的起点，需要直接给出；递归步骤是由第 n 个函数或前 n 个函数定义、构造和计算第 $n+1$ 个函数的方法。

体验递归函数的构造能力 首先探究**原始递归函数**(注：读者不必深究“原始”二字，当作递归函数看待即可)。原始递归函数 h 是一组可递归定义的函数，由 $h(0, X)$、$h(1, X)$……$h(n, X)$分别表示第 0 个函数、第 1 个函数……第 n 个函数，X 为函数 h 的其他变量 x_1、x_2……x_m。原始递归函数要求所有自变量均为自然数，其映射结果也是自然数。为了叙述方便，首先简单区分以下概念：接受 m 个参数的函数称作 m 元函数，各处均有定义的函数称作全函数，未必各处均有定义的函数称作半函数或部分函数。显然，按照说明，$h(0,X)$即 $h(0,x_1,\cdots,x_m)$的简写，也即 $m+1$ 元函数。$h(0, X)$、$h(1, X)$……$h(n, X)$如果均有定义，则 h 为全函数，否则 h 为半函数。注意，$h(0, X)$、$h(1、X)$……$h(n, X)$并非对每个函数均能给出定义。

原始递归函数也可递归定义如下。

(1) **递归基础**：最基本的原始递归函数，称为本原函数，无须再被定义即可直接使用。存在以下 3 种本原函数。

(1-1) 初始函数：0 元函数，即常数，或称常数函数，有 $f()$ = 常数。

(1-2) 后继函数：1 元后继函数，记为 $S(x)$，其接受一个参数 x 并返回 x 的后继数 $x+1$。例如 $S(1)=2, S(2)=3, \cdots, S(x)=x+1$，其中 x 为任意自然数(注：研究原始递归函数的目的是希望所有函数均能由本原函数递归定义，加法也是一种函数，同样需要被定义。$S(x)$实为 $x+1$，但由于加法尚未被定义，因此用自然数的后继数表示加 1 的函数)。

(1-3) 投影函数：对于所有 $n\geqslant1$ 和每个 $1\leqslant i\leqslant n$ 的 i，n 元投影函数记为 P_i^n，其接受 n 个参数并返回其中的第 i 个参数，即 $P_i^n(x_1,x_2,\cdots,x_n)=x_i$，其中 x_1、x_2……x_n 均为自然数。

(2) **递归公式**：复杂的原始递归函数可以通过下列公式由本原函数构造。

(2-1) 递归公式 1——复合：给定 k 元函数 $f(x_1,\cdots,x_k)$和 k 个 m 元函数 $g_1,\cdots,g_k$，

则 f 和 $g_1,\cdots,g_k$ 的复合是 m 元函数 h，即 $h(x_1,\cdots,x_m)=f(g_1(x_1,\cdots,x_m),\cdots,g_k(x_1,\cdots,x_m))$。

简单而言,复合是指将一系列函数 $g_1,\cdots,g_k$ 作为参数代入另一个函数 f,又称代入。复合是构造新函数的一种方法。

(2-2) 递归公式2——递归:给定 k 元函数 f 和 $k+2$ 元函数 g,则 f 和 g 的递归是 $k+1$ 元函数 h,其中 $h(0,x_1,\cdots,x_k)=f(x_1,\cdots,x_k)$ 且 $h(S(n),x_1,\cdots,x_k)=g(h(n,x_1,\cdots,x_k),n,x_1,\cdots,x_k)$。

简单而言,递归是指递归地构造新函数 $h(n)$ 的方法。定义新函数 h 就是要定义 $h(0)$、$h(1)$……$h(n)$、$h(n+1)$……(注:将定义中的 $x_1,\cdots,x_k$ 省略便可更加直观)。$h(0)$ 直接由 f 给出,$h(n+1)$ 则由 $h(n)$ 和 n 定义,即 $h(S(n))$ 是将 $h(n)$ 和 n 等代入 g 来构造(注:这里的 $n+1$ 用本原函数 $S(n)$ 表示,其他 $x_1,\cdots,x_k$ 等是给定函数的参数)。

举个例子来看,上述定义便不难理解。

【示例 5.13】已知具体函数形式 $f(x)=x$ 和 $g(x_1,x_2,x_3)=x_1+x_2+x_3$,其中 x、x_1、x_2、x_3 均为自然数,递归函数 h 定义如下:

(1) $h(0,x)=f(x)$ //递归基础

(2) $h(S(n),x)=g(h(n,x),n,x)$ //递归公式

由前述公式可知,该递归函数对任一自然数产生的新函数为:

$h(0,x)=f(x)=x$

$h(1,x)=h(S(0),x)=g(h(0,x),0,x)=g(f(x),0,x)=f(x)+0+x=2x$

$h(2,x)=h(S(1),x)=g(h(1,x),1,x)=g(g(f(x),0,x),1,x)=g(2x,1,x)=3x+1$

$h(3,x)=h(S(2),x)=g(h(2,x),2,x)=g(g(h(1,x),1,x),2,x)=g(g(g(h(0,x),0,x),1,x),2,x)=\cdots=4x+3$

…

可以看出,函数 h 是由 f 和 g 通过复合与递归得到的递归函数。h 不能由 f、g 直接计算出值 $h(n,x)$,而只能通过 $h(n-1,x)$、$h(n-2,x)$……$h(0,x)$ 的计算才能得出结果。如果由前向后依次计算 $h(0,x)$、$h(1,x)$、$h(2,x)$……$h(n,x)$,则必能得出所有 $h(n,x)$ 的值,这就是说,只要 f、g 为全函数且可计算,则新函数 h 也是全函数并且可计算。

【示例 5.14】已知具体函数形式 $f(x)=2$(注:此为一个常数函数)和 $g(x_1,x_2,x_3)=x_1$(注:此为一个投影函数),其中 x、x_1、x_2、x_3 均为自然数。递归函数 h 定义如下:

(1) $h(0,x)=f(x)$ //递归基础

(2) $h(S(n),x)=g(h(n,x),n,x)$ //递归公式

由前述公式可知,该递归函数对任一自然数产生的新函数为:

$h(0,x)=f(x)=2$

$h(1,x)=h(S(0),x)=g(h(0,x),0,x)=g(f(x),0,x)=f(x)=2$

$h(2,x)=h(S(1),x)=g(h(1,x),1,x)=g(g(f(x),0,x),1,x)=g(2,1,x)=2$

$h(3,x)=h(S(2),x)=g(h(2,x),2,x)=g(g(h(1,x),1,x),2,x)=g(g(g(h(0,x),0,x),1,x),2,x)=\cdots=2$

…

由本原函数出发,经过有限次的复合与递归而构造的函数称作原始递归函数。由于本原函数是全函数且可计算,故原始递归函数也是全函数且可计算。本书引出原始递归,仅是令读者体验“递归”的思维。其实,原始递归有更重要的作用,例如将 f 和 g 看作用户编写的程序,而 $h(S(n),x)=g(h(n,x),n,x)$ 是否就是程序执行机构呢?它对理解“什么是计算”以及“计算的完全形式化”而言是非常重要的。下面给出一个例子。

【示例 5.15】前面给出了常数函数、后继函数和投影函数,以及复合与递归,那么什么是“加法”运算呢?直觉上可将加法递归定义为:

(1) $add(0,x)=x$

(2) $add(n+1,x)=add(n,x)+1$

但上式是不严格的。严格是指“用事先已经定义的函数来定义新的函数”,因此可更严格地将加法递归定义为:

(1) $add(0,x)=P_1^1(x)$ //根据投影的定义,则 $P_1^1(x)=x$

(2) $add(S(n),x)=S(P_1^3(add(n,x),n,x))$ //根据投影的定义,则 $P_1^3(add(n,x),n,x)=add(n,x)$。$S(add(n,x))=add(n,x)+1$

前面各式定义了具有如下计算过程的函数:

$add(0,x)=x$

$add(1,x)=add(S(0),x)=S(P_1^3(add(0,x),0,x))=S(P_1^3(x,0,x))=S(x)=x+1$

$add(2,x)=add(S(1),x)=S(P_1^3(add(1,x),1,x))=S(P_1^3(add(S(0),x),1,x))$

$=S(P_1^3(S(P_1^3(add(0,x),0,x)),1,x))=S(P_1^3(x+1,1,x))=S(x+1)=x+2$

…

可以看出利用递归非常简洁地定义了一个近乎无限的对象集合 $add(0,x)$, $add(1,x)$, …, $add(n,x)$,即任意自然数的加法运算。

【示例 5.16】给出加法运算的递归定义后,可以给出乘法运算的递归定义:

(1) $mult(0,x)=f_0()$

(2) $mult(S(n),x)=F(mult(n,x),n,x)$

其中,$f_0()$ 为返回值为 0 的 0 元常数函数,$F(mult(n,x),n,x)=add(P_3^3(h(n,x),n,x),P_1^3(h(n,x),n,x))$。

不难验证,根据 F 函数的定义,$mult(n+1,x)=n\cdot x+x=(n+1)\cdot x$。

类似还可验证前驱函数、截差函数也是原始递归函数。

【示例 5.17】前驱函数的定义式为:

$$pred(n)=\begin{cases}0, & n=0\\ n-1, & n>0\end{cases}$$

前驱函数是递归函数，其递归定义为：

(1) $pred(0)=f_0()$

(2) $pred(S(n))=p_1^2(n,pred(n))$

【示例 5.18】截差函数的定义式为：

$$minus'(n_1,n_2)=\begin{cases}n_1-n_2, & n_1\geqslant n_2\\ 0, & n_1<n_2\end{cases}$$

截差函数是递归函数，其递归定义为：

(1) $minus'(n_1,0)=p_1^1(n_1)$

(2) $minus'(n_1,S(n))=pred(p_3^3(n_1,n,minus'(n_1,n)))$

5.3.4　两个不同的递归函数

两个递归函数示例——体验其计算过程 仔细观察下面两个递归函数，观察其有何不同。

【示例 5.19】斐波那契(Fibonacci)数列。

无穷数列 1,1,2,3,5,8,13,21,34,55,…称为斐波那契数列，其可被递归定义为：

$$F(n)=\begin{cases}1, & n=0\\ 1, & n=1\\ F(n-1)+F(n-2), & n>1\end{cases}\tag{5.5}$$

其函数计算过程为：

$F(0)=1$

$F(1)=1$

$F(2)=F(1)+F(0)=2$

$F(3)=F(2)+F(1)=3$

$F(4)=F(3)+F(2)=3+2=5$

…

【示例 5.20】阿克曼(Ackermann)函数定义如下：

$$\begin{aligned}&A(1,0)=2\\ &A(0,m)=1,\ m\geqslant 0\\ &A(n,0)=n+2,\ n\geqslant 2\\ &A(n,m)=A(A(n-1,m),m-1),\ n,m\geqslant 1\end{aligned}\tag{5.6}$$

可以看出阿克曼函数不仅本身是递归定义的，其变量也是递归定义的，是一个双递归函数。其函数计算过程为：

$m=0$ 时，$A(n,0)=n+2$（注：当 $n\geqslant 2$ 时，$A(0,0)=1$，$A(1,0)=2$）

$$
\begin{aligned}
m=1\text{ 时},A(n,1)&=A(\boldsymbol{A}(\boldsymbol{n-1},\boldsymbol{1}),\boldsymbol{0})\\
&=\boldsymbol{A}(\boldsymbol{n-1},\boldsymbol{1})+2\\
&=\boldsymbol{A}(\boldsymbol{n-2},\boldsymbol{1})+2+2=\boldsymbol{A}(\boldsymbol{n-2},\boldsymbol{1})+2\times2\\
&=\boldsymbol{A}(\boldsymbol{n-3},\boldsymbol{1})+2+2+2=\boldsymbol{A}(\boldsymbol{n-3},\boldsymbol{1})+3\times2\\
&=\cdots
\end{aligned}
$$

并且 $A(1,1)=2$,故 $A(n,1)=2\times n$。

$m=2$ 时,$A(n,2)=A(\boldsymbol{A}(\boldsymbol{n-1},\boldsymbol{2}),1)=2\times A(n-1,2)=\cdots\cdots$,并且 $A(1,2)=A(A(0,2),1)=A(1,1)=2$,依次计算,故 $A(n,2)=2^n$。

$m=3$ 时,类似可以推导出 $\underbrace{2^{2^{\cdot^{\cdot^{\cdot^{2}}}}}}_{n}$。$m=4$ 时,$A(n,4)$的增长速度非常快,以至于没有合适的数学式来表示这一函数。

另一种形式的阿克曼函数为:

$$
A(m,n)=\begin{cases}n+1, & m=0\\ A((m-1),1), & n=0\text{ 且 }m>0\\ A(m-1,A(m,n-1)), & m,n>0\end{cases} \tag{5.7}
$$

其函数计算过程为:

$A(1,2)=A(0,A(1,1))=A(0,\ A(0,A(1,0)))=A(0,\ A(0,A(0,1)))=A(0,A(0,2))=A(0,3)=4$

$A(1,3)\ =A(0,\ A(1,2))=A(0.$ <…代入前式计算过程>$)=A(0,4)=4+1=5$

…

$A(1,n)\ =A(0,\ A(1,n-1))=A(0.$ <…代入前式计算过程>$)=A(0,n+1)=n+2$

$$
\begin{aligned}
A(2,1)=A(1,A(2,0))=A(1,A(1,1))&=A(1,A(0,A(1,0)))\\
&=A(1,A(0,A(0,1)))=A(1,A(0,2))=A(1,3)=A(0,A(1,2))\\
&=A(0,A(0,A(1,1)))=A(0,A(0,A(0,A(1,0))))\\
&=A(0,A(0,A(0,A(0,1))))=A(0,A(0,A(0,2)))=A(0,A(0,3))\\
&=A(0,4)=5
\end{aligned}
$$

读者可通过模仿上述计算过程来提高对递归的理解能力,例如可根据上述形式计算 $A(2,2)$、$A(2,3)$、$A(2,4)\cdots\cdots A(2,n)$,观察有何规律,并与前一形式的阿克曼函数比较有何不同。

两种递归函数的异同,暨递归与迭代的异同 上述两种递归函数的计算过程代表两种相似但存在些许不同的思想:递归与递推。递推在数学学科中一般称为递推,在计算学科中一般称为迭代,在本教材中二者是具有相同含义的术语。递归虽然包含递推的含义,但也不同于递推。

首先看递推和递归主要解决的问题——二者均旨在解决如何由 $h(0)$, $h(1)$, $\cdots$, $h(n)$ 构造 $h(n+1)$ 的问题,这是二者的共同点。

二者的区别是：递推能够由 $h(0)$ 计算 $h(1)$，由 $h(1)$ 计算 $h(2)$……这样依次计算即可得到任何一个函数 $h(n+1)$，即从递归基础计算，沿相同的计算路径，总能计算得到 $h(n+1)$，如斐波那契数列的计算过程。而完全递归（是指剔除那些能够用递推表达的递归，因为递归包含递推）却不一定，即给定任何一个 $h(n+1)$，从递归基础计算，沿相同的路径却未必能计算出 $h(n+1)$，因此由前向后地沿相同路径计算是不行的。此时需要由 $h(n+1)$ 开始，根据递归公式回代，直至代入 $h(0)$ 这一递归基础，找到一条计算 $h(n+1)$ 的路径，然后沿这条路径由前向后依次计算，最终得到 $h(n+1)$，如阿克曼函数的计算过程。因此简单而言，**递推是由前向后计算；而完全递归需要由后向前代入，找到一条计算路径后，再按这条计算路径由前向后计算**。如图 5.5 所示。

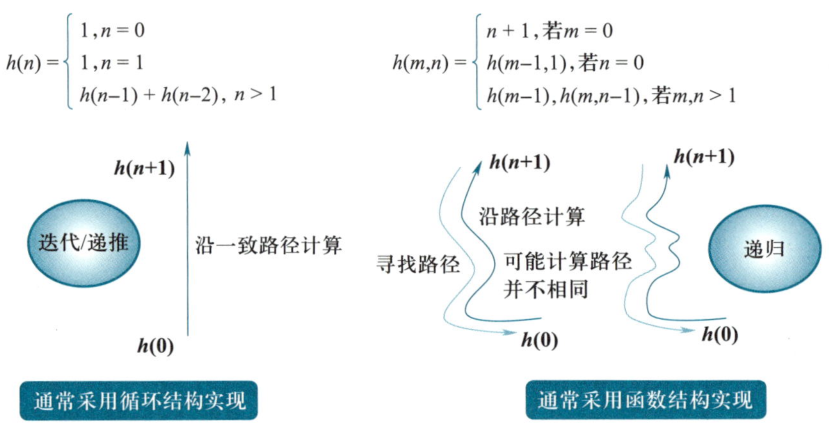

图 5.5 迭代/递推和递归的区别示意

然后对比斐波那契数列和阿克曼函数的异同：

（1）二者的定义都是递归的，即用自身定义自身，或者说函数本身是递归的；

（2）斐波那契数列只有函数本身是递归定义的，而阿克曼函数不仅函数本身是递归定义的，其参数也是递归定义的，为双递归函数；

（3）从计算执行角度看，斐波那契数列无须递归地执行，它可以从递归基础开始，依次计算 $h(1)\cdots h(n+1)$，这种计算过程可以采用循环结构实现，即计算过程可转化为非递归的计算过程；而阿克曼函数则必须由 $h(n+1)$ 公式代入，依次代入直到某个递归基础，然后按照代入次序的反序进行计算，这种计算过程采用循环结构难以实现，通常只能采用函数结构处理，也就是说必须递归地执行。

简单而言，递推可以按照递归公式采用递归的计算过程进行计算，也可以转化为非递归的计算过程进行计算；而完全递归通常难以转化为非递归的计算过程进行计算，而只能采用递归的计算过程进行计算。因此，斐波那契数列是迭代/递推的典型代表，阿克曼函数是完全递归的典型代表。虽然递归包含递推，但递推未必包含递归。用递归进行定义可以说是数学能力的训练，而用递归构造计算过程则是计算思维能力的训练。

5.3.5 递归的运用——用有限的语句定义对象的无限集合

前面以数学的递归函数为例,讨论了递归构造问题。递归是近乎无限对象的一种有效的定义手段,下面结合其他方面的示例讲解几个递归运用的例子。

【示例 5.21】递归定义“某人的祖先”。

“某人的祖先”可定义如下:

(1) 某人的双亲是他的祖先(递归基础);

(2) 某人祖先的双亲同样是某人的祖先(递归步骤)。

运用递归能够形式化定义计算机中的表达式,便于正确书写以及正确执行

【示例 5.22】算术表达式的递归定义。

通常认为,仅包含+、-、*、/运算符的任何表达式都是算术表达式(注:还有一些其他运算符,此处暂时忽略)。例如,$(A+5)*(B+(C+X))$是算术表达式,$(A+5)*(B+C)+(A+B)*(C-X)$也是算术表达式,算术表达式可以任意复杂、变化多样、近乎无限,但无论怎样复杂,其书写必须满足一定的规则。为了对其给出较为严格的定义,可以采用递归方法进行定义。

首先给出递归基础的定义:

(1) 任意一个常数 C 是一个算术表达式;

(2) 任意一个变量 V 是一个算术表达式。

然后给出递归步骤的定义:

(3) 若 F、G 是算术表达式,则 $F+G$、$F-G$、$F*G$、F/G 是算术表达式;

(4) 若 F 是算术表达式,则(F)是算术表达式;

(5) 括号内表达式优先计算,“*”与“/”运算优先于“+”与“-”运算;

(6) 算术表达式仅限于以上形式。

【示例 5.23】简单命题逻辑的形式化递归定义。

(1) 一个命题是其值为真或假的一个判断语句(递归基础);

(2) 如果 X 是一个命题,Y 也是一个命题,则 X and Y、X or Y、not X 均为命题(递归步骤);

(3) 如果 X 是一个命题,则(X)也是一个命题,括号内的命题运算优先;

(4) 命题由以上方式构造。

【示例 5.24】树的形式化递归定义。

图 5.6 为一棵树的形象示意,树是计算科学领域中一种重要的数据结构,也是现实世界中许多数据的直观显示手段。该形式的树可以递归定义如下:

树是包含若干元素的有穷集合,每个元素称为节点。其中:

(1) 有且仅有一个特定的称为“根”的节点(递归基础);

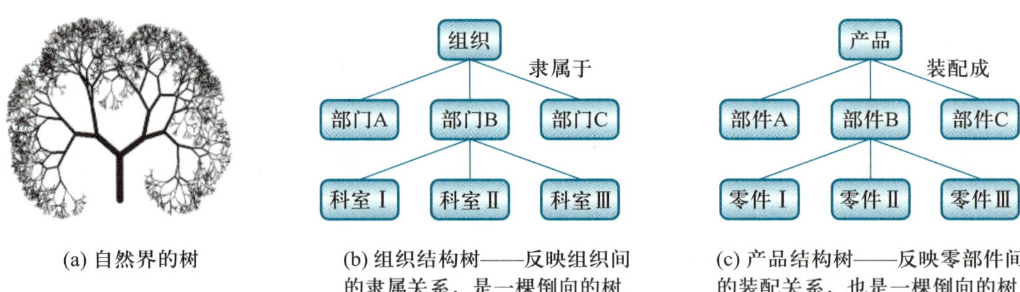

(a) 自然界的树

(b) 组织结构树——反映组织间的隶属关系，是一棵倒向的树

(c) 产品结构树——反映零部件间的装配关系，也是一棵倒向的树

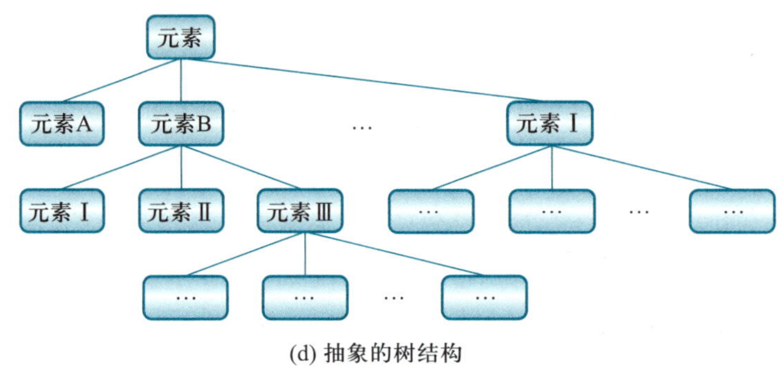

(d) 抽象的树结构

图 5.6　典型的递归结构——树形结构示意

(2) 除根节点外的其余节点可被分为 k 个互不相交的集合 T_1, T_2,…,$T_k(k\geqslant 0)$,其中每个集合 T_i 本身也是一棵树,称为根的子树(递归步骤)。

该定义刻画了一棵树由若干子树构成,而子树又由若干子树构成……各个子树之间互不相交。

除此之外,递归可以运用在许多方面,如语言的递归定义、过程的递归定义、关系的递归定义、算法的递归定义等。读者可通过查阅相关资料学习并深入体会。

【示例 5.25】5.2 节的运算组合式即为一种简单的计算机语言,该语言可用递归形式定义如下:

递归基础:

(1) 任何数值均具有原子性,可直接出现于组合式中;

(2) 如果 X 是一个数值,则(X)是一个组合式,其结果仍为数值 X。

递归步骤:

(3) 如果(X_1 X_2… X_n)是组合式,则(+ X_1 X_2… X_n)、(− X_1 X_2… X_n)、(* X_1 X_2… X_n)、(/ X_1 X_2… X_n)等也是组合式,分别表示将加法、减法、乘法、除法运算应用于其后的一系列数值对象,即其结果也是一个数值,分别等于 $X_1+X_2+\cdots+X_n$、$X_1-X_2-\cdots-X_n$、$X_1\times X_2\times\cdots\times X_n$、$X_1\div X_2\div\cdots\div X_n$(此处定义 4 个基本运算符+、−、*、/);

(4) 如果 X 是一个组合式,则(define Y X)也是一个组合式,表示将组合式 X 命名为 Y;

(5) 如果 X 是一个关于 P_1, P_2,…,P_n 的组合式,则(define (Y P_1 P_2… P_n) X)也是一

个组合式，表示将组合式 X 命名为 Y，其中 Y 称为函数，P_1，P_2，…，P_n 称为形式参数；

(6) 如果($Y\ P_1\ P_2\cdots\ P_n$)是由 define 已经定义的函数，X_1，X_2，…，X_n 是组合式，则($Y\ X_1\ X_2\cdots\ X_n$)也是一个组合式，表示将函数 Y 应用于 X_1，X_2，…，X_n 上，其中 X_1，X_2，…，X_n 称为实际参数。

(7) 组合式仅由以上规则进行构造。

注意：此语言没有 3.2 节中的条件表达能力。尽管此语言的递归定义可能并不完善，却是用递归方法定义计算机语言的一个典范，可以用类似方法定义任何一种计算机语言，请大家自行尝试。

5.3.6 程序的递归构造——自身调用自身，高阶调用低阶

递归也是广泛应用的一种构造程序或算法的思维，即对于一个大规模复杂问题，可以将其层层转化为一个与原问题相同但规模较小的问题来求解，这样就如同前述递归方法一样，只需少量步骤或程序即可描述解题过程所需要的多次重复计算。如果问题的规模以自然数 n 表达，n 称为阶数，n 越大其阶数越高，则递归算法或递归程序可被视为“自身调用自身、高阶调用低阶的一种算法或程序”。

运用递归构造程序 递归程序或递归算法的构造，如前所述需要注意：(1) 将递归程序或递归算法构造成自身调用自身的形式，但一定是高阶调用低阶；(2) 必须有一个明确的递归结束条件，即前述的递归基础或最低阶问题的解要能够直接给出。下面首先以阶乘为例讲解递归程序或递归算法的构造。

【示例 5.26】编写求 n 的阶乘的算法或程序。

求自然数 n 的阶乘是一个典型的递归算法/程序求解问题。

阶乘函数的常见定义是：

$$n\,! = \begin{cases} 1, & n \leqslant 1 \\ n\times(n-1)\times\cdots\times 1, & n>1 \end{cases} \tag{5.8}$$

也可定义为：

$$n\,! = \begin{cases} 1, & n \leqslant 1 \\ n\times(n-1)\,!, & n>1 \end{cases} \tag{5.9}$$

后者将 n 阶的阶乘问题转变为 $n-1$ 阶的阶乘问题与 n 的表达式，这种转换非常重要。写成一般函数形式为：

$$f(n) = \begin{cases} 1, & n \leqslant 1 \\ n\times f(n-1), & n>1 \end{cases} \tag{5.10}$$

用前述 5.2 节的组合式表示法构造递归程序：

```
(define  (fact  n) ( cond  ((<=  n  1)  1)
((>  n  1) ( *  n  (fact  (-  n  1)) )) ))
```

体验递归程序的执行过程 上述过程中(fact n)的计算规则是:当条件式“$n<=1$”成立时,结果为 1;当条件式“$n>1$”成立时,结果为 $n*$fact($n-1$),即需要先计算 fact($n-1$)才能计算出 fact(n)。此时可以模拟该程序的执行过程,假设求 4 的阶乘即 4!,其模拟执行过程如图 5.7 所示。

根据该算法流程图可知,当调用 fact(4)执行时,即 $n=4$,算法判断 n 大于 1,则算法先调用 fact(3),待 fact(3)返回结果给 X 后,再继续计算 $n*X$,即 $4*X$。在调用 fact(3)执行时,即 $n=3$,算法判断 n 大于 1,则算法先调用 fact(2),待 fact(2)返回结果给 X 后,再继续计算 $n*X$,即 $3*X$。在调用 fact(2)执行时,即 $n=2$,算法判断 n 大于 1,则算法先调用 fact(1),待 fact(1)返回结果给 X 后,再继续计算 $n*X$,即 $2*X$。在调用 fact(1)执行时,即 $n=1$,算法判断 n 不大于 1,则算法直接给出递归基础值 1 并返回。算法遵循这样一个路径来计算“**调用 fact(4)→调用 fact(3)→调用 fact(2)→调用 fact(1)→直接给出 fact(1)值并返回→计算 fact(2)的结果值并返回→计算 fact(3)的结果值并返回→计算 fact(4)的结果值并返回** ”,这种“依次由高阶调用低阶,直到递归基础,再由低阶返回结果,依次计算较高阶的结果并返回,直到给定阶的结果计算并返回”的问题求解过程即为递归算法或递归程序的基本执行过程。

递归算法的执行需要用到数据结构“堆栈”,它是一种后进先出的存储结构,即最后进入的数据将被最先弹出。堆栈用于保留程序的地址,即程序 A 尚未执行完毕便去执行程序 B,程序 B 执行完毕后需返回程序 A 继续执行,则程序 A 被中断的位置及相关信息需要用堆栈予以保留。例如,fact(4)在执行到调用 fact(3)函数时,需要将当前的相关信息压入堆栈进行保存,同样地,fact(3)在执行到调用 fact(2)时,也需要先将 fact(3)的相关信息压入堆栈,然后调用 fact(2),依次进行。当 fact(2)执行完毕将要返回时,从堆栈中弹出 fact(3)的相关信息继续执行,当 fact(3)执行完毕将要返回时,从堆栈中弹出 fact(4)的相关信息继续执行。一个函数执行到某一位置需调用另一个函数时,则需要堆栈保存该函数的当前状态信息,以便返回时恢复。因此,当递归调用的次数增多后,对堆栈的容量要求也相应提高。

根据前述 $n!$ 的示例,能够归纳出一个较为通用的递归算法或递归程序构造框架,如图 5.8 所示。

一般性递归函数定义如下:

$$\begin{cases} f(1)=V, & n\leqslant 1 \\ f(n)=\text{expression}(n,f(n-1)), & n>1 \end{cases}$$

其中,V 是直接给出的递归基础值;expression($n,f(n-1)$)是任意给定的关于自然数 n 和 $f(n-1)$值的一个算术表达式,如 $n*f(n-1)$、$n+f(n-1)$、$n/2*f(n-1)$……,即任何依据 $f(n-1)$和 n 的值计算 $f(n)$的表达式。其一般性递归程序构造如下:

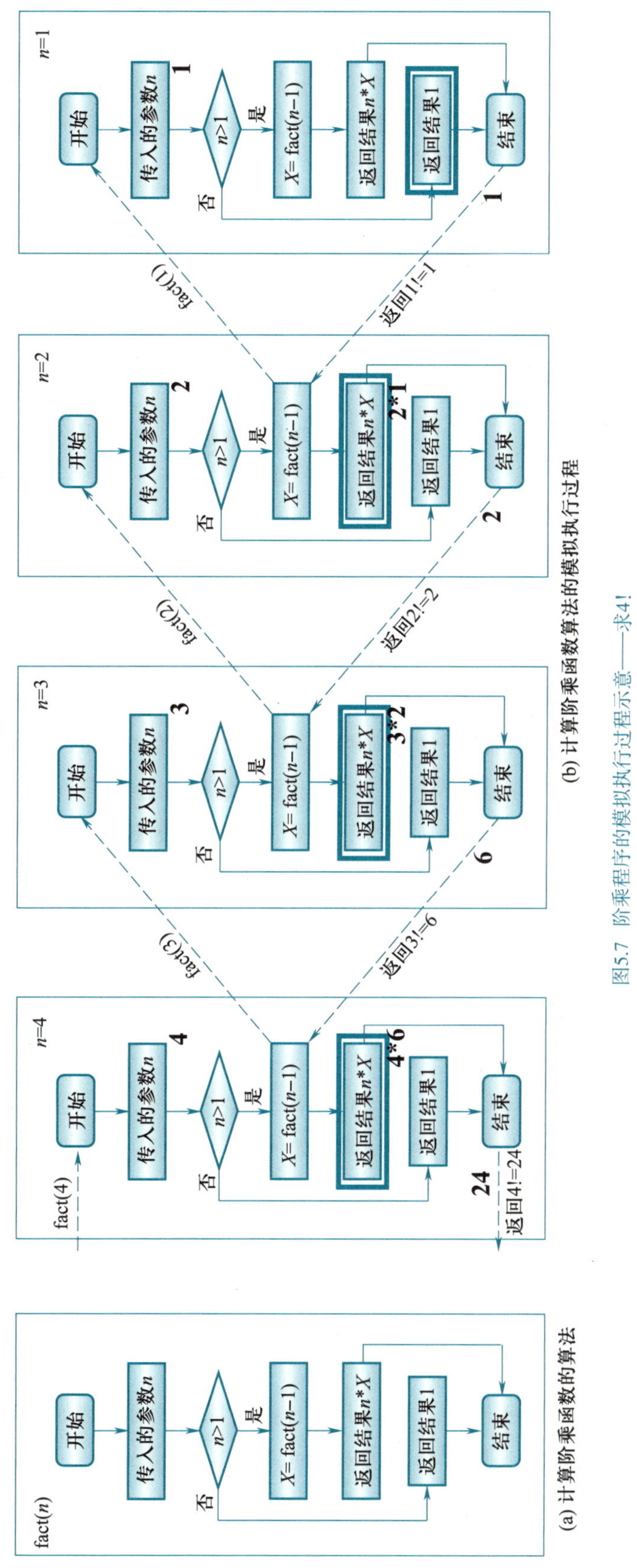

图5.7 阶乘程序的模拟执行过程示意——求4!

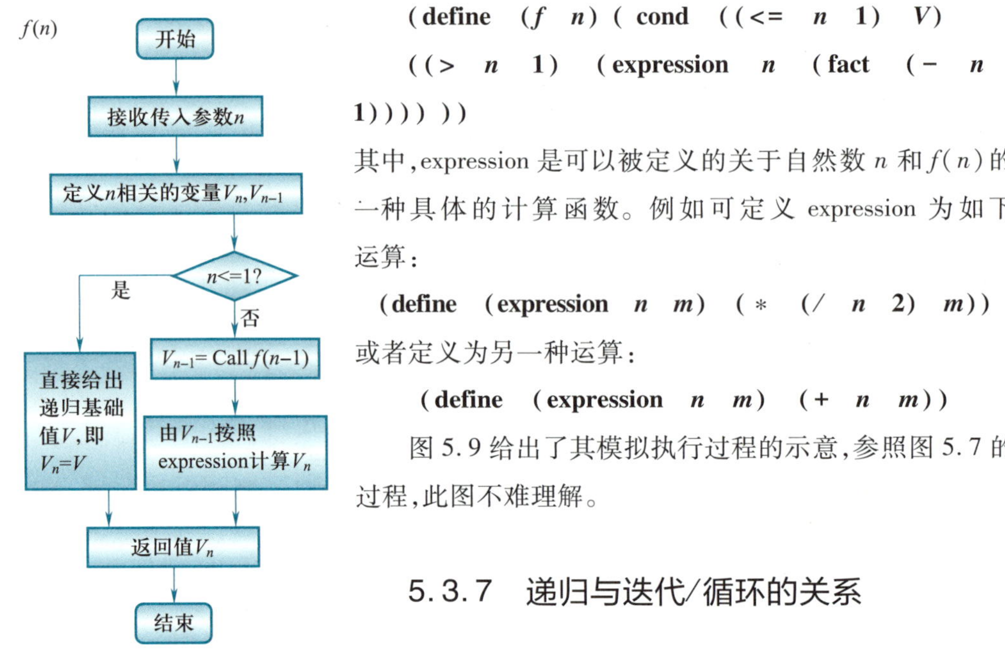

图5.8　较为通用的递归程序构造框架

(define (*f* *n*) (cond ((<= *n* 1) *V*)

((> *n* 1) (expression *n* (fact (− *n* 1)))))))

其中,expression是可以被定义的关于自然数n和$f(n)$的一种具体的计算函数。例如可定义expression为如下运算:

(define (expression *n* *m*) (* (/ *n* 2) *m*))

或者定义为另一种运算:

(define (expression *n* *m*) (+ *n* *m*))

图5.9给出了其模拟执行过程的示意,参照图5.7的过程,此图不难理解。

5.3.7　递归与迭代/循环的关系

递归与迭代 递归程序是很精致的,它将一个复杂问题化简为与原问题相同但规模较小的问题进行求解,只要有递归基础,即只要与原问题相同的、最小规模的问题能够求解,则复杂问题即可求解。然而,递归程序的计算量十分庞大,因此应尽可能将递归程序求解的问题转化为非递归程序进行求解——例如使用迭代方法。所谓迭代,“迭”表示屡次和反复,“代”表示替换,组合后即表示反复替换的含义。**递归通常以函数的结构形式实现,而迭代通常以循环的结构形式实现**。观察下述示例。

迭代程序示例 例如,求$n!$的程序构造按照式(5.9)构造的是递归程序或递归算法,以函数结构自身调用自身、高阶调用低阶。但$n!$也可按照式(5.8)进行计算,即只要能进行乘法运算,则可进行$n!$,如下所示:

(* … (* (* (* (* 1 1) 2) 3) 4) … *n*)

但上式中的省略号是不允许存在的,那么如何表示具有这一规律的重复计算呢?进一步分析上式中“前一个计算结果被作为后一次计算的一个操作数”。

product ←product * counter

counter ←counter + 1

上述两条语句的含义为:product中的值与counter中的值相乘,然后保存到product中,counter中的值加1,然后保存到counter中。

product不断被新的积所替换,counter由1计数到n,因此可构造如下程序:

(define (fact *n*) (fact-iter 1 1 *n*))

(define (fact-iter product counter max-count) (

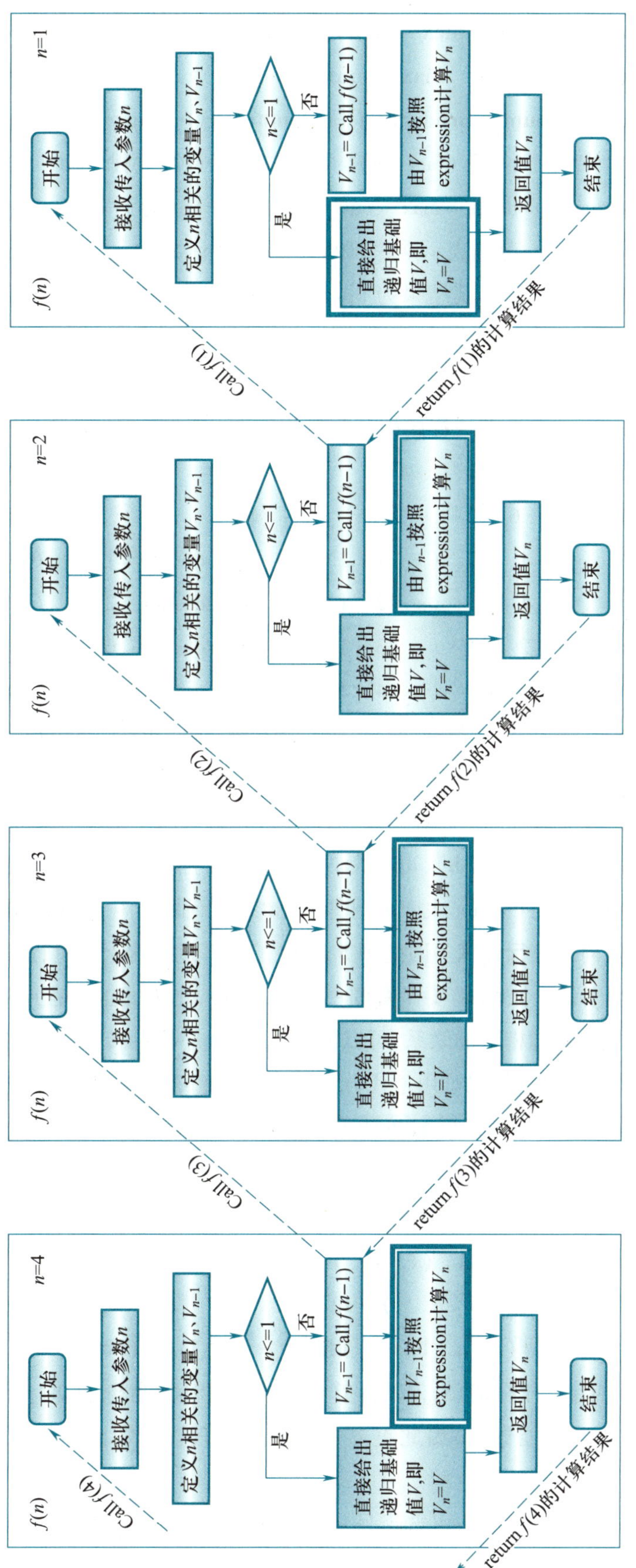

图5.9 较为通用的递归程序构造框架的模拟执行过程

```
cond  ((>  counter  max-count)  product)
       ((<=  counter  max-count)
(fact-iter (* counter product) (+  counter  1)  max-count ))))
```

上述程序简要解释如下:过程(fact　*n*)的计算规则是计算过程(fact-iter 1 1　*n*);而过程(fact-iter　product　counter　max-count)中的 fact-iter 为运算符,product、counter、max-count 为3个形式参数,分别表示乘积、计数器和最大计数值。其计算规则是:当条件式"counter>max-count"为真时,其结果为 product 值;而当条件式"counter<= max-count"为真时,其结果为用 product * counter 的值替代 product,用 counter+1 的值替代 counter,max-count 不变,继续执行组合式(fact-iter　product　counter　max-count)。

迭代程序执行过程示例 上述程序的计算过程如下,以计算6! 为例:

```
  (fact  6)
➔ (fact-iter  1  1  6)
➔ (fact-iter  (*  1  1)  (+  1  1)  6) ➔(fact-iter  1  2  6)
➔ (fact-iter  (*  1  2)  (+  2  1)  6) ➔(fact-iter  2  3  6)
➔ (fact-iter  (*  2  3)  (+  3  1)  6) ➔(fact-iter  6  4  6)
➔ (fact-iter  (*  6  4)  (+  4  1)  6) ➔(fact-iter  24  5  6)
➔ (fact-iter  (*  24  5)  (+  5  1)  6) ➔(fact-iter  120  6  6)
➔ (fact-iter  (*  120  6)  (+  6  1)  6) ➔(fact-iter  720  7  6)
➔ 720
```

比较上述计算过程和图5.7(b),可以发现两种程序的执行过程之差异:上述计算过程**由前向后进行计算**,直到 counter 大于 *n* 时即输出结果;而图5.7(b)**先递推地由后向前代入,再回归地由前向后进行计算**。因此图5.7(b)的计算过程比上述过程消耗更多的时间(需要更多次的计算)与空间(需要保留调用前的状态),也因此上述程序被认为是"迭代"程序。迭代与递归有着密切的联系,可以证明:迭代程序均可转换为与之等价的递归程序,反之则不然(如汉诺塔便很难用迭代方法求解,读者可参阅文献进行学习)。

递归与迭代:程序构造与程序执行的比较示例

【示例5.27】(即示例5.19)求解斐波那契数列0,1,1,2,3,5,8,13,21,34,…。

用递归方法实现斐波那契数列的计算程序如下所示:

```
(define  (fib  n)   ( cond  ((==  n  0)  0)
                         ((==  n  1)  1)
                         ((>  n  1) (+  (fib  (-  n  1))  (fib  (-  n  2)))) ))
```

递归算法或递归程序十分简单,但其计算量庞大。当计算高阶 fib 时,始终需要计算低阶 fib,由于低阶 fib 未能保留,因此重复计算频繁出现,导致计算量大大增加,如图5.10所示。

对类似斐波那契数列的计算,可选择另一种不使用递归而使用迭代的方法。用迭代

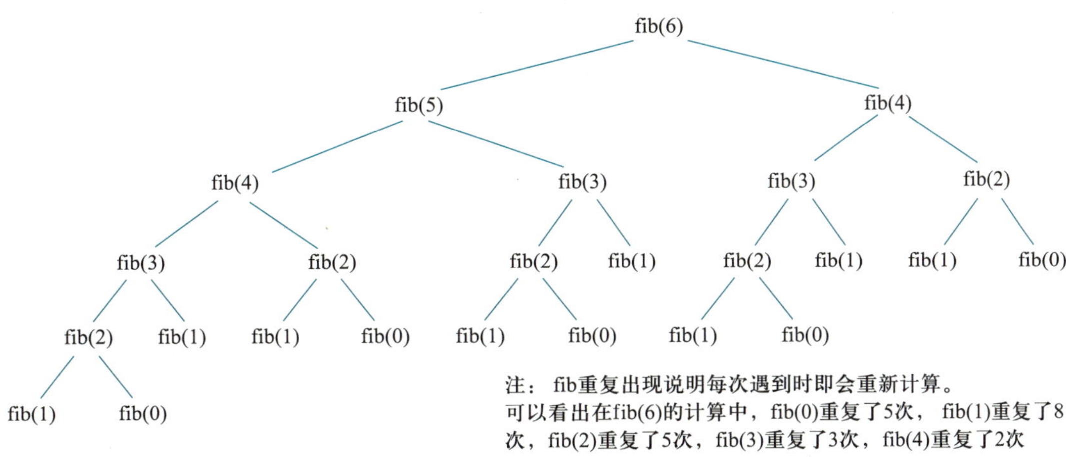

图 5.10 fib 递归模拟计算的重复性示意

方法实现斐波那契数列的计算程序如下所示：

```
(define (fib n) ( fib-iter 1 0 n) )
(define (fib-iter a b count)
  ( cond ((== count 0) b)
((> count 0)( fib-iter (+ a b) a (- count 1) ))))
```

上述两段使用递归和迭代方法实现斐波那契数列的计算程序的函数式风格代码也可使用类 C 语言风格的过程式代码描述：

递归方法实现的类 C 语言风格代码：

```
  define fib(n)
    if(n==0) then return 0;
  if(n==1) then return 1;
  if(n > 1) then return (fib(n-1)+fib(n+2));
end
```

迭代方法实现的类 C 语言风格代码：

```
define fib(n)
  return fib_iter(1,0,n);
end


define fib_iter(a, b, count)
  if(count == 0) return b;
  else return fib_iter(a+b, a, count-1);
end
```

表 5.1 为迭代示意斐波那契数列的计算过程及其中的“迭”与“代”。可以看出该算

法只是一个循环过程，计算量将大幅减少，因此迭代算法比递归算法更加高效。如表5.1所示，每次迭代时，a 由前一次的($a+b$)替换，b 由前一次的 a 替换，count 逐次减1。当count=0时，b 为 $f(n-1)+f(n-2)$，即 $f(n)$。

表5.1　fib数列的迭代过程示意

a	***b***	**count**	(+ ***a*** ***b***)	计算内容
1	0	7	1	初始调用
1	1	6	2	$f(0)+f(1)$
2	**1**	5	3	$f(1)+f(2)$
3	**2**	4	**5**	$f(2)+f(3)$
5	3	3	8	$f(3)+f(4)$
8	5	2	**13**	$f(4)+f(5)$
13	8	1	21	$\boldsymbol{f(5)+f(6)}$
21	**13**	0		$f(6)+f(7)$

5.3.8　关于递归函数的延伸理解

递归函数是计算机科学中可计算性理论的重要研究内容。可计算性理论是研究计算的一般性质的数学理论，通过建立计算的数学模型，精确区分哪些是可计算的，哪些是不可计算的。计算的过程是执行算法的过程，可计算性理论将算法这一直观概念精确化。算法概念精确化的途径有许多，其中之一是通过定义抽象计算机（例如本书第1章介绍的图灵机），将算法看作抽象计算机的程序，通常将那些存在算法能够计算其值的函数称作可计算函数。这样即可讨论哪些函数可计算或不可计算。递归函数也是算法概念精确化的一种途径。在可计算性理论中证明了递归函数精确的是图灵机的可计算函数。可计算性理论主要研究判定问题、可计算函数以及计算复杂性，主要的计算模型包括图灵机、递归函数、λ 演算、POST系统等。关于该方面的深入研究，读者可通过其他课程学习。

本章小结

计算系统的实现离不开程序和程序执行机构。程序是表达千变万化的复杂动作的手段。组合与抽象是程序的基本表达方法。组合是从较简单的元素出发构造出复杂元素（复合元素）的方法，抽象是为复合元素进行命名进而将被命名的复合元素当作基本元素进行操作的方法。程序是构造出来的，本章通过运算组合式的构造示例，试图使读者理解程序的构造原理。

在程序构造中，递归和迭代是重要的概念。递归不仅可用于形式定义方面，更可用于问题求解——算法和程序的构造与执行方面。递归方法的典型特征是通过自身调用自身、高阶调用低阶实现定义和求解。其最有价值之处是**构造，即用有限的语句定义对象的无限集合**，因此构造性是计算机软硬件系统的最根本特征。在 20 世纪 30 年代，正是可计算的递归函数理论与图灵机理论等，共同为计算理论的建立奠定了基础。

视频学习资源目录 5（标 * 者为延伸学习视频）

1. 视频 5-1　计算系统与程序
2. 视频 5-2　运算组合式与程序构造
3. 视频 5-3　递归函数及其执行

*4. 视频 5-4　原始递归函数

本章视频学习资源

思考题 5

1. 什么是程序？怎样理解“程序是计算系统的核心概念”？

2. 什么是组合？什么是抽象？程序表达的 3 种机制是什么？

3. 程序是构造出来的，程序构造能力需要不断地训练，请以教材中的表达方法——括号（组合式边界的界定）、前缀表示法、命名组合式（define）以及条件表达（cond），将下列计算式表达为程序。

（1）$\dfrac{10+8+(100\times(40+(20+2)\div6))}{3\times(8-5)\times(10-6)}$

（2）$x=\begin{cases}\dfrac{6^2-4\times3\times2}{2\times4}, & x>0\\[2ex] \dfrac{4\times3\times2-6^2}{2\times4}, & x\leqslant0\end{cases}$

（3）$\dfrac{1}{1+3}+\dfrac{1}{3+5}+\dfrac{1}{5+7}+\cdots$

4. 请构造一个过程 $f(x)=x^3$，然后以过程 f 为基础构造一个新过程 $g(x,y,z)=x^3+y^3+$

z^3,最终以过程 g 为基础构造一个新过程 $m(x,y,z)=(x+1)^3+(y*2)^3+(z+x)^3$。可以变换上述函数,不断训练自己构造程序的能力。

5. 递归是一种十分重要的思想,它来源于数学中的递推式和数学归纳法。如何理解递归和递推的相同之处和不同之处?试举例说明二者的联系和区别。

6. 递归是构造性定义近乎无限对象的一种方法,各式各样的计算机语言均可用递归形式化地予以定义。请尝试用递归定义一种语言。提示:可先定义若干标识符的集合,再定义若干运算符,然后递归地定义用运算符的不同组合所形成的表达式,最后定义若干语句即可形成一种语言。

7. 递归和迭代有何区别?所有的递归程序或算法都能转换为迭代程序或算法吗?所有的迭代程序或算法都能转换为递归程序或算法吗?请分别举例说明。

第 6 章

冯 · 诺依曼计算机——机器程序及其执行

本章要点：理解冯 · 诺依曼计算机的贯通性思维，即关于机器指令、机器级算法和机器程序及其存储和执行的相关联思维。

本章导图：

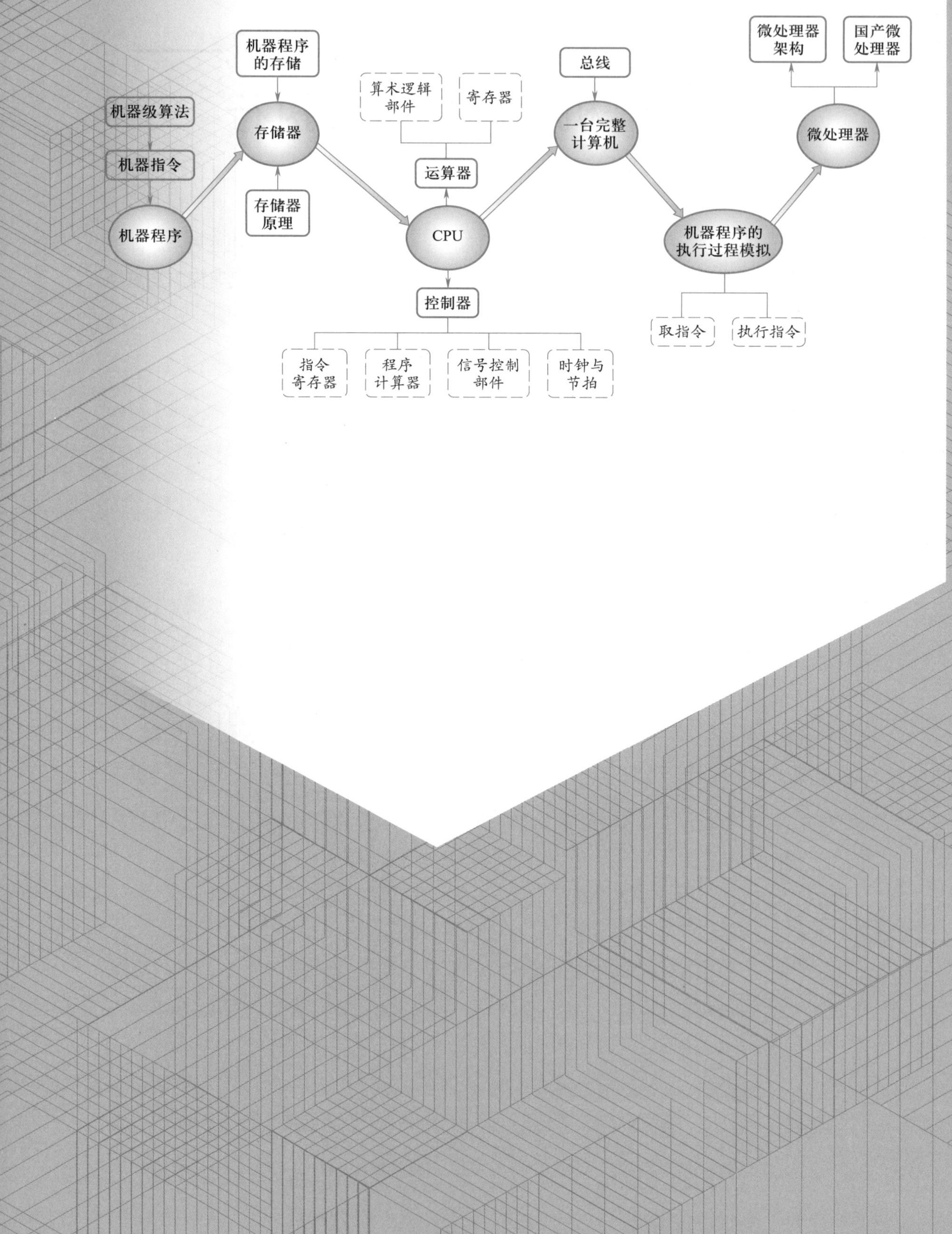

机器级算法
机器指令
机器程序
机器程序的存储
存储器
存储器原理
算术逻辑部件
寄存器
运算器
CPU
控制器
指令寄存器
程序计算器
信号控制部件
时钟与节拍
总线
一台完整计算机
机器程序的执行过程模拟
取指令
执行指令
微处理器
微处理器架构
国产微处理器

6.1 机器级算法与机器程序

若要令计算机自动求解问题,需要将问题的计算方法转变为计算机可理解和执行的程序。该过程分为两步完成:一是用机器能够完成的步骤来表述问题的计算方法,即形成机器级算法;二是用机器指令系统中的指令来表述机器级算法的步骤,即形成机器程序。下面将在本节详细分析这一过程。

6.1.1 计算机器的功能与构成

计算机器的基本功能 计算机器要处理两个对象:一是数据,二是计算规则(即程序/指令)。计算机器是按计算规则对输入数据进行变换得到输出数据的机器。其中,输入与输出的数据都是0和1的表达形式,同样地,计算规则也是0和1的表达形式,如图6.1(a)所示。

数据和程序均需要保存在存储器中(这里主要指内存,又称主存。存储器还包括外存,关于内存、外存等相关内容将在第7章中介绍)。输入数据到输出数据的变换(即运算)由运算器完成,简单的运算器参见第3章介绍的加法器,其由逻辑门电路构成。而运算器完成何种运算由计算规则即程序/指令控制,程序/指令的读取与执行由控制器完成。存储器、运算器和控制器即为现代计算机的核心部件,运算器和控制器通常被集成在一起称为中央处理器(central processing unit,CPU),如图6.1(b)所示。

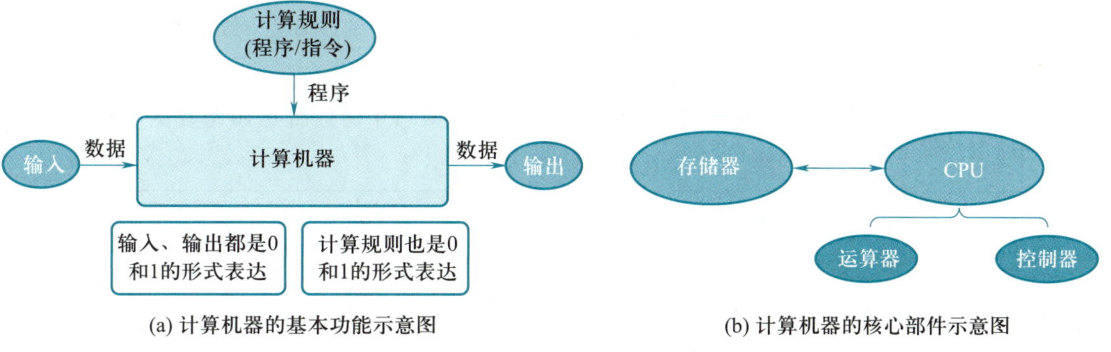

图6.1 计算机器的功能与构成

6.1.2 机器指令

机器指令就是一种编码 **机器指令**是指机器(即CPU)可以直接分析并执行的命令。**指令系统**是指机器所能执行的所有指令的集合。机器指令一般由操作码和地址码组成。**操作码**表示机器要执行的操作类别,**地址码**表示该机器指令操作数的来源和去向。机器指令有不同的操作数读取机制,例如操作数可以直接出现在指令的地址码部分,即地址码就是实际的操作数("立即数");也可以在地址码部分给出操作数被保存在存储器中的地址("直接地址"),访问该地址的存储单元便可获取操作数;还可以在地址码部分给出"存放某操作数的存储单元地址"的地址("间接地址"),即访问地址码给出地址的存储单元得到的不是具体操作数,而是存放实际操作数的存储单元的地址,必须将其作为地址再访问存储器才能获得真正的操作数。这就是所谓的立即数、直接地址和间接地址,本部分对其不做详细讨论,读者可通过深入学习汇编语言、计算机系统相关课程及研读相关机器的指令系统获得详细知识。本章的地址码均简化为存储单元的地址,即直接地址。

【示例6.1】表6.1给出了一个简单的机器指令系统。

表6.1 一个简单的机器指令系统示例

机器指令		对应功能
操作码	地址码	
取数	α	操作码000001表示取数指令:将α号存储单元的数取出送到运算器
000001	0000000100	示例地址码为0000000100,即取出4号存储单元的数送到运算器
存数	β	操作码000010表示存数指令:将运算器中的数存储到β号存储单元
000010	0000010000	示例地址码为0000010000,即将运算器中的数存储到16号存储单元
加法	γ	操作码000011表示加法指令:将运算器中的数加上γ号存储单元的数,结果保留在运算器中
000011	0000001010	示例地址码为0000001010,即将运算器中的数加上10号存储单元的数,结果保留在运算器中
乘法	δ	操作码000100表示乘法指令:将运算器中的数乘以δ号存储单元的数,结果保留在运算器中
000100	0000001001	示例地址码为0000001001,即将运算器中的数乘以9号存储单元的数,结果保留在运算器中
打印	τ	操作码000101表示打印指令:打印τ号存储单元的数
000101	0000001100	示例地址码为0000001100,即打印12号存储单元的数

续表

机器指令		对应功能
操作码	地址码	
停机		操作码 000110 表示停机指令。该指令没有操作数
000110		
跳转	θ	操作码 000111 表示跳转指令：跳转到 θ 号存储单元保存的指令
000111	0000001100	示例地址码为 0000001100，即后续要执行 12 号存储单元的指令

如表 6.1 中的指令“000001 0000000100”所示，操作码 000001 表示取数指令，即从存储器中取数送至运算器的操作。取哪个存储单元的数由地址码给出，地址码为 0000000100 即取出 4 号地址的存储单元的数。送至何处的指令默认送至运算器，运算器中有可临时保存数据的寄存器，能够在运算前后暂时保存两个操作数和相应计算结果。下面再来阅读几条指令：

000001 0000001001 表示将存储器中 0000001001（9 号）单元的内容读到运算器中。

000001 0000010001 表示将存储器中 0000010001（17 号）单元的内容读到运算器中。

000001 0000010011 表示将存储器中 0000010011（19 号）单元的内容读到运算器中。

000001 0000011111 表示将存储器中 0000011111（31 号）单元的内容读到运算器中。

以上为指令码相同但地址码不同的情况，类似地还有指令码不同的指令。

000010 0000001000 表示将运算器中的数存储到存储器 0000001000（8 号）单元中。

000011 0000001000 表示将运算器中的数与存储器 0000001000（8 号）单元的内容相加，结果仍保留在运算器中。

000100 0000001000 表示将运算器中的数与存储器 0000001000（8 号）单元的内容相乘，结果仍保留在运算器中。

000100 0000001100 表示将运算器中的数与存储器 0000001100（12 号）单元的内容相乘，结果仍保留在运算器中。

需要特别注意的是，指令系统不同，对 0 和 1 指令编码解释得到的功能也是不同的。

6.1.3 机器级算法

机器级算法是指一组存在先后次序的计算步骤。如果算法所涉及的计算步骤均为机器可以直接执行的基本步骤，则该算法被视为机器级算法。

【示例 6.2】计算多项式 $8\times3^2+2\times3+6$ 的机器级算法。

假设数 3 存储于 8 号存储单元，数 8 存储于 9 号存储单元，数 2 存储于 10 号存储单元，数 6 存储于 11 号存储单元。如表 6.2 所示，虽然机器仅能完成简单运算，但通过次序编排，组合这些简单运算便可实现各式各样复杂的运算。

表 6.2 多项式问题的两种计算方法

(a)

算法 1:$8\times3^2+2\times3+6$	
步骤 1	取出数 3 至运算器中
步骤 2	乘以数 3 在运算器中
步骤 3	乘以数 8 在运算器中
步骤 4	存结果 8×3^2 在存储器中
步骤 5	取出数 2 至运算器中
步骤 6	乘以数 3 在运算器中
步骤 7	加上 8×3^2 在运算器中
步骤 8	加上数 6 在运算器中

(b)

算法 2:$((8\times3)+2)\times3+6$	
步骤 1	取出数 3 至运算器中
步骤 2	乘以数 8 在运算器中
步骤 3	加上数 2 在运算器中
步骤 4	乘以数 3 在运算器中
步骤 5	加上数 6 至运算器中

由上例可以看出,算法 2 比算法 1 节省了 3 个步骤。不要轻视节省 3 个步骤的作用,要知道这是在机器层级,类似的程序可能要被执行成千上万遍,因此哪怕节省一步都是机器计算性能的重要改进。而这也说明算法是需要优化的,尤其机器级算法更需要优化。

6.1.4 机器级算法转换为机器程序

将机器级算法转换为机器程序 **机器程序**是指用机器可以直接执行的指令所编写的程序。对于任意一个可计算的问题,计算机都是通过机器指令将机器级算法转换为机器程序。

【示例 6.3】利用表 6.1 中的机器指令系统,将表 6.2(b) 中的机器级算法转换为机器程序。

将每个步骤翻译成机器指令,如表 6.3 所示。例如,步骤 1 是取出数 3 至运算器中,其中的操作是取数操作,对应的操作码为 000001;地址码为数 3 在存储器中对应的地址 0000001000,即 8 号存储单元。这样就组成了一条指令 000001 0000001000。以此类推,根据机器指令系统,算法 2 被转换为 0 和 1 编码形式的机器程序,如图 6.2(a) 所示,该程序可被计算机执行以完成此多项式的计算。

表 6.3 计算$((8\times3)+2)\times3+6$ 的机器程序及其功能解释

机器指令		功能解释
操作码	地址码	
000001	0000001000	取出 8 号存储单元的数(即操作数 3)至运算器中
000100	0000001001	乘以 9 号存储单元的数(即操作数 8),结果 8×3 暂存于运算器
000011	0000001010	加上 10 号存储单元的数(即操作数 2),结果 $8\times3+2$ 暂存于运算器
000100	0000001001	乘以 8 号存储单元的数(即操作数 3),结果$((8\times3)+2)\times3$ 暂存于运算器

续表

机器指令		功能解释
操作码	地址码	
000011	0000001011	加上 11 号存储单元的数(即操作数 6),结果((8×3)+2)×3+6 暂存于运算器
000010	0000001100	将上述运算器中的结果存储于 12 号存储单元
000101	0000001100	打印 12 号存储单元中的数
000110	0000000000	停机

```
0000010000001000
0001000000001001
0000110000001010
0001000000001000
0000110000001011
0000100000001100
0001010000001100
0001100000000000
```

(a) 计算((8×3)+2)×3+6的机器程序

```
0000010000001011
0001000000001010
0000110000001001
0001000000001011
0000110000001000
0000100000001100
0001010000001100
0001100000000000
```

(b) 更改地址码后的机器程序

图 6.2 机器程序

【示例 6.4】假设数字的地址码不变,即 3、8、2、6 被存储于 8 号、9 号、10 号和 11 号存储单元。

对图 6.2(a)所示程序略做改动,变为图 6.2(b),解读机器程序的功能所发生的变化。

通过阅读图 6.2(b)所示程序,可以发现该程序与图 6.2(a)所示程序的指令操作码及指令次序没有变化,但地址码发生了变化。

相较于表 6.3 而言,表 6.4 中灰色方格的地址码发生了变化。例如,表 6.3 第一行指令的地址码为 0000001000,表 6.4 第一行指令的地址码 0000001011,即从 8 号存储单元变为 11 号存储单元。仔细阅读这段程序,可以发现改变后的机器程序完成的功能是“计算 $2\times6^2+8\times6+3$ 的值,并将结果存储于 12 号存储单元”。

表 6.4 图 6.2(b)所示机器程序的功能及解释

机器指令		功能解释
操作码	地址码	
000001	0000001011	取出 11 号存储单元的数(即操作数 6)至运算器中
000100	0000001010	乘以 10 号存储单元的数(即操作数 2),结果 2×6 暂存于运算器
000011	0000001001	加上 9 号存储单元的数(即操作数 8),结果 2×6+8 暂存于运算器
000100	0000001011	乘以 11 号存储单元的数(即操作数 6),结果((2×6)+8)×6 暂存于运算器
000011	0000001000	加上 8 号存储单元的数(即操作数 3),结果((2×6)+8)×6+3 暂存于运算器

续表

机器指令		功能解释
操作码	地址码	
000010	0000001100	将上述运算器中的结果存储于 12 号存储单元
000101	0000001100	打印 12 号存储单元中的数
000110	0000000000	停机

【示例 6.5】用不同指令系统解读的机器程序示例。

若采用不同的指令系统解读同一段程序，其功能可能是不同的。假设新指令系统中操作码 000100 表示减法，其他操作码与表 6.1 一致。解读图 6.2(b)所示的机器程序，其功能也会相应发生变化，如表 6.5 所示。

表 6.5 指令系统变化后的图 6.2(b)所示机器程序的功能及解释

机器指令		功能解释
操作码	地址码	
000001	0000001011	取出 11 号存储单元的数(即操作数 6)至运算器中
000100	0000001010	减去 10 号存储单元的数(即操作数 2)，结果 6-2 暂存于运算器
000011	0000001001	加上 9 号存储单元的数(即操作数 8)，结果 6-2+8 暂存于运算器
000100	0000001011	减去 11 号存储单元的数(即操作数 6)，结果 6-2+8-6 暂存于运算器
000011	0000001000	加上 8 号存储单元的数(即操作数 3)，结果 6-2+8-6+3 暂存于运算器
000010	0000001100	将上述运算器中的结果存储于 12 号存储单元
000101	0000001100	打印 12 号存储单元中的数
000110	0000000000	停机

当指令系统发生改变时，示例 6.2 所示的机器程序完成的功能是计算 6 - 2 + 8 - 6 + 3 的值，并将结果存储于 12 号存储单元。

6.2 存储器及机器程序与数据的存储

6.2.1 存储器

存储器是一种能读出、写入、保存 0 和 1 数据的部件，通常是指能按地址自动存取数据的部件，参见第 4 章介绍。**存储器**由若干具有相同位数的**存储单元**构成，一个存储单元的位数称为**存储字长**，目前典型的存储字长是 8 位、16 位、32 位和 64 位。每个存储单元都有唯一的地址编码，地址编码的位数取决于机器能够访问的存储单元个数即存储空间的大小。例如，16 位的地址编码能够访问 64 KB(2^{16} B)存储单元，20 位的地址编码能够访问 1 MB(2^{20} B)存储单元，30 位的地址编码则能够访问 1 GB(2^{30} B)存储单元。简单理解，存储器就是给出一个地址编码，可以找到对应该地址编码的存储单元，并能读写存储单元内容的部件。地址编码由地址寄存器暂时保存，输出的存储单元内容由内容寄存器暂时保存。所谓寄存器是指用于临时保存 0 和 1 数据的一种部件（详见 6.3 节）。

存储器的性能指标 存储器的性能指标主要包括存储容量和存储速度。**存储容量**是指存储器中所能存储的二进制代码的总位数，即存储单元个数与存储字长的乘积。**存储速度**可用存取时间、存取周期或存储器带宽表示。**存取时间**用读出时间和写入时间描述，读出时间是存储器从接到读命令开始至信息被传送到数据线上所需的时间，写入时间是存储器从接到写命令开始至信息被写入存储器所需的时间。**存储器周期**是存储器进行连续读写操作所需的最短间隔时间，如图 6.3 所示，其等于存取时间加上下次存取开始前所要求的附加时间。**存储器带宽**表示存储器连续访问时可以提供的最大数据传输率，通常以字/秒表示。

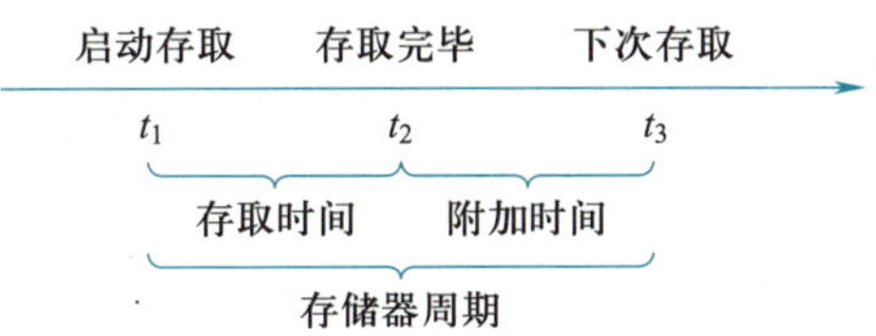

图 6.3 存储器周期和存取时间关系图

6.2.2 机器程序与数据在存储器中的存储

机器程序和数据需要预先存储在存储器中，然后被 CPU 提取并自动执行。程序和数据以同等地位存储在存储器中，即：将其作为指令读取时，则其内容被视为指令；将其作为数据读取时，则其内容被视为数据。

【示例 6.6】如表 6.6 所示为示例 6.3 的机器程序在存储器中的存储示意。

假定存储器为 16 位存储字长，包含 64 KB 存储单元。例如，第一条取数操作指令 000001 0000001000 被存储在 0000 0000 0000 0000 号存储单元中，操作数 3（转换成二进制为 0000 0000 0000 0011）被存储在 0000 0000 0000 1000 号存储单元中。

读者可能会问，64 KB 存储单元需要 16 位地址码，而指令中的地址码只有 10 位，该怎么办？解决方法是在用指令中的地址码寻找存储单元时，指令的 10 位地址码通过左侧补 0 即变为 16 位地址码。读者可能会继续问，这样则只能访问 1 KB 存储单元，而访问不到 64 KB 存储单元，该怎么办？解决方法是分页管理，即设置 1 页为 1 KB 存储单元，程序用其 10 位地址码即可访问其中的每一个存储单元，用于保存程序内部的数据，且可连续存放与处理。64 KB 存储单元可以看作有 64 个页，留给操作系统管理和分配，可以同时保存多个程序，每个程序存储在不同的页中。这是灵活管理内存的一种方法，此处不再赘述，详细内容读者可通过操作系统课程进行学习。

表6.6　示例6.3的机器程序在存储器中的存储示意

存储单元地址	存储单元内容		功能
	操作码	地址码	
0000 0000 0000 0000	000001	0000001000	指令：取出8号存储单元的数至运算器中
0000 0000 0000 0001	000100	0000001001	指令：乘以9号存储单元的数
0000 0000 0000 0010	000011	0000001010	指令：加上10号存储单元的数
0000 0000 0000 0011	000100	0000001001	指令：乘以8号存储单元的数
0000 0000 0000 0100	000011	0000001011	指令：加上11号存储单元的数
0000 0000 0000 0101	000010	0000001100	指令：将上述结果存储于12号存储单元
0000 0000 0000 0110	000101	0000001100	指令：打印
0000 0000 0000 0111	000110	0000000000	指令：停机
0000 0000 0000 1000	000000	0000000011	数据：数3存储于8号存储单元
0000 0000 0000 1001	000000	0000001000	数据：数8存储于9号存储单元
0000 0000 0000 1010	000000	0000000010	数据：数2存储于10号存储单元
0000 0000 0000 1011	000000	0000000110	数据：数6存储于11号存储单元
0000 0000 0000 1100			数据：存放结果

如表6.6所示，程序和数据以同等地位被存储于存储器中。若只观察存储单元的内容，则无法说明其是指令还是数据。例如，0000 0000 0000 0001号存储单元的内容为“00000100 000001000”，其可以作为数据，也可以作为指令，还可以同时作为数据和指令。此外，程序可能被装载到存储器的任意位置，即其地址编码并非只能从00000000 00000000号地址开始，例如也可以从00000000 00100000号地址开始，只要按地址编码连续存放即可。原则上数据也可被装载到存储器的任意位置但此程序中的3、8、2、6却不能随意存放，因为指令中涉及数据的存储地址，如果更换地址存储，则可能找不到正确的数据，导致程序并非计算所要求的多项式，最终出现错误的结果。

为了更好地理解程序和数据的存储，下面给出一段程序，旨在讲解存储单元的内容为何既可作为指令也可作为数据。

【示例6.7】请阅读表6.7的机器程序，参照表6.1的指令系统。

表6.7　机器程序的一个示例

存储单元的地址编码	存储单元内容
0000000000001000	0000010000001000
0000000000001001	0000110000001001
0000000000001010	0000110000001010
0000000000001011	0000100000001010
0000000000001100	0001110000001010
…	

该程序的功能解释如表 6.8 所示。

表 6.8 示例 6.7 中机器程序的执行过程解读之一

执行次序	存储单元的地址编码	存储单元内容	程序的解释与执行
1	0000000000001000	**000001**0000001000	取 0000001000(即 8 号)存储单元的数即 0000010000001000(十进制为 1032)至运算器中。本单元内容既作为指令,又作为数据
2	0000000000001001	**000011**0000001001	加上 0000001001(即 9 号)存储单元的数即 0000110000001001(十进制为 3081),得到 3081+ 1032 即 4113 至运算器中。本单元内容既作为指令,又作为数据
3	0000000000001010	**000011**0000001010	加上 0000001010(即 10 号)存储单元的数即 0000110000001010(十进制为 3082),得到 4113+3082 即 7195 至运算器中。本单元内容既作为指令,又作为数据
4	0000000000001011	**000010**0000001010	将运算器中的结果即 7195 的二进制数,也即 0001110000011011 存储至 0000000000001010(即 10 号)存储单元中,如表 6.9 所示
	0000000000001100	**000111**0000001010	
	…		

在表 6.8 中,当执行完第 4 条指令后,存储地址“0000000000001010(10 号)”的存储内容变成“0001110000011011(数 7195)”,参见表 6.9。然后执行第 5 条指令“0001110000001010”,该指令为跳转指令,即接下来执行“0000001010(10 号)”存储单元的指令。此时 10 号存储单元的指令为“0001110000011011”,该指令是第 4 条指令执行后的结果。当读取该存储单元内容时,则按照指令分析其内容,000111 为跳转指令,即跳转到“0000011011(27 号)”存储单元所存储的指令进行执行。但 27 号存储单元不在该程序中,无法判断是否为指令,此时计算机可能会暂停运行(宕机),也可能会崩溃。这是因为原本 10 号存储单元中是所编写程序中的指令,但在执行过程中被改变,虽然改变后的内容也可被解释为指令,但该指令却并非所希望的指令,导致出现问题。因此这里也提醒读者,在编写程序时要小心使用跳转指令。

表 6.9　示例 6.7 中机器程序的执行过程解读之二(10 号存储单元内容变化后)

正在执行的位置	存储单元的地址编码	存储单元内容	程序的解释与执行
	0000000000001000	0000010000001000	
	0000000000001001	0000110000001001	
6	0000000000001010	0001110000011011	跳转执行 0000011011(即 27 号)存储单元的指令。27 号存储单元可能并非存储或希望执行的指令,此时系统将会出现问题
	0000000000001011	0000100000001010	
5	0000000000001100	0001110000001010	跳转执行 0000001010(即 10 号)存储单元的指令
	…		

6.3　CPU——运算器和控制器——机器程序执行机构

6.3.1　运算器

运算器及其作用 运算器(arithmetic unit,AU)是对数据实现算术和逻辑运算的部件。从内部结构来看,运算器内部包含一个算术逻辑部件和若干用于临时存储数据的寄存器,如图 6.4 所示。**算术逻辑部件**负责完成算术和逻辑运算,其两个输入端(两个操作数)和一个输出端(运算结果)均与寄存器相连,表示两个操作数和运算结果均可由这些寄存器提供和保存。因此**寄存器**用于临时保存参加运算的数据和运算的中间结果。寄存器的数据来源于存储器;计算结果有时暂存在寄存器中,以便下一条指令进行计算,有时也返回至存储器保存。图 6.4 中的 R_0 和 R_1 即为两个寄存器。

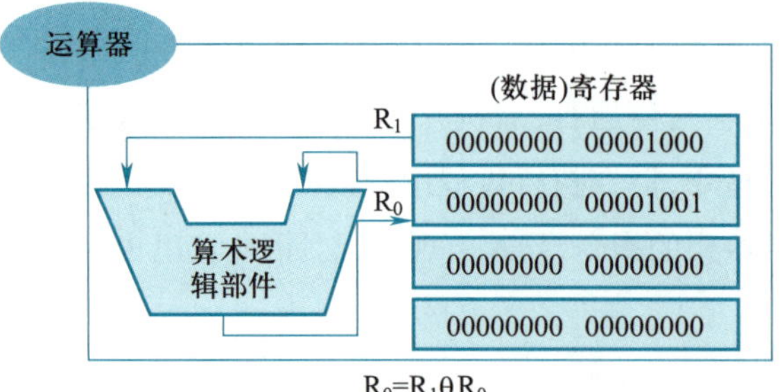

图 6.4　运算器内部结构示意图

运算器内的计算过程可以由 $R_0 = R_1 \theta R_0$ 表示。其中，"="表示赋值，即将右侧算式的结果输入左侧的寄存器中保存；"θ"表示运算，可以是算术运算、逻辑运算或移位运算。寄存器既可存放操作数，又可保存运算结果。这样做的优点是能够充分利用寄存器，以便在硬件设计时既能减少寄存器的数目，又能缩短指令的长度（正常情况下需要指明操作数 1、操作数 2 和结果等 3 个寄存器，而采用 $R_0 = R_1 \theta R_0$ 后只需指明 2 个寄存器即可）。

运算器本质上是一组逻辑电路。最简单的运算器是加法器，可以实现加法和减法运算。乘法、除法分别可通过程序转化为连加运算和连减运算等，因此可以实现加法的运算器理论上也可以进行加、减、乘、除四则运算。参见本书第 3 章内容。

6.3.2 控制器

控制器及其作用 控制器（control unit，CU）是可以读取指令、解释指令并调用各个部件执行指令的部件。控制器是计算机的系统中枢，在控制器的控制下，计算机能够自动按照机器程序设定的步骤进行一系列操作，以完成特定任务。从内部结构来看，控制器十分复杂，从思维理解的角度对其进行抽象，可简化为如图 6.5 所示的结构。

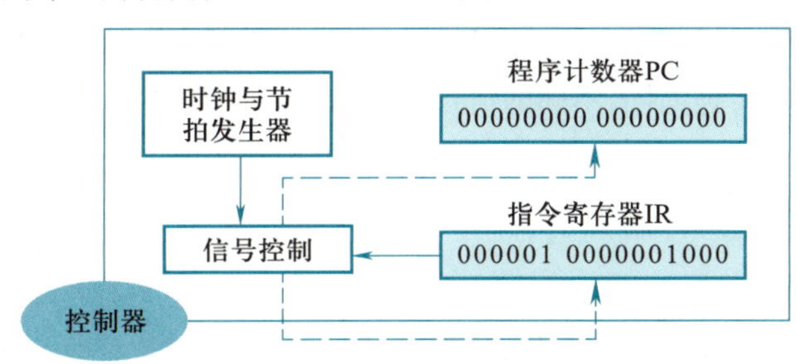

图 6.5 控制器内部结构示意图

（1）两个非常重要的寄存器：IR 与 PC

指令寄存器（instruction register，IR）和程序计数器（program counter，PC）是控制器内部非常重要的两个寄存器。

指令寄存器用于保存当前正在执行的指令。因为指令的执行需持续一段时间，在这段时间内，指令是需要被保存的。

程序计数器用于存放下一条将要被执行指令的地址。程序在执行前会被连续存放在存储器中，由控制器控制其一条条从存储器中读取并执行。一条指令读取并执行完毕后，可自动读取下一条指令。因此，程序计数器有一种特殊的功能，即"自动加 1"。

机器可以执行指令，但并非外界输入一条其执行一条，因为这样的输入方式跟不上机器自动执行的速度。而是预先将需要机器执行的程序编写完成，并预先存于存储器中，由机器自动读取并执行，这样能够极大地提高机器计算性能。这就是**存储程序**的基本思想。

（2）信号控制部件

0 和 1 信号分别对应电路中的低电压（0 V）和高电压（5 V）。控制电压的变化相当于产生 0 和 1 信号。指令的执行就是由信号控制部件依据指令的操作码产生各种 0 和 1 信号，然后发送给各个部件，各个部件再依据相应要求产生 0 和 1 信号。这种 0 和 1 信号的产生、传递和变换过程就是指令的执行过程。因此，一条指令是由一组电信号构成的。

构成指令的一组电信号有时存在次序要求，即要求按时间的先后次序产生并传递，这时就需要时钟信号发生器。**时钟信号发生器**的作用就是产生时序信号，以便同步系统内各部件的工作次序。同一指令的电信号在时钟信号发生器的控制下按照次序产生，并在节拍（参见 6.4 节的描述）的控制下有序地发送给不同的部件，此即为指令的执行过程。

简单地讲，指令的执行就是产生信号并传输与变换信号的过程。不同的指令由操作码给出其差异，由信号控制部件产生不同数目的 0 和 1 信号，并发送给不同的部件。因此，**信号控制部件**负责依据不同指令的操作码产生不同数目的 0 和 1 信号，通过连接线路发送到相关部件。

（3）时钟与节拍

机器中存在一个**时钟发生器**，负责产生基本的时钟周期，其快慢决定了机器运行速度的快慢。通常所说的 CPU **主频**即指该时钟发生的频率，是区分机器信号的最小时间单位。通常将一条标准指令执行的时间单位称为一个**机器周期**。一个机器周期可能包含若干时钟周期，不同的信号应当在不同时钟周期内发出，这些不同的时钟周期称为**节拍**。信号控制部件产生各种控制信号以控制各部件的工作，但这些信号的执行次序由时钟与节拍进行控制。

6.3.3　CPU 功能

CPU 的 4 种功能　在以存储器为中心的计算机结构中，运算器和控制器组成了 CPU，因此 **CPU** 是一台计算机的运算和控制核心。CPU 的 4 个基本功能如下所示。

（1）一段程序的执行：机器程序是一组可有序执行的指令序列，CPU 能够严格按照程序规定的指令顺序执行。该过程主要通过 PC 实现，PC 具有自动加 1 功能，默认机器程序遵循逐条执行的顺序。当需要执行顺序发生变化时，可通过改变 PC 的值，使 PC 指向新的指令在存储器中的地址来实现。

（2）一条指令的执行：一条指令的功能通常由计算机中的部件执行一系列操作来实现。指令的执行包括取指令和执行指令两个阶段。取指令是指将指令从存储器中读取并发送给控制器的 IR；执行指令是指 CPU 能够根据指令的操作码产生相应的操作控制信号，并发送给相应的部件，从而控制这些部件按指令的要求进行动作。

（3）时间控制：对各种操作实施时间上的定时。在一条指令的执行过程中，什么时间进行什么操作均应受到严格的控制，这样计算机才能有条不紊地工作。CPU 内部包含时钟发生器，负责产生一个个时钟，时钟周期是各种操作的最小时间单位。一条指令从取指令开始到执行指令，进而完成一系列信号的产生与传输至结束为止的时间周期称为机器周期。一个机器周期包含若干时钟周期（称为节拍），不同时钟周期即不同节拍可以进行不同的工作，不同信号需要在不同时钟周期即不同节拍内完成。

（4）数据计算或数据变换：对数据进行算术运算或逻辑运算。

6.4 一台完整的计算机

6.4.1 计算机的总线

总线的分类 计算机需要与一定数量的部件和外围设备连接，但如果各部件和每种外围设备均分别用一组线路与 CPU 直接连接，则连线将错综复杂，甚至难以实现。为了简化硬件电路设计和系统结构，常使用一组线路配置以合适的接口电路，与各部件和外围设备连接，这组共用的连接线路称为**总线**。总线一般分为片内总线、系统总线和通信总线。**片内总线**是指芯片内部的总线，例如在 CPU 芯片内部，寄存器与寄存器之间、寄存器与计算逻辑单元之间均由片内总线连接，即前文所说的数据线、地址线和控制线。**系统总线**是指 CPU、内存、输入输出（I/O）设备之间的信息传输线。现代计算机引入了局部总线的概念，局部总线是指连接某一个子系统或部分部件的总线，如图 6.6（a）中的存储总线和 I/O 总线。**通信总线**（也称外部总线）是指计算机之间或计算机与其他机器之间传送信息的总线。总线通过光刻机刻在主板上，主板上包含各种插槽，可以插入 CPU、内存、显卡等设备。设备插入插槽后，即可通过主板上的总线相互连接并通信，如图 6.6（b）所示，这些插槽也被视为总线。

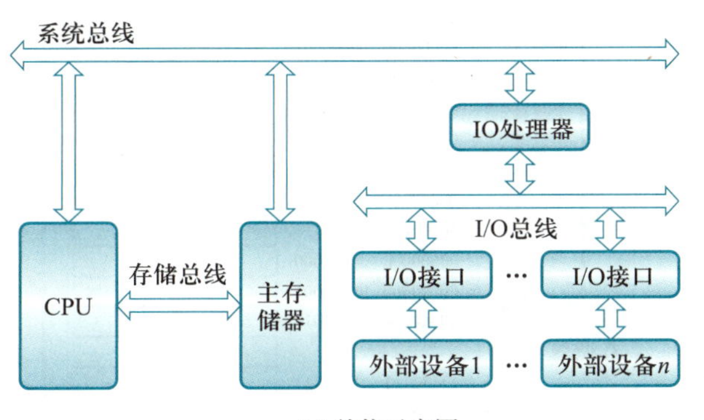

(a) 结构示意图

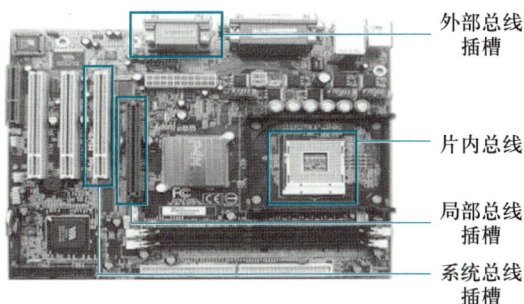

外部总线插槽
片内总线
局部总线插槽
系统总线插槽

(b) 主板的总线插槽示意图

图 6.6 计算机总线示意图

系统总线是最重要的总线,传输的信号种类较多,速度较快。系统总线可分为地址总线、数据总线和控制总线。**地址总线**主要用于传输存储单元的地址。CPU 通过地址总线向存储器发送地址,如果有 N 条地址总线(此时称地址总线的宽度为 N),CPU 即可访问拥有 2^N 个存储单元的存储器。**数据总线**主要用于传输数据。CPU 与内存或其他部件之间的数据传输由数据总线完成。8 根数据总线一次可以传输一个 8 位二进制数据(即一个字节),16 根数据总线一次可以传输两个字节,数据总线的根数(又称数据总线的宽度)即为数据总线的位数。数据总线的宽度决定了 CPU 和其他部件的数据传输速度。**控制总线**主要用于传输控制信号。常见的控制信号有时钟、复位、中断请求/响应、存储器读写、I/O 读写等。

6.4.2　计算机控制信号分解

信号控制部件控制其他部件 图 6.7 是将运算器、控制器和存储器装配而成的完整计算机的示意图。可以看出,存储器中的内容寄存器分别与运算器中的各个数据寄存器、控制器中的指令寄存器相连,说明存储器中的内容既可送给(或来自)运算器,也可送给(或来自)控制器。那么送给谁、来自谁、何时送、何时收,则都需要进行控制。**控制器中的信号控制部件专门产生各种控制信号以便控制各部件的正确运行**:可以控制运算器中

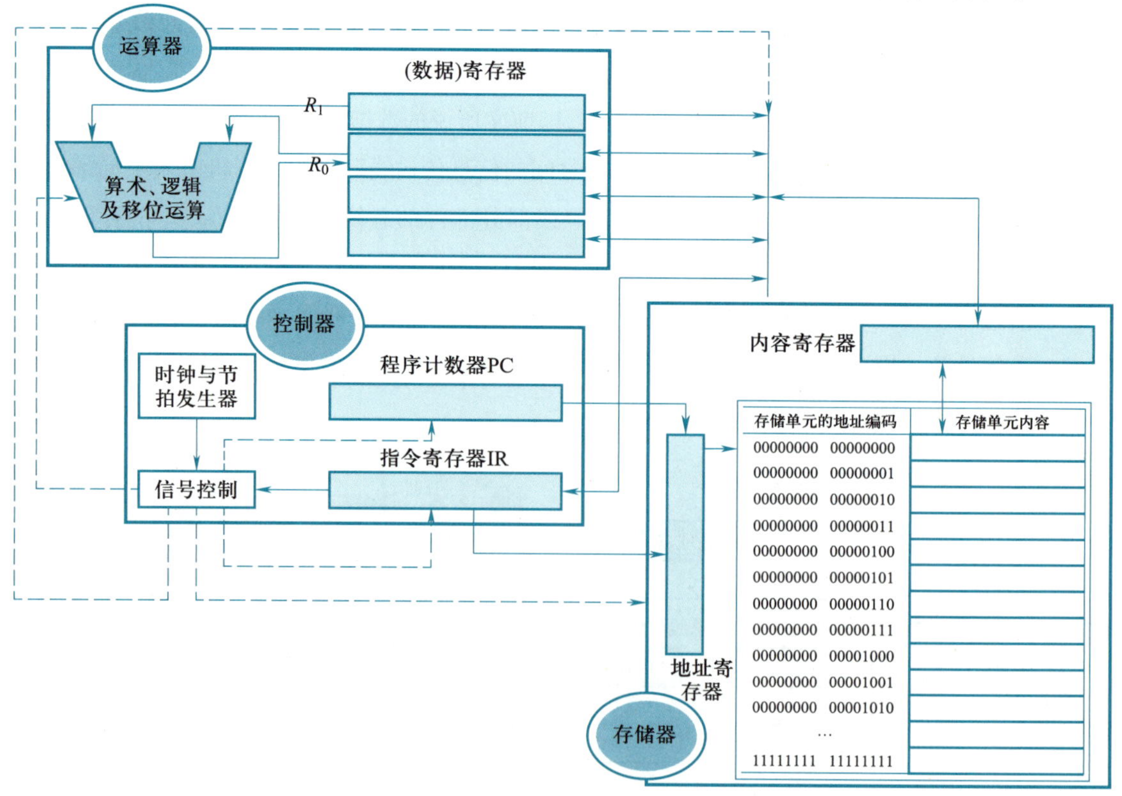

图 6.7　一台完整的计算机

的某个数据寄存器接收来自存储器的数据，可以控制指令寄存器接收来自存储器的数据，可以控制运算器运算，可以控制存储器开始读写工作，还可控制程序寄存器自动加 1 以指向下一条指令的地址等。**同时，当某一部件连接多个部件时，信号控制部件还可决定生效连接**。例如，存储器的内容寄存器和多个部件相连（和运算器中的多个寄存器相连，和控制器中的指令寄存器相连），若信号控制部件的控制信号发送给指令寄存器，则指令寄存器接收来自存储器中内容寄存器的内容，若信号控制部件的控制信号发送给数据寄存器 R_0，则 R_0 接收来自存储器中内容寄存器的内容。如果控制信号同时发送给指令寄存器和数据寄存器，则指令寄存器和数据寄存器将同时接收来自存储器中内容寄存器的内容。

下面以几个典型指令的执行来进一步讲解信号控制部件发出的信号内容以及发出的信号次序。

“读取指令”的信号分解 所有指令都需要从存储器中读取到指令寄存器中，然后将指令寄存器中指令的操作码部分发送给信号控制部件，信号控制部件依据操作码产生不同的控制信号。因此“读取指令”的控制信号应包括：(a)将程序计数器中的地址发送给存储器；(b)向存储器发送一个开始工作的控制信号；(c)存储器开始工作，按地址读取相应存储单元的内容，将其送入内容寄存器；(d)向拟接收该内容的指令寄存器发送一个可以接收的控制信号。同理，这些信号有些能够并行发出，有些需要按照先后次序，参见 6.5 节详细理解。

执行“取数指令”的信号分解 如果一条指令是取数指令，例如“000001 0000001001”（功能为：取出 9 号存储单元的数，发送给运算器中的数据寄存器），则需产生如下信号才能完成：(a)将指令中的地址码发送给存储器；(b)向存储器发送一个开始工作的控制信号；(c)存储器开始工作，按地址读取相应存储单元的内容，将其送入内容寄存器；(d)向拟接收该内容的数据寄存器发送一个可以接收的控制信号。同理，这些信号有些能够并行发出，有些需要按照先后次序，参见 6.5 节详细理解。

执行“加法指令”的信号分解 如果一条指令是加法指令，例如“000011 0000001001”（功能为：取出 9 号存储单元的数，发送给运算器中的一个数据寄存器 R_1，并与运算器中另一个数据寄存器 R_0 中的数相加，结果保留在该数据寄存器 R_0 中），则需产生如下信号才能完成：(a)将指令中的地址码发送给存储器；(b)向存储器发送一个开始工作的控制信号；(c)存储器开始工作，按地址读取相应存储单元的内容，将其送入内容寄存器；(d)向拟接收该内容的数据寄存器 R_1 发送一个可以接收的控制信号；(e)此时两个操作数均已在运算器中，则发送一个控制信号通知运算器开始工作；(f)再发送一个控制信号给 R_0，用于保留运算器计算的结果。同理，这些信号有些能够并行发出，有些需要按照先后次序，参见 6.5 节详细理解。

指令信号的执行次序 前文讲道，指令的一组信号有时是冲突的，即不能同时进行，须按时间先后进行。因此指令信号的执行次序需由时钟与节拍控制，不同节拍发出不同信号以完成不同任务。如图6.8(a)所示，一个机器周期通常包含4个节拍，第1个节拍用于“将控制器的PC中的地址发送给存储器”(见前文“读取指令”，包含(a)(b)两个信号，两个信号需同时完成)，第2个节拍用于“取出存储器中的指令并发送给控制器的IR”(见前文，包含(c)(d)两个信号，两个信号需同时完成)。上述两个节拍用于“读取指令”。第3~4个节拍用于“控制器按照指令的操作码发出各种信号”(见前文“取数指令”，则第3个节拍包含(a)(b)两个信号，两个信号需同时完成，第4个节拍包含(c)(d)两个信号，两个信号需同时完成)。通常情况下4个节拍能够完成一条指令的读取和执行，但也存在指令需要更多节拍才能完成指令执行，例如“加法指令”即需要6个节拍。第1~2个节拍读取指令，第3~4个节拍读取操作数，第5个节拍通知运算器开始工作，第6个节拍保留运算器的结果。

解决数据传输线路冲突的示意如图6.8(b)所示，可用“与门”实现时钟与节拍控制。若要向某一部件发出信号，则该部件能够收到该信号取决于3个条件——节拍信号、某一条件信号(例如道路通行中的单双号规则)以及发出的信号，3个信号均为1时，即在该节拍有效、条件信号满足(例如单双号)且由发送者发出信号。否则该部件无法收到该信号。读者可仔细理解。

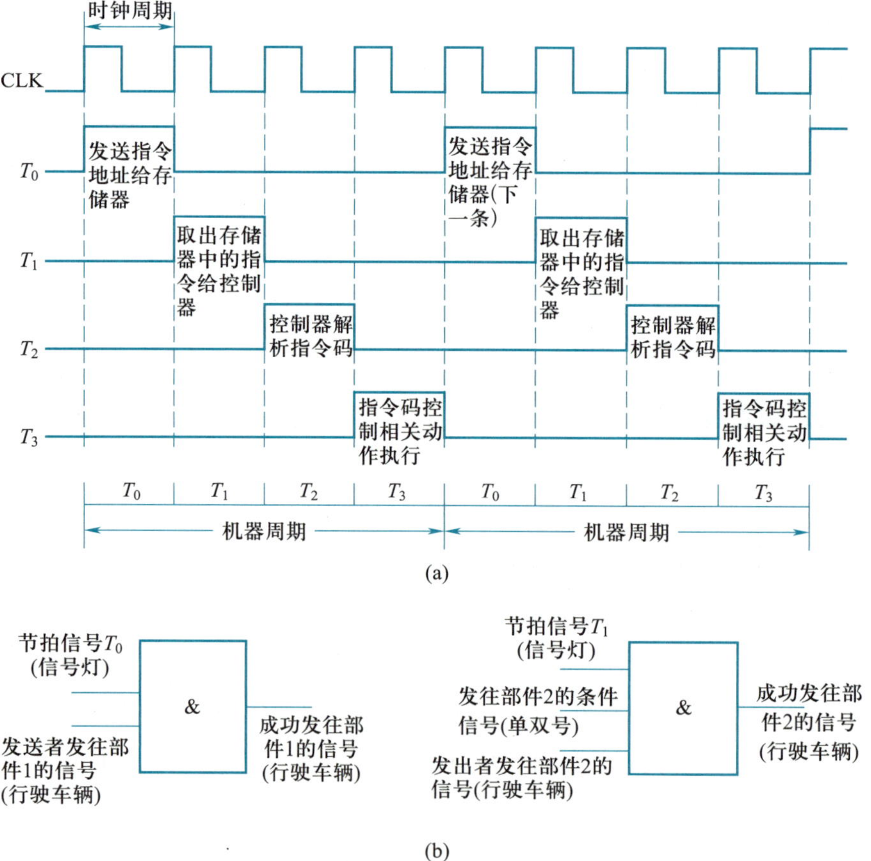

图6.8　控制器的内部结构示意图

6.5 机器程序的执行过程模拟

模拟机器程序执行过程 模拟机器程序执行计算((8×3) +2) ×3+6 的过程如下所示。

第 1 条指令的执行过程 图 6.9 给出了第 1 条指令的完整执行过程。如图 6.9(a)所示,在第 1 个节拍,将 PC 中的地址 00000000 00000000(第 1 条指令的地址)发往存储器的地址寄存器,并由信号控制部件发出一个信号通知存储器工作。在第 2 个节拍,存储器进行地址译码找到相应的 00000000 00000000 号存储单元,通过内容寄存器输出其内容 00000100 00001000(第 1 条指令,含义是取出 8 号存储单元的数据),同时,信号控制部件发出一个信号,控制 IR 接收其内容。继续如图 6.9(b)所示,在第 3 个节拍,指令码 000001(指令的操作码部分,取操作数指令)控制产生各种信号,首先使 PC 内容加 1,以使其指向下一条指令的存储地址;同时,将指令中的地址码 0000001000 发往存储器的地址

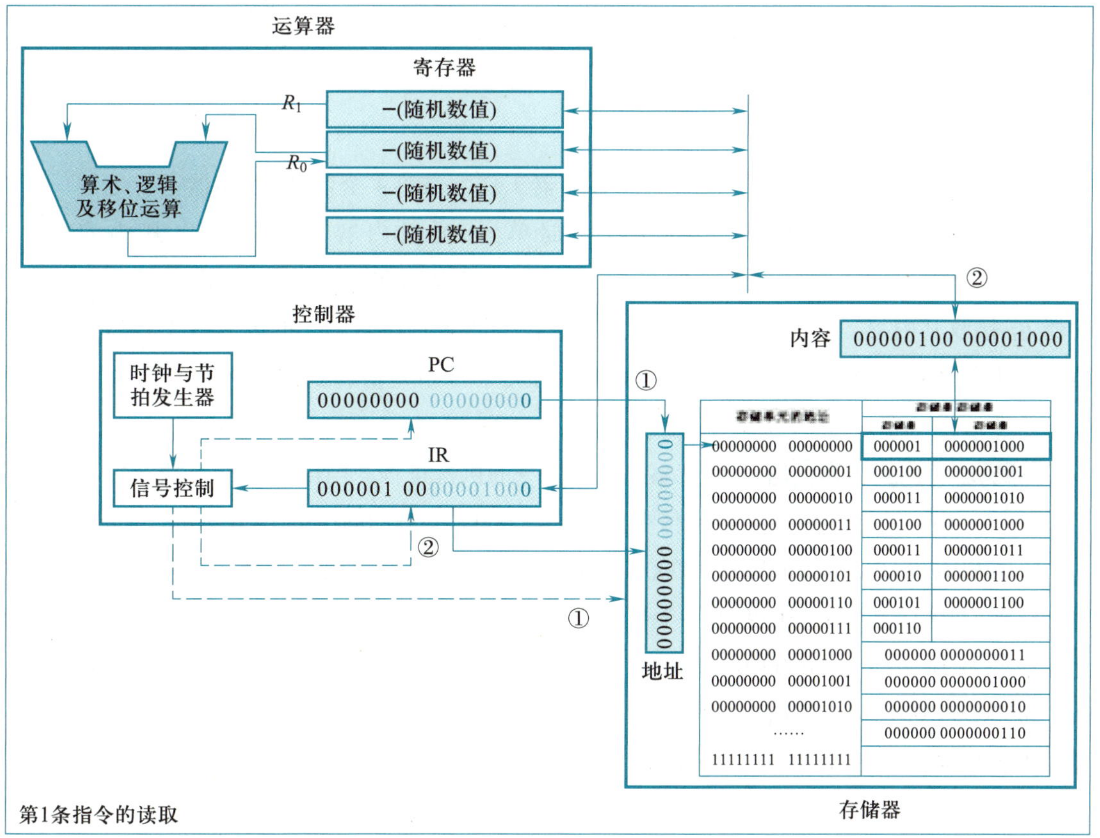

(a)

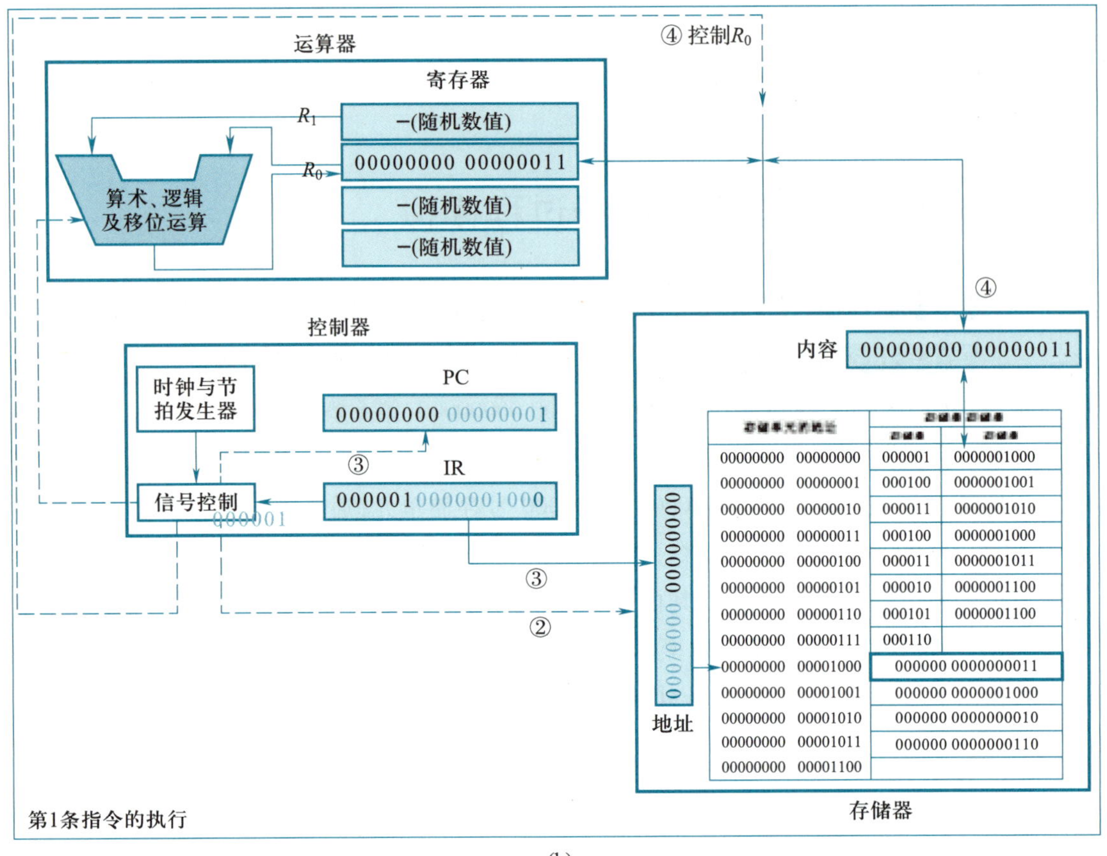

(b)

图 6.9　第 1 条指令的执行过程

寄存器，信号控制部件发出一个信号通知存储器工作。在第 4 个节拍，存储器进行地址译码找到相应的 00000000 00001000 号存储单元，通过内容寄存器输出其内容 00000000 00000011（8 号存储单元内容为 3），同时，指令码 000001 控制发出信号使寄存器 R_0 接收其内容。至此完成一条指令的执行，即将 8 号存储单元的内容取出并送往运算器中的寄存器，8 号存储单元内容为 3，执行完毕该指令后，运算器中 R_0 寄存器的内容为 3。

第 2 条指令的执行过程 下面观察第 2 条指令的执行过程。当前一条指令执行完成后，由于 PC 中已经存储的是下一条指令的地址 00000000 00000001，如图 6.10（a）所示，在第 1 个节拍，将 PC 中的地址 00000000 00000001（第 2 条指令的地址）发往存储器的地址寄存器，并由信号控制部件发出一个信号通知存储器工作。在第 2 个节拍，存储器进行地址译码找到相应的 00000000 00000001 号存储单元，通过内容寄存器输出其内容 0001000000001001（第 2 条指令，含义是取出 9 号存储单元的数据并与运算器中 R_2 寄存器的内容相乘，结果保留在 R_0 中），同时，信号控制部件发出一个信号，控制 IR 接收其内容。

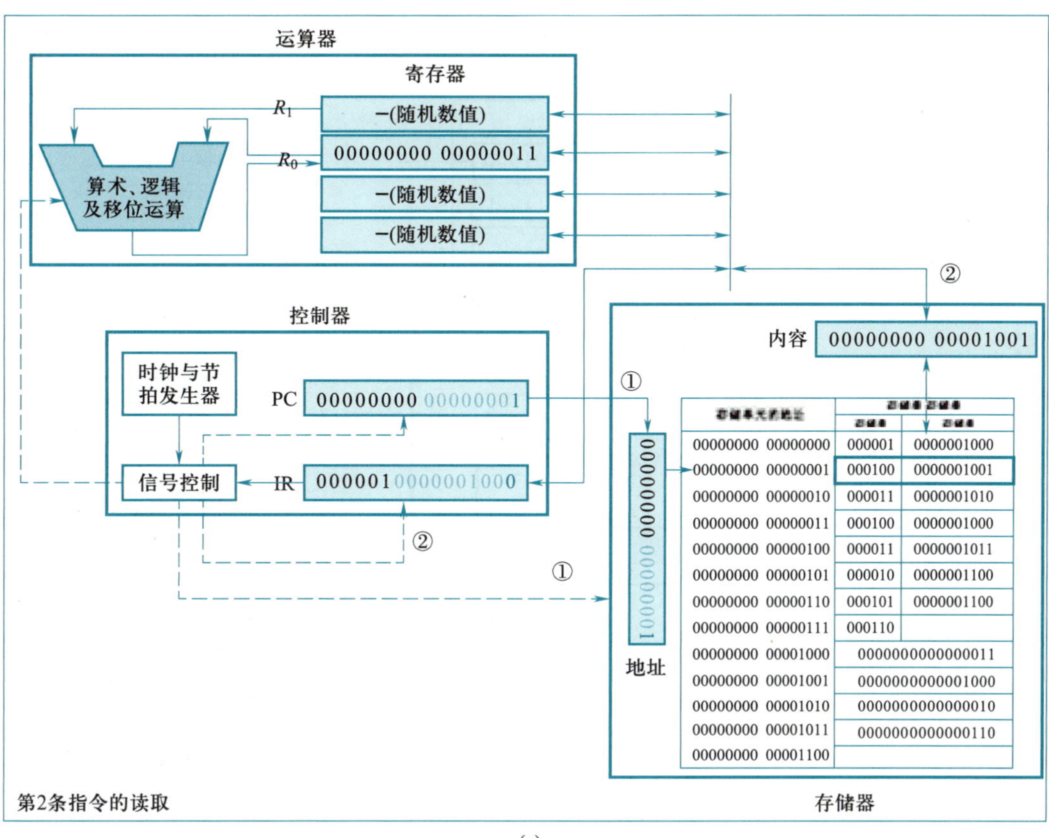

运算器
寄存器
R_1
—(随机数值)
00000000 00000011
R_0
—(随机数值)
—(随机数值)
算术、逻辑
及移位运算
控制器
时钟与节
拍发生器
PC
00000000 00000001
信号控制
IR
000001 0000001000
①
②
②
①
内容
00000000 00001001
00000000 00000001
地址
00000000 00000000 | 000001 | 0000001000
00000000 00000001 | 000100 | 0000001001
00000000 00000010 | 000011 | 0000001010
00000000 00000011 | 000100 | 0000001000
00000000 00000100 | 000011 | 0000001011
00000000 00000101 | 000010 | 0000001100
00000000 00000110 | 000101 | 0000001100
00000000 00000111 | 000110
00000000 00001000 | 0000000000000011
00000000 00001001 | 0000000000001000
00000000 00001010 | 0000000000000010
00000000 00001011 | 0000000000000110
00000000 00001100
第2条指令的读取
存储器

(a)

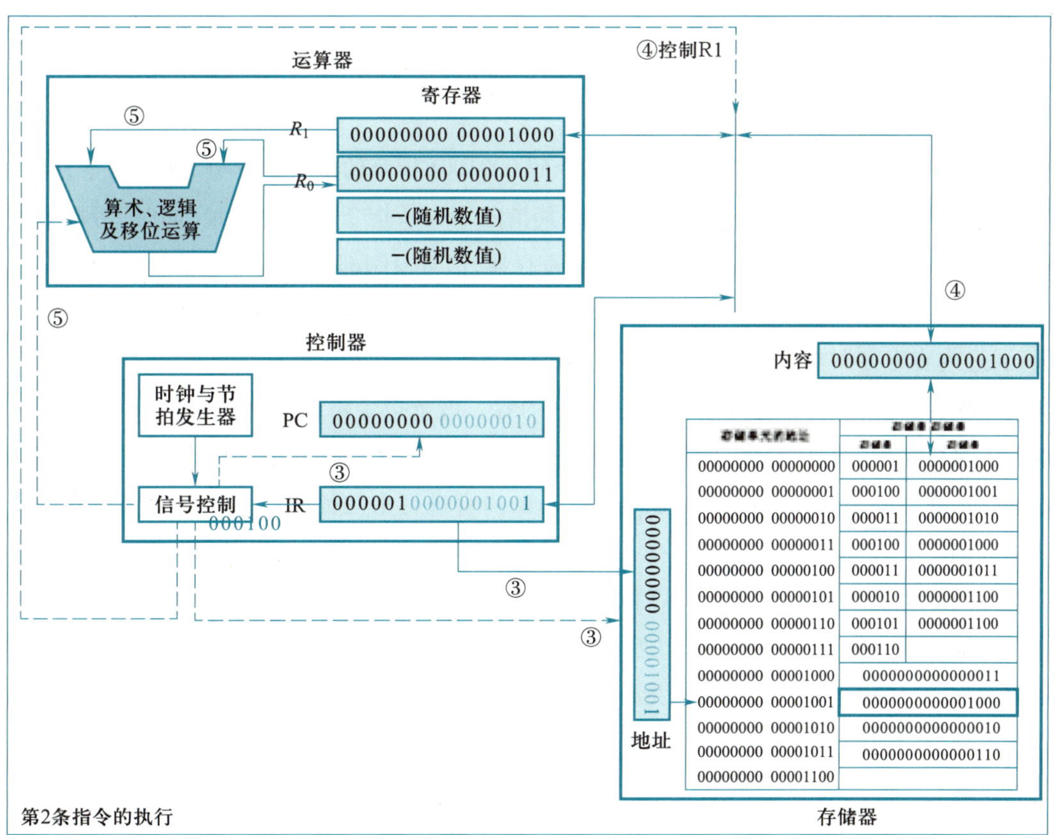

④控制R1
运算器
寄存器
⑤
⑤
R_1
00000000 00001000
R_0
00000000 00000011
—(随机数值)
—(随机数值)
算术、逻辑
及移位运算
⑤
控制器
时钟与节
拍发生器
PC
00000000 00000010
③
信号控制
000100
IR
000001 0000001001
③
③
④
内容
00000000 00001000
00000000 00001001
地址
00000000 00000000 | 000001 | 0000001000
00000000 00000001 | 000100 | 0000001001
00000000 00000010 | 000011 | 0000001010
00000000 00000011 | 000100 | 0000001000
00000000 00000100 | 000011 | 0000001011
00000000 00000101 | 000010 | 0000001100
00000000 00000110 | 000101 | 0000001100
00000000 00000111 | 000110
00000000 00001000 | 0000000000000011
00000000 00001001 | 0000000000001000
00000000 00001010 | 0000000000000010
00000000 00001011 | 0000000000000110
00000000 00001100
第2条指令的执行
存储器

(b)

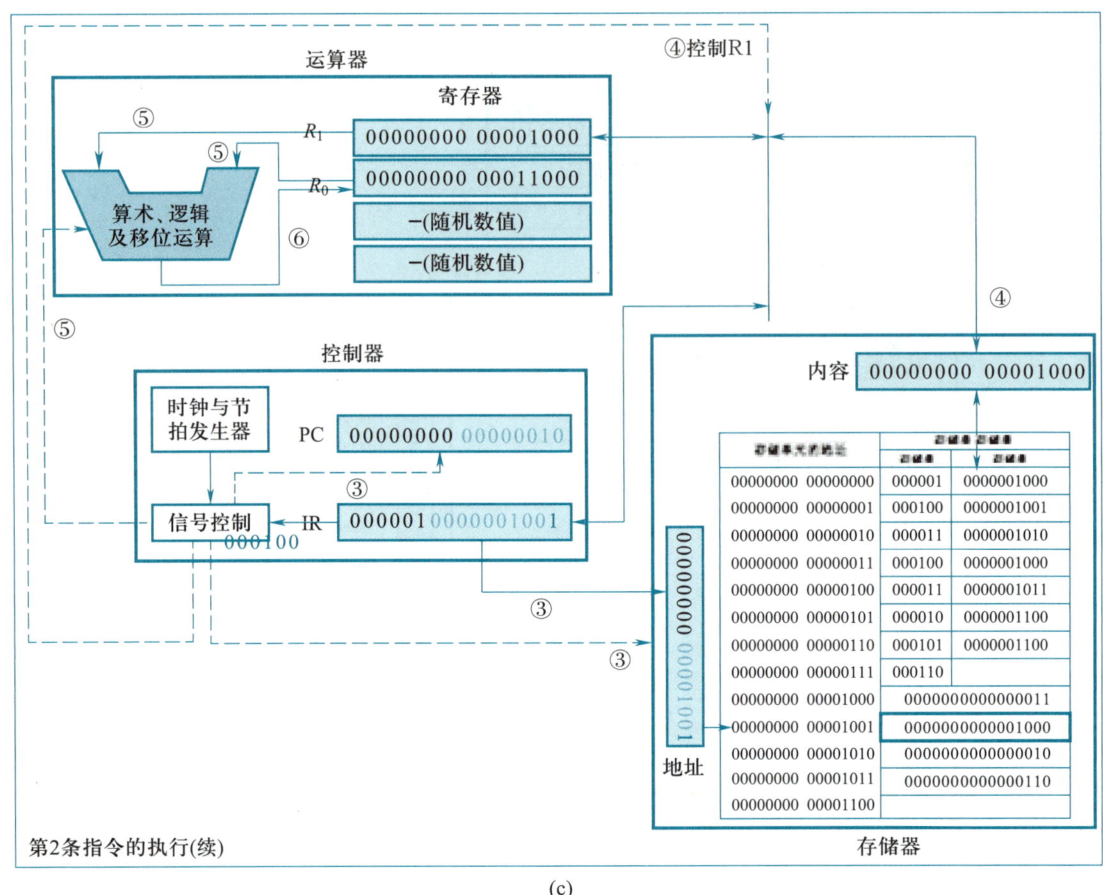

(c)

图 6.10　第 2 条指令的执行过程(圆圈中的数字为节拍次序,比图 6.9 中的指令多一些节拍)

继续如图 6.10(b)所示,在第 3 个节拍,指令码 000100(指令的操作码部分,乘法指令)控制产生各种信号,首先使 PC 内容加 1,以使其指向下一条指令的存储地址;同时,将指令中的地址码 0000001001 发往存储器的地址寄存器,信号控制部件发出一个信号通知存储器工作。在第 4 个节拍,存储器进行地址译码找到相应的 00000000 00001001 号存储单元,通过内容寄存器输出其内容 00000000 00001000(9 号存储单元内容为 8),同时,指令码 000001 控制发出信号使寄存器 R_1 接收其内容。该条指令略微不同于前一条指令,至此并未执行完毕,而是需要更多节拍才能完成。因此在第 5 个节拍,信号控制部件发出信号通知运算器开始计算,即将 R_1 的内容和R_0 的内容进行乘法操作。操作结果在第 6 个节拍存回至 R_0 寄存器中。至此第 2 条指令执行完毕,如图 6.10(c)所示,R_1 中的结果被改变为 00000000 00011000 (即 8×3 的结果 24)。

机器不断重复执行这样一个过程:取指令、分析指令和执行指令,直至遇到停机指令结束动作,完成程序的执行。机器指令的执行过程变化多样,这里只是基本思维的介绍,关于此部分内容的详细探讨可学习“计算机组成原理”和“计算机系统结构”等类似课程进行了解。

6.6 计算机体系结构与微处理器架构

6.6.1 计算机体系结构

以运算器为中心的冯·诺依曼体系结构 如图 6.11(a)所示,该体系结构由存储器、运算器、控制器、输入设备和输出设备五大部件组成。冯·诺依曼体系结构的总线遵循以运算器为中心的连接方式。在以运算器为中心的冯·诺依曼体系结构中,由于运算器被输入输出占用时无法计算,而当运算器计算时无法进行输入输出,因此所有的操作都要经过运算器,从而导致运算器过于繁忙,运算器成为计算机性能提升的瓶颈。

以存储器为中心的现代通用计算机体系结构 为了解决上述问题,现代计算机转化为以存储器为中心,如图 6.11(b)所示。此时的计算机体系结构依然是冯·诺依曼体系结构,采用这种结构的原因是当输入输出占用部分存储器时,另一部分存储器仍可用于计算,存储器可以实现并行使用。以存储器为中心的计算机体系结构依然由存储器、运算器、控制器、输入设备和输出设备五大部件组成,其中运算器和控制器组成 CPU,外存储器和主存储器组成存储器,输入设备和输出设备组成 I/O 设备,而 CPU 和存储器共同组成"主机"。因此现代通用计算机的性能变得越发强大。

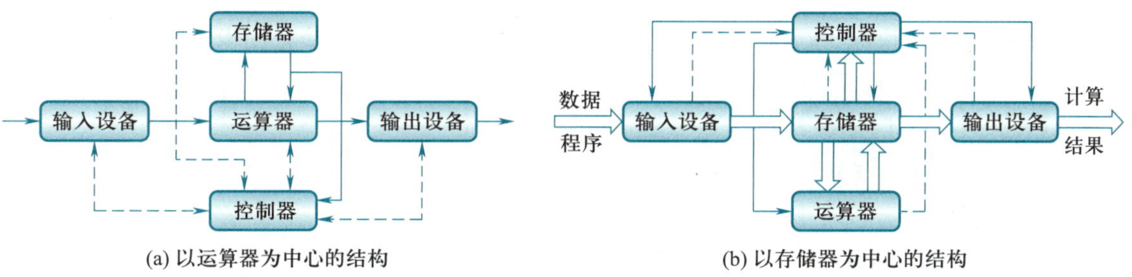

(a) 以运算器为中心的结构

(b) 以存储器为中心的结构

图 6.11 冯·诺依曼体系结构

非冯·诺依曼体系结构 该类结构主要指并行处理结构。例如,一条指令可控制多个处理单元对数据进行并行处理,如图 6.12(a)所示,称为单指令流多数据流(single-instruction stream multiple-data stream,SIMD)结构;再如,多条指令可并行控制多个处理单元对数据进行处理,如图 6.12(b)所示,称为多指令流多数据流(multiple-instruction stream multiple-data stream,MIMD)结构。对比图 6.11 简单理解,即单控制器多运算器结构、多控制器多运算器结构,继续考虑与存储器的连接就形成了多种非冯·诺依曼体系结构

（本书不作过多讲述，读者可自行研究学习）。

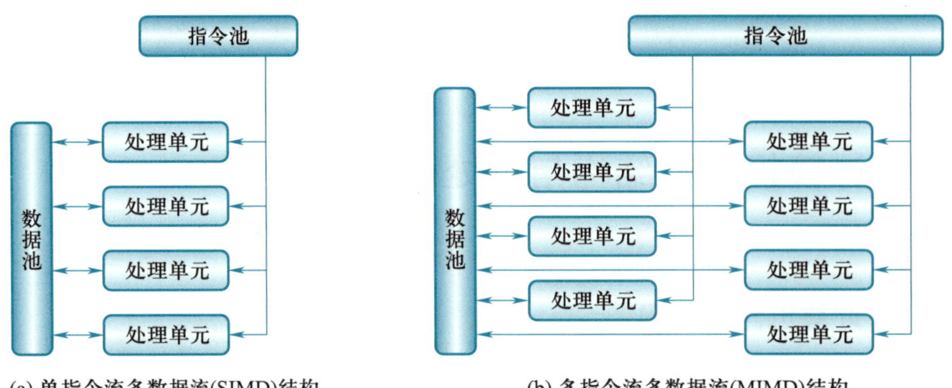

图 6.12　非冯 · 诺依曼体系结构——并行计算机结构

达芬奇架构——一种典型的非冯 · 诺依曼体系结构 达芬奇架构是为了适应类似人工智能运算需要的一种典型的非冯 · 诺依曼体系结构。常见的人工智能运算，例如向量/标量计算、矩阵计算、卷积计算、神经网络计算等（读者可参阅本书第 14 章了解），通常给出一条计算指令，需要对大量数据执行相同功能的计算。因此，达芬奇架构集成了多种计算单元，试图以最小的计算代价完成人工智能计算。如图 6.13 所示，达芬奇架构主要由计算单元、存储系统和控制单元组成。

（1）计算单元：例如矩阵计算单元（大量计算、可分块并行，一条指令可调动多个计算单元完成）。

（2）存储系统：由片上存储单元和相应的数据通路构成。

（3）控制单元：为整个计算过程提供指令控制，主要包括系统控制模块、标量指令处理队列、指令发射模块、矩阵运算队列、向量运算队列、存储转换队列和事件同步模块等。

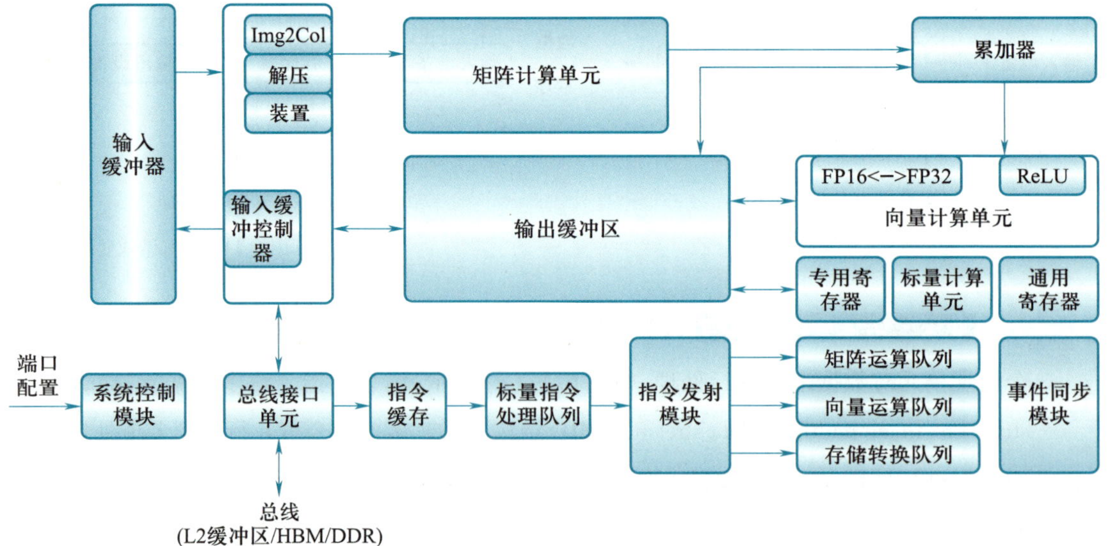

图 6.13　达芬奇架构

微处理器架构 该类架构通常指包括指令集标准、系统构件标准、构件连接标准(总线)等在内的一系列微处理器设计标准,便于所开发的微处理器能够被不同软件商使用。目前已存在以下微处理器架构。

精简指令集计算机(reduced instruction set computer,RISC)是一种具有较少类型计算机指令的微处理器,其核心思想是精简指令集,即指令系统仅包含一些频繁使用的指令,对不频繁使用的功能则利用组合指令完成。RISC 架构的指令格式和长度通常是固定的,指令和寻址方式简单,大多数指令在一个周期内即可执行完毕。特别的是,RISC 在结构设计上,只有载入和存储指令可以访问存储器,数据处理指令仅对寄存器的内容进行操作。RISC-V 是基于 RISC 原理建立的开放指令集架构,具有完全开源、设计简单、易于移植 UNIX 系统、模块化设计等优点。

复杂指令集计算机(complex instruction set computer,CISC)是一种指令系统较为丰富的微处理器。其指令系统不仅包含一些常用指令,还包含专用指令以完成特定功能。CISC 架构的指令格式通常是可变的,指令类型较多,一条指令通常需要若干周期才可执行完毕。与 RISC 不同的是,CISC 在结构设计上允许数据处理指令对存储器进行操作。

RISC 和 CISC 是设计制造微处理器的两种典型技术,因此许多微处理器架构均分别采用这两种典型技术。例如,Intel x86 微处理器采用了 CISC 技术,ARM 微处理器和 MIPS 微处理器则采用了 RISC 技术。

x86 是英特尔公司研发的一种微处理器体系架构的泛称,包括 Intel 8086、80186、80286、80386、80486 以及 x86-64 等。8086~80286 微处理器均为 16 位处理器,80386 是 32 位处理器,x86-64 是 64 位处理器。x86 系列架构在台式计算机中应用更加广泛,其优势是能够有效缩短新指令的微代码设计时间,允许实现 CISC 体系机器的向上兼容;其不足是系统执行速度慢且指令运算复杂,容易带来更高的功耗和成本。访问存储器内的数据时,将影响系统执行速度。

ARM(advanced RISC machine)同样是一种微处理器架构,目前已发布 8 种架构:ARMv1,ARMv2,ARMv3,ARMv4,ARMv5,ARMv6,ARMv7,ARMv8。不同架构在硬件方面可能不同,但是架构的指令集均基于 RISC 设计。ARM 架构是一个 32 位精简指令集处理器架构,其广泛使用在嵌入式系统设计中,体积小、低功耗、低成本、高性能,在移动端和便携设备上有独特的优势。其不足是无法完成复杂且综合性较强的功能,扩展能力较差,同时由于 ARM 架构采用 Linux 操作系统,因此不能与其他系统兼容。

MIPS(microprocessor without interlocked pipelined stages)是一种基于 RISC 的流水式处理指令的微处理器架构,采用载入/存储(load/store)数据模型。该架构的芯片广泛应用于电子产品、网络设备、个人娱乐装置与商业装置中。在同样性能下,MIPS 功耗低于 ARM,同样功耗下的性能优于 ARM,但是执行指令周期不如 ARM 高效,应用软件少。

6.6.2　CPU 与微处理器的关系

微处理器发展史 **微处理器**是构造计算机的核心部件，通常是指具有 CPU 功能的大规模集成电路芯片。1971 年，英特尔公司成功研制出世界首款微处理器 Intel 4004，其集成有 2 300 个晶体管，时钟频率为 108 kHz，每秒能够执行 6 万条指令，标志着微处理器和微型计算机时代的开始。从 1971—2022 年的 50 多年间，微处理器中晶体管的数量和性能都得到了巨大的提升，其提升趋势被归纳为摩尔定律，即微处理器芯片可以集成的晶体管数量大约每 18 个月便增加一倍，性能也提升一倍。如图 6. 14 所示，1971—2021 年微处理器可以容纳的晶体管数量从 2 300 个发展至 1 000 亿个。

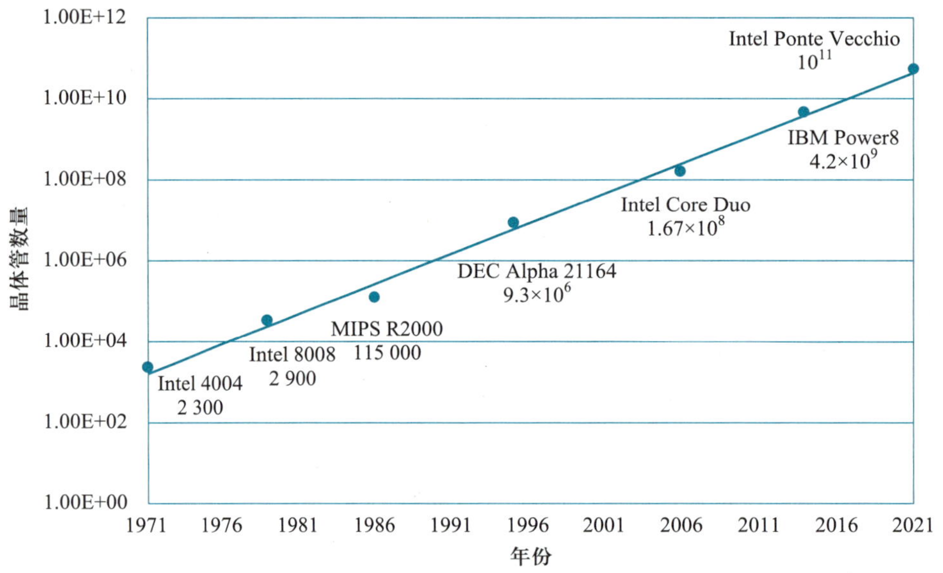

芯片名称	发布年份	IC工艺	晶体管数量	晶片管芯尺寸
Intel 4004	1971	10 000 nm	2 300	12 mm^2
Intel 8008	1979	3 000 nm	29 000	33 mm^2
MIPS R2000	1986	2 000 nm	115 000	80 mm^2
DEC AIpha 21164	1995	500 nm	9.3×10^{6}	341 mm^2
Intel Core Duo	2006	65 nm	1.67×10^{8}	143 mm^2
IBM Power8	2014	22 nm	4.2×10^{9}	650 mm^2
Intel Ponte Vecchio	2022	7 nm	10^{11}	400 mm^2

图 6. 14　微处理器可容纳晶体管数量增长示意

单核与多核 **单核微处理器**是指一个微处理器仅有一个 CPU。**多核微处理器**是指在一个微处理器中封装有多个 CPU，可以并行处理。这里的 CPU 是泛指，可能仅包括运算器或控制器，也可能同时包括运算器和控制器。

片上系统 既然微处理器能够将运算器、控制器以及其他电路集成到一块芯片,那么将整个系统的各个部件(除运算器、控制器外,还包括网络连接部件、各种接口部件、内存储器等)集成到一块芯片,则需使用片上系统(system on chip,SoC)技术。一般来说,片上系统是一个针对专用目标的集成电路,其包含完整系统并具有嵌入软件的全部内容,同时又是一种技术,用以实现从确定系统功能开始,到软/硬件划分,并完成设计的整个过程。

6.7 典型国产微处理器

6.7.1 华为鲲鹏处理器

华为鲲鹏 920 处理器 该处理器是华为公司发布的基于 ARM 架构的高性能微处理器,旨在满足数据中心多样性计算、绿色计算的需求,具有高性能、高带宽、高集成度、高效能四大特点。表 6.10 为鲲鹏 920 处理器的参数表。和具有同样性能的其他处理器相比,鲲鹏 920 处理器占用的芯片面积更小、功耗更低、集成度更高,在单位面积上拥有更多计算核心。同时,其指令长度固定,寻址方式灵活简单,大多数数据操作在寄存器中完成,因此其指令执行速度也更快。

表 6.10 鲲鹏 920 处理器参数表

参数名	参数值
核数	32/48/64 核
主频	最高可达 3.0 GHz
工艺	7 nm
PCIe	PCIe4.0,向下兼容 PCIe3.0/2.0/1.0
加密能力	内置加密模块,支持国产密码算法
压缩模块	内置 GZIP 模块
Scale UP	2P/4P

图 6.15 为鲲鹏 920 处理器的架构图。从图中可以看出,其将微处理器作了分层处理,Core、Cluster、DIE 和 Chip 是其典型层次,具体含义如下。

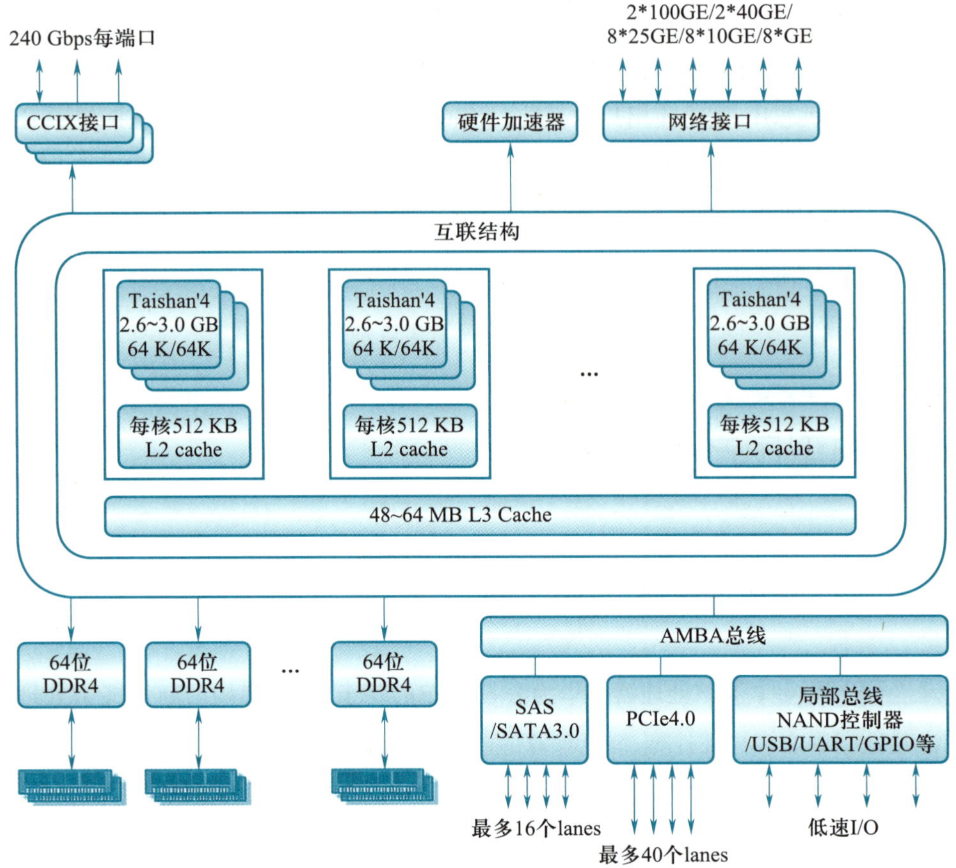

图 6.15 鲲鹏 920 处理器架构

（1）Core：真正的计算单元，指 CPU 或称为“核”。

（2）Cluster：多个核的集合，称为簇。鲲鹏 920 处理器将 4 个核聚集成一个簇。

（3）DIE：多个簇的集合，是芯片的最小物理单元。一个 DIE 可包含 8 个簇。

（4）Chip：将多个 DIE 封装后形成的芯片，例如鲲鹏 920。鲲鹏 920 处理器通常封装 3 个 DIE，其中两个用于进行计算，第 3 个用于进行 I/O；但其可以根据用户需求，在处理器中封装 1~3 个 DIE，实现积木块式组装微处理器。通常情况下，Chip 是一种 SoC 系统，即芯片中除 CPU 外，还集成了网卡、磁盘控制器等功能。

华为鲲鹏 920 处理器的特色——多级 cache 鲲鹏 920 处理器最为突出的特点之一就是多核，每个 DIE 包含 8 个簇，每个簇由 4 个核组成。图 6.16 为鲲鹏 920 处理器的 DIE 结构图。要使如此多的 CPU 和层次发挥出高效率，则需考虑 CPU 与内存之间的连接问题，CPU 对数据进行处理，内存负责保存数据，数据需要从内存中读取并送往 CPU，CPU 处理完毕后送回内存进行保存。过去 20 多年中，CPU 的性能约以每年 55%的速度快速提升，而内存性能的提升速度只有 10%左右，这使得 CPU 处理速度远高于内存读写速度，因此在 CPU 和内存之间出现了比内存速度快但比 CPU 速度慢的存储部件，称为**高速缓冲存储器（cache）**。Cache 主要是为了弥补 CPU 与内存之间运算速度的差异而设置的部件,其保存 CPU 近期使用或需循环使用的部分数据。通过将 CPU 可能使用的指令或数据预先从内存中读取至 L1 cache 或 L2 cache 中,可以减少 CPU 因内存访问缓慢而等待的时间,如图 6.17(e)所示。多级 cache 结构为并行执行程序、并行处理数据提供了多种手段,同时对操作系统提出了更高的要求,通常情况下,cache 对编写程序透明,但如果追求更高的软件运行性能,程序员既要理解多级 cache 的结构和作用,也要对问题求解算法进行合理设计,以便充分利用多级 cache 结构提高程序运行性能。

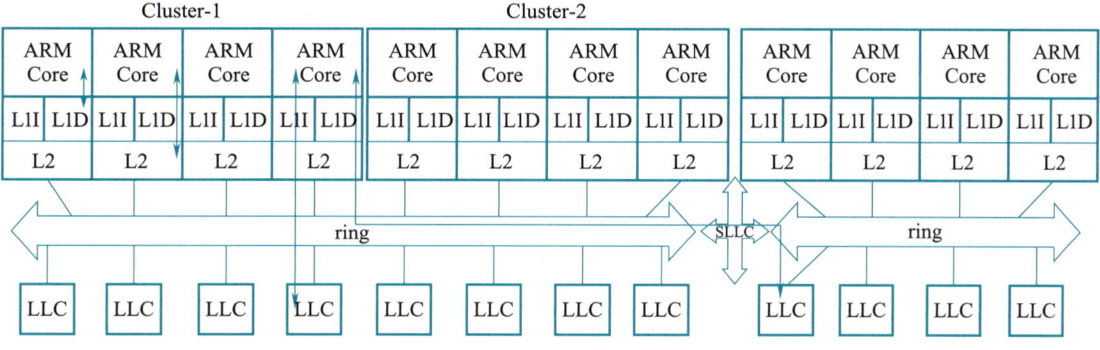

图 6.16 鲲鹏 920 处理器 DIE 结构

鲲鹏 920 处理器的 DIE 采用三级 cache 结构,其中,L1I 为一级指令 cache,L1D 为一级数据 cache,L2 为二级 cache,LLC(last level cache)为三级 cache。每个 Core 独享 L1 和 L2 cache,4 个 Core、1 个 L3 cache 组成 1 个 Cluster,8 个 Cluster 组成 1 个 CPU DIE,合封后的两个 CPU DIE 共享 LLC。多级 cache 最终需要连接到内存,其与内存既要连接,又要共享,还要有灵活性。因此为了提高鲲鹏 920 处理器的内存数据访问速度,三级 cache 存在以下 4 种使用方式,如图 6.17 所示。

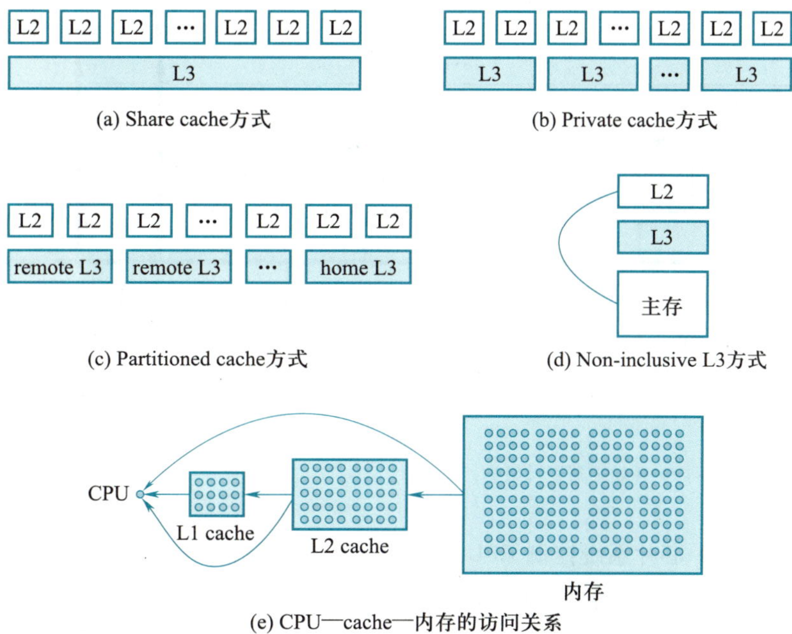

图 6.17 cache 的概念与鲲鹏多级 cache 的不同使用方式

(1) Share cache：对所有 L2 来说，L3 cache 是共享的，一个进程（程序）可以使用完整 L3 的容量，如图 6.17(a)所示。

(2) Private cache：存在多个 Private L3，每个 Private L3 仅缓存对应的 L2 的数据。即一个进程（程序）只能使用对应的部分 L3 的容量，无法使用全部 L3 的容量，L3 与 L3 之间无法通信，如图 6.17(b)所示。

(3) Partitioned cache：一个进程（程序）只能使用对应的部分 L3 的容量，L3 细分为一个 Home L3 和多个 Remote L3，Home L3 类似于 L4，因此 L3 和 L3 之间能够通信，由 Home L3 维护多个 Partitioned L3 之间的一致性。如图 6.17(c)所示。

(4) Non-inclusive L3：非包含性 L3，即内存和 L2 之间直接进行数据访问。

6.7.2　华为昇腾 AI 处理器

华为昇腾处理器　昇腾处理器是华为公司发布的 AI 处理器（人工智能处理器），包括昇腾 310 处理器和昇腾 910 处理器。前者主要用于推理应用，后者主要用于机器学习。AI 处理器与普通处理器有不同的需求，例如需要完成大量重复性的并行性计算指令（如卷积、向量/标量/矩阵计算等），而普通处理器完成的是基本运算指令（如加、减、乘、除、逻辑运算和移位运算等）。因此，AI 处理器是针对 AI 算法的专用芯片，执行效率高；普通处理器虽然可以执行 AI 算法，但是速度慢、性能低。

华为昇腾处理器架构　昇腾处理器均基于达芬奇架构设计，其架构如图 6.18 所示。昇腾处理器主要由芯片系统控制 CPU、AI Core、多层级的 SoC 缓存或缓冲区、数字视觉预处理（digital vision pre-processing，DVPP）4 个模块组成，其功能分别如下。

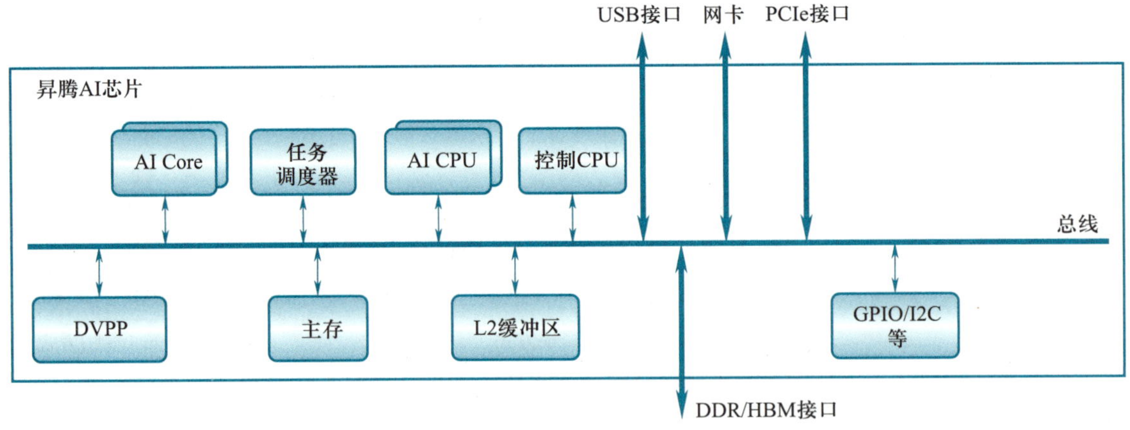

图 6.18　昇腾 AI 处理器逻辑架构

(1) **芯片系统控制** CPU：包括任务调度器、AI CPU 和控制 CPU，集成了 8 个 ARM A55。其中一部分部署为 AI CPU，负责执行不适合运行在 AI Core 中的算子（承担非矩阵类复杂计算），一部分部署为专用于控制芯片整体运行的控制 CPU，两类任务占用的 CPU

核数可由软件根据系统实际运行情况动态分配。此外部署了一个专用 CPU 作为任务调度器(task scheduler, TS),以实现计算任务在 AI Core 中的高效分配和调度,该 CPU 专门服务于 AI Core 和 AI CPU,不承担任何其他事务和工作。

(2) **AI Core:**昇腾 AI 芯片的计算核心,负责执行矩阵、向量、标量计算密集的算子任务,采用达芬奇架构。昇腾 310 和昇腾 910 分别集成了 2 个和 32 个 AI Core。

(3) **多层级的 SoC 缓存或缓冲区:**SoC 片内设有层次化内存结构,Al Core 内部设有两级内存缓冲区,SoC 片上设有 8 MB L2 缓冲区,专用于 AI Core 和 AI CPU,提供高带宽、低延迟的内存访问。昇腾 AI 处理器同时集成了 LPDDR4X 控制器,为处理器提供更大容量的 DDR 内存。

(4) **DVPP:**数字视觉预处理子系统,负责完成图像、视频的编/解码,用于将从网络或终端设备获得的视觉数据进行预处理以实现格式和精度转换等要求,之后提供给 AI 计算引擎。

6.7.3 飞腾处理器

飞腾处理器是飞腾公司基于 ARM 指令集开发的高性能服务器处理器、高效能桌面处理器和高端嵌入式处理器的统称。目前,飞腾公司发布的处理器主要有飞腾腾云 S2500、飞腾腾锐 D2000 和飞腾套片 X100。

飞腾腾云 S2500 处理器 飞腾多路服务器处理器 S2500 采用全新内核,集成了 64 个自主研发的处理器核心 FTC663,兼容 ARMv8 指令集,采用片上并行系统体系结构,支持硬件虚拟化。图 6.19 为 S2500 处理器的体系结构图。

S2500 处理器的 64 个处理器核心被划分为 8 个 Panel,每个 Panel 中设有两个 Cluster(每个 Cluster 包含 4 个处理器核心以及共享的 2 MB L2 cache)、两个本地目录控制部件(DCU)、一个片上网络路由器节点(Cell)和一个紧密耦合的访存控制器(MCU)。Panel 之间通过片上网络接口连接,一致性维护报文、数据报文、调测试报文、中断报文等统一从同一套网络接口进行路由和通信。在 S2500 处理器中,根据不同 Panel 和 Cluster 对存储空间的亲和度不同,将完整存储空间划分成 8 个大空间,每个大空间对应一个距离最近的 Panel,每个大空间又划分成 2 个子空间。与目前应用于 Petascale 系统的高性能多核微处理器相比,该结构支持将亲和度较高的多个线程映射到同一个 Panel 中,从而减少线程之间的全局通信。

飞腾腾锐 D2000 处理器 飞腾高效能桌面处理器 D2000 集成了 8 个飞腾自主研发的高性能处理器内核 FTC663,采用乱序四发射超标量流水线,兼容 64 位 ARMv8 指令集并支持 ARM64 和 ARM32 两种执行模式,支持单精度、双精度浮点运算指令和 ASIMD 处理指令以及硬件虚拟化。其主频为 2.0 GHz~2.6 GHz,功耗为 25 W,集成了十分丰富的 I/O 接口,支持飞腾自主定义的处理器安全架构标准 PSPA1.0,能够满足多种复杂应用场景下对性能和安全的需求。

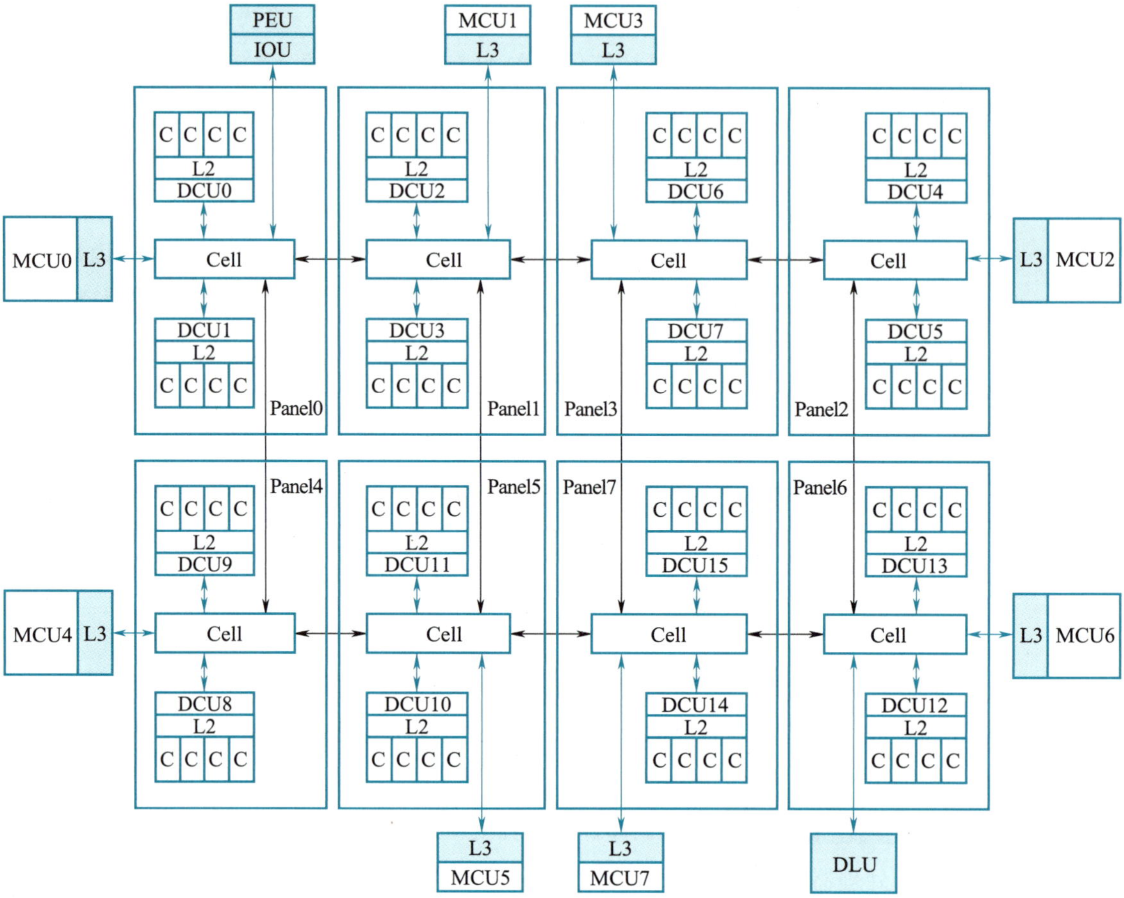

图 6.19　S2500 处理器体系结构

由图 6.20 所示的 D2000 处理器功能框图可知，D2000 处理器的主要结构指标如下：

（1）集成 8 个 FTC663 核、2 个 DDR4-3200 控制器、1 个 SD 卡控制器；

（2）集成 34 个 Lanes PCIe 3.0 接口、2 个 X16（每个可拆分成 2 个 X8）和 2 个 X1；

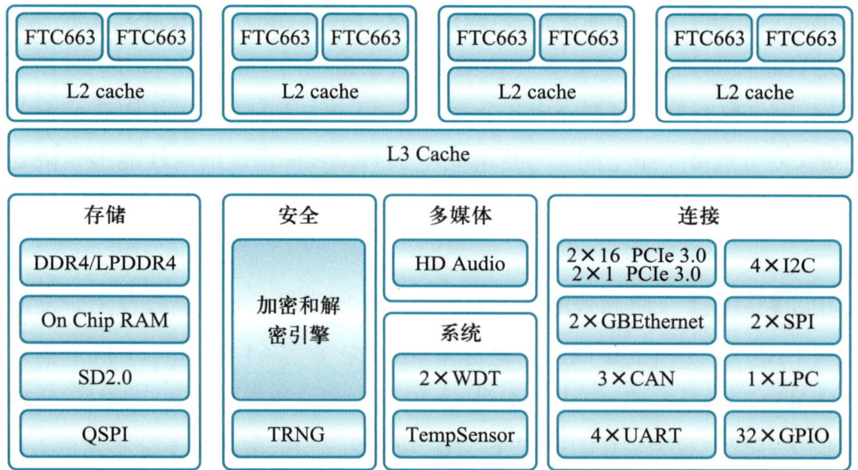

图 6.20　D2000 处理器功能框图

（3）集成 2 个千兆 Ethernet 接口（RGMII），支持 10/100/1 000 Mbps 自适应；

（4）集成 1 个 HDA（HD Audio），支持音频输出，最多可同时支持 4 个 Codec；

（5）集成 1 个 QSPI、2 个 WDT、3 个 CAN、4 个 UART、4 个 I2C、2 个通用 SPI、1 个 LPC Master、32 个 GPIO。

飞腾套片 X100 处理器 飞腾套片 X100 是一款微处理器的配套芯片，主要功能包括图形图像处理和接口扩展。在图形图像处理方面，其集成了图形处理加速 GPU、视频解码 VPU、显示控制接口 DisplayPort 以及显存控制器。在接口扩展方面，其支持 PCIe 3.0、SATA3.0、USB3.1、SD/SDIO/eMMC、NAND flash、I2S 音频控制器等多种外设接口。

由图 6.21 所示的 X100 处理器功能框图可知，X100 处理器的主要结构指标如下：

（1）集成 1 个视频解码器，支持 4K@30 fps 解码率，支持 H.264/265、MPEG4、MPEG2 等主流编码格式；

（2）集成 3 路 DisplayPort1.4/embedded DisplayPort1.3 显示接口，其中 2 路最大分辨率支持 3840×2160@60Hz，1 路最大分辨率支持 1366×768@60Hz；

（3）集成 1 个 64 位 LPDDR4/DDR4 显存控制器，支持显存容量为 8 GB，最高速率为 2 666 MT/s；

（4）集成 1 路 X16 的 PCIe 3.0 上行链路接口、8 路 PCIe 3.0 下行链路接口、4 路 SATA3.0 接口、8 路独立的 USB3.1 Gen1 接口；

（5）集成 2 个 CAN、2 个通用 SPI Master、4 个 PWM、8 个 MIO、4 个 UART、96 个 GPIO、1 个 QSPI、2 个 SD/SDIO/eMMC 控制器。

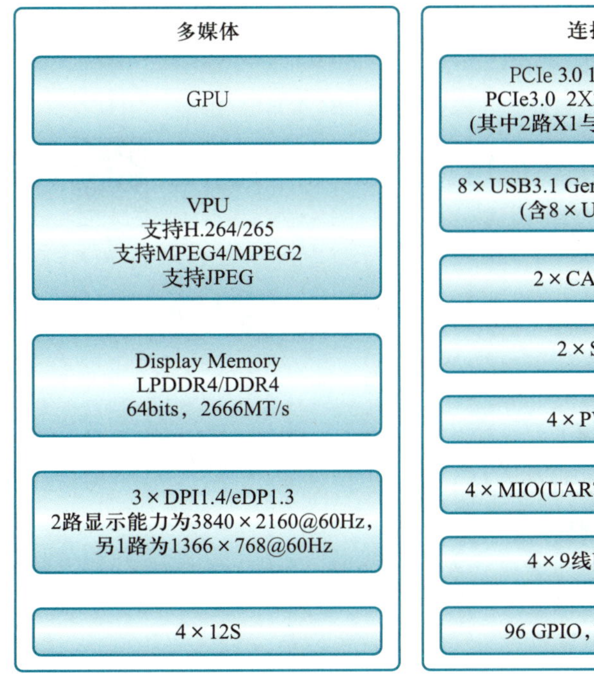

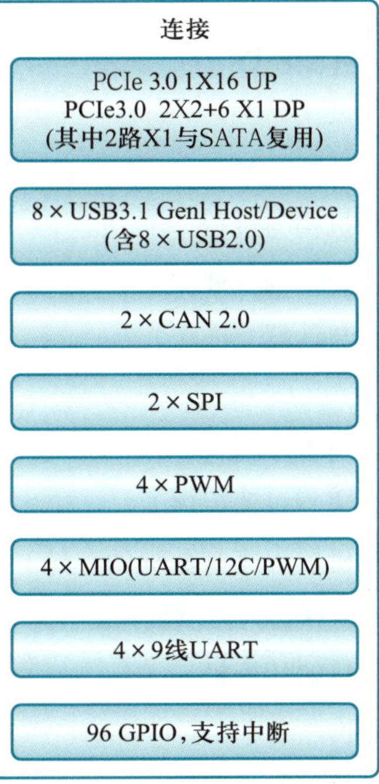

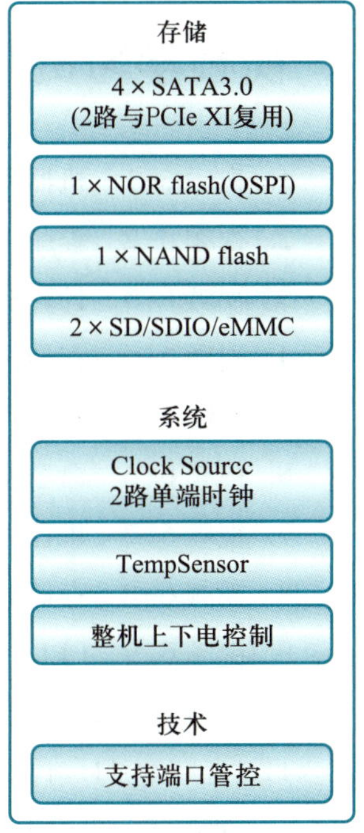

图 6.21 X100 处理器功能框图

本章小结

计算机能够自动执行机器程序，物理世界的可计算问题被描述为机器级算法，通过机器指令最终被转换为机器程序。本章从 4 个方面介绍了机器程序及其执行过程。首先介绍机器程序由机器级算法通过机器指令转换而来；其次介绍机器程序的执行机构，即存储器、控制器和运算器。存储器是给出一个地址编码，可以找到对应该地址编码的存储单元，并能读写存储单元内容的部件。机器程序在存储器中存储，通过 CPU 解释并执行。CPU 包括运算器和控制器，运算器进行算术运算和逻辑运算，控制器通过节拍和信号控制不同指令的执行。然后从结构层面介绍一台完整计算机的组成和功能，同时以一条指令为例模拟机器执行的全过程。随后介绍计算机体系结构与微处理器。计算机体系结构分为冯 · 诺依曼结构与非冯 · 诺依曼结构，二者的区别在于五大部件的连接方式不同；微处理器是构造计算机的核心部件。最后介绍典型国产微处理器的结构和功能。

视频学习资源目录 6

本章视频学习资源

1. 视频 6-1　机器程序
2. 视频 6-2　程序执行机构与过程
3. 视频 6-3　计算机系统结构发展史
4. 视频 6-4　存储程序与计算
5. 视频 6-5　存储器
6. 视频 6-6　命令执行与程序执行
7. 视频 6-7　机器级算法与机器程序
8. 视频 6-8　存储器及机器程序与数据的存储
9. 视频 6-9　CPU——运算器与控制器
10. 视频 6-10　一台完整的计算机
11. 视频 6-11　计算架构
12. 视频 6-12　国内典型的微处理器
13. 视频 6-A　揭秘鲲鹏处理器(1)

14. 视频 6-B　揭秘鲲鹏处理器(2)

15. 视频 6-C　揭秘鲲鹏处理器(3)

16. 视频 6-D　揭秘鲲鹏处理器(4)

思考题 6

1. 请简述 CPU、微处理器以及片上系统 SoC 之间的联系和区别。微处理器包括单核微处理器和多核微处理器,未来微处理器将朝什么方向发展?

2. 机器级算法是否需要优化? 从哪些方面进行优化?

3. 能否区分存储器中的内容是指令还是数据? 如何区分?

4. 冯·诺依曼结构和非冯·诺依曼结构有何不同?

5. 时钟与节拍部件的内部如何按次序产生信号? 如何解决冲突?

6. 多级缓存、内存、外存之间有何区别?

7. 给定如图 6.22 所示的计算机,程序已经被载入内存,机器指令系统参见表 6.1。请使用该计算机模拟执行图中的程序,并回答该程序所能完成的计算。若要使该程序完成计算 $2\times7^2+6\times7+2$,则应如何修改这段程序或数据? 在模拟执行程序的过程中,各个数据寄存器和 PC、IR 等寄存器的值如何变化? 请在每条指令执行完成后标示各个寄存器的值。

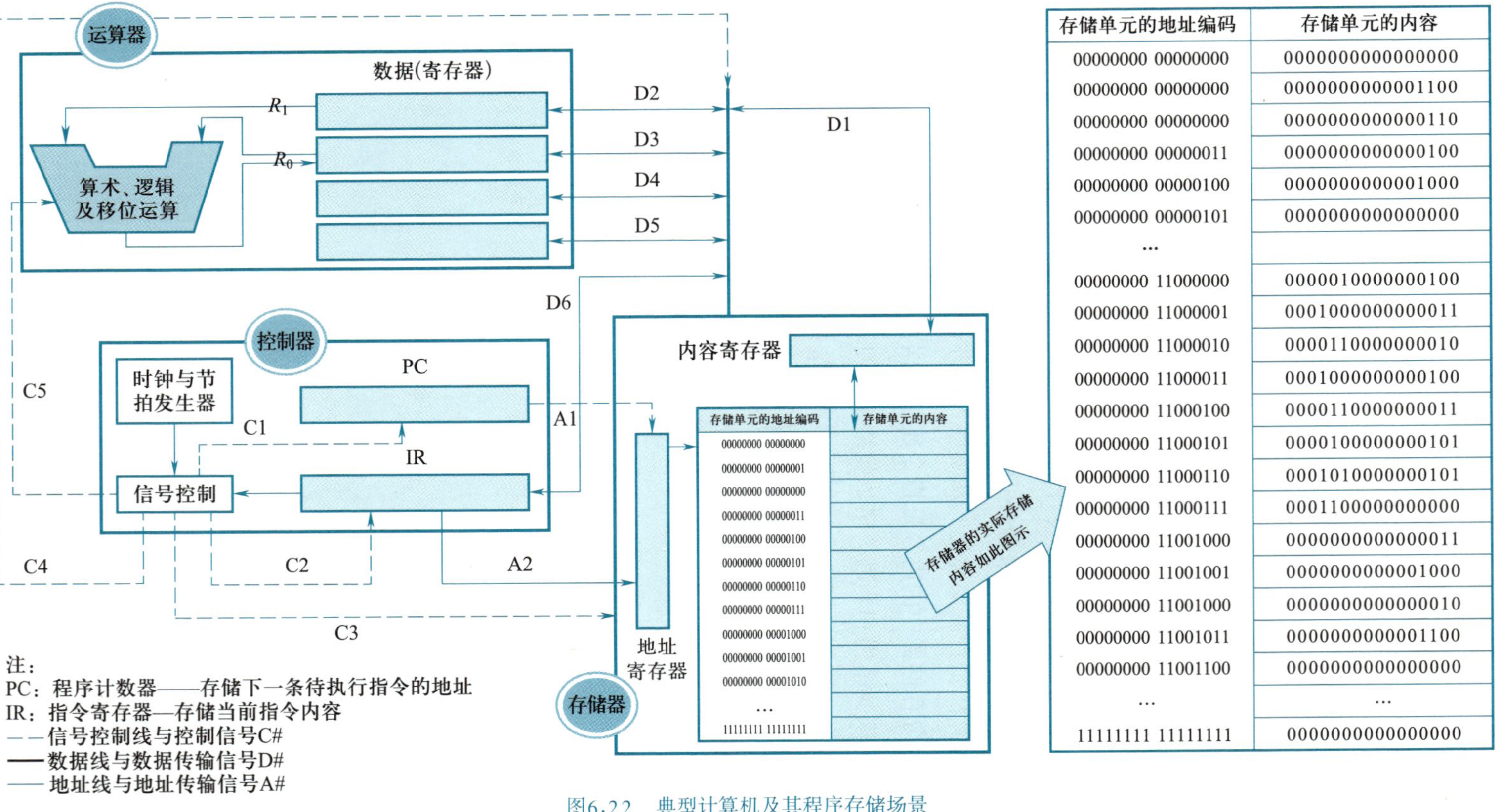

存储单元的地址编码	存储单元的内容
00000000 00000000	0000000000000000
00000000 00000000	0000000000001100
00000000 00000000	0000000000000110
00000000 00000011	0000000000000100
00000000 00000100	0000000000001000
00000000 00000101	0000000000000000
…	
00000000 11000000	0000010000000100
00000000 11000001	0001000000000011
00000000 11000010	0000110000000010
00000000 11000011	0001000000000100
00000000 11000100	0000110000000011
00000000 11000101	0001000000000101
00000000 11000110	0001010000000101
00000000 11000111	0001100000000000
00000000 11001000	0000000000000011
00000000 11001001	0000000000001000
00000000 11001000	0000000000000010
00000000 11001011	0000000000001100
00000000 11001100	0000000000000000
…	…
11111111 11111111	0000000000000000

图6.22　典型计算机及其程序存储场景

第 7 章

现代计算机——复杂计算环境下的程序及执行

本章要点：　体验如何管理计算环境使其完成程序执行，理解操作系统所体现的重要管理思维——分工—合作—协同，进而理解由存储体系（内存—外存—CPU）到并行分布环境（多核多机分布）再到云计算环境（虚拟化）的核心管理问题及其解决思路。

本章导图：

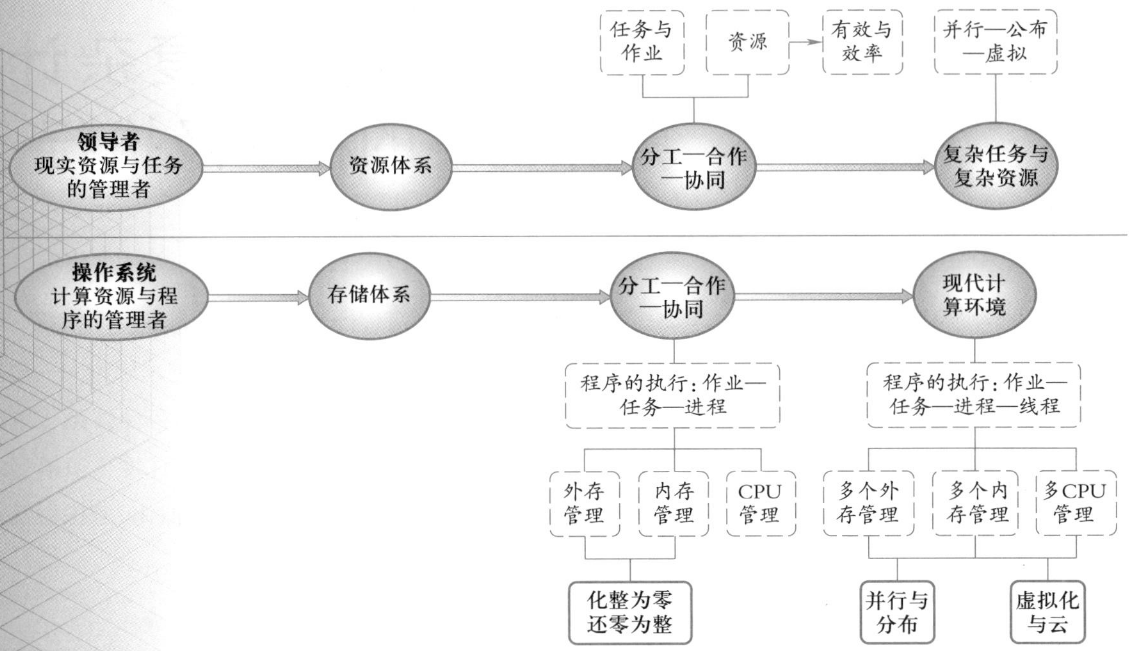

领导者
现实资源与任务的管理者
资源体系
分工—合作—协同
任务与作业
资源
有效与效率
复杂任务与复杂资源
并行—公布—虚拟

操作系统
计算资源与程序的管理者
存储体系
分工—合作—协同
程序的执行：作业—任务—进程
外存管理
内存管理
CPU管理
化整为零
还零为整
现代计算环境
程序的执行：作业—任务—进程—线程
多个外存管理
多个内存管理
多CPU管理
并行与分布
虚拟化与云

7.1 存储体系与操作系统

7.1.1 存储体系——不同性能资源的组合优化

理解现代计算机系统,首先要理解存储体系 随着微处理器(CPU)的计算速度越来越快,计算机产生的、需要存储的数据量越发庞大,并且人们对数据的重视程度逐渐增加,因此对存储器的要求越来越高:(1) 存储容量要足够大;(2) 存取速度要足够快,要能够跟上 CPU 的运算速度;(3) 存储时间要足够长;(4) 存储器功耗应尽可能低、体积应尽可能小、可靠性应尽可能高;(5) 存储器价格要足够低。但满足前述要求的存储器始终都是理想化的,为了保证存储器的高速度和大容量,同时由于其工艺难度、制造精度及复杂性等因素决定其价格不能过低,因此现实中出现了价格不同、性能各异的存储器。典型存储器举例如下。

寄存器:CPU 内部包含若干寄存器(register),每个寄存器可以存储一个字(少则 1 个字节、多则 8 个字节)。由于其与 CPU 采用相同工艺制造,因此速度可以和 CPU 完全匹配,但因其数量有限,存储容量却相对较小。CPU 内部的寄存器部分用于临时存储参与计算的数据(通常称为数据寄存器或通用寄存器),部分用于各种机制的控制与指令执行状态的保存(通常称为专用寄存器,例如程序计数器、指令寄存器等)。

随机存取存储器:随机存取存储器(random access memory,RAM)是可按地址访问的存储器,即给定一个地址编码,能够直接找到对应该地址的存储单元进行读写,如图 7.1(a)所示。RAM 通常采用半导体材料制作,具有电易失性,只能临时保存信息。随后出现了静态随机存储器(static random access memory,SRAM)、动态随机存储器(dynamic random access memory,DRAM)、同步动态随机存储器(synchronous dynamic random access memory,SDRAM)、双倍数据速率同步动态随机存储器(double data rate synchronous dynamic random access memory,DDR SDRAM)等,性能与价格差异较大,总体而言性能越好,价格越高。本书不作细节探讨,读者可通过网络搜索进一步学习。

硬盘:硬盘目前分为机械硬盘、固态硬盘和混合硬盘。通常,机械硬盘是采用磁性材料制作的大容量存储器,可永久保存信息,但读取速度较慢,读取一次数据的时间约在毫秒(ms)级。固态硬盘是采用闪存技术制作的大容量存储器,可永久保存信息,读取速度较快,读取一次数据的时间可控制在微秒(μs)级。混合硬盘是两种技术混合使用的硬盘。

机械硬盘的工作原理 机械硬盘需要专门的机械机构进行读写，如图 7.1(b)所示。简单来讲，硬盘由若干盘片和一个读写臂组成，读写臂上包含若干读写磁头。一个盘片被划分成若干同心圆，每个同心圆称为一个磁道，不同盘片的相同磁道构成一个柱面，每个磁道又被划分成若干扇状区域，称为扇区，信息被存储在一个个扇区上，目前的标准为一个扇区可存储 512 B 信息。当读写信息时，读写臂沿盘片径向移动以使读写磁头定位在所要读写的磁道上，这一操作称为寻道；然后盘片绕主轴高速旋转，将所要读写的扇区置于读写磁头的位置，这一操作称为旋转；当找到所要读写的扇区时，读写磁头便可读写扇区的信息，这一操作称为传输。因此，硬盘的读写时间包括寻道时间、旋转时间和传输时间。由于读写需要启动机械装置，因此读写一次磁盘的速度较慢，通常在毫秒级。

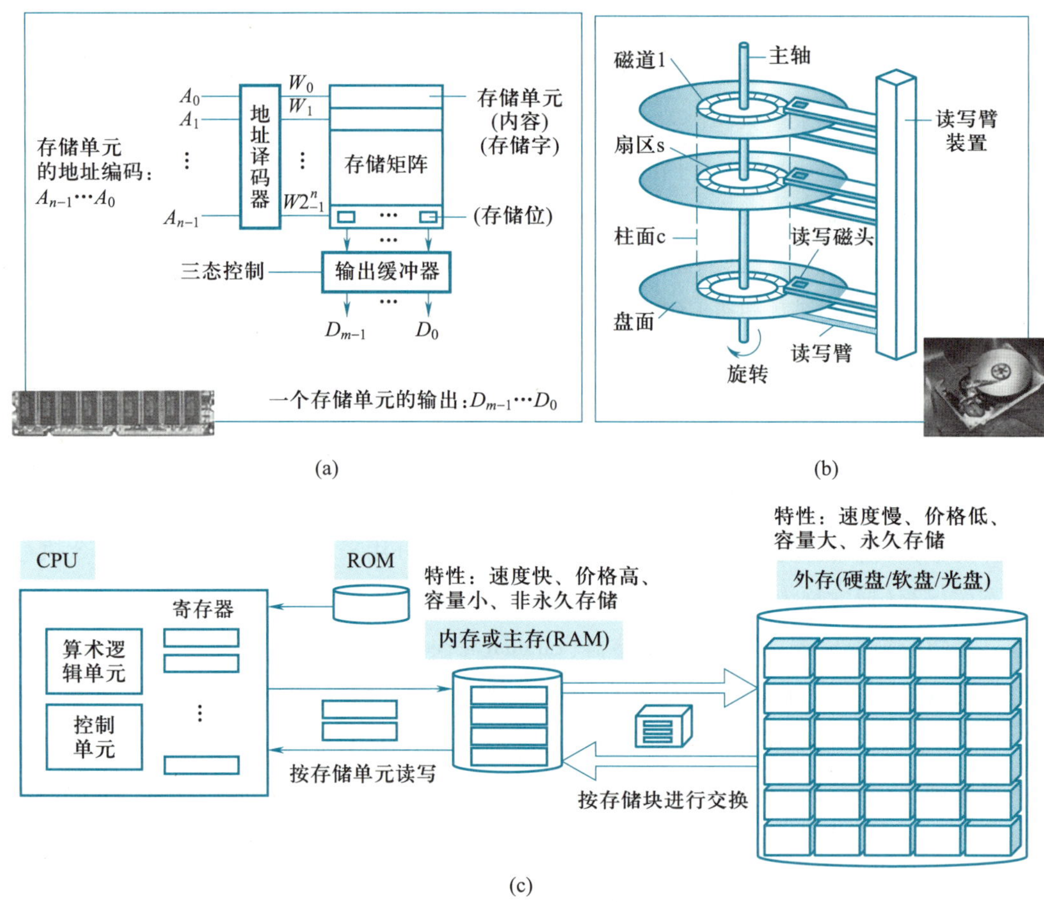

图 7.1　现代计算机存储体系示意

ROM、闪存与 RAM 的区别 只读存储器(read-only memory，ROM)也是可按地址访问的存储器，通常采用半导体材料制作，但具有永久存储的特点，即其信息事先写在存储器中，只能读出不能写入，由于其容量非常小，通常用于存放启动计算机所需要的少量程序和参数信息，可以与 RAM 一同管理。随着技术进步，出现了可编程只读存储器(programmable read-only memory，PROM，一种出厂后仅可由使用者修改一次的只读存储器)、可擦可编程只读存储器(erasable programmable read-only memory,EPROM),一种可采取特殊的光学手段多次修改其内容的只读存储器)、电擦除可编程只读存储器(electrically-erasable programmable read-only memory,EEPROM),一种可采取特殊的电子手段多次修改其内容的只读存储器)和闪速存储器(flash memory,简称闪存,类似于 EEPROM,一种可多次修改其内容的可永久保存信息的存储器)等,它们不同于 RAM 的是虽可重新写入,但写入速度较慢,读出速度可接近于 RAM。目前,EPROM、闪存等已成为许多嵌入式系统中存储关键程序和数据的核心部件。

存储体系 由前文可知:RAM 容量小(MB/GB 级),硬盘容量大(GB/TB 级);RAM 存取速度快(访问一个存储单元的时间在纳秒(ns)级),硬盘存取速度慢(读取一次磁盘的时间在毫秒/微秒(ms/μs)级);RAM 可临时保存信息,硬盘可永久保存信息。因此,能否将性能不同的存储器整合成一个整体以实现如下目标:(1) 令用户感到容量接近于最大存储器,速度接近于最快存储器;(2) 不同存储器的合计总成本能够满足用户的期望;(3) 不同存储器之间的信息交换由系统自动管理而无须用户操心,即令用户感到像在使用一个存储器,而非多个不同性能的存储器。这就促进了现代计算机存储体系的形成。如图 7.1(c)所示,寄存器、内存和外存构成一个存储体系。外存由硬盘作存储器,内存由 RAM 作存储器。内存(即 RAM)与 CPU 直接交换信息,外存(即硬盘)不与 CPU 直接交换信息,内存作为外存的一个临时"缓冲区"来使用。外存读写速度慢,则可以"块(block)"为单位进行读写(一块通常为 1 个扇区或其倍数),一次将更多的信息读写到内存,然后被 CPU 处理。而内存读写速度快,其可与 CPU 按存储单元/存储字交换信息,从而"**以批量换速度,以空间换时间**"来实现外存、内存和 CPU 之间速度的匹配,可使用户同时体验高速度与大容量。这里需要注意:**在存储体系环境下,所有数据需存入内存才能被 CPU 处理,而所有数据需存入外存才能被永久保存。**

存储体系的发展 现代计算机的存储体系,在"寄存器—内存—外存"基础上,还形成了"寄存器—片内 cache(被集成在 CPU 内部,又称为一级 cache)—主板 cache(被集成在主板上,又称为二级 cache)—内存—外存—辅存"这一更为复杂的存储体系。某些微处理器(如华为鲲鹏处理器)可以将多个 CPU 组合成簇并封装,在其中设置 L1 cache—L2 cache—L3 cache 等多级 cache。下面简单对比不同存储器的访问速度:假定访问寄存器需要 1 s,则相对而言,访问 L1 cache 需要 3 s,访问 L2 cache 需要 13 s,访问 L3 cache 需要 43 s,访问内存需要 3 min,访问固态硬盘需要 6 d,访问华为全闪存需要 15 d,访问机械硬盘需要 5 a 等,其实际访问时间参见图 7.2 所示的绝对时间。

组合使用不同性能资源需要注意的问题及其解决思路 不同性能资源的组合使用需要解决相互之间工作效率的匹配与协同问题,匹配合理可有效提高系统的工作效率,而系统的工作效率是匹配与协同后各资源环节所呈现的最低工作效率。解决不同性能资源匹配与协同的思路如下:(1) 缓冲技术——当高效率资源和低效率资源工作不匹配时,通过设置缓冲池以匹配不同效率资源的处理速度;(2) 预取技术——依据程序执行的局部性

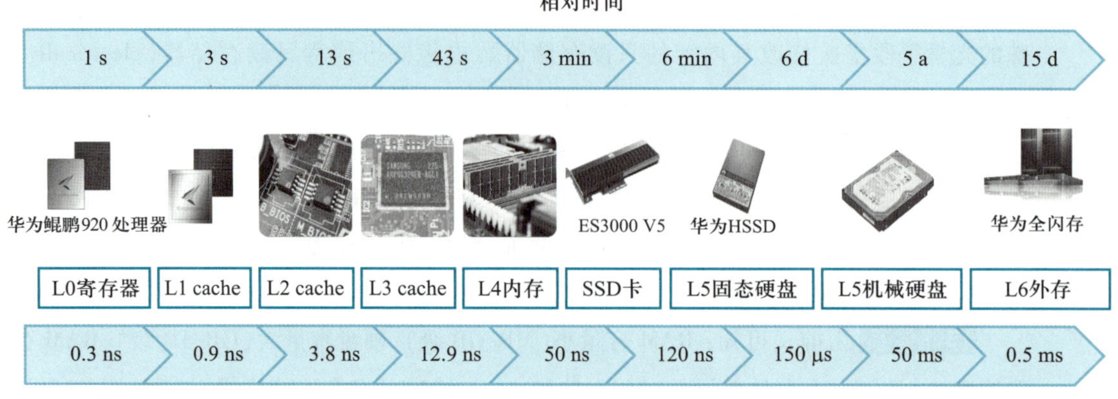

图 7.2 不同类别存储器的访问时间比较

原理，可将一个存储单元附近的多个存储单元预先装载至缓冲池中，前面设置的多级cache即体现了这种思路；(3) 程序局部性——包括时间局部性和空间局部性：时间局部性是指如果程序中的某条指令被执行，则不久之后该指令可能被再次执行，如果某数据被访问，则不久之后该数据可能被再次访问；空间局部性是指一旦程序访问了某个存储单元，则不久之后其附近的存储单元也将被访问；(4) 并行技术——将多个低效率资源组织起来同步并行工作，以满足高效率资源处理的效率。如图7.3所示，类似的技术不仅在计算机系统中应用，诸如现代工厂等生产系统也大多采用类似的技术来组织生产以提高生产效率。

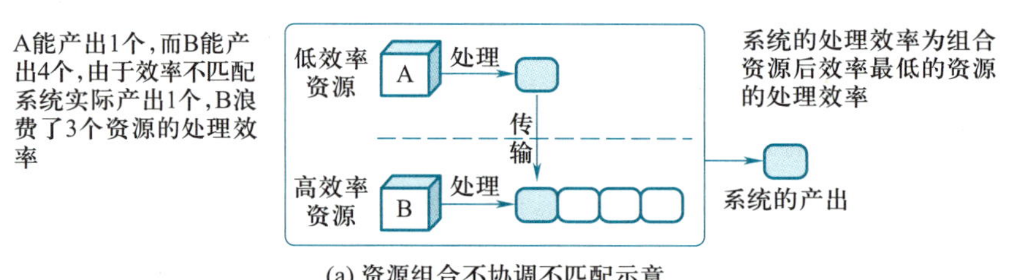

(a) 资源组合不协调不匹配示意

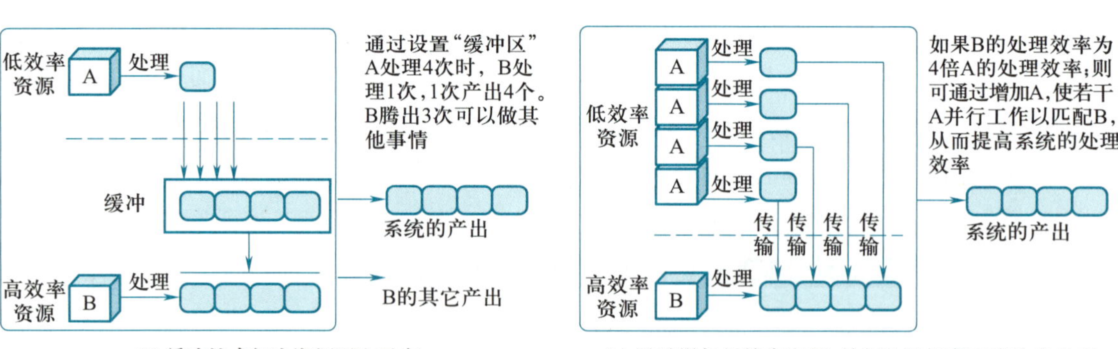

(b) 缓冲技术解决资源匹配示意

(c) 通过增加低效率资源，并行处理提高系统效率示意

图 7.3 不同性能资源组合后不同协同方式执行效率示意

存储体系的重要特征是“无论其内部多么复杂,均为自动管理,无须使用者操心”,例如内存的自动分配与回收问题、磁盘信息的自动组织问题、内存外存传输信息的协同问题等,这就需要现代计算机的核心——操作系统来进行有效、高效的管理,换句话说,操作系统是包括存储体系在内的现代计算环境的管理者。

7.1.2 存储体系环境下程序执行的复杂性

现代计算机是若干体系协同工作的典型代表 现代计算机可接入和控制的设备五花八门、数量众多,处理能力越发强大,若要使如此复杂的系统协同工作,则需理解“**化解复杂问题为简单实现机制**”的基本思维。因此,这里仍从最基本的能力来理解现代计算机。

为什么会存在多个体系 简单环境下的程序执行已在第 6 章介绍,即:如果程序存储在内存中,CPU 便可逐条取出指令并执行指令,可看作“CPU—寄存器—内存”环境。由于技术不断进步,现代计算机执行程序的环境越发复杂:(1) 从存储角度看,其由单一内存扩展为“寄存器—内存—外存”“寄存器—cache—内存—外存”相结合的存储体系;(2) 从输入输出角度看,其由单一的“键盘+显示器”扩展为不同型号、不同类别的输入输出设备,形成了设备体系;(3) 从执行程序的部件看,其由单一 CPU 扩展为多个 CPU,形成了处理机体系(即作业执行体系)。

计算环境为什么需要管理 单一内存执行一个程序可能不需要管理,CPU 直接读写并执行即可。但在“寄存器—内存—外存”环境下,程序存储在外存中,而 CPU 能够执行的程序存储在内存中,如何将外存中的程序装载至内存并被 CPU 执行则需要管理。内存中只包含一个程序可能不需要管理,但内存中同时包含多个程序,程序与对应装载的内存空间则需要管理。一次执行一个程序可能不需要管理,但一次执行多个程序,多个程序之间可以交叉并行执行则需要管理。上述方面可被视为程序管理体系和作业管理体系。

因此可以说,现代计算机是由若干相互独立又相互依存的体系(存储体系、设备体系、处理机体系、程序管理体系和作业管理体系等)实现的协同系统。体系“独立”是指资源管理的相对独立;体系“协同”是指这些体系的共同目标是“执行程序”,而“执行程序”需要这些体系协同工作。这种协同系统的神经中枢即操作系统。操作系统在解决多体系协同自动化方面体现了普适化的计算思维,例如分工—合作—协同求解的思维、不同性能资源组合优化的思维、化整为零的思维、分时调度和并行调度的思维等,这些思维可为各学科人员未来构造各类创新的协同计算系统或自动化系统提供有益的借鉴。同时,这些思维对读者形成有效的领导思维和高效的管理思维有益,毕竟操作系统是最复杂计算环境的管理者与协调者。

7.1.3 复杂计算环境的管理者——操作系统

首先概要地浏览操作系统的基本功能,然后在下一节进行深入讲解。

操作系统是什么 **操作系统**是控制和管理计算机系统各种资源(硬件资源、软件资源和信息资源)、合理组织计算机系统工作流程、提供用户与计算机之间的接口以解释用户对机器的各种操作需求并完成这些操作的一组程序集合,是最基本、最重要的系统软件。简单而言,操作系统的基本功能包括磁盘与文件管理(外存管理)、内存管理、作业与任务管理、程序与进程管理、设备管理等。

操作系统在现代计算机系统中的作用可以从以下 3 个方面理解。

操作系统是用户与计算机硬件之间的接口 现代计算机可以连接各种各样的硬件设备,而直接操纵硬件设备既烦琐细致,又复杂多变,且容易出错,给用户带来不便。操作系统类似于将复杂电路封装成芯片,将对机器的操作与控制细节屏蔽,提供给用户方便使用的界面。用户仅需面对一个操作系统,而所有涉及的硬件细节等由操作系统解决和控制,因此说操作系统是对计算机硬件功能的第一次扩展,用户通过操作系统使用现代计算机。

操作系统为用户提供虚拟机(virtual machine) 计算机硬件功能是有限的,但现代计算机能够完成多种多样、复杂多变的任务,得益于计算机软件。硬件无法实现的功能可以通过软件实现,操作系统就是可扩展硬件功能的最基本的软件。操作系统提供人们更容易理解的、任务相关的、控制硬件的命令,称为**应用程序接口**(application program interface,API),将对硬件控制的具体细节封装成 API,其他软件可以通过 API 使用各种硬件,既方便又高效。通过在计算机的裸机上添加多层软件以组成整个计算机系统,扩展计算机的基本功能,为用户提供一台功能显著增强、使用更加方便的机器,称为**虚拟计算机**。

操作系统是计算机系统的资源管理者和调度者 操作系统的重要任务之一,就是有序地、优化地管理和调度计算机中各种硬件资源、软件资源和信息资源,跟踪资源使用情况,监视资源状态,满足用户对资源的需求,协调各程序对资源的使用冲突,最大限度地实现各类资源的共享,提高资源利用效率等。

7.1.4 现代计算机系统的工作过程

前文提到 CPU 执行的程序均需存在于内存中,而内存断电时信息会瞬间丢失,那么,当机器之前为关机/断电状态,开机/接通电源后的第一个程序源自何处?操作系统又是如何被载入内存的?这就需要借助 ROM 和磁盘实现。

机器开机后的第一个程序位于何处 在内存中存在一小段特殊的存储空间被留给一个 ROM，或者说使用 ROM 实现，即内存中该段存储空间的信息不会被改写，也不会因断电丢失（注：内存中其他存储空间使用 RAM 实现，可读可写，但会因断电瞬间丢失信息）。此 ROM 中通常保存有基本输入输出系统（basic input/output system，BIOS），又称为 ROM-BIOS，是由机器制造者预先存入的一组程序和机器相关的参数，这组程序是机器接通电源后开始执行的第一个程序，通常包括一些硬件检测程序及基本硬件输入输出相关的程序，还包括控制 CPU 读写磁盘获取引导扇区及装载操作系统的程序。

操作系统的组成部分 操作系统通常存放于磁盘中，被分成两部分。一部分以特殊方式存储于磁盘，由 ROM-BIOS 程序依据磁盘引导扇区中的相关信息，通过直接读写磁盘扇区的方式将其载入内存；另一部分以文件形式存储于磁盘，该部分程序需要在前一部分程序控制下才能使用。如前所述，操作系统核心部分通常包括进程管理程序、处理机调度程序、内存分配与回收管理程序、作业管理程序、磁盘文件读写控制程序以及一些必要的设备驱动程序等。

（1）**设备管理**。操作系统对设备的管理是指对 CPU 和内存以外的其他硬件资源的管理。若将文件内容存放在磁盘中或进行显示、打印等工作，则应启动相应的设备才能完成。同样地，若要读出磁盘中的文件内容或从键盘输入信息，也需启动相应的设备。上述工作十分烦琐且复杂，操作系统承担了这些任务，大大减轻了用户的负担。

（2）**常驻内存程序与服务管理**。操作系统中有许多程序常驻内存，这些常驻内存的程序称为进程，用于随时接收各种用户和其他进程的操作信息，完成各种各样的系统管理工作。图 7.4 给出了典型的进程管理界面，可以看出存在几十个进程，不同进程的作用是不同的。服务通常也为可被应用程序或进程调用、能够完成某一方面工作的系统程序，例如能够提供网络连接、错误检测、安全性和其他基本操作的系统程序，可以常驻内存（即启用），也可以从内存中退出（即关闭）。图 7.4 同样给出了典型的

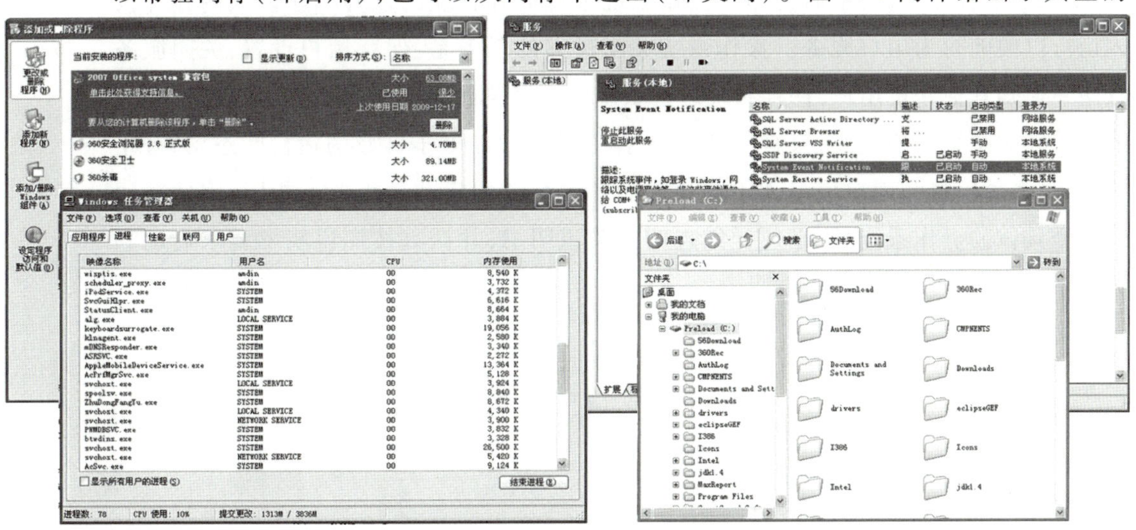

图 7.4　典型操作系统 Windows 的资源管理器、任务/进程管理器、服务管理器等界面示意

服务管理界面,用户可以开启和关闭一些服务,但某些服务如果关闭,则会导致系统运行不正常。此外,图7.4还给出了应用程序安装和卸载的界面以及Windows资源管理器的界面。

(3) **命令解释器/程序管理器**。命令解释器(或程序管理器)是用户和操作系统的直接交互界面,是操作系统的重要组成部分,负责接收、识别并执行用户输入的命令或用户选择的程序。当用户没有输入命令或没有选择程序时,系统始终处于命令解释器/程序管理器的监测之下。

现代计算机的工作过程 (1) 接通电源,CPU自动读取ROM-BIOS的程序。(2) CPU执行ROM-BIOS程序:① 进行系统自动检测工作,直至检测完毕;② 读取磁盘引导扇区,确定操作系统在磁盘上的存储位置;③ 将操作系统从磁盘装载至内存。(3) CPU执行操作系统程序:① 启动操作系统;② 准备设备管理相关的进程;③ 准备各种服务进程;④ 准备命令解释器/程序管理器。(4) CPU执行命令解释器程序,等待用户输入命令或选择将要执行的程序(此时可称CPU控制权属于操作系统)。(5) 当用户输入命令或选择将要执行的程序后,操作系统负责寻找该程序在存储器中的位置并将其载入内存,然后使CPU执行该程序。(6) CPU执行用户选择的程序(此时可称CPU控制权属于用户程序)。当用户程序执行完毕后,自动使CPU执行命令解释器程序(此时可称CPU控制权又归还于操作系统),此后CPU控制权不断地在命令解释器和用户程序之间切换,在操作系统的控制下执行各种各样的应用程序。因此,计算机从开机到关机,操作系统始终在运行,以支持用户的各种操作,用户通过操作系统使用各种计算机资源。可以说没有操作系统,人们基本无法利用计算机。

操作系统启动和关闭需要注意的事项 操作系统的运行过程均以启动开始,以关闭结束。操作系统启动过程的任务是:加载系统程序,初始化系统环境,加载设备驱动程序,加载服务程序等,简单而言即将操作系统进行资源管理的核心程序装入内存并投入运行以便随时为用户服务。操作系统关闭过程的任务是:保存用户设置,关闭服务程序并通知其他联机用户,保存系统运行状态并正确关闭相关外部设备等。操作系统的启动和关闭均十分重要,只有正确启动,操作系统才能处于良好的运行状态,只有正确关闭,系统信息和用户信息才不会丢失。各种系统的启动过程各不相同,因此在运行一个具体的操作系统时,必须详细查阅有关说明书,并认真按照说明书要求启动和关闭系统。

7.2　分工—合作—协同——理解复杂计算环境及其管理

7.2.1　分工—合作—协同的基本思维

复杂计算环境需要解决的问题 理解复杂计算环境，关键是理解程序的执行。有了存储体系后，应当如何执行程序？如图 7.5 所示。

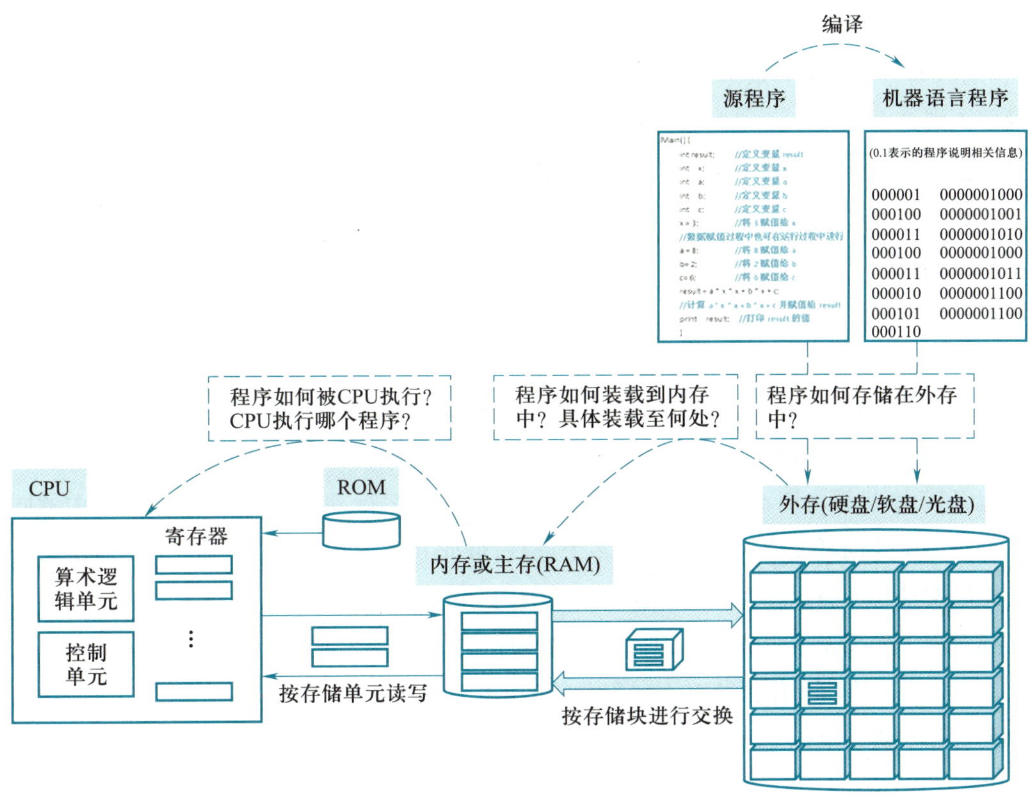

图 7.5　存储体系环境下，执行程序所要解决的问题示意

此时可以使用高级语言编写程序，通过编译将其转换成机器语言程序。为了永久保存，高级语言程序和机器语言程序均需保存在外存中，而外存中的程序和信息在被执行时需要装入内存，内存中又可能包含多个程序。因此，如何将程序存储在外存中，如何将程序装入内存，具体装载到哪个地址空间，如何调度 CPU 执行一个程序，某一时刻 CPU 应当执行哪个程序……这些问题就是由存储体系带来的新问题，而这些问题的解决既复杂

又与人无关,需要由计算系统自动解决。由于硬件的功能在实现时已经固定化,这些问题的解决就需要操作系统这一核心软件实现,因此操作系统**被认为是扩展硬件功能的一种软件系统,是管理和控制存储体系(及其他资源体系)协调一致完成多个应用程序执行的一组程序的集合。**

"分工—合作—协同"是理解复杂计算环境管理与调度的重要思维 如何编写"**控制存储体系等协调一致完成多个应用程序执行**"的程序,即如何完成图 7.5 所示各项工作的管理和控制呢？该问题看起来十分复杂,涉及诸多过程,相互之间存在诸多衔接,似乎难以下手解决,因此可分 3 步思考:(1) 分工。如图 7.5 所示,系统中包含内存、外存和 CPU 等部件,首先理解这些部件需要独立完成的工作,每类部件的工作在存储体系环境下有哪些变化,即由"单一部件的执行"扩展为"管理单一部件的执行"需要管理哪些内容。(2) 合作。在前述基础上继续考虑合作,合作的思考需要以任务驱动,例如此处的任务是"**令计算机或 CPU 执行存储在外存中的程序**",为了完成该任务,各部件之间需要合作。(3) 协同。当确定基本的合作关系后,下一步即为协同,协同包含"协作/合作"和"同步"的含义,也包含自动化及最优化的含义,即如何优化地、自动化地实现合作,并且高效实现。

程序与进程 众所周知,只有被装入内存的程序和数据才有可能被 CPU 执行和处理,为叙述方便,首先区分"程序(program)"和"进程(process)"两个概念。以文件形式存储于磁盘的程序文件称为程序;磁盘中的程序文件可能包含源程序文件(如高级语言程序)以及可运行程序文件(机器程序),可运行程序文件在操作系统的管理下被载入内存形成进程。进程中除可执行程序外,还包含一部分描述信息和执行状态信息,用于操作系统对程序和进程的调度、管理与控制(具体细节可在操作系统课程中学习)。简单理解,**进程即内存中的可执行程序**。磁盘中的不同程序文件可依次被装载到内存中,形成多个进程,但每个进程占用不同的内存存储空间,相互独立运行,彼此互不干扰。磁盘中的同一个程序文件也可被装载多次,形成多个进程,彼此互不干扰地执行。此外,磁盘中的一个程序文件还可被分解为多个小程序装载到内存中形成多个进程,各自独立运行。后文叙述过程中如果无须明确区分,则统一以"程序"指代程序和进程,读者注意语境即可。

下面首先讲解操作系统对不同资源(如外存、内存、CPU 等)的分工管理,然后讲解其如何合作与协同执行一个程序。

7.2.2 从分工角度理解"外存管理"

化整为零与还零为整的基本思维 磁盘与文件管理是存储体系的重要组成部分,是操作系统对硬件功能的重要扩展之一,这里主要运用一种化整为零与还零为整的思维。假设有一个房间,如图 7.6 所示,有两台设备和 10 箱苹果,两台设备的总体积小于或等于 10 箱苹果的总体积,且均小于房间的容积。可以看到该房间能够装下 10 箱苹果,却装不下两台设备。这是因为设备是一个整体，占用连续空间大，而一箱箱苹果占用连续空间小，可以分散存储，充分利用零散空间。这启示人们对于超大存储空间，可将其划分成较小的标准存储空间，同时将待存储对象按照标准存储空间的大小进行划分，即化整为零进行存储。读者可试想一下，飞机/火车运输所采用的集装箱是否为标准存储空间？

化整为零需要解决以下问题：(1) 确定零存空间的大小：零存空间过大则可能导致浪费，因为存储一个字节的信息也需占用一个零存空间（类似于不管运输一件货物还是多件货物，均以集装箱为单位计算所占用的存储空间）；但零存空间过小则可能导致管理复杂；(2) 要解决将一个整体物体分解为零存物体过程中的编号及次序问题，既要能够化整为零分散存储，又要能够分散取出还零为整；(3) 能够自动完成化整为零和还零为整的操作，以使用户不必考虑这一过程。应当说现代计算机在这些方面解决得较为出色。

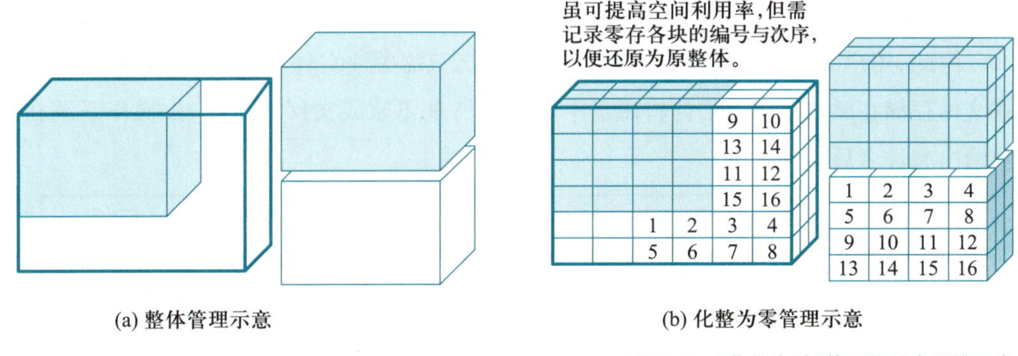

(a) 整体管理示意　　(b) 化整为零管理示意

图 7.6 “化整为零”管理的基本思维示意

磁盘与文件管理：化整为零与还零为整的思维实现

(1) 磁盘空间的划分。磁盘被划分成盘面、磁道/柱面和扇区，扇区是磁盘一次读写的基本单位。为提高访问速度和管理能力，操作系统将磁盘划分成一个个簇块（即零存空间）。1 个簇块相当于多个连续的扇区，通常为 2 的幂次方个，例如 4 个、8 个、16 个等，可一次性连续读写，以簇块为单位和内存交换信息。

(2) 文件和信息。待存储信息被操作系统组织成文件，文件是若干信息的集合，以一本书为例，书中的文字、表格与插图便是信息，而这些信息由书承载并作为一个整体被管理，共同移动或消失，即为文件。从存储角度看，文件就是一个 0-1 串，该 0-1 串可能需要一个簇块存储，也可能需要成百上千个簇块存储，即便只含有一个字符（8 位的 ASCII 码），也需要至少一个簇块进行存储。因此，文件是操作系统管理信息的基本单位，操作系统将文件组织成一个个簇块存储于磁盘中。

由于文件大小不断变化，以及写入磁盘的先后次序不同，文件写入磁盘时，操作系统不能保证其均能写在连续的簇块上，而是将其存储在可用簇块上，如图 7.7 所示。如果将分散的簇块重新还原为文件，则需要文件分配表。

(3) 文件分配表。文件分配表（file allocation table，FAT）是记录文件在磁盘中存储的簇块之间衔接次序的一个表，通常占用若干扇区，是磁盘上的特殊区域。其存储的信息如

图 7.7 中的表格所示。磁盘上有多少个簇块，FAT 就有多少项，FAT 项的编号与磁盘簇块编号存在一一对应的关系。**FAT 项的内容指出该簇块的下一个簇块的编号**。例如，若要查找 13 号簇块的下一个簇块，则需查找 FAT 中对应编号为 13 的表项内容，13 号表项内容为 24 则说明 13 号簇块后为 24 号簇块，而由 24 号表项内容 26 可知，24 号簇块后为 26 号簇块，以此类推，直到表项为 End 的簇块为止。这样构成文件的各个簇块即由 FAT 形成一个簇链，前一个簇块指向后一个簇块，直到结束为止。为了找到文件的第一个簇块，需要目录或文件夹。

（4）**目录或文件夹**。目录又称文件夹，是磁盘中记录文件名、大小、更新时间等文件属性的一个信息区域，该区域相当于一个文件名清单。**对应每一个文件名，目录中都会记录其在磁盘中存储的第一个磁盘簇块的编号**。由此在目录中根据文件名找到第一个簇块，再根据 FAT 即可找到文件的所有簇块，按照先后顺序合并，即可将其还原为原来的文件。

因此，用户无须关心文件在磁盘中如何存取，只需关注文件名及文件内容即可。如何将文件存储在磁盘中以及如何将磁盘中存储的信息还原成文件等工作，由操作系统在用户给出文件名后自动实现。

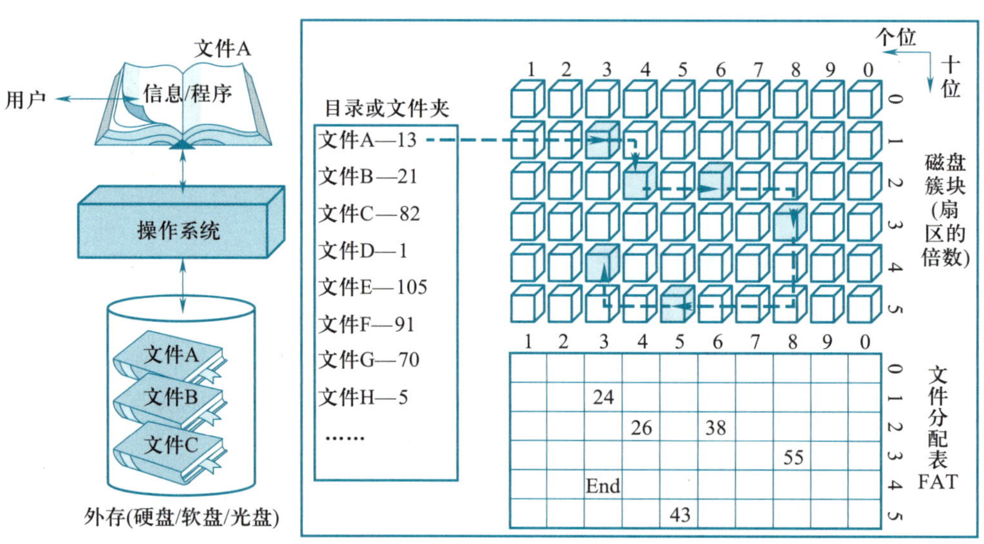

图 7.7　典型操作系统对文件与磁盘管理的基本思想示意

磁盘的重要信息区域　综上可知，每个磁盘在使用前都需要格式化。磁盘格式化即划分磁盘的各个区域，建立 FAT 和根目录。磁盘首先被划分成保留扇区区域、文件分配表区域、根目录区域和数据区域。磁盘的第一个扇区通常称为引导扇区，其内记录保留扇区的大小、逻辑分区信息、文件分配表所在区域信息及单一表项所占用字节数、根目录所在区域信息以及其他信息。保留扇区中还可能记录操作系统软件的存储位置等。根目录区域是一个特殊的目录，其不能被删除或更名，是存储文件名清单的第一个区域。其他目录或文件夹可由用户创建、删除和更名，并可和文件一样被存储，能够被操作系统识别。数据区域是存放除根目录外的其他目录和所有文件的区域。

典型操作系统 Windows 的磁盘与文件管理 前面叙述的是 DOS、Windows 等操作系统管理磁盘与文件的基本思维，即采用 FAT 与目录相结合的方式管理磁盘空间和文件读写，实现化整为零和还零为整。早期的 FAT 表项长度有 12 位(3 个字节表示 2 个表项，即第 1 个字节和第 2 个字节的前 4 位构成一个 12 位的表项编号，第 2 个字节的后 4 位和第 3 个字节构成一个 12 位的表项编号)和 16 位(FAT16)，后来扩展为 32 位(FAT32)。FAT 同样需要占用磁盘空间，FAT 表项的长度、数量以及磁盘块的大小，决定了所能管理磁盘的空间大小。

【示例 7.1】假定磁盘块的大小为 64 KB，对于 128 GB 的硬盘，其文件分配表需要占用的存储空间为________。

【答】128 GB = $2^7 \times 2^{10} \times 2^{10}$ KB，则磁盘块总数 = 128 GB/64 KB = $2^7 \times 2^{10} \times 2^{10}/2^6 = 2^{21}$ 个。(1) 假定一个 FAT 表项的长度为 24 位(3 个字节，注意：需要大于 21，以便能够表达出编号 2^{21})，一个磁盘块能够存放的 FAT 表项个数 = 64 KB/3 B = 64×1 024/3 = 21 845 个。则 FAT 占用的磁盘空间 = 3 B×2^{21} = $3 \times 2 \times 2^{20}$ B = 6 MB = $6 \times 2^{20}/2^{16}$ = 96 个块。通常 FAT 还需要进行备份，FAT 及其备份占用的磁盘空间为 12 MB。(2) 假定一个 FAT 表项的长度为 32 位(4 个字节)，则一个磁盘块能够存放的 FAT 表项个数 = 64 KB/4 B = 64×1 024/4 = 2^{14} 个。FAT 占用的磁盘空间 = $2^{21} \times 2^2$ B = 2^{23} B = 8 MB = $2^{13}/2^6 = 2^7$ 个块。FAT 及其备份占用的磁盘空间为 16 MB。

如图 7.8 所示，左图为 Windows 操作系统显示的文件夹与文件名、以“记事本”打开的一个文件的内容(注：记事本只能打开 ASCII 码存储的文本文件)和以专用软件显示的其中一个扇区的存储内容——以十六进制显示的 0-1 信息；右图为以专用软件显示的磁

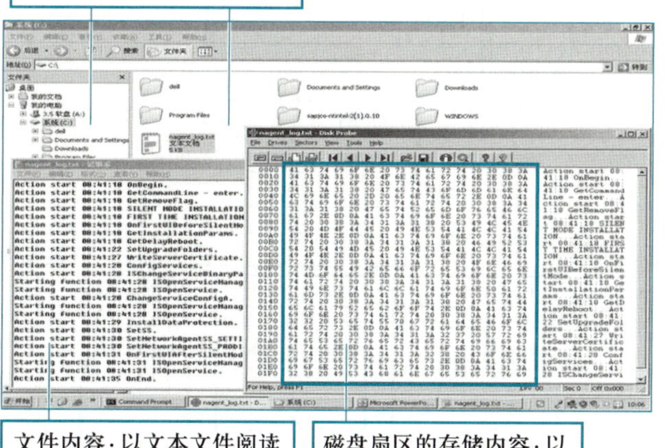

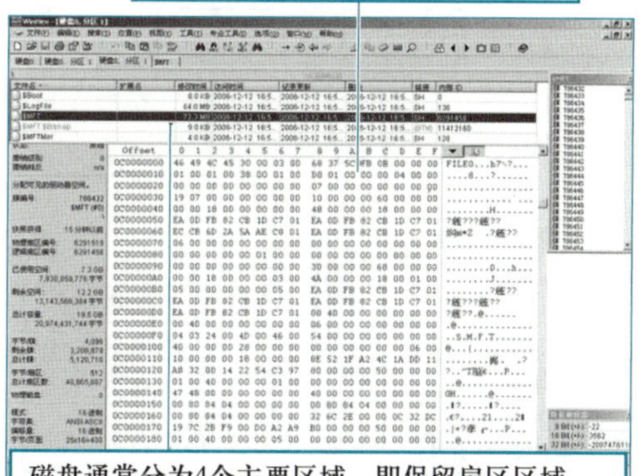

文件目录(文件夹)及文件名(操作系统读取与管理)
文件内容：以文本文件阅读器打开并显示的文本文件的内容，每个字节按ASCII码解读(以“记事本”打开)

NTFS的主文件表MFT，即文件分配表(以专用软件进行读取)
磁盘通常分为4个主要区域，即保留扇区区域、文件分配表区域、根目录区域和数据区域；磁盘第一个扇区通常是引导扇区(分区启动记录)，存储一个称为基本输入输出参数块的区域，包括操作系统的启动调用代码、保留扇区的总数、驱动器参数块(含分区信息、FAT表项大小信息)等(以专用软件进行读取)

图 7.8 典型操作系统的重要区域信息显示示意

盘 FAT 信息等。

典型操作系统 Linux 的磁盘与文件管理 Linux 等操作系统采用 inode 表(索引节点表)与目录相结合的方式管理磁盘空间和文件读写,是一种与 FAT 思维相同但具体细节不同的化整为零和还零为整的实现方式,如图 7.9 所示。从作用角度看,inode 表类似于 FAT,一个 inode 表项类似于一个 FAT 表项。不同的是:(1) 一个 inode 表项能够占用更多空间,例如 128 个字节、256 个字节等,可以保存更多关于文件的信息;而一个 FAT 表项是 16 位或 32 位,仅能表达一个磁盘块编号。(2) 在 Linux 中,一个文件的不多于 12 块的磁盘块编号被保存在 inode 表项中,更多的磁盘块编号则被保存在其他磁盘块中,在 inode 表项中由“间接块指针”指向该磁盘块;当文件大小多于 12 个磁盘块时,则以“间接块指针”找到磁盘块号,然后从中读取接下来的磁盘块号,再进一步读取相应的磁盘块形成文件。而在 Windows 中,FAT 的一个表项的值指向的是下一个要读取的磁盘块号。(3) 在 Linux 中,文件名被保存于目录块中,对应每一个文件名则有一个 inode 编号。根据该 inode 编号,在 inode 表空间中找到对应的 inode 表项,从 inode 表项中找到文件在磁盘中的磁盘块号,并依次读取。而在 Windows 中,文件名被保存于目录块中,同时第 1 个磁盘块的编号亦被保存于目录块中,并和文件名关联,第 2 块至后续块的磁盘块编号被保存在 FAT 表项中,由一个表项的值找到下一个磁盘块,再由下一个磁盘块对应的表项的值找到再下一个磁盘块,依次读取。(4) Linux 磁盘被格式化时,根据所管理的磁盘块大小和磁盘总空间,确定 inode 个数并划出 inode 表空间。Windows 磁盘被格式化时,根据所管理的磁盘块大小和磁盘总空间,确定 FAT 表项个数并划出 FAT 表空间。

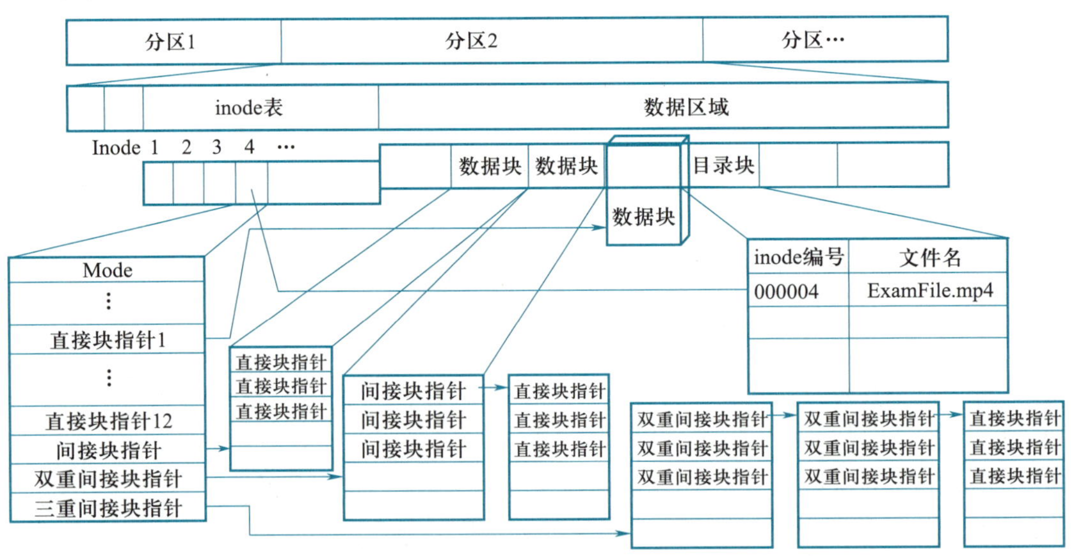

图 7.9　Linux 磁盘与文件管理示意

【示例 7.2】Linux 如何读取大文件。

Linux 的 inode 表中包含直接块指针、间接块指针、双重间接块指针、三重间接块指针。顾名思义,直接块指针指向所要读取的数据块,间接块指针指向存放数据块指针的一个数据块,双重块指针指向保存间接数据块指针的数据块,三重块指针指向保存双重块指针的数据块。假设磁盘块大小为 4 KB。Inode 表项中有 12 个直接块指针,则可存储 12×4KB = 48 KB 的文件;有 1 个间接块指针,设每个指针占用 4 个字节,则 1 个磁盘块可保存 4 KB/4 B 个指针,即可指向 1 024 个块,则可存储文件大小为 1 024×4 KB = 4 MB;有 1 个双重间接块指针,可保存指针数量为(4 KB/4)×(4 KB/4),则可存储文件大小为(1 024×1 024)×4 KB = 4 GB;有 1 个三重间接块指针,则可存储文件大小为(1 024×1 024×1 024)×4 KB = 4 TB。

理解磁盘与文件管理的基本思维后,便可理解计算机病毒的攻击区域。由图 7.10 所示,磁盘目录、FAT(或 inode 表)是磁盘中的重要数据保存地。如果磁盘目录被破坏,则将有许多磁盘簇块因为其所在链的第一簇块编号被破坏而被永远占用,从而产生磁盘中不含文件但却没有存储空间的现象。如果 FAT 被破坏,则整个文件的簇链被破坏,文件便不能被正确读取。如果破坏文件的某一簇块,则可能导致局部内容损坏;而如果破坏系统

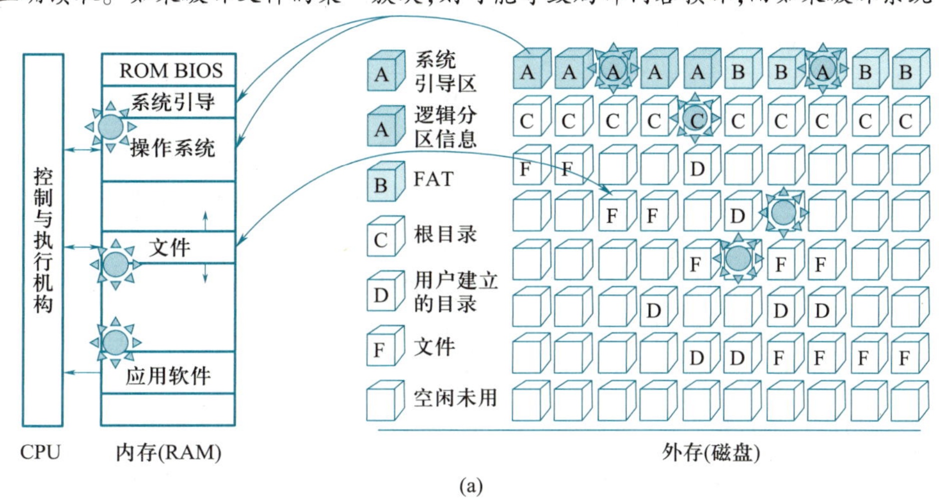

(a)

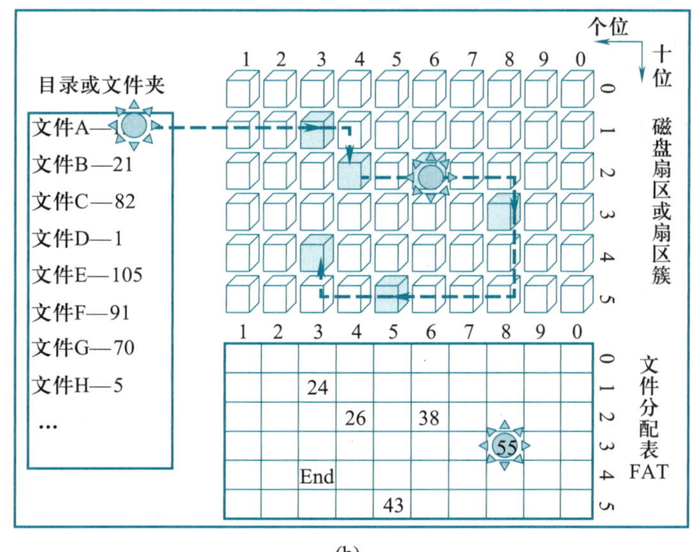

(b)

图 7.10 计算机病毒攻击的存储区域示意

引导区、逻辑分区信息等，则可能导致整个磁盘信息损坏。如果病毒进入内存，则很可能破坏正在运行的操作系统、正在读写的文件等，因此需要防范病毒的侵袭。由于磁盘目录、FAT 的重要性，其也成为许多“病毒”程序的攻击目标。

7.2.3　从分工角度理解“内存管理”

内存管理 从名称上看，其分工为管理内存资源。此时需要区分两个概念：一是 CPU 能够访问的地址空间，称为虚拟内存，通常由 CPU 地址线位数确定；二是实际配置的内存大小，称为物理内存，可能小于 CPU 能够访问的内存大小。二者对比如表 7.1 所示。

表 7.1　CPU 可访问内存大小与实配内存大小示意

CPU 地址线位数	最大可访问内存（虚拟内存）	实配内存（物理内存）
20 位	1 MB	128 KB，256 KB，512 KB，1 MB
32 位	4 GB	512 MB，1 GB，2 GB，4 GB
39 位	512 GB	64 GB，128 GB，256 GB，512 GB
40 位	1 TB	128 GB，256 GB，512 GB，1 TB

这就存在一个问题：2 GB 的物理内存如何支持需求为 3 GB 空间的程序运行？首先假定虚拟内存的地址空间为 4 GB，CPU 能够访问 3 GB 的内存空间，而物理内存只有 2 GB。为对内存实施有效管理，通常将内存分页，1 页通常对应 1 个磁盘块。为叙述方便，虚拟内存的页称为页，而物理内存的页称为页框。**虚拟内存整体上是连续的地址空间**，例如 4 GB 虚拟内存的地址空间为 0～4 GB−1，分页后的页编号为 $0\sim2^{20}-1$（假定每页大小为 4 KB），此时虚拟地址＝页地址＋页内地址（其中页地址＝页编号×4 KB）。而**物理内存的页框内是连续的地址空间，但页框之间不一定连续**。此时通过一个页表建立虚拟内存到物理内存的映射关系，如图 7.11 所示。**在程序运行期间，不同的虚拟内存页可利用相同的页框保存**。通过内存−外存置换（将内存的内容保存到外存，或将外存的内容装载到内存。通过腾挪手段将暂不访问的原页框内容保存到外存，余出空间将即将访问的内容从外存装载到该页框，详细内容可在操作系统课程中学习），使同一页框装载不同的内容，对应虚拟内存的不同地址空间。

在存储体系环境下，可能要令 CPU 执行多个程序，多个程序在执行期间不能互相干扰，则需要将每个程序装载于不同的内存空间中（这就是内存分页的优势，以页为单位管理内存空间），也就需要内存空间的页面分配。物理内存空间有限，而需要装入内存被 CPU 处理和执行的程序量和数据量可能十分庞大，不能一次性装入，这就需要“边执行边腾挪边装载”，需要管理内存空间的动态使用，以及管理内存和外存的信息交换。因此内存管理的目标是有效地管理、分配、利用和回收内存，以提高内存的利用率，进而保证多个程序的协调执行和 CPU 的使用效率。内存管理要解决的基本问题是：管理内存的存储空

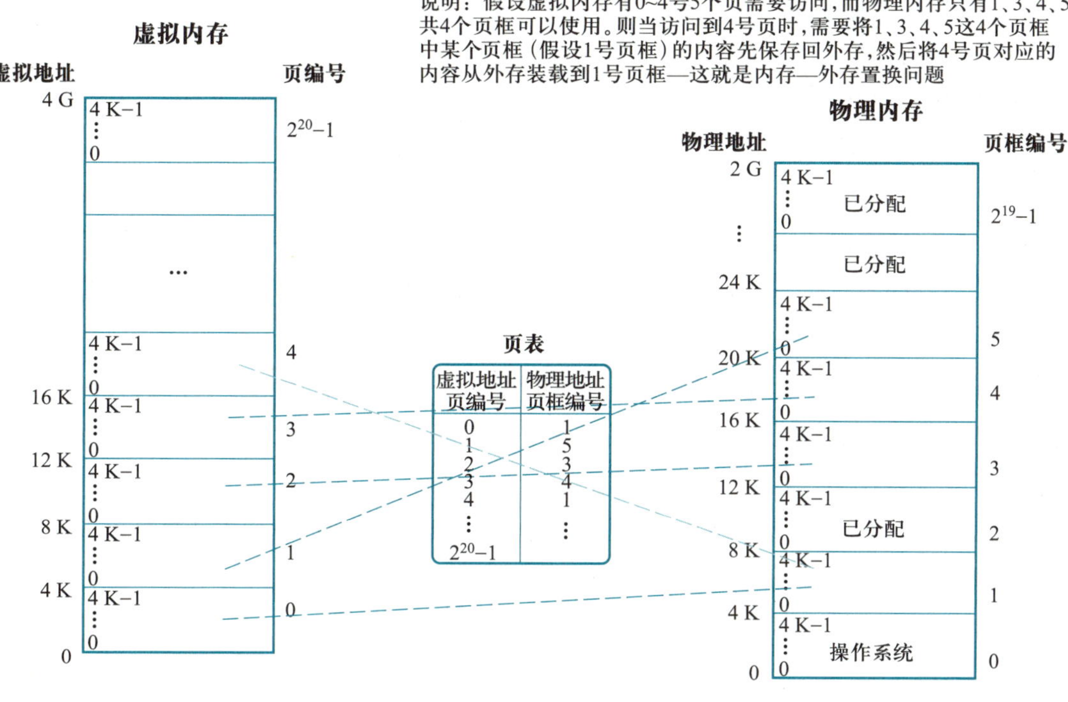
说明：假设虚拟内存有0~4号5个页需要访问，而物理内存只有1、3、4、5共4个页框可以使用。则当访问到4号页时，需要将1、3、4、5这4个页框中某个页框（假设1号页框）的内容先保存回外存，然后将4号页对应的内容从外存装载到1号页框—这就是内存—外存置换问题
虚拟内存
虚拟地址
页编号
物理内存
物理地址
页框编号
页表
虚拟地址页编号
物理地址页框编号
已分配
操作系统

图 7.11　虚拟内存到物理内存的映射示意

间（以页为单位，已分配还是空闲）；根据用户程序的要求为其分配内存空间-分配页面；内存与外存信息的自动交换（当内存空间不足时，如何通过腾挪手段余出空间，即将一部分被占用的内存重新分配给需求者，这就需要考虑被腾挪的内存中原有数据和相应外存数据的一致性更新问题）；内存空间的回收，即在某个用户程序工作结束时，需要及时回收其所占的内存空间，以便继续装入其他程序。

类比：内存管理与教学楼管理 内存管理可类比多个教学楼的管理（假定教学楼的教室均为固定大小，但可通过组合多个标准大小的教室形成较大的教室来使用）。一栋教学楼内部按房间号确定每个房间，例如 3 位十进制编码的“房间号”可编码 1 000 个房间。那么以 10 000 栋教学楼为例，若要访问每个房间，需要指明 4 位十进制的“教学楼编号”，然后指明 3 位十进制的房间号，即其地址空间为“0000 000”~“9999 999”。假设有 3 个将要执行的程序，第 1 个需要 50 栋教学楼，可安排其在 5200 000~5249 999 这一空间中，第 2 个需要 100 栋教学楼，可安排其在 5250 000~5349 999 这一空间中，第 3 个需要 200 栋教学楼，假设目前可用空间不足，只有 150 栋教学楼，则该程序只能利用这 150 栋教学楼，通过“边执行边腾挪边装载”完成执行。读者在教学楼管理中发现和解决的问题将有助于理解内存管理，反之对内存管理的理解也有助于对现实管理问题的求解。

7.2.4　从分工角度理解“处理机管理”

处理机（CPU）管理 从名称上看，其分工为管理 CPU 资源，即当存在多个进程需要执行时,如何调度CPU执行某个进程。CPU是计算机系统中最重要、最宝贵的硬件资源,所有程序(此时即指进程)都需要CPU来执行,因此,CPU也是计算机中争夺最激烈的资源。操作系统对CPU的管理原则是:当多个进程占用CPU时,令其中一个进程先占用CPU;若一个进程运行结束或因等待某个事件而暂时不能运行时,操作系统则将CPU的使用权转交给另一个进程;当出现一个比当前占用CPU的进程更为重要和迫切的进程时,操作系统可强行剥夺正在使用CPU的进程对CPU的使用权,将该进程挂起,使CPU转让给有紧迫任务的进程,待该进程执行结束,再继续运行已挂起的进程,从而解决多个进程同时工作的优先级控制问题。

所谓**进程获得了CPU控制权,即CPU中的程序计数器**(program counter,PC,**其指向下一条要被执行的指令)被设置为该进程所在的内存地址,CPU依次读取指令并执行指令**。如果该进程被CPU挂起,则需要将进程当前执行的状态,例如当前进程执行被中断的位置(即将要执行的指令地址)及相关寄存器中的值等进行保存,以便重新执行该进程时能够按此状态恢复执行。

关于磁盘与文件管理、内存管理、处理机管理的细节,读者可进一步参阅操作系统等书籍。

7.2.5　从合作与协同角度理解计算环境——执行程序

内存管理、外存管理和处理机管理分别管理内存资源、外存资源和CPU资源,如前所述,三者分工明确,管理内容也容易确定。但其中任何一项都无法单独完成"**令计算机或CPU执行存储在外存中的程序**"等任务,必须合作完成。

作业、任务与进程　为将合作表述清楚,本书区分"作业"和"任务"两个概念(注:现实世界中的"任务"通常表征大粒度的工作,"作业"表征小粒度的工作,而在计算机世界尤其是操作系统领域则相反,即"作业"表征大粒度的工作,"任务"表征小粒度的工作。为便于后续学习,本书采用与计算机世界一致的表述)。所谓作业是从使用者角度来看的一项完整的大粒度工作;所谓任务是计算机为完成作业所要进行的一项项可区分的小粒度工作,是对大粒度工作的分解与细化。所谓进程是指完成小粒度工作(即任务)的程序,每项工作均需要由程序完成,即:作业和任务都是"工作",而进程是完成工作的程序。例如"令计算机或CPU执行存储在外存中的程序"即为一个作业,需要将其分解成若干项细致的任务来完成,例如"为作业中的程序创建一个进程框架(注:仅包含进程相关信息,但尚未装载实际程序)""为作业中的程序/进程分配内存空间""将作业中的程序文件装载到指定内存空间中""调度CPU执行该进程"等就是完成该作业的一项项任务。这些任务同样由"进程"完成,即分别由"进程管理"进程、"内存管理"进程、"处理机管理"进程完成。这些进程按照分工独立管理某一方面的工作,按照作业—任务的合作要求完成相应工作,例如"内存管理"进程按照分工独立管理内存相关的工作,按照作业—任务的合作要求分别完成“内存空间管理”“内存空间分配”“内存与外存信息自动交换”“内存回收”等工作(注意:后文叙述过程中如果无须明确区分,则统一以“任务”表述任务或作业)。

OS 进程与 App 进程 从工作的性质来看,可将其分为“操作系统本身的管理工作”和“应用程序本身的工作”,前者由操作系统的“进程”执行(简称 OS 进程),后者由程序本身产生的“进程”执行(简称 App 进程)。因此,从用户角度看,一个作业由程序本身产生的“进程”完成;但从系统角度看,一个作业是在操作系统“进程”的管理下,由程序本身产生的“进程”完成。这是思维理解的重要组成部分,无论是操作系统的“进程”工作,还是程序本身的“进程”工作,均可被称为任务。

操作系统管理和控制作业/任务执行的过程 首先来看“**令计算机或 CPU 执行存储在外存中的程序**”这项大粒度工作需要哪些任务来完成,一般而言至少需要完成以下工作。

(1) 作业与任务管理。待执行作业显然无法仅由单个任务完成,因此将其分解成一个任务序列,每个任务完成简单、独立的工作。“作业与任务管理”旨在识别作业并产生一个任务序列,通过有序调度执行一个个任务,其中包括后续任务(2)~(5)。该工作由图 7.12 中“作业与任务管理”进程完成(注:在具体操作系统中,该部分工作也可能被归入“进程管理”进程)。

(2) 进程创建。为了完成作业,需要在内存中创建“进程”(这里指 App 进程),为 CPU 执行一个 App 进程作准备,确定其所需要的内存空间,对该进程的相关信息进行描述等。该任务可由“进程管理”这一进程完成,但需“作业与任务管理”进程调用“进程管理”以完成此工作。

(3) 申请内存空间。为了完成作业,需要为任务(2)中创建的 App 进程分配所需要的内存空间。该任务可由“内存管理”这一进程完成,但需“作业与任务管理”进程调用“内存管理”以完成此工作。

(4) 程序装载。为了完成作业,需要将待执行作业的程序由外存装载到任务(3)所分配的内存空间中。该任务可由“外存管理”(即磁盘与文件管理)这一进程完成,但需“作业与任务管理”进程调用“外存管理”以完成此工作。

(5) 使 CPU 执行该程序。此时待执行作业的程序已被装载至内存指定区域,并形成其对应的进程,则可调度 CPU 执行该进程。CPU 调度是指将该进程待执行指令的地址送往控制器的程序计数器(注:为了正确执行还需进行相应的处理工作,例如进程状态信息的维护与管理等,本书不再详述),这样 CPU 下一条读取并执行的指令就是该进程的指令。该任务可由“处理机管理”这一进程完成,但需“作业与任务管理”进程调用“处理机管理”以完成此工作。

如图 7.12 所示,基于各自分工的功能,各个部件合作与协同完成“令计算机或 CPU 执行存储在外存中的程序”这一作业。用户请求执行一个程序后的过程如下:(1)“作业

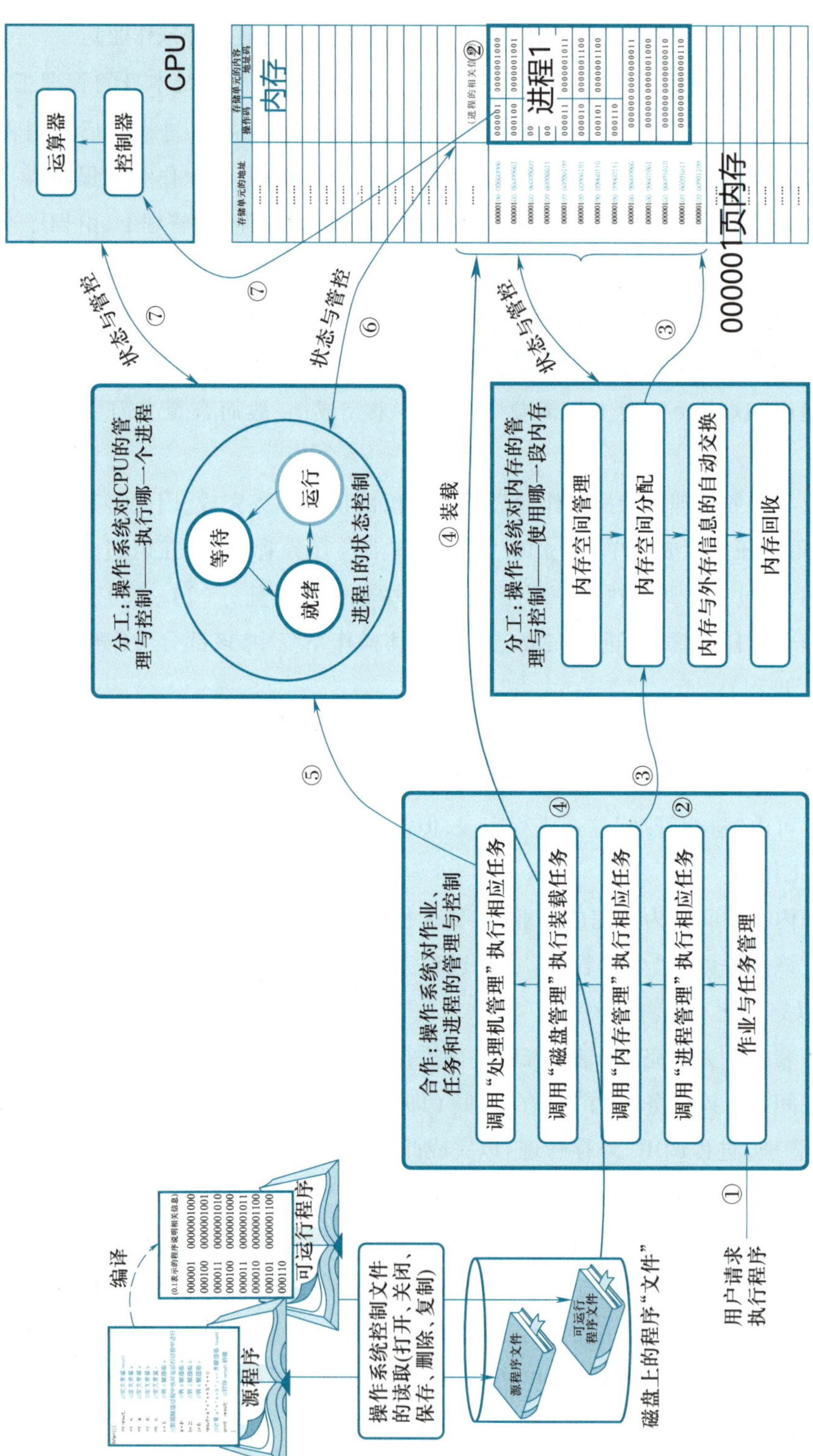

图7.12　操作系统管理和控制程序的执行：分工—合作—协同示意

与任务管理”将识别该作业,产生相应的任务序列,然后调度这些任务一步步被执行;(2) 调用“进程管理”产生一个进程,即“进程管理”接到调用后产生一个进程,并确定待执行程序在磁盘上的存储位置和所需要的内存空间;(3) 调用“内存管理”为进程申请内存空间,即“内存管理”依据当前内存使用情况进行内存空间的分配,将所分配的存储空间的地址返回调用者;(4) 调用“外存管理”进行程序装载,即“外存管理”读写磁盘找到程序文件所在的簇块,将簇块写入相应地址的内存;(5) 进程准备完毕后,便可调用“处理机管理”执行该进程,即“处理机管理”依据 CPU 和当前存在进程的运行状态调度 CPU 执行该进程:如果该进程能够被执行,“处理机管理”则将当前进程的程序地址赋予 CPU 中控制器的程序计数器,进程的后续执行过程如第 6 章所述;如果该进程被挂起或等待,“处理机管理”则保存当前进程的执行状态。

内存管理进程、外存管理进程、处理机管理进程均为 OS 进程,分别管理内存、外存和处理机的使用。作业与任务管理进程和进程管理进程同样为 OS 进程,负责管理“执行应用程序”等作业,并产生一系列任务,同时“调度”其他 OS 进程完成这些任务。可以看出操作系统既是调度者,又是执行者。**很好地理解操作系统,对于提高现实资源的管理与协调水平以及提高领导能力有很大帮助**。作业与任务管理和进程管理的具体细节不在本书讨论范畴之内,感兴趣的读者可通过“操作系统”等课程及教材深入研讨。

7.3 计算环境的演进与发展——理解现代计算系统

7.3.1 操作系统对计算资源的高效协同利用——从分时到并行、分布

存储体系、处理机体系、程序管理体系和作业管理体系等多体系协同的建立,为计算机执行更为复杂、多样化的程序提供了可能;CPU 速度的不断提高,也为其能够并行地执行多个任务、同时为多个用户服务提供了可能。而这一切都要依赖操作系统对 CPU 实现的有效高效管理,其扩展了硬件的功能,如图 7.13 所示。

单一 CPU 如何执行多个程序——分时调度策略 前文说过,在同一时刻内存中会存在多个进程,而 CPU 只有一个。如何由一个 CPU 执行多个进程呢? 事实上,操作系统支持多用户同时使用计算机,即一个 CPU 可执行多个进程。为了使所有进程(及进程相关的用户)均以为其独占 CPU,人们发明了分时调度策略,即“将 CPU 的时间划分成

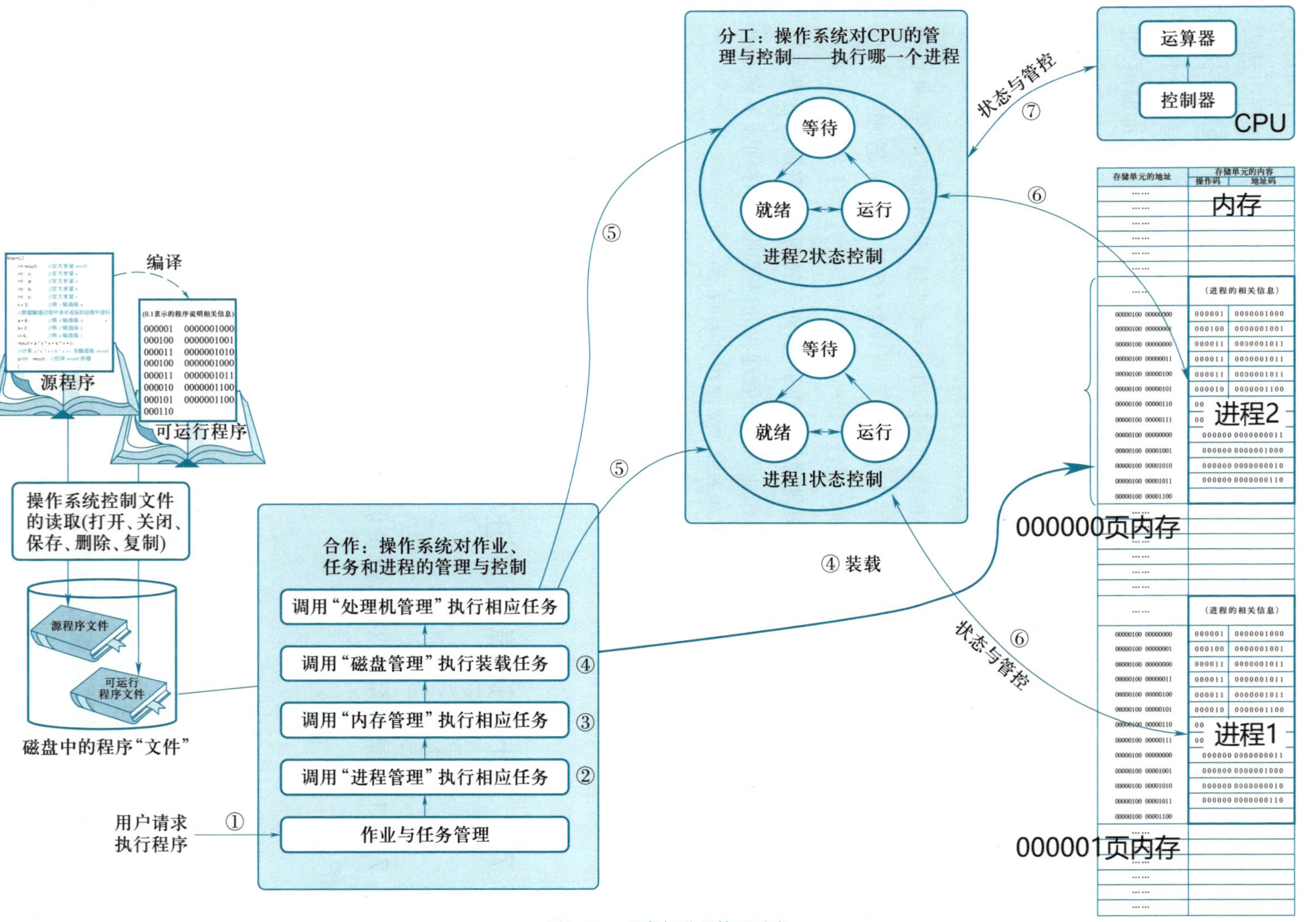

图7.13　程序与进程管理示意

若干短时间分区,CPU 按照时间分区轮流执行每一个进程,由于接连两次执行同一进程的时间间隔较短(尽管中间有多个时间分区被用于执行其他进程),因此使得每个进程均感觉其在独占 CPU”。如图 7.14(左)所示,其有效解决了单一资源的共享使用问题。

多个 CPU 如何执行多个程序——并行调度策略 分时调度策略解决了多个任务共享使用单一资源的问题,如果任务和计算量十分庞大,则可利用多个 CPU 协同解决。可以将一个大计算量的作业/任务划分成多个可由单一 CPU 解决的小作业/任务,分配给相应的多个 CPU 并行执行,当这些小作业/任务被相应的 CPU 执行完毕,再将其结果进行合并处理,形成最终结果并返回用户,这就是典型的多处理机并行调度策略,如图 7.14(中)所示。采用并行的方式求解大型计算作业相关的问题,例如典型的线程即为描述此类小作业/任务的一个程序,多线程技术可控制多个 CPU 协同进行问题求解。这里要注意进程与线程的区别,虽然二者均为程序,但进程拥有独立的内存空间,而线程则没有,其与所属的进程拥有相同的内存空间。

多台独立计算机基于网络分布式地执行多个程序——分布式调度策略 该策略可将一个程序通过网络分配到多台独立计算机中执行,又称分布式调度策略。与前述并行调度策略相同之处是作业/任务需要拆分与合并,不同之处是作业/任务的分配需要经过网络进行传输,此时网络传输速度即为影响整个作业执行效率的关键因素,如图 7.14(右)所示。

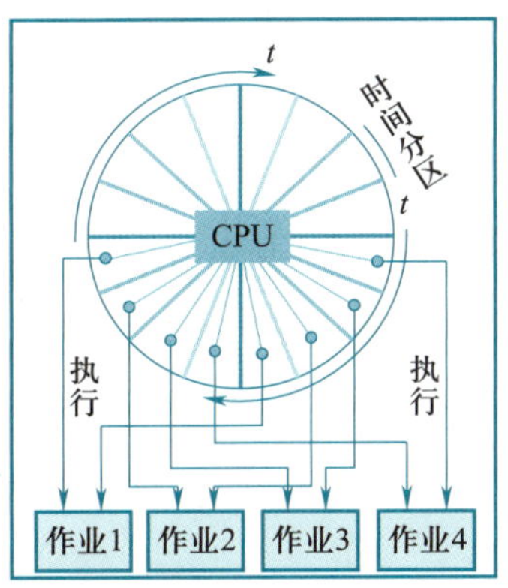

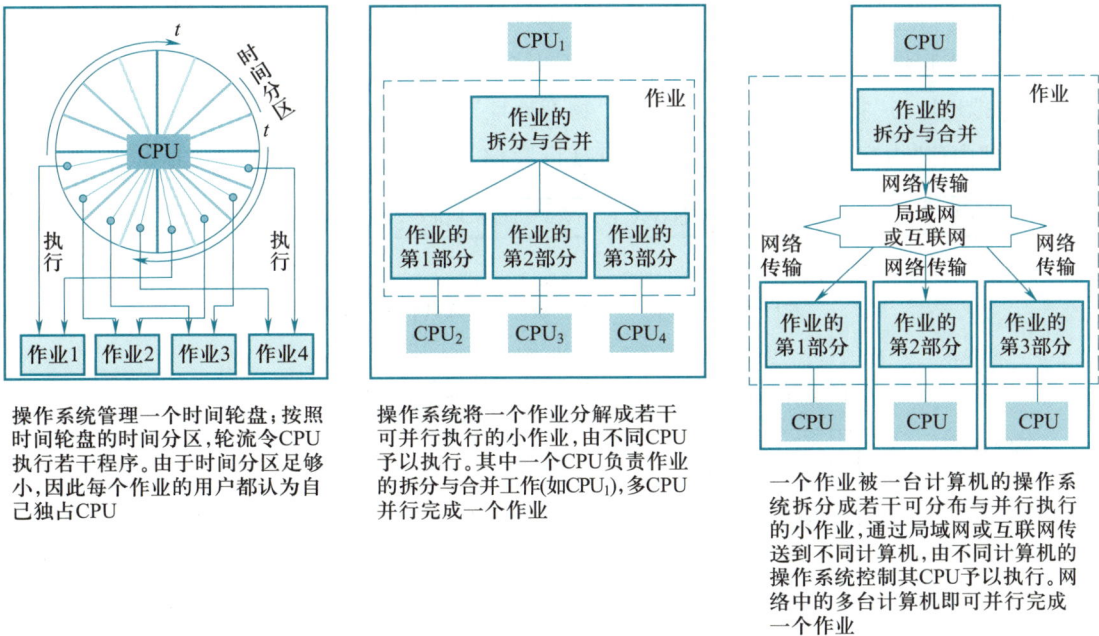

操作系统管理一个时间轮盘;按照时间轮盘的时间分区,轮流令CPU执行若干程序。由于时间分区足够小,因此每个作业的用户都认为自己独占CPU

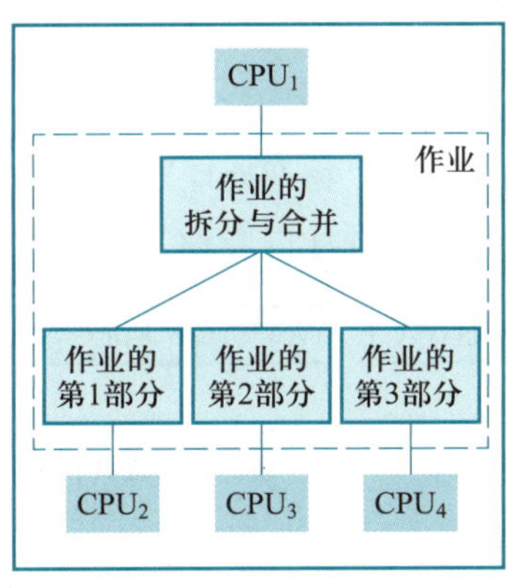

操作系统将一个作业分解成若干可并行执行的小作业,由不同CPU予以执行。其中一个CPU负责作业的拆分与合并工作(如CPU_1),多CPU并行完成一个作业

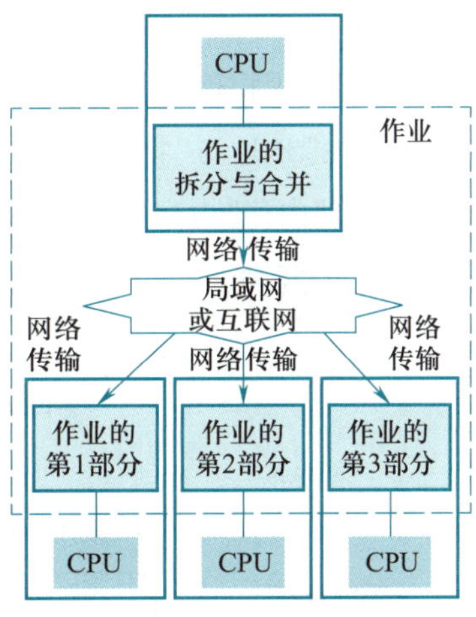

一个作业被一台计算机的操作系统拆分成若干可分布与并行执行的小作业,通过局域网或互联网传送到不同计算机,由不同计算机的操作系统控制其CPU予以执行。网络中的多台计算机即可并行完成一个作业

图 7.14 单 CPU 分时调度、多 CPU 并行调度和多机并行/分布调度示意

关于 CPU 的调度策略,尤其是并行调度策略和分布式调度策略,一直是研究热点,网格计算、云计算、分布式计算等均与此类策略有关。关于调度策略的具体实现算法,读者可查阅相关资料学习。关于处理机管理的细节性内容,读者可通过操作系统、分布式计算

系统、云计算、网格计算等课程了解。

7.3.2　虚拟化——在物理计算机上定义用户需要的计算机

虚拟化是一种资源管理技术，是指将各种实体资源（例如服务器、网络、CPU、内存及外存等）抽象并独立以打破实体结构间的障碍，使用户可以动态地获取、组合和使用这些资源。以计算机的虚拟化为例，假定一台实体计算机设有8核CPU、8 GB内存、4 TB外存并装有Linux操作系统。如果将其虚拟化，可在其基础上令用户定义自己的计算机，称为虚拟计算机，例如使用2核CPU、2 GB内存、1 TB外存并安装Windows操作系统，随着技术不断发展，用户还可根据需要灵活配置这台计算机，例如将外存由1 TB扩展为2 TB等。人们可按此方式基于这台实体计算机定义多台虚拟计算机，以便多个用户共享这台实体计算机。如何实现这种虚拟化呢？此处以内存虚拟化为例进行介绍。

内存虚拟化通俗来讲，是指可以用 n 个物理内存系统（宿主机——实体计算机的内存）支撑 m 个逻辑内存系统（客户机——虚拟计算机的内存，即用户定义的内存）的运行，如图7.15所示。首先以传统机器为例，如前所述，虚拟内存是CPU能够访问的具有连续地址编码的内存空间，物理内存是实际配置的能够保存存储单元内容的实际内存。通过建立页表映射，可以将虚拟内存空间中的虚拟地址映射为实际内存的物理地址，即将虚拟地址的存储单元实际保存于物理地址对应的存储单元中。利用物理内存与外存的腾挪，实现超过可用物理内存大小的数据与程序的访问。基于上述理解，一台客户机的内存管理就是虚拟地址与“物理地址”的映射以及“物理地址”与外存的信息交换，而此时，客户机的“物理内存”由宿主机的物理内存存储（实际存储于宿主机的物理内存中，此为真正

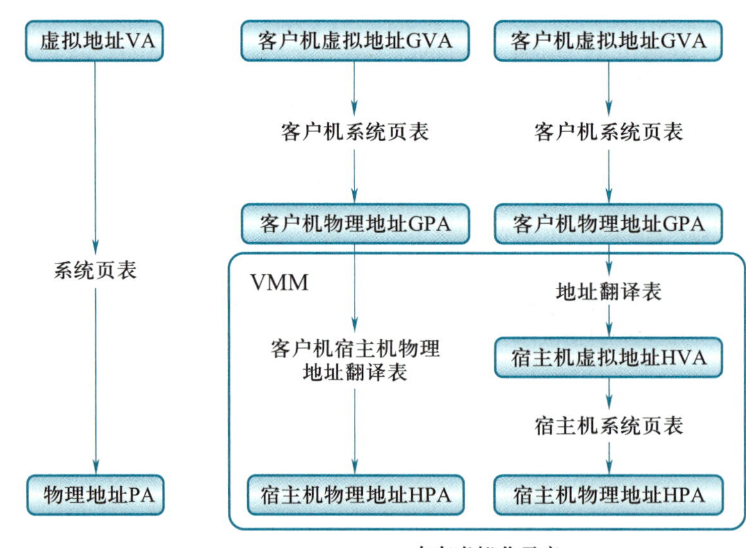

图7.15　内存虚拟化示意

的物理内存)，即此时客户机所谓的“物理”仍旧是“虚拟”，如果将客户机的物理地址仍然看作一个虚拟地址，支持其运行的是宿主机的内存系统，则可将客户机的物理地址映射到宿主机中运行：一种方法是将客户机的物理地址映射到宿主机的虚拟地址，然后将宿主机的虚拟地址映射到宿主机的物理地址；另一种方法是将客户机的物理地址直接映射到宿主机的物理地址，最终用宿主机的物理内存支持客户机的虚拟地址空间的实现和运行。这就是内存虚拟化，其本质是在虚拟地址—物理地址映射基础上增加一层映射(客户机物理地址到宿主机物理地址的映射)或两层映射(客户机物理地址到宿主机虚拟地址以及宿主机虚拟地址到宿主机物理地址的映射)。需要注意的是，虚拟化可以充分利用资源，但由于增加了一个抽象层次的转换，因此相比于非虚拟化，不仅管理更为复杂，运行效率也将有所下降。

其他资源的虚拟化 除内存虚拟化外，其他计算资源也可虚拟化。例如，CPU 的虚拟化是指可用 n 个实际的 CPU 支撑 m 个虚拟 CPU 的运行，虚拟 CPU 是用户使用软件定义的 CPU，在虚拟 CPU 上执行的程序被虚拟化系统映射到实际的 CPU 上执行。再例如，外存的虚拟化是指可用 n 个实际的外存系统支撑 m 个虚拟外存系统的运行，用户在虚拟外存上的存储被映射到宿主机的外存系统进行保存。除硬件资源可以虚拟化外，软件资源同样可以虚拟化。例如操作系统的虚拟化，可将操作系统安装于虚拟计算机上，通过虚拟化系统将基于虚拟计算机操作系统运行的程序映射为基于宿主机操作系统运行的程序，进而在宿主机上执行。同样地，应用软件也可以虚拟化，此处不再赘述。

7.3.3 现代计算机的演进与发展

现代计算机的发展轨迹如图 7.16 所示。

“CPU—内存”环境下的计算机 现代计算机的基础是冯·诺依曼计算机，其采用存储程序的原理，利用内存存储程序和数据，然后由 CPU 逐条从内存中读取指令并执行指令，实现程序的连续自动执行。简单地说，其解决了在内存中程序如何被执行的问题，该内容已在第 6 章中学习。

“CPU—内存—外存”环境下的计算机 经过进一步发展，出现了个人计算环境，实现了内存-外存相结合的存储体系，具体程序被存储在永久存储器——外存中，在执行时被载入内存由 CPU 执行。内存与外存的使用无须使用者关心其细节，由操作系统实现存储体系的透明化管理，即由操作系统负责将存储在外存中的程序载入内存并调度 CPU 执行该程序。可以说，其解决了在存储体系这种相对复杂的环境下，程序如何被存储、如何被载入内存、又如何被 CPU 执行的问题，该内容已在本章前述部分中讲解。从本质上讲，其仍然是冯·诺依曼计算机。

“多 CPU—多内存—多外存”环境下的计算机——服务器 计算机硬件技术的进一步发展促进了多核心处理器的出现，即一个微处理器中集成多个 CPU，同时存储设施由

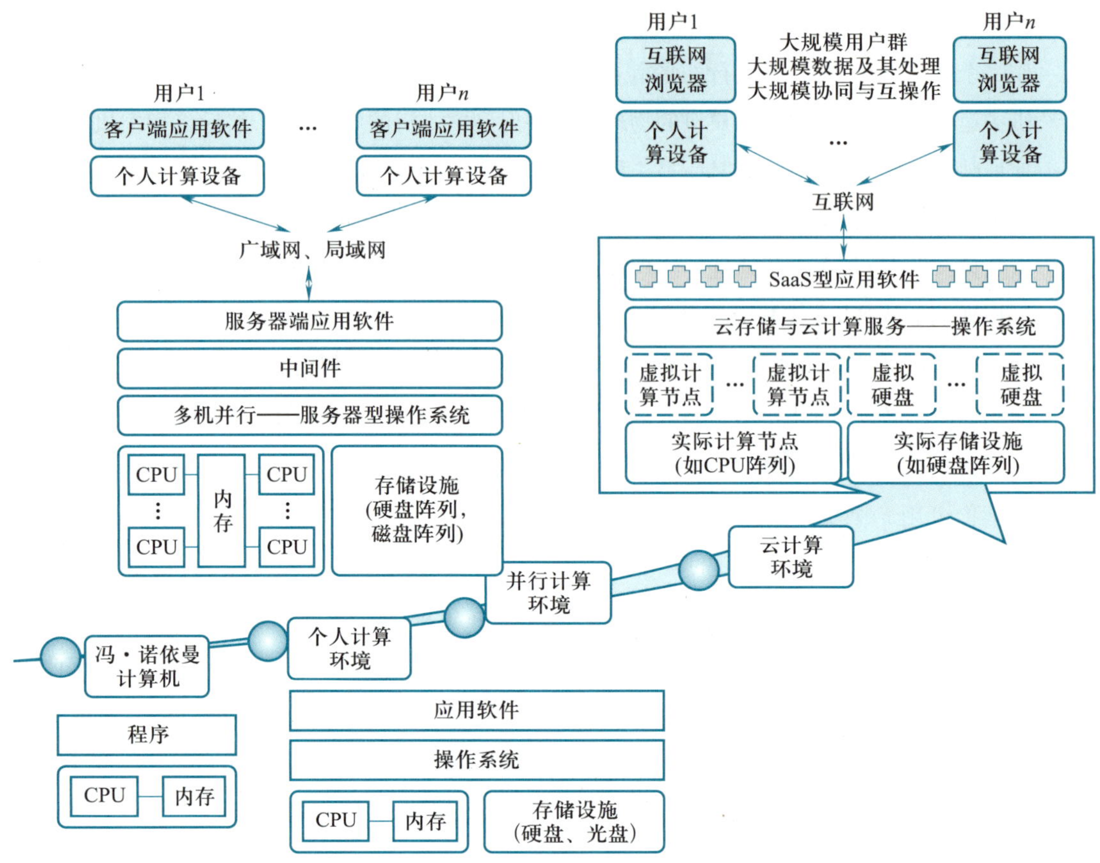

图7.16 现代计算机的发展示意

单一的软盘、硬盘发展为磁盘阵列,极大地扩充了计算和存储能力。为了发挥这种能力,充分利用多个CPU、多个存储设施协同解决问题,则需要操作系统能够支持并行、分布式程序的执行,将一个程序及一个任务并行、分布地安排到多个CPU上执行。由此出现了并行/分布计算环境,这种并行/分布计算环境促进了中间件技术——如应用服务器系统、数据库管理系统等的发展,也有力地支持了局域网和广域网的发展,该类计算机通常作为局域网、广域网的服务器支持多用户多应用程序并行/分布地对问题进行求解。

"超多CPU—超多内存—超多外存"环境下的计算机——云 前述"多CPU—多内存—多外存"通常是指几个或几十个CPU、几组或几十组GB级内存,以及几个或几十个TB级硬盘。计算能力和存储能力更大规模的发展,促成了"超多CPU—超多内存—超多外存"环境下的计算机。所谓"超多"是指几百、几千、几万个CPU、几百、几千、几万个GB级内存、几百、几千、几万个TB级硬盘等,面对如此大规模的计算能力和存储能力,一种被称作云的技术开始出现并应用,其核心为虚拟化技术,将提供硬件设施的计算机和存储设备称为实际计算节点和实际存储节点,这种节点通常是多核心计算机或多磁盘阵列存储设备,即前述的并行/分布计算环境,其上运行的操作系统可称为物理机操作系统。同时,其可通过软件技术在一个实际节点上建立若干传统意义上的计算机,称为虚拟计算节点或虚拟主机，这些虚拟主机可安装操作系统及其他软件，能够独立运行，用户使用虚拟主机就像使用个人计算环境或并行计算环境一样，虚拟主机上运行的操作系统可称为虚拟机操作系统。虚拟化技术可以将运行在虚拟主机上的程序（即虚拟机操作系统管理下的进程）映射到实际计算节点上运行（即物理机操作系统管理下的进程并被 CPU 执行）。通过互联网，可将这种虚拟主机提供给大规模用户租用与使用，可使任何一个普通人员在无须花费昂贵购买费用的情况下获得大规模计算能力和大规模协同与互操作能力，并且可随客户需求弹性变化其配置，例如配置不同数目的 CPU、不同大小的内存和外存容量、不同的网络带宽等。这就是云计算的基本思想，云计算使得计算机可由"软件"定义，通过"网络"使用，同时使得计算机和软件成为一种服务，即"云计算"是基础设施即服务（infrastructure as a service，IaaS，例如网络、计算机等作为服务）、平台即服务（platform as a service，PaaS，例如操作系统、中间件等作为服务）和软件即服务（software as a service，SaaS，例如各种应用软件等作为服务）的统称。上述基础设施、平台与软件的服务使得目前现实世界中的各种资源均可借助互联网作为服务提供给用户使用，即万般皆服务（everything as a service，EaaS）。云计算改变了人们的思维和生活习惯，也创造了新经济模式，例如互联网经济、共享经济等。

7.4 国产操作系统简介

7.4.1 鸿蒙操作系统

鸿蒙操作系统 该系统是一款分布式操作系统。在传统的单设备系统资源管理能力的基础上，鸿蒙操作系统提出了基于统一接口的、适配多种终端形态的分布式设备管理理念，能够支持手机、平板计算机、智能穿戴设备、车机等多种终端设备，能够将各类终端设备资源进行整合，实现不同终端设备之间的快速连接、资源共享，匹配合适的设备等。鸿蒙操作系统采用的多种分布式技术使得应用程序的开发实现无须考虑不同终端设备的形态差异，可更加聚焦上层业务逻辑，更加便捷、高效地开发应用。

鸿蒙操作系统整体架构如图 7.17 所示。遵从分层设计，从下至上依次为内核层、系统服务层、框架层和应用层，系统功能按照"系统 > 子系统 > 功能/模块"逐级展开。

内核层采用多内核设计，支持针对不同资源受限设备选用合适的操作系统内核，例如对于资源丰富的系统采用 Linux 内核，对于资源有限的设备则采用 LiteOS 等内核。内核子系统对上层提供基础的内核能力，包括进程/线程管理、内存管理、文件系统、网络

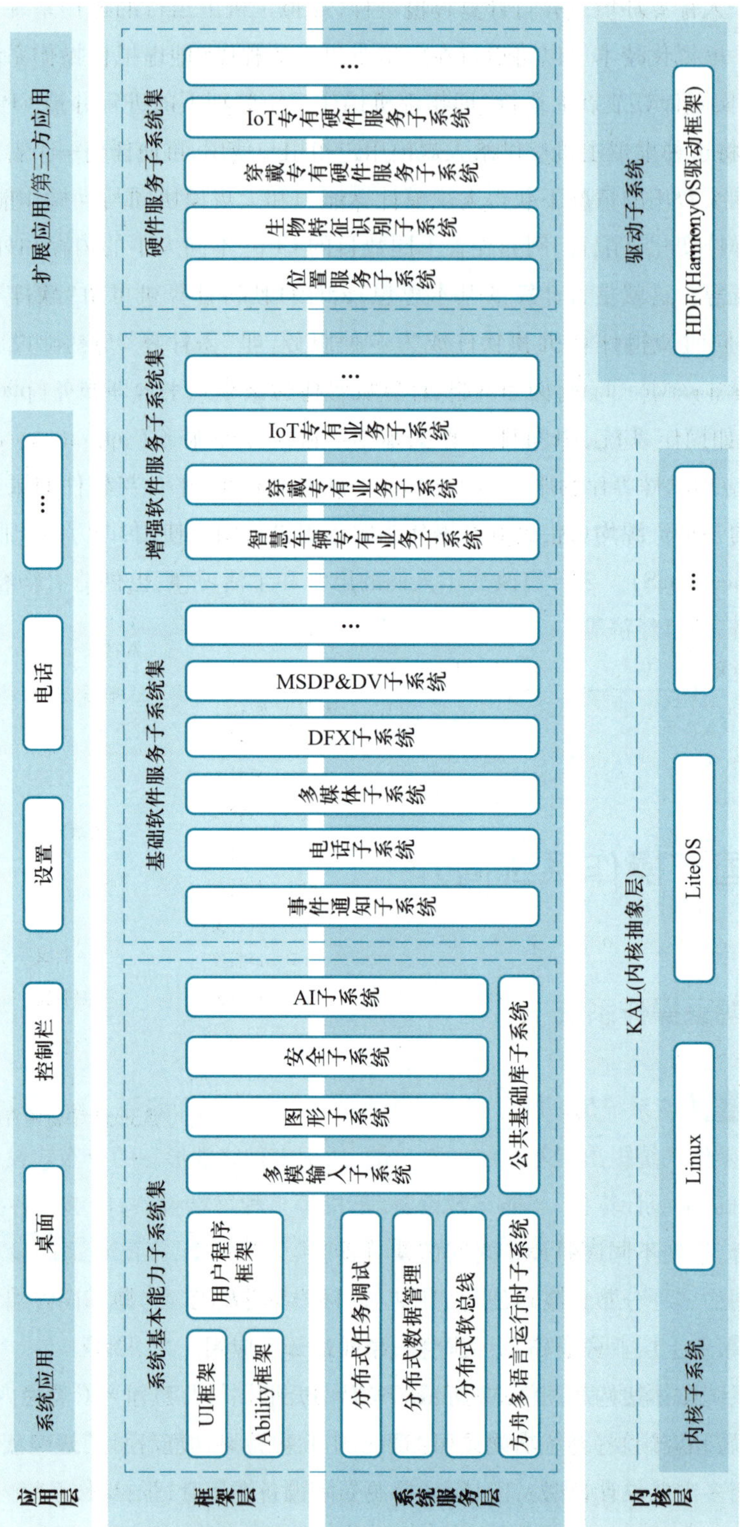

图7.17 鸿蒙操作系统整体架构

管理和外设管理等；驱动子系统提供统一外设访问能力和驱动开发、管理框架。

系统服务层和**框架层**对应用程序提供服务，包含以下部分：(1) 系统基本能力子系统集，为分布式应用程序的运行、调度等提供基础能力；(2) 基础软件服务子系统集，提供公共、通用的软件服务，由事件通知、电话、多媒体等子系统组成；(3) 增强软件服务子系统集，提供针对不同设备的、差异化的能力增强型软件服务，由智慧车辆专有业务、穿戴专有业务等子系统组成；(4) 硬件服务子系统集，提供硬件服务，由位置服务、生物特征识别、穿戴专有硬件服务等子系统组成。框架层还为应用程序提供 Java/C/C++/JS 等多语言用户程序框架以及各种软硬件服务对外开放的多语言框架 API。

应用层包括系统应用和第三方非系统应用，提供与用户交互的能力和后台运行任务的能力，能够实现特定的业务功能，支持跨设备调度与分发，为用户提供一致、高效的应用体验。

鸿蒙操作系统的特色 不同于面向单一计算设备的传统操作系统，鸿蒙操作系统能够管理多种计算资源，实现多种设备之间的硬件互助、资源共享。例如，传统操作系统如图 7.18 所示，包括内存管理、文件管理、进程调度（CPU 管理）、设备管理等功能，单独的设备（例如手机、计算机）之间是孤立的，在进行设备管理时无法协同处理，使用第三方设

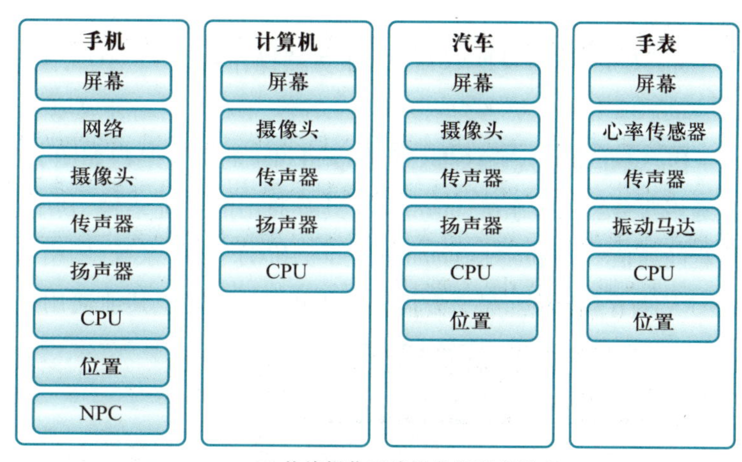

(a) 传统操作系统设备间彼此独立

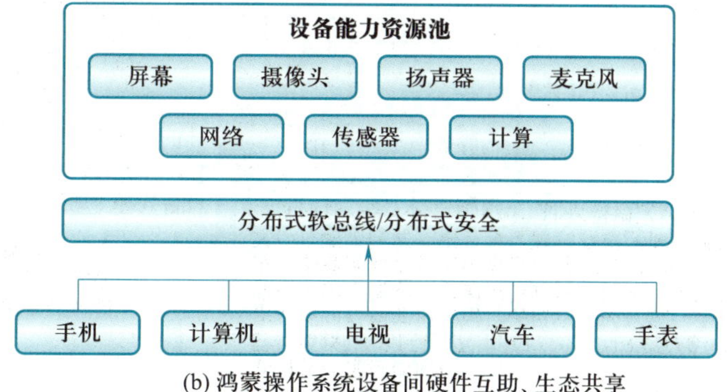

(b) 鸿蒙操作系统设备间硬件互助、生态共享

图 7.18　传统操作系统与鸿蒙操作系统的设备边界图

备时还需要对连接验证过程进行操作。而鸿蒙是跨设备、跨终端、分布式的操作系统，其内核部分基于 Linux、LiteOS 等内核，包含传统操作系统的功能。在传统操作系统的功能之上，鸿蒙操作系统实现了分布式软总线、分布式设备虚拟化、分布式数据管理、分布式任务调度等功能，可将不同设备抽象成虚拟资源，并为设备之间的互联互通提供了统一的分布式通信能力和统一管理能力，使相应分布式应用的底层技术实现难度对应用开发者屏蔽，使开发者能够聚焦自身业务逻辑，像开发同一终端一样开发跨终端分布式应用，同时令使用者享受到强大的跨终端业务协同能力为各使用场景带来的无缝体验。

7.4.2　openEuler 操作系统

openEuler 操作系统 该系统是开放原子开源基金会旗下的一个开源操作系统平台，其目标是通过开放的社区形式，与全球开发者共同构建一个开放、多元和架构包容的软件生态体系。openEuler 支持 ARM 和 x86 等多种处理器架构，适用于数据库、大数据、云计算、人工智能等应用场景。openEuler 也是一个创新的平台，所有个人开发者、企业和商业组织均可使用 openEuler 社区版本，也可以基于 openEuler 社区版本发布自己二次开发的操作系统版本。

openEuler 的前身是华为通用服务器操作系统 EulerOS，配套鲲鹏等产品。2019 年年底，EulerOS 开源并更名为 openEuler，2021 年底贡献给开放原子开源基金会。

openEuler 操作系统的特色 openEuler 的整体架构如图 7.19 所示。一方面，作为一款通用服务器操作系统，openEuler 具有通用的系统架构，其中包括内存管理、进程管理、进程间通信（interprocess communication，IPC）、文件系统、网络、设备管理等子系统和虚拟化与容器子系统等。另一方面，openEuler 又不同于其他通用操作系统，为了充分发挥鲲

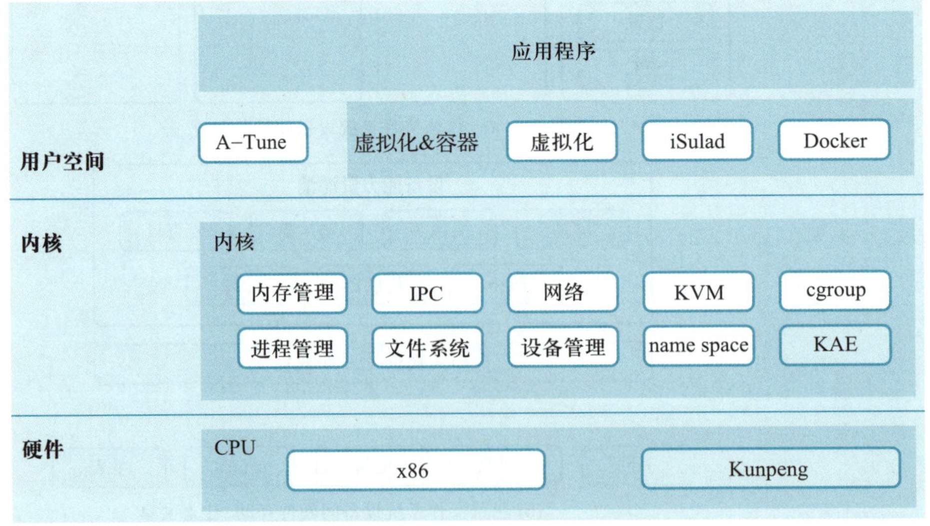

图 7.19　openEuler 操作系统架构

鹏等多样化算力的优势,openEuler 在 5 个方面进行了增强。如图 7.20 所示,以 openEuler 22.03 LTS 为例,其中深色背景的模块即为 openEuler 增强特性项目,其关键特性如下。

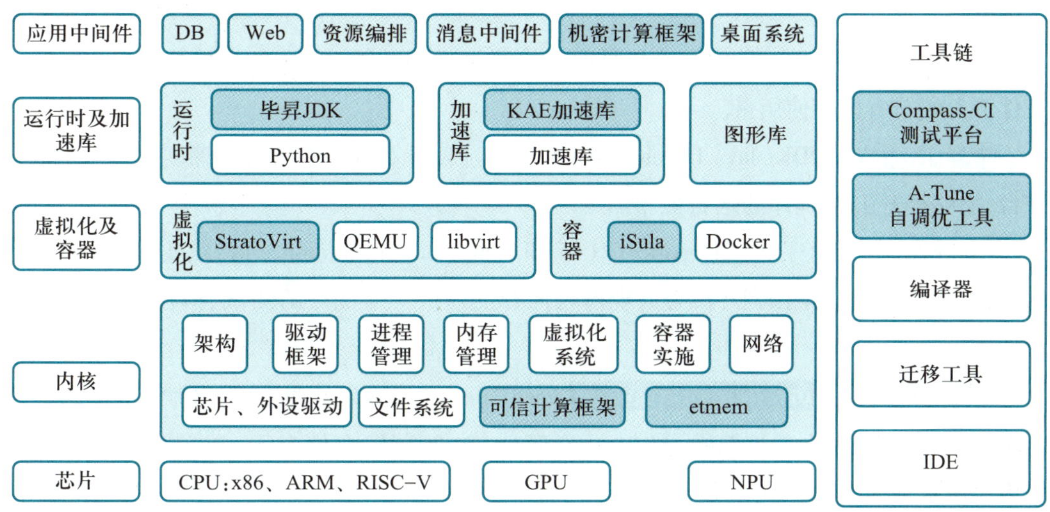

图 7.20 openEuler 22.03 LTS 的增强特性

多核调度技术:面对多核到众核的硬件发展方向,openEuler 致力于提供一种自上而下 NUMA 感知(NUMA aware)的解决方案,提升多核调度性能。NUMA(non-uniform memory access,非均匀存储器访问)是用于多处理器访问多个内存的一种设计方法。当前 openEuler 已在内核中支持免锁优化、结构体细化增强并发度、NUMA aware for I/O 等特性,以增强内核面的并发度,提升整体系统性能。

软硬件协同:提供鲲鹏加速引擎(Kunpeng accelerator engine,KAE)插件,增强鲲鹏硬件加速能力,通过和 OpenSSL 库结合,在业务零修改的情况下显著提升加密/解密性能。

系统虚拟化:提供系统虚拟化平台 StratoVirt,相较于传统的 QEMU 平台更加安全、可靠,同时提供更加模块化的设计,能够支持 Serverless、安全容器、租户虚拟机等多种场景。

轻量级虚拟化:iSulad 轻量级容器全场景解决方案提供从云到端的容器管理能力,同时集成 Kata 开源方案,显著提升容器隔离性。

指令级优化:优化 OpenJDK 内存回收、函数内联(Inline)化和弱内存序指令增强等方法,提升运行时性能;同时优化 GCC 编译器,使代码在编译时充分利用处理器流水线。

智能优化引擎:增加操作系统配置参数智能优化引擎 A-Tune。A-Tune 能够动态识别业务场景,智能匹配对应系统模型,使应用运行在最佳系统配置下,提升业务性能。伴随着人工智能技术的复兴,操作系统融入人工智能元素成为一种明显趋势。

机密计算:提供机密计算框架 secGear,屏蔽 ARM 的 TrustZone,Intel 的 SGX(Software Guard eXtensions)等底层硬件差异,为用户提供更加灵活、简便的机密计算开发环境。

内核热升级：提供业务无中断、用户无感知升级内核的内核热升级功能。

可信计算：提供 TPM、IMA 等软硬件度量能力，为软件的可信启动、可信度量等提供基础设施服务。

etMem：etMem 提供一种内存冷热页面的检测和迁移功能，能够在基本不降低性能的条件下大幅节省内存使用量。

毕昇 JDK：毕昇 JDK（Java Development Kit）是一种针对鲲鹏架构进行深度优化的 JDK 平台，能够提升 Java 程序的运行效率。

Compass-CI 测试平台：Compass-CI（CI 即 continuous integration，可持续集成）平台提供一个完整的分布式测试平台，为大规模软件开发提供一个优秀的测试、构建、验证的平台环境。

openEuler 对 Linux 内核的持续贡献 openEuler 内核研发团队持续贡献 Linux 内核上游社区，主要集中在芯片架构、ACPI、内存管理、文件系统、存储介质、内核文档、针对整个内核质量加固的 bug fix 及代码重构等内容。

openEuler 产业生态 openEuler 社区已经汇聚众多硬件和软件企业，支持多种软硬件产品，已经形成一条完整的产业链，创造了一个繁荣的生态型产业。

本章小结

第 6 章介绍的是基本计算机（控制器、运算器和存储器）协同执行一个程序的过程，本章介绍现代计算机围绕多性能资源复杂环境协同执行一个程序的过程。以第 6 章内容为基础，通过操作系统对硬件功能的扩展，形成了内存管理体系、外存管理体系、程序管理体系、作业与任务管理体系、CPU 管理体系、设备管理体系，实现了协同解决程序执行问题的多体系分工与合作。简单来讲，所有信息被组织成文件，文件被存储于磁盘等外存储器中，外存中的程序需要被装载至内存才能被 CPU 解释和执行，内存中的程序称为进程，内存中可以包含多个进程，每个进程可被 CPU 执行，这些过程由操作系统统一管理，无须用户关心。操作系统能够以优化的方式管理各种硬件资源，实现对硬件功能的有效扩展，使得计算机不再只是硬件，而是由硬件和操作系统所构成的一个系统。

本章的另一个目的是培养读者的领导者思维，领导者是现实资源体系与宏观任务的管理者、协调者，需要解决“任务与作业和资源的协调与分配、执行要考虑有效性与效率”的问题。分工—合作—协同思维对于领导者化复杂为简单地理解复杂系统环境十分重要。分工是指对各类资源的独立管理，合作是指各类资源合作完成宏观任务与作业，协同旨在提高合作的有效性和效率。操作系统管理计算资源的许多思维，例如“化整为零、还零为整”思维、“并行与分布”思维等，对现实中的领导者均有很强的借鉴意义，希望读者能够从中受益。

视频学习资源目录 7（标 * 者为延伸学习视频）

1. 视频 7-1　文件与磁盘
2. 视频 7-2　计算机存储发展史
3. 视频 7-3　操作系统
*4. 视频 7-4　虚拟化与云计算
*5. 视频 7-5　云计算发展史
*6. 视频 7-6　设备抽象分层与管理
7. 视频 7-A　openEuler 社区贡献在线实验指导

本章视频学习资源

思考题 7

1. 现代计算机是如何做到存储容量尽可能大而存取速度尽可能快的呢？

2. 面对存储体系，现代计算机如何借助操作系统完成程序的执行任务？请叙述这一过程。如果面对多核环境应当如何解决？请给出一种解决方案。什么是云？其相比于前述环境有何变化？

3. 本章介绍了一些典型的计算思维，例如不同性能资源组合优化的思维、化整为零的存储思维、分工—合作—协同的思维等，请结合现实生活中的案例描述这些思维的应用。

4. 磁盘存储管理有何特点？目录/文件夹、文件分配表、磁盘簇块之间有何关系？请叙述一个文件如何被分块存储在磁盘中，又如何从磁盘中还原为原始文件的过程。

5. 请使用现实生活中的案例类比性地叙述操作系统如何管理内存和 CPU。

6. 目前的主流操作系统主要有 UNIX、Windows、Linux、macOS 等系列，以本章所学知识为基础，对比分析上述操作系统，思考其设计原则和所反映的思维。

第 8 章

程序编写与计算机语言

本章要点：理解不同层次的计算机语言——机器语言、汇编语言、高级语言等，理解计算机语言源程序均需要翻译成机器语言程序才能被计算机处理；理解高级语言的基本构成要素——常量与变量，算术、逻辑与比较表达式，分支、循环控制结构，函数；训练使用高级语言编写简单程序、阅读高级语言源程序的基本能力。

本章导图：

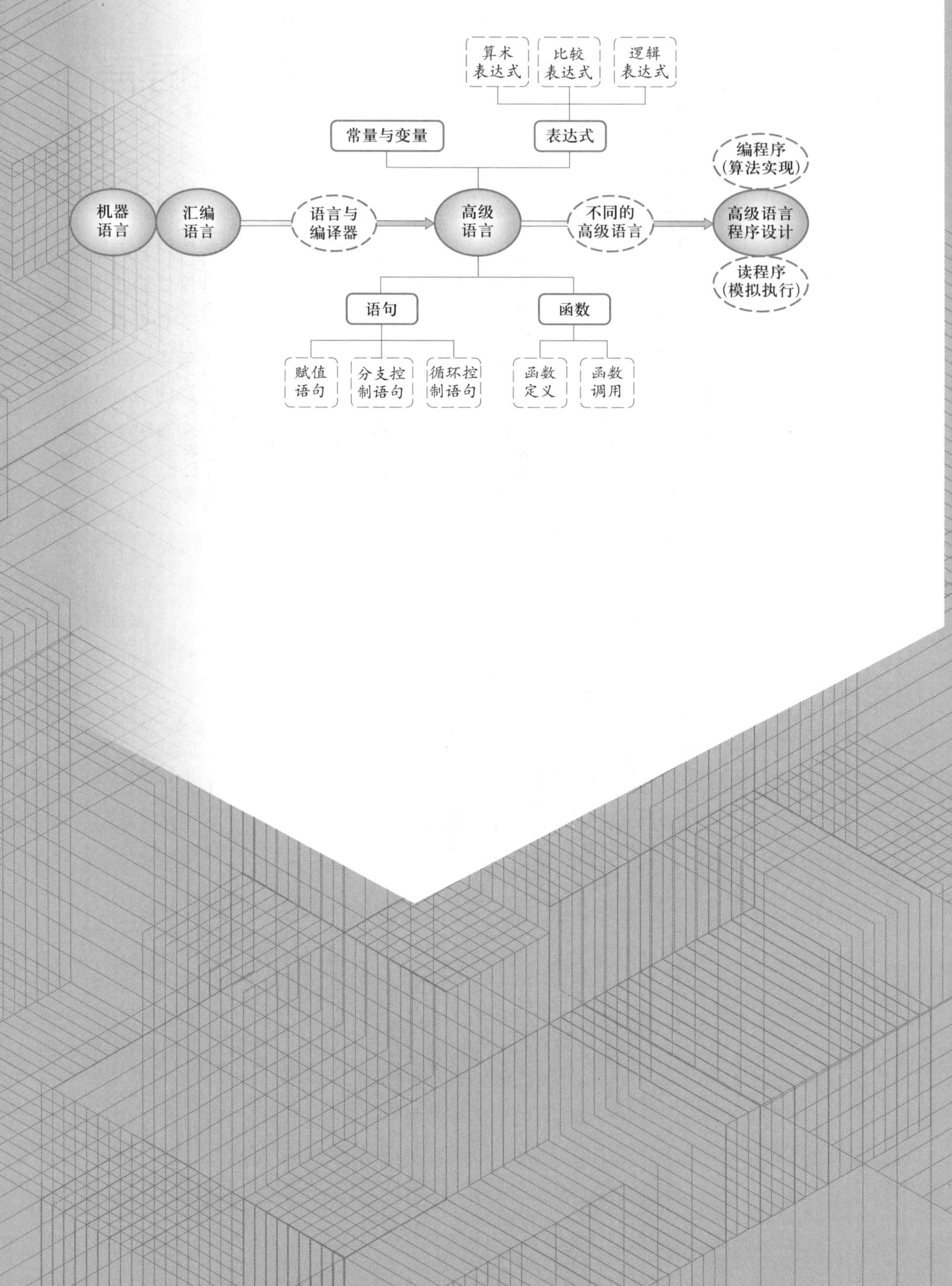

算术
表达式
比较
表达式
逻辑
表达式
常量与变量
表达式
编程序
(算法实现)
机器
语言
汇编
语言
语言与
编译器
高级
语言
不同的
高级语言
高级语言
程序设计
读程序
(模拟执行)
语句
函数
赋值
语句
分支控
制语句
循环控
制语句
函数
定义
函数
调用

由前述章节可知，通过在计算机的裸机(即硬件)上添加一层又一层的软件，即控制计算机处理不同问题的程序，可有效扩展计算机的功能，使计算机越发方便人类使用，也使其处理问题的能力越发强大，*从而使人们能够以更为方便的方法解决更为复杂的问题*。之前介绍了程序的执行问题——计算机硬件上的程序执行(即CPU如何执行一个存储在内存中的程序)和现代计算机上的程序执行(即在操作系统控制下如何执行一个存储在外存中的程序)，接下来的问题是“*如何编写计算机可以执行的程序*”，这就需要使用计算机语言。本章将介绍计算机语言与程序设计。

8.1 由机器语言到高级语言

计算机语言自诞生之日起，便是一个不断演化的过程，其根本推动力就是抽象机制更高的要求，以便对人机交互进行更好的支持与服务。具体来讲，就是将机器能够理解的语言提升到同样能够很好地模仿人类思考问题的形式。计算机语言的演化从最初的机器语言到汇编语言，再到各种结构化高级语言，最后到支持面向问题的第四代语言。

8.1.1 机器语言、汇编语言与汇编程序(编译器)

机器语言是一种用0-1编写程序的语言 程序表达的是令计算机求解问题的步骤和方法。如何表达才能使计算机理解呢？前面已经介绍，计算机能够理解二进制编码，人们基于二进制编码及逻辑计算设计了CPU，CPU能够识别和执行一组用二进制编码表达的指令集合，称为指令系统。这种用二进制编码方式提供的指令系统所编写程序的语言称为机器语言。**所有程序均需要转换成机器语言程序才能被计算机执行**。图8.1展示了两个数相加的机器语言程序。

使用机器语言编写程序存在以下问题：机器语言十分晦涩难读，其指令规则和具体机器相关，这就要求开发人员对计算机的硬件和指令系统有深入的理解和熟练的编程技巧，因此只有少数专家能达到此要求；此外，机器语言移植性欠佳，在一台机器上编写的机器语言程序可能无法在不同型号的机器上运行。

针对上述问题，可以采用如图8.2所示的解决方法：将二进制编码的指令“对应成”便于记忆和书写的符号，使人们用符号编写程序，然后“翻译”成机器语言程序。这就出现了汇编语言。

汇编语言是一种接近于机器底层的符号化编写程序的语言 人们设计了一套使用助记符书写程序的规范/标准，称为**汇编语言**。使用汇编语言编写的程序称为汇编语言源程

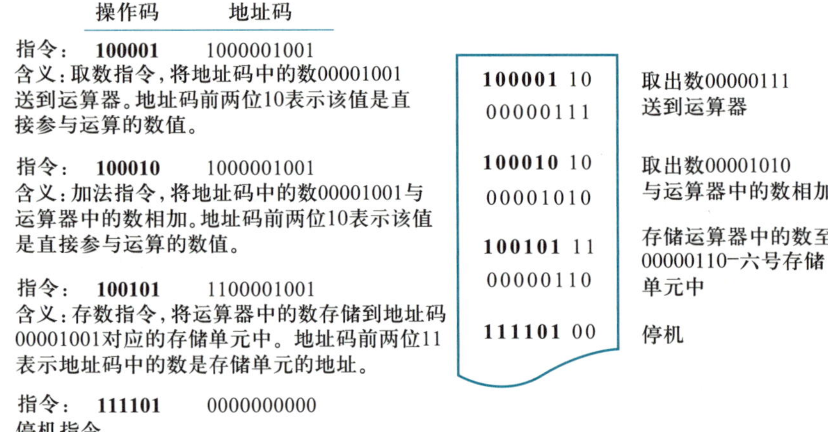
操作码　地址码
指令：100001　1000001001
含义：取数指令，将地址码中的数00001001送到运算器。地址码前两位10表示该值是直接参与运算的数值。
指令：100010　1000001001
含义：加法指令，将地址码中的数00001001与运算器中的数相加。地址码前两位10表示该值是直接参与运算的数值。
指令：100101　1100001001
含义：存数指令，将运算器中的数存储到地址码00001001对应的存储单元中。地址码前两位11表示地址码中的数是存储单元的地址。
指令：111101　0000000000
停机指令
100001 10 00000111
取出数00000111送到运算器
100010 10 00001010
取出数00001010与运算器中的数相加
100101 11 00000110
存储运算器中的数至00000110-六号存储单元中
111101 00
停机
(a) 指令系统
(b) 用(a)的指令系统编写的一个程序，即实现7+10并将结果存入6号存储单元

图 8.1　机器语言的指令系统及其机器语言程序示意

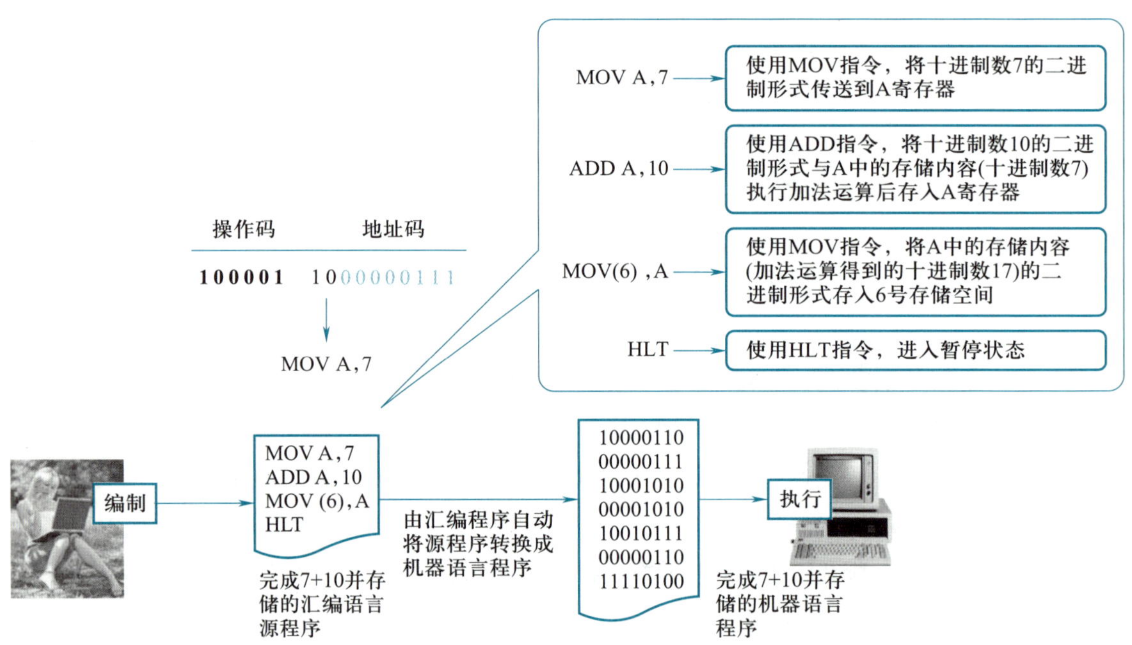
MOV A,7
使用MOV指令，将十进制数7的二进制形式传送到A寄存器
ADD A,10
使用ADD指令，将十进制数10的二进制形式与A中的存储内容(十进制数7)执行加法运算后存入A寄存器
MOV(6) ,A
使用MOV指令，将A中的存储内容(加法运算得到的十进制数17)的二进制形式存入6号存储空间
HLT
使用HLT指令，进入暂停状态
操作码　地址码
100001　1000000111
MOV A,7
编制
MOV A,7
ADD A,10
MOV (6),A
HLT
完成7+10并存储的汇编语言源程序
由汇编程序自动将源程序转换成机器语言程序
10000110
00000111
10001010
00001010
10010111
00000110
11110100
执行
完成7+10并存储的机器语言程序

图 8.2　汇编语言及汇编过程示意

序，如图 8.1 所示。同时，人们开发了一个翻译程序，称为汇编程序，实现将“符号程序”自动转换成“机器语言程序”的功能。汇编程序实为一个翻译器，该翻译器相对而言比较简单，即“助记符”和“指令”是一一对应的，这种对应关系被表达为一些转换规则，汇编程序仅需将源程序逐行读取，与转换规则进行简单匹配，便可将一行行源程序翻译成对应的机器语言程序。

为什么要学习汇编语言 许多新型硬件的设计者在设计新的指令系统后，需要提供一套类似的汇编语言，允许人们用该语言书写程序，同时提供一个汇编程序，将其翻译成

机器语言程序,被新型硬件识别和执行。同时,由于汇编语言和机器指令系统密切相关,不同机器可能有不同的指令系统,如果充分理解硬件资源的特色,便可编制出高效率的程序。因此汇编语言被称为面向机器的语言,作用巨大且使用广泛,需要认真学习,但学习汇编语言更重要的是理解机器硬件及其内部的特色结构与功能。具体而言,在运行过程中,系统首先通过汇编器,将汇编语言翻译成对应的机器语言,进而由计算机执行。汇编语言的语法、语义结构仍然和机器语言基本一致,但是依旧与人的传统解题方法相差甚远。汇编语言的大部分指令和机器指令一一对应,因此代码量大,且和具体机器相关,人们终究需要深入理解计算机的硬件和指令系统,并且牢记机器语言的符号(助记符)。

8.1.2 高级语言与编译器

虽然使用汇编语言编写程序比使用机器语言更加方便,但仍有许多不便之处。例如,逐条指令编写程序十分不便,一个如图 8.4 所示的简单加法程序即需要若干行指令,并且需要理解硬件结构和操作细节。又如科学计算、工程设计及数据处理等方面常常需要进行大量复杂运算,算法相对复杂,并且往往涉及三角函数、开方、对数、指数等运算,对于这样的运算处理,使用汇编语言编写程序则相当困难。为解决上述问题,即直接编写程序而无须考虑硬件细节和指令系统,则需要高级语言。

高级语言也是一种符号化编写程序的语言 人们设计了一套使用类似于自然语言的方式,以语句和函数为单位编写程序的规范/标准,称为高级语言。用高级语言编写的程序称为高级语言源程序。所谓语句是程序中一条具有相对独立性的功能表达单位,例如“result=7+10;”(注:该语句的功能为完成 7+10 的运算,结果赋值给变量 result)。程序即由一行行语句构成。所谓函数是将若干语句组织成一个相对独立的封闭程序,可被任何程序(包括其自身)以其名称来调用执行,例如将“求正弦函数的值”编写成一个独立的程序,并命名为“sin(x)”,其他程序即可通过名称直接使用该程序,例如“y=sin(7);”。高级语言源程序同样需要翻译成机器语言程序才能被执行,完成这种翻译工作的程序称为编译器或“编译程序”。

不同于汇编语言到机器语言的一一对应性,高级语言具有以下两种特性:(1) 机器无关性,即人们在用高级语言编程时无须知晓和理解硬件内部结构;(2) 一条高级语言语句的功能往往相当于十几条甚至几十条汇编语言的指令,程序编写相对简单,但翻译工作十分复杂。如何实现这种编译器呢?

编译器是实现自动化的必要手段,体现了许多重要的计算思维 图 8.3 给出编译器的一种实现途径,既然将高级语言源程序直接翻译成机器语言程序十分困难,则可分阶段实现这种翻译,即首先将高级语言源程序翻译成汇编语言源程序,然后将汇编语言源程序翻译成机器语言程序。由于汇编语言源程序到机器语言程序的翻译已经可以由汇编程序实现,因此只需解决高级语言源程序到汇编语言源程序的翻译即可。这种分阶段处理复杂问题的思路即"将一个复杂的新问题A转换成一个可以利用已有成果B的新问题A'，而A'相比于A的复杂度极大地降低"，是计算机领域经常使用的一种化复杂为简单的思路。

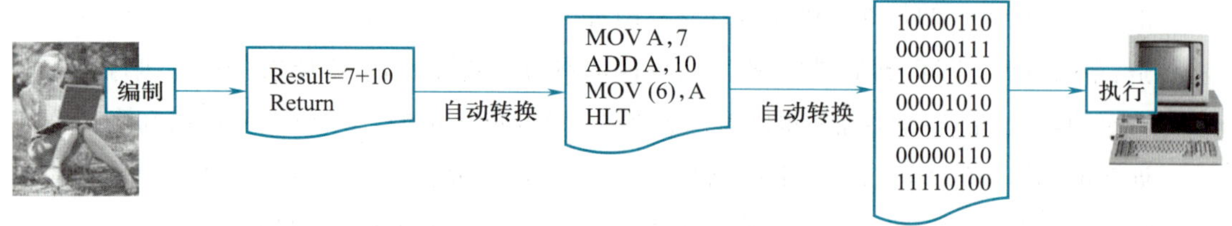

图8.3　高级语言源程序分阶段编译示意

【示例8.1】编译器翻译程序"Result = 7+10;"的过程示例。

下面简单分析"Result = 7+10;"语句的翻译过程。

步骤1：首先需要区分该语句的基本要素，即基本词汇。对上述语句识别出"Result，=，7，+，10，;"6个词汇。判断每个词汇的性质，例如"=""+" ";"是高级语言的运算符或语句结束符，称为保留字，编译器依据这些保留字和空格区分一个个词汇。"Result"是一个可保存数据的变量（注：对应前述章节介绍的一个或多个存储单元），称为标识符，统一记为"V"。"7"和"10"是常量，即可直接使用的数据，统一记为"C"。进一步给出相应的词汇编号，例如Result为"V，1"，7为"C，1"，10为"C，2"，分别表示第1个标识符对应Result，第1个常量为7，第2个常量为10等，这样"Result = 7+10;"就被转换成"<V,1> = <C,1> + <C,2>;"，简写为"V=C+C;"。上述过程称为词法分析或词法解析。

步骤2：编译器识别这组词汇组成的语句所符合的模式。如图8.4(a)(b)所示，需要判断一条语句是否书写正确以及是否符合某个模式。可以依据第5章介绍的图灵机思想构造一个如图8.4(c)所示的图灵机，由其判断一条语句是否编写正确。若通过相关图灵机的检测，则说明该语句符合高级语言已有的某一模式，即正确，否则便不正确。图灵机识别后，可将"V=C+C;"形式的语句转换为一棵语法树，如图8.4(a)(b)所示，其中叶节点为标识符或常量，中间节点为各种运算符。上述过程称为语法分析或语法解析。

步骤3：语义处理。语法树示意性地给出语句的计算过程，首先从叶节点开始执行：① 读取一个常量C；② 读取另一个常量C；③ 执行"+"节点；④ 获得标识符V；⑤ 执行"="节点。通过匹配高级语言的运算符，可知"+"节点为加法运算，"="节点为赋值运算，二者均为基本运算节点。每个基本运算节点均对应一个运算模式。一个底层运算节点计算完成后将产生一个中间结果，例如"C+C"的计算中间结果可表示为A，该中间结果A又继续参与更高层节点的计算。因此上述语法树识别出了两个基本运算模式，即"A=C+C"和"V=A"。

步骤4：将每个运算模式映射为相应的汇编语言代码。可以事先为每个运算模式编写对应的汇编语言代码并进行存储，使用时由编译器自动调用。例如，"A=C+C"运算模式可映射为"MOV A, C""ADD A, C"两条汇编语句，"V=A"运算模式则可映射为"MOV

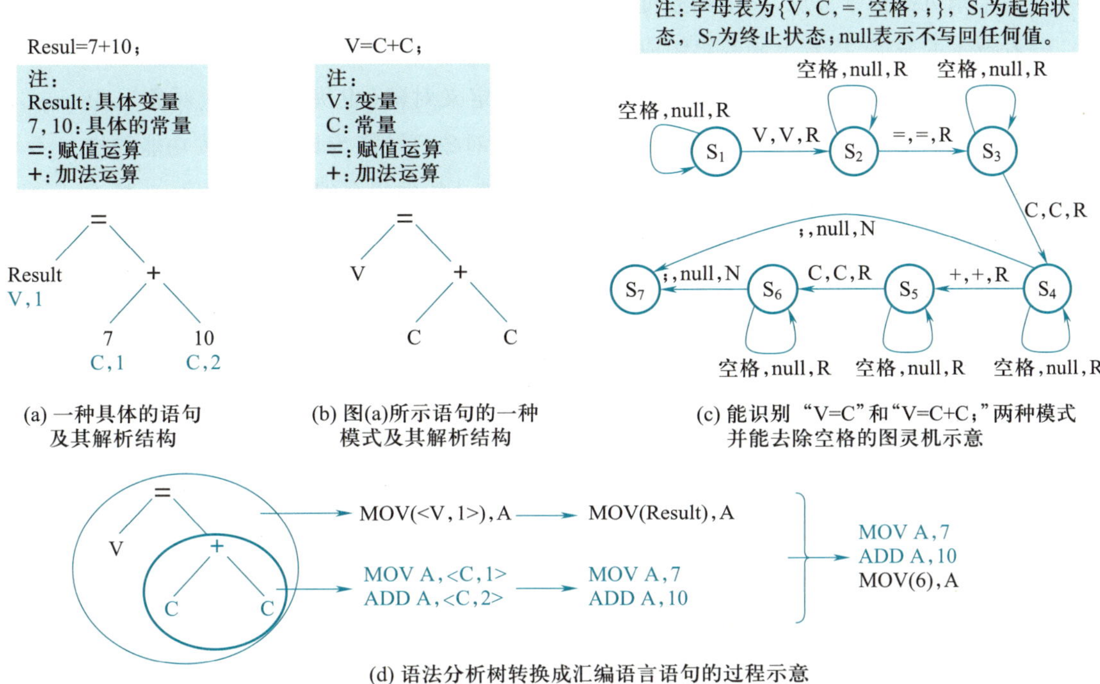

(a) 一种具体的语句及其解析结构

(b) 图(a)所示语句的一种模式及其解析结构

(c) 能识别“V=C”和“V=C+C；”两种模式并能去除空格的图灵机示意

(d) 语法分析树转换成汇编语言语句的过程示意

图 8.4 高级语言语句编译过程示意

(V)，A”语句。然后为标识符和常量添加编号，得到“MOV A，<C，1>”“ADD A，<C，2>”“MOV (<V，1>)，A”。之后将各编号对应的变量和常量代入，得到“MOV A，7”“ADD A，10”“MOV (Result)，A”。其中的变量由机器自动产生相应的存储单元，获得存储单元的地址，例如上例中机器为 Result 产生一个存储单元地址“6”，将其代入得到“MOV (6)，A”。

步骤 5：按照语法树的次序调整汇编语句的次序，后代节点的语句在前。然后经过优化可产生最终的汇编语言程序，如图 8.4(d)所示。步骤 3~步骤 5 又称为代码自动。

高级语言源程序的编译是相当复杂的过程，这里只给出一个最简单的示意性编译案例，目的是令读者了解基本的编译思想，尽管有许多地方尚不明确。例如，如何识别一个词语；如何将具体的语句抽象为通用的模式，即由图 8.4(a)到图 8.4(b)；如何识别一个个语句模式等。如果要深入理解，则需学习形式语言方面的知识、形式语言的解析——自动机方面的知识、代码生成与优化方面的知识，这些内容可通过“形式语言与自动机”“编译原理”等课程习得。

8.1.3 不同层级语言与编译器/虚拟机

各种计算机语言的本质对比 机器语言和汇编语言以机器指令(instruction)为单位编写程序。高级语言以语句(statement)和函数(function)为单位编写程序，其中的一条语句通常由若干条机器指令实现，一个函数可以看作若干条语句的集合，可被视为一条高级指令。随着技术的发展，将若干函数组织成一个集合，就出现了类（class）和对象（object）的概念，类是对象的形式，对象是类的实际存在，即由类定义对象（也称由类产生对象），由对象执行程序。由此出现了面向对象程序设计语言。对象可被视为具有大规模功能的指令，面向对象程序设计语言是可以用类和对象即大规模功能的指令编写程序的语言，基于已经存在的类和对象还可构造更大规模功能的类和对象。将若干类和对象继续组织成一个集合则为包（package）。因此，在面向对象程序设计语言中普遍使用点表示法，即在中间加“.”以区分哪个包中哪个类/对象中的哪一个函数。例如“oneObject. anotherObject. func()”通常表示（某一个类产生的）对象 oneObject 中的（另一个类产生的）对象 anotherObject 中的函数 func()，通俗地说，就像 func() 被放到了 anotherObject 的盒子中，而 anotherObject 盒子又被放到了一个更大的称为 oneObject 的盒子中。使用时需要一层层地打开盒子，才能找到 func() 予以执行，这在面向对象程序设计语言中称为封装（encapsulation）或打包（package）。这些不同规模的函数、类/对象和包就是所谓的语言积木块，也可称为模块（module）或构件（component）。

因此，用高级语言编写程序虽然已足够方便，但仍需逐条语句编写，编程效率不高，难以开发大规模复杂功能的程序。就像建高楼一样，如果一块砖一块砖地堆砌，效率将十分低下。现在普遍采用所谓的框架结构，使用基本的建筑构件通过组装完成楼房的建设。软件开发也体现了这一思想——用语言积木块构造程序。

一种语言积木块编程示例：可视化编程 图 8.5(a) 给出一种用语言积木块构造程序的示例。将从之前多条语句编写所完成的功能聚合成一条具有较大规模功能的命令，即**语言积木块**。图 8.5(a) 右侧的语言积木块包含“按钮”“文本框”“标签”等，这些语言积木块背后是一组能够实现该积木块功能的复杂程序。其将功能分成两部分，应用程序员必须关心的部分有文本框长度和文本框输入的内容等，应用程序员无须关心的部分有文本框在界面中的显示、运行、接收一个个字母符号的输入及其过程控制细节。可将应用程序员无须关心的部分提前用程序实现，形成语言积木块，由应用程序员基于此语言积木块开发更复杂的程序。需要理解的是，图 8.5(a) 右侧工具栏中的语言积木块实际上为各种“类”，而当将其从工具栏中拖曳到某一具体的窗口界面时，则变成一个个“对象”（如图 8.5(a) 左侧所示），同一个“类”可以产生很多“对象”。人们要做的就是编写每个对象的“应用程序员必须关心的部分”的内容，例如界面的布局、读取文本框的内容并进行处理等相对宏观的功能。

因此，当有了这些语言积木块后，开发程序即为利用这些语言积木块，组合、构造复杂应用程序的过程，如图 8.5(a) 左侧所示，应用程序员可像搭积木般拖曳这些语言积木块，即可构造复杂的应用程序。这种以可视化操作方式进行编程的语言又称为可视化编程语言。

计算机语言与编译器是最基本的抽象与自动化机制，是最重要的计算思维之一 以

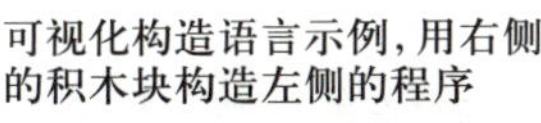

可视化构造语言示例，用右侧
的积木块构造左侧的程序

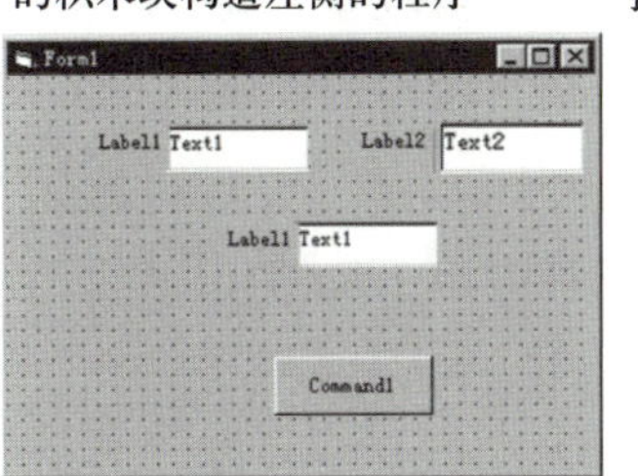

可视化构造语言
的积木块，每一
个积木块均对应
一组已编写并可
执行的程序

(a) 语言积木块编程示例—可视化构造语言示例

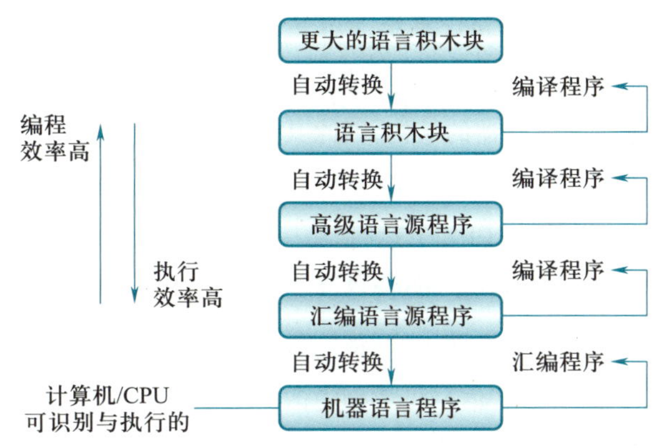

(b) 计算机语言的功能扩展路线图

图 8.5 计算机语言的功能扩展路线图及典型扩展示意

下层语言为基础定义一套能力更强、编写更方便的新语言，然后提供一个已经用下层语言编写并可执行的程序即编译器，这样人们即可使用新语言编写源程序，之后经过编译器翻译成下层语言所能识别的源程序，逐层翻译直到最终翻译成机器语言程序，便可由计算机硬件最终执行，如图 8.5(b)所示。上述过程可以说是计算机语言的功能扩展路线图。

面向各专业提出并应用计算机语言 基于前述思维模式，可以说计算机语言的设计和实现不再是计算机专业人员的专利，各专业人员均可设计新语言，例如专门用于数学计算的 MATLAB 语言、面向数控机床使用的 G-code 语言、面向物理计算的 Frink 语言、面向量子化学计算的 Gaussian 语言等，从本质上讲，各专业计算软件的学习，重要的是学习该软件相关的计算机语言。可扩展标记语言(extensible markup language，XML)为各专业提出新语言奠定了基础，例如基于 XML 对应用程序之间的相互操作进行封装而提出的万维网服务描述语言(Web service description language，WSDL)等。人们也可以提出自己的基于 XML 的语言来描述某一方面的程序设计要素，只需开发一个编译器将其转换成任何一种高级语言程序，则用该语言编写的源程序即可被执行。目前的新语言研究方向是更加贴近自然语言的计算机语言、图形化表达语言、积木块式程序构造语言和面向各专业领域的专业化内容表达与计算语言等。

不同层级计算机语言的性能 不同层级的计算机语言，其性能也不同。所谓计算机语言的性能是指语言的表达能力、编程效率、程序执行效率、可移植性等。语言表达能力可以和自然语言相比较，一般而言，计算机语言难以完全表达自然语言所要表达的内容，主要体现在 3 个方面——一是构成程序的基本要素大小，二是程序表达方式的灵活性，三是抽象层次。目前的计算机语言均在某一方面、某些领域尤其擅长，而在其他方面略有不足。编程效率是指语言为程序设计人员提供的编程环境的优劣，有些语言需要逐条语句编写程序，有些语言则可如堆积木般构造程序等。程序执行效率是指程序执行过程中所需要的时间、存储空间等，不同人员用不同语言编写相同功能的程序，执行效率可能不同。可移植性是指在某一计算机系统上(如 Windows 系统)编写的程序能够移植到其他不同系统上(如Linux系统、iOS系统等)运行的能力。机器语言和汇编语言由于直接使用机器硬件资源,与计算机硬件关系更为密切,因此常被称为低级语言,程序设计过程中可充分考虑具体机器的结构,因此其程序执行效率较高,但在编程效率、可移植性方面较差。高级语言和具体的计算机硬件无关,确切地说是和CPU无关。因此用高级语言编写的程序可以在各种CPU上运行。

硬件设计中的计算机语言 前述计算机语言和编译器的思想同样可被应用于机器硬件和芯片的设计中,可将信号看作基本的实现单位,不同时间不同信号的组合可完成不同的命令,这些信号可被称为微指令,用这些微指令编写的实现某些机器指令的程序称为微程序,通过微指令、微程序形成的微程序设计语言对于设计芯片和设计硬件逻辑十分重要。

不同层级的计算机 图8.6给出了不同层级的(虚拟)计算机示意。可以依据个人的职业规划确定对计算机知识的学习与掌握程度。

(1) 计算机使用者。如图8.6(a)所示,如果仅需要应用计算机,则可将计算机看作应用程序的集合,只需掌握相关应用程序的操作与使用即可。

(2) 应用程序开发者。如图8.6(b)所示,如果需要进行应用程序的设计与开发工作,则可将计算机看作高级语言层面的计算机(虚拟机):计算机提供一套高级语言,人们用高级语言编写源程序,计算机可将其编译成机器语言程序并运行。在这一层次,只需掌握高级语言相关的程序设计知识即可。然而对计算机的深入理解,尤其对硬件和操作系统方面知识的理解对于提高高级语言程序设计水平有重要帮助,对于操作系统提供的一些API函数的理解也有帮助,这些API函数对于高要求高质量的程序而言十分关键。

(3) 硬件相关的应用程序开发者。如图8.6(c)所示,如果可能进行嵌入式系统的程序设计与开发工作,则可将计算机看作两层(汇编语言层面和高级语言层面)虚拟机的组合,需要掌握每一层虚拟机的实现机理。嵌入式系统程序设计和硬件相关,尽管仍需编写程序,但其主要编写控制新型硬件或扩展新型硬件使其具有更加丰富功能的程序,或者将新型硬件连接到已有计算系统中的程序。在这一层次,不仅需要掌握高级语言相关的程序设计知识,还需掌握汇编语言相关的程序设计知识,即能够利用新硬件相关的指令系统及新硬件的特殊结构进行程序设计。同时,对操作系统的深入理解有助于嵌入式设备更好地融入计算系统。

(4) 系统级程序开发者。如图8.6(d)所示,如果可能进行与计算机各类资源(硬件与软件)管理有关的程序设计与开发工作,则可将计算机看作三层虚拟机的组合,需要掌握上三层的虚拟机。在这一层次尤其需要理解操作系统提供的各种API函数,以及操作系统对各类资源(CPU、内存、外存、其他外部设备等)的不同管理技巧。

(5) 芯片应用相关。如图8.6(e)所示,如果可能进行与CPU、硬件芯片利用等相关的设计与开发工作,则可将计算机看作实际机器及其上三层虚拟机的组合,需要掌握实际机器的构造原理与设计开发方法。

(6) 芯片设计相关。如图 8.6(f)所示,如果可能进行与 CPU 设计、硬件芯片设计等相关的设计与开发工作,则需要掌握微程序设计语言及其硬件逻辑相关的设计开发方法。

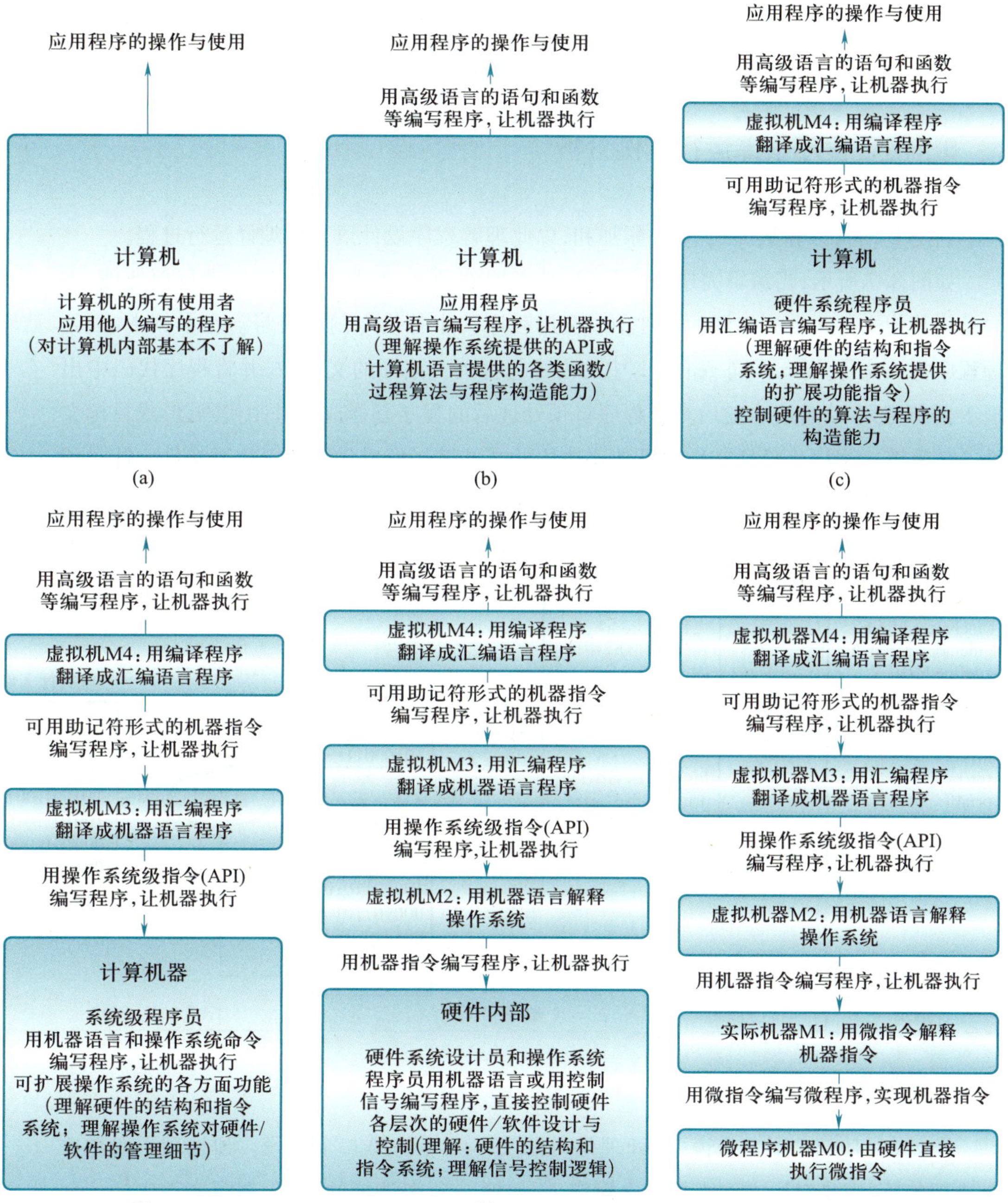

图 8.6 不同层级的(虚拟)计算机示意

由图 8.6(a)~8.6(f)可以看出,不同的未来职业规划对计算机的理解深度要求也不同。但不管怎样，计算机的不同抽象层次体现的是不同的计算机语言，计算机语言是一套专用于人与计算机交互，进而使计算机能够自动识别与执行的规约/语法的集合，源程序是用计算机语言编写的程序，编译器是将源程序翻译成机器语言程序的程序，是促进计算机功能不断扩展、自动化程度不断提高的重要推动力。“以下层语言为基础重新定义一套能力更强及编写更方便的新语言，然后提供一个已经用下层语言编写并可执行翻译工作的程序”是一种十分重要的问题求解思维。

8.1.4　程序编译运行示例分析

利用 C 语言计算从 1 到 10 的累加和，以此理解程序设计语言的编译运行过程。

如图 8.7 所示，当编辑完毕源文件后，编译器的预处理程序对源文件进行预处理，主要是将其他文件包含到编译的文件中以及用程序文本替换专门的符号。在本例中，预处理程序将头文件 stdio. h 同 genlib. h 中的内容包含到要编译的文件中，并将程序代码中出现 N 的位置用 10 替换。随后翻译程序将预处理后的程序翻译成二进制代码，形成目标文件。最后链接程序将目标文件和其他要使用的文件链接形成最终的可执行文件。针对预处理、翻译、链接 3 个任务的具体内容如下。

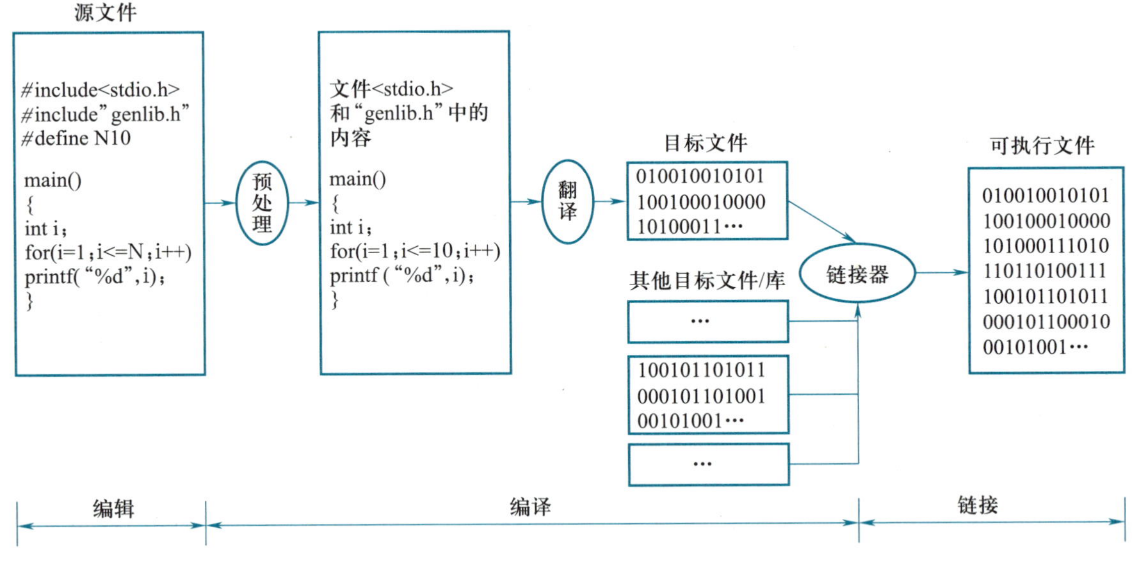

图 8.7　构建和运行一个程序

预处理：对于 C 语言来说，预处理是对源文件编译的第一个阶段。预处理不对源文件进行分析，而是对源文件进行文本操作，例如删除源文件中的注释，在源文件中插入包含文件的内容(#include)，定义符号并替换源文件中的符号等(#define)，通过这些处理，将会得到编译器实际进行分析的文本。

翻译：翻译阶段要进行的工作是通过语法分析、词法分析等，确认所有指令均符合语法规则后,将其转换成等价的汇编代码,并进一步进行相关的优化工作,例如删除一些公共表达式、优化一些循环语句、删除无用的赋值等,最终将汇编语言转换成目标机器的指令。

链接:由于源文件可能调用其他库文件或源文件的某个符号(变量或函数),为了真正使程序可运行,需要使用链接器将相关文件彼此连接,从而使这些目标文件成为能够被执行的统一整体。

8.2 计算机语言(程序)的基本构成要素

面对层出不穷的计算机语言(这里指高级语言,以下简称语言),应当如何学习?

一般而言,计算机语言的学习包含 4 个方面:一是程序要素,指一个程序中可能出现的各种不同要素;二是程序设计,指用程序要素及其组合完成一个问题求解的程序编写;三是语法规则,指具体计算机语言对程序要素的书写规范,程序要素可能相同,但不同语言的书写规范可能不同,例如 **C 语言使用"花括号{}"区分语句段落,而 Python 语言使用"同长度的缩进"区分语句段落**,同一种语言的书写规范也可能发生变化;四是编程环境,指能够进行程序编写、程序编译、程序调试与程序执行的环境,也被称为集成开发环境(integrated development environment,IDE)。

本书并不讲授涉及上述 4 个方面内容的一门具体语言,而是希望读者理解程序的基本要素以及程序设计。这些基本要素是各种计算机语言普遍支持的,尽管书写规范略有不同。不同的计算机语言在支持基本要素的基础上,还支持更多的程序要素,这是编写复杂结构程序和大规模程序所需要的,对初学者而言,首先要掌握使用基本的程序要素进行程序设计,然后学习更深入的内容。因此,本章学习完成后,若要使本章中的程序通过编译器的编译并执行,则需要参照具体语言的书写规则略加改写,毕竟不同计算机语言"编译器"的智能化程度有限,尚不能完全理解人类的自然语言,需要用严格的语法规则保证书写的程序是其能够理解的程序。

在介绍具体概念前,首先看一个简单的编程题:编写一个程序,从键盘读入两个整数,执行相加运算后将运算结果输出到计算机显示屏。

结合前面的内容,本程序的运行过程如下:首先通过键盘这一输入设备输入两个整数,存储到计算机的内存中,然后从内存中取出两个整数到运算器中参与运算,将运算结果放回内存,最后将内存中的数据输出到计算机输出设备——显示屏上,而具体执行什么操作、操作执行的先后顺序由控制器根据程序控制。为了实现这一程序,需要考虑以下问题。

（1）程序如何接收从键盘输入的两个数？

（2）输入的两个数如何存放到内存？

（3）如何告知程序输入的是两个整数？

（4）执行相加运算时如何从内存中取出这两个数？

（5）如何实现计算？计算结果如何放回内存？

（6）如何输出计算结果到计算机显示屏？

本章随后介绍的概念将帮助读者解决上述问题。图8.8给出了相关概念到计算机组成部件的对应关系。

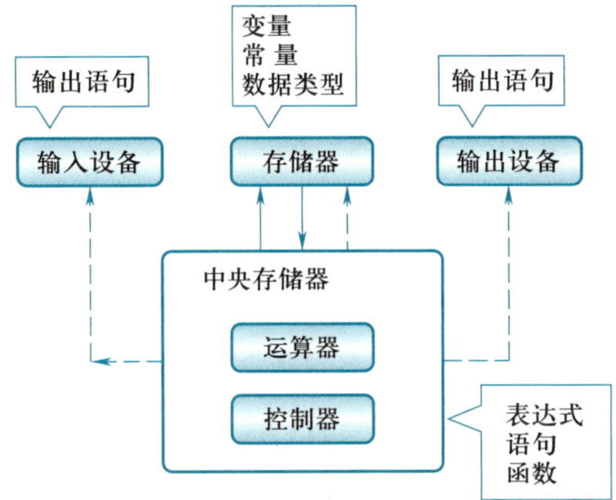

图8.8　程序设计语言中的概念和计算机组成部件的对应关系

输入语句解决数据如何从输入设备送入内存，输出语句解决如何输出数据到辅设备；变量、常量、数据类型解决不同类型的数据如何存储到内存中，如何引用内存中的数据；表达式、语句、函数解决如何对数据进行运算加工。

8.2.1　常量、变量与表达式

第1个要素：常量和变量 程序用于处理数据，因此，数据是程序的重要组成部分。程序中通常包含两种数据：常量（constant）和变量（variable）。

所谓**常量**是指在程序运行过程中其值始终不发生变化的量，通常是固定的数值或字符串。例如，45、30、-200、"Hello！"、"Good"等均为常量。常量可以在程序中直接使用，例如，x=30 * 40是一条程序语句（表示将30乘以40的结果赋值给x），30和40均为常量，可以直接出现在程序中。常量又分为**数值型常量**和**字符串型常量**等，前者可直接书写并使用（注：计算机处理时会按照二进制方式处理），而后者需用引号括起（注：计算机处理时会按照ASCII码或Unicode码进行处理）。

所谓**变量**是指在程序运行过程中其值可以发生变化的量。在符号化程序设计语言中，变量可以用指定名称代表，换句话说，变量由两部分组成：变量的**标识符**（又称“变量名")以及变量的内容(又称"变量值")。变量的内容在程序运行过程中可以发生变化，例如变量名为 Exam，其内容可以为 50，也可以为 70，如同一个房间，变量名相当于房间号，而内容相当于居住在房间的不同人员。

变量名的命名规则：变量名可以是由连续的(中间不能包含空格的)字母或数字组合而成的任何名字(但不能是系统的保留字)。

有些计算机语言区分大小写，则"Exam"和"exam"就被视为两个不同的变量，而有些计算机语言不区分大小写，则"Exam"和"exam"就被视为相同的变量。注意，本书程序示例中使用的语言不区分大小写。"Exam_one"是一个变量，而"Exam_one"在作为变量使用时可能被报错，因为其被当作了两个标识符。

在程序中，最常见的变量类型有 3 种：数值型、字符型和逻辑型。其中，数值型通常包括整数型和实数型(一般按二进制进行存储)。字符型表示该变量的值是由字母、数字、符号甚至汉字等构成的字符串(一般按 ASCII 码/汉字内码/Unicode 码进行存储)。逻辑型也称布尔型，表示该变量的值只有"真"和"假"两种，本书直接将其表示为 True 和 False。

第 2 个要素：表达式 程序对数据的处理通过一系列运算实现，而运算通常由表达式表达。表达式通常采用中缀表示法，两个操作数位于两侧，一个运算符位于中间。一个表达式可以作为操作数嵌入另一个表达式，如此层层嵌入，即可构造更为复杂的表达式。

表达式的形式规则：

变量或值 <运算符> 变量或值

变量或值 <运算符> (变量或值 <运算符> 变量或值)

通常有 3 种类型的表达式，即算术表达式、比较表达式(又称关系表达式)和逻辑表达式。

算术表达式即使用算术运算符构造的表达式。一般而言，常见的加、减、乘、除等算术运算符采用"+""-""*""/"等符号表达。算术表达式的结果通常是一个整型或实型的数值，例如，"Area / 20""(200+100) * 50/30"等都是算术表达式。常见的乘幂运算通常采用"^"表达，例如 2^3 表达为"2^3"，3^5 表达为"3^5"。

比较表达式即使用比较运算符构造的表达式。一般而言，常见的等于、不等于、大于、大于或等于、小于、小于或等于等比较运算符采用"==""<>"">"">=""<""<="等符号表达。比较表达式用于比较两个值之间的大小关系，结果是逻辑值，比较关系成立则其值为"真"(True)，比较关系不成立则其值为"假"(False)。注意，比较的两个值应属于同种数据类型，例如，"3>=2"成立，其结果为 True；"6<>6"不成立，其结果为 False。

逻辑表达式即使用逻辑运算符构造的表达式。一般而言，常见的与、或、非等逻辑运算符采用"and""or""not"等符号表达。逻辑表达式用于对逻辑值进行逻辑操作，结果仍为逻辑值，即"真"(True)或"假"(False)。

各种运算符将不同类型的常量和变量按照语法要求连接即构成表达式。这些表达式还可以用括号进行复合形成更复杂的表达式。表达式的运算结果可以赋给变量，或者作为控制语句的判断条件。需要注意的是，单个变量或常量也可以看作一个特殊的表达式。

第3个要素:赋值语句 赋值语句是程序设计语言中最基本的语句，通常将一个表达式的计算结果保留在一个变量中。变量可以在使用过程中被重新赋值。(注:第4章介绍的第1种形式的抽象—构造与替换—执行，即可对应高级语言的赋值语句)

赋值语句的形式规则:变量名 = 值 或 <表达式>;

该式中“=”称为赋值符号，表示将右侧的“值 或 <表达式>”的计算结果赋给左侧的变量予以保存。“;”通常表示一条语句的结束。表达式如何书写见后续介绍。

注意，在计算机语言中普通的“=”是赋值符号，而数学含义的“等号”在计算机语言中表达为“==”。例如，“Exam = 50;”表示将50赋值给变量Exam。当重新给变量赋值，如“Exam = 70;”时，新赋的值将替换原来的值。也可将各种表达式的值(计算机会自动计算表达式的结果)赋给变量，例如“Exam = Exam - 20;”，其中右侧的“Exam - 20”是一个表达式，其计算结果再赋值给Exam。

阅读程序的关键是识别各种表达式。

【示例8.2】若干表达式和赋值语句的示例。

本示例给出了若干表达式。注意“//”之后的内容给出的是该语句或表达式的注释。以下示例的共同特点是将右侧表达式的计算结果赋值给最左侧的变量，无论赋值符号右侧的书写如何复杂，其总归是表达式，只要耐心细致地识别即可。但需注意:如果括号不匹配，则意味着表达式构造错误。

```
    X = 100;                //表示将100送到X中保存
    X =2^3;                 //表示将2的3次幂送到X中保存
    X = X + 100;            //表示将X的值加上100后的结果再送回X中保存
    M = X > Y+50;           //将X和Y+50的比较结果赋给变量M。如果已知
X=10,Y= -30,则表达式结果为False,即M = False;如果已知X=100,Y=10,则
表达式结果为True,即M = True。M的值将依赖于变量X和Y的值确定
    N =(A-B) <= (A+B);      //将A-B和A+B的比较结果赋给变量N。如果已知
A=10,B= -20,则表达式结果为False,即N = False;如果已知A=90,B=20,则表
达式结果为True,即N = True。N的值将依赖于变量A和B的值确定
    M =(X>Y) and (X<Y);     //可以看出,无论X、Y取何值,X>Y和X<Y中至多有
一个为True,因此整个表达式结果将始终为False,即M =False
    N =(X>=Y) or (X<Y);     //可以看出,无论X、Y取何值,X>=Y和X<Y中至少
有一个为True,因此整个表达式结果将始终为True,即N = True
```

K =((A>B) or (B>C)) and ((A<B) or (B<C)); //在该式中,如果假设 A=25,B=19,C=25,则 K = True;如果假设 A=25,B=19,C=16,则 K=False。K 的值依赖于 A、B、C 的值确定

8.2.2 语句与程序控制

高级语言程序的主体由语句(statement)组成。语句决定如何对数据进行运算,也决定程序的走向,即根据运算结果确定程序下一步将要执行的语句。

程序语句基本可以分为 3 类:表达式语句、控制语句、输入/输出语句。表达式语句是程序设计的基础,以 C 语言为例,其在一个表达式末尾添加分号“;”,便构成表达式语句。控制语句是程序设计的核心,决定程序的执行路径和结构,例如分支结构、循环结构等。输入/输出语句主要用于程序获取外界数据或将程序结果输出到外界等。此外,为了便于理解源程序,高级语言中通常提供一种不可执行的注释语句,其作用是对一段程序的含义进行注释,以便使程序易于理解,例如本章中用“// ”引出的内容即为一种注释语句。注意不同语言中引出注释的符号是不同的,C 语言中使用“// ”,Python 语言中则使用“#”。

第 4 个要素:分支语句 通常来讲,程序默认的执行方式是一条语句接一条语句地执行,这是基本的程序结构,即顺序结构。但有时需要依据一个条件判断来改变程序执行的路径,即分支结构。分支结构通常采用 if 语句。

```
if 语句的形式规则:
(1) if (条件) then 语句;
(2) if (条件) then {
      语句序列; }
(3) if (条件) then {
      (条件为真时运行的)语句序列 1; }
     else{
         (条件为假时运行的)语句序列 2;   }
```

其中,(1)主要用于条件为真时仅执行一条语句的情况。如果条件为真,则执行 then 之后的语句,然后执行该语句的下一条语句;如果条件不为真,则顺序执行该语句的下一条语句。(2)用于仅包含条件为真时的语句序列。即如果条件为真,则执行 then 之后用花括号括起的语句序列,然后执行花括号后的语句;如果条件不为真,则顺序执行该语句花括号后的语句。(3)既包含条件为真时的语句序列,又包含条件为假时的语句序列。即如果条件为真,则执行 then 之后用花括号括起的语句序列 1;如果条件不为真,则执行 else

之后用花括号括起的语句序列2。执行完毕后均继续执行其后的语句。

【示例8.3】分支语句的简单示例。

```
if (D1>D2) then D1=D1-5;
D1=D1+10;
```

如果已知D1=10,D2=5,则以上程序的条件满足,因此将先执行D1=D1-5,结果为D1=5,然后执行D1=D1+10,最终结果是D1=15。如果已知D1=8,D2=10,则以上程序的条件不满足,因此将执行D1=D1+10,最终结果是D1=18。因此可以看出,程序随条件表达式"D1>D2"的结果改变程序执行的路线。阅读时若能注意上面是两条语句,则题目将不难理解。

以上语句如果写成如下形式,是否更为清晰?

```
if (D1>D2)  then
{  D1=D1-5;  }
D1=D1+10;
```

【示例8.4】如果开始时X=100,Y=50,Z=80,分析下面一段程序的执行过程,并说出每一步的结果,以及X、Y、Z的最终值。

```
X = Z + Y;              //X开始时为100,但此语句为X重新赋值,则X=130
if Y > Z then
    X = X-Y;
else
    X=X-Z;
end if                  //由于Y>Z条件不满足,因此执行X=X-Z语句,此时
                          X=130-80=50
X = X + Y;              //将X+Y的结果送回X保存,此时X=50+50=100
if X > Z then X=Y;      //由于X>Z(即100>80)条件满足,因此执行X=Y,此
                          时X=50
X = X-Z;                //将X-Z的结果赋值给X,此时X=50-80=-30
if X>Y  then
    X=X-Y;
end if                  //由于X>Y条件不满足,因此不执行X=X-Y,X保留
                          -30,程序结束
```

上述程序的最终结果为X=-30,Y=50,Z=80。可以看出,无论程序如何变化,只要一步步模拟执行并分析,即可得到正确结果。读者可通过赋予X、Y、Z不同的初始值来模

拟程序的运行。

第 5 个要素:循环语句 程序结构除前面介绍的顺序结构和分支结构外,还经常使用一种结构,即循环结构,循环结构是用于实现同一段程序多次重复执行的一种控制结构。循环结构通常包含两种形式:有界循环结构和条件循环结构。有界循环结构又称为 for 循环,用 for 语句表达如下。

```
for 语句的形式规则:
    for 计数器变量 = 起始值 to 结束值 [step 增量]
    {   语句序列;  }
```

for 语句的含义为以计数器变量为变量,从起始值开始,每次按增量增加,直至结束值为止,每次执行一遍花括号内的语句序列。花括号内的语句序列称为循环体,每执行一次循环体,计数器变量进行一次修改。这里的“step 增量”可以省略,在形式规则中以[ ]表示,如其省略则按默认增量值 1 执行。由上可见,for 循环语句需明确知道起始值和结束值(或称循环次数)才能被应用,因此又被称为有界循环语句。

【示例 8.5】用循环结构实现求和 1+2+3+…+1000 的程序。

```
Sum = 0;                      //令 Sum 表示和,首先初始化为 0
for I =1 to 1000 step 1       //I 为计数器,从 1 到 1000 计数,I 每次加 1
{ Sum = Sum + I; }            //循环地将 I 值与 Sum 值相加,结果再保存至 Sum 中
```

该程序为一个循环结构的程序,通过阅读可以发现,其包括 4 个部分:初始化部分、循环体、修改部分和控制部分。初始化部分为循环作准备,设置计算结果的初值,如语句“Sum=0;”,如果缺失本条语句,则计算结果将不正确。循环体是核心,是将要重复执行的程序段落,如语句序列{Sum=Sum+I;},该语句序列将被重复执行。修改部分在执行一次循环体后修改循环次数或修改循环控制条件,例如上述循环每执行一次,I 的值将加 1。控制部分用于判断循环是否结束,例如判断循环次数是否减为 0,或者达到某个预定值,也可能判断某个循环控制条件是否被满足。

for 语句是循环次数已知的一种循环结构。如果循环次数未知,则需使用一种条件循环结构。条件循环结构又称 while 循环,通常可用 while 语句或 do while 语句表达。

```
do while 语句的形式规则:
    while  (条件)
    { 语句序列; }
```

该语句的含义为“当条件满足时,重复执行花括号内的语句序列,直到条件不满足时为止,跳出循环”。其中,花括号内的语句序列又被称为循环体。

另一种形式的写法如下:

```
    do {
        语句序列;
    } while  (条件)
```

其含义为“重复执行花括号内的语句序列,直到条件不满足时为止,跳出循环”。

上述两种表现形式存在差异,需要仔细理解其含义的不同。do-while 首先执行循环体中的语句序列,然后判断条件,条件满足则继续执行,条件不满足则退出循环;而 while 首先判断条件,条件满足则执行循环体中的语句序列,条件不满足则退出循环。

【示例 8.6】用 do-while 循环编程,求从 X=1、Y=2 开始循环计算 X+Y,X 和 Y 每次增加 1,直到 X+Y 的值大于 10000 时为止。此时循环次数是未知的,所编程序如下:

```
X=1;
Y=2;
Sum=0;
do {Sum = X+Y;
    X=X+1;
    Y=Y+1;
}while (Sum<=10000)
```

注意,阅读此段程序时,要将 do { } while( ) 当作整体看待,尽管{ }内由多条语句构成。

8.2.3 函数结构语句

第 6 个要素:函数 除顺序结构、分支结构和循环结构外,还有一种非常实用的结构——函数结构。函数结构是一种调用-返回式的程序控制结构(注:第 4 章介绍的第 2 种形式的抽象—构造与替换—执行,即可对应高级语言的函数结构语句)。函数是由多条语句组成的能够实现特定功能的程序段,是对程序进行模块化的一种组织方式,是一种抽象,即将执行某功能的一个程序段定义为一个名字,即函数名,之后可以用该名字使用该程序段。函数(function)一般由函数名、参数、返回值和函数体 4 部分构成。其中函数名和函数体必不可少,而参数和返回值可根据需要进行定义。对于有参数的函数,在对其进行定义时所使用的参数称为形式参数,在定义函数的函数体中使用形式参数进行程序设计;在调用该函数即使用函数时,调用者则必须给出该函数所需的实际参数,即将函数的功能作用于实际参数,换句话说,在调用时用实际参数对应取代形式参数来执行函数的函数体以获取计算结果。对于有返回值的函数,在函数执行完毕后将向调用者返回一个执行结果。图 8.9 为函数定义及函数调用示例。注意:**数学上的函数只是一个符号表达**

或称符号抽象，计算机语言中的函数则是一段可以执行的程序，不仅仅是符号抽象，而且用程序给出了其计算方法。

定义函数的形式规则如下：

```
类型 函数名(类型 形式参数 1,类型 形式参数 2, …)
{ 函数体; }
```

调用使用函数的形式规则如下：

```
函数名(实际参数 1,实际参数 2, …);
```

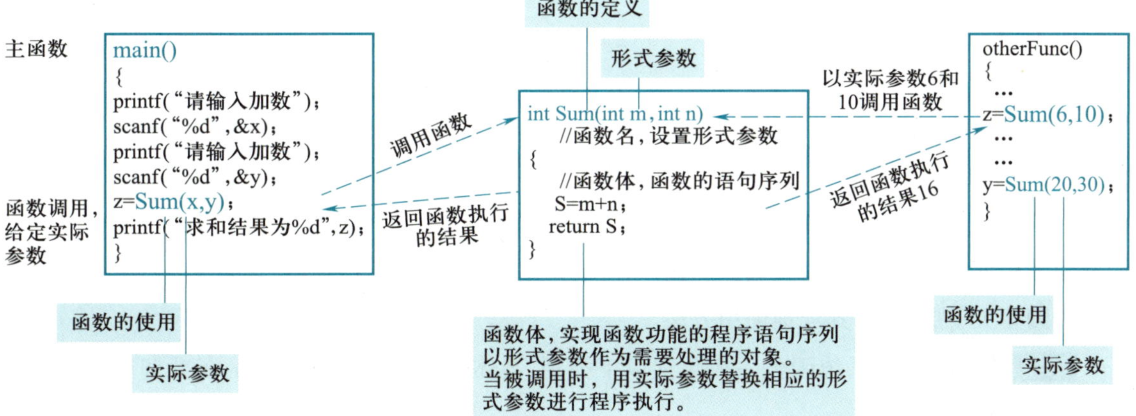

图 8.9 函数定义及函数调用示例

【示例 8.7】

```
int Sum(int m, int n)
//Sum 为函数名,int 是一个整数类型定义符,m 和 n 为形式参数,其实际值将由
调用者按此格式传递给该函数
{ int S;              //函数体,可由多条语句组成程序段
  S = m + n;
  return S;
}
```

最终的程序通常由一个或多个函数构成，其中有一个特殊的函数，作为整个程序执行的入口，称为主函数。例如 C 语言语法中的主函数 main() 定义如下：

```
main()                          //程序的主函数
{
   printf("请输入被加数");  //printf 是计算机语言提供的一个输出函数,
                               表示在屏幕上输出函数参数所示的字符串
```

```
    scanf("%d",&x);          //scanf 是计算机语言提供的一个输入函数，
                               表示将键盘输入的一个数值赋值给变量 x
    printf("请输入加数");
    scanf("%d",&y);
    z = Sum(x,y);            //调用 Sum 函数,传入两个实际参数,即 x 和
                               y 的值,函数执行的结果赋值给 z 保存
    printf("求和结果为%d", z);
}
```

8.2.4　系统函数及其调用

除前面介绍的用户自定义的函数外，具体计算机语言通常还为用户提供丰富的系统函数（或称标准函数），这些系统函数是一系列事先编制完成的程序，可被用户直接调用。

例如示例 8.7 中的 printf( ) 和 scanf( ) 即为两个系统函数，前者用于将字符串按指定格式输出至屏幕，后者用于接收键盘的输入，并按指定格式将其存储于相应变量中。使用前可查阅相关手册，了解其详细使用方法。

系统函数的类别 系统函数一般包括以下类别，具体使用时可查阅相关的函数调用细节。

（1）数学运算函数，如三角函数、指数与对数函数、开方函数等，例如 $\sin(\alpha)$、$\log(x)$ 等；

（2）数据转换函数，如字母大小写变换函数、数值型数字和字符型数字相互转换函数等；

（3）字符串操作函数，如取子串函数、计算字符串长度函数等，例如 len("abcd")；

（4）输入输出函数，如输入输出数值、字符、字符串函数等，例如 printf(…)、scanf(…)等；

（5）文件操作函数，如文件的打开、读取、写入、关闭函数等；

（6）其他函数，如取系统日期函数、绘制图形函数等。

目前许多受欢迎的高级语言都提供有大量丰富的系统函数库。例如，Python 语言提供了数据分析函数库、图像处理函数库、网页处理分析函数库、画图函数库等，并且有越来越多的第三方为 Python 语言提供系统函数库。因此，学习 Python 语言更重要的是学习这些系统函数库的使用，而不仅仅是学习基本的语法。

8.3 关于常量和变量的进一步说明

符号化常量和变量的区别 符号化常量仅为方便程序设计和源程序修改而用,例如修改常量值时,仅在符号常量定义语句中更改即可,无须在程序中寻找所有使用该常量之处进行更改。在源程序编译成目标程序的过程中便用其值替代了该常量符号,在目标程序中始终出现的是常量值。

变量在源程序编译成目标程序的过程中,用若干存储单元表示,变量名被编译为存储单元的地址,在目标程序中出现的是存储单元的地址,变量值存储在相应地址的存储单元中。如图 8.11 所示。虽然变量名为存储单元的地址,但在编程时无须考虑具体存储单元的地址,变量名与存储单元地址的映射可由编译器和操作系统在编译过程和执行过程中自动正确实现。

变量及其类型与存储单元 不同数据类型的变量占用的存储单元数量是不同的。例如,整型变量占用的存储单元为 2 个字节,如图 8.10 所示,整型数 X 的值为 23,在计算机中存储为 23 的二进制形式 00000000 00010111。又如,字符串型变量占用的空间随字符数量多少而变化,通常有一个结束符,例如 Z 占用 5 个字节,存储的数据为"ABCD"的 ASCII 码形式 01000001 01000010 01000011 01000100,外加一个结束符;而 Y 占用 3 个字节,存储的数据为"AB"的 ASCII 码形式 01000001 01000010,外加一个结束符。编译后 X、Y、Z 将分别被关联到一个存储单元的地址,如图 8.11(b)中位于相同行的存储地址所示。图 8.11(c)展示了不同类型的变量占用不同数目的存储单元。

由于不同类型的变量占用存储单元的个数和存储方式都是不同的,变量在使用前一般需要声明或称定义。例如,C 语言中声明变量的语句如下:

```
int  Sum;               //声明 Sum 是一个整型变量
char c;                 //声明 c 是一个字符型变量
```

Visual Basic 语言中声明变量的语句如下:

```
Dim Sum As Integer   //声明 Sum 是一个整型变量
Dim Str1 As String   //声明 Str1 是一个字符型变量
```

前面介绍的是基本数据类型的常量与变量。而在问题求解过程中,还需要有效地组织、记忆、改变和操作相对复杂的多元素变量或数据集合,例如向量/列表、数组等。

向量/数组——多元素变量及其存取 向量(vector)/列表(list)是 n 个数据元素的有

	变量名	变量值	
int X=23;	*X*	00000000	00010111
string Y='AB;'	*Y*	01000001	01000010
		00000000	00000000
string Z='ABCD;'	*Z*	01000001	01000010
		01000011	01000100
		00000000	

(a) 变量示意

存储地址	存储内容	
00000000 00000001	00000000	00010111
00000000 00000010	01000001	01000010
00000000 00000011	00000000	00000000
00000000 00000100	01000001	01000010
00000000 00000101	01000011	01000100
00000000 00000110	00000000	00000000
00000000 00000111		

(b) 变量对应的存储单元示意

用名字表示的存储地址,即变量名	存储地址	存储内容(即变量值)
Mark	00000000 00000000 00000000 00000001 00000000 00000010 00000000 00000011	(注:可通过赋值发生改变)
Sum	00000000 00000100 00000000 00000101	(注:可通过赋值发生改变)
Distance	00000000 00000110 00000000 00000111	(注:可通过赋值发生改变)

(c) 不同类型变量占用存储单元示意

图 8.10　变量及其数据存储示意

序序列,即X[0], X[1], X[2], X[3],…, X[n-1],又称为一维数组(one-dimensional array)。在计算机语言中与此相似,向量可采用一个变量名和一个索引来唯一确定一个元素。其中索引可以为常量,则其指向固定的元素;索引也可以为变量,当其值由 0 逐渐变为 n-1 时,则分别指向第 1 个元素到第 n 个元素,并且索引可以参与运算。如图 8.11(b)所示,向量中的一个元素由变量名 Mark 和一个索引进行标识,例如 Mark[0]表示向量的第 1 个元素,Mark[4]表示向量的第 5 个元素,如果索引用变量 I 表示,则 Mark[I]将随 I 值的变化而访问向量中的不同元素,例如 Mark[I+1]和 Mark[I-1]表示访问 Mark[I]的后一个元素和前一个元素(注:Mark[I+1]和 Mark[I]+1 是不同的,前者表示向量中

Mark[I]的后一个元素,而后者表示向量中 Mark[I]元素的值加 1)。因此,向量这一数据结构使得算法可以遍历其中的所有变量而无须显式为每个变量单独命名。图 8.11(a)给出了向量及其索引指示的每一个存储单元及其地址,一般而言,向量名指向向量的起始存储单元的地址,而向量每一个元素对应存储单元的地址可通过向量名(对应向量起始单元的地址)以及元素的索引(第几个元素)和向量元素的类型(每个元素占用几个存储单元)进行计算得到。例如:

Mark[I]的存储单元地址 = Mark 对应的地址 + 向量元素占用存储单元的个数 · I

按上述公式可计算得到 Mark[2]的地址 = 0000 0000 0000 0100,Mark[3]的地址 = 0000 0000 0000 0110。

用变量名和元素位置共同表示存储地址,即向量		存储地址	存储内容(即变量值)
Mark	[0]	00000000 00000000 00000000 00000001	(注:82的4字节二进制数可通过赋值发生改变)
	[1]	00000000 00000010 00000000 00000011	(注:95的4字节二进制数可通过赋值发生改变)
	[2]	00000000 00000100 00000000 00000101	(注:100的4字节二进制数可通过赋值发生改变)
	[3]	00000000 00000110 00000000 00000111	(注:60的4字节二进制数可通过赋值发生改变)
	[4]	00000000 00001000 00000000 00001001	(注:80的4字节二进制数可通过赋值发生改变)

(a) 向量型变量对应存储单元(存储结构)示意

值	元素
82	Mark[0]
95	Mark[1]
100	Mark[2]
60	Mark[3]
80	Mark[4]

(b) 向量或一维数组的逻辑结构示意

图 8.11 一维向量的含义及数据存储(即逻辑结构和存储结构)示意

高级语言中按次序访问某一向量的每一个元素可由一个循环迭代实现。例如:

```
n = 5;
Sum=0;
for  I =0 to n-1 step 1     //I 为计数器,从 1 到 n 计数循环,I 每次增加 1
    Sum = Sum + Mark[I];    //20 个学生的成绩被存储在向量 Mark[]中
next I
Avg = Sum/n;                //Avg 是 20 个学生的平均成绩
```

二维数组——多元素变量及其存取 某些情况下,将数据以表(table)的形式组织更为方便,表是二维的,其对应的数据结构称为矩阵(matrix)或二维数组(two-dimensional array)。二维数组具有广泛的用途,例如,乘法口诀是一个 10×10 的数组,每个点上的数据是行、列索引的乘积;成绩单也是一个二维数组,数据是某个学生某门课程的成绩;地球上的经纬度网格也是一个二维数组，表示经度和纬度交叉确定的位置。

类比一维数组，访问二维数组中的元素需要两个索引，分别是行(row)和列(column)。记第 5 行第 3 列的元素为 A[4][2](自 0 开始)，如果 A 是一个乘法口诀表，则 A[4][2]的值是(4+1)×(2+1)= 15。类似于向量，可以有 A[X][Y]、A[X+4][Y-5]等。二维数组在某些计算机语言中被表达为 A[i,j]形式，请读者注意。

虽然二维数组可用数组名及两个索引变量来标识其中的每一个变量，如 M[1][2]，然而其在存储器中的存储仍然是一个个存储单元，如图 8.12(b)所示。多维数组的索引变量需要转换成一个个存储单元的地址才能读取相应的存储单元，例如 M[1][2]将转换成相比于起始地址的第 7 号存储单元的地址。其转换关系描述如下：

Mark[I][J]的存储单元地址=Mark 对应的地址+(行的元素个数×I+J)×单个元素占用存储单元的个数

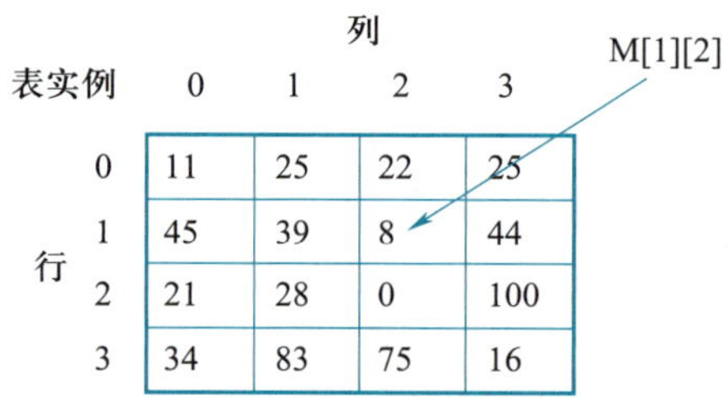

列
表实例
0
1
2
3
M[1][2]
行
0
1
2
3
11 25 22 25
45 39 8 44
21 28 0 100
34 83 75 16

(a) “表”或二维数组的逻辑结构示意

用变量名和元素位置共同表示存储地址，即向量		存储地址	存储内容(即变量值)
M	[0] [0]	00000000 00000001	00000000 00001011
	[0] [1]	00000000 00000010	00000000 00011001
	[0] [2]	00000000 00000011	00000000 00010110
	[0] [3]	00000000 00000100	00000000 00011001
	[1] [0]	00000000 00000101	00000000 00101101
	[1] [1]	00000000 00000110	00000000 00100111
	[1] [2]	00000000 00000111	00000000 00001000
	…	…	…
	[3] [2]	00000000 00001111	00000000 01001111
	[3] [3]	00000000 00010000	00000000 00010000

(b) “表”或二维数组的存储结构示意

图 8.12 二维向量的含义及数据存储(即逻辑结构和存储结构)示意

因此，二维数组的出现使得人们可以对一维排列的存储单元按照表格，即行、列确定元素的方式进行操作而无须关注存储单元地址的计算。高级语言中可用嵌套循环访问一个二维数组，例如遍历整个成绩表可以利用嵌套循环：外层循环遍历所有学生，内层循环遍历某一学生的所有课程，或者相反。如图 8.12(a)所示，假设 M[ ][ ]存储的是 4 个学

生4门课程的成绩,行代表学生的学号,列代表课程的编号,则统计所有学生所有课程的平均成绩的程序如下所示:

```
Sum=0;
for  I =0 to 3 step 1       //I 为计数器,从 0 到 3 计数循环,I 每次增加 1
    for  J =0 to 3 step 1   //J 为计数器,从 0 到 3 计数循环,J 每次增加 1
        Sum = Sum + M[I][J];
    next  J                 //内层循环 1 个学生的 4 门的成绩被累加——M
                              [I][0]至 M[I][3]
next I                      //外层循环 4 个学生的 4 门的成绩被累加——M
                              [0][0]至 M[3][3]
Avg = Sum/16;               //Avg 是 4 个学生 4 门课程的平均成绩
```

算法或程序也可以使用更为复杂、具有更高维度的数组,例如,一个三维数组的结构类似于一个立方体,需要3个索引确定其中的一个元素。

8.4 高级语言程序编写示例

8.4.1 几种计算机语言的程序基本要素书写规范比较

为方便读者学习其他计算机语言,本节用对比的方式列举基本程序要素,展示 Python 语言、C/C++语言和 Visual Basic 语言的书写规范(如表8.1所示),熟悉了这些规范,也就掌握了这些语言的基本内容。

表8.1 几种典型计算机语言的程序要素书写规则示例(基本内容)

基本程序要素(本书)	Python	C/C++	Visual Basic
算术表达式 +、-、*、/、**(幂)、mod(取模)	基本部分:相同 +、-、*、/、**、%(取模)、//(取整)	基本部分:相同 +、-、*、/、%(取模)	基本部分:相同 +、-、*、/、^(幂)、mod(取模)
a + b　a **3　9 mod 4	a + b　a **3　9 % 4	a + b　　9 % 4	a + b　a^3　9 mod 4
比较表达式/关系运算符 ==、<>、>、<、>=、<=	相同 ==、!=(<>)、>、<、>=、<=	基本部分:相同 ==、!=、>、<、>=、<=	相同 ==、<>、>、<、>=、<=

续表

基本程序要素(本书)	Python	C/C++	Visual Basic
a > b a <> b	a > b a != b	a > b a != b	a > b a <> b
逻辑运算符 and、or、not	相同 and、or、not	不同 &&、||、!	相同 and、or、not
(a>b) and (c>d)	(a>b) and (c>d)	(a>b) && (c>d)	(a>b) and (c>d)
赋值语句 数据类型 变量名; 变量 = 表达式;	相同:可直接赋值 变量 = 表达式	相同:变量需事先声明 数据类型 变量名; 变量 = 表达式;	相同:变量需事先声明 Dim 变量名 as 类型 变量 = 表达式
int i, j; i =a + b;	i =a + b	int i; i =a + b;	Dim i as Integer i =a + b

if 条件 then
{执行语句 11;
执行语句 12;
}
else
{ 执行语句 2; }
	if 条件:
	执行语句 11
	执行语句 12
	else:
	执行语句 2
	(注:用等长缩进区分语句块)
		if 条件 then
		{ 执行语句 11;
		执行语句 12;
		}
		else
		{ 执行语句 2; }
			if 条件 then
			执行语句 11
			执行语句 12
			else
			执行语句 2
			end if

if (a>b) then
{ c=a;
a=b; }
else { b=a; a=c; }
	if a>b:
	c=a
	a=b
	else
	b=a
	a=c
		if (a>b) then
		{ c=a;
		a=b; }
		else { b=a; a=c; }
			if (a>b) then
			c=a
			a=b
			else
			b=a a=c
			end if

for 计数器=起始值 to 结束值
{ 循环语句 1;
循环语句 2;
}
	for 计数器 in range(下界值, 上界值):
	循环语句 1
	循环语句 2
	(注:用等长缩进区分语句块)
		for (计数器=初值; 条件; 更新)
		{ 循环语句 1;
		循环语句 2;
		}
			for 计数器 = 起始值 to 结束值
			循环语句 1
			循环语句 2
			next 计数器

for a = 10 to 20 step 1
{ Sum = Sum + a;
}
	for a in range(10, 20):
	Sum = Sum + a
		for(int a = 10; a < 20; a = a + 1)
		{ Sum = Sum + a;
		}
			for a = 10 to 20 step 1
			Sum = Sum + a
			next a

续表

基本程序要素(本书)	Python	C/C++	Visual Basic

while (条件)
{ 循环语句 1;
循环语句 2;
}
	while 条件:
	循环语句 1
	循环语句 2
	(注:用等长缩进区分语句块)
		while (条件)
		{ 循环语句 1;
		循环语句 2;
		}
			do while 条件
			循环语句 1
			循环语句 2
			loop

while (a < 20)
{ Sum = Sum + a;
a= a-1;
}
	while a < 20 :
	Sum = Sum + a
	a= a-1
		while (a < 20)
		{ Sum = Sum + a;
		a= a-1;
		}
			do while (a < 20)
			Sum = Sum + a
			a= a-1
			loop

类型 函数名(para)
{
函数体;
}
变量 = funcname(para)
	def 函数名(para):
	函数体
	return [返回值]
	(注:用等长缩进区分语句块)
	变量 = funcname(para)
		类型 函数名(para)
		{
		函数体;
		}
		变量 = funcname(para)
			function 函数名(para) as 类型
			函数体
			end function
			变量 = funcname(para)

long Fib(int n)
{ Fib = 120;
}
ret = Fib(5);
	def Fib (n):
	Fib = 120
	ret = Fib(5)
		long Fib(int n)
		{ Fib = 120;
		}
		ret = Fib(5);
			function Fib(n as Integer) as long
			Fib = 120
			end function
			ret = Fib(5)

8.4.2 计算机语言编程示例

【示例 8.8】输入两个整数,请计算二者之和。

C 语言程序

```
#include <stdio.h>
int main()
{
    int a, b, c;
    scanf("%d%d", &a,&b);
    c = a + b;
    printf("%d", c);
```

```c

return 0;
}
```

C++语言程序

```cpp
#include <iostream>
using namespace std;

int main()
{
    int a, b, c;
    cin>>a;
    cin>>b;
    c = a + b;
    cout<<c;
    return 0;
}
```

Python3.8 语言程序

```python
a = int(input())
b = int(input())
c = a + b
print(c)
```

【示例 8.9】给定一个整数 n，计算该数的阶乘 $n!$。

C 语言程序

```c
#include <stdio.h>


int factorial(int n)
{
    if(n < 0)
        return -1;
    else if(n == 0)
        return 1;
```

```
  else if(n >= 1)
    return n * factorial(n-1);
  else
    return -1;
}
int main()
{
  int n;
  scanf("%d", &n);
  printf("%d", factorial(n));
  return 0;
}
```

C++语言程序

```
#include <iostream>
using namespace std;
int factorial(int n)
{
  if(n < 0)
    return -1;
  else if(n == 0)
    return 1;
  else if(n >= 1)
    return n * factorial(n-1);
  else
    return -1;
}
```

```
int main()
{
  int n;
    cin>>n;
    cout <<factorial(n);
    return 0;
}
```

Python3.8 语言程序

```
def factorial(n):
  if n < 0:
    return -1
  elif n == 0:
    return 1
  else:
    return n * factorial(n-1)
n = int(input())
print(factorial(n))
```

【示例 8.10】哥德巴赫于 1742 年在给欧拉的信中提出了以下猜想：任一大于 2 的整数均可写成 3 个质数之和。针对该问题，欧拉对哥德巴赫猜想给出了另一种等价陈述：任一大于 2 的偶数均可表示成两个质数之和。现给定一个偶数 N，请判定该偶数是否满足哥德巴赫猜想。

C 语言程序

```
#include<stdio.h>


int isPrime(int i)
{
 if(i == 2)        //最小的素数
  return 1;
 else
 {
  int j = 2;
  //依次进行遍历，看 i 是否能整除 2 到 i/2 的整数
```

```
    for(j = 2; j < i/2; j++)
    {
     if(i % j == 0)
      return 0;
    }
   return 1;
  }
}


int main()
{
  int n;
  scanf("% d", &n);
  if(n % 2 != 0 ||n <= 2)
  {
   printf("% d 不满足基本要求! \n", n);
   return 0;
  }
  int i = 2;
  for(i = 2; i <= n/2; i = i+1)
  {
   if(isPrime(n-i) && isPrime(i))
    {
     printf("% d 满足哥德巴赫猜想! \n", n);
     return 0;
    }
  }
  printf("% d 不满足哥德巴赫猜想! \n", n);
  return 1;
}
```

C++语言程序

```
#include <iostream>
```

```
using namespace std;


int isPrime(int i)
{
  if(i == 2)        //最小的素数
    return 1;
  else
  {
    int j = 2;
    //依次进行遍历,看 i 是否能整除 2 到 i/2 的整数
    for(j = 2; j < i/2; j++)
    {
      if(i % j == 0)
      {
        return 0;
      }
    }
  return 1;
  }
}


int main()
{
 int n;
   cin>>n;
 if(n % 2 != 0 ||n <= 2)
 {
   cout<<n<<"不满足基本要求!"<<endl;
   return 0;
 }
 int i = 2;
 for(i = 2; i <= n/2; i = i+1)
```

```
    {
      if(isPrime(n-i) && isPrime(i))
      {
        cout<<n<<"满足哥德巴赫猜想!"<<endl;
        return 0;
      }
    }
    cout<<n<<"不满足哥德巴赫猜想!"<<endl;
  return 1;
  }
```

Python3.8 语言程序

```
def isPrime(i):
  if i == 2:
    return 1
  else:
    for j in range(2, i//2+1):
      if i % j == 0:
        return 0
    return 1


def main():
  n = int(input())
  if n % 2 != 0 or n <= 2:
    print(n, "不满足要求!")
    return 1
  for i in range(2, n//2+1):
    if isPrime(n-i) and isPrime(i):
      print(n, "满足哥德巴赫猜想!")
      return 0
  print(n, "不满足哥德巴赫猜想!")
  return 1

```

```python

if __name__ == '__main__':
    main()
```

【示例 8.11】斐波那契(Fibonacci)数列定义为:第 0、1 个数均为 1,从第 2 个数开始,该数是其前面两个数之和。于是便能得到如下数列:1,1,2,3,5,8,13,… 要求编写一个程序,给定一个数字 n,求斐波那契数列第 n 个数字的值。

C 语言程序

```c
#include <stdio.h>
int fibonacci(int n)
{
  if(n == 0)
    return 0;
  else if(n == 1)
    return 1;
  else if(n >= 2)
    return fibonacci(n-2) + fibonacci(n-1);
  else
    return -1;
}
int main()
{
  int n;
  scanf("%d", &n);
  printf("%d", fibonacci(n));
  return 0;
}
```

C++语言程序

```cpp
#include <iostream>
```

```
using namespace std;
int fibonacci(int n)
{
  if(n == 0)
    return 0;
  else if(n == 1)
    return 1;
  else if(n >= 2)
    return fibonacci(n-2) + fibonacci(n-1);
  else
    return -1;
}
int main()
{
  int n;
  cin>>n;
  cout << fibonacci(n);
  return 0;
}
```

Python3.8 语言程序

```
def fibonacci(n):
  if 0 < n < 2:
    return 1
  elif n == 0:
    return 0
  elif n >= 2:
    return fibonacci(n-2) + fibonacci(n-1)
```

```
n = int(input())
print(fibonacci(n))
```

本章小结

本章介绍了机器语言、汇编语言、高级语言。非机器语言的源程序需要通过编译程序或汇编程序转换成机器语言程序，才能被计算机执行。不同语言在表达能力、编程效率、程序执行效率及可移植性等方面是不同的，高级语言相比于汇编语言，编程效率明显提高，程序执行效率却有所降低，原因在于高级语言程序是机器无关的程序，无法很好地利用不同机器的特色结构。

一般的计算机语言（程序）的基本构成要素包括常量与变量，算术表达式、比较表达式和逻辑表达式，赋值语句、分支语句和循环语句以及函数。

程序设计过程通常包括编写源程序、编译、链接、发布运行 4 个阶段。

视频学习资源目录 8

1. 视频 8-1　程序编写与计算机语言
2. 视频 8-2　高级语言程序构成要素
3. 视频 8-3　语言与编译器
4. 视频 8-4　计算机的抽象层级
5. 视频 8-5　协议与编解码器

本章视频学习资源

思考题 8

1. 为什么需要计算机语言？为何提出如此众多的计算机语言？为什么不用自然语

言编写程序？为什么说汇编语言程序比高级语言程序执行效率高，而高级语言又比汇编语言编程效率高？所谓的高级语言和低级语言是按什么区分的？

2. 学习高级语言，一是要熟悉高级语言包含哪些基本要素，二是要熟悉这些要素的编写规则或语法，不同高级语言的基本要素是相同的，但其语法却差异巨大。高级语言程序的典型要素有哪些？对于循环结构和分支结构，C 语言、Visual Basic 语言、Python 语言在编写方面有什么差异？尝试编写并进行比较。

3. 表达式的书写和识别对于程序设计和程序阅读十分重要。对于一个表达式，需要能够通过给定一些值来计算表达式的结果，以判断表达式书写是否正确。已知 X = 21，Y = 15，Z = 22，请计算并给出下列表达式的值：

（1）((X>Y) or (Y>Z)) and ((X<Y) or (Y<Z))

（2）((X>Y) and (Y>Z)) or ((X<Y) and (Y<Z))

（3）((X>Y) and (Y>Z)) or ((X<Z) and (Y<Z))

4. 下列表达式的值是算术量还是逻辑量？

（1）A1 + (B2 - x1 + 76) * 3

（2）N4 < (A1 + B2 + 20)

（3）(x1 >= A1) and (B2 <> y2)

5. 阅读程序的能力是十分重要的一种能力，可以模拟计算机逐条语句地执行程序，只要能够区分程序的基本构成要素，按照程序指示的次序执行程序就是一件容易的事。已知 X = 15，Y = 20 和一段程序，请模拟一次计算机执行，并求执行完毕此段程序后 X 的值。

```
X = Y + X
if X > 10 then X = 5
if X < 10 then
    X=10
else
    X=20
end if
```

6. 下列两种结构均表达循环结构，请理解二者的区别。请模拟执行一次，并求程序执行完毕后的 K 值。

（1）程序段 1：

```
K=0
I=1
do while I<=10
    K = K + I * 2
```

```
    I = I+3
loop
```

（2）程序段2：

```
K = 0
for I =1 to 10 step 3
    K = K+I * 2
next I
```

7. 目前存在哪些计算机语言？尝试通过网络学习一种具体的语言，进而将教材中的程序转变为用该语言编写的可执行程序。

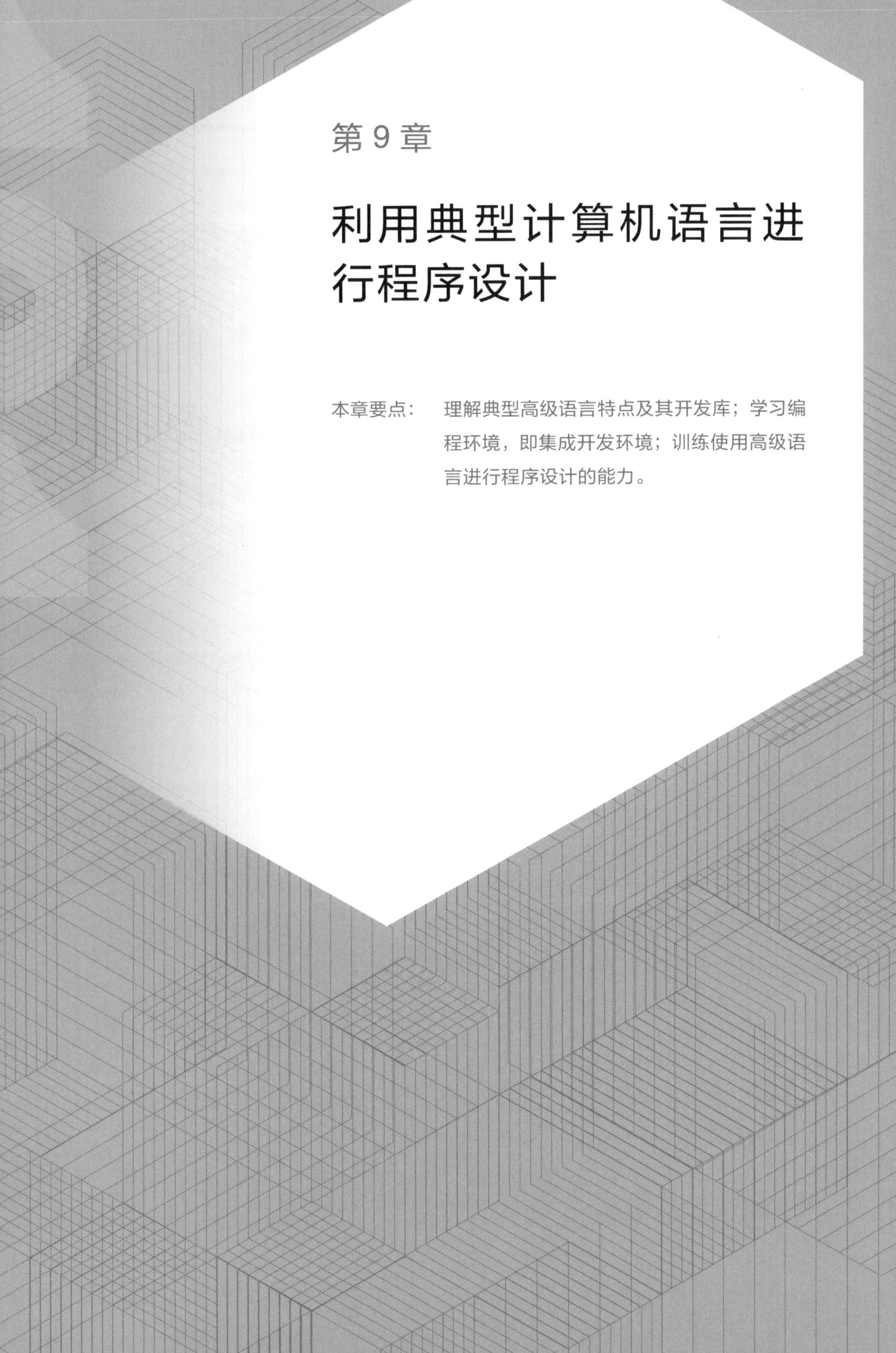

第 9 章

利用典型计算机语言进行程序设计

本章要点：　理解典型高级语言特点及其开发库；学习编程环境，即集成开发环境；训练使用高级语言进行程序设计的能力。

本章导图：

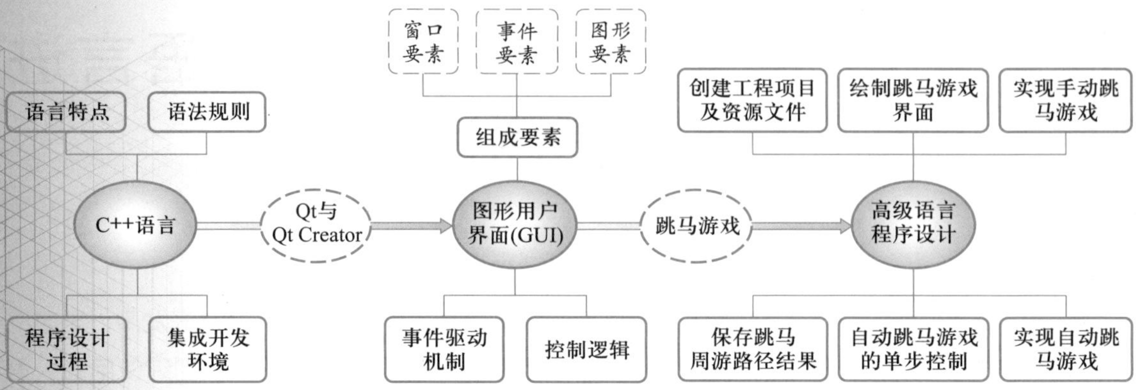

窗口要素
事件要素
图形要素
创建工程项目及资源文件
绘制跳马游戏界面
实现手动跳马游戏
语言特点
语法规则
组成要素
C++语言
Qt与Qt Creator
图形用户界面(GUI)
跳马游戏
高级语言程序设计
程序设计过程
集成开发环境
事件驱动机制
控制逻辑
保存跳马周游路径结果
自动跳马游戏的单步控制
实现自动跳马游戏

9.1 典型编程语言及环境

9.1.1 一种支持 C++的编程环境简介

C++语言及其特点 C++语言是一种面向对象的高级计算机编程语言，与 C 语言一样属于编译型语言，由丹麦科学家 Bjarne Stroustrup 于 20 世纪 80 年代发明。C++语言最初被称为“new C”，后来被命名为“C with Classes”，最终才被命名为“C++”，从它的命名发展过程可以看出，C++语言是在 C 语言基础上发展起来的，同时又带有与类(class)相关的特性。

C++语言兼容绝大多数 C 语言的语法，可以使用 C 语言通用的函数库。C++语言的标准程序库包含大量与流输入/输出、字符串处理、数据结构定义、常见算法实现、数值操作相关的类库与函数，可以帮助 C++使用者更好地编写程序。此外，C++语言也包含一些常见的图形库，例如，本书将要介绍的 C++开发库 Qt 中即包含 C++图形库，可用于图形化界面开发。

熟悉 C++程序编写的基本语法规则 C++语言的语法与 C 语言在一定程度上相似，但也有许多区别。在编写 C++语言程序时，需要了解以下基本语法规则。

(1) C++以“// ”注释单行语句，即一行中“// ”后面的内容为注释。以一组“/ * … * /”括起一个段落，使该段落成为注释段。

(2) C++语言是大小写相关的，即“Program”“program”“proGram”表示的是不同的标识符。

(3) C++一定要使用“;”结束一条语句。C++可以在一行内书写多条语句，以“;”分隔各条语句。

(4) C++程序中的变量一定要事先定义其类型。当程序自上而下运行到某一行时，一定要保证用到的变量在该行之前已经定义。

(5) C++语言中使用 class 定义类，C++中类的概念可以类比于 C 语言中的结构体 struct，但有着比结构体更强大的功能。C++是一门面向对象编程的语言，而类的概念正是面向对象编程的核心。类是对象的抽象，对象是类的具体实例。与 C 语言中的结构体 struct 不同，类中既包含数据(属性)，也包括函数(方法)，分别称为数据成员和成员函数。C++通过“对象名.属性名(或函数名)”的方式访问对象内部的属性或调用内部的函数(方法)。

(6) C++语言中使用 & 符号声明引用变量。引用变量是某个已存在变量的别名，一旦定义了某个变量的引用变量，则该引用变量即等同于该变量。C 语言中没有引用变量。& 符号也为取址符，将 & 符号放在某一变量前，表示该变量的地址。C++语言中使用 * 符号声明指针变量，指针变量用于保存变量的地址。

(7) C++语言中可以使用预编译指令"#define"或 const 关键字定义符号常量。

(8) C++语言中增加了 bool 数据类型，取值为 true(逻辑真)或 false(逻辑假)。

(9) C++语言中使用大括号"{}"表示语句块，一对大括号内的语句属于同一语句块。定义函数时，需要使用一对大括号标明函数的开始与结束；在选择结构和循环结构中若包含多条语句，也需要用大括号将这些语句括起，作为一个语句块。

(10) C++语言中使用"::"表示作用域，前面是类的名称，后面是类中的函数(方法)，其作用是在类的外部引用或定义类中的函数(方法)。

(11) 当遇到问题时，要善于借助互联网和书本解决问题。尤其是 C++标准模板库(standard template library，STL)中提供了大量通用模板和函数，可以查看官方文档了解具体的实现原理和使用方法。

程序设计过程 对于 C++等编译型高级语言所编写的程序，程序设计过程可以分为 4 个阶段，分别是编写源程序、编译、链接和发布运行阶段。编写源程序阶段使用编辑器编写对应语言的源程序，源程序应当符合相应编程语言的语法要求；编译阶段使用编译器将源程序转化为目标代码，使机器能够识别；链接阶段使用链接器将多个目标代码与相关函数库进行链接，生成可执行程序；发布运行阶段安装可执行程序及其相关资源文件到指定计算机上，使其不再依赖编程环境，可以独立运行。

集成开发环境 集成开发环境(integrated development environment，IDE)又被称为程序开发环境，是集成了源程序编辑、编译、链接、运行等主要功能，以及代码调试、代码分析、项目管理等一系列辅助功能的应用软件套件。现代 IDE 通常带有图形化界面，有些还具有团队协作、根据注释进行代码补全的功能，可以大大提高开发人员的工作效率。

一般而言，集成开发环境通常包含编辑器、调试器、编译器、链接器、函数库以及工程管理器等基本组成部分。编辑器(editor)用于编辑源程序，提供代码语法检查、代码自动生成等功能；调试器(debugger)用于模拟程序的执行步骤，以分步或分段的方式执行程序，查看程序运行过程中某些变量的值，并根据这些值判断程序的正确性；编译器(compiler)用于将源程序翻译为目标机器能够识别的程序，通常为二进制代码的目标程序；链接器(linker)用于连接目标程序和函数库中的函数，也可用于连接多个目标程序和相关文件，最终生成一个可执行文件；函数库(library)是一套事先编译的二进制代码库，封装了大量可重复使用的功能函数或面向对象类，方便程序员进行编程；工程管理器(project manager)用于对项目包含的所有文件进行有效组织和管理，这些文件既有源程序文件，也有程序所需要的声音、图像、动画等资源文件，此外还包括有关程序编辑、编译、链接等的配置文件。

Qt 与 Qt Creator 集成开发环境 Qt 是一个跨平台的 C++开发库，主要用于开发图形用户界面（graphical user interface，GUI）程序，也可以开发命令行用户界面（command line user interface，CUI）程序。Qt 除了可以绘制漂亮的界面（包括控件、布局、交互），还包含多线程、访问数据库、图像处理、音/视频处理、网络通信、文件操作等功能。Qt 是一个面向对象的编程框架，具有良好的可拓展性，它向开发人员提供了一致的接口，允许组件编程，使用起来十分方便。

Qt Creator 是基于 Qt 框架的一款轻量级集成开发环境，包含项目生成、代码编辑、文件和类浏览、程序调试、软件构建等功能，可以在 Windows、macOS、Linux 等系统下编辑并运行 Qt 程序。它可以满足 Qt 开发人员的绝大多数需求，提供了方便的代码编辑器，实现了从源代码创建到代码编译运行等一系列功能的集成。此外，Qt Creator 拥有代码补全、代码调试、代码版本管理、项目模板生成、UI 设计等辅助程序员开发的功能，是基于 Qt 开发框架的主流集成开发环境之一。

综上可见，C++是一门面向对象的编程语言；Qt 是一个基于 C++的开发库，具有良好的跨平台性，主要用于开发图形化用户界面程序；Qt Creator 是基于 Qt 框架的一款主流集成开发环境，为 Qt 开发人员提供了一系列便捷的功能，可以提高 Qt 开发人员的工作效率。

9.1.2　熟悉编程环境

Qt Creator 的安装与测试 Qt Creator 支持在多种操作系统中运行，读者可以访问 Qt 官网下载对应操作系统的安装包，这里以 Windows 10 为例进行介绍。Qt 官网界面如图 9.1 所示，点击左下角“Download Qt”下载 Qt Creator 的安装包，本书安装时选择的 Qt 版本为 6.2.4。

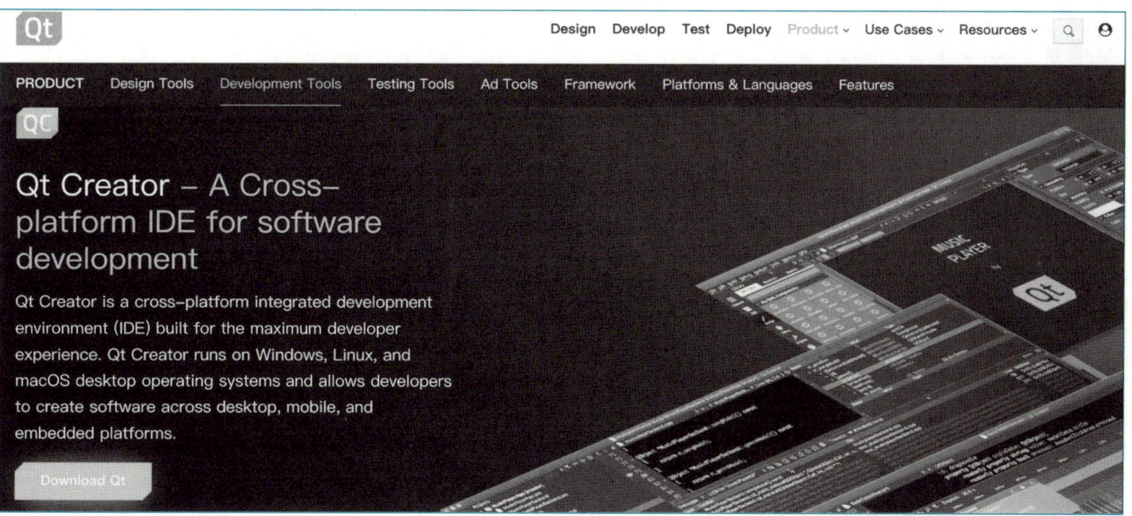

图 9.1　Qt 官网界面

下载完成后，根据提示进行 Qt 账号注册，并打开安装包，根据安装包的提示进行安装。如果是第一次使用 Qt，在选择组件环节时建议除了勾选默认的组件，也应当勾选图 9.2 中 Qt 开发框架的相关组件。

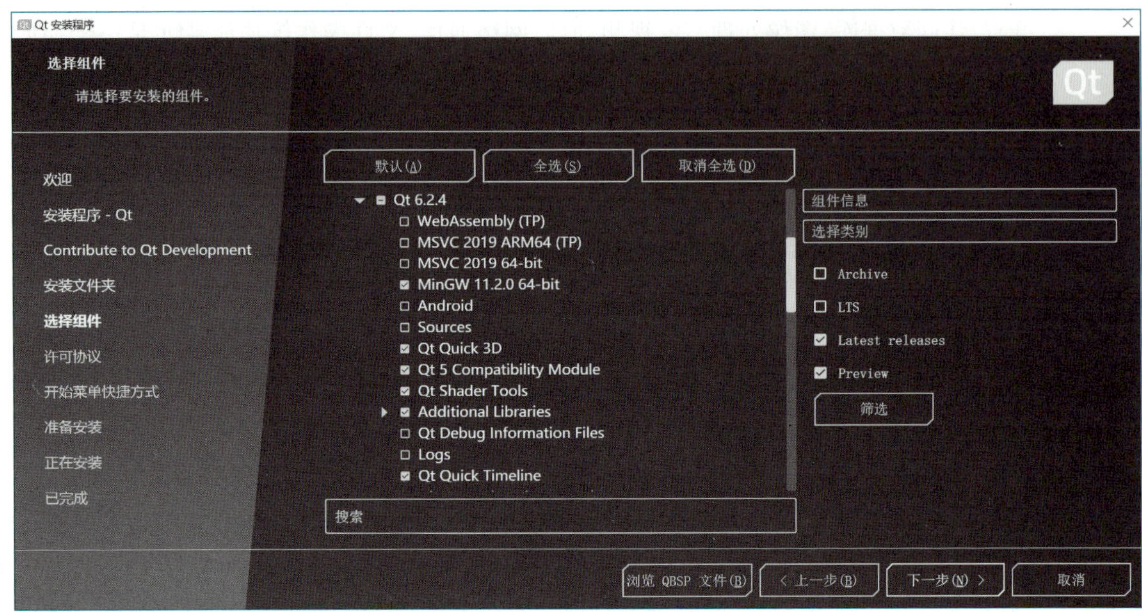

图 9.2　Qt Creator 安装程序

等待安装完成后即可打开 Qt Creator。可以按下述方法检查 Qt Creator 是否安装成功并正常运行。

首先如图 9.3 所示，点击首页左上角的“Create Project”按钮，选择“Qt Widgets Application”创建一个新的 Qt 项目。

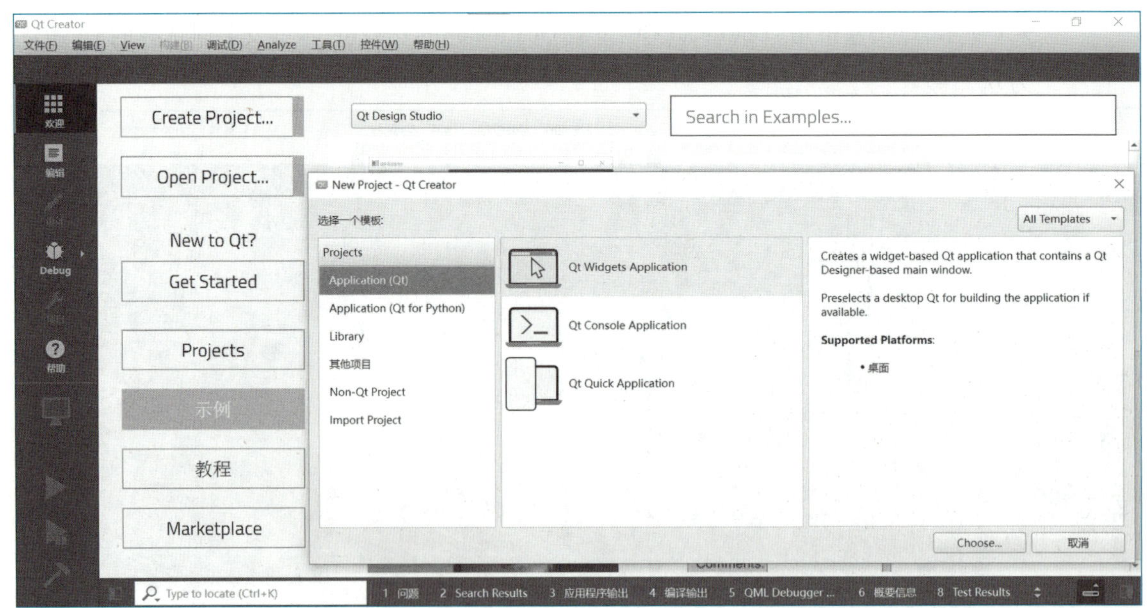

图 9.3　新建空白 Qt 项目

然后如图 9.4 所示，按照 Qt Creator 的提示完成一个空白 Qt 项目的创建。创建过程中有一个环节需要选择 Build System，推荐选择 qmake 选项。

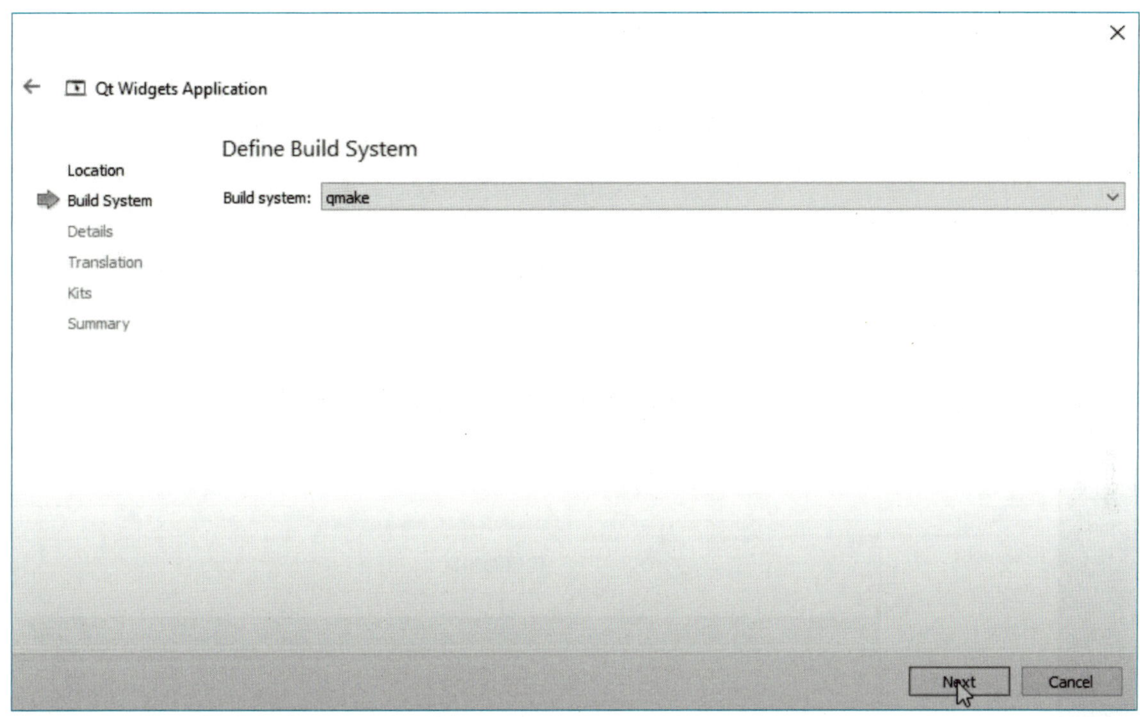

图 9.4　选择 Build System

最后如图 9.5 所示，创建完成后点击左下角的运行按钮，运行 Qt 项目，等待项目编译、运行。如果运行完成后出现一个图 9.5 中的空白图形化窗口，则代表 Qt Creator 安装成功。

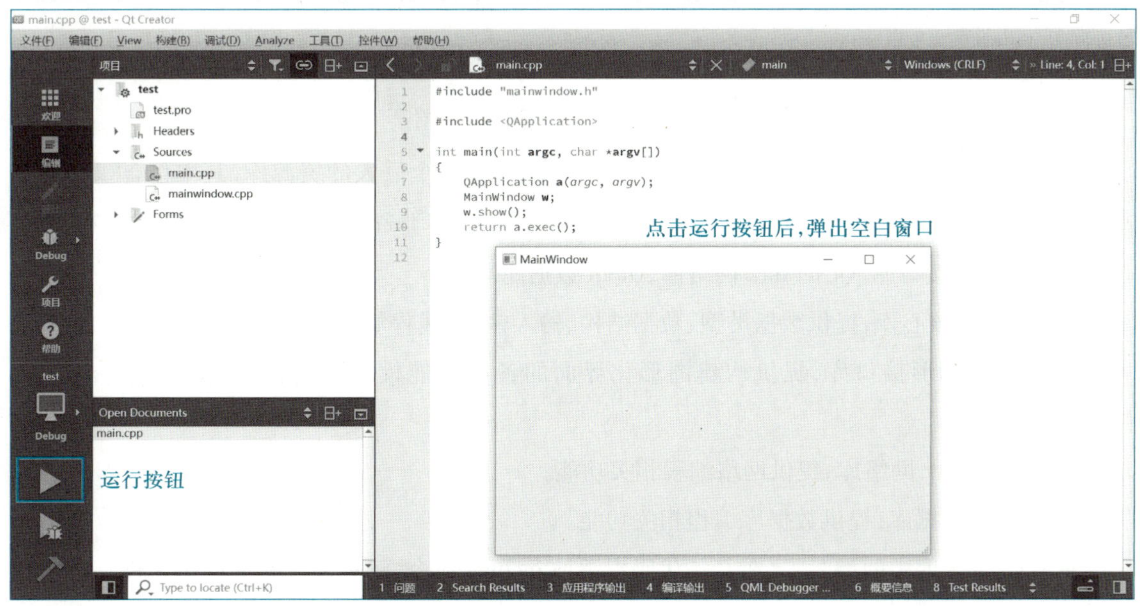

图 9.5　运行空白 Qt 项目

Qt Creator 的重要窗口 完成前述过程后，即可使用 Qt Creator 集成开发环境进行图形化开发工作。图 9.6 进一步介绍 Qt Creator 的重要窗口，帮助读者熟悉 Qt Creator 开发环境。(1) 左侧展示整个项目的所有文件，称为工程文件管理区，可以在该区域内查看整个项目的组成结构，也可以新建或删除已有的文件或文件夹；(2) 中部上方是代码编辑区，展示工程文件管理区内选择的文件，可以在代码编辑区直接对所选文件进行更改；(3) 右侧为变量值查看区，展示在代码调试过程中各个变量的名称、值与类型；(4) 中间是代码调试区，根据程序中断点所在的位置展示断点处程序运行的情况，可以在代码调试区进行单步和多步调试；(5) 下方是程序运行区，在程序运行过程中展示程序输出结果信息，或者提示程序在运行过程中出现的错误。

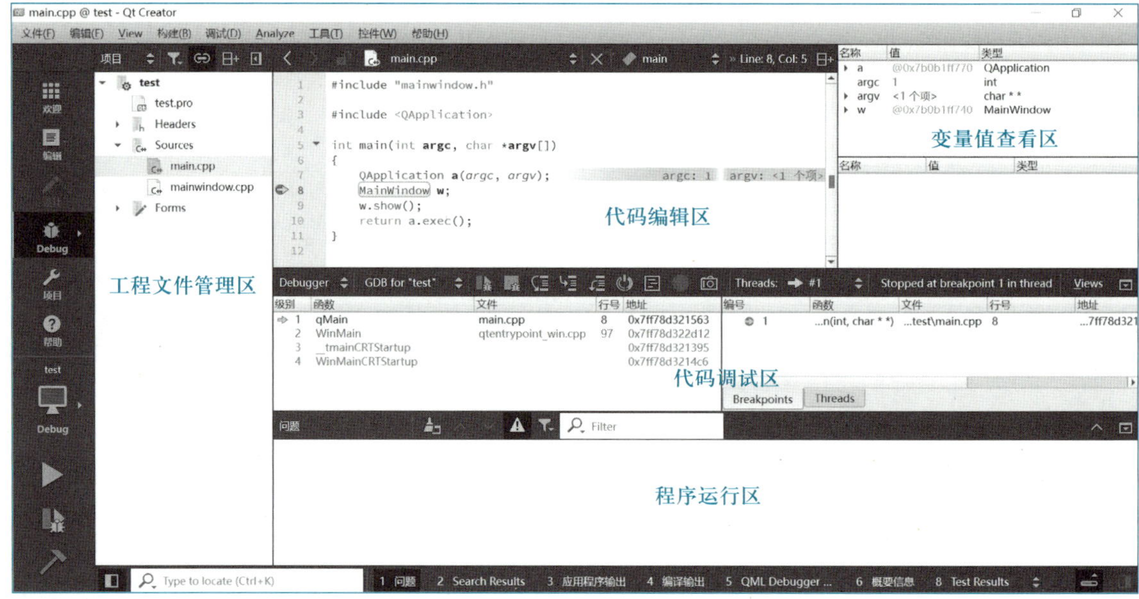

图 9.6　Qt Creator 的重要窗口

更多关于 Qt Creator 的使用细节，可查看官方文档中的介绍。

Qt 提供的资源库 Qt 将特定功能的类进行封装，形成一个巨大的资源库，其中包含 250 个以上的 C++类资源。根据功能与使用场景的不同，这些类资源主要包括 QtCore 核心库、QtGui 图形接口库、QtNetwork 网络库、QtSql 数据库。

(1) QtCore 核心库，提供数据类型、数据结构、输入输出、线程等基本核心功能；

(2) QtGui 图形接口库，提供构建图形化界面的各项功能模块，包括各类窗体、控件等；

(3) QtNetwork 网络库，提供网络编程相关功能；

(4) QtSql 数据库，提供数据库编程相关功能。

使用 Qt 资源库中的类时，要在 C++代码中添加 include 命令，将资源库对应的头文件包含在代码文件中。用法如下：

```
#include <QWidget> //包含窗口部件相关类
#include <QLabel>  //包含标签相关类
```

在代码中，可以声明相关类（QWidget、QLabel）的对象，通过对象调用其内部的函数即可实现绘制窗口或标签的功能。本书将在 9.4 节中具体介绍如何使用 Qt 图形接口库编写一个“跳马游戏”GUI 程序。

9.2 图形用户界面（GUI）基本原理

9.2.1 C++的类和对象

类和对象是 C++语言的重要特性。可以将类理解为一种特殊的自定义的数据类型，将对象理解为由这种数据类型定义的变量。类可看作对象的模板，一个类可以创建不同的对象，如同一个数据类型可以定义不同的变量。

C++使用关键字 class 定义类，定义类时需要给出类名，并在一对大括号“{}”内给出类的数据成员与成员函数，使用关键字 public/private/protected 规定类成员的访问属性。

使用类可以创建对象，如同使用数据类型创建变量一般。创建对象的方式也与定义基本数据类型的变量相似，即“类名 对象名”。对象被创建后，可以用“对象名”后加成员运算符“·”的方式来访问对象内部的数据成员和成员函数，与访问结构体变量中成员的方式类似。

构造函数、析构函数是对象内部两个特殊的成员函数。构造函数的函数名与类名相同，在创建对象时被自动调用，主要用于为对象内部的数据成员赋初值。C++中默认的构造函数是一个空函数。当用户定义构造函数后，会用其取代默认的构造函数。析构函数的函数名为类名前加“~”，在删除对象时被自动调用，用于执行一些清理工作，例如释放资源、关闭文件等。C++中默认的析构函数是一个空函数，只有当用户定义析构函数后，才能用自定义的析构函数取代默认的析构函数。

9.2.2 GUI 的组成要素

图形用户界面（GUI）是指用图形方式显示用户界面。GUI 采用图形化方式与用户进行交互，简化了计算机的操作，降低了学习成本。

在不同的操作系统和编程语言中，GUI 的实现方式不同，但通常包含 3 个基本组成要素，即窗口（windows）、事件（event）、图形（graphic），如图 9.7 所示。

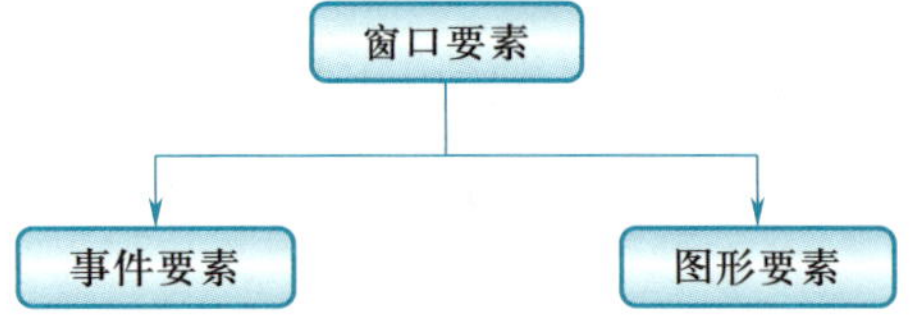

图 9.7　图形用户界面的基本组成要素

窗口要素 窗口要素包含窗口、控件和窗口管理器等，如图 9.8 所示。窗口是 GUI 中最重要的部分，它是屏幕上与一个应用程序对应的矩形区域，按照不同功能可分为标准窗口、对话框、消息框等，窗口中通常包含各种控件。控件又称组件或部件，位于窗口内部，是指用户看到的所有可视化界面以及界面中的各个元素，例如按钮、菜单、输入框等。窗口管理器是控制窗口位置与外观并对窗口进行管理的软件，主要负责窗口的创建、绘制、隐藏、销毁，窗口内控件（菜单、标签、列表框等）的绘制和实现，窗口间关系的管理（例如活动窗口输入焦点的切换）。

高级语言（C++、Java、Python 等）的 GUI 库中，每个窗口和控件均由特定的类表示，每个控件类均包含一些常用的属性和方法。在实际开发中，通过调用 GUI 提供的类及其相关函数即可绘制出窗口、标签、按钮等图形界面元素。

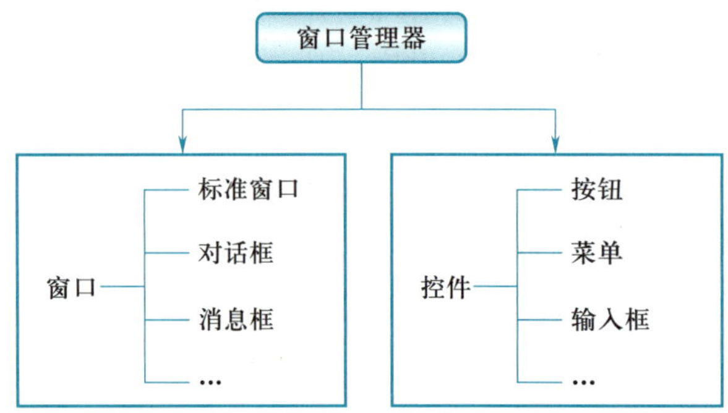

图 9.8　窗口要素

事件要素 在 GUI 中，用户对系统的操控通过事件实现。当用户与 GUI 组件交互时，GUI 组件能够激发一个相应的事件，例如按动按钮、滚动文本、移动鼠标、按下按键等。GUI 常见的事件包括鼠标事件、键盘事件、绘制事件、窗口改变事件、滚动事件、控件显示事件、控件隐藏事件、时钟事件等。通过事件处理机制，能够监听事件，识别事件源，收集各类消息（事件），并分发消息给相应的对象来处理事件。图 9.9 为事件的处理流程。事件来源于系统消息与用户消息，系统消息由操作系统的系统消息收集器收集，包括鼠标、键盘、时钟等外部操作产生的事件；用户消息来源于应用程序。消息系统接收到系统消息和用户消息后，一方面发送给指定的窗口和控件，实现界面的展示和重新绘制；另一方面发送给应用程序处理该消息的函数，实现相应的事件处理。

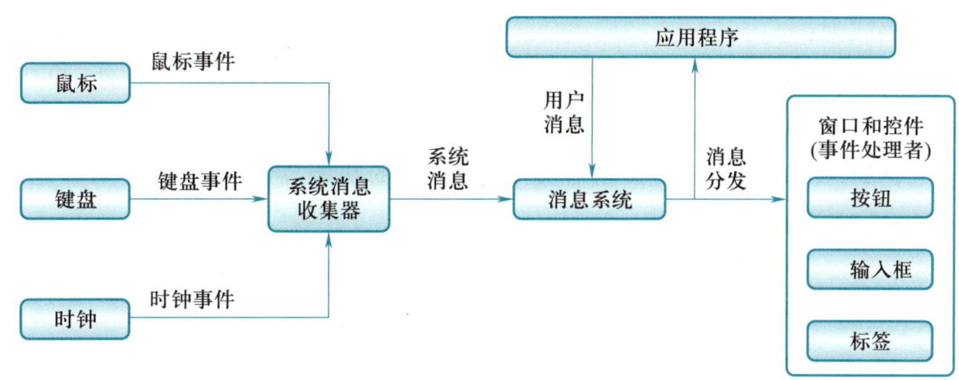

图 9.9 事件的处理流程

图形要素 GUI 的窗口和控件在创建或响应事件时需要绘制或重新绘制图像。图形要素主要包含图形设备接口(graphics device interface,GDI),负责处理所有窗口和控件的图形输出。GDI 使程序员无须关心硬件设备,即可将应用程序的输出转化为硬件设备上的输出。

GDI 本质上是应用程序与输出设备(例如显示器、打印机等)之间的中介。一方面,GDI 向应用程序提供一个与设备无关的编程环境,通过一些抽象逻辑实体,例如画笔、画刷、调色板、字体等,帮助应用程序绘制窗口和控件;另一方面,GDI 将应用程序的绘制数据和绘制动作转换为硬件设备相关的调用,通过设备完成图形和图像的输出。

在 GUI 程序开发过程中,开发者无须关注图形绘制的细节,窗口和控件在屏幕上的绘制通常由操作系统和 GUI 库实现。

9.2.3 GUI 的事件驱动机制

事件发生及消息绑定 GUI 的运行机制是事件驱动的。GUI 对象的布局和状态可以通过外部的消息(事件),例如点击、触摸、网络响应等触发。将消息(事件)和控件内部的处理函数进行绑定(注册),当事件发生时能够分发消息给对应的控件,并执行控件内部绑定的函数。GUI 中所有控件都具有接收消息的能力,一个控件可以接收多个不同的消息。对于接收到的每个消息(事件),控件均会执行相应的响应动作,即执行该消息对应的被绑定的函数。例如,按钮所在的窗口接收到“按钮被点击”的信号后,会调用已绑定的处理“按钮点击”的函数。

Qt 开发框架采用信号槽机制实现事件驱动,其中“信号”(signal)代表消息(事件),“槽”(slot)代表处理事件的函数,即“槽函数”。例如,按钮控件 QPushButton 的常见信号是按钮被鼠标单击时发射的 clicked()信号。槽函数具备 C++函数的功能,允许包含参数。此外,槽函数可以与一个或多个信号绑定,绑定后每当这些信号被发射,即执行其绑定的槽函数。“信号”与“槽”之间的绑定用 QObject::connect()函数实现,其

调用格式为:

connect(发出 signal 的控件, SIGNAL(信号函数()), 槽函数所在控件, SLOT(槽函数()));

例如,要想实现“点击按钮后关闭主窗口”的功能,需要用以下代码绑定“信号”clicked()和“槽函数”close():

```
connect(button, SIGNAL(clicked(bool)), widget, SLOT(close
()));
```

绑定后,当用户点击按钮 button,便会触发信号 clicked();然后,主窗口 widget 便会调用槽函数 close()关闭自己。

事件循环 GUI 的运行是“事件循环”的,本质上是一个不断接收事件、分发事件、处理事件的过程。当用户点击鼠标、敲击键盘、窗口需要重新绘制以及计时器触发时,都会发出一个相应的事件,此时与该事件绑定的 GUI 组件会进行处理。事件循环机制可通过以下伪代码描述:

```
quit = False
while(not quit)
{
    从事件队列中取出一个事件 event
    switch (event.type)
    /* 判断当前事件类型,进行消息分发和处理。假定鼠标事件、键盘事件、定
    时器事件已分别和控件 1、2、3 中的处理函数进行了绑定。*/
    {
     case 鼠标事件(MouseEvent):分发给控件 1 处理(调用控件 1 关联的处
     理函数)
     case 键盘事件(KeyEvent):分发给控件 2 处理(调用控件 2 关联的处理
     函数)
     case 定时器事件(TimerEvent):分发给控件 3 处理(调用控件 3 关联的
     处理函数)
         …
         case 程序退出事件(QuitEvent):quit = True
     }
}
```

9.2.4　GUI 的控制逻辑

GUI 的控制逻辑主要包括两部分，分别管理用户输入和处理屏幕输出。管理用户输入部分处理用户输入的各种事件（消息），并将其分发给窗口和应用程序；处理屏幕输出部分绘制或重新绘制各种图形图像。如图 9.10 所示，GUI 控制逻辑可概括为两个数据流处理过程，分别为用户输入数据流和屏幕输出数据流。

用户输入数据流 用户输入的数据流是指由外部设备（鼠标、键盘、触摸屏等）产生信号，这些信号由事件管理器转换为抽象事件（鼠标事件、键盘事件、触摸屏事件等），通过消息收集器进入消息系统，等待分发给对应的窗口、控件以及应用程序进行处理。

屏幕输出数据流 屏幕输出的数据流是窗口、控件等图形图像绘制信息流。当窗口管理器接收到相应的事件消息时，会将其转发给对应的窗口和控件，由其执行相应的绘制或重新绘制响应动作。这些绘制动作和绘制数据通过图形子系统转换为硬件设备相关的格式和调用，由具体设备完成图形图像的输出。

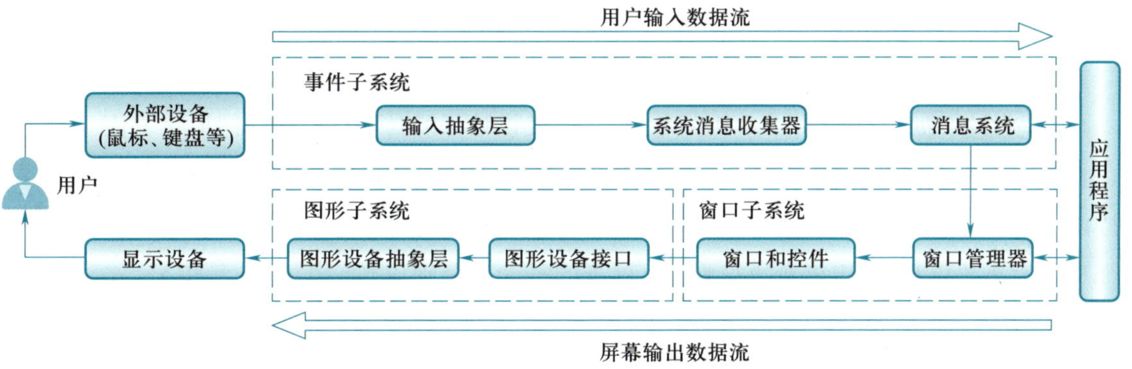

图 9.10　GUI 控制逻辑的数据流处理

9.3　编制可视化跳马游戏程序

本节介绍如何用 Qt 图形化开发库编写一个可视化的跳马游戏程序。游戏规则：有一块 $m \times m$ 格的棋盘，一匹马放置于初始坐标为 $<x_0, y_0>$ 的格子中，并按照象棋中“马走日字”的跳动规则移动。游戏目标：是否可以找到马走遍整个棋盘的方案，即经过 $m \times (m-1)$ 次移动的巡游，使得棋盘上每一个格子恰好被访问一次。若该问题有解，则输出一条可行的路径。

按照以上规则和目标，可以将游戏分为3个进阶任务，逐级编程加以实现。

任务1：实现手动跳马程序。程序图形化显示 $m\times m$ 格的棋盘和跳马的位置，用户可点击棋盘上的棋格来决定跳马的下一步动作。为方便用户选择，跳马的所有下一步可走位置均高亮显示。通过用户的不断点击尝试，最终确定是否存在一条可行的跳马巡游路径。该任务的难点在于如何构建图形化的棋盘、跳马的下一步可选位置，以及跳马动画的界面显示。

任务2：在任务1的基础上实现自动跳马程序。程序根据棋盘的大小和跳马的初始位置，自动搜索一条巡游路径，并以动画形式展示跳马沿该条路径的行走过程，同时将路径保存到文件中。该任务的难点在于如何实现搜索跳马巡游路径的算法。

任务3：在任务2的基础上实现交互式单步控制跳马程序。程序首先自动搜索一条巡游路径，然后以动画形式"单步控制"跳马的行走过程，即用户每点击一次"下一步"按钮，跳马会沿搜索的路径跳动一步，直至走完整个棋盘。该任务的难点除了任务2中所描述的搜索跳马巡游路径的算法外，还需考虑如何实现用户单步控制的交互式操作。

9.3.1 跳马游戏的图形化界面和数据结构

跳马游戏图形化界面 根据以上问题描述，此处设计了跳马游戏程序的图形化界面功能。该程序一方面支持用户手动自主游戏；另一方面可协助用户自动化完成游戏，并支持自动化游戏过程中的单步控制。图9.11展示了跳马游戏的图形化界面，该界面包含一个8×8大小的棋盘（假定棋盘边长为8），棋盘的行和列分别以数字1～8进行编号，在

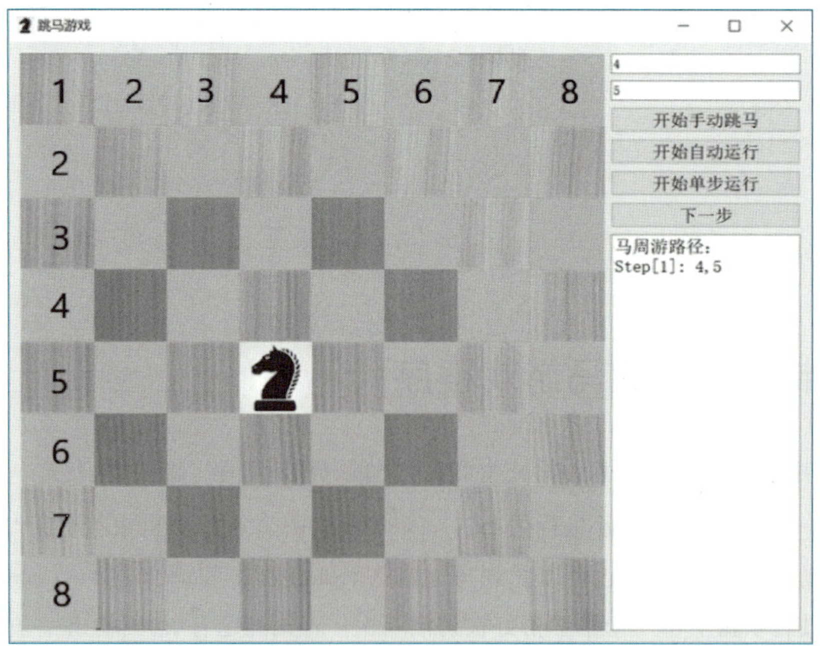

图9.11 跳马游戏图形化界面

棋盘上有一可供操控的马，以高亮显示的方式提示马下一步可走的格子。界面右侧的控件从上至下分别为供用户输入马的初始位置列数与行数的输入框、从马的初始位置开始手动进行跳马游戏的按钮“开始手动跳马”、从马的初始位置寻找周游路径并以动画形式自动展示的按钮“开始自动运行”、以单步形式展示跳马周游路径的按钮“开始单步运行”，以及开始单步运行后可交互式展示马下一步位置的按钮“下一步”。此外，界面右下方为展示跳马周游路径的显示框，会将跳马每一步的位置信息予以输出。

棋盘数据结构 $m \times m$ 格子的棋盘逻辑上是一个矩阵结构，包含行和列两个维度，可使用一个二维数组表示棋盘，数组的每个元素可存储棋盘中每个格子的属性。由于格子的属性众多，包含形状、大小、样式、状态、行走轨迹等，因此可以考虑建立多个不同类型的二维数组分别进行存储。

跳马动作表示 按照以上所设计的棋盘数据结构，为了表示跳马的动作轨迹，需要在棋盘数据结构上建立位置标记。如图 9.12 所示，以棋盘的左上角为坐标原点建立平面坐标系，其 x 轴水平向右表示棋盘列坐标，y 轴垂直向下表示棋盘行坐标。假设某一步跳马所在的位置为 (x, y)，遵循象棋中“马走日字”的规则，则跳马下一步的位置可能有 8 个方向的选择，8 个方向可用其位置相对于当前位置 (x, y) 的横、纵坐标增量进行表示，即：

```
(-1, -2)          //(x-1, y-2)，中左上
(-2, -1)          //(x-2, y-1)，左上
(-2, 1)           //(x-2, y+1)，左下
(-1, 2)           //(x-1, y+2)，中左下
(1, 2)            //(x+1, y+2)，中右下
(2, 1)            //(x+2, y+1)，右下
(2, -1)           //(x+2, y-1)，右上
(1, -2)           //(x+1, y-2)，中右上
```

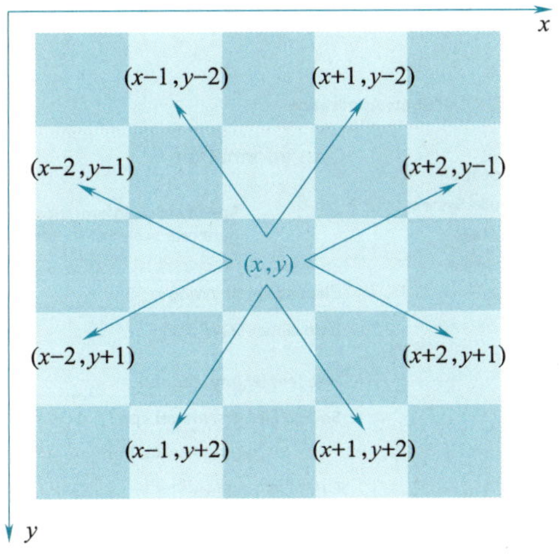

图 9.12 跳马的下一步动作选择

因此，跳马下一步位置为(x, y)加上以上 8 个增量之一。需要注意的是，跳马下一步位置是否存在，还需要判断下一步位置的坐标是否仍然处于棋盘范围之内，且跳马之前未曾经过该位置。

下面详细描述如何使用 Qt 及其开发工具逐步完成跳马游戏的图形化程序开发。

9.3.2　创建工程项目及资源文件

以 8×8 大小的棋盘为例设计带有 GUI 的跳马游戏程序，该程序使用了 Qt 的图形库函数。

创建 Qt 项目　在 9.1.2 节简单介绍了如何在 Qt Creator 中创建一个图形化界面程序项目“Qt Widgets Application”。基于此，这里新建一个同类型项目 HorseJump。如图 9.13 所示，将该项目的主窗口类名设置为 myWidget，其基类设置为 QWidget，并取消勾选“创建界面”选项。QWidget 是 Qt 中的 GUI 窗口类，是所有用户界面对象的基类，是 GUI 的基本骨架，它负责接收来自计算机系统的鼠标、键盘等事件，并将各种 GUI 控件显示在屏幕上。点击“下一步”完成创建，创建成功后，Qt 将自动在 HorseJump 项目文件夹下创建项目文件 HorseJump. pro、头文件 mywidget. h、源文件 mywidget. cpp 和 main. cpp 4 个文件，如图 9.14 所示。这些文件中已自动生成运行该项目的基本框架代码，需要补充完成特定功能的其他代码。其中，后缀为“. pro”的文件是 Qt 的项目文件，记录了该项目的各种配置信息，一般情况下无须修改此文件。mywidget. h 中声明了该项目的窗口类 myWidget，它是 QWidget 的子类。mywidget. cpp 中实现了窗口类 myWidget 的构造函数 myWidget::myWidget()。按照 Qt 的编程习惯，要想在窗口上添加一个控件，首先应当在 mywidget. h 的 myWidget 类中声明一个该控件的指针，之后在 mywidget. cpp 的窗口类构造函数中使用 new 语句创建并显示该控件。main. cpp 中定义了程序的入口函数 main()，一般情况下无须修改此文件。

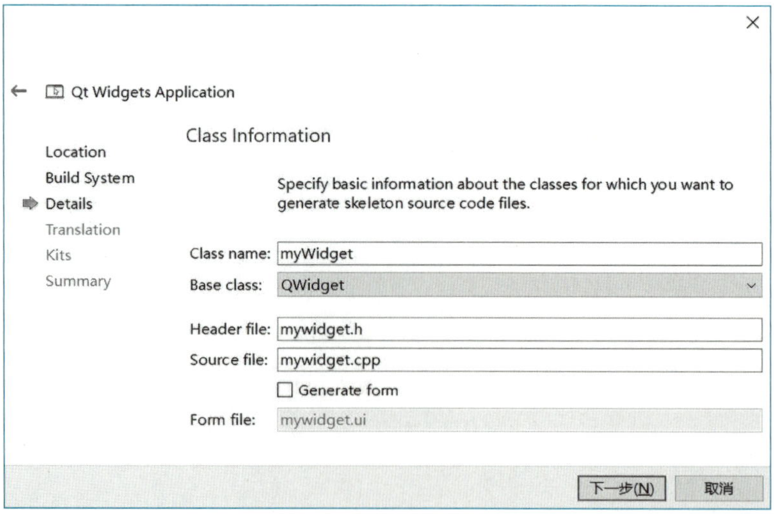

图 9.13　创建 Qt 项目

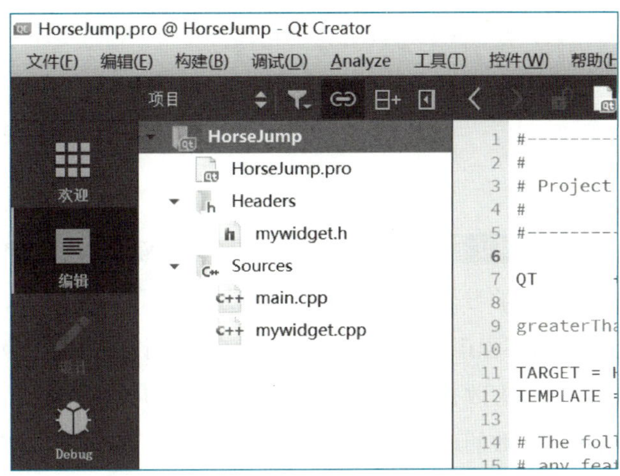

图 9.14 Qt 项目文件目录

下面展示新建 HorseJump 项目后自动生成的 mywidget. h 与 mywidget. cpp 文件代码。在 Qt 项目中,Qt 类的对象会自动组织在其内部创建的子对象的对象树。也就是说,当在 myWidget 类中使用 new 语句新建子对象时,新对象就会添加到 myWidget 的子孙对象列表中。当删除父对象 myWidget 时,会自动将子对象一并析构。因此在本程序中可以不实现 myWidget 的析构函数。当然严格来讲,手动实现析构函数并释放申请的内存,能够使代码更加严谨规范。

```
//以下代码位于头文件 mywidget.h 中
#include <QWidget>  //QWidget 所在的库
class myWidget : public QWidget
{
    Q_OBJECT          //声明了 Qt 元素的类都要添加这段语句
public:
    //声明窗口类的构造函数,QWidget *parent 指向窗口的父类
    myWidget(QWidget *parent = nullptr);
                      //nullptr 是 Qt 中空指针的写法
    ~myWidget();      //声明窗口类的析构函数
};
//以下代码位于文件 mywidget.cpp 中
//类 myWidget 的构造函数
myWidget::myWidget(QWidget *parent)
    : QWidget(parent)
{
}
```

```
//类 myWidget 的析构函数
myWidget::~myWidget()
{
}
```

创建 Qt 资源文件 本程序图形化界面中的棋盘和跳马等元素通过贴图的方式建立，因此首先学习如何在 Qt 窗口中显示图片。一般来讲，如果在程序中使用了文本、图片等文件，当将程序发布给他人使用时会遇到许多麻烦。例如，图片文件损坏或丢失可能导致图片加载失败；如果使用绝对路径加载图片，则在他人计算机中可能出现绝对路径不一致而加载失败的现象。Qt 的资源文件能够很好地解决以上问题。Qt 可以将各种格式的图片文件统一保存在资源文件中，并随程序发布，原图片则无须随程序打包。下面介绍如何在 Qt 项目中创建并使用资源文件。

（1）如图 9.15 所示，鼠标右击项目文件夹，选择“添加新文件”；单击选择 Qt Resource File，将文件名输入为 resource 后单击确定。

图 9.15　在 Qt 中添加资源文件（1）

（2）按照图 9.16 中的操作，编辑 resource.qrc，添加前缀。前缀为保存图片文件的路径，这里将前缀设置为“/”，表示根目录。

（3）如图 9.17 所示，单击“添加文件”，找到需要的图片文件并添加，这里要添加的是棋盘和马两张图片。之后即可在 resource.qrc 目录下查看刚刚添加的图片。

在 Qt 中加载并显示图片 QPixmap 是 Qt 中用于存储位图的一个类。在 Qt 中显示图片，首先要将图片文件加载到一个 QPixmap 类的对象上，然后将 QPixmap 对象放在一个可显示的 GUI 控件中（例如标签类 QLabel），最后随控件一起展示给用户。Qt 中图片加载路径的写法为“冒号+前缀+/+图片文件名”。QLabel 是 Qt 中的标签类，可以用于显示文本或图片。在跳马程序中，通过贴图的方式实现绘制棋盘以及马经过的格子。此外，为了方

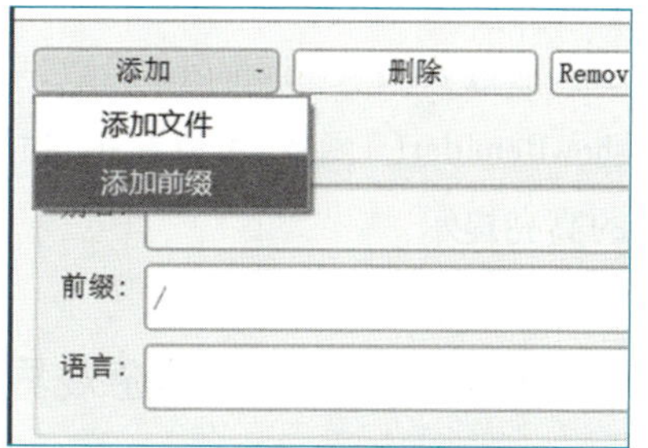

图 9.16 在 Qt 中添加资源文件(2)

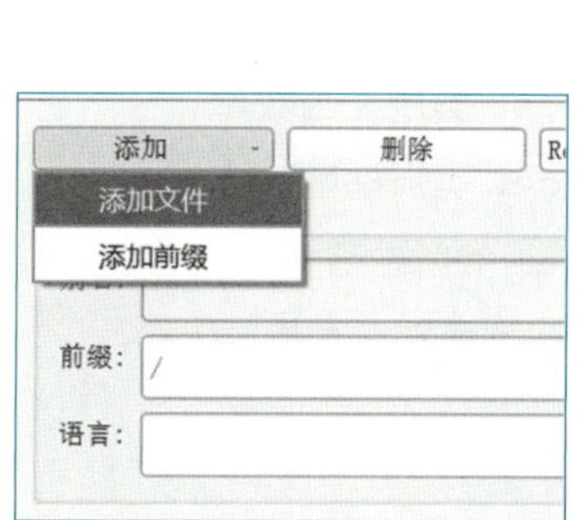

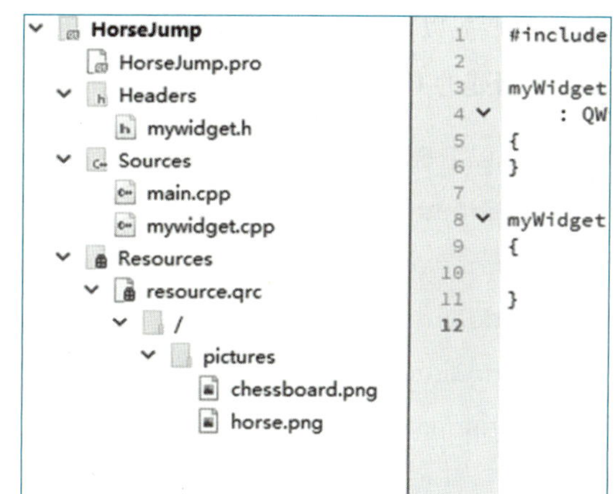

图 9.17 在 Qt 中添加资源文件(3)

便用户游戏,可以提示用户下一步马可以走哪些格子,方法是高亮显示相应的格子。

如果想在 Qt 窗口上创建并显示一些新的控件,通常要进行如下操作。首先,在头文件.h 的窗口类中声明控件的指针;然后,在源文件.cpp 的窗口类构造函数中,使用 new 语句为控件分配空间并初始化控件。具体而言,在 9.3.3 节的程序 1 中,在头文件 mywidget.h 的窗口类 myWidget 中声明指向 QPixmap 类的指针 boardPixmap 和 horsePixmap,QPixmap 类用于保存棋盘和马的图片;声明指向 QLabel 类的指针 boardLabel,QLabel 类用于存储代表棋盘的标签;声明 8×8 的二维指针数组 cellLabel,存储对应棋格上的马标签以及高亮提示的标签。与 cellLabel 对应,定义一个 8×8 的二维数组 flags,用于记录各个棋格的当前状态,即表示对应位置的 cellLabel 存储了何种类型的贴图,其中存储马贴图的格子赋值为 2,存储下一步提示的格子赋值为 1,其他空白格子赋值为 0。最后定义数组 nextJumps 以表示马下一跳的 8 个可选方向。

此外在 myWidget 类中,声明并实现了在指定位置绘制马图片的函数 paseHorse( )、绘制高亮提示的函数 showRemider( ),以及清除当前高亮提示的函数 clearReminder( )。另外,为了实现重复游戏的功能,声明并实现了清空当前棋盘的函数 clearCellsAndFlags()。在 Qt 中,如果释放一个控件指针对应的内存空间,则该控件将立即从界面上消失。使用这一特性,可以方便地清空棋盘上的原有贴图。在 myWidget 的构造函数中,创建了两个 QPixmap 类的对象分别代表棋盘和马,并使用 boardPixmap、horsePixmap 两个指针进行指示。通过调用 setPixmap()函数,可以将图片贴到棋盘控件上。通过调用 paseHorse()和 showRemider()函数,可以在棋盘指定的格子处放置马,并在马周围显示下一步可走位置的高亮提示。

9.3.3 绘制跳马游戏界面

程序 1:绘制棋盘、马以及下一步提示 本程序演示了如何以贴图方式绘制棋盘、在棋格上绘制马、以高亮显示的方式提示下一步可走的格子,以及清空棋盘上的马与高亮提示。在新建的 HorseJump 项目中添加以下代码并运行,结果如图 9.18 所示。

```
//以下程序位于头文件 mywidget.h 中
#include <QVector>          //QVector 类所在函数库
#include <QWidget>          //QWidget 类所在函数库
#include <QLabel>           //QLabel 类所在函数库
#include<QIcon>             //QIcon 类所在函数库
class myWidget : public QWidget
{
    Q_OBJECT
public:
    myWidget(QWidget *parent = nullptr);
    ~myWidget();
    //棋盘背景与马贴图的指针
    QLabel * boardLabel;
    QPixmap * boardPixmap;
    QPixmap * horsePixmap;
    //该数组定义马下一跳的可选方向
    QVector<QVector<int>> nextJumps = {{-2,-1},{-2,1},{-1,
-2},{-1,2},{2,-1},{2,1},{1,-2},{1,2}};
    //该数组记录各个棋格的状态:马经过的格子=2,下一步可选的格子=1,不
    可选格子=0
    QVector<QVector<int>> flags;
```

```
//8×8 的 QLabel 指针数组,用于贴图显示马经过的格子,以及下一步可选
的格子
QVector<QVector<QLabel * >> cellLabel;
//将马贴图放在棋盘中下标为[X][Y]的棋格
void paseHorse(int X,int Y)
{
    delete cellLabel[X][Y]; //首先清空对应棋格
    cellLabel[X][Y] = new QLabel(boardLabel);
                                  //在棋格上新建 QLabel 控件
    //在 QLabel 控件上设置马贴图并展示。scaled()函数用于设置图片
    大小
    cellLabel[X][Y]->setPixmap(horsePixmap->scaled(100,
    100));
    cellLabel[X][Y]->resize(100,100);
                                  //resize()函数用于设置控件大小
    cellLabel[X][Y]->move(100 * X,100 * Y);
                              //move()函数用于将控件移动到指定位置
    cellLabel[X][Y]->show(); //调用 show()函数在屏幕上显示控件
}
//在下标为[X][Y]的棋格周围高亮展示马下一步可跳位置,并统计可跳位
置数目
int showRemider(int X,int Y)
{
    int nextJumpsNum = 0;
                          //记录下一步可选位置数目,为 0 则游戏失败
    for(int i = 0;i<nextJumps.size();i++){
                                        //记录并显示下一步可选的格子
        int nextX = X + nextJumps[i][0];
        int nextY = Y + nextJumps[i][1];
        if(nextX>=0 && nextX<=7 && nextY>=0 && nextY<=7
        && flags[nextX][nextY]==0) {
            flags[nextX][nextY] = 1;     //设置为下一步可选
            nextJumpsNum++;
            //高亮显示下一步可选位置
```

```
                cellLabel[nextX][nextY] = new QLabel(boardLabel);
            //在对应格子上叠加深色透明方块,达到高亮效果
            cellLabel[nextX][nextY]->
            setStyleSheet("background-color: rgba(255, 0, 0, 90);");
            //设置高亮格子的位置以及大小,与对应棋格贴合

cellLabel[nextX][nextY]->setGeometry(nextX * 100,nextY * 100,
100,100);
            cellLabel[nextX][nextY]->show();
                                            //在 GUI 上显示此高亮方块
        }
    }
    return nextJumpsNum;
}
//一局游戏开始之前调用此函数,释放 cellLabel 指针与对应的内存空间,清理
flags
void clearCellsAndFlags()
{
    for(int i = 0;i<8;i++){
        for(int j = 0;j<8;j++){
            flags[i][j]=0;
            if(cellLabel[i][j]!=nullptr){
                                    //nullptr 是 Qt 中空指针的写法
                //释放内存的同时,对应控件会自动消失
                delete cellLabel[i][j];
                cellLabel[i][j] = nullptr;
            }
        }
    }
}
    //清理当前棋盘上的下一步高亮提示
    void clearReminder()
    {
        for(int i = 0;i<8;i++){
```

```
                for(int j = 0;j<8;j++){
                    if(flags[i][j] == 1) {
                        flags[i][j] = 0;
                        delete cellLabel[i][j];
                        cellLabel[i][j] = nullptr;
                    }
                }
            }
        }
    };
//以下函数为类 myWidget 的构造函数,位于文件 mywidget.cpp 中
#include "mywidget.h"
myWidget::myWidget(QWidget *parent)
    : QWidget(parent)
{
    //加载棋盘与马图片到内存
    boardPixmap = new QPixmap(":/chessboard");
    horsePixmap = new QPixmap(":/horse");
    boardLabel = new QLabel(this);
    //将 boardLabel 控件"放在"this 指针表示的窗口类 myWidget 上
    boardLabel->setPixmap(boardPixmap->scaled(800,800));
                                    //scaled()函数用于设置图片大小
    boardLabel->resize(800,800);    //设置棋盘控件像素大小为 800×800
    boardLabel->show();             //在 GUI 上显示控件
    //创建程序图标与标题
    //QIcon()函数可以用于创建图标对象,setWindowIcon()函数用于设置
    程序图标
    setWindowIcon(QIcon(":/horse")); //可以用该写法直接设置程序图标
    //setWindowTitle()函数用于设置程序标题
    setWindowTitle("跳马游戏");
    //初始化 8×8 棋格
    flags.resize(8);
    cellLabel.resize(8);
    for(int i = 0;i<8;i++){
```

```
        flags[i].resize(8);
        cellLabel[i].resize(8);
    }
    paseHorse(2,3);   //在马的初始位置第 3 列、第 4 行(棋盘数组下标为
                          [2][3])展示马的图片
    flags[2][3] = 2;  //在初始位置进行标记,表示马已经过此位置
    showRemider(2,3); //在马初始位置的格子周围展示下一步可走位置,以
                          深色格子表示
}
```

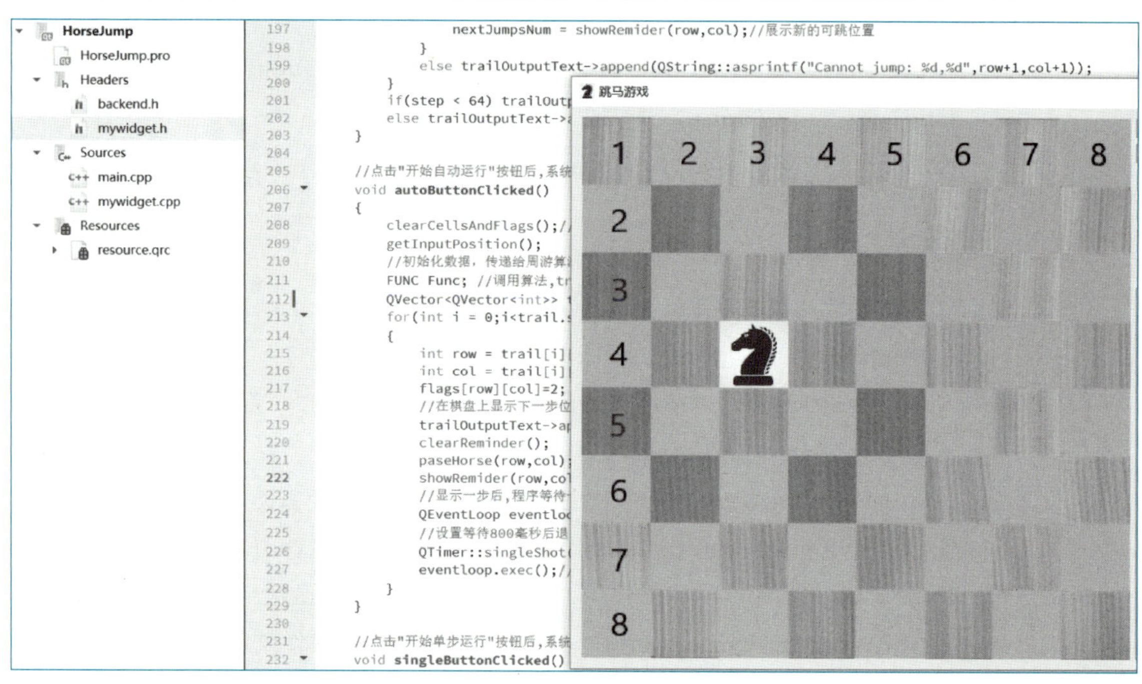

图 9.18　在界面上展示棋盘与马的贴图

程序 2:创建并绘制各类控件 在 Qt 中,按钮控件的类是 QPushButton,文本输入框与文本输出框控件的类分别为 QLineEdit、QTextEdit。本程序中,用户可以在 XLineEdit、YLineEdit 两个输入框内输入马初始位置的列数与行数。之后,用户点击“开始手动跳马”按钮 manualButton,即可从刚输入的初始位置开始手动进行跳马游戏。如果用户点击“开始自动运行”按钮 autoButton,系统会自动寻找周游路径,并以动画的形式展示路径。如果用户点击“开始单步运行”按钮 singleButton,系统便会进入单步展示周游路径的模式,即用户每点击一次“下一步”按钮 nextButton,系统即执行马的下一步动作。程序 2 展示了如何声明和初始化上述 Qt 控件并在界面中显示。在后续小节中将详细介绍如何实现各个控件对应的功能。需要注意的是,为了防止控件上的中文显示乱码,可以在 Qt Creator 的“工具→选项→文本编辑器→行为”中设置编码格式,默认编码设置为“UTF-8”,UTF-8

BOM 设置为“总是删除”。

将以下代码添加并合并到程序 1 后形成程序 2。合并时，将新增代码与头文件 mywidget. h 以及源文件 mywidget. cpp 中对应类或函数的旧代码合并。

```
//以下程序位于头文件 mywidget.h 中
…//在程序 1 的基础上合并如下代码
#include <QPushButton>              //QPushButton 类所在函数库
#include <QTextEdit>                //QTextEdit 类所在函数库
#include <QLineEdit>                //QLineEdit 类所在函数库
#include <QLayout>          //QVBoxLayout、QHBoxLayout 类所在函数库
class myWidget : public QWidget
{
    Q_OBJECT
public:
    myWidget(QWidget *parent = nullptr);
    ~myWidget();
…//在程序 1 的基础上合并如下代码
    //声明按钮的指针
    QPushButton * manualButton;     //手动跳马按钮
    QPushButton * autoButton;       //自动跳马按钮
    QPushButton * singleButton;     //单步跳马按钮
    QPushButton * nextButton;       //单步跳马下一步按钮
    //声明起始位置输入框的指针
    QLineEdit * XLineEdit;
    QLineEdit * YLineEdit;
    //声明输出框的指针
    QTextEdit * trailOutputText;
};
//以下程序位于源文件 mywidget. cpp 中
    #include "mywidget. h"
    myWidget::myWidget(QWidget *parent)
        : QWidget(parent)
    {
        …//在程序 1 的基础上合并如下代码
        QFont myFont1("宋体",12,1,false);                //设置控件字体
```

```
    //在对应指针上创建各类控件
    //为按钮分配内存,并初始化按钮
    manualButton = new QPushButton("开始手动跳马");
    manualButton->setFont(myFont1);
                                //setFont()函数用于设置控件上的字体
    autoButton = new QPushButton("开始自动运行");
    autoButton->setFont(myFont1);
    singleButton = new QPushButton("开始单步运行");
    singleButton->setFont(myFont1);
    nextButton = new QPushButton("下一步");
    nextButton->setFont(myFont1);
    //为输入框分配内存并设置提示文字
    XLineEdit = new QLineEdit("");
    XLineEdit->setPlaceholderText("输入起始位置列数 x:");
                                    //设置输入框提示
    YLineEdit = new QLineEdit("");
    YLineEdit->setPlaceholderText("输入起始位置行数 y:");
    //为输出框分配内存,设置输出框的初始文字
    trailOutputText = new QTextEdit("马周游路径:");
    trailOutputText->setFont(myFont1);
    //设置处于 GUI 右侧的布局,布局内垂直排列各种控件
QVBoxLayout * rightLayout = new QVBoxLayout;
//先添加进垂直布局的对象会显示在 GUI 上方,输入框会显示在上方
rightLayout->addWidget(XLineEdit);
rightLayout->addWidget(YLineEdit);
rightLayout->addWidget(manualButton);
rightLayout->addWidget(autoButton);
rightLayout->addWidget(singleButton);
rightLayout->addWidget(nextButton);
rightLayout->addWidget(trailOutputText);
//设置处于 GUI 左侧的布局,布局内包含棋盘
QVBoxLayout * leftLayout = new QVBoxLayout;
leftLayout->addWidget(boardLabel);
//将 GUI 两侧的布局以水平组合的方式组成完整布局
```

```
    QHBoxLayout * mainLayout = new QHBoxLayout;
    //先添加进水平布局的对象 leftLayout 会显示在 GUI 左侧,棋盘会显示
    在左侧
    mainLayout->addLayout(leftLayout);
    mainLayout->addLayout(rightLayout);
    setLayout(mainLayout);
}
```

Qt 的控件布局机制 细心的读者可能已经发现,上述代码并没有定义每个控件在图形界面上的坐标位置。Qt 是如何确定各个控件位置的呢? 下面介绍 Qt 的布局机制。Qt 布局包含水平布局 QHBoxLayout 和垂直布局 QVBoxLayout 两种类型。水平布局中,各个控件会水平分布;垂直布局中,各个控件会垂直分布。编程者只需通过 addWidget()函数依次将各控件添加到一个布局内,Qt 即可自动确定各个控件在该布局内的具体位置,无须编程者手动声明控件的具体坐标,这种机制十分适用于界面布局会动态变化的场景。当然,在 Qt 中也可以手动为各类控件设置大小和坐标位置,方法与程序 1 中贴图函数 paseHorse()的实现过程类似,感兴趣的读者可以自行尝试。在程序 2 灰色背景的代码中,将 2 个输入框、4 个按钮以及 1 个输出框依次添加到一个垂直布局 rightLayout 内,令其朝竖直方向依次排列。值得注意的是,布局与布局之间可以嵌套,也就是说可将多个布局添加进一个新的布局内,设计出更复杂、更美观的界面。这里将棋盘控件 boardLabel 添加到一个垂直布局 leftLayout 内,并依次将 leftLayout、rightLayout 布局添加到另一个顶层的水平布局 mainLayout 内,这样即可将棋盘放在界面左侧,并使各类控件在界面右侧垂直排列。leftLayout、rightLayout 和 mainLayout 的嵌套关系如图 9.19(a)所示。最后用 setLayout()函数显示 mainLayout 布局内的所有控件。程序 2 的运行结果如图 9.19(b)所示。

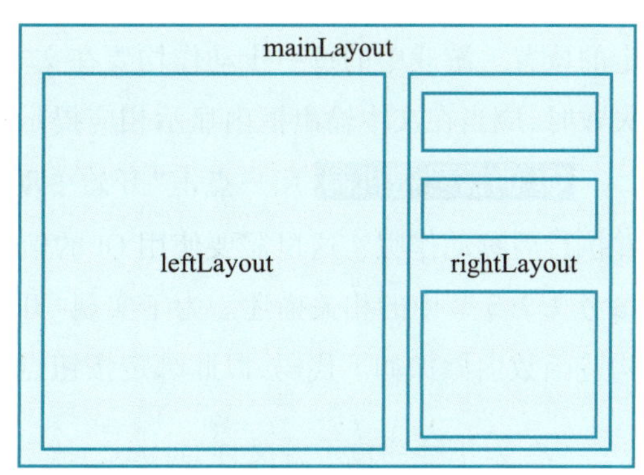

(a) Qt界面布局设计

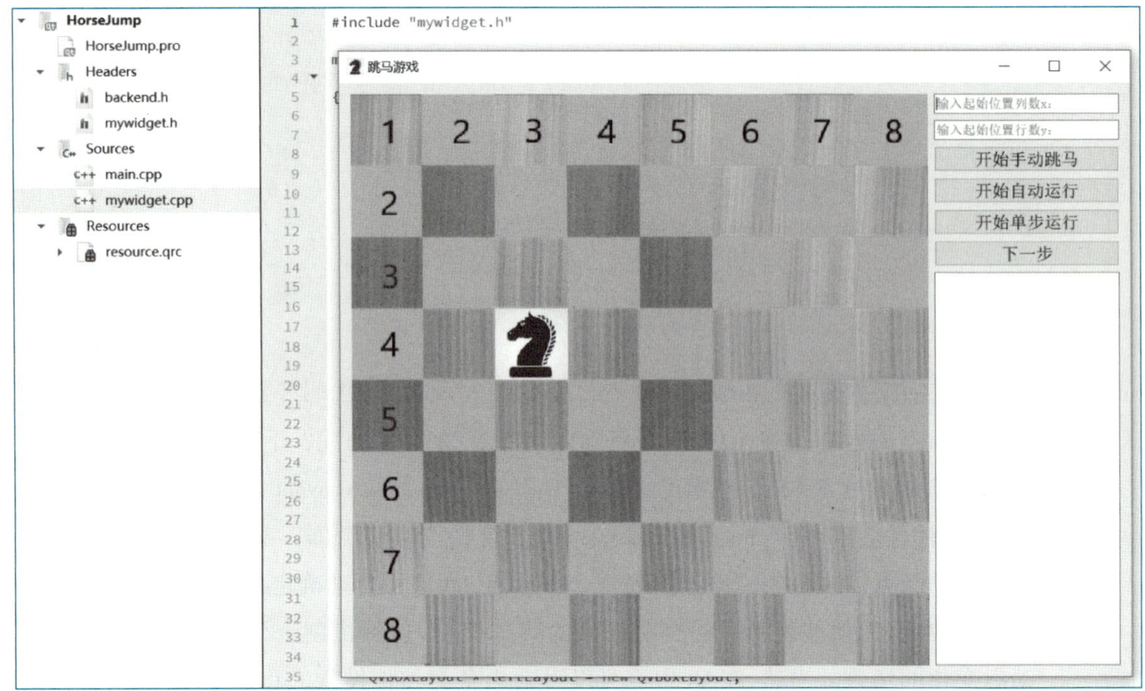

(b) 跳马游戏界面布局

图9.19　跳马游戏的界面布局

9.3.4　实现手动跳马程序

在上一小节绘制了跳马游戏的GUI界面，接下来将实现游戏的第一个功能，即点击“开始手动跳马”按钮后进行手动游戏。系统首先要从输入框读取用户输入的初始坐标，在相应位置放置“马”，并在棋盘上显示下一步可走的格子（按“马走日”规则）。之后，每当用户使用鼠标单击棋盘上可走的格子时，则在该格子处放置马，同时重新显示下一步可走的位置。游戏中的每一步动作均要在文本输出框内显示。用户成功完成周游或者游戏失败时，应当在文本输出框内显示相应提示信息。

Qt的信号槽机制　用户点击“开始手动跳马”按钮后，Qt如何接收按钮被点击的信号并执行后续动作呢？这里需要使用Qt的信号槽机制，Qt信号槽机制（SIGNAL / SLOT）可参考9.2.3节中的相关描述。为了实现“开始手动跳马”按钮功能，需要在myWidget类的构造函数内添加如下代码，以此绑定按钮点击信号与处理该信号的槽函数：

```
//以下程序位于源文件mywidget.cpp中
myWidget::myWidget(QWidget *parent)
: QWidget(parent)
{
```

```
    …//在程序 2 的基础上合并如下代码,可实现"开始手动跳马"按钮功能的
    绑定
    connect(manualButton,SIGNAL(clicked(bool)),this,SLOT(man-
    ualButtonClicked()));
}
```

其中,manualButton 是发出信号的按钮控件,clicked(bool)是 manualButton 的被点击信号,manualButtonClicked()是负责处理用户输入、进入游戏循环并动画演示游戏过程的槽函数,指针 this 表示槽函数在类 myWidget 中定义。在之后的程序 3 中详细展示了槽函数 manualButtonClicked()的定义以及实现代码。

游戏开始后,槽函数 manualButtonClicked()首先从两个文本输入框读取用户输入的马的起始位置,该功能通过调用函数 getInputPosition()实现,其将起始位置记录到 myWidget 类的成员变量 inputX、inputY 中;之后槽函数调用程序 1 中的 paseHorse()和 showRemider(),分别在起始位置放置马以及对下一步可走位置进行高亮显示;最后,槽函数进入跳马游戏循环,等待用户点击下一步要走的棋格。

Qt 鼠标点击事件 在手动游戏过程中,系统是如何检测到用户鼠标点击了棋盘格子,并得到点击位置的呢? 在 Qt 中,每当系统检测到鼠标点击、移动等动作后,都会自动调用一个 Qt 的鼠标点击事件函数 mousePressEvent(),该函数可以被重写,用于接受并处理鼠标操作信号。程序 3 中重写了 mousePressEvent(),允许系统获取鼠标点击的坐标。Qt 中获取鼠标点击位置的函数是 event->globalPos(),它会返回一个 QPoint 对象表示鼠标点击的全局坐标,即二维平面上的某个点。本程序在 myWidget 类中声明了一个 QPoint 类的对象 clickPoint,用于存储鼠标点击的位置坐标。在 Qt 图形界面中,控件的位置可以通过 Qt 坐标系统表示,坐标原点是窗口的左上角,横轴的正方向为水平向右,纵轴的正方向为垂直向下,坐标单位一般为像素,每个控件都有唯一的全局坐标。除此之外,控件还有相对于其他控件的相对坐标,即以其他控件左上角为原点计算得到的坐标。需要注意的是,globalPos()函数是以 myWidget 窗口的左上角作为原点返回的全局坐标,而游戏需要的是鼠标点击位置相对于棋盘 boardLabel 的坐标。本程序实现 boardLabel->mapFromGlobal()函数,将全局坐标转换为以 boardLabel 左上角为坐标原点的控件相对坐标,之后即可根据相对坐标计算得到被点击棋格的下标。

当获取用户点击棋盘上某个格子的位置后,需要发送信号通知槽函数进行后续处理。Qt 中发送信号的语句是 emit 语句,语法格式为"emit 信号函数"。程序 3 灰色背景代码中自定义了一个信号函数 mouseClick(),用于表示系统捕捉到了用户鼠标点击事件。自定义信号函数可以有参数,这些参数会在 emit 语句发送该信号时传送给被绑定的槽函数。槽函数可以有参数,其参数必须从其绑定的信号函数中获取,即信号函数中的参数能够传递给槽函数。例如,程序 3 中语句 emit mouseClick(newClick)发射鼠标点击信号,则其绑

定的槽函数即可通过 QPoint 参数使用 newClick 的值。槽函数也可以不使用任何参数，本程序的 mywidget. cpp 文件中 mouseClick( )信号绑定的槽函数 quit( )即没有使用任何参数，而是在 myWidget 类中添加公有属性对象 clickPoint 记录用户新点击的坐标。感兴趣的读者可以自行尝试用信号槽传递参数。

Qt 事件循环机制 在用户手动游戏的过程中，系统需要在每一步跳马之前等待用户的鼠标点击信号。在程序 3 中，系统通过语句 waitForClickEventloop. exec( )实现等待功能。这里用到了 Qt 事件循环机制 QEventloop，其基本原理可参考 9. 2. 3 节中的“事件循环”。为什么不使用 sleep( )函数实现进程等待呢？因为 sleep( )函数将导致 GUI 界面停止响应，无法进行其他操作，只能等待 sleep( )结束，而 Qt 事件循环依靠中断实现，不会影响 GUI 界面其他功能的使用。QEventloop. exec( )执行后，系统会进入中断，直到收到某个特定的信号后，才执行退出事件循环的槽函数 quit( )进行中断返回，转而执行 QEventloop. exec( )之后的程序。

程序 3 中的 myWidget 类中，首先声明一个 Qt 事件循环 waitForClickEventloop，并在窗口类的构造函数中将退出 waitForClickEventloop 的槽函数 quit( )与信号 mouseClick( )绑定。在用户点击棋格后，系统将自动调用重写的 mousePressEvent( )获取用户点击的位置，并发出信号 mouseClick( )通知 manualButtonClicked( )中的 waitForClickEventloop 退出事件循环，从而进行接下来的处理。

综上所述，手动游戏的运行逻辑如下：首先，游戏开始后通过 clearCellsAndFlags( )函数初始化棋盘；通过 getInputPosition( )函数从输入框获取用户输入的起始位置，并调用 paseHorse( )和 showRemider( )函数在起始位置放置马，以及给出下一步可走位置的提示；之后进入游戏循环，等待用户点击下一步棋格后，将马放置到新的位置并更新提示，然后进入下一轮等待；如果下一步没有格子可跳，则退出游戏循环；最后，如果用户巡游完毕所有 64 个棋格，则游戏胜利，否则游戏失败。

程序 3：实现手动游戏 将以下代码添加到程序 2 内形成程序 3。程序 3 的运行效果如图 9. 20 所示。

```
//以下程序位于头文件 mywidget. h 中
…//在程序 2 的基础上合并如下代码
#include <QEventLoop>                //QEventLoop 类所在函数库
#include <QPoint>                    //QPoint 类所在函数库
#include <QMouseEvent>               //mousePressEvent( )所在函数库
class myWidget : public QWidget
{
    Q_OBJECT
…//在程序 2 的基础上合并如下代码
signals:
```

```
        void mouseClick (QPoint);          //自定义鼠标点击信号
    public:
        //记录用户输入的起始位置
        int inputX;
        int inputY;
        QPoint clickPoint;
                    //Qt 提供的表示平面中点的类,可以用于存储鼠标点击位置
        QEventLoop waitForClickEventloop; //等待用户鼠标点击的事件循环
        //重写 Qt 中鼠标点击事件的槽函数
        void mousePressEvent(QMouseEvent *event) {
            if (event->button() == Qt::LeftButton) {
                                                        //如果单击鼠标左键
                QPoint newClick = event->globalPos();
                                    //获取鼠标点击的绝对位置坐标(全局坐标)
                newClick = boardLabel->mapFromGlobal(newClick);
                //该语句将全局坐标转换为棋盘内坐标
                if(newClick.x() >= 0 && newClick.x() <= boardLabel-
                >width() &&
                  newClick.y() >= 0 && newClick.y() <= boardLabel->
                  height()){
                //点击棋盘区域
                    emit mouseClick(newClick);   //发射鼠标点击信号
                  clickPoint = newClick;
                }
            }
        }
        void getInputPosition()                        //获取用户输入的函数
        {
            QString XString = XLineEdit->text();
            QString YString = YLineEdit->text();
            //将获取输入的字符串转化为数字
            inputX = XString.toInt();
            inputY = YString.toInt();
            //检查输入合法性
            if(inputX > 8) inputX = 8;
```

```
        if(inputX < 1) inputX = 1;
        if(inputY > 8) inputY = 8;
        if(inputY < 1) inputY = 1;
    }

private slots:
    //点击"开始手动跳马"按钮后,系统进入的游戏循环槽函数
    void manualButtonClicked()
    {
        clearCellsAndFlags();       //游戏开始前先清空棋盘
        //获取用户输入的起始位置,初始化棋盘
        getInputPosition();
        //放置起始位置的马与下一步高亮提示
        flags[inputX-1][inputY-1] = 2;
        paseHorse(inputX-1,inputY-1);
        int nextJumpsNum = showRemider(inputX-1,inputY-1);
        //asprintf()函数可以转换含变量的字符串,类似于 C 语言中的
        printf()
        //append()函数在输出框打印字符串
        trailOutputText->append(QString::asprintf("Step[%d]:
        %d,%d",1,inputX,inputY));
        int step = 1;
        for(step=1;step<64 && nextJumpsNum>0;step++){
                                    //进入跳马游戏循环
            waitForClickEventloop.exec();
                                    //事件循环,等待用户点击棋格
            int X = clickPoint.x()/100;    //获取点击的棋格下标
            int Y = clickPoint.y()/100;
            if(flags[X][Y] == 1) {  //点击可走的棋格
                flags[X][Y]=2;      //记录马经过的位置

        trailOutputText->append(QString::asprintf("Step[%d]:
        %d,%d",step+1,X+1,Y+1));
                paseHorse(X,Y);     //在用户点击的棋格上放置马
                clearReminder();    //清理旧的可跳位置提示
```

```
            nextJumpsNum = showRemider(X,Y);
                                    //展示新的可跳位置
        }
        else trailOutputText->append(QString::asprintf
        ("Cannot jump: %d,%d",X+1,Y+1));
    }
    if(step<64) trailOutputText->append(QString::asprintf
    ("Game over"));
    else trailOutputText->append(QString::asprintf("You
    win"));
  }
};
//以下程序位于源文件 mywidget.cpp 中
#include "mywidget.h"
myWidget::myWidget(QWidget *parent)
: QWidget(parent)
{
    …//在程序 2 的基础上合并如下代码
    //绑定信号槽:"开始手动跳马"按钮被点击信号与对应功能的槽函数
    connect(manualButton,SIGNAL(clicked(bool)),this,SLOT
    (manualButtonClicked()));
    //绑定信号槽:鼠标在棋盘上点击的信号与等待鼠标点击的事件循环
    connect(this,SIGNAL(mouseClick(QPoint)),
    &waitForClickEventloop,SLOT(quit()));
}
```

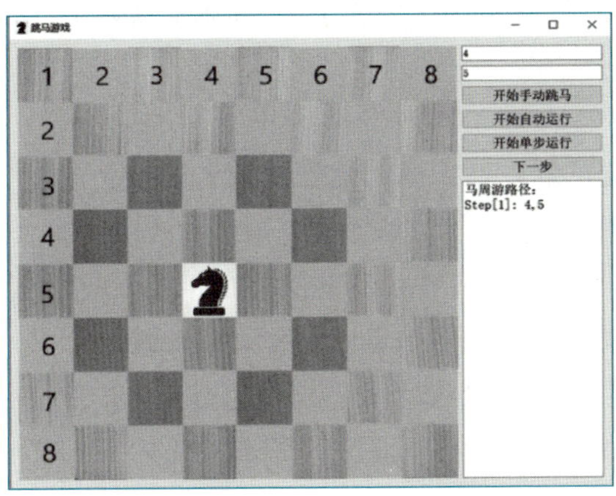

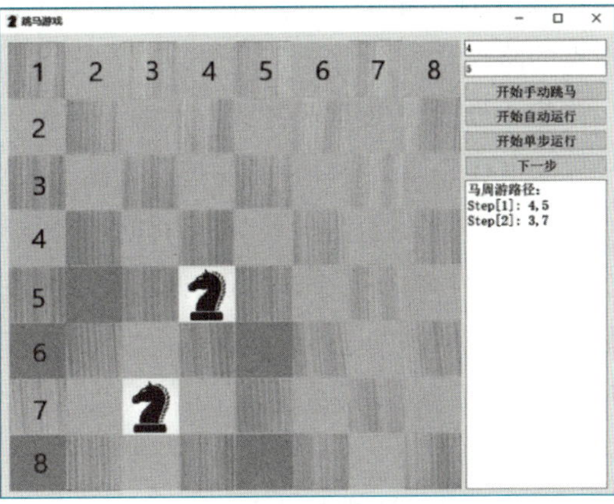

图 9.20 手动跳马程序效果图

9.3.5 实现自动跳马程序

上述“手动跳马程序”中的周游路径通过用户多次手动尝试得到，本节将通过算法自动搜索一条马的巡游路径，并以动画形式展示马沿该条路径的行走过程。当用户在界面上点击“开始自动周游”按钮后，程序会根据棋盘的大小和跳马的初始位置，自动计算一条周游路径；之后，图形界面将动画展示跳马周游的位置序列，同时将马的移动坐标在输出框中输出。

跳马问题的求解思路 跳马问题实际是一个搜索问题，即跳马从初始位置(x_0, y_0)出发，每走一步有 8 个选择，最终搜索出一条遍历整张棋盘的路径，该路径的每个节点恰好只覆盖棋盘中每个格子一次。对于此类每一步骤均相似的搜索问题，可用回溯算法解决。

回溯算法 回溯算法也称试探法，是一种系统地搜索问题可行解的方法。其基本思想是在搜索可行解的过程中，沿一条路向前，能进则进，不能进则退(回溯)，换另一条路尝试，直至找到可行解或遍历所有路径为止。

使用回溯算法求解问题时，首先应当明确问题的解空间，通常将解空间组织成树或图的形式。确定问题的解空间后，回溯算法从起始节点(一般为根节点)出发，以深度优先的方式搜索整个解空间。

深度优先搜索 对于跳马问题，基于深度优先搜索的回溯算法的思路描述如下。

第 1 步：定义解空间。

假设棋盘的大小为 8×8，该问题的解空间可表示为 $E=\{(p_1,p_2,\cdots,p_{64}) \mid p_i \in S, 1\leqslant i\leqslant 64\}$，其中，$S$ 是棋盘上的 64 个坐标组成的集合，p_i 代表第 i 步的坐标。该解空间的约束条件为：$p_1 \sim p_{64}$ 互不相等。

第 2 步：用一棵树描述解空间。

如图 9.21 所示，解空间的组织形式是一棵 8 叉树，根节点代表跳马的初始位置 $p_1=(x_1, y_1)$，每走一步有 8 个选择，表示为节点下的 8 个分支，树的深度为 64，代表跳马要走遍棋盘的 64 个格子。如果跳马问题有可行解，则该解空间树至少包含一条从根节点到叶节点的路径。

第 3 步：以深度优先方式搜索解空间。

深度优先搜索是一种穷举搜索方法。在问题的解空间上，从起始节点开始，设起始节点为活节点，同时也为扩展节点，将问题的结果称为目标节点。在当前扩展节点处，向纵深方向搜索并移至一个新节点，该新节点即成为一个新的活节点，并成为当前扩展节点。如果在当前扩展节点处无法继续向纵深方向移动，则当前扩展节点成为死节点，此时应当往回移动(回溯)至最近的一个活节点处，并使其成为当前扩展节点。深度优先搜索采用一种“一直向下走，走不通就掉头”的思想，从起始节点开始向下遍历，直到抵达目标节点或解空间中已无活节点时为止。

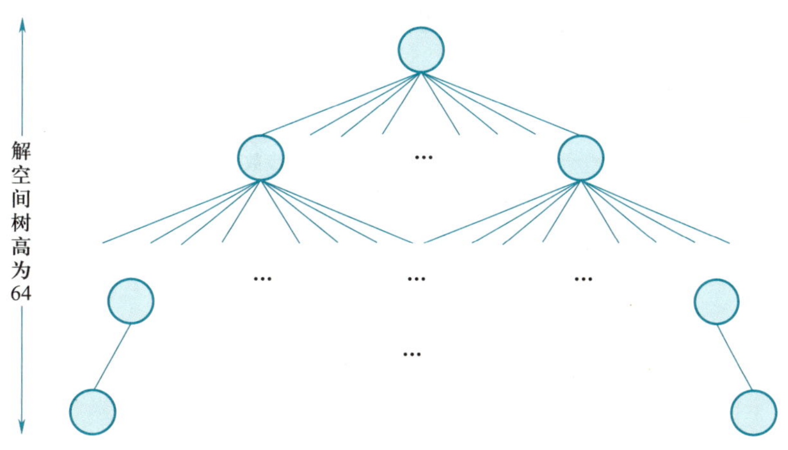

图 9.21 跳马问题的解空间树

在跳马问题中，首先以根节点（初始位置）作为当前扩展节点，按照纵深方向移至一个新节点，即选择 8 个方向上的一个位置。该新节点即成为一个新的活节点，并成为当前扩展节点。如果在当前扩展节点处无法继续向纵深方向移动，即跳马下一个位置超出了棋盘范围或者跳回以前的某个位置，则当前扩展节点成为死节点。此时应当往回移动（回溯）至最近的一个活节点处，并使该活节点成为当前扩展节点。以深度优先为搜索策略的回溯算法递归地在解空间中搜索，当不存在任何活节点可供跳马选择，或跳马遍历完整棋盘找到一条可行的路径时，自动跳马程序便结束。以上过程可以使用递归函数实现算法。

实现回溯算法的递归函数设计 对于规模为 n 的跳马问题，马的初始位置为 p_1，马的每一步 $p_i(1<i\leqslant n)$ 必须在上一步 p_{i-1} 的基础上根据移动规则确定，因此，需要将 p_{i-1} 步位置的坐标作为参数传入函数。当完成 $n-1$ 次移动后得到第 n 步的坐标，此时跳马走遍所有格子，达到递归的边界条件。

对于 C++语言，跳马问题的递归函数的原型为 bool Backtrace(int i, int boardSize, int x, int y)。其中 i 代表跳马当前已经移动的步数；boardSize 代表棋盘的边长，棋盘总格子数为 boardSize * boardSize；x 代表跳马上一步所在棋盘位置的 x 轴下标，y 代表跳马上一步所在棋盘位置的 y 轴下标。返回值为布尔值，true 表示沿当前搜索方向能够得到可行解，即当前搜索可以达到边界条件（走遍所有格子）；false 表示沿当前搜索方向得不到解，需回溯后继续尝试新的方向。函数算法流程如图 9.22 所示。

根据上述设计可实现如下 Backtrace( ) 函数。

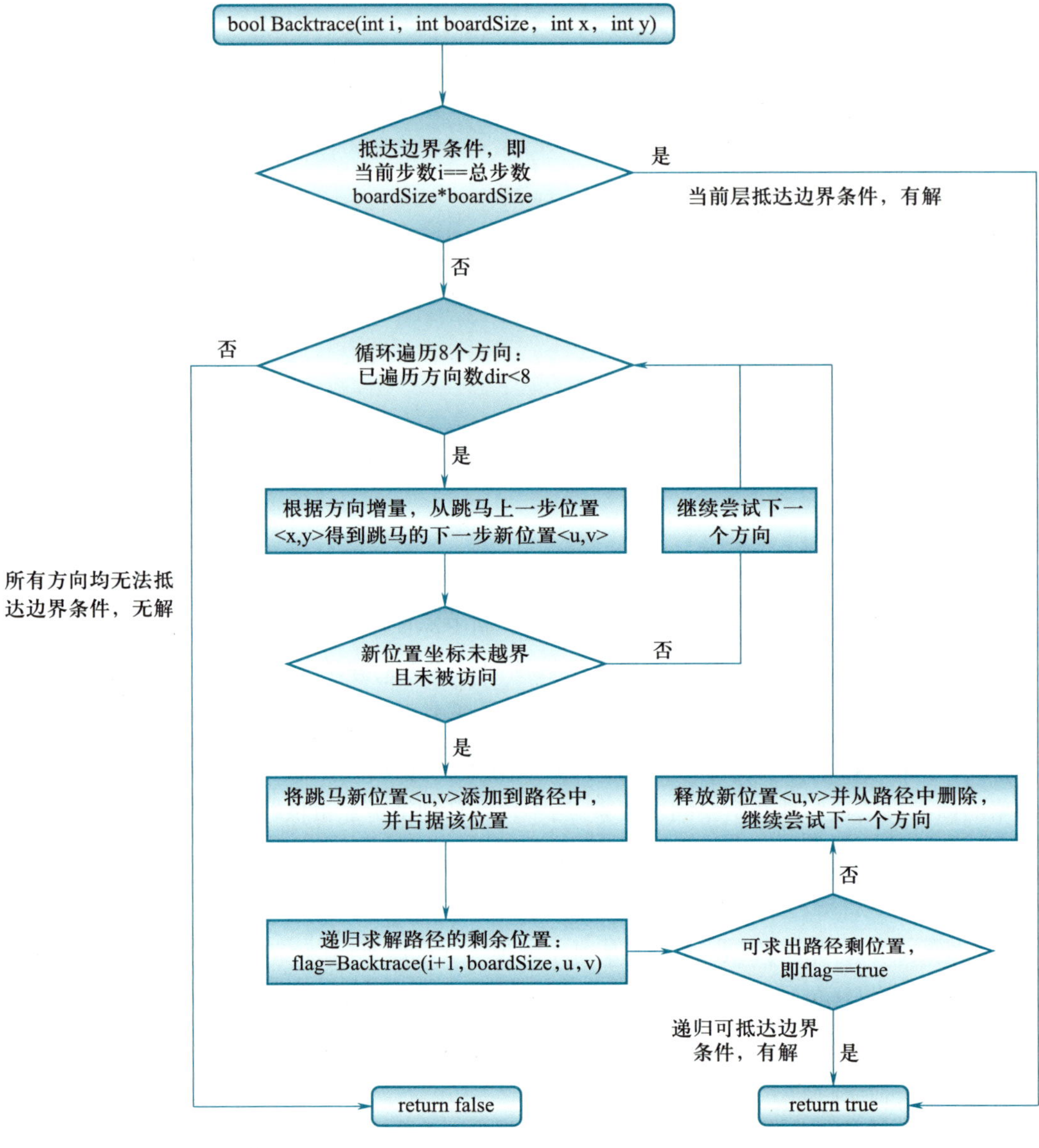

图 9.22　跳马问题的回溯算法流程图

```
//以下程序位于头文件 mywidget.h 中
class myWidget : public QWidget
{
    Q_OBJECT
public:
    …//在程序 3 的基础上合并如下代码
```

```
/* 定义二维容器 g_board,表示棋盘每一个格子的状态。值为 0 表示跳马未曾
 经过该格子,值为 1 表示跳马曾经过该格子
 */
Qvector<Qvector<int>> g_board;
/* 定义二维容器 g_route,该容器顺序存储跳马从第一步到最后一步经过的路
径,容器内每个元素的形式被定义为{u, v},表示跳马在棋盘上每一步的位置
坐标
 */
Qvector<Qvector<int>> g_route;

/*
定义函数 Backtrace()
参数 i 表示跳马当前已经移动的步数
参数 boardSize 代表棋盘的边长,棋盘总格子数为 boardSize * boardSize
参数 x 代表跳马上一步所在位置的 x 轴下标(从 0 开始)
参数 y 代表跳马上一步所在位置的 y 轴下标(从 0 开始)
返回值为布尔值。true 表示沿当前搜索方向能够得到可行解,false 表示沿当
前搜索方向无解
 */
bool Backtrace(int i, int boardSize, int x, int y) {

    if (i == boardSize * boardSize) {
                                        //当跳马走遍整个棋盘,即可结束递归
        return true;
    }
    for (int dir=0; dir<=7; dir++) { //尝试跳马 8 个方向上可走的新位置
        //得到跳马下一个方向上新位置的 x 轴下标
        int u = x + nextJumps[dir][0];
        //得到跳马下一个方向上新位置的 y 轴下标
        int v = y + nextJumps[dir][1];

        if (u >= 0 && u < boardSize && v >= 0 && v < boardSize &&
            g_board[u][v] ==0 {
                         //如果新位置未越界且未曾走过,则选定其为当前位置
```

```
                g_route.push_back({u, v});//添加当前新位置到求解路径
                g_board[u][v] = 1;  //将新位置赋值为 1,表示该位置已走过

               /* 继续递归求解跳马路径的剩余位置。如果路径后续剩余位置有解,
                则返回 true;如果无解,则将当前新位置还原为未访问位置,继续
                尝试下一个新的方向
                */
                if (Backtrace(i + 1, boardSize, u, v)) return true;
                g_board[u][v] = 0;           //还原为未访问位置
                g_route.pop_back();          //从求解路径中删除当前位置
            }
        }

        return false; //当遍历所有 8 个方向后仍无法得到可行解,则返回 false
    }
};
```

用递归函数实现跳马问题的回溯算法时间复杂度为 $O(8^n)$,n 代表棋盘中格子总数。可见,用递归函数实现回溯算法的时间复杂度较高,计算时间会随棋盘格子数增加而呈指数级增长,需要等待很长时间才能得到结果。

下面将以上算法封装为一个 FindRoute()函数,供程序的图形化界面调用。

可供 GUI 调用函数实现 将求解跳马问题的递归回溯算法封装成函数,借助图形化界面接受用户指定的棋盘大小、跳马初始位置行坐标和列坐标等参数,通过调用该函数,返回问题的求解结果。函数首先根据传入参数初始化跳马棋盘和跳马动作的数据结构,并将初始位置添加到马的路径中;接着调用递归函数,根据递归函数的返回值判断问题是否存在可行解。若有可行解,则返回一条可行路径;若无可行解,则返回一条空路径。

根据上述描述,实现如下封装函数 FindRoute()。

```
//以下程序位于头文件 mywidget.h 中

class myWidget : public QWidget
{
    Q_OBJECT
public:
…//在程序 3 的基础上合并如下代码
```

```
/*
 定义函数 FindRoute()
 参数 boardSize 表示棋盘边长,棋盘大小为 boardSize * boardSize
 参数 init_x 表示跳马初始位置 x 轴坐标(接收参数时从 1 开始)
 参数 init_y 表示跳马初始位置 y 轴坐标(接收参数时从 1 开始)
 返回值为存储跳马路径的容器。若问题有可行解,容器存储一条可行路径;否则
 容器存储空路径
 */

Qvector<Qvector<int>> FindRoute(int boardSize, int init_x, int
init_y) {

    //初始化 g_board,形成一个 boardSize * boardSize 的二维棋盘
    for (int i = 0; i < boardSize; i++){
        g_board.push_back(Qvector<int>());
    }
    //向二维棋盘的每个格子添加元素,初始赋值为 0 表示跳马尚未访问该格子
    for (int i = 0; i < boardSize; i++){
        for (int j = 0; j < boardSize; j++){
            g_board[i].push_back(0);
        }
    }

    //将跳马初始位置坐标(从 1 开始)分别减 1,转换为程序内部数组下标(从
    0 开始)
    init_x--;
    init_y--;
    g_board[init_x][init_y] = 1;
                        //跳马在棋盘的初始位置赋值为 1,表示初始位置被占据
    g_route.push_back({init_x, init_y}); //将初始位置存储到路径中
    //调用 Backtrace()函数,回溯搜索返回一条求解路径
    if (! Backtrace(1, boardSize, init_x, init_y)) {
        g_route.clear();                //如果问题无解,则清空路径
    }
```

```
        return g_route;     //返回求解路径
    }
};
```

上述代码中,首先将表示棋盘的二维数组 g_board 初始化。g_board 中每个元素表示跳马是否经过该位置,将每个元素初始化为 0,表示跳马一开始尚未经过所有的位置。其次,将用户传入的跳马初始位置参数 init_x、init_y 分别减 1,转换为程序内部数组下标。然后,将数组 g_board 中的跳马初始位置所在格子赋值为 1,表示初始位置被占据,并将初始位置保存于求解路径 g_route 中。之后,调用递归函数 Backtrace( ),从初始位置进行跳马的自动回溯遍历。最后,函数返回容器 g_route。如果存在求解路径,则该容器记录了跳马遍历棋盘过程中每一步的坐标值;如果问题无解,则容器中不存储任何路径。

图形化自动跳马程序实现 下面用 Qt 实现图形化自动跳马功能,将得到的周游路径以动画形式展示给用户。如后续程序 4 描述,首先在 myWidget 类中定义并实现“开始自动运行”按钮的槽函数 autoButtonClicked( );之后在窗口构造函数中将槽函数与“开始自动运行”按钮点击信号进行绑定。

Qt 计时器机制 为了方便用户观察跳马过程,自动跳马程序在每一跳之间插入了 800 ms 的停顿,这里使用了 Qt 计时器 QTimer::singleShot( )。Qt 计时器会在计时结束后立刻发出一个信号,可以将该计时结束信号与一个事件循环的退出函数进行绑定,以此实现定时更新画面的过程,下述程序 4 中灰色背景代码块实现了上述功能。在执行 QTimer::singleShot( )函数后,系统将在 800 ms 后向绑定的事件循环 TimerEventloop 发出退出信号,即执行 quit( )操作退出事件循环等待,之后执行下一步游戏的代码,从而实现跳马过程每一跳定时动画的效果。

程序 4:自动跳马动画程序 将下述代码添加到程序 3 内,形成程序 4。点击“开始自动运行”按钮后,程序 4 执行效果如图 9.23 所示。

```
//以下程序位于头文件 mywidget.h 中
…//在程序 3 的基础上合并如下代码
#include <QTimer>   //singleShot()所在函数库

class myWidget : public QWidget
{
    Q_OBJECT
public:
    …//在程序 3 的基础上合并如下代码
    private slots:
```

```
//点击"开始自动运行"按钮后,系统接受输入,搜索周游路径,并动态展示
路径
 void autoButtonClicked()
 {
     clearCellsAndFlags();      //游戏开始前首先清空棋盘
     getInputPosition();
     //初始化数据,传递给周游算法
     //调用算法,trail 保存结果
     QVector<QVector<int>> trail = FindRoute(8,inputX,inp-
     utY);
     for(int i = 0;i<trail.size();i++){ //循环展示下一跳位置
         int X = trail[i][0];
         int Y = trail[i][1];
         flags[X][Y]=2;
         //在棋盘上显示下一步位置并在文本框内打印


         trailOutputText->append(QString::asprintf("Step
         [%d]: %d,%d",i+1,X+1,Y+1));
         clearReminder();
         paseHorse(X,Y);
         showRemider(X,Y);
         //显示一步后,程序等待一小段时间再显示下一步
         QEventLoop TimerEventloop;//创建一个事件循环用于定时
         //下面设置程序等待 800 ms 后退出 TimerEventloop
         QTimer:: singleShot ( 800, & TimerEventloop, SLOT
         (quit()));
         TimerEventloop.exec();
                             //进入事件循环,等待计时器到时后退出循环
     }
 }
};
//以下程序位于源文件 mywidget.cpp 中
#include "mywidget.h"
myWidget::myWidget(QWidget *parent)
```

```
    : QWidget(parent)
{
    …//在程序 3 的基础上合并如下代码
    //绑定信号槽:"开始自动运行"按钮与功能对应的槽函数
    connect(autoButton,SIGNAL(clicked(bool)),this,SLOT(auto-
    ButtonClicked()));
}
```

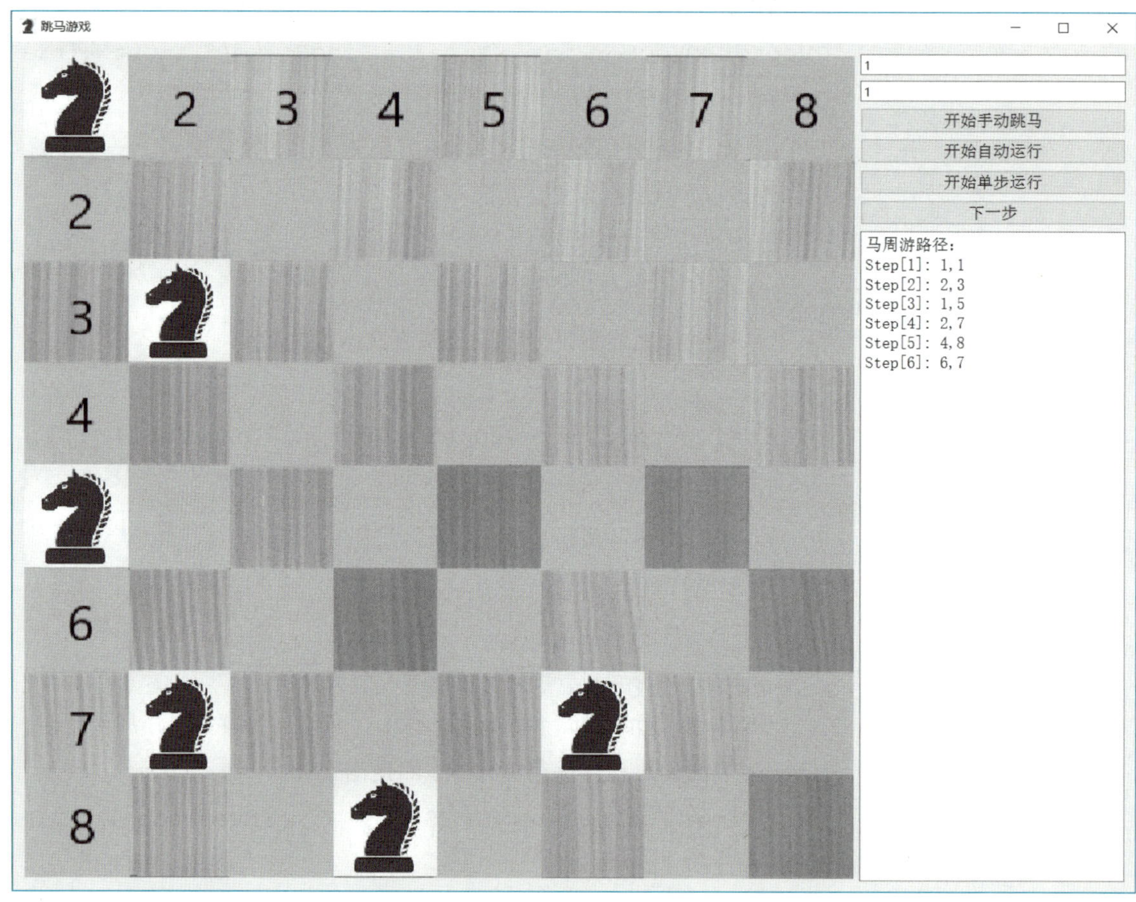

图 9.23 自动跳马程序效果图

9.3.6 实现交互式单步控制跳马程序

接下来实现界面上的"开始单步运行"游戏模式,以及该模式下的"下一步"按钮功能,以此完成"交互式单步控制跳马"程序。与程序 4 类似,首先调用 FindRoute( )函数获取一条跳马的周游路径,然后将该行走路径在"下一步"按钮的控制下,一步步进行图形化显示。参照程序 3,可以使用事件循环 waitForClickEventloop,令程序在用户点击"下一步”按钮之前一直等待，当点击“下一步”后再显示跳马的一个动作。具体如下述程序 5 所示，在 mywidget. cpp 的窗口类构造函数中，首先将“开始单步运行”按钮的点击信号与槽函数 singleButtonClicked( ) 绑定，然后将“下一步”按钮的点击信号 clicked( ) 与事件循环 waitForClickEventloop 的退出动作 quit( ) 绑定。这样在用户点击“下一步”按钮之前，程序会在灰色背景代码 waitForClickEventloop. exec( ) 处一直等待。当“下一步”按钮被点击后，程序跳出等待，执行下一轮循环，展示跳马的下一个动作。

程序 5：单步控制跳马程序 在程序 4 的基础上添加如下代码形成程序 5，以实现上述功能。

```
//以下程序位于头文件 mywidget.h 中
class myWidget : public QWidget
{
    Q_OBJECT
public:
    …//在程序 4 的基础上合并如下代码
    private slots:
   //点击“开始单步运行”按钮后，系统接受输入，搜索周游路径，并动态展示路径
    void singleButtonClicked()
    {
        clearCellsAndFlags();  //游戏开始前首先清空棋盘
        getInputPosition();
        //初始化数据，传递给周游算法
        //调用周游算法，trail 保存结果
        QVector<QVector<int>> trail = FindRoute(8,inputX,inputY);
        for(int i = 0;i<trail.size();i++){  //循环展示下一跳位置
            int X = trail[i][0];
            int Y = trail[i][1];
            flags[X][Y]=2;
            //在棋盘上显示下一步位置并在文本框内打印
        trailOutputText->append(QString::asprintf("Step[%d]:
        %d,%d",i+1,X+1,Y+1));
            clearReminder();
            paseHorse(X,Y);
            showRemider(X,Y);
            //显示一步后，程序等待点击下一步按钮
```

```
                waitForClickEventloop.exec();
            }
        }
    };
    //以下程序位于源文件 mywidget.cpp 中
    #include "mywidget.h"
    myWidget::myWidget(QWidget *parent)
        : QWidget(parent)
    {
        …//在程序 4 的基础上合并如下代码
        //绑定信号槽:"开始单步运行"按钮的点击信号与对应功能槽函数
        connect(singleButton,SIGNAL(clicked(bool)),this,SLOT(sin-
        gleButtonClicked()));
        //绑定信号槽:"下一步"按钮的点击信号与等待点击的事件循环的退出函数
        connect(nextButton,SIGNAL(clicked(bool)),
        &waitForClickEventloop,SLOT(quit()));
    }
```

9.3.7 保存跳马周游路径结果

Qt 文件操作 下面介绍如何将算法得到的跳马路径保存到文件内,该功能通过保存文件函数 aveResultToTxt()实现,具体代码如下。此后在程序 4 与程序 5 中,当调用递归算法获得周游路径后,即 QVector<QVector<int>> trail = FindRoute(8,inputX,inputY),可以将周游路径 trail 作为参数传入 aveResultToTxt()函数,以此保存周游路径结果到文件内。程序运行结果见图 9.24 和图 9.25。

```
    //以下程序位于头文件 mywidget.h 中
    class myWidget : public QWidget
    {
        Q_OBJECT
    public:
        …//在程序 4 和程序 5 的基础上合并如下代码
           void saveResultToTxt(QVector<QVector<int>> result)
           {
```

```
        QFile file("result.txt");
                    //result.txt为存储结果文件名,前面可带绝对路径
        if(file.open(QIODevice::ReadWrite) == 0) {
                                    //如果文件打开失败则给出提示
            qDebug() << "cannot open file";
        }
        else{
            for(int i = 0;i<result.size();i++){
                                            //依次将路径写入文件
                int X = result[i][0];
                int Y = result[i][1];
                file.write(QString::number(i+1).toUtf8());
                file.write("步:");
                file.write(QString::number(X+1).toUtf8());
                file.write(",");
                file.write(QString::number(Y+1).toUtf8());
                file.write("->\n");
            }
        }
        file.close();                   //写入完成后关闭文件
    }
};
```

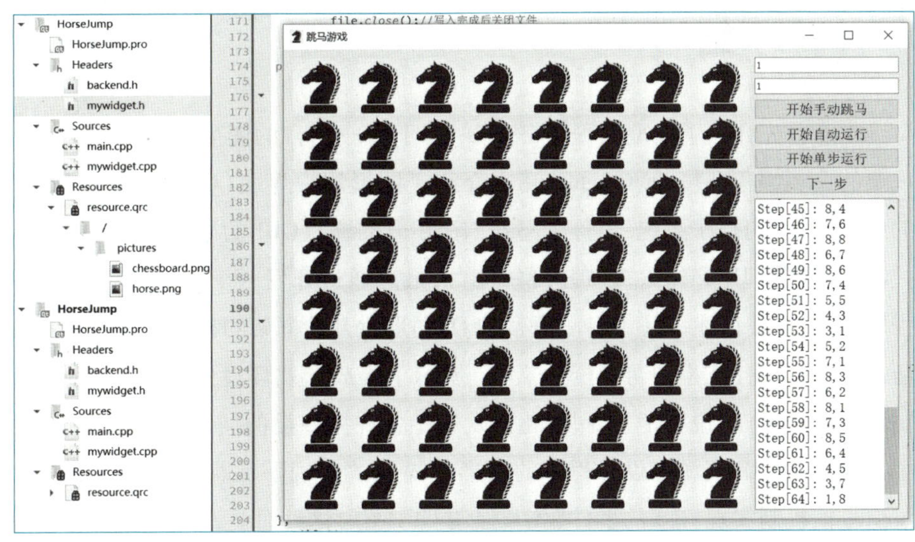

图 9.24　程序最终运行结果

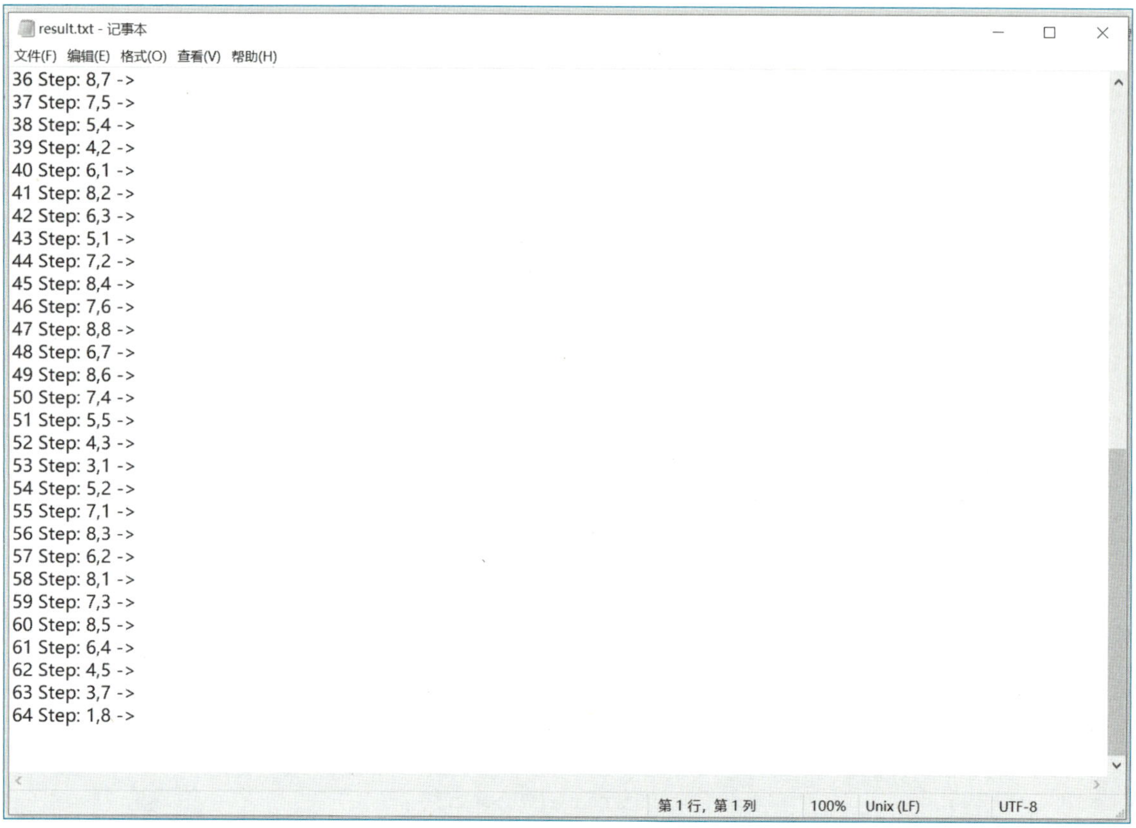

result.txt - 记事本

文件(F) 编辑(E) 格式(O) 查看(V) 帮助(H)

```
36 Step: 8,7 ->
37 Step: 7,5 ->
38 Step: 5,4 ->
39 Step: 4,2 ->
40 Step: 6,1 ->
41 Step: 8,2 ->
42 Step: 6,3 ->
43 Step: 5,1 ->
44 Step: 7,2 ->
45 Step: 8,4 ->
46 Step: 7,6 ->
47 Step: 8,8 ->
48 Step: 6,7 ->
49 Step: 8,6 ->
50 Step: 7,4 ->
51 Step: 5,5 ->
52 Step: 4,3 ->
53 Step: 3,1 ->
54 Step: 5,2 ->
55 Step: 7,1 ->
56 Step: 8,3 ->
57 Step: 6,2 ->
58 Step: 8,1 ->
59 Step: 7,3 ->
60 Step: 8,5 ->
61 Step: 6,4 ->
62 Step: 4,5 ->
63 Step: 3,7 ->
64 Step: 1,8 ->
```

第 1 行，第 1 列　100%　Unix (LF)　UTF-8

图 9.25　保存的文件中的内容

本章小结

本章首先介绍了典型编程语言 C++、基于 C++语言的图形化开发库 Qt，以及基于 Qt 框架的典型编程环境 Qt Creator；其次介绍了图形用户界面（GUI）的基本原理，包括 GUI 的组成要素（窗口子系统、事件子系统、图形子系统）、GUI 的事件驱动机制，以及 GUI 的控制逻辑（管理用户输入、处理屏幕输出）；最后通过开发一个典型的可视化“跳马游戏”程序示例，详细讲述了基于 C++语言和 Qt 图形化开发框架的程序设计过程和程序设计技巧。其中，“创建工程项目及资源文件”展示了集成开发环境 Qt Creator 的使用技巧；“绘制跳马游戏界面”说明了 Qt 图形化开发库中各种控件类的使用及界面布局的方法，强调了如何利用 GUI 资源库设计程序的图形化界面；“实现手动跳马程序”描述了 Qt 如何通过信号槽机制实现 GUI 的事件驱动，强调 GUI 图形化界面要素与事件处理函数之间的连接关系；“实现自动跳马程序”介绍了跳马问题的回溯算法原理，强调基于典型编程语言的程序设计技巧，包括算法数据结构、程序控制结构、函数定义与调用等编程技术；“实现交互式单步控制跳马程序”描述了交互式游戏控制程序的编写，强调人机交互机制在 GUI 程序中的实现方法；“保存跳马周游路径结果”介绍了跳马游戏的最终结果保存，强调典型编程语言的文件持久化操作方法。

从本章跳马游戏的手动和自动实现方式可以看出，基于回溯算法的自动实现方式效果明显优于手动的不断尝试，说明好的算法确实能够提升问题的解决效果。然而，回溯算法的计算时间会随棋盘格子数增加而呈指数级增长，说明高效的算法才能满足问题的解决效率。下一章将重点介绍程序与计算系统之灵魂——算法。

思考题 9

1. 高级语言通常具有什么特点？

2. 一个典型的集成开发环境通常由哪几部分组成？每部分的主要功能是什么？

3. 请说明 C++语言、Qt 和 Qt Creator 之间的关系。

4. 请说明一个典型 GUI 的组成要素，以及每个要素的主要功能。

5. 什么是 GUI 的事件驱动机制？它有什么好处？

6. 请举例说明：跳马游戏中是如何将 GUI 的窗口对象或控件对象与所编写的程序关联起来的？

第 10 章

算法——程序与计算系统的灵魂

本章要点：理解算法及其 5 个基本特征；理解算法复杂度是衡量算法执行时间量级的一种度量；理解问题数学建模，以及数学模型的 4 个要素；掌握用典型数据结构表达数据及其存储，用流程图或伪代码表达算法；理解算法策略选择对问题求解的重要性，理解算法的设计方向之一是去掉无效计算量。

本章导图：

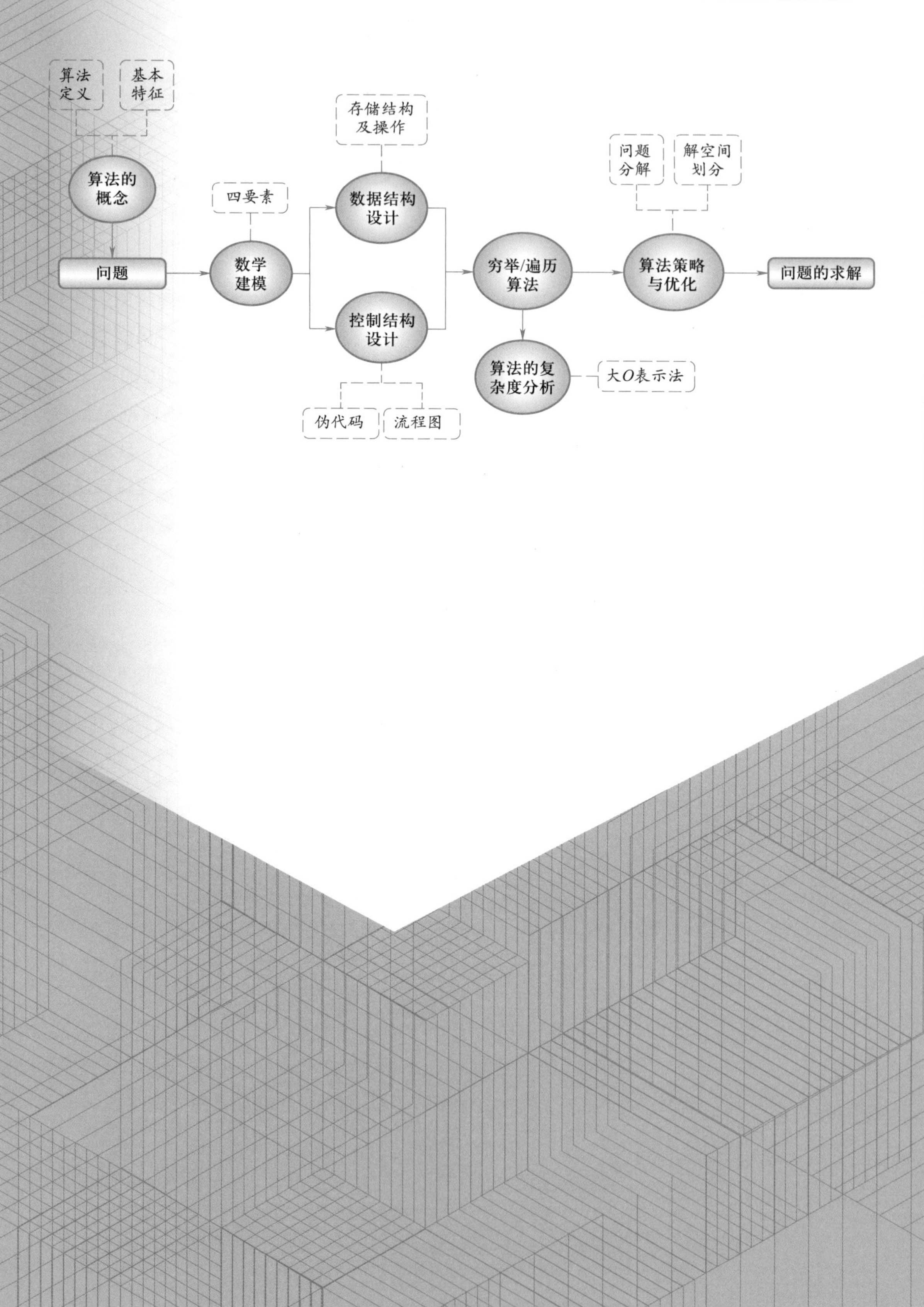

算法定义
基本特征
算法的概念
问题
四要素
数学建模
存储结构及操作
数据结构设计
控制结构设计
伪代码
流程图
穷举/遍历算法
算法的复杂度分析
大O表示法
问题分解
解空间划分
算法策略与优化
问题的求解

前面几章从各个不同角度对程序进行了重点介绍:第 5 章指出程序是实现复杂动作的若干语句的组合,第 6 章介绍了机器语言程序在硬件上如何被执行,第 7 章介绍了操作系统如何管理软硬件资源,第 8 章介绍的是高级语言程序如何被编译成可执行的机器语言程序,第 9 章用一个完整案例介绍了高级语言程序的设计技巧。

一个程序是借助操作系统和计算机硬件来完成复杂任务的语句集合,对于同一个问题,可以用不同的计算机语言来设计程序完成这一任务。因为是完成同样的任务,这些程序可以在抽象层次上描述为一套相同的“问题求解步骤”,这种与具体语言、硬件、系统无关的“问题求解步骤”即为算法。本章主要探讨算法的基本概念和特征、算法的复杂度分析、问题抽象与建模、算法的数据结构设计和控制结构设计、算法的策略选择等内容。

10.1 算法的基本概念

10.1.1 算法及其基本特征

算法(algorithm)的起源 古希腊数学家欧几里得在公元前 3 世纪所著的《几何原本》中提出了一种计算最大公约数的方法——辗转相除法。该方法后来被称为欧几里得算法,是西方学界公认的史上第一个算法。算法在中国古代文献中被称为“术”,公元 1 世纪成书的《九章算术》详细论述了四则运算、最大公约数、最小公倍数、开平方根、开立方根、线性方程组等诸多算法。如图 10.1 所示。

图 10.1 《几何原本》与《九章算术》

算法的定义及其与程序的区别 有关算法的定义有很多,其内涵基本一致,下面给出一种典型定义。

算法是一个有穷规则的集合，这些规则规定了解决某一特定类型问题的一个运算序列。通俗地说，算法规定了任务执行或问题求解的一系列步骤。

算法和程序的概念是不同的，不能混为一谈，算法是求解问题的步骤，而**程序**是一组计算机能够识别和执行的语句/指令序列。算法既不依赖具体的程序设计语言，也不依赖具体的执行环境（包括硬件和操作系统），是一种更为抽象的概念。下面以“序列和问题”为例，展示算法的表现形式和主要特征。

【问题 10.1】序列和问题。已知一个关于数字的**序列**（即按先后顺序排列的一系列数字），求该序列中所有**元素**（即序列中的一个成员）之和。例如，求图 10.2 中 14 个元素之和。

1	2	3	4	5	6	7	8	9	10	11	12	13	14
13	8	-20	4	-27	9	7	7	-5	7	-7	-27	10	8

图 10.2 数字序列的求和问题

“序列和问题”就是数学中的数列求和问题，将图 10.2 中的数字序列视为一个数列，通过累加的方法进行 13 次加法操作即可完成该问题的求解。下面使用“自然语言描述法”来描述该问题的求解步骤。

算法的自然语言描述 用自然语言描述一个问题的求解步骤，需要首先描述输入和输出，然后描述求解问题的每一个步骤。为清晰表达，通常将步骤进行编号，用于标记步骤的位置，便于跳转语句（跳转语句是改变程序执行顺序的语句）跳转到正确的位置，例如算法 10.1 的 step3 中，若 i 小于或等于 n，则跳转到 step2 执行。

算法 10.1 求数字序列之和

Input： n 个具有先后次序的数字序列 $D=\{d_1,d_2,\cdots,d_n\}$；

Output： 序列 D 的 n 个数字之和；

Method：

Step1. 初始化变量 sum 的值为 0，变量 i 的值为 1；

Step2. 将 d_i 加到 sum 上，并将 i 增加 1；

Step3. 若 i 小于或等于 n，则跳转到 Step2 执行；否则输出 sum，算法结束。

自然语言描述法的优点是形式自由，符合人类的思维习惯，但也有准确性不足且容易产生歧义的缺点。10.2.3 节介绍了流程图和伪代码这两种相对正式的算法描述方法。

算法的 5 个基本特征 对算法 10.1 进行剖析可知，算法具有以下 5 个基本特征。

（1）**输入**：算法有 0 个或多个输入，即最初给予算法的数据，这些数据需要算法进行处理。本例中输入为 n 个数字。如果算法无须从外界获取信息，则可以没有输入。

（2）**输出**：算法有 1 个或多个输出用于描述处理的结果。本例只有 1 个输出，即 n 个

数字的总和 sum。算法必须有输出,因为算法的目的是求解问题,计算机求解的结果需通过输出反馈到外界或其他算法中。

(3) **有穷性**:一个算法在执行有穷步之后必须能够结束。对于本例,由于每次执行 Step2 会将 i 加 1,因此算法一定会在有限的步骤之后,使得 i 大于 n,进而在 Step3 中结束。

(4) **确定性**:算法的每个步骤均必须有确切且无歧义的定义。本例中的算法每一步都是明确的,例如"将 d_i 加到 sum 上",而不是"将 d_i 加到或乘到 sum 上"。

(5) **能行性**:能行性包含两个含义。首先,算法的每个步骤必须能够有效执行并得到确定的结果,这里的有效执行是指能转化为最基本的运算或操作来自动完成,例如本例的算术运算、逻辑运算、赋值等都是计算机可以完成的基本运算;另外,算法必须能够在有限时间内完成。关于"有限时间内"的定义,读者在学习算法复杂度分析后即可理解。

10.1.2 算法复杂度分析

什么是算法复杂度 **算法复杂度**是衡量算法执行效率的一个指标,即衡量算法在运行时所需要的时间和空间资源的多少。算法复杂度主要从时间复杂度(即运行速度是否足够快)和空间复杂度(即占用的内存空间是否足够少)两个方面衡量,这里主要关注时间复杂度,特别关心的是:一个算法能否在有限时间内完成计算任务。

问题规模与单位执行时间 通常来说,一个算法的运行时间和输入数据的数量多少有关,例如,序列长度为 100 时,算法 10.1 的运行时间比序列长度为 1 000 时要少。因此,在衡量算法的执行效率时,需要考虑输入数据的规模大小,简称**问题规模**,可以用自然数 n 表示。

除了问题规模的影响,计算机的速度也会影响算法的运行时间,同一个算法用不同速度的计算机运行,需要的时间也是不同的。因此,在衡量算法的执行效率时,通常使用**单位执行时间**作为时间的基本单位,具体来说,将执行一次基本运算所需的平均时间定义为 1 个单位时间,这样,若一个算法需要执行 m 次基本运算,则需要消耗 m 个单位时间,简称该算法的运行时间为 m。

时间复杂度 如果一个问题的规模是 n,且求解该问题的某一算法所需时间可以表述为关于 n 的某一函数 $T(n)$,则 $T(n)$ 称为该算法的**时间复杂度**。例如,对于算法 10.1,Step1 需要执行 2 条赋值语句;Step2 需要执行 2 条加法语句,由于一共有 n 个数需要累加,Step2 会重复执行 n 次;Step3 需要执行 1 条判断语句,且该判断语句也会重复执行 n 次。同时,算法结束前,Step3 会执行 1 条输出语句,因此,算法执行时间与问题规模 n 之间的关系为:

$$T(n)=2+2n+n+1=3n+3 \tag{10.1}$$

本例中的问题规模 n 即序列 D 中数字的总数。对于给定问题规模 n,式(10.1)表示

算法的运行时间为 $3n+3$。

时间复杂度是一种"渐进复杂度",即描述的是算法随输入数据规模增长时,运算次数的增长趋势。这种衡量方式与计算机的性能无关,与实现该算法的程序质量无关,是衡量算法本身求解问题效率的一种度量标准。

大 O 标记法 虽然函数 $T(n)$ 可以衡量算法的运行时间,但是当问题规模 n 足够大时,$T(n)$ 中的低次项和系数对运行时间的影响越来越低,尤其当 n 趋近于无穷大时,低次项和系数的影响可以忽略不计。

因此,在分析算法的效率时,通常忽略 $T(n)$ 中的低次项,仅保留最高次项,再去掉前面的系数,式(10.1)可以简化为 $T(n) = n$,然后使用**大 O 标记法**进行标记:

$$T(n)=O(3n+3)=O(n) \tag{10.2}$$

式(10.2)中的 $O(n)$ 含义为:随着问题规模 n 的增大,算法的运行时间呈线性增长趋势,即算法 10.1 具有线性复杂度。

大 O 标记法的数学定义如下:设 $f(n)$ 是一个关于正整数 n 的函数,若存在一个正整数 n_0 和一个常数 C,当 $n \geqslant n_0$ 时,$|T(n)| \leqslant |Cf(n)|$ 均成立,则称 $f(n)$ 为 $T(n)$ 的同数量级函数,于是有式(10.2)存在。算法复杂度的大 O 标记法表达的是算法执行时间位于哪一量级。

不同量级的时间复杂度函数及其直观感受 以复杂度从低到高排列,常见的时间复杂度函数有常数 $O(1)$、对数 $O(\log n)$、线性 $O(n)$、线性对数 $O(n \log n)$、多项式 $O(n^a)$、指数 $O(a^n)$、阶乘 $O(n!)$ 等,其中 a 为常数。

图 10.3 展示了不同问题规模下,常见时间复杂度函数对应的算法大致运行时间,估算时假设计算机每秒执行 100 万条指令(以家用计算机的运算速度为参考)。由图可见,随着问题规模的增加,不同时间复杂度函数的增长速度是不同的,其中指数复杂度和阶乘复杂度的增长速度十分迅速,当问题规模达到 100 时,两种时间复杂度的算法已经无法在有限时间内完成问题求解。

时间复杂度	问题规模n		
	n=10	n=100	n=1 000
$O(1)$	0.001 ms	0.0001 ms	0.0001 ms
$O(\log n)$	0.003 ms	0.006 ms	0.0096 ms
$O(n)$	0.01 ms	0.1 ms	1 ms
$O(n\log n)$	0.03 ms	0.66 ms	9.97 ms
$O(n^2)$	0.1 ms	10 ms	1 s
$O(2^n)$	1 ms	4×10^{16} 年	3.4×10^{287} 年
$O(n!)$	3.6 s	2.9×10^{144} 年	$1.3\times10^{2\,555}$ 年

(a) 不同问题规模下各个量级时间复杂度算法的计算时间估计

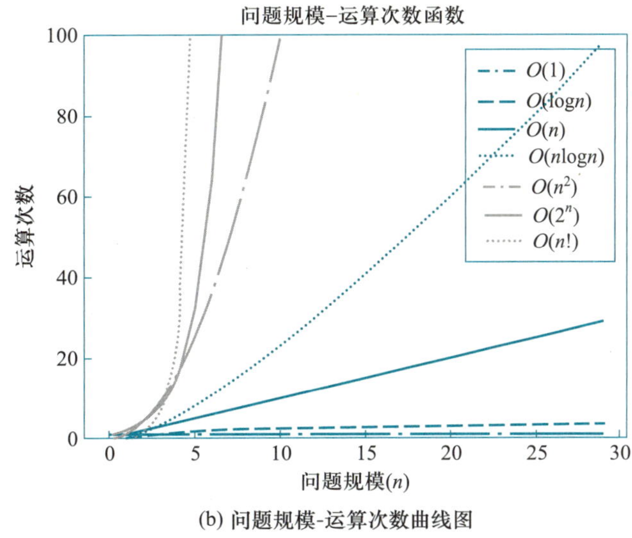

(b) 问题规模-运算次数曲线图

图 10.3 不同时间复杂度函数的对比

10.2 数学建模与算法表达

10.2.1 问题抽象与数学建模

数学建模和数学模型 **数学建模**是一种运用数学语言的方法，其目的是通过抽象和简化，对问题建立精确描述和定义的数学模型。数学建模的最终结果为使用数学语言表达的**输入、输出、约束和目标**，称为数学模型的四要素。

简单而言，数学建模就是用数学语言描述实际现象的过程，数学模型就是对实际问题的一种数学表述，是为了某种目的对部分现实世界进行抽象而得到的简化数学结构。将现实世界的问题抽象成数学模型，就可能发现问题的本质以及问题能否求解，甚至找到求解该问题的思路和算法。

【问题 10.2】**最大子序列和问题**。小明在训练攀岩，图 10.4 记录了每分钟上升或下降的高度（假设小明最初在中间某个位置），共包含 14 分钟的数据。定义“连续时间上升高度”为某个时间点 t_1 到另一个时间点 t_2 之间上升与下降的数据总和，例如第 7～10 分钟内的上升高度为 7+7−5+7=16 米。要求找出最大的“连续时间上升高度”。

对该问题进行抽象，将一些与问题求解目标无关的细节剥离，上升/下降的高度数据可抽象为一个数字序列，“连续时间上升高度”可抽象为“子序列和”，该问题可重新表述

时间(min)	1	2	3	4	5	6	7	8	9	10	11	12	13	14
上升/下降高度(m)	13	8	−20	4	−27	9	7	7	−5	7	−7	−27	10	8

图 10.4　小明训练攀岩的记录数据

为:已知一个数字序列,在其中找到一个连续的子序列,使得该子序列之和是所有子序列和中的最大值。该问题可称为**最大子序列和问题**。

最大子序列和问题是一种最优化问题,所谓**最优化问题**,是指在给定的约束条件下,求解最优方案使得目标最大化或最小化的问题。本例中,优化目标为“子序列和最大”。

问题 10.2 的数学模型 以四要素形式描述的数学模型如下所示:

输入/已知的抽象表示:n 个具有先后次序的数字组成的序列 $D=\{d_1,d_2,\cdots,d_n\}$;

输出/结果的抽象表示:子序列之和 $S_{i,j}=\sum_{k=i}^{j}D_k$,其中 $1\leqslant i\leqslant j\leqslant n$;

输出/结果需满足约束:子序列是连续的元素;

输出/结果需优化达到的目标:$S_{i,j}$ 最大。

在本例中,用自然数序列表达实际的上升/下降高度,用连续的下标表示这些数据的先后顺序,然后通过自然数及其下标将不同的数据关联起来,这是算法类问题抽象的重要方法。

10.2.2　算法的数据结构设计

数据是有逻辑语义的,这种逻辑语义被称为数据的逻辑结构。同时,数据要保存在存储器中,而存储器是一种线性结构,如何用线性结构表达不同逻辑结构的数据,并提供相应的操作方法(例如读取一个元素、删除一个元素),是数据结构设计需要考虑的问题,即研究数据如何被存储与操纵。

什么是数据结构 **数据结构**是数据的逻辑结构、存储结构及其操作的总称,数据结构为问题求解与算法设计提供了数据操纵机制。其中,“逻辑结构”定义了数据之间的逻辑语义关系,“存储结构”决定了数据在内存中的存储方式,而“操作”描述了能够对数据进行操纵处理的方法。

数据的逻辑结构 数据的**逻辑结构**描述了数据之间的逻辑语义关系,典型的逻辑结构有线性表、树和图。其中,**线性表**是一种由 $n(n\geqslant 0)$ 个具有相同特性的数据节点构成的有限序列,可记为 $a_1,a_2,\cdots,a_n$,除了首尾元素,线性表中的每个元素均有“相邻的前一个元素”(称为直接前驱)和“相邻的后一个元素”(称为直接后继),第一个元素只有直接后继,最后一个元素只有直接前驱。例如,图 10.5(a)是一个线性表,元素 68 的直接前驱是 76,直接后继是 90。**树**是一种逻辑上表现为一棵倒挂的树的结构(如图 10.5(b)所示),除了树的根部(称为根节点,“爷爷”是根节点)和叶子(称为叶节点,“堂哥”和“你”均为叶节点),树中所有的节点都有一个父节点,有若干子节点,根节点没有父节点,叶节点没有子节点,例如,“叔父”的父节点是“爷爷”,子节点是“堂弟”和“堂妹”。**图**是一种由**节点**和连接节点的**边**构成的结构,如图 10.5(c)所示,地图中的地标是节点,地标之间的道路是边。本节主要对线性表进行讨论,树和图的详细信息请参考其他相关资料学习。

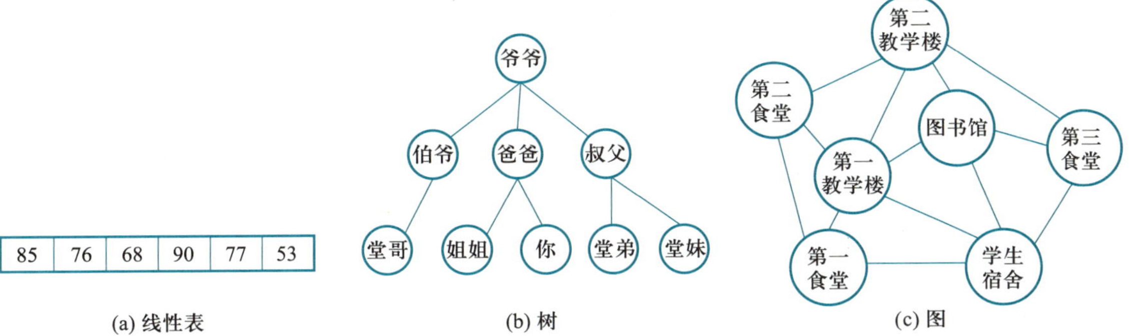

图 10.5 3 种常见的数据逻辑结构

问题 10.2 的逻辑结构分析 在求解问题时,进行逻辑结构分析的基本步骤如下:(1)分析问题的数学模型中数据的组织结构;(2)以数据的组织结构为基础,确定数据的逻辑结构。考察问题 10.2 的数学模型,其输入数据为“n 个具有先后次序的数字组成的序列 $d_1, d_2, \cdots, d_n$”,可以发现其组织结构符合线性表的定义,其中 n 个数据构成了一个有限序列,第一个元素 d_1 只有一个直接后继 d_2,最后一个元素 d_n 只有一个直接前驱 d_{n-1},其他所有元素 d_i 均有一个直接前驱 d_{i-1} 和一个直接后继 d_{i+1},因此,问题 10.2 中数据的逻辑结构为线性表。

逻辑结构可以用不同的存储结构实现 数据结构除逻辑结构外,还要考虑具体使用何种存储结构,具体来说,数据的**存储结构**是一种物理结构,既要反映数据之间的逻辑关系,又要便于计算系统进行处理。数据的存储结构主要有**顺序存储**和**链式存储**两种结构,以线性表为例,使用顺序存储方式的线性表称为**数组**(也称顺序表),使用链式存储方式的线性表称为**链表**。

数据的顺序存储 所谓顺序存储,是指元素在内存中是连续的,图 10.6 展示了问题 10.2 中数据的顺序存储方式,图中左侧第 1 列的元素序号表达了元素在逻辑上的先后关系,第 2 列是元素在内存中的存储地址,第 3 列是元素的二进制表达形式(其中负数采用了补码方式存储)。可以发现,采用顺序存储方式时,在逻辑上相邻的元素在内存中也是相邻的。例如,元素 13 和 8 在逻辑上是相邻的,同时,二者在内存中也是相邻的。可以用一个带下标的变量表示顺序存储的不同元素(即数组),例如 $D[i]$,其中 D 指明了该数组的起始位置,下标 i 指明了是数组的第 i 个元素。一维数组用 1 个下标进行标记,即$D[i]$;二维数组用 2 个下标进行标记,即 $D[i][j]$;三维数组用 3 个下标进行标记,即$D[i][j][k]$。

元素序号	内存地址	存储内容	含义
1	10000000	00001101	13
2	10000001	00001000	8
3	10000010	11101100	-20的补码
	…	…	…
14	10001101	00001000	8

图 10.6　线性表的顺序存储方式

为问题 10.2 选择顺序存储结构 采用一维数组存储的主要优点是可以高效地进行元素存取操作，由于元素在存储空间中的位置是连续的，当需要取出第 i 个元素时，可以通过式(10.3)直接计算该元素的地址。

$$第\ i\ 个元素的物理地址=数组开始物理地址+(i-1)\times每个元素占用字节数 \quad (10.3)$$

例如，要访问图 10.6 中的第 3 个元素，其物理地址为 $10000000+(3-1)\times1=10000010$，然后直接从该地址中取出元素“-20”即可。

问题 10.2 的数学模型中，输出为“子序列之和 $S_{i,j}=\sum_{k=i}^{j}D_k$ 其中 $1\leqslant i\leqslant j\leqslant n$”，要完成“子序列之和”的计算，需要依次取出 $d_i, d_{i+1}, \cdots, d_j$ 的值进行累加。当利用数组存取时，将序列 D 定义为数组，d_i 即 $D[i]$ 对应的物理地址，通过式(10.3)的计算可以由系统自动实现。由于顺序存储能够带来高效的元素存取机制，因此为问题 10.2 选择顺序存储方式(即数组)是合理的。

另一种存储结构：数据的链式存储 采用链式存储时，数据结构中的元素除了存储数据本身，还有一个或多个指针用于保存另一个元素的地址。对于线性表，需要一个指针指向下一个元素。图 10.7 是问题 10.2 中数据的链式存储方式，图中的元素在内存中的位置是随机的，例如，第 2 个元素在内存中并不在第 1 个元素之后，但是可以根据第 1 个元素中保存的指针信息找到第 2 个元素的内存地址，图 10.7 使用虚线箭头展示了这种寻找下一个元素的机制。由于不同元素在内存中的位置不是连续的，因此无法直接计算要访问的元素的地址，只能从第 1 个元素开始，沿元素指针依次访问下一个元素，因此，对于采用链式存储的线性表，访问元素的效率低于顺序存储。和顺序存储相比，链式存储的优点是能够更加迅速地添加和删除元素，不过，对于问题 10.2 而言，由于不需要进行添加和删除元素操作，仅需要进行元素读取操作，因此使用顺序存储是更好的选择。

“操作”为算法提供了操作数据的途径 数据结构的目的是为算法提供数据操纵机制，这种操纵机制主要由数据结构的“**操作**”提供，其表现形式是一个函数集，该函数集构成了数据结构可供外部使用的操作集。不同的数据结构提供了不同的操作，例如，线性表、树、图的操作都是不同的。线性表的操作包含许多函数，由于问题 10.2 仅需要进行元素读取，因此这里重点介绍线性表的元素读取操作。线性表的元素读取操作是指从线性

元素序号	内存地址	存储内容	含义
1	00000010	00001101	13
	00000011	00100000	
	…	…	…
3	00001000	11101100	-20的补码
	00001001	00000110	
	…	…	…
2	00100000	00001000	8
	00100001	00001000	
	…	…	…
14	10000000	00001000	8
	10000001	00000000	终止符号0

图 10.7 线性表的链式存储方式

表中读取第 i 个元素的操作,其形式为 $GET(L, i)$,其中 L 为线性表,i 为元素的逻辑地址,该操作从线性表 L 中读取第 i 个元素,可以将该操作简写成 $L[i]$。除了存取数据的操作,线性表还有许多其他操作,例如插入元素的操作 $INSERT(L, i, x)$ 、删除元素的操作 $DELETE(L, i)$,由于问题 10.2 的求解不需要使用这些操作,此处不再赘述。

10.2.3 算法的控制结构设计

什么是算法的控制结构 数据结构是为算法的控制结构服务的,设计数据结构的一个基本原则是便于算法的控制结构操纵数据。算法的**控制结构**描述了算法的操作步骤,控制结构的设计反映了算法的思想。存在以下 3 种基本的控制结构。

(1) 顺序结构:“执行 A 步骤,然后执行 B 步骤”的形式。这是按顺序依次执行若干步骤的结构。

(2) 分支结构:“如果条件 Q 成立,则执行 A 步骤,否则执行 B 步骤”的形式,或“如果条件 Q 成立,则执行 A 步骤”的形式,其中 Q 是某些逻辑条件。这是按条件判断结果决定执行哪些步骤的结构。

(3) 循环结构:用于控制某些步骤的多次重复执行,包含两种基本形式:① 有界循环:形如“执行 A 步骤,共 N 次”的形式,其中 N 是整数;② 条件循环:形如“重复执行 A 步骤,直到条件 Q 成立”的形式,或形如“当条件 Q 成立时反复执行 A 步骤”的形式。

以上 3 种结构可以嵌套使用,用于表达复杂的求解步骤,上述控制结构的描述中使用的术语**步骤**就体现了这种嵌套思想,凡是有术语“步骤”的位置均可用上述结构中的任意一种替换。例如,有界循环“执行 A 步骤,共 N 次”,将其中的步骤视为条件循环“当条件 Q 成立时反复执行 A 步骤”,即构成嵌套循环。嵌套可以按算法设计的需要一直进行下去,形成非常复杂的控制结构。

描述控制结构的方法 算法的控制结构反映了算法的思想和实现步骤,通常从相对抽象的层面描述算法的控制结构，主要有 3 种描述算法的方法，即自然语言描述法、流程图描述法和伪代码描述法，其中自然语言描述法已在算法 10.1 的描述中使用，此处不再赘述。

无论用什么方法表达算法，都要遵循以下要求：

（1）算法应当有一个“开始”和一个或多个“结束”；

（2）算法在执行过程中始终能够到达结束位置；

（3）算法应当清晰表述输入和输出；

（4）算法应当以顺序结构、分支结构和循环结构的嵌套进行描述；

（5）算法的每个步骤都是确定的、无歧义的、可被执行的。

用自然语言描述算法容易出现二义性、不确定性等问题，流程图和伪代码是更为严谨的表示方法，下面对这两种方法进行介绍。

用流程图描述算法 **流程图（flowchat）**是描述算法和程序的常用工具，它采用一组标准的图形符号表达流程，可以很方便地表示顺序、分支和循环结构，并且，流程图不依赖任何具体的计算机硬件和程序设计语言，从而有利于从抽象层次描述算法的步骤。

流程图的图形符号主要包括圆形框（表示算法的起始和结束）、矩形框（表示顺序执行的算法步骤）、菱形框（表示根据判断结果决定下一步走向）、带箭头的线段（表示算法的走向）。图 10.8 展示了 3 种控制结构的流程图，其中分支结构和循环结构均通过菱形框控制，循环结构在执行循环体之后会通过流程线回到菱形框之前。图 10.9 是算法 10.1 的流程图表示以及相关图形符号说明。

可行解与解空间 在设计算法之前，首先要理解可行解与解空间两个概念。**可行解**是指解的取值空间中任何符合约束条件的值，例如，问题 10.2 的可行解是所有可能的连续子序列，在该问题的数学模型中，输出被描述为“子序列之和 $S_{i,j}=\sum_{k=i}^{j}D_k$ 其中 $1\leqslant i\leqslant j\leqslant n$”，约束条件为“子序列是连续的元素”，因此，任意符合 $1\leqslant i\leqslant j\leqslant n$ 的 i 和 j 均形成一个可行解，例如，$S_{2,6}$、$S_{3,9}$ 都是问题的可行解。**解空间**是指由问题的所有可行解构成的集合，对于问题 10.2，解空间是所有可能的 i 和 j 的组合构成的子序列的集合，由排列组合可知，当 i 为 1 时，j 的取值范围为 $1\sim n$，对应 n 个可行解，当 i 为 2 时，j 的取值范围为 $2\sim n$，对应 $n-1$ 个可行解，因此，可行解总数为 $n+(n-1)+\cdots+1=n(n+1)/2$，即问题 10.2 的解空间大小为 $n(n+1)/2$。

问题求解的过程是搜索解空间寻找最终解的过程 从本质上讲，问题求解的过程就是对解空间进行搜索，在其中找到符合约束条件和优化目标的过程。算法设计的主要任务就是设计控制结构完成这一搜索过程，高效的算法可以快速完成搜索找到答案，而低效的算法需要消耗更多的时间来完成搜索任务。

最基本的解空间搜索方法是对解空间进行逐一遍历的穷举法 问题 10.2 的求解目标是找出最大的子序列和，因此，最基本的方法是将所有连续子序列（即可行解）找出，求

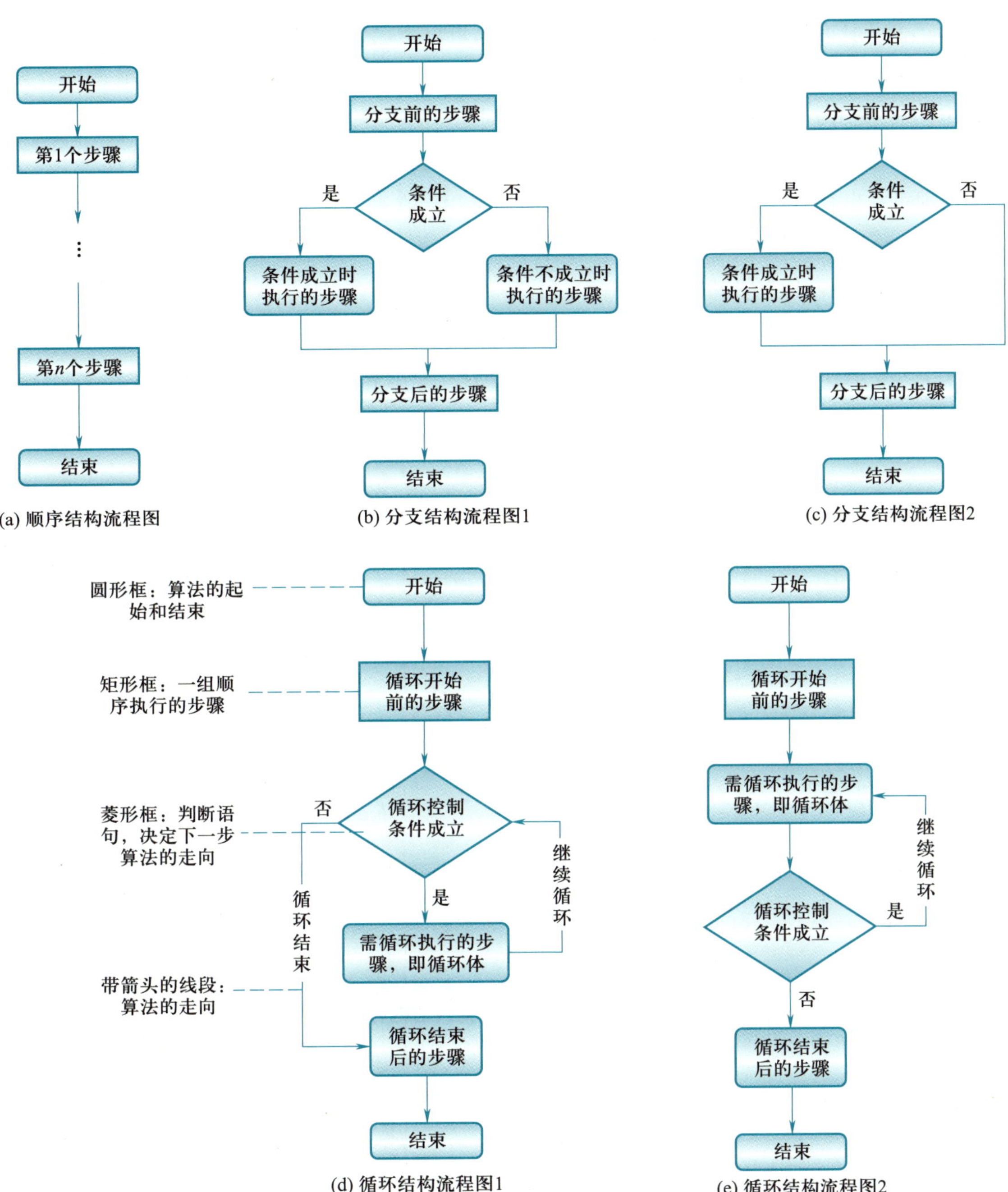

图 10.8　3 种控制结构的流程图及图形符号说明

出每个连续子序列的和,其中的最大值即为最终结果,这种对所有可行解进行逐一枚举-计算并验证的过程就是**解空间遍历**,通常将这种对解空间进行遍历的算法称为**穷举法**或遍历法。

为问题 10.2 设计控制结构 在设计穷举法求解问题 10.2 之前,需要明确其解空间的遍历方式,数学模型中任意可行解的形式为 $S_{i,j}=\sum_{k=i}^{j} D_k$, $1 \leqslant i \leqslant j \leqslant n$,其中起点 i 可以从 1

变化到 n，对于任意 i，终点 j 可以从 i 变化到 n，因此，可以将 i 设计为外层循环结构的循环变量，j 为内层循环结构的循环变量。在内层循环中，用算法 10.1 求子序列之和 $S_{i,j}$，由于算法 10.1 也使用了循环结构，因此用穷举法求解问题 10.2 实际上需要三重循环。

通过上述三重嵌套循环，可以计算出每个子序列之和，然后通过一种称为“打擂台”的策略即可找出其中的最大值。“打擂台”策略通常用于在一个序列中求最大值或最小值，以求最大值为例，“打擂台”策略的基本思想为：对于 n 个数 $d_1, d_2, \cdots, d_n$，设置 *res* 的初值为$-\infty$，通过循环，依次将 $d_i(1<i\leqslant n)$ 与 *res* 比较，若 d_i 大于 *res*，则将 *res* 替换为 d_i，最终 *res* 为最大元素。图 10.10 是用穷举法求解问题 10.2 的流程图，其中 $D[1\cdots n]$ 表示一个拥有 n 个元素的序列，其第一个元素的序号是 1，最后一个元素的序号是 n。

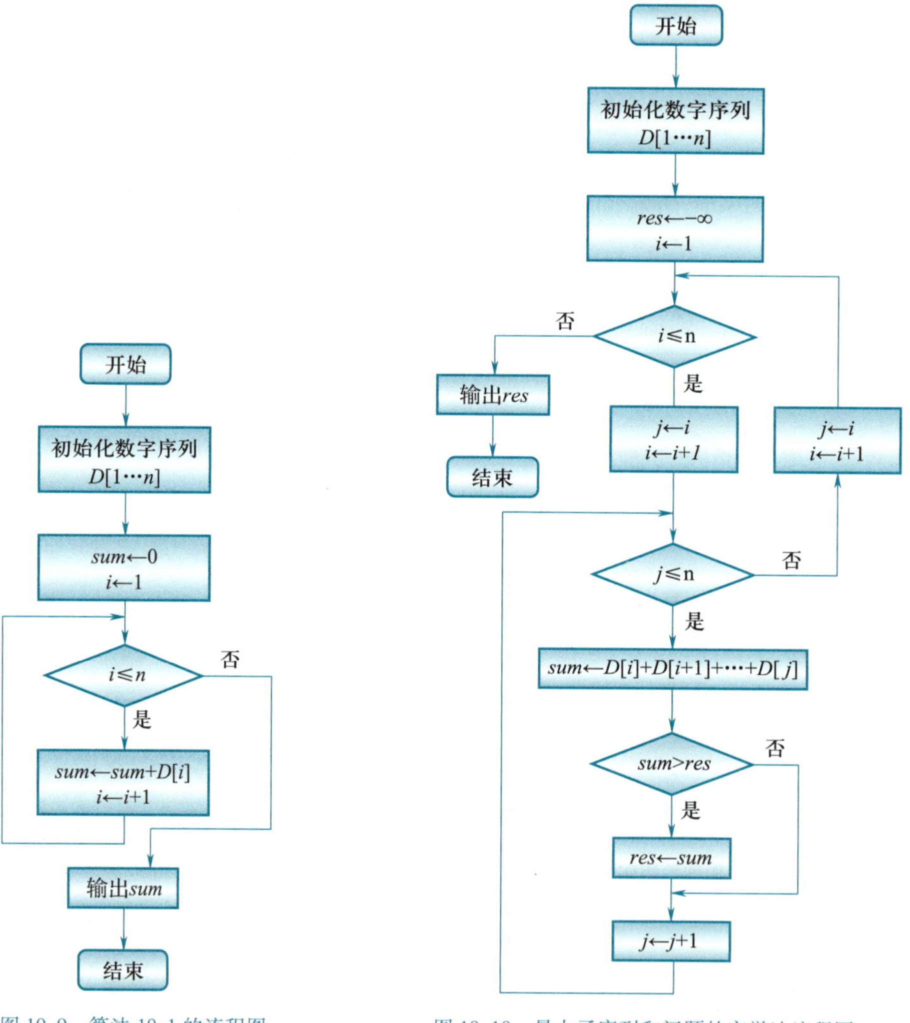

图 10.9　算法 10.1 的流程图

图 10.10　最大子序列和问题的穷举法流程图

用伪代码描述算法 伪代码是一种介于计算机语言和自然语言之间的语言，和自然语言描述法相比能够更为精确地描述算法，和流程图相比则更加简洁，此外，使用伪代码描述的算法更容易用程序设计语言实现。

伪代码的主要目的是以精确、简洁、易于理解的方式描述算法，并无标准的书写规范，但有一些约定俗成的符号用于描述赋值、分支、循环、步骤定义等结构。图 10.11 是一种用于伪代码的符号列表。

伪代码符号	begin	end begin	function	←	for…to…do
					end for
						while…do
						…
						end while
							if…then
							…
							end if
								if…then
								…
								else
								…
								end if
									if…then
									…
									else if…then
									…
									else
									…
									end if

用途	算法 开始	算法 结束	函数/模块	赋值	有界循环	条件循环	条件分支1	条件分支2	条件分支3

图 10.11　一种伪代码符号列表

最大子序列和问题的穷举算法 算法 10.2 是穷举法求解问题 10.2 的伪代码：

算法 10.2　最大子序列和问题的穷举算法

```
1  Input: 大小为 n 的数组 D[1…n]
2  Output: 数组 D 的最大子序列和
3  function FIND-MAX-SUBSEQ-1(D[1…n])
4  begin
5    res←-∞;  //保存输出结果的变量,初值为负无穷大
6    for i←1 to n do //i 为子序列起点
7      for j←i to n do //j 为子序列终点
8        sum←0
9        for k←i to j do //子序列求和
10         sum←sum+D[k]
11       end for
12       res←MAX(res, sum) //MAX 函数返回 2 个参数中的较大者
13     end for
14   end for
15   输出 res
16 end begin
```

算法的第 5 行定义了一个变量 res 用于保存最终的结果，其初值设置为负无穷大（程序设计语言中可定义为最小的负整数）；第 6 行是最外层循环，循环变量 i 指明了子序列的起点，变化范围是 1 ~ n，第 7 行是中层循环，循环变量 j 指明了子序列的终点，变化范围是 i ~ n，这两个循环完成了对解空间的遍历，每个可行解是一个子序列，分别用 i 和 j 界定了起点和终点；第 8 ~ 11 行对子序列 D[i…j] 求和，即算法 10.1 完成的功能；第 12 行用“打擂台”策略筛选出“子序列和”中的最大值。

算法10.2的时间复杂度 算法10.2的主要部分是三重循环。最外层的循环次数为n;中间层的循环次数是变化的,当i为1时,其循环次数为n,当i为n时,其循环次数为1,在计算时可取均值n/2;内层的循环次数同样取均值n/2。此外,中间层每次循环除了执行内层循环,还执行了第8、12行这两个额外的步骤,容易证明,第12行的MAX函数的时间复杂度是$O(1)$,因此算法10.2的时间复杂度为$T(n) = 1+n\times(n/2)\times(2+n/2) = O(n^3)$。当问题规模为1 000时,大致运算时间为16分钟,当问题规模为10 000时,大致需要11天时间,可见该算法的效率较差。

不同数据结构设计带来不同的算法性能 10.2.2小节提到,数据结构的设计要便于控制结构操作数据,算法10.2的第10行伪代码为sum←sum+D[k],其中D[k]是从数组中取出第k个元素的操作,由于D是数组(见算法10.2的第1行),可以用$O(1)$的时间复杂度存取元素,因此才能得出该算法的时间复杂度为$O(n^3)$的结论;若算法10.2采用链表作为输入,D[k]这一操作需要从第一个元素开始向后移动k次才能取出需要的元素,而该操作的时间复杂度是$O(n)$,因此会导致算法10.2的时间复杂度变为$O(n^4)$。由此可见,不同数据结构设计会给算法带来不同的性能,在设计数据结构时,应根据控制结构操作数据的实际需求选择合适的数据结构,达到提高算法效率的目的。

穷举法的优点和缺点 穷举法的优点是思路直观且易于理解,同时,由于穷举法建立在枚举并验证所有可行解的基础上,因此算法的正确性也比较容易证明;穷举法的缺点也很明显,因为需要对解空间中所有可行解进行遍历,若遍历操作的时间复杂度很高,穷举法会效率十分低下甚至无法使用,如图10.3(a)所示,若一个问题遍历解空间的时间复杂度为$O(2^n)$,当问题规模达到100时,使用穷举法求解该问题需要消耗的时间是天文数字。

提高算法效率的一个基本思路是分析算法的流程,找出其中的无效计算,然后采用合适的算法策略消除这些无效计算,达到提高算法效率的目的。10.3节以问题10.2为例,通过对无效计算进行分析,循序渐进地使用了3种有效的算法策略来提高求解该问题的效率。

穷举法求解问题的步骤总结 使用穷举法求解问题的一般步骤如下:

(1) 建立问题的数学模型,需要明确四要素——输入、输出、约束、优化目标;

(2) 以数学模型为基础,选择合适的数据结构,数据结构要便于控制结构的操作;

(3) 以数学模型为基础,分析问题的解空间形式;

(4) 设计控制结构对解空间进行遍历,对于每个可行解,使用数学模型中的约束和优化目标进行验证以便找到符合要求的解。

3种算法描述方法的比较 用自然语言、流程图、伪代码对算法进行描述的3种方法各有优缺点。自然语言描述法的优点是形式自由、易于书写,缺点是准确性不足、容易产生歧义,通常不在正式场合使用;流程图以可视化的方式展示算法的流程,因此具有较强的直观性，但对于一个复杂的算法，流程图难以绘制，并且十分烦琐而让人抓不住重点；伪代码的优点是同时具备准确性和简洁性，是正式场合中描述算法的首选方法，当然，阅读伪代码需要具有一定的专业知识，而自然语言描述法和流程图无须专业知识即可理解。

10.3 算法优化与策略选择

10.2 节介绍了设计数据结构和控制结构来实现算法的方法，同时展示了不同数据结构设计给算法带来的不同性能表现，同理，不同算法策略（表现为不同的控制结构）也会给算法带来不同的性能。研究算法策略的目标是提高算法的效率，而提高算法效率的基本思路是分析算法的流程，找出其中的无效计算，然后采用合适的算法策略消除这些无效计算，达到提高算法效率的目的。

消除无效计算的手段总的来说可以分为 3 类：消除不必要遍历（称为剪枝），消除重复计算，优化解空间搜索策略。消除不必要遍历是指利用问题的约束条件控制遍历的范围，停止对非必要部分的遍历；消除重复计算是指在遍历解空间的过程中，检查不同可行解的验证是否存在重复的计算，如果存在，则暂存已验证可行解的结果，将其用于另一个可行解的验证；优化解空间搜索策略是指不使用穷举法这种直接遍历解空间的控制结构，而是利用一些行之有效的算法策略，设计更高效的解空间搜索策略。

在算法领域，人们已经总结出许多行之有效的算法策略，与穷举法相比，这些算法策略可以更高效地搜索解空间。学习算法的过程很大程度上是学习如何在众多算法策略中选择适合问题求解的策略，这一方面需要以数学模型为基础对问题本身进行深入分析，另一方面也需要对常用的算法策略及各自适应的场景有足够的了解。

本节仍以最大子序列和问题为例，以无效计算分析为基础，层层递进地给出使用 3 种不同算法策略求解该问题的方法，这些算法的复杂度由穷举法的 $O(n^3)$ 降为 $O(n^2)$ 再降为 $O(n \log n)$ 最终降为 $O(n)$，充分展示了不同算法策略对问题求解效率的影响。

10.3.1 利用“累加和”进行优化

算法 10.2 中的无效计算分析 如图 10.12 所示，算法 10.2 中包含大量重复计算，例如，“计算子序列 D[1…13]之和”与“计算子序列 D[1…14]之和”这两个操作中的大部分求和运算是重复的。分析算法 10.2 的伪代码可知，对于任意的 i（第 6 行的循环变量），该算法利用第 7 行的循环（for j←i to n），以 i 为起点、j 为终点，构造了 n−i+1 个子序列

D[i⋯i],D[i⋯i+1],⋯,D[i⋯n],对于这些子序列,算法 10.2 每次均从第一个元素开始进行累加,显然,这些累加计算存在大量的重复运算,例如,计算序列 D[1⋯13]之和与计算序列 D[1⋯14]之和时,都要进行从 D[1]到 D[13]的累加操作。

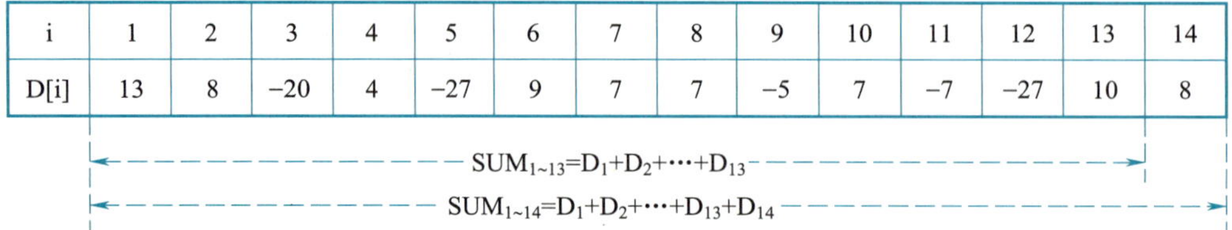

i	1	2	3	4	5	6	7	8	9	10	11	12	13	14
D[i]	13	8	−20	4	−27	9	7	7	−5	7	−7	−27	10	8

$SUM_{1\sim13}=D_1+D_2+\cdots+D_{13}$
$SUM_{1\sim14}=D_1+D_2+\cdots+D_{13}+D_{14}$

图 10.12　算法 10.2 中的无效计算

对算法进行优化的思想之一:"累加和"相减　如果存在一个新的序列 S[0⋯n],元素 S[i]为序列 D[1⋯n]中前 i 个元素之和(见图 10.13),则通过式(10.4)可以完成任意子序列 D[i⋯j]的求和操作,例如 D[2⋯4]=S[4]−S[1]=5−13=−8。注意,为了使得 i 为 1 时 S[i−1]有意义,定义 S[0]为 0。如前所述,算法 10.2 每次计算 D[i⋯j]之和时均要进行累加操作,形成大量重复计算,利用式(10.4),只需要一次减法操作即可完成该操作。

$$\text{序列 } D[i\cdots j]\text{之和} = S[j] - S[i-1],\ 1\leqslant i\leqslant j\leqslant n \tag{10.4}$$

序号i	0	1	2	3	4	5	6	7	8	9	10	11	12	13	14
D[i]		13	8	−20	4	−27	9	7	7	−5	7	−7	−27	−10	8
S[i]	0	13	21	1	5	−22	−13	−6	1	−4	3	−4	−31	−21	−13

图 10.13　记录累加和的序列 S

如何构造序列 S 呢? 根据 S 的定义可知,S 中任意元素 S[i]一定等于前一个元素 S[i−1]与 D[i]之和,由于 S[0]被定义为 0,因此可以从 S[0]推导出 S[1],再从 S[1]推导出 S[2],以此类推,即可用 $O(n)$的时间复杂度完成序列 S 的全部构造工作。这种根据序列前一个元素依次推导出后一个元素的操作称为**递推**,递推是一种十分重要的算法策略。式(10.5)是构造序列 S 的公式,称为**递推式**。通常来说,递推式应包含两个部分,一个是递推起点的定义,即式(10.5)中 i=0 的部分,另一个是推导公式,即式(10.5)中 i>0 的部分。

$$\begin{cases} S[i]=S[i-1]+D[i], i>0 \\ S[i]=0, i=0 \end{cases} \tag{10.5}$$

利用"累加和"的优化算法　以式(10.5)为基础,可对算法 10.2 进行改进,基本思路为:第 1 重循环枚举子序列的起点(i 从 1 到 n),第 2 重循环枚举子序列的终点(j 从 i 到 n),子序列 D[i⋯j]之和可直接用式(10.5)得出。优化算法的伪代码如下:

算法 10.3 利用“累加和”的优化算法

```
1  Input:大小为 n 的数组 D[1…n]
2  Output:数组 D 的最大子序列和
3  function FIND-MAX-SUBSEQ-2(D[1…n])
4  begin
5    初始化大小为 n+1 的序列 S[0…n]  //第 5~9 行使用递推完成序列 S 的构造
6    S[0]←0
7    for i←1 to n do                 //i 为子序列起点
8      S[i]←S[i-1]+D[i]              //根据 S[i-1]推导 S[i]
9    end for
10   res←-∞                          //初值为负无穷大
11   for i←1 to n do                 //i 为子序列起点
12     for j←i to n do               //j 为子序列终点
13       sum←S[j]-S[i-1]             //利用序列 S 计算子序列 D[i…j]之和
14       res←MAX(res, sum)           //确保 res 为最大值
15     end for
16   end for
17   输出 res
18 end begin
```

第 5~9 行是使用递推构造序列 S 的伪代码,其中第 8 行利用 S[i]的前一项 S[i-1]与 D[i]之和构造 S[i];第 10~17 行与算法 10.2 大致相同,算法 10.3 在此处是双重循环,而算法 10.2 为三重循环,这是因为算法 10.3 对子序列 D[i…j]求和时,仅需要一次减法运算即可(第 13 行)。

算法 10.3 的时间复杂度 由于是双重循环,并且每一重循环的最大循环次数均为 n 的线性函数,因此时间复杂度为 $T(n)=1+n\times(n/2)\times 2=O(n^2)$,计算方法和算法 10.2 相同。当问题规模为 1 000 时,大致运算时间为 1 秒,当问题规模为 10 000 时,大致需要 100 秒时间,和算法 10.2 相比效率大大提高。

10.3.2 基于问题分解的优化思想

对算法进行优化的思想之二:问题分解 算法 10.3 虽然在算法 10.2 的基础上消除了重复计算,但是本质上仍然是对解空间中所有可行解进行遍历的穷举法,想要继续优化,必须从解空间搜索策略上着手。

实际上,要计算最大子序列和,枚举所有的子序列只是方法之一,如果从另外一些角

度思考问题，利用一些合适的算法策略进行处理，即可巧妙地避开枚举所有子序列的要求。在这些思维方式中，问题分解是一种十分重要的思维方法，对于合适的问题，可以更高效地在解空间中搜索最终解。

对问题 10.2 进行分解 如图 10.14 所示，将序列 D[1…n]从中间分开，从而得到两个序列 D[1…⌊n/2⌋]和 D[⌊n/2⌋+1…n]，其中⌊ ⌋为向下取整（去掉小数点部分）操作，将原问题的解记为 f(1,14)，其中 1 和 14 分别为序列的起点和终点，f(1,14)代表原问题，即序列 D[1…14]的最大子序列和。一分为二后，f(1,7)代表左半部分子序列 D[1…7]的最大子序列和，f(8,14)代表右半部分子序列 D[8…14]的最大子序列和。

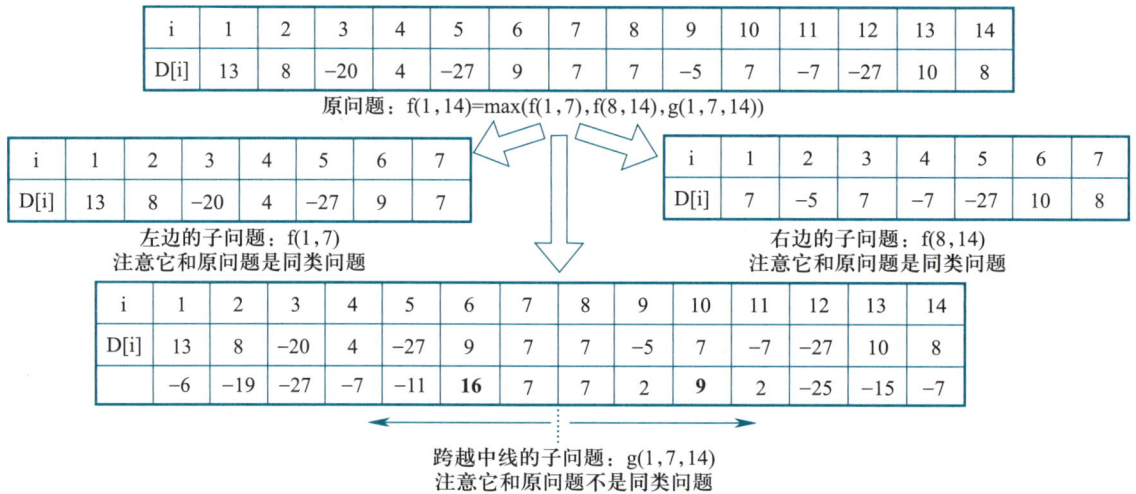

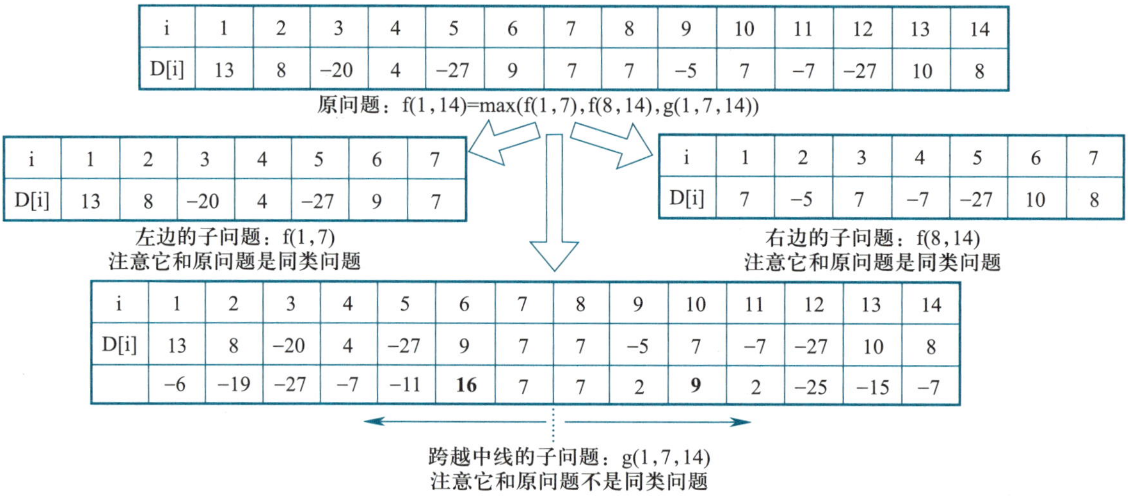

i	1	2	3	4	5	6	7	8	9	10	11	12	13	14
D[i]	13	8	−20	4	−27	9	7	7	−5	7	−7	−27	10	8

原问题：f(1,14)=max(f(1,7),f(8,14),g(1,7,14))

i	1	2	3	4	5	6	7
D[i]	13	8	−20	4	−27	9	7

左边的子问题：f(1,7)
注意它和原问题是同类问题

i	1	2	3	4	5	6	7
D[i]	7	−5	7	−7	−27	10	8

右边的子问题：f(8,14)
注意它和原问题是同类问题

i	1	2	3	4	5	6	7	8	9	10	11	12	13	14
D[i]	13	8	−20	4	−27	9	7	7	−5	7	−7	−27	10	8
	−6	−19	−27	−7	−11	**16**	7	7	2	**9**	2	−25	−15	−7

跨越中线的子问题：g(1,7,14)
注意它和原问题不是同类问题

图 10.14 对问题 10.2 进行分解

为原问题和子问题建立联系，即用子问题的解表达原问题的解，由于原问题的解是 D[1…14]的一个子序列，该解只可能是以下 3 种情况之一：

（1）“解”完全在左半部分即 D[1…7]中，因此结果等于 f(1,7)；

（2）“解”完全在右半部分即 D[8…14]中，因此结果等于 f(8,14)；

（3）“解”跨越了中线，一部分在左半部分，另一部分在右半部分，记为 g(1,7,14)。

将上述 3 种情况全部进行计算，其最大值即为原问题的解：

$$f(1,14)=\max(f(1,7),f(8,14),g(1,7,14)) \tag{10.6}$$

式(10.6)表明，一个较大问题的解可以通过分解后形成的 3 个子问题的解推导出来，3 个子问题中前 2 个子问题和原问题是同一类问题，但是规模更小，第 3 个子问题的规模和原问题相同，但是多了一个约束条件即“跨越中线”。

求解跨越中线的子问题 如前所述，g(1,7,14) 的一部分在 D[1…7]中，另一部分在 D[8…14]中，该问题可以描述为：求解跨越中线位置 7 的所有子序列之和，找出最大值。该子问题和原问题相比多了一个约束条件“跨越中线”，由于所有可能的子序列一定会经过中线，因而可以将这些子序列按中线分割为两部分，然后分别求解左半部分的最大值（记为 lsum）和右半部分的最大值（记为 rsum），二者之和 lsum+rsum 即为子问题的解。

具体求解步骤为(见图 10.14):以中线位置为起点向左进行累加,在累加过程中使用“打擂台”策略计算左半部分的最大值 lsum;以中线位置为起点向右进行累加,在累加过程中使用“打擂台”策略计算右半部分的最大值 rsum;g(1,7,14)的最终结果为 lsum+rsum。上述两个累加操作的时间复杂度为 $O(n)$。

如图 10.14 所示,求 g(1,7,14)的左半部分最大值的过程即依次比较 7(7)、16(7+9)、-11(7+9-27)、-7(7+9-27+4)、-27(7+9-27+4-20)、-19 (7+9-27+4-20+8)、-6(7+9-27+4-20+8+13),其最大值为 lsum=16;求 g(1,7,14)的右半部分最大值的过程即依次比较 7(7)、2(7-5)、9(7-5+7)、2(7-5+7-7)、-25(7-5+7-7-27)、-15(7-5+7-7-27+10)、-7(7-5+7-7-27+10+8),其最大值为 rsum=9。因此 g(1,7,14)= 16+9=25。

对问题 10.2 自顶向下分解形成分解树 要求解式(10.6)中的 f(1,14),需要首先求解其 3 个子问题 f(1,7)、f(8,14)和 g(1,7,14),子问题 g(1,7,14)可以在 $O(n)$的时间内直接求解,子问题 f(1,7)和 f(8,14)可以分别继续进行分解,这种分解可以一直进行下去,直到子序列的起点和终点相等。图 10.15 展示了这种分解过程,分解的最终结果是一棵分解树,树的顶层节点是问题 10.2。

对问题 10.2 进行分解的一般公式为:

$$\begin{cases} f(i,j)=\max(f(i,k),f(k+1,j),g(i,k,j)),k=\lfloor (i+j)/2 \rfloor,i\neq j \\ f(i,j)=D[i],i=j \end{cases} \quad (10.7)$$

其中,i 和 j 分别为待分解问题的起点和终点,k 为序列 D[i…j]的中间位置元素的序号。当 i 和 j 不相等时,表示子问题可以进行分解,分解方法如前所述;当 i 和 j 相等时,表示子问题所代表序列的起点和终点相等,此时序列只有一个元素,这种子问题被称为**最小子问题**,最小子问题的解就是其包含的唯一元素的值即 D[i],例如,f(1,1)仅包含 D[1],因此其结果为 D[1],即 13。

用子问题的解自底向上合并出更大问题的解 当一个问题分解后的 3 个子问题的解已知时,利用式(10.7)可以得到问题的解,若该问题是一个更大问题分解后的子问题,则用该问题的解可以合并出更大问题的解。这种合并操作可以沿图 10.15 所示的分解树自底向上一直进行下去,直到求出顶层问题的解。

显然,这种自底向上的合并过程是前述分解过程的逆过程。分解过程是为了将问题的规模降低,直到分解为可以直接求解的最小子问题;合并过程是利用最小子问题的解合并出更大问题的解,一直进行下去直到得出最初问题的解。

需要注意的是,分解树中的每一次分解都会得到一个跨越中线的问题 g,问题 g 可以直接求解,无须进行分解。

设计算法实现问题的分解与合并 考察式(10.7)可以发现,函数 f 两次调用了自身,是个典型的递归函数,式(10.7)是递归函数的出口。算法 10.4 以式(10.7)为基础,运用分解与合并的思想,使用递归结构求解问题 10.2:

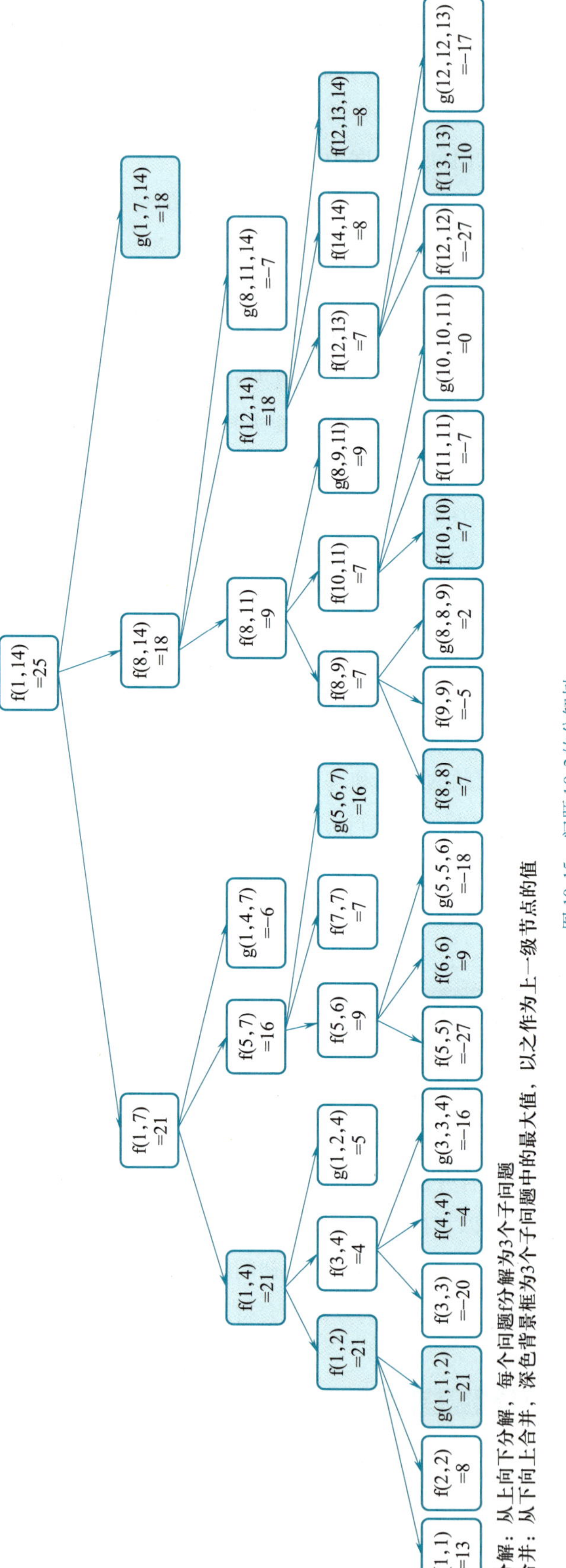

图 10.15　问题 10.2 的分解树

算法 10.4 利用分解求解“最大子序列和”问题的算法

```
Input:大小为 n 的数组 D[1…n]
Output:数组 D 的最大子序列和
function FIND-MAX-SUBSEQ 3(D[1…n])
begin
    res←f(1,n)   //原问题
    输出 res
end begin
```

算法 10.4.1 求解“形式相同子问题 f”的递归算法

```
Input:大小为 n 的数组 D[1…n],子序列的起点 i、终点 j
Output:子序列 D[i…j]的最大子序列和
function f(D[1…n],i,j) //形式相同的子问题
begin
  if i=jthen  //起点与终点相同,是最小子问题
    return D[i]
  end if
  k←⌊(i+j)/2⌋  //计算中线位置
  returnMAX(f(D,i,k), f(D,k+1,j), g(D,i,k,j))  //从中线分解问题
end begin
```

算法 10.4.2 求解跨越中线子问题 g 的算法

```
Input:大小为 n 的数组 D[1…n],子序列的起点 i、终点 j、中间位置 k
Output:跨越中线的最大子序列和
function g(D[1…n],i,k,j) //跨越中线的子问题
begin
  lsum←-∞  //中线到左边的最大子序列
  sum←0
  for t←k downto i do
    sum←sum+D[t]
    lsum←MAX(lsum, sum)
  end for
  rsum←-∞  //中线到右边的最大子序列
  sum←0
```

```
13     for t←k+1 to j do
14        sum←sum+D[t]
15        rsum←MAX(rsum, sum)
16     end for
17     return lsum+rsum
18  end begin
```

算法 10.4.2 是跨越中线子问题 g 的算法实现,第 5~10 行求中线左边的最大子序列和 lsum,第 11~16 行求中线右边的最大子序列和 rsum,第 17 行返回跨越中线的最大子序列和即 lsum 与 rsum 之和。

算法 10.4.1 是问题 f 的递归函数实现,注意它调用了算法 10.4.2 来求解分解后的子问题 g;第 5~7 行是递归函数的出口,当 i 和 j 相同时递归函数返回 D[i]。注意,递归函数一定要有出口,否则会陷入无限递归。第 8 行计算中线的位置 k,然后将问题以 k 为分界线分解为 2 个子问题,并以 2 个子问题以及跨越中线 k 的子问题中结果最大者为整个函数的结果。

算法 10.4 是利用分解法求解最大子序列和问题的实现算法,它调用了算法 10.4.1 来完成问题求解。第 33 行以参数 1 和 n 调用函数 f,这些参数代表了原问题起点和终点。

算法 10.4 的时间复杂度 由于算法 10.4 使用了递归函数,因此其时间复杂度分析较为复杂。考察图 10.15,在分解树的第 2 层中,实际的运算发生在 g(1,7,14) 中,这是一个对序列 D[1…14] 的遍历操作,时间复杂度为 $O(n)$;然后考察第 3 层,实际的运算发生在 g(1,4,7) 和 g(8,11,14) 中,这两个操作合并后也是对序列 D[1…14] 的遍历,时间复杂度同样为 $O(n)$;继续考察第 4 层和第 5 层,将各层 g 函数的操作进行综合,都是对序列 D[1…14] 的遍历,因此每一层的时间复杂度均为 $O(n)$。图 10.15 除顶层外共包含 4 层,这是因为每次分解是一分为二,即需要分解的总层数为$\lceil \log_2 14 \rceil$($\lceil\ \rceil$是向上取整操作),因此算法 10.4 的时间复杂度为 $O(n\log n)$。对递归算法进行时间复杂度分析的严谨方法是使用"主定理",感兴趣的读者可以查阅相关资料进行了解。

当问题规模为 1 000 时,算法 10.4 的大致运算时间为 10 ms,当问题规模为 10 000 时,大致需要 122 ms 的时间,可见算法 10.4 比算法 10.3 的效率更高。

算法 10.4 是分治策略 算法 10.4 使用的分解/合并思想实际上是一种常用的算法策略,即分治策略。**分治策略**是一种利用问题分解求解问题的策略,其核心思想是分而治之,求解问题时采用分、治、合 3 个步骤:

(1) 分:将复杂问题分解为与原问题形式相同、规模更小的独立子问题,子问题可以一直分解下去;

(2) 治:直接求解最小子问题;

(3) 合:将已经求解的子问题的解进行逐层合并,最终得到原问题的解。

结合图 10.15 可知，算法 10.4 运用了"分、治、合"思想。其中"分"是指将问题分解为 3 个子问题；"治"是指直接求解最小子问题，即只包含一个元素的子序列的解，以及跨越中线的子问题的解；"合"是指合并上述子问题的解得到更上层子问题的解。

10.3.3 基于解空间划分的优化思想

算法 10.4 中的无效计算分析 算法 10.4 的时间复杂度分析揭示了算法有 log n 个分解层，每一层通过执行 g 函数对序列进行遍历，而 g 函数从中线开始向两边进行累加操作，由于每一层均对整个序列进行累加操作，因此算法 10.4 会对序列进行 log n 次重复的累加操作。

对算法进行优化的思想之三：解空间划分 从本质上说，算法是对解空间进行搜索的过程，有些算法策略对问题的解空间进行整理并划分为不同的子集，在每个子集中分别搜索该子集的最优解，综合所有子集的最优解可以得到问题的最终解。这种策略的关键在于能否高效地在子集中搜索子集的最优解，如果该搜索的效率较高，则可极大地提高算法的效率。

对问题 10.2 的解空间进行划分 问题 10.2 的解空间由所有可能的子序列构成，下面是对解空间进行划分的方法以及划分之后的问题求解步骤（见表 10.1）：

（1）将序列 D[1…n]的所有子序列根据末尾元素位置的不同分为 n 个子集，例如以 D[3]结尾的子集为{D[3…3]，D[2…3]，D[1…3]}；

（2）分别对每个子集进行遍历并求出每个子集的最大子序列和，记为 T[1]，T[2]，…，T[n]，例如 T[3]是子集{D[3…3]，D[2…3]，D[1…3]}的最大子序列和，结果为 max(−20，−12，1) = 1，表 10.1 的最后一行给出了序列 T 中所有元素的值；

（3）序列 T[1…n]中的最大值即问题 10.2 的解，表 10.1 中 T[10]为 25，是序列 T 的最大值，因此是问题的解。

表 10.1 基于解空间划分的优化思想

序号 i	0	1	2	3	4	5	6	7	8	9	10	11	12	13	14
D[i]		13	8	−20	4	−27	9	7	7	−5	7	−7	−27	10	8
S[i]	0	13	21	1	5	−22	−13	−6	1	−4	3	−4	−31	−21	−13
M[i]	0	0	0	0	0	−22	−22	−22	−22	−22	−22	−22	−31	−31	−31
T[i]		13	21	1	5	−22	9	16	23	18	25	18	−9	10	18

D[i]：数据；S[i]：前 i 个元素之和；M[i]：序列 S[0…i]中的最小值；T[i]：以 D[i]结尾的最大子序列和

构造序列 T 的两种方案 从上述分析可知，将解空间分为 n 个子集之后，对每个子集进行遍历并求取该子集的最优解（即求取序列 T 中元素的值）是关键步骤，下面是求解的两种方案。

(1) 穷举法方案

求序列 T 的一个元素 T[i]时，最直观的方案是遍历所有“以第 i 个元素结尾的子序列”，分别计算这些子序列之和，然后取最大值为结果。若利用保存有累加和的序列 S(见算法 10.3)来辅助计算，则 T[i]的计算公式为：

$$T[i]=\max(S[i]-S[k-1]),\ k=1,\ 2,\cdots,i \tag{10.8}$$

表格的第 3 行给出了序列 S 中所有元素的值，S[i]为序列 D 的前 i 个元素之和。易知式(10.8)的时间复杂度为 $O(n)$，由于序列 T 共有 n 个元素，因此算法最终的时间复杂度为 $O(n^2)$，效率比算法 10.4 更低。

(2) 优化方案

对于式(10.8)中的 max(S[i]-S[k-1])，若能找到所有 S[k-1]中的最小值，即可得到 S[i]-S[k-1]的最大值，即：

$$T[i]=S[i]-\min(S[k-1]),\ k=1,2,\cdots,i \tag{10.9}$$

令 M[i]为序列 S[0…i]的最小值，则 M[i-1]为序列 S[0…i-1]的最小值，即 min(S[k-1])，用 M[i-1]替换式(10.9)中的 min(S[k-1])，即可得到式(10.10)：

$$T[i]=S[i]-M[i-1] \tag{10.10}$$

式(10.10)表明序列 T 的每个元素 T[i]均可通过 S[i]-M[i-1]求出。算法 10.3 介绍了用递推构造序列 S 的方法，其时间复杂度为 $O(n)$，且问题 10.2 的解是序列 T 的最大值，通过对序列 T 进行一次时间复杂度为 $O(n)$的遍历可以得到。因此，若能找到一种高效构造序列 M 的方法(例如能够用 $O(n)$的时间复杂度构造序列 M)，则可为问题 10.2 设计一种时间复杂度为 $O(n)$的算法。

构造序列 M 的方法及其效率分析 由于 M[i-1]是序列 S[0…i-1] 中最小的元素，而 M[i]是序列 S[0…i] 中最小的元素，因此，若已知 M[i-1]和 S[i]，则 M[i]一定是 M[i-1]和 S[i]中的较小者，即可以通过 M[i-1]推导出 M[i]。显然这是递推操作，递推起点 M[0]的值为 0，这是因为 M[0]是序列 S[0…0]（序列中只有一个元素）中最小的元素，结果即为 S[0]。式(10.11)是构造序列 M 的递推式，从 M[0]出发，可以依次推导出 M[1]，M[2]，…，M[n]，即 M[0]=0，M[1]=min(M[0]，S[1])= min(0，13)= 0，M[2]=min(M[1]，S[2])= min(0，21)= 0，…，M[14]=min(M[13]，S[14])= min(-31，-13)=-31。表 10.1 的第 4 行给出了序列 M 中所有元素的值。

$$\begin{cases} M[i]=\min(M[i-1],S[i]),i>0 \\ M[i]=0,i=0 \end{cases} \tag{10.11}$$

构造序列 M 的过程可以设计为一个重复 n 次(n 为问题规模)的循环，在循环体中使用递推方法构造出下一个元素。M 中共有 n 个元素需要构造，因此时间复杂度为 $O(n)$。

基于解空间划分的算法实现 问题 10.2 的基于解空间划分的优化算法主要包括 4 个重要步骤：(1) 以式(10.5)为基础，用递推的方式构造序列 S，其时间复杂度为 $O(n)$；(2)

以式(10.11)为基础,借助序列 S,用递推的方式构造序列 M,其时间复杂度为 O(n);(3) 以式(10.10)为基础,借助序列 S 和 M 构造序列 T,其时间复杂度同样为 O(n);(4) 对序列 T 进行遍历,找出最大元素作为问题的解,其时间复杂度仍为 O(n)。因此,算法的最终时间复杂度为 O(n),其具体实现见算法 10.5。

算法 10.5 利用解空间划分求解"最大子序列和"问题的算法

```
1  Input:大小为 n 的数组 D[1…n]
2  Output:数组 D 的最大子序列和
3  function FIND-MAX-SUBSEQ-4(D[1…n])
4  begin
5    初始化大小为 n+1 的序列 S[0…n]和 M[0…n]
6    初始化大小为 n 的序列 T[1…n]
7    S[0]←0              //第 7~10 行使用递推完成序列 S 的构造
8    for i←1 to n do
9      S[i]←S[i-1]+D[i]       //利用 S[i-1]推导 S[i]
10   end for
11   M[0]←0              //第 11~14 行使用递推完成序列 M 的构造
12   for i←1 to n do
13     M[i]←MIN(M[i-1], S[i])   //利用 M[i-1]推导 M[i]
14   end for
15   for i←1 to n do         //第 15~17 行利用 S 和 M 完成序列 T 的构造
16     T[i]←S[i]-M[i-1]     //利用 S[i]和 M[i-1]计算 T[i]
17   end for
18   res←-∞              //第 18~21 行遍历序列 T 找到最大值即问题的解
19    for i←1 to n do
20     res←MAX(res, T[i])
21   end for
22   输出 res
23   end begin
```

算法 10.5 的前 3 个循环构造了表 10.1 的 S、M 和 T 序列。其中第 7~10 行构造了序列 S,该序列的第 i 个元素为序列 D 的前 i 个元素之和;第 11~14 行构造了序列 M,该序列的第 i 个元素为序列 S 的前 i+1 个元素的最小值;第 15~17 行构造了序列 T,该序列的第 i 个元素为序列 D 中以第 i 个元素结尾的最大子序列和。算法最后一个循环对序列 T 进行遍历,找出其中的最大值作为问题的解。

算法 10.5 的时间复杂度 由于算法包含 4 个单重循环,因此时间复杂度为 T(n)=

C+4×n=O(n),此处的 C 是一个和问题规模 n 无关的常量,表示循环之外的步骤。和之前所有的算法相比,算法 10.5 是效率最高的算法,其核心思想是将解空间分为 n 个子集,由于每个子集的最优解可以用一次减法操作实现,因此 n 个子集仅需 n 次减法操作即可完成。

可见,对解空间划分后,解空间搜索的方式从搜索子序列变为搜索"最小累加和"(算法 10.5 中的 M[i-1]),这种搜索结构上的改变带来了算法效率的飞跃。

当问题规模为 1 000 时,算法 10.5 的大致运算时间为 4 ms,当问题规模为 10 000 时,大致需要 40 ms 的时间。

算法的进一步优化:空间优化 算法的优化除了去除无效计算,还包括去除无效存储,注意到算法 10.5 构造了 3 个额外的序列,下面对这些序列的必要性进行分析。

首先分析序列 T 的必要性,由于最终目的是找出所有 T[i]中的最大值,因此可以在每次完成一个 T[i]的计算时,将其与最终结果 res 比较,若 T[i]大于 res 则以之替换 res。这种方法可以将第 4 个循环和第 3 个循环合并,并省略序列 T:

```
res←-∞
for i←1 to n do
  res←MAX(res, S[i]-M[i-1])
end for
```

继续考察序列 M,在上述代码中,第 i 次循环时仅需访问序列 M 的前一个元素 M[i-1],无须访问更早的元素,因此,可以用一个变量 msum 保存前一次循环的运算结果,并且合并构造序列 M 的循环,无须使用一个序列保存所有的值。注意 msum 的更新在 res 的更新之后,因为 res 的更新需要的是 M[i-1],即前一次循环的 msum 值:

```
msum←0, res←-∞
for i←1 to n do
  res←max(res, S[i]-msum)
  msum←MIN(msum, S[i])
end for
```

同理,上述代码在第 i 次循环中仅需访问 S[i],因此用一个变量 sum 保存 S[i]的值即可,同时合并构造序列 S 的循环,最终只需要一个循环,并且无须额外的序列即可完成问题求解。算法 10.6 是完整的修正算法:

算法 10.6 算法 10.5 进行空间优化后的结果

```
Input:大小为 n 的数组 D[1…n]
Output:数组 D 的最大子序列和
function FIND-MAX-SUBSEQ-5(D[1…n])
```

```
4  begin
5    sum←0, msum←0, res←-∞
6    for i←1 to n do
7      sum← sum+D[i]                //计算 S[i]
8      res ← MAX(res, sum - msum)   //sum - msum 是 T[i]
9      msum←MIN(msum, sum)     //msum 是 M[i],下一次循环时在第 8 行成为 M[i-1]
10   end for
11   输出 res
12 end begin
```

和前面几个算法相比,算法 10.6 简洁且高效,其核心代码为第 7~9 行。其中第 7 行计算了序列 D 的前 i 个元素之和 sum;第 8 行首先计算出"以第 i 个元素结尾的最大子序列和"(sum-msum),然后用"打擂台"策略挑选每次循环得出的最大值;第 9 行计算到目前为止 sum 的最小值,同时,该最小值被第 8 行用于在下一次循环时完成计算。上述 3 行代码和循环结构共同完成了整个问题的求解,这种精巧的结构充分展现了算法之美。

算法的效率对比 表 10.2 给出了使用不同算法求解问题 10.2 的对比数据,通过对比,可以发现不同的算法策略在求解同一个问题时的巨大性能差异。

表 10.2 4 种算法的效率对比

算法	基本思想	结构	时间复杂度	n=1 000 时的大致运行时间	n=10 000 时的大致运行时间	n=100 000 时的大致运行时间
算法 10.2	直接遍历解空间	三重循环	$O(n^3)$	16 min	11 d	31.7 年
算法 10.3	基于"累加和"相减的优化	双重循环	$O(n^2)$	1 s	100 s	2.78 h
算法 10.4	基于问题分解/合并的优化	递归	$O(n\log n)$	10 ms	122 ms	1.66 s
算法 10.6	基于解空间划分的优化	单重循环	$O(n)$	1 ms	10 ms	100 ms

设计算法的基本步骤 结合 10.2 和 10.3 节,下面给出在算法设计时可以遵循的基本步骤:

（1）对问题进行抽象和数学建模；

（2）以数学模型为基础设计数据结构，其中逻辑结构应以数学模型中数据的组织结构为基础，存储结构应以便于算法的控制结构操作数据为准则；

（3）以数学模型和数据结构为基础分析问题的解空间形式；

（4）设计控制结构对解空间进行遍历，对于每个可行解，使用数学模型中的约束和优化目标进行验证以便找到符合要求的解；

（5）分析算法是否存在无效计算，选择合适的算法策略去除无效计算。

可见，算法设计是一种循序渐进、精益求精的过程，人们对更高效率算法的追求是永无止境的。

本章小结

本章第 1 节首先以“序列求和问题”为例，使用自然语言描述了该问题的求解算法，以此为基础阐述了算法的五要素——输入、输出、有穷性、确定性和能行性；然后通过对该算法的执行时间与问题规模之间关系的分析，引出了算法复杂度的概念。

第 2 节首先给出了本章贯穿后续全部小节的问题“最大子序列和问题”（问题 10.2），以该问题为例描述了对问题进行抽象和数学建模的基本方法，给出了问题 10.2 的数学模型，该模型是后续的数据结构设计和控制结构设计的基础。

以数学模型为基础，第 2 节选择了适合问题 10.2 的逻辑结构即线性表以及存储结构即数组，阐述了数据结构的设计标准：数据结构的逻辑结构要符合数学模型中数据的逻辑表达形式，数据结构的存储结构要便于算法控制结构的操作需要。以此为基础，第 2 节给出了算法的三大控制结构——顺序、分支与循环，以及描述控制结构的 3 种工具——自然语言描述法、流程图描述法和伪代码描述法，并使用流程图和伪代码分别描述了求解问题 10.2 的最基本算法即穷举法，其时间复杂度为 $O(n^3)$。

算法的设计方向之一是去除无效计算量，第 3 节分析了穷举法中的无效计算，并依次给出了求解问题 10.2 的 3 种改进算法，时间复杂度从 $O(n^3)$ 到 $O(n^2)$ 再到 $O(n\log n)$ 最终到 $O(n)$，每一种算法都是在无效计算分析的基础上进行的改进，最后对时间复杂度为 $O(n)$ 的算法进行了空间优化。

视频学习资源目录 10（标 * 者为延伸学习视频）

本章视频学习资源

1. 视频 10-1　算法
*2. 视频 10-2　TSP 问题求解算法示例
*3. 视频 10-3　3 种内排序算法
*4. 视频 10-4　外排序算法与计算环境
*5. 视频 10-5　网页排序算法
6. 视频 10-6　算法的概念与特征
7. 视频 10-7　算法复杂度分析
8. 视频 10-8　问题抽象与数学建模
9. 视频 10-9　算法的数据结构及其操作
10. 视频 10-10　算法的控制结构及其表达方法
11. 视频 10-11　利用“累加和”进行优化
12. 视频 10-12　基于问题分解的优化
13. 视频 10-13　基于解空间划分的优化

思考题 10

1. 算法 10.2 是最大子序列和问题的穷举算法，请分析该算法是否具有算法的 5 个基本特征，即输入、输出、有穷性、确定性、能行性，并给出理由。

2. 欧几里得算法是一种计算最大公约数的方法，可用自然语言描述如下：

寻找两个正整数的最大公约数的欧几里得算法

Input：正整数 m 和正整数 n

Output：m 和 n 的最大公约数

Method：

Step 1. m 除以 n，记余数为 r

Step 2. 如果 r 不是 0，则将 n 的值赋给 m、r 的值赋给 n，返回 Step 1；否则，最大公约数是 n，输出 n，算法结束

（1）请给出欧几里得算法的数学模型。

（2）请绘制欧几里得算法的流程图。

（3）请写出欧几里得算法的伪代码。

3. 对于给定的正整数 $n(n \geqslant 1)$，设计一个算法求数列和 $S = 1+(1+2)+(1+2+3)+\cdots+(1+2+3+\cdots+n)$，并思考如下问题：

（1）算法的时间复杂度是多少？

（2）分析算法是否存在无效计算，若存在，应如何消除这些无效计算？

4. “百钱买百鸡问题”是中国古代数学家张丘建在《算经》一书中提出的数学问题：鸡翁一值钱五，鸡母一值钱三，鸡雏三值钱一。百钱买百鸡，问鸡翁、鸡母、鸡雏各几何？翻译成白话文为：1 只公鸡价值 5 文钱，1 只母鸡价值 3 文钱，3 只小鸡价值 1 文钱。要用 100 文钱购买 100 只鸡，问公鸡、母鸡和小鸡各多少只时，恰好将 100 文钱花完？

（1）请给出“百钱买百鸡问题”的数学模型。

（2）使用穷举算法完成对“百钱买百鸡问题”的求解，并绘制算法的流程图。

（3）分析穷举算法的时间复杂度。

（4）分析穷举算法中是否存在无效计算，若存在，应如何消除这些无效计算？

5. 排序的目的是将一组“无序”的序列调整为“有序”的序列。插入排序算法是一种经典的排序算法，其基本思想是：将序列分为前后两个区域，即“已排序区域”和“未排序区域”，初始状态时，“已排序区域”只包含序列的第一个元素（只有一个元素，因此是已经排好序的），“未排序区域”包含其他所有元素；对“未排序区域”的所有元素进行遍历，然后依次将这些元素插入“已排序区域”的合适位置，插入一个元素后，“已排序区域”中的元素数目加 1，而“未排序区域”中的元素数目减 1；当“未排序区域”中的元素数目为 0 时，排序结束。插入排序算法（按递增顺序）的伪代码如下所示：

```
Input:包含 n 个数字的数组 D[1…n]
Output:数组 D 中的元素从小到大排序
function INSERTION-SORT(D[1…n])  //插入法——递增排序
begin
  for i ← 2 to N do //A[1]到 A[i-1]的元素已排序,要将 A[i]插入合适位置以使 A[1]到 A[i]完成排序
    key ← A[i]      //key 为待插入的未排序的数组元素
    j=i-1               //从排好序的最后一个元素开始检查
    while j>0 and A[i] > key  do //若 A[j]>key,已排序数组元素向后移动,为 key 留出位置
        A [i +1] = A[i];
```

```
            j=j-1
        end while
        A[j+1] = key;
    end for
end begin
```

（1）请给出排序问题的数学模型。

（2）分析插入排序算法的时间复杂度。

（3）将插入排序算法中的输入从数组改为链表，再次分析该算法的时间复杂度。

（4）快速排序法是目前效率最高的排序算法，其时间复杂度为 $O(n\log n)$，请参考相关资料学习快速排序法的基本思想，并分析插入排序算法中存在哪些无效计算，以及快速排序法如何消除这些无效计算。

第 11 章

难解性问题求解——组合、随机与近似解

本章要点：　理解计算复杂度及问题分类；理解求解“难解性问题”的基本思想是尽可能求取接近满意解的近似解；理解一种典型的难解性问题求解算法框架——遗传算法；体验用遗传算法求解集合覆盖问题的详细步骤。

本章导图：

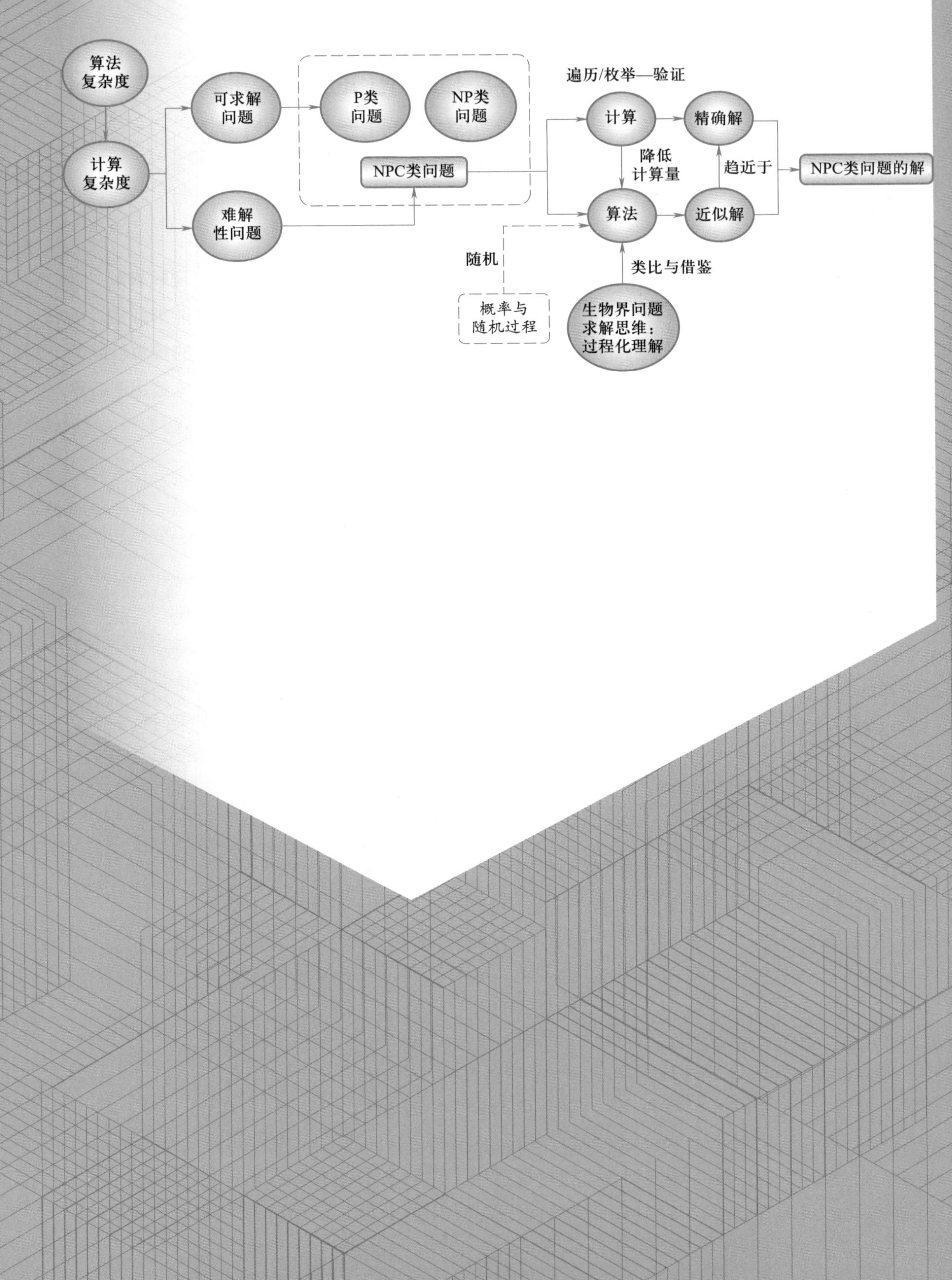
算法
复杂度
计算
复杂度
可求解
问题
难解
性问题
P类
问题
NP类
问题
NPC类问题
遍历/枚举—验证
计算
精确解
降低
计算量
趋近于
NPC类问题的解
算法
近似解
随机
类比与借鉴
概率与
随机过程
生物界问题
求解思维：
过程化理解

11.1 可求解问题与难解性问题

问题求解的基本思维是对解空间进行遍历,在遍历过程中用约束条件进行验证,从而找出符合要求的解。如果一个问题的解空间巨大,以至计算机无法在有限时间内完成遍历,则该类问题被称为**难解性问题**。本节以快递柜选址问题为例,对难解性问题的性质和特点进行分析。

11.1.1 精确解与计算复杂度

【问题 11.1】**快递柜选址问题**。如图 11.1 所示,一个快递公司要在一个拥有 8 栋住宅楼的小区设立快递柜,可能的设立点有 5 处,已知每个点距离每栋住宅楼的距离。为保证服务质量,快递公司要求每栋住宅楼在 50 米之内能到达一个快递柜,因此,建设点 1 能够服务 1、2、8 栋,建设点 2 能够服务 6、7、8 栋,建设点 3 能够服务 2、3、4 栋,建设点 4 能够服务 3、4、5、6 栋,建设点 5 能够服务 5、6 栋。问最少需要设立几个快递柜才能覆盖全部住宅楼?

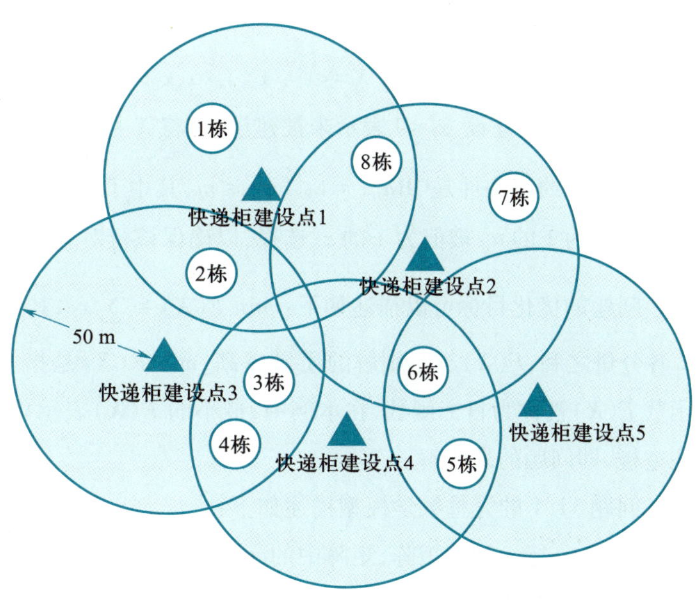

图 11.1 快递柜选址问题

上述问题属于**最优化问题**。所谓最优化问题,是指在给定的约束条件下,求解最优的方案使得目标最大化或最小化的问题。在本例中,约束条件为"覆盖全部住宅楼",优化目标为“用最少的快递柜数目满足约束条件”。

问题的数学建模 如表 11.1 所示，分别用 x_5、x_4……x_1 表示 5 个快递柜，用 t_8、t_7……t_1 表示 8 栋住宅楼。表格中的任一列数据表明某个快递柜能够覆盖哪些住宅楼：1 表示能够覆盖，0 表示不能覆盖。例如，x_1 所在的列中，x_1 和 t_1、t_2、t_8 交叉位置的数据是 1，其他交叉位置的数据是 0，表明 1 号快递柜能够覆盖 1、2、8 栋住宅楼。

表 11.1　快递柜选址问题的约束矩阵（$m=8,n=5$）

	x_5	x_4	x_3	x_2	x_1
t_8	0	0	0	1	1
t_7	0	0	0	1	0
t_6	1	1	0	1	0
t_5	1	1	0	0	0
t_4	0	1	1	0	0
t_3	0	1	1	0	0
t_2	0	0	1	0	1
t_1	0	0	0	0	1

问题的输入是一个 m 行 n 列的矩阵（$m=8,n=5$），记为矩阵 $\boldsymbol{A}$，矩阵中的元素 a_{ij} 为 0 或 1，$1\leqslant i\leqslant m$，$1\leqslant j\leqslant n$。当 a_{ij} 为 1 时，表示第 i 栋住宅楼能被第 j 个快递柜覆盖，反之，a_{ij} 为 0 时不能被覆盖。

问题的输出是一个向量 $\boldsymbol{X}=<x_n, x_{n-1},\cdots,x_1>$，其中 x_i 表示第 i 个快递柜，$x_i=1$ 表示第 i 个快递柜被建设，$x_i=0$ 表示未被建设，可将 $\boldsymbol{X}$ 称为一个解向量。

问题的约束条件是 $\mathop{\mathrm{OR}}\limits_{j=1}^{n} a_{ij}x_j=1,\ 1\leqslant i\leqslant m$，其中 OR 是或操作，约束条件要求每行至少有一个值为 1 的 a_{ij} 被值为 1 的 x_j 选择，以确保该行对应的住宅楼被覆盖。

问题的优化目标可以描述如下：$\min F(\boldsymbol{X})=\sum\limits_{j=1}^{n} x_j$，其中函数 $F(\boldsymbol{X})$ 用于计算解向量 $\boldsymbol{X}$ 各分量之和，$F(\boldsymbol{X})$ 越小则解的质量越高，$\min F(\boldsymbol{X})$ 是指找到一个 $\boldsymbol{X}$ 使得 $F(\boldsymbol{X})$ 最小。函数 $F(\boldsymbol{X})$ 被称为目标函数，在本例中，最小的 $F(\boldsymbol{X})$ 表示可以用最少的快递站覆盖全部住宅楼，即问题的最优解。

问题 11.1 的完整数学模型描述如下：

输入：m 行 n 列的矩阵，矩阵中的元素 a_{ij} 为 0 或 1，$1\leqslant i\leqslant m$，$1\leqslant j\leqslant n$

输出：向量 $\boldsymbol{X}=<x_n, x_{n-1},\cdots,x_1>$

约束条件：$\mathop{\mathrm{OR}}\limits_{j=1}^{n} a_{ij}x_j=1,\ 1\leqslant i\leqslant m$　　(11.1)

目标函数：$\min F(\boldsymbol{X})=\sum\limits_{j=1}^{n} x_j$　　(11.2)

不同类型的解 在问题的求解过程中，根据一个解是否满足约束条件以及是否符合优化目标，可以将解分为不同的类型并给出相应的名称。其中，**可能解**是指解的取值空间中任何可能的值，问题 11.1 的可能解包括所有可能的解向量；**可行解**是指满足问题所有约束的解，它是可能解的子集，例如解 $\boldsymbol{X}_1=<1,1,1,1,1>$ 和 $\boldsymbol{X}_2=<1,1,0,1,1>$ 都是可行解；**近似解**是指从一组可行解中求出的最优解，$\boldsymbol{X}_1$ 和 $\boldsymbol{X}_2$ 中的近似解为 $\boldsymbol{X}_2$，因为 $F(\boldsymbol{X}_2)$ 的结果为 4，而 $F(\boldsymbol{X}_1)$ 的结果为 5，因此 $\boldsymbol{X}_2$ 优于 $\boldsymbol{X}_1$；**满意解**是指符合要求或期望的近似解，例如，若要求找到不超过 4 个建设点的方案，解<1,1,0,1,1>即为满意解；**精确解**是指从所有可行解中求出的最优解，由于解<0,1,0,1,1>的目标函数值为 3，是所有可行解中的最优解，因此是精确解。

问题的解空间 根据排列组合原理，5 个可能的建设点通过组合可以形成 $C_5^0+C_5^1+C_5^2+C_5^3+C_5^4+C_5^5=2^5=32$ 种方案，推而广之，若可能的建设点总数为 50（即问题规模为 50），可能解的数目为 2^{50}，则有超过 1 000 万亿种方案，这是一个天文数字，要分析如此庞大的解空间中所有可能解是否符合约束条件，并找到其中的最优解，是一个无法完成的任务。此时一种可行的策略是放弃寻找精确解，退而求其次地寻找近似解，本章后续内容主要讨论如何使用一些算法策略寻找尽可能接近精确解的近似解，即满意解。

计算复杂度及其直观感受 如前所述，当问题规模为 50 时，问题 11.1 变为不可求解，为了描述用计算机求解一个问题的难易程度，可以使用计算复杂度这一度量指标，一个问题的**计算复杂度**是指求该问题精确解的最快算法的时间复杂度。对于问题 11.1，只有遍历所有可能的解，才能找到符合约束条件且目标函数值最小的解，因此计算复杂度是 $O(2^n)$，其中 n 是问题规模。显然，该问题的计算复杂度较高。计算复杂度的高低与问题规模相关，如表 11.2 所示，假设计算机每秒可以验算 10 000 个方案，问题 11.1 只有 5 个建设点，计算机仅需 3.2 ms 即可求出精确解，如果有 20 个建设点，计算机需要 100 ms 来求解，当建设点总数达到 50 时，计算机则需要 3 570 年才能得出结果。可见，问题的计算复杂度 $O(2^n)$ 决定了当问题规模增大时，其计算量将以指数形式增长。

表 11.2 不同 n 下的方案总数与运算耗时

可能的建设点总数 n	可能的方案总数	运算耗时
5	32	3.2 ms
20	1 048 576	100 s
50	1 000 万亿	3 570 a

多项式复杂度与指数级复杂度 时间复杂度可以分为两类，一类包括常量级 $O(1)$、对数级 $O(\log n)$、线性级 $O(n)$、线性对数级 $O(n\log n)$、平方级 $O(n^2)$、立方级 $O(n^3)$ 等，可以统一表达为 $O(n^a)$，即**多项式时间复杂度**，其中 a 为常数；另一类包括指数级 $O(2^n)$、阶乘级 $O(n!)$ 等，可以统一表达为 $O(a^n)$，即**指数级时间复杂度，其中 a 为常数**。通常来说，若

问题规模较大,当一个问题具有多项式时间复杂度时,该问题可以在有限时间内求解,反之,当一个问题具有指数级时间复杂度时,该问题不能在有限时间内求解。

可求解问题与难解性问题 一个问题如果存在多项式时间复杂度的精确解求解算法,则称为**可求解问题**。例如,第 10 章的最大子序列和问题存在时间复杂度为 $O(n)$ 的算法(见 10.3.3 节),因此是可求解问题。反之,一个问题如果不存在多项式时间复杂度的精确解求解算法,则称为**难解性问题**,到目前为止,问题 11.1 只有指数级时间复杂度的求解算法,因此是难解性问题。不过,一个问题目前没有多项式时间复杂度求解算法,不代表之后一直没有,因此,一个难解性问题未来可能变成可求解问题。

11.1.2　计算问题的分类

计算机科学中有一个专门的分支**计算理论**,负责研究问题的可计算性和计算复杂性。计算理论对问题进行了分类,包括 P 类问题、NP 类问题、NPC 类问题、NP-hard 问题等。

在介绍各类问题之前,首先区分判定问题和优化问题。问题 11.1 是一个典型的优化问题,要求在一定的约束条件下最大化(或最小化)某个目标函数值。判定问题是指答案为“是”或“否”的问题。例如稍加修改问题 11.1,判断是否能够用 k 个快递柜覆盖全部住宅楼,其中 k 为问题输入中的一个参数,则该问题就变成了判定问题。严格来说,计算理论中的 P 类问题、NP 类问题、NPC 类问题都是针对判定问题定义的。优化问题通过某种变换也可以转换为判定问题,用相关定义对其进行分类。

P 类问题 若一个判定问题的求解存在一种多项式时间复杂度的算法,即 $O(n^a)$,其中 a 为常量,则该问题为多项式时间问题(polynomial time problem),简称 **P 类问题**。目前并不知道问题 11.1 的判定版本是否可以用多项式时间复杂度的算法求解,因此该问题是否属于 P 类问题仍然未知。

NP 类问题 对于一个判定问题,如果存在一个验证算法,该算法能够在证据的帮助下在多项式时间内验证这一判定问题所有答案为“是”的输入,该判定问题则称为非确定性多项式时间问题(non-deterministic polynomial time problem),简称 **NP 类问题**。具体来说,该问题的任何答案为“是”的输入,都存在一个证据使得验证算法可以在多项式时间内验证答案确实为“是”;同时,该问题的任何答案为“否”的输入,任何证据都无法通过验证算法。以问题 11.1 的判定版本为例,证据即一个可以覆盖所有住宅楼且不超过 k 个快递柜的建设方案。此时验证算法的任务也很简单,只需验证建设的快递柜个数不超过 k 个,且所有住宅楼均被覆盖。这两个验证任务均可在多项式时间内完成。需要注意的是,并不要求在多项式时间内找到证据,而仅要求在证据存在的情况下可以在多项式时间内验证即可。由此可知,问题 11.1 的判定版本属于 NP 类问题。由于 P 类问题能够在多项式时间内求解,因此必然能够在多项式时间内验证一个解,因此 P 类问题属于 NP 类问题,即 NP 类问题包含了 P 类问题。

NPC 类问题 NP 类问题中最复杂的问题称为 NPC 类问题，那么如何定义“最复杂”呢？当一个判定问题是 NP 类问题，并且该问题存在多项式时间算法时，所有 NP 类问题均存在多项式时间算法，则称该问题为完全非确定性多项式时间问题（NP-complete），简称 **NPC 类问题**。可以证明，问题 11.1 的判定版本是一个 NPC 类问题。

NPC 类问题的上述定义可能有些难于理解，下面以一个易于理解的方式表述 NPC 类问题：若满足 3 个条件——所有可能解均能在多项式时间内验证、求精确解需要遍历所有可能解、遍历所有可能解的复杂度是指数级别的，则该问题是 **NPC 类问题**。

各类问题之间的关系 如图 11.2 所示，P 类问题是 NP 类问题的子集，即 P 类问题一定是 NP 类问题，这是因为若 P 类问题可以找到一个能在多项式时间内求精确解的算法，则一定能在多项式时间内验证一个给定的解。NP 类问题中最难的问题称为 NPC 类问题，通常也称 NP-hard 问题，即难解性问题。但 NP-hard 问题还包括更难的问题，即在多项式时间内不一定能验证一个解的问题，本书不作讨论。本书特指可求解问题是 P 类问题，难解性问题是 NPC 类问题。

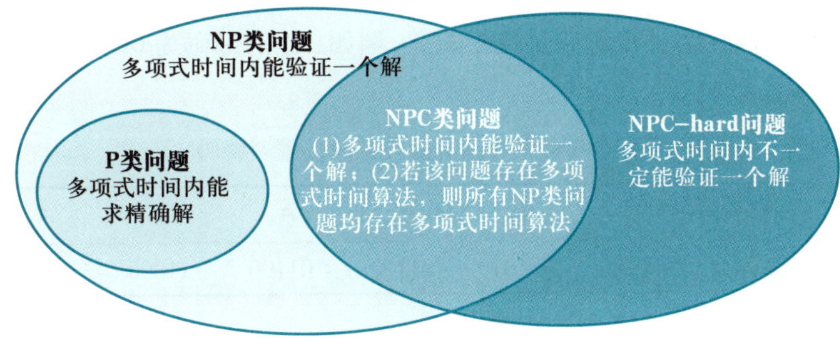

图 11.2 各类问题之间的关系

11.2 难解性问题的基本求解策略

对难解性问题的解空间进行遍历的复杂度是指数级别的，求解该类问题的基本思维是选取解空间的一个子集进行遍历，对于子集中的每个解，在多项式时间内验证是否符合约束条件，并选出其中的最优解作为近似解，其目标是以精度换时间，尽可能求取接近满意解的近似解。

11.2.1 解的编码与评价

解的编码形式 在 11.1.1 节的数学模型中，一个解被描述为向量 $X=<x_n, x_{n-1}, \cdots, x_1>$，为了便于程序自动处理，可以将一个解编码为 n 位的二进制码串，即 $X= b_n b_{n-1} \cdots b_1$，其中 $b_i=0$ 或 1，$i=1\cdots n$。当 b_i 为 1 时，表示建设编号为 i 的快递柜，为 0 表示不建设，使用这种方式进行编码的解称为编码解。例如，解<1,1,0,0,1>可以编码为 11001，对应十进制数 25，表示建设 1、4、5 号快递柜。由于 n 位二进制共有 2^n 种不同的值，因此问题规模为 n 的问题共有 2^n 个不同的可能解，其取值范围为 $0\sim2^n-1$。

约束矩阵的编码形式 与解的二进制编码类似，可以将约束矩阵以行为单位进行二进制编码，对于 m 行 n 列的约束矩阵，可以编码为 m 个 n 位的行编码，即 $A_i=a_{in}a_{in-1}\cdots a_{i1}$，其中 $a_{ij}=0$ 或 1，$i=1\cdots m, j=1\cdots n$。当 a_{ij} 为 1 时，表示快递柜 i 覆盖了住宅楼 j，反之则没有覆盖。表 11.1 的各行可以依次编码为 8 个二进制码（见表 11.3），A_i 的含义为第 i 栋住宅楼被哪些快递柜覆盖，例如，A_2 的编码为 00101，表示第 2 栋住宅楼被 1、3 号快递柜覆盖。

表 11.3 问题 11.1 的约束矩阵各个行向量的二进制编码

行向量	A_1	A_2	A_3	A_4	A_5	A_6	A_7	A_8
行编码	00001	00101	01100	01100	11000	11010	00010	00011

验证编码解是否符合约束条件 要验证一个编码解是否能覆盖某栋住宅楼，可将该住宅楼对应的行编码与编码解进行按位的“与”操作（简称位与），若运算结果的所有二进制位均为 0（十进制值为 0），则表示编码解不能覆盖该住宅楼，反之只要有一位不为 0（结果的十进制值大于 0），则表示可以覆盖。实际上，上述“位与”操作和式（11.1）是等价的，是验证编码解是否符合约束条件的方式。

以问题 11.1 为例，如式（11.3）所示，编码解 $X=11001$ 和 A_6(11010) 的“位与”结果是 11000（十进制值为 24），和 A_7(00010) 的“位与”结果是 00000（十进制值为 0），因此编码解 11001 能覆盖第 6 栋住宅楼，但不能覆盖第 7 栋住宅楼。

$$
\begin{array}{r}
X=11001 \\
\text{位与}\quad A_6=11010 \\
\hline
\text{结果}=11000
\end{array}
\qquad
\begin{array}{r}
X=11001 \\
\text{位与}\quad A_7=00010 \\
\hline
\text{结果}=00000
\end{array}
\tag{11.3}
$$

将一个编码解依次与每个行编码 A_i 逐一进行“位与”操作，如果每次的运算结果均大于 0，说明该编码解能覆盖所有住宅楼，即该编码解符合问题的约束条件。例如，编码解 $X=11011$ 与所有 8 个行编码的“位与”操作结果均大于 0，因此编码解 $X=11011$ 符合约束条件，即 11011 是一个可行解。

编码解的质量评价 数学模型中的目标函数（式（11.2））要求在所有可行解中找出一个最优解。使用二进制形式的编码时，可行解的二进制形式中1的个数越少，表明该解的质量越高，因此，对所有可行解进行上述计算，结果中1的个数最少的可行解即为最优解。可以使用式（11.2）定义的 $F(X)$ 函数对可行解 X 进行评价，例如，可行解11011中1的数目是4（即 $F(11011)=4$），而01011中1的数目是3（即 $F(01011)=3$），因此可行解01011的质量优于11011。验证所有可能解后可以发现，可行解01011中1的数目最少，是最优解。

定义惩罚项 上述质量评价方法只能对符合约束条件的可行解进行评价，为便于对所有可能解的质量进行比较，可以综合考虑约束条件和优化目标，对于不符合约束条件的解（简称为“非可行解”）添加一个惩罚项，以示该解偏离了优化目标。在本例中，一个可能解与8个行编码分别进行“位与”操作后，8个结果中值为0的数目越多，表明不能被覆盖的住宅楼越多，则该可能解偏离优化目标的程度越高，应给予一个较大的惩罚项。

以式（11.1）的约束条件为基础，计算“没有被覆盖的住宅楼总数”，然后乘以一个惩罚系数来放大惩罚项，本例中取惩罚系数为住宅楼总数 m，即惩罚项为 $m\sum_{i=1}^{m}(1-\overset{n}{\underset{j=1}{\mathrm{OR}}}a_{ij}x_j)$，其中 $1-\overset{n}{\underset{j=1}{\mathrm{OR}}}a_{ij}x_j$ 的含义为：若第 i 栋住宅楼没有被覆盖，其结果为1；$\sum_{i=1}^{m}(1-\overset{n}{\underset{j=1}{\mathrm{OR}}}a_{ij}x_j)$ 是“没有被覆盖的住宅楼总数”。

为什么需要惩罚系数呢？因为任何不符合约束条件的解，都比质量最差的可行解还要差，因此可以取一个较大的系数来放大惩罚项，本例中 $m>n$，因此取惩罚系数为 m 可以令任何“非可行解”的目标函数值大于任何可行解的目标函数值，即任何“非可行解”的质量比任何可行解的质量都要差。

为目标函数添加惩罚项 将惩罚项添加到目标函数中，得到式（11.4），修改后的目标函数可以对任何可能解进行评价，函数值越小，可能解的质量越高。

$$\min F(\boldsymbol{X})=\sum_{j=1}^{n}\boldsymbol{X}_j+m\sum_{i=1}^{m}(1-\overset{n}{\underset{j=1}{\mathrm{OR}}}a_{ij}x_j) \tag{11.4}$$

以编码解 $\boldsymbol{X}=00111$ 为例，由于编码中包含3个1，第一项的结果为3；00111与表11.3中各个行编码的“位与”结果分别为00001、00101、00100、00100、00000、00010、00010、00011，结果（十进制）为0的总数是1，因此目标函数的结果为：$F(00111)=3+1\times8=11$。

使用新的目标函数，可以对不同的解进行比较，以便在多个不同的解中选择质量最高的解，该解拥有最小的目标函数值。另外，该函数对不符合约束条件的解进行了较高的惩罚，通过这种方式，符合约束条件的解和不符合约束条件的解之间也可以进行比较，在设计算法时，这种统一的操作可以带来很大的便利。

图11.3展示了解空间中所有可能解的目标函数值，其中不符合约束条件的解拥有较高的值（大于8），符合约束条件的解拥有较低的值（小于或等于5）。

目标函数的实现算法 以式（11.4）为基础，目标函数的实现算法如下：

00000(0), $F(0)=0+8\times8=64$	00001(1), $F(1)=1+5\times8=41$	00010(2), $F(2)=1+5\times8=41$	00011(3), $F(3)=2+3\times8=26$
00100(4), $F(4)=1+5\times8=41$	00101(5), $F(5)=2+3\times8=26$	00101(6), $F(6)=2+2\times8=18$	00111(7), $F(7)=3+1\times8=11$
01000(8), $F(8)=1+4\times8=33$	01001(9), $F(9)=2+1\times8=10$	01010(10), $F(10)=2+2\times8=18$	01011(11), $F(11)=3+0\times8=3$
01100(12), $F(12)=2+3\times8=26$	01101(13), $F(13)=3+1\times8=11$	01110(14), $F(14)=3+1\times8=11$	01111(15), $F(15)=4+0\times8=4$
10000(16), $F(16)=1+6\times8=49$	10001(17), $F(17)=2+3\times8=26$	10010(18), $F(18)=2+4\times8=34$	10011(19), $F(18)=3+2\times8=19$
10100(20), $F(20)=2+3\times8=26$	10101(21), $F(21)=3+1\times8=11$	10110(22), $F(22)=3+1\times8=11$	10111(23), $F(23)=4+0\times8=4$
11000(24), $F(24)=2+4\times8=34$	11001(25), $F(25)=3+1\times8=11$	11010(26), $F(26)=3+2\times8=19$	11011(27), $F(27)=4+0\times8=4$
11100(28), $F(28)=3+3\times8=27$	11101(29), $F(29)=4+1\times8=12$	11110(30), $F(30)=4+1\times8=12$	11111(31), $F(31)=5+0\times8=5$

图 11.3　问题 11.1 的所有可能解的目标函数值

算法 11.1　目标函数实现算法

```
Input：编码解 X,约束矩阵的行编码数组 A,住宅楼数目 m,快递柜建设点总数 n。
Output：编码解 X 的目标函数值。
function OBJECTIVE(X, A, m, n)
begin
  part1←X 的二进制编码中 1 的个数
  part2←0 //惩罚项
  for i←1 to m do
     if  X 与 A[i]的位与结果是 0  then
        part2←part2 + 1 //统计未覆盖住宅楼的数目
     end if
  end for
  return  part1+m*part2 //以 m 为惩罚系数
end begin
```

11.2.2　随机搜索策略

什么是随机搜索策略　“难解性问题”难以求解的根本原因是解空间十分庞大,以至于无法在合理的时间内进行遍历,因此,一个合理的求解思路是不对全部解空间进行遍历,而是选择解空间的一个子集进行遍历,当然,这种策略求出的结果不是精确解,而是近似解。

一种在解空间中选择子集的有效方法是**随机策略**,即随机地在解空间中选择若干可能解构成一个子集,子集的大小以算法能在合理的时间内完成遍历为准。以问题 11.1 为例,解空间包括 0~31(即 2^5-1)之间的所有整数,可以在 32 个整数中随机地挑选若干整数作为候选,然后一一进行验证,挑选出符合约束条件的可行解,最后计算这些可行解的目标函数值,最终的近似解就是目标函数值最小的解。

随机搜索策略 利用目标函数,可以对随机选择的所有可能解进行评价,然后选择函数值最小的可能解作为近似解,如果选出的所有可能解都不符合约束条件,表明算法策略失败,没有找到符合约束条件的可行解,可以重新运行一次甚至多次算法来获得合适的近似解。图 11.4 是使用随机搜索策略搜索近似解的示例,随机算法从解空间中选择了 8 个可能解,通过计算它们的目标函数值,选出值最小的解作为近似解,图中 10111 的目标函数值是 4,在选出的 8 个可能解中最小,因此被选为最终的近似解。算法 11.2 是随机搜索策略的伪代码。

00000(0),F(0)=0+8×8=64	00001(1),F(1)=1+5×8=41	00010(2),F(2)=1+5×8=41	00011(3),F(3)=2+3×8=26
00100(4),F(4)=1+5×8=41	00101(5),F(5)=2+3×8=26	00101(6),F(6)=2+2×8=18	00111(7),F(7)=3+1×8=11
01000(8),F(8)=1+4×8=33	01001(9),F(9)=2+1×8=10	01010(10),F(10)=2+2×8=18	01011(11),F(11)=3+0×8=3
01100(12),F(12)=2+3×8=26	01101(13),F(13)=3+1×8=11	01110(14),F(14)=3+1×8=11	01111(15),F(15)=4+0×8=4
10000(16),F(16)=1+6×8=49	10001(17),F(17)=2+3×8=26	10010(18),F(18)=2+4×8=34	10011(19),F(18)=3+2×8=19
10100(20),F(20)=2+3×8=26	10101(21),F(21)=3+1×8=11	10110(22),F(22)=3+1×8=11	10111(23),F(23)=4+0×8=4
11000(24),F(24)=2+4×8=34	11001(25),F(25)=3+1×8=11	11010(26),F(26)=3+2×8=19	11011(27),F(27)=4+0×8=4
11100(28),F(28)=3+3×8=27	11101(29),F(29)=4+1×8=12	11110(30),F(30)=4+1×8=12	11111(31),F(31)=5+0×8=5

随机选择部分可能解(带边框的解),找出其中最优的作为近似解(带阴影的解)

图 11.4　随机搜索策略

算法 11.2　随机搜索策略

```
Input：约束矩阵的行编码数组 A,住宅楼数目 m,快递柜建设点总数 n,随机生成解的总数 k。
Output：一个满意解 X,X 能覆盖全部住宅楼且二进制编码中 1 的数目尽可能少。
function RANDOM-SEARCH(A, m, n, k)
begin
  bestX←0 //近似解,初始化为 0
  i←1  //生成的随机解数目的计数器
  while i≤k do
    X←0～2^n-1 之间的随机数 //生成一个随机解
    if OBJECTIVE(X,A,m,n)≤m AND X≠0 then //符合约束条件的可行解
      if OBJECTIVE(X,A,m,n)<OBJECTIVE(bestX,A,m,n) then //新的可行解优于近似解
        bestX←X //用可能解替换近似解
```

```
        end if
        i←i+1 //计数器加 1
      end if
    end while
    return bestX //返回近似解
  end begin
```

随机搜索策略的代价、本质与缺陷　随机搜索策略解决了解空间巨大而无法遍历的问题,使得“难解性问题”变得可以求解,但是这种策略需要付出代价,随机搜索策略很难求出问题 11.1 的精确解,通常只能获得近似解。这种策略的本质是通过牺牲解的质量来换取求解问题的效率,这也是一种不得已而为之的策略。

随机搜索策略存在一个缺陷:因为子集的选择是随机的,所以最终近似解的质量完全取决于“运气”。解空间越大,通过这种策略获得满意解的可能性也越低,当解空间十分庞大时,随机搜索策略无异于大海捞针,获得高质量近似解的可能性趋近于 0。

11.2.3　导向性随机搜索策略

以随机搜索策略选择子集,选出的解相互之间没有关联。若能从一个随机的可能解出发,通过某种方法找到下一个质量更高的解,这样一直进行下去,可以得到一条有效的搜索路径,找到一个满意解,这种方法就是导向性随机搜索策略的基本思想。

利用后继解进行搜索　如何从一个可能解到达另一个可能解呢?使用**后继解**是一种行之有效的方法。这里对后继解的定义为:对于一个编码解 $b_n b_{n-1} \cdots b_1$,改变其中任意一位 b_i,新得到的解就是后继解。一个拥有 n 个二进制位的编码解,有 n 个二进制位可供改变,因此有 n 个后继解。对于问题 11.1,一个编码解拥有 5 个后继解,图 11.5 展示了可能解 10100 的所有 5 个后继解,以及后继解 10101 的 5 个后继解。

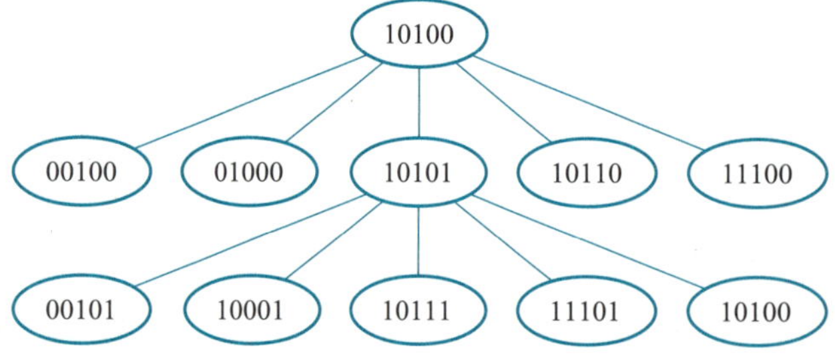

图 11.5　部分解的关系图

导向性随机搜索策略　由于从一个可能解可以到达 n 个后继解(示例中 $n=5$),一个可行的思路是随机选择一个可能解(称为**初始解**),然后在 n 个后继解中选择目标函数值最低的后继解,若该后继解的目标函数值小于当前解的目标函数值,则将该后继解作为当前解，再继续选择下一个后继解，一直迭代下去，直到无法找到比当前解的目标函数值更小的后继解。这种尽可能搜索质量更优的近似解的策略即**导向性随机搜索策略**，也称**爬山法**，就像爬山时总是走向更高的方向。

图 11.6 展示了导向性随机搜索策略的搜索路径，假设随机选择的可能解是 10100，从 10100 出发可以到达 10101、10110、10000、11100、00100，目标函数值分别为 $F(21)=3+1\times8=11$、$F(22)=3+1\times8=11$、$F(16)=1+5\times8=41$、$F(28)=3+3\times8=27$、$F(4)=1+5\times8=41$，因此，选择目标函数值为 11 的解 10101 作为下一个解，继续选择目标函数值为 4 的解 10111，此时其后续 5 个解的目标函数值均大于或等于 4，因此迭代结束，10111 即找到的近似解，表明应当在 1、2、3、5 等位置建设快递柜。算法 11.3 为导向性随机搜索策略的伪代码。

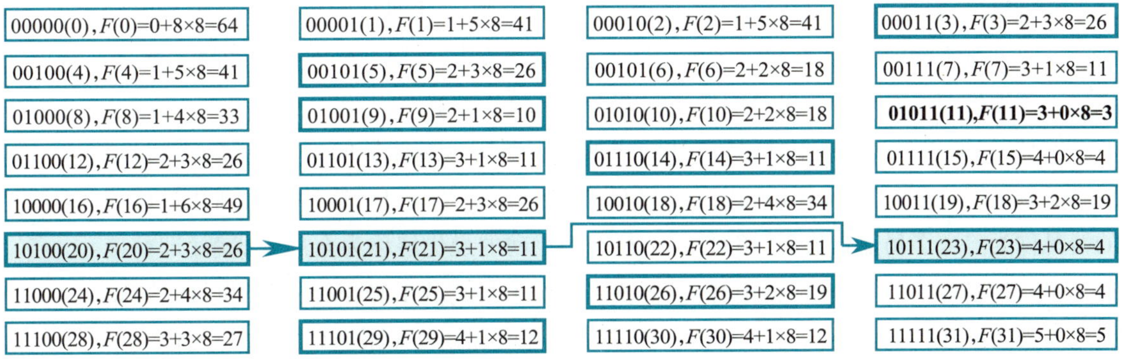

图 11.6 导向性随机搜索策略

算法 11.3 导向性随机搜索策略

```
Input：约束矩阵的行编码数组 A，住宅楼数目 m，快递柜建设点总数 n。
Output：一个满意解 X，X 能覆盖全部住宅楼且二进制编码中 1 的数目尽可能少。
function GUIDE-SEARCH(A, m, n)
begin
  bestX←0～2^n-1 之间的随机数 //近似解，初值是随机的
  while true do
    successors←获得 nextX 的 n 个后继解
    X← successors 中目标函数值最小的解
    if OBJECTIVE(X,A,m,n) ≥ OBJECTIVE(bestX,A,m,n) then //无法找到更好的解，跳出循环
      break
```

```
      end if
      bestX←X //目标函数值最小的后继解替换近似解
    end while
    if OBJECTIVE(bestX,A,m,n)>m then //检查近似解是否符合约束条件
      异常退出
    end if
    return bestX //返回近似解
end begin
```

导向性随机搜索策略的优缺点 和随机搜索策略相比，导向性随机搜索策略对解的搜索方向进行了导向，虽然初始解是随机的，但是随着迭代的进行，解的质量会越来越高，这比完全随机的搜索策略有更高的概率找到满意度更高的解。

但是，如果初始解选择不佳，导向性随机搜索策略则未必能导向到最优解。图 11.6 显示了最优解是 01011，从 10100 出发最终只能得到近似解 10111，这种无法到达最优解的情况称为陷入了**局部最优解**，相对应地，整个解空间的最优解称为**全局最优解**（即精确解）。这种情况类似于存在一群山峰，需要找到并登上最高的山峰，导向性随机搜索策略使用的方法是随机选择一座山峰并不停攀登，最终能够到达这座山的峰顶，但是可能会错过其他更高的山峰。

11.2.4 导向性群体随机搜索策略

群体思维+导向思维 导向性随机搜索策略的结果十分不稳定，究其原因，和初始解的选择有很大关系，从解空间中的不同解出发，最终导向的解的质量各不相同，有些解只能导向质量很差的近似解，有些解能导向质量较好的近似解，还有部分解能导向全局最优解。因此，虽然不像随机搜索策略那样完全随机，导向性随机搜索策略的结果仍然有较大的随机性，若随机起点选择较好，得到的近似解同样较好。一个起点的随意性太大，那么如果同时选择多个起点呢？此处仍以爬山为例，一个人很难找到最高的山峰，而如果有一群人分别在不同的地点爬山，找到最高或接近最高山峰的概率则极大地提高，这种思维就是群体思维。

导向性群体随机搜索策略 初始状态时，随机选择多个可能解作为起点，这些可能解分别使用导向性随机搜索策略搜索近似解，得到一个近似解的集合，最后将集合中目标函数值最小的解作为最终的近似解，这种搜索策略就是**导向性群体随机搜索策略**。

图 11.7 展示了分别从随机起点 10100 和 00101 出发的两条搜索路径，从 10100 出发的路径在经过 10101 后最终到达局部最优解 10111，从 00101 出发的路径在经过 00111、

01111 后到达全局最优解 01011。显然，多条搜索路径增大了获得满意解的概率。导向性群体随机搜索策略的伪代码如算法 11.4 所示。

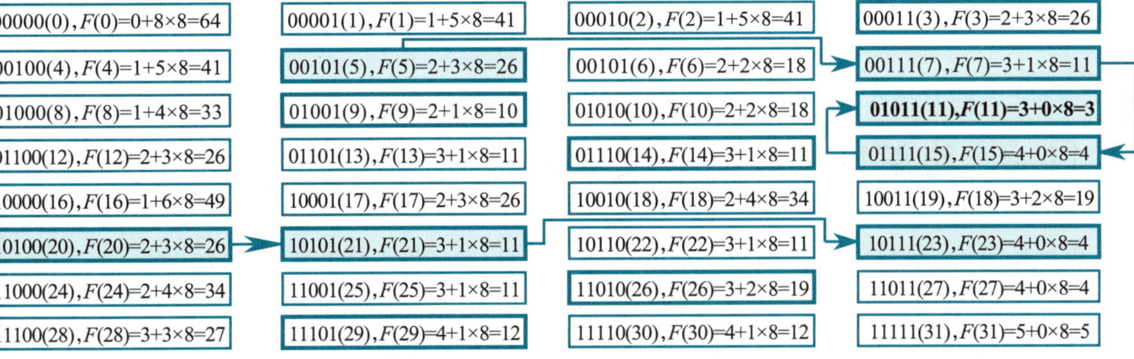

00000(0),F(0)=0+8×8=64
00001(1),F(1)=1+5×8=41
00010(2),F(2)=1+5×8=41
00011(3),F(3)=2+3×8=26
00100(4),F(4)=1+5×8=41
00101(5),F(5)=2+3×8=26
00101(6),F(6)=2+2×8=18
00111(7),F(7)=3+1×8=11
01000(8),F(8)=1+4×8=33
01001(9),F(9)=2+1×8=10
01010(10),F(10)=2+2×8=18
01011(11),F(11)=3+0×8=3
01100(12),F(12)=2+3×8=26
01101(13),F(13)=3+1×8=11
01110(14),F(14)=3+1×8=11
01111(15),F(15)=4+0×8=4
10000(16),F(16)=1+6×8=49
10001(17),F(17)=2+3×8=26
10010(18),F(18)=2+4×8=34
10011(19),F(18)=3+2×8=19
10100(20),F(20)=2+3×8=26
10101(21),F(21)=3+1×8=11
10110(22),F(22)=3+1×8=11
10111(23),F(23)=4+0×8=4
11000(24),F(24)=2+4×8=34
11001(25),F(25)=3+1×8=11
11010(26),F(26)=3+2×8=19
11011(27),F(27)=4+0×8=4
11100(28),F(28)=3+3×8=27
11101(29),F(29)=4+1×8=12
11110(30),F(30)=4+1×8=12
11111(31),F(31)=5+0×8=5
多条搜索路径同时展开，有更大概率找到满意解

图 11.7　导向性群体随机搜索策略

算法 11.4　导向性群体随机搜索策略

```
Input：约束矩阵的行编码数组 A，住宅楼数目 m，快递柜建设点总数 n，路径总数 k。
Output：一个满意解 X，X 能覆盖全部住宅楼且 1 的数目尽可能少。
function GUIDE-GROUP-SEARCH(A, m, n, k)
begin
    bestX←0 //最终的近似解，初值为 0
    for i←1 to k do //循环 k 次，生成 k 条搜索路径
      X←GUIDE-SEARCH(A, m, n) //一条搜索路径的解
      if OBJECTIVE(X,A,m,n) ≤ OBJECTIVE(bestX,A,m,n) then //新的解优于当前近似解
        bestX←X //用新的解替换近似解
      end if
    end for
    return bestX //返回近似解
end begin
```

导向性群体随机搜索策略的优缺点　和导向性随机搜索策略相比，导向性群体随机搜索策略通过增加搜索路径，进一步提高了找到满意解的概率。当然，这种策略仍然有改进的余地，通过分析可知，导向性群体随机搜索策略中不同的搜索路径是各自独立演化的，路径之间没有交流。想象一下一群人在爬山时，通过交流所在路径的质量，放弃较差的路径，导向较好的路径，这种交流机制是否能够进一步提高解的质量？11.3 节的遗传算法讨论了一种在不同搜索路径间引入交流的机制，即基因的交叉机制，这种机制有助于

进一步提高解的质量。

11.3　难解性问题的典型求解算法——遗传算法

遗传算法是一种模仿生物在自然界中的遗传、变异以及优胜劣汰的规律而设计的算法，本质上是一种增加了路径交流和变异机制的导向性群体随机搜索策略。本节首先简要介绍生物的遗传与进化规律，然后介绍以此为基础的遗传算法的基本流程和框架，最后给出使用遗传算法求解集合覆盖问题的具体算法，并分析遗传算法的特点和本质。

11.3.1　生物领域的遗传与进化

生物的遗传机制　自然界中生命的繁衍通过遗传进行，**遗传**是指子代从父代继承特性或性状的过程，生物通过遗传得以一代代地繁衍不息，同时，繁衍出的后代经过大自然的优胜劣汰，淘汰不适应环境的个体，保留适应环境的个体。图 11.8 演示了生物的遗传与优胜劣汰过程，遗传算法是借鉴这些过程产生的一种求解问题的算法。

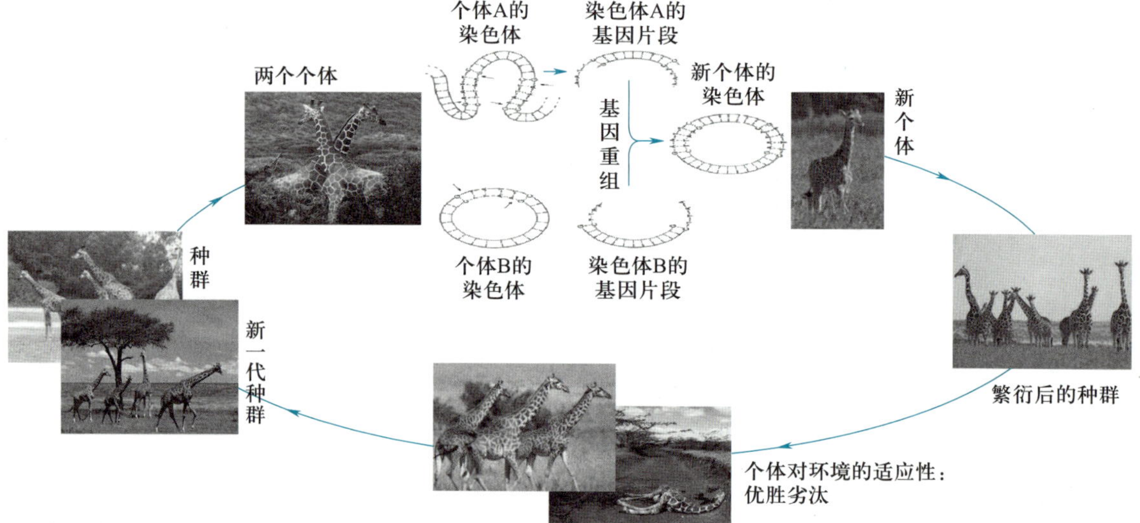

图 11.8　生物的遗传与优胜劣汰

从生物学角度来看，构成生物基本功能的单位是**细胞(cell)**，细胞中含有一种称为**染色体(chromosome)**的丝状化合物，其中包含了生物所有的遗传信息。染色体控制并决定了生物的遗传性状，它是一种由**脱氧核糖核酸(deoxyribonucleic acid，DNA)**构成的长链，DNA 中的**碱基对(base pair)**记录了生物的遗传信息，长链中有许多碱基对片段决定了生物的各种性状，这些片段称为**基因(gene)**。基因在染色体中占据的位置称为**基因座(locus)**，同一基因座可能包含的全部基因称为**等位基因(allele)**。

生物的遗传主要依靠复制、交配和突变3种机制。复制是最主要的遗传方式，通过复制，父代将基因传递给子代，这些基因使得子代继承了父代的各种性状。有性生殖生物在繁殖下一代时，首先**选择**出两个父本，通常来说，适应度高的个体(例如强壮的个体)有更大的概率被选择成为父本，通过交配，两个同源染色体在某个相同位置被切断而产生**交叉**重组，从而形成两个新的染色体，交叉位置的不同会导致子代的性状差异，这种差异性增加了子代性状的多样性，从而增加了其对环境的适应性。生物在进行细胞复制时，会以一种极小的概率产生复制差错，从而产生新的染色体，这种差错称为**基因突变**，这些新的染色体表现出新的性状，基因突变是生物进化的根本动力。

生物如何进化 自然界的生物是经过长期进化形成的。根据达尔文的自然选择学说，生物在繁殖过程中，大部分个体通过遗传和父代保持相同的性状，少部分通过变异和父代形成差异，这些差异的累积甚至会导致新物种的诞生。生物的大量繁殖导致了对生存资源的竞争，在生存竞争中，能够适应环境的物种得以延续，不适应环境的物种走向灭亡，这就是自然界的适者生存法则。

基因突变在物种的进化过程中扮演了重要角色，生存环境的变化可能导致部分个体竞争力减弱，此时某些基因突变的个体通过获得的新性状对环境产生了更高的适应性，从而使得这些新性状在种群中得以延续和加强。自然界的生物正是以基因突变为基础，依据适者生存法则不断地进行进化。

如图11.8所示，生物进化以**种群**形式进行，种群经过选择、交配、变异形成下一代。选择是个体竞争成为父本的过程，通常而言，优秀的个体更容易获得交配权，从而将自己的遗传基因传递给下一代。两个父本通过**交配**，对染色体进行交叉和复制形成新的染色体遗传给子代，同时，染色体中的基因以极小的概率**变异**产生新性状，新生的子代形成新种群，新的种群继续重复上述过程。

11.3.2 遗传算法——生物遗传机制的仿生学应用

从生物遗传到遗传算法 生物的遗传进化本质上是一种通过交叉复制和变异产生新种群，然后根据适应度对种群进行淘汰和选优的过程，这种选优的机制符合求解最优化问题的需要，例如，问题11.1的优化目标是快递柜数目的最小化，可以模拟生物的遗传进化机制，淘汰数目较大的方案，保留数目较小的方案，这种模拟生物遗传进化机制来求解最优化问题的计算模型就是**遗传算法(genetic algorithm, GA)**。遗传算法已经广泛应用于解决时间表安排、旅行商问题、生产调度、电路设计等组合优化问题，也被认为是人工智能的重要算法。

将生物学中的概念映射为计算学科中的概念 以问题11.1为例，表11.4给出了生物学遗传进化中的概念到计算学科中相应概念的映射。

表 11.4　生物学概念到计算学科概念的映射

生物学中的概念	计算学科中的概念	说明
种群	解集/种群	若干可能解的集合
个体	解/个体	一个可能解的表现型,本例中为解的十进制值 0~31
染色体	编码解/染色体	一个可能解的编码形式,本例中为解的二进制形式 $b_5b_4b_3b_2b_1$
基因	基因	解编码中的若干连续位 $b_j\cdots b_{i+1}b_i$,$1\leqslant i<j\leqslant n$
适应度	适应度	对可能解的评价方式,本例直接使用式(11.4)的目标函数计算适应度, 函数值越小,适应度越高
选择	选择	从解集(种群)中依据适应度按某种条件选择部分可能解(个体)成为父本
复制	复制	将一个解从一个解集复制到另一个解集
交配/杂交	交叉	将两个可能解的编码通过交换某些编码位而形成两个新的可能解
突变	变异	随机改变一个可能解编码中的某些片段而产生新的可能解

生物**种群**是指同一时间生活在一定自然区域内同种生物的全部个体,种群中的个体通过交配将基因遗传给下一代,种群是生物进化的基本单位,种群必须达到一定规模才能维持种群的多样性,种群的多样性是确保该种群得以延续的重要条件。遗传算法中的种群(**解集**)是指若干可能解的集合,最初的解集通常是随机产生的,通过遗传和变异,解集中的解不断迭代,执行搜索满意解的任务。遗传算法必须选择合适的解集大小,解集太小会导致多样性不足而难以找到满意解,解集太大会带来运算量过大的问题。

生物的**染色体**使用碱基对的不同组合来记录生物的遗传信息。遗传算法中的染色体是可能解的编码,通常由二进制串构成,因此染色体等价于编码解。问题 11.1 中共有 5 个可能的快递柜建设点,因此用 5 位二进制串 $b_5b_4b_3b_2b_1$ 表达可能解,其中 b_i 为 1 表示在第 i 个地点建设快递柜,为 0 表示不建设,例如,01011 表示在第 1、2、4 号建设快递柜。

生物的**基因**是染色体中的片段,基因决定了生物的某种性状,不同个体在同一基因座上的等位基因的差异表现为这些个体在该种性状上的不同表现。遗传算法中的基因是解编码中的若干连续位,即解编码上的一个片段,目前,对于不同的解编码片段在遗传算法中的作用仍有待深入研究。

生物个体的适应度是指该个体对生存环境的适应程度，本质上是基因表现出的性状对环境的适应，适应度低的个体被淘汰，适应度高的个体得以留存，重要的是，这些留存的个体会将适应度较高的基因遗传给下一代。为遗传算法设计的适应度函数是一个度量函数，用于评价一个可能解的优劣程度，其结果通常为一个可比较的数值，不同可能解通过适应度的比较来决定是否被选择作为父本，以及候选种群中的个体是否加入新种群，这种根据适应度淘汰个体的机制就是选择。

生物的遗传主要是复制的过程，父代通过复制将基因传递给子代，有性繁殖生物通过竞争（选择）获得交配权，交配时两个父代的同源染色体进行交叉重组，从而产生全新的染色体，这种交叉重组也称为基因重组，交叉重组是种群保持多样化的主要来源。遗传算法中，通常以适应度为基础随机产生用于交叉的父本，解集的交叉是将两个可能解的编码通过交换某些编码位而形成两个新的可能解，交叉是遗传算法产生新编码解的主要手段，遗传算法通过交叉来保证算法的全局搜索能力。

生物的细胞在复制的过程中，有极小的概率产生差错，这就是突变。由于生物种群的形成是对环境的长期适应过程，突变在大多数情况下不利于生物对环境的适应，但也有极小的可能产生无害甚至有利的新性状，如果复制差错发生在生殖细胞上，这种突变则可以遗传。遗传算法的突变主要增加了算法的局部搜索能力，通过极小概率的突变，遗传算法的搜索路径可以在局部范围发生变化，从而提高找到满意解的概率。

11.3.3　遗传算法的基本框架

遗传算法的基本流程 遗传算法将自然界的遗传进化思想用于计算，本质上是一种导向性群体随机搜索策略。图 11.9 以问题 11.1 为例，说明了遗传算法的基本步骤：随机产生一个初始种群（解集），以适应度为基础从初始种群中**选择**若干解成为父本，父本以较大概率通过**交叉**（交配）操作来交换基因产生子代，子代以较低的概率产生**变异**，这些子代的集合构成了新的种群，一直重复上述步骤直到获得满意解为止。

遗传算法的关键操作 遗传算法中最重要的操作是选择、交叉和变异，如图 11.9 所示，**选择**操作负责从种群中挑选合适的个体作为父本，这种选择通常以个体的适应度为基础，适应度越大的个体被选择的概率越高，这一点符合生物的优胜劣汰机制。被选中的父本以较大的概率进行**交叉**操作产生新的个体（有性繁殖），也有较小的概率不发生交叉，此时父本直接复制到下一代（单性繁殖）。交叉是两个父本分别复制并断开自身的染色体，然后交叉重组的操作，通过这种交叉重组可以产生拥有全新染色体的个体。子代会以极小的概率发生**变异**，从而为种群带来新的基因。

问题 11.1 的求解过程 如图 11.9 所示，用遗传算法求解问题 11.1 的过程如下。

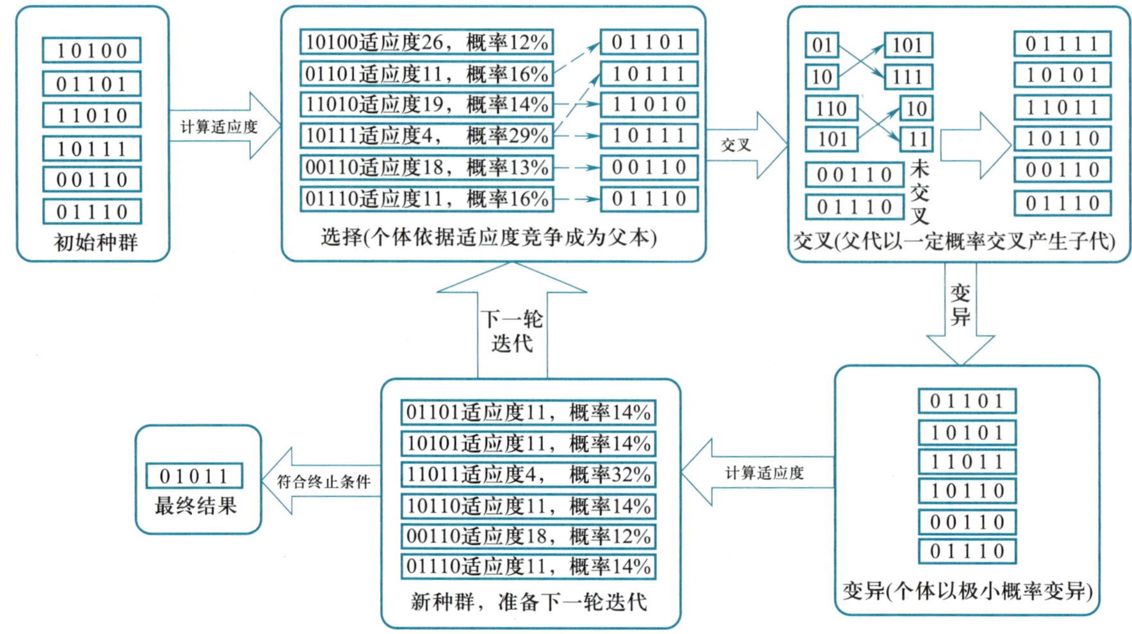

图 11.9　遗传算法求解问题 11.1 的示意图

(1) 产生初始种群。遗传算法从一个初始种群,即初始解集开始。需要事先确定初始解集的大小,本例中设定大小为 6,初始解集中的个体通常从解空间中随机产生,本例中产生的初始解集为{10100, 01101, 11010, 10111, 00110, 01110},种群记为 P(t),第一代时 t 为 1,即 P(1),每进化一代 t 加 1。

(2) 种群进行选择、交叉和变异产生新种群。确定初始种群后,遗传算法通过选择、交叉和变异操作产生新的子代,新的子代形成新的种群。本例中选择了 3 对父本,其中 10111 被选择了两次;两对父本分别进行交叉,其中 01101 和 10111 进行交叉产生两个新个体 01111 和 10101,11010 和 10111 进行交叉产生 11011 和 10110,注意两个交叉操作的位置不同,最后一对父本 00110 和 01110 没有发生交叉,使用单性繁殖方式复制到下一代;在变异阶段,01111 的右数第 2 位从 1 变成 0,形成新的解 01101;最后,新产生的 6 个解构成了新的种群 P(2)。

(3) 种群的迭代及其终止条件。选择、交叉和变异的过程迭代地进行下去,使种群中个体的整体质量在迭代过程中不断得到提升。种群经过多次迭代后,如果达到终止条件将结束计算过程,终止条件通常是在种群中找到了满意解,此时种群中适应度最高的解就是遗传算法的结果,本例中最终结果为 01011。

11.4 用遗传算法求解集合覆盖问题

11.4.1 集合覆盖问题

集合覆盖问题 问题 11.1 实际上属于集合覆盖问题的一种现实应用,集合覆盖问题是一类问题,主要包括资源选择问题(会议室租用、软件测试用例等)和设施选址问题(广播电台建设、移动基站选址、快递柜选址等),快递柜选址问题和移动基站选址问题类似,是设施选址问题的一种。

另一个集合覆盖问题:会议室租用问题 某机构要组织 m 次讲座,需要租用会议室,有 n 个会议室可供租用。由于不同会议室条件不同,假设会议室适合的讲座约束如表 11.1 所示(1 为合适,0 为不合适),一个会议室可以举办多次讲座。不考虑多个讲座使用同一个会议室的冲突问题,问:最少需要租用哪些会议室来完成 m 次讲座?

会议室租用与快递柜选址可以抽象为同一类问题,该类问题称为集合覆盖问题。例如,$S_3=00001110$,在会议室租用问题中表示第 3 个会议室适合第 2、3、4 次讲座,在快递柜选址问题中表示第 3 个快递柜可以覆盖第 2、3、4 栋住宅楼。编码解 $\boldsymbol{X}=10011$,在会议室租用问题中表示租用第 1、2、5 号会议室,在快递柜选址问题中表示建设第 1、2、5 号快递柜。

11.4.2 遗传算法求解集合覆盖问题

选择初始种群 遗传算法在生成初始种群之前,需要确定一个重要参数——种群大小,该参数决定了种群规模,种群规模越大,算法收敛越慢,陷入局部最优解的风险越小,反之,种群规模太小,算法会快速收敛而陷入局部最优解。因此,种群规模不能过大或过小,过大的种群规模会导致计算量增加而很难收敛,应权衡收敛速度和解的质量两个因素,设置合理的种群大小。

确定种群大小之后,可以使用随机算法生成初始种群,有多种随机策略来生成初始种群。例如,**随机选点法**在整个解空间中随机地选择若干可能解形成初始种群,该策略的优点是设计简单且效率较高,缺点是可能因为解的不均匀分布而遗漏最优解区域;设种群大小为 k,**均匀网格法**将解空间划分为 j 个不同区域,然后从每个区域中随机选取 k/j 个个体,这种策略能相对均匀地从解空间中选择个体,从而减少遗漏重要区域的可能性。算法

11.5 展示了采用随机选点法生成初始种群的步骤。

算法 11.5 随机选点法生成初始种群

```
Input：种群大小 k,编码解的长度 n
Output：初始种群的集合 population
function GEN-POPULATION(k, n)
begin
  population[1…k]← 空集//初始化种群数组,用于存储初始种群
  for i←1 to k do
    population[i] ← 0~2^n-1 之间的均匀随机数 //为初始种群随机产生个体
  end for
  return population  //返回产生的初始种群
end begin
```

以图 11.9 为例,种群大小为 6,编码解长度为 5,生成初始种群的方法为:

population←GEN-POPULATION(6, 5)

计算个体的适应度 遗传算法根据个体的适应度进行选择和淘汰,适应度高的个体有更高的概率被选择成为父本,因而可以将基因遗传给下一代,遗传算法在解空间中搜索满意解的驱动力就是适应度函数。适应度函数以问题的优化目标和约束条件为基础进行设计,通常来说,函数的计算结果反映了可能解和最优解之间的距离,距离最优解越近,适应度的数值越小,该可能解的适应度越高,也可以反向设计,即适应度的数值越大代表适应度越高。本例中使用的适应度函数和式(11.4)中的目标函数相同,其伪代码如算法 11.1 所示。

选择个体作为父代 遗传算法中,产生后代(新的解)的主要手段是选择两个个体作为父本进行交叉,选择父本的方法称为选择策略,其总体原则是:个体的适应度越强,获选的机会越大。这一点和生物遗传的规律是一致的,例如在狼群中,头狼总是能获得更多的交配机会。适应度选择策略是一种常用的选择策略,该策略计算种群中所有个体的适应度,然后根据适应度的高低为每个个体设置一个选择概率(probability of selection, PS),适应度较高(本例中适应度值越小则适应度越高)的个体拥有更高的选择概率,在每次交叉前,使用两次选择算法选出两个父本用于交叉。图 11.9 使用适应度选择策略选出 6 个父本构成 3 对“夫妻”,其中 10111 因为具有较高的选中概率被选中两次。适应度选择策略的伪代码如算法 11.6 所示。

算法 11.6 基于适应度的选择策略

```
Input：种群集合 population
Output：population 中的一个编码解
function SELECT (population)
begin
  fitnesses[1…n]← population 中所有个体的适应度 //计算所有个体的适应度并存入数组
  probabilities[1…n]←所有个体的选择概率,适应度越高则概率越高
  i←随机产生的 1~n 的数字,且 probabilities[i]越大,产生 i 的概率越高
  X←population [i] //以选择概率为基础选择个体
  return X
end begin
```

除了适应度选择策略，还有其他选择策略，例如锦标赛选择策略、随机遍历抽样策略等，这些策略的区别主要是随机的方式不同，有些策略很少选择低适应度个体，而有些策略令低适应度个体也能有被选中的机会。

父代交叉形成子代 种群繁衍的主要手段是交叉，种群中的个体两两配对进行交叉，从而产生新的个体，交叉操作需要考虑**交叉策略**，交叉策略决定了交叉时的位置和交叉的数目，交叉的位置可以是固定的，也可以是随机选择的，图 11.9 采用了随机交叉位置。交叉可以在一个交叉点上进行，此时编码解分为两段，也可以在多个交叉点上进行，此时编码解分为多段，图 11.10 展示了两段交叉和多段交叉这两种不同的交叉方式。

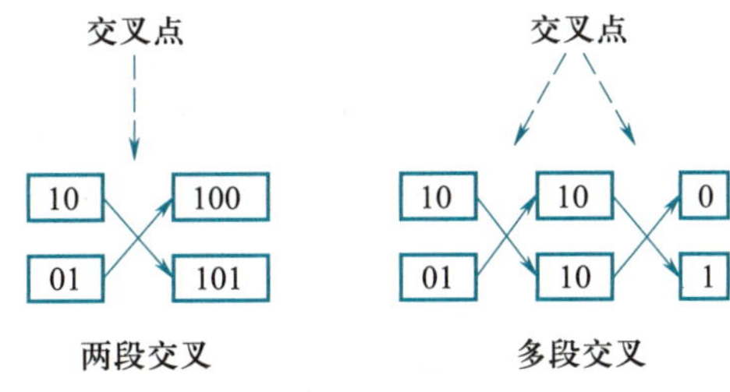

图 11.10 交叉点与交叉段数

遗传算法通常会定义一个称为**交叉概率**（probability of crossover, PC）的参数，该参数的值通常在 0.2~0.8 之间，每一对编码解以该概率为基础进行交叉，例如，若交叉概率为 0.8，则 80%的父代会产生子代，剩下的 20%父代直接被复制到下一代种群（可理解为单性繁殖）。交叉概率是遗传算法的重要参数，太小的交叉概率使得算法难以向前搜索，太大的交叉概率会破坏已有的高质量基因结构。图 11.9 的 3 对夫妻中有 2 对发生了交叉，1 对未发生交叉。随机位置交叉策略的伪代码如算法 11.7 所示。

算法 11.7　随机位置交叉策略

```
Input：x1 和 x2 是进行交叉的两个个体,pc 为交叉概率
Output：x1 与 x2 交叉后的两个子代的集合
function CROSSOVER(x1, x2, pc)
begin
  p ← 0~1 之间的均匀随机数 //决定是否交叉的概率
  children[1…2]←空集
  if  p≤ pc then //产生交叉
    pos← 1~SIZE(x1)-1 之间的均匀随机数 //决定交叉位置的随机数
    children[1] ← x1 左边第 1~pos 位拼接 x2 右边第 pos+1~n 位 //产生一个新个体
    children[2] ← x2 左边第 1~pos 位拼接 x1 右边第 pos+1~n 位 //产生另一个新个体
  else //不产生交叉
    children[1] ←x1   //x1 进行单性繁殖
    children[2] ←x2   //x2 进行单性繁殖
  end if
  return children
end begin
```

交叉是遗传算法产生新个体的重要操作,通过交叉,种群中个体的基因片段以组合的方式重组,从而形成新的编码解,这使得遗传算法获得了全局搜索能力。

子代进行随机变异 从本质上说,交叉是对基因片段进行组合的操作,所有可能的组合构成了一个搜索子集,该搜索子集限制了遗传算法的搜索路径只能在该子集内进行。另外,交叉是对初始种群中所有个体的已有基因片段的组合,一旦初始种群确定,其包含的基因片段是有限的,交叉操作不能产生新的基因片段,仅仅是在现有的基因片段中寻找优良的组合方式。

变异操作弥补了交叉的不足,在交叉的基础上,变异通过改变编码解中的基因,创造了新的基因片段,从而摆脱了初始种群对搜索范围的束缚。遗传算法会设置一个极小的**变异概率**(probability of mutation, PM)来控制变异发生的概率,该概率通常在0.01~0.2之间。**变异策略**主要有两种,扰动策略是指将编码解中的某个二进制位从0变为1或从1变为0,互换策略是指将编码解中不同位置上的两位互换。图 11.9 使用扰动策略对编码解 01111 进行了变异操作,变异结果为 01101。扰动策略的伪代码如算法 11.8 所示。

算法 11.8　基于扰动策略的随机变异

```
Input：一个编码解 origin，变异概率 pm
Output：变异后的编码解
function MUTATE(origin, pm)
begin
  r←0~1 之间的均匀随机数 //决定是否变异的概率
  if r>pm then
    return origin //不发生变异
  end if
  result←origin
  i←1~SIZE(origin)之间的均匀随机数 //决定变异位置的随机数
  result[i]←1 - result[i]  //产生变异，改变第 i 位
  return result
end begin
```

通过变异能够形成全新的基因片段，这种机制相当于在交叉组合形成的编码解附近进行局部搜索，因此，变异使得遗传算法拥有局部搜索能力，另外，变异也增加了种群中基因的多样性。

形成新的种群并进行迭代或终止 通过不断地从初始种群中选择父本进行交叉变异获得子代，最终会形成一个全新的种群，通常来说，遗传算法会维持一个恒定的种群大小以便保持算法的稳定性。将初始种群定义为 $P(1)$，下一代定义为 $P(2)$，一直进行下去，直到到达终止条件。

遗传算法的目标是在合理的时间内找到符合要求的满意解，因此，算法的终止条件一般以找到满意解或超出时间为准，具体来说，终止条件主要有以下内容：

(1) 算法迭代次数达到设置的最高次数；

(2) 算法运行时间超过设置的最高值；

(3) 已找到符合要求的满意解；

(4) 适应度已达到饱和，继续进化不会获得适应度更高的解；

(5) 人为干预终止；

(6) 以上多个条件的组合。

遗传算法的伪代码 如前所述，遗传算法的完整过程为：随机生成初始种群，从初始种群随机选择父本，父本进行交叉产生子代，子代以极小概率进行随机变异，多个子代构成新的种群并重复上述过程。遗传算法的伪代码如算法 11.9 所示（在多处调用了前面各个步骤的算法）。

算法 11.9　遗传算法

```
Input：种群大小 k,编码解位数 n,交叉概率 pc,变异概率 pm
Output：找到的满意解
function GENE-ALGO(k, n, pc, pm)
begin  //遗传算法
   t←1  //进化的种群代数
   P(t)←GEN-POPULATION(k, n)  //生成初始种群 P(t)
  计算初始种群 P(1)中每个个体的适应值
   while 不满足终止条件  do //种群迭代
    while  SIZE(P(t+1)) < k do  //确保新种群规模一致
       x1←SELECT (P(t))  //选择一个父本
       x2←SELECT (P(t))  //选择另一个父本
       children[1…2]←CROSSOVER(x1, x2, pc) //两个父本交叉产生 2 个子代
       children[1]←MUTATE(children[1], pm)  //第 1 个子代随机变异
       children[2]←MUTATE(children[2], pm) //第 2 个子代随机变异
       将 child1 和 child2 加入新种群 P(t+1)
     end while
     t←t+1      //下一代种群
   end while
   return P(t)中最优个体
 end begin
```

11.4.3　遗传算法的进一步探究

遗传算法为什么能求解难解性问题 难解性问题无法求精确解的原因是解空间过于庞大而无法进行遍历,例如,一个问题规模为 50 的集合覆盖问题,其解空间大小为 $2^{50}\approx$1 000 万亿,若计算机能在 1 秒之内验证 10 000 个可能解,则需要 3 570 年才能完成(见表 11.2)。遗传算法本质上是一种导向性群体随机搜索策略,这种策略使用随机算法从解空间中抽取一个大小合适的子集(初始种群),再以适应度为导向,对初始种群不停地进行迭代进化,获得适应度更高的种群,迭代一直进行到种群中出现符合要求的满意解。可见,遗传算法是以质量换时间,并尽可能求取满意解,因此能够求解难

解性问题。

遗传算法本质上是导向性群体随机搜索算法 遗传算法本质上是一种导向性群体随机搜索算法(见 11.2.4 节),其随机性体现在算法的各个阶段,例如,生成初始种群、选择用于交叉的父本、交叉时采用的策略、变异时采用的策略,都使用了随机处理机制,这些普遍存在的随机处理使得遗传算法在庞大的解空间中进行搜索时,能够有目的地选择部分解集进行搜索,从而避开计算复杂度过高的问题。

遗传算法的导向性主要体现在选择阶段,通过为适应度较高的个体分配更高的选择概率,将搜索路径导向适应度更佳的方向,这一点和 11.2.4 节中的爬山法类似。但和爬山法不同的是,爬山法总是在所有可能后继解中选择最优者,这种策略容易导致算法错过更好的搜索路径。实际上,对于特定问题,初始的随机解一旦选定,爬山法的最终结果是确定的。在遗传算法中,适应度高的个体被选择的概率更高而非一定会被选择,这使得适应度较低的个体也有一定概率被选择为父本,这种方式使得遗传算法的搜索路径在总体上朝着适应度高的方向前进,但是又具有一定的随机性,这种随机性为算法增加了搜索路径的多样性,体现在种群上为维持了种群的多样性。

遗传算法的群体性体现在种群上,即遗传进化不是单个个体的行为,而是一种群体搜索行为。如图 11.11 所示,通过选择和交叉,两条搜索路径交换信息之后再次形成两条新的搜索路径,这些搜索路径中的一部分(通常是适应度较低的)在下一代种群的选择操作中被淘汰,留存下来的路径继续执行搜索操作。综合而言,每条搜索路径都在致力于寻找质量更高的解,路径和路径之间会通过交叉来交换信息,质量较低的一部分路径会被淘汰,最终,算法得以在整个解空间中展开搜索。因此,交叉操作使得遗传算法获得了全局搜索能力。

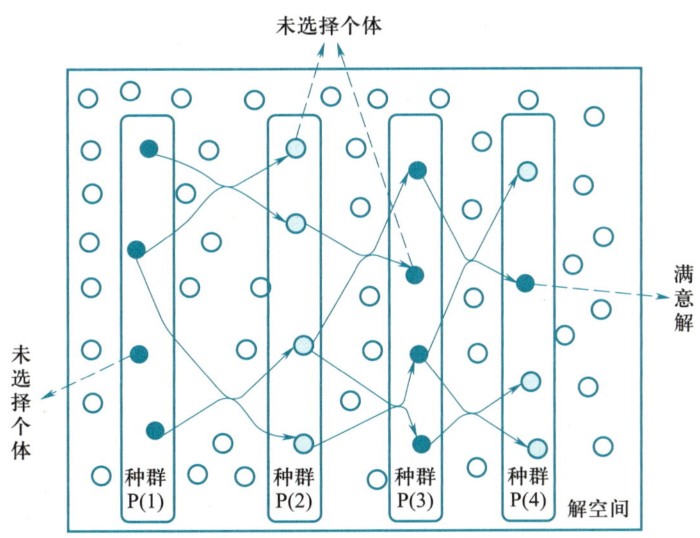

图 11.11 遗传算法的群体搜索路径与路径淘汰机制

基于概率的随机处理是遗传算法的核心 11.2 节中阐述了难解性问题的基本求解策

略是以精度换时间，即放弃求取精确解的要求，使用基于概率的随机处理来获得尽可能接近精确解的满意解。遗传算法也在多个环节引入了随机处理机制。下面以一个问题规模为 50 的集合覆盖问题为例进行讨论。

(1) 生成初始种群时的随机处理

对于问题规模为 50 的集合覆盖问题，其解空间大小为 $2^{50} \approx 1\ 000$ 万亿，对其进行遍历是不可能完成的任务。可以使用某种随机策略(例如随机选点法)选择一个大小合适的(例如 500)初始种群，来解决解空间过于庞大而无法遍历的问题，可见，遗传算法的第一步就使用了随机处理来降低计算复杂度。

(2) 选择操作中的随机处理

初始种群的随机处理虽然将问题的复杂度降低到合理的范围，但在选择阶段，从初始种群中选择父本的组合也是十分庞大的，初始种群大小为 500 时，选择两个父本的方式一共有 $C_{50}^{2} = 124\ 750$ 种。由于每次迭代都要进行选择操作，如果对所有可能的组合均进行处理，会发生组合爆炸导致遗传算法的效率极低。

因此，在选择阶段需要使用随机处理降低组合的数目。遗传算法通常以个体的适应度为基础进行选择，适应度高的个体拥有更高的被选择概率，当子代的种群规模和种群大小规模相当时，选择操作将会停止(见算法 11.9)。

(3) 交叉操作中的随机处理

交叉操作同样面临组合爆炸问题，本例中问题规模为 50，因此编码解长度也为 50，父本可以选择 49 个位置进行交叉，若允许任意多个交叉位置，所有的组合数目为 $2^{49} \approx 563$ 万亿。因此，遗传算法不对所有可能的交叉方式进行枚举，而是随机选择一个或多个交叉位置，每对父本仅产生 2 个或 1 个后代，大大降低了计算复杂度。

(4) 变异操作中的随机处理

一个编码解可能产生的变异的全部组合依然是十分庞大的，对于长度为 50 的编码解，变异可以发生在 50 个不同位置，而且可以同时在多个位置发生变异，因此，所有可能的变异方式的组合为 $2^{50} \approx 1\ 000$ 万亿。遗传算法在变异操作中以极小概率随机在一个或多个位置产生变异，一个编码解的变异结果是一个变异后的编码解(而非多个不同变异方式的组合)，避开了组合爆炸问题。

遗传算法中选择、交叉和变异操作的目的分析 选择、交叉和变异是遗传算法中最重要的 3 个操作，它们一起构成了遗传算法的基本框架。

选择操作的主要目的是令适应度较高的个体有更高的概率将基因遗传给下一代，这一点和农作物选种的机制一致，通过选择操作，种群才能一代比一代更优。但是，选择操作也并非每次都选择适应度最高的个体，因为这样做的后果是下一代的所有个体都是适应度最高的两个父本的后代，这会造成下一代种群的多样性严重不足，无法继续进化。

交叉操作的主要目的是为遗传算法提供全局搜索能力。如图 11.10 所示，遗传算法通过交叉搜索到新的可能解，这种搜索一代代地进行，直到迭代终止。由于交叉的位置可以不同,交叉点的数目也可以不同,能够产生十分多样化的新个体,这使得交叉操作能够在非常广泛的范围进行搜索,这种搜索能力称为全局搜索能力。

变异操作的主要目的有两个。一是为遗传算法提供局部搜索能力,由于变异操作通常只对少数基因进行修改,这种修改可视为对编码解的一种微调,根据修改位置的不同,微调有多个可能的方向,因此在该编码解周围形成一个小范围的子集,变异操作即在该子集中进行搜索,若该子集中拥有质量较高的解或者能够导向适应度较高的解,变异操作则有机会将搜索路径进行微调并导向更好的方向。二是维持群体的多样性,如前所述,在初始种群确定之后,交叉操作的所有组合是确定的,变异操作为搜索路径带来新的可能,有些人甚至认为,交叉操作仅仅是为了在种群中推广变异造成的更新,因此变异比交叉更重要。

染色体编码中的遗传基因 染色体编码中什么是“遗传基因”? 怎样发现种群的遗传基因? 怎样使遗传基因被遗传、被继承? 以二进制染色体编码为例,通常认为染色体的基因就是一个二进制位,那么一个种群的优质个体的编码中“值相同位”多的是否就是遗传基因呢? 或者“0、1 组合相同的片段”多的是否就是遗传基因呢? 例如{00101011, 00101001, 10100101, 01100100}中自左而右第 3 位和第 4 位“10”有 4 个相同,它是否是遗传基因呢? 发现遗传基因后,在交叉、变异、重组时又怎样使其不受破坏呢? 这些问题都是遗传算法研究中值得思考和解决的问题。

遗传算法的收敛速度与解的质量分析 解的质量是指算法求出的解与最优解的差距,可以用适应度来衡量。算法的**收敛速度**是指对于具有迭代特征的近似算法,在迭代多少次之后能够使得结果稳定,即结果不再随着进一步的迭代发生变化或发生的变化极小可以忽略不计。收敛速度在一定程度上反映了算法的执行速度,由于算法运行的硬件环境不同,不能单纯使用时间衡量算法的执行速度,而收敛速度与硬件无关,相对更为客观。一个设计良好的遗传算法要求能够在保证解的质量的前提下尽快收敛。

遗传算法中能够对收敛速度和解的质量造成影响的因素有许多,主要体现为算法的各种参数,这些参数在上一节中有详细论述。例如,初始种群大小 k 过小时,由于多样性不足,算法会快速收敛于局部最优解,从而导致解的质量不高;适应度函数的设计直接影响算法的收敛速度,由于遗传算法在搜索过程中不利用外部信息,完全依赖于解的适应度,因此设计合理的适应度函数是算法收敛速度和解的质量的保障;选择策略过于倾向适应度较高的解时,下一代的基因会局限于上一代的少数精英,使得种群的多样性降低,同时使得算法快速收敛于局部最优解;变异概率对收敛速度的稳定性有极大影响(稳定的收敛速度是指多次运行算法时,收敛速度基本一致),变异概率越低,收敛速度越稳定,反之越容易振荡,同时,变异概率在合理的区间(不同问题的区间不同)时,解的质量较高,反之,变异概率过低会导致多样性不足,过高会导致优质解容易被破坏,均不利于获得高质量解。

综上所述,遗传算法的各种参数的选择对算法的收敛速度和解的质量有很大影响,这些参数如何选择并无定规，应具体问题具体分析，并参考实验结果来调整参数。

本章小结

理解算法思维应从两个方面着手：其一为第 10 章介绍的 P 类问题的求解思维——对解空间进行遍历，尽可能消除无效计算；其二为本章介绍的“难解性问题”的求解思维——以精度换时间，尽可能求取接近满意解的近似解。

本章第 1 节首先以快递柜选址问题为例，说明精确解和计算复杂度的概念，进而以计算复杂度为依据将问题分为 P 类问题、NP 类问题、NPC 类问题和 NP-hard 问题，通过这些分类理解“难解性问题”的精确解只能通过对解空间进行遍历来获得，由于对“难解性问题”的解空间进行遍历的时间是指数级别的，因此“难解性问题”的精确解无法求得。

虽然遍历“难解性问题”解空间的时间是指数级别的，但是对其一个可能解进行验证的时间是多项式级别的，以此为基础，第 2 节提出了求解“难解性问题”的随机搜索策略——从解空间中随机选择一部分解，选择其中目标函数值最小的作为近似解，该策略的思维模式是以质量换效率。为了提高解的质量，本节进而提出了导向性随机搜索策略——从一个随机选择的可能解出发，以质量（用目标函数衡量）为导向选择更优的后续解，该策略的思维模式是提高效率的同时兼顾质量。更进一步讲，针对导向性随机搜索策略受初始解影响巨大的缺陷，本节提出了导向性群体随机搜索策略，该策略选择多个初始解并各自独立开展搜索，再将各条搜索路径的最优结果作为最终解，极大地提高了获得满意解的概率。通过上述分析，使读者对“难解性问题”的基本求解思维有了初步的了解。

第 3 节以上述思维为基础，通过类比生物领域的遗传与进化机制，探讨了遗传算法的基本原理和实现框架。遗传算法是一种典型的求解“难解性问题”的算法，基本原理是模拟生物种群的遗传进化过程，从解空间中随机选择部分可能解构成初始种群，再以适应度为基础选择父本进行交叉和变异，产生新总群，新总群再次进行上述过程并一直迭代下去，直到找到满意解。通过本节内容，以快递柜选址问题为例使读者理解遗传算法的基本原理和流程，并能够和第 2 节的内容相呼应。

第 4 节给出了和快递柜选址问题类似的会议室租用等问题，引出了一类相似的问题——集合覆盖问题，并给出其数学模型，使读者理解现实中许多问题抽象成数学模型之后是同类问题，这些问题可以用同样的算法求解。之后描述了用遗传算法求解集合覆盖问题的详细步骤和具体的算法实现，通过这些描述使读者掌握用遗传算法求解问题的通用流程和设计算法的基本方法。最后，第 4 节对遗传算法的核心机制和重要机理进行了深入探讨。

视频学习资源目录 11（标 * 者为延伸学习视频）

1. 视频 11-1　问题的可求解与难求解
*2. 视频 11-2　由生物学遗传进化到计算学科的遗传算法
*3. 视频 11-3　遗传算法应用示例
4. 视频 11-4　可求解与难解性问题
5. 视频 11-5　难解性问题的基本求解策略
6. 视频 11-6　生物学中的遗传与进化
7. 视频 11-7　计算学科的遗传算法
8. 视频 11-8　用遗传算法求解集合覆盖问题
9. 视频 11-9　遗传算法的进一步探究

本章视频学习资源

思考题 11

1. 1848 年，国际象棋棋手 Max Bezzel 提出了**八皇后问题**：在 8×8 的国际象棋棋盘上摆放 8 个皇后（如图 11.12 所示），使其不能互相攻击，即任意两个皇后均不能处于同一行、同一列或同一斜线，问一共有多少种摆法。

（1）使用穷举法求解八皇后问题，并分析其时间复杂度。

（2）使用导向性随机搜索策略求解八皇后问题。

（3）若将八皇后问题一般化为 n 皇后问题，试分析 n 皇后问题属于哪一类问题。

2. **0-1 背包问题**是指存在 n 种物品，它们有各自的体积和价值，现有背包容积为 m，每种物品只能装入 0 次或 1 次，如何令背包中装入的物品价值总和最大，并输出该最大价值。

（1）使用穷举法求解 0-1 背包问题，并分析其时间复杂度。

（2）使用导向性群体随机搜索策略求解 0-1 背包问题。

（3）试分析 0-1 背包问题属于哪一类问题。

图 11.12　8 个皇后不能相互攻击的一种摆法

3. **八数码问题**是指在 3×3 的棋盘上摆放有 8 个棋子，每个棋子上标有 1～8 的某一数字。棋盘中留有一个空格，空格周围的棋子可以移到空格中。要求解的问题是：给出一种初始布局和目标布局，找到一种步骤最少的移动方法，实现从初始布局到目标布局的转变。图 11.13 是一种初始布局和目标布局的示例。请使用遗传算法求解八数码问题。

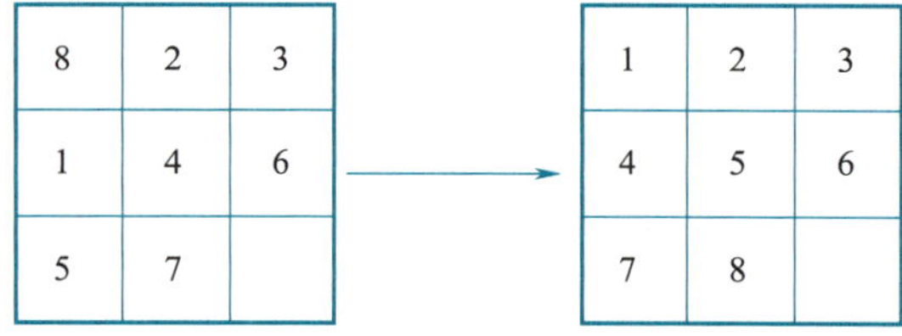

图 11.13　八数码问题从初始布局到目标布局

4. **旅行商问题**是 William Hamilton 于 19 世纪初提出的问题：有若干城市，任意两个城市之间的距离都是确定的，一位旅行商从某城市出发必须经过每一个城市且只能在每个城市逗留一次，最后回到原出发城市，问如何事先确定一条最短路线使其旅行的费用最少。请使用导向性随机搜索策略和导向性群体随机搜索策略求解旅行商问题，并比较两种算法求得的近似解的质量优劣。

5. **图着色问题**是指给定无向连通图 G 和若干种不同的颜色，使用这些颜色为图 G 的各个顶点着色，每个顶点着一种颜色。则一个图最少需要多少种颜色才能使图中每条边相连接的两个顶点拥有不同颜色？请分别使用导向性群体随机搜索策略和遗传算法求解该问题，并比较两种算法求得的近似解的质量优劣。

第 12 章

机器网络、信息网络与“互联网+”

本章要点：　理解网络由通信基础到“互联网+”应用的完整框架；学习互联互通的物理基础，理解内容共享共建的创造思维，建立面向发展的互联网与“互联网+”思维。

本章导图：

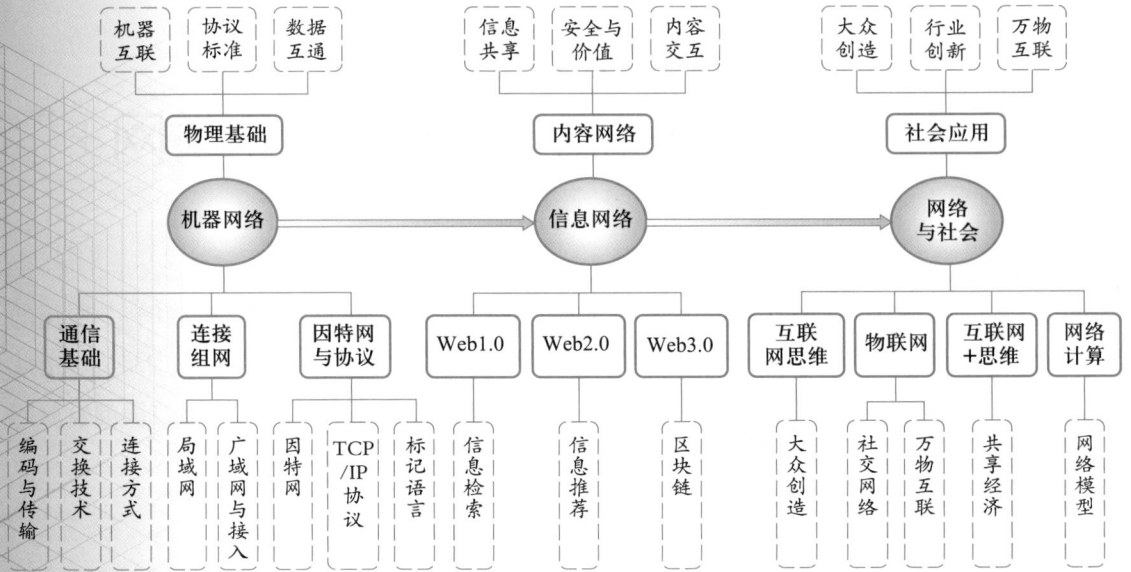

- 机器网络
  - 物理基础：机器互联；协议标准；数据互通
  - 通信基础：编码与传输；交换技术；连接方式
  - 连接组网：局域网；广域网与接入
  - 因特网与协议：因特网；TCP/IP协议；标记语言
- 信息网络
  - 内容网络：信息共享；安全与价值；内容交互
  - Web1.0：信息检索
  - Web2.0：信息推荐
  - Web3.0：区块链
- 网络与社会
  - 社会应用：大众创造；行业创新；万物互联
  - 互联网思维：大众创造
  - 物联网：社交网络；万物互联
  - 互联网+思维：共享经济
  - 网络计算：网络模型

12.1 机器网络——互联互通的物理基础

网络通信已经成为人们生活和工作中必不可少的沟通方式，轻点鼠标即可将一封电子邮件发送到大洋彼岸，你是否知道这封电子邮件经历了怎样的旅程？下面将从最简单的两点间通信开始，逐步自底向上、从简单到复杂不断扩展到全球互联网，介绍计算机网络互联互通的物理基础。

12.1.1 网络通信基础

信源、信宿和信道 计算机网络的基本功能是将不同位置的两台或多台计算机连接起来，实现信息的发送、接收与转换，即网络通信。如图 12.1 所示，将信息的发送者称为信源，将信息的接收者称为信宿，将传输信息的媒介称为信息的载体或信道。信源通过信道可将信息传输到信宿。信道可以是有线的，例如利用各种电缆进行传输；信道也可以是无线的，例如利用各种频率的电波进行传输，如图 12.1(a)(b)所示。

编码与发送，接收与解码，存储与转发 信源应具有编码信号及发送信号的能力，而信宿具有接收信号及解码信号的能力，即信源将由 0-1 串表达的信息转换成不同波形、不同频率的信号发送到信道上(信源：编码与发送)，信宿再依据接收到的不同波形、不同频率的信号还原回 0-1 串表达的信息(信宿：接收与解码)。图 12.1(c)示意了不同的编码方式传输 0 和 1，其中最上方是用离散信号传输 0 和 1 的序列，下方则是将 0 和 1 表达成不同的波形传输 0 和 1 的序列，这些波形传输的内容是 01011。

如果在计算机上装载一个程序来完成编码与发送信号、接收与解码信号，便可实现两台计算机之间的通信，而如果该程序增加一个存储与转发信号的功能，即信号接收与解码后再编码与发送出去，便可实现多台计算机组成网络并相互进行通信。这种程序可由软件或硬件实现，可被统称为**编解码器**，包括编码器(编码与发送)、解码器(接收与解码)、转发器(存储与转发)等基本功能，甚至还包括一些更复杂的功能。

为什么要进行网络连接 网络通信最简单的形式是实现两台计算机之间的直接通信，但是随着计算机数目的增加，当有 n 个计算机节点时，如果所有节点之间均建立专用的点对点通信线路，即使用全连接的方式，则需要 $n(n-1)/2$ 条线路。可以想象，节点距离较远时，这样的开销是巨大的，并且任意两个节点间不可能不间断地交换数据，通信线路利用率较低。在实际网络中，为了提高通信介质的利用效率，不相邻节点之间的通信经过中转节点的转接来实现，这就涉及数据交换等相关技术。

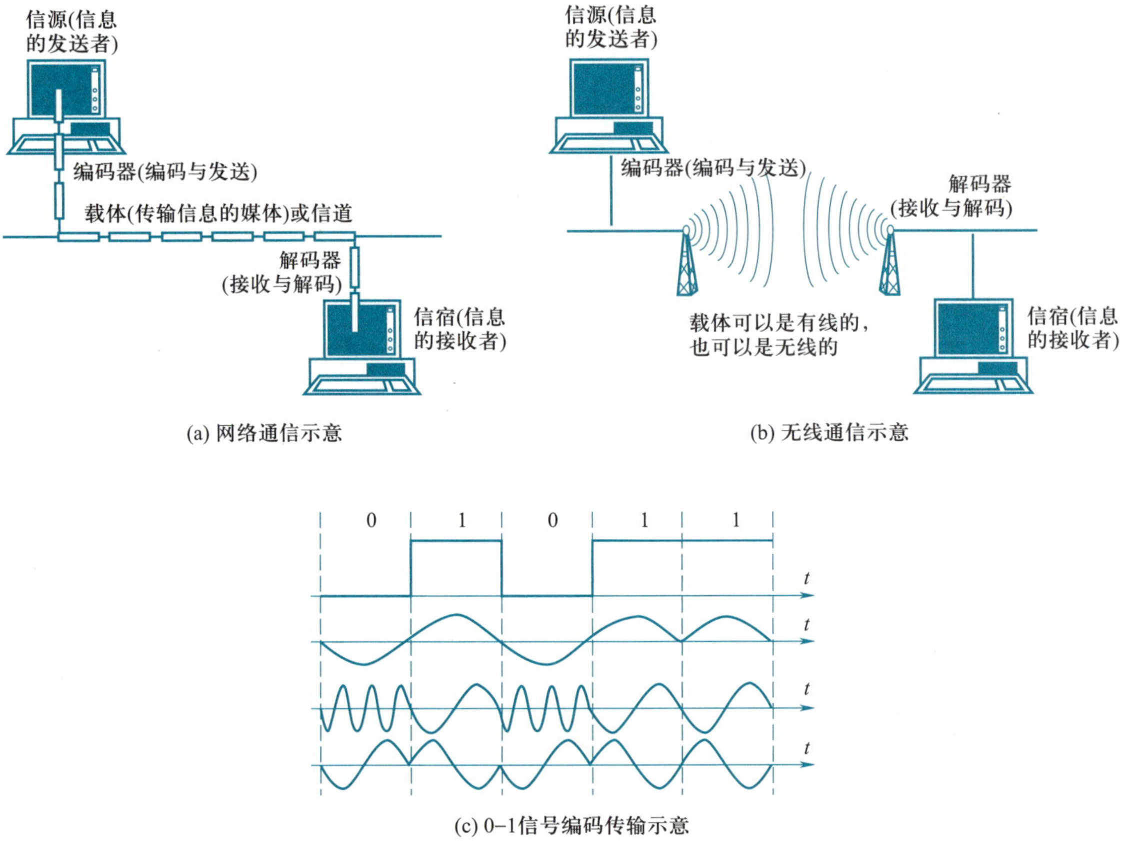

(a) 网络通信示意

(b) 无线通信示意

(c) 0–1信号编码传输示意

图 12.1　网络通信的基本原理示意

数据交换技术用于解决两台计算机通过网络连接实现数据交换的问题。如果说网络连接解决了网络的物理连接问题，数据交换技术则用于处理物理线路的共享共用问题。如图 12.2 所示，与电话系统中两个电话用户间的通话必须经由电话交换机转接类似，数据交换的中转节点称为交换节点。这样由交换节点组成一条临时的通信路径，可节约大量的通信连接信道，提高线路利用率。

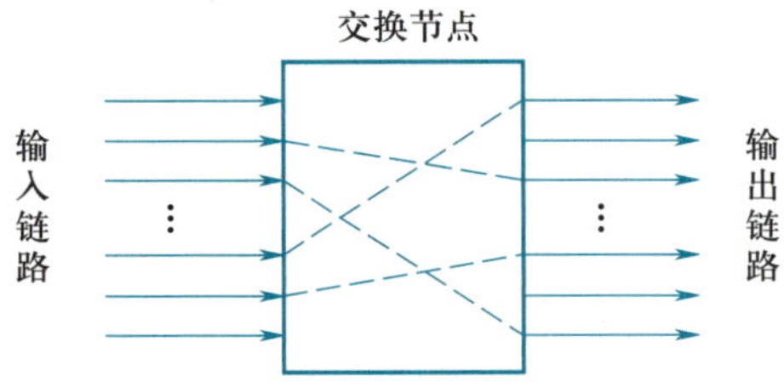

图 12.2　交换机功能示意图

线路交换方式在两个网络节点进行数据交换前，必须建立专用的通信信道，即在节点之间建立一个实际的物理线路连接，然后在该条通路上实现信息传输。其外部表现是通信双方一旦连通，便独占一条实际的物理线路，其实质是在交换设备内部由硬件开关接通输入线与输出线。

报文交换是指以报文为数据交换单位。报文是发送方发送的完整数据，加上目的地址、源地址和控制信息等，按一定格式封装后形成的数据包。在计算机网络中经常要传输非实时性的数据（如电子邮件），这时采用线路交换方式占用物理线路并不合适。在报文交换方式中，两个节点之间无须建立专用线路，当发送方有报文要发送时，其将报文作为一个整体交给交换节点。交换节点可先将待传输的报文进行存储，等到信道空闲时再根据报文的目的地址，选择一条合适的信道将信息转发给下一个节点，如果下一个节点仍为交换节点，则仍存储信息并继续向目标节点方向转发。与线路交换类似，报文在传输过程中也可能经过若干交换节点。在每个交换节点处均设置缓冲存储器，到达的报文先送入相应缓冲区暂存，然后进行转发。因此报文交换技术是一种存储转发技术。

分组交换类似于报文交换，同样按存储转发原理传输数据，区别在于二者的数据传输单位不同，如图 12.3 所示。分组交换是指将长报文分成若干较短的分组，以分组为单位进行交换。报文分组包括分组号，各个分组可独立选择路径进行传输。当各个分组均到达目的节点后，目的节点按报文分组号重新将其组装成报文。

报文号	报文分组号	目的地址	源地址	报文分组数据	校验

图 12.3　分组报文结构图

网络连接方式 构成网络的计算机的不同连接方式称为**网络拓扑**。如图 12.4 所示，网络拓扑有多种形式。图 12.4(a)将多台计算机两两相连组成闭合的**环形网络**，数据沿环传送，为了提高环的可靠性，可以采用双环结构。图 12.4(b)将多台计算机均与中央的计算机相连组成**星形网络**，星形网络的节点有主从之分，各个从节点之间不能直接通信，必须经主节点（或称中心节点）转接，因此，网络中的所有信息传输均流经中心节点，中心节点的可靠性基本决定了整个网络的可靠性。图 12.4(c)将多台计算机以同等地位连接到标准的通信线路组成**总线型网络**，一台计算机既可以是信源，又可以是信宿，既可以发送信息，又可以接收信息，还可以先接收再发送信息。除此之外，还可将计算机连接成树形、网格型等。

协议与分层——保证网络正确运行的基本手段 一般而言，**协议（protocol）**是指为双方能够正确实现信息交流而建立的一组规则、标准或约定。在解决复杂问题的过程中，协议通常是**分层结构（hierarchical/layered structure）**，即设置多层次的协议来完成一个复杂问题的解决。这样所带来的好处是：(1) 每层仅实现一种相对独立、明确且简单的功能；(2) 自身仅被临近上层调用，而仅调用临近下层进行转换。一个难以处理的复杂问题通过多层次的分解，最终可转换为容易处理的问题进而得到解决，这是计算类问题求解的一种重要思维。

计算机网络即网络拓扑加上一组分层结构的协议（含执行协议的程序/编解码器） 众所周知，计算机网络可以按照不同的网络拓扑进行连接，连接是“硬条件”，但网络运行

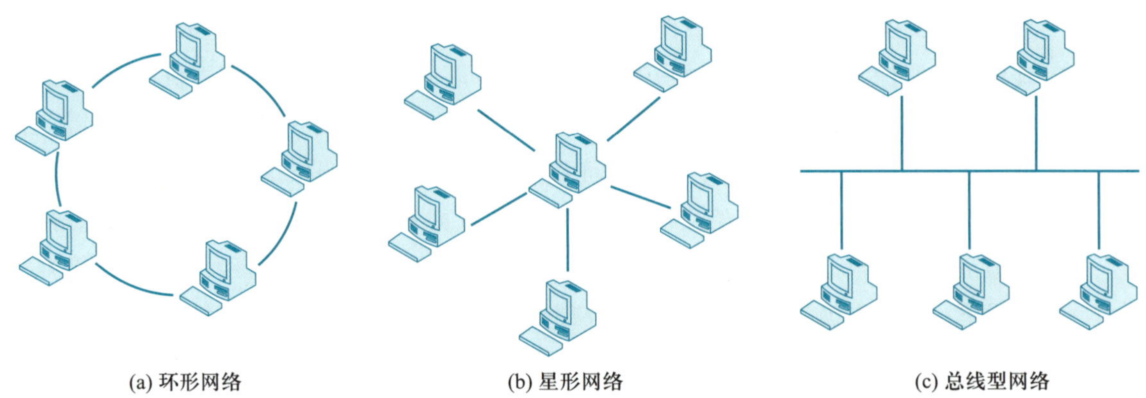

图 12.4　网络的典型拓扑结构

还需"软条件",这就是网络协议。网络协议主要包含 3 个要素:(1) 语法,即数据与控制信息的结构或格式;(2) 语义,即需要发出何种控制信息,完成何种动作以及作出何种应答;(3) 同步,即事件实现顺序的详细说明。网络协议需要由双方机器所装载的程序或编解码器予以自动执行,网络协议是"抽象"的体现,而相应的编解码器是"自动化"的体现。因此计算机网络可以被认为是网络拓扑外加一组编解码器,而编解码器是一组不同层次协议的执行程序,可以由硬件或软件实现,通常低层协议由硬件实现,而高层协议由软件实现。

【示例 12.1】以中国人和法国人讨论建筑方面的问题为例,通俗地解释协议与分层的概念。

【答】如图 12.5(a)所示。设甲(中国人)、乙(法国人)二人想要通过电话讨论建筑方面的问题,双方直接交流因语言不同存在困难。对于这类问题,通常采用分层协议解决,可通过 5 个层次的协议实现交流。(1) 第 5 层即顶层称为认识层,是指通信双方必须有共同感兴趣的话题和相关的知识与术语,能理解所交流的内容;(2) 第 4 层称为语言表达层,即将内容用语言表达,法国人用法语表达,中国人用中文表达,该层不关注内容,但关注表达内容的词法、句法是否正确;(3) 第 3 层称为共同语言表达层,例如将英语作为共同语言,法语和英语、中文和英语相互翻译;(4) 第 2 层称为 0-1 编码层,即将英文语句转换成 0-1 编码或反之(例如按照 ASCII 码转换英文语句成为 0-1 串);(5) 第 1 层即底层称为信号传输层,负责将 0-1 串变为通信信号,传输到对方后再将通信信号还原成 0-1 串。可以看到,第 1 层能够直接交流(图中用实线箭头表达),而第 2~5 层中对等双方不能直接交流(图中用虚线箭头表达)。若要实现第 5 层中对等双方的交流,则需经过一条 U 形路线,即将第 5 层信息转换为第 4 层信息,再转换为第 3 层信息直到转换为第 1 层信息后传输到对方,对方再由第 1 层信息转换为第 2 层信息,直到转换为第 5 层信息。这样甲所说的中文到达乙方就变为法语,二者用各自的母语理解感兴趣的话题即可实现交流。

如图 12.5(b)所示,两台计算机的沟通与两个人的沟通类似。横向来看,通信节点的各层协议与对应节点的各层协议逻辑上相互对应，专注于解决本层协议的编码和通信控制相关问题；纵向来看，在同一节点内部，高层协议依赖低层协议提供的通信服务实现核心功能，直到底层通过物理层借由机电信号实现传输。

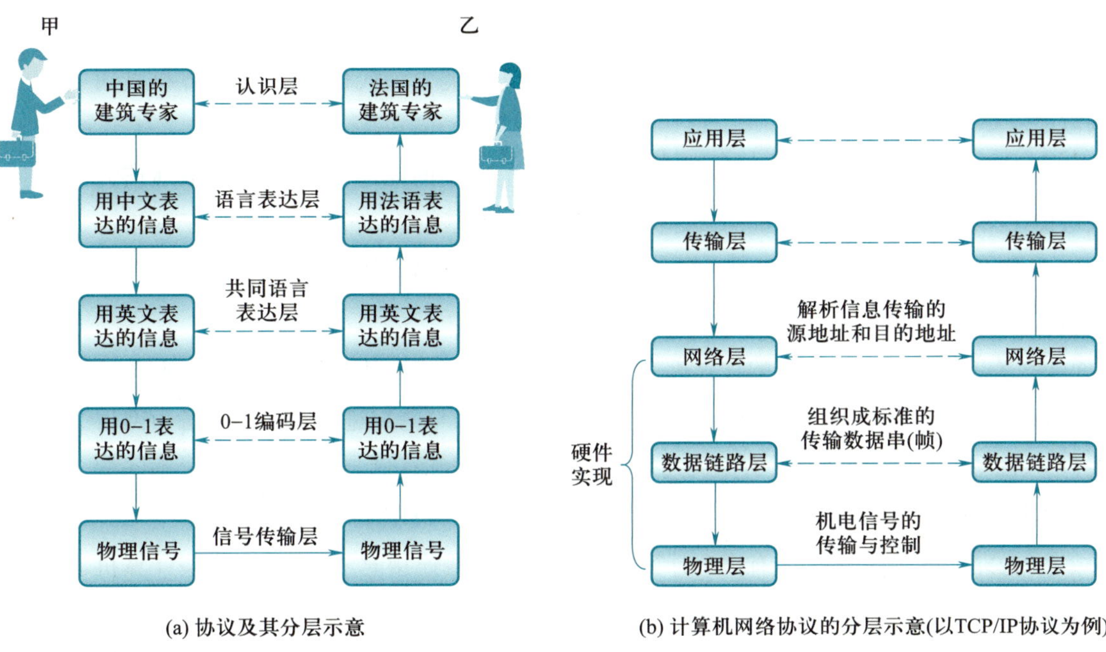

(a) 协议及其分层示意

(b) 计算机网络协议的分层示意(以TCP/IP协议为例)

图 12.5 协议的概念及其分层示意

计算机网络的若干性能指标 网络的性能能够以多种方式度量，包括传输时间和响应时间。传输时间是指信息从一个设备传输到另一个设备所需的时间总量，响应时间是指查询和响应的时间间隔。简单来看，衡量网络性能的主要指标如下：(1) **带宽**——一般而言，带宽是衡量网络传输容量/能力的一个指标，通常是指单位时间内网络能够传输的最大二进制位数，即网络最高传输速率；(2) **时延**——时延是衡量网络传输时间和响应时间的一个指标，通常是指一个数据分组（不同协议有不同的称呼，例如报文（message）、数据包（packet）、数据报（datagram）和数据帧（frame），此外在不同协议中它们也并非是同一含义的概念）的传输时间；(3) 除此之外，网络还需要考虑**可靠性**，即数据传输过程中的正确性（即单一数据分组传输的正确性和比特串传输过程中的正确性）和完整信息传输的正确性（信息由若干分组构成，传输过程中是否会产生某些分组丢失或者分组的传输次序出现错误等）。

一般而言，带宽越大、时延越小、可靠性越高，网络性能越好，但通常情况下这些指标不可兼得，需要适度折中。例如可靠性越高，则时延可能增大，而时延减小则可靠性会降低；带宽越大则成本可能越高，而要控制成本，带宽则可能降低。这就是为何会出现众多网络协议的原因，不同的协议可能支持不同的网络性能，面向不同的需求。因此，网络的性能依赖于多重因素，例如用户数、传输介质、硬件连接和所使用的协议等。

12.1.2　计算机连接与组网

局域网(local area network,LAN) 局域网是指在一个有限地理范围内的各种计算机及外部设备通过传输媒介及连接设备连接而成的通信网络,可以包含一个或多个子网,通常局限在几千米的范围之内。局域网以牺牲长距离连接能力为代价,提供了计算机之间的高速连接能力。

在计算机网络的实际应用中存在比较明显的通信范围的局部性原理,大多数通信分散聚集在网络的局部空间,例如一个实验室或一个公司范围内。同时通过划分子网络的方法,也可以大幅降低由于广播带来的通信冲突问题,因此通常情况下,计算机会先连接到局域网,再进行网际互连。

计算机直连 两台近距离的计算机之间进行通信(注:每台计算机既是信源,也是信宿)的典型方式是使用电缆(即传输媒介)连接,将计算机与电缆进行连接的设备为网络接口卡,简称网卡,网卡通常具有编码与发送、接收与解码和存储与转发等功能。不同的网卡可执行不同的协议,不同的协议需要支持该协议的网卡来执行。

多台计算机对等连接 当有多台计算机需要进行网络连接时,需要考虑这些计算机之间的网络拓扑以及通信特点,有时也需要集线器等连接设备。图 12.6 为使用集线器连接的网络示意。集线器最初仅为一个多端口的连接器,有多个端口可以将多台计算机连接起来,每个端口通过电缆与计算机的网卡相连。当集线器的端口收到某台计算机发出的数据时,则转送到所有其他端口,然后发送给各台计算机。可以利用多台集线器将更多的计算机(也可能是另一个集线器)连接成一个较大的局域网。这种网络又被称为端到

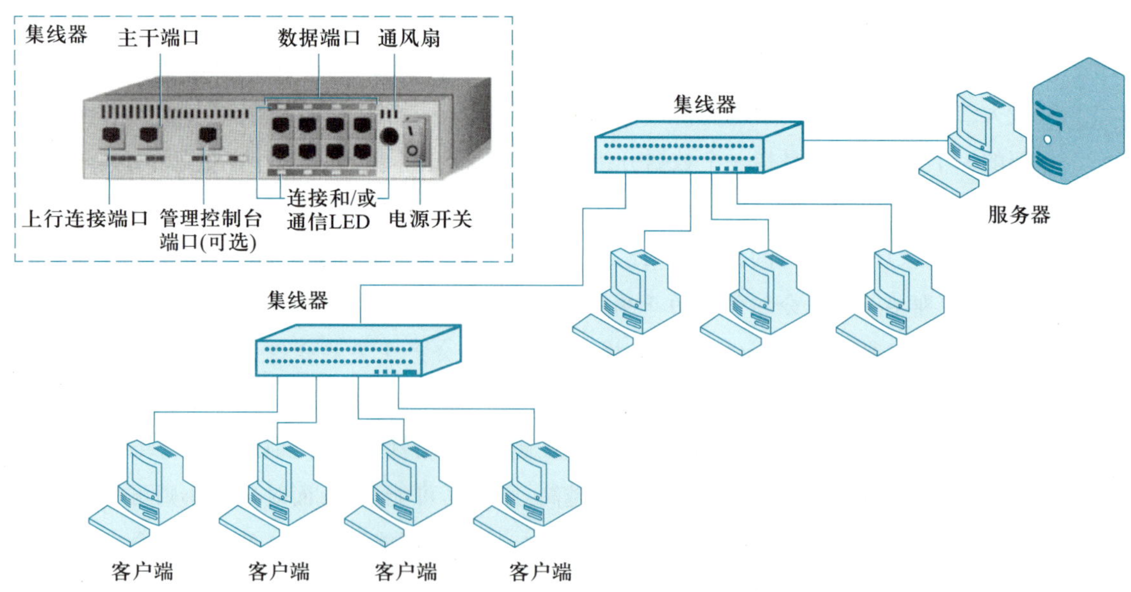

图 12.6　局域网连接示意

端连接的局域网络。随着技术发展,集线器功能有所增加,并具有处理数据、监视数据传输、过滤数据、提供故障排除信息等能力。

服务器/客户机联网 前述局域网连接中,各台计算机均具有同等地位,拥有相同的权利,虽然实现了资源共享,但对共享资源的管理常常是不够的,也是不安全的。例如,某台计算机可能需要使用连接在另一台计算机上的共享资源,可能因为另一台计算机没有开机、没有提供相应服务等而无法使用。因此,在一个组织内,更多的情况是建立基于服务器的局域网络。此时将计算机分为服务器和客户机两种类型。**服务器**是持久运行的集中管理网络共享资源、提供网络通信及各种网络服务的计算机系统,服务器一般运行网络操作系统,建立客户机之间的通信联系。**客户机**是网络中的个人计算机,通常称为工作站,其开机和关机是随机的,工作站之间交流信息要通过网络的服务器进行。服务器可按功能进行设置,例如设置文件服务器、邮件服务器、打印服务器等。在基于服务器的网络中,服务器系统构成了计算机通信网的**主机系统**,是网络中的主要资源,又称**资源子网**。

典型局域网 按照网络的拓扑结构,局域网通常又可划分为以太网(Ethernet)、令牌环网(token ring)、令牌总线网(token bus)等,其中最常用的是以太网。

以太网及其通信原理 以太网是典型的总线型局域网,如图 12.7 所示。在逻辑上,每台计算机终端通过网卡连接到总线的收发器上,共用同一根电缆上的同一个信号;在物理上,为了方便连接部署网络,电缆和多个收发器被集成在一个集线器上,形成了星形连接总线型结构的特点。

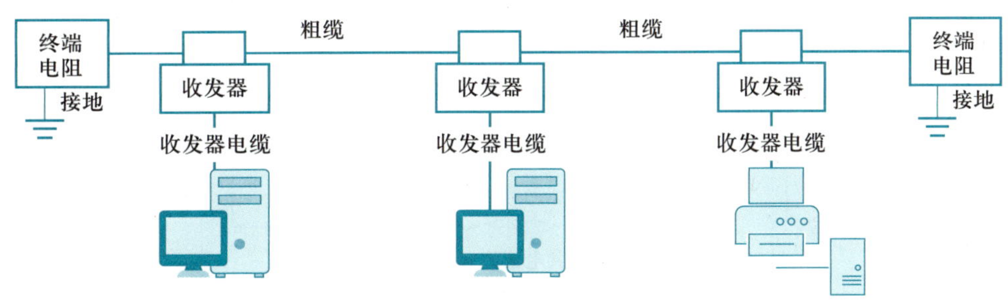

图 12.7 以太网模型

以太网中许多计算机共用同一个总线,共同在总线上发送或高或低的电信号,如果计算机之间相互没有协调配合,则会带来一系列冲突。

为了区分局域网中不同通信设备之间的身份,网络中每台设备都有唯一的网络标识(地址),该地址称为物理地址或介质访问控制(medium access control,MAC)地址,由网络设备制造商生产时写在硬件内部。例如以太网协议使用 48 位地址,通常被写成十六进制格式,例如“07:01:02:11:2C:5B”。

在局域网通信的过程中,需要将信源和信宿的 MAC 地址以及报文类型信息与待发送的报文数据编码成一个完整的数据链路帧(如图 12.8 所示,这里简单理解为一个分组即可,详细内容在后续课程中讲解)进行发送。

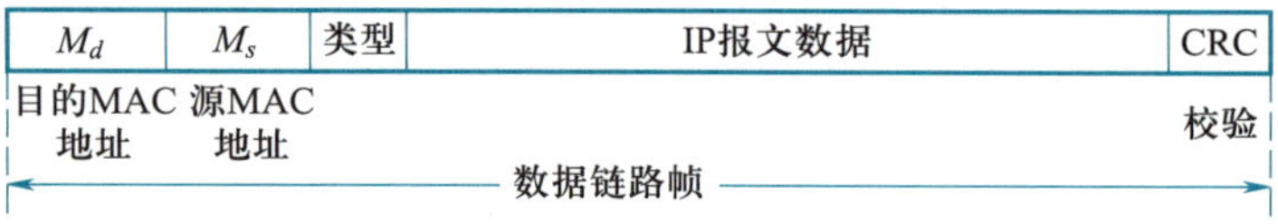

M_d	M_s	类型	IP报文数据	CRC
目的MAC地址	源MAC地址			校验

数据链路帧

图 12.8 数据链路帧结构图

基于以上介绍,可以理解以太网通信的优势和劣势:优势在于通过相对简单的连接方式和软件协议实现了网络连接共用,节省了通信成本;但同时存在由于共用线路冲突导致的时延和不稳定的劣势。

广域网(wide area network,WAN) 广域网是指由相距较远的计算机通过**公共通信线路**互联而成的网络,范围可覆盖整个城市、国家,甚至全世界。广域网有时也称为远程网,通常除了计算机设备以外,还要使用电信部门提供的传输装置和媒介进行连接。广域网的速率通常比局域网低得多,而且在连接之间有更大的时延,但可以连接任意距离的两台计算机。常见的广域网包括采用电路交换技术的广域网公用电话交换网(public switched telephone network,PSTN)、综合业务数字网(integrated services digital network,ISDN)和采用分组交换技术的广域网 X.25 分组交换网、帧中继网络等。

通常将一个广域网分为两部分(如图 12.9 所示):主机系统和通信子网。**主机系统**是指运行用户程序的计算机集合,**通信子网**负责在用户主机之间进行数据传输。大多数通信子网又由两部分组成:交换单元和传输线路(或称传输信道)。**交换单元/交换机**通常可以动态控制连接两台主机的两条线路之间的物理连接,也是一种执行某些协议的编解码器。

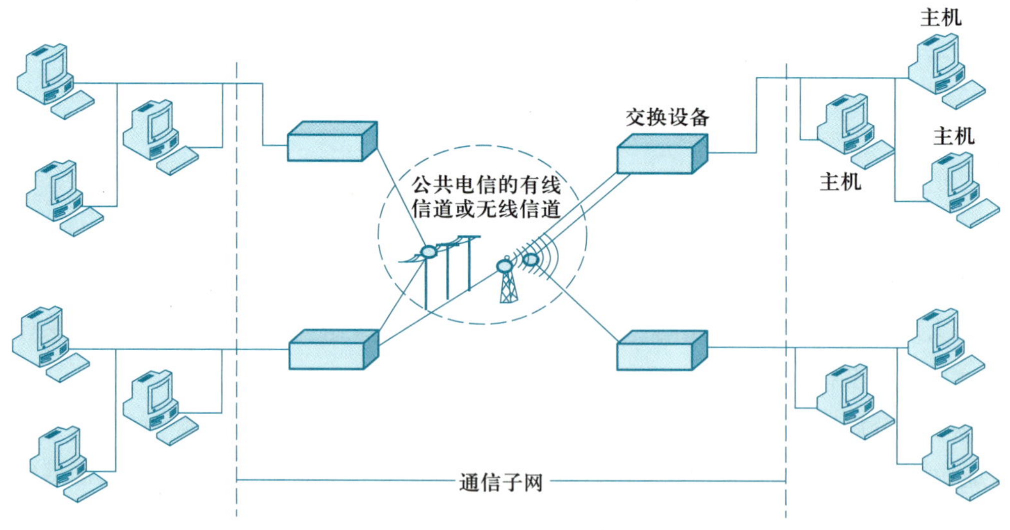

图 12.9 广域网连接示意

无线网络(wireless network) 无线网络是指利用无线电波作为信息传输的媒介构成的网络,与有线网络的区别在于传输媒介的不同,即利用无线电技术取代网线。目前主流应用的无线网络分为手机无线网络和无线局域网两种方式。无线局域网方式连接的无线网络，其连接设备包括无线网卡、无线路由/无线调制解调器（参见下文）和无线接入点（wireless access point，WAP）。无线网卡相当于接收器，无线路由相当于发射器。本质上仍需将有线网络线路接入无线路由，再将信号转化为无线信号发射，由无线网卡接收。WAP 所起的作用即为无线网卡提供网络信号，相当于有线网络的集线器。只有在 WAP 可以覆盖的区域内进行适当的设置，才能连接无线网络。WiFi 技术、蓝牙（bluetooth）技术等是无线局域网的常用技术。

GPRS、CDMA 等手机上网方式也是目前典型的无线网络，它是一种借助移动电话网络接入互联网的无线上网方式，因此只要用户所在城市开通了 GPRS 或 CDMA 上网业务，即可在任何一个角落通过笔记本计算机上网。其又被细分为：**1G 网络**，主要提供一般的语音通话服务；**2G 网络**，包含 GSM 和 CDMA，即数字语音通话网络，主要承载语音或低速通信服务；**2.5G 网络**，即以语音为主兼顾数据的通话网络；**3G 网络**，包含 CDMA2000、WCDMA、TD-SCDMA 等，即数字语音和数据网络，能够处理图像、音乐、视频流等多种媒体形式，提供包括网页浏览、电话会议、电子商务等多种信息的网络服务；**4G 网络**，包含 LTE、HSPA+和 WiMax 等，能够以 100 Mbps 的速率下载，上传速率也能达到 20 Mbps；**5G 网络**，具有高速率、低时延和大连接的特点，5G 通信设施是实现人、机、物互联的网络基础设施，用户体验速率可达 1 Gbps，时延低至 1 ms，用户连接能力可达 100 万连接/平方千米；**6G 网络**，一个地面无线与卫星通信技术集成的全连接世界，而非简单的网络容量和传输速率的突破，旨在缩小数字鸿沟，实现万物互联这一“终极目标”。

互联网（internet）：连接网络的网络 互联网是指可将多个局域网或广域网连接形成的网络集合。随着局域网连接机器规模的不断扩大，产生了一系列新的问题。一方面，由于机器在空间上分布广泛，以上简单局域网拓扑结构的连接成本会大幅提升；另一方面，基于广播式传播的相互干扰和令牌传播的轮替间隔扩大，局域网的信息沟通效率也会大幅下降。

连接网络的专用互联硬件设备即路由器。简单来讲，**路由器（router）**是一种多端口设备，可以连接不同传输速率并运行于各种环境的局域网和广域网；复杂来讲，路由器是一种特殊的计算机，有自己的 CPU、内存、电源以及为各种不同类型的网络连接器而准备的输入输出插座等，能选择出网络中两节点间的最近、最快的传输途径。在广域网中，路由器是一种类型的节点计算机。基于这一原因，路由器成为大型局域网和广域网中功能强大且十分重要的设备（如图 12.10 所示）。利用路由器，便可将两个或多个不同类型的网络连接形成一个较大的网络，可以是局域网与局域网的互联、局域网与广域网的互联以及局域网通过广域网的互联等。

网络的接入技术 有了四通八达的网络，下面来看计算机终端如何连接到互联网，这一段的连接方式也是决定上网速度的关键节点，又被称为“最后一公里”。

由于计算机发出的信号通常是数字信号，即用二进制位表示的离散信号，而公共

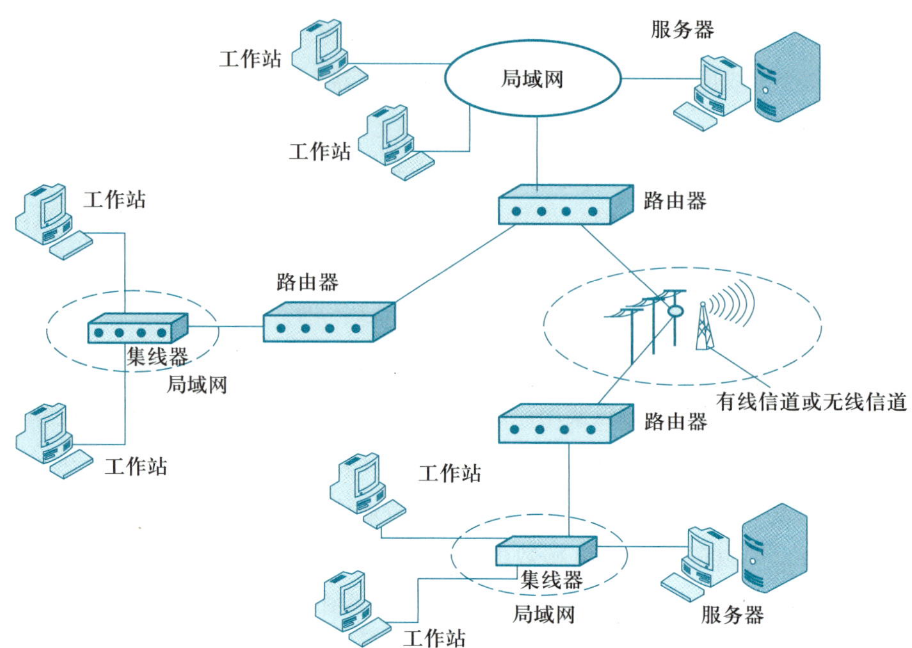

图 12.10　多个网络连接而成的互联网示意

电话线、光缆、无线等传输介质中传输的是模拟信号，即时间连续的信号，因此，在用电话线路传输计算机信息时需要调制与解调：**调制**是指将数字信号转换成模拟信号，而**解调**是指将模拟信号转换成数字信号。**调制解调器(modem)**是完成调制、解调功能的一种设备。

目前网络接入的方式有许多，可简单分为适用于窄带业务的接入网技术和适用于宽带业务的接入网技术。从用户入网方式角度来看，又可分为有线接入技术和无线接入技术。

光纤接入技术。光纤是传输速率最高的传输介质，在主干网中已大量采用了光纤。如果将光纤应用到用户环路中，即可满足用户将来各种宽带业务的要求。光纤接入技术与其他接入技术相比，其最大优势在于可用带宽大，以及传输质量高、传输距离长、抗干扰能力强、网络可靠性高、节约管道资源等特点。

以太网接入技术。根据互联网数据中心的统计，以太网的端口数约占全部网络端口数的 85%。传统以太网技术不属于接入网范畴，而属于用户驻地网领域。然而其应用领域正在向包括接入网在内的其他公用网领域扩展。对于企事业用户，以太网技术一直是最流行的方法。

无线接入技术。该技术利用无线技术为固定用户或移动用户提供电信业务，因此无线接入可分为固定无线接入和移动无线接入，采用的无线技术有微波、卫星等。无线接入的优点如下：初期投入小，能够迅速提供业务，无须铺设线路，因而可以节省铺线的大量费用和时间；比较灵活，可以随时按照需要进行变更、扩容，抗灾性较强。

同轴接入技术。同轴电缆也是传输带宽较大的一种传输介质，有线电视网就是一种混合光纤同轴网络，主干部分采用光纤，使用同轴电缆经分支器接入各家各户。混合光纤同轴电缆(hybrid fiber coaxial，HFC)接入技术的一大优点是可以利用现有的有线电视网，从而降低网络接入成本。

12.1.3 因特网与TCP/IP协议

什么是因特网 **因特网(Internet)**又称国际互联网，是世界上最大的互联网，是由广域网连接的局域网的最大集合，它不是一种新的物理网络，而是将多个物理网络互联起来的一种方法和使用网络的一套规则：(1) 因特网有一套技术体系，即相互连接的路由器和**TCP/IP协议族**；(2) 因特网有一个组织体系，即由各层次因特网服务提供方(the Internet service provider，ISP)构成的互联网组织体系。

因特网由成千上万个网络松散地连接而成，它不属于任何一个国家；任何一台计算机、任何一个网络只要遵守共同的规则——TCP/IP，即可与之连接。图12.11是因特网的结构示意图。因此有人说它是一个虚拟网，也有人说它是一个“网上之网”。

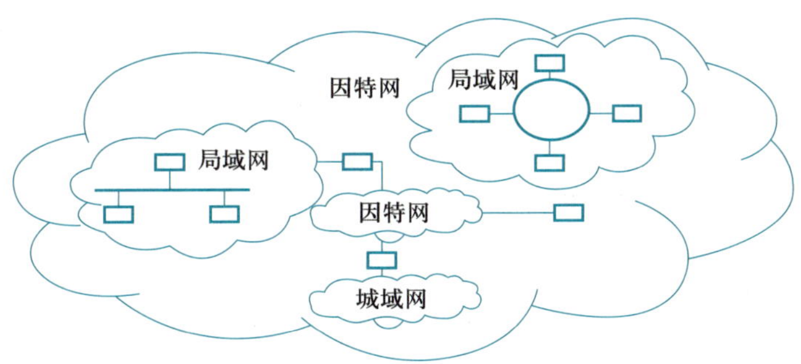

图12.11 因特网结构示意图

因特网是由众多物理网络组成的“网上之网”，其中每一个小型网络均由信道和节点组成。由于两个节点可能位于同一个物理网络或不同的物理网络中，因此关键在于如何从源节点出发找到目标节点，这就是寻址问题。网际层采用了独立于具体网络的IP协议。IP协议同等看待所有的物理网络，它定义了一个抽象的“网络”，屏蔽了物理网络连接的细节，为众多不同类型的网络和计算机提供了一个单一的、无缝的通信系统。

TCP/IP协议 在互联网中包含的网络可能是形形色色的，它们的硬件组成不同，运行的协议也不同。要将各方连接起来协调工作，就需要一个公认的互联网协议。传输控制协议和互联网协议(transmission control protocol/internet protocol，TCP/IP)就是这样的协议族，它是由美国国防部高级研究计划局为APARNET开发的通信传输协议。由于因特网的成功应用，TCP/IP已成为世界公认的网络标准。

TCP/IP模型是在物理网络基础上建立的，包括网络接口层、网际层(IP层)、传输层(TCP层)和应用层，如图12.12所示。

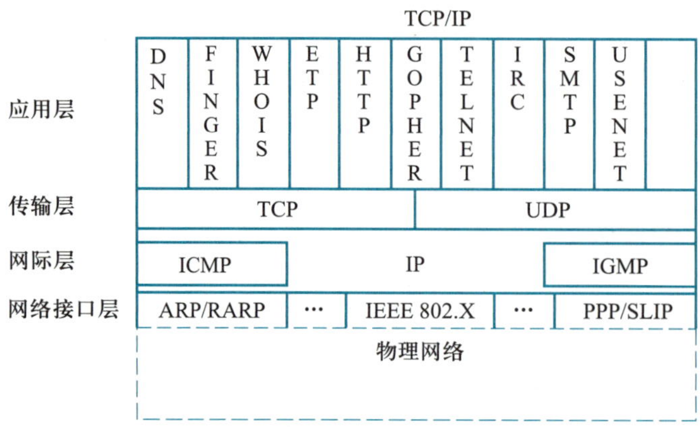

图 12.12 TCP/IP 四层参考模型

网络接口层协议 网络接口层负责将 IP 分组封装成适合在具体的物理网络中传输的帧结构并交付传输,包括用于协助 IP 分组在现有网络介质上传输的协议(如 IEEE 802.X)、IP 地址与实际物理网络地址间的转换协议 ARP 和 RARP 等。

网际层协议 网络互联的核心设备路由器作用于网际层,网际层协议主要解决两个问题:(1) 提供计算机或主机在网络中的唯一可识别地址,即 **IP 地址**;(2) 路由选择,确定数据传输的部分或全部路径。该协议维护一个路由表,路由表提供了与该路由器相连接的下一个路由器的 IP 地址。当一个路由器接收到一个数据传输任务时则检查路由表,决定该数据到最终目的地的最佳路线。

传输层协议 传输层协议负责在源主机和目的主机的应用程序间提供端到端的数据传输服务,其中包含 TCP 协议,规定了一种可靠的数据信息传递方式,同时包含 UDP 协议,规定了一种不可靠但快速的数据信息传递方式。

应用层协议 应用层协议允许用户(人或软件)访问网络。系统提供不同的应用层协议,以便能够向用户提供不同类型的网络服务。不同协议通常提供不同服务。例如,HTTP 协议可支持万维网服务,FTP 协议可支持文件传输服务,SMTP/POP3 等协议可支持收发电子邮件服务等。应用层也是唯一能被大多数网络用户感知到的层。

不同的计算机网络协议 实际网络系统中出现了许多具体的协议,例如 TCP/IP 协议族、NetBEUI 协议、IPX/SPX 协议、IEEE 802/ISO 8802 协议等。1983 年,国际标准化组织(ISO)提出了所谓的标准网络体系结构即开放系统互连(open system interconnection,OSI)模型,简称为 OSI 参考模型。所谓“开放”是指只要遵循 OSI 标准,一个系统即可和位于世界上任何地方、遵循同一标准的其他任何系统进行通信。这一点很像世界范围的电话和邮政系统,这两个系统都是开放的系统。不同的协议可由不同的编解码器实现,而不同的编解码器为进行功能区分被定义了不同的名字,例如网卡、集线器、调制解调器、网关、交换机、路由器等,这些网络设备本质上讲就是实现不同协议的软硬一体化的编解码器。

互联网身份识别 通过以上路由过程可以看出，如何在茫茫互联网海洋中定位到一个参与通信的终端是一个关键问题，计算机的定位过程与人类社会对人的识别定位方式是类似的，下面首先了解人类如何通过一系列机制查找特定对象。

例如，要查找某个城市某个小区的张三，是日常生活中经常使用的范围加姓名的标记方式，除非十分熟悉待查找对象，否则即使见面也可能互不认识。因此法律上需要一个唯一的身份标识身份 ID 对人进行区分，这就是我国常用的身份证号码。该身份证号码即可起到路由的作用，按照我国身份证号码规定，其 1 至 2 位数是省级政府代码，3 至 4 位数是地、市级政府代码，5 至 6 位数是县、区级政府代码，这样通过身份证号码即可找到对应县区的公安局，对人进行进一步确认。在公安局的记录中保存有人的终生不变的生物学特征，即头像或指纹等信息，可用于识别对象。

计算机世界同样如此，每一个参与通信的终端都有一个不能改变的硬件地址——MAC 地址，类似于照片或指纹，该地址虽然具有唯一性，但是不便于查找和管理。为了方便参与到全球范围的通信中，还必须使用方便路由及管理的 IP 地址，通过局域网的服务器进行以上地址的转换。在应用过程中，使用 IP 地址仍然存在不易记忆、难以修改等问题，因此在应用层中更便于使用的是应用层地址域名，而管理 IP 地址和域名映射关系的服务器即域名服务器(domain name server，DNS)。在因特网通信中，对 IP 地址和域名的管理逐渐形成了一套全球统一的标准，参与方必须在统一的机构管理下进行 IP 地址和域名的申请和使用，因此有必要深入了解相关知识。

IP 地址 网络层协议包含两个版本：IPv4 和 IPv6。**IPv4** 版本中，每台主机都有唯一的 32 位二进制逻辑地址，该地址包括网络号和主机号两部分。网络号标识一个网络，主机号标识网络中的一台主机。

IPv4 地址格式 IP 协议提供整个因特网通用的地址格式。为了确保一个 IP 地址对应一台主机，网络地址由因特网注册管理机构网络信息中心(NIC)分配，中国域内的网络号由中国互联网络信息中心(CNNIC)分配，主机地址由网络管理机构负责分配。每个 IP 地址占用 32 位，并被分为 A、B、C、D 和 E 5 类，分别用 0、10、110、1110 和 11110 标识，如图 12.13 所示。

1　　　　　　　　　2　　　　　　　　　3　　　　　　　　　4
0 1 2 3 4 5 6 7 8 9 0 1 2 3 4 5 6 7 8 9 0 1 2 3 4 5 6 7 8 9 0 1 2 3 4 5 6 7 8 9

A类	0	网络标识符(7位)	主机编号(24位)
B类	1 0	网络标识符(14位)	主机编号(16位)
C类	1 1 0	网络标识符(21位)	主机编号(8位)
D类	1 1 1 0	多点广播地址(28位)	
E类	1 1 1 1 0	实验保留地址	

图 12.13　5 类 IP 地址结构

IP 地址是 32 位的二进制地址，例如某地址为 10000000000010100000001000011110，由于它以“10”打头，因此是一个 B 类地址。

IP 地址过长并且不便于记忆，因而常用4个十进制数分别代表4个8位二进制数，其间用圆点分隔，以 X. X. X. X 的格式表示，称为点分十进制记数法。例如，上述地址可以写为 128.10.2.30 的形式，其网络地址为 128.10，网络内主机地址为 2.30。

子网掩码 在实际应用中，子网规模从几台到几万台不等，如果只能按照 A、B、C 3 类子网划分，则一个仅包含 300 台机器的小型网络就需要分配一个 B 类的子网段，这必然会造成 IP 地址的浪费。为了提高有限的 IP 地址的利用效率，通常需要更加灵活的划分方法，即在基本网络结构划分的基础上，通过对 IP 地址各位进行标识来灵活地限制子网大小，这就是子网掩码。

子网掩码的前一部分全部为 1，表示 IP 地址中对应部分是网络标识符；后一部分全部为 0，表示 IP 地址中对应部分是设备编号。首先可以得到 A、B、C 3 类网络的默认掩码，分别如下：

（1）A 类网络为 11111111000000000000000000000000，即 255.0.0.0；

（2）B 类网络为 11111111111111110000000000000000，即 255.255.0.0；

（3）C 类网络为 11111111111111111111111100000000，即 255.255.255.0。

网络管理员可以通过改变子网掩码中 1 和 0 的个数，修改网络标识符的范围和设备编号的范围，从而将一个大型网络划分为几个子网。例如，网络号为 200.15.192 的 C 类网络的主机编号范围为 200.15.192.0~200.15.192.255，理论上最多能够拥有 256 个地址。现在要从该 C 类网络中划分出拥有 128 个地址的子网，需要借用其主机编号域中的最高位表示网络标识符，子网掩码由 C 类的默认掩码 255.255.255.0 变为 255.255.255.128，即 11111111.11111111.11111111.1000000。此时 IP 地址则只能从属于 200.15.192.0~200.15.192.127 或 200.15.192.128~200.15.192.255 这两个子网段之一，其特点是子网内 IP 地址网络标识符相同。此时网络地址 200.15.192.127 和 200.15.192.128 虽然数字相邻，但是网络标识符不同，即不再属于同一个子网。

IPv6 地址格式 随着因特网的广泛应用和用户数量的急剧增加，只有 32 位地址（地址数为 4.3×10^{9} 个）的 IPv4 协议的危机已经展现在人们眼前。IPv6 将 IP 地址扩充到 128 位，地址数增加到 4.3×10^{38} 个，号称可以为全世界的每一粒沙子编码一个网址，有力地支持了物物互联网络的发展。

IPv6 的地址长度为 128 位，是 IPv4 地址长度的 4 倍。因此 IPv4 点分十进制格式不再适用，而是采用十六进制表示。IPv6 有 3 种表示方法，具体如下。

冒分十六进制表示法。其格式为 X:X:X:X:X:X:X:X，其中每个 X 表示地址中的 16 位，以十六进制表示，例如：

ABCD:EF01:2345:6789:ABCD:EF01:2345:6789

0 位压缩表示法。在某些情况下，一个 IPv6 地址中间可能包含很长一段 0，可以将连续的一段 0 压缩为“::”。但为了保证地址解析的唯一性，地址中”::”只能出现一次，例如：

FF01:0:0:0:0:0:0:1101→ FF01::1101

内嵌 IPv4 地址表示法。为了实现 IPv4 和 IPv6 互通,IPv4 地址会嵌入 IPv6 地址,此时地址常表示为 X:X:X:X:X:X:d. d. d. d,其中前 96 b 采用冒分十六进制表示,后 32 b 采用 IPv4 的点分十进制表示,例如::192. 168. 0. 1 与::FFFF:192. 168. 0. 1 就是两个典型的例子。

IP 地址的发展过渡 总体来说,随着物联网等领域的不断发展和 IPv4 消耗殆尽,许多国家已经意识到了 IPv6 技术所带来的优势,尤其是中国通过一些国家级项目,推动了 IPv6 下一代互联网全面部署和大规模商用。IPv6 不可能立即替代 IPv4,因此在相当一段时间内 IPv4 和 IPv6 会共存在一个环境中。要提供平稳的转换过程,使得对现有使用者影响最小,则需要有良好的转换机制。双协议栈是一种常见机制,其使 IPv6 网络节点具有一个 IPv4 栈和一个 IPv6 栈,同时支持 IPv4 和 IPv6 协议。IPv6 和 IPv4 是功能相近的网络层协议,二者均应用于相同的物理平台,并承载相同的传输层协议 TCP 或 UDP,一台主机如果同时支持 IPv6 和 IPv4 协议,则可和仅支持 IPv4 或 IPv6 协议的主机通信。

域名 由于 IP 地址是数字标识,使用时难以记忆和书写,因此在 IP 地址的基础上又发展出一种符号化的地址方案,以代替数字型的 IP 地址,每一个符号化的地址均与特定的 IP 地址一一对应。这个与网络中的数字型 IP 地址相对应的字符型地址称为域名(domain name)。若要用域名表示 IP 地址,需要一个**域名系统(domain name system,DNS)**将域名转换成计算机的 IP 地址。计算机网络的通信依赖于 IP 地址,通过域名对计算机进行访问需要首先进行域名解析,即将域名转换为计算机可以直接识别的 IP 地址。域名的解析工作由域名系统服务器完成。通常情况下一个 IP 地址可以有 0 到多个域名,而一个域名必须对应唯一的 IP 地址。

可以认为域名系统是一个分布式的主机地址数据库,整个数据库是一个倒挂的树形结构,顶部是根,树中的每个节点是整个数据库的一部分,节点是域名系统的域,域可以进一步划分成子域,每个域都有一个域名,用于定义其在数据库中的位置。

域名的表示方法 域名由两个或两个以上的词构成,中间由点号分隔,最右边的词称为顶级域名,具体分为以下两类。

(1) 国际域名,又称国际顶级域名。这是使用最早、最广泛的域名,例如表示工商企业的 com、表示网络提供商的 net、表示非营利组织的 org 等。

(2) 国内域名,又称国内顶级域名。按照国家的不同分配不同后缀所得到的域名即为该国的国内顶级域名。有 200 多个国家和地区按照 ISO 3166 分配了顶级域名,例如中国是 cn、美国是 us、日本是 jp 等。

在功能上,国际域名与国内域名没有区别,都是互联网中具有唯一性的标识,只是在最终管理机构上有所不同。国际域名由美国商业部授权的互联网名称与数字地址分配机构(The Internet Corporation for Assigned Names and Numbers,ICANN)负责注册和管理;国内域名则由各国的相应机构负责注册和管理,例如cn域名由中国互联网络信息中心负责注册和管理。在信息全球化的今天,域名已成为国家软实力的重要特征之一,世界许多国家正积极谋求网络资源的数量,拓展其他互联网资源,加大国家顶级域名的发展。如今,域名已经超出互联网的范畴,成为国家主权不可分割的部分。

理解网络传输过程 下面以TCP/IP协议族与邮政网络对比为例简要浏览网络传输数据的过程,从而使读者更好地理解计算机网络。本书不作细节性内容的探讨,读者可通过计算机网络课程或相关教材学习。

【示例12.2】邮政网络如何传输书面信件?其中包含哪些关键环节?为正确传输信件,需要表征哪些关键信息?

【答】将邮政网络传输信件的过程用图12.14表达:首先由发件人起草书信并用信封封装成信件,然后投入公共的邮筒;邮局定时巡视并取走邮筒中的信件返回邮局;工作人员对信件进行汇集、分拣、归并,邮筒中的信件以发件人邮局汇集,工作人员需要按照收件人邮局进行归并,形成收件人邮局的邮局邮包;之后按照邮路将相同邮路上的邮包打包装袋形成邮路邮包,同时将邮包装载到运输工具上(如飞机等),由运输工具将邮包运载到邮路的接收站点;接收站点拆解邮路邮包,留下属于本邮局的邮包,再将其他邮包按照邮路打包装袋形成新的邮路邮包,同时将邮包装载到运输工具上,由运输工具将邮包运载到邮路的下一个接收站点,如此可能经过多次中转;如果是本邮局的邮包,则拆解邮局邮包,再经过汇集、分拣、归并,将按照收件人邮局汇集的信件按照收件人详细地址相近的原则形成信件包(对应邮筒),由邮递员将其送达收件人;最后收件人拆解信件,读取书信。

综合上述过程可知邮政系统是一个分层业务处理系统,包括以下关键层次或关键环节。

(1) 发件人/收件人层:书写并发送信件,或者接收并阅读信件。

(2) 聚集点/分送点层:聚集不同发件人的信件,或者将信件分送到不同的收件人。

(3) 发送邮局/接收邮局层:将信件聚集成邮包,或者拆分邮包并按分送点分类。

(4) 发送站点/接收站点层:确定运输路线中每一段的发送站点和接收站点,中转站点具有接收邮包、拆分并再封装邮包和再发送邮包等功能。

(5) 运输层:负责具体邮包的发送交接、运输以及接收交接。

为了正确传输信件,需要表征以下关键信息。

信件。需要表征“收件人姓名、地址与邮政编码”和“发件人姓名、地址与邮政编码”。收/发件人的姓名、地址表示是收/发件人自己独有的邮箱,收/发件人的邮政编码指明了收/发件人所在的邮局(较大范围)及其邮筒(较小范围)。

邮局邮包。需要表征“收件邮局”与“发件邮局”,以便相关人员能够识别收/发邮局。

邮路邮包。需要表征“发送站点”与“接收站点”,以便运送人员之间进行邮包交接。

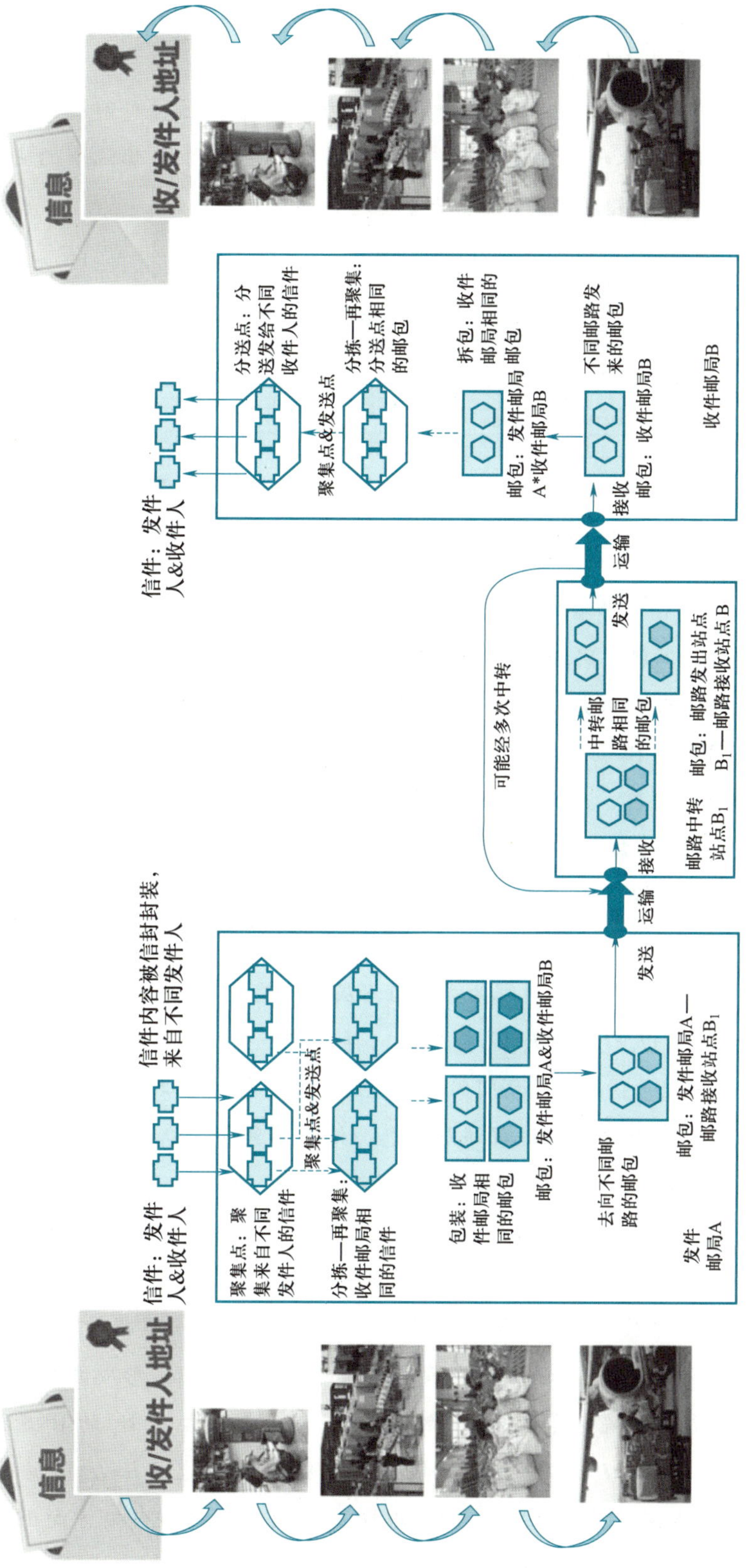

图12.14 邮政网络传输信件过程示意

综上，收/发件人的详细地址、收/发邮局以及收/发站点是十分重要的信息，必须表述清楚，否则会出现信件传送不正确的情况。

【示例 12.3】对照图 12.15，概述利用 TCP/IP 协议族进行网络数据传输的过程。

题目解析：本示例希望读者理解待传输信息在 TCP/IP 协议下的变换过程，以及如何自动识别数据传输的目的地，不必考虑过多细节。

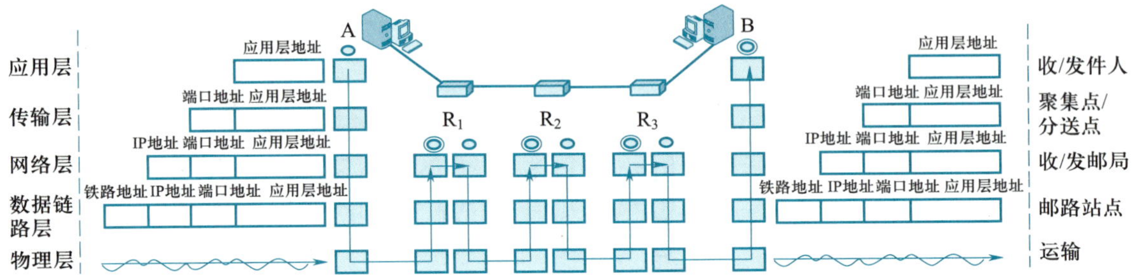

图 12.15　TCP/IP 协议进行网络数据传输过程示意

【答】将网络传输的信息变换过程绘制为图 12.15。两台计算机 A 和 B 分别为源计算机和目的计算机。网络传输过程可能经由多台路由器（R_1，R_2，R_3），即多次中转，每个路由器的中转过程均类似于 R_1，即接收再转发。现在将 A 的原始信息 $I_{information}$ 经路由器 R_1 转发并传输到 B。

（1）应用层。源计算机的程序和目的计算机的程序间需要传输原始信息 $I_{information}$。为了进行传输，需要使用 URL 指出 A 和 B 的地址，信息由 $I_{information}$ 变换为 $I_{all}=\{\boldsymbol{I_{information}},\boldsymbol{A\text{-}URL},\boldsymbol{B\text{-}URL}\}$，即将原始信息和 URL 地址打包在一起，形成新信息 I_{all}。之后转发给下一层处理。

（2）传输层。发送过程为先将应用层的完整信息 I_{all} 划分成标准大小的信息片段，假设 $I_{all}=I_1+I_2+I_3+I_4+I_5+I_6$（化整为零），再将每一个信息片段封装成数据单元 $\boldsymbol{P_i}=\{\boldsymbol{I_i},\boldsymbol{i},\boldsymbol{PORT}\}$，以记录信息片段之间的次序及处理该信息的端口号（注：不同的端口按不同的协议进行处理），便于接收过程还原信息。传输层负责端口号的识别即来自不同进程信息的识别，以及信息的化整为零与对应的还零为整，视需要确定 I_{all} 是否检查传输的正确性（有些需保证完全正确，有些则不必保证完全正确）：既要检查每一个数据单元传输的正确性，又要检查各个数据单元/信息片段之间传输的正确性。之后转发给下一层处理。

（3）网络层。仅关注单一数据单元的传输。其进一步将传输层的数据单元 P_i 进行封装，为其贴上相关发送方 A 和最终目的地 B 的 IP 地址，形成网络层包 $P_i'=\{\boldsymbol{P_i},\boldsymbol{A\text{-}IP},\boldsymbol{B\text{-}IP}\}$。进一步确定其要传送到的下一个站点（中转站点）$R_1$ 的 IP 地址，形成路由包 $P_i''=\{\boldsymbol{P_i'},\boldsymbol{A\text{-}IP},\boldsymbol{R_1\text{-}IP}\}$，其中源 IP 地址 $A\text{-}IP$ 和目的 IP 地址 $B\text{-}IP$ 依据源 A 和目的地 B 提供的 URL 解析获得。中转站点 R_1 的 IP 地址 $\boldsymbol{R_1\text{-}IP}$ 依据传输方向由计算机或路由器自动选择后给出。之后转发给下一层处理。

（4）数据链路层。将路由包 P_i'' 的 IP 地址映射为物理地址 Mac，封装的数据单元称为数据帧(frame),即$\{P_i'',\boldsymbol{A\text{-}Mac},\boldsymbol{R_1\text{-}Mac}\}$。在此过程中可能需要对 P_i 进行拆分,将其拆分成多个字进行发送。

(5) 物理层。将对应的数据帧通过物理线路发送和接收,即发送和接收0-1串,接收后再将其还原成数据帧。

如图12.16所示,当 R_1 物理层接收到数据帧后,还原出信息$\{P_i'',\boldsymbol{A\text{-}Mac},\boldsymbol{R_1\text{-}Mac}\}$,确认应由其接收,再进一步还原回其网络层包 P_i',即$\{P_i,A\text{-}IP,B\text{-}IP\}$,若发现 R_1 与最终目的IP不同,则其继续选择下一个中转站点B并给出其IP,形成新的路由包 $P_i'''=\{P_i',\boldsymbol{R_1\text{-}IP},\boldsymbol{B\text{-}IP}\}$,再将其映射为物理地址$\{P_i''',\boldsymbol{R_1\text{-}Mac},\boldsymbol{B\text{-}Mac}\}$,最后经由其物理层进行发送。当到达最终目的地B后,进行信息的还原工作,最终返回给B的相关进程,完成信息的发送。

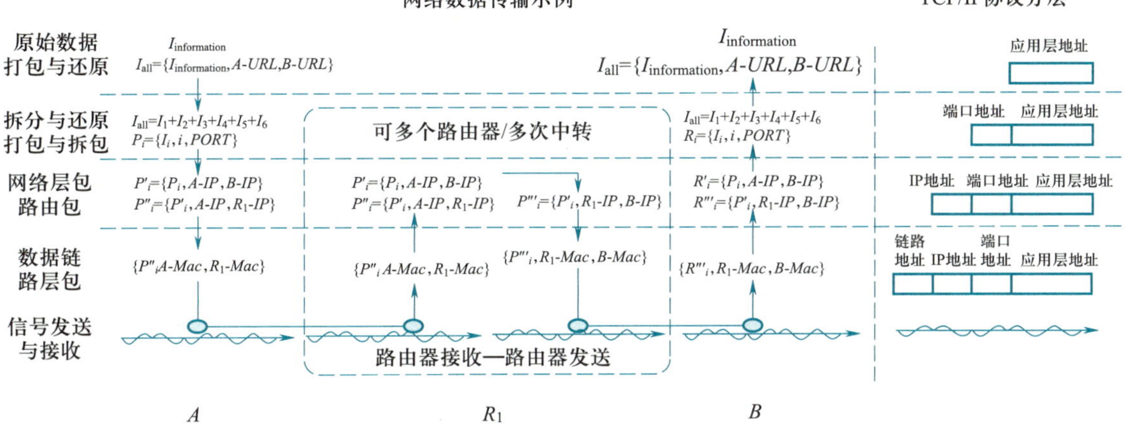

图12.16 利用TCP/IP协议族进行网络数据传输过程示意

综上所述,在互联网或因特网中,数据包(一组信号的集合,为传输被封装成多个包)由某台计算机发出后,按照协议或约定,被传送到与其相连的某个路由器,若不是目的地,则该路由器继续向前传送,直至最终传送到目的地。其间可能经由不同的路由器,网络系统会自动在不同路由器之间以及计算机与路由器之间进行数据包转换,以保证数据正确传送到目的地。

12.2 信息网络——基于互联网的内容网络

12.2.1 Web及其发展

万维网 在机器互联的物理基础上,计算机之间以向下透明的方式进行应用层通信,建立起面向内容的复杂信息网络。这是一种基于超文本的、全球性的、动态交互的、跨平台的分布式图形信息系统，即全球广域网，又称万维网(World Wide Web, Web)，是基于客户-服务器模式的信息发现技术和超文本技术的综合。Web服务器通过超文本标记语言(hypertext markup language, HTML)将信息组织为图文并茂的超文本，利用链接从一个站点跳转到另一个站点。如此一来便彻底摆脱了以往查询工具只能按特定路径逐步查找信息的限制。

万维网的发展及特点　如图12.17所示，在Web的发展过程中，逐步形成了以共享为特征的Web1.0、以交互为特征的Web2.0和以个性化为特征的Web3.0，涉及内容从产生到消费之间的各个环节，逐步形成了一个完整的面向内容的信息网络。

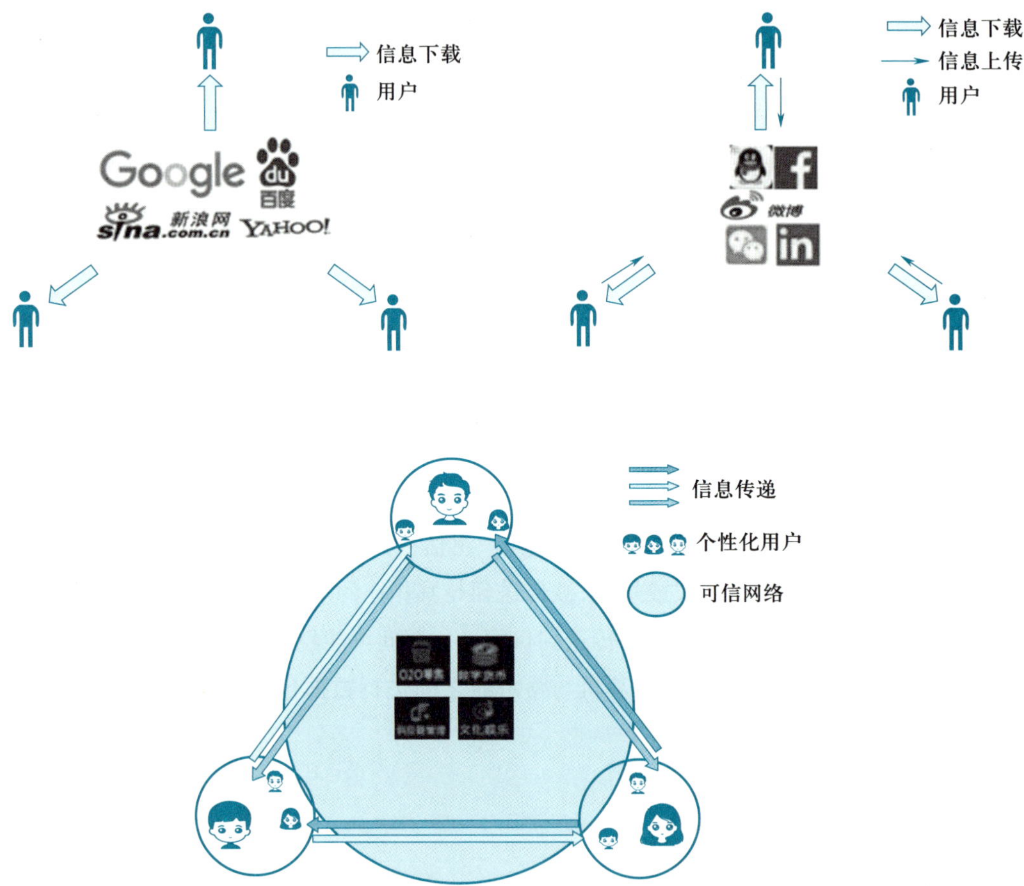

图12.17　Web不同发展阶段信息传递过程示意

Web1.0。Web1.0以信息共享为基础，关注如何通过灵活的数据记录形式和统一的共享服务模式将信息发布在网络中供用户浏览，从而推动了互联网服务、数据标记及信息共享技术的发展，并产生了门户网站的需求，诞生了新浪、雅虎、百度、谷歌等门户网站。

Web2.0。Web2.0以信息交互为目标，关注如何通过信息上传下载，实现用户之间的内容交流。从早期简单地建立论坛进行分主题讨论，到专门建立个人的博客、微博、主页、朋友圈等方式，实现多样化的内容交互。

Web3.0。Web3.0以协作和信任为基础,关注如何鉴别和保护个性化信息,从而构建人与人之间的协作模式和信任机制,并基于这一技术激励去中心化的内容创作、版权保护,从而促进大规模数字经济的发展。

12.2.2 Web1.0——信息网络基础

信息资源管理 任何一个文档、图像、视频或音频均可被看作一种资源。为了引用资源,应当使用唯一的标识来描述其放在何处以及软件如何存取,该标识就是统一资源定位符(uniform resource locator,URL)。URL既可以指向本地硬盘上的某个文件,也可以指向互联网中的某个网点。其形式为:

Sckema:Path

其中,Sckema表示连接模式,即访问资源的协议类型。Web浏览器将多种信息服务集成在同一软件中,用户无须在不同协议之间转换,界面统一,使用方便。目前支持的协议有HTTP、FTP、News、mailto。

Path部分一般包含主机名、端口号、类型和文件名、目录等。其中,主机名以"//"开头,一般为资源所在的服务器域名,也可以直接使用该Web服务器的IP地址。端口号的主要作用是表示一台计算机中的特定进程所提供的服务。目录、文件名则与操作系统中的文件管理类似。

通过上述方式,即可通过URL精确地访问指定机器中的资源和服务。

常见服务 互联网的建立以信息的互联互通为目的,早期建立了一系列较为成熟的服务,具体如下。

远程登录(Telnet)。可以建立一个远程TCP连接,使用户(使用主机名和IP地址)注册到远处的一台主机上。此时,用户将击键信号传至远程主机,同时将远程主机的输出通过TCP连接返回至本地显示器,如同直接操纵远程主机一样。

文件传输。FTP是TCP/IP提供的标准机制,用于将文件从一台主机复制到另一台主机。它提供交互式的访问,允许客户机指明文件的类型、格式(例如是否使用ASCII码等)、存取权限(授权、口令等)。在网络环境中,由于众多计算机厂商研制的文件系统存在差异,给文件传输带来许多困难,FTP的功能就是减少或消除在不同操作系统下处理文件时的不兼容性。

电子邮件(E-mail)。电子邮件是互联网中使用最广泛的应用之一,采用了客户-服务器模式。电子邮件的发送与接收由客户机程序和服务器程序共同完成,如图12.18所示。

SMTP是互联网中各节点之间的电子邮件传送协议,它规定了14条命令和21种响应,包括连接建立、邮件传送、连接释放等。此外,互联网服务还包括一些网络管理,例如网络中多种设备的配置管理、商业网络中的用户计算管理、网络用户信息的安全管理等。

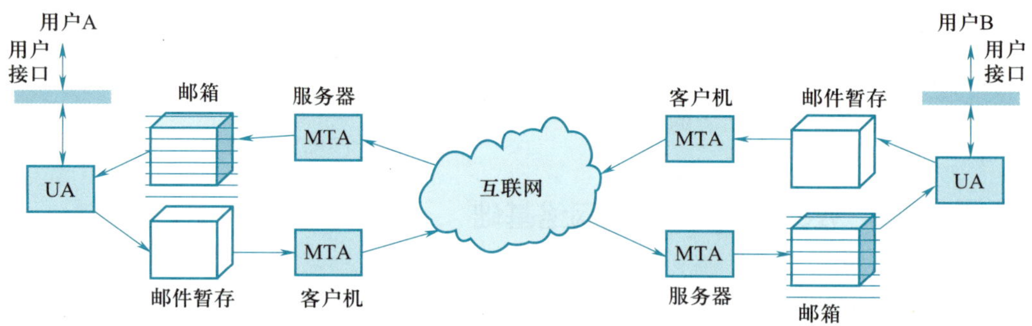

图 12.18 E-mail 的客户-服务器模式

信息的网络化组织 互联网可将不同的机器联结成网络，进而可通过网络将不同机器中的文档相互关联，即将逻辑上的“关联”（例如图书之间的引用，信息在不同层面含义的展现等）给予物理上的实现，这就是超文本/超媒体技术。**超文本/超媒体**不仅包含自身的文本/媒体信息，还要包含**链接**，即通过链接能够关联不同机器的不同文档，前者由机器作为载体，后者基于互联网予以实现，即能够根据“链接”由一个文档的阅读自动发现另一台机器的另一个文档并进行阅读。简而言之：**超文本/超媒体=文本/媒体+链接**。后文中将超文本/超媒体统称为超文本。超文本技术包括以下两个要素。

网络化组织信息表达 采用统一的**超文本标记语言**，所有超文本均需要按照这种语言要求进行表达。用该语言书写的每一份文档称为一个网页（web page），万维网由数以百万计的网页组成。

根据标记语言的信息呈现 解析并展现超文本的软件称为**浏览器**（browser），这种软件已成为互联网的标准软件，它可以将任何按照 HTML 表达的超文本在任何机器中展现，方便用户阅读。其基于一组公用的协议（例如 HTTP），在特殊配置的服务器（指 Web 服务器或称 HTTP 服务器）的支持下在互联网中进行传输与处理。

【示例 12.4】基于互联网的信息非线性组织与传播示例。

图 12.19 给出了基于互联网进行非线性内容组织的一种示意。传统书籍中的相关性引用、索引、关联等，使文档之间有了联系，例如阅读古诗词时，围绕该古诗词可能引出一系列的关联性或线索：(1) 诗词→诗词中的典故→典故的解释→典故中涉及人物、景物的形象；(2) 诗词→诗词作者→作者的生平介绍→作者的其他诗词；(3) 同类别/不同类别的其他诗词←诗词→诗词的韵律→诗词的创作方法；(4) 诗词→诗词的文本含义→诗词的引申含义→诗词意境的形象化动态化展现等。上述各种线索使内容之间形成了网络化的、纵横交错的关联关系，这种关联关系在传统载体中难以实现，但在超文本环境下是可以实现的。这种非线性信息组织方法使读者在阅读时可沿不同的“链接”、不同的线索跨越多台机器方便地进行联想与追踪，实现多类型文档、同类型多文档之间的交叉纵横阅读，实现文档的声、图、文联合展现等，这就是基于互联网信息组织与传播的特色之处。如何建立文档之间这种纵横交错的关联关系？这既需要从技术上实现文档之间的关联，更

需要从内容上建立文件之间的关联。技术上实现文档之间的关联即使用 Web 技术，而内容上建立关联则需要文档的发布者——广大用户发挥想象力来建立，不同的关联即是不同的创造。

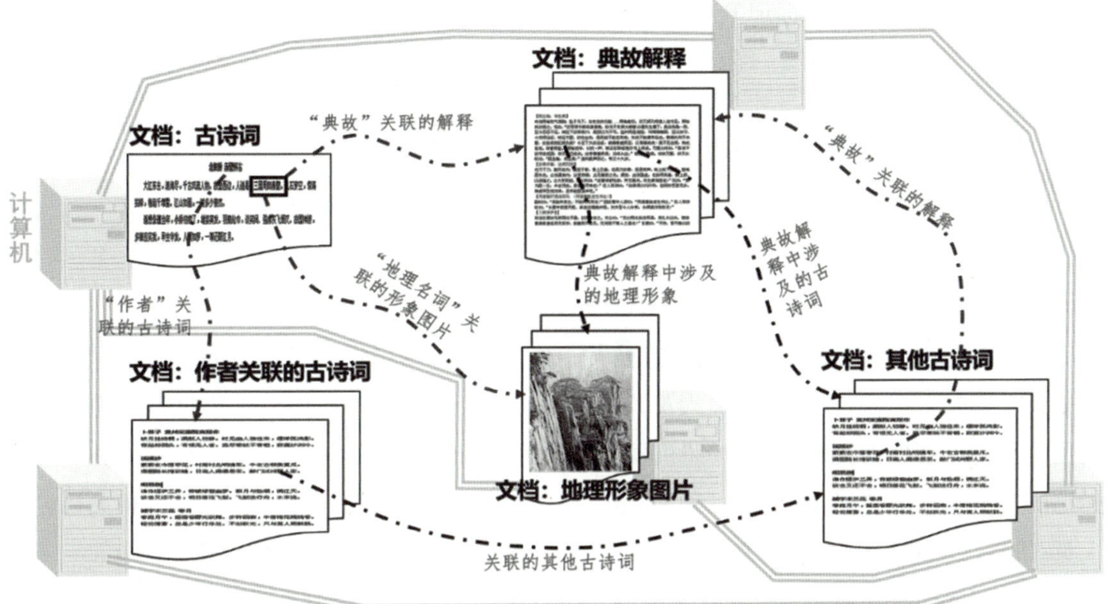

图 12.19 基于互联网的信息组织与信息传播示意

标记语言的作用 通过 URL 等服务解决了信息资源定位的问题，但是如何组织、表达和理解这些信息资源则需要建立一种新的数据思维。传统的信息共享往往借助于经典的数据结构等存储方式，但是对于互联网存在的大量异构的不同种类的信息来说，有限的数据结构很难进行系统化的定义，因此开放式的标记语言成为重要的信息聚合和共享方式。

标记语言 标记语言是互联网领域广泛使用的一种语言，是将文本/媒体的自身信息与"使机器处理该文本/媒体"的信息相结合进行表达的语言。前者是文本/媒体自身，称为文本/媒体或原子文档；后者是关于文本/媒体的信息，例如怎样处理和显示该文本/媒体的信息、关于该文本/媒体的不同特性及其说明信息、关于该文本/媒体能够关联的其他文本/媒体的信息等，统称为标记。机器如果能够识别这些标记，也就能按照这些标记的含义对相关文本/媒体进行相应处理，如不能识别这些标记，则可能忽略这些标记的含义。这就是标记语言及其作用。

标记语言的书写格式为"**<标记> 文本或媒体 </标记>**"。其中的文本或媒体是原子文档，即纯文本或多媒体，也即待处理对象。两侧带有<>的是标记，其中左侧的<>为一个"标记"的起始，右侧带有"/"的<>为一个"标记"的结束，表征由标记起始至标记结束之间的纯文本或多媒体，即待处理对象具有该"标记"所表示的性质，可以由相应软件解释或利用该性质，并按该性质处理该对象。

标记可以嵌套使用,即一个标记可以被嵌入另一个标记。例如:

<标记 F> <标记 K><标记 M>文本</标记 M> </标记 K> </标记 F>

也可写为:

```
<标记 F>
    <标记 K>
        <标记 M>  文本 </标记 M>
    </标记 K>
</标记 F>
```

注意,一个标记必须被整体嵌入另一个标记,即一个标记的起始和结束整体在另一个标记的起始之后和结束之前,不能出现交错的现象。

标记语言既是灵活的,又是有标准的 原则上,标记可以用任意符号命名。但如果希望他人读懂文档,则应按照相关人员均能理解的“标记”来表达;如果希望机器读懂文档并按标记处理该文档,则应按照机器能理解的“标记”来表达。这就需要标准。在标记语言的标准中,对其中的每一种“标记”均作出了相对严格的定义,以使所有相关人员/机器均能共同且准确理解该标记的含义。标记语言可以有不同的标准,不同的标准规定了不同的“标记”集合及其含义,其适用的对象是不同的。下面观察几个示例。

超文本标记语言(HTML) 这是一种适合网页编写并进行机器展现的标记语言。HTML 中的标记主要有两类:一类是关于格式处理方面的标记,另一类是关于“链接”的标记。下面结合一个示例讲解 HTML 语言,参见示例 12.5。

【示例 12.5】图 12.20 展示了纯文本/纯媒体与超文本/超媒体的示意,其中(a)(b)是纯文本/纯媒体,(c)是用 HTML 语言书写的超文本/超媒体,(d)示意了一种浏览器软件及其功能。

HTML 的文本格式处理类标记 仔细观察图 12.20(c)的超文本:(1) 带有<>的部分均为某种标记,图中以不同颜色区分;(2) 这些标记(例如 HTML 标记、HEAD 标记、TITLE 标记、BODY 标记等)是用于定义文档逻辑结构的标记,从字面可以理解为分别定义了整个文件、文件头部、文件标题、文件体等;(3) 还有一些标记是用于定义文档格式的标记,例如定义段落可使用 P 标记,进行换行处理可使用 BR 标记,对文本作强调处理可使用 EM 标记,将文本处理为黑体字可使用 B 标记、处理为斜体字可使用 I 标记、带下画线可使用 U 标记等。上述标记均可视为格式处理方面的标记。浏览器按照 HTML 标准识别相应的格式标记。

HTML 的链接类标记 继续观察图 12.20(c)的超文本。还有一类标记,即 A 标记和媒体嵌入标记(例如 IMG 标记),均为关于链接的标记。

(1) A 标记的格式为“**<A HREF=“URL”>文本</A>**”,其含义为:在显示被该标记

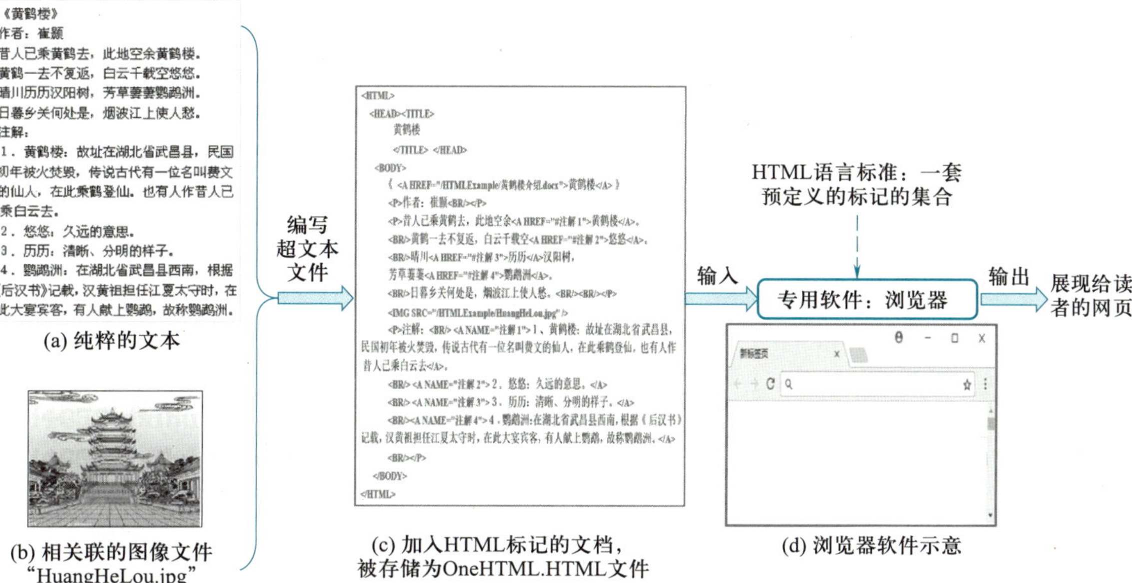

图 12.20　纯文本/纯媒体与超文本/超媒体的区别示意

括起的"文本"时，将其处理成"链接"形式，即用户单击该"文本"，浏览器将自动打开 A 标记中 URL 指明的文档。其中 URL 可以是绝对文档地址，也可以是相对文档地址。

前者需指出该文档所在的机器及该机器中该文档所在的路径，如：

<A HREF="http://www.bignet.net/realcorp/products.html">Product Information</A>

后者需将文档存放于与此 HTML 文件相同的目录下或其下的某一目录下，如：

<A HREF="anotherDir/SecondHTML.html">Product Information</A>

(2) A 标记亦可将"链接"指向本文档内部的某一位置，该位置需要定义。链接位置用"**<A NAME="链接位置名称">屏幕显示内容</A>**"定义，指向并跳转到链接位置用"**<A HREF="#链接位置名称"> 屏幕显示内容</A>**"表达。例如，图 12.20 中定义了"注解 1""注解 2""注解 3""注解 4"4 个链接位置，指向 4 个位置的链接分别被设置在"黄鹤楼""悠悠""历历""鹦鹉洲"4 个词语上。

(3) 媒体嵌入标记在超文本中可以嵌入其他位置上的图像、音频、视频等，可使用 img 标记、audio 标记和 video 标记等。如下所示：

```
<img src="/i/eg_tulip.jpg"   />
<audio src="song.mp3"   controls="controls"> Related Text </audio>
<video src="movie.mp4"   controls="controls"> Related Text </video>
```

分别将指定位置的图像、音频或视频文件显示在该标记所在的位置。如果是音频或视频则显示是否显示播放器的按钮(由 controls 属性控制)。

(4) HTML 还有许多其他标记，这里仅介绍了最基本的标记。详细内容读者可搜寻 HTML 语言继续学习。

图 12.21 给出了用浏览器显示 HTML 文档的情况。其中(a)给出了 HTML 文档相关

的磁盘存储结构：有 3 个文件，分别是“OneHTML. HTML”(HTML 文件)、“HuangHeLou. jpg”(黄鹤楼图像文件)和”黄鹤楼介绍. docx”(Word 文件)，均被存储在本机 HTMLExample 目录下。这些文件名和目录信息被用于 HTML 文档的编写。(a)的下部给出了用“记事本”软件打开的 HTML 文档，该软件可以直接观察 HTML 文档本身，并未对标记进行相应的处理。(b)图是用“浏览器”软件打开的 HTML 文档，该软件在打开 HTML 文档的同时，对其中的文本按照“标记”的含义进行了相应的处理。当用户单击“黄鹤楼”3 个字后，浏览器会下载相关的“黄鹤楼介绍. docx”文件，并调用相应的软件打开该文件，即实现了 HTML 中的超链接。

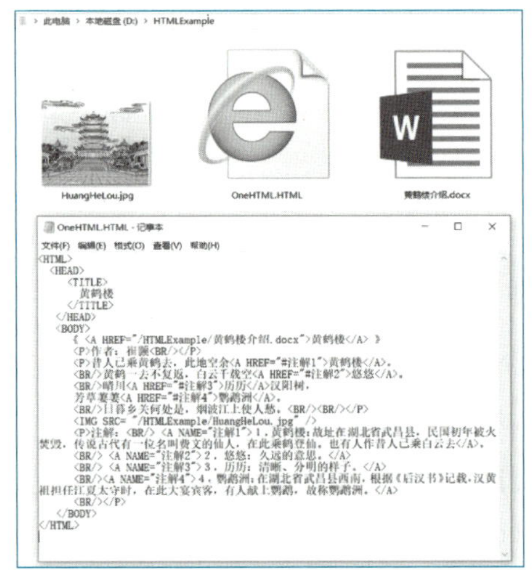

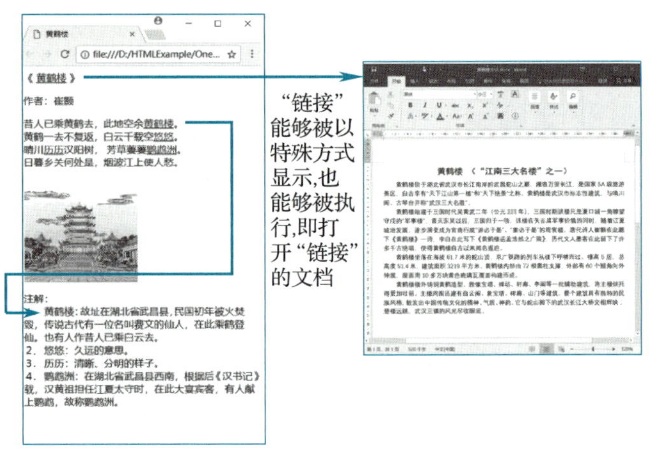

(a) 示例HTML文档及相关文件的存储，均存储在本机“/HTMLExample”目录下。下半部分给出的是用“记事本”打开的OneHTML.HTML文档

(b) 使用“浏览器”打开HTML文档，浏览器按照HTML文档的标记处理相关的文本/媒体

(c) 浏览器可以依据HTML中的“链接”发现并下载所链接的文档，并调用相应软件打开这些文档。这些文档可以是机文档，也可以是网络中的文档

图 12.21　HTML 文档的组织及浏览器展现 HTML 文档、处理链接的结果示意

可扩展标记语言 可扩展标记语言(extensible markup language，XML)也是互联网中经常使用的一种标记语言。HTML 主要用于文本/媒体的格式化输出，XML 则主要用于不同系统之间的信息交换。

XML 与 HTML 的比较 XML 与 HTML 的相同点：(1) 均为标记语言，包含标记和文本/媒体两种要素；(2) 均以 ASCII 码方式存储和传输，易于在不同程序和不同平台间传输和解读。XML 与 HTML 的不同点：(1) 作用不同。HTML 主要有两大作用，一是文本/媒体的显示处理，二是互联网文档/资源的链接处理。因此其包括 3 类主要标记——文档结构标记、文档格式标记和链接标记。XML 的主要作用是文本/媒体在互联网中的存储、传输、交换与处理，标记主要用于刻画文本/媒体的各种语义特性而不是格式相关的特性，描述文本/媒体之间的数据结构(注：第 12 章介绍的 NoSQL 数据库中，有些就是管理“XML 文档”的数据库)。(2) HTML 使用的是一组“固定的已定义好的”标记，以方便浏览器解读和正确显示 HTML 文档。换句话说，HTML 不允许用户自定义标记，尽管浏览器能够处理用户自定义的标记，但会直接忽略其不认识的标记。而 XML 允许用户自定义标记和文档结构。

如何获取感兴趣的信息 标记语言在提供可扩展的信息内容标记存储的同时，也提供了开放式的信息内容共享，不仅浏览器可以浏览，其他专业软件也可以对标记语言进行处理，搜索工具同样可以对标记语言中的关键信息进行提取，对网站进行分析排序。

分类检索 分类是指按照事物的性质、特点、用途等作为区分标准，将符合同一标准的事物聚类、不同的则分开的一种认识事物的方法。分类法是指将类或组按照相互间的关系，组成系统化的结构，并体现为许多类目按照一定的原则和关系组织起来的体系表，作为分类工作的依据和工具。例如中国图书馆分类法按照一定的思想观点，以科学分类为基础，结合图书资料的内容和特点分门别类组成的分类表。它将所有知识分为五大部类、22 个大类。分类检索是指用分类法表达各种信息资源的概念。分类法具有很好的层次性和系统性，其分类体系便于用户扩检和缩检，便于进行浏览检索，传统的文献组织大多采用这种方法。新浪、雅虎等门户网站的信息内容丰富、种类繁多，也常采用分类的方式进行组织和浏览。

搜索引擎 随着网络信息资源的爆炸性增长，网站数目越来越多，用户对信息需求的信息粒度越来越细、领域越来越宽，这种人工整理网络信息资源的模式已不能适应网络信息资源的快速增长。搜索引擎技术应运而生，使得用户可以快速检索和获取互联网中的海量信息资源。

搜索引擎是指根据用户需求与一定算法，运用特定策略从互联网中检索指定信息并反馈给用户的一门检索技术。搜索引擎依托于多种技术，例如网络爬虫技术、检索排序技术、网页处理技术、大数据处理技术、自然语言处理技术等，为信息检索用户提供快速、高相关性的信息服务。搜索引擎技术的核心模块一般包括爬虫、索引、检索和排序等。

搜索引擎的工作过程基本可分为以下几个步骤。

网页抓取。通过网络爬虫技术从互联网中收集网页信息，网络爬虫每遇到一个新文档，都要搜索其页面的链接网页，将获取的 HTML 代码存入原始页面数据库，建立网页快照。

建立索引。为了便于用户在数万亿级别以上的原始网页数据库中快速、便捷地找到搜索结果，搜索引擎必须将网络爬虫抓取的原始 Web 页面作预处理，为网页建立全文索引，之后开始分析网页，最后建立倒排文件。经过搜索引擎分析处理后，Web 页面已经不再是原始的网页页面，而是浓缩成能反映页面主题内容的、以词为单位的文档。

倒排索引。倒排索引源于实际应用中需要根据属性值查找记录。这种索引表中的每一项均包括一个属性值和具有该属性值的各个记录的地址。由于不是由记录确定属性值，而是由属性值确定记录的位置，因而称为倒排索引。倒排索引形成过程是：搜索引擎用分词系统将文档自动切分成单词序列，对每个单词赋予唯一的单词编号，记录包含该单词的文档，单词频率信息也被记录，便于之后计算查询和文档的相似度。

查询服务。搜索引擎程序首先分析检索条件提取搜索词，然后将包含搜索词的相关网页从索引数据库中找出，并且对网页进行排序，最后按照一定格式返回到搜索页面。查询服务最核心的部分是搜索结果排序，其决定了搜索引擎的优劣及用户满意度。实际搜索结果排序的因子有很多，但最主要的因素之一是网页内容的相关度，影响相关度的因素包括关键词的常用程度、词频、出现位置、页面权重等。

12.2.3　Web2.0和Web3.0

Web2.0的特征 Web2.0将信息的传递由单向提升到双向，实现了信息双向互动，这成为Web2.0的显著特征。其技术特征如下。

信息双向交互。在Web2.0模式下，用户可以在得到自己所需信息的同时，不受时间和地域限制地分享信息。通过博客、论坛、朋友圈等方式上传个人信息，表达个人观点，不仅可以大幅扩展信息的来源，而且在交互过程中提高了信息的传播速度和广度，并强化了交流过程的信任度。

信息聚合。在用户交互的过程中，无论是针对某一用户的个性化内容进行交互，还是针对某一公共话题展开讨论，该过程具有天然的信息聚合作用。有价值的话题像磁铁般吸引更多相关信息不断聚合，从而有利于信息的检索和推荐。随着信息的聚集，同时聚集的是对某些问题感兴趣的群体，这样就形成了网络社群，在网络信息时代，这样的社群是巨大的宝藏，对相关企业、行业都会产生巨大的影响。

互联网平台。随着用户制造内容成为越发重要的信息来源，企业的作用从原来提供内容聚合的门户网站逐渐转向提供信息交互的开放平台，提供包括论坛、音视频、商品信息交互等一系列基础服务。这些互联网平台对于用户来说是开放的，并且用户因兴趣而保持较高的忠诚度，会积极参与其中，促进了互联网平台的发展。

互联网平台的垄断。互联网平台发展初期具有较强的创新能力，但随着平台企业积累大量用户数据信息、算法、技术等资源，市场份额越发庞大，从而形成较强的市场影响力和垄断势力。这些都在一定程度上抑制了相关行业的创新，给整个行业的健康发展造成了不利影响。

推荐系统 随着Web2.0的发展，用户也可以参与到信息的生成过程中，导致网络中信息量大幅增长，使得用户在面对大量信息时无法从中获得对自己真正有用的信息，对信息的使用效率反而降低，这就是所谓的信息超载问题。解决信息超载问题的一个非常有潜力的方法是推荐系统，是指根据用户的信息需求、兴趣等，将用户感兴趣的信息、产品等推荐给用户的个性化信息推荐系统。和搜索引擎相比，推荐系统通过研究用户的兴趣偏好，进行个性化计算，由系统发现用户的兴趣点，从而引导用户发现自己的信息需求。常见的推荐方法如下。

基于内容的推荐。通过算法将目标信息与人关联，目标信息包含许多属性，用户通过与目标信息交互会产生行为日志,这些行为日志可以作为衡量用户对目标信息偏好的标签,通过这些偏好标签为用户进行推荐就是基于内容的推荐。基于内容的推荐原理简单,不受数据量大小的影响,易于服务于各种人群,但是对标签依赖程度大,难以动态扩展。

协同过滤推荐。协同过滤的基本思想是采用最近邻技术,利用用户的历史喜好信息计算用户之间的距离,然后利用目标用户的最近邻居用户对商品评价的加权评价值来预测目标用户对特定商品的喜好程度,系统从而根据这一喜好程度对目标用户进行推荐。协同过滤推荐包括两类,即基于用户的推荐和基于物品的推荐。

基于用户的协同过滤推荐。其基本思想是基于用户对物品的偏好找到用户的邻居用户,然后将邻居用户的偏好推荐给当前用户,偏好可以通过对用户的历史行为数据(例如商品购买、收藏、分享、评分、观看时长等)挖掘而来。

基于物品的协同过滤推荐。其原理和基于用户的协同过滤推荐相似,将物品和用户对换。在计算时计算的是物品之间的关系,而非用户之间的关系,从物品本身出发,基于用户对物品的偏好找到相似的物品,然后利用 K 个最近邻居物品的加权来预测当前用户对这 K 个邻居物品的喜好程度,从而将喜好程度较高的若干物品推荐给用户。

协同过滤的最大优点是对推荐对象没有特殊要求,能够处理非结构化的复杂对象,例如音乐、电影等。

Web3.0 Web3.0 是对 Web2.0 的改进,在此环境下,用户不必在不同中心化的平台创建多种身份,而是能打造一个去中心化的通用数字身份体系,通行于各个平台。Web3.0 被用于描述互联网潜在的下一阶段——一个运行在“区块链”技术之上的“去中心化”的互联网。

中心化。在一个体系中,一个节点要和其他节点产生关联,就要通过特定某个节点,这个特定的节点就是中心。例如人们熟悉的淘宝购物就是一个中心化的应用,淘宝平台成为买卖双方选择的一个共同信任的第三方平台,形成一个交易中心。这种中心化的体系存在很大缺点:首先是风险性,谁也无法保证其能一直安全稳定地运营下去;此外,人们的交易产生的数据被第三方平台无偿利用;最后,中心化的应用具有自然的垄断能力,并且使时间成本和金钱成本大大增加。

去中心化。去中心化是指在一个分布有众多节点的系统中,每个节点都具有高度自治的特征。节点之间彼此可以自由连接,形成新的连接单元。任何一个节点都可能成为阶段性的中心。同样以淘宝购物的情景为例,其流程即变为用户付款给商家,商家收款后发货给用户,交易完成。在去中心化的交易中,系统的所有节点均保存有交易记录,无须担心买卖双方违约,信任问题即被解决。

区块链 区块链在信息互联网的基础上构建了一种新型可信大规模协作方式,以解决数字经济发展的信任问题,被誉为下一代互联网的重要特征。区块链技术的典型特征是去中心化,可以对作品进行鉴权,证明文字、视频、音频等作品的存在,保证权属的真实性、唯一性。区块链从本质上讲是一个共享数据库，存储于其中的数据或信息具有"不可伪造""全程留痕""可以追溯""公开透明""集体维护"等特征。基于这些特征，区块链技术奠定了坚实的"信任"基础，创造了可靠的"合作"机制，具有广阔的运用前景。

区块链的主要特征 除了去中心化外，区块链还包括如下特征：(1) 开放性：区块链技术基础是开源的，除了交易各方的私有信息被加密外，区块链数据对所有人开放，任何人均可通过公开的接口查询区块链数据和开发相关应用，因此整个系统信息高度透明；(2) 安全性：只要不能掌控 51% 的数据节点，就无法肆意操控修改网络数据，这使区块链本身变得相对安全，避免了主观人为的数据变更；(3) 匿名性：除非有法律规范要求，否则单从技术上来讲，各区块节点的身份信息无须公开或验证，信息传递可以匿名进行。

其他核心技术 如图 12.22 所示，分布式账本是指交易记账由分布在不同地点的多个节点共同完成，并且每个节点记录的是完整的账目，因此它们均可参与监督交易合法性，同时可以共同为其作证。任何节点均无法单独记录账本数据，从而避免了单一记账人被控制或被贿赂而记假账的可能性。同时由于记账节点足够多，理论上讲除非所有节点被破坏，否则账目就不会丢失，从而保证了账目数据的安全性。

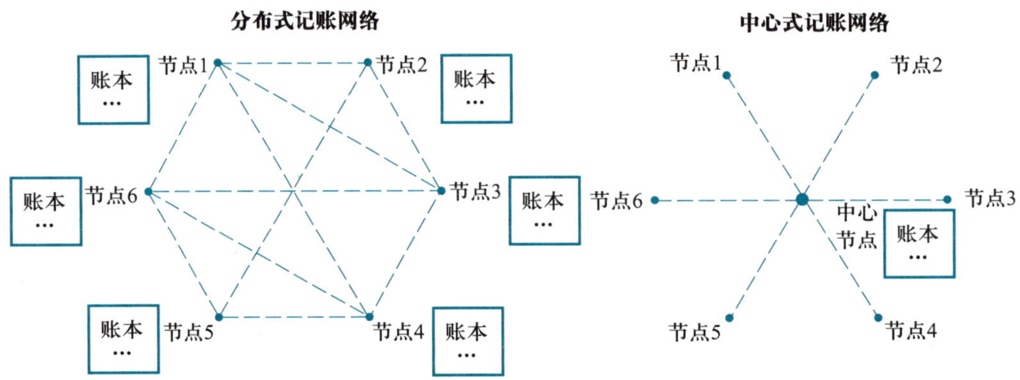

图 12.22　分布式记账与中心式记账原理图

数字签名。日常生活中的手写签名作为确定身份、责任认定的重要手段，而数字签名是指通过算法实现类似于传统物理签名的效果。在密码学领域，一套数字签名算法一般包括签名和验证两种运算，数据经过签名后非常容易验证完整性，并且不可抵赖。目前已有包括欧盟、美国和中国在内的 20 多个国家和地区认可数字签名的法律效力。共识机制是指所有记账节点之间如何达成共识，以认定一个记录的有效性，这既是认定的手段，也是防止篡改的手段。区块链提出了 4 种不同的共识机制，适用于不同的应用场景，在效率和安全性之间取得平衡。区块链的共识机制具备"少数服从多数"以及"人人平等"的特点，其中"少数服从多数"并不完全指节点个数，也可以指计算能力、股权数或者其他的计算机可以比较的特征量。"人人平等"是指当节点满足条件时，所有节点均有权优先提出共识结果、直接被其他节点认同并可能成为最终共识结果。智能合约是一种旨在以信息化方式传播、验证或执行合同的计算机协议。智能合约允许在没有第三方的情况下进行可信交易,这些交易可追踪且不可逆转。智能合约以计算机代码为基础,能够最大限度减少语言的模糊性,通过严密的逻辑结构来呈现。一旦满足条件,智能合约便自动执行预期计划,在给定的事实输入下,智能合约必然输出正确的结果。

12.3 网络与社会

随着内容网络的不断发展,信息实现了及时、可信的交互,必将给人类社会带来天翻地覆的变化,下面讲解网络如何与人类社会融合,互联网为人类社会和思维方式带来了哪些变化。

12.3.1 互联网思维

本节主要介绍互联网本身的创新思维。理解本节的内容重点,然后理解其创新点。

【示例 12.6】维基百科创新案例——大众产生内容,大众创造价值。

维基百科(Wikipedia)是一种基于超文本系统的在线百科全书,特点是内容自由、编辑自由,即一个词条可以被任何互联网用户添加,也可以被其他任何人编辑。全球上百万用户以在线协作方式促进了维基百科的成长,目前其已成为互联网中规模最大且最受欢迎的百科全书。

对比分析传统观念,类似于词典/百科全书的作品应当由权威专家编纂,出版者会组织众多专家对每个词条进行甄选和定义,这项工作庞大且繁杂。专家的数量以及专家的知识面对于词条甄选的范围和词条解释的正确性是有影响的。因此类似于这类作品,对于新出现的词条而言通常会有一定的滞后性,对于词条的覆盖范围也会有一定的局限性,出版周期也较长,但对于选入词条的解释是可信的,毕竟由权威专家给出。

维基百科颠覆了传统,由大众筛选并编辑词条。如果有大量用户关注并解释某个词条,基于该词条的众多个体解释是否有可能产生正确的词条解释呢?维基百科已然高居世界网站百强之列,说明是可能的,它印证了开放源码领导者之一 Eric Raymond 的一句话:“如有足够的眼球,则所有的缺陷都是肤浅的(With enough eyeballs, all bugs are shallow)。”这在内容创建方面是一种深远的变革。

【示例 12.7】分众分类创新案例——大众产生内容,大众创造价值。

面对网络中的众多网页资源,包括文本、音乐、图像等专业资源和非专业资源,如何进行分类?网络资源以创建者的信息组织思维来建立,并非一定遵循某一分类体系来建立,因此大规模网络中的大量资源便呈现一种混沌状态;而用户需要的是符合其需求的、具有良好分类的资源列表,用户的分类体系很可能不同于网络资源创建者的分类体系,如何建立一种被公众接受的分类标准呢?一种称为分众分类(folksonomy)的概念在网络领域盛行,它是一种使用用户自由选择的关键词对网站/网页/资源进行协作分类的方式,这些关键词一般称为标签,即前述标记语言中的标记,同一段文本可由多人添加新的标记,例如“<标记3><标记2><标记1>文本</标记1></标记2></标记3>”。这从另一个角度给出了XML的运用示例。标签化运用了类似于大脑本身所使用的多重关联,而非死板的分类。将传统网站中的信息分类工作直接交给用户完成是一种创新,如果有大量用户参与分类,具有最大用户集合的关键词能否成为公众接受的分类标准?或者说怎样利用集体智慧的成果形成公众普遍接受的分类标准呢?

【示例12.8】谷歌公司创新案例——大众开发软件,大众消费软件,大众创造价值。

在互联网环境下,卖软件还是卖服务是一个问题。众所周知,超文本解析器Browser的开创者之一是网景(Netscape),它的策略是出售软件Browser。而Browser的强弱代表了其所支持的HTML语言能力的大小,即超文本表达能力的大小,HTML文本需要通过Browser解析、展现和链接。换句话说,通过控制显示内容和链接标准即超文本标准的Browser软件,赋予了Netscape一种市场支配力,借助Browser推送各种程序以拓展软件市场,进一步拓展网络服务器的市场以及其他市场。然而不幸的是,它却被微软公司的IE浏览器(Internet Explorer)打败,微软借助更具市场支配力的Windows操作系统捆绑销售IE浏览器软件,使其以近乎免费的形式快速瓦解了网景的策略。

而相比之下,谷歌采用了其他策略,它从不出售软件,比如其核心搜索引擎“Google”,而是以客户通过其软件所使用的服务来获取收益。为了支持通过软件所使用的服务,谷歌在搜索引擎背后建立了庞大的数字资源管理和服务平台,包括搭建计算能力可扩展可伸缩的网络服务平台和大规模异构数据的管理平台等,该平台可提供强大的计算能力和数据资源管理能力。基于该平台,谷歌将互联网中大量分散化资源聚集起来,通过自己的软件以服务的形式提供给用户。谷歌不仅支持通过自己的软件提供服务来获取收益,同时支持网络中的众多中小公司甚至个人“通过软件所使用的服务来获取收益”。由此,在使用软件将大量分散化资源聚集起来的同时,也聚集了大量软件商或服务商来通过各种软件利用这些资源,形成了一个网络化的软硬件及服务生态环境。谷歌认为:如果不具备收集、管理和利用数据的能力,软件本身则毫无用处可言。事实上,软件的价值同其所协助管理的数据的规模和活性成正比。

【示例12.9】苹果公司创新案例——大众开发软件,大众消费软件,大众创造价值。

苹果公司开发了若干种类的终端产品,例如iPhone(手机)、iPod/iPad(平板计算机)、Macintosh(笔记本计算机)等,并在市场上销售。用户在购买这些终端产品时,实际上拿到的仅仅是其硬件,而相关软件需要通过互联网连接到聚集了各种各样应用软件的苹果商店进行下载或购买,这些应用软件可以被自动下载、安装到用户的终端上。基于苹果商店,既可以将不同软件商开发的软件聚集起来,又可以令终端用户享受到优质的软件,还可为软件开发商提供软件销售的渠道获得收益。

对比分析一下:传统的终端设备提供者(例如手机、平板计算机等)自身既提供硬件,又提供软件,仅靠自身团队开发的软件来满足终端客户的需求,能够满足多少呢?再者,传统的软件开发商或接到委托开发任务后开发软件,或自主开发软件产品并由自身团队销售,能够销售多少呢?销售的渠道、范围受限,销售数量少,则价格必然要高,否则难以收回软件的开发成本。因此,仅仅依靠自身力量是有限的。那么能否利用大众的力量呢?

苹果商店的背后其实有一个强大的计算系统。基于该系统建立了苹果商店,以汇聚众多软件开发商所开发的软件商品。同时,其为众多软件开发商提供软件开发平台、软件测试平台,以便软件开发商能够为各种终端产品开发众多应用软件。软件开发商所开发的软件汇聚到苹果商店予以展销,如果用户喜欢则进行购买。另外,其在硬件种类与平台方面强力开发,推出了更多终端产品,以吸引更多用户。当用户量足够庞大时,一款软件的销售价格即可下降,例如用几元、几十元即可购买一款软件,相比于传统软件动辄几万元、几十万元的价格致使销量低迷有很大优势。这里蕴含的思维就是"大众开发软件,大众消费软件;为大众创造价值,即为自己创造价值"。平台将软件的开发者、提供者、使用者通过其系统有机地连接起来。随着这种生态环境规模越发庞大,苹果产品上的应用越来越多,也就越发吸引更多用户关注和购买,其他同类产品要想超越,则不仅仅是一款软件或硬件产品的问题,其竞争由单一产品的竞争转化为生态系统的竞争。总体来讲,互联网公司成功故事的背后都有一个重要思维,即借助网络的力量来利用集体智慧。

社交网络是指社会个体成员之间通过社会关系组成的网络体系。社交网络起源于网络社交,但不同于传统的万维网,其包括硬件、软件、服务和网站应用。在社交网络中,个体是网络的节点,可以是组织、个人、网络 ID 等不同含义的实体或虚拟个体;个体间的相互关系是网络的边,可以是亲友、动作行为、收发消息等。社交网络由此形成个体、关系、群、中心等基本概念。

在线社交服务的种类大致可分为 4 种:即时消息类应用(QQ、微信、WhatsApp、Skype 等)、在线社交类应用(QQ 空间、人人网、Facebook、Google+等)、微博类应用(新浪微博、腾讯微博、Twitter 等)、共享空间类应用(论坛、博客、视频分享、评价分享等)。

在线社交网络(下文统称社交网络)具有迅捷性、蔓延性、平等性与自组织性四大特点。正是因为这些特性,其在互联网出现的短短数十年内已经拥有数十亿用户并对现实社会的方方面面产生着影响。

社交网络的影响 移动互联网的出现使社交网络进入一个新阶段,使人类联系更加紧密,逐步建立了以手机终端为主的社交子网络。即时通信技术提高了社交的即时效果(交互速度)和交流能力(并行处理),深刻影响了人类社交的方式,典型应用包括微信、钉钉等。信息发布技术则体现了社会学和心理学的影响,通过在时间和空间上的信息聚合,让社交网络体现出越来越强的个体意识,典型应用包括微博、YouTube、抖音等。

社交领域应用 中国互联网络信息中心的数据显示，网络用户经常使用的各类应用中，社交网络应用的使用时间占比最高，达到 16%，这表明社交网络的使用已经成为人们日常生活中不可缺少的重要组成部分，并且对用户的社会关系、信息搜索、娱乐休闲和经济活动产生重要的影响。社交网络具有公开、交流、对话、社区化和连通性的特征，赋予了网络用户主动权，搭建了网络用户沟通交互的新平台。

疫情传播与控制领域应用 疫情的传播往往伴随社交网络中人与人的交往而传播，网络信息时代中有效的疫情信息有利于提高传染病的预警和防控能力。信息的传播速度大幅快于病毒的传播速度，有利于公众及时了解和预防传染病，为疫情防控工作争取更多时间。我国在 2003 年 SARS 疫情后，斥巨资打造了“中国传染病疫情和突发公共卫生事件网络直报系统”，在科学防控、精准施策中起到了积极作用，令信息跑赢了病毒。

12.3.2 物联网

物联网是互联网的自然延伸和发展，参与者已经从人和计算机扩展到所有可感知的设备和对象，而这些设备和对象围绕人类生产和生活提供服务。计算机网络借助物联网将触角延伸到人类社会的各个领域，而这一融合过程也将改变现有互联网乃至人类社会的生态环境。

物联网(internet of things)是指通过射频识别设备、红外感应器、全球定位系统、激光扫描器等信息传感设备，按照约定的协议，将任何物品与互联网连接，进行信息交换和通信，以实现智能化识别、定位、跟踪、监控和管理的一种网络。物联网是互联网的应用拓展，被称为继计算机、互联网之后世界信息产业发展的第三次浪潮。

射频识别(radio frequency identification，RFID)技术是一种简单的无线系统，由一个询问器(或阅读器)和许多应答器(或标签)组成。标签由耦合元件及芯片组成，每个标签具有唯一的电子编码，附着在物体上标识目标对象，它通过天线将射频信息传递给阅读器，阅读器即读取信息的设备。RFID 技术令物品能够“开口说话”，这就赋予了物联网可跟踪性，也就是说，人们可以随时掌握物品的准确位置及其周边环境。

微机电系统(micro electro mechanical system，MEMS)是指由微传感器、微执行器、信号处理和控制电路、通信接口和电源等部件组成的一体化微型器件系统。其目标是将信息的获取、处理和执行集成在一起，组成多功能微型系统并集成于大尺寸系统中，从而大幅提高系统的自动化、智能化和可靠性水平。MEMS 能够令系统“动手做事”，赋予了普通物体新的生命，能够对人的要求和环境的变化作出一定的响应。

物联网分类 物联网的应用可分为监控型(物流监控、污染监控)、查询型(智能检索、远程抄表)、控制型(智能交通、智能家居、路灯控制)、扫描型(手机钱包、高速公路不停车收费)等。目前，软件开发、智能控制技术发展迅速，应用层技术将为用户提供丰富多彩的物联网应用。同时，各种行业和家庭应用的开发将推动物联网的普及，也为整个物联网产业链带来利润。

物联网的特征在于感知、互联和智能的叠加，物联网的价值在于令物体拥有“智慧”，从而实现人与物、物与物之间的沟通。物联网的体系架构由3个部分组成：感知层，即以二维码、RFID、传感器为主，实现对“物”的识别；网络层，即通过现有的互联网、广电网络、通信网络等实现数据传输；应用层，即利用云计算、数据挖掘、中间件等技术实现对物品的自动控制与智能管理等。物联网体系架构如图12.23所示。

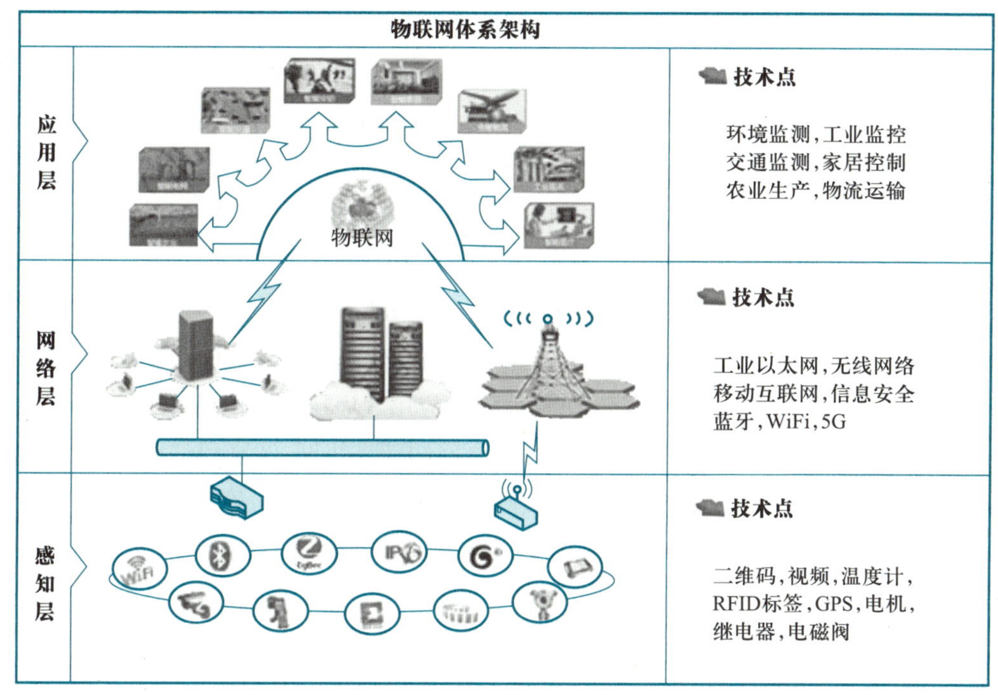

图12.23 物联网体系架构

如何理解物联网 在物联网体系架构中，3层关系可以这样理解：感知层主要用于识别物体、采集信息，与人体结构中皮肤和五官的作用相似；网络层将感知层获取的信息进行传递和处理，类似于人体结构中的神经中枢和大脑；应用层是物联网与行业专业技术的深度融合，与行业需求结合，实现行业智能化，类似于人的社会分工，最终构成人类社会。

在各层之间，信息并非单向传递，也存在交互、控制等；所传递的信息多种多样，其中最关键的是物品信息，包括在特定应用系统范围内能唯一标识物品的识别码和物品的静态与动态信息。

感知层处于底层，是物联网发展和应用的基础，具有物联网全面感知的核心能力。作为物联网的最基本层，感知层具有十分重要的作用。

感知层一般包括数据采集和数据短距离传输两部分功能，即首先通过传感器、摄像头等设备采集外部物理世界的数据，通过蓝牙、红外、ZigBee、工业现场总线等短距离传输技术进行协同工作或者传递数据到网关设备，最终到达用户终端，从而真正实现“无处不在”的物联网理念。

网络层在现有网络的基础上建立，类似于目前主流的移动通信网、国际互联网、企业内部网、各类专网等网络，主要承担数据传输的功能。

物联网中要求网络层能够将感知层感知到的数据无障碍、高可靠性、高安全性地进行传输，它解决的是感知层所获得的数据在一定范围内，尤其是远距离范围内的传输问题。同时，网络层将承担比现有网络更庞大的数据量以及面临更高服务质量的要求，因此现有网络尚不能满足物联网的需求，这就意味着物联网需要对现有网络进行融合和扩展，利用新技术以实现更加广泛和高效的互联功能。

由于网络层建立在互联网和移动通信网等现有网络基础上，因此除具有目前已经比较成熟的远距离有线、无线通信技术和网络技术外，为实现“物物相连”的需求，网络层将综合使用 IPv6、4G/5G、WiFi 等通信技术，实现有线与无线的结合、宽带与窄带的结合、感知网与通信网的结合。

应用层的主要功能是将感知和传输的信息进行分析和处理，作出正确的控制和决策，实现智能化的管理、应用和服务。该层解决的是信息处理和人机界面的问题。

应用层也可按形态直观地划分为两个子层：应用程序层和终端设备层。应用程序层进行数据处理，完成跨行业、跨应用、跨系统之间的信息协同、共享、互通的功能，包括电力、医疗、银行、交通、环保、物流、工业、农业、城市管理、家居生活等领域，可用于政府、企业、社会组织、家庭、个人等，这正是物联网作为深度信息化网络的重要体现。而终端设备层主要提供人机界面，物联网虽然是“物物相连的网络”，但最终是要以人为本，需要人的操作与控制，不过这里的人机界面已远远超出当前人与计算机交互的概念，泛指与应用程序相连的各种设备与人的反馈。

12.3.3　“互联网+”思维

什么是“互联网+”　2015 年 7 月，国务院印发的《关于积极推进“互联网+”行动的指导意见》中指出：“互联网+”是将互联网的创新成果与经济社会各领域深度融合，推动技术进步、效率提升和组织变革，提升实体经济创新力和生产力，形成更广泛的以互联网为基础设施和创新要素的经济社会发展新形态。其中提出了 11 项重点行动：“互联网+”创业创新，“互联网+”协同制造，“互联网+”现代农业，“互联网+”智慧能源，“互联网+”普惠金融，“互联网+”益民服务，“互联网+”高效物流，“互联网+”电子商务，“互联网+”便捷交通，“互联网+”绿色生态，“互联网+”人工智能。

那么究竟什么是“互联网+”呢？通俗地说，“互联网+”是指“互联网+各个行业”，但这并非简单地二者相加，而是利用互联网创新思维、互联网技术以及互联网平台，使互联网与传统行业深度融合，即充分发挥互联网在社会资源配置中的优化和集成作用，改造传统行业,提升传统行业的竞争力。例如,各行各业的产品能否由单纯的“机械或电子产品”提升为互联网化的产品,进一步建立基于互联网化的服务创新;能否由单纯的“经济或商务活动”提升为基于互联网的经济或商务活动?

“互联网+”思维是人们立足于互联网去思考和解决问题的思维,是互联网发展的应用和实践在人们思想上的反映,这种反映经过沉积内容而成为人们思考和解决问题的认识方式或思维结构。

从本质上讲,“互联网+”是指将互联网思维、技术、商业模式引入传统产业,通过互联网与传统产业的有机融合,提升传统产业生产效率,促进传统产业向“互联网+”产业的升级换代。

简而言之,“互联网+某种传统行业=与互联网融合的某种行业”。例如,互联网+商场=电子商务;互联网+银行=移动支付;互联网+餐饮=外卖送餐服务。

“互联网+”本质上体现的是一种集成创新。所谓集成,是指将原来孤立或分散的事物通过分解、组合、优化、协同等方式集合在一起形成一个有机整体系统的过程。所谓集成创新,是指在人类各个领域的实践活动中以创新的思想、集成创新的理论为指导运用创新的方式构建一个系统。通过“互联网+”商业模式应用,可以集成、创新出新事物、新概念、新方式,从而促进传统企业向“互联网+”型新经济形态转变,全面提升其核心能力和经济效益。

本节介绍“互联网+”支持下各行各业的创新思维。理解本节内容的重点在于理解其创新点在何处。

【示例 12.10】携程旅行网:互联网旅行服务——万般皆服务与共享经济。

携程旅行网(Ctrip)是一家成功整合了 IT 产业与传统旅游业的互联网公司,它提供集酒店预订、机票预订、度假预订、商旅管理、特约商户及旅游资讯在内的全方位旅行服务,其基本思维是:将服务过程分割成多个环节,以细化的指标控制不同环节,并建立一套测评体系;将世界各地的旅行社、航空公司、酒店、银行、保险公司、电信运营商等分散的资源聚集于携程网平台,为用户提供一条龙式的、整合的服务。该案例利用互联网对传统的出行订票、住宿等产生了变革性的影响。

【示例 12.11】摩拜单车:共享单车服务——万般皆服务与共享经济。

摩拜单车是一家共享单车服务公司。它以集成了 GPS 和通信技术的智能锁为核心,建立了覆盖校园、地铁站点、公交站点、居民区、商业区、公共服务区的自行车网络,以互联网服务平台为依托,以手机 App 为载体,普通民众通过手机 App 可以随时随地定位并开锁使用最近的摩拜单车,到达目的地后就近停放在附近合适的区域,关锁即实现电子付费结算。该案例基于互联网提供了短途出行或出行“最后一公里”的解决方案,树立了共享经济的一种范式。

金融领域应用 跨境支付涉及多个币种,存在汇率问题,传统跨境支付十分依赖于第三方机构,存在两个问题:一是流程烦琐,结算周期长;二是手续费较高。传统跨境支付模式存在大量人工对账操作，加之依赖第三方机构，导致周期长、费用高。

上述问题存在的很大原因是信息不对称，没有建立有效的信任机制。区块链的引入解决了跨境支付信息不对称的问题，并建立起一定程度的信任机制。接入区块链技术后，通过公私钥技术保证数据的可靠性，再通过加密技术和去中心化达到数据不可篡改的目的，最后通过P2P技术实现点对点的结算，从而避免了传统中心转发，提高了效率，降低了成本。

物流领域应用 商品从生产商到消费者手中需要经历多个环节，跨境购物则更加复杂，中间环节经常出现问题，消费者很容易购买到假货。而假货问题困扰着各大商家和平台，并且至今无解。许多公司推出了NFC、芯片等防伪技术，但暴露出来的问题并没有解决，即防伪信息掌握在某个中心机构中，有权限的人可以随意修改。

区块链没有中心化节点，各节点是平等的，掌握单个节点无法实现数据修改，需要掌控足够的节点才可能伪造数据，大大提高了伪造数据的成本。区块链天生开放、透明，使得任何人均可公开查询，伪造数据被发现的概率大大增加。区块链的数据不可篡改性也保证了已销售的产品信息被永久记录，无法通过简单复制防伪信息蒙混过关，实现二次销售。

数字版权应用 版权保护领域中现有鉴证方式登记时间长、费用高，同时存在公信力不足的问题，个人或中心化机构存在篡改数据的可能，公信力难以得到保证。

通过区块链技术，可以对作品进行鉴权，证明文字、视频、音频等作品的存在，保证权属的真实性和唯一性。作品在区块链中被确权后，后续交易均会进行实时记录，从而实现数字版权全生命周期管理，也可作为司法取证中的技术性保障。

元宇宙 元宇宙是整合多种新技术而产生的新型虚实相融的互联网应用和社会形态，其基于扩展现实技术提供沉浸式体验，以及数字孪生技术生成现实世界的镜像，通过区块链技术搭建经济体系，将虚拟世界与现实世界在经济系统、社交系统、身份系统上密切融合，构建具备新型社会体系的数字生活空间。

从时空性来看，元宇宙是一个在空间维度上虚拟而在时间维度上真实的数字世界；从真实性来看，元宇宙中既包含现实世界的数字化复制物，也包含虚拟世界的创造物；从独立性来看，元宇宙是一个与外部真实世界既紧密相连、又高度独立的平行空间。

元宇宙的核心技术 元宇宙主要包含以下几项核心技术。

(1) 扩展现实技术。人与人之间的信息沟通，近7%的信息通过语言传递（文字占比更少），语气、情感、态度、肢体语言等约占93%。扩展现实技术通过虚拟现实（VR）/增强现实（AR）/混合现实（MR）等技术提供沉浸式的体验，可以解决语言、文字难以实现面对面交流的问题。

(2) 数字孪生。通过虚拟世界与物理世界的信息映射，以及对物理世界的建模与仿真计算，将物理世界镜像至虚拟世界，实现虚实融合。

(3) 使用区块链搭建经济体系。随着元宇宙的进一步发展，对现实社会的模拟程度加强，人们在元宇宙中可能不仅仅在花钱，而且有可能赚钱，这样在虚拟世界中同样形成了一套经济体系。

12.3.4 网络计算

要理解网络的作用和原理，就需要对网络进行抽象。

网络问题的基本抽象手段：图 对网络的基本建模方法是用图（graph）进行抽象。这里所说的图是指以一种抽象的形式表示若干对象的集合以及这些对象之间的关系。一个图是包含一组元素以及元素之间连接关系的集合，这些元素称为节点（node）或顶点（vertex），连接关系称为边（edge），即：

$$G(V,E)\text{，其中 } V=\{A,B,\cdots\}\text{，}E\subseteq\{(x,y)\mid x,y\in V,x\neq y\}$$

表示图 G 包含两个集合——节点的集合 V 和边的集合 E。

图 12.24 展示了 5 种不同内容的图，均包含 4 个节点，分别标记为 A、B、C 和 D，其中 B 通过边和其他 3 个节点相连，C 与 D 同样通过边彼此连接。两节点间由边相连时称二者为邻居（neighbour）。图 12.24 所示的是一种典型的画图方法：以圆圈表示节点，以连接节点的线段表示边。在图 12.24（a）中，可以认为位于一条边两端的两个节点具有对称关系。然而在许多情况下，人们希望借助图的概念表达不对称关系，例如 A 指向 B，但 B 并不指向 A。为表示此类关系，定义有向图（directed graph）为节点和有向边的集合，其中，有向边（directed edge）为两个节点间的有向连接。有向图的表示如图 12.24（b）所示，其中箭头表示有向边的方向。相应地，当强调一个图不是有向图时，称其为无向图（undirected graph）。纷繁复杂的现实世界被抽象成各种各样的图，也使图有了各种各样的性质，使图能够处理形形色色的网络。例如，不同图之间的节点性质（类型）可能不同，有些图的节点代表人，有些图的节点代表机构，有些图的节点代表机器等；两个节点之间的边也可能表达不同的含义，例如一条边可能用数值或粗细表示两个节点之间联系的强度，如图 12.24（c）所示；也可能以不同符号表示两个节点之间联系的不同性质，如图 12.24（d）所示；还可能用数值（又称权值）表示边的长度或强度等，如图 12.24（e）所示。图 12.24 绘

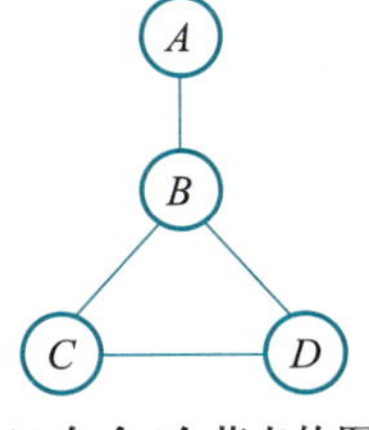

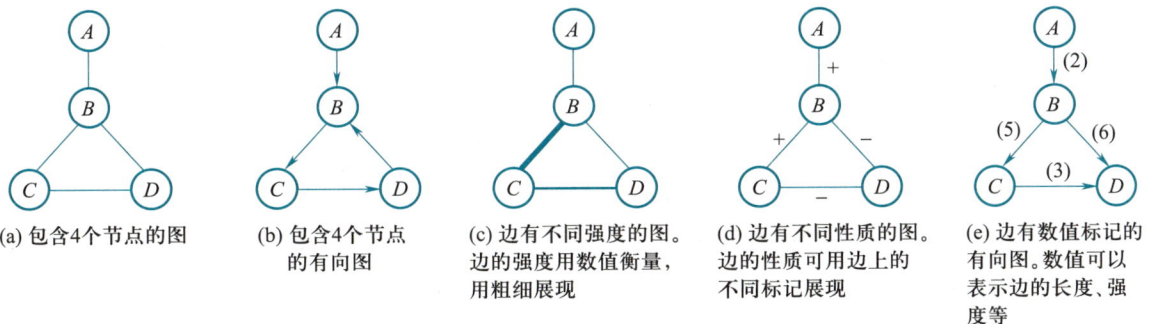

(a) 包含4个节点的图

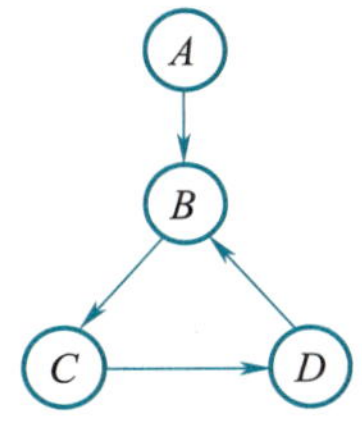

(b) 包含4个节点的有向图

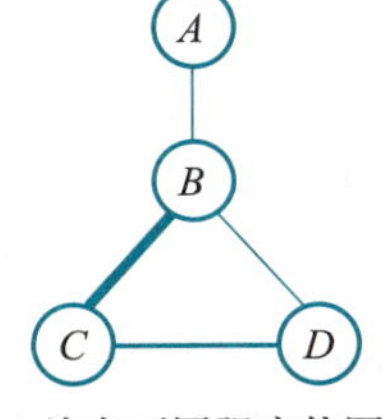

(c) 边有不同强度的图。边的强度用数值衡量，用粗细展现

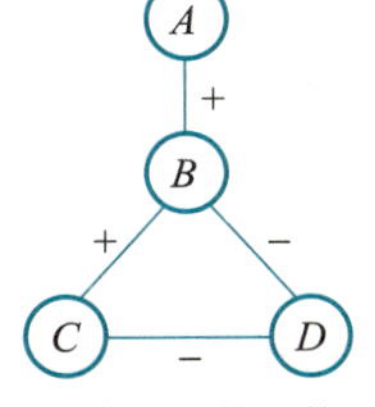

(d) 边有不同性质的图。边的性质可用边上的不同标记展现

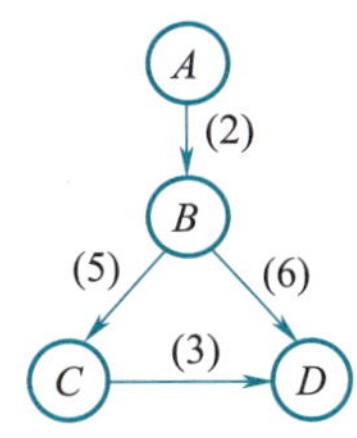

(e) 边有数值标记的有向图。数值可以表示边的长度、强度等

图 12.24 图的示意

制的边均为连接两个节点的边,而现实情况中可能存在连接多个节点的边,这种形式的图称为超图(super graph),该概念更为抽象。

【示例12.12】不同网络的图的抽象示例。

(1) 计算机网络抽象为一种无向图。节点表示计算机或网络设备(例如集线器、路由器,这些设备本质上仍可看作计算机),边表示两台计算机之间的物理连接。如果两个节点(计算机)之间由一条物理线路进行连接,则二者之间可绘制一条边,边上可带有数值标记,表示该物理线路的数据传输速率。利用此图,可分析计算机网络传输是否通畅、是否存在瓶颈节点等问题。

(2) 文档网络抽象为一种有向图。节点表示网页,有向边表示从一个网页到另一个网页的链接。如果一个网页中存在指向另一个网页的链接,则在两个节点之间绘制一条有向边。每个节点可带有一个数值标记,表示指向该网页的链接的数量或指向该网页的有向边的数量。利用此图,可评估每个网页的重要程度,即节点数值标记越大的网页可能越重要。通过网页重要程度的评估,搜索引擎可发现最重要的网页并推荐给用户。

(3) 不同的内容网络可抽象为不同的图。现实世界通过网络连接,各种对象之间的不同关系均可抽象为图。节点表示对象,边表示两个对象存在某种关系。以合作图为例:节点表示科学家,边表示科学家之间联合发表了作品。如果两个科学家在刊物或会议上联合发表了一部作品,则在两个节点之间绘制一条边。这种合作图可以基于期刊文章网络(两个作者联合署名发表了一篇文章)或基于Wiki(两个作者合作编辑了一个词条)等来建立。另以通信图为例:节点表示微信/电子邮件用户,边表示微信/电子邮件用户之间进行了一次通信。这种图反映了人们之间的交际圈及其热络程度。

形形色色的网络被抽象成“图”的方法是不同的,其所蕴含的问题也不同。需要说明的是,前面只是给出几个简单示例,即使是同样的技术网络或内容网络,因所要研究的问题不同,图的抽象也可以不同。

网络中的基本问题 (1) **网络的路径与连通性问题**。在图中,路径(path)即一个节点序列的集合,序列中任意两个相邻节点间均由一条边相连。从另一个角度而言,也可将路径理解为连接这些节点的边集合。路径是研究网络图中某个按一定顺序穿越一系列节点的轨迹问题的重要概念。一种特殊的路径称为圈或环,即首尾节点是同一节点的一条闭合路径。另一个问题是:是否任意节点均可通过某条路径到达任一其他节点。由此引出了以下定义:若一个图中任意两个节点间有路相通,则称此图为连通图。一般而言,大部分通信及交通网均被视为可连通或至少以此为目标,毕竟此类网络的目的就是将信息在不同的节点间传输。(2) **网络的距离问题**。除了单纯讨论两个节点之间是否有路径相连,另一个有趣的问题是如何计算路径的长度。在交通运输、互联网通信以及新闻和疾病传播中,中转的次数或者说“跳数”往往是问题的关键所在。这里可定义距离为图中两个节点间的最短路径长度,即所经过的节点个数。此处假设直接相连的两个节点之间的语义长度被忽略(设为1),而只是从图的结构角度给出长度的定义。为便于区分,单纯从结构考虑的距离,即一条路径所经过的节点的个数称为结构距离,而考虑语义长度在内的距离可称为语义距离。在一些网络中,路径的长度或者说距离等与运输成本或传输成本密切相关,也可体现两个人或两组人之间关系的远近、熟悉程度的高低等。(3) **网络的流量问题**。流量是指单位时间内流经某一路径的流动实体的量,是度量网络的动态运行过程的一个量。例如交通流量是指单位时间内流经某路段的车辆数、人数等;网站流量是指单位时间内网站的访问量,可以用户数、网页数、传输位数等来度量。网络流量体现的是网络被频繁使用的程度。网络的流量问题是许多网络的重要研究问题,例如交通网络的拥塞问题与分流问题,计算机网络传输的拥塞问题与分流问题等,流量问题解决不佳,则会引起网络效率的降低等。(4) **网络群体行为问题**。讨论网络的结构只是一个起点。当人们谈及复杂网络系统的连通性时,实际上通常在谈论两个相关的问题:其一是在结构层面的连通性——谁和谁相连,其二是在行为层面的连通性——每个个体的行动对于系统中每个其他个体都有隐含的后果。在某些情形下,人们必须同时选择如何行动,并知道行动的结果将取决于所有人分别作出的决定。在这里,博弈论与图的结合研究很重要。以交通高峰期在一个高速公路网络选择行车路线的问题为例,此时对司机来说,他所体验到的延迟取决于交通拥塞的情况,但这种情况不仅与其选择的路线有关,而且与所有其他司机的选择有关。(5) **网络的分布与并发利用问题**。网络使得许多思维和活动方式等发生变化,其中最重要的变化是由原来的顺序化、线性化的思维与活动方式转变为分布式或并行的、并发的方式,软件运行模式、数据组织模式等均需建立分布与并发利用的思维。以下载软件为例,当人们要从某个节点下载文档时,是否只能从该节点下载?网络的存在使得该文档可能已经被许多人下载,此时能否将下载该文档的不同节点也当作下载源,采用并行分布的方式提高下载速度?这实际上是分布与并行化利用网络的一种思维。

前面只是简单给出了网络研究的基本问题,既不全面也不深入,读者可通过专门的课程和书籍(例如《图论》《博弈论》《社交网络》《网络、群体与市场》等)进行全面且深入的研究。

社交网络的分析建模 社交网络分析是指利用信息学、数学、社会学、管理学、心理学等多个学科的融合理论和方法,为理解人类各种社交关系的形成、行为特点及信息传播规律而提出的一种可以计算的分析方法,可以通过网络和图论研究社会结构的过程。

社交网络模型的许多概念来自图论,因为社交网络模型本质上是一个由节点(人)和边(社交关系)组成的图。如图12.25所示,a~e节点之间形成了两两关系,建立如图12.25(a)所示的网络结构,这样的网络结构往往需要通过矩阵的方式进一步抽象表达,如图12.25(b)所示,最终通过数学方法进行分析。常见方法如下。

统计特性 节点的度(degree)定义为与该节点相连的边的数目。在有向图中,所有指向某节点的边的数量称作该节点的入度,所有从该节点出发指向其他节点的边的数量称作该节点的出度。网络平均度反映了网络的疏密程度,而通过度分布可以刻画不同节点

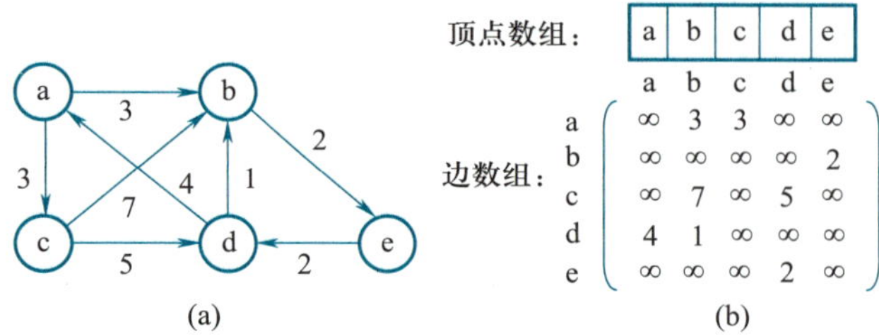

图 12.25　社交网络的图模型

的重要性。

网络密度(density)可以用于刻画节点间相互连边的密集程度，定义为网络中实际存在边数与可容纳边数上限的比值，常用于测量社交网络中社交关系的密集程度及演化趋势。

聚类系数(clustering coefficient)用于描述网络中与同一节点相连的节点间互为相邻节点的程度。其用于刻画社交网络中某人的朋友也互为朋友的概率，反映了社交网络中的聚集性。

介数(betweeness)为图中某节点承载全图所有最短路径的数量，通常用于评价节点的重要程度，例如连接不同社群的中介节点的介数相对于其他节点而言较大，体现了其在社交网络信息传递中的重要程度。

六度分隔理论。1967 年，哈佛大学的心理学教授 Stanley Milgram 想要描绘一个联结人与社区的人际关系网，通过实验发现了“六度分隔”现象。简单地说，一个人和任何陌生人之间所间隔的人不会超过 6 个，也就是说，最多通过 6 个人即可认识任何一个陌生人。

“六度分隔”说明了社会中普遍存在的“弱纽带”，但是发挥着十分强大的作用。许多人在找工作时能够体会到这种弱纽带的效果。通过弱纽带，人与人之间的距离变得非常“相近”。

网络模型。(1) 规则网络：如果在一个网络中，每个节点只和周围的若干邻居节点相连，即建立了一种最简单的规则网络模型。规则网络主要体现邻居关系，具有较大的聚类系数，但平均路径较长，没有体现实际社交中距离无关的特性。(2) 随机网络：人类社交过程中的某些关系好像随机连接而成。随机网络理论通过构建和刻画真正随机的网络来解释这种表面上的随机性。从某种意义上讲，规则网络和随机网络是两个极端，复杂的社交网络处于两者之间。(3) 小世界网络：根据六度分隔理论，真实社交网络是一种既有较短平均路径长度又有较高聚类系数的网络。这种具有在复杂网络结构中任意两点之间存在一条相对较短的连接路径特点的网络即小世界网络。小世界现象在在线社交网络中很好地得到了验证，根据 2011 年 Facebook 数据分析小组的报告，Facebook 约 7.2 亿用户中任意两个用户间的平均路径长度仅为 4.74，而这一指标在 Twitter 中为 4.67。可以说，在 5 步之内，任何两个网络中的个体均可互相连接。

虚拟社区。虚拟社区基于子图局部性的定义如下:社区结构是复杂网络节点集合的若干子集,每个子集内部的节点之间的连接相对紧密,而不同子集节点之间的连接相对稀疏。

在社交网络中发现虚拟社区有助于理解网络拓扑结构特点,揭示复杂系统内在功能特性,理解社区内个体关系,为信息检索、信息推荐、信息传播控制和公共事件管控提供有力支撑。

信息传播。社交网络信息传播是指以社交网络为媒介进行信息传播的过程。研究社交网络信息传播的规律有助于人们加深对社交系统的认识,理解社交现象,也有助于模式发现、大影响力节点识别和个性化推荐。

在线社交虽然与人际社交十分相似,但是也呈现许多特征,例如传播时间缩短、降低了传播费用和社会成本。信息在网络中的传播往往是间歇性、阵发性、跳跃式的向前传播,信息通过接收和转发形成一个或多个传播链,传播动力则依赖于个体特征,包括上线频率、社交关系、亲密程度、分享意愿、社会声誉、信息能量等多个方面。

本章小结

本章从机器网络、信息网络以及“互联网+”3 个方面介绍了计算机网络基本原理及相关计算思维方法。作为互联互通的物理基础,机器网络部分以邮件通信为需求主线,从底层通信到全球互联,实现了广泛、高效的互联互通,内容涉及网络通信基础知识、计算机连接与组网的原理以及因特网与 TCP/IP 协议等内容。信息网络是基于以上互联网的内容网络,经历了从 Web1.0 到 Web3.0 的发展过程,逐步实现了互联网内容灵活、高效、安全的共享共建。在此基础上发展了面向内容创作和价值创造的互联网思维,并通过物联网向人类社会各个领域延伸,在网络计算理论的支持下,形成了“互联网+”的社会新形态,必将对人类社会产生重大的影响。

视频学习资源目录 12(标 * 者为延伸学习视频)

本章视频学习资源

1. 视频 12-1　机器网络与万物互联
2. 视频 12-2　互联网与“互联网+”

3. 视频 12-3　从互联网到物联网
4. 视频 12-4　移动互联网发展史
5. 视频 12-5　网络通信基础(1)
6. 视频 12-6　局域网、广域网、互联网、因特网
*7. 视频 12-7　网络协议概述与 IP 层协议
*8. 视频 12-8　应用层、传输层、链路层、物理层协议
9. 视频 12-9　标记语言与 HTML、XML
*10. 视频 12-10　网络计算示例
11. 视频 12-11　网络通信基础(2)
12. 视频 12-12　网络互联
13. 视频 12-13　通信协议
14. 视频 12-14　信息网络
15. 视频 12-15　网络与社会

思考题 12

1. 计算机网络采用层次结构模型有什么优势?
2. 局域网基本拓扑结构分为哪 3 类? 对比分析各有什么优势和不足?
3. 以太网的通信原理是什么? 有何特点?
4. TCP/IP 模型分为几层? 各层的功能是什么? 每层包含什么协议?
5. IP 地址的结构是怎样的? IP 地址可以分为哪几类? 子网掩码的作用是什么?
6. 简述电子邮件的特点和工作原理。
7. 信息网络的发展过程包括哪些阶段? 各有什么特点?
8. URL 的含义是什么? URL 使用怎样的结构?
9. HTML 如何实现不同类型资源信息组织? 和 XML 有何联系与区别?

10. 互联网思维的特点是什么? “互联网+”的含义是什么? 举例说明身边的互联网思维创新案例和“互联网+”典型应用。

11. 人们应当使用什么模型描述和理解社交网络? 社交网络有什么特点?

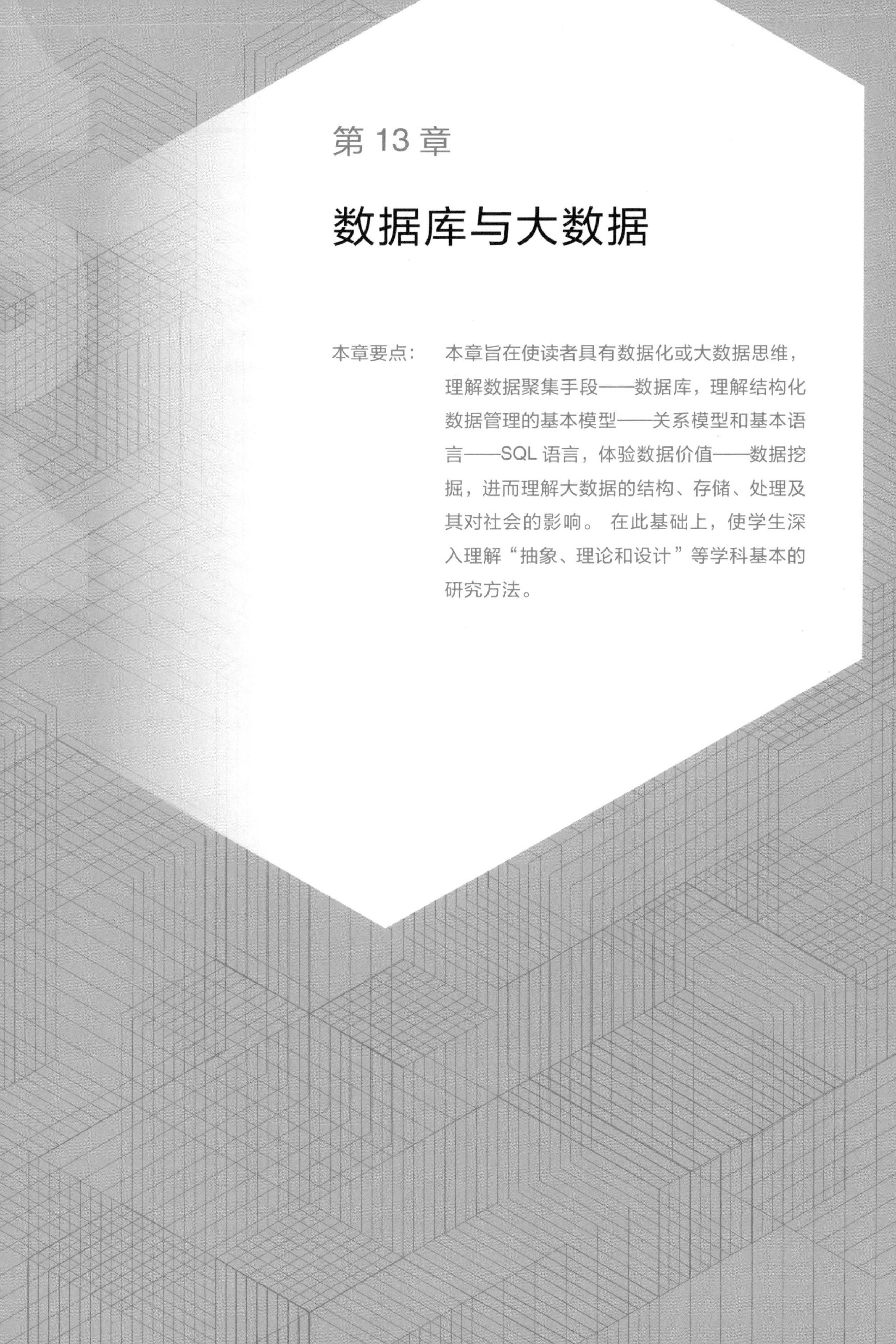

第 13 章

数据库与大数据

本章要点：　本章旨在使读者具有数据化或大数据思维，理解数据聚集手段——数据库，理解结构化数据管理的基本模型——关系模型和基本语言——SQL 语言，体验数据价值——数据挖掘，进而理解大数据的结构、存储、处理及其对社会的影响。 在此基础上，使学生深入理解“抽象、理论和设计”等学科基本的研究方法。

本章导图：

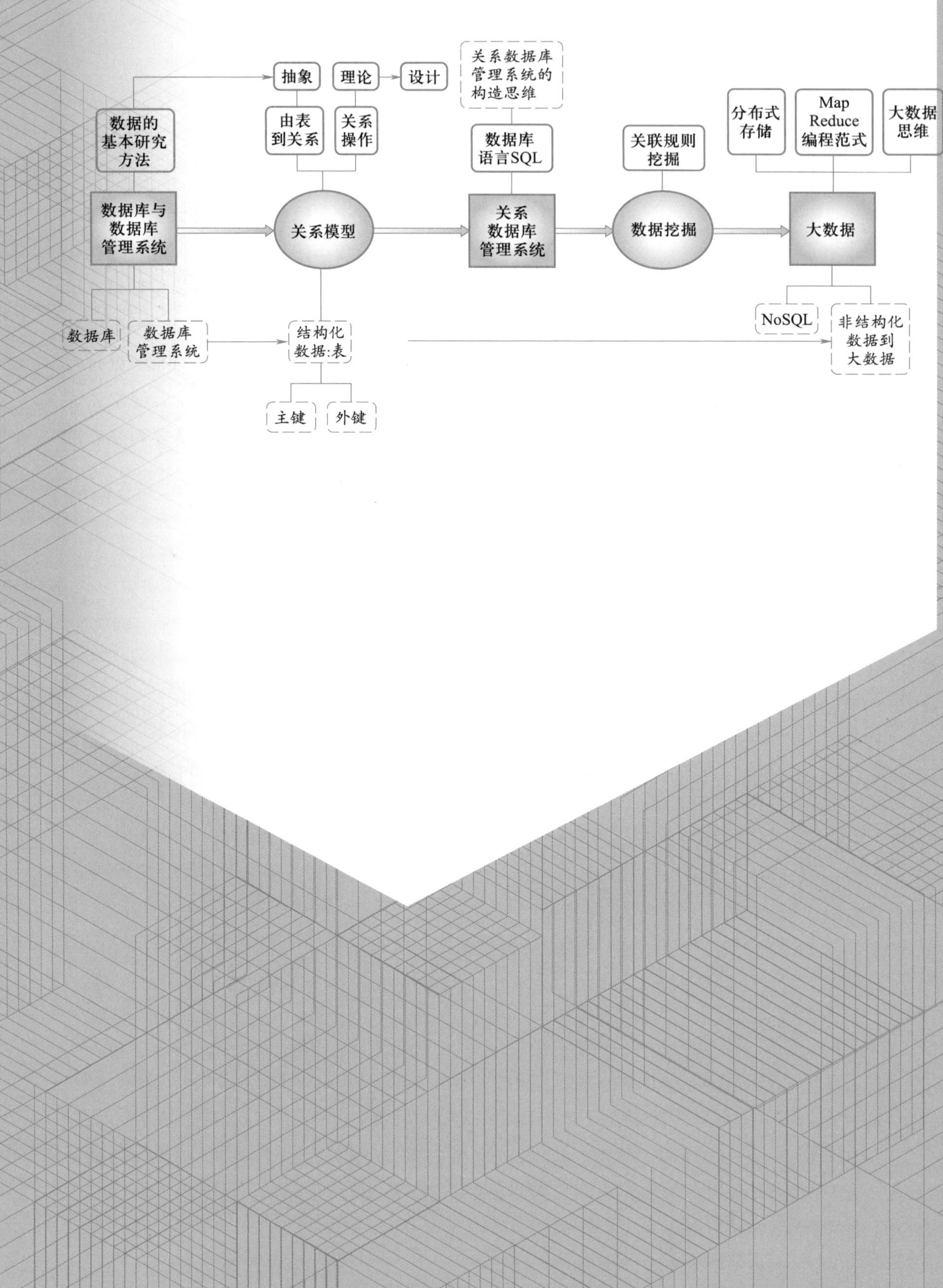

抽象
理论
设计
关系数据库管理系统的构造思维
数据的基本研究方法
由表到关系
关系操作
数据库语言SQL
关联规则挖掘
分布式存储
Map Reduce编程范式
大数据思维
数据库与数据库管理系统
关系模型
关系数据库管理系统
数据挖掘
大数据
数据库
数据库管理系统
结构化数据:表
NoSQL
非结构化数据到大数据
主键
外键

数据已经渗透到当今每一个行业和业务领域,和人们的生活密切相关,其已成为计算(机)系统的有机组成部分(硬件、软件、网络、数据),并且人们越发关注数据。随着互联网/物联网的普及,数十亿的用户、数百万的应用程序促进了数据的膨胀式发展,人-人互动、人-物互动、物-物互动、人-机-物互动等促进了所谓的"大数据(big data)"的形成。关注数据和大数据,从管理者角度,需要建立数据库系统或大数据系统管理和使用数据;从使用者角度,需要建立数据化思维或大数据思维。

13.1 数据库、数据库管理系统与数据库系统

区分:数据库、数据库管理系统与数据库系统 什么是数据库?什么是数据库系统?图 13.1(a)给出了以抽象概念表达的数据库系统构成,图 13.1(b)为某图书管理数据库系统——一个以具体示例表达的数据库系统构成。一般而言,数据库系统是指由数据库、数据库管理系统、数据库应用程序、数据库管理员和计算机及网络基本系统所组成的一个系统。

数据库(database,DB)是相互有关联关系的数据的集合,其以某种数据结构进行组织并存放于存储介质,可以为各类人员通过应用程序共享使用。例如,图书管理数据库中关于出版社、图书目录、图书采买记录、读者、借阅登记等相关数据的集合被称为数据库。

数据库管理系统(database management system,DBMS)是管理数据库的一种系统软件,负责数据库中数据的组织、数据的保护以及对数据库中数据的各种操作。目前常见的 DBMS 有基于关系模型的数据库管理系统——一种以表的形式管理数据库的软件系统,也被认为是结构化数据管理系统,例如 SQL Server、Oracle、Sybase、DB2 等;也有面向非结构化数据或半结构化数据管理的数据库管理系统,例如各种文档数据库管理系统、图数据库管理系统等,统称为 NoSQL 数据库管理系统,例如 MongoDB、CoachDB、Neo4j 等。

数据库应用程序(database application,DBAP)。一般情况下,用户通过应用程序使用数据库,而应用程序访问数据库又是通过 DBMS 实现的。DBMS 支持多个应用程序同时对同一数据库进行操作。例如图书管理数据库系统中,专门为借阅证管理员开发的"读者管理程序",专门为借阅管理员开发的"图书借阅管理程序",专门为编目员开发的"图书编目管理程序"等都是数据库应用程序,这些数据库应用程序通过 DBMS 使用图书管理数据库中相应的数据,它们为普通用户提供了方便的操作界面。

数据库管理员(database administrator,DBA)。数据库和人力、物力、设备、资金等有

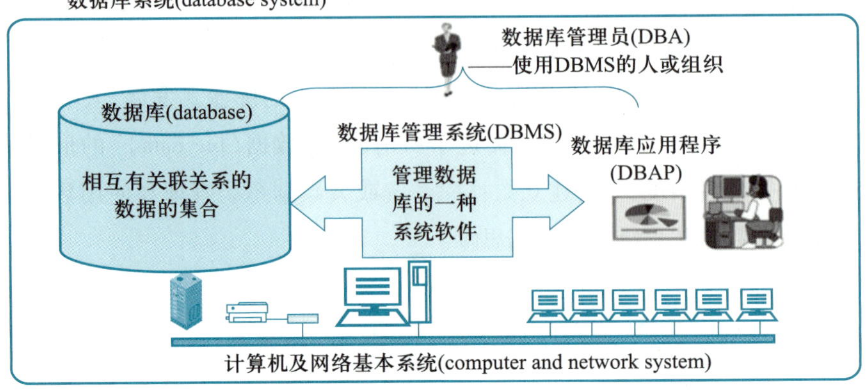

(a) 以抽象概念表达的数据库系统构成

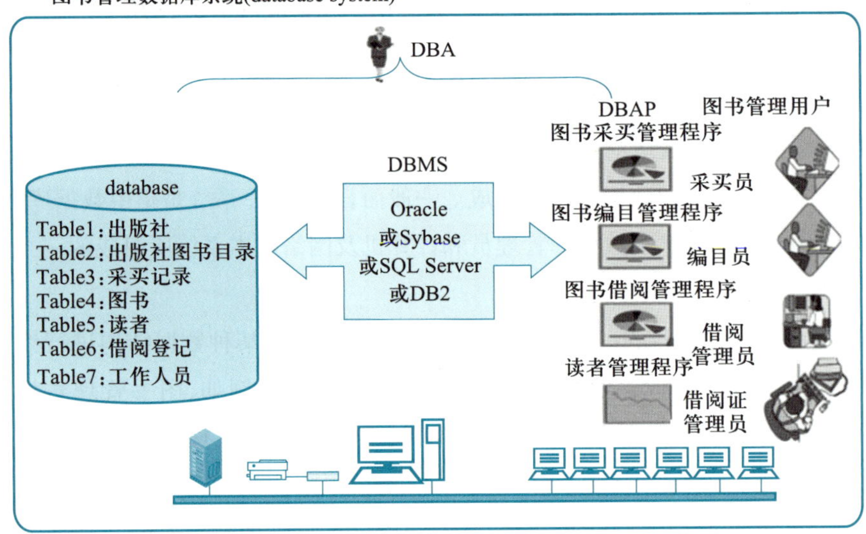

(b) 某图书管理数据库系统构成——以具体示例表达的数据库系统构成

图 13.1 数据库系统构成示意

形资源一样也是特定组织的资源,具有全局性、共享性的特点,因此对数据库的规划、设计、协调、控制和维护等需要专门机构或专职人员来统一管理,这些机构或人员统称为数据库管理员。一般而言,DBA 使用 DBMS 对数据库进行全局性、控制性的管理,包括数据库的建立、数据库的维护、数据库的控制等。

计算机及网络基本系统(computer and network system)。数据库、数据库管理系统和数据库应用程序均建立在计算机及其网络环境下。存储数据库的计算机一般要求有较大容量的存储器、较强的输入/输出通道能力、能支持 DBMS 运行的操作系统以及一些必要的软件,计算机网络可支持分布于组织不同位置的人员共享同一数据库。

13.2 结构化数据库的基础——关系模型与 SQL 语言

理解数据库,首先需要理解关系数据库。关系数据库的基础就是关系模型和 SQL 语言,而关系模型起源于规范化"表"的处理。所谓表(table)是一种严格按行按列形式组织及展现的数据。能够以表形式组织的数据通常被认为是结构化的数据。

13.2.1 熟悉"表"及相关术语——由具体的表到抽象的表

首先需要熟悉关于"表"的各种术语,要从一张张具体的表中,看到抽象形式的表。参照图 13.2 理解下列术语。

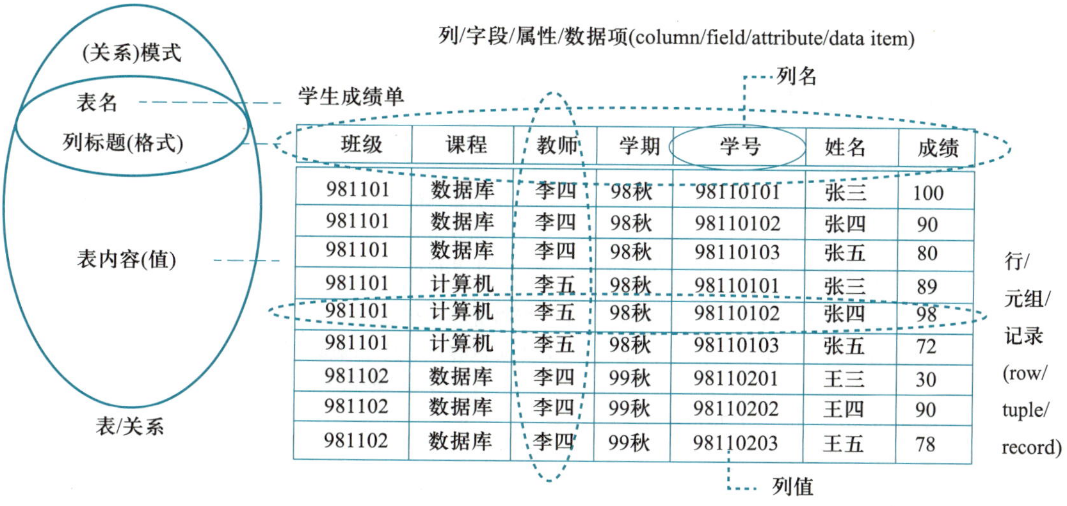

(关系)模式
表名
列标题(格式)
表内容(值)
表/关系

列/字段/属性/数据项(column/field/attribute/data item)
列名
学生成绩单

班级	课程	教师	学期	学号	姓名	成绩
981101	数据库	李四	98秋	98110101	张三	100
981101	数据库	李四	98秋	98110102	张四	90
981101	数据库	李四	98秋	98110103	张五	80
981101	计算机	李五	98秋	98110101	张三	89
981101	计算机	李五	98秋	98110102	张四	98
981101	计算机	李五	98秋	98110103	张五	72
981102	数据库	李四	99秋	98110201	王三	30
981102	数据库	李四	99秋	98110202	王四	90
981102	数据库	李四	99秋	98110203	王五	78

行/元组/记录(row/tuple/record)
列值

图 13.2 "表"相关的术语示意

每一张表称为一个关系(relation)或表(table),由表名、列名及若干行的数据组成。完整的表包括了表的结构和表的数据。表的结构被称为关系模式(relation schema),主要由表名和列名构成。表的数据就是按行组织的数据的集合。而关系数据库就是一系列表的集合。

从纵向看表,每列都包含同一类信息,由列名和列值两部分构成,被称为列(column)、字段(field)、属性(attribute)或数据项(data item)等。后文叙述中通常以属性、属性名和属性值来表达列的有关信息,也有些数据库系统用字段、字段名和字段值来进行表达。值域为一列数据的取值范围,不同列可以有相同的值域。

从横向看表，每行由若干属性值组成，描述同一个对象的信息，被称为行(row)、元组(tuple)或记录(record)。每个属性值描述该对象的某种性质或属性。后文叙述中通常以元组或记录来表达行的有关信息。

在表的各种属性中，有两种类型的属性或属性组很重要，一个是码/键，一个是外码/外键。表中的某个属性或某些属性组合，如果二者的值能唯一地区分该表中的每一行，且如果去掉其中的任何一个属性便区分不开，则这样的属性或属性组合被称作码|键(key)，也称为关键字。如果一个关系有若干个码，则可选择其中的一个作为主码|主键(primary key)。而所谓的外码|外键(foreign key)，是R表中的某个属性或某些属性的组合A，它可能不是R表的码，但它却是与R表有某种关联的S表的码，此时，A被称为R表的外码，表示它与S表的码有关联。这里要注意：码/关键字用于区分一个表中的每一行，而外码用于建立两个表之间的语义上的关联，后面将学习的两个表之间的连接操作通常使用外码进行连接。

13.2.2 “表”的严格定义——数学表达进入理论研究——发现规律

熟悉了抽象的“表”的各种术语后，进一步思考，怎样才能把一张表定义清楚呢？这就要用数学的形式严格刻画表的每个要素，如图13.3所示。

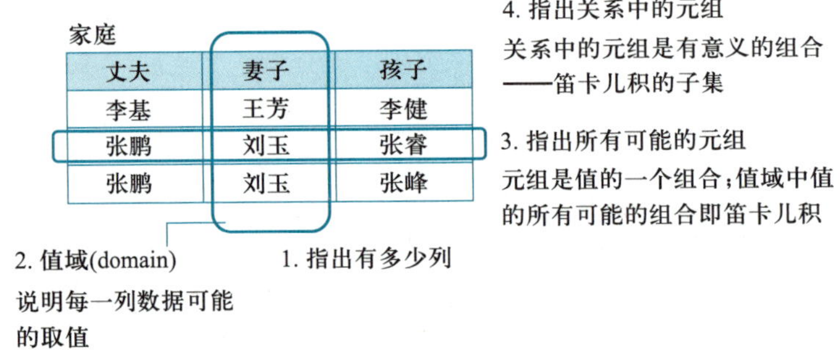

图13.3 “表”定义相关的逻辑示意

【定义13.1】域(domain)是一组值的集合，也称为值域。例如，整数、大于10小于180的正整数、{男，女}、实数等均可以是域。

【定义13.2】给定一组域 $D_1, D_2, \cdots, D_n$，这些域可以相同，也可以不同，则域 $D_1, D_2, \cdots, D_n$ 的笛卡儿积(Cartesian product)为：

$$\boldsymbol{D_1 \times D_2 \times \cdots \times D_n = \{(d_1, d_2, \cdots, d_n) \mid d_i \in D_i, i=1,2,\cdots,n\}}$$

其中，每个元素 $(d_1, d_2, \cdots, d_n)$ 叫作一个 n 元组(n-tuple)，或简称为元组；元素中每一个值 d_i 叫作一个分量(component)。笛卡儿积为从每一个域 D_i 中任取一个值 d_i 所组成的所有可能的元组的集合。若 $D_i(i=1,2,\cdots,n)$ 为有限集，其基数(即元素个数)为 $m_i(i=1,$

2,…,n),则 $D_1 \times D_2 \times \cdots \times D_n$ 的基数为 $m=\prod_{i=1}^{n} m_i$。

【定义 13.3】 $D_1 \times D_2 \times \cdots \times D_n$ 的一个子集被称作在域 $D_1, D_2, \cdots, D_n$ 上的一个关系(relation),用 $R(D_1, D_2, \cdots, D_n)$ 表示。这里 R 表示关系的名字,n 是关系的目或度(degree)。

用一个例子解释笛卡儿积与关系 如果给出 3 个域:D_1 = 男人集合 = {李基,张鹏},D_2 = 女人集合 = {王芳,刘玉},D_3 = 儿童集合 = {李健,张睿,张峰}。则 $D_1 \times D_2 \times D_3$ 即笛卡儿积为所有男人、所有女人和所有儿童构成的所有组合,共有 12 个元组:{(李基,王芳,李健),(李基,王芳,张睿),(李基,王芳,张峰),(李基,刘玉,李健),(李基,刘玉,张睿),(李基,刘玉,张峰),(张鹏,王芳,李健),(张鹏,王芳,张睿),(张鹏,王芳,张峰),(张鹏,刘玉,李健),(张鹏,刘玉,张睿),(张鹏,刘玉,张峰)}。但其实这种所有组合并没有什么意义,而如果按家庭关系组合,即"家庭关系(丈夫,妻子,孩子)",则存在一定的语义,其中丈夫与妻子应当是一对一的,而父母与孩子可能是一对多的。

进一步体会"表"的定义方法 如果要将一个表严格地定义清楚,则需定义列的数目、每一列的取值、什么是一行,以及每一行的取值。每一列取何值无法确定,这是由具体的表决定的,但可以说明该列所有可能取的值的集合——域,即该列只能在其所对应的某一个域中取值。一行即从每一个域中取一个元素,n 个域中取出的 n 个元素形成一个组合——n 元组。每一行取何值无法确定,这是由具体的表决定的,但可以说明所有可能的组合,即所有的 n 元组,也即笛卡儿积。无论表的一行是什么,都是笛卡儿积中的一个元组,因此表是笛卡儿积的子集。由于所有的组合可能没有意义,而从笛卡儿积中选出的一些元组则可能是有意义的,这些元组是有"关系"的,因此表被称为关系。关系的一列和值域也是有差别的,因此要为关系中的列值命名,即属性,属性是关系中的某一列,域是该属性取值的范围。因此,关系模式可形式化为:

关系名(属性名 1:域名 1,属性名 2:域名 2,…,属性名 n:域名 n)

其中属性名 1,…,属性名 n 是不重复的名字,而域名 1,…,域名 n 是可以有重复的。

关系和表的差别 关系是用数学形式严格定义的表,是用集合定义的概念,而集合中是没有重复元素的。现实应用中的表就是一组呈现行列关系的数据,允许两行有重复。因此,数据库理论中的"关系"和数据库应用产品中的"表"并不是完全一致的概念,通常说"关系"则是无重复元组存在的,而通常说"表"则可能有重复的元组,也可能没有重复的元组,需要特别指明。

13.2.3 "表"的操作的严格定义——数学表达进入理论研究——发现规律

常用的关系操作 关系操作是指关系模型能够提供哪些运算或操作,以便用户可以源源不断地构造新的关系。关系模型至少提供 5 种基本的关系操作——并、差、广义笛卡儿积、选择、投影和 2 种常用的关系操作——交、连接。依靠这些操作的各种组合，可以表达对一个或多个关系的各种查询和处理需求。下面首先给出这 7 种操作简单而直观的描述，然后通过练习熟悉并掌握这些操作的应用。

并、差和交操作需要有个前提：关系 R 和关系 S 必须具有相同的属性数目，且相应的属性值必须是同一类型的数据，被称为并相容性。其他操作无须满足此前提。

（1）**并**操作。关系 R 和关系 S 的并操作的结果是将两个关系的元组合并形成一个新关系，使之既包括关系 R 的元组，又包括关系 S 的元组，记为 R UNION S 或 $R\cup S$。

$R\cup S=\{t \mid t\in R\vee t\in S\}$，其中 t 是元组变量，表示关系中的元组。

（2）**差**操作。关系 R 和关系 S 的差操作的结果是由属于 R 但不属于 S 的元组组成的新关系，即从关系 R 中将属于关系 S 的元组去掉，记为 R DIFFERENCE S 或 $R-S$。

$R-S=\{t \mid t\in R\wedge t\notin S\}$，其中 t 是元组变量，表示关系中的元组。

（3）**交**操作。关系 R 和关系 S 的交操作的结果是由同时属于 R 和 S 的元组组成的新关系，记为 R INTERSECT S 或 $R\cap S$。

$R\cap S=\{t \mid t\in R\wedge t\in S\}$，其中 t 是元组变量，表示关系中的元组。

（4）**选择**操作。选择操作是从某个给定关系 R 中筛选出满足限制条件 F 的元组，即从所有的行中选择出某些行的数据，记为 $\text{SELECTION}_F(R)$ 或 $\sigma_F(R)$。

$\sigma_F(R)=\{t \mid t\in R\wedge F(t)=$“真”$\}$。其中 F 是一个条件表达式，取值为“真”或“假”。F 由逻辑运算符 $\neg$（非）、$\vee$（或）、$\wedge$（与）连接各比较表达式组成。比较表达式的基本形式为 $X\theta Y$，θ 可以是 $\{>,\geq,<,\leq,=,\neq\}$ 中的某一个，X、Y 是属性名（作为变量）或常量或简单函数。属性名也可用该属性在元组中的序号代替，即**序号**。

（5）**投影**操作。投影操作是指从给定的关系 R 中保留指定的属性子集而删除其余属性，并且可对留下的属性的排列次序作调整，记为 $\text{PROJECTION}_{\text{属性名}1,\cdots,\text{属性名}n}(R)$ 或 $\pi_{\text{属性名}1,\cdots,\text{属性名}n}(R)$。其中，“属性名 1，…，属性名 n”指出了保留哪些属性及其排列次序。

$\pi_A(R)=\{t[A] \mid t\in R\}$。其中 A 是 R 中部分属性的集合，$t[A]$ 表示只取元组 t 中相应 A 中属性中的分量，并按 A 中属性排列次序。

（6）**广义笛卡儿积**操作。广义笛卡儿积操作是指将两个关系 R 和 S 拼接起来的一种操作，它由一个关系 R 的每个元组和另一个关系 S 的每个元组组合并拼接成一个新元组，由这样的所有新元组构成的关系便是广义笛卡儿积操作的结果，记为 R PRODUCT S 或 $R\times S$。

$$R\times S=\{(a_1,a_2,\cdots,a_n,b_1,b_2,\cdots,b_m) \mid (a_1,a_2,\cdots,a_n)\in R\wedge(b_1,b_2,\cdots,b_m)\in S\}$$

（7）**连接**操作。连接操作是指将两个关系 R 和 S 中满足一定条件的元组拼接成一个新元组，由这样的新元组构成的关系便是连接操作的结果，该条件称为连接条件，记为 R JOIN S ON $A\theta B$ 或 $R\underset{A\theta B}{\bowtie}S$，其中 A 为 R 的属性，B 为 S 的属性，θ 为各种比较运算符，也可以用复杂的连接条件替换 $A\theta B$。

在数据库中一般最常使用的是自然连接操作，即要求两个关系的同名属性在值相同的情况下，才能将两个关系的元组拼接成一个新元组，同时在新元组中去除一组重复属性。自然连接操作记为 R NATURAL JOIN S 或 $R \bowtie S$。

对关系操作的深入认识 需要注意：选择操作是从某个关系中选取一组“行”的子集，投影操作是从某个关系中选取一组“列”的子集，它们都是对一个关系进行的操作，而广义笛卡儿积操作和连接操作则是对两个关系的操作，广义笛卡儿积操作是对两个关系的所有元组的所有组合操作，而连接操作是对两个关系的满足连接条件的元组的组合与拼接操作。一般的连接操作是对两个关系的任何连接条件的连接操作，而自然连接操作是对两个关系的特殊条件，即所有的“同名属性，值必须相等”这个条件的连接操作。

什么是关系模型 有了前面的基础，可定义关系模型。关系模型由以下 3 部分组成：数据结构、关系操作和关系完整性。(1) 关系模型中唯一的数据结构就是关系；(2) 关系模型有 5 种基本操作——并、差、广义笛卡儿积、选择和投影操作；(3) 关系完整性是指对一组关系，经过若干关系操作以后，仍能保证关系基本语义特征所作出的一系列约束，主要有实体完整性和参照完整性。实体完整性是指关系的主键属性不能为空值，即必须为确定的值；参照完整性是指关系 R 的外键取值为空值或者只能取其作为主键中那个关系 S 中的某一个值。

【示例 13.1】已知 S(S#, Sname, Ssex, Sclass) 是学生关系，C(C#, Cname, Chours, Credit, Cterm, T#) 是课程关系，SC(S#, C#, Score) 是选课关系。其中 S#表示学号，Sname 表示姓名，Ssex 表示性别，Sclass 表示班级，C#表示课程号，Cname 表示课程名，Chours 表示学时，Credit 表示学分，Cterm 表示学期，T#表示教师编号，Score 表示成绩。

请按下列检索需求写出相应的关系操作组合式。

(1) 检索有课程不及格的学号、课程号、学分及成绩。

(2) 检索有课程不及格的学生姓名、课程名、学分、成绩及其所在班级。

(3) 检索既学过 CS-110 课程，又学过 CS-201 课程的学生的学号、姓名、班级。

(4) 检索既没有学过 CS-110 课程，又没有学过 CS-201 课程的学生的学号。

【解析】这是一组递进式训练题目，由简单的关系操作书写，到复杂的关系操作组合式的书写，训练学生正确理解查询需求并用关系操作及其组合正确表达查询需求的能力。

【答】(1) $\pi_{\text{S\#, C.C\#, Credit, Score}}(\sigma_{\text{Score<60}}(\text{SC} \bowtie \text{C}))$ 或 $\pi_{\text{S\#, C.C\#, Credit, Score}}(\sigma_{\text{Score<60}}(\text{SC}) \bowtie \text{C})$

此题两种写法的执行结果是一样的，但后一种写法应该比前一种写法运算速度快，因为后者是先作选择，再作连接，选择运算将使两个关系的组合量极大地变小。

(2) $\pi_{\text{Sname, Cname, Credit, Score, Sclass}}(\sigma_{\text{Score<60}}(\text{S} \bowtie \text{SC} \bowtie \text{C}))$

此题写法是最基本的思维模式，首先分析题意涉及哪些关系，可以看出涉及 S、SC 和

C,因此第一步就是先将这 3 个表作自然连接形成一个大的关系($S \bowtie SC \bowtie C$),然后进行选择操作,书写相关的条件得到 $\sigma_{Score<60}(S \bowtie SC \bowtie C)$,最后进行投影操作保留需要的列得到 $\pi_{Sname,Cname,Credit,Score,Sclass}(\sigma_{Score<60}(S \bowtie SC \bowtie C))$。这种**由内及外、一个操作施加于另一个操作的结果之上,施加一个操作后再施加一个操作,一层层构造的思维是用关系操作表达各种查询的基本思维模式,即它不是由外及内、由左至右地书写,而是由内及外、一层层构造,是读者需要训练的**。

(3) $\pi_{S\#,Sname,Sclass}((\pi_{S\#}(\sigma_{C\#=\text{"CS-110"}}(SC)) \cap \pi_{S\#}(\sigma_{C\#=\text{"CS-201"}}(SC))) \bowtie S)$

(4) $\pi_{S\#}(S)-(\pi_{S\#}(\sigma_{C\#=\text{"CS-110"}}(SC)) \cup \pi_{S\#}(\sigma_{C\#=\text{"CS-201"}}(SC)))$

此题可转换为"从所有学生中,去掉'学过 CS-110 课程或学过 CS-201 课程'的学生"。不可以写作 $\pi_{S\#}(\sigma_{C\#<>\text{"CS-110"}}(SC)) \cap \pi_{S\#}(\sigma_{C\#<>\text{"CS-201"}}(SC))$ 或者 $\pi_{S\#}(\sigma_{C\#<>\text{"CS-110"}}(SC)) \cup \pi_{S\#}(\sigma_{C\#<>\text{"CS-201"}}(SC))$,这两个关系操作表达式是有问题的。请读者思考,会出现什么问题呢?

13.2.4　"表"的操作与控制——工程表达进入设计实现——改造世界

由关系模型到 SQL:由数学语言到计算机语言 关系模型是一种数学语言,如前所见,使用了许多数学符号,如∪、∩、σ、π 等,内涵很清晰,但不便于人们在计算机中输入和输出。因此需要对其进行改造,提出结构查询语言(structure query language,SQL)。例如常用的一组关系操作组合式如下:

$$\pi_{列名1,\cdots,列名n}(\sigma_{检索条件}(表名1 \times 表名2 \times \cdots \times 表名n))$$

用 SQL 语言表达为:

SELECT 列名 1,…,列名 n FROM 表名 1,表名 2,…,表名 n WHERE 检索条件;

比较两者,可以发现 **SELECT** 替代了投影操作符 π,**FROM** 替代了一组关系的笛卡儿积操作符 σ,**WHERE** 替代了选择操作符 σ。即:SELECT…FROM…WHERE…语句等价于一组笛卡儿积操作后作选择操作再作投影操作,这被称为"选(择)投(影)联(接)"操作,是数据库查询的基本操作。可以看出,SQL 语言是将关系操作不容易在键盘上输入的符号替换为易于输入又易于理解的类英文符号,因此关系操作/关系代数的学习对理解数据库语言非常重要。

【示例 13.2】将示例 13.1 中的各种查询用 SQL 语言表达。

【答】(1) SELECT SC. 学号,SC. 课程号,C. 学分,SC. 成绩 FROM SC,C WHERE SC. 课程号=C. 课程号 AND SC. 成绩<60;

(2) SELECT S. 姓名,C. 课程名,C. 学分,SC. 成绩,S. 班级 FROM S,SC,C WHERE SC. 课程号=C. 课程号 AND S. 学号=SC. 学号 AND SC. 成绩<60;

(3) SELECT S. 学号,S. 姓名,S. 班级 FROM S,SC WHERE S. 学号=SC. 学号 AND

SC.课程号='CS-110' AND 学号 IN (SELECT S.学号 FROM S,SC WHERE S.学号=SC.学号 AND SC.课程号='CS-201');

此题使用了嵌套 SQL 语句,即首先执行括号内的 SQL 语句,找到学过 CS-201 课程的学号,然后执行括号外的 SQL 语句完成最终查询。具体细节可继续学习数据库系统课程探索。

(4) SELECT S.学号 FROM S WHERE S.学号 NOT IN (SELECT 学号 FROM SC WHERE 课程号='CS-201' OR 课程号='CS-110');

此题使用了嵌套 SQL 语句,即首先执行括号内的 SQL 语句,找到学过 CS-201 课程的学号或者学过 CS-110 课程的学号。然后执行括号外的 SQL 语句,即不在内查询获得的学号结果集合中的学生就是所求。具体细节可继续学习数据库系统课程探索。

更为复杂的 SQL 语句 如下为扩展后的 SQL 语句,不仅能完成"选投联"操作,而且能完成基本的统计操作,还可完成"先分组再统计",以及"先分组再统计再过滤掉不满足条件的分组"等,如下所示。

SELECT 列名 1 | expr | agfunc(列名 1)　[[,列名 2 | expr | agfunc(列名 2)]…]
FROM 表名 1[,表名 2…]
[WHERE 条件 1]
[GROUP BY 列名 i1　[,列名 i2 …][HAVING 条件 2]]
[ORDER BY 表达式 1　[ASC/DESC]…]

其中,SELECT 子句中的"|"表示其分隔的多个部分可以在 SELECT 子句中相互替换。该语句的基本含义是"从 FROM 子句的表名 1、表名 2、…指明的多个表中(注:这些表作广义笛卡儿积操作),选择满足 WHERE 子句条件 1 的元组,并按 SELECT 子句的要求进行投影操作",其中 WHERE 子句中可以使用"(NOT) IN (SELECT …FROM…WHERE…)"嵌入另一个 SQL 语句,参见示例 13.2。新增的功能如下:(1) SELECT 子句中不仅可出现列名,而且可出现一些计算表达式 expr,即常量、列名或由常量、列名、特殊函数及算术运算符构成的算术运算式,表明在投影的同时直接进行一些计算;(2) SELECT 子句中也可出现聚集函数 agfunc,表明在投影的同时直接进行统计计算,常见的聚集函数 agfunc 有求最小值 MIN()、求最大值 MAX()、求平均值 AVG()、求和 SUM()、计数 COUNT()等;(3) 如果有 GROUP BY 子句,则将结果按后面指定的"列名 i1 [,列名 i2…]"的值分组,然后按每一个分组计算相关的统计值;(4) 如果有 HAVING 子句,则结果中将仅包含满足"条件 2"的分组,不满足的分组则被过滤。

【示例 13.3】以示例 13.1 中的关系为对象,写出表达下列查询需求的 SQL 语句。

(1) 求数据库课程的平均成绩。

(2) 求每一个学生的平均成绩,以及每一门课程的平均成绩。

(3) 求不及格课程超过两门的学生的学号。

【答】(1) **SELECT　AVG(Score)　FROM　C,SC**

WHERE　C. Cname = '数据库'　AND C. C# = SC. C#;

【解析】此题可以用SELECT子句中的聚集函数来实现,但无须分组,即满足WHERE条件的所有元组是一个分组,在此分组上计算求和值或平均值。

(2) **SELECT　S#,AVG(Score)　FROM　SC　GROUP　BY　S#;**

按学号进行分组,即学号相同的元组划入同一个组并求平均值。

SELECT　C#,AVG(Score)　FROM　SC GROUP　BY　C#;

按课程号进行分组,即课程号相同的元组划入同一个组并求平均值。

(3) **SELECT　S#　FROM　SC　WHERE　Score < 60**

GROUP BY　S#　HAVING　Count(*)>2;

注意:有读者将该查询写成"**SELECT　S# FROM SC WHERE　Score < 60　AND Count(*)>2　GROUP BY S#;**",这样是错误的,因为类似于统计性的条件是不允许出现于WHERE子句的,WHERE子句是对每一元组进行条件选择,而不是对元组集合进行条件选择。对多个元组或者说对元组集合进行条件选择,则需使用GROUP BY子句中的HAVING子句。

SQL语言已经成为关系数据库的一种标准语言,除之前介绍的SELECT-FROM-WHERE查询操作语句外,还包括定义数据表的语句CREATE TABLE,包括对数据表的增加记录的语句INSERT、删除记录的语句DELETE和更新记录的语句UPDATE,也包括控制数据表读写权限的语句GRANT等。有了关系模型和SQL语言后,即可开发一个管理数据库的软件系统——数据库管理系统。

13.2.5　关系数据库管理系统

理解数据库管理系统的功能 如何开发DBMS或者说DBMS如何管理数据库及数据表呢?简单来看,其分为两个阶段进行,参见图13.4。阶段1令用户自行定义需要管理的数据表的格式,阶段2则按照已经定义的数据格式来操控表中数据的输入和输出。这两个阶段分别被称为数据库定义和数据库操纵。同时,DBMS还要对使用数据库的人员或应用程序进行限制,以保证"应该使用数据库的人员或应用程序能够使用数据,不应该使用数据库的人员或应用程序不能使用数据",这就是数据库控制。因此,DBMS应具有以下基本功能。

(1) 数据库定义功能。DBMS提供数据定义语言(data definition language,DDL)供DBA使用,以便创建数据库及数据表。DBA使用数据定义语言来表达所要建立数据表的结构或者格式,DBMS依据DBA的表达在计算机内创建相应的数据表。这些定义被存储在数据库中,是DBMS运行的基本依据。SQL语言提供的CREATE相关语句就提供了数据库定义功能。

(2) 数据库操纵功能。DBMS提供数据操纵语言(data manipulation language,DML),

使用户对数据库的数据进行插入、修改、删除和检索等操作。用户使用数据操纵语言来表达对数据表的各种操作,例如插入一条记录、删除一条记录、检索满足条件的记录等,DBMS 将按照用户的表达,对数据库中的数据进行存取和检索,以实现用户要求的功能。SQL 语言提供的 INSERT、UPDATE、DELETE、SELECT 相关语句就提供了数据库操纵功能。

(3) 数据库控制功能。DBMS 提供数据控制语言(data control language,DCL)供 DBA 使用,以表达对数据表的各种限制条件,例如哪些人可访问而另一些人则不能访问等;当其他用户访问该数据表时,DBMS 会依据 DBA 所定义的限制条件进行检查,如果符合要求则允许访问,否则不允许访问。SQL 语言提供的 GRANT、REVOKE 相关语句就提供了数据库控制功能。

(4) 数据库的建立和维护功能。它包括数据库初始数据的装入和转换功能、数据库的转储和恢复功能、数据库的重新组织功能和性能监视与分析功能等。

以上内容从用户角度,讲到了 DBMS 包括数据库定义、数据库操纵、数据库控制与数据库的建立和维护功能。因此,对普通用户而言,学习数据库系统即学习数据库语言。

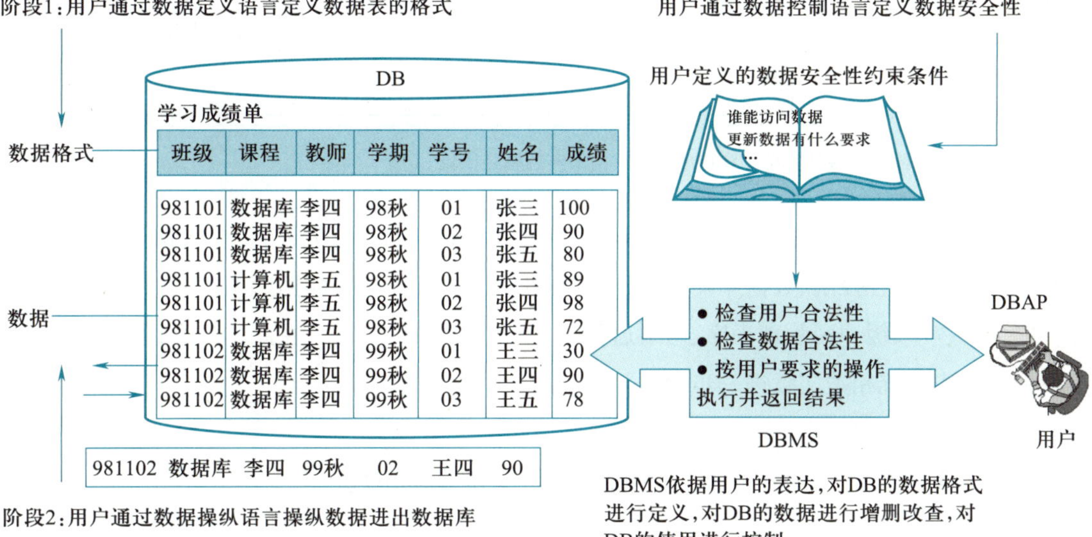

图 13.4 用户及 DBMS 管理和应用数据库示意

理解数据库管理系统对普通用户不可见的功能 从系统角度而言,数据库管理系统是数据库的运行控制系统,由支持数据库系统全部运行过程的各类程序组成。最基本的功能就是完成 SQL 语句的执行:其通常将 SQL 语句转换成关系代数操作(如前所述),然后进行优化,再进一步按次序调用完成每一个关系操作的函数来读取数据并按要求进行处理,这就涉及了数据库物理存储、索引建立与使用、数据库查询执行和查询优化等功能。读者可联想对比第 5 章中的计算系统构成(程序、指令与程序执行机构),参见图 13.5 左上方。DBMS 就是一个计算系统,参见图 13.5 右下方,它包含并、差、积、选择、投影等基本动作的实现函数，这些基本动作的指令和这些指令组合成程序的语言（SQL语言到关系代数语言），以及一个程序执行机构，解释程序即解释指令的组合次序，并按照次序调用基本动作的实现函数，进而完成程序的执行。数据库的程序就是并、差、积、选择、投影这些"大号"的基本动作/指令的各种方式的组合。

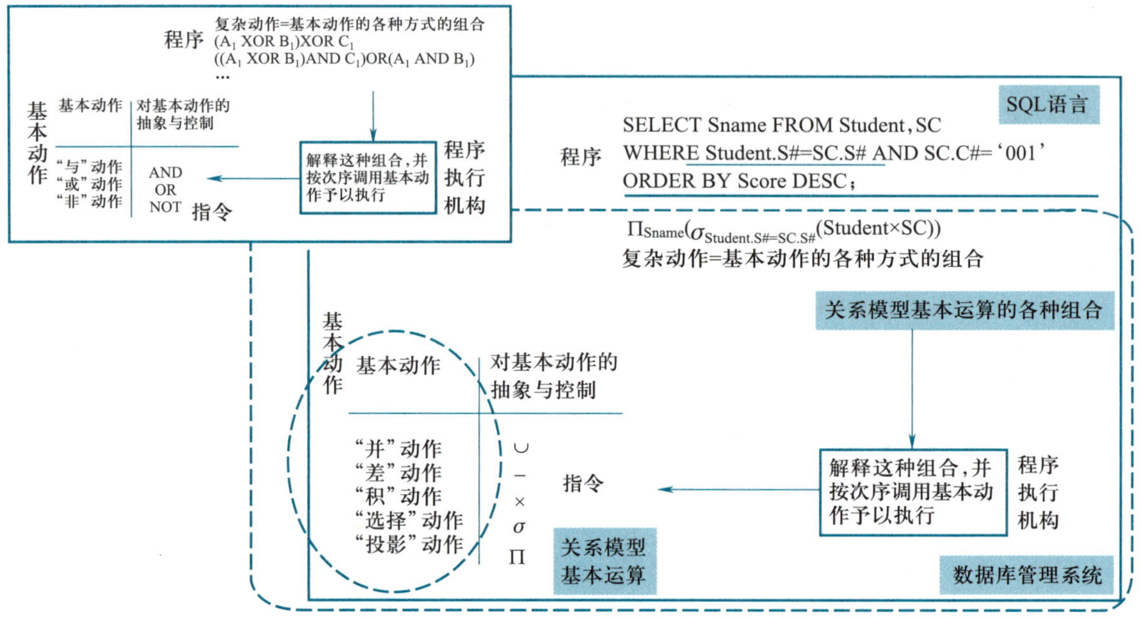

图13.5　DBMS实现思路与程序-指令和程序执行机构的实现思路比较

除此之外，一个数据库管理系统必不可少的功能还包括数据库并发控制、数据库故障恢复、数据库完整性控制、数据库安全性控制、数据字典管理程序、数据库重组程序、数据库性能分析程序、缓冲区管理程序、网络通信程序、应用程序接口等，在此不作介绍，读者可参阅数据库系统相关文献进一步学习相关内容。

13.2.6　本质思考——数据由抽象到理论再到设计

图13.6结合关系模型与关系数据库相关研究，给出了对数据的基本研究方法——抽象、理论与设计及其相互关系的示意。抽象、理论与设计是计算学科进行科学研究与工程实践的3种形态或者说3个过程。设计是改造世界的手段（通常是指构造计算系统），是工程的主要内容。只有设计才能造福于人类，这是设计的价值。理论是发现世界规律的手段（通常是指发现计算模型与计算规则），理论如果不能指导设计，则反映不出其价值，设计如果没有理论指导，则设计的严密性、可靠性、正确性是没有保证的，这是理论的价值。抽象是感性认识世界的手段。理论和设计的前提都需要抽象，没有抽象，二者均无法达成目标，这是抽象的价值。

所谓抽象是指对具体的研究对象（图中表现为一张张具体的表），要发现其形式上共

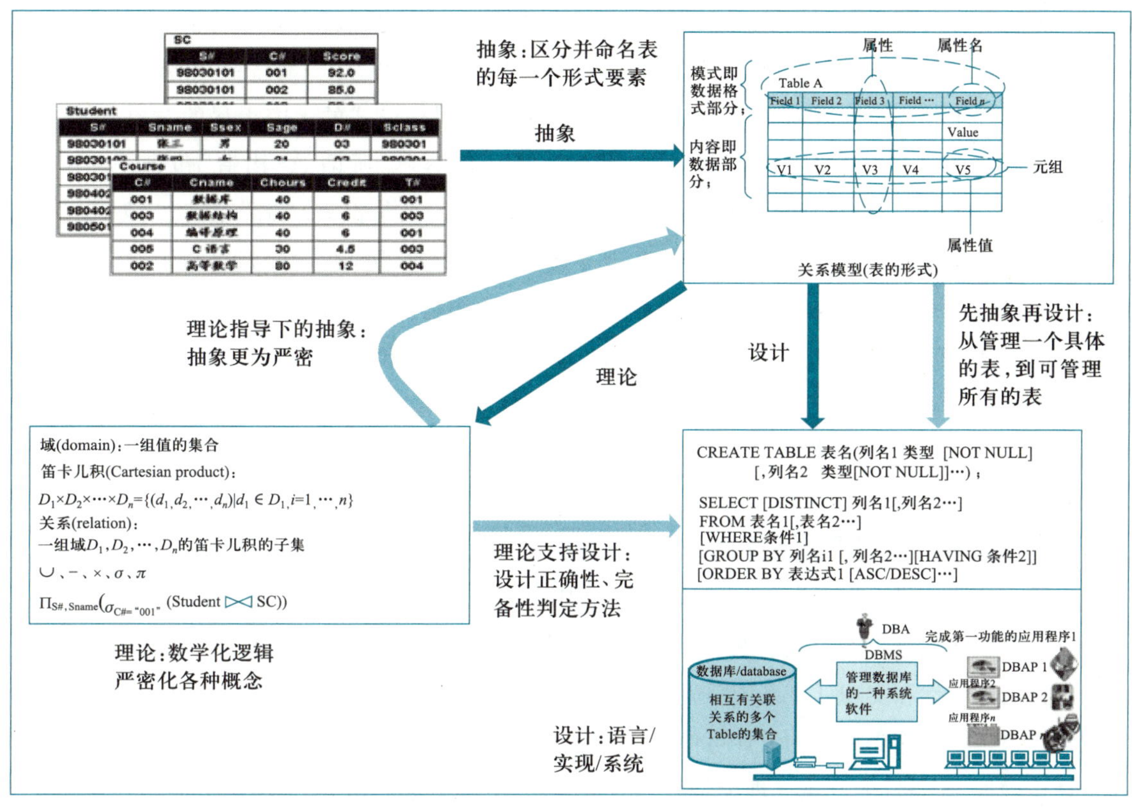

图 13.6 由抽象到理论再到设计示意

性的要素,并通过区分与命名这些不同的要素,达到对具体研究对象共性规律的深入理解,因此,抽象的过程就是“理解→区分→命名→表达”的过程。“理解”完成的标志是正确的区分,而“区分”完成的标志是正确的命名。因此,“理解→区分→命名→表达”是计算学科基本的数据抽象手段。

抽象的结果是需要表达的,如果以数学化的形式来表达,就出现了“定义”,基于定义,就可以探讨相关对象的性质,这些性质以“公理”和“定理”的形式进行表达,就形成了理论,理论研究过程就是对规律进行严密化的定义及论证过程。如图 13.6 所示,E. F. Codd 用数学上的集合与关系的概念严格定义了“表”;在将表定义成关系后,提出了关系的性质和关系的 5 种基本运算,进而指明了每种基本运算的计算规则;在此基础上进一步提出了关系数据库理论,为如何实现一个数据库管理系统指明了方向,开创了关系数据库的时代。当前普遍应用的数据库管理系统基本上都是关系数据库系统,而 E. F. Codd 因其奠基性的关系数据库理论获得了计算机领域最高奖“图灵奖”。

抽象的结果如果以形式化的形式来表达,就进入了“设计”过程。总体而言,“设计”是构造计算系统的过程。“设计”形态内容多种多样,例如刻画系统的各种模型与文档是设计形态的内容,算法与过程的构造也是设计形态的内容,程序代码与软件、硬件实现也是设计形态的内容等。尽管设计形态内容多种多样,但**形式**、**构造**和**自动化**是设计的基本内容。所谓的“**形式**”是指被研究对象的形式，若要开发一个处理该研究对象的系统，则首先需要研究该对象的形式，将其符号化并按照严格的语法表达出来，只有按照严格的语法表达的形式才能被计算机所识别与执行，才能处理具有同样形式的无穷无尽的对象。计算学科研究的本质是“**寻找相同的形式，处理可变的内容**”。所谓的“**构造**”包含了“构”和“造”。“构”是指被研究对象各种要素之间的组合关系与框架，“造”是建造、创造，即各种要素之间的组合关系与框架的建造。计算学科的典型构造包括算法的构造、（不同抽象层面的）过程的构造及（不同颗粒度的）对象的构造。所谓的“**自动化**”是指程序、软件、硬件、网络等自动化系统的实现。如图 13.6 所示，SQL 语言是设计形态的内容，利用 SQL 语言可定义一张表，进而可以操纵表中的一行行数据。而从 SQL 语言到关系代数表达式，再到一个个关系操作的具体实现，就可以开发一个数据库管理系统来管理关系形式的表。

抽象、理论、设计之间的关系 区分并命名现实世界问题的每一个形式要素是抽象。理论指导下的抽象将更为严密，而在很好的抽象基础上的理论是认识深入化的标志。理论的目的是数学化逻辑严密化各种概念及规律的描述，抽象是理论研究的前提和保证。设计的目的是设计和实现计算系统。先抽象再设计，深入认识形式系统，则可在更高层面实现计算系统。理论支持下的设计可使设计具有正确性、完备性等特性，同时理论也可支持设计正确性、完备性的判定。理论是数学的根本，应用数学家们认为，科学的进展均建立在数学基础之上。设计是工程的根本，工程师们认为，工程的进展主要是通过提出问题并系统地按照设计过程，通过建立模型加以解决的。

13.3 数据挖掘与运用

本节以一个示例讲解数据挖掘的思想，只注重数据分析过程，不详细探究算法。

13.3.1 数据挖掘问题的提出

【示例 13.4】超市数据库。

人们都去过超市，超市通过 POS 机（电子收款机）将每位顾客每次购买的商品信息聚集到数据库中，并打印“商品购买明细”给顾客作为商品购买与付款凭证，如图 13.7 所示，顾客一次可能购买多种商品。超市数据库就是由日复一日产生的成千上万张“商品购买明细”及其相关信息构成的数据库。则从超市数据库能挖掘出什么有价值的信息呢？

商品购买明细

交易号 T1000 ，日期 04/05/2013 ，时间 10:18 ，收款员 E02

顾客 C01 ，支付方式 MasterCard ，总金额 ¥1 400.00

商品号	商品名	数量	单价	金额
200008	汇源果汁	5	200.00	1 000.00
200020	哈啤90	1	300.00	300.00
200035	555香烟	1	100.00	100.00

图 13.7 商品购买明细——顾客一次可能购买多种商品

从超市数据库能挖掘出什么 对于超市数据库，能否通过日复一日的“商品购买明细”数据，发现顾客一次性购买的不同商品之间的关联关系，分析顾客的购买习惯呢？例如“什么商品组合，顾客多半会在一次购物时同时购买？”，将相互关联的商品尽可能放得更近一些，使顾客购买一种商品时很容易发现并购买另外的商品，或者将这些相互有关联的商品组合起来给出相应的折扣政策以吸引更多顾客进行购买。有学者针对这种超市数据库进行分析，发现“购买啤酒的顾客，同时也购买尿布”，超市便将“啤酒和尿布”摆放在一起销售，果然提高了销售数量，但为何如此呢？原因不明，只是看到数据呈现出来就是这样的结果，这就是“啤酒与尿布”的故事。该案例体现了一种称为关联规则挖掘的大数据挖掘思想，通过分析商品组合被顾客购买的频繁程度，可以发现商品的一些“关联规则”，这种关联规则的发现可以帮助超市管理者制定营销策略，下面观察其挖掘过程。

13.3.2 关联规则挖掘相关的概念

什么是关联规则 想象一下，如果所讨论的对象是商店中可购买商品的集合，则每种商品对应一个值为 0 或 1 的变量，表示该商品“不买”或者“买”。每个“商品购买明细”则可用一个 0-1 向量（例如向量(0,1,0,1,1,0,0,1)表示购买第 2、4、5 和 8 号商品，对应第 2、4、5 和 8 位上的 1）。可以分析该向量，得到反映商品频繁关联或同时购买的购买模式。这些模式也可以用关联规则的形式表示。例如，购买“面包”时，也趋向于同时购买“果酱”，则可以用以下关联规则表示：

“面包”⇒“果酱”[支持度=2%，置信度=60%]

上述关联规则说明“由面包的购买，能够推断出果酱的购买”。**支持度** 2%意味着所分析事务总数的 2%同时购买了面包和果酱，**置信度** 60%意味着购买了面包的顾客 60%也购买了果酱。

为了更好地理解关联规则挖掘思想，首先需要理解以下概念。

项、k-项集与事务 设 $\boldsymbol{P}=\{p_1,p_2,\cdots,p_m\}$ 是所有项(item)的集合。D 是数据库中所有

事务的集合，一个事务即一次交易，每个事务 T 是项的集合，是 $\boldsymbol{P}$ 的子集，即 $T \subset \boldsymbol{P}$。每一个事务有一个关键字属性，称作事务号（即图 13.7 中的交易号），以区分数据库中的每一个事务。项的集合称为项集（itemset），包含 k 个项的项集称为 k-项集。设 A 是一个 k-项集，事务 T 包含 A，当且仅当 $A \subseteq T$，即如果一个 x-项集的每一项均属于一个 y-项集，则称此 y-项集包含了此 x-项集。

【示例 13.5】针对超市数据库解释什么是项、项集、事务。

【答】假设超市销售 P 种商品，每种商品就是项 p_i，则 $P=\{p_1,p_2,\cdots,p_m\}$ 就是所有商品的集合。商品的一种组合就是项集，几种商品就是几项集：2 种商品就是 2-项集，3 种商品就是 3-项集。例如，{面包，果酱} 是一个 2-项集，{面包，果酱，奶油} 则是一个 3-项集。一张“商品购买明细”（超市中包含 n 种商品的小票）就是一个“事务”T，它是一个 n-项集。一段时期内打印出的所有商品购买明细，即代表了一段时期内销售出的所有商品，而一张小票中包含的 n 种商品的集合，反映了一位顾客同时购买了这 n 种商品。例如，T_1 = {面包，果酱，奶油，红茶} 是一个 4-项集，T_2 = {面包，果酱} 是一个 2-项集，T_3 = {面包，果酱，奶油} 是一个 3-项集。

频繁项集、关联规则、支持度和置信度、强规则 项集的出现频率是指包含该项集的事务数，即该项集在所有事务中出现的频率，也称为支持计数或简称计数。设项集的最小支持度为 *min_s*（一个百分数），如果项集的出现频率大于或等于 *min_s* 与 D 中事务总数的乘积，则称项集满足最小支持度。而如果项集满足最小支持度，则称它为频繁项集。关联规则是形如 $A \Rightarrow B$ 的蕴含式，即命题 A（如“项集 A 的购买”）蕴含命题 B（如“项集 B 的购买”），或者说由命题 A 能够推导出命题 B，其中 $A \subseteq \boldsymbol{P}$，$B \subseteq \boldsymbol{P}$，并且 $A \cap B = \varnothing$。规则 $A \Rightarrow B$ 在事务集 D 中成立，具有支持度 s，其中 s 是 D 中包含 $A \cup B$（即 A 和 B 二者）事务的百分比，它是概率 $P(A \cup B)$。规则 $A \Rightarrow B$ 在事务集 D 中具有置信度 c，其中 c 是 D 中包含 A 的事务中，同时也包含 B 的事务所占的百分比，它是条件概率 $P(B|A)$。即：

支持度 ($A \Rightarrow B$) = $P(A \cup B)$ = 包含 A 和 B 的事务数÷D 中事务总数

置信度 ($A \Rightarrow B$) = $P(B|A)$ = 包含 A 和 B 的事务数÷包含 A 的事务数

支持度反映了一条规则的实用性，是衡量兴趣度的重要因素，是规则为真的事务占所有事务的百分比。支持度定义中的分子通常称作支持度计数，通常显示该值而非支持度。支持度容易由它导出，支持度体现了满足规则的事务占所有事务的比重。置信度反映了一条规则的有效性或“值得信赖”的程度，即确定性。置信度为 100%表示在数据分析时，该规则总是正确的。这种规则称为准确的或者可靠的。关联规则是有趣的，则它必须满足最小支持度阈值和最小置信度阈值，所谓的阈值就是一个门槛值，这些阈值可以由用户或领域专家设定。同时满足最小支持度阈值（*min_s*）和最小置信度阈值（*min_c*）的规则称作强关联规则，简称强规则。为方便计算，通常使支持度和置信度的值用 0%～100%之间的值来表示。

【示例 13.6】下列关联规则的含义是什么？

(1)“红茶”⇒“砂糖”[支持度=60%,置信度=70%];

(2)“尿布”⇒“啤酒”[支持度=50%,置信度=50%]。

【答】(1) 表示“由红茶的购买,能够推断出砂糖的购买”,支持度60%表示所分析事务总数的60%同时购买了红茶和砂糖,置信度70%表示购买红茶的顾客70%也购买了砂糖;(2) 表示“由尿布的购买,能够推断出啤酒的购买”,支持度50%表示所分析事务总数的50%同时购买了尿布和啤酒,置信度50%表示购买尿布的顾客50%也购买了啤酒。

13.3.3 关联规则挖掘——发现频繁项集

关联规则的总体思路 如何由大型数据库挖掘关联规则呢？一般而言,关联规则的挖掘可分两步进行:(1) 找出所有频繁项集:根据定义,这些项集出现的频率至少和预定义的最小出现频率一致;(2) 由频繁项集产生强关联规则:根据定义,这些规则必须满足最小支持度和最小置信度。如前所述,关联规则挖掘涉及“如何由事务数据库寻找频繁项集”和“如何由频繁项集产生强关联规则”两个问题。下面以示例形式首先介绍如何寻找频繁项集,然后介绍如何由频繁项集产生强关联规则。

【示例 13.7】“超市数据库”中频繁项集的发现过程。

此处将前文的超市数据库以一种更简洁的形式给出示例,即每一张“商品购买明细”以一条记录的形式给出,该明细中的商品以一个商品项的集合形式给出,如表13.1所示,为便于分析,将商品名称等以 $P1, P2, P3, \cdots$ 等抽象形式给出。

表 13.1 商品购买明细数据库

事务号	一次事务中购买的商品列表	事务号	一次事务中购买的商品列表
T0000	$P1,P2,P3,P5$	T0050	$P1,P3,P5$
T1000	$P1,P2,P6,P8$	T1500	$P2,P4,P8$
T2000	$P2,P3,P7,P8$	T2500	$P1,P3,P5$
T3000	$P1,P2,P6$	T3500	$P2,P3,P7$
T4000	$P1,P2,P3,P5,P6,P7$	T4500	$P1,P2,P6,P8$
T5000	$P1,P3,P5,P6$	T5500	$P1,P2,P5,P6$
T6000	$P2,P3,P6$	T6500	$P1,P2,P5,P6$
T7000	$P1,P4,P6$	T7500	$P1,P2,P4,P6$
T8000	$P2,P3,P4,P5$	T8500	$P1,P2,P4,P5,P6$
T9000	$P3,P4,P5$	T9500	$P1,P2,P4,P5,P6$
总事务次数:20			

与前述概念定义比较，可以发现整个数据库为 D，其中的每一个记录为 T，数据库 D 中总计有 20 个事务，$P=\{P1,P2,P3,P4,P5,P6,P7,P8\}$ 为 8 个商品"项"的集合，$P1,\cdots,P8$ 也表示了商品的一种编号。

第 1 轮迭代：产生频繁 1-项集 (1) 产生候选 1-项集 C_1。首先可以使 $C_1=P$，即 P 中的每一个项都是 C_1 的一个成员。然后对每个项在 D 中的出现次数进行计数，形成支持度计数，结果如表 13.2 所示。

表 13.2　候选 1-项集 C_1

项集	支持度计数	项集	支持度计数	项集	支持度计数
$\{P1\}$	14	$\{P4\}$	7	$\{P7\}$	3
$\{P2\}$	15	$\{P5\}$	11	$\{P8\}$	3
$\{P3\}$	10	$\{P6\}$	12		

(2) 接着，从 C_1 中检查并剔除小于最小支持度计数的项集，形成频繁 1-项集 L_1，假设最小支持度计数设为 5(即最小支持度 $min\_s=5/20=25\%$)。结果如表 13.3 所示。

表 13.3　频繁 1-项集 L_1，支持度计数≥最小支持度计数 5($min\_s=5/20=25\%$)

项集	支持度计数	项集	支持度计数	项集	支持度计数
$\{P1\}$	14	$\{P3\}$	10	$\{P5\}$	11
$\{P2\}$	15	$\{P4\}$	7	$\{P6\}$	12

第 2 轮迭代：产生频繁 2-项集 (1) 产生候选 2-项集 C_2。可以使 $C_2=L_1(\text{Join})\ L_1$，即 L_1 中的每一个项都和 L_1 中的另一个不同的项组合形成候选 2-项集。然后对每个 2-项集在 D 中的出现次数进行计数，形成支持度计数，结果如表 13.4 所示。

表 13.4　候选 2-项集 C_2，组合频繁 1-项集 L_1 得到

项集	支持度计数	项集	支持度计数	项集	支持度计数
$\{P1,P2\}$	10	$\{P2,P3\}$	6	$\{P3,P5\}$	7
$\{P1,P3\}$	5	$\{P2,P4\}$	5	$\{P3,P6\}$	3
$\{P1,P4\}$	4	$\{P2,P5\}$	7	$\{P4,P5\}$	4
$\{P1,P5\}$	9	$\{P2,P6\}$	10	$\{P4,P6\}$	3
$\{P1,P6\}$	11	$\{P3,P4\}$	2	$\{P5,P6\}$	6

(2) 接着，从 C_2 中检查并剔除小于最小支持度计数的项集，形成频繁 2-项集 L_2，最小支持度计数仍为 5，结果如表 13.5 所示。

表 13.5 频繁 2-项集 L_2，支持度计数≥最小支持度计数 5（$min\_s=5/20=25\%$）

项集	支持度计数	项集	支持度计数	项集	支持度计数
{$P1$,$P2$}	10	{$P2$,$P3$}	6	{$P3$,$P5$}	7
{$P1$,$P3$}	5	{$P2$,$P4$}	5	{$P5$,$P6$}	6
{$P1$,$P5$}	9	{$P2$,$P5$}	7		
{$P1$,$P6$}	11	{$P2$,$P6$}	10		

第 3 轮迭代：产生频繁 3-项集 （1）产生候选 3-项集 C_3。可以使 $C_3=L_2(\text{Join})\ L_2$，即 L_2 中的每一个项都和 L_2 中的不同的项连接形成候选 3-项集 C_3（满足项集的前 3-2=1 个项相同的项可以连接），结果如表 13.6 所示。

（2）依据“**频繁项集的所有非空子集也必须是频繁的**”性质（注：该性质被称为 Apriori 性质）进行“剪枝”处理，例如{$P1$,$P3$,$P6$}被剔除是因为其中一个子集{$P3$,$P6$}不是频繁项集，因此它也不是频繁项集。类似地，{$P2$,$P3$,$P4$} {$P2$,$P3$,$P6$} {$P2$,$P4$,$P5$} {$P2$,$P4$,$P6$} {$P3$,$P5$,$P6$}等均被剔除。

表 13.6 候选 3-项集 C_3，通过连接频繁 2-项集 L_2 得到，再依据 Apriori 性质进行“剪枝”处理

项集		项集		项集	
{$P1$,$P2$,$P3$}		{$P1$,$P5$,$P6$}		{$P2$,$P4$,$P6$}	被剔除，因{$P4$,$P6$}
{$P1$,$P2$,$P5$}		{$P2$,$P3$,$P4$}	被剔除，因{$P3$,$P4$}	{$P2$,$P5$,$P6$}	
{$P1$,$P2$,$P6$}		{$P2$,$P3$,$P5$}		{$P3$,$P5$,$P6$}	被剔除，因{$P3$,$P6$}
{$P1$,$P3$,$P5$}		{$P2$,$P3$,$P6$}	被剔除，因{$P3$,$P6$}		
{$P1$,$P3$,$P6$}	被剔除，因{$P3$,$P6$}	{$P2$,$P4$,$P5$}	被剔除，因{$P4$,$P5$}		

（3）然后对每个 3-项集在 D 中的出现次数进行计数，形成支持度计数，如表 13.7 所示。

表 13.7 候选 3-项集支持度计数

项集	支持度计数	项集	支持度计数
{$P1$,$P2$,$P3$}	2	{$P1$,$P5$,$P6$}	6
{$P1$,$P2$,$P5$}	6	{$P2$,$P3$,$P5$}	3
{$P1$,$P2$,$P6$}	8	{$P2$,$P5$,$P6$}	5
{$P1$,$P3$,$P5$}	4		

（4）接着，从 C_3 中检查并剔除小于最小支持度计数的项集，形成频繁 3-项集 L_3，最小支持度计数仍为 5，结果如表 13.8 所示。

表 13.8　频繁 3-项集 L_3，支持度计数≥最小支持度计数 5（$min\_s=5/20=25\%$）

项集	支持度计数	项集	支持度计数
{$P1,P2,P5$}	6	{$P1,P5,P6$}	6
{$P1,P2,P6$}	8	{$P2,P5,P6$}	5

第 4 轮迭代：产生频繁 4-项集（1）产生候选 4-项集 C_4。可以使 $C_4=L_3(\text{Join})\ L_3$，即 L_3 中的每一个项都和 L_3 中的不同的项连接形成候选 4-项集 C_4（满足项集的前 4-2=2 个项相同的项可以连接），结果如表 13.9 所示只有 1 个，通过“剪枝”处理，也还没有被剪掉。然后对每个 4-项集在 D 中的出现次数进行计数，形成支持度计数，检查并剔除小于最小支持度计数的项集，形成频繁 4-项集 L_4，最小支持度计数仍为 5。结果仍为 1。

表 13.9　候选 4-项集 C_4，也是频繁 4-项集 L_4 在最小支持度计数仍为 5 的前提下

项集	支持度计数
{$P1,P2,P5,P6$}	5

（2）最后输出结果如表 13.10 所示。

表 13.10　频繁项集全集＝频繁 1-项集∪频繁 2-项集∪频繁 3-项集∪频繁 4-项集

项集	支持度计数	项集	支持度计数	项集	支持度计数
{$P1$}	14	{$P1,P3$}	5	{$P3,P5$}	7
{$P2$}	15	{$P1,P5$}	9	{$P5,P6$}	5
{$P3$}	10	{$P1,P6$}	11	{$P1,P2,P5$}	6
{$P4$}	7	{$P2,P3$}	6	{$P1,P2,P6$}	8
{$P5$}	11	{$P2,P4$}	5	{$P1,P5,P6$}	6
{$P6$}	12	{$P2,P5$}	7	{$P2,P5,P6$}	5
{$P1,P2$}	10	{$P2,P6$}	10	{$P1,P2,P5,P6$}	5

13.3.4　关联规则挖掘——基于频繁项集形成关联规则

产生强关联规则　一旦由数据库 D 中的事务找出频繁项集，由它们产生强关联规则是直截了当的（强关联规则满足最小支持度和最小置信度），可如下进行：（1）对于每个频繁项集 l，产生 l 的所有非空子集；（2）对于 l 的每个非空子集 s，如果置信度（$s \Rightarrow l-s$）>= min_c，则输出规则“$s \Rightarrow (l-s)$”，其中，min_c 是最小置信度阈值。由于规则由频繁项集产生，因此每个规则都自动满足最小支持度。

【示例 13.8】基于示例 13.7 由频繁项集产生关联规则。

继续以前面的频繁 4-项集{$P1,P2,P5,P6$}为例看强关联规则的产生过程。首先,通过对任何一个频繁项集的各种组合形成规则表,即将频繁项集中的任何一个 k 拆成两个部分 A、B,满足 $A\cup B=k$,将所有的 A、B 找出形成潜在的规则($A\Rightarrow B$),然后依据前述公式计算其置信度。例如频繁 4-项集{$P1,P2,P5,P6$}可以产生如下表所示的潜在规则 $A\Rightarrow B$,其中 $A\cup B=\{P1,P2,P5,P6\}$,$A\cap B=\varnothing$。

项集 A	项集 A 支持度计数(支持度)	项集 B	项集 $A\cup B$ 的支持度计数(支持度)	置信度=项集($A\cup B$)的支持度÷项集 A 的支持度
{$P1,P2,P5$}	6 (30%)	{$P6$}	5 (25%)	5/6=83.33%
{$P1,P2,P6$}	8 (40%)	{$P5$}	5 (25%)	5/8=62.50%
{$P2,P5,P6$}	5 (25%)	{$P1$}	5 (25%)	5/5=100.00%
{$P1,P5,P6$}	6 (30%)	{$P2$}	5 (25%)	5/6=83.33%
{$P1,P2$}	10 (50%)	{$P5,P6$}	5 (25%)	5/10=50.00%
{$P1,P5$}	9 (45%)	{$P2,P6$}	5 (25%)	5/9=55.56%
{$P1,P6$}	11 (55%)	{$P2,P5$}	5 (25%)	5/11=45.45%
{$P2,P5$}	7 (35%)	{$P1,P6$}	5 (25%)	5/7=71.43%
{$P2,P6$}	10 (50%)	{$P1,P5$}	5 (25%)	5/10=50.00%
{$P5,P6$}	6 (30%)	{$P1,P2$}	5 (25%)	5/6=83.33%
{$P1$}	14 (70%)	{$P2,P5,P6$}	5 (25%)	5/14=35.71%
{$P2$}	15 (75%)	{$P1,P5,P6$}	5 (25%)	5/15=33.33%
{$P5$}	11 (55%)	{$P1,P2,P6$}	5 (25%)	5/11=45.45%
{$P6$}	12 (60%)	{$P1,P2,P5$}	5 (25%)	5/12=41.67%

最后输出的规则表如下表所示。$A\Rightarrow B$,$A\cap B=\varnothing$,置信度≥70%的规则,即"项集 A 的购买"能够推出"项集 B 的购买"。

项集 A	项集 A 支持度计数(支持度)	项集 B	项集 $A\cup B$ 的支持度计数(支持度)	置信度=项集($A\cup B$)的支持度÷项集 A 的支持度
{$P1,P2,P5$}	6 (30%)	{$P6$}	5 (25%)	5/6=83.33%
{$P2,P5,P6$}	5 (25%)	{$P1$}	5 (25%)	5/5=100.00%
{$P1,P5,P6$}	6 (30%)	{$P2$}	5 (25%)	5/6=83.33%
{$P2,P5$}	7 (35%)	{$P1,P6$}	5 (25%)	5/7=71.43%
{$P5,P6$}	6 (30%)	{$P1,P2$}	5 (25%)	5/6=83.33%

当对所有的频繁项集产生强关联规则后，可以发现以下强关联规则，其支持度和置信度都是很高的，例如：

"*P*1，*P*2"⇒"*P*6"[支持度=50%，置信度=80%]

"*P*1，*P*6"⇒"*P*2"[支持度=55%，置信度=72.73%]

"*P*2，*P*6"⇒"*P*1"[支持度=50%，置信度=80%]

"*P*1"⇒"*P*2"[支持度=70%，置信度=71.43%]

"*P*1"⇒"*P*6"[支持度=70%，置信度=78.57%]

这一算法也称为关联规则挖掘算法，发现频繁项集的算法被称为 Apriori 算法，是经典的数据挖掘算法。

还能挖掘什么样的规则 我们还能挖掘以下规则：

（1）量化关联规则 vs. 0-1 关联规则。如果规则考虑的关联是项的存在与不存在，则它是 0-1 关联规则，即如上文挖掘的规则形式。如果规则描述的是量化的项或属性之间的关联，则它是量化关联规则，在这种规则中，项或属性的量化值划分为区间。例如下面的规则是量化关联规则的一个例子，其中，*X* 是代表顾客的变量。注意，量化属性 *age* 和 *income* 已离散化。

***age*(*X*，"30…39") ∧ *income*(*X*，"42K…48K")⇒*buys*(*X*，"high_resolution_TV")**

（2）多维关联规则 vs. 单维关联规则。如果关联规则中的项或属性，每个只涉及一个维度，则它是单维关联规则。例如：

***buys*(*X*，"面包")⇒*buys*(*X*，"果酱")**

上述规则是单维关联规则，因为它只涉及一个维度，即"购买(*buys*)"。如果规则涉及两个或多个维度，例如维度"购买(*buys*)"、维度"时间(*Time*)"和维度"客户(*Customer*)"，则它是多维关联规则。例如：

***age*(*X*，"30…39") ∧ *income*(*X*，"42K…48K")⇒*buys*(*X*，"high_resolution_TV")**

上述规则是一个多维关联规则，因为它涉及 3 个维度 *age*、*income* 和 *buys*。

（3）多层关联规则 vs. 单层关联规则。有些挖掘关联规则的方法可以在不同的抽象层次发现规则。例如，假定挖掘的关联规则集包含以下规则：

***age*(*X*，"30…39")⇒*buys*(*X*，"laptop computer")**

***age*(*X*，"30…39")⇒*buys*(*X*，"computer")**

上述两个规则中，购买的商品涉及不同的概念层次（即"*computer*"在比"*laptop computer*"高的概念层次），则称所挖掘的规则集由多层关联规则组成。反之，如果在给定的规则集中，规则不涉及不同概念层次的项或属性，则该集合包含单层关联规则。

13.3.5　还能挖掘什么内容

还能从哪些形式的数据中挖掘：炒股不看股盘看微博 除了可以对上述以"表"形式管理

的数据进行挖掘外，还可以对其他形式的数据进行挖掘，例如文本数据。下面以微博数据为例，并以其和超市数据库对比的形式，来观察如何对微博进行有用信息的挖掘。如表 13.11 所示，只要给出恰当的抽象，"微博"形式的数据也是可以用前述介绍的思想进行挖掘的。

表 13.11 文本形式的"微博"数据与关系/表形式的"超市数据"的规则挖掘示意

内容	"微博"挖掘	"超市数据"挖掘
数据基本组织形式	文本——非结构化数据	"表"——结构化数据
被挖掘数据 D 的集合	众多人、众多次：发表的微博	众多人、众多次：购买的商品
事务数据 T 的含义	一次发表的"微博"可以看作"若干词汇"的集合	一次购买的商品可以看作"若干商品"的集合
项的集合	"词汇"的集合	"商品"的集合
频繁项集	频繁使用的"词汇"集合	频繁购买的"商品"集合
规则"A⇒B"	使用了"词汇 A"也使用了"词汇 B"	购买了"商品 A"也购买了"商品 B"
规则挖掘的意义	通过分析，可发现"可以组合在一起的关键词汇"，进而进行主题词设置、读者兴趣引导，以提高某主题的关注度、粉丝的聚集度等	通过分析，可发现"可被组合在一起的商品"，进而进行位置、政策等的调整，以提高客户的购买兴趣等

随着数据挖掘技术的发展，数据可挖掘的形式和内容越发丰富，例如对微博及用户信息的挖掘、对生物数据的挖掘、对各类实验产生数据的挖掘、对通过物联网产生的健康信息和位置相关信息的挖掘等，可以对数据进行关联规则的挖掘分析、分类与聚类分析、新颖性或局外性分析等。数据的聚集与数据的挖掘，使得商务变得更加智能，也使得社会变得更加智能。有股票投资者依据这种思想，通过微博分析股票的涨跌信息，在其发现了股票要涨未涨之际，提前买入股票，在其发现了股票将跌未跌之际，提前卖出股票，在大众买卖行为之前进行动作获得收益，这就是"**炒股不看股盘看微博**"的缘由。

13.4 大数据

13.4.1 大数据的产生、特征与重要性

什么是大数据 目前普遍认为，大小超出典型数据库软件工具捕获、存储、管理和分

析能力的数据集就是大数据。典型示例如:(1) 社交数据:用户多、交互多,例如微信、QQ等;(2) 流媒体数据:本身信息量大、时间采样关联,例如音视频数据;(3) 物联数据:传感数据、时间采样关联、自动产生,例如工业物联网数据。

大数据的基本特征 (1) 数据量(volume),指系统所管理的数据规模的大小,数据集的大小从 TB(10^{12} B)或 PB(10^{15} B)到 EB(10^{18} B)。(2) 速度(velocity),指数据的创建、积累、接收和处理的速度,有时间约束,如实时数据和流数据。(3) 多样化(variety),即数据来源的类型急剧扩大,包括结构化、半结构化和非结构化数据。结构化数据具有形式化的数据模型,如前文介绍的关系模型;非结构化数据没有可识别的形式结构;某些形式的非结构化数据可能适合用标记语言来刻画,即半结构化数据。(4) 真实性(veracity),其有两个内在的特征:来源的可信度和数据对目标受众的适用性。进入所谓大数据应用的数据具有各种各样的可信度,许多数据源生成的数据是不确定、不完整和不准确的,在这种基本假设下如何应用大数据需要新思维。

大数据的重要性 In God we trust, everyone else must bring data.(除了上帝,任何人都必须用数据说话)美国管理学家、统计学家 Edwards Deming 的这句名言,已成为美国学术界、企业界的座右铭,他主张唯有数据才是科学的度量。用数据说话、用数据决策、用数据创新已成为社会的一种常态和共识。

大数据技术 面对大数据,需要解决的 4 个问题是:(1) 多样化的数据如何管理——以 NoSQL 为代表的半结构化数据管理;(2) 大数据如何存储——以分布式存储为代表的数据存储技术;(3) 大数据如何快速处理——以 MapReduce 为代表的编程范式;(4) 大数据如何应用——以基于不精确数据集全数据集为基础的大数据思维,例如不求因果只看关系等。

13.4.2　多样化的数据管理——NoSQL

有了关系数据库,为什么还需要 NoSQL 前面介绍的主要是结构化数据库,通常用于规范化企业内部数据的有效管理,是以表的形式管理数据,要求每一数据项不可再分割,要求每一列的数据具有相同数据类型,要求在操纵表之前要先定义表的结构,要求表的结构尽可能不变……似乎要求有些多。而随着互联网的发展,互联网上的数据绝大多数都不是这种结构化的数据,或者说不能形成标准化结构的数据,例如,数据项是需要再分割的,即数据项中含有数据项,表中含有表,例如"家庭地址"属性又可被细分为"省""市""区/县"3 个属性,同一对象的家庭住址可能有多个地址;每一列的数据不一定具有相同数据类型,例如有些是字符串型,有些是整型等;同一性质的表不一定具有相同的结构,例如同为"学生"表,有些定义为"学生(学号,姓名,年龄,家庭住址)",而有些定义为"学生(学号,姓名)",没有年龄、家庭住址等属性,而且随着使用,对学生表可能要增加新的属性,例如“学生(学号,姓名,班级)”“学生(学号,姓名,课程,成绩)”等,此时,设计标准化的结构数据库是很难的,类似这些就被称为半结构化数据或非结构化数据,如何进行管理呢?目前出现了一类统称为 NoSQL 的数据库。所谓的 NoSQL,有些解释为“不仅仅是 SQL 数据库的管理,还包括非 SQL 数据库的管理”,也有些解释为“非 SQL 数据库的管理”。SQL 语言是关系数据库系统语言,因此 SQL 代表着关系数据库。无论怎样解释,NoSQL 都要处理非 SQL 的数据库,即:NoSQL 通常是为处理互联网上的半结构化数据(例如网页数据、微博数据、微信数据、社交网络数据等)服务的,解决大数据的多样性、规模性和流动的快速性等问题。

NoSQL 进行数据管理的基本思想 对于 NoSQL 数据库,此处不作深入探讨,仅作了解性的介绍。首先从结构化数据如何转为 NoSQL 数据存储来理解 NoSQL 数据库便能抓住问题的本质,尽管 NoSQL 更多的是关注半结构化数据。图 13.8 左上角给出的是关系数据库“学生(学号,姓名,年龄,家庭住址)”,数据是按行存储的,找到一行再按照列的类型区分每一个列值。图 13.8 右侧给出一种 NoSQL 数据库的存储,即按照<属性名:属性值>这样的方式来存储,由于将所有的值都转换为字符串进行处理,因此不同结构的表可以统一存储在这样一个数据库中,这就是所谓的键值(key-value,K-V)数据库。再如图 13.8 左下角,将结构化表的每一行数据转换为一个文档,所谓的文档(document)就是用{}括起的由“属性名:属性值”形式构成的一个字符串,文档中还可嵌入另一个文档。这也是将所有类型的数据都转换成字符串形式存储,即所谓的文档数据库。在 NoSQL 中,系统会自动产生一个对象标识,用于关联同一对象的所有列、所有文档,图中构成了各种文档数据库。

关系数据库(按行存储数据,按列按类型区分)

学生

学号	姓名	年龄	家庭住址
“00001”	“张一”	18	“吉林省长春市南关区”
“00002”	“张二”	19	“黑龙江省哈尔滨市南岗区”
“00003”	“张三”	20	“辽宁省沈阳市铁西区”
“00004”	“张四”	19	“四川省成都市武侯区”
“00005”	“张五”	18	“贵州省贵阳市花溪区”

第一种NoSQL数据库(按“属性名:属性值”对存储数据,均为字符串数据)

学生

对象标识(自动产生)	属性名	属性值
“00000001”	“学号”	“00001”
“00000002”	“学号”	“00002”
“00000003”	“学号”	“00003”
“00000004”	“学号”	“00004”
“00000005”	“学号”	“00005”
“00000001”	“姓名”	“张一”
“00000002”	“姓名”	“张二”
“00000003”	“姓名”	“张三”
“00000005”	“姓名”	“张五”
“00000001”	“年龄”	“18”
“00000002”	“年龄”	“19”
“00000005”	“年龄”	“18”
“00000001”	“家庭住址”	“吉林省长春市南关区”
“00000004”	“家庭住址”	“四川省成都市武侯区”
“00000005”	“家庭住址”	“贵州省贵阳市花溪区”
“00000005”	“家庭住址”	“黑龙江省哈尔滨市道里区”

学生

对象标识(自动产生)	{“属性名”:“属性值”,“属性名”:“属性值”,…}
“00000001”	{“学号”:“00001”,“姓名”:“张一”,“年龄”:“18”,“地址”:“吉林省长春市南关区”}
“00000002”	{“学号”:“00002”,“姓名”:“张二”,“年龄”:“19”,“地址”:“黑龙江省哈尔滨市南岗区”}
“00000003”	{“学号”:“00003”,“姓名”:“张三”,“年龄”:“20”,“地址”:“辽宁省沈阳市铁西区”}
“00000004”	{“学号”:“00004”,“姓名”:“张四”,“年龄”:“19”,“地址”:“四川省成都市武侯区”}
“00000005”	{“学号”:“00005”,“姓名”:“张五”,“年龄”:“18”,“地址”:“贵州省贵阳市花溪区”}

第二种NoSQL数据库(按文档存储数据,一行为一个文档,文档中还可能嵌入文档)

学生

对象标识(自动产生)	{“属性名”:“属性值”,“属性名”:“属性值”,…}
“00000001”	{“学号”:“00001”,“姓名”:“张一”,“年龄”:“18”,“地址”:{“省”:“吉林省”,“市”:“长春市”,“区”:“南关区”}}
“00000002”	{“学号”:“00002”,“姓名”:“张二”,“年龄”:“19”,“地址”:{“省”:“黑龙江省”,“市”:“哈尔滨市”,“区”:“南岗区”}}
“00000003”	{“学号”:“00003”,“姓名”:“张三”,“年龄”:“20”,“地址”:{“省”:“辽宁省”,“市”:“沈阳市”,“区”:“铁西区”}}
“00000004”	{“学号”:“00004”,“姓名”:“张四”,“年龄”:“19”,“地址”:{“省”:“四川省”,“市”:“成都市”,“区”:“武侯区”}}
“00000005”	{“学号”:“00005”,“姓名”:“张五”,“年龄”:“18”,“地址”:{“省”:“贵州省”,“市”:“贵阳市”,“区”:“花溪区”}}

与关系数据库相比,最大的优点是:
(1) 可扩展性——可随时增加新属性列和减少属性列,而无须改变以前存储的数据;
(2) 无须事先定义模式,可直接操纵数据;
(3) 并行/分布处理——可适应大规模并行/分布计算。

图 13.8 关系数据库与几种 NoSQL 数据库存储数据的不同方式的对比

与关系数据库对比，更容易理解 NoSQL 不同的数据组织方式，其管理数据的能力是不同的，其灵活性也是不同的。相比于关系数据库，NoSQL 数据库有其灵活性，能够适应前面介绍的互联网中的各种半结构化数据的存储和管理。这些 NoSQL 数据库，尽管其存储方式和处理方式是不同的，但有些概念还是与关系数据库相一致。例如一个文档可能对应关系数据库的一行/一个元组，具有相似结构的若干文档的聚集（collection）则对应一个表/关系，而所有聚集的集合对应的就是所有表的集合即数据库。关系数据库有创建数据库、创建数据表、处理一个元组，则 NoSQL 数据库就有创建数据库、创建聚集、处理一个文档。因此理解了关系数据库的概念，对于更好地理解 NoSQL 是有帮助的。类似于文档这种形式的 NoSQL 数据库，可能其最大的问题是无法利用 SQL 语言，需要用户编写处理类似于这种集合操作的查询处理程序。由于结构上的灵活性，其对数据的统计和运用也带来了挑战。

有哪些类型的 NoSQL 数据库 目前出现的 NoSQL 数据库主要有 4 种类型。(1) 文档数据库（document-based NoSQL DB）。其典型特征为以文档的形式存储和处理数据，文档的逻辑结构如图 13.8 所示，其物理结构为以 JSON/BSON 表示的对象。JSON（JavaScript 对象表示法）、BSON（Binary JSON）是 JSON 的二进制表示形式，二者都是以字符串形式存储文档的一种标准，主要通过对象标识（文档 ID）访问文档，但也可以建立其他索引快速访问，典型的文档数据库产品有 MongoDB、CouchDB 等。(2) 键值数据库（key-value based NoSQL DB）。其典型特征为以（key，value）对的形式存储数据，通过 key 快速访问与键相关联的值 value，该值可以是记录、对象或文档，甚至具有更复杂的数据结构，典型的键值数据库产品有 Amazon DynamoDB、Facebook Cassandra 和开源 Voldemort（伏地魔）。(3) 列数据库（column-based NoSQL DB）。其典型特征为将一个表按列划分为列族，按列族分别存储，每个列族都存储在自己的文件中，并允许数据值的版本控制，其主要目的是便于数据库的分布式存储与处理。典型的列数据库产品有 Google BigTable 与 Apache Hbase（开源）。(4) 图数据库（graph-based NoSQL DB）。其主要特征为数据用“图”表示，图由节点和边构成，使用路径表达式遍历“边”，可以找到相关“节点”。典型的图数据库产品有 Neo4J 和 GraphBase。(5) 其他类型的 NoSQL DB，如混合类型数据库系统，是指具有前述 4 个类别中的两个或多个特性的系统，典型产品有 OrientDB 等。

13.4.3　大数据存储——分布式存储

分布式的概念 大数据存储通常采用分布式存储，本书简要介绍其思想，对细节不作深入讨论。为了理解分布式存储，首先要理解以下概念。(1) 分布式系统是指由许多节点计算机（又称为站点 site），通过计算机网络相互连接所组成的可以协同执行某些任务的系统。(2) 分布式数据库是指逻辑上是一个整体，而物理上是分散存储在多个节点上的数据集合。

分布式存储要解决的问题 图 13.9 是以关系数据库为例所示意的分布式存储及其要解决的问题。图 13.9 左图是一个关系数据库，这些数据在逻辑上是一个整体。如何进行分布式存储呢？首先，大数据集要划分形成若干分片（fragment）即子数据集，可按行划分，也可按列划分，也可按行列混合划分。图 13.9 中图所示为按行划分，大数据集被划分成了 3 个分片①②③。而**列数据库**则是一种按列划分的分布式存储示例，读者可参阅相关文献学习。其次，将分片分配到不同的站点进行存储，可以设计一种模式自动确定分片及其所存储的站点，如图 13.9 右图，3 个分片被分配在 3 个节点上存储。随后，为充分发挥分布式系统的优势，每一个分片可以在多个站点上各保留一份副本，这些副本被称为复制（replica）。这样当一个站点出现故障时，其他站点可以继续提供对该数据集的访问，进而提高了系统的可靠性和可用性。分片、复制、分配是分布式系统存储的基本步骤，这里要解决的基本问题如下：（1）一个逻辑数据集如何划分成分片和复制进行存储，以及从分布式站点上多个分片和复制还原回逻辑数据集；（2）分片和复制如何被分配到不同的站点上存储；（3）由于一个分片可能在多个站点上有复制，因此，当更新时需要保证有复制的所有站点都被更新才能保证数据的一致性；（4）当一个站点发生故障时，如何利用其他站点上的复制对其进行恢复。此外，因为分布式多复制存储还可能引发许多新的问题，这给分布式数据库带来了挑战，读者若想深入了解相关技术，可参阅有关分布式系统的书籍自学。

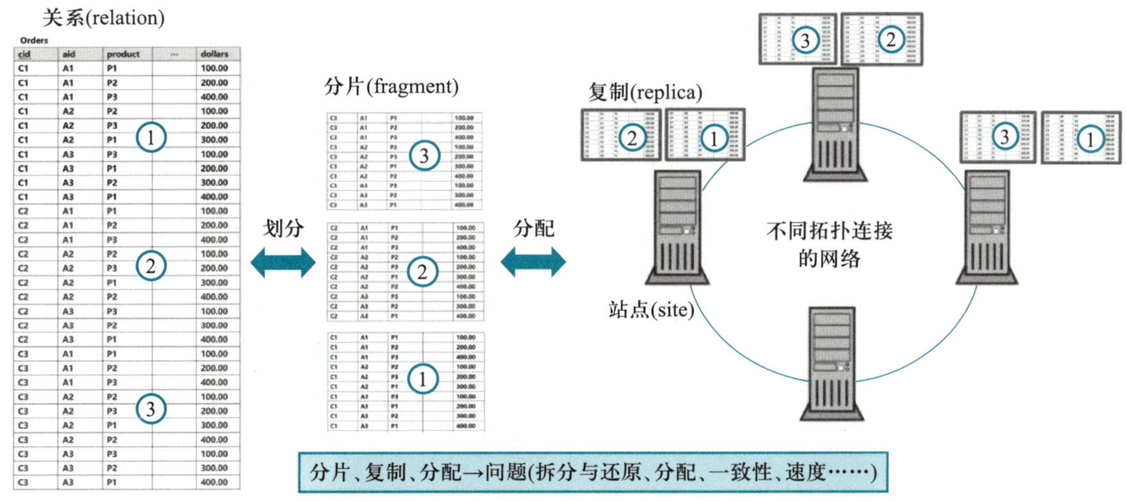

图 13.9　分布式存储相关的概念

13.4.4　大数据处理——MapReduce 编程范式

大数据处理需要采用并行分布处理模式，MapReduce 编程范式就是一种典型的并行分布计算模式。MapReduce 编程范式和运行环境由 Jeffrey Dean 和 Sanjay Ghemawat 依据其在 Google 的工作首次作出描述，而类似的编程思想早在 20 世纪 50 年代末由 John McCarthy 设计的 LISP 语言中就已经存在。用户以 Map 和 Reduce 两部分任务的风格编写程序，这些任务自动并行化并在大型商用硬件集群上执行，只要用户遵守 MapReduce 约定，就可以专注于业务逻辑编程方面，而无须考虑分布式工程相关的复杂问题。分布式工程相关的复杂问题，包括并行、容错、数据分发、负载均衡和任务通信管理等，则由 MapReduce 平台自动处理。下面以一个经典示例介绍 MapReduce 编程范式的核心思想。

【示例 13.9】假设有一批文档（大数据集），需要统计出这批文档中每个单词出现的频次。

该示例的具体处理过程表述如下。(1) 这一大数据集可能事先被划分成多个子集并分布存储于多个站点上，这一步工作被称为 Splitting，也可能是在任务处理时先划分大数据集并分布存储于多个站点以便并行处理，如图 13.10 所示，3 个文档分别存储于一个站点。(2) 接着，对每个站点上的数据子集进行独立处理，此工作由一个被称为 Map 的程序完成，该 Map 程序需要用户编写，以明确对每个数据子集的具体处理规则。例如本示例中 Map 程序的功能为统计本站点上所有文档中不同单词出现的频次，可能分两步来完成：首先区分每个单词，只要其出现，则记录<单词,1>表征该单词出现 1 次；然后汇总计算出该站点上每个单词出现的频次总数。当用户编写了 Map 程序后，MapReduce 平台会自动在每一个 Splitting 站点上分别执行该 Map 程序。如图 13.10 所示，MSite1、MSite2 和 MSite3 分别执行 Map 程序，各自完成自己站点的文档中的单词频次统计。(3) 当 Map 程序执行完成后，MapReduce 平台会自动完成一项工作 Shuffling，即将每一个 Map 站点产生的结果传送到每一个 Reduce 站点。Shuffling 在传递 Map 结果时可能按照某种机制，将 Map 的不同结果传递给不同的节点。(4) 每个 Reduce 站点要执行一个称为 Reduce 的程序，以对不同 Map 站点输出的结果进行归并。该程序需要去除不同 Map 结果汇总后的冗余，同时要对不同 Map 结果进行汇总。该 Reduce 程序也需要用户编写，以明确对每个 Reduce 站点的具体归并规则。例如本示例中 Reduce 程序的功能为按字典序处理不同单词的归并，如 RSite1 归并单词 example，RSite2 归并单词 find、first，RSite3 归并单词 the、third、second，RSite4 归并单词 word。进一步进行汇总工作，形成每个单词的频次总数。当用户编写了 Reduce 程序后，MapReduce 平台会自动在每一个 Reduce 站点上分别执行该 Reduce 程序。(5) MapReduce 系统平台最后会将每一个 Reduce 程序的输出传递给最终结果处理站点，最终结果处理站点将不同 Reduce 节点处理的单词的频次，汇总形成完整的单词频次的汇总并输出。

如上所示，用户只需编写针对一个站点的 Map 程序和 Reduce 程序，MapReduce 平台就会将 Map 程序自动分发到每一个 Map 站点上执行，将 Reduce 程序自动分发到每一个 Reduce 站点上执行。同时，将每一个 Map 站点的输出传送到每一个 Reduce 站点。这是

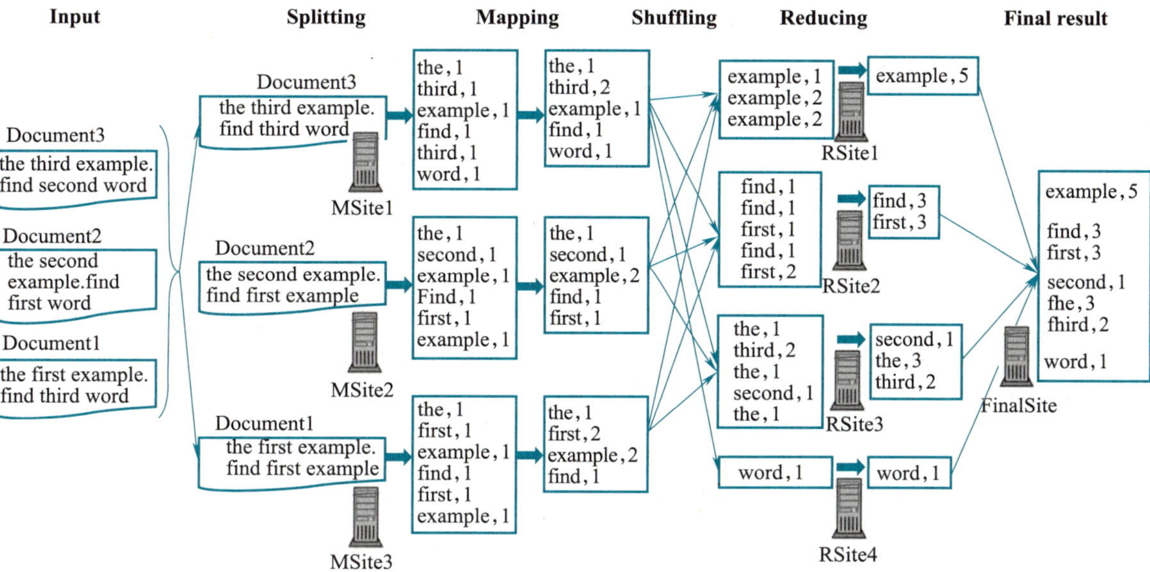

图 13.10 以词频统计为例示意的 MapReduce 编程思想

MapReduce 以并行分布的方式处理大数据集的基本编程范式，这里仅以示例形式介绍其思维，具体编程细节读者可参阅相关文献自主探究。

13.4.5 大数据思维——全集与不精确，不求因果只看关系

大规模数据的聚集也在改变着人们的思维习惯，一些看起来不可能实现的思维在大规模数据面前却成为可能。例如，在不知道各个航空公司内部价格政策的情况下，Oren Etzioni 如何使其航空机票价格预测准确呢？Viktor Mayer-Schönberger 在《大数据时代》一书中介绍了这一案例。

大家乘坐飞机时都希望买到更便宜的机票，可能都相信“购买机票，越早预订越便宜”，果其然否？2003 年 Farecast 公司创始人奥伦·埃齐奥尼(Oren Etzioni)提前几个月在网上订了一张机票，在飞机上与邻座若干乘客交谈时，他发现尽管很多人机票比他买得更晚，但票价却比他的便宜得多。出了什么问题？是航空公司或者网站有意“欺诈”，还是常识“购买机票，越早预订越便宜”出现了问题？

受此影响，埃齐奥尼思考，能否开发一个系统帮助人们判断机票价格是否合理呢？又怎样判断机票价格是否合理呢？他认为，机票是否降价、什么时候降价、什么原因降价，只有航空公司自己清楚，而他不可能也不需要去解开机票价格差异的奥秘。他要做的是仅仅依赖数据“特定航线机票的销售价格数据”来预测当前的机票价格在未来一段时间内会上涨还是下降，如果一张机票的平均价格呈下降趋势，系统就会帮助用户作出稍后再购票的明智选择。反过来，如果一张机票的平均价格呈上涨趋势，系统就会提醒用户立刻购买该机票。

埃齐奥尼开发了票价预测工具 Farecast，它建立在从一个旅游网站上搜集到的 41 天内价格波动产生的 12 000 个价格样本基础之上，分析所有特定航线机票的销售价格并确定票价与提前购买天数的关系。它并不能说明原因，只能推测会发生什么。也就是说，它不知道是哪些因素导致了机票价格的波动，机票降价是因为很多没卖掉的座位、季节性原因，还是所谓的周六晚上不出门，它都不知道，只知道利用其他航班的数据来预测未来机票价格的走势以及增降幅度，能帮助消费者抓住最佳购买时机。

为了提高预测的准确性，埃齐奥尼又找到了一个行业机票预订数据库。有了这个数据库，系统进行预测时，预测的结果就可以基于美国商业航空产业中，每一条航线上每一架飞机内的每一个座位一年内的综合票价记录而得出。如今，Farecast 已经拥有惊人的约 2 000 亿条飞行数据记录。利用这种方法，Farecast 为消费者节省了一大笔钱。到 2012 年为止，Farecast 系统用了将近 10 万亿条价格记录来帮助预测美国国内航班的票价。Farecast 票价预测的准确度已经高达 75%，使用 Farecast 票价预测工具购买机票的旅客，平均每张机票可节省 50 美元。这项技术也可以延伸到其他领域，如宾馆预订、二手车购买等。只要这些领域内的产品差异不大，同时存在大幅度的价格差和大量可运用的数据，就都可以应用这项技术。

上述案例说明，不可以过分相信“常识”和“经验”，而要用数据作出“精准”的分析和预测，通过“数据”获取效益。Viktor 在其书中前瞻性地指出，大数据带来的信息风暴正在变革人们的生活、工作和思维，大数据开启了一次重大的时代转型。大数据时代最大的转变如下。

（1）人们可以分析更多的数据，有时甚至可以处理和某个特别现象相关的所有数据，而非依赖于随机采样。更高的精确性可使人们发现更多的细节。

（2）研究数据如此之多，以至于人们不再热衷于追求精确度。适当忽略微观层面的精确度，将带来更好的洞察力和更大的商业利益。

（3）不再热衷于寻找因果关系，而只关注事物之间的相关关系。例如，不去探究机票价格变动的原因，但是关注买机票的最佳时机，也就是说只要知道“是什么”，而不需要知道“为什么”，这就颠覆了千百年来人类的思维惯例，对人类的认知和与世界交流的方式提出了全新的挑战。

简单归纳：有了大数据，一是可作全数据集分析，二是建立在围观不精确数据基础上的分析和决策，三是“放弃对因果关系的渴求，取而代之仅关注相关关系”。

大数据促进了人工智能技术和应用的快速发展，2017 年，国家发布了《新一代人工智能发展规划》，提出基于大数据的人工智能作为经济发展的新引擎，大力发展便捷高效的智能服务，推进社会治理的智能服务。仔细思考基于大数据的人工智能的例子——AlphaGo。AlphaGo 战胜人类棋手依靠什么？依靠的是数据、计算资源和算法。机器用了两个多星期的时间，学习 7 000 万局棋局，这 7 000 万局棋局就是历史上大师们下过的所有棋局。（机器）自己和自己博弈，和李世石博弈前也经历了千万局的棋局，也就是说比所有的棋手多下了几千万局棋，最后的结果是 4 : 1 战胜了李世石。最好的棋手一生中所下的棋局是百万级，而 AlphaGo 下过的棋局是几十亿级的，这两项数据非常不对称，人类输掉比赛是完全有可能的。

13.4.6 大数据与社会

大数据已对社会各个领域产生了积极的影响。例如，基于大数据可以分析事物之间的关联关系，并对事物发展趋势进行预测。再如，基于大数据分析，可以向用户精准推荐各种服务，改进服务系统的用户体验。最典型的是，大数据促进了基于大数据的人工智能技术的发展，使人工智能技术上升到一个新的高度，如无人驾驶汽车分析高精度地图数据和海量激光雷达、摄像头等传感器的实时感知数据，对车辆不同驾驶行为的后果进行预判，并据此指导车辆的自动驾驶，更多的例子如机器翻译、智能机器人、智能健康服务等，通过大数据获得了更好的智能化效果。2020 年以来的疫情防控，更是借助于大数据实现了精准防控、动态清零。

大数据作为战略资源的地位已被越来越多的企业所认识。许多企业，尤其是互联网企业，通过各种手段收集大数据。这也引发了一系列矛盾，例如隐私、安全与共享利用之间的矛盾：一方面，数据需要共享与开放；另一方面，数据的无序流通与共享，又可能导致隐私保护和数据安全方面的重大风险。如何解决这一矛盾，许多国家作出了探索，例如 2018 年欧盟出台了数据安全管理法规《通用数据保护条例》（*General Data Protection Regulation*，*GDPR*），随后，Facebook 和 Google 等互联网企业即被指控强迫用户同意共享个人数据而面临巨额罚款。2019 年，中央网信办发布了《数据安全管理办法（征求意见稿）》，向社会公开征求意见，明确了个人信息和重要数据的收集、处理、使用和安全监督管理的相关标准和规范。虽然类似的数据安全法、个人信息保护法是必要的，但从另一方面人们也应看到，这些法律法规也在客观上不可避免地增加了数据流通的成本，降低了数据综合利用的效率。

如何兼顾发展和安全，这就引出了“大数据治理”的问题，大数据不仅仅是技术问题，同时也是管理问题。例如“数据”是否是一种资产？数据如何确权和流通？如何管控数据既要消除数据壁垒，又要避免安全与隐私风险？国家层面应推出什么样的政策，既要促进企业机构收集合理数据并发掘运用，同时又能避免企业机构使用数据对个人和社会产生负面影响，既要促进大数据跨界流动，还要保护管理和收集大数据的个体组织之间的合理利益？如何有机结合技术与管理、标准与法规，建立良好的大数据共享与开放环境？这些问题都有待于深入研究和探索。

13.5　国产数据库软件产品

数据库系统作为承载数据存储和计算功能的专用软件，经过半个多世纪的发展演进，已成为最主流的数据处理工具。我国数据库产品呈现以关系数据库为主、非关系数据库及混合数据库为辅的局面。关系数据库产品大多基于 MySQL 和 PostgreSQL 等开源数据库二次开发而来，包括华为 openGauss、阿里巴巴 OceanBase、腾讯 TDSQL 等；而非关系数据库有阿里云 TSDB、欧若数网 NebulaGraph 和华为云 GraphBase 等产品。数据量的爆炸式增长和日益变革的新兴业务需求推动着数据库技术的不断演进，总结起来体现为 3 个方向：(1) 多类型数据统一管理，利用统一框架支撑混合负载处理，运用人工智能实现管理自治，提升易用性，降低使用成本；(2) 充分利用新兴硬件，与云基础设施深度结合，增强功能，提升性能；(3) 利用隐私计算技术提升数据可信与安全。

13.5.1　openGauss 数据库

openGauss 数据库简介 openGauss 是一款由华为研发的开源关系数据库。openGauss 支持一主多备。业务数据存储在单个物理节点上，数据访问任务被推送到服务节点执行，通过服务器的高并发，实现对数据处理的快速响应；同时通过日志复制可以把数据复制到备机，提供数据的高可靠和读扩展。openGauss 主要面向大并发、大数据量、以联机事务处理为主的交易型应用，例如电商、金融、电信计费等，可按需选择不同的主备部署模式。近年来，openGauss 也被应用于工业监控和远程控制、智慧城市、智能家居、车联网等物联网场景，用于满足上述场景下传感监控设备多、采样率高、数据存储为追加模型、操作和分析并重等特性需求。

openGauss 数据库的基本功能 作为关系数据库，openGauss 支持标准 SQL 语言，支持标准开发接口与事务管理。openGauss 的逻辑架构如图 13.11 所示，包括以下部分：(1) 运维管理模块(OM)，提供数据库日常运维、配置管理的管理接口、工具；(2) 数据库管理模块(CM)，管理和监控数据库系统中各个功能单元和物理资源的运行情况，确保整个系统的稳定运行；(3) 客户端驱动，负责接收来自应用的访问请求，并向应用返回执行结果；(4) openGauss 主/备，负责存储业务数据、执行数据查询任务以及向客户端返回执行结果；(5) 服务器的本地存储资源，持久化存储数据。

openGauss 数据库的特色功能 openGauss 相较于其他数据库管理系统软件产品，主要具有以下特色功能。

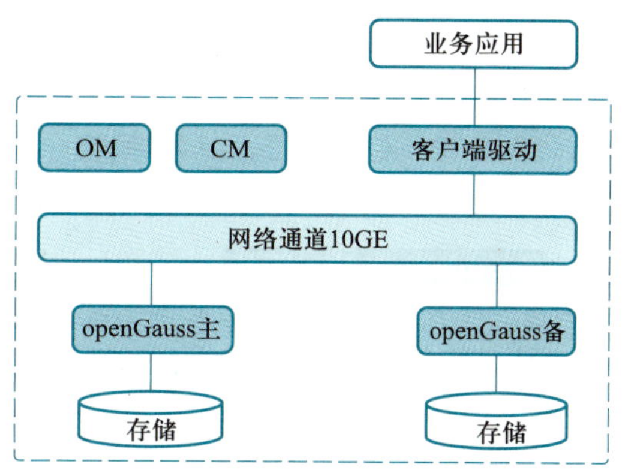

图 13.11 openGauss 逻辑架构图

支持混合存储。openGauss 支持行存储和列存储两种存储模型，用户可以根据应用场景，在建表时选择行存储或列存储表。一般情况下，联机事务处理（online transaction processing，OLTP）类业务场景，即范围统计类查询和批量导入操作频繁，更新、删除、点查和点插操作不频繁，表的字段较多，查询中涉及的列不是很多的情况下适合列存储；联机分析处理（online analytical processing，OLAP）类业务场景，即更新、删除、点查、点插频繁，范围统计类查询和批量导入操作不频繁，表的字段较少，查询大部分字段的情况下适合行存储。例如气象数据管理场景，单表有 200～800 个列，查询经常访问 10 个列，在类似这样的场景下，采用列存储技术可以极大地提升性能和减少存储空间。行列混合存储引擎可以同时为用户提供更优的数据压缩比（列存储）、更好的索引性能（列存储）、更好的点更新和点查询性能（行存储）。

高可靠事务处理。openGauss 提供事务管理功能，保证事务的 ACID 特性（指在数据库管理系统中，事务的原子性、一致性、隔离性、持久性）。为了在主节点出现故障时尽可能地不中断服务，openGauss 提供了主备双机高可靠机制。通过保护关键用户程序对外不间断提供服务，将因为硬件、软件和人为造成的故障对业务的影响程度降到最低，以保证业务的持续性。

高并发。openGauss 通过服务器端的线程池机制和全局系统缓存，可以支持高并发连接。在高并发场景中，一个节点可能存在上万个会话，这些会话占用了大量的内存，限制了数据库的高并发扩展能力。全局系统缓存，即全局可见的系统表数据组成的进程级缓存，可降低系统缓存占用内存大小。openGauss 进行数据查询时，会频繁使用系统表数据，全局系统缓存增加了查询路径，提高了查询性能。

具备机器学习能力。在数据库场景中，不同类型的作业任务对于数据库的最优参数数值组合存在偏差，人工调参的学习成本高且不具有实时性和广泛可用性，而通过机器学习方法自动调整数据库参数，有助于提高调参效率，降低正确调参成本。openGauss 根据收集的历史性能数据，利用机器学习算法对 SQL 语句进行语义结构的解析，对历史执行过的查询或相似查询进行时间预测，可用于查询性能调优、业务负载分析、慢 SQL 语句的提前识别。

13.5.2 OceanBase 数据库

OceanBase 数据库简介 OceanBase 是阿里巴巴和蚂蚁金服研发的分布式关系数据库。OceanBase 融合传统关系数据库和分布式系统的优势，支持异地容灾和面向 SSD 固态盘的高效存储。OceanBase 将数据分为基线数据和增量数据，其中增量数据放在内存，基线数据放在 SSD 盘，因此比传统数据库更适合“双十一”、秒杀以及优惠券销售等短时间突发大流量的场景——短时间内大量用户涌入，短时间内业务流量较大，数据库系统压力较大，或一段时间（几秒、几分钟或半个小时等）后业务流量迅速或明显回落。

OceanBase 数据库的基本功能 OceanBase 定位为云数据库，在数据库内部实现了多租户隔离，即一个集群可以服务多个租户，并且租户之间完全隔离，不会相互影响。同时，OceanBase 目前完全兼容 MySQL，用户可以零成本从 MySQL 迁移到 OceanBase。OceanBase 本质上是一个基线加增量的存储引擎，存储机制是 LSM 树（log-structured merge tree，日志结构合并树），这也是大多数 NoSQL 使用的存储机制，可以有效地支持区间查询，支持较高的写入吞吐量。

OceanBase 数据库的特色 OceanBase 数据库构建在通用服务器集群上，基于 Paxos 协议和分布式架构，不依赖特定硬件架构，具备高扩展性、低成本、高性能、高可用性等技术特点。

高扩展性。基于分布式技术和无共享架构，来自业务的访问会自动分散到多台数据库主机上。在相关技术的支持下，OceanBase 还能够采用廉价的 PC 服务器作为其数据库主机。通过这两个方面的变革，运维人员可以通过增加服务器数量来增加系统的容量和性能。

低成本。传统商业采用的“IOE”体系（指 IBM 的小型机、Oracle 数据库、EMC 存储设备），实际上代表了一种高成本、高维护费、非高并发的商用数据库系统。而 OceanBase 采用数据切分的策略，将部分海量数据应用从集中式 Oracle 切换到分布式集群，从纵向扩展到水平扩展，解决了数据库扩展性的问题，并用 PC 服务器替换了小型机。

高性能。OceanBase 架构的优势在于支持准内存级的数据变更操作。OceanBase 诞生之际就面临一个与众不同的挑战：互联网企业的并发访问量较大。和很多行业一样，虽然数据总量十分庞大，但是淘宝业务一段时间（例如数小时或数天）内数据的增、删、改是有限的（通常一天不超过几千万次到几亿次），根据这一特点，OceanBase 将一段时间内的增、删、改等修改操作以增量形式记录，并保存在独立的服务器内存中。一方面，以内存保存增、删、改记录极大地提高了系统写事务的性能；另一方面，这使得基准数据在一段时间内保持了相对稳定。

高可用性。OceanBase 作为一个支持 ACID 事务的分布式数据库，通过多副本保证高可用性。同时,OceanBase 为了防止各种因素导致的数据损毁,采取了 4 种数据校验措施——数据存储校验、数据传输校验、数据镜像校验、数据副本校验。

本章小结

本章主要介绍了数据化和大数据思维,包括数据聚集手段——数据库、结构化数据管理基本模型——关系模型、结构化查询语言——SQL 语言、挖掘数据价值的途径——数据挖掘方法,以及大数据的结构、存储、处理方法等,并以此为基础,向读者阐明了“抽象、理论和设计”等学科的基本研究方法。

数据库是相互存在关联关系的数据的集合。关系数据库的基础是关系模型和 SQL 语言,通过关系数据库可以组织结构化的数据。从具体的表中抽象出其共性得到抽象的“表”,并建立关系模型刻画抽象表的元素,最终通过 SQL 语言实现,这就是“由抽象到理论再到设计”的基本思维。

数据挖掘是从数据中挖掘出有价值的信息的方法。通过关联规则挖掘等方法,可以发现隐藏在数据中具有价值的潜在关联信息,从而更好地利用已有数据。如何管理、存储、处理、应用大数据形成了大数据思维的不同方面。大数据无法简单地使用传统结构化数据库进行管理,因此出现了 NoSQL 等半结构化数据管理技术。由于存储空间有限,大数据的存储一般采用分布式方法,并使用 MapReduce 等分布式编程范式对其进行处理。对于大数据的应用,重在形成基于数据的分析和决策思维,如“不求因果,只看关系”等。

需要指出的是,数据化和大数据思维已经成为当今社会的主流,对社会产生了重要而深远的影响。树立全面、立体的数据化和大数据思维,可以更好地管控数据风险,推动数据服务持续健康发展。

视频学习资源目录 13(标 * 者为延伸学习视频)

1. 视频 13-1　数据管理与数据库
2. 视频 13-2　大数据价值发现
3. 视频 13-3　数据库与关系
4. 视频 13-4　关系运算及其应用

本章视频学习资源

*5. 视频 13-5　利用 SQL 语言表达查询需求

*6. 视频 13-6　怎样进行数据抽象与怎样表达抽象结果

*7. 视频 13-7　怎样进行设计与怎样研究理论

8. 视频 13-8　数据库发展史

9. 视频 13-A　openGauss 逻辑结构

10. 视频 13-B　openGauss 数据类型

思考题 13

1. 什么是数据库？为什么说数据库是信息系统的基础？数据库系统由哪几部分组成？数据库和数据库管理系统是否是同一概念？数据库管理系统的作用是什么？

2. 阐释关系/表、属性/字段、元组/记录、码/键、外码/外键的概念。

3. 关系模型的基本数据结构是什么？关系的基本操作有哪些？关系有哪些特性或约束？选择操作和投影操作有何区别？两个关系的笛卡儿积操作与两个域的笛卡儿积操作有何区别？关系的并操作、差操作和交操作有何区别？

4. 操作数据库可以划分为哪两个阶段？在每一阶段，SQL 是怎样操作的？

5. 有如下关系数据库：S(S#,Sname,Sage,Sclass),C(C#,Cname,Chours,Credit,Cteacher),SC(S#,C#,Score)。其中 S 为学生关系，属性分别为学号、姓名、年龄、班级；C 为课程关系，属性分别为课程号、课程名、学时、学分、任课教师；SC 为学生选课关系，属性分别为学号、课程号和成绩。请针对以上关系，按下列查询要求书写 SQL 语句。

(1) 既学过“数据库”又学过“人工智能”课程的所有学生的学号；

(2) 学过“数据库”或学过“人工智能”课程的所有学生的学号；

(3) 统计每个学生的平均分数；

(4) 统计每门课程的平均分数；

(5) 按照教师所开课程统计学生平均分数；

(6) 按照教师所开课程统计选修课程的学生人数；

(7) 列出有 4 门课程成绩不及格的学生姓名及学号；

(8) 列出各门课程平均成绩在 90 分以上的学生姓名及学号；

(9) 列出学过李明老师讲授课程的所有学生的学号及姓名；

(10) 列出未学过李明老师讲授任何一门课程的所有学生的学号及姓名。

6. 你知道哪些运用大数据的故事吗？请查阅并思考，在这些故事中蕴含了怎样的思维。

第 14 章

由线性回归到深度学习——浅析人工智能思维

本章要点：　通过示例理解人工智能的基本思维——机器学习和深度学习，即从数据中学习模型参数来确定模型用于预测，继而以声、图、文识别为例介绍人工智能的基本技术，最后通过讨论人工智能的发展与伦理问题浅析人工智能与社会的关系。

本章导图：

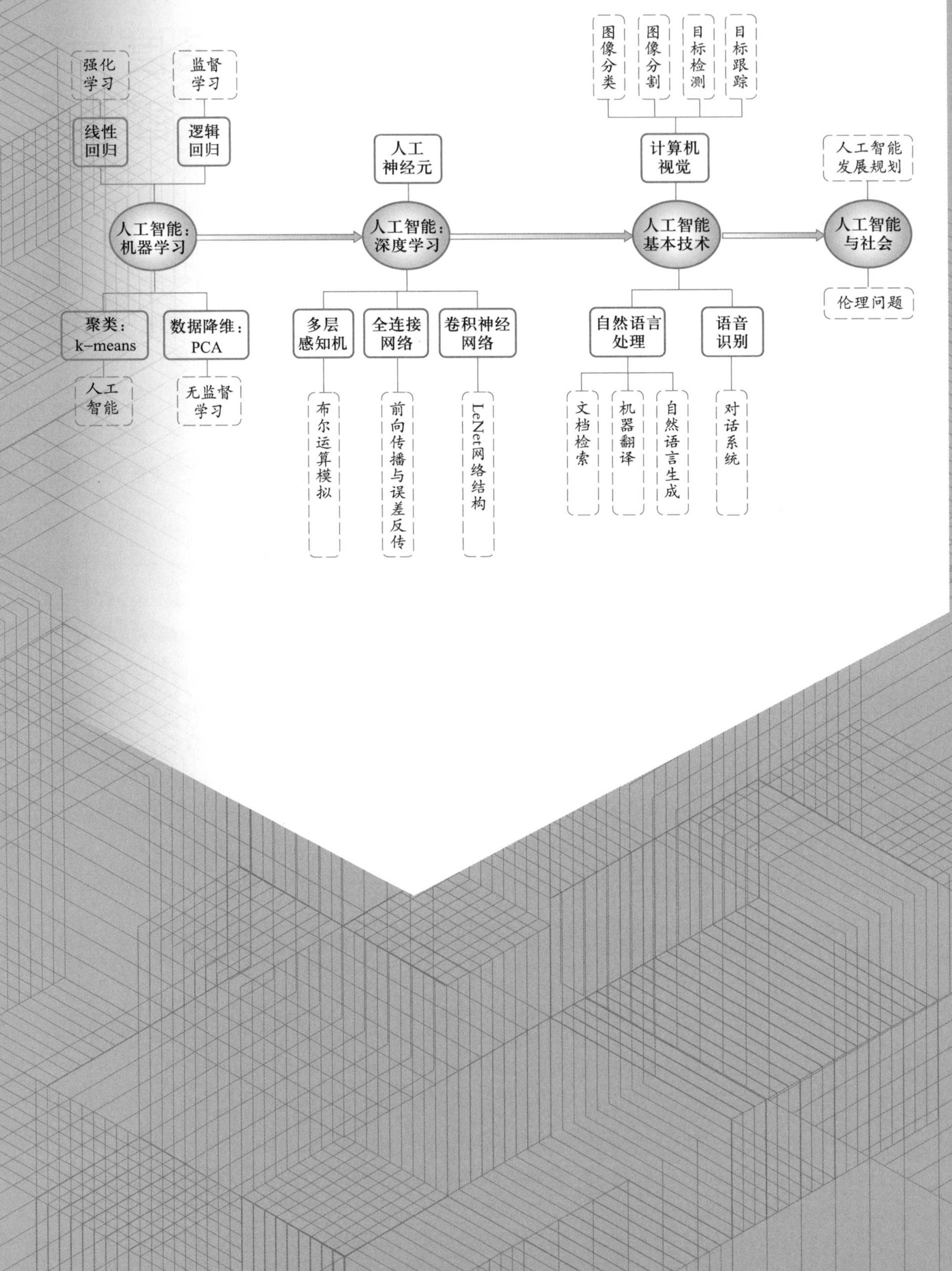

人工智能：机器学习
强化学习
监督学习
线性回归
逻辑回归
聚类：k−means
数据降维：PCA
人工智能
无监督学习
人工智能：深度学习
人工神经元
多层感知机
全连接网络
卷积神经网络
布尔运算模拟
前向传播与误差反传
LeNet网络结构
人工智能基本技术
计算机视觉
图像分类
图像分割
目标检测
目标跟踪
自然语言处理
语音识别
文档检索
机器翻译
自然语言生成
对话系统
人工智能与社会
人工智能发展规划
伦理问题

14.1 机器学习与人工智能

随着机器学习尤其是深度学习的快速发展,人工智能成为目前最热门的科学研究方向,有着广泛的实际应用场景。鉴于人工智能技术种类繁多,本节重点讨论机器学习,从最简单的线性回归和逻辑回归开始,逐步讲解机器学习的基本原理和学习思维,为下一节的深度学习作铺垫。

14.1.1 线性回归与逻辑回归

【问题 14.1】假设收集了某一地区若干间房屋的信息,例如,房屋面积 x 和其市场价值 y,如图 14.1 所示。通常,在同一区域,房屋面积越大其市场价值越高,即市场价值 y 与房屋面积 x 正相关。基于该假设,对于一间新上市的房屋,如何根据其面积大小预测其市场价值?

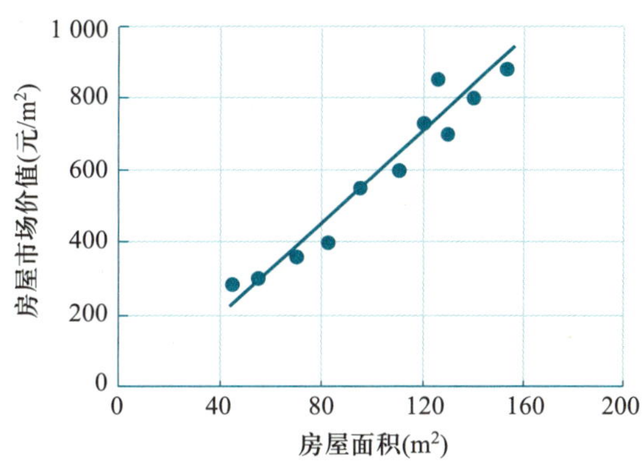

图 14.1 线性回归示意图:房屋面积和其市场价值数据(圆点所示)与假设的线性关系(直线所示)

生活经验与机器学习 读者根据自己的生活经验,即日常生活中了解到的该区域不同大小的房屋面积对应的市场价值,能大致估算二者之间的比例关系,或简单地从已知数据中寻找类似房屋,从而预估出该房屋的市场价值。同样地,机器学习从收集的数据中也可以归纳总结出类似的经验进行预测。不同之处在于,机器学习首先选定某个含未知参数的数学物理模型,从已有数据中学习优化模型的参数,其经验体现在学习完成后确定好参数的模型,用于未来预测。

线性回归 针对上述房价预测问题,首先需要建立表示房屋市场价值与房屋面积之间关系的数学模型。在实际应用中,房屋市场价值与房屋面积关系复杂;但为简化问题,可假设二者之间存在如图 14.1 所示的简单线性关系，即 $y=f(x)=wx+b$，其中，w 和 b 是线性模型 f 需确定的未知参数。为求解模型参数，可设置模型需要达到的目标为：对所有数据，当模型输入房屋面积 x_i，其输出的预测结果 $f(x_i)$ 与真实房屋市场价值 y_i 越接近越好。为量化所谓的“越接近越好”，即模型预测值与真实值之间的差异程度，需要设置模型的损失函数(loss function)，例如最小化均方误差(mean square error，MSE)，即最小化平均平方误差，如公式(14.1)所示：

$$(w^*,b^*)=\operatorname{argmin}_{(w,b)}\sum_{i=1}^{n}(y_i-f(x_i))^2=\operatorname{argmin}_{(w,b)}\sum_{i=1}^{n}(y_i-wx_i-b)^2 \quad (14.1)$$

以此对房价预测问题用最简单的线性回归模型进行建模，通过拟合 n 个数据来学习求解出该模型的未知参数 w 和 b，在这些数据上最小化式(14.1)中的损失函数 MSE，以确定最优的模型参数，即拟合数据的最佳参数值，记为 w^* 和 b^*。通过求解优化问题来确定未知参数最优值的过程即参数估计。常用的参数估计方法包括直接求解和迭代优化两种方式。

(1) **直接求解**：通过数学推导直接得到优化问题的解析解。例如，上述线性回归模型可以使用最小二乘法(least square method)得到如下解析解(本书不作详细介绍)：

$$w=\frac{\sum_{i=1}^{n}y_i(x_i-\bar{x})}{\sum_{i=1}^{n}x_i^2-\frac{1}{n}\left(\sum_{i=1}^{n}x_i\right)^2},b=\frac{1}{n}\sum_{i=1}^{n}(y_i-wx_i),\text{其中 }\bar{x}=\frac{1}{n}\sum_{i=1}^{n}x_i$$

但在实际应用中，大部分优化问题的解析解不存在或者难以通过数学推导获得，因此，下述迭代优化成为机器学习算法常用的优化手段。

(2) **迭代优化**：通过多次迭代逐步逼近或近似优化问题的真实解。常规做法为：沿着损失函数对未知参数的梯度下降的方向(如图 14.2 所示)，以一定步长更新未知参数的值，从而逐步减小损失函数直至收敛，即达到某个极值点为止。此时得到未知参数的最优值。

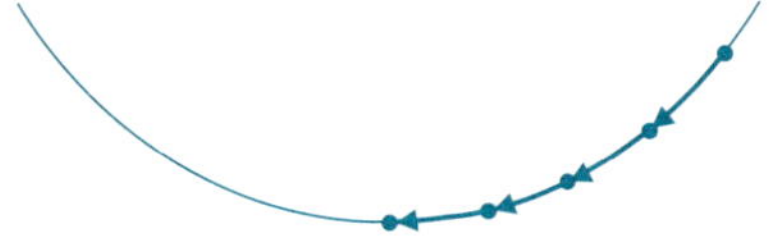

图 14.2　损失函数(曲线所示)和沿梯度下降方向进行迭代优化(箭头所示)

数据划分 为衡量所得优化模型的性能，需对数据集进行划分，通常将所收集的数据按一定比例(例如 7∶1∶2)划分为训练集(training set)、验证集(validation set)和测试集(test set)。在数据划分前，常采用随机洗牌(random shuffle)来尽可能保证每个数据集的数据服从独立同分布(independent identically distributed，IID)的假设。这 3 个数据集有着各自的用途：训练集用于训练模型，通过优化技术求解未知模型参数的最佳值；验证集用于评估训练模型是否出现过拟合情况(如图 14.3 所示)；测试集用于评估训练完毕的模型的泛化能力，即模型在未见数据上的表现。通过与任务相关的评价指标,例如,在上述房价预测问题中,可以采用均方误差作为评价指标,衡量模型预测的好坏;基于模型在 3 个数据集上的量化表现,判定模型对数据的拟合情况(是否出现欠拟合或过拟合)和泛化能力(即在未见的测试集上的表现)。下面对拟合情况和泛化能力作详细阐述。

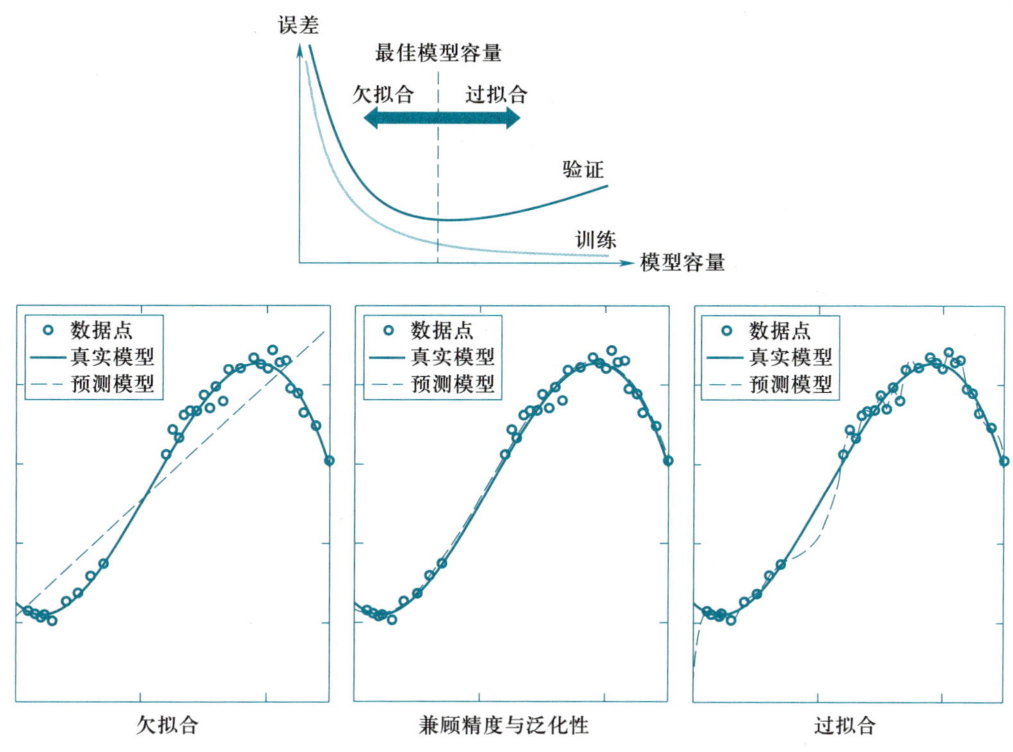

图 14.3 欠拟合、过拟合和最佳模型容量示意图

模型容量 一般来说,模型对训练集进行拟合,而不同的模型容量对数据的拟合程度不同。这里的模型容量是指模型能处理的任务的复杂度,具有最佳模型容量的模型能兼顾模型精度和泛化性,如图 14.3 所示。以上述房价预测模型为例,采用的线性回归只能模拟变量之间简单的线性关系,其模型容量小;若需要模拟房屋市场价值与房屋面积之间更复杂的非线性关系,则需要模型具有更大的模型容量,例如多项式回归模型。模型容量越大,其拟合训练数据集的能力越强,表现为训练误差越低。当模型的训练误差和验证误差均较低时呈现最佳的模型容量,此时,模型容量适合于所执行任务的复杂度和所提供数据的质量和数量,能很好地拟合训练集,捕捉到数据特性。相比之下,模型容量过小会出现欠拟合(underfitting),表现为训练误差较高,不足以拟合训练集;而模型容量过大会出现过拟合(overfitting),表现为训练误差较低,而验证误差较高,即模型没有捕捉到数据特性,只是对训练数据的简单记忆,因而在未见过的验证数据集上表现欠佳。利用训练集和验证集进行学习和调整模型参数得到最佳模型,进而在测试集上评估其泛化能力,在未见的测试集上表现越好,表明该模型的泛化能力越强。

机器学习思维过程 总的来说,机器学习是从蕴含经验的数据中学习模型参数以确定最优模型进行预测，其学习和思维过程如图 14.4 所示。首先获取数据，根据具体问题和数据特点构建相应的数学物理模型；其次对数据进行划分，利用训练集/验证集对模型参数进行优化估计，生成最优模型；最后在测试集上对优化好的模型进行预测与评估。从上述过程可以看出，**机器学习过程无须固化计算机的决策过程，而是通过机器学习算法从数据中学习模型参数**，即模型参数不是预先给定的，而是通过对数据的学习得到的最佳设置，形成对数据最佳拟合的决策模型。

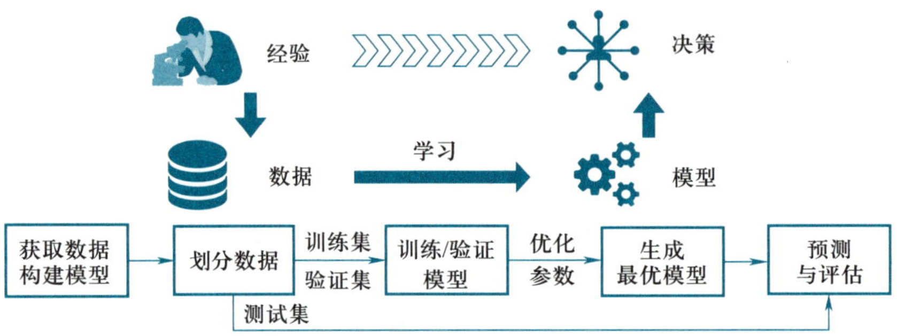

图 14.4　机器学习思维过程示意图

接下来，假设面临的任务发生变化，需首先对房屋户型进行分类，即划分为大户型或小户型，然后进行房价预测，则应如何设计相应的机器学习算法对房屋户型进行预测？

【问题 14.2】假设收集了某区域不同人对房屋户型的划分，根据随机提供的房屋面积 x，令其给出相应的大户型或小户型 y 的判定。之后，对于一间新上市场的房屋，如何根据其房屋面积判定相应的房屋户型？

逻辑回归 和问题 14.1 相比，模型的输入仍为房屋面积，但输出从房屋市场价值（实数）变为大、小户型（离散值）的划分。此处用 0-1 二进制值作为房屋户型标签，0 代表小户型，1 代表大户型。当预测目标多于两个时，任务升级为多标签预测问题，通常用离散的自然数来表示不同类别的目标物体。这里仅讨论给定标签的二分类问题。假设仍然采用类似的线性模型 $z=f(x)=wx+b$，但需将实数输出 z 转化为二进制 0-1 标签输出。为此可采用 Sigmoid 函数 $y=\frac{1}{1+e^{-z}}$（如图 14.5 中实线所示），当输出值 $y \geqslant 0.5$ 时输出 1，其他情况时输出 0，即经典的逻辑回归模型。类似线性回归，建立模型后需要优化求解模型参数 w 和 b，采用迭代优化求解可以得到最优的模型参数。这里主要讲解机器学习的主要思维（从数据学习模型参数，确定模型后用于预测），不涉及具体模型的求解过程。

监督学习 如图 14.6 所示，问题 14.1 和问题 14.2 有一个共同点：模型在学习过程中已知输入数据和对应的输出答案，重点学习从输入到输出之间的映射关系，即监督学习（supervised learning）。根据输出数据的类型不同，监督学习分为回归（regression）和分类（classification）两大类。其中，回归问题是为寻找对数据的最佳拟合，其输出的是连续数据，即实数类型；而分类问题是为寻找数据的决策边界，其输出的是离散数据，即离散类型/标签。

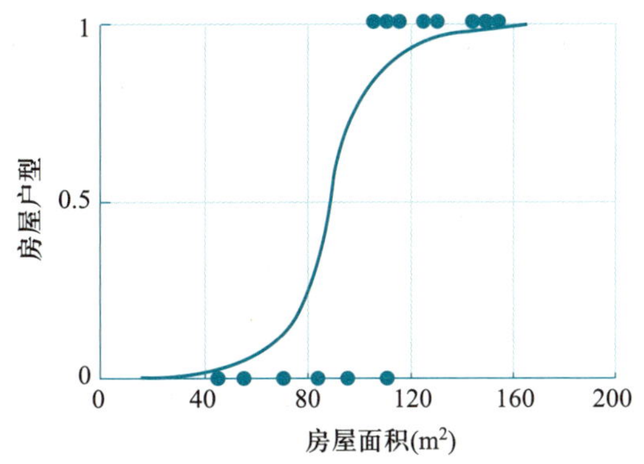

图 14.5 逻辑回归示意图:房屋面积与房屋户型数据(圆点所示)与拟合的预测模型(实线所示)

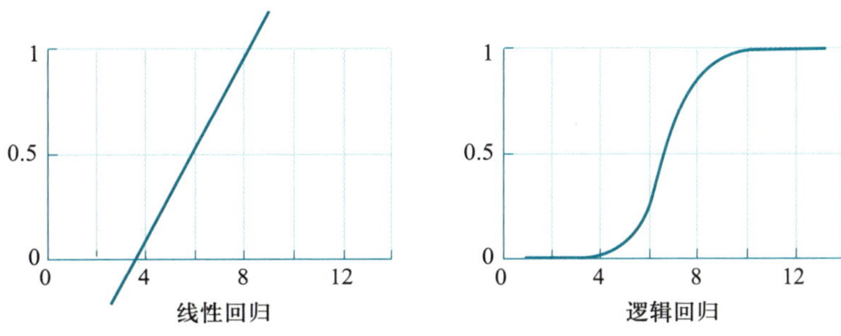

图 14.6 线性回归和逻辑回归对比示意图

14.1.2 无监督学习与强化学习

【**问题 14.3**】下面思考另一类情形:假设机器不知道输出的答案,则应如何进行学习?

无监督学习 在实际应用中,许多情况下人们不知道输出答案,也就是说模型在学习过程中没有正确答案或标签数据进行监督指导,这时需要采用无监督学习(unsupervised learning)。这种学习模式在人类学习过程中也极为常见,主要通过无标签的训练样本学习数据内在的性质和规律。常见的无监督学习方法有聚类(clustering)、数据降维(dimensionality reduction)等。

聚类 它是指将数据样本根据其在空间中的分布情况划分为若干不相交的子集(簇),例如经典的 k 均值聚类(k-means)算法,如图 14.7 左侧所示。k-means 的核心思想是根据给定的簇个数和每个簇的初始中心点,每次迭代对数据点进行分类,将其划分到距离最近的中心点所代表的簇内,然后根据新的数据划分计算并更新每个簇的中心点,之后多次重复该迭代过程,直到每个簇的中心点基本稳定不变或达到设定的最大迭代次数为止。可以看出,以 k-means 为代表的聚类算法对数据进行归纳式学习,将数据的分布用多个簇中心进行总结性表示,在归纳总结时不需要监督信息指导学习过程,体现“物以类聚”的思想。

主成分分析(principal component analysis，PCA) 它是另一种用于数据降维的经典无监督学习方法,如图 14.7 右侧所示。降维是指将数据从高维空间转换到低维空间,使其在低维空间中仍保留原始数据某些重要属性的方法,而数据降维的代表性方法是主成分分析。主成分分析的核心思想是将高维线性相关的数据映射到低维线性不相关的少数几个主成分上,这些低维的主成分捕获了原始数据中尽可能多的变异性;因此,保留它们就能保留数据大部分的信息,可用于消除数据冗余或数据中的噪声,达到数据降维的目的。例如,图 14.7 右侧所示的长箭头指示的坐标轴,沿着该方向的数据方差较大,若二维点云数据投影到该坐标轴上,只有少量信息丢失,而原数据由二维降低到一维。可以看出,以 PCA 为代表的数据降维方法是对数据进行坐标轴的变换,找到一个“新坐标轴”,例如,一组新的正交基(由两两正交的基向量组成),使得数据在该“新坐标轴”上的投影方差尽可能大,保留方差较大的维度而忽略方差较小的维度,最大程度地保留信息,从而达到降维的目的。

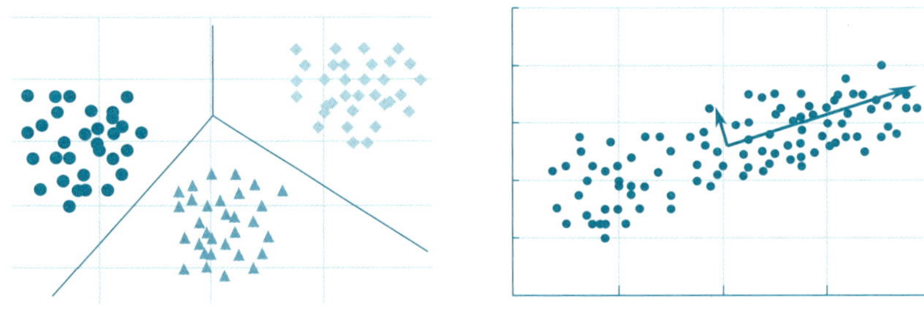

图 14.7　无监督学习示意图:k-means(左),主成分分析(右)

强化学习 图 14.8 总结了机器学习的 3 类学习方法,除了前面讨论的监督学习和无监督学习两类方法外,强化学习(reinforcement learning)是机器学习的第 3 种范式。在强化学习中,智能体通过与环境进行交互来学习最优策略以实现收益最大化或某个特定目标。强化学习类似于日常生活中常用的“绩效奖励”机制,或游戏中玩家采取的某种可以获得高分的策略,利用“奖励”或“高分”激励(强化)智能体的策略选取,通过智能体反复地尝试,提升自身水平来习得某项技能。具体来说,在强化学习中,智能体在环境中有多种不同的状态(例如游戏中玩家控制的某个物体(即智能体)在游戏场景中的位置)和多种不同的动作(例如智能体在游戏场景中沿上、下、左、右等方向移动),其状态空间是对环境的完整描述,而其动作空间是智能体所有有效动作的集合。智能体的目标是最大化长期的总体收益(例如游戏通关的最终得分),为达到该目标,智能体在特定的状态需要采取相应的行为方式,即采取一定的策略,将其在环境中所处的状态映射到相应的动作,得到状态与动作序列的轨迹(例如游戏中智能体的位置和动作轨迹),最终实现收益最大化(例如游戏以高分通关)。

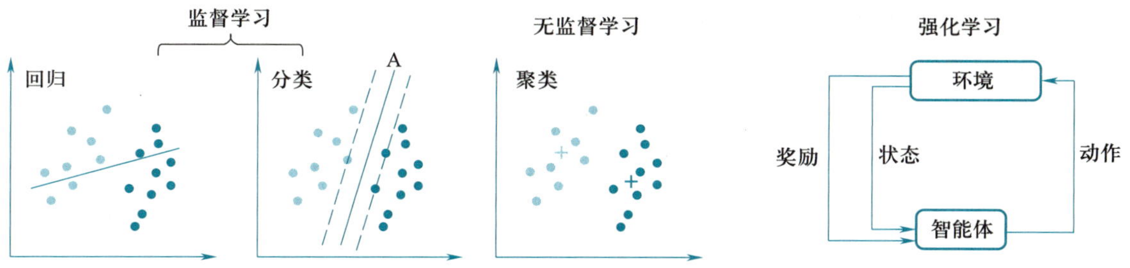

图 14.8　机器学习 3 类学习方法示意图:监督学习、无监督学习和强化学习

14.1.3　人工智能简述

【问题 14.4】机器学习和人工智能有着怎样的联系与区别?

机器学习与人工智能 前面两个小节以线性回归为切入点简单讲解了机器学习的思维过程和相关经典技术。机器学习只是人工智能的一个分支,相较于其他人工智能方法,机器学习的主要优势在于无须固化其决策过程,即令机器有学习的能力,通过学习来确定决策方法。相较于机器学习,人工智能是一个更加宽泛的概念,一般来说,能根据对环境的感知作出合理的行动并获得最大收益的计算机程序都可以称为人工智能。随着计算机程序发展层次的不同,人工智能技术大致可分为以下几类。

(1) **计算智能:**机器具有快速的计算和记忆存储能力。

(2) **感知智能:**机器能够通过视觉、听觉、触觉等感知能力与自然界进行交互。

(3) **认知智能:**机器能够对数据进行理解、推理、解释、归纳和演绎。

(4) **行为智能:**机器能够解释当前行为,预测未来的行为,控制自己的行为,以及影响周围其他智能体的行为。

(5) **类脑智能:**机器在信息处理机制上类脑,在认知行为和智能水平上类人,实现人类具有的认知能力及其协同机制,最终达到或超越人类智能水平,类脑智能是新一代的人工智能。

在实现上述智能的程序中,机器学习的重要分支——深度学习发挥着举足轻重的作用。下面进一步探讨深度学习的基本概念及其思维过程。

14.2　深度学习——典型神经网络模型

深度学习最大优势之一:自动特征提取 人类在识别或区分不同类别对象时,通常有意识或无意识地提取不同类别对象的代表性特征进行分辨。而特征提取的好坏很大程度上决定了分辨结果的准确度。因此，特征提取（feature extraction）或特征表征（feature representation）是智能体识别对象或认知的关键。早期的机器学习算法使用手工方式提取自定义的特征，常需要与任务相关的领域知识来指导特征的提取过程，获得有明确含义的特征表示。随着近 10 年深度学习（deep learning）即深度神经网络（deep neural network，DNN）的出现和流行，特征提取过程由传统手工提取的“白箱”操作（算法设计者知道提取的是哪种特征）演变为如今自动提取的“黑箱”操作（不清楚神经网络提取的具体特征是什么）。总的来说，深度学习是指以人工神经网络为架构，对数据进行多层次特征表征学习，即自动提取不同层次的特征表征；而所提取的特征自适应于相关任务，极大地降低了对相关领域知识的需求，对任务建模的门槛也随之降低，同时模型的精度较传统机器学习也有很大的提升。因此，深度学习作为机器学习的一大分支逐步成为目前很多研究领域的流行方法和发展方向。本节从人工神经网络基本单元人工神经元开始，为读者介绍神经网络模型的典型构造方式和基本思维过程，学习如何设计和优化深度神经网络模型。

14.2.1　人工神经元与多层感知机

【问题 14.5】什么是人工神经元？其与生物神经元有什么关系？

神经元与整合机制 人工神经元（artificial neuron）是人工神经网络的基本功能单元，是对生物神经元的简单抽象。生物神经元具有感受刺激和传导兴奋的功能，如图 14.9 左侧所示，典型的生物神经元结构包括树突、胞体和轴突，树突接收从其他神经元传递的信息，经胞体对信息进行整合，若整合后的信息达到一定阈值则产生神经冲动，再由轴突对该信息进行传导和输出，神经元与神经元之间的信息交换则通过突触进行。为抽象地模拟生物神经元的结构和功能，人工神经元对来自其他神经元的输入（如图 14.9 右侧所示，x_1、x_2、x_3）进行加权整合（$\sum w_i x_i$），当加权和达到一定阈值（θ）时输出 1，否则输出 0（即若 $\sum w_i x_i \geqslant \theta$，则 $y=1$，否则 $y=0$，可用单位阶跃函数 f 来表示，即 $f(x)=\begin{cases}0, x<0\\1, x\geqslant 0\end{cases}$）。该人工神经元也称为感知机（perceptron）。

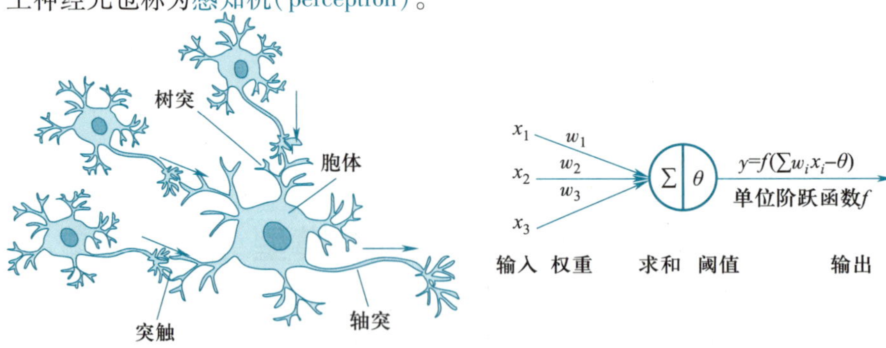

图 14.9　生物神经元（左）和人工神经元（右）示意图

【**问题 14.6**】二进制布尔运算是计算机操作信息的核心，感知机能够模拟简单的布尔运算吗？

用感知机模拟布尔运算 布尔运算(Boolean operation)包括“与”“或”“非”和“异或”4 种运算，具体如下。

(1)“与”运算：若两个输入为真，输出即为真。用感知机实现该操作，可以设置所有权重为 1，阈值 θ 为 2，如图 14.10 所示。表 14.1 给出了感知机的计算过程。可以看出图 14.10 中感知机对不同组合的布尔输入，其输出和“与”运算结果一致，也就是说，该感知机可以模拟“与”运算。

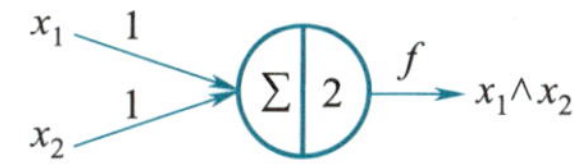

图 14.10 “与”运算的感知机示意图

表 14.1 “与”运算的感知机计算过程

x_1	x_2	加权和 $(x_1\times1+x_2\times1)$	阶跃函数($f(x_1+x_2-2)$)	$x_1 \wedge x_2$
0	0	0×1+0×1=0	0-2 =-2<0 →0	0&&0=0
0	1	0×1+1×1=1	1-2=-1<0 →0	0&&1=0
1	0	1×1+0×1=1	1-2=-1<0 →0	1&&0=0
1	1	1×1+1×1=2	2-2=0≥0 →1	1&&1=1

(2)“或”运算：只要一个输入为真，输出即为真。类似地，可以设置所有权重为 1，阈值 θ 为 1，如图 14.11 所示。表 14.2 给出了感知机的计算过程，成功模拟了“或”运算。

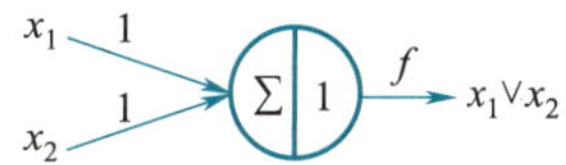

图 14.11 “或”运算的感知机示意图

表 14.2 “或”运算的感知机计算过程

x_1	x_2	加权和 $(x_1\times1+x_2\times1)$	阶跃函数($f(x_1+x_2-1)$)	$x_1 \vee x_2$
0	0	0×1+0×1=0	0-1=-1<0 →0	0||0=0
0	1	0×1+1×1=1	1-1=0≥0 →1	0||1=1
1	0	1×1+0×1=1	1-1=0≥0 →1	1||0=1
1	1	1×1+1×1=2	2-1=1≥0 →1	1||1=1

(3)“非”运算：输出与输入值相反。如图 14.12 所示，该感知机只有一个输入，其权重为-1，阈值 θ 设为 0，即可实现“非”运算。表 14.3 给出了感知机的计算过程。

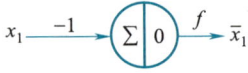

图 14.12 “非”运算的感知机示意图

表 14.3 “非”运算的感知机计算过程

x_1	加权和 ($x_1\times(-1)$)	阶跃函数($f(-x_1)$)	$\bar{x}_1$
0	$0\times(-1)=0$	$0\geqslant 0\rightarrow 1$	$\bar{0}=1$
1	$1\times(-1)=-1$	$-1<0\rightarrow 0$	$\bar{1}=0$

(4) “异或”运算:若两个输入不同,则输出为真;若两个输入相同,则输出为假。如图 14.13 所示,虽然“异或”运算相对简单,感知机却无法模拟该操作,因为**感知机是二分类的线性分类器**,也就是若要在图 14.13 所示的平面上找到一条直线将三角形和圆形分开,则无法实现,即图 14.13 所示的“异或”运算是**线性不可分**的。

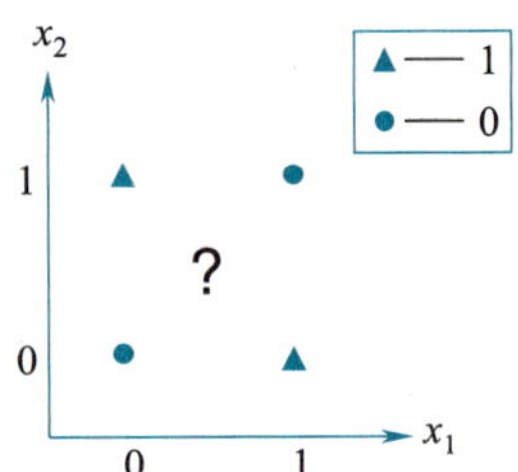

图 14.13 “异或”运算

多层感知机 为实现“异或”运算,需叠加使用感知机,形成多层感知机。即对数据进行变换,使得在原平面空间中线性不可分的数据变换到新的空间中变为线性可分,如图 14.14 所示。也就是说,单层感知机只有输入和输出,需要引入隐含层,实现多层感知机(multi-layer perceptron, MLP),如图 14.15 所示。在输入层和输出层之间加入含两个人工神经元的隐含层,该隐含层的神经元与前面的两个输入神经元以及后面的输出神经元相连接。具体来说,隐含层的第 1 个神经元/感知机实现 $\bar{x}_1\wedge x_2$ 操作,第 2 个神经元/感知机实现 $\bar{x}_2\wedge x_1$ 操作,最后输出神经元/感知机实现隐含层两个输出的“或”运算,最终实现最初输入数据的“异或”运算。也就是说,**多层感知机可以实现“异或”操作**。表 14.4 给出了该多层感知机的计算过程。

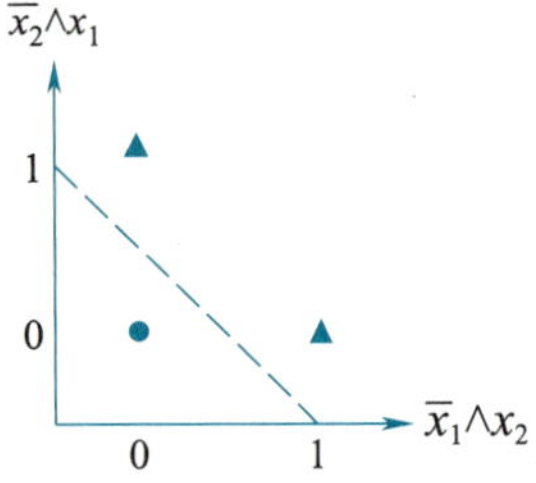

图 14.14 “异或”运算变换后线性可分

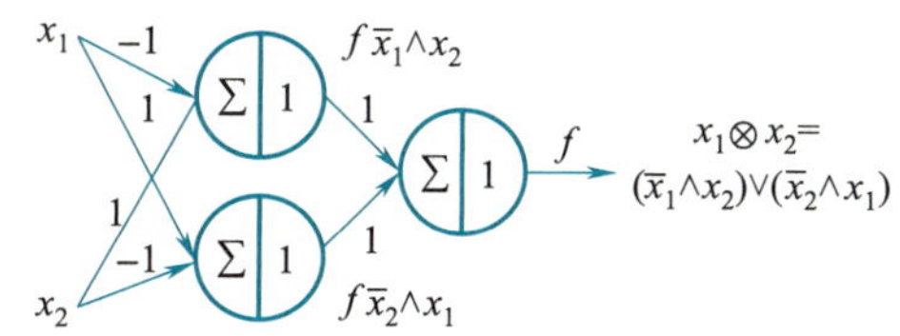

图 14.15 “异或”运算的多层感知机实现

表 14.4 “异或”运算的多层感知机计算过程

x_1	x_2	加权和(1)	阶跃函数(1)	$\bar{x}_1 \wedge x_2$	加权和(2)	阶跃函数(2)	$\bar{x}_2 \wedge x_1$	加权和(3)	阶跃函数(3)	$x_1 \otimes x_2$
0	0	(-1)×0+1×0=0	0<1→0	1&&0=0	1×0+(-1)×0=0	0<1→0	1&&0=0	1×0+1×0=0	0<1→0	0∧0=0
0	1	(-1)×0+1×1=1	1≥1→1	1&&1=1	1×0+(-1)×1=-1	-1<1→0	0&&0=0	1×1+1×0=1	1≥1→1	0∧1=1
1	0	(-1)×1+1×0=-1	-1<1→0	0&&0=0	1×1+(-1)×0=1	1≥1→1	1&&1=1	1×0+1×1=1	1≥1→1	1∧0=1
1	1	(-1)×1+1×1=0	0<1→0	0&&1=0	1×1+(-1)×1=0	0<1→0	0&&1=0	1×0+1×0=0	0<1→0	1∧1=0

多层感知机与计算机 在第 3 章中已经学习了布尔运算及以其为基础的布尔代数和数字逻辑，它们奠定了计算机的软硬件基础，因此，模拟布尔运算的能力体现了一个模型是否有潜力模拟更为复杂的数学运算。多层感知机通过一层或多层感知机的叠加来模拟二进制布尔运算，体现了其拟合函数的能力，以此为基础，通过组合叠加，可实现更为复杂的计算和函数拟合。

激活函数 在多层感知机中，加权和是线性操作，所有加权和的叠加也只能拟合线性函数；而阶跃函数是非线性函数，为多层感知机拟合的函数引入了非线性特性。值得注意的是，在单层感知机中，阶跃函数只用于最后输出层，将输出转换为二进制值，其拟合能力还是线性的。而位于隐含层的阶跃函数不同于最后输出层的阶跃函数，增加了拟合函数的非线性特性，该函数也称激活函数(activation function)。除了单位阶跃函数外，激活函数还可以设置为如图 14.16 右侧所示的 Sigmoid 函数。

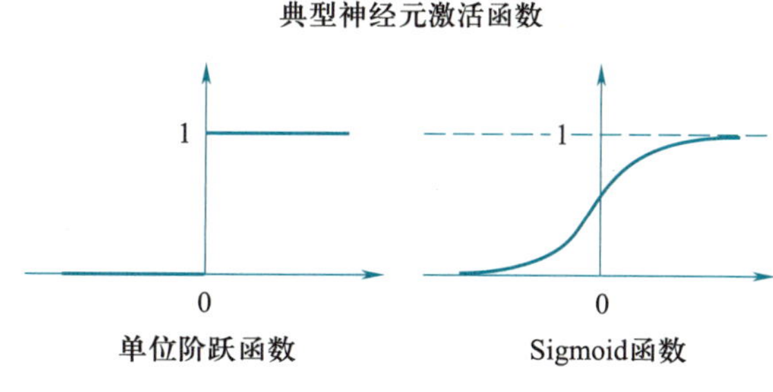

图 14.16 典型神经元激活函数

【问题 14.7】多层感知机能够模拟任意函数吗？

通用近似定理 通过隐含层的引入，人工神经网络的函数拟合能力得到提升。如图 14.17 所示，典型的人工神经网络包括输入层、一个或多个隐含层和输出层。该神经网络信息自输入层开始，经过隐含层，最终到达输出层输出结果，信息仅向前传递，不会向后反馈，因此也称前馈型神经网络。在前馈型神经网络中，除输入层外，若其他神经元与前一层的所有神经元相连接，则构成了一个全连接神经网络（fully-connected neural network），如图 14.17 左侧所示。1991 年，Homik 提出人工前馈型神经网络的通用近似定理（universal approximation theorem），指出若一个多层感知机含有一个非线性的隐含层和线性输出单元，只需足够的隐含层单元，则可近似模拟任何连续函数。也就是说，**如果设计得当，多层感知机有模拟任意连续函数的能力**。如图 14.17 所示，需要拟合一个复杂的分类决策面，例如图中深色区域的边界，可以采用多个隐含层，第 1 个隐含层拟合不同方向的线性边界，第 2 个隐含层将这些线性边界组合起来，实现“与”（AND）布尔操作，最后输出层实现“或”（OR）布尔操作，其组合生成所需的复杂分类边界。

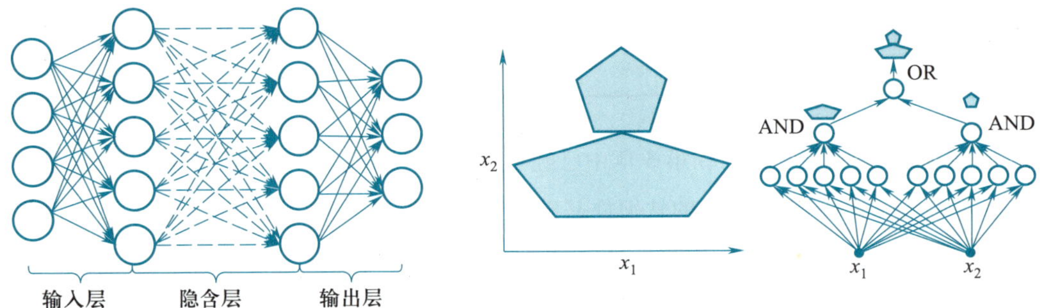

图 14.17　人工前馈型神经网络的典型结构（左）和神经网络模拟复杂分类边界示意图（右）

【问题 14.8】如何优化求解人工神经网络的模型参数？

网络参数优化 在前面的布尔运算示例中，神经元之间的连接权重（神经网络参数）是预先给定的。在之前的学习中已了解到机器学习是从数据中学习和确定模型参数，人工神经网络亦是如此。那么如何优化神经网络的参数，以获得最优的神经网络模型？与之类似，可采用**迭代优化**方法。首先初始化模型参数，通过计算神经网络的损失函数对网络参数的梯度值，沿着梯度下降的方向逐步更新网络参数值以达到最优解。具体来说，在神经网络的迭代优化过程中，每次迭代分为两步：前向传播（forward propagation）和误差反传（error back propagation）。

前向传播 在每次迭代过程中，首先根据当前网络参数预测输出，并与真实结果比较计算误差。如图 14.18 所示，前向传播是将输入值 x 逐层经神经元向前传播，将其映射为预测的输出值 $\hat{y}$。在这一过程中，神经元之间的连接权重 θ 是固定不变的。在前向传播中，当前神经元根据与前一层神经元的连接方式，对与之连接的神经元输出计算加权和并进行激活函数变换，将结果输出给后一层相连接的神经元，如图 14.18 中**深色**线条所示。此外，除输出层外，每层还有一个偏置 b，和权重一样是可学习的模型参数。该前向传播的输出值，即预测值 $\hat{y}$，与真实值 y 之间可能存在一定的差异（或称为误差），例如，可以通过类似 L2 范数（即向量各元素的平方和然后求平方根）的距离函数来衡量预测值与真实值之间的差异，即前面提及的损失函数。和常规机器学习方法类似，需要最小化该损失函数。接下来，通过误差反传更新模型参数。

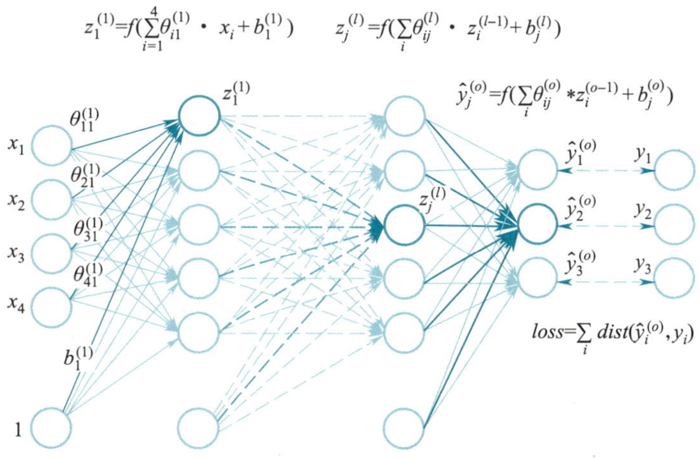

图 14.18 神经网络的前向传播过程

误差反传 前向传播计算得到误差后,需要将误差反馈到网络参数上,用以更新模型参数值,使得下一次前向传播计算的误差降低,通过迭代使预测值逐步接近真实值。如图 14.19 所示,误差反传是将损失函数计算的误差逐层经神经元从后向前反向传播。因为后层的神经元是前一层神经元的函数,根据链式法则(chain rule)可以逐层计算误差对每一层的模型参数的梯度,如图 14.19 中**深色**部分所示,沿着参数的梯度负方向以一定步长更新网络权重和偏置,从而降低损失函数的值。通过前向传播和误差反传的多次迭代,当满足一定的终止条件时(例如误差不再降低,到达一个极值点,或者达到最大的迭代次数时),优化所得的神经网络参数为最优模型参数,其代表函数为**输入与输出之间的最优映射函数**。

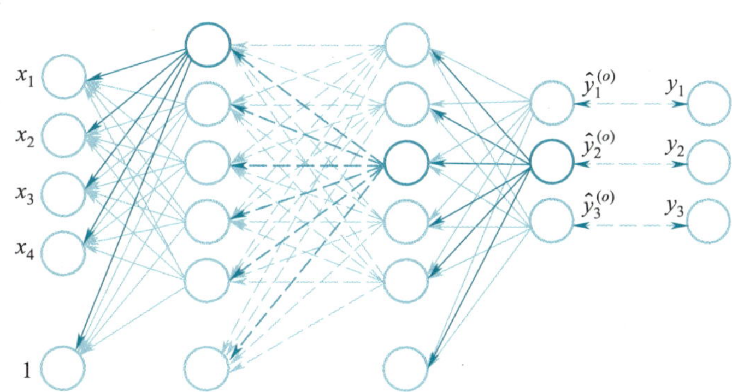

图 14.19 神经网络的误差反传过程

14.2.2 卷积神经网络

【问题 14.9】全连接网络适用于分析处理二维或更高维的图像吗?

全连接网络的参数量 在全连接神经网络中,除输入层外,每一层的神经元与其前一层所有神经元相连接。假设前一层的神经元个数为 n_1,后一层的神经元个数为 n_2,则其参数量为$(n_1+1)n_2$(这里的 1 指该层的一个偏置)。可见,神经元个数越多,其参数量越大。同时,随着网络层数的增加,其参数量也随之急剧增加,带来优化上的困难,以及训练数据量和计算量的极大需求。为降低神经网络模型的参数量,可采取如图 14.20 所示的局部连接和参数共享方式。

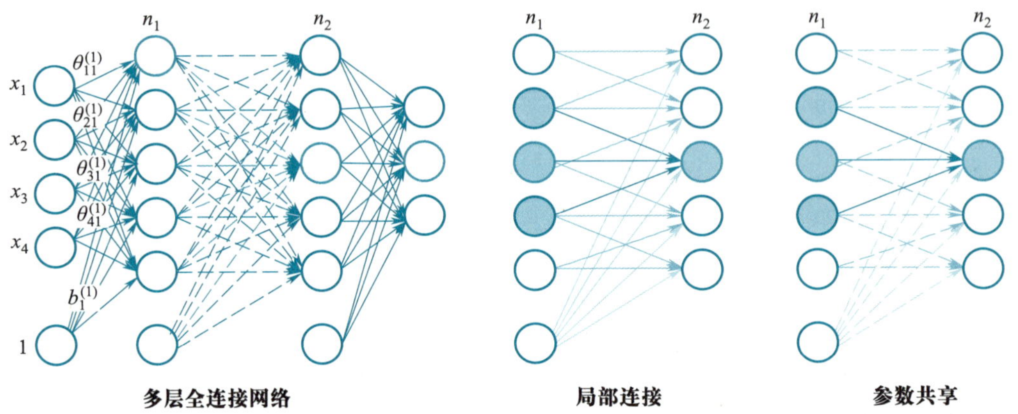

图 14.20　局部连接和参数共享示意图

局部连接是指在相邻的两层神经元连接中,后一层的神经元只与前一层的部分神经元(例如 k 个神经元)相连接,这样参数量从$(n_1+1)n_2$ 降低为$(k+1)n_2$。如图 14.20 所示,后一层的每个神经元与前一层的 3 个神经元相连接,即 $k=3$,这 $k+1$ 个参数(k 个权重和 1 个偏置)记为一组。在局部连接中,后一层有多少个神经元就有多少组,如图 14.20 中所示的 n_2 组。此时每组的参数是不复用的,即所有神经元的连接权重是不同的。为了进一步降低参数量,可采用参数共享的方式,即每组参数复用,后一层所有神经元共享一组 $k+1$ 个参数来进行连接。这一层神经网络的参数量进一步降为 $k+1$,也就是网络参数与前后层神经元的个数无关,只与神经元的连接方式相关。这样,神经网络的参数量得到极大降低,并且不与输入数据(例如图像的维度)直接相关,仅取决于神经网络的连接方式。

【问题 14.10】卷积操作如何实现局部连接和参数共享?

一维卷积 卷积操作可实现上述神经网络的局部连接与参数共享。式(14.2)是一维卷积的连续形式:

$$(z*\theta)(t)=\int z(a)\theta(t-a)\mathrm{d}a \tag{14.2}$$

其中,$z(a)$是输入函数,$\theta(t-a)$是核函数,$(z*\theta)(t)$是输出的卷积结果。该连续形式可以写成如下离散形式:

$$(z*\theta)(t)=\sum_{a=-\infty}^{\infty}z(a)\theta(t-a) \tag{14.3}$$

从离散形式可以更加清楚地看出,一维卷积是输入函数和核函数之间的向量点积,与采用局部连接和参数共享的神经网络的运算一致。如图 14.21 所示,卷积的输入是前一层神经元的输出,卷积的核函数(卷积核,更准确地说是翻转后的核函数)是神经网络的连接权重,而卷积的输出是后一层神经元的值。这样,离散化的核函数是卷积神经网络所需要优化的模型参数。

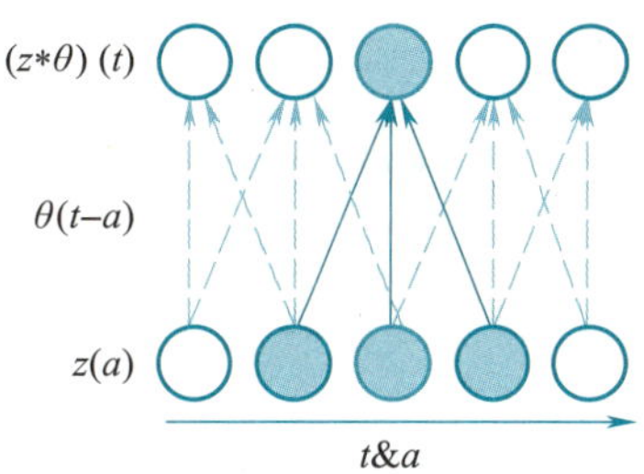

图 14.21　神经网络连接与卷积操作

【问题 14.11】如何将一维卷积操作扩展到二维卷积,应用于二维图像?

二维卷积 同样地,一维卷积可以扩展到二维卷积,从而应用到图像上。例如,假设输入的二维图像为 I,在图像上使用大小为 $m\times n$ 的核函数 K,可以计算得到二维卷积之后的输出结果 S:

$$S(i,j)=(I*K)(i,j)=\sum_m\sum_n I(m,n)K(i-m,j-n) \tag{14.4}$$

利用卷积的可交换性,可交换卷积操作中输入图像和核函数的位置:

$$S(i,j)=(K*I)(i,j)=\sum_m\sum_n I(i-m,j-n)K(m,n) \tag{14.5}$$

鉴于核函数是需要优化求解的,可认为求解所得的核函数就是翻转后的核函数,因此在计算过程中无须翻转:

$$S(i,j)=(I*K)(i,j)=\sum_m\sum_n I(i+m,j+n)K(m,n) \tag{14.6}$$

这样,二维图像的卷积操作可以看作一定大小的核函数在图像上滑动进行点积操作,滑动窗口自上而下、从左向右每滑动一次,计算一次点积操作,得到一个值(如图 14.22 左侧所示),最后得到整个二维图像卷积后的二维输出。

【问题 14.12】卷积核和图像滤波算子有什么关系?二者之间有何异同?

卷积核和图像滤波算子的关系 上述卷积核和图像滤波算子(如图 14.22 右侧所示)类似,都是对图像进行卷积操作来提取输入图像的某些特征,例如图中所示的边缘特征;不同之处在于,图像滤波通常提前设计滤波算子,以提取某种特定的特征,例如常用的边缘特征;而神经网络中的卷积核通过优化求解所得,所提取的特征自适应于其建模任务,随着神经网络的加深,卷积核在低层特征上进一步组合,提取更高层的特征,从而获得不同层次的特征。理论上,图像滤波算子也可实现多层滤波算子叠加,但设计难度较高。相比之下,卷积核的自动学习能力极大地简化了卷积核的设计,只需确定卷积核大小,其具体参数通过优化获取。

【问题 14.13】在卷积操作的基础上,如何定义卷积层,类似于图像滤波进行特征提取?

卷积层 利用卷积操作可以定义卷积层(convolution layer),如图 14.23 所示,卷积核

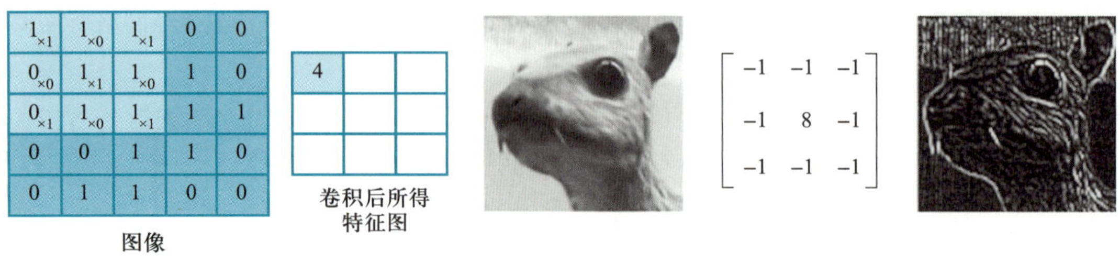

图 14.22　图像卷积操作(左)和用扩展 Laplace 算子的图像滤波(图源:Andrew Ng, Tim Dettmers)

在图像区域以一定的步长滑动生成多通道的特征图(feature map),随后通过引入激活函数增加拟合函数的非线性特性。一个卷积层中可包含多个卷积核,其大小由神经网络设计者自定义,如图 14.23 左侧所示,卷积核的大小为 5×5,其通道数为 3,与输入图像或特征图的通道数相同。一个卷积核生成一张特征图,提取某种特征,例如某个方向的边缘特征;将多个卷积核生成的特征图叠起来形成多通道的特征图,以提取多种特征,其通道数与卷积核的个数一致,如图 14.23 右侧所示,6 个卷积核生成通道数为 6 的特征图,可提取图像中 6 种不同的特征。经过卷积操作后,生成的特征图的空间维度相较于输入会变小,缩小范围与卷积核大小和滑动步长相关,例如,图中所示输入为 32×32 大小的图像,经过 5×5、步长为 1 的卷积操作后,输出特征图大小为 28×28。若希望维持原大小不变,可在输入图像或特征图周边进行适当的补 0 操作(padding)。例如,在图中所示的输入图像四周增加宽度为 2 的 0,以相同的卷积核和步长进行卷积操作后,输出图像的大小将维持 32×32 不变。人工神经网络中含有一个卷积层即可称为卷积神经网络(convolutional neural network, CNN)。卷积层是 CNN 结构的一个设计重点,卷积核的大小、个数、卷积步长等都会影响最终的特征提取。

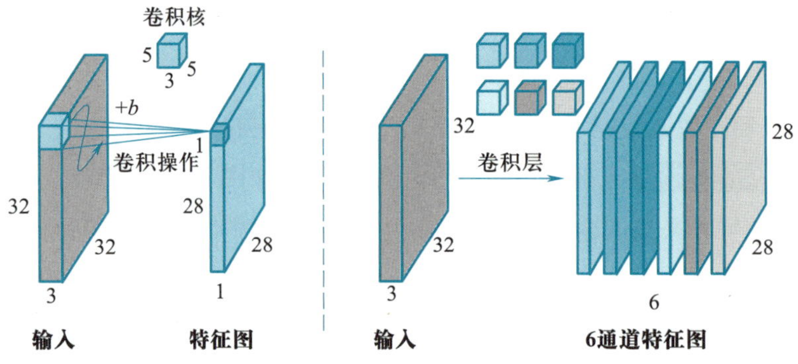

图 14.23　卷积层中卷积操作示意图

【问题 14.14】什么操作可以将特征图进行降维?

池化层 卷积层之后可选择性加入池化层(pooling layer)对特征图进行降维,降低模型内存消耗和计算量,进一步增大神经元的感受野,即增大神经元对原图像的感受范围或能“看到”的区域。卷积层的后层神经元通过卷积核的形式与前一层神经元相连接,即该神经元能看到 $k\times k$ 卷积核覆盖区域的 k^2 个神经元;后面增加一个 2×2 的池化层,池化后的一个神经元则可以看到前面经过卷积操作后的 4 个神经元，若卷积操作步长为 1，则该神经元的感受野为$(k+1)^2$。

常用的池化操作包括最大池化(max pooling)和平均池化(average pooling)，如图 14.24 所示，前者取邻域内最大值作为输出，后者则取平均值作为输出。通常，池化层作用于特征图的每一个通道，类似于空间上降采样操作，但不改变其通道数。与卷积层不同，池化层通常没有参数需要优化求解；也有研究者认为人工神经网络不一定需要包含池化层，特征图降维也可以通过步长大于 1 的卷积操作实现。

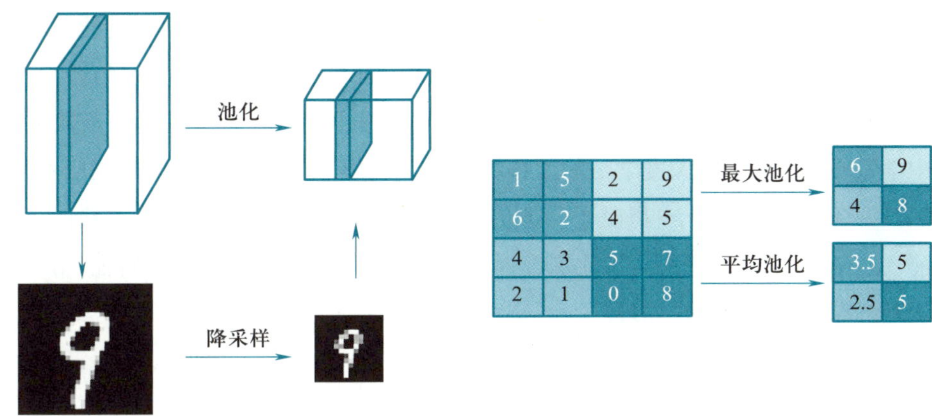

图 14.24 池化层(最大池化和平均池化)示意图

LeNet 网络结构 典型的卷积神经网络以卷积层、激活函数和池化层为基本结构(也有研究者将卷积、激活函数和池化合在一起称为卷积层)，通过多次叠加该基本结构以加深网络深度，形成深度神经网络，也称深度学习(deep neural network, DNN)，来拟合更为复杂的非线性函数。例如，用于手写数字识别的经典模型 LeNet(如图 14.25 所示)，该网络输入为 28×28×1 的灰度图像，输出是 0~9 的 10 个数字类别。LeNet 模型学习从输入灰度图像到输出类别之间的映射关系，该映射函数由两层卷积层(第 1 层包含 6 个 5×5 的卷积核，第 2 层包含 16 个 5×5 的卷积核，滑动步长均为 1)、激活函数(ReLU，一种将负数输入转化为 0 而非负输入保持不变的激活函数)和两个池化层(pooling layer，核函数大小均为 2×2，步长为 2)叠加而成，最后加入 3 层的全连接层(fully-connected layer，神经元个数分别为 120、84 和 10)输出对手写数字图像对应数字的预测。

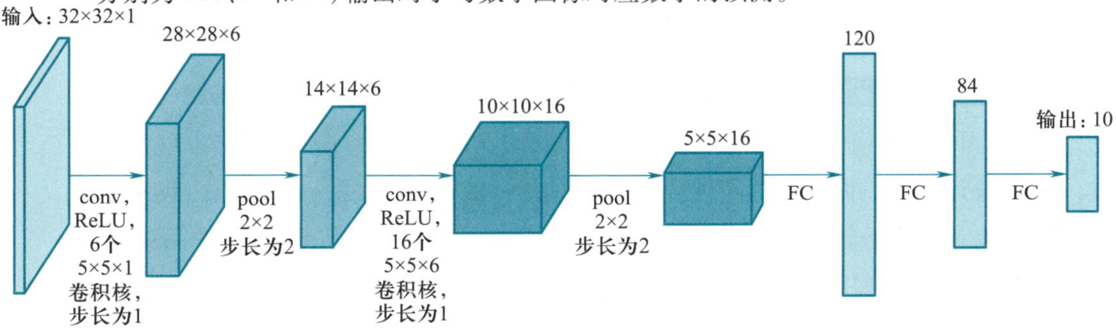

图 14.25 LeNet 模型网络结构图

【问题 14.15】深度神经网络的一般结构和计算思维是怎样的?

深度神经网络的一般结构 从 LeNet 模型结构可以归纳总结深度神经网络的一般结构:含有输入(input)和输出(output),中间部分由卷积层(conv)和激活函数(ReLU,也可以换成其他激活函数)交替出现,再加入适量的池化层(pool),最后加入一定数量的全连接层(FC),其中,池化层和全连接层不是必需的。

如图 14.26 所示,神经网络的前半部分主要进行特征提取,从低层次特征到中层次特征再到高层次特征;后半部分模拟分类器,进行分类判定。模型参数集中在卷积层和全连接层,通常激活函数和池化层没有参数需要优化。在卷积神经网络中,池化层和全连接层是可选的;而特征的提取主要依赖卷积层,多层卷积自动提取不同层次的特征。其中,用于提取特征的核函数不是预先定义的,而是通过最小化神经网络的损失函数自动从数据中学习所得。这也是深度学习的优势所在,能自动地提取输入数据的不同层次的特征,虽然该特征提取过程是个“黑匣子”,人们不是很清楚神经网络提取的具体特征是什么。目前,已有研究者尝试通过可视化深度神经网络的学习过程和所提取的特征,帮助人们进一步理解深度学习的工作原理。

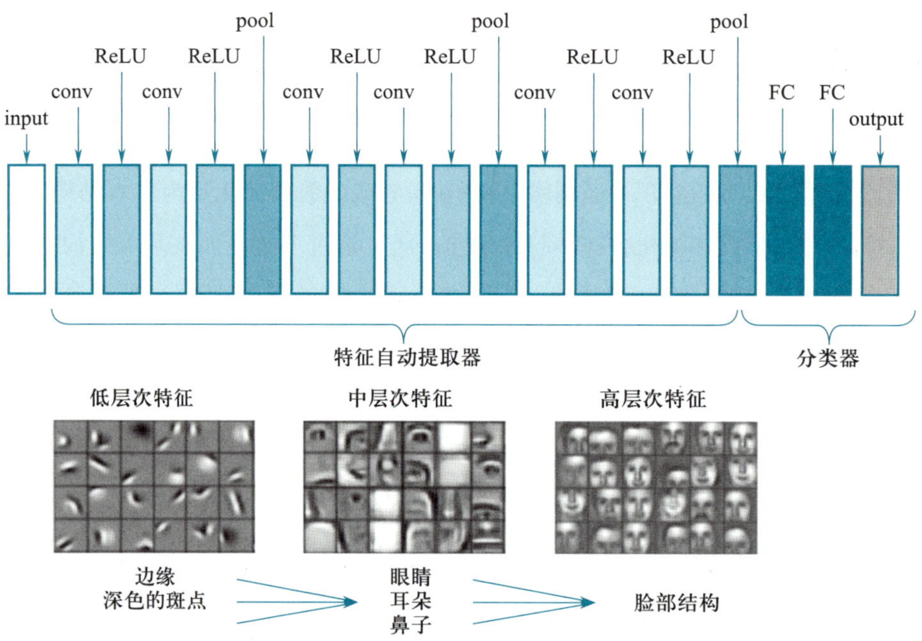

图 14.26 深度神经网络的基本构造和多层特征提取示意图(部分图源:Adil Moujahid)

深度神经网络的设计思路 深度神经网络使用复合函数拟合复杂函数。若将每一层视为一个简单的线性或非线性函数,这些函数逐层作用在一起构成一个复杂的非线性函数。因此,设计者除了准备数据,考虑输入、输出的具体形式和数据表示外,在神经网络模型方面,主要考虑该复合函数的构造。通常,神经网络的层数越多,其能够拟合的函数越复杂,因此,增加神经网络的深度能够有效增加其模型容量。同时,随着神经网络层数的增加,其参数量随之增多,带来更大数据量的需求和模型优化的问题(神经网络迭代优化过程中采用链式法则计算梯度，随着层数的增加，不断的乘操作会带来梯度消失或爆炸的问题）。针对数据量的需求，可采用相关算法生成新的数据或设计神经网络结构以充分挖掘现有数据；针对模型优化问题，可通过缩短输入和输出之间距离的方式，例如残差结构或跳连（每隔几层加入额外的网络连接），或加入早期输出，提前反馈损失函数信息。当然，也可以通过增加神经网络的宽度，例如在同一层中采用多种不同大小的卷积核，提取不同尺度特征的同时来提高模型容量。在大部分情况下，加深神经网络是常用的增加模型容量的方式，适当辅以不同大小的卷积核来增大神经网络的宽度也是一个有效方法。值得注意的是，模型容量的增加会带来过拟合的问题，此时需要考虑不同的正则化策略（即引入额外信息以防止过拟合和提高模型泛化能力）来约束和适当降低模型容量，达到适合数据的最佳模型容量。深度神经网络的设计是一门艺术，网络结构不一定越深、越宽或越复杂越好，而是需要适应数据的规模和特点，有时受计算能力和计算资源的限制，需要对网络结构进行精简，达到模型精度和计算效率的平衡。因此，深度神经网络的设计还有很大的发展空间，特别是受脑科学的启发和相互促进，新的神经网络模型会带来新一轮的技术发展与革新。

深度学习小结 总体来说，深度学习作为机器学习的分支，同样从数据中学习模型的参数，但深度学习以神经网络为模型构建，自动化多级特征的提取过程，直接学习从输入到输出之间的映射函数。在深度学习中，如何构建神经网络模型、如何设计损失函数，以及如何优化模型参数是三大关键问题。在模型构建中，除了重点讨论的前馈型卷积神经网络，还有处理序列数据的循环神经网络（recurrent neural network，RNN），以及基于自注意力机制的 Transformer 神经网络；除了已探讨的监督神经网络模型，还有无监督、半监督、自监督等神经网络模型。在损失函数使用中，除了常用于分类的交叉熵损失（cross-entropy loss）函数、用于回归的均方误差损失函数，还有用于图像分割（计算机视觉任务之一）的 Dice 损失函数，以及其他可自定义的损失函数等。在模型优化中，除了已提及的一阶梯度下降方法，还有其他常用的神经网络优化器，例如 Adam、NAG（Nestrov accelerated gradient）等。为了进一步了解深度学习的知识，读者可以阅读 Ian Goodfellow 的《深度学习》一书。

14.3 人工智能基本技术——以声、图、文识别为例

前面介绍了人工智能的典型思维——机器学习和深度学习，本节将从计算机视觉（computer vision，CV）、自然语言处理（natural language processing，NLP）和语音识别（speech recognition）3 个方面介绍人工智能的基本思维，这也是机器学习和深度学习广泛应用的 3 个代表性领域，这些技术试图使机器拥有类似人类的听、说、读、写和看的能力。

14.3.1　计算机视觉

计算机视觉的基本任务 计算机视觉是指从不同角度和维度理解图像和视频，尤其是语义层面的理解，使计算机能够“看到”周围的环境。计算机视觉的基本任务包括图像分类（image classification）、图像分割（image segmentation）、目标检测（object detection）和目标跟踪（object tracking）等，如图 14.27 所示。

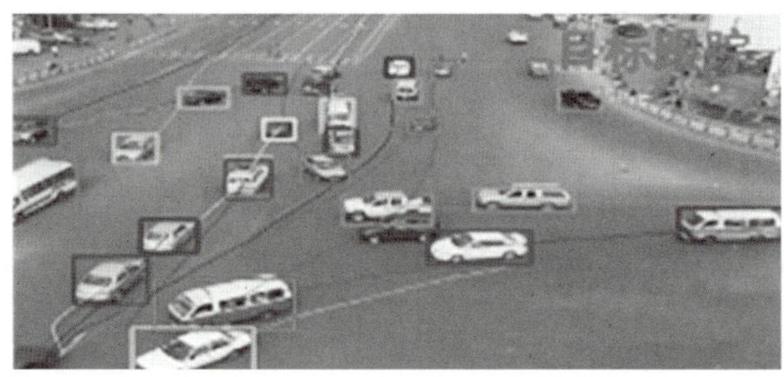

图 14.27　计算机视觉基本任务示意图（图源：Tsung-yi Lin，Aidetic. in）

【问题 14.16】如何令计算机识别一只猫？

使用卷积神经网络识别一只猫 假设收集了一系列猫和其他物体的图像，需要计算机能准确地分辨输入的图像是否是猫。通常的做法是，从图像中提取能描述猫特点的特征向量，利用特征向量进行分类。前面介绍的卷积神经网络（例如类似 LeNet 的网络结构模型）能很好地完成该任务。按图 14.26 所示的网络结构设计一个卷积神经网络，将猫的图像（标签为 1）和其他物体的图像（标签为 0）输入该网络，在计算机中图像以数字矩阵形式表示（二维图像表示为二维矩阵，三维图像表示为三维矩阵，分别对应二维或三维卷积操作),通过前向传播预测图像的标签,如果预测正确,误差为0;当预测不正确时,对误差进行反传,用以更新网络模型参数,经过多次迭代,当达到最优解时,模型对输入的猫的图像输出1,而对其他图像输出0,如图14.28所示。计算机识别猫图像的过程是图像分类中典型的二分类问题。在此过程中,神经网络模型通过自动提取图像中目标物体(例如猫)的特征,将图像的标签作为监督信息,学习神经网络模型的参数,从而建立从输入图像到输出标签之间的最优映射。

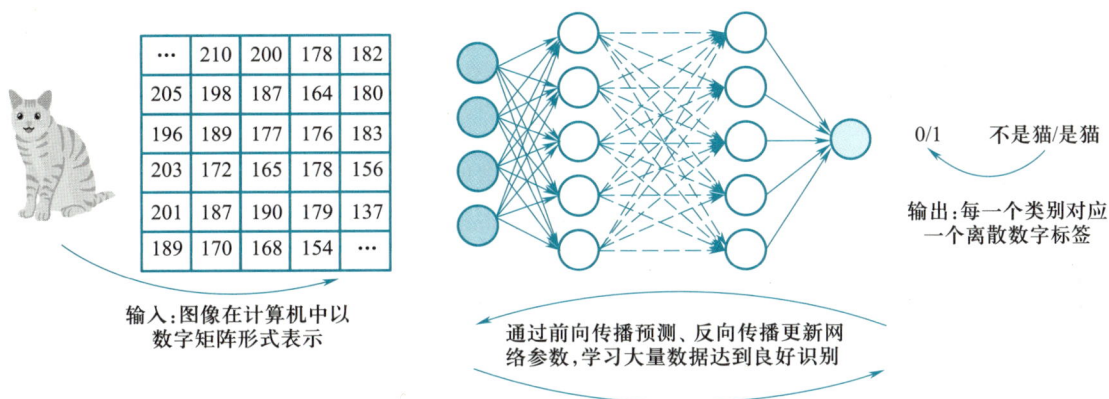

…	210	200	178	182
205	198	187	164	180
196	189	177	176	183
203	172	165	178	156
201	187	190	179	137
189	170	168	154	…

输入:图像在计算机中以数字矩阵形式表示

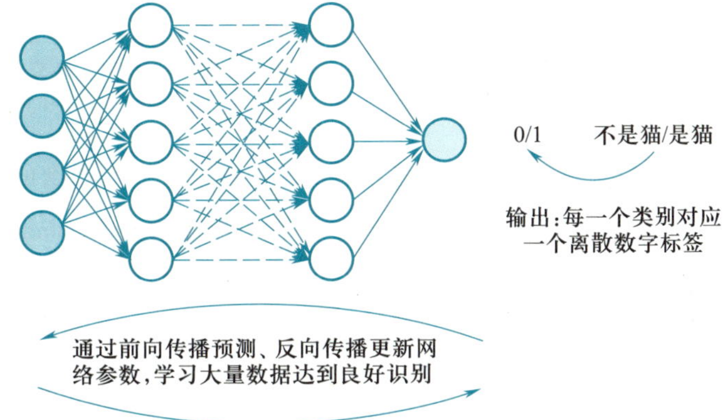

图14.28 计算机识别猫图像的示意图

【问题14.17】机器能否完成更为复杂的识别任务,令计算机识别猫、狗、更多动物,甚至其他物体?

图像多分类问题 相比于识别猫的二分类问题,令计算机同时识别多种物体,是图像分类中的多分类问题。此时需要收集的图像包括猫、狗和其他物体的图像,每一种物体需要相应的标签,例如猫的标签为1,狗的标签为2,或更多已知物体的标签为3、4……,其他未知物体的标签为0。同样地,可以建立一个类似的卷积神经网络,如图14.29所示,不同之处在于输出的类别数目增多了,有多个输出,需要设计新的损失函数来充分考虑多输出的问题。同样地,采用类似的迭代优化方法,得到输入图像到不同物体标签输出之间的最优映射函数。

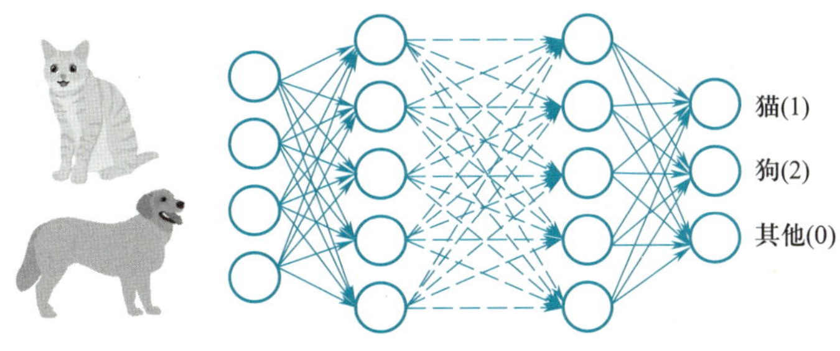

图14.29 计算机识别多类物体图像的示意图

ImageNet挑战赛 如上所示,图像分类是对图像中物体类别的理解,输入一张图像,算法输出图像中物体对应的标签。因此,图像分类是图像层面的理解。目前,神经网络在图像分类方向取得了很大成功。著名的 ImageNet 大规模视觉挑战赛,包含约 120 万张图像,共 1 000 类,每类包含 1 000 多张图像,常用于评估大规模图像分类的计算机算法的性能。2010 年,最优算法在该数据集上的识别错误率为 28.2%;2012 年,AlexNet 首次使用深度学习模型,将错误率降低为 16.4%;随后,更多深度学习模型被提出,2017 年提出的 SENet 将错误率降低为 2.25%。而人类在该数据集上识别图像的错误率为 5.1%,也就是说,在该数据集上机器识别的表现甚至优于人类,这也充分说明了深度神经网络在学习大规模数据后,其图像识别能力令人赞叹。

【问题 14.18】机器能否进一步定位图像中猫或狗等目标物体的位置,甚至勾勒出目标物体的轮廓?

目标检测 计算机理解图像,除了能识别整张图像的类别外,还需要进一步定位目标物体的位置,也就是目标检测,例如,用边界框(bounding box)给出物体的具体位置,以此帮助计算机理解目标物体与所在场景的关系。同样地,神经网络在该任务上也取得了很好的结果。例如,经典的 YOLO(you only look once)是目前"高精度、高效率、高实用性"目标检测算法的典型代表。通常目标检测算法将含有目标物体的图像输入到深度卷积神经网络,基于其特征图生成候选框,在此基础上构建两个输出分支,其中,分类分支输出目标物体(例如猫或狗等)的标签,而回归分支输出目标物体的边界框位置,如图 14.30 所示。

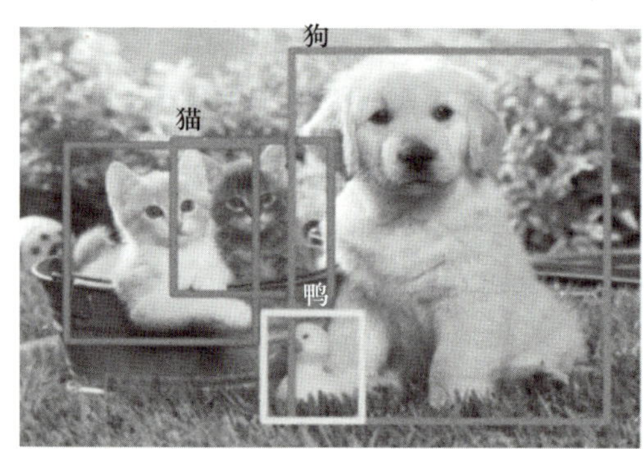

图 14.30 目标检测示意图(图源:Jae-sun Seo, Joseph Redom, and Ali Farhadi)

图像分割 目标检测是计算机对图像中物体类别和位置的理解,但有时计算机需要知道物体边界的精确位置,例如,抠图和背景填充任务中,计算机需要从图像中勾勒出感兴趣物体的轮廓,即图像分割。该任务是对图像像素级别的类别理解,如图 14.31 所示,输入一张图像,图像分割算法输出每个像素对应的类别标签,相同标签构成对应目标物体的掩码(mask),即输出感兴趣物体的类别和精确轮廓。图像分割包括语义分割(sematic segmentation)、实例分割(instance segmentation)以及全景分割(panoptic segmentation)。语义分割是指对图像中每个像素都划分出对应的类别,实现像素级别的分类,如图 14.31(中)所示,算法对像素进行分类,判断哪些像素属于猫,哪些属于狗,哪些是背景;而实例分割更注重个体的区别,在像素级别的分类上,对具体类别的不同实例进行区分,如图

14.31(右)所示,语义分割不区分图像中的两只猫,但在实例分割中,这两只猫会被赋予不同的标签以示区分。全景分割可以看作语义分割和实例分割的结合,对整张图所有像素进行类别划分,同时区分不同的实例。

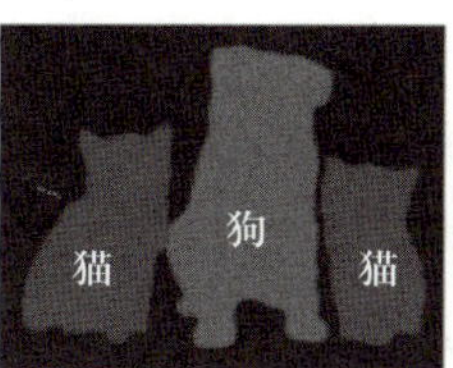

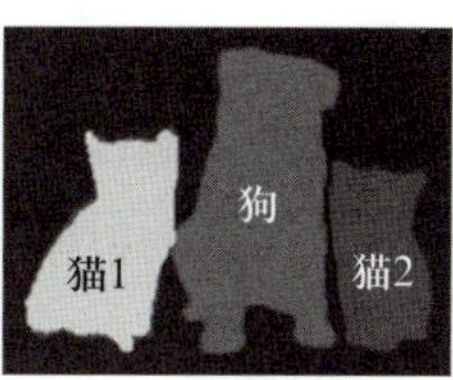

图 14.31 图像分割示意图(图源:jeremyjordan.me, V7labs.com)

【问题 14.19】图像中物体的识别、定位与分割主要是对静态图像的理解,计算机能否理解动态图像序列(例如视频),对感兴趣的物体在视频中的位置进行跟踪?

目标跟踪 在视频中对目标物体进行跟踪,即目标跟踪任务,它与目标检测任务很类似,都是定位物体的位置。但不同之处在于目标检测只是定位某类物体位置,不判定在视频前后帧中定位的物体是否是同一物体;而目标跟踪通常给出目标物体在视频第一帧中的位置坐标,算法找到该物体在接下来视频帧中的位置坐标。也就是说,目标跟踪是对图像序列(如视频)中特定物体轨迹的理解,输入图像序列或视频节选,输出目标物体在每张视频帧图像中的位置。

计算机视觉技术的实际应用 在人们生活和工作的各个场景都有计算机视觉技术的应用,例如,工作中门禁采用的人脸识别技术,拍照和视频软件中使用的人像美化技术,开车过程中使用的智能驾驶技术,以及智慧交通中使用的交通监控技术等。计算机视觉技术的快速发展与广泛使用给人们的日常生活和工作带来了极大的便利,但随之带来的隐私安全与数据保护问题也值得人们注意,这里不再赘述。

14.3.2 自然语言处理

具有人工智能的计算机除了能够理解图像、"看见"世界外,还需要能够理解和生成人类语言,能够"听和写",以降低人类与机器之间的沟通鸿沟,自然语言处理就是赋予计算机该项功能的人工智能技术。该技术的基本任务包括文档检索(document retrieval)、机器翻译(machine translation, MT)、自然语言生成(natural language generation, NLG)和对话系统(dialogue system)。

【问题 14.20】计算机如何从海量文档中检索出感兴趣的文本内容?

文档检索 体现计算机"智能"的能力之一就是其检索能力,包括文本、图像、视频、语音检索等。在互联网中存在海量文档数据,如何从这些数据中快速检索出给定关键词所对应的文本内容,即文档检索,是自然语言处理的基本任务之一。搜索引擎就是该任务的产物，早期的做法是（如图 14.32 上方所示）：首先对大量网页数据库进行预先遍历，提取网页中的关键词并存入关键词数据库；然后将搜索引擎的输入关键词与关键词数据库进行关键词匹配，得到网页与输入关键词的相关程度列表。这里的关键词可以看作文档的特征，该特征表示对特定任务可能存在表示不全或缺乏代表性的问题，而神经网络的自动特征提取功能很好地解决了该问题。如图 14.32 下方所示：在训练阶段，利用深度神经网络提取网页的特征向量，与网页标注的关键词的向量表征进行损失函数的匹配计算，通过优化网络参数自适应地提取网页特征；在搜索阶段，通过将搜索关键词向量表征与网页数据库的向量表征进行匹配计算，同样得到网页排序，按相关程度由高到低将网页链接呈现给用户。

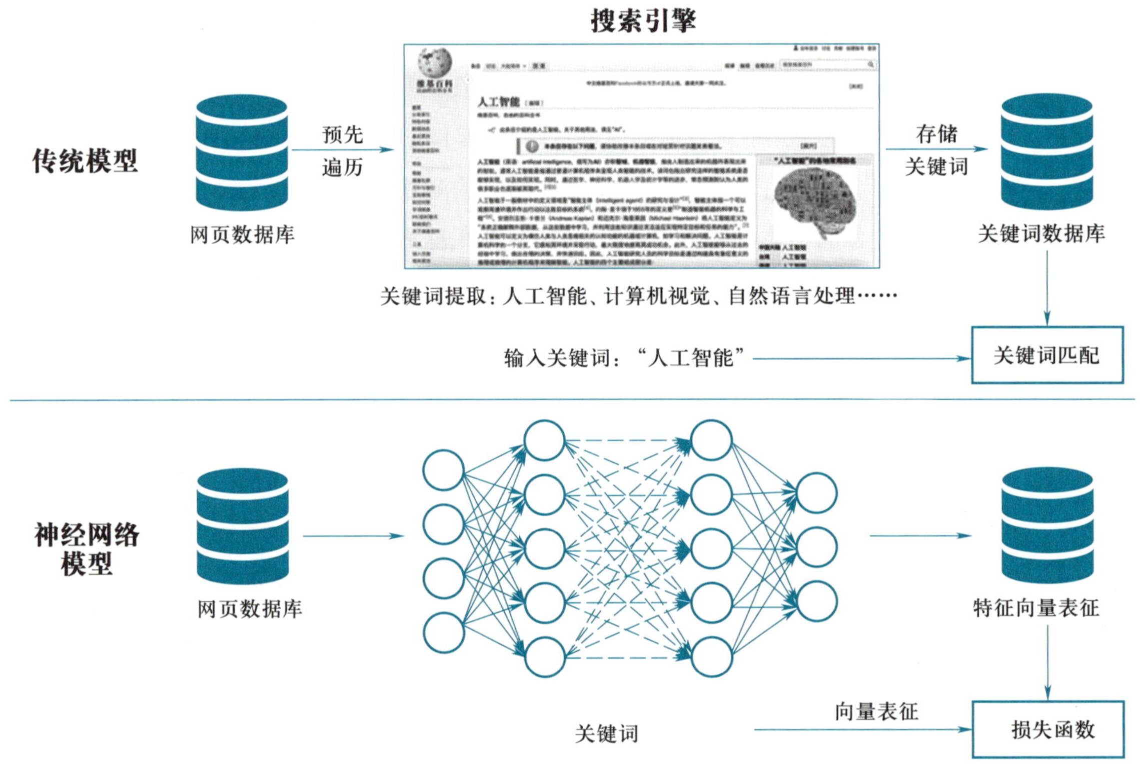

图 14.32　文档检索工具搜索引擎工作流程示意图

【问题 14.21】计算机能否理解不同的人类语言，在各种语言中自由切换（类似人工翻译）？

机器翻译 目前人类使用的语言超过 6 000 种，其中英语是全球国际化通用语言，使用人数排名第一，紧接着是汉语、法语、西班牙语、阿拉伯语等。为了更好地进行文化、科技和思维的交流，计算机需要有能翻译人类语言的“智能”。早期，研究者使用统计机器翻译（statistical machine translation），通过对大量平行语料（指使用不同语言撰写时相互之间具有“翻译关系”的文本）进行统计分析，构建模型，将源语言翻译成目标语言。目前，神经网络机器翻译（neural machine translation, NMT）成为主流，它使用深度学习模型直接将源语言文本映射成目标语言文本。如图 14.33 所示,神经网络的输入源语言文本为中文的"我今天遛狗了",通过神经网络编码器(encoder,主要提取输入文本的特征),再由解码器(decoder)循环输出目标语言文本,例如对应的英文"I walked my dog today"。相比于传统统计模型,神经网络机器翻译能生成更加流畅的译文,并逐步接近人工翻译的精度,例如,百度翻译、Google Translate、有道翻译、DeepL Translator 等,在深度神经网络模型的帮助下,这些在线翻译工具能在多种语言之间进行翻译,虽然翻译结果和人工翻译还有一定的差距,但差距在逐步缩小,机器翻译结果已达到初步可用的程度。

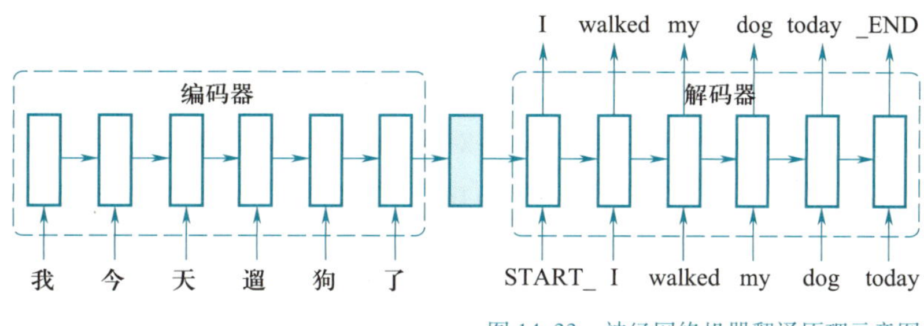

图 14.33 神经网络机器翻译原理示意图

【**问题 14.22**】计算机除了能理解人类语言外,能否生成人类可以理解的语言?

自然语言生成 前面讨论的自然语言理解是令机器像人一样,具备正常人的语言理解能力。理解只是交流的第一步,接下来计算机要具备的语言方面的"智能"是能否将非语言格式的数据转换成人类可以理解的语言格式,即自然语言生成。图 14.34 给出了自然语言生成的 6 个常规步骤,包括内容确定(content determination,确定数据中哪些信息将以文本的形式传递)、文本结构化(text structuring,按照实际场景组织文本的顺序结构)、句子聚合(sentence aggregation,为表达流畅便于阅读,对多个信息进行合并和梳理)、语法化(lexicalization,将信息和句子之间加入适当的连接,使得表达完整)、参考表达式生成(referring expression generation,和语法化类似,但会加入领域专业用语)和语言实现(linguistic realization,将所有单词、短语和句子组合形成结构良好的完整表达)。利用人工智能和语言学方法能自动生成可理解的自然语言文本,目前可生成简历、歌词、诗等,展现了类人类的语言创造能力。

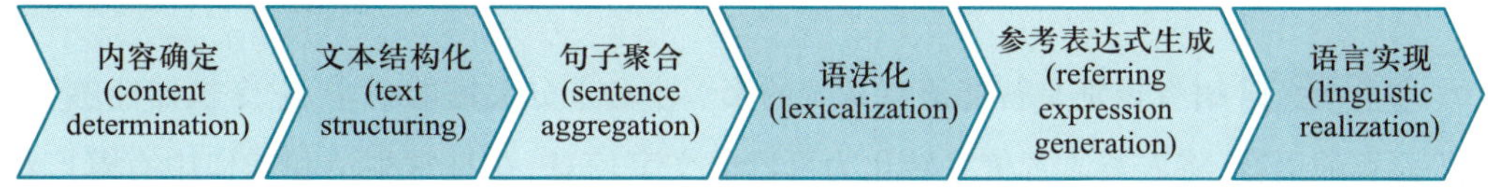

图 14.34 自然语言生成的常规步骤

【**问题 14.23**】既然计算机有理解和生成语言的能力,能否和人类进行顺畅的对话?

人机对话 在人工智能的典型场景中都少不了一个能够和人类进行顺畅对话的智能体,也就是类人对话系统,该系统应能同时具备情商和智商,能满足用户的信息需求和社交需求。为达到该目的,类人对话系统通常具有以下 3 个特点:(1) **语义理解**:能理解内容、文本和场景，表现为该对话系统有知识，言之有物；(2) **个性身份一致性**：具有类人的个性和身份，采用拟人化方式并具有其特定的个性设定；(3) **互动性**：能和会话对象进行情感和情绪上的交流，表现为能进行有情感和温度的对话，而非一个冷冰冰的机器。目前的对话系统包括问答型对话、任务型对话、闲聊型对话和图谱型对话。问答型对话系统主要针对用户的问题进行回答，例如银行、电商等的语音客服系统，该对话系统主要进行单轮会话，通常与上下文无关；任务型对话系统通常有明确的任务目标，能够精确地捕捉到用户的意图和动作，例如用于订票或导航的智能助手，该对话系统通常需要多轮对话，在特定场景下有针对性地与用户进行对话和交流；闲聊型对话系统没有特定的目标，不限定领域和话题，例如聊天机器人，该类对话系统通常进行多轮会话，不解决具体的问题，只和用户进行自然交互和对话；图谱型对话系统从知识图谱中寻找用户问题的答案，基于图谱推理的方式来解决特定问题，例如基于知识图谱的问答机器人(KGBot)。在对话系统中，文本信息通常以语音形式播出，使得人机交流变得更加方便与顺畅。

14.3.3　语音识别

智能语音 计算机视觉和自然语言处理赋予了计算机"看"和"读写"的能力，而语音技术则赋予计算机"听"和"说"的能力。如图 14.35 所示，目前的智能语音(intelligent speech)系统包括自动语音识别(automatic speech recognition，ASR，将人类语言中的词汇内容转换为计算机可读的输入，例如文本)、语义理解(通过自然语言处理技术从文本中了解用户语音输入的用途，经过相关处理后得到相应的答案，通过语言生成技术得到回答的文本)和语音交互(经过语音合成技术转化为语音输出)。

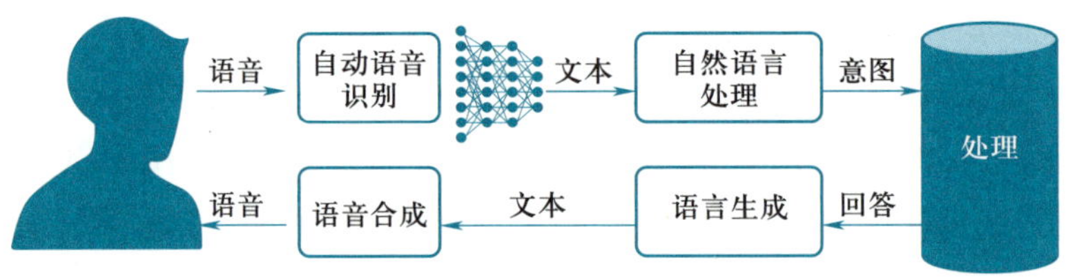

图 14.35　智能语音系统的工作流程示意图(图源：chipintell. com)

语音识别 语音识别是智能语音系统的第一步和十分关键的一步，它令机器能够"听懂"人类的语音，将人类语音信息转化为可读的文字信息，在日常生活和工作中有着广泛的应用。例如：(1) **智能汽车**：驾驶人员可以用声控导航系统和搜索功能来帮助驾驶员安全驾驶；(2) **移动设备**：智能手机上使用语音命令来访问虚拟助手，执行语音搜索等任务；(3) **医疗保健**：医生和护士利用听写应用程序来捕获和记录患者的诊断和治疗记录；(4) **电话销售**：帮助呼叫中心转录客户与销售代理之间的电话，回答常见查询并解决基本请求。

14.4 国产人工智能支撑平台——华为 MindSpore AI 框架

MindSpore 是什么 MindSpore 是华为自研的面向“端—边—云”全场景设计的 AI 框架，旨在弥合 AI 算法研究与生产、部署之间的鸿沟。在算法研究阶段，其为开发者提供动静统一的编程体验以提升算法的开发效率；在生产阶段，自动并行可以极大加快分布式训练的开发和调试效率，同时充分挖掘异构硬件的算力；在部署阶段，其基于“端—边—云”统一架构，应对企业级部署和安全可信方面的挑战。

MindSpore 整体架构 MindSpore 整体架构分为 4 层，如图 14.36 所示。

(1) 模型层，为用户提供开箱即用的功能。该层主要包含预置的模型和开发套件，以及图神经网络(graph neural network, GNN)、深度概率编程等热点研究领域拓展库。

(2) 表达层(MindExpression)，为用户提供 AI 模型开发、训练、推理的接口。支持用户用原生 Python 语言开发和调试神经网络，其特有的动静态图统一能力使开发者可以兼顾开发效率和执行性能；同时该层在生产和部署阶段提供全场景统一的 C++接口。

(3) 编译优化(MindCompiler)，作为 AI 框架的核心，以全场景统一中间表达(MindIR)为媒介，将前端表达编译成执行效率更高的底层语言，同时进行全局性能优化，包括自动微分、代数化简等硬件无关优化，以及图算融合、算子生成等硬件相关优化。

(4) 运行时，按照上层编译优化的结果对接并调用底层硬件算子，同时通过“端—边—云”统一的运行时架构，支持包括联邦学习在内的“端—边—云”AI 协同。

MindSpore 为用户提供 Python 等语言的编程范式。基于源码转换，用户可以使用原生 Python 控制语法和其他一些高级 API，例如元组(tuple)、列表(list)和 Lambda 表达。其主要特性如下。

· **端—边—云全场景**。MindSpore 是训练和推理一体化的 AI 框架，同时 MindSpore 支持 CPU、GPU、NPU 等多种芯片，并且在不同芯片上提供统一的编程使用接口以及可生成在多种硬件上加载执行的离线模型。MindSpore 按照实际执行环境和业务需求，提供多种规格的版本形态，支持部署在云端、服务器端、手机等嵌入式设备端以及耳机等超轻量级设备端上的部署执行。

· **动静统一的编程体验**。传统 AI 框架主要有两种编程执行形态——静态图模式和动态图模式。静态图模式会基于用户调用的框架接口，在编译执行时首先生成神经网络的图结构，然后执行图中涉及的计算操作。静态图模式能有效感知神经网络各层算子间的关系情况，基于编译技术进行有效的编译优化以提升性能。但传统静态图需要用户感

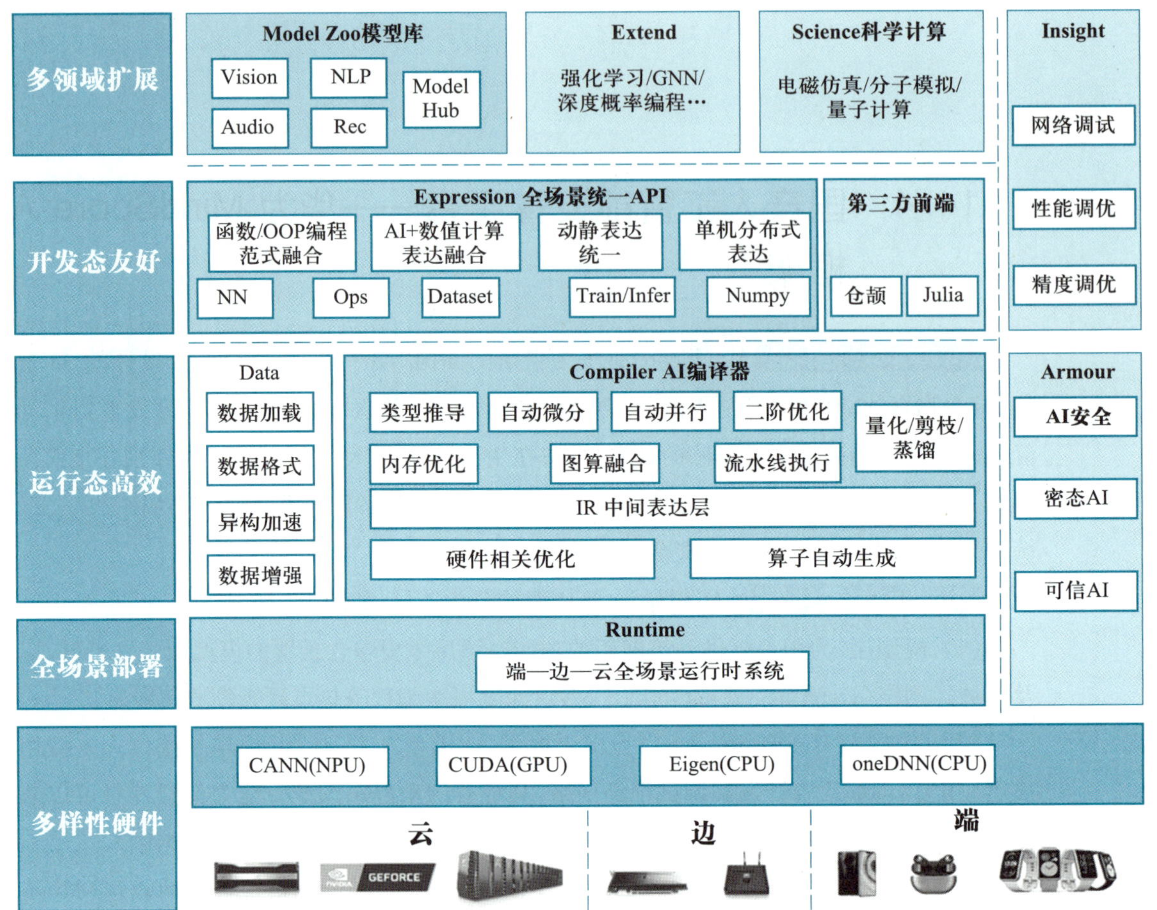

图 14.36　MindSpore AI 框架示意图

知构图接口，组建或调试网络比较复杂，并且难于与常用 Python 库、自定义 Python 函数穿插使用。动态图模式能有效解决静态图的编程较复杂问题，但由于程序按照代码的编写顺序执行，不作整图编译优化，导致相对性能优化空间较少，尤其是面向领域专用架构（domain specific architecture，DSA）等专有硬件的优化较难实现。MindSpore 基于源码转换机制构建神经网络的图结构，相比于传统的静态图模式有更易用的表达能力，同时能够更好地兼容动态图和静态图的编程接口，例如面向控制流，动态图可以直接基于 Python 的控制流关键字编程。而静态图需要基于特殊的控制流算子编程或者需要用户编程指示控制流执行分支，这导致了动态图和静态图编程差异较大。MindSpore 的源码转换机制可基于 Python 控制流关键字，直接使能静态图模式的执行，使得动、静态图的编程统一性更高。同时用户基于 MindSpore 的接口，可以灵活地对 Python 代码片段进行动、静态图模式控制，即可以将程序局部函数以静态图模式执行而同时将其他函数按照动态图模式执行，从而使得在与常用 Python 库、自定义 Python 函数进行穿插执行使用时，用户可以灵活指定函数片段进行静态图优化加速，而不牺牲穿插执行的编程易用性。

· **自动并行**。MindSpore 针对深度学习网络越发庞大、需要复杂而多样化分布式并行策略的问题，框架内置了多维分布式训练策略，可供用户灵活组装使用。同时通过并行抽象，隐藏通信操作，简化用户并行编程的复杂度。通过自动的并行策略搜索，提供透明且高效的分布式训练能力。"透明"是指用户只需更改一行配置，提交一个版本的 Python 代码，即可在多个设备上运行这一版本的 Python 代码进行训练。"高效"是指该算法以最小的代价选择并行策略，降低了计算和通信开销。MindSpore 在并行化策略搜索中引入了张量重排布(tensor redistribution，TR)技术，这使输出张量的设备布局在输入到后续算子之前能够被转换。MindSpore 识别算子在不同输入数据切片下的输出数据 overlap 情况，并基于此进行切片推导，自动生成对应的张量重排布计划。基于该计划，可以统一表达数据并行、模型并行等多种并行策略。同时 MindSpore 面向分布式训练，还提供了 pipeline 并行、优化器并行、重计算等多种并行策略供用户使用。

· **函数式编程接口**。MindSpore 提供面向对象和面向函数的编程范式。用户可以基于 nn. Cell 类派生定义所需功能的 AI 网络或网络的某一层(layer)，并可通过对象的嵌套调用的方式将已定义的各种 layer 进行组装，完成整个 AI 网络的定义。同时用户也可以定义一个可被 MindSpore 源到源编译转换的 Python 纯函数，通过 MindSpore 提供的函数或装饰器，将其加速执行。在满足 MindSpore 静态语法的要求下，Python 纯函数可以支持子函数嵌套、控制逻辑甚至递归函数表达。因此基于此编程范式，用户可灵活使用一些功能特性。

· **基于源码转换的自动微分**。不同于常见 AI 框架的自动微分机制，MindSpore 基于源码转换技术，获取需要求导的 Cell 对象或者 Python 纯函数，对其进行语法解析，构造可被微分求导的函数对象，并按照调用关系，基于调用链进行求导。传统的自动微分主流转换有 3 种：(1) 基于图方法的转换：在编译时将网络转换为静态数据流图，然后将链式规则转换为数据流图，实现自动微分；(2) 基于运算符重载的转换：以算子重载的方式记录前向执行时网络的操作轨迹，然后将链式规则应用到动态生成的数据流图中，实现自动微分；(3) 基于源码的转换：该技术从函数式编程框架演化而来，对中间表达(程序在编译过程中的表达形式)，以即时编译(just-in-time compilation，JIT)的形式进行自动微分变换，支持复杂的流程控制场景、高阶函数和闭包。

图方法可以利用静态编译技术优化网络性能，但是组建或调试网络十分复杂。构建在运算符重载技术之上的动态图使用十分方便，但很难在性能上达到极限优化。MindSpore 采取的基于源码转换的自动微分策略，与基本代数中的复合函数有直观的对应关系，只要已知基础函数的求导公式，就能推导出由任意基础函数组成的复合函数的求导公式，因此兼顾了可编程性和性能。一方面它能够和编程语言保持一致的编程体验；另一方面它是中间表示(intermediate representation，IR)粒度的可微分技术，可复用现代编译器的优化能力，性能也更优。同时，基于函数式编程范式，MindSpore 提供了丰富高阶函数(例如 vmap、shard 等)内置高阶函数功能，与微分求导函数 grad 类似，可以令用户方便地构造一个函数或对象，作为高阶函数的参数。高阶函数经过内部编译优化，生成针对用户函数的优化版本，实现向量化变换、分布式并行切分等特点功能。

· **图算融合**。MindSpore 等主流 AI 计算框架对用户提供的算子通常从用户可理解、易使用角度进行定义。每个算子承载的计算量不等，计算复杂度也各不相同。但从硬件执行角度看，这种天然的、基于用户角度的算子计算量划分并不高效，也无法充分发挥硬件资源计算能力。主要体现为计算量过大、过于复杂的算子通常很难生成切分较好的高性能算子，从而降低设备利用率；计算量过小的算子，由于计算无法有效隐藏数据搬移开销，也可能会造成计算的空等时延，从而降低设备利用率；硬件（device）通常为多核、众核结构，当算子（shape）较小或其他原因引起计算并行度不够时，可能会造成部分核的空闲，从而降低设备利用率。尤其是基于专用处理器架构（domain-specific architecture，DSA）的芯片对这些因素更为敏感。如何最大化发挥硬件算力性能的同时使算子也能具备较好的易用性，一直以来是一个很大的挑战。在 AI 框架设计方面，目前业界主流是采用图层和算子层分层的实现方法。图层负责对计算图进行融合或重组，算子层负责将融合或重组后的算子编译为高性能的可执行算子。图层通常采用基于 Tensor 的 High-Level IR 的处理和优化，算子层则采用基于计算指令的 Low-Level IR 进行分析和优化。这种人为分层处理显著增加了图、算两层进行协同优化的难度。MindSpore 在过去几年的技术实践中，采用了图算融合的技术较好地解决了这一问题。NLP 等不同类别的典型网络在使能图算融合后，训练速度都有明显收益，主要原因之一就是这些网络中存在大量小算子组合，具有较多的融合优化机会。

· **安全可信**。MindSpore 考虑到企业部署使用时对安全可信的丰富需求，因而在不断演进和完善各种面向安全可信方向的技术，并内置以下框架。

（1）对抗性攻击防御。对抗性攻击对机器学习模型安全的威胁日益严重。攻击者可以通过向原始样本添加人类不易感知的小扰动来欺骗机器学习模型。为了防御对抗性攻击，MindSpore 安全组件 MindArmour 提供了攻击（对抗样本生成）、防御（对抗样本检测和对抗性训练）、评估（模型稳健性评估和可视化）等功能。给定模型和输入数据，攻击模块提供简单的 API，能够在黑盒和白盒攻击场景下生成相应的对抗样本。这些生成的对抗样本被输入防御模块，以提高机器学习模型的泛化能力和稳健性。防御模块还实现了多种检测算法，能够根据恶意内容或攻击行为来区分对抗样本和正常样本。评估模块提供了多种评估指标，开发者能够轻松地评估和可视化模型的稳健性。

（2）隐私保护人工智能。隐私保护也是人工智能应用的一个重要课题。MindArmour 考虑了机器学习中的隐私保护问题，并提供了相应的隐私保护功能。针对已训练模型可能会泄露训练数据集中的敏感信息问题，MindArmour 实现了一系列差分隐私优化器，自动将噪声加入反向计算生成的梯度中，从而为已训练模型提供差分隐私保障。特别地，优化器根据训练过程自适应地加入噪声，能够在相同的隐私预算下实现更好的模型可用性。同时其提供了监测模块，能够对训练过程中的隐私预算消耗进行动态监测。用户可以像使用普通优化器一样使用这些差分隐私优化器。

（3）端侧学习和联邦学习。虽然在大型数据集上训练的深度学习模型在一定程度上是通用的，但是在某些场景中，这些模型仍然不适用于用户自己的数据或个性化任务。MindSpore 提供端侧训练方案，允许用户训练自己的个性化模型，或对设备上现有的模型进行微调，同时避免了数据隐私、带宽限制和网络连接等问题。端侧将提供多种训练策略，例如初始化训练策略、迁移学习、增量学习等。MindSpore 支持联邦学习，通过向云侧发送模型更新/梯度来共享不同的数据，模型可以学习更多的通用知识。

14.5 人工智能与社会——人工智能+

人工智能的重要性 如今，人工智能技术已经深入人们的日常生活和工作，深刻地影响着人们的社会环境，并且正在逐步改变人类的生活方式和思维模式。随着人工智能技术的不断发展和突破，尤其在金融、医疗、制造等行业中的迅猛发展，全球人工智能产业规模预估不断扩大。不可否认的是，人工智能已经成为引领未来的战略性技术，世界各国均在大力发展新一代人工智能技术以提高本国的竞争力。例如，美国发布了《国家人工智能研究和发展战略计划》，将人工智能上升到国家战略高度，并确定长期投入和开发下一代人工智能技术，随后出台了一系列人工智能战略和政策，例如《国家人工智能研究和发展战略计划：2019 更新版》、2021 年人工智能国家安全委员会发布的《最终报告》和国土安全部发布的《人工智能/机器学习战略计划》等。2021 年，“中国脑计划”正式启动，国家投入 30 多亿人民币来支持“脑科学与类脑研究”；2022 年，美国政府计划在未来十年对脑科学研究计划投入 45 亿美元来变革神经科学，推动脑科学的研究进入新阶段。鉴于脑科学与人工智能密不可分和其相互促进作用，这些举措也将为人工智能技术的发展带来新的契机。

《新一代人工智能发展规划》 2017 年，国务院印发了《新一代人工智能发展规划》，明确指出我国人工智能的重点任务是“立足国家发展全局，准确把握全球人工智能发展态势，找准突破口和主攻方向，全面增强科技创新基础能力，全面拓展重点领域应用深度广度，全面提升经济社会发展和国防应用智能化水平”。具体来说，中国在人工智能领域致力于构建开放协同的人工智能科技创新体系，培养高端高效的智能经济，建设安全便捷的智能社会，加强人工智能领域军民融合，构建安全高效的智能化基础设施体系，以及前瞻布局新一代人工智能重大科技项目。其中，形成无时不有、无处不在的智能化环境，建立安全便捷的智能社会是推进人工智能深度应用的主要方向。首先，人工智能提供便捷高效的智能服务，包括智能教育、智能医疗、智能健康和养老等，为精准教育、精准医疗、群体健康管理和老龄化社会问题提供智能化的解决方案。其次，人工智能推进社会治理智能化，包括智能政务、智慧法庭、智慧城市、智能环保和智能交通等，为行政、司法、城市、环境等的管理和保护提供智能化的解决措施。此外，人工智能帮助提升公共安全保障能力，使得公共区域潜在威胁的检测和预警智能化，对自然灾害的检测、控制和应对同样智能化，构建公共安全综合预测与应对平台。最后，人工智能能够促进社会交往与信用的智能化，例如，促进虚拟环境和实体环境的协同融合，开发情感交互智能助理满足人类情感需求，以及促进区块链技术和人工智能的融合，建立新型社会信用体系，降低人际交往成本和风险。

人工智能科技创新《新一代人工智能发展规划》中提出了我国未来人工智能科技创新体系，指出“从前沿基础理论、关键共性技术、基础平台、人才队伍等方面强化部署，促进开源共享，系统提升持续创新能力”。中国将在基础理论，例如大数据智能、群体智能、类脑智能计算、量子智能计算等投入大量资金和人才，攻克知识计算引擎与知识服务、跨媒体分析推理、智能计算芯片与系统等关键共性技术，创建一系列基础支撑平台，例如人工智能开源软硬件平台、群体智能服务平台、自主无人系统、人工智能基础数据与安全检测平台等；还将培养一大批高端人才，培养创新人才和团队，引进高端人工智能人才，以及建立人工智能学科等。

人工智能伦理问题 人工智能快速发展过程中的伦理问题应当引起研发者和使用者的重视。例如，带有性别、种族、肤色等偏见的搜索结果，自动驾驶在道德和伦理困境中的决策问题，人工智能决策中的透明度、中立性和公平性问题等。人工智能俨然逐步深入日常生活的方方面面，基于人工智能作出的每一个决策都将深远地影响人类，若人工智能技术偏离了初衷，被不法分子利用，对整个人类社会将产生极大的负面影响。而人工智能的健康发展离不开相关法律法规和伦理道德规范。法律法规研究包括与人工智能应用相关的民事与刑事责任确认、隐私和产权保护、信息安全利用等；建立追溯和问责制度，明确人工智能法律主体以及相关权利、义务和责任等，尤其是重点领域如自动驾驶、服务机器人等。而伦理道德规范研究包括建立伦理道德多层次判断结构及人机协作的伦理框架，制定人工智能产品研发设计人员的道德规范和行为守则，加强对人工智能潜在危害与收益的评估，构建人工智能复杂场景下突发事件的解决方案等。

《新一代人工智能伦理规范》 国家新一代人工智能治理专业委员会在 2021 年发布了《新一代人工智能伦理规范》（简称《伦理规范》），将伦理道德融入人工智能全生命周期，为从事人工智能相关活动的自然人、法人和其他相关机构等提供伦理指引。《伦理规范》从增加人类福祉、促进公平公正、保护隐私安全、提高伦理素养、强化责任担当、确保可控可信等方面提出人工智能各类活动应遵循的基本伦理规范。人工智能研发者除了在技术研发过程中遵循上述伦理规范外，在技术层面也应尽可能地不引入个人的观点和想法，保证数据和模型的无偏性和公正性，并且尽可能地打破目前大部分人工智能，特别是深度学习技术的“黑箱”问题，尽可能地让人工智能工具透明化，给出决策的具体过程，让关键决策变得清楚明白。这就需要研发群体除了有“解题者”的思维，能研发出满足实际需求的人工智能技术，也需要有“主人翁”的精神，能探究人工智能技术的缘由，这样人类才能真正掌控人工智能技术。

本章小结

本章以线性回归为切入口，简单介绍了机器学习的相关概念和思维，继而深入到机器学习的典型代表——深度学习，引导读者了解神经网络的构造方式和优化方法，学习深度学习的思维方法。由于篇幅限制，本章仅以机器学习和深度学习为代表简单介绍了人工智能的典型思维过程。在人工智能基本技术方面，本章以声、图、文识别为例，从计算机视觉、自然语言处理和语音识别 3 个方面介绍了人工智能如何赋予机器“看”“读/写”和“听/说”的能力。最后，本章简单介绍了人工智能和社会的关系，以及需要时刻谨记的人工智能伦理问题。

视频学习资源目录 14

本章视频学习资源

1. 视频 14-1　算法训练与机器学习
2. 视频 14-2　神经网络与深度学习
3. 视频 14-3　人工智能发展史
4. 视频 14-4　计算机视觉发展史
5. 视频 14-5　语音识别发展史
6. 视频 14-A　MindSpore-introduction
7. 视频 14-B　MindSpore-quickstart
8. 视频 14-C　MindSpore-Tensor
9. 视频 14-D　MindSpore-dataset
10. 视频 14-E　MindSpore-model
11. 视频 14-F　MindSpore-autogard
12. 视频 14-G　MindSpore-train
13. 视频 14-H　MindSpore-save_load
14. 视频 14-I　MindSpore-infer

思考题 14

1. 人工智能、机器学习和深度学习的关系是什么？相比传统的机器学习方法，深度学习方法的优势和劣势是什么？

2. 监督学习、无监督学习和强化学习的不同之处是什么？举例说明 3 类学习方法各自的应用场景。

3. 为什么单层感知机不能模拟“异或”运算？如何解决该问题？

4. 如何使用深度神经网络帮助盲人识别日常生活中的物品？

5. 自然语言处理和语音识别有何联系与区别？

6. 举例说明人工智能对人类社会的影响，以及人工智能伦理问题的重要性。

第 15 章

软件思维——软件定义一切

本章要点：　理解计算机系统中的软硬件关系；了解三元融合的发展趋势，建立用软件解决社会问题的思维；理解软件的服务化本质，能够从用户需求和软件价值的视角形成服务思维。

本章导图：

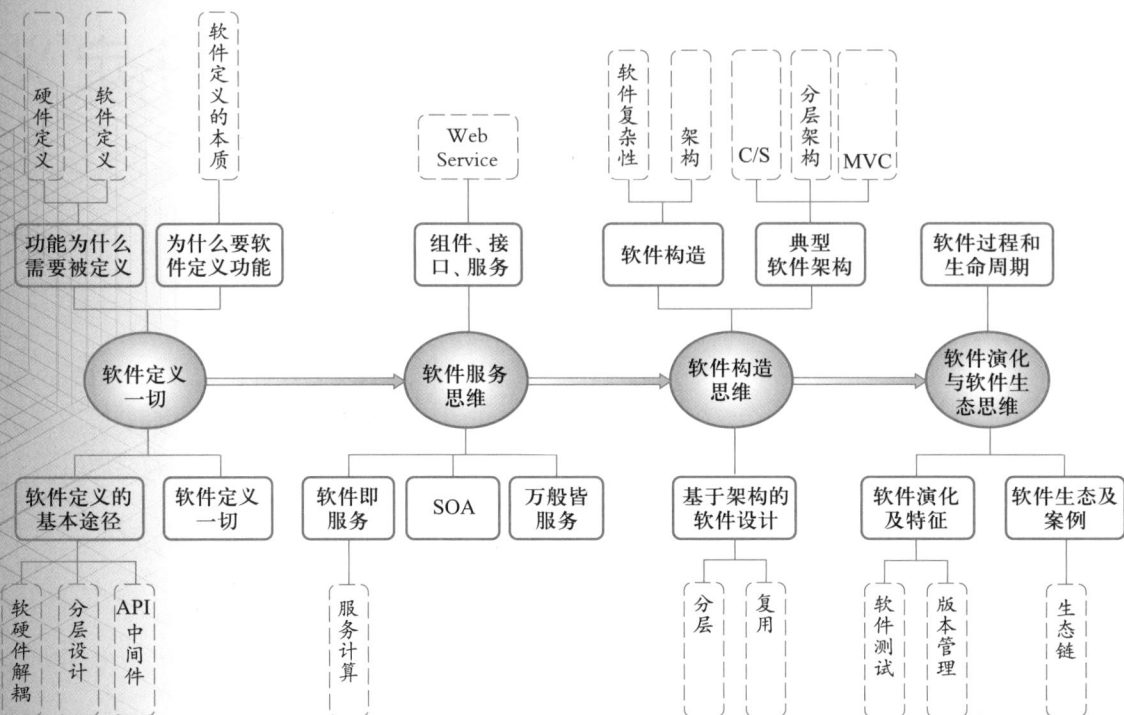

- 软件定义一切
  - 功能为什么需要被定义
    - 硬件定义
    - 软件定义
  - 为什么要软件定义功能
    - 软件定义的本质
  - 软件定义的基本途径
    - 软硬件解耦
    - 分层设计
    - API中间件
  - 软件定义一切
- 软件服务思维
  - 组件、接口、服务
    - Web Service
  - 软件即服务
    - 服务计算
  - SOA
  - 万般皆服务
- 软件构造思维
  - 软件构造
    - 软件复杂性
    - 架构
  - 典型软件架构
    - C/S
    - 分层架构
    - MVC
  - 基于架构的软件设计
    - 分层
    - 复用
- 软件演化与软件生态思维
  - 软件过程和生命周期
  - 软件演化及特征
    - 软件测试
    - 版本管理
  - 软件生态及案例
    - 生态链

15.1 软件定义一切

15.1.1 功能为什么需要被“定义”

功能定义是产品功能设计与实现的基础 无论是机械设备、电子产品，还是软件系统等商品，都因具有独特的使用价值，而得以在市场上生存与迭代发展，例如小米科技初入手机行业时，因产品定位于科技发烧友和青年群体，提供高性价比的新技术手机产品，从而获得了众多消费者的青睐。需求是指从用户视角对产品的功能进行规划，并形成符合产品定位的解决方案。任何一类产品的立足点均基于需求。需求来自用户源源不断的需求反馈，包括“刚性”需求和“适应性”需求：对智能手机而言，语音通信、数据通信是“刚性”需求，即每一款手机都需要实现的基础必备需求；而手机界面展示、字体风格等是“适应性”需求，不同类型的手机根据产品定位选择不同途径实现“适应性”需求。在产品设计过程中，面对“刚性”需求和“适应性”需求，都需要将需求定义为不同的功能，即明确产品功能核心、必要的用途、适用的场景、使用的流程等。拍照功能已成为手机的“刚性”需求，通过摄像头最大像素、光学变焦倍数、夜光拍摄能力等可对拍照功能进行定义。产品功能的定义，为产品设计、产品生产、产品测试、产品使用等提供了实施对象，同时便于产品质量的监督管理。

“硬件定义”和“软件定义”是产品功能定义的典型形式 基于产品功能的实现方式不同，功能定义可划分为“硬件定义”和“软件定义”。硬件定义是指设备/设施/产品的功能全部由机械装置、元器件、电路、芯片等硬件实现。例如第一台电子计算机“ENIAC”的弹道计算功能是由众多电子管实现的，并不依赖处理软件，是典型的“硬件定义”电子计算机。软件定义是指除了最基本的硬件，用软件定义系统的功能，用软件给硬件赋能，实现系统效率和能力的最大化。例如，云平台中的虚拟计算机不是真正独立的计算机（没有独立控制与管理的 CPU、存储器等硬件设备和独立控制的操作系统），而是基于云平台的 CPU 和存储等硬件资源，利用虚拟机软件生成指定 CPU 数量、指定存储器容量、具备独立控制操作系统的虚拟计算机。虚拟计算机功能的多少与能力的强弱均由虚拟机软件指定，从而实现“软件定义”的计算机。

软件定义与三元融合是软件发展的新阶段 从计算机软件制品的形态上看，软件发展大体经历了 3 个阶段，即“软硬一体化阶段”“产品化阶段”和“网络化、服务化阶段”。3 个阶段尽管在时间上存在先后，但并不对立，也难以绝对分离，而是前后传承、交织，呈现

“包容式”的融合发展态势。电子计算机的出现开启了“软硬一体化阶段”，第一代电子计算机没有软件，是专用计算机器，以机器语言为主；1949—1959 年，出现了第一批为客户开发定制解决方案的专业软件服务公司。第一阶段是典型的以“硬件定义”为主的阶段，计算机产品的功能主要由硬件负责定义与实现。1959—1969 年，出现了第一批软件产品，它们被专门开发出来重复地销售给一个以上的客户，逐渐形成程序员行业；1975 年后，软件进入产品化、产业化阶段，Microsoft 和 Oracle 的出现，标志着软件开始成为一个独立产业。第二阶段是“产品化阶段”，该阶段是“硬件定义”与“软件定义”相互补充的阶段，计算机产品的一部分功能开始由软件进行定义。1995 年后，互联网推动了软件从单机向网络计算环境的延伸，软件进入“网络化、服务化阶段”，将原先一体化的硬件设施打破，将基础硬件虚拟化并提供标准化的基本功能，然后通过管控软件，控制其基本功能，提供更开放、灵活、智能的管控服务。第三阶段是以“软件定义”为主的阶段，通过人类社会、计算机空间（cyberspace，虚拟空间）、物理空间呈现联通互动、数字双生、虚实交融的景象，形成以人为中心的人、机、物三元泛在融合的新世界，物与物之间、物与人之间的广泛互联，都与“软件定义”、三元泛在融合世界密不可分。人、机、物三元融合是依托人工智能、物联网、大数据等技术的深度应用，通过不同层次的软件定义和软件协同，推动物理空间、信息空间和社会空间的高效协作与有机融合，物理空间与信息空间、社会空间进行信息交互，信息空间与社会空间则进行着认知属性和计算属性的智能融合。

15.1.2 为什么需要“软件定义功能”

硬件定义是软件定义的必要条件 自汽车诞生之日起至 21 世纪初，汽车的功能都是由硬件定义的（如图 15.1 所示）。1886 年，德国人 Karl Friedrich Benz 发明制造了第一辆汽车，该汽车由一台 2 冲程 0.9 马力（1 马力≈0.735 kW）的汽油发动机、钢管打造的车架、火花点火装置、水冷循环设备、前后轮、方向盘等硬件组成，可乘坐 2~3 人，时速为 14 km/h；1908 年，美国人 Henry Ford 设计制造的 T 型汽车是世界上第一种以大量通用零部件进行大规模流水线装配作业的汽车，由 20 马力的发动机、底盘、变速箱、车轮等组成；1922 年，电子点火器取代了启动曲柄；1930 年有了汽车收音机；1953 年推出了车载空调；1974 年有了第一个数字仪表盘；1980 年安全气囊开始成为标配。在这一时期，每一个新的汽车零部件出现，都需要依赖于特定的硬件设备才能实现功能，即汽车功能是由硬件定义、硬件实现的，例如汽车照明功能由车载电池、车灯等硬件实现；但若想实现车灯的闪烁与音乐相契合（如同音乐喷泉的喷水造型与音乐相契合一样），则会因没有相适应的硬件设备而无法实现。

21 世纪初期，通用汽车与摩托罗拉合作，创造了第一个汽车互联系统（OnStar 远程信息处理系统），该系统可以在安全气囊展开时呼叫紧急服务，以及提供 GPS 定位、同时传输语音和数据的能力；宝马汽车推出了 iDrive 系统，该系统将车载通信、远程网络服务、娱

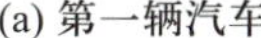
(a) 第一辆汽车

(b) 福特T型汽车

图 15.1 硬件定义的汽车

乐、信息等功能设置于一个高度集成的中央控制中心和显示器上(如图 15.2 左侧所示);特斯拉汽车推出了全自动驾驶软件系统,该系统可实时监视前车的距离和速度、监视前后左右及盲区、自动变道打灯、识别交通灯等。21 世纪以来,尤其是随着近年信息技术的发展,汽车硬件集成度越发优秀、功耗逐渐降低、可靠性越发强大,同时车载通信网络已经完全打破了时空的限制,远程高速互联支撑了更为灵活高效和多样化的服务,甚至能够利用手机对车辆进行控制(如图 15.2 右侧所示)。

(a) 车载多媒体显示屏

(b) 手机遥控汽车

图 15.2 软件定义的汽车

软件定义是应对多样化需求的关键 用软件定义汽车的功能,即是对汽车赋予新的能力。汽车在经历了百年的发展后,其硬件设备可以提供大约 700 个通用功能,主要包括与驾驶密切相关的操作(例如方向控制、换挡等)、与车辆基本状态相关的功能(例如车速、灯光、空调等)、与车辆辅助操作相关的功能(例如倒车雷达等)。但通用功能远不能满足现今多样化、个性化的汽车功能需求,迫切需要进一步缩短推出新功能的周期,支持功能定制化升级。由于硬件迭代更新周期过长,功能升级维护成本高,硬件定义的汽车已开始失去用户市场;而软件迭代更新周期短,功能升级维护成本低廉,可面向多样化的需求,因此软件定义的汽车已开始引领汽车产业的发展。

【示例 15.1】软件定义汽车(software defined vehicle,SDV)。

在拥堵的城市街道以保证前后车安全距离的方式行驶,在密集拥堵的停车位实现精准定位和顺利泊车，这些功能在非软件定义的汽车上，都需要依赖驾驶员自行实现。软件定义的汽车则可以在模块化和通用化硬件平台支撑下，集成人工智能、物联网、云计算等核心软件技术，实现整车功能的重新定义。例如特斯拉、蔚来、小鹏等汽车，通过车端、云端的深度互联互动，在中央计算机、智能驾驶计算机、信息娱乐计算机等核心计算机群组的支持下，软件实现可升级、可迭代，功能和数据更可通过云端重编排、重组合，能够为用户提供“千人千面、千车千面”的个性化需求。软件定义的汽车在控制软件的调度下，同样依托车载电池、车灯等硬件实现的车内照明，可配合音乐闪烁出不同形式的灯光效果，从而在原有单一照明功能的基础上，基于软件定义出更多样化的功能。特斯拉推出了加速性能软件升级包，Model 3 车主只要付费升级软件，即可将汽车的百公里加速性能从 4.6 s 提升至 4.1 s。

【示例 15.2】软件定义电视。

硬件定义的电视由电源、接收单元、声音转制单元、信号传输转化图像信号单元、显示设备等组成，无法通过软件重编排实现电视机功能的重组合。软件定义的电视，例如支持远程看家、镜像投屏隐私保护、可视门铃、体感游戏等功能的智慧屏电视，借助于显示屏、摄像头、音响等硬件设备，通过软件将不同硬件功能进行组合，实现基于摄像头的体感游戏功能和可视门铃等功能，为消费者带来功能属性的持续升级，摆脱了硬件迭代更新较慢的束缚，基于软件定义出更加多样化的电视功能。

软件定义的本质是基于软件编程的方式实现定制化功能 软件定义的本质是在硬件基础设施数字化、标准化的基础上，基于软件编程的方式实现硬件和资源的虚拟化、灵活化、多样化和定制化，提供客户化、智能化、定制化的服务，实现应用软件与硬件的分层解耦与功能融合。中国电子学会认为：软件定义通过硬件资源虚拟化（将各种实体硬件资源抽象化，打破物理形态的不可分割性，以便通过灵活重组、重用发挥最大效能）、系统软件平台化（通过基础软件对硬件资源进行统一管控、按需配置与分配，并通过标准化的编程接口解除上层应用软件和底层硬件资源之间的紧耦合关系，使其可以各自独立演化）、应用软件多样化（对外提供更为灵活高效和多样化的服务），在成熟的平台化系统软件解决方案的基础上，使应用软件不受硬件资源约束，将得到可持续的迅猛发展，整个系统将实现更多的功能。

15.1.3　“软件定义一切”综述

软件驱动世界的进程与“电”的方式相似 在 20 世纪 90 年代，“电”使得经济社会产生了巨大改变。历史总是惊人地相似，尽管“电”和软件驱动世界的路径不同，但“电”和软件的驱动进程十分相似。物理世界与信息世界已开始深度交叉融合，软件驱动世界的进程也进入了深化发展的阶段，软件将在未来不断重新定义世界的万事万物，软件定义的价值将不断被挖掘、被利用。

【示例 15.3】软件驱动世界的进程与“电”十分相似。

Boyan Jovanovic 和 Peter L. Rousseau 曾撰文指出，从历史的长周期来看，计算机普及的速度（从 1971 年到 2001 年）和电力技术普及的速度（从 1894 年到 1924 年）非常相似。电重新定义动力（设备由蒸汽机变为电动机，资源由水变为电）之后，全要素生产率（total factor productivity，TFP）明显提高。1870—1900 年，第二次产业革命处于初始期，电力刚刚投入商用，对 TFP 影响有限，在 20 年间美国 TFP 年增长 1.5%左右（1870—2010 年，美国 TFP 年增长率为 1.5%~1.8%）。1920 年后，电在工业领域广泛应用，TFP 快速提高，1920—1940 年的 TFP 年均增长 2.5%左右。电驱动世界的路径是由简入繁、由浅入深的，首先从照明等生活领域开始，逐步进入生产领域，从而带动工业生产率的大幅提高，之后在生活领域继续深化应用，不断改善人类的生活条件，例如电视、电饭煲、电冰箱等。电的应用路径受人类认知过程、发明创新进程、基础设施建设进程、成本下降过程等多方因素影响。

软件驱动世界的路径与“电”有所不同 软件驱动世界的路径从军方、政府、大型企业组织等生产领域开始，因为对价格敏感度低，能够承受成百上千人的 IT 支持队伍，这一阶段统称为企业 IT 时代。企业 IT 时代下，软件最初作为硬件的附加，提供计算功能，进入计算密集型领域，协助科研人员进行密集计算，方便政府部门进行统计；之后进入财务领域、工程设计等信息密集型领域以提高效率；其后进入企业物料管理领域、办公自动化领域，实现办公流程的自动化、生产管理的信息化。企业 IT 时代下，软件驱动企业基本是外围的、辅助的，深入到生产流程的全面自动化仍十分有限，2007 年，欧盟所有企业中实现全流程数字化的企业仅占 20%~35%，2010 年，北京市实现全流程数字化的企业比例尚不超过 15%。企业 IT 时代下，软件驱动世界类似于电驱动世界的早期阶段，可谓渗透有限、功能有效、作用有限。

软件驱动世界的第二阶段是软件进入数以十亿计的普通消费者时，也就是所谓的消费 IT 时代。互联网时代的到来逐步拉开消费 IT 时代的序幕，IT 加速进入生活领域，iPhone 的诞生标志消费 IT 时代进入新的发展阶段。企业 IT 时代向消费 IT 时代的转变，导致“软件是硬件的附属”变为“硬件是软件的附庸”，计算的软件变成软件的计算，近几年呈现的云计算、大数据的核心都是软件。这一阶段软件对经济社会的作用开始猛增，无论是互联网企业的人均生产效率、信息化进程，还是民众生活便捷程度等均发生明显变化。消费 IT 时代下，软件驱动世界非常像电驱动世界的第二阶段，电机广泛被工厂作为电力装置，电网连接整个社会，工业生产效率突飞猛进。

软件定义一切始于软件定义网络 在消费 IT 时代出现的“软件吞噬世界”“软件正在吃掉软件”“软件正在吃掉码农”等说法，可以归结为“软件定义一切”（software defined everything，SDX）。一般认为，软件定义的说法始于“软件定义网络”（software defined network，SDN）。软件定义网络是指通过软件界面实现网络自动化，将网络基础设施层与控制层分离的网络设计方案，可支持对网络功能进行调配、管理和编程。传统的网络体系结构中，网络资源配置大多是对每个路由器/交换机进行独立的配置，网络设备制造商不允许第三方开发者对硬件进行重新编程，控制逻辑均以硬编码的方式直接写入交换机或路由器。“以硬件为中心”的网络体系结构复杂性高，扩展性差，资源利用率低，管理维护工作量大，无法适应上层业务扩展演化的需要。2008 年前后，斯坦福大学提出“软件定义网络”并研制了 OpenFlow 交换机原型。在 OpenFlow 中，网络设备的管理控制功能从硬件中被分离出来成为一个单独的完全由软件形成的控制层，抽象了底层网络设备的具体细节，为上层应用提供了一组统一的管理视图和编程接口（即 API），而用户可以通过 API 对网络设备进行任意的编程从而实现新型的网络协议、拓扑架构而无须改动网络设备本身，满足上层应用对网络资源的不同需求。

软件正在重新定义一切 在 SDN 之后又陆续出现了软件定义的存储、软件定义的环境、软件定义的数据中心等。可以说，针对泛在资源的“软件定义一切”已重塑传统的信息技术体系，成为信息技术产业发展的重要趋势。继软件定义网络之后，软件定义数据中心（software defined data center，SDDC）、软件定义存储（software defined storage，SDS）、软件定义路由器等思想、概念和产品不断涌现。智能电视、互联网冰箱、智能手表、智能眼镜等成为被重新定义的工业产品，甚至连汽车也被重新定义。

在智能化、网联化变革趋势下，汽车逐步由机械代步工具向新一代移动智能终端转变。利用智能手机 App 软件，通过智能汽车的操作系统，能够控制车载多媒体娱乐系统、车载通信系统、智能车辆座舱系统、车辆控制系统等，可以实现车辆的远程控制，并可以通过网络实时更新智能汽车操作系统。如图 15.3 所示，智能汽车软件将软件深度参与到汽车定义、开发、销售、服务等过程中，并不断改变和优化各个过程，实现体验持续优化、过程持续优化、价值持续创造。智能汽车软件布局从基础控制的系统层软件，遍布进阶功能的智能座舱软件、车联网软件、自动驾驶软件。软件在汽车产品的比重正在持续增加，功能需求推动汽车电子电气架构由分布式向集中式升级，汽车从信息孤岛模式走向网联互通模式，这些都标志着软件定义汽车时代的到来。

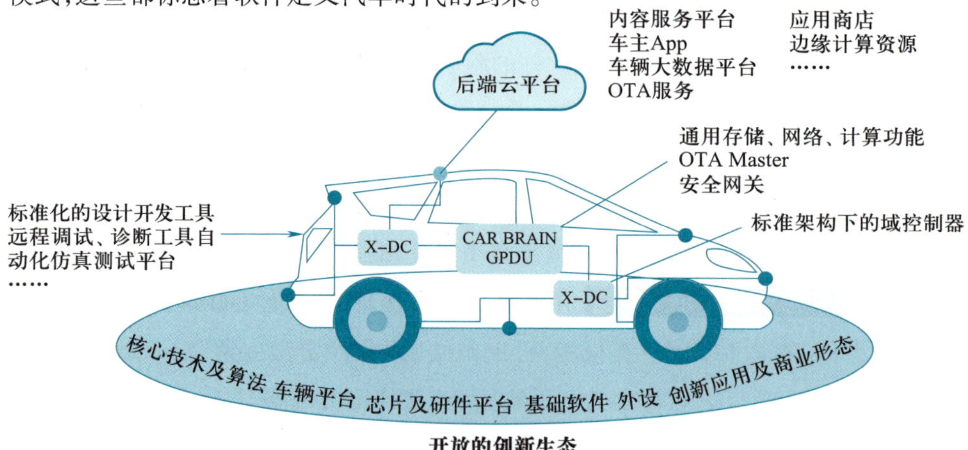

图 15.3　智能汽车软件赋予汽车开放的创新生态

为产品增加操作系统后,产品就有了功能扩展的魔力:物理功能简洁,但应用功能可以无限拓展,能力可以不断升级。例如,手机增加了智能操作系统后,产品功能就不再仅限定于语音通话,而是集成了通信、移动支付、网络社交、导航、视频、音乐等功能。

软件还可以定义社会,例如社交网络软件定义人际关系,移动支付软件定义经济活动,政务、医疗、教育、交通、传媒等软件定义公共服务,家居、餐饮、娱乐、旅游等软件定义生活消费。

15.1.4 实现"软件定义"的基本途径

软件定义的主要基本实现途径包括软硬件解耦、分层设计、应用程序接口(API)和中间件、虚拟化设计。

软件定义基本途径之一:软硬件解耦 耦合一般指两个或两个以上的体系或两种运动形式间,通过相互作用而彼此影响以至联合起来的现象。在计算机领域,"耦合"是指两个或两个以上的软(硬)件系统之间存在相互关联、相互依赖、相互影响的作用。例如,数据处理模块需要调用显示模块进行可视化展示,则数据处理模块与显示模块之间存在耦合作用。解耦是指解除系统之间的相互作用。全硬件的计算机是不可编程的(例如专用集成电路 ASIC),是完全的硬件定义,虽然性能较高但完全没有灵活性,只能实现固定的功能。以充分且必要的硬件为基础,通过软硬件解耦,由软件可实现丰富的功能。软件定义是将原来高度耦合的一体化软硬件进行解耦,在硬件资源数字化、标准化的基础上,将硬件资源抽象成标准化构件等形式,通过软件编程实现虚拟化、灵活、多样和定制化的应用功能,对外提供满足用户需求的智能化、定制化的服务,实现应用软件与硬件的解耦。例如,在云计算基础设施服务中,云提供商负责提供云或后端基础设施,但不对客户在其上安装和使用的客户应用程序进行任何控制。

【示例 15.4】软件定义电动自行车的软硬件解耦。

电动自行车依赖电池供电实现行驶功能,剩余电量和剩余里程数是使用电动自行车用户常关注的功能,而该功能难以单纯依靠硬件设备实现。为实现满足该功能软硬件设备之间的解耦,需要以标准化构件的方式定义软件和硬件的功能(见表 15.1)。当满足标准输入输出时,软件与硬件之间的耦合度即降到最低,任何满足该标准输入输出的硬件(或软件)都可以替代使用,即同一款监控软件可支持多种品牌的电池,同一品牌的电池也可适配多款监控软件。

表 15.1 软件定义电动自行车的软硬件解耦设计

构件名称	输入	输出	功能
电池	额定电压	当前电压	记录当前电池的电压值
监控软件	当前电压	剩余电量 剩余里程数	通过当前电压值显示剩余电量、剩余里程数

软件定义基本途径之二:分层设计 计算机本身即为一种层次结构设计的软硬件设备,从硬件到软件、从系统软件到应用软件分为多级层次(如图 15.4 所示)。分层是一种对复杂问题“分层对待,逐层处理”解决思想的应用。分层思想的根本来源是抽象。各层“各司其职”,只要层间接口不变,各层可以分开设计实现,高层可以不必知道低层的细节。分层是解耦的基础,增加了设计和实现的灵活性。为了求解通用计算问题,电子计算机最初的形态完全由硬件定义,不存在软硬件分层设计的思想;之后出现特定功能的应用程序,出现了软件层,可以由软件对硬件进行资源控制,但调用硬件时缺乏统一机制;随后出现了操作系统,对底层硬件的操作进行接口封装,实现对硬件的统一调度机制;数据库管理系统(DBMS)的出现,进一步在软件层内部划分出更细的层次,实现了对数据资源的统一管理。

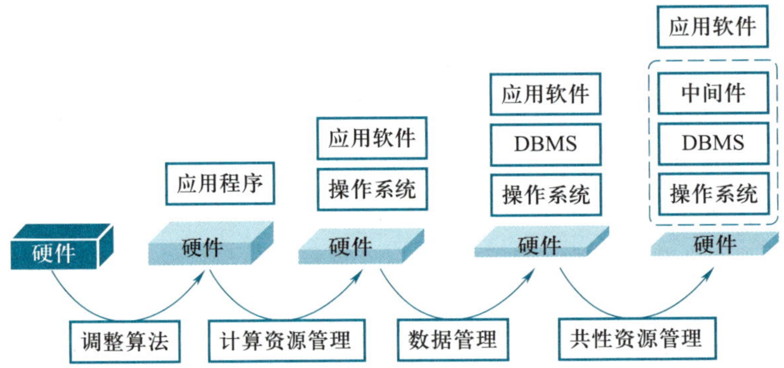

图 15.4　计算机的软硬件分层演变历程

【示例 15.5】软件定义电动自行车的软硬件分层设计。

对于软件定义的电动自行车,监控软件的功能不再仅限定于剩余电量和剩余里程数,并且不同型号的电动自行车有不同的监控能力要求时,单一的监控软件就难以满足功能要求。因此,在电动自行车的软硬件功能解耦的基础上,需要对软件层内部进一步划分不同层次,在每层软件之间实现解耦(见表 15.2),例如操作系统层软件统一负责硬件资源接口,电动自行车状态监控软件统一负责状态参数数据调用等。通过分层设计,一方面,每层软件的功能更独立,更便于实现功能组合,另一方面,电动自行车的功能可显著增多。

表 15.2　软件定义电动自行车的软硬件分层设计

层次名称	输入	输出	功能
电池硬件层	额定电压	当前电压	记录当前电池的电压值
操作系统层	硬件访问接口调用	额定电压 当前电压 电池型号	统一负责硬件资源接口
电动自行车 状态监控软件	状况监控接口调用	当前电压	统一负责状态参数数据调用
剩余电量软件	当前电压	剩余电量 剩余里程数	通过当前电压值显示剩余电量、剩余里程数

软件定义基本途径之三:API和中间件 通过应用程序接口(API)方式可解除软硬件之间、软件与软件之间的耦合关系,使得二者可以各自独立演化,有助于软件向个性化方向发展、硬件向标准化方向发展。中间件位于各类应用/服务与操作系统/数据库系统以及其他系统软件之间(如图15.5所示),主要解决异构分布网络环境下软件系统的通信、互操作(屏蔽异构性,实现软件可移植)、协同、事务、安全等共性问题,通过提供标准接口、协议,屏蔽实现细节。

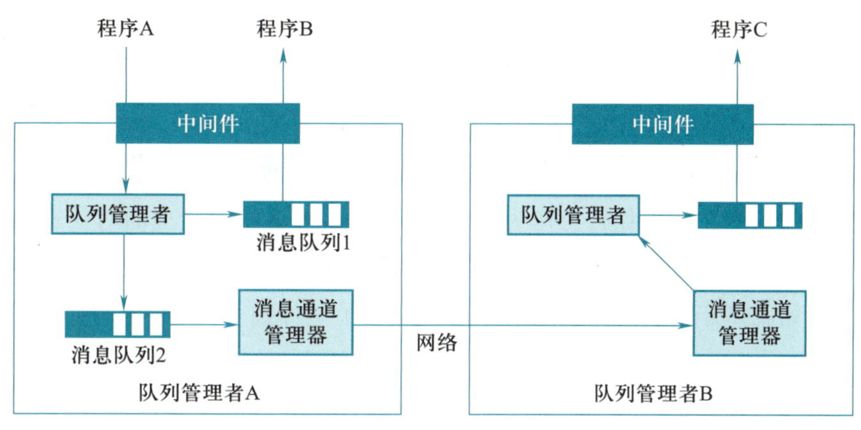

图15.5 中间件

软件定义基本途径之四:虚拟化设计 在计算机中,虚拟化(virtualization)是一种资源管理技术,是指将计算机的各种实体资源,例如服务器、网络、内存及存储等,予以抽象、转换后"池化"呈现,打破实体结构间的不可切割的障碍,使用户能够以比原本的组态更好的方式来应用这些资源。虚拟化技术种类众多,例如虚拟机、计算虚拟化、存储虚拟化、网络虚拟化、软件虚拟化、桌面虚拟化、服务虚拟化等。

虚拟机技术是指通过运行在物理服务器和操作系统之间的中间层软件——虚拟机监视器(Hypervisor),使得多个操作系统和应用软件透明地共享一套基础物理硬件(如图15.6所示)。运行在Hypervisor上的逻辑服务器,其本质就是由物理服务器上的多个文件组成。相对于物理服务器,其天生具备分区、隔离、封装和相对硬件独立等特征。

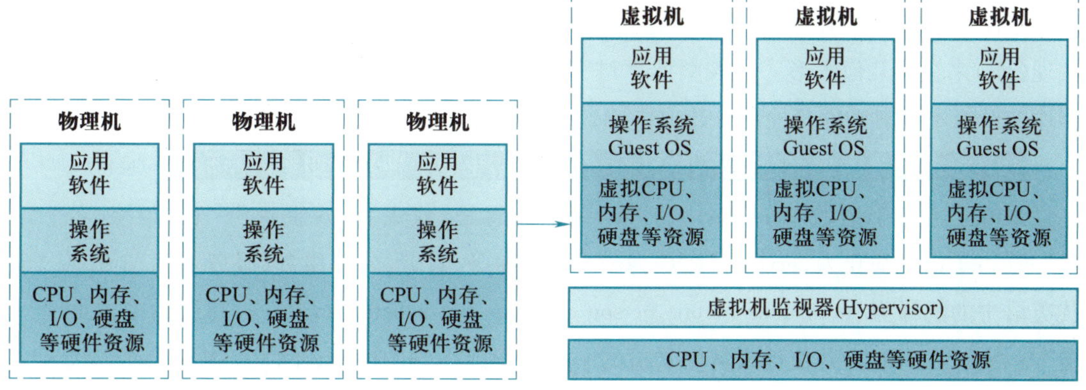

图15.6 虚拟机技术

15.2　软件服务思维

15.2.1　组件、接口与服务

组件技术是在面向对象技术基础上组合软件功能的基础技术方案 面向对象技术将数据及对数据的操作行为作为一个整体即对象，对相同类型的对象进行分类、抽象后，得出共同的特征而形成类，程序的执行表现为一组对象之间的交互通信。1990年，人们开始在基于面向对象技术的基础上发展了组件技术，其丰富了重用手段和方法。组件(component)是可用于构成软件系统的即插即用(plug and play)的软件成分，是可以独立地制造、分发、销售、装配的二进制软件单元。基于组件的软件开发(component-based software development，CBSD)是定义、实现和集成或组合松散耦合的独立组件成系统的过程。组件化思想的关键是使功能独立化，且不会影响其他组件。例如，计算机由CPU、显卡、硬盘等不同组件构成，即使某个组件出了问题，也不会影响其他部分，此外还能快速替换或升级出现问题的计算机组件。同理，也可以通过更换、修改组件来进行软件应用的功能拓展。

接口技术可降低软件的依赖性和耦合度，提高软件的维护性和扩展性 组件在替换或升级时，例如交互通信的调用函数发生了变化，则无法与其他组件进行正常通信。因此，可通过定义专门用于被继承的接口函数，利用接口的多重继承实现软件的多个功能，既能实现组件之间的通信，也能体现不同软件功能的效果。接口技术是软件系统不同部分之间的约定与工作机制，以保证软件支持相关操作。例如，图形库中的一组API定义了绘制圆形、矩形等几何图形的方式，可于图形输出设备上显示指定尺寸的几何图形。当应用程序需要绘制图形时，可在引用、编译时链接到这组API，而运行时就会调用此API的实现(库)来显示几何图形。当该图形库进行软件升级时，因具备相同的软件接口，该图形库的升级不会对软件其他部分造成影响，从而提升了软件的可维护性。

软件服务既是满足客户需求、软件价值的体现，也是一种软件组织的新形式 service一词来源于古拉丁语的"servitium"和"servus"，意思是"奴隶制、奴隶身份"和"奴隶、苦役"；在古英语中演化为service，意为"为……提供服务、效劳、公共服务、服务业等"；在现代英语中的解释为"work done by one person or group that benefits another"；在汉语中，"服务"是指为他人做事，并使他人从中受益的一种有偿或无偿的活动，不以实物形式而以提供劳动的形式满足他人的某种特殊需要。在计算机科学中，服务是一种软件功能或者多种软件功能的集合，这些功能可以被不同的客户重用，满足不同的功能，并能根据策略控制功能行为。软件服务无处不至，无时不在，无所不能。“软件服务”是一种将管理软件和实施服务一体化打包的软件服务模式，包括提供成熟的软件产品、优质的实施培训服务、企业管理咨询服务、后期持续提升服务的项目等的综合。

不同组件技术、接口技术没有统一的标准，不同企业、行业之间的组件很难实现互操作，最终会导致不同企业、行业之间的软件业务难以进行有效重组和集成。因此通过标准化的封装技术（例如 Web Service），可实现更高层次的软件复用与互操作。Web Service 是一个平台独立的、低耦合的、自包含的、基于可编程的 Web 的应用程序，可使用开放的 XML（标准通用标记语言下的一个子集）标准来描述、发布、发现、协调和配置这些应用程序，用于开发分布式的交互操作的应用程序。基于 Web Service 可将不同企业、行业之间进行高级别的软件复用，通过动态配置达到软件集成的新高度。

不借助附加的第三方软件或硬件，依据 Web Service 规范实施的应用之间，无论何种语言、平台或内部协议，均可相互交换数据。Web Service 是自描述、自包含的可用网络模块，可以执行具体的业务功能。由于 Web Service 基于一些常规的产业标准以及诸如 XML、HTTP 等已有技术，因此 Web Service 易于被部署，且可为多个组织之间的业务流程集成提供通用的机制。

15.2.2 面向服务的架构

面向服务的架构可适应于灵活多变和跨部门的需求 面向服务的架构（service-oriented architecture, SOA）是一种进行系统开发的新的体系架构，也是一个组件模型。SOA 将应用程序的不同功能单元（称为服务）进行拆分，并通过这些服务之间定义良好的接口和协议联系起来。接口采用中立的方式进行定义，其应当独立于实现服务的硬件平台、操作系统和编程语言。这使得构建在各种各样的系统中的服务能够以一种统一和通用的方式进行交互。在基于 SOA 架构的系统中，具体应用程序的功能是由一些松耦合并且具有统一接口定义方式的组件（即 Service）组合构建起来的，其因对迅速变化的业务环境具有良好适应力而备受关注。SOA 的产生历程如图 15.7 所示。

迄今为止，对于 SOA 尚无一个公认的定义。许多组织从不同的角度和不同的侧面对 SOA 进行了描述，以下 3 种较为典型。

（1）**W3C 的 SOA**：SOA 是一种应用程序架构，在这种架构中，所有功能均定义为独立的服务，这些服务带有定义明确的可调用接口，能够以预定义的顺序调用这些服务来形成业务流程。

（2）**Service-architecture.com 的 SOA**：服务是精确定义、封装完善、独立于其他服务所处环境和状态的函数。SOA 本质上是服务的集合，服务之间彼此通信，这种通信可能是简单的数据传送，也可能是两个或更多的服务协调进行某些活动。服务之间需要某些

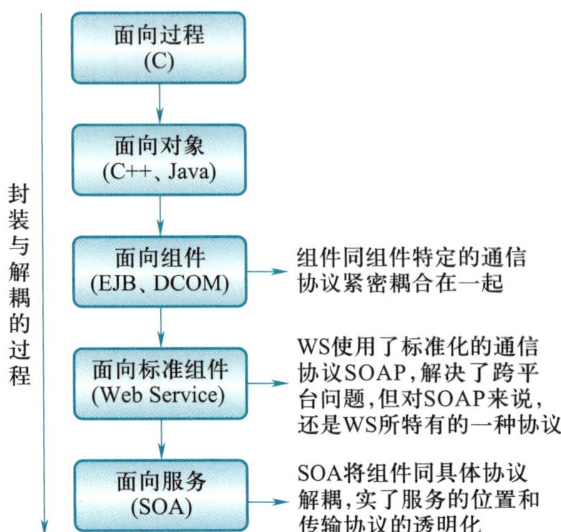

图 15.7　SOA 的产生历程

方法进行连接。

（3）**Gartner 的 SOA**：SOA 是一种 C/S 架构的软件设计方法，应用由服务和服务使用者组成，SOA 与大多数通用的 C/S 架构模型的不同之处在于它着重强调构件的松散耦合，并使用独立的标准接口。

15.2.3　软件即服务

对用户而言，真正需要的不是软件本身，而是软件所提供的服务 用户只要能满足需求、能支撑企业业务运转即可，而不在乎是否拥有代码和程序。1999 年，Marc Benioff 在旧金山的一所小公寓创建了 Salesforce. com，发明"批量生产"CRM 软件的模式：通过在线服务，用户自行定制个性化系统，无须购买服务器和整套软件。将软件当作服务，按需租用，开创了软件社会化大生产的新纪元。Salesforce 目前已形成一套完整的产品套件——Customer 360，该套件主要将用户的销售、服务、营销、商务、团队、社交等应用整合到一起，为用户提供一体化的解决方案，同时将 AI 融入产品，聚焦打造 SaaS+CRM+AI 的生态。

与传统的软件服务相比，SaaS 注重提供服务，而非软件产品 软件即服务（SaaS）是随着互联网技术的发展和应用软件的成熟，在 21 世纪初兴起的一种完全创新的软件应用模式。传统的软件服务方式是通过购买软件产品，当用户为软件提供商支付一笔费用，即可买下软件的安装包、许可证、密钥等，然后享有使用权。而 SaaS 是指用户无须买断软件，而是根据自己的需要（时长、周期）以订阅服务的方式租用某个软件，服务周期停止，享有软件使用权限即结束。SaaS 是按需软件（on-demand software）、应用服务提供方（application service provider，ASP）、托管软件（hosted software）等服务模式的发展。ASP 提供客户服务是一对一的关系，即针对不同的客户定制不同的应用。而 SaaS 提供客户服务是一对多的关系，将针对所有客户（某个行业的客户）的应用集成起来，为所有客户提供采用相同的应用服务,同时,SaaS 采用虚拟化技术实现多个客户使用同一套软件的多租户模式。

SaaS 服务提供商为企业搭建信息化所需要的所有网络基础设施及软件、硬件运作平台,并负责所有前期的实施、后期的维护等一系列服务。对于许多中小型企业来说,从购买成本、运维成本等方面来看,“租”比“买”更灵活,性价比更高。在这种模式下,客户不再像传统模式那样花费大量投资用于硬件、软件、人员,而只需要支出一定的租赁服务费用,通过互联网便可以享受到相应的硬件、软件和维护服务,享有软件使用权和不断升级。

SaaS 可解决软件行业的经济生态问题 SaaS 使用多租户(multi-tenancy)等技术,将所有的企业管理软件放在云上,使得盗版没有必要且不可能实现。一方面,SaaS 无须购买和安装软件,只需向提供商租用基于 Web 的软件,并且按照租赁的服务内容、使用的时间、账户的数量向提供商收取少量的租赁费用。对于企业而言,SaaS 服务模式的租赁费用远低于正版软件的购买费用;并且通过互联网获取服务的方式,更从根本上免去了服务器等硬件投入成本。另一方面,SaaS 模式的服务是基于互联网提供的,用户无须下载和安装软件,只需要拥有用户名和密码等,便可在 PC 或手机浏览器登录使用服务,不受地域限制。软件的维护、升级、新增服务等都由服务供应商在服务器上直接完成,用户无须手动执行,便可享受最新的服务软件。

“服务定义了软件的价值”。服务的价值由用户需求决定,因此软件的价值实质上是其服务属性带来的价值。以杀毒软件为例,个人用户需要个人防火墙、异常浏览器监控、病毒库升级等功能;企业用户需要在此基础上支持多客户端、多操作系统、网络端口监控与管理等,实现面向不同需求的可裁剪、可配置的功能。

SaaS 服务的种类与产品非常丰富,面向个人用户的服务包括在线文档编辑、表格制作、日程表管理、联系人管理等,面向企业用户的服务包括在线存储管理、网络会议、项目管理、客户关系管理、企业资源管理、人力资源管理等。

SaaS 模式与购买传统软件永久许可模式的区别 企业应用软件的部署和实施比软件本身的功能、性能更为重要。部署失败则意味着企业前期投入几乎白费,这是企业需要极力避免的风险。企业资源管理等项目的部署周期一般需要 1~2 年甚至更久的时间,而 SaaS 模式的软件项目部署最多也不会超过 90 天。传统软件在使用方式上受空间限制,必须在固定的电子设备上使用,而 SaaS 模式的软件项目可以在任何可接入互联网的场所与时间使用。相对于传统软件而言,SaaS 模式在软件的升级、服务、数据安全传输等各个方面都有很大的优势。

服务计算(service computing)是研究业务服务与软件服务演化规律、定量分析、构造管理等计算方法的新兴交叉学科,是 IEEE 计算机科学 15 个基础学科方向之一。服务计算是现代服务业的支撑学科。从分布式计算视角来看,服务计算是从面向对象和面向构件的计算演化而来的、以服务分布式协作为目标的计算模式。从软件工程视角来看,服务计算是面向开放、动态、多变的互联网环境而提出的一套以服务为核心的软件方法体系。

软件环境的演变如图 15.8 所示。

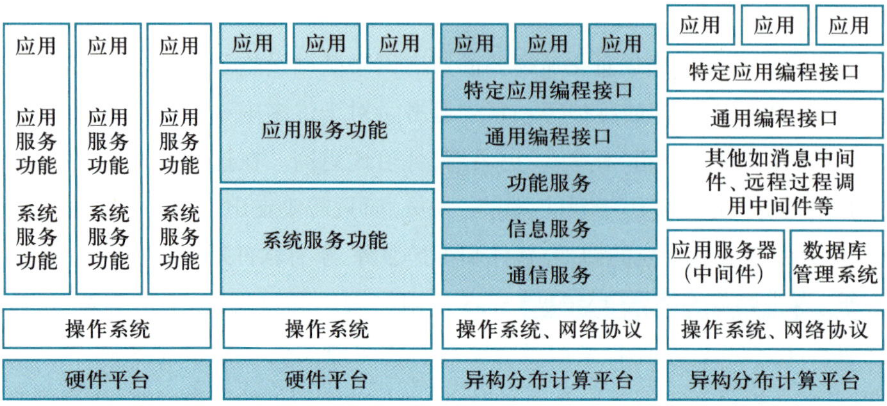

图 15.8　软件环境的演变示意图

15.2.4　万般皆服务

资源成为服务，并通过服务聚合满足用户需求，已成为网络时代软件工程的目标取向

需求方、服务方、运营方、开发方等均在网络环境下工作，软件成为服务，平台成为服务，形成多样化涉众（利益攸关方）；软件作为服务之后，不同粒度服务的结构、服务资源的聚合及相互作用等形成服务网络；软件在网络环境下工作，开源、开放的软件合作社群通过分享、交互形成群体智能。

基于服务的软件开发更加强调软件的模块化、软件的重用和绑定。软件的开发方式从以编码为主转化为以建模和模块组装为主；从相对封闭的、面向固定系统的软件开发与产品买卖方式，转化为依托开放的网络资源、面向松耦合服务的聚合及租赁方式。

软件需要解决的是用户所面临的现实问题，但是这些现实问题需要由软件技术人员解决。普遍情况是开发软件的技术人员精通计算机技术，但并不熟悉用户的业务领域；而用户清楚自己的业务，却又不太懂计算机技术。因此，对于同一个问题，技术人员和用户之间可能存在认识上的差异。也因此，在软件技术人员着手设计软件之前，需要由既精通计算机技术又熟悉用户应用领域的软件系统分析人员对软件问题进行细致的需求分析。需求分析是软件工程过程中一个重要的里程碑。在需求分析过程中，软件系统分析人员通过研究用户在软件问题上的需求意愿，分析出软件系统在功能、性能、数据等诸多方面应该达到的目标，从而获得有关软件的需求规格定义。

以人为本的服务思维基于用户思维和设计思维 以人为本的服务关注市场动态和产品发展趋势，根据用户的需求和公司战略定位形成产品并提供服务。设计思维是以用户为中心的思维（user-centered design），设计思维是指认知的、策略的、实践的一系列过程。设计思维是强调理解用户需求、挑战现有假设，再基于新的认识和理解重新定义问题、寻找更多问题解决方案不断循环的过程。同时，设计思维提供了一种从解决方案出发的解决问题的方法。它是一种思考和工作的方式，也是一系列的实践方法。

15.3 软件构造思维

15.3.1 软件构造与软件架构

软件是被设计与构造出来的 美国 IBM 公司于 1963—1966 年开发的 IBM360 操作系统，因一批批程序员陷入程序开发泥潭，而成为软件开发项目中的典型历史教训。在软件规模日趋增大、内容日趋复杂、需求与环境不断变化的同时，软件的粗制滥造致使软件出现大量错误，软件质量难以保证，开发进度难以控制，开发周期延长，软件维护成本剧增。当今的软件产品，例如抖音 TikTok、微信 WeChat 等，虽然功能庞大但质量可控、迭代更新快、用户体验好，极大地避免了软件危机中暴露的问题。软件与其他人类设计创造物一样，均由设计产生，具有自己的结构（要素及其连接）、功能和行为，具有适应性、动态性和目的性。将软件产品作为工程进行管理，用工程化的理论、方法和技术管理软件开发过程，因此软件构造在软件设计开发过程中占据重要作用。

软件构造是指将各个程序单位（如模块）有效设计与组合，并详细地创建可工作软件的方法与过程。软件构造的过程即将“客观世界”在“信息世界”中进行表达的过程，在整个过程中需要从软件需求出发，将“客观世界”的事物和问题进行抽象表达，设计“信息世界”软件系统的整体结构，划分功能模块，确定每个模块的实现算法以及编写具体的代码，形成软件的具体设计方案。

软件构造思维主要表现在抽象化、系统化、层次化和标准化 软件构造思维是指在软件构造过程中体现的抽象化、系统化、层次化、标准化等思维方法，本质是对“如何有效组织多个程序单位进行问题求解”的问题进行建模。软件构造思维的特征主要表现在以下方面。

（1）抽象化。软件构造所产生的软件架构不仅适用于当前问题，也适用于同一类问题，即软件构造具有泛化能力。

（2）系统化。软件构造需要从整体上对软件进行顶层设计，例如系统安全、统一事务处理、接口设计、业务逻辑等。

（3）层次化。软件构造需要进一步体现“松耦合”和“分而治之”的思想，分层是软件构造中不可或缺的形式，分层可以优化软件的开发、维护、部署和扩展性。

（4）标准化。软件分层的直接结果是上层业务逻辑层不再关心下层数据操作层的处理细节，只需按约定的接口进行数据调用即可。标准化可以有效提升软件各层之间的独立性和通用性，即使下层数据操作层发生变化，也不会对上层业务逻辑层产生变化影响。

软件的本质问题是复杂性 软件是逻辑产品而非实物产品，软件复杂程度正超出开发人员的理解力，软件的功能依赖于硬件和软件的运行环境以及人们对它的操作，无法确定程序的所有功能的和非功能的行为（难以验证所有应用情况下程序的所有行为）。Grady Booch 在 *Object-Oriented Analysis and Design with Applications* 中提出“软件的复杂性是固有的”（The Complexity of software is an essential property）。软件的发展一定伴随着复杂性，这是软件工程所必然伴随的一个特性。

Frederick P. Brooks 在其专著《人月神话》中指出，软件开发中存在着 4 个天然的根本困难——复杂度、一致性、可变性和不可见性。

（1）复杂度。软件开发是对客观世界的建模和信息化表达。客观世界本身是复杂的，在客观世界的建模过程中，除核心元素外，还会出现大量相关元素，从而增加了对客观世界理解与建模的复杂度。软件设计的关键在于能否控制和降低软件系统的复杂度。

（2）一致性。大型软件开发过程中，为了保持各个子系统之间的逻辑一致性，软件必须随着时间的推移而修改，如果其中没有及时被抽象，软件的复杂性就会随着时间的增加而增加。此外，多人开发也会带来不一致性。

（3）可变性。软件相比硬件会持续面对变更的压力，这种变更又会造成一致性的破坏，这是软件开发面临的最大困难。

（4）不可见性。软件即使通过图表来描述结构也无法反映其复杂度和细节，除非深入查看代码。不可见性使软件开发的沟通成本增大。此外，图表、设计模型往往没有随着软件的更新而同步更新。未持续维护和更新的模型是软件开发变成混沌系统的主要原因。

“如何多人共同编写优质软件”已成为软件工程的基本科学问题 虽然采用软件开发小组的同步开发、选择优秀的集成开发环境而非使用 Notepad 编写程序、开发进度与风险管控等措施，能够降低软件开发风险，但软件的复杂性本质仍然导致软件工程面临桌面、Web、嵌入式、移动设备等多样环境下的增量式、迭代式、敏捷式的应用需求问题。

架构是安全的有效保障 “架构”（architecture）一词源于建筑，是对一个结构内的元素及元素间关系的一种主观认知。建筑架构存在的作用是为了建筑物在投入使用中的安全得到保障。建筑架构若遭受破坏，将严重影响建筑物主体承重结构的安全。1995 年 6 月 29 日的韩国三丰百货商场大楼坍塌事故是典型的随意更改建筑结构设计而引发的严重事故。该大楼原本设计为 4 层的办公楼，后被要求将其重新设计成一栋 5 层的百货大楼，并为了安装自动扶梯而取消了许多承重柱；顶楼从溜冰场被改成餐厅，加装了大型厨房设备和大型空调机。随意变更设计导致大楼上部重量大增，而承重支柱反而减少，并出现裂痕，久而久之裂痕越来越大，最终引发连锁反应，酿成了 502 人遇难和 937 人受伤的悲剧。

软件架构设计可降低软件复杂性 如同好的建筑物要有好的建筑结构，好的软件也需要好的“软件架构”。软件架构是软件系统蓝图，是对软件结构组成的规划和职责设定，架构是针对有某种特定目标的、具有体系性的、普遍性的问题而提出的通用的解决方案，是对复杂形态的一种共性的体系抽象，由构件的描述、构件的相互作用、指导构件集成的模式以及这些模式的约束组成。架构可被视为软件系统的整体骨架。骨架为动物提供了整体结构以支撑其行动，例如鸟类的飞翔、灵长类的攀爬跳跃，完全得益于其各自的骨架。软件框架（framework）是一种面向特定领域的可复用的软件设计，是一组可相互协作的类。架构是一种规范，可以由不同软件提供商开发产品；框架是特定领域软件的共性部分，在开发过程中只需在框架基础上进行适应性调整，无须从零开始。

软件架构设计是软件构造的核心 软件构造过程可采用分层设计、分而治之、逐层精化、多层复用、架构优先、接口规范等思想进行设计与实施。在问题分析阶段，对“客观世界”的事物和问题进行最高层抽象表达，用分析建模的方式进行最初的具体化实现；在设计阶段，将分析模型细化为架构设计、算法设计等设计模型，逐步向问题求解具体化靠近；在编码阶段，通过选用的计算机编程语言表达的计算模型，完成问题求解具体化的最终实现。在软件构造过程中，软件架构是软件生存的基本保证，是系统的基础组织，是软件设计中需要被优先考虑的问题。软件构造过程如图 15.9 所示。

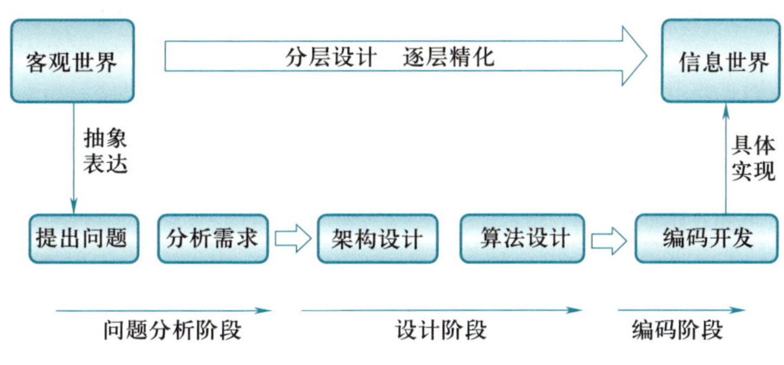

图 15.9　软件构造过程示意图

15.3.2　典型软件架构

典型软件架构之客户-服务器软件架构 客户-服务器（client/server，C/S）软件架构是基于资源不对等，且为实现资源共享而设计的。C/S 软件架构将系统架构一分为二，定义了工作站（客户应用程序）如何与服务器相连，以实现数据和应用部署到多台计算机上的模式（如图 15.10 所示）。客户端主要负责与用户的人机交互响应，以及向服务器应用程序发送请求消息，对存在于客户端的数据执行应用逻辑要求；服务器负责有效地管理系统的资源（例如数据库安全性的要求、数据库访问并发性的控制、数据库的备份与恢复等),并分析客户端的请求,返回响应消息给客户端。

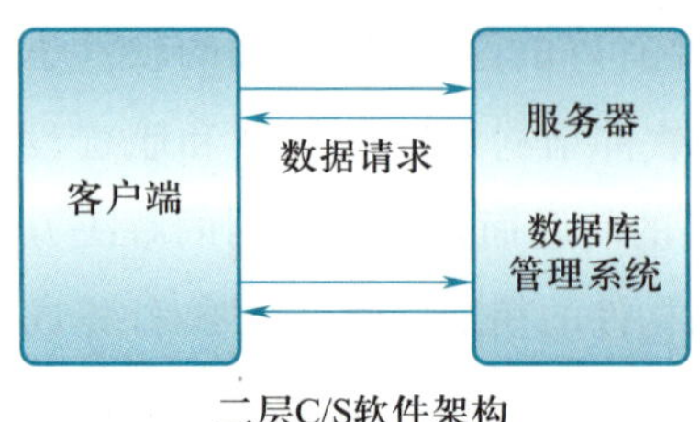

图 15.10　客户-服务器软件架构设计

在局域网内若有多台计算机均要对图像文件进行信息隐藏处理,即可采用 C/S 软件架构进行设计。将信息隐藏处理部分部署在服务器上,由不同的客户端提交图像文件,服务器对客户端请求进行响应,并将信息隐藏后的图像发送给客户端。C/S 软件架构具有强大的数据操作和事务处理能力,模型思想简单,易于理解和接受。但随着软件规模的日益扩大,软件的复杂程度不断提高,二层 C/S 软件架构便暴露出弊端:客户端变得越发臃肿,负荷过重,并且由于是单一服务器且以局域网为中心,难以进一步扩展。

典型软件架构之三层架构 分层架构是应用最为广泛的架构设计模式,几乎每个软件系统都需要通过层(layer)来隔离不同的关注点(concern point),以此应对不同需求的变化;此外,分层架构还是隔离业务复杂度与技术复杂度的利器。经典的三层架构自顶向下由用户界面层(user interface layer)、业务逻辑层(business logic layer)与数据访问层(data access layer)组成(如图 15.11 所示)。三层架构是在 C/S 软件架构基础上,有效隔离业务逻辑与数据访问逻辑的进一步演化,使得两个不同的关注点能够相对自由和独立地改变。例如图像信息隐藏软件设计就划分为用户层模块、逻辑层模块和数据层模块。

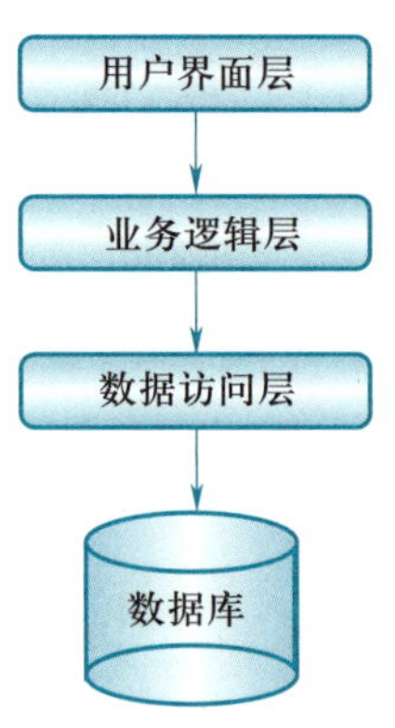

图 15.11　三层架构设计

典型软件架构之 MVC 架构 MVC 架构将软件分离为模型 M(model,承载数据,并对用户提交请求进行计算)、视图 V(view,为用户提供使用界面,与用户直接进行交互)和控制器 C(controller,用于将用户请求转发给相应的模型进行处理,并根据模型的计算结果向用户提供相应响应),核心思想是通过控制器将数据的表示视图和数据的逻辑处理模型进行分离,使代码分类存放、相互隔离,降低软件的耦合度,使后续对软件的修改和扩展简化，增强软件的复用能力（如图 15.12 所示）。

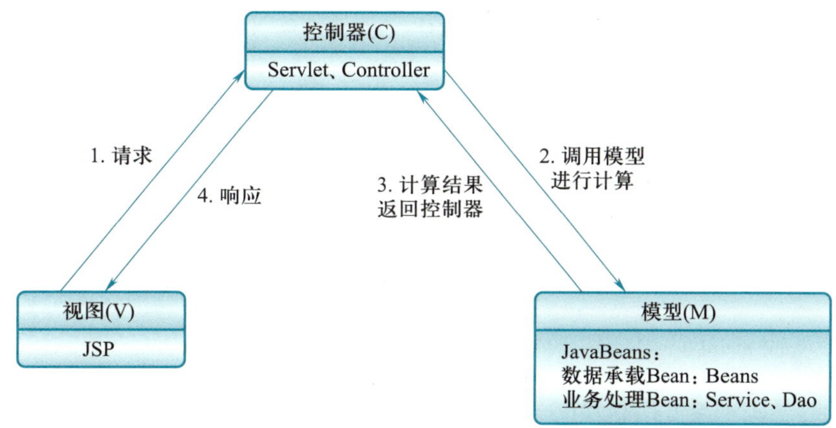

图 15.12 MVC 架构设计

MVC 架构程序的工作流程如下：用户通过视图向服务端提出请求；服务端控制器接收请求后对请求进行解析，找到相应模型对用户请求进行处理；模型处理后，将处理结果返回控制器；控制器接到处理结果后，根据处理结果找到要作为向客户端发回的响应的视图，将结果发送给客户端。例如，网络电子地图软件设计可采用 MVC 架构：模型 M 负责信息隐藏、数据交换、数据集成、数据发布等，视图 V 负责地图数据显示、用户人机交互等，控制器 C 负责将用户请求转发给模型处理。

15.3.3 软件架构的设计思想

分层是软件架构设计的主要途径 软件架构自诞生之日起，都在致力于解决软件的复杂性问题，例如最早的单体架构，以及后续的分布式架构、SOA、微服务等。软件架构的主要任务是对复杂问题进行分而治之，同时保证分解后的各个部分高内聚、松耦合，最终再次集成为一个整体。软件架构的分层设计是一种典型的降低软件设计复杂度的途径，例如用户层、业务层、数据层等。分层可以体现软件各部分之间“松耦合”和“分而治之”的思想，可更好地全面理解业务系统或功能实现，可有效提高软件在开发、维护等方面的便捷性和扩展性。

【示例 15.6】如何搭建一个狗窝？基于搭建狗窝的经验，如何扩展到摩天大楼的设计？

如表 15.3 所示，如同搭建一个需求简单、工程量小的狗窝一般，设计一个记录图像像素的小软件也仅需在 main 函数中通过多维数组记录灰度值即可（如图 15.13 所示），软件功能可由单人独立完成。由于功能的单一性，“架构”的重要性似乎没有体现，并且无须进行分层设计。

表 15.3　狗窝的设计与记录图像像素的软件设计

内容	狗窝的设计	记录图像像素的软件设计
功能需求	为狗遮风挡雨	读取图像像素信息
材料与工具	木板、草垫等材料，钉子、锤子等工具	9×6 像素的图像
设计	将木板钉牢固，铺上草垫	用 8 位存储像素灰度值
实施	个人独立完成（边参考狗窝图像边建造）	IT 个体户（边参考示例边独立编写代码）

```
int main()
{
  //初始化多维数组
  …
//记录图像灰度值
…

return 0;
}
```

图 15.13　功能单一且无须分层设计的小软件

如果在狗窝设计的基础上进一步扩展功能，又该如何进行设计呢？小别墅的功能需求比狗窝丰富，工程量也较大，因此需要按"松耦合"的方式进行设计，例如框架结构设计、装修设计、家居布置设计等，将不同施工对象、不同施工进程的内容进行分层设计实施。与此同时，图像信息隐藏的软件会涉及数据表达部分（例如记录图像灰度、隐藏信息）、逻辑操作部分（对图像进行信息隐藏操作）、数据显示部分（显示添加隐藏信息的图像），因此可将该软件也进行分层设计（划分为 3 个不同层次的软件模块，如图 15.14 所示）。二者的设计如表 15.4 所示。

表 15.4　小别墅的设计与图像信息隐藏的软件设计

内容	小别墅的设计	图像信息隐藏的软件设计
功能需求	提供独立的生活区、工作学习区	利用二进制灰度值最低位进行信息隐藏（如示例 3.10 所示）
材料与工具	混凝土、钢筋、轻质砖等材料，脚手架、吊机等工具	9×6 像素的图像
设计	框架结构设计，装修设计，家居布置设计等	用 8 位存储像素灰度值 用像素的二进制值的最低位与带隐藏信息的每一位进行位操作
实施	多个小组分别组织施工	用户层模块：绘制图像 逻辑层模块：对位进行与操作、或操作 数据层模块：记录图像灰度，隐藏信息

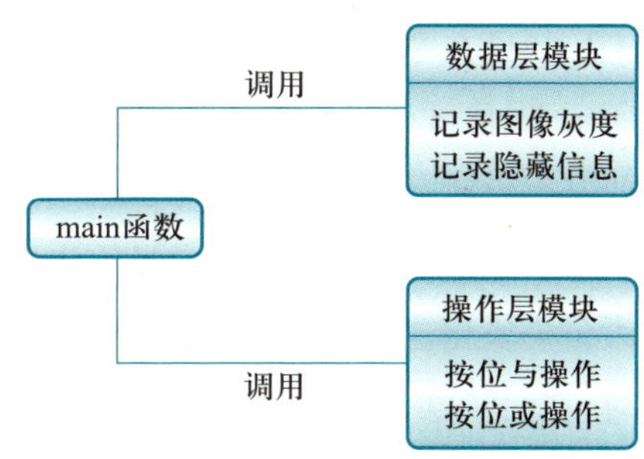

图 15.14 图像信息隐藏的软件分层设计

软件架构通常提供基本的 3 层结构:用户层、操作层和数据层。用户层是软件的人机界面,负责完成数据录入和各种界面操作,并显示数据操作结果;操作层是对用户操作的响应,负责执行业务流程;数据层为操作层提供数据资源,负责数据的存储。分层结构是逻辑上的层次结构,与软件部署的物理分层并不一一对应。

如果在小别墅设计的基础上进一步扩展功能,又该如何进行设计呢?摩天大楼的功能需求比小别墅丰富许多,工程量也十分庞大。摩天大楼需要考虑的设计因素有结构、地基、材料、建筑外形、调谐质量阻尼器、电路、消防、电梯、运维设备等,已经无法由一个专业或一个部门的人员完成。每一栋摩天大楼背后都有十几家甚至几十家的各类设计单位参与。与此同时,带有数字水印网络电子地图软件与摩天大楼设计类似,涉及数据显示、图层管理、数据交换与集成、数据访问等部分,需要分层进行设计。二者的设计如表 15.5 所示。

表 15.5 摩天大楼的设计与带有数字水印网络电子地图的软件设计

内容	摩天大楼的设计	带有数字水印网络电子地图的软件设计
功能需求	不同楼层提供写字楼、酒店、公寓、购物等功能	对原始地图的二进制灰度值最低位添加数字水印后进行地图发布
材料与工具	混凝土、钢筋、钢箱、轻质砖等材料,脚手架、高层起重机、阻尼器等工具	256×256 像素的一组地图图像
设计	建筑设计,结构设计,机电设计,景观设计,消防设计,造价设计等	用 8 位存储像素颜色值 用像素的二进制值的最低位与带隐藏信息的每一位进行位操作 将带有数字水印的地图发布为数据服务
实施	多个设计院、建筑公司共同组织施工	用户层:地图数据显示 业务流程层:图层叠加与调阅、系统管理 公共操作层:信息隐藏、数据交换、数据集成、数据发布 数据访问层:多类型地图数据存取 数据资源层:地图数据

如果在摩天大楼设计的基础上进一步扩展功能，又该如何进行设计呢？如图 15.15 所示，现代城市建设涉及房屋建造，以及信息网络、交通、水电等基础设施。对于功能相似的基础设施，可以通过对预先建造的一系列构件进行“复用”，从而实现城市功能的不断扩展。2020 年 2 月，14 支党员突击队、2 688 名党员带领 3 万余名建设者日夜鏖战，通过大量模块化建筑材料的“复用”，12 天建成原本应 2 年完成的武汉雷神山医院。与此同时，在网络电子地图软件基础上发展而来的室内外一体化三维实景软件与现代城市建设相似，涉及数据表达、数据操作、数据显示、数据库访问等部分，同样需要对功能相似的构件进行复用。

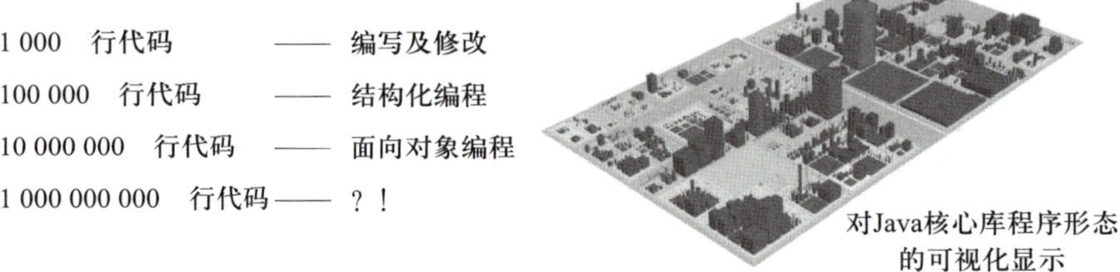

1 000 行代码 —— 编写及修改
100 000 行代码 —— 结构化编程
10 000 000 行代码 —— 面向对象编程
1 000 000 000 行代码 —— ？！
对Java核心库程序形态
的可视化显示

图 15.15 现代城市与软件分层、复用设计

复用是构建软件的主要途径 软件定义汽车的生产厂商根据汽车零部件的通用性、性能、应用平台等，对各类零部件产品进行分类，并使汽车可以通过标准的构建进行组装。标准化零部件的复用可有效提升组装产品的生产效率与质量。同一品牌、型号的普通汽车转变为智能汽车时（例如更新智能座舱、智能驾驶等），其他诸如动力、车身控制、底盘等部分是可以重复利用的。软件复用是指在构造新软件的过程中，对已有的软件资源（例如源代码、设计结构等）进行重复使用的技术。即构造新的软件系统可以不必每次从零做起，而是直接使用已有的构件进行组装（或加以合理修改），从而合成新的系统。1991 年，第一届软件复用国际研讨会（IWSR）在德国举行，之后软件复用技术引起了计算机学界的广泛关注。软件复用被视为解决软件危机、提高生产效率和质量的可行途径。

按照抽象程度的高低，软件复用可划分为不同层次：代码复用、设计复用和分析复用。代码复用通常可理解为对库中的函数/模块/类等进行调用，是软件复用中级别最低、但历史最久的方式。在代码复用中，一般不采用源代码剪贴的形式，因为维护人员无法跟踪原始代码块多次修改复用的过程；而利用继承机制复用类库中的类时，无须改动已有源代码即可进行扩充，因此不存在上述问题。设计复用是指复用软件的设计模型（或问题求解模型），是比代码复用更高的抽象级别。在设计复用中，可从现有系统的设计结果中提取一些可复用的设计构件，并将这些构件应用于新系统的设计；或是独立于任何具体的应用，有计划地开发一些可复用的设计构件。分析复用是指复用系统的分析模型，是针对问题域的某些事物或某些问题的抽象程度更高的形式，适用于用户需求未改变但系统结构发生变化的场合。

在如今的移动出行时代，汽车已开始由机械驱动的硬件向软件驱动的电子产品过渡，

汽车企业的车型硬件配置已逐渐趋同,部分硬件设备可以在不同型号的汽车产品中进行复用。此外,汽车的软件通过标准化封装和软件复用,使应用层功能可在不同车型上复用,且能够基于标准化接口快速响应用户新的功能需求。

回顾汽车电子电气软件架构的历程,可以看出电气架构在分层设计和复用设计方面的演进过程。汽车电子电气架构将汽车中的各类传感器、电子控制单元和电子电气分配系统等整合在一起完成运算、动力和能量的分配,进而实现整车的各项功能。电子电气架构则相当于人的神经系统和大脑,是汽车实现信息交互和复杂操作的关键。智能车时代下,在电子电气架构向集中化演进的过程中,随着分层与复用等设计的实施,以一定逻辑和规范将各个子系统有序结合起来,从而实现汽车的复杂功能和迭代更新能力。演进阶段包括分布式架构阶段(模块化、集成化)—域架构阶段(集中化、域融合)—中央计算架构阶段(车载计算机、车云计算)。汽车电子电气架构的演进为软硬件解耦提供了有力支撑,高度中心化的电子电气架构带来计算集中化、软硬件解耦、平台标准化、功能定制化。其设计内容如表 15.6 所示。

表 15.6 汽车电子电气软件架构的分层与复用设计

内容	分层设计	复用设计
分布式架构	硬件:大量分布式传感器 软件:分布式传感器独立控制,相互协调困难,低速通信,扩展性差	传感器软件独立性强,不同功能软件之间的复用性弱
域架构	硬件:分布式传感器,域主控硬件,剥离控制软件 软件:形成包含操作系统、算法、应用软件等的功能域控制系统,例如自动驾驶、娱乐等,按功能分层集中,提升网络速率	将分布式传感器的计算标准化,将软件算力集中至功能域控制系统中,面向不同传感器的功能,通过调用、链接、绑定、接口等实现软件复用
中央计算架构	硬件:分布式传感器,中央控制器 软件:开放式软件平台,从功能域跨入位置域(如左域/右域),支持带宽车载通信	开放式软件平台突破了功能域之间的分割,从而使可复用构件被复用的机会更多,真正实现了软件定义汽车,提供个性化的用户体验

15.3.4 基于架构的软件设计示例

结构化分析与设计 结构化分析与设计是一种面向数据流的分析和设计方法,将程序内容分为数据和处理数据的方法两部分。结构化分析与设计的着眼点是“面向过程”,它适用于分析和设计数据处理系统。基本思想是自顶向下、逐层分解,将一个大问题分解成若干小问题，每个小问题再分解成若干更小的问题，经过多次逐层分解，每个最底层的问题都是足够简单、容易解决的，于是复杂的问题也就迎刃而解。

【示例 15.7】读入一组整数，要求统计其中正整数和负整数的个数。

结构化分析与模块化设计：

该任务的顶层模块可设计为 3 块：

(1) 读入数据(模块 1)；

(2) 统计正、负整数个数(模块 2)；

(3) 输出结果(模块 3)。

模块 2 的细化处理过程：

(1) 正整数个数为 0，负整数个数为 0；

(2) 取第一个数；

(3) 重复执行以下步骤直到数据统计完毕：

① 若该数大于 0，则正整数个数加 1；

② 若该数小于 0，则负整数个数加 1；

③ 取下一个数。

在结构化软件设计中，模块化的作用举足轻重。它是将一个待开发的软件分解成为若干小的简单部分——模块，每个模块可以独立地开发、测试。模块采用高内聚低耦合的方式设计来维护独立性，模块之间通过接口传递信息，上层模块通过调用下层模块来实现预定义的功能(如图 15.16 所示)。

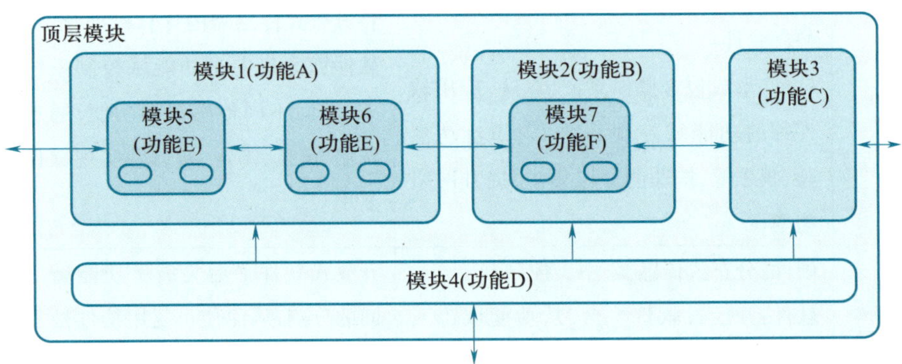

图 15.16　模块调用关系示意图

【示例 15.8】基于结构化分析与设计的五子棋游戏流程如图 15.17 所示。

在该流程中仅考虑了双方落子判断输赢的情况，如需加入悔棋功能，则需要按右图所示对五子棋流程进行修订，与之相关的棋子绘制模块、历史棋子模块等也需要修订。同时，输入、输赢判断、显示的步骤都要改动，甚至步骤之间的顺序也需要调整。

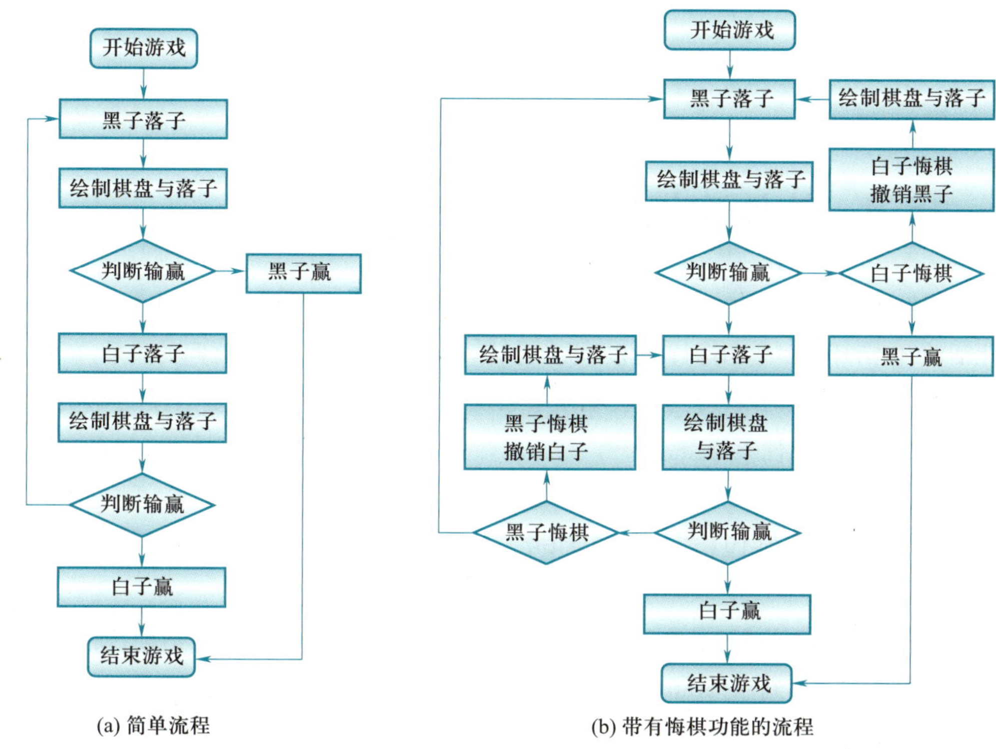

图 15.17　基于结构化分析与设计的五子棋游戏

面向对象分析与设计 面向对象分析与设计是利用面向对象的思想进行建模,例如实体、关系、属性等,以对象为中心,将数据封装在对象内部成为对象的属性,将面向过程的函数转化为对象的行为方法,将对象抽象成类,同时运用封装、继承、多态等机制构造模拟现实系统。

如果软件仅包含少数功能,软件工作分析与设计即可通过"上帝视角"完全了解每一处细节,由此可以制定十分清晰的、明确的流程来完成任务,例如结构化分析与设计。如果软件包含成百上千个功能,没有一个软件设计人员可以清楚所有功能的所有细节,即无法继续以"上帝视角"审视每一处细节。

以五子棋游戏为例:黑白双方的行为是一致的,在面向对象分析与设计中,可统一定义为棋手类,包括棋手姓名、所执棋子的颜色、下棋操作,Human 和 AI 可作为派生类;定义棋盘类,主要包括棋盘的大小、每个位置的状态(是否有棋子)、添加棋子和删除棋子、显示棋盘所需的字符;定义输赢判断类,包括判断落子棋子是否合法、是否有人获胜、执行悔棋操作;定义显示类,负责所有的显示任务,包括显示棋盘和提示信息。

面向对象分析与设计是以功能而非步骤来划分问题。同样是绘制棋局,这样的行为在结构化分析与设计中分散在了多个步骤中,较难维护统一的绘制版本;而在面向对象分析与设计中,绘图只可能在棋盘对象中出现,从而保证了绘图的统一。面对悔棋功能,因棋盘系统保存了黑白双方的棋谱,只需改动棋盘对象,经过简单回溯即可实现。

15.4　软件演化与软件生态思维

软件演化是对软件进行维护和更新的一种行为，它是软件生命周期中始终存在的变化活动，包括开发演化和运行演化。软件生态系统是软件与开发者之间的关系，在同一生态环境下共同演化的一个社会-技术复杂系统，软件生态系统具有复杂性、多样性、开放性、健壮性、可持续性等特点。

15.4.1　软件过程和生命周期

软件过程 软件过程是指用于开发和维护软件产品的一系列有序活动，而每个活动的属性包括相关的制品（artifact）、资源（人或其他资源）、组织结构和约束。生产高质量的软件需要有一个高质量的软件过程。

软件生命周期 软件生命周期是指软件从“生”到“死”的过程，划分为定义、开发和运行3个时期，包括可行性分析、项目计划、需求分析、软件设计、编码与测试、运行与维护。

软件生命周期模型 软件生命周期模型是指人们为开发更好的软件而归纳总结的软件生命周期的典型实践参考。为了使规模庞大、结构复杂和管理复杂的软件开发变得容易控制和管理，人们将整个软件生命周期划分为若干阶段，使得每个阶段有明确的任务，整理出软件生命周期模型。常见的软件生命周期模型包括瀑布模型、V模型、W模型、双V模型、敏捷开发模型等，此处重点介绍瀑布模型和敏捷开发模型。

瀑布模型将软件生命周期的各项活动规定为按固定顺序而连接的若干阶段工作，形如瀑布流水，最终得到软件产品。核心思想是按工序将问题化简，将功能的实现与设计分开，便于分工协作，即采用结构化的分析与设计方法将逻辑实现与物理实现分离。其特点是从上到下依次执行，上一阶段完成后才能进行下一阶段。测试介入的时间很晚，要等到编码完成后才能开始进行。

敏捷开发模型以用户的需求进化为核心，采用迭代、循序渐进的方法进行软件开发。项目在初期被切分成多个子项目，各个子项目的成果都经过测试，具备可视、可集成和可运行使用的特征，并分别完成，在此过程中软件一直处于可使用状态。其特点是每个版本都可以演示，每个版本的迭代周期短。

DevOps 是开发（development）和运营（operations）的复合词，用于促进开发（应用程序/软件工程）、技术运营和质量保障部门之间的沟通、协作与整合，可促进开发与操作之间的协作,从而更快、更可靠地交付软件。DevOps 出现在传统的瀑布模型开发中,软件生命周期中的运行维护这部分工作通常交由运维工程师完成。当开发人员完成编码、测试人员测试验收通过后,在即将发布时,就会将程序交给运维人员部署发布到生产环境。除了程序的部署更新,传统运维工程师最重要的职责就是保障线上服务的稳定运行,对服务器进行 24 小时监控,有意外发生时需要及时处理和解决。除此之外,还有日常的更新维护,例如安装升级操作系统、安装更新应用软件、更新数据库、配置文件等。

早期这种运维方式良好,但是随着互联网的发展,有两个主要因素对传统的运维模式产生了巨大的挑战。

(1) 服务器规模快速增加和虚拟化的高速发展

随着技术的发展,大型互联网公司的服务器数量越发庞大,而中小公司开始向云服务器迁移,基于 Docker 等虚拟化技术搭建在线服务的基础架构。服务器规模的增加和虚拟化技术的使用,意味着以前的手动方式或半自动的方式难以为继,需要更多的自动化和基于容器技术或者相关工具的二次开发。对于运维人员来说,也需要更多的开发能力。

(2) 高频的部署发布

随着敏捷开发和持续交付的概念兴起,更新的频率也越来越高,每周甚至每天都会有若干次更新部署。高频部署带来了挑战,例如首先会引起开发和运维之间的冲突,开发想要快速更新部署,而对于运维来说,每次更新部署都会导致系统不稳定,不更新可以令系统维护在稳定的状态。另一个挑战是,想要快速地部署发布也意味着运维要有更高的自动化能力。

为了解决这些挑战,DevOps 应运而生,旨在帮助解决开发和运维之间的协作问题,提升运维开发和自动化能力。

DevOps 是一组过程、方法与系统的统称,用于促进开发(应用程序/软件工程)、技术运营和质量保障部门之间的沟通、协作与整合,是一套针对多个部门间沟通与协作问题的流程和方法。通过自动化“软件交付”和“架构变更”的流程,使得构建、测试、发布软件能够更加快捷、频繁和可靠。

【示例 15.9】软件生命周期模型:示例理解。

未来一辆奔跑的汽车上将载有 10 亿行代码,汽车的研发重心变为以软件工程为主,面向软件定义汽车。如何提升软件开发质量与速度?

在汽车软件开发过程中,成百上千的软件工程师会共同完成同一个项目,就会出现“主线”与“分支”。如果多个车型项目的代码能够复用同一“主线”,意味着它们的代码是同一套,更新维护工作量将会很小;但如果某个车型的软件变更后产生一个新的分支,导致它们无法继续共用同一套代码,则必须同时维护多个版本;每增加一个分支,就会导致从开发开始所有流程工作量的增加。在软件定义汽车的背景下,汽车研发将由传统的瀑布式开发向敏捷开发的模式转变。

在传统的瀑布式开发模型下,汽车软件的开发工作基于功能模块被分割成不同部分平衡进行,而不同部分的开发团队会在自身领导的带领下集中负责开发一个功能,再按整体进度顺序开展每个开发阶段,如同瀑布一样的流水线式运行。由于各个开发部分之间相对独立,很容易造成“谷仓效应”,更多地仅在部分内部展开局部性优化,缺乏系统级、平台级的开发全局观,很难做到整体的优化;每个阶段都过于依赖上个阶段成果,使得流程僵硬,导致开发成本较高且周期过长,而这些均与缩短产品上市周期、产品基于消费者需求、支持不断迭代、对市场需求迅速反馈等相矛盾。

在敏捷开发模型下,开发团队以产品特性分工,每个团队会端到端地开发所负责的产品特性,包含有关该特性的所有功能,各团队均有一定的自由度和决策权,而当不同产品特性之间牵涉共通的产品功能时,各个开发团队便需要在这些区块上组建跨产品特性协作群落,展开合作开发,达到整体优化的效果;同时敏捷开发模型下的业务结构和组织结构构成流线型,既有利于达到密切的协调合作,最大限度地减少管理成本,同时因其灵活的工作模式,使开发团队可与用户实现高度互动,采用最低可行性产品的形式快速满足用户需求,并在使用中不断创新迭代。

在数字经济时代,企业乃至产业的业务模式呈现3个变化,即从卖产品到卖服务,从以产品为中心到以客户为中心,从单一线下到线上线下结合实现实时数据服务。同时,“平台+生态”成为产业主流模式。在软件定义汽车中,采用软件平台化思维,所有模块均在一个平台上开发运行,模块间无缝衔接。使用平台软件的一大好处是“技术后台化”,许多与技术相关的东西将变得非常简单,项目组的成员可以用更多的精力集中处理业务本身的问题,提升开发效率。

例如,针对汽车ECU(电子控制单元/行车计算机)的AUTOSAR是汽车开放系统架构,该架构为汽车ECU软件架构建立了开放式标准,定义了ECU内部数据的交换格式和形式。通过AUTOSAR标准化应用软件和底层软件之间的接口,使应用软件开发者无须考虑控制器底层的运行过程。这样即使更换了处理器硬件,应用层软件也无须进行过多修改即可被移植,底层软件即可被高效地集成到不同项目中。而由于同一套底层软件被大量重复使用,发现bug的概率大大提高,从而可以很快得到修补,并通过更新对其他项目进行同步修补。

软件工程化管理是指广泛借鉴工程管理的理论和实践经验,结合软件产品的特殊性,对软件开发全过程进行定义、规范、管理和控制,使开发项目的每个环节、每项活动都以一种有序的、系统的方式在受控状态下进行,从而保证软件开发的进度和质量,增强软件的可维护性,降低开发成本,提高软件开发的成功率和生产效率。软件工程化管理涉及一系列工具,涵盖软件开发生命周期的全过程。

15.4.2 软件演化的分类及特征

软件演化的分类 软件演化是一个程序不断调节以满足新的软件需求的过程。根据不同的特征，软件演化具有不同的分类方法。

静态演化和动态演化 根据演化时软件系统是否在运行，软件演化可分为静态演化和动态演化。静态演化是指软件在停机状态下的演化。其优点是无须考虑运行状态的变迁，也没有活动的进行需要处理。然而停止一个应用程序就意味着中断其提供的服务，造成软件暂时失效。动态演化是指软件在执行期间的软件演化，其优点是软件不会暂时失效，有持续可用性的明显优点，但由于涉及状态迁移等问题，比静态演化从技术上更难处理。动态演化是最复杂也是最有实际意义的演化行为。动态演化使得软件在运行过程中，可以根据应用需求和环境变化动态地进行配置、维护和更新，其表现形式包括系统元素数目的可变性、结构关系的可调节性等。软件的动态演化特性对于适应未来软件发展的开放性、多态性具有重要意义。

设计时演化、装载期演化和运行时演化 根据演化发生的时机，软件演化可分为设计时演化、装载期演化和运行时演化。设计时演化是指在软件编译前，通过修改软件的设计、源代码，重新编译、部署系统来适应变化，设计时演化是目前在软件开发实践中应用最广泛的演化形式；装载期演化是指在软件编译后、运行前进行的演化，变更发生在运行平台装载代码期间，因为系统尚未开始执行，该类演化不涉及系统状态的维护问题；运行时演化发生在程序执行过程中的任何时刻，在部分代码或者对象的执行期间修改。显而易见，设计时演化是静态演化，运行时演化是一种典型的动态演化，而装载期演化既可以看作静态演化也可以看作动态演化，取决于其怎样被平台或提供者使用。

软件演化的特征 软件演化过程是对软件系统进行不断循环改进的过程，是软件系统在其生命周期中不断完善的系统动力学行为，软件演化过程并非顺序进行，而是根据一定的环境迭代地、多层次地进行，在软件演化过程中，不同粒度的活动都会发生，因此其必须更具有灵活性。通过观察和分析，软件演化过程模型中存在以下特征。

(1) 迭代性：在软件演化过程中，由于软件系统必须不断地进行变更，许多活动要以比传统开发过程更高的频率重复执行；在整个软件演化过程中存在着大量的迭代式活动，许多活动一次又一次地被执行，一次迭代过程类似于传统的瀑布模型，处理相应的活动。每次迭代在其结束时需要进行评估，判断是否提出了新的需求，结果是否达到了预定的要求，然后进行下一个迭代过程。迭代性是软件演化过程的一个重要特性。

(2) 并行性：在软件演化过程中存在许多并行的活动，这些活动的并行性比传统软件开发过程中活动的并行性高。例如软件过程的并行、子过程的并行、阶段并行、软件发布版本之间的并行、软件活动之间的并行等。为了提高软件演化过程的效率，必须对软件演化过程进行并行性处理。

(3) 反馈性：尽管促使软件系统进行演化的原因十分复杂，但演化的推动力必然是从对需求的不满产生的。用户的需求和软件系统所处的环境是在不断变化的，因此当环境变化后必须作出反馈，以便软件演化过程执行。反馈是软件系统演化的基础和依据。

(4) 多层次性：从不同角度看，由于粒度的不同，软件演化过程包括不同粒度的过程和活动，为了减少这种复杂性，软件演化过程应被划分为不同的层次。低层模型是对高层模型的细化，而高层模型是对低层模型的抽象。

（5）交错性：软件演化过程中活动的执行并不像瀑布模型般顺序进行，软件演化过程是连续性与间歇性的统一，其活动的执行是交错进行的。

软件测试方法 软件测试是指在规定的条件下对程序进行操作，以发现程序错误，衡量软件质量，并对其是否能满足设计要求进行评估的过程。软件测试方法包括静态测试、动态测试、黑盒测试、白盒测试、单元测试、集成测试等。

（1）静态测试：静态测试是指软件代码的静态分析测验，此类过程中应用数据较少，主要过程为通过软件的静态性测试（即人工推断或计算机辅助测试）测试程序中运算方式、算法的正确性，进而完成测试过程。此类测试的优点在于能够消耗较短时间、较少资源完成对软件、软件代码的测试，能够较为明显地发现此类代码中出现的错误。静态测试方法适用范围较大，尤其适用于较大型的软件测试。

（2）动态测试：计算机动态测试的主要目的为检测软件运行中出现的问题，较静态测试方式相比，其被称为动态的原因为其测试方式主要依赖程序的运用，主要为检测软件中动态行为是否缺失、软件运行效果是否良好。进行动态测试时软件为运转状态，软件只有在运行使用过程中才能发现软件缺陷，进而对此类缺陷进行修复。动态测试过程中可包括两类因素，即被测试软件与测试中所需数据，两类因素决定动态测试正确展开、有效展开。

（3）黑盒测试：黑盒测试是指将软件测试环境模拟为不可见的“黑盒”，通过数据输入观察数据输出，检查软件内部功能是否正常。测试展开时，数据输入软件中，等待数据输出。数据输出时若与预计数据一致，则证明该软件通过测试，若数据与预计数据存在差异，即便差异较小亦可证明软件程序内部出现问题，需要尽快解决。

（4）白盒测试：白盒测试相对于黑盒测试而言具有一定的透明性，原理为根据软件内部应用、源代码等对产品内部工作过程进行调试。测试过程中常将其与软件内部结构协同展开分析，白盒测试能够有效解决软件内部应用程序出现的问题。在实际检测中，白盒测试法常与黑盒测试法并用，以动态检测方式中测试出的未知错误为例，首先使用黑盒测试法，若程序输入数据与输出数据相同，则证明内部数据未出现问题，应从代码方面进行分析，若出现问题则使用白盒测试法，针对软件内部结构进行分析，直至检测出问题所在，及时加以修改。

（5）单元测试：单元测试将整个软件分解为各个单元，随后对单元进行测试。此类测试策略的优点在于所需分析数据较少，且针对性较强，程序开发者在开发过程中可通过操作经验明确出现问题的大致区域，随后针对此类问题对相关单元展开分析，进行问题排查。

（6）集成测试：集成测试将需测试部分作为整体进行集成，随后针对此类集成部分进行测试。对于较大软件而言，集成测试方式较单元测试方式而言较为烦琐，多数大型软件的测试皆采取渐增方式进行测试。渐增测试方式为集成测试方式的衍生,其能够按照不同次序对软件进行测试。渐增测试首先从单个模块开始测试,然后每次将测试后的一个模块添加到系统中测试,系统如同“滚雪球”般越滚越大,直到将所有的模块组装并测试完毕。

软件版本管理 命名规范的版本号由 5 个部分组成,第 1 部分为主版本号,第 2 部分为子版本号,第 3 部分为阶段版本号,第 4 部分为日期版本号,第 5 部分为希腊字母版本号,例如 V1.1.1_181021_Release。

(1) 主版本号:当功能模块有较大的变动(API 的兼容性变化)时,例如增加多个模块或者整体架构发生变化,该版本号由项目所有者决定是否修改。

(2) 子版本号:当功能模块有一定的增加或变化(不影响 API 的兼容性或者原 API 被标记为 Deprecated),相比于主版本号的变动,该版本号的变动只是较小规模,但是带来的影响仍然较大。例如增加了权限控制、增加自定义视图等功能。该版本号由开发人员决定是否修改。

(3) 阶段版本号:一般因错误修复或一些小的变动,需要经常发布修订版,时间间隔不限,每修复一个严重的错误即可发布一个修订版。该版本号由项目所有者及开发人员决定是否修改。

(4) 日期版本号:用于记录修改项目的当前日期,一般而言每天对项目进行修改均需要更改日期版本号,以便对项目修改的具体日期作及时记录。该版本号由开发人员决定是否修改。

(5) 希腊字母版本号:该版本号的修改一般发生在一个软件的两个开发阶段的间隙,即当一个软件即将进入下一个开发阶段时,需要修改希腊字母版本号。该版本号由项目所有者及开发人员决定是否修改。希腊字母所代表的具体版本阶段如下所示。

① Alpha:这是一个软件的初步版本,也可称作测试版本,仅作为软件开发者之间的内部交流所用。由于尚未完善,因此一般存在较多的错误,需要测试人员发现错误并交由开发人员修改确认,再由测试人员进行测试。这时即可将该版本称作 Alpha 版。

② Beta:该版本是 Alpha 版本的进阶版,在大方向上的错误已经被消除,但仍然需要进一步修改,一般是对 UI、交互、产品细节进行优化。当测试人员将优化的内容发布到外网时,即可将该版本称为 Beta 版。

③ Release Candidate:该版本相较于上面两个版本而言,可以说是非常成熟的一个版本,错误数量明显减少,与下一步的正式版本没有太大区别。

④ Release:该版本是面向用户发布的正式版本,也称作标准版。

15.4.3 软件生态系统及应用案例

软件生态系统的定义 随着软件网络化、服务化、平台化、生态化、智能化的发展,软件系统复杂性不断增长，用户群体日益增大，闭源组织逐渐向开源架构转变，软件开发的开放性程度逐渐增加，软件系统及其开发者的规模增大、关联关系更加丰富，共生于一个相互影响的生态环境中，形成软件生态系统（software ecosystem，SECO）。

软件生态系统是指软件与开发者及其之间的关系，在同一生态环境下共同演化的一个社会-技术复杂系统，可视为软件工程领域的一个新兴的主要结构和功能单位，属于该领域研究的最高层次，其环境可以是软件公司或研究组织，也可以是一个虚拟的开源或开放开发社区。软件生态系统具有复杂性、多样性、开放性、健壮性、可持续性等特点。

【示例 15.10】软件生态系统的应用案例：小米生态链。

关于如何构建生态链，小米提出了“竹林理论”和“航母舰队理论”两种形象的说法，形成从中心点不断向外扩散的同心圆圈层结构。生态链内部公司如竹林中的竹子，竹子间通过竹林的根部相互连接并获取营养，竹林内部不断实现新陈代谢，在一些竹子老去的同时，许多新生的竹笋破土而出，从而保障了竹林的四季常青；小米为生态链企业提供航母级的支持，其中包括品牌、供应链、渠道、投融资、产品定义、工业设计、品质要求 7 个方面，借助小米已经成熟的产品孵化路径，生态链公司通过不断赋能快速占领细分市场。

【示例 15.11】软件生态系统的应用案例：阿里生态链。

阿里巴巴集团经营多项业务，并从关联公司的业务和服务中取得经营商业生态系统上的支援。业务和关联公司的业务包括淘宝网、天猫、聚划算、全球速卖通、阿里巴巴国际交易市场、1688、阿里妈妈、阿里云、蚂蚁金服、菜鸟网络等。

在投资方面，阿里入股高鑫零售。在本地生活服务领域，阿里巴巴联合蚂蚁金服全资收购“饿了么”，“饿了么”的外卖服务结合口碑以数据技术赋能线下餐饮商家的到店服务，形成对本地生活服务领域的拓展。此外，阿里收购了高德导航进军车联网，创立平头哥公司，进军芯片产业；在云栖大会上宣布进军物联网领域，通过万物互联推动 AI 和云计算的再次升级。同时，其大健康产业和文化娱乐产业布局也在不断深入发展。

【示例 15.12】软件生态系统的应用案例：腾讯生态链。

腾讯的生态链以社交为圆心，通过“流量+资本”向外延展辐射，而金融支付是腾讯从社交（连接人与人）向外延伸（连接人与内容和服务、连接人与商业）的前提和基础。腾讯生态链涉及文娱传媒、游戏、教育、金融、电子商务等。

线上入口是腾讯最大的“法宝”。腾讯以社交软件起家，无论是手机 QQ 还是微信，腾讯都积累了最广泛的社交人流。因此，拥有了 QQ 和微信，腾讯就已经在线上互联网入口中占据了最有利的地位。腾讯以 QQ 和微信为核心，提供线上线下互联网入口。以微信支付方便用户购物，实现交易闭环；完善仓储物流，快速配送，实现供应链闭环；以 LBS+QQ 地图提供位置服务，快速连接线下实体商品或服务。此外还入股 O2O 细分领域（打车、服装、餐饮、房产等），获得线下商户端口，完善腾讯生态链。

本章小结

人们正处于软件定义的时代,软件定义网络、软件定义存储、软件定义环境、软件定义数据中心、网络定义汽车等概念接踵而出,在未来,软件将会定义一切。本章首先从计算机系统中软硬件关系出发,通过人们熟悉的电视、汽车等与软件结合的发展历程为例,阐述了软件定义一切的迫切性及其实现途径。

对用户而言,真正需要的不是软件本身,而是软件所提供的服务。软件服务既是满足用户需求、软件价值的体现,也是一种软件组织的新形式。本章接着以 SaaS 这一软件应用模式为例,介绍了软件环境的演变过程。而以人为本的软件服务思维是基于用户思维和设计思维的。

软件构造是将各个程序单位(如模块)有效设计与组合,并详细地创建可工作软件的方法与过程。有效组织多个程序单位进行问题求解,需要用到在软件构造过程中体现的抽象化、系统化、层次化、标准化等思维方法,即软件构造思维。优秀的软件架构是软件开发的安全有效保障,并可提高复用性。读者基于对典型软件架构的理解,可利用分层和复用思想通过例子进一步理解结构化和面向对象分析与设计方法。

为了使规模大、结构复杂和管理复杂的软件开发变得容易控制和管理,明确的软件开发概念化过程必不可少。软件过程也是软件,开发者应该对软件系统的演化流程进行管理,从而使演化后的软件系统能够在功能上满足用户的需求,并展现出令人满意的质量。本章最后介绍了软件演化的分类、特征及相关概念,并以小米生态链、阿里生态链、腾讯生态链等为例,使读者对软件生态系统的应用有了较为具体的了解。

视频学习资源目录 15(标 * 者为延伸学习视频)

1. 视频 15-1　面向对象的思维
2. 视频 15-2　面向对象程序设计语言
*3. 视频 15-3　软件统一建模语言
*4. 视频 15-4　对象框架与软件构造

本章视频学习资源

*5. 视频 15-5 面向对象构造软件

*6. 视频 15-6 基于组件构造软件

*7. 视频 15-7 基于服务构造软件

8. 视频 15-8 软件构造方法演变

9. 视频 15-9 软件工程发展史

思考题 15

1. 如何理解“软件定义一切”？其面临哪些机遇与挑战？（提示：(1) 硬件类型越来越多，软件发展迅猛，硬件迭代速度慢；(2) 人、机、物融合环境下的软件定义，面临的人力、时间、经济、风控、安全等方面的挑战）

2. 什么是软件的模块化？其目的是什么？（提示：在人们生活中随处可见模块化设计的例子，例如汽车、计算机、家具均由一些零件组合成小部件，然后由这些小部件组合成模块，再由模块组合成成品。这些部件可以更换、添加、移除而不影响整体设计）

3. 结合自身项目实践经验，简述对软件工程基本原理的理解。（提示：软件工程的 7 条基本原理）

4. 针对电动自行车，给出硬件定义和软件定义下的功能。功能之间是内聚度越高越好，耦合度越低越好吗？

5. 软件架构可划分为客户层、业务层、数据层等，为什么软件架构需要分层？（提示：降低软件各部分的耦合度，提高软件维护性，提高软件扩展性等）

6. MVC 分层与软件三层架构有何区别与联系？（提示：目的都是分层与解耦，实现的方式不同）

7. 在云原生时代流行的运维模式是什么？其产生的原因和优点是什么？（提示：DevOps 模型）

8. 谈一谈你对软件演化的理解。（提示：可以从软件演化的分类和特点来理解软件演化）

9. 简述软件测试的方法及特点。（提示：静态测试、动态测试、黑盒测试、白盒测试、单元测试、集成测试）

10. 瀑布式开发与敏捷开发的区别是什么？（提示：分析各自的优缺点及应用场景）

第 16 章

信息安全与网络空间安全

本章要点： 了解信息安全与网络空间安全的基本概念；理解密码体制、数字签名与消息认证；了解计算机病毒、攻击手段与防御技术；了解网络入侵机理及防御技术；明确信息安全与网络安全的意义；了解网络空间主权、网络安全法；目的是使读者具有信息安全的基本素养。

本章导图：

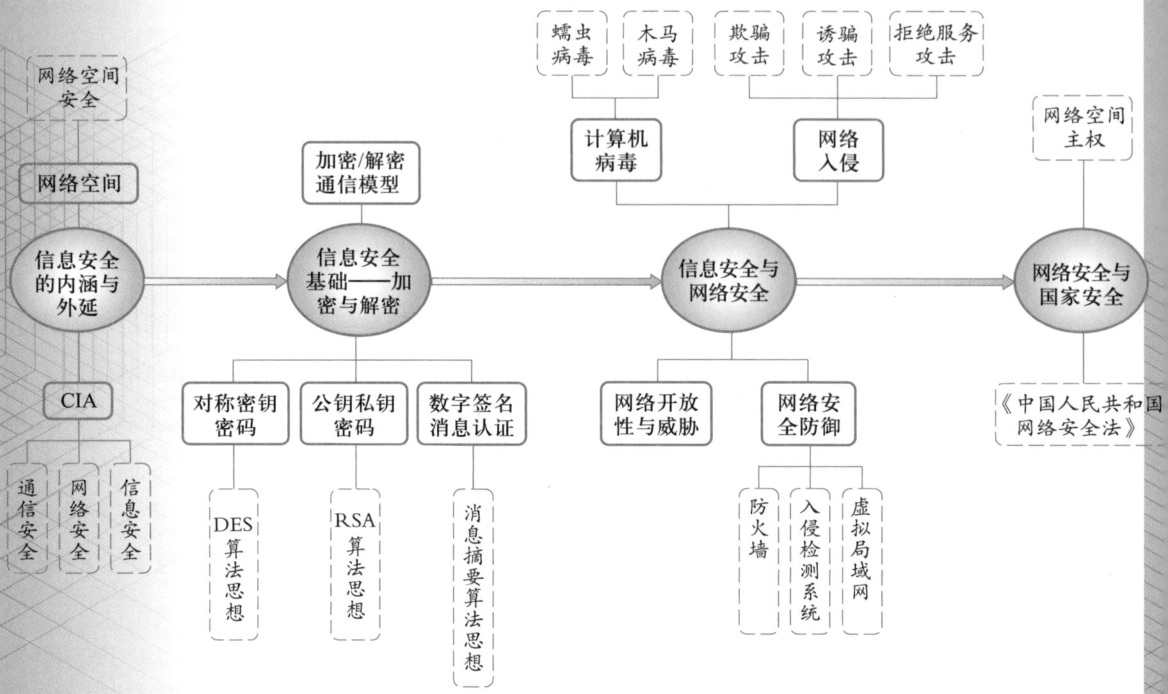

网络空间安全
网络空间
信息安全的内涵与外延
CIA
通信安全
网络安全
信息安全
加密/解密通信模型
信息安全基础——加密与解密
对称密钥密码
公钥私钥密码
数字签名消息认证
DES算法思想
RSA算法思想
消息摘要算法思想
蠕虫病毒
木马病毒
欺骗攻击
诱骗攻击
拒绝服务攻击
计算机病毒
网络入侵
信息安全与网络安全
网络开放性与威胁
网络安全防御
防火墙
入侵检测系统
虚拟局域网
网络空间主权
网络安全与国家安全
《中国人民共和国网络安全法》

16.1 信息安全概述

16.1.1 信息安全的内涵

信息被普遍定义为“事物运动的状态与方式”。信息本身是无形的，借助信息媒介以多种形式存在或传播。随着互联网的普及，可以说，信息已成为人类生存和发展中必不可少的宝贵资源。因此，信息的安全性问题也越来越受到人们的关注。在信息时代，信息安全是指**确保以电磁信号为主要形式的、在计算机网络化系统中进行获取、处理、存储、传输和应用的信息内容在各个物理及逻辑区域中的安全存在，并不发生任何侵害行为**。信息安全广义上可以理解为保证信息的安全属性不被破坏。信息安全通常强调对 CIA 的保护，即对保密性(confidentiality)、完整性(integrity)和可用性(availability)这 3 个基本安全属性的保护。保密性又称机密性，是指信息只能为授权者使用而不泄露给未经授权者的特性。完整性是指保证信息在存储和传输过程中未经授权不能被改变的特性。可用性是指保证信息和信息系统随时为授权者提供服务的有效特性。此外还有更多可扩展的信息安全属性，例如：可控性是指授权实体可以控制信息系统和信息使用的特性；不可否认性是指任何实体均无法否认其实施过的信息行为的特性，也称为抗抵赖性；以及可靠性、隐私性、可鉴别性等。密码学是 CIA 实现的核心基础，是用于保证信息安全的一种必要手段，如图 16.1 所示。可以说，没有密码学就没有信息安全。

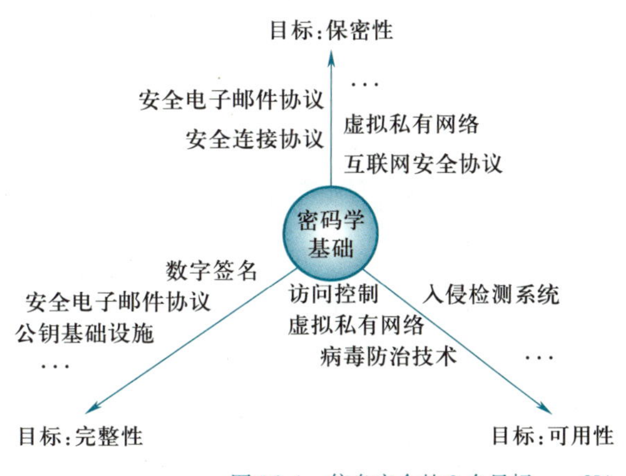

图 16.1 信息安全的 3 个目标——CIA

16.1.2 信息安全的外延及发展

信息安全的核心目标是保证信息系统安全。对于信息系统的解释多种多样,但异中有同。从狭义上看,信息系统仅指基于计算机的系统,是人、规程、数据库、软件和硬件等各种设备、工具的有机集合,它突出的是计算机、网络通信及信息处理等技术的应用。从广义上看,"凡是提供信息服务,使人们获得信息的系统"均可称为信息系统。通常,众多信息安全技术就是围绕实现信息系统及信息安全 CIA 的目标来开展研究的。

任何企图破坏信息系统资源和信息安全属性的活动均可被称为攻击,它是对信息系统安全的一种侵犯,也可被称为"入侵"。按照攻击方式对攻击进行分类,可以将其分为主动攻击和被动攻击。主动攻击是指该类攻击的行为会更改数据流,或伪造假的数据流,例如伪装、重放、篡改等。被动攻击是指该类攻击的行为会对传输进行窃听与监视,获得传输信息,例如报文分析、流量分析等。无论是主动攻击还是被动攻击,都会对信息安全属性造成破坏。例如,常见的 4 种攻击行为中,"中断"破坏信息的可用性,"窃听"破坏信息的保密性,"修改"破坏信息的完整性,"伪造"破坏信息的不可否认性。如图 16.2 所示。

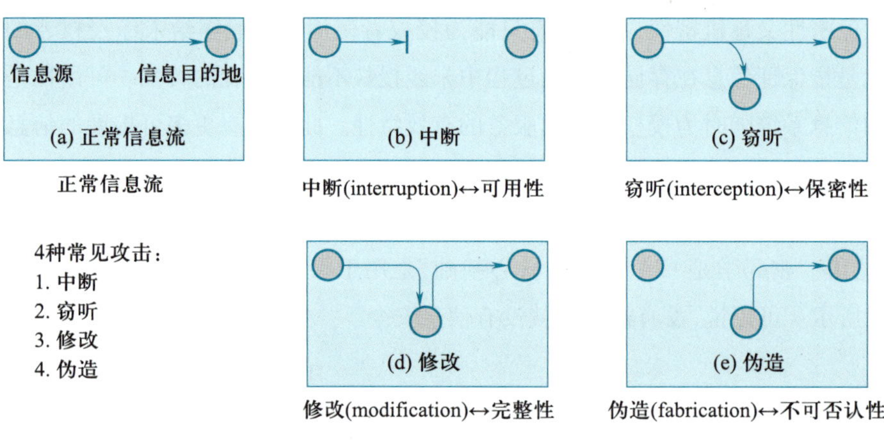

图 16.2 常见攻击对信息安全属性目标的威胁

信息安全的发展历程 信息安全的发展与信息技术的发展和用户的需求密不可分,如图 16.3 所示,大致分为通信安全(communication security,COMSEC)、计算机安全(computer security,COMPUSEC)、信息安全(information security,INFOSEC)、信息保障(information assurance,IA)、网络空间安全(cyber security,CS)5 个阶段,即从保密到保护再到保障。

(1) 通信安全(COMSEC)。20 世纪 90 年代之前,通信技术尚不发达,面对电话、电报、传真等信息交换过程中存在的安全问题,人们强调的主要是信息的保密性,对安全理论和技术的研究也只侧重于密码学,这一阶段的信息安全可以简单称为通信安全,主要目

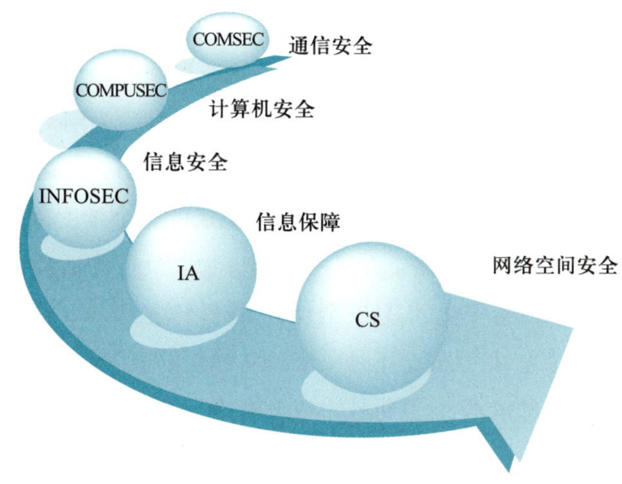

图 16.3 信息安全和网络安全发展历程

的是防止信源、信宿以外的对象查看信息。

（2）计算机安全（COMPUSEC）。引入计算机后，计算机逐渐成为信息处理最重要的工具。无论是以大型机、中型机为代表的共享系统，还是 20 世纪 80 年代后逐渐普及的个人计算机，对于计算机系统及其所存储、处理信息的安全保护需求越来越迫切。计算机安全就是确保计算机系统中的软、硬件及信息在处理、存储、传输中的信息安全。

（3）信息安全（INFOSEC）。随着计算机与网络技术的快速发展，人们对安全的关注已经逐渐扩展为以保密性、完整性和可用性为目标的信息安全阶段。具有代表性的成果是美国的 TCSEC 和欧洲的 ITSEC 测评标准，同时出现了防火墙、入侵检测、漏洞扫描及虚拟私有网络等网络安全技术。这一阶段的信息安全可以归纳为对信息系统的保护，主要保证信息的保密性、完整性、可用性、可控性（controllability）、不可否认性（non-repudiation）。

（4）信息保障（IA）。1996 年，美国国防部提出了信息保障的概念，标志着信息安全进入了一个全新的发展阶段。随着互联网的飞速发展，信息安全不再局限于对信息的静态保护，而需要对整个信息和信息系统进行保护和防御。信息保障主要包括保护（protect）、检测（detect）、反应（react）、恢复（restore）4 个方面，其目的是动态地、全方位地保护信息系统。在信息保障的概念中，人、技术和管理被称为信息保障的三大要素。人是信息保障的基础，信息系统是人建立的，同时也是为人服务的，受人的行为影响。因此，信息保障依靠专业知识强、安全意识高的专业人员。技术是信息保障的核心，任何信息系统都势必存在一些安全隐患，因此，必须正视威胁和攻击，依靠先进的信息安全技术，综合分析安全风险，实施适当的安全防护措施，达到保护信息系统的目的。管理是信息保障的关键，没有完善的信息安全管理规章制度及法律法规，就无法保障信息安全。每个信息安全专业人员都应当遵守有关的规章制度及法律法规，保证信息系统的安全；每个使用者同样需要遵守相关制度及法律法规，在许可的范围内合理地使用信息系统，这样才能保证信息系统的安全。

(5) 网络空间安全(CS)。进入21世纪以来,随着信息技术的高速发展,互联网、各种电信网、各种计算机系统、各种工业控制网络成为人类社会的信息基础设施,并与人类社会的生产、生活活动逐渐融合,可以将其称为网络空间。网络空间通常涉及虚拟环境以及虚拟环境与现实环境的映射,是人、机、物三元融合空间,可由物理空间定位、IP地址(网络机器定位)和地理行政区域组成的3个维度确定,有些还要考虑时间维度。网络空间安全是指对网络空间里的存在事物以及行为活动的安全。从范畴上讲,网络空间安全包含了信息安全,信息安全包含了网络安全。

总之,信息安全不是一个孤立静止的概念,具有系统性、相对性和动态性,其内涵随着人类信息技术、计算机技术以及网络技术的发展而不断发展。如何有效地保障信息安全是一个长期的、发展的话题。

16.2　信息安全基础——加密与解密

16.2.1　密码学、加密与解密

保障数据安全是信息安全的重要目标。数据安全研究的内容主要包括保密性、完整性、不可否认性等。解决这些内容均是以密码技术为基础对数据进行主动保护,可见密码技术是保障信息安全的核心技术。密码学(cryptography)包括密码编码学和密码分析学。将密码变化的客观规律应用于编制密码用于保守通信秘密,称为密码编码学;研究密码变化客观规律中的固有缺陷,并应用于破译密码以获取通信情报,称为密码分析学。密码编码技术和密码分析技术是相互依存、相互支持、密不可分的密码学的两个方面。

加密/解密通信模型 人们为了沟通思想而传递的信息一般称为消息,消息在密码学中通常称为明文(plaintext)。用某种方法伪装消息以隐藏其内容的过程称为加密(encrypt),被加密的消息称为密文(cipher text),而将密文转变为明文的过程称为解密(decrypt)。加密和解密可以看成一组含有参数的变换或函数,而明文和密文则是加密和解密变换的输入和输出。图16.4为加密/解密通信模型。可以看出,发送方意图将信息传递给接收方,为了保证安全,将明文加密成密文,以密文的形式传输,接收方接收到密文后需要将密文解密为明文才能正确理解。加密和解密过程中,密钥作为重要的参数参与运算。通常一个完整的密码体制需要包括5个要素,分别是M、C、K、E和D,具体定义如下。

M是所有可能明文的有限集合,称为明文空间;C是所有可能密文的有限集合,称为密文空间;K是一切可能密钥构成的有限集合,称为密钥空间;E为加密算法,对于密钥空

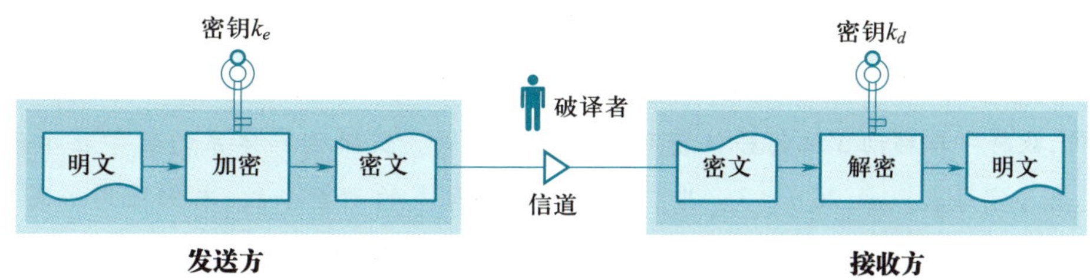

图 16.4 加密/解密通信模型

间的任一密钥,加密算法都能够有效地对明文空间的信息计算获得密文;D 为解密算法,对于密钥空间的任一密钥,解密算法都能够有效地对密文空间的信息计算获得明文。

一个密码体系如果实际可用,则必须满足如下特性:(1) 加密算法(E_k:M 映射为 C)和解密算法(D_k:C 逆映射为 M),满足 $D_k(E_k(x))=x$,其中 $x\in M$;(2) 破译者取得密文后,不能在有效的时间内破解出密钥 k 或明文 x。密码学的目的是发送方和接收方在不安全的信道上进行通信,而破译者不能分析出二者通信的内容。实际上,一个密码体系是安全的,其必要条件是**穷举密钥搜索是不可行的,即密钥空间非常庞大**,例如想通过枚举产生每一个密码从而找出真正密码的方法是不可行的。

16.2.2 典型的加密、解密方法

密码学的发展可以分为 3 个阶段:古代加密方法、古典密码和近代密码。古代加密方法主要基于手工的方式实现,因此称为密码学发展的手工阶段;古典密码的加密方法一般是文字替换,古典密码系统已经初步体现出近代密码系统的雏形,其比古代加密方法复杂得多;近代密码与计算机技术、电子通信技术紧密相关,在这一阶段,密码理论蓬勃发展,出现了大量的密码算法。通常密码学的研究对象主要指后两大类密码。

依据密码体制的特点以及出现的时间,可以将常用密码分为古典替换密码、对称密钥密码和公开密钥密码。

古典替换密码 古典替换密码的加密方法一般是文字替换,使用手工或机械变换的方式实现基于字符替换的密码。现今已很少使用,但是它代表了密码的起源。

【示例 16.1】移位密码。

这是最简单的一类古典替换密码,基本算法为将字母表的字母右移 k 个位置,并对字母表长度作模运算。在移位密码运算过程中,用到了字母表的另一个属性位置序列,即每一个字母具有两个属性,一个是本身代表的含义,另一个是位置序列值,其中位置序列值可以进行算术运算。例如,a、b、c 的位置序列值分别为 0、1、2,即在字母表中的位置分别为第 0、1、2 位,而位置序列值为 2 的字母即为“c”。后文描述参与算术运算的字母均为其位置序列值。移位密码的加密函数和解密函数如下:

$$\text{加密函数:}E_k(m) = (k+m) \bmod q$$

$$\text{解密函数}: D_k(c) = (c-k) \bmod q$$

公元前1世纪，古罗马皇帝Caesar（凯撒）曾使用移位密码，加密时每个字母移动3位，故将字母移动3位的移位密码称为凯撒密码。凯撒密码体系的数学表示为$M=C=$｛有序字母表｝，$q=26$，$k=3$。其中q为有序字母表的元素个数，本例采用小写英文字母表，$q=26$。使用凯撒密码对明文字符串逐位加密的结果如下：

明文信息 M=meet me after the toga party

密文信息 C=phhw ph diwho wkh wrjd sduwb

对称密钥密码 对称密钥密码是指加密过程和解密过程使用同一把密钥来完成，该类算法也称秘密密钥算法或单密钥算法。依据处理数据的类型，对称密钥密码通常又被分为分组密码（block cipher）和序列密码（stream cipher）。分组密码是指将定长的明文块转换成等长的密文，这一过程在密钥的控制之下完成，解密时使用逆向变换和同一密钥完成。对于当前许多分组密码而言，分组大小是64位，但该尺寸以后很可能会增加。序列密码又称为流密码，加解密时一次处理明文中的一个或几个位。

【示例16.2】DES和AES。

1973年，美国国家标准局（NBS）公开征集国家密码标准方案，并公布了关于密码的设计要求，IBM公司提交了LUCIFER算法，该算法由IBM的工程师于1971—1972年设计并应用在为英国Lloyd公司开发的现金发放系统中。1975年，NBS公开了全部设计细节并指派了两个小组进行评价。1976年，LUCIFER被采纳为联邦标准，批准用于非军事场合的各种政府机构。1977年，LUCIFER被NBS作为“数据加密标准——FIPS PUB 46”发布，简称为DES，随后几十年间，DES一直活跃在国际保密通信的舞台上，扮演着十分重要的角色。

DES是一种对二进制数据进行分组加密的算法，其算法结构如图16.5所示，它以64位为分组对数据进行加密。DES的密钥为56位二进制数（实际上，密钥长度共64位，其中有8位用作奇偶校验，其余56位参与DES运算）。加密算法和解密算法十分相似，唯一的区别在于每轮密钥的使用顺序正好相反。DES的整个密码体制是公开的，系统的安全性完全依赖于密钥的保密性。

DES算法的具体加密过程如图16.6所示。56位密钥（其中8位用作校验位，其余48位用于生成子密钥）经过循环移位（加密过程中循环左移1位或2位，相应地，解密过程中循环右移1位或2位，具体选择1位还是2位按轮次规定）和置换函数处理（按照置换表位置作变换）被转换成子密钥，重复这一过程，共产生16轮子密钥。64位明文经过初始置换IP处理后，与第i轮的子密钥K_i作变换处理，共进行16轮变换处理，然后经过逆初始置换IP^{-1}处理后形成64位密文。在每一轮明文与密钥的处理过程中，将用到名为Feistel的函数，该函数将对输入的明文和密钥进行复杂的替换操作，其作用是产生明文和密文的混乱与扩散效果。

DES的破解 1997年，在一个称作“向DES挑战”的竞技赛上，罗克·维瑟用96天时

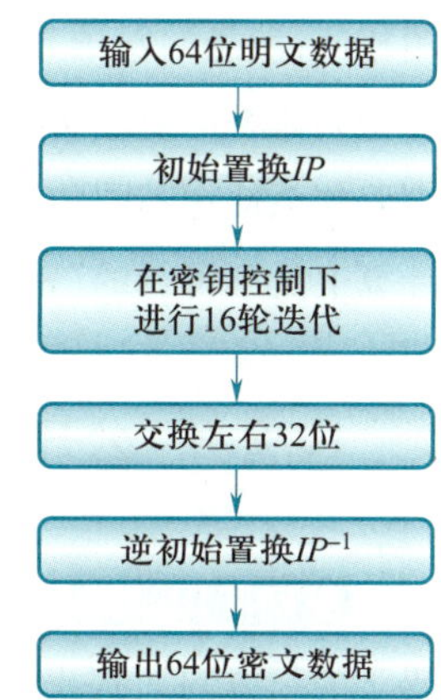

图 16.5 DES 的算法结构

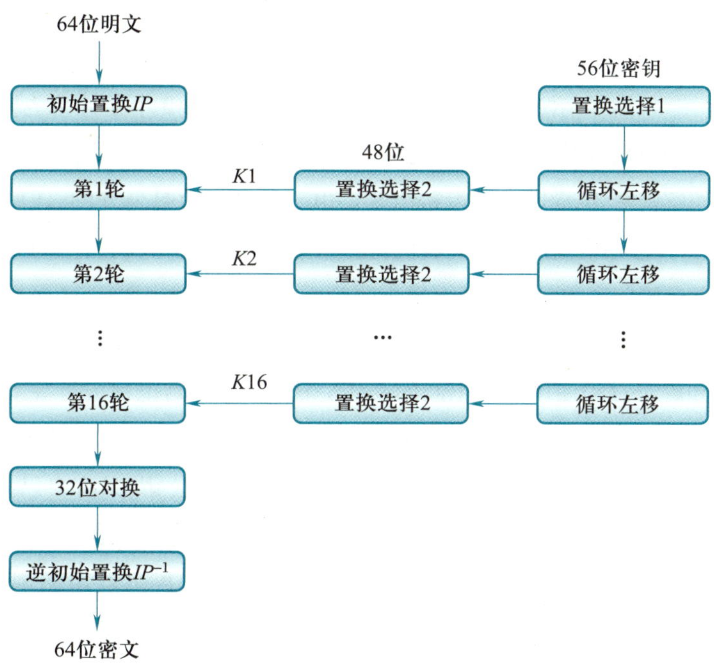

图 16.6 DES 加密处理示意(右半部分为 16 轮子密钥的产生,左半部分为明文变换为密文的过程)

间破解了使用 DES 加密的一段信息。2000 年 1 月 19 日,一台 DES 解密机以 22.5 小时的战绩成功破解了 DES 加密算法。对 DES 的最近一次评估是在 1994 年,彼时决定 1998 年 12 月以后,DES 将不再作为联邦加密标准。2002 年 5 月,美国国家标准与技术研究院(NIST)公布了以 Rijndael 数据加密算法为基础的高级加密标准 AES,并预测 AES 会被广泛应用于各种组织、公司及个人。AES 的基本要求是分组长度为 128 位,密钥长度为 128/192/256 位,执行速度比传统的 DES 算法快。

对称密码体系的问题 以 DES 密码为代表的对称密码体系的安全性取决于密钥的保密性而非算法的保密性,即可认为在已知密文和加密/解密算法的基础上不能够破译消息。这样即无须使算法保密,只需要保证密钥保密。但是,由于加密密钥与相应的解密密钥相同，消息的发送方和接收方必须在密文传输之前通过安全信道进行密钥传输，这是对称密码体系的缺陷所在。为了解决这一问题，人们提出了公开密钥密码体系。公开密钥密码体系使用不同的加密密钥与解密密钥，是一种“由已知加密密钥推导出解密密钥在计算上是不可行的”密码体制，将在下一小节进行详细介绍。

16.2.3　公开密钥密码与数字签名

单向陷门函数 1976 年，W. Diffie 和 M. Hellmen 发表了具有里程碑意义的文章《密码学的新方向》，提出了单向陷门函数的概念。

如果函数 $f(x)$ 被称为单项陷门函数，则必须满足以下 3 个条件：(1) 给定 x，计算 $y=f(x)$ 是容易的；(2) 给定 y，计算 x 使 $y=f(x)$ 是困难的（所谓困难是指计算上相当复杂，已无实际意义）；(3) 存在 δ，已知 δ 满足时对给定的任何 y，若相应的 x 存在，则计算 x 使 $y=f(x)$ 是容易的。

仅满足前两个条件的函数称为单向函数，第 3 个条件称为陷门性，δ 称为陷门信息。当用陷门函数 f 作为加密函数时，可将 f 公开，其相当于公钥 P_k。f 函数的设计者将 δ 保密，用作解密密钥，此时 δ 称为私钥 S_k。由于加密函数是公开的，任何人均可将信息 x 加密为 $y=f(x)$，然后发送给函数的设计者。由于设计者拥有 S_k，自然可以利用 S_k 计算 x 使 $y=f(x)$。单向陷门函数的第 2 条性质表明窃听者由截获的密文 $y=f(x)$ 推测 x 是不可行的。

在此思想基础上，很快出现了非对称密钥密码体制。非对称密钥密码是指加密过程和解密过程使用两把不同的密钥完成，这些密码也称公开密钥密码或双密钥密码。公开密钥密码是加密密钥和解密密钥为两个独立密钥的密码系统。在公开密钥加密体系中，公钥和私钥成对出现。其中，公开的密钥叫作公钥，只有自己知道的叫作私钥。用公钥加密的数据只有对应的私钥可以解密，用私钥加密的数据只有对应的公钥可以解密。如果可以用公钥解密，则必然用对应的私钥加密，如果可以用私钥解密，则必然用对应的公钥加密。图 16.7 为公开密钥密码的模型，可以看出信息发送前，发送方首先要获取接收方发布的公钥，加密时使用该公钥将明文加密成密文，公钥也称加密密钥；解密时接收方使用私钥对密文进行处理，将其还原成明文，私钥也称解密密钥。在信息传输过程中，攻击者虽然可以得到密文和公钥，但在没有私钥的情形下无法对密文进行破译。因此，公开密钥密码的通信安全性取决于私钥的保密性。在公开密钥密码体制中，使用者的公/私密钥成对产生，对外发布公钥，私钥则严格保密，只允许使用者一个人管理使用。另外，通信的安全性与算法本身无关，算法是公开的。

【示例 16.3】RSA。

RSA 密码是目前应用最广泛的公开密钥密码。该算法由美国的 Rivest、Shamir、Adleman 于 1978 年提出。该算法的数学基础是初等数论中的欧拉（Euler）定理以及大整数因子分解问题。根据数论，寻求两个大素数比较简单，而将它们的乘积分解开的复杂度为指数级。n 为两个大素数 p 和 q 之积（素数 p 和 q 一般为 100 位以上的十进制数），随机选取

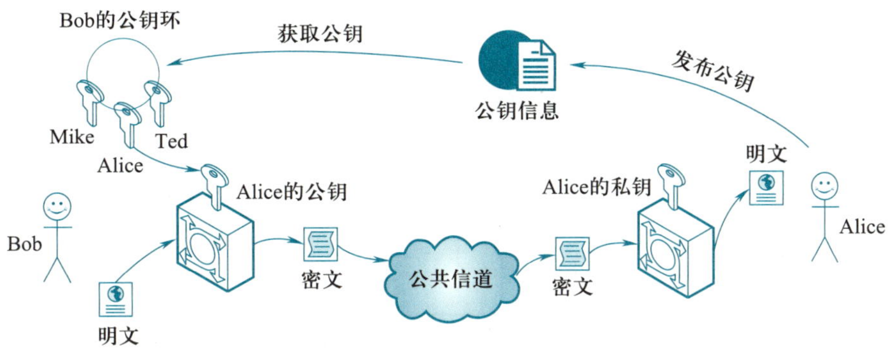

图 16.7 公开密钥密码的模型

的整数 e 和 d 满足一定的关系。当敌手已知 e 和 n 时并不能求出 d。对大整数作因子分解的难度决定了 RSA 算法的可靠性。换言之,对一个极大整数作因子分解越困难,RSA 算法越可靠。假如有人找到一种快速因子分解算法,那么用 RSA 加密信息的可靠性一定会极度下降。但找到这类算法的可能性十分渺小,如今只有短 RSA 密钥才可能被暴力破解。迄今为止,世界上还没有任何可靠的攻击 RSA 算法的方式。只要其密钥长度足够长,用 RSA 加密的信息实际上是不可能被破解的。

RSA 的密钥生成流程如下:首先取两个大素数 p 和 q(保密),计算 $n=pq$(公开),欧拉函数 $\varphi(n)=(p-1)(q-1)$(保密);其次随机选取整数 e,满足 $gcd(e,\varphi(n))=1$(公开),gcd 为求最大公约数,e 与 $\varphi(n)$ 互素且小于 $\varphi(n)$;最后计算 d,满足 $de\equiv 1 \pmod{\varphi(n)}$(保密)。发送方和接收方都必须知道 n 和 e 的值,但只有接收方知道 d 的值。每个用户拥有两个密钥:加密密钥 $PK\{e, n\}$ 和解密密钥 $SK\{d, n\}$。利用 RSA 加密的第一步需将明文数字化。对于某一明文块 m 和密文块 c,加密算法为 $c=E(m)\equiv m^e \pmod n$,解密算法为 $D(c)\equiv c^d \pmod n$。

例如,假设 $p=3, q=11$,可计算 $n=pq=33, \varphi(n)=(p-1)(q-1)=20$。随机选择整数 e,满足 $1<e<\varphi(n)=20$, $gcd(e, \varphi(n))=1$,这里选择 $e=7$。解方程 $de\equiv 1 (\bmod \varphi(n))$,即 $7d\equiv 1(\bmod 20)$,得 $d=3$。密钥对即为(7,33),(3,33)。在应用时,假设明文 $m=4$,加密运算为 $4^7=16\ 384 \bmod(33)=16$,解密运算为 $16^3=4\ 096 \bmod(33)=4$。

图 16.8 显示了 RSA 密码算法应用模型。对于公钥 e、n 和私钥 d、n,首先 Bob 将公钥发给 Alice,其次 Alice 用公钥加密,然后 Alice 发送密文,最后 Bob 用私钥解密。

信息的可认证性 采用公开密钥密码解决信息的可认证性问题是依靠公/私密钥使用的可逆性和私钥的机密性。如图 16.9 所示,发送方 Bob 使用自己的私钥对明文信息进行加密,将密文在公共信道上发给接收方 Alice,Alice 收到密文后,使用已得到的 Bob 的公钥对信息进行解密,如果成功还原成明文,则可以确定该信息一定由 Bob 使用其私钥进行加密,即信息源必为 Bob。公开密钥密码除了可以解决信息的机密性和可认证性之外,还在密钥交换、信息的完整性校验以及数字证书等方面作出了重大贡献。下一节将介绍数字签名与防篡改等具体应用。

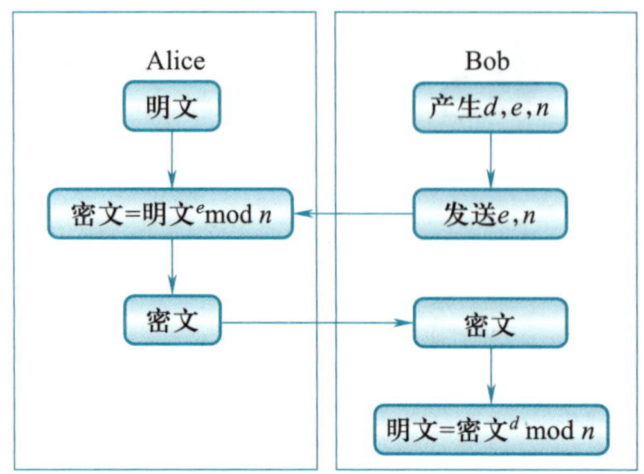

图 16.8 RSA 密码算法应用模型

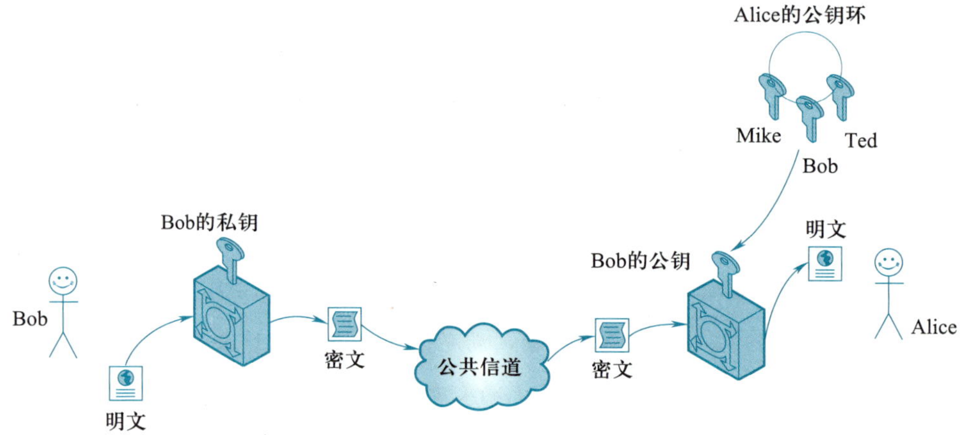

图 16.9 公开密钥密码的认证模型

16.2.4 哈希函数与消息认证

完整性与哈希函数 完整性是指信息在存储和传输过程中未经授权不能被改变的特性。在信息系统或信息网络中,存在大量有价值的消息需要存储、传输或处理,而这些消息的来源及完整性必须被严格验证。网络中大量攻击的目标是对有价值的消息进行篡改或伪造,因此如何保障信息的完整性十分重要,哈希函数是实现完整性验证的重要技术。

众所周知,任何人都有自己独一无二的指纹,这常常成为司法机关鉴别罪犯身份最值得信赖的方法;与之类似,哈希函数即可为任何文件(无论其大小、格式、数量)产生一个同样独一无二的“数字指纹”,如果任何人对文件进行了任何改动,其对应的“数字指纹”都会发生变化。

哈希(hash)函数也称散列函数或摘要函数,是一种单向加密体制,它是一个从明文到密文的不可逆映射,只存在加密而不存在解密过程,哈希函数可以将任意长度的消息输入经过变换得到固定长度的密文输出,即哈希值,也称为消息摘要。消息哈希值的每一位都与原消息的每一位有关,对于消息任何一位或几位的改变,都将极大可能改变其哈希值。

【示例 16.4】消息摘要算法 MD5。

在 20 世纪 90 年代初，RSA Data Security 公司先后研究发明了 MD2、MD3 和 MD4，1991 年，Rivest 对 MD4 进行改进升级，提出了 MD5(message digest algorithm 5)。MD5 的典型应用是对一段字节串(message)产生消息摘要，以防止被“篡改”。例如，将一段话写在一个名为 readme.txt 文件中，并对该 readme.txt 产生一个 MD5 的值并记录在案，然后将文件传播给他人，他人如果修改了文件中的任何内容，则对文件重新计算 MD5 时就会察觉(两个 MD5 值不相同)。如果存在一个第三方的认证机构，用 MD5 还可以防止文件作者的“抵赖”，这就是所谓的数字签名应用。

数字签名及应用 消息认证的目的就是确保收到的数据确实和发送时相同且未被篡改，同时确保发送方声称的身份是真实有效的。如图 16.10 所示，当哈希函数用于提供消息认证功能时，发送方根据待发送的消息使用该哈希函数计算哈希值，然后对哈希值使用发送方的私钥签名，将签名后的哈希值和消息一并发送。接收方收到后，使用发送方的公钥验证还原签名后的哈希值，并对消息执行相同的哈希计算得到新的哈希值，将新的哈希值与还原的哈希值进行对比，如果相同则可以确定消息发送方的真实身份及消息未曾受到攻击，如果不同，则接收方可以推断出消息遭受了篡改。

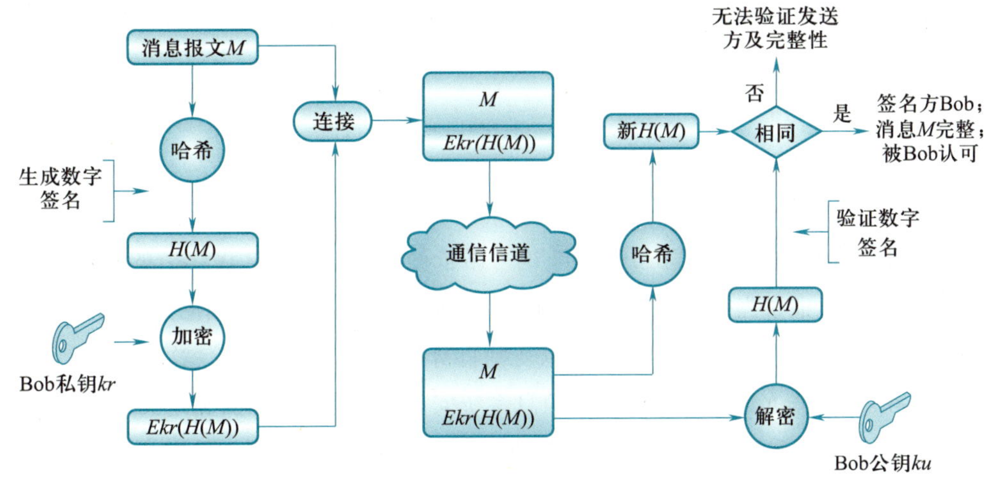

图 16.10 数字签名的生成及验证

16.3 信息安全与网络安全

网络安全是指网络系统的硬件、软件及其系统中的数据受到保护，不因偶然的或恶意的原因而遭受破坏、更改、泄露，系统连续、可靠、正常地运行，网络服务不中断。显而易见，网络安全属于信息安全领域范畴，同时又在信息安全领域中占有极其重要的位置。许多时候，人们在谈论信息安全时，更多指网络安全。

16.3.1　网络威胁

网络开放性与威胁 网络安全存在的问题主要来自网络威胁，随着互联网的不断发展，网络威胁也呈现了一种新的趋势，已经从最初的病毒，例如“CIH”“大麻”等传统病毒，逐渐发展为包括特洛伊木马、后门程序、流氓软件、间谍软件、广告软件、网络钓鱼、垃圾邮件等，并且目前的网络威胁往往是集多种特征于一体的混合型威胁。网络中的“勒索软件”就是利用网络进行传播，截取用户私密信息，进而对用户进行威胁。

网络威胁随着互联网的发展不断变化，从时间和表现上大致可以分为 3 个阶段：第一阶段（1998 年以前）的网络威胁主要来源于传统的计算机病毒，其特征是通过媒介复制进行传染，以攻击破坏个人计算机为目的；第二阶段（大致在 1998 年以后）的网络威胁主要以蠕虫病毒和黑客攻击为主，其表现为蠕虫病毒通过网络大面积暴发，以及黑客攻击一些公共服务网站；第三阶段（2005 年以来）的网络威胁呈现多样化手段，包括以谋取经济利益为目的偷窃资料、控制利用主机等，以及以信息对抗为目的有组织的网络入侵、拒绝服务攻击等。

16.3.2　计算机病毒

计算机病毒与特点 早在 1949 年，冯·诺依曼在其论文《自我繁衍的自动机理论》中，从理论上论证了当今计算机病毒的存在。1983 年，美国南加利福尼亚大学的 Fred Cohen 博士研制出一种在运行过程中可以复制自身的破坏性程序，第一次验证了计算机病毒的存在。《中华人民共和国计算机信息系统安全保护条例》中明确定义：**病毒是指“编制或者在计算机程序中插入的破坏计算机功能或者破坏数据，影响计算机使用并且能够自我复制的一组计算机指令或者程序代码”**。根据这个定义，计算机病毒可以理解为一种计算机程序，其不仅能破坏计算机系统，而且能传染其他系统。计算机病毒和医学中的病毒十分相似，同样具有医学中病毒的某些特征。

非授权性。计算机病毒和一般计算机程序一样能够存储和执行，一般程序的执行是合法的、被授权的，病毒则是在用户未知（未授权）的情况下执行。

寄生性。计算机病毒可以寄生在其他程序中，当执行该程序时，病毒程序开始破坏，而在未启动该程序前，病毒是不易被人发觉的。这一特征是传统计算机病毒的特有之处，目前的网络病毒更多以独立文件的形式存在。

传染性。计算机病毒不但本身具有破坏性，更有害的是具有传染性，计算机病毒通过各种渠道从被感染的计算机扩散到未被感染的计算机，计算机病毒可以有许多传染渠道，例如磁盘、U 盘以及网络等。是否具有传染性是判别一个程序是否为计算机病毒的最重要条件。

潜伏性。有些病毒如同定时炸弹般，何时发作是预先设计的。例如黑色星期五病毒，不到预定时间则无法察觉，待到条件具备则突然暴发，对系统进行破坏。

破坏性。计算机中毒后，可能会导致正常程序无法运行，存储的资料被窃取，磁盘文件受到破坏，甚至系统崩溃。

触发性。病毒因某个事件或数值的出现而发作的特性称为触发性。病毒的这些触发条件可能是时间、日期、文件类型或某些特定数据等。

计算机病毒可以根据其工作原理和传播方式划分成传统病毒、蠕虫病毒和木马病毒 3 类。传统病毒是指寄生于宿主文件内，以可移动介质为传播途径的计算机病毒，随着互联网的不断发展，其逐渐被网络蠕虫以及一些以网络为传播途径的病毒所取代。蠕虫(worm)病毒是指利用网络进行复制和传播，以独立智能程序形式存在的计算机病毒。木马病毒的名称源于古希腊特洛伊战争中著名的“木马计”，顾名思义就是一种伪装潜伏的网络病毒。木马与一般的病毒不同，它不会自我繁殖，也并不“刻意”去感染其他文件，其通过伪装吸引用户下载并安装在用户计算机内，向施种木马者提供打开被种者计算机的门户，使施种者可以随意毁坏、窃取被种者的文件，甚至远程操控被种者的计算机，后果不堪设想。

【示例 16.5】典型的传统病毒的传播机理。

传统病毒的代表有巴基斯坦智囊(Brain)、大麻、磁盘杀手(DISK KILLER)、CIH 等，这些传统病毒通常包含 3 个主要模块：启动模块、传染模块和破坏模块。当系统执行了感染病毒的文件时，病毒的启动模块开始驻留在系统内存中，传染模块和破坏模块的发作均为条件触发，当满足传染条件时，病毒开始传染其他文件；当满足破坏条件时，病毒就开始破坏系统。

【示例 16.6】典型的蠕虫病毒的传播机理。

蠕虫病毒的代表包括莫里斯蠕虫、红色代码(Code Red)、尼姆达(Nimda)、求职信、“熊猫烧香”、SQL 蠕虫王等。作为病毒，蠕虫病毒当然具有病毒的共同特征，但与传统病毒有一定的区别。传统病毒是寄生的，通过感染其他文件进行传播。蠕虫病毒一般不需要寄生在宿主文件中，这一点与传统病毒存在差别。蠕虫病毒具有传染性，其通过在互联网环境下复制自身进行传播，传播途径主要包括局域网内的共享文件夹、电子邮件、网络中的恶意网页和大量存在漏洞的服务器等。可以说，蠕虫病毒是以计算机为载体，以网络为攻击对象。

【示例 16.7】典型的木马病毒的传播机理。

木马的传播主要通过电子邮件附件、被挂载木马的网页以及捆绑了木马程序的应用软件等方式。木马被下载安装后完成修改注册表、驻留内存、安装后门程序、设置开机加载等,甚至能够使杀毒程序、个人防火墙等防病毒软件失效。根据木马病毒的功能大致可将其分为以下几类:(1) 盗号类木马:盗号类木马通常采用记录用户键盘输入、Hook应用程序进程等方法获取用户的账号和密码;(2) 网页点击类木马:网页点击类木马会恶意模拟用户点击广告等动作,在短时间内可以产生数以万计的点击量;(3) 下载类木马:这种木马程序的体积一般很小,其功能是从网络中下载其他病毒程序或安装广告软件;(4) 代理类木马:用户感染代理类木马后,会在本机开启HTTP、SOCKS等代理服务功能,黑客将受感染计算机作为跳板,以被感染用户的身份进行黑客活动,达到隐藏自己的目的。木马病毒程序一般由3部分组成:第1部分是控制端程序(客户端),它是黑客用于控制远程计算机中木马的程序;第2部分是木马程序(服务器端),它是木马病毒的核心,是潜入被感染的计算机内部、获取其操作权限的程序;第3部分是木马配置程序,它通过修改木马名称、图标等来伪装隐藏木马程序,并配置端口号、回送地址等信息确定反馈信息的传输路径。

病毒防治 对于大多数计算机用户来说,防治病毒首先需要选择一个有效的防病毒产品,并及时进行产品升级。目前许多用户没有养成定期进行系统升级维护的习惯,这是造成病毒侵害感染率高的重要原因之一。提高病毒防范意识是预防计算机病毒攻击的首要因素,只要培养良好的防范意识,并充分发挥杀毒软件的防护能力,完全可以将大多数病毒拒之门外。关于预防病毒需要注意:(1) 安装防病毒软件:首次安装时,务必对计算机进行一次彻底的病毒扫描,尽管过程烦琐,但可以确保系统尚未遭受病毒感染,此外建议打开防病毒软件的自动升级服务,保证病毒定义码或防病毒引擎是最新版本;定期扫描计算机也是一个良好习惯;(2) 使用软盘、光盘、U盘或活动硬盘等其他媒介前,务必对其进行计算机病毒扫描,以防万一;(3) 关注下载安全:下载要从比较可靠的站点进行,下载后也须不厌其烦地进行病毒扫描;(4) 关注电子邮件安全:来历不明的邮件绝不打开,遇到形迹可疑或不是预期中的朋友来信中的附件,绝不轻易运行,除非已经知道附件内容是安全的;(5) 使用基于客户端的防火墙,可以增强计算机对黑客和恶意代码的攻击的抵御能力,同时需要经常对计算机进行病毒和安全漏洞扫描;(6) 警惕欺骗型病毒:欺骗型病毒将自身伪装成各种吸引人的图像、视频甚至杀毒软件等网络资源,利用人性弱点,以子虚乌有的说辞或表演打动用户,一旦发现应尽快删除;(7) 备份:虽然可以使用公认最佳的防病毒软件,但也不能确保计算机不被病毒感染,而且许多时候,人们只能采用删除文件、格式化磁盘或重装系统等手段彻底清除病毒,这时数据备份及系统备份就十分必要,人们无法保证计算机不受病毒侵害,但可以做好备份,保证在受到病毒侵害时,将病毒带来的损失降到最低。

16.3.3 网络入侵

1980年,James P. Anderson首次提出“入侵”的概念,并指出**网络入侵**是指在非授权的情况下，试图存取信息、处理信息或破坏系统，以使系统不可靠或不可用的故意行为。网络入侵的目的一般可分为控制主机、瘫痪主机和瘫痪网络，入侵对象一般分为主机和网络两类，入侵手段根据目的和后果可分为5类，分别是拒绝服务攻击、口令攻击、嗅探攻击、欺骗类攻击和利用型攻击。**拒绝服务攻击**是从结果角度来命名的，其最终结果是使得目标系统因遭受某种程度的破坏而不能继续提供正常的服务，甚至导致物理上的瘫痪或崩溃；**口令攻击**是指通过猜测或其他方法获得目标系统的用户口令，夺取目标系统控制权的过程；**嗅探攻击**是指利用网络技术，通过某种途径获取他人重要信息；**欺骗类攻击**是指构造虚假的网络消息，发送给网络主机或网络设备，企图用假消息替代真实信息，实现对网络及主机正常工作的干扰破坏；**利用型攻击**是指通过非法技术手段，试图获得某网络计算机的控制权或使用权，达到利用该机从事非法行为的一类攻击行为的总称。

【示例16.8】拒绝服务攻击的过程及其防范。

拒绝服务(denial of service，DoS)攻击是最常见的攻击形式，具体操作方法多种多样，可以是单一的手段，也可以是多种方式的组合利用，其结果相同，即使合法用户无法访问所需的信息。分布式拒绝服务(distributed denial of service，DDoS)攻击是在传统DoS攻击基础之上发展而来的分布式攻击方式，是许多DoS攻击源一起攻击某个服务器或网络，迫使服务器停止提供服务或网络阻塞。DDoS攻击需要众多攻击源，而攻击者获得攻击源的主要途径就是传播木马，网络计算机一旦中了木马，这台计算机就会被攻击者控制，也就成了所谓的“肉鸡”即“帮凶”。使用“肉鸡”进行DDoS攻击还可以在一定程度上保护攻击者，使真正的攻击者不易被发现。

对于DoS攻击而言，主要的防御应从3个方面加强：(1) 及时升级系统，减少系统漏洞：许多DoS攻击对于新的操作系统已经失效，例如Ping of Death攻击；(2) 关闭主机或网络中不必要的服务和端口，例如对于非Web主机关闭80端口；(3) 局域网应当加强防火墙和入侵检测系统的应用和管理，过滤掉非法的网络数据包。

【示例16.9】口令攻击的过程及其防范。

口令攻击过程一般包括以下步骤：(1) 获取目标系统的用户账号及其他有关信息；(2) 根据用户信息猜测用户口令；(3) 采用字典攻击方式探测口令；(4) 探测目标系统的漏洞，伺机取得口令文件，破解取得用户口令。各个步骤并不要求严格按顺序执行，也可能单独或组合使用，但步骤(1)是许多攻击者首先要做的事情。对于那些不重视口令安全性的用户，步骤(2)往往是行之有效的攻击方法。由于得到了许多用户信息，攻击者可以猜测用户可能的口令，因此使用对于用户来说有意义的、便于记忆的数据作口令是十分危险的，例如用户名、用户名变形、生日、电话、电子邮件地址等。用户常常采用一个英语单词作口令，因此攻击者也经常使用字典攻击的方法破解用户口令，由于该破译过程由计算机程序自动完成，因此几个小时就可将字典中的所有单词尝试一遍。步骤(4)也是攻击者喜欢使用的一种攻击方法。首先攻击者扫描目标系统，寻找可能存在的系统漏洞，伺机夺取目标中存放口令的文件。除了上述攻击步骤，攻击者还可能采用穷举暴力攻击的方法来攻击口令,系统中可以用作口令的字符有95个,即10个数字、33个标点符号、52个大小写字母。如果口令采用任意5个字母加上1个数字或符号,则可能的组合排列数约为163亿,即$52^5 \times 43 = 16\ 348\ 773\ 000$。这一数字对于每秒可以进行上百万次浮点运算的计算机而言并非困难问题,也就是说一个6位的口令并不安全。

防范口令攻击的方法也很简单,只要做到以下几点,用户的口令将较为安全:(1) 口令的长度不少于10个字符;(2) 口令中包含一些非字母;(3) 口令不在英语字典中;(4) 不要将口令写下来;(5) 不要将口令存放于计算机文件中;(6) 不要选择易猜测的信息作口令;(7) 不要在不同系统中使用同一口令;(8) 不要让其他人得到口令;(9) 经常改变口令;(10) 永远不要对自己的口令过于自信。

【示例16.10】利用型攻击的过程及其防范。

该类攻击常用的技术手段包括口令猜测、木马病毒、僵尸病毒以及缓冲区溢出等。缓冲区溢出是指当计算机向缓冲区内填充数据位数时超过了缓冲区本身的容量,溢出的数据覆盖了合法数据。缓冲区溢出是一种非常普遍、非常危险的程序漏洞,在各种操作系统、应用软件中广泛存在。利用缓冲区溢出攻击,可以导致程序运行失败、系统宕机、重新启动等后果,更为严重的是可以利用它执行非授权指令,甚至可以取得系统特权并控制主机,进行各种非法操作。

针对利用型攻击的防范,首先需要及时更新系统,减少系统漏洞(包括缓冲区溢出的漏洞),从而有效阻挡木马、僵尸以及缓冲区溢出类的入侵;其次需要安装防病毒软件,从而有效防范木马、僵尸等病毒入侵;此外更为重要的是加强安全防范意识,主动了解安全知识,有意识地加固系统,对不安全的电子邮件、网页进行抵制,这样才能较好地防范此类攻击。

【示例16.11】嗅探攻击的过程及其防范。

主要技术手段包括:(1) 采用上述“利用型攻击”的手段,获取他人计算机的特权,窃取他人的重要信息;(2) 通过安装网络窃听软件,窃听网络中传输的信息;(3) 采用中间人欺骗,获取他人通信的信息。网络窃听软件称为嗅探器(sniffer),是一种常用的收集网络中传输的有用数据的方法,这些数据可以是网络管理员需要分析的网络流量,也可以是攻击者喜欢的用户账号和密码,或者一些商用机密数据等。在共享网络环境中,如果攻击者获得其中一台主机的根(root)权限,并将其网卡置于混杂模式,这就意味着不必打开配线盒来安装偷听设备,即可在共享环境下对其他计算机的通信进行窃听,在共享网络中网络通信没有任何安全性可言。目前,采用“共享技术”的网络设备集线器已经被采用交换方式的交换机所取代,在多数局域网络中,利用混杂模式进行监听已经不可能实现,这就意味着攻击者不得不考虑采用其他方法实施窃听。交换网络下的窃听手段就是地址解析协议(address resolution protocol,ARP)欺骗,即中间人欺骗:窃听者C伪造ARP应答报文,分别发给通信双方A和B,告知A“C的MAC地址就是B的地址”,这样A发给B的报文发给了C,C复制后转发给B;同样地,C告知B“C的MAC地址就是A的地址”,B回复A

的数据报文经过 C 转发给 A,这样 C 就可以截获 A 与 B 之间的通信。

防范嗅探攻击的主要方法如下:(1) 检测嗅探器:由于嗅探器需要将用于嗅探的网卡设置为混杂模式才能工作,因此可以采用检测混杂模式网卡的方法检查嗅探器的存在,例如 AntiSniff 就是一个能够检测混杂模式网卡的工具;(2) 安全的拓扑结构:嗅探器只能在当前网络段上进行数据捕获,这就表示网络分段工作越细致,嗅探器能够收集的信息就越少;(3) 会话加密:会话加密提供了另外一种解决方案,使得用户无须担心数据被嗅探,因为即使嗅探器嗅探到数据报文,也无法识别其内容;(4) 地址绑定:在客户端使用 ARP 命令绑定网关的真实 MAC 地址,在交换机上进行端口与 MAC 地址的静态绑定,在路由器上进行 IP 地址与 MAC 地址的静态绑定,用静态的 ARP 信息代替动态的 ARP 信息等。

【示例 16.12】欺骗类攻击的过程及其防范。

常见的欺骗类攻击包括 IP 欺骗、ARP 欺骗、域名系统(domain name system,DNS)欺骗、伪造电子邮件等。ARP 欺骗前面已讲述。IP 欺骗简单来说就是一台主机设备冒充另外一台主机的 IP 地址,与其他设备通信。DNS 欺骗的目的是冒充域名服务器,将受害者要查询的域名对应的 IP 地址伪造成欺骗者希望的 IP 地址,这样受害者只能看到攻击者希望的网站页面。伪造电子邮件是利用 SMTP 协议不对邮件发送者的身份进行鉴定的漏洞,攻击者冒充其他邮件地址伪造电子邮件。

针对欺骗类攻击的防范方法如下:(1) 抛弃基于地址的信任策略;(2) 配置防火墙,拒绝网络外部与本网内具有相同 IP 地址的连接请求,过滤掉入站的 DNS 更新;(3) 地址绑定,在网关上绑定 IP 地址和 MAC 地址;(4) 使用安全工具(例如 PGP 等)并安装电子邮件证书。

【示例 16.13】诱骗类威胁的过程及其防范。

诱骗类威胁是指攻击者利用社会工程学的思想,利用人的弱点(例如人的本能反应、好奇心、信任、贪便宜等)通过网络散布虚假信息,诱使受害者上当,进而达到攻击者目的的一种网络攻击行为。近年来,更多的攻击者转向利用人的弱点即社会工程学方法来实施网络攻击。利用社会工程学手段,突破信息安全防御措施的诱骗类攻击事件,已经呈现上升甚至泛滥的趋势。

诱骗类威胁不属于传统信息安全的范畴,采用传统信息安全方法无法解决非传统信息安全的威胁。防范诱骗类威胁的首要方法是加强安全防范意识,其实,任何欺骗都存在弱点,甚至有明显的欺骗特征,只要用户有足够的安全防范意识,多问几个“为什么”,减少“天上掉馅饼”的心理,那么绝大多数诱骗行为不能得逞。

16.3.4 网络安全防御

网络安全防御是一个综合性的安全工程,并非少数网络安全产品能够完成的任务。防御需要解决多层面的问题,除了安全技术之外,安全管理也十分重要,实际上提高用户群的安全防范意识、加强安全管理所能起到的效果远远高于应用网络安全产品。从技术层面上看，网络安全防御应当是多层次、纵深型的一个体系，这种防御体系可以有效地增加入侵攻击者被检测到的风险，同时降低攻击者的成功概率，能够较好地防御各种网络入侵行为，如图 16.11 所示。

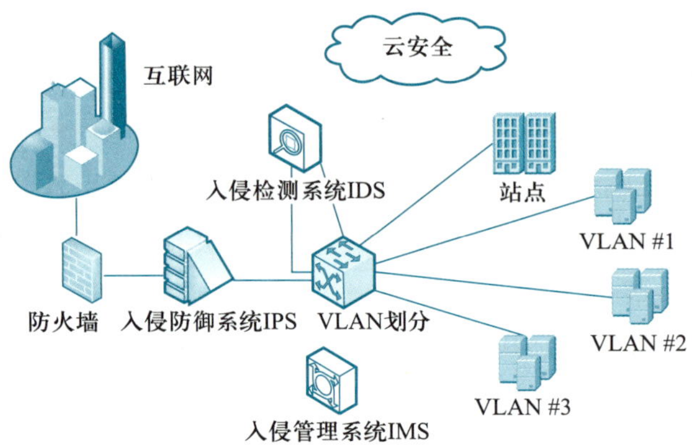

图 16.11 网络安全防御体系示意

目前，网络安全防御技术主要包括防火墙(firewall)、入侵检测系统(intrusion detection system，IDS)、入侵防御系统(intrusion prevention system，IPS)、入侵管理系统(intrusion management system，IMS)和虚拟局域网(virtual local area network，VLAN)等。

防火墙是指一个由软件和硬件设备组合而成、在内部网络和外部网络之间构造的安全保护屏障，用于保护内部网络免受外部非法用户的侵入。简单地说，防火墙是位于两个或多个网络之间，执行访问控制策略的一个或一组系统，是一类防范措施的总称。防火墙作为网络安全防御体系中的第一道防线，其主要的设计目标是有效地控制内外网之间的网络数据流量，做到御敌于外。为了实现这一设计目标，在防火墙的结构和部署上必须着重考虑两个方面：内网和外网之间的所有网络数据流必须经过防火墙，只有符合安全政策的数据流才能通过防火墙。从存在形式上看，防火墙可以分为硬件防火墙和软件防火墙，硬件防火墙由于采用特殊的硬件设备，因而具有较高的性能，一般可以作为独立的设备部署在网络中；软件防火墙则是一套需要安装在某台计算机系统上来执行防护任务的安全软件。注意，防火墙也存在局限性，主要表现为防火墙无法检测不经过防火墙的流量(例如通过内部提供拨号服务接入公网的流量)，不能防范来自内部人员的恶意攻击，也不能阻止被病毒感染的和有害的程序或文件的传递等，并且不能防止数据驱动式攻击。

入侵检测系统是一种对网络传输进行即时监视，在发现可疑传输时发出警报或者采取主动反应措施的网络安全系统。一个有效的入侵检测系统的数据源必须具有准确性、全面性和代表性等特点，因此，其不仅可以发现入侵行为，而且能够帮助管理员了解网络系统的状况及出现的任何变动，为网络安全策略的制定提供帮助。

入侵检测的第一步是信息收集，收集内容包括系统和网络的数据及用户活动的状态和行为。信息收集工作一般由放置在不同网段的感应器来收集网络中的数据信息(主要是数据包)和主机内感应器来收集该主机的信息,将收集到的信息送到检测引擎进行分析、检测。当检测到某种入侵特征时,会通知控制台出现了安全事件。当控制台接到发生安全事件的通知,将产生报警,也可依据预先定义的相应措施进行联动响应,例如可以重新配置路由器或防火墙、终止进程、切断连接、改变文件属性等。

入侵防御系统是串接在网络关键路径上的一个安全设备,它要求所有网络数据都经过 IPS 设备,从这一点上看更接近防火墙的部署,而从工作机制上看比较接近入侵检测系统。IPS 融合了“基于特征的检测机制”和“基于原理的检测机制”,这种融合不仅仅是两种检测方法的简单组合,而是细分到对攻击检测防御的每一个过程中,包含了动态检测与静态检测的融合,因此,IPS 有时可以看作防火墙和入侵检测系统的融合。

入侵管理系统是 IPS 之后的一个全新概念,是一个针对整个入侵过程进行统一管理的安全服务系统,在入侵事件的各个阶段实施预测、检测、阻断、关联分析和系统维护等工作。IMS 在入侵行为未发生前要考虑网络中存在什么漏洞,判断可能出现的攻击行为和面临的入侵危险;在行为发生时或即将发生时,不仅要检测出入侵攻击行为,还要进行阻断处理,终止入侵行为;在入侵行为发生后,进行深层次的入侵行为分析,通过关联分析来判断是否存在下一次入侵攻击的可能性。

虚拟局域网是可以将同一物理局域网内的不同用户逻辑地划分成不同的域,从而实现不同域之间的有效隔离、流量控制,提高网络安全性的一种技术。每一个 VLAN 都包含一组有着相同需求的工作站,与物理上形成的局域网有着相同的属性,不同 VLAN 之间可有效隔离。

网络防御技术不断发展,先进理念也不断产生,IPS、IMS 不会是网络防御的终极武器。在网络攻防中防御技术始终处于被动地位,但面对不断完善的纵深型防御体系以及各种防御技术的配合补充,入侵攻击的实施势必更加困难。

16.4 网络安全与国家安全

16.4.1 网络安全与国家安全的关系

没有网络安全,就没有国家安全 习近平总书记在 2018 年 4 月全国网络安全和信息化工作会议上强调:“**没有网络安全就没有国家安全,就没有经济社会稳定运行,广大人民群众利益也难以得到保障**。”从广义上看,网络安全不仅影响普通网民的信息安全，而且影响国家的政治、经济、军事、社会稳定等各个领域，影响一个国家的健康发展。

在网络社会化、社会网络化的今天，网络空间加速演变为战略威慑与控制的新领域、意识形态领域斗争的新平台、维护经济社会稳定的新阵地、信息化局部战争的新战场。谁掌握了网络，谁就抢占了意识形态领域斗争的制高点，谁就抓住了信息时代国家安全和发展的重要命脉。如果不重视网络安全，就可能丧失网络舆论战场的主动权，错失互联网给经济发展带来的新机遇，缺失确保国家战略安全和军事斗争胜利的新基石。

一个国家越发达、信息化程度越高，整个国民经济对信息资源和信息基础设施的依赖程度也就越高。然而，随着信息化的发展，计算机病毒、网络攻击、垃圾邮件、系统漏洞、网络窃密、虚假有害信息和网络违法犯罪等问题也日渐突出，如果应对不当就会给国家经济安全带来严重的影响。同时，信息网络技术的快速发展使得军事战争的形态发生变化。从古至今，战争形态产生了 4 次较大的变革，从冷兵器、热兵器、机械化，发展到如今的信息化战争，新军事变革的核心是信息化，新军事变革的思维概念是系统集成和技术融合，要通过较少的投入获得最大的效益。美国著名未来学家阿尔温・托尔勒说过，“谁掌握了信息，控制了网络，谁就将拥有整个世界”；美国前陆军参谋长沙利文上将说过，“信息时代的出现，将从根本上改变战争的进行方式”。

由于互联网具有虚拟性、隐蔽性、发散性、渗透性和随意性等特点，越来越多的网民更愿意通过这种渠道来表达观点、传播思想。同时互联网的这些特点又可能被一些别有用心的人加以利用，例如，色情资讯业日益猖獗，使互联网中充斥色情信息和宣扬暴力的信息，这些不良信息腐蚀着人们的灵魂；再例如，大量侵犯知识产权的盗版软件严重损害版权所有者的利益，对名誉权和隐私权的侵害成为了影响人们生活的重要因素。可以看出，网络安全与社会稳定关系密切，如何加强对网络的及时监测、有效引导，以及对网络危机的积极化解，对维护社会稳定、促进国家发展具有重要的现实意义，也是创建和谐社会的应有内涵。

16.4.2　网络空间主权

网络空间不是法外之地，网络空间也有主权，《中华人民共和国网络安全法》中提出网络空间主权原则，是对网络空间主权的有力捍卫。

什么是网络空间主权 **网络空间主权是指一个国家在建设、运营、维护和使用网络，以及在网络安全的监督管理方面所拥有的自主决定权。**网络空间主权是国家主权在网络空间中的自然延伸和表现，是国家主权的重要组成部分。作为国家主权的延伸和表现，网络空间主权集中体现了国家在网络空间可以独立自主地处理内外事务，享有在网络空间的管辖权、独立权、防卫权和平等权等权利。

管辖权是指主权国家对本国网络加以管理的权力，例如通过设置准入许可限制未被授权的网站接入网络，对不服从管理的网站立刻停止服务，对网络空间和网络生态加强整顿等。

独立权是指本国的网络可以独立运行,无须受制于别国。目前,全球绝大多数顶级服务器都在美国境内,理论上,只要美国在根服务器上屏蔽该国家域名,就能使该国家的顶级域名网站在网络中瞬间“消失”。在这个意义上,美国具有全球独一无二的制网权,有能力威慑他国的网络边疆和网络主权。各国的网络还无法实现独立存在。

防卫权是指主权国家具有对外来网络攻击和威胁进行防卫的权力。前面提到,全球13台根域名服务器中美国掌握10台,在这种情况下,需要针对根域名服务器被攻击、关停等紧急情况作出积极的预判和应对。目前,一些国家自主研制服务器,就是很好的防卫能力建设,一旦根服务器被关停,还能实现本国内部网络联通。此外,针对一国的网络舆论攻势,主权国家也应当做好应对之策,在必要时进行自我保护。总之,防卫权要求主权国家要拥有设置网络疆界、隔离境外网络进攻、抵抗和反击的能力。

平等权是指各国的网络之间可以平等地进行互联互通,不分高低贵贱。平等权要确保各国对网络系统具有平等的管理权,保证一国对本国互联网的管理不会伤及其他国家。现有的互联网相互依赖过强,互联网强势国家所制定的政策往往也会使弱势国家被迫接受。

网络空间主权的确立,一方面将一个国家的公民所拥有的虚拟网络空间的自由权纳入国内法的轨道,另一方面也为网络参与者提供了一系列自由表达、参与的法治保障。同时,网络空间主权也为一个国家维护网络秩序,维护国家、公众利益提供了依法治网的法律依据。

16.4.3 《中华人民共和国网络安全法》

《中华人民共和国网络安全法》(以下简称《网络安全法》)是为保障网络安全,维护网络空间主权和国家安全、社会公共利益,保护公民、法人和其他组织的合法权益,促进经济社会信息化健康发展而制定。由全国人民代表大会常务委员会于2016年11月7日发布,自2017年6月1日起施行。

《网络安全法》是我国网络安全领域的基础性法律,充分体现了信息化发展与网络安全并重的安全发展观,共有七章七十九条,内容十分丰富,突出的亮点是:确立了网络空间主权原则,明确了重要数据的本地化储存,强化了对个人信息的保护,确定了网络安全人才培养制度,提出了关键信息基础设施的安全保护及其范围,尤其是针对当前通信信息诈骗等新型网络违法犯罪的多发态势,强化了惩治网络诈骗等新型网络违法犯罪活动的规定。《网络安全法》具有整体性、协调性、稳定性和可操作性等特征,是我国应对国际网络空间安全挑战、维护网络空间主权、保障公民网络空间的合法权益不受侵害、保障国家安全的利器。

《网络安全法》基本原则 第一,网络空间主权原则。《网络安全法》第一条“立法目的”开宗明义,明确规定要维护我国网络空间主权。网络空间主权是国家主权在网络空间中的自然延伸和表现。《联合国宪章》确立的主权平等原则是当代国际关系的基本准则,覆盖国与国交往各个领域,其原则和精神也应该适用于网络空间。各国自主选择网络发展道路、网络管理模式、互联网公共政策和平等参与国际网络空间治理的权利应当得到尊重。第二条明确规定《网络安全法》适用于我国境内网络以及网络安全的监督管理。这是我国网络空间主权对内最高管辖权的具体体现。

第二,网络安全与信息化发展并重原则。发展是安全的前提,安全是发展的保障,安全和发展要同步推进。网络安全和信息化是一体之两翼、驱动之双轮,必须统一谋划、统一部署、统一推进、统一实施。《网络安全法》第三条明确规定,国家坚持网络安全与信息化并重,遵循积极利用、科学发展、依法管理、确保安全的方针;既要推进网络基础设施建设,鼓励网络技术创新和应用,又要建立健全网络安全保障体系,提高网络安全保护能力,做到"双轮驱动、两翼齐飞"。

第三,共同治理原则。网络空间安全仅仅依靠政府是无法实现的,需要政府、企业、社会组织、技术社群和公民等网络利益相关者的共同参与。《网络安全法》坚持共同治理原则,要求采取措施鼓励全社会共同参与,政府部门、网络建设者、网络运营者、网络服务提供者、网络行业相关组织、高等院校、职业学校、社会公众等都应根据各自的角色参与网络安全治理工作。

网络安全战略与治理目标《网络安全法》提出制定网络安全战略,明确网络空间治理目标,提高了我国网络安全政策的透明度。《网络安全法》第四条明确提出了我国网络安全战略的主要内容,即:明确保障网络安全的基本要求和主要目标,提出重点领域的网络安全政策、工作任务和措施。第七条明确规定,我国致力于"推动构建和平、安全、开放、合作的网络空间,建立多边、民主、透明的网络治理体系"。这是我国第一次通过国家法律的形式向世界宣示网络空间治理目标,明确表达了我国的网络空间治理诉求。

完善网络安全监管机制《网络安全法》将现行有效的网络安全监管体制法制化,明确了网信部门与其他相关网络监管部门的职责分工。第八条规定,国家网信部门负责统筹协调网络安全工作和相关监督管理工作,国务院电信主管部门、公安部门和其他有关机关依法在各自职责范围内负责网络安全保护和监督管理工作。这种"1+X"的监管体制,符合当前互联网与现实社会全面融合的特点和我国监管需要。

强化了网络运行安全,重点保护关键信息基础设施《网络安全法》第三章用了近三分之一的篇幅规范网络运行安全,特别强调要保障关键信息基础设施的运行安全。关键信息基础设施是指那些一旦遭到破坏、丧失功能或者数据泄露,可能严重危害国家安全、国计民生、公共利益的系统和设施。网络运行安全是网络安全的重心,关键信息基础设施安全则是重中之重,与国家安全和社会公共利益息息相关。为此,《网络安全法》强调在网络安全等级保护制度的基础上,对关键信息基础设施实行重点保护,明确关键信息基础设施的运营者负有更多的安全保护义务,并配以国家安全审查、重要数据强制本地存储等法律措施,确保关键信息基础设施的运行安全。

完善了网络安全义务和责任 《网络安全法》将原来散见于各种法规、规章中的规定上升到人大法律层面，对网络运营者等主体的法律义务和责任做了全面规定，包括守法义务，遵守社会公德、商业道德义务，诚实信用义务，网络安全保护义务，接受监督义务，承担社会责任等，并在“网络运行安全”“网络信息安全”“监测预警与应急处置”等章节中进一步明确、细化。在“法律责任”中则提高了违法行为的处罚标准，加大了处罚力度，有利于保障《网络安全法》的实施。

监测预警与应急处置措施制度化、法制化 《网络安全法》第五章将监测预警与应急处置工作制度化、法制化，明确国家建立网络安全监测预警和信息通报制度，建立网络安全风险评估和应急工作机制，制定网络安全事件应急预案并定期演练。这为建立统一高效的网络安全风险报告机制、情报共享机制、研判处置机制提供了法律依据，为深化网络安全防护体系、实现全天候全方位感知网络安全态势提供了法律保障。

本章小结

信息安全已经成为全世界关注的热点问题。信息安全体系结构围绕信息安全的 3 个基本目标——保密性、完整性和可用性展开。网络安全威胁形式多种多样，可以依据攻击手段及破坏方式进行分类，例如以蠕虫病毒、木马病毒等为代表的计算机病毒，以黑客攻击为代表的网络入侵，以间谍软件、网络钓鱼软件为代表的欺骗类威胁等。防火墙、入侵检测系统、防病毒技术等是常见的网络安全技术，也是目前重要的防御手段，IPS 和 IMS 是网络安全新技术，今后将越发体现其优势。网络安全与国家安全息息相关，没有网络安全，就没有国家安全。网络空间主权是国家主权的重要组成部分，保卫国家网络空间主权是每个公民应尽的义务。

视频学习资源目录 16

1. 视频 16-1　信息安全与网络空间安全（上）
2. 视频 16-2　信息安全与网络空间安全（中）
3. 视频 16-3　信息安全与网络空间安全（下）
4. 视频 16-4　信息安全发展史

本章视频学习资源

5. 视频 16-5 区块链发展史

思考题 16

1. 信息安全的发展过程主要经历了哪些阶段?
2. 信息保障的内容是什么?
3. 如何理解信息安全的体系结构?
4. 如何描述一个密码体制?
5. 对称密钥密码与公开密钥密码有何异同?
6. 如何实现对消息传输的数据源及完整性的认证?
7. 传统病毒与蠕虫病毒有何区别?
8. 蠕虫病毒、木马病毒的传播途径有哪些?
9. 防火墙的主要功能有哪些?
10. 入侵检测系统的主要功能有哪些?
11. 如何界定国家的网络空间主权?
12. 制定《中华人民共和国网络安全法》的目的是什么?

第 17 章

计算机学科展望

本章要点：　理解学科的研究对象与研究方法，了解学科发展与学科演变，了解学科的未来发展。

本章导图：

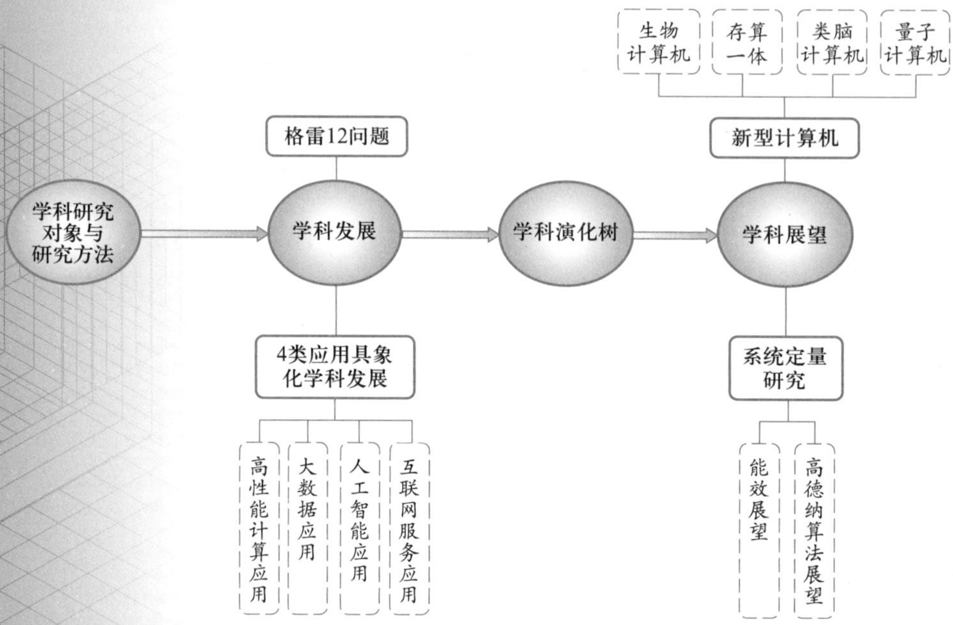

学科研究对象与研究方法
学科发展
格雷12问题
4类应用具象化学科发展
高性能计算应用
大数据应用
人工智能应用
互联网服务应用
学科演化树
学科展望
新型计算机
生物计算机
存算一体
类脑计算机
量子计算机
系统定量研究
能效展望
高德纳算法展望

计算机科学是抽象的自动化(Computer science is the mechanization of abstractions)。——Alfred Aho、Jeffrey Ullman,1992

计算思维的核心是抽象(At the heart of computational thinking is abstraction)。——Alfred Aho、Jeffrey Ullman,2022

学科(discipline)是人类知识的分支,即学术与学问的分支 一门学科是一个有自身特色的研究领域以及相对独立的知识体系,包括独特的研究对象与研究方法。

中国的高等教育体系将“计算机科学与技术”设为一级学科,包含“计算机系统结构”“计算机软件与理论”“计算机应用技术”3 个二级学科。近年来还派生出了“网络信息安全”“软件工程”“人工智能”等学科,统称为计算机类学科。2009 年发布的《中华人民共和国国家标准学科分类与代码》,在“计算机科学技术”一级学科中规定了“计算机科学技术基础学科”“人工智能”“计算机系统结构”“计算机软件”“计算机工程”“计算机应用”6 个二级学科(见表 17.1)。

表 17.1 计算机科学技术一级学科的主要学科分支

二级学科	三级学科
计算机科学技术基础学科	自动机理论,可计算性理论,计算机可靠性理论,算法理论,数据结构,数据安全与计算机安全
人工智能	人工智能理论,自然语言处理,机器翻译,模式识别,计算机感知,计算机神经网络,知识工程(包括专家系统)
计算机系统结构	计算机系统设计,并行处理,分布式处理系统,计算机网络,计算机运行测试与性能评价
计算机软件	软件理论,操作系统与操作环境,程序设计及其语言,编译系统,数据库,软件开发环境与开发技术,软件工程
计算机工程	计算机元器件,计算机处理器技术,计算机存储技术,计算机外围设备,计算机制造与检测,计算机高密度组装技术
计算机应用	中国语言文字信息处理(包括汉字信息处理),计算机仿真,计算机图形学,计算机图像处理,计算机辅助设计,计算机过程控制,计算机信息管理系统,计算机决策支持系统

官方文件中的学科规定旨在方便科学研究与教育 国际上通常将“计算机科学与技术”简称为“计算机科学”,还有学者不赞成将学科划分过细。本章注重计算机学科的本质进展与演化,并不局限于官方文件中的学科划分。首先学习计算机科学的研究对象与研究方法及特色,然后讨论更加丰富的学科演化,其目的是让读者了解这门朝气蓬勃的人

类知识分支，进而能够站在巨人肩膀上创新。

17.1　学科研究对象与研究问题

17.1.1　研究对象

计算机科学是研究计算过程的学科 计算过程是运行在计算机上的、通过操纵数字符号变换信息的过程。因此，计算机科学的研究对象本质上是计算过程与计算机系统。

自然科学主要研究物质与能量的运动过程。计算机科学主要研究信息的运动过程。

在世纪之交，美国科学基金会邀请一批计算机科学家讨论计算机科学的基础性的研究对象、研究问题、研究方法。该"计算机科学基础委员会"在2004年撰写了《计算机科学基础报告》，刻画了计算机科学的本质特征(essential character)："计算机科学是研究计算机以及它们能干什么的一门学科。它研究抽象计算机的能力与局限、真实计算机的构造与特征，以及用于求解问题的无数计算机应用。" 其中，**抽象计算机**大致对应于二级学科中的计算机理论，**真实计算机**大致对应于计算机系统结构，**计算机应用**大致对应于计算机应用技术。更具体而言，计算机科学还具有如下特色(characteristic)，它们既是研究对象，也是研究方法与研究问题：

- 计算机科学涉及**符号**及其操作；
- 计算机科学关注多种**抽象**的创造和操作；
- 计算机科学创造并研究**算法**；
- 计算机科学创造各种**人工制品**，包括不受物理定律限制的人工制品；
- 计算机科学利用并应对**指数增长**；
- 计算机科学探索计算能力的**基本极限**；
- 计算机科学关注与人类**智能**相关的复杂的、分析的、理性的活动。

17.1.2　研究方法

计算机科学采用计算思维解决物理世界与人类社会的各种问题，其中物理世界包括大自然与人造物 这一认识世界、定义问题、解决问题的基本方法将物理世界与人类社会的各种目标领域的问题建模成赛博空间(cyberspace，也称为信息空间)中的计算问题，再通过设计运行在计算机系统之上的计算过程解决这些问题,如图 17.1 所示。

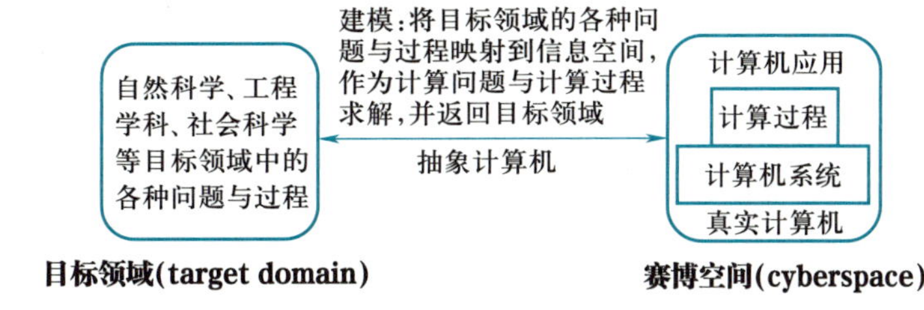

图 17.1 计算思维基本方法

该计算思维基本方法与《计算机科学基础报告》是一致的。**建模**环节常常用到抽象计算机的知识。**计算过程**往往通过算法和程序刻画,对应各种计算机应用。计算过程是在**计算机系统**上运行的,计算机系统对应真实计算机,它们为计算过程提供比特精准自动执行的抽象。

这一计算思维基本方法已经被 70 年的历史证明是行之有效的。它不仅被用于解决信息空间中的问题,也被用于解决自然科学、工程学科和社会科学中的问题。

【示例 17.1】卡普计算透镜假说(computational lens)。

计算思维方法行之有效的一个原因是**卡普计算透镜假说**,由图灵奖获得者理查德·卡普(Richard Karp)教授提出。它说:"自然做计算。人类社会做计算。(Nature computes. Society computes.)"不仅信息空间中的过程是计算过程,目标领域的过程也是计算过程。自然科学、工程学科、社会科学的许多过程当然是其领域的物理过程、化学过程、生物过程、社会过程,但它们同时也是计算过程。通过计算机科学透镜研究它们会产生新的理解。

在计算思维的建模阶段,计算机科学很自然地继承了数学、自然科学、工程学科、社会科学的研究方法。计算机科学也发展出了独有的自动执行、比特精准、巧妙构造的研究方法特色,不断产出功能更强、性能更高、品质更好、更易使用的计算机系统与计算过程。

- **自动执行**。计算机科学强调在计算机上自动执行的计算过程,包括能够自动执行的算法、程序、抽象。自动执行也是计算机的性能在 1946 年后随时间指数增长的根本原因,使得 70 年来单台计算机的速度增长了 100 万亿倍。

- **比特精准**。任何学科领域都追求精准性。计算机科学强调比特精准,并以比特精准支持各个目标领域自身的精准性要求。比特精准(bit accuracy)是指,计算过程的每个步骤都忠实地执行程序命令,每个步骤的每一个比特按照程序命令的要求都是正确的。

- **巧妙构造**。计算机科学追求巧妙构造的计算过程,即通过利用巧妙的抽象,执行比较聪明的算法,花费较短的计算时间,使用较少的硬件资源来解决问题。构造性要求对计算过程的刻画是有限的,例如,程序行数是有限的。反之,某些数学推理过程,如存在性证明或反证法，则可能是无限的或非构造性的。

【示例 17.2】费米等人发明计算机模拟。

恩利克·费米(Enrico Fermi)等物理学家在 1953 年发明了一种全新的科学研究方法，称为计算机模拟(computer simulation)。如今，计算机模拟(也称为科学计算)已经成为继理论分析和科学实验之后的第三大科学研究范式，并被广泛应用于人类生产生活的方方面面。

计算机模拟是指使用计算机科学技术，一步一步地模仿现实世界中的真实系统随时间演变的过程或结果。计算机通过执行计算过程，求解表示真实系统的数学模型和其他模型，产生逼近真实的模拟结果。数十年的计算机应用历史表明，计算机可以模拟物理世界和人类社会中的各种事物和过程，用较低的成本重现物理现象和社会现象，甚至让人们可以“看见”原来看不见的事物，想象原来想不到的场景，做出原来做不到的事情。教师可解读“原子冲浪”计算机模拟视频，说明模拟 90 亿原子高温高速运动，可重现原来看不见的 Kelvin-Helmholtz 不稳定性的宏观现象。

计算思维方法的另外两类特色：提出问题与度量进步 此处通过两个例子介绍这两类特色：(1) 格雷 12 问题，以一组简明可测的长远研究目标作为研究问题；(2) Linpack 等基准测试(benchmark test)，通过代表应用负载的基准测试数据，量化一个或多个研究问题取得的进步。

17.1.3 格雷 12 问题

吉姆·格雷(Jim Gray)在 1999 年的图灵奖演说中，提出了今后 50 年的 12 个基础性科技难题与研究目标，并希望这些目标能在 2050 年前实现。这些难题研究智能计算系统及其应用，也是从系统思维出发的一组计算机学科本质性的研究问题。

格雷 12 问题类似于国际数学界的希尔伯特 23 问题 1900 年，大卫·希尔伯特(David Hilbert)在世界数学家大会上提出了 23 个基础性的数学问题，对今后 100 多年的数学研究产生了深远影响。格雷 12 问题的提出仅有 20 余年，但已经对计算机学科产生了显著影响。

格雷继承了巴贝奇、图灵、布什等前辈计算机科学家的方法论。他提出了 12 个问题，每一个问题(也就是研究目标)必须满足以下 5 个条件。

- **简明性**：目标简明，容易陈述。(Understandable: simple to state.)
- **挑战性**：尚不存在明显的解决方法。(Challenging: not obvious how to do it.)
- **有用性**：一旦问题解决，对整个社会的普通百姓有鲜明好处。(Useful: clear benefit to people at large.)
- **可测性**：进展和解答有简易方法测试。(Testable: progress and solution is testable.)
- **增量性**：最终目标可分解为中间的里程碑小目标，以鼓励同行保持研究热情。

(Incremental: goal has smaller intermediate milestones, to keep researchers going.)

格雷 12 问题

① 可扩展系统(Scalability):设计出算力可扩展 100 万倍的系统结构。

② 图灵测试(Turing Test):设计出可通过图灵测试的计算机系统。

③ 母语听(Speech to Text):构建计算机系统,能够像说母语的人一样听懂人讲话。

④ 母语说(Text to Speech):构建计算机系统,能够像说母语的人一样讲话。

⑤ 真人看(See as well as a Person):构建计算机系统,能够像人一样识别事物行为。

⑥ 个人数字资产库(Personal Memex):记录个人一生所读、所看、所听,并能快速检索,但不作任何分析。消费者个人能够负担其购买成本与使用成本。

⑦ 全球数字资产库(World Memex):所有文本、声音、图像、视频上网;专家级的分析和摘要能力;快速检索能力。

⑧ 远程呈现(TelePresence):模拟人出现在另一个位置,能与当地环境和其他人交互,好像真实出现一样。

⑨ 无故障系统(Trouble-Free System):构建计算机系统,能够供百万人日常使用,但只需一个兼职人员管理维护。

⑩ 安全系统(Secure System):保障上述无故障系统只对授权用户开放,非法用户不能阻碍合法用户使用,信息不可能被窃取。证明上述三种安全性。

⑪ 系统可用性(AlwaysUp):保障上述无故障系统的可用性高达 99.999 999 9%(9 个 9),即每 100 年才出错 1 秒。证明这种可用性。

⑫ 自动程序员(Automatic Programmer):设计出一种规约语言或用户界面,具备 5 个性质:(1) 通用,能够表达任意应用的设计;(2) 高效,表达效率提升 1 000 倍;(3) 自动,计算机能够自动编译该设计表达;(4) 易用,系统较为易用;(5) 智能,可针对应用设计中存在的异常与缺失自动作推理、询问用户。

17.1.4 主要进步

格雷 12 问题提出 20 余年来,计算机学科取得了显著进展 相关研究开发成果已经取得了广泛应用,产出了功能更强、性能更高、品质更好、更易使用的产品和服务,造福了数十亿用户。表 17.2 展示了计算机科学技术学科的一些重要进展及其示例,以及与格雷 12 问题的大致对应。可以看出,实际研究目标和研究问题往往跨越二级学科。

表 17.2　格雷问题相关学科进展

格雷问题与学科	目标与进展	学科的科学技术进步举例
计算机系统结构		并行计算机 分布式系统 并发程序设计 并发应用框架 容错计算 计算机与网络安全
① 可扩展系统 ⑨ 无故障系统 ⑩ 安全系统 ⑪ 系统可用性	性能更高,可扩展百万倍 科学计算系统已可扩展十万倍 大数据系统已可扩展上千倍 可用性提升 5 个 9 已提升 1~2 个 9	
软件与理论		软件工程 操作系统 数据库 服务计算 高级程序设计语言 应用框架 计算机与网络安全
⑨ 无故障系统 ⑩ 安全系统 ⑪ 系统可用性 ⑫ 自动程序员	可用性提升 5 个 9 已提升 1~2 个 9 更易使用:千倍提升 已提升数倍至数十倍	
计算机应用技术		计算机模拟 服务计算 大数据计算 人工智能 人机交互 虚拟现实与增强现实 众多应用子学科
② 图灵测试 ③ 母语听 ④ 母语说 ⑤ 真人看 ⑥ 个人数字资产库 ⑦ 全球数字资产库 ⑧ 远程呈现	功能更强 更加智能泛在 品质更好 可用性已提升 2 个 9 更易使用:千倍提升 已提升数倍至数十倍	

格雷 12 问题与功能更强、性能更高、品质更好、更易使用可有如下大致对应

- 格雷问题①很明显地对应性能更高,要求有一个系统结构,添加资源即可提升性能百万倍。此处的性能可以是计算速度、吞吐率等。
- 格雷问题②③④⑤很明显地对应更加智能的功能。另外,格雷问题⑥⑦⑧也主要体现功能更强,尽管与性能和品质也有关系。
- 格雷问题⑫,即自动程序员问题,对应于更易使用,即更易编程。这方面的进步尚缺乏全面客观的度量结论。但有证据显示,得益于高级程序设计语言、集成开发环境、应用框架和软件库的进展,编程效率已有数倍至数十倍的提升。
- 品质更好主要对应格雷问题⑨⑩⑪。其中,格雷对“可用系统”提出了要求很高的量化进步目标,即可用性为 99.999 999 9%,每 100 年才出错 1 秒。有时简称其为“9 个 9”的可用性。

上述系统可用性数据可由如下公式计算

$$99.9999999\% = 可用性(availability) = \frac{平均无故障时间}{平均无故障时间+平均修复时间}$$

$$\approx \frac{100年}{100年+1秒}$$

20 世纪 50 年代，计算机系统的可用性仅为 90%（1 个 9），大约每天有 2.6 个小时不可用。到世纪之交，高品质计算机系统的可用性改善至 99.99%（4 个 9），大约每天有 10 秒不可用，进步速度大约是每 15 年增加 1 个 9。但是，世纪之交的万维网应用系统的可用性大约只有 99%（2 个 9），大约每天有 15 分钟不可用。

格雷提出了一个激进的研究目标——在 50 年内将系统可用性再增加 5 个 9，达到每年仅有 1 秒不可用的水平。20 余年后的今天，已经有许多系统达到了每年仅有 5 分钟到半分钟不可用的水平，将高品质系统的可用性提升了 1~2 个 9。

下面以高性能计算、大数据计算、互联网服务、蛋白质折叠 4 个示例，讨论最近 20 余年来的格雷 12 问题与相关学科的具体研究进展，以及功能更强、性能更高、品质更好、更易使用的具体体现。它们分别对应科学计算、企业计算、消费者计算、智能计算的 4 种应用场景。17.2 节讨论个人数字资产库、全球数字资产库、远程呈现问题的相关进展。

【示例 17.3】用 Linpack 度量高性能计算进展。

全球超级计算机 500 强全球超级计算机 500 强（Top500.org）是一个由欧美科学家维护的榜单，统计每年全球速度最快的前 500 台超级计算机。该榜单自 1993 年以来每年发布两次。速度最快是指运行 Linpack 基准程序取得的实际计算速度最快，计算速度的单位是每秒执行的 64 位浮点运算次数。Linpack 基准程序是一个开源软件，采用高斯消元法求解线性方程组，它的提出者 Jack Dongarra 获得了 2021 年的图灵奖。

Linpack 基准程序测试提供了一个度量方法，可用于客观精确地展示和衡量计算机在性能方面取得的进步。表 17.3 显示了 1993 年与 2020 年的两个全球 500 强冠军系统的对比。

表 17.3 1993 年与 2020 年的全球 500 强冠军系统对比

发布时间	1993 年	2020 年	1993—2020 年增长倍数
系统名称	Thinking Machine CM-5	Fujitsu Fugaku	N/A
问题规模	N=52 224	N=20 459 520	392
计算速度	59.7 GFlop/s	415 530 TFlop/s	6 960 302
主频	32 MHz	2.2 GHz	69
并发度	1 024 cores	7 299 072 cores	7 128
内存容量	32 GB	4 866 048 GB	152 064
功耗	96.5 kW	28 334.5 kW	294
成本	US $30 million	US $1 billion	33

可扩展系统问题。 格雷问题①是可扩展系统问题，即设计出一种计算机系统结构，通过添加硬件资源可使算力增加 100 万倍。针对超级计算机，该目标已经完成大半。Fugaku 超级计算机的最小单元是一个计算节点，包含 48 个处理器核。Fugaku 采用了由多核并行计算节点连接而成的机群体系结构，整机系统结构可扩展，最多可添加 15 万个计算节点，将计算速度（算力）提升到单节点计算速度的 12 万倍。

从历史数据看，超级计算机的速度随时间呈指数级增长，平均每年增长 83% 1993 年的冠军系统 CM-5 的计算速度为 2.3 TFlops（TFlops 是指 tera floating-point operation per second，即每秒万亿次浮点运算）。与之相比，2020 年的冠军系统 Fugaku 的计算速度提升了近 700 万倍。其主要原因不是更快的主频（增长 69 倍），而是并发度（增长 7 000 多倍）。

该高速发展主要得益于并行与分布式系统子学科方面的进展 业界发展出一种称为机群（cluster）的可扩展并行计算机系统结构，将多台计算机互连成一台超级计算机。机群貌似机房中的一个由多台计算机组成的网络，但更加高效。例如，计算机网络中两个节点之间的通信延时大约在数毫秒，而机群中两个节点之间的通信延时可低至 1 微秒，有数千倍的差别。机群资源调度系统可分配上千万个 CPU 核给同一个计算作业，取得千万级乃至更高的并发度。计算机学科还发展出了新型的并发程序设计、并发应用框架、容错计算和计算机系统安全等方面的技术，推动了格雷问题⑨～⑪的进展。这些技术的实例包括 OpenMP 并行编程框架、MPI 消息传递接口、Slurm 作业调度系统等。

【示例 17.4】TeraSort 基准程序度量大数据计算进展。

机群也广泛应用于大数据计算，并展现了可扩展性 Jim Gray 在 1985 年提出排序 100 万条记录的挑战，其中每个记录包含 100 B，总共 100 MB。他在 1998 年将数据拓展到 1 000 GB，即 1 TB，称为 TeraSort 基准程序，希望人们能够设计出高效的系统结构，在 1 分钟内排序 1 TB 数据。

开始的进展十分缓慢，如图 17.2 中虚线所示。从 1998 年到 2004 年，其速度仅提高了 4 倍左右。按照这一趋势，需要到 2020 年才能实现 1 分钟排序 1 TB 数据的目标（如图 17.2 中虚线所示）。幸运的是，业界发明了以机群硬件和大数据计算框架为特征的新型系统结构，排序速度快速增长，在 2009 年实现了 1 分钟排序 1 TB 数据的目标（如图 17.2 中实线所示）。

2011 年，谷歌公司采用 8 000 节点的机群，花费 33 分钟排序了 1 PB（1 000 TB）数据，花费 387 分钟排序了 10 PB 数据。这得益于运行在机群上的 MapReduce 分布式计算框架软件。2014 年，加利福尼亚大学伯克利分校的 Spark 团队使用 190 个云计算节点，花费 234 分钟排序了 1 PB 数据。这里的 Spark 是一个大数据计算应用框架软件。今天的全球排序最快纪录由腾讯公司保持，它在 2016 年采用 512 个节点的机群取得了每分钟排序 60.7 TB 数据的好成绩。

这些进展表明，大数据计算系统呈现了千倍左右的系统结构可扩展性，离格雷的百万

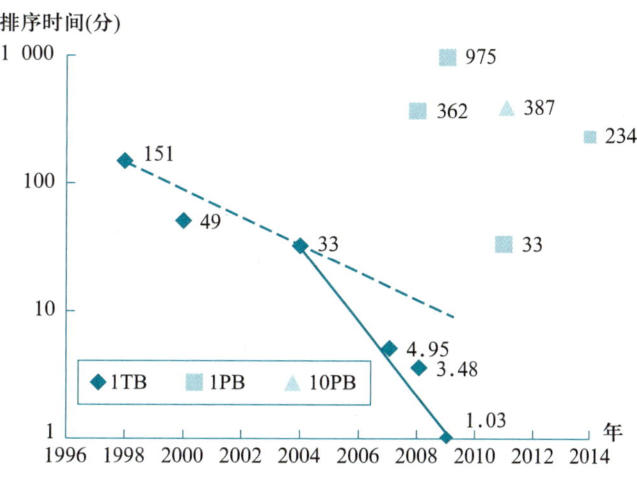

图 17.2 TeraSort 基准程序体现的大数据计算进展

倍可扩展性目标还有数百倍至上千倍的差距。业界也在突破其他纪录,例如能效。最新的 2021 年高能效排序纪录是每焦耳排序 7 MB 数据,由瑞典皇家理工学院的 RezSort 团队获得。

【示例 17.5】云账户体现的互联网服务进展。

云账户公司于 2016 年 8 月成立,依托互联网技术向保洁阿姨、维修师傅、视频创作者等新就业形态劳动者提供灵活就业服务,帮助平台经济中的劳动者就业增收。云账户于 2021 年实现收入 500 多亿元,纳税 30 多亿元,服务 6 600 多万名新就业形态劳动者,位列中国民营企业 500 强第 243 位,党中央授予云账户"全国先进基层党组织"称号,云账户董事长荣获"全国脱贫攻坚先进个人"荣誉。

云账户仅有 200 多名技术人员,却能高效地支持 6 600 多万名用户。一个重要原因是分布式系统(或网络计算技术)在格雷 12 问题提出之后的十几年取得了巨大进步,尤其是基础设施即服务(IaaS)、平台即服务(PaaS)、软件即服务(SaaS)等云计算服务技术。云账户的创新业务充分借助了这些进步。

云账户系统本质上是一种分布式计算系统,它在云计算机群基础上,使用了 30 余种开源软件框架,形成 300 余个微服务,为数千万桌面与移动用户提供了秒批办照、收入结算、税款代缴、保险保障等业务服务,如图 17.3 所示。

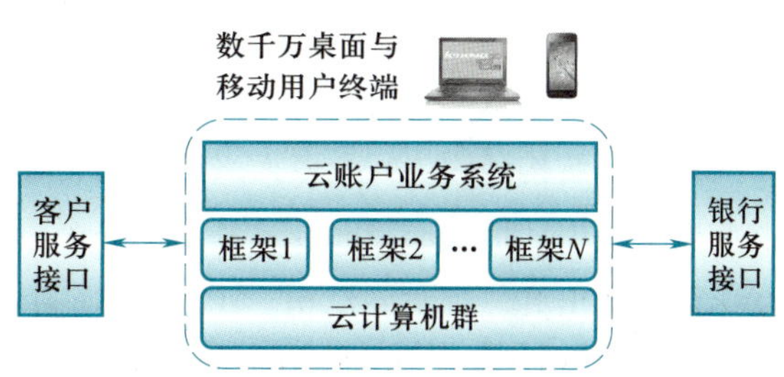

图 17.3 服务数千万名个体经营者的云账户系统

针对格雷问题⑨~⑫,云账户系统体现了如下进步

- 格雷问题⑨:无故障系统。

云账户系统已有6 600多万名活跃用户,超过了“供百万人日常使用”的要求。云账户借助各类IaaS、PaaS、SaaS层的云计算服务,仅需管理维护必需的自建服务。但是,云账户系统目前还需要30余名全职的运维工程师、数据库管理员、安全工程师进行运行维护,与“只需一个兼职人员管理维护”的目标还有较大差距。

- 格雷问题⑩:安全系统。

云账户系统已经在实际使用中体现了上述3种安全性,但还需要持续提升安全水平和修复安全问题,并且尚不能数学严密地证明其安全性。

- 格雷问题⑪:系统可用性。

云账户系统借助多个混合云基础设施、分布式高可用架构、研发运维一体化(DevOps)软件工程方法保障系统可用性。云账户没有公布其可用性数据,它的业务系统已经在5年多时间内无中断地为用户服务,但可用性尚不能证明。

- 格雷问题⑫:自动程序员。

云账户仍然主要依赖于产品经理和工程师的合作来设计、开发和测试系统。虽然利用基础组件库、微服务、开发工具链、敏捷开发流程等技术可减少重复工作,但云账户团队主要基于高级编程语言开发分布式应用系统。只有在少数限定的应用场景中,才支持最终用户在可视化环境中拖曳完成系统设计。

【示例17.6】智能计算进展。

格雷12问题提出20多年来,智能计算应用取得了较大进展,主要得益于深度学习技术的深入 尽管计算机是否已经通过图灵测试(格雷问题②)还有很大争议,针对母语听(格雷问题③)、母语说(格雷问题④)、真人看(格雷问题⑤)这3个挑战,业界已经取得了普通用户也能感受到的进展。

“真人看”“母语听、母语说”。如图17.4所示,达到“真人看”效果的一个例子是使用网易有道词典的拍照翻译功能,可即时、准确地将实物上的标签从中文翻译成英文。达到“母语听、母语说”效果的一个例子是外国游客到达中国酒店,可以使用讯飞翻译机,实时用本国语言与酒店前台服务员流畅交流。讯飞翻译机已经支持全球61种语言,包括小语种语言。用户通过呼叫“小度小度”启动百度智能音箱与家庭中的电器交互,已经成为流行电视剧中的场景。

蛋白质结构预测。一个令人兴奋的进展是蛋白质结构预测。1972年,在诺贝尔化学奖获奖演说中,Christian Anfinsen提出了一个愿景:未来人们将能够从蛋白质的一维氨基酸序列预测出其三维空间结构。2020年11月,DeepMind团队提出了强大的深度学习预测方法,使得很多蛋白质的三维结构预测精度达到了90%以上。尽管并非100%,但这样的结果已经足够实用,以至于《科学》杂志认为,在Anfinsen愿景50年后,蛋白质结构预测问题已经能够解决。2021年11月,《科学》杂志将“人工智能驱动的蛋白质结构预测”

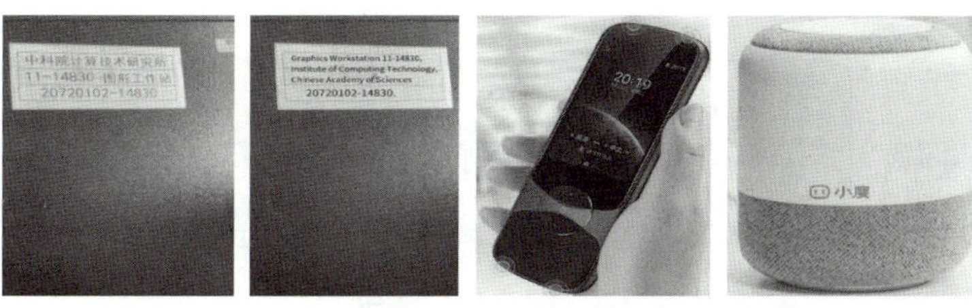

图 17.4　网易拍照翻译（左）、讯飞翻译机（中）与百度智能音箱（右）

（AI-powered protein prediction）命名为 2021 年的年度科学突破。

17.2　学科演化与主要研究方向

本节首先讨论计算机学科从 1936 年到 2056 年的 120 年学科演化，在此基础上讨论计算机科学技术、人工智能、软件工程、网络信息安全等学科的发展。为了系统性地展现学科演变，本节尽量采用高德纳算法定义以及格雷 12 问题作为示例。

17.2.1　学科演化树

以格雷 12 问题作为透镜，可以整体理解计算机学科过去 80 余年的发展脉络。尤其在格雷 12 问题提出 20 余年来，计算机学科的研究对象、研究问题、研究方法都表现出了较为明显的演变趋势，使得人们可以对未来 30 余年的学科发展趋势也作出若干判断。

计算机学科 120 年的发展演化大致可以分为 4 个阶段（见图 17.5） 图中各阶段起始与结束时间仅供参考。事实上，计算机科学领域不断有新思想萌芽、成长壮大、渗透到经济社会各个方面。例如，2008 年出现的区块链技术就是快速发展的新思想范例。它通过比特币等应用，在短短十余年时间遍历了萌芽、壮大和渗透期，已经影响着数亿人。

1. 学科萌芽期

第一阶段是萌芽期，从 1936 年图灵机论文发表到 1968 年高德纳的《计算机程序设计艺术》教科书出版 计算机学科脱胎于数学、物理、电子等学科，但已经成长成为具有自身特色的研究领域以及相对独立的知识体系。这一独立的知识体系在 1968 年已经展现出一些基本内涵和外部表征。

- 图灵机、冯·诺依曼体系结构等**理论计算机**模型已经出现；可计算性理论已经建立；图灵机的通用性、冯·诺依曼体系结构的桥接模型特性已得到验证。

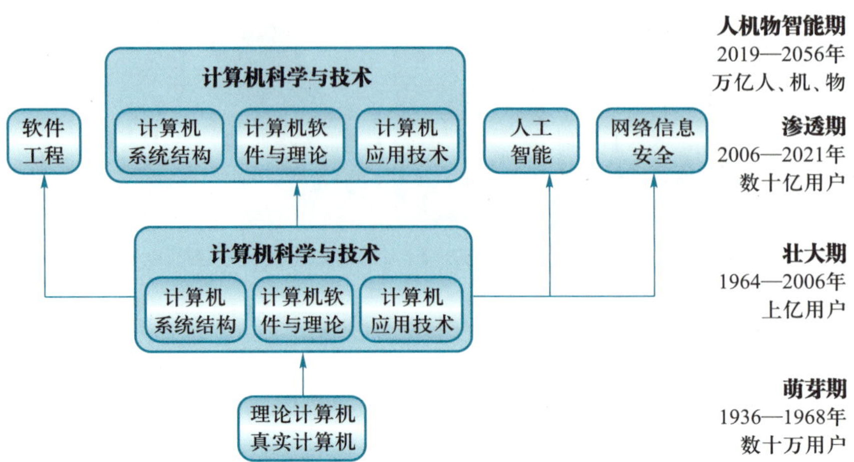

图 17.5　计算机类学科发展演化树

- IBM S/360 等**真实计算机**的通用性已经得到验证;计算机系统结构已成为精确的学术概念;操作系统和高级程序设计语言已经得到应用。
- 科学计算、计算机模拟仿真、计算机图形学、计算机过程控制、计算机信息管理系统等**计算机应用**已经出现。
- 1962 年,普渡大学创立了全球第一个计算机专业。
- 1962 年,国际计算机学会(ACM)、IEEE 计算机协会(IEEE-CS)、中国计算机学会(CCF)这 3 个全球最大的计算机学会均已成立。计算机学术界和研究界有了自己的专业学会,包括专业期刊和专业学术会议。
- 1968 年,高德纳的《计算机程序设计艺术》教科书出版。这部著作与爱因斯坦的《相对论》、狄拉克的《量子力学》等被列入 20 世纪最有影响的 12 部科学专著。它不是一部数学、物理学或电子学的著作,而是一部计算机科学的著作。

2. 学科壮大期

第二阶段是学科壮大期,从 1964 年 IBM 发布 S/360 通用计算机系列开始到 2006 年《计算思维》论文发表。计算机学科成长、壮大为一个包含计算机系统结构、软件与理论、计算机应用技术的丰富的知识体系。下面是一些代表性示例。

- **计算机进展**。1964 年,IBM 发布 S/360 通用计算机系列,提出了计算机系统结构的概念,标志着真实计算机定性研究的系统性展开。1989 年,《计算机体系结构:量化研究方法》教科书出版,标志着真实计算机定量研究的系统性深入。1968—1972 年,Peter Denning 等发现了计算局部性原理,被广泛用于显著提升计算机系统和计算机应用的性能。
- **算法与理论进展**。1971 年,Stephen Cook 提出了 P vs. NP 问题以及 NP 完备性概念,引导了计算复杂度理论的形成。20 世纪 80 年代,Leslie Lamport 等学者发表了逻辑时钟、拜占庭将军问题、Paxos 共识算法等成果,推动了分布式计算理论的建立。2000 年,

Eric Brewer 提出了 CAP 定理,揭示了分布式系统的基础性局限。

- **软件进展。** 在此期间,基础软件技术和系统得到了极大发展,例如 UNIX、Linux、RTOS 等操作系统,FORTRAN、C、Java、Python 等程序设计语言,MySQL 等数据库。图形图像、多媒体、人机交互、行业应用系统等计算机应用技术迅速成长。业界提出了“软件工程”概念以应对“软件危机”,后来发展为软件工程学科。
- **计算机网络进展。** 从 1969 年开始,计算机网络子学科从无到有建立,支撑了今天已有数十亿用户的全球互联网。

3. 学科渗透期

第三阶段是学科渗透期,从 2006 年周以真发表《计算思维》论文开始到 2021 年抖音成为全球访问量最大的网站 计算机学科渗透到了科学、工程、经济、人文各个学科与社会生产生活各个领域。下面是计算机学科在创新愿景、科技发展、应用渗透、负面效应 4 个方面的一些案例。

- **提出新愿景。** 2006 年,周以真发表《计算思维》论文,明确指出计算机科学正在渗透到各个学科与人类社会的方方面面。她还指出,21 世纪每位受过教育的人都需要知道计算思维,即计算机科学的核心概念,如抽象、算法、数据结构等。到 21 世纪中叶,计算思维将成为每个人的基础技能,就像读、写、算术一样。周以真教授还领导了美国科学基金会 2007—2012 年的 Cyber Enabled Discovery and Innovation 五年研究计划,这一超大型基础研究计划以计算思维为指导开展跨学科基础研究。
- **科技迅猛发展。** 在 21 世纪的前 20 年,移动互联网、云计算、大数据、人工智能等计算机技术迅猛发展,不仅产生了众多科技创新,关键是使许多技术得到了大规模应用。2000 年,全球互联网用户大约为 3.6 亿,互联网普及率仅为 6%。2021 年,全球互联网用户增长至 46.6 亿,互联网普及率猛增至 59.5%。
- **应用广泛渗透。** 计算机学科渗透性的一个标志是其在发展中国家也得到了广泛应用。根据中国互联网络信息中心发布的《中国互联网络发展状况统计报告》,2008 年,中国互联网用户数超过 1.23 亿,互联网普及率达到了 22.6%,首次超过 21.9%的全球平均水平;2021 年,中国互联网用户数超过 10 亿,互联网普及率达到了 73%。根据 Cloudflare 公司发布的统计数据,TikTok(抖音)是 2021 年全球访问量最大的互联网网站,超过了 2020 年的冠军谷歌。

负面效果凸显。 由于渗透广泛,计算机学科的负面影响也越发凸显,引起了社会的广泛重视。这方面的应用需求催生了“网络空间安全”这门学科。

4. 人机物智能期

第四阶段是人机物智能期,从 2019 年业界提出“万亿级设备新世界”的愿景开始到 2056 年(图灵机提出 120 周年) 这一阶段的特征是:计算将从赛博空间拓展到包括人类社会(人)、赛博空间(机)和物理世界(物)的人机物三元计算,以满足“人机物”融合的智能万物互联时代需求。计算机不只是电子计算机这种机器,其部件还包括人和物。

历史上曾出现了 4 种计算模式和 3 次大变迁,具体如下。

(1) 手工二元计算(数千年前至今),例如人类使用算盘求解两数之和;

(2) 计算机一元计算(1946 年至今),例如超级计算机求解方程组;

(3) 人机二元计算(2000 年至今),例如人机合作构建 ImageNet;

(4) 人机物三元计算(正在开始),尚无鲜明完整实例。

第一次变迁。在跨越数千年的时间里,人类(人)使用算筹、算盘、纸和笔等原始计算工具(机)实现计算过程。由于每一个微小步骤都需要人工操作,这种手工模式速度太慢,在 20 世纪中叶被数字电子计算机自动执行整个计算过程的一元计算模式替代。“手工二元计算→计算机一元计算”变迁(即(1)→(2))引发了当代计算机革命。

第二次变迁。21 世纪初发生了“计算机一元计算→人机二元计算”的计算模式变迁(即(2)→(3))。例如,李飞飞和李凯团队的 ImageNet 基准测试集构建项目中,通过云计算工具雇佣全球数千位普通百姓人工标注几百万张图像,将原本估计 19 年才能完成的“构建 ImageNet 知识本体”的计算过程缩短至不到 3 年时间完成。

第三次变迁。从目前到 2056 年,将产生以“人机物三元计算”为特征的计算模式变迁(即(2)→(4)或(3)→(4)),出现各种人机物三元融合的计算系统(human-cyber-physical ternary computing system),人、机、物将成为计算过程的执行主体和对象客体。换句话说,人类社会、赛博空间、物理世界都可能成为计算系统的模块集合。

17.2.2　计算机科学技术

计算机科学技术是计算机类学科的核心 计算机科学技术一级学科(国际上往往称为计算机科学)是计算机类学科的核心。它派生出了人工智能、软件工程、网络空间安全学科。这并不意味着计算机科学放弃了人工智能、软件和安全的研究。事实上,许多学者(包括一些国际领先学府的学者)并不赞成细分计算机科学或将其派生外包。

中国高等教育体系将计算机科学技术一级学科分为计算机系统结构、计算机软件与理论、计算机应用技术 3 个二级学科。本节通过一些示例,更加具象化地展示系统结构(真实计算机)和算法理论(抽象计算机)的发展趋势。

1. 计算机系统结构的定量研究方法

自 20 世纪 80 年代以来,计算机系统结构学科的一大进展是提炼出了一套定量研究方法,称为计算机体系结构的量化方法。其提出者 John Hennessy 和 David Patterson 获得了 2017 年的图灵奖。这一量化方法对系统结构的研究、教育和产业发展均产生了广泛持续的影响。

CPI 公式。该量化方法有一个基础性的简洁量化公式，称为 CPI 公式，其中 CPI 是 clock cycles per instruction，即执行一条指令所需的平均时钟周期数。

CPI 公式为：

$$\frac{\text{Execution Time}}{\text{Program}}=\frac{\text{Instructions}}{\text{Program}}\times\frac{\text{Clock Cycles}}{\text{Instruction}}\times\frac{\text{Clock Time}}{\text{Clock Cycle}}$$

CPI 公式可简写为：

$$\text{Time}=\text{Instruction Count}\times\text{CPI}/f$$

CPI 公式是一个刻画计算机性能的公式 它考虑了计算机执行程序时的 4 个重要性能度量，并且用一个简洁公式指出了它们之间的数学关系。4 个平均值度量的解释如下：

- **程序执行时间**：(Execution Time) / Program，简称 Time；
- **程序指令数**：Instructions / Program，即程序执行的动态指令数 Instruction Count；
- **CPI**：(Clock Cycles) / Instruction，即每条指令执行的时钟周期数；
- **时钟周期时长**：(Clock Time) / (Clock Cycle)，即每个时钟周期的时长，为计算机主频 f 的倒数，例如给定主频 f=3 GHz，时钟周期是 1/(3 GHz) ≈0.333 ns。

量化方法对微处理器芯片产业的影响很大 CPI 公式在刻画处理器性能方面十分成功，不仅可以用于评估和设计处理器体系结构，而且可以对其进行分类。例如，单处理器计算机的 CPI 可分为 3 种情况，对应于 3 类处理器体系结构。

$$\text{处理器体系结构}=\begin{cases}\text{CISC 复杂指令集体系结构，CPI}>1\\\text{RISC 精简指令集体系结构，CPI}=1\\\text{Superscalar 超标量体系结构，CPI}<1\end{cases}$$

其中，CISC 是 complex instruction set computer 的缩写，RISC 是 simple instruction set computer 的缩写。

量化方法向并行与分布式计算系统拓展 计算机体系结构的量化方法正在向并行计算机和分布式计算系统领域拓展。但迄今为止，业界尚未提炼出像 CPI 公式般普适而又简洁的性能公式。最明显的原因是，一个并行分布式计算机系统往往不是由一个单一时钟信号驱动的。而且，并行分布式系统包括各种编排、并发、同步和通信开销，难以普适而又简洁地刻画。这些难点也是未来计算机系统结构的重要研究方向。

2. 计算机系统的能效展望

持续提升计算机性能极其重要 一个原因是巴贝扬黄金隐喻①：计算速度是像黄金一样的硬通货，可以换成任何其他事物。

① 黄金隐喻由俄罗斯计算机科学家鲍里斯·巴贝扬(Boris Babayan)提出。他说，计算速度像黄金一样，可以换成其他事物，包括新的功能、更高的品质、更好的易用性、更低的成本。

另一方面，计算速度受限于能效水平，即每焦耳可执行的运算数。罗夫·兰道尔（Rolf Landauer）在 1961 年提出了信息处理的一个物理学极限（称为兰道尔极限），其中提道：删除一个位至少需要 3×10^{-21} 焦耳能量。换言之，每焦耳能量最多能够执行 0.33×10^{21} 位运算，即 zeta operations per Joule（ZOPJ）。这是一个物理学极限，很难突破。

图 17.6 展示了计算机的速度（每秒运算数）、能效（每千瓦时运算数，“千瓦时”俗称“度”）和功耗（瓦）自 1850 年以来的发展态势。可以看出达到兰道尔极限之前的 3 个里程碑节点。1946 年，ENIAC 数字电子计算机问世，终结了手工计算和机械计算机的百年缓慢发展史，揭开了现代计算机 60 年的指数发展史。这 60 年是最理想的 60 年：计算速度随时间指数增长，能效与速度同步改善，系统功耗大致不变。

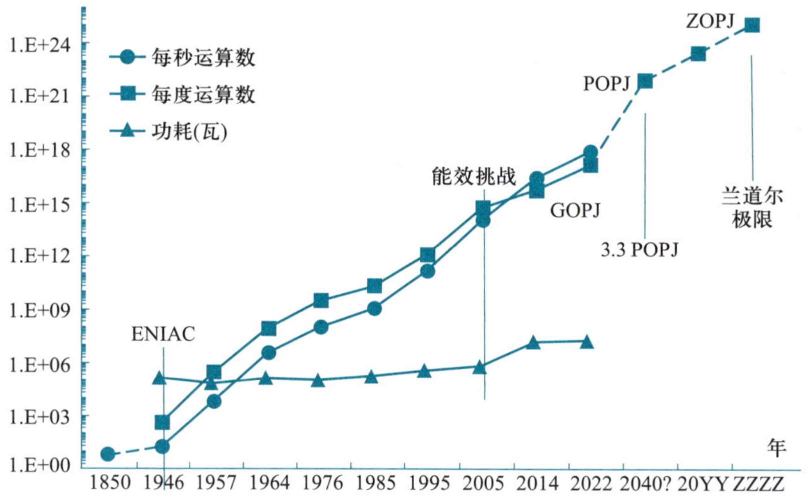

图 17.6 单套计算机系统的速度、能效、功耗展望，从第一台电子计算机到物理极限

2005 年是另一个里程碑，计算机能效停止了与计算速度同步改善的态势，提升缓慢。2022 年 6 月发布的“Frontier”超级计算机的实际速度达到了 1.1 EFlops，即每秒 1.1×10^{18} 次 64 位浮点运算。其功耗为 21.1 兆瓦（MW），性能功耗比（即能效）为 52 GFlops/W，简写为 52 GOPJ，即 52 giga operations per joule，或每焦耳 520 亿次运算。

John Hennessy 和 David Patterson 在 2018 年所作的图灵奖演讲中指出，为了应对能效挑战，计算机体系结构的研究正在进入一个新的黄金时代。一个重要特征是领域专用体系结构（domain-specific architecture）的兴起。业界提出了未来里程碑，将能效扳回到指数改善态势。例如，DARPA 提出了针对特定智能应用实现 3.3 POPJ 的研究目标。

3. 高德纳算法展望

计算机学科的发展要求人们不断回顾基本概念的定义 例如，什么是计算机系统？什么是算法？回顾高德纳算法定义，重新审视其中的 3 个有穷性、确定性特征和输出特征，可以得到对算法概念更深刻的理解，并对算法的未来发展有所展望。

高德纳算法定义

一个算法是一组**有穷的规则**,给出求解特定类型问题的操作序列,并具备下列 5 个特征:

- 有穷性:算法在**有限的步骤**之后必然要终止;
- 确定性:算法的每个步骤都必须精确地(严格地和无歧义地)定义;
- 输入:一个算法有 0 个或多个输入,在算法开始或中途给定;
- 输出:一个算法有 1 个或多个输出,输出是与输入有特定关系的数值;
- 能行性:一个算法的所有操作必须是充分基本的,原则上一个人能够用笔和纸在**有限的时间**内精确地完成它们。

【示例 17.7】回顾高德纳算法定义中的 3 个有穷性。

高德纳算法定义中出现了 3 个有穷性(上框中以黑体标注),三者有何区别?

第 1 个有穷性(有穷的规则)是指一个算法必须由有限条规则(例如有限行代码或伪代码)静态描述,代码行数与问题规模 N 无关,即代码行数是 $O(1)$。

第 2 个有穷性(有限的步骤)是指一个算法必然在执行有限的动态步骤之后终止,即算法的时间复杂度是 $O(f(N))$,可以与问题规模 N 有关,但不是无穷步。

这里的难点是理解存在两类有穷性:与问题规模 N 无关的有穷性 $O(1)$,以及与问题规模 N 有关的有穷性 $O(f(N))$。

假设用图灵机模型描述一个算法,一条规则就是图灵机状态转移表的一行。有穷的规则规定:状态转移表的行数是 $O(1)$,与问题规模 N 无关。有限的步骤则规定:该图灵机的时间复杂度是 $O(f(N))$,但必然停机。

下面使用冯·诺依曼模型中的一个具体算法实例,更加深入地理解这两个有穷性。

霍尔快速排序算法　　//从此行开始共包含 16 行

- 输入:N 元素数组 A
- 输出:调整后的 N 元素数组 A;对任意索引 i,0 < i < N,有 A[i]≤A[i+1]
- 步骤:

```
调用 QuickSort(A, 1, N),其中递归函数 QuickSort 对数组 A[p,…,r]排序,
即对数组 A 中第 p 个元素到第 r 个元素进行排序。
func QuickSort(A, p, r) {
  if p < r {
      q := Partition(A, p, r)
      QuickSort(A, p, q-1)
      QuickSort(A, q+1, r)
```

```
    }
}
子程序 Partition(A, p, r)的含义是:从数组 A[p,…,r]中随机地抽取出标杆元素 x,
然后对数组 A[p, …, r]进行调整,使得比 x 大的数均排在 x 的右侧,而比 x 小的数
均排在 x 的左侧。Partition(A, p, r)最终返回 x 在数组中的位置 q。
```

此例中,第 1 个有穷性(规则有穷性)是指上述 4+12=16 行伪代码描述了快速排序算法,第 2 个有穷性(步骤有穷性)是指快速排序算法的最坏时间复杂度为 $O(N^2)$。因此,快速排序算法的规则有穷性=16=$O(1)$,步骤有穷性= $O(N^2)$。

第 3 个有穷性(有限的时间)最好理解,是指**操作能行性**,即算法的任一操作是充分基本的,一个人能够用笔和纸在有限时间(几秒、几分钟乃至几小时)内精确地完成。在快排算法示例中,这些基本操作包括比较操作、位置交换操作、加减操作、跳转操作等。

【示例 17.8】回顾高德纳算法定义中的确定性。

算法的每个步骤都必须精确地定义。那么,什么是“精确”?

比特精准。这里的精确实质上是指“比特精准”:每个步骤的每一个位按照程序命令的要求都是正确的。计算机科学用比特精准支持各个目标领域多样性的精准性要求。

假如算法是正确的,比特精准意味着图灵机上自动执行的算法计算过程没有误差。

人机物三元计算的确定性。展望未来,赛博空间中的一元计算将过渡到人机物三元计算,除了赛博空间中的“机”,“人”和“物”也会成为计算系统的部件。此时,算法的确定性要求会有新的变化。

例如,ImageNet 项目构建了包含正确标注的数百万张图像的 ImageNet 基准测试集。这一“构建 ImageNet 知识本体”的计算过程雇佣了全球数千位普通百姓人工标注图像。这数千位百姓(人)也是计算部件。一个人工标注操作步骤由人识别一张模糊图像,并将其正确地标记为“三角洲”。其确定性已经不是现在的“比特精准”能够刻画的。

【示例 17.9】回顾高德纳算法定义中的输出结果。

高德纳算法定义规定,算法有一个或多个输出,输出是与输入有特定关系的数值。

一个函数 F 是图灵可计算的,如果存在图灵机,给定函数的输入 x,图灵机会停机,且停机时对应的正确输出结果 $F(x)$ 已经放在纸带上。输出与输入的特定关系就是函数 F。

这个经典定义意味着,给定函数的任意输入 x,人们可以判断输出结果是否正确。但是,当不能判断输出结果是否正确时,图灵可计算性还有意义吗?许多图像识别算法都存

在不能判断输出结果是否正确的情况。

那么,图像识别问题是图灵可计算的吗?它是图灵不可计算的吗?它是非图灵可计算的吗?天气预报、气候变化预测、蛋白质结构预测等是图灵可计算的吗?这些问题尚无令人满意的答案。

17.2.3 新型计算机

1. "存算一体"计算机

传统的电子数字计算机存在"冯·诺依曼瓶颈":处理器和存储器之间的数据搬运往往成为瓶颈,严重制约着计算机的实际性能。为缓解冯·诺依曼瓶颈,业界提出了"存算一体"计算机体系结构,将处理器和存储器融为一体,降低处理器与存储器之间的数据搬运开销。这方面的研究尚未产生像冯·诺依曼体系结构这样的通用计算机模型,但针对特定应用,已经出现许多原型系统,并有初创企业的少量产品上市。

图计算是一类新兴计算模式,在搜索引擎、社交网络、推荐系统和机器学习等领域有着成功应用。设计高效图计算系统的一个难点是图计算程序的访存局部性往往较差。

中国科学院计算所韩银河团队设计了一个称为 GraphRing 的"存算一体"图计算机原型系统。当采用 64 GB 存储容量时,可在近 400 万个节点的图像上运行广度优先遍历、单源最短路径、PageRank 等常见的图算法。评估结果显示,GraphRing 系统取得了比传统冯·诺依曼体系结构近两个数量级的性能提升。

2. 生物计算机

生物计算机是指利用生物学原理或生物原料实现计算过程的自动或半自动系统。计算过程涉及运算、存储或 I/O 的部分或全部操作。生物计算(biocomputing)的研究工作有许多,涵盖从 DNA 分子计算装置到各种生命科学应用。相比传统的计算机科学,生物计算领域中的"计算"更加广义。研究的范围不只是通用生物计算机之上的信息变换,也包括物质变换。研究的产物也不一定是通用生物计算机,也可以是专用生物计算设备,用于感知、诊断、治疗以及合成生物学应用。

【示例 17.10】DNA 计算。

1994 年,南加利福尼亚大学的 Leonard Adleman 教授发表论文,报告了一个令人脑洞大开的结果:使用 DNA 在 7 个节点的有向图上成功找到哈密顿路径,而哈密顿路径是一个 NP 完全问题。该计算过程实际上是一个化学实验,由若干更小的化学实验步骤组成,一共花费 7 天时间。但 Adleman 认为这项技术能够拓展到更大的图,并且总共需要的化学实验步骤与图的节点数呈线性关系。而且,对标在数字电子计算机上执行哈密顿路径的计算,Adleman 作出了惊人的估计:使用 DNA 的分子计算机,理论上的能效可高达每焦

耳 2×10^{19} 次运算，离兰道尔极限的每焦耳 33×10^{19} 次运算已经十分接近。Adleman 在论文中还展望了未来，期望基于 DNA 计算的通用分子计算机能够问世。

28 年过去了，Adleman 的展望尚未成为现实。对标电子计算机，迄今尚未出现类似于 ENIAC 这样的通用生物计算机。但是，通用数字电子计算机面临严峻的能效挑战，有可能反向推动 DNA 计算装置这样的生物计算机的发展。

3. 类脑计算机

类脑计算是借鉴脑科学和神经形态工程的新型计算技术 近年来，业界提出了各种类脑计算技术，如海德堡大学的 BrainScaleS、曼彻斯特大学的 SpiNNaker、斯坦福大学的 Neurogrid、IBM 的 TrueNorth、英特尔的 Loihi 等。类脑计算研究工作大多是碎片化的特殊仿脑计算，尚未形成类脑通用计算的公认的技术路线，缺乏类脑计算的完备性理论支撑。最近，清华大学团队的工作提出了类脑通用计算的新思路，在《自然》杂志作为封面文章发表，被称为对解决这些问题的一个突破。

类脑通用计算技术。2019 年，清华大学施路平团队提出了一种以“天机芯片”（Tianjic）为载体的类脑通用计算技术。他们观察到，计算机和人脑的信息处理机制存在差异：计算机将多维世界中的信息转化成一维信息流，利用时间复杂性解决问题；而人脑中神经元与上千神经元相连，将多维世界中的信息扩维到更复杂的空间中，利用空间复杂性解决问题。人脑还采用脉冲编码，同时利用了时空复杂性。施路平团队由此提出双脑驱动的异构融合天机计算架构，将大脑的近似计算、存算一体以及时空复杂度，与传统计算机的精确计算、存算分离和时间复杂度进行融合，既保持计算机的时间复杂性处理结构化信息，又通过类脑芯片引入空间和时空复杂性处理非结构化信息，使得类脑计算中异构信息的表达、存储、计算和传输更加高效。

类脑计算完备性。2020 年，清华大学张悠慧-施路平团队提出了“类脑计算完备性”的学术概念以及一个实现该概念的类脑计算机抽象栈。类脑计算完备性（neuromorphic completeness）简要定义如下：针对任意误差 $\varepsilon\geqslant0$ 和任意图灵可计算的函数 $f(x)$，假如计算系统 S 可以实现函数 $F(x)$，使得 $\|F(x)-f(x)\|\leqslant\varepsilon$ 对所有合法的输入 x 均成立，那么 S 是类脑计算完备的。

类脑计算机抽象栈与经典计算机抽象栈经简化后呈现如图 17.7 所示的异同。在经典计算机中，应用软件通过编译器精确地（比特精准地）转换到硬件执行，4 层抽象都是图灵完备的。类脑计算机运行与经典计算机相同的应用软件，由编译器和应用框架精确转换成中间表示，即编程算子图。但是，类脑计算机的编译器将这一图灵完备的中间表示近似转换成类脑计算完备的执行原语图，在类脑计算完备的硬件上执行。

清华团队已经通过无人自行车、飞鸟群体行为模拟、矩阵 QR 分解等不同种类的应用试验，初步展示了类脑计算机抽象栈的通用性。双脑驱动的异构融合的架构思路已被国内外著名类脑计算团队所采用。

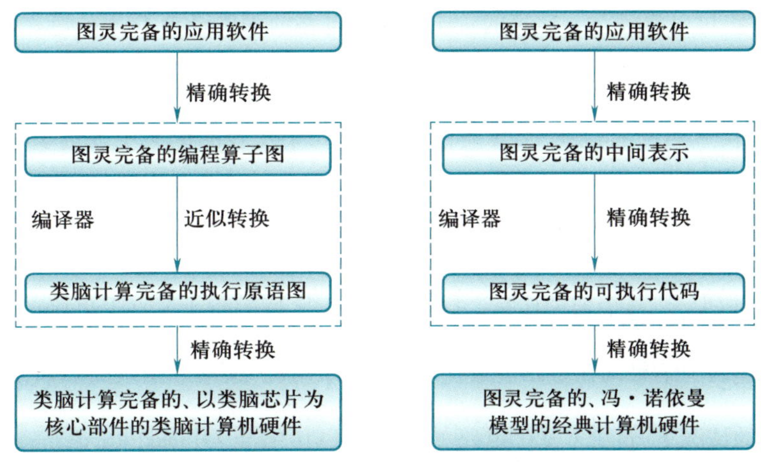

图 17.7 类脑计算机抽象栈(左)与经典计算机抽象栈(右)

4. 量子计算机

量子计算机是基于量子力学的计算装置 量子计算机不是通过布尔运算来操作经典的0-1比特,而是通过酉变换来操作量子比特。给定若干量子比特作为输入,量子计算机执行量子算法产生若干量子比特作为输出。量子算法具备量子并行性:给定函数$f(x)$,量子计算机可以执行一次酉变换量子操作,同时计算出$f(0)$、$f(1)$、$f(0.3)$等多个函数值。量子并行性使得量子计算机有潜力提供比经典计算机更快的计算速度。

【示例 17.11】Deutsch-Jozsa 算法游戏。

张三和李四进行一个查询猜谜游戏,他们的每一轮查询包含以下两个步骤:

(1) 查询请求:张三给李四写信,内容是$[0, 2^n-1]$区间内的一个整数x;

(2) 结果返回:李四收到查询x后,计算出查询结果$f(x)$并传回张三,其中f: $\{0, 1, 2, \cdots, 2^n-1\} \to \{0,1\}$,函数$f(x)$只能是两个特定函数之一:$f(x)$ = 常量C,$C=0$或$C=1$;或$f(x)$ = 平衡函数,即一半x取0,另一半x取1。

游戏的目的是张三经过最少轮查询,得知李四采用的函数f是常量函数还是平衡函数。在经典计算情况下,张三需要$2^n/2+1$轮查询。但在量子计算情况下,即允许使用量子比特和酉变换量子操作时,张三仅需要1轮查询。这是指数复杂度$O(2^n)$与常数复杂度$O(1)$的差别。

【示例 17.12】CNOT 门量子电路的深度。

量子计算可由量子电路实现 量子电路和经典逻辑电路类似,同样由各种量子门构成。一种特殊的量子门称为受控非门(CNOT 门)。由 CNOT 门搭建的电路是一大类重要的量子电路。最近,中国科学院计算所孙晓明-张家琳团队与南加利福尼亚大学的滕尚华教授合作,给出了关于 CNOT 门搭建的量子电路深度的一个综合紧界。

量子电路的深度代表了运行时间,深度越浅的量子电路运行时间越短 人们往往会借助辅助量子比特优化量子电路深度。2001 年的一篇论文显示,使用$O(n^2)$个辅助比特,可以将任意 n 比特的量子 CNOT 电路的深度降至 $O(\log n)$。2008 年的另一篇论文则证明,不借助辅助比特的帮助,任意 n 比特的量子 CNOT 电路的深度均可优化至 $O\left(\frac{n^2}{\log n}\right)$。孙晓明-张家琳团队在 2020 年发表的论文中改进了这两个极端:(1) 在没有辅助比特的情况下,可以将任意 n 比特的量子 CNOT 电路的深度优化至 $O\left(\frac{n}{\log n}\right)$;(2) 使用 $O\left(\frac{n^2}{\log^2 n}\right)$ 个辅助比特,可以将任意 n 比特的量子 CNOT 电路的深度降至 $O(\log n)$。上述两个结果均在量阶上最优。此外,孙晓明-张家琳团队的工作说明:在有 m 个辅助比特的情况下,量子 CNOT 电路的深度可以压缩至 $\Theta\left(\max\left(\log n, \frac{n^2}{(n+m)\log(n+m)}\right)\right)$,其中 m 是任意自然数。

本章小结

本章主要介绍和展望了计算机学科从 1936 年到 2056 年的发展,包括学科的研究对象、研究方法、学科演变树和未来发展方向。计算机学科年轻但渗透率强,已发展为包含计算机科学技术、软件工程、网络信息安全、人工智能等一级学科在内的学科领域。

计算机学科的研究对象是运行在计算机上的计算过程,研究方法是计算思维方法:将人类社会各个目标领域的各种问题映射到信息空间,通过运行在计算机系统中的计算过程求解,并将“解”映射回目标领域。计算机学科研究图灵机、冯·诺依曼体系结构等理论计算机的能力和局限,设计超级计算机、个人计算机、智能手机、互联网等真实计算机系统,构造科学计算、企业计算、消费者计算、智能计算等计算机应用的算法、软件和服务,定性定量地保障计算机系统和计算过程的功能、性能、易用性和安全性。

计算机学科的演变可分为 4 个阶段:1936—1968 年的萌芽期奠定了相对独立的知识体系,诞生了计算机专业和全球计算机学会;1964—2006 年是壮大期,计算机学科发展成长为包含计算机系统结构、计算机软件与理论、计算机应用的计算机科学技术一级学科;2006—2021 年是渗透期,计算机学科渗透到了科学、工程、经济、人文各个学科,以及社会生产生活各个领域,影响了数十亿人;2019—2056 年是人机物智能阶段,计算将从信息空间一元计算,拓展到包括人类社会(人)、信息空间(机)和物理世界(物)的人机物三元计算,以满足人机物融合的智能万物互联时代需求。

最后,感谢学术界同行与作者的交流和对本章内容的各种形式的贡献。特别感谢中国科学院大学陈晓明、韩银河、孙晓明、张家琳教授,康奈尔大学 John Hopcroft 教授,加州大学 Richard Karp 教授，北京大学李晓明教授，清华大学施路平、张悠慧教授，哥伦比亚大学周以真教授。

思考题 17

1. 从 1946 年到 2016 年，单台计算机的计算速度增长了 100 万亿倍。从 2016 年到 2056 年的未来 40 年间，单台计算机的计算速度还能增长 1 万亿倍吗？

2. 计算思维的一个特色是：用比特精准支持众多应用的领域精准。在正在进入的人机物智能计算时代，计算思维的这个特色还成立吗？

3. 计算思维的另一个特色是巧妙构造，要点是构造性抽象。你能举出一个非构造性抽象的例子吗？

4. 下述抽象是构造性的，还是非构造性的？

- 非确定性图灵机
- Linux 操作系统
- 全球互联网
- 互联网搜索引擎

5. 构造性要求计算过程的有穷刻画。在人机物智能计算时代，这条原则还成立吗？

6. 高德纳算法定义中包含“步骤有穷性规则”，它规定一个算法必然在执行有限的动态步骤之后终止。什么是“动态步骤”？难道还有“静态步骤”吗？“有限的静态步骤”有何含义？

7. 请设想一个人机物三元计算的例子，其中人、机、物三者都是计算机的部件，它们协同工作完成一个具体、特定的计算过程。

第 18 章

计算机类专业课程体系及其作用

本章要点：了解计算机学科的不同专业及其要求，理解计算机学科核心课程及其作用，包括数理基础类课程、计算机硬件类课程、计算机软件类课程和计算机应用类课程，为后续课程学习建立框架认知。

本章导图：

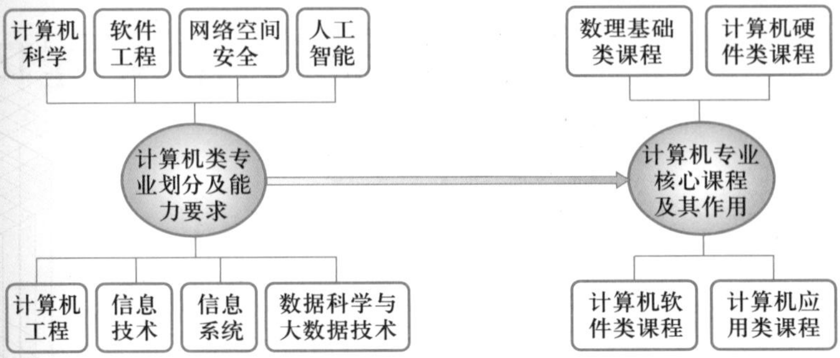

计算机科学
软件工程
网络空间安全
人工智能
计算机类专业划分及能力要求
计算机工程
信息技术
信息系统
数据科学与大数据技术

数理基础类课程
计算机硬件类课程
计算机专业核心课程及其作用
计算机软件类课程
计算机应用类课程

18.1 计算机类专业划分及能力要求

CC 课程体系规范简介 随着计算机科学的蓬勃发展,不同时期的主流研究方向与相应课程也随之变化。为了制定更权威的计算机类专业课程体系规范,美国计算机协会(ACM)和 IEEE 计算机分会(IEEE-CS)联合组织全球计算机教育专家,共同制定了国际 ACM/IEEE 计算机课程体系规范(computing curricula,简称 CC 规范),具有很高的权威性。

CC 课程体系规范的发展 1968 年,ACM 组织发布了第一个计算机课程体系规范 CC1968。在此之后,该组织吸纳了 IEEE-CS,并在 20 世纪 90 年代创建了 CC1991,这一版本提出了按知识领域/知识单元设计课程的思路,明确了必须覆盖的知识单元。这一思想是当前计算机类专业课程体系按知识领域划分与设计的源头。到 21 世纪,该规范又更新至 CC2001,主要考虑了学科/专业发展,提出了课程的灵活性设计及不同的课程设计策略。例如,将课程划分为导论性课程、中级课程与高级课程。导论性课程可采取深度优先策略、广度优先策略、算法优先策略、对象优先策略、命令编程优先策略、函数编程优先策略、硬件优先策略等。中级课程可采取基于话题的策略、基于系统的策略、基于 Web 的策略、压缩式策略等。此外,CC2001 指出了计算机领域的快速发展和动态特性,即计算机相关的学科数量正在不断增加。因此,课程体系的设计工作应注意接受新出现的计算机相关的学科。CC2001 报告中确立的原则最终催生了具有广泛影响力的 CC2005,该版本指出,随着计算机科学向更多学科延伸和发展,其知识领域/知识单元不断膨胀,而学生的学习时间是有限的。因此该版本将计算机学科划分为不同专业——计算机科学、计算机工程、软件工程、信息技术、信息系统等,并实施按专业细分培养。该版本给出了计算机学科各专业的二维知识结构框架:一个维度是由理论到应用,另一个维度是从硬件、基础设施、软件、应用、组织与管理。以此为每个专业绘制了不同的知识结构图,并按细分专业给出知识体系(知识领域和知识单元)。此后又经过数年发展,项目组通过对 CC2005 课程体系进行版本更新,提出了 CC2020。该版本主要设计了当前最新的计算机领域课程体系并提供了教学指导方针,以应对未来计算机教育面临的挑战。

我国的计算机课程体系规范 20 世纪 90 年代,CC1991 推出后,中国计算机学会教育专业委员会和全国高等学校计算机教育研究会在总结我国计算机教育研究工作和吸收 CC1991 成果的基础上,推出了《计算机学科教学计划(1993)》(简称《93 教学计划》)。这是国内第一个统一的指导性课程体系规范。《93 教学计划》列出了 9 个主要领域作为计算机课程体系规范要求的主科目:算法与数据结构、计算机体系结构、人工智能和机器人、数据库与信息检索、人-机通信、数值和符号计算、操作系统、程序设计语言、软件方法学和工程。《93 教学计划》的推出促使更多教育工作者以科学的方法研究和制定教学计划，我国计算机教育界对新的教学计划的研究步伐随之开始加快。2001 年 3 月，中国计算机学会教育专业委员会和全国高等学校计算机教育研究会成立研究小组，对 CC2001 进行跟踪研究，目的是借鉴 CC2001 的一些成功经验，并结合我国计算机学科的发展现状和我国计算机教育的具体情况，提出一个适应我国计算机学科本科教学要求的参考计划。经过一年多的努力，推出了《中国计算机科学与技术学科教程 2002》（China Computing Curricula 2002，CCC2002）。如今，教育部的计算机专业目录中不仅涵盖了传统意义上的计算机类专业，还包含了诸多前沿专业，例如区块链工程、空间信息与数字技术、保密技术、新媒体技术等。随着专业种类的丰富和发展，我国的计算机课程体系渐趋完善，而越来越多交叉学科的列入，也越发体现了我国对于信息技术领域交叉学科和跨学科教育的高度重视。

结合最新发布的 CC 课程体系规范和我国计算机课程体系规范，将当前计算机学科核心专业划分为计算机科学、计算机工程、软件工程、信息技术、信息系统、网络空间安全、数据科学与大数据技术以及人工智能，如图 18.1 所示。本节主要讲述不同专业的概述及其相应的能力要求。

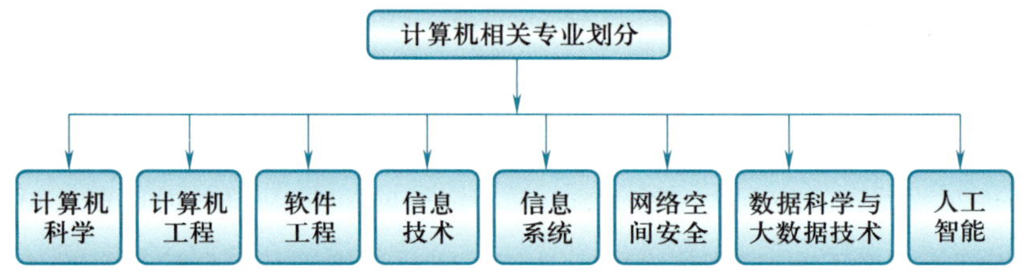

图 18.1　当前计算机学科专业结构

18.1.1　计算机科学

计算机科学（computer science，CS） 计算机科学是一门系统性研究信息与计算的基础理论及其在计算机系统中如何实现与应用的实用技术的专业，其主要任务在于发现并提供有效的解决计算问题的方式和方法。

计算机科学知识目标及能力要求 《2013 年计算机科学课程体系规范报告》（CS2013）中提到，计算机科学专业的知识目标是具备良好的数学理论基础、计算思维基础及问题求解基础，掌握软件方法和技术、应用技术等；计算机科学专业的能力目标是熟悉程序设计和软件开发，能够设计软件、硬件、网络等计算系统。计算机科学的能力要求侧重于理论方面，强调需要在硬件、软件、互联网方面发现并提出新的问题求解策略与算法。具体要求可分为以下方面。

算法与复杂性要求能够说明可能导致特定算法产生不同行为的条件或假设的数据特

征,并从分析中说明实证研究,以验证有关运行时度量的假设;并且能够非正式地说明算法的时间和空间复杂度,并能够为一个行业问题确定一个适当的算法,并使用适当的技术,同时考虑暴力解决之间的权衡;进而要求有能力实现基本的数值算法解决一个行业问题,并为特定上下文选择更优的算法。

离散数学要求能够给出一些适当的集合、函数或关系模型的实际示例,并在上下文中解释相关的操作和术语;同时能够使用符号命题和谓词逻辑,通过应用形式化方法,对现实生活中的行业应用进行建模;进而能够将现实世界的应用程序映射到适当的计数形式,并应用基本的计数理论来解决行业问题;并且能够使用适当的图策略(例如树、图和树的遍历方法、图的生成树)对现实世界的问题进行建模。

操作系统要求能够运用计算理论和数学知识来解决问题;并且能够考虑目标系统的能力和限制条件,在系统约束下实施软件解决方案;进而能够使用概率和期望知识预测随机事件下系统的行为,并告知用户其潜在的行为;同时能够使用机密性、可用性和完整性的知识,并了解风险、威胁、漏洞和攻击载体,评估系统的安全性,并将其社会和道德影响与系统的组成部分联系起来。

网络与通信要求能够设计和开发一个简单的基于 C/S 模式的客户端软件系统;其次要求能够通过考虑影响网络性能的因素,设计并实现一个简单可靠的行业网络协议;进而要求能够对比固定和动态分配技术,并提出解决网络拥塞的方法。

并行和分布式计算首先要求能够通过应用基于任务的分解或数据并行分解,设计一个可扩展的并行算法;其次要求能够为客户端编写一个程序,该程序在所有并发任务终止时,通过考虑参与者和/或响应进程、死锁和正确同步的队列来正确终止;并且能够编写一个测试程序,揭示并发程序的设计错误;进而能够通过识别可并行化的独立任务和确定并行执行图的关键路径,给出程序中工作量和跨度的计算结果;同时能够为客户端实现一个并行的分治(和/或图算法),通过映射和减少实际行业问题的操作,凭经验衡量其相对于顺序模拟的性能。

信息管理要求能够将信息与数据和知识进行对比,并描述不同数据控制方法的优缺点;同时要求能够使用一种声明性查询语言从数据库中提取信息;并且要求有能力对比不同类型数据的适当数据模型,包括内部结构。

程序设计语言要求能够设计并实现一个考虑面向对象封装机制的类;能够实现一个函数,该函数接受并返回其他函数,并考虑到程序中的变量和词法作用域以及函数的封装机制;进而要求能够对比并编写过程/功能方法和面向对象的方法;能够使用泛型或复合类型的程序片段(例如函数、类、方法),包括用于编写程序的集合;最终能够使用类型错误信息、内存泄漏和悬空指针来调试程序。

信息保障与安全要求能够对常见的输入验证错误进行分类,为网络空间安全公司编写正确的输入验证代码;并且要求能够向一组安全专业人士演示一些防止竞争条件发生的方法和处理异常的方法。

专业实践要求在架构和组成方面，能够使用计算机辅助设计（Computer-aided design，CAD）工具对计算机设计进行合成、模拟，并对处理器的时序图行为进行评估；在人机交互方面，能够设计一个交互式应用程序，并创建一个简单的可用性测试；在智能系统方面，能够确定该系统所面向的问题特征，并将自然语言的行业问题用谓词逻辑语句进行表示；在软件开发基础方面，能够根据软件工程流程进行软件开发，并能够为软件工程公司应用一致的文档和程序风格标准。

综合素质要求能够为用户进行系统分析，并以非技术的方式向其展现结果；能够整合跨学科知识，为用户制定计划；能够编写一份有助于他人的文件，说明技术带来的社会变化的影响；能够跟踪客户的要求、需求和满意度；能够比较不同的错误检测和纠正方法的数据开销，实现复杂度以及编码、检测和纠正错误的相对执行时间，并确保任何错误都不会对人类产生不利影响；能够记录行业趋势、创新和新技术，并生成影响目标职场的报告。

总而言之，计算机科学更加偏向于理论基础，对于计算机硬件、组织系统等方面关注较少，主要强调对应用性技术、软件开发、系统架构等方面知识的掌握，如图 18.2 所示。

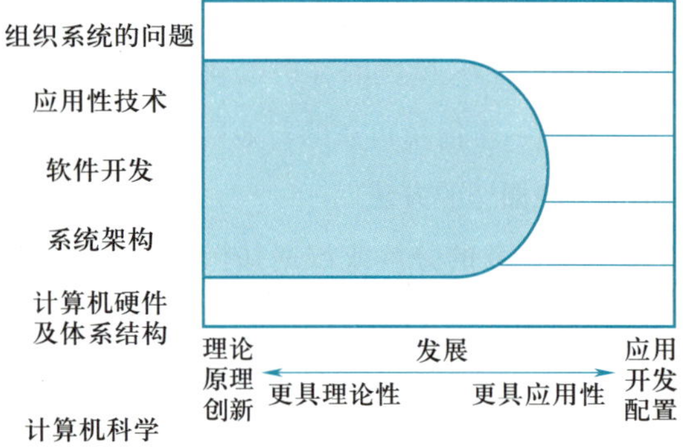

图 18.2　计算机科学能力要求范围

18.1.2　计算机工程

计算机工程（computer engineering，CE） 计算机工程是关于现代计算系统和计算机控制设备的设计、构造、实现和维护等科学与技术的一门专业。其主要任务是设计、实现和维护计算机系统、计算机控制设备和智能设备网络，强调将计算能力与计算硬件相结合。

计算机工程专业知识目标及能力要求《2016 年计算机工程课程体系规范报告》（CE 2016）中提到，计算机工程专业的知识目标是掌握广泛的数学和工程科学知识，具备良好的计算机硬件基础、计算思维基础及系统工程基础；计算机工程专业的能力目标是能够设计并实现计算机系统。具体要求可分为以下方面。

电路与电子要求能够使用电子设备分析和设计电路，并在使用这些组件的新系统和现有系统的背景下进行创新，从而在不同复杂程度的基础上创建新功能。

数字系统设计要求能够使用适当的工具设计数字电路，包括布尔代数的基本构建块、计算机编号系统、数据编码、组合和顺序元素；并且有能力使用可编程逻辑设计控制或数据通路电路，并考虑相关的系统设计约束和可测试性问题。

计算机体系结构与组成要求能够管理计算机硬件组件的设计，并将这些组件集成在一起形成完整的硬件系统；同时要求有能力模拟和评估并行和串行的硬件解决方案的性能，并考虑到设计复杂硬件系统时涉及的权衡。

嵌入式系统要求能够设计和/或实现基本和高级 I/O 技术，包括同步和异步以及串行/并行、中断和时间考虑；进而在非电子设备中设计并实现一个嵌入式系统示例，包括传感器反馈、低功耗和移动性。

计算机网络要求能够基于相关标准，并在满足利益相关者群体的需求的背景下，开发、部署、维护和评估无线和有线网络解决方案的性能；同时能够考虑到网络的安全和隐私方面，以及最终解决方案对公民与社会的影响，并将一般网络与物联网中的集成解决方案联系起来。

计算算法要求能够设计和实现经典算法和特定于应用程序的算法，利用复杂术语分析算法的正确性、效率、性能和复杂性，并向专业或非专业人士诚实、全面地呈现分析结果。

信号处理要求能够设计信号处理系统，并应用采样和量化的知识，桥接模拟和数字域；同时能够评估信号处理挑战（例如检测、去噪、干扰去除）以支持选择和实现适当的算法解决方案，包括非递归和递归滤波器、时频变换和窗口函数。

软件设计要求能够评估和应用程序设计范式和语言来解决各种各样的软件设计问题，同时注意权衡可维护性、效率和知识产权等约束条件；能够设计软件测试，以在完整的软硬件系统环境中评估子系统的各种性能标准（包括可用性、正确性、正常故障和效率）。

信息安全要求能够评估当前网络空间安全工具在提供数据安全性、侧信道攻击和完整性方面的有效性，同时避免技术和人为因素造成的漏洞；并且能够设计一个网络空间安全解决方案，提供资源保护、公钥和私钥加密、身份验证、网络和 Web 安全以及可信计算等服务。

专业实践要求能够管理一个需要对系统（硬件和软件）进行分析的项目，包括系统需求、技术（包括功能和性能需求）和适用性、可用性和包容性方面，从整体的角度制定规范和评估可靠性；能够考虑到经济、环境和法律的限制，分析单用户、移动、网络、客户-服务器、分布式和嵌入式操作系统、中断和实时支持在管理系统资源和硬件/软件元素之间的接口方面的作用；能够为标准和虚拟系统设计和实施适当的性能监控程序。

综合素质要求能够分析沟通技巧在团队环境和计算机工程小组环境中的重要性，讨论并确定有助于优化组织目标的沟通技巧；在解决涉及政治背景下系统开发的计算机工程问题时，能够评估维持全球关系所必需的哲学和文化属性；同时，在开发硬件策略时，能够考虑与全球工程公司相关的专业、法律和道德；并且能够评估当前计算机工程项目面临的问题，并使用商业敏锐度和成本/收益分析制定有效的项目计划。

总而言之，计算机工程专业要求将理论知识与实际应用相结合，侧重于计算机硬件方面，关注计算机硬件及体系结构、系统架构的实现，其中涉及部分软件开发与应用技术，如图 18.3 所示。

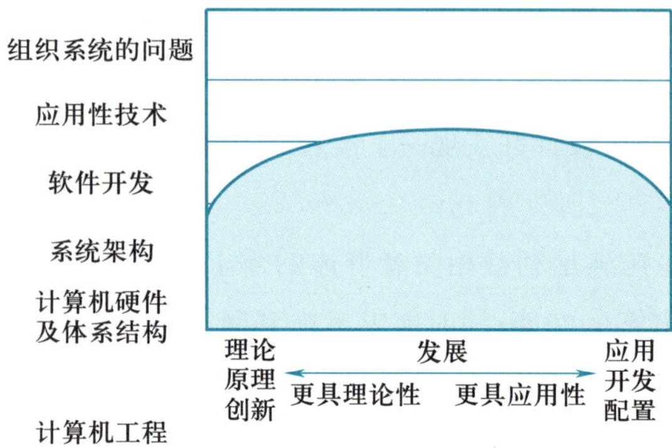

图 18.3 计算机工程能力要求范围

18.1.3 软件工程

软件工程(software engineering, SE) 软件工程是研究软件的开发、测试、运行和维护的工程专业，其主要任务在于将系统化的、规范的、可度量的方法用于软件的开发、运行和维护。

软件工程知识目标及能力要求 软件工程以软件为研究对象，侧重于设计与实现系统，而系统的思维方法、系统的设计与实现方法及工具、系统的各种特性及其实现技术是软件工程的主要研究内容。《软件工程 2014：软件工程本科学位专业课程体系规范指南报告》(SE2014)中确定了软件工程专业的培养目标——软件工程专业的知识目标是掌握软件工程领域的基础理论与专业知识，具备良好的计算机软件基础、计算思维基础及系统工程基础；软件工程专业的能力目标是能够选择和运用合适的技术、方法和工具，系统地分析和有效地解决复杂软件问题，具备设计可靠、可信、安全和可用的软件系统的能力。具体要求可分为以下方面。

软件需求要求能够在与利益相关者的工作会议中应用已知的需求获取技术，使用辅助技能识别和记录软件需求，并且能够分析软件需求的一致性、完整性和可行性；同时能够使用为项目选择的标准规范格式和语言指定软件需求，并能够以一种可理解的方式向非专家(如终端用户、其他涉众或管理经理)描述需求；进而能够使用标准技术，包括检查、建模、原型化和测试用例开发，来验证和确认需求。

软件设计要求能够向业务决策者展示来自软件需求规范文档的架构上的重要需求；能够评估和比较满足功能和非功能需求的可选设计可能性的权衡，并为客户撰写一份简要建议,总结关键结论;能够通过考虑架构和设计模式,生成特定子系统的高级设计,使其能够呈现给非计算用户;能够通过使用设计原则和横切方面来满足功能和非功能需求,为特定子系统高级设计的客户端生成详细的设计;能够创建软件设计文档,与软件设计客户(如分析师、实施者、测试计划人员或维护人员)有效沟通。

软件构建要求能够使用面向对象语言和扩展库设计和实现一个 API,包括小型项目中的参数化和泛型;作为项目团队的一员,能够在考虑大型项目中基于状态的表驱动结构的运行时模式下,根据现代软件实践(如防御性程序设计、错误和异常处理、可接受的容错)评估一个软件系统;并且能够开发一个分布式的基于云的系统,该系统包含一个中型项目的基于语法的输入和并发原语,然后作为项目团队的成员进行性能分析以微调系统。

软件测试要求能够通过与客户协作,使用黑盒和用例技术对软件组件进行综合测试和分析;进而能够为客户执行软件组件的回归测试,根据经验数据和预期用途考虑特定于应用程序的操作配置文件和质量属性;同时能够使用适当的测试工具进行测试,重点是质量控制团队和客户指定的理想质量属性。

软件维护要求能够描述过渡到维持状态的标准,并协助确定适用的系统和软件操作标准;进而能够联系业务支持人员对文档和培训的需求,帮助开发软件转换文档和业务支持培训材料,能够帮助确定软件变更对操作环境的影响;并且能够描述软件支持活动的要素,如配置管理、运营软件保证、帮助后台活动、运行数据分析和软件退役;同时能够执行软件支持活动,并与其他软件支持人员有效互动,以及能够协助实施软件维护流程和计划,并对软件进行更改,从而实现维护需求和请求。

软件质量要求能够区分运行时可辨别的质量属性(性能、安全性、可用性、功能性、可靠性)、运行时不可辨别的质量属性(可修改性、可移植性、可重用性、可集成性和可测试性)以及与内在相关的质量属性架构和详细设计的质量(概念完整性、正确性和完整性);同时能够在项目团队中设计、协调和执行小型软件子系统和模块的软件质量保证计划,考虑质量属性如何被识别;相应地,测量、记录和适当地交流结果,进而能够执行对等代码检查,以评估在运行时无法识别的质量属性;同时能够解释软件执行过程中质量评估的统计性质,开发、部署和实施收集统计使用和测试结果数据的方法,对结果数据进行统计分析。

软件保密安全性要求能够应用项目选定的安全生命周期模型,并通过应用选定的安全需求方法识别安全需求;进而能够将安全需求合并到架构、高级和详细的设计中;同时能够使用安全编码标准开发软件,并且执行特定于安全性的测试用例;还要求能够坚持项目的软件开发过程,持续开发支持项目质量目标并符合质量要求的软件。

软件可靠安全性要求能够描述软件系统开发中涉及安全问题的主要活动;同时能够创建和验证初步危险清单,进行危害和风险分析,确定安全要求;能够实施和验证设计解决方案,使用安全的设计和编码实践,以确保减轻危害,并满足安全要求。

综合素质要求能够与团队成员合作解决问题，有效运用口头和/或书面沟通技巧，按时完成团队合作的工作；并且能够考虑来自不同文化、需求和/或地理位置的利益相关者的需求，协助分析和展示复杂的问题；能够帮助找出问题的解决方案，并将其呈现给利益相关者，解释所提出的解决方案的经济、社会和/或环境影响；同时能够从各种社会和法律角度分析软件雇佣合同，确保最终产品符合专业和道德要求，并遵循标准的许可实践；还要求能够自主定位与学习资源，并利用这些资源扩展知识、技能和品行，反思自己的学习，为未来的成长奠定基础。

总而言之，软件工程专业主要研究软件的开发、测试、运行和维护，兼具软件开发相关的理论性与应用性，是研究内容较为明确的专业，如图 18.4 所示。

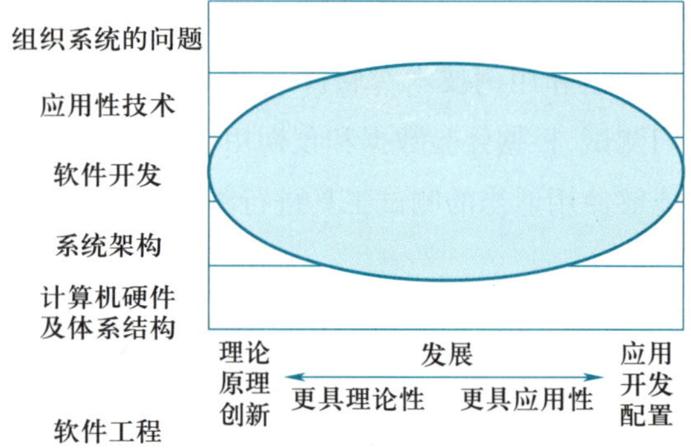

图 18.4 软件工程能力要求范围

18.1.4 信息技术

信息技术(information technology, IT) 信息技术是一门研究信息处理手段以及处理手段的选择、组合与集成技术的应用专业，强调广义信息技术的技术方面，主要任务在于为用户的信息化需求提供与实施技术解决方案。

信息技术知识目标及能力要求 信息技术专业研究信息处理手段以及处理手段的选择、组合与集成技术，偏应用性方面，侧重于软件方法和技术、组织业务与信息系统、系统基础设施等领域应用开发相关的知识。《2017 年信息技术课程体系规范报告》(IT2017)中以教育研究为依据，提出信息技术专业的知识目标是掌握信息技术基础，具备通用性知识与典型产品相结合的专门型知识结构；信息技术专业的能力目标是熟悉已存在的各类软件、硬件、网络产品的特性及安装使用、维护优化技巧，并具备开发、获取、维护和支持现代组织日益复杂的计算技术需求的能力。在信息技术的培养目标中，重点是问题和用户需求的分析、计算需求的规范以及基于计算的解决方案的设计。在当前已确定的计算机学科专业中，信息技术能够最直接地处理组织情境中特定的、具体的技术组件。具体要求可分为以下方面。

集成系统技术要求能够说明如何在计算机中编码和存储字符、图像和其他形式的数据，并说明为什么在合并不同的计算系统时，数据转换通常是必要的；并且能够说明一个常用的系统间通信协议是如何工作的，以及其优缺点；进而能够设计、调试和测试脚本，其中包含选择、重复和参数传递；同时能够说明安全编码的目标，并使用这些目标作为指导原则，以防止缓冲区溢出、包装代码和保护方法访问。

软件基础要求能够使用多级抽象并选择合适的数据结构来创建一个新程序；能够根据程序风格、特定输入的预期行为、程序组件的正确性和程序功能的描述来编写程序；并且能够设计算法来解决计算问题，并解释程序如何在指令处理、程序执行和运行过程方面实现算法；同时能够基于用户体验设计、功能和安全分析，协作创建一个相关应用（手机或 Web 应用），并使用标准库、单元测试工具和协作版本控制来构建应用程序。

网络空间安全原则要求能够评估网络空间安全技术的目的和功能，设计降低数据泄露风险的工具和系统，同时实现重要的组织实践；进而能够实施系统、应用工具最小化组织网络空间的风险，以应对网络空间安全威胁；同时能够使用风险管理方法应对风险，对包含高价值信息和资产（例如电子邮件系统）的系统的网络攻击迅速作出响应并从中恢复；当系统遭受网络攻击时，能够制定应对和补救所需的策略。

专业实践要求有能力进行用户体验设计及 Web 和移动系统开发，并且能够对信息进行管理。

综合素质要求能够分析沟通技巧在团队环境中的重要性，并确定这些技巧如何有助于优化组织目标；并且能够评估在信息技术职业中保持持续就业所需的特定技能；同时能够在组织内制定 IT 政策，并考虑与公司环境相关的隐私、法律和道德；还要求能够评估 IT 项目所面临的相关问题，并使用成本/收益分析制定项目计划，并考虑从开始到完成创建有效项目计划的风险。

总而言之，信息技术专业是一门更偏向于应用技术的专业，侧重于开发系统方案以解决用户需求，涉及软件开发、组织系统、系统架构等知识，如图 18.5 所示。

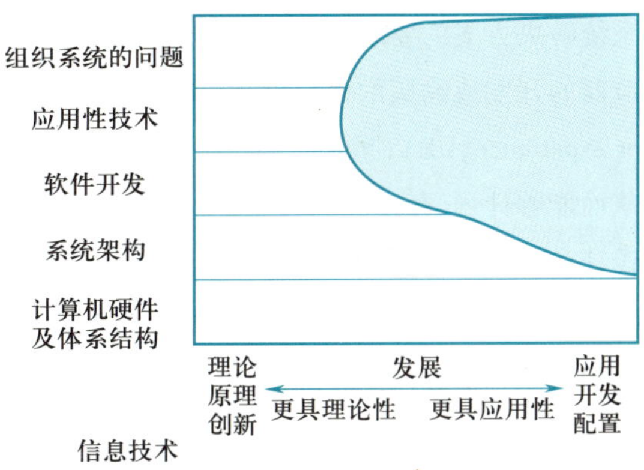

图 18.5 信息技术能力要求范围

18.1.5 信息系统

信息系统(information system, IS) 信息系统是一门将信息及支持决策制定的信息捕获、存储、处理和分析相结合的专业,侧重于信息处理手段与信息应用及服务的融合,强调了构建系统解决方案与使其持续改进的重要性。

信息系统知识目标及能力要求《信息系统本科学位专业课程体系规范指南 2010 报告》(IS2010)中表明,信息系统专业的知识目标是掌握良好的信息技术知识与组织业务管理知识,需要具备工程思维的知识结构、强信息技术与业务相结合的复合型知识结构;信息系统专业的能力目标侧重于组织与信息系统领域,要求学生兼顾软件开发方法和技术及应用技术。鉴于信息系统作为桥梁建造者和集成者的角色,其中沟通和领导技能的重要性超过了其他计算机学科。具体要求可分为以下方面。

信息系统实现要求能够识别和设计 IT 支持的组织改进。首先能够分析当前 IT 战略与组织战略之间的契合度,并在必要时采取纠正措施使二者保持一致;其次能够使用至少一种现代业务流程建模语言对组织流程进行建模,并且能够以风险管理理论为基础,将风险分析应用到实际组织中,能够根据已证明的组织控制需求确定信息系统需求;同时能够识别过程性能指标和监视器,并应用行业建议(例如 ITIL);进而能够分析和记录各种利益相关者对拟议系统的信息需求,能够将现代工业实践和技术应用于系统文档和用户访谈(即 ITIL 和 PMBOK);此外能够理解一般系统理论,包括其关键原理和应用,了解新兴技术,从而识别基于这些技术的创新业务机会,并根据组织中新兴技术的使用开发业务建议,能够将人机交互原理的基础知识应用于系统和用户界面设计;还要求能够将数据可视化和表示的知识应用于与分析和复杂数据表示相关的应用程序。

设计和实施信息系统解决方案要求能够识别企业架构(enterprise architecture,EA)变更需求和解决领域需求及技术开发,从而使用正式方法设计企业架构;并且能够根据信息系统解决方案的要求,应用系统方法来指定系统解决方案选项,考虑内部开发、第三方供应商的开发或购买的商业现货(COTS)包,为目标用户设计和实现高质量的用户体验(user experience,UE);同时能够在组织层面制定信息技术安全和数据基础设施的设计原则,从而能够计划、开发和执行安全任务,并将其应用于组织系统和数据库;能够在集成分析、设计、实现和运营的流程环境中,设计和实现满足用户需求的 IT 应用程序;并且能够确定数据和信息管理的备选方案,并根据组织信息需求选择最合适的选项,设计与组织流程一致的数据和信息模型,并与数据和信息安全管理标准兼容;还要求能够了解组织用于管理信息系统项目的流程、方法、技术和工具。

分析权衡要求能够识别和设计技术替代方案,并在信息系统项目中考虑各种选项的管理风险,以根据组织需求选择最合适的选项,并实现关键业务问题的解决方案;并且能够从技术可行性、商业可行性和成本效益方面评判信息系统项目的合理性,以证明项目的可行性；同时能够根据各种标准和政策分析和比较解决方案，根据其促进组织需求的程度来评估不同的可能解决方案；进而能够为基于 IT 的解决方案和采购选项制定预算，使组织能够确定每个选项对财务的影响；还要求能够分析影响全球商业环境的文化差异，说明文化背景如何对商业成功产生积极影响，从而影响最终选项的选择。

信息技术管理要求能够制定并实施行动计划，以优化企业技术资源的使用；进而能够开发并评估应用程序性能和可扩展性指标；并且能够监控应用程序性能指标并实施纠正措施，必要时可以修改系统；同时能够制定优化信息系统使用的措施，并为信息系统的长期生存能力制定计划；能够监视和控制信息系统以跟踪其表现，并保证其符合组织需求；还要求能够基于风险管理模型开发、实施和监控安全计划策略；并且能够规划和实施用于管理安保和安全的程序、操作和技术，以确保业务连续性和灾难恢复情况下的信息保障；此外要求能够与技术服务提供商协商并执行合同，以保持所提供技术和服务的运营完整性，并遵守所有相关方的角色和责任。

综合素质要求能够具备领导协作以及沟通谈判能力，并培养分析和批判性思维。

总而言之，信息系统兼顾理论性与应用性，侧重于构建系统解决方案，其中涉及部分软件开发、应用性技术等知识的运用，如图 18.6 所示。

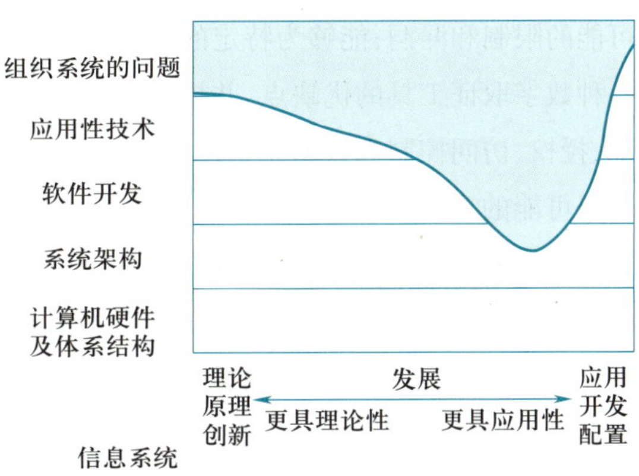

图 18.6 信息系统能力要求范围

18.1.6 网络空间安全

网络空间安全(cybersecurity，CSEC) 网络空间安全是一个高度跨学科的研究领域，主要研究网络空间的组成、形态、安全、管理等知识，进行网络空间相关的软硬件开发、系统设计与分析、网络空间安全规划管理。

网络空间安全知识目标及能力要求《2017 年网络空间安全课程体系规范报告》(CSEC2017)中指出，网络空间安全专业的培养目标是确保学生能够更高效地参与到网络空间安全方案的分析、设计、实施和管理活动中。网络空间安全专业的知识目标是掌握密码学、网络安全、软件安全和数据安全等相关知识，并具有较高的网络空间安全综合专业素质；网络空间安全专业的能力目标是具有独立从事网络与信息系统的安全分析、设计、实现、维护等的能力，具有较强的工程项目的组织与管理能力、技术创新和系统集成能力。CSEC2017 中提到，网络空间安全专业包含 8 大知识领域，即数据安全、软件安全、组件安全、连接安全、系统安全、人员安全、组织安全和社会安全，对于每个知识领域均作出了一定的能力要求。具体要求可分为以下方面。

密码学要求能够掌握加密/解密通信模型；掌握常用的对称加密及非对称加密算法原理，并能描述这些算法在密文明文互相转换时的过程；掌握将密码变化的客观规律，从而应用于编制密码保守通信秘密的过程；了解密码变化客观规律中的固有缺陷，从而破译密码以获取通信情报的过程。

攻击与防护相关基础要求能够掌握网络和信息安全的内涵；掌握攻击面、可信基等概念，了解计算机病毒的传播机理，了解常见的攻击手段和方法；掌握完整性验证和杀毒的方法；掌握防火墙、入侵检测系统、入侵防御系统、入侵管理系统的使用，并了解其设计原理。

数据保护要求能够解释公钥基础设施如何支持数字签名和加密，并讨论这一过程中可能的限制和漏洞；能够为特定的应用场景选择合适的加密协议、工具与技术；能够对比各种数字取证工具的优缺点，并描述什么是数字调查、数字证据的来源；能够解释身份验证、授权、访问控制和数据完整性的概念，了解各种身份验证技术及其优缺点，了解多种对密码可能的攻击。

软件安全要求首先了解软件安全原则，能够识别常见的攻击手段，了解软件安全性和稳健性的重要性；能够掌握软件静态分析和软件动态分析的区别；了解身份验证的重要性；了解数据完整性验证与数据杀毒的必要性；了解更新软件以修复安全漏洞的重要性，以及在更新之后测试软件的必要性和正确配置软件的重要性。

分布式和网络环境要求了解分布式系统和网络原理，能够识别分布式和网络环境中面临的节点安全、信道安全、数据安全等问题；了解一致性问题并能应用相关算法进行不一致的包容；了解各种分布式算法的优缺点以及可能面临的安全问题及解决方案；了解网络各层次和各类协议可能面临的安全问题及解决方案。

软件架构要求了解软件的常见设计模式和架构，了解各类软件架构可能面临的安全问题及解决方案。

专业实践要求有能力对防御攻击和组件接口相关事件进行解释，并且能够指定系统安全，进行风险管理。

综合素质要求从认知理解、法律道德、政策隐私 3 个方面对网络空间安全有深刻的认识。

总而言之，网络空间安全高度跨学科，涉及知识领域较广，要求不仅对于安全相关的理论知识熟练掌握，也要具备一定的软硬件开发能力。

18.1.7 数据科学与大数据技术

数据科学与大数据技术(data science and big data technology) 数据科学与大数据技术是一个计算新领域,其与数据分析和数据工程领域密切相关,主要研究计算机科学和大数据处理技术等相关的知识和技能,从大数据应用的3个主要层面(即数据管理、系统开发、海量数据分析与挖掘)出发,对实际问题进行分析和解决。

数据科学与大数据技术知识目标及能力要求 由于被提出的时间较短,数据科学与大数据技术完整的规范报告仍在开发中。ACM于2015年举办了首次数据科学与大数据技术专业的研讨会,之后ACM教育委员会成立了工作组,专门阐述计算在数据科学领域的作用,并于2019年编制了两份报告草案,暂定为DS202X。就目前研究而言,数据科学与大数据技术的知识目标是掌握数学与自然科学基础知识以及与计算系统相关的理论知识,具备包括计算思维在内的科学思维能力;能力目标是能够设计计算解决方案,具备实现基于计算原理的系统的能力。具体要求可分为以下方面。

数据管理要求能够掌握数据库的基础理论、技术方法,了解科学组织和存储数据的重要性;熟练掌握结构化数据库、半结构化数据库和非结构化数据库的使用;能够利用数据库设计基本的数据存储管理方案。

数据处理能力要求能够应用各类软件或编写程序将数据转化为需要的格式;了解数据噪声现象并能够利用程序实现对简单数据噪声的清洗。

数据分析能力要求具备较好的计算机、数学、统计学等理论基础,能够将数学、自然科学、工程基础和专业知识用于数据挖掘和价值发现;能够利用大数据思维分析、解决问题并进行创新,从而解决现代社会中复杂的大数据工程问题。

大数据工程要求能够应用数学、自然科学和数据科学的基础原理,识别、表达并通过文献研究分析现代社会中复杂的大数据工程问题,以获得有效结论;进而能够设计对现代社会中大数据工程问题的解决方案,包括满足特定需求的数据采集、存储、分析中工程实施流程或方案设计,设计满足特定需求的软硬件系统、模块或算法流程。

分布式与并行处理基础要求了解分布式原理和基本的并行处理方法,能够基于任务的分解或数据分解方法设计可扩展的并行算法,从而解决大规模数据处理中单线程算法处理速度受限的问题。

大数据平台应用要求了解大数据处理的常用平台和软件,熟练掌握至少一种平台和软件,并能够利用其进行大数据分析和应用。

创新意识和科学方法要求能够在设计环节中体现创新意识,考虑社会、健康、安全、法律、文化以及环境等因素;还要求能够基于科学原理并采用科学方法对现代社会中复杂的大数据工程问题进行研究,包括设计实验、分析与解释数据,并通过信息综合得到合理有效的结论。

专业实践要求能够针对现代社会中复杂的大数据工程问题，开发，选择与使用恰当的技术、资源、现代工程工具和信息技术工具，包括对复杂工程问题的预测与模拟，并能够理解其局限性；并且能够基于计算机相关背景知识进行合理分析，评价大数据工程实践和现代社会中复杂工程问题解决方案对社会、健康、安全、法律以及文化的影响，并理解应承担的责任；还要求能够理解并掌握工程管理原理与经济决策方法，并能在多学科环境中应用。

综合素质要求能够理解和评价针对现代社会中大数据工程问题的工程实践对环境、社会可持续发展的影响；同时具备人文社会科学素养、社会责任感，能够在大数据工程实践中理解并遵守工程职业道德和规范，履行责任，能够在多学科背景下的团队中承担个体、团队成员以及负责人的角色；进而能够就复杂的大数据工程问题与业界同行及社会公众进行有效沟通、交流和撰写文档；具有良好的国际视野、交流意识以及语言能力。

总而言之，数据科学与大数据技术专业主要围绕数据工程进行研究，强调计算思维与大数据思维的重要性，是正在兴起的新兴专业。

18.1.8　人工智能

人工智能（artificial intelligence，AI） 人工智能是一个研究、开发用于模拟、延伸和扩展人的智能的理论、方法、技术及应用系统的一门新的专业。该专业以计算机学科为基础，由心理学、哲学等多学科交叉融合而成，其目标在于了解智能的实质，并生产出一种新的能以与人类智能相似的方式作出反应的智能机器，该领域的研究包括机器人、语言识别、图像识别、自然语言处理和专家系统等。

人工智能专业知识目标及能力要求 人工智能的知识目标是掌握人工智能理论与工程技术，学习机器学习的理论和方法、深度学习框架、工具与实践平台、自然语言处理技术、语音处理与识别技术、视觉智能处理技术等国际人工智能专业领域最前沿的理论方法；能力目标是具备人工智能专业技能和素养，构建解决科研和实际工程问题的专业思维、专业方法和专业嗅觉。具体要求可分为以下方面。

数学基础要求能够掌握概率论以及数理统计知识，要求能够熟练掌握并运用线性代数的基本理论；同时要求对信息论、优化方法有一定的了解。

算法和软件基础要求能够掌握人工智能领域的经典算法，如神经网络、机器学习、深度学习等算法，并有能力进行代码复现；同时要求有能力模拟和评估相应算法的性能和复杂度，并且有能力应用在人工智能模型构建过程中并根据不同场景作出相应优化。

感知智能要求掌握自然语言处理与理解、语音处理与理解、图像处理与理解、视频处理与理解的基础理论、技术方法，能够应用相关方法解决现实场景中的工程问题。

智能控制基础要求掌握智能控制的基本理论、技术方法，能够运用上述技术方法让智能机器人在复杂任务中实现自行规划和决策的能力。

模型评估和构建要求能够在一定应用场景下设计和构建智能计算模型，并且有能力对模型进行量化评估；进而要求能够根据评估结果对模型进行调整和优化。

大数据管理要求能够在数据的生命周期中对这些数据进行维护、保存以及实现价值增值。

知识迁移要求对人工智能领域涉及的数学、大数据、物联网等学科知识进行学习，对于可以借鉴的知识和模型及时分享或传播，为解决人工智能领域问题提供投入。

总而言之，人工智能专业要求将理论知识与实际应用相结合，侧重于模型的构建与优化，关注模型准确性和泛化性的提高，其中涉及部分数理知识和软件开发能力。

18.2 计算机专业核心课程及其作用

计算机专业核心课程由数理基础类课程、计算机硬件类课程、计算机软件类课程和计算机应用类课程 4 个部分构成。数理基础类课程是整个计算机专业课程体系的根基，是学生后续专业课学习的基础和工具；计算机硬件类课程和计算机软件类课程则是学习计算机专业知识的关键，也是学习计算机应用类知识的基础；计算机应用类课程则将计算机专业课程的特点及规律与实际场景进行有效结合，提高学生对专业的运用能力。

18.2.1 数理基础类课程

数理基础类课程及其作用 计算机自诞生之日起，其主要任务就是进行各种各样的科学计算。文档处理、数据处理、图像处理、硬件设计、软件设计等均可抽象为数学计算。因此，数学是计算机学科的基石。数理基础类课程着重数学方法的培养，着重利用数学方法分析问题、解决问题能力的培养，贯穿于本科学习的各个阶段，采用深度优先策略。

从连续到离散。随着计算机科学的出现与广泛应用，人们发现利用计算机处理的数学对象与传统的数学对象存在明显区别：传统数学分析研究的问题解决方案是连续的，因而微分、积分成为基本的运算；而在计算机中并没有无限的存储空间和算力支持人们构造连续的数学空间并计算，因此计算机研究、处理的对象是离散的。离散数学和形式/符号数学就是对计算系统的数学化抽象。如图 18.7 所示，通过数理基础类课程的学习，即从连续数学理论的学习（代数与几何、数学分析）到离散数学理论的学习（集合论与图论、近世代数和数理逻辑）再到形式计算理论的学习（形式语言与自动机），学生对数学可实现从连续计算思维转为离散计算思维和形式/符号计算思维，进而由理解“基本计算”到理解“自动计算系统”。

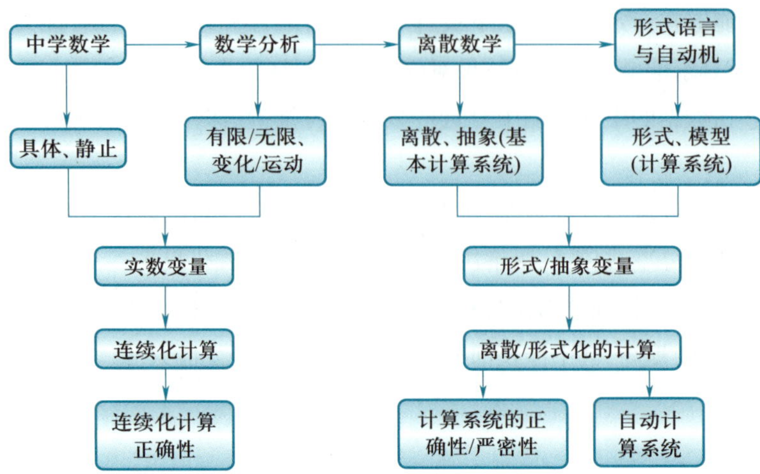

图18.7 从连续计算思维转为离散计算思维和形式/符号计算思维

从确定到不确定。在传统确定性数学理论中,对于同一模型的确定输入,人们总能得到确定的解,这是理想化的。但在计算机的现实应用尤其是大数据场景中,多数情况下人们总是无法对其构建精确的数学模型。因此,培养不确定性数学理论的思维对于计算机专业学生同样至关重要。如图18.8所示,通过数理基础类课程的学习,即从确定性数学理论的学习(数学分析)到不确定性数学理论的学习(概率论与数理统计)再到数值计算、大数据计算理论的学习(数值分析与计算方法),学生的数学思维可实现从确定性向不确定性的转变。

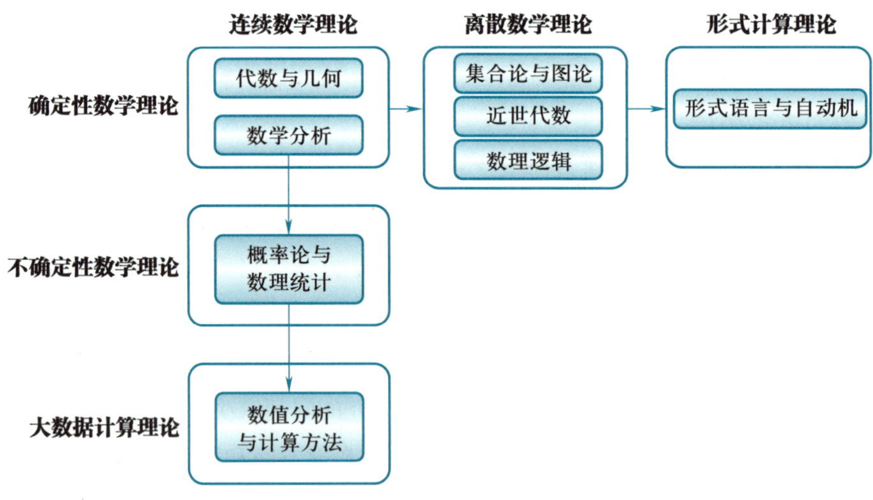

图18.8 数理基础类课程框架

核心课程介绍

线性代数是研究变量间线性关系的一门学科,是一门重要的数学基础课程,它是计算机专业必修基础理论课程之一。它有着深刻的实际背景,在自然科学、社会科学、工程技术、军事和工农业生产等领域中有广泛的应用。本课程的基本任务是学习行列式、矩阵及其运算、向量的线性相关性、矩阵的初等变换与线性方程组、相似矩阵及二次型、线性空间等理论及其有关知识。通过本课程的学习，学生能够具备有关线性代数的基本理论及方法，并能用它解决一些实际问题，同时学生的抽象思维能力和数学建模能力能够受到一定的训练，为学习后续课程打下牢固的数学基础。学习该课程的学生应当具有微积分及代数基本知识。

离散数学是研究离散对象的基础理论，是计算机科学的基础内容。离散数学课程介绍了最常见的离散结构，如集合、逻辑、图、树、关系、计数、函数等结构的性质和方法，介绍了离散结构的一些处理技巧，如各种证明技巧等。离散数学课程被分解成若干课程——集合论与图论、数理逻辑、近世代数等。离散数学是计算机学科中许多专业课程的先行课程，和后续课程的关系密切，是计算机科学与技术应用与研究的有力工具，在计算机科学中应用非常广泛。例如，离散数学与数据结构的关系非常紧密，数据结构课程描述的对象有 4 种，分别是线形结构、集合、树形结构和图结构，这些对象都是离散数学研究的内容。线形结构中的线形表、栈、队列等都是根据数据元素之间关系的不同而建立的对象，离散数学中的关系这一章就是研究有关元素之间的不同关系的内容；数据结构中的集合对象以及集合的各种运算都是离散数学中集合论研究的内容；离散数学中的树和图论的内容为数据结构中的树形结构对象和图结构对象的研究提供了很好的知识基础。

形式语言与自动机是计算机的理论基础，该课程的主要目的在于利用有限自动机与正则表达式的等价关系，通过表达式描述问题，利用不同有限自动机类型实现解决方案，通过更一般的上下文无关文法描述，利用下推自动机实现问题求解，培养学生的计算思维能力，培养学生的形式化描述和抽象思维能力，使学生了解和初步掌握“问题、形式化、自动化（计算机化）”的解题思路。

概率论与数理统计是迈入不确定性数学理论的重要课程，课程包括概率的基本概念、随机变量及其概率分布、数字特征、大数定律与中心极限定理、统计量及其概率分布、参数估计和假设检验、回归分析、方差分析、马尔可夫链等内容。概率论课程的学习不仅能够帮助学生建立概率和统计的思维模式，获得一种看待事物发展的全新角度，对将来进行人工智能、大数据科学的研究也有很大帮助。

18.2.2 计算机硬件类课程

计算机硬件类课程及其作用 计算机硬件类课程是学生理解计算机、掌握硬件开发机理的关键，该类课程注重强化学生模型分析、系统设计、工程实现能力的培养，使学生深入理解硬件与现代计算系统的基本原理和构造方法。

对于计算机硬件系统的学习可以按照从了解片内微观电路逻辑到基于芯片组成完整系统的顺序进行。如图 18.9 所示，学生首先需要了解计算机硬件最基础的电路构成（数字电路、模拟电子技术）；在了解芯片内部的电路基本运作方式后，学习如何将电路逻辑进行组合来完成 CPU/GPU 等芯片的整体设计（计算机组成原理、计算机系统结构）；接着学习围绕芯片进行外部电路的设计（计算机组成原理、汇编语言、嵌入式系统），同时需要了解主流的更高集成化的 SoC 芯片相关技术思想（计算机组成原理、计算机系统结构）。有了前述循序渐进的与芯片及其片外电路设计相关的知识储备后，学生可以进行复杂硬件系统的学习。通过"嵌入式系统"课程的学习来了解嵌入式系统的设计，通过增加"计算机网络"的课程知识来了解网络计算机系统，通过学习"计算机系统结构"相关课程来了解大型阵列、并行系统的知识。

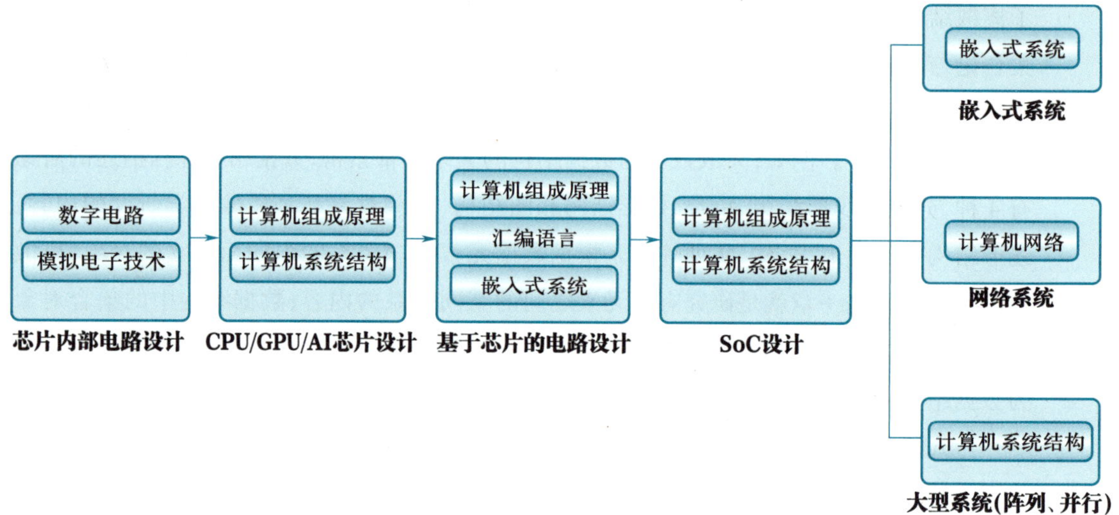

图 18.9　计算机硬件类知识体系

核心课程介绍

数字电路课程的主要知识点包括：数的表示与编码，逻辑代数基础，逻辑函数的化简，组合逻辑电路的分析与设计，同步时序电路的分析与设计，同步时序电路的化简，脉冲型异步时序电路分析与设计，采用大、中规模集成电路的逻辑设计，可编程逻辑器件的基本原理等。该课程是计算机组成原理等系列硬件课程的基础。通过该课程的学习，学生能够获得数字电路与数字逻辑方面的基本理论、基本知识和基本技能，理解数字电路的工作原理及应用，掌握数字电路的分析与设计方法，为后续相关课程的学习奠定基础。

计算机组成原理是本科计算机科学与技术专业的学科基础课程，有助于培养学生计算机硬件系统的分析和设计能力。计算机组成原理重点讲授计算机系统的硬件组成及其主要功能子系统的基本原理和逻辑设计，主要内容包括：计算机系统概述，数据的表示、运算与校验，CPU 子系统，存储子系统，总线与 I/O 子系统，I/O 设备及接口等。该课程的前续课程是数字逻辑、模拟电子技术等，后继课程是微机原理与接口、计算机系统结构、嵌入式系统及应用等，在硬件范畴的课程体系中起到承前启后的作用。通过对该课程的学习，学生将从 0 到 1 认识计算机硬件系统的全貌，掌握计算机硬件系统组成并理解各功能部件的基本原理,掌握相关的逻辑设计方法。该课程初步培养了学生在计算机硬件系统方面的分析与设计能力。

汇编语言课程主要介绍汇编原理的基础理论、编程工具和应用技术。通过学习该课程,学生能够掌握利用汇编语言进行程序设计的方法和技巧,了解程序在机器上运行的基本原理,建立"时间"和"空间"概念。同时汇编语言程序设计是计算机组成原理、接口技术、操作系统、计算机系统结构等其他核心课程的必要先修课,对于训练学生深入掌握计算机的工作原理、程序设计技术和程序调试技术都有重要作用。

计算机系统结构是计算机科学与技术专业的核心课程,主要研究计算机的外部属性,即使用者所看到的物理计算机的抽象,以及计算机功能架构属性。其目标是使学生掌握计算机系统结构的基本概念、基本原理、基本结构、基本设计和分析方法,并对计算机系统结构的发展历史和现状有所了解。通过学习该课程,学生能够将在"计算机组成原理"课程中所学的软、硬件知识有机地结合起来,从而建立计算机系统的完整概念,对于培养抽象思维能力和自顶向下、系统地分析和解决问题的能力有十分重要的作用。

计算机网络课程介绍了计算机网络的体系结构和流行的参考模型,网络互连的基本知识和 IP 协议的运行机制,传输层协议的工作原理和 TCP、UDP 协议的运行原理,应用层常见协议和网络服务的工作原理等。通过学习该课程,学生将掌握网络中的基本数据通信原理与技术,掌握各层网络模型中的主要技术,掌握局域网基本原理和组网方法,还能了解计算机网络技术发展的前沿技术。该课程为培养学生在计算机网络系统的规划与构建、网络应用系统的建立与开发等方面的能力打下坚实的基础。

嵌入式系统课程将介绍嵌入式系统的相关定义、系统开发原理要点及其开发相关的工具使用。学生通过学习该课程,将掌握单片微型计算机的基本概念和应用方法,同时具备对简单系统的硬件原理的分析与设计、接口芯片的应用和相关程序编写的能力。

18.2.3 计算机软件类课程

计算机软件类课程及其作用 计算机软件类课程着重算法与系统科学方法的培养,强化利用算法和软件系统求解问题的能力培养。

如图 18.10 所示,针对软件类课程的学习,学生需要先对编程有基础认识,至少了解并掌握一门高级语言的语法知识(高级语言程序设计),并在了解编程规则的同时逐步掌握编程解决实际问题的技能(数据结构、算法设计与分析)。对编程技术有了一定掌握后,学生需要开始认识支撑计算机硬件系统和应用程序顺利运行的核心系统软件(操作系统、数据库系统、编译系统)。面对庞大而复杂的现代应用软件系统,闭门造车不可取,学生在学习如何进行大型应用软件构建前有必要通过相应课程学习支撑系统软件的知识,如虚拟化技术、中间件系统以及软件工程中的软件架构相关知识等。最后通过学习软件工程知识(面向对象开发方法、设计模式、软件生命周期管理、软件生产线),深刻了解大型应用软件的开发模式以及开发流程的管理方法。

通过软件系统与工程主线的学习，强化学生抽象能力、设计能力、工程实现能力与工程管理能力的培养，使学生深入理解算法与软件系统的基本原理和构造方法。

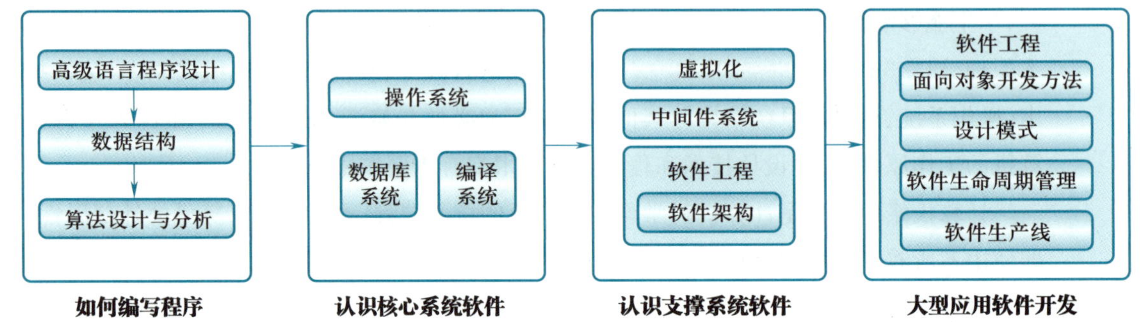

图 18.10 计算机软件类知识体系

核心课程介绍

高级语言程序设计课程主要讲解一门具体高级编程语言的语法规则。通过课程的学习，学生将具备读懂该语言代码以及用代码编写简单处理逻辑的能力。

数据结构课程是计算机科学与技术专业必修课程，主要教授程序设计过程中需要用到的抽象存储结构及其相应的元素操作知识。涉及结构包含各类表、树、图、栈、集合等，也涉及数据结构的各种表示方式（如矩阵、数组等）及其优化压缩存储算法。在编程解决实际问题的过程中，编程语言自带的原始数据类型往往力不能及。学习数据结构知识能够为学生的编程提供更多的数据存储方式选择，一种合适的数据类型往往能够对问题的解决起到事半功倍的效果。打好“数据结构”这门课程的扎实基础，对于学习计算机专业的其他课程，如操作系统、数据库管理系统、软件工程、人工智能、图形学等都是十分有益的。

算法设计与分析课程的主要内容包括面对实际问题建立数学模型、设计正确的求解算法、算法的效率估计等。学生将通过该课程学习经典的算法模型与思路及其实现。编程解决问题除了合适的数据结构选择外，还需要准确的算法设计以达到运算目的。学生在学习编程语法知识和数据结构后，懂得如何通过算法将这些串联起来，才真正具备了编程解决问题的完备基础，因此学习经典算法并积累一定的算法模型是十分必要的。同时，该门课程的学习还使学生具备面对新算法时对其效率进行分析的能力。

操作系统作为计算机硬件的直接管理者，是一门涉及较多硬件知识的软件课程。课程内容包括进程管理、内存管理、片上缓存管理、文件系统等核心知识，在计算机软、硬件课程的连接中起着承上启下的作用。操作系统对计算机系统资源实施管理，是所有其他软件与计算机硬件的唯一接口，所有用户在使用计算机时都要得到操作系统提供的服务。操作系统作为一种特殊的软件，其在任务调度（多线程、并发）、文件管理等问题的解决方案和思路是典范性的。对操作系统课程的学习能够使学生深入了解硬件资源如何被应用软件识别和使用。同时，操作系统对各种数据结构的设计和发明有促进作用，其在各种数据结构使用上也十分具有参考意义，可帮助学生在后续应用类课程中设计高性能软件。

数据库系统课程重点介绍关系数据库管理系统的基本原理，包括其搜索算法的设计和存储结构设计，以及应用程序开发方法。数据库课程与软件开发息息相关，因此需要学生有良好的编程基础，同时需要有扎实的数据结构知识基础，以便更好地理解数据库管理系统的数据存储结构设计。通过数据库课程的学习，学生能够对海量数据存取方法有全新的认知，了解数据库为软件开发所用的原因。同时，学习数据库管理系统中所采用的存储结构及相应的搜索算法原理，能够帮助学生在实际工程运用中设计出更合适的数据关系，从而优化软件的存取性能，为大型软件的数据设计打下基础。

编译原理课程介绍编译程序构造的一般原理和基本方法，内容包括语言和文法、词法分析、语法分析、语法制导翻译、中间代码生成、存储管理、代码优化和目标代码生成等。通过对编译的深入理解，学生将懂得如何使程序的运行更加高效。语法语义分析和代码优化的知识使得学生的编程素质得到大幅提升。

虚拟化技术是云计算的基础。虚拟化使得一台物理机上可以运行多台虚拟设备，它们能共享物理机的 CPU、内存、I/O 等硬件设备，但在逻辑上相互隔离。通过对虚拟化技术的学习，学生能够对开发中涉及的计算机硬件管理与配置产生更多的思考，有助于在之后的开发中对硬件资源进行整合以提高利用率。

软件工程课程涉及复杂软件系统或规模化软件系统设计与开发的工程化方式，讲授了软件开发中遇到了什么问题以及如何通过工程化方案解决这些问题。软件工程系列课程中涉及面向对象的开发方法、设计模式、软件需求、软件开发管理、软件测试、软件生产线等多方面的知识。学生通过学习该系列课程的理论内容，认识和理解软件工程产生的意义及其具体的实现方案，再通过实践环节的小型软件项目开发，体验软件开发的各个环节，并形成项目管理的意识。

18.2.4 计算机应用类课程

计算机应用类课程着重培养学生解决各领域中实际问题的能力，着重培养描述问题、分析问题、寻求对策的创新思维模式和知识综合应用能力。如图 18.11 所示，该类课程设置灵活，没有明确的主线，通常由计算机学科与其他相关学科相结合，包括“自然语言处理”“生物信息学”“信号系统”等课程，是学生能够解决实际问题的关键。

核心课程介绍

自然语言处理课程的主要目标是使学生了解自然语言处理的主要研究内容及关键技术，以及自然语言处理方面的研究成果。在理论方面，该课程使得学生掌握常用自然语言处理技术的基本概念及其应用；在实践方面，通过系统学习，该课程使得学生结合深度学习框架，编写代码完成相应的自然语言处理任务，并对该方向和深度的学习有一个全面且

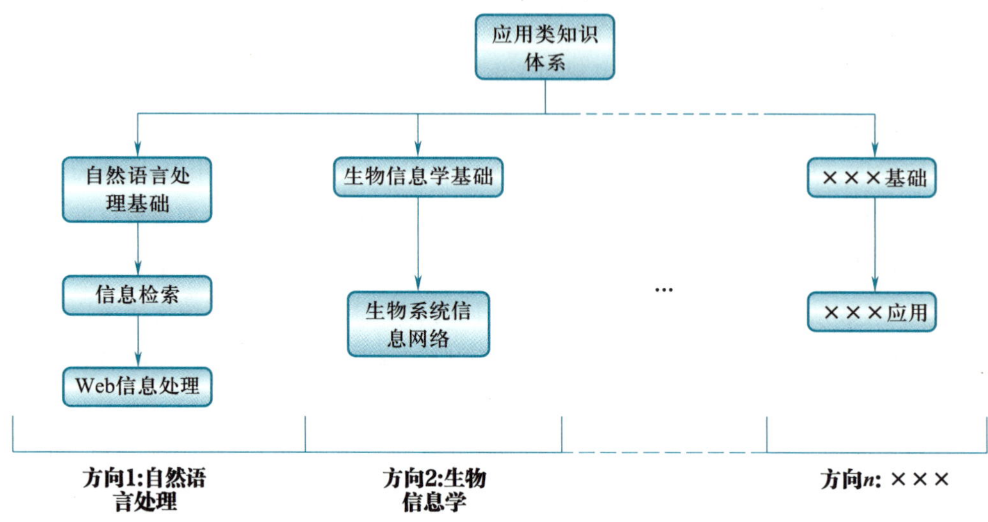

图 18.11　计算机应用类知识体系

系统的了解。通过学习此课程,学生将具备面向特定语言处理任务的现代工具学习和使用、改进技术和方法,面向特定问题的解决方案设计能力,面向自然语言处理前沿问题的综合分析能力和探索能力。

生物信息学课程的主要目标是通过综合运用数学和信息科学等多领域的方法和工具,对生物信息进行获取、加工、存储、分析和解释,阐明大量生物数据所包含的生物学意义。该课程教授内容包括基因序列比对原理和常用算法、蛋白质结构预测和比对的常用算法及相应数据库,以及统计作图软件的使用方法等,能使学生掌握生物信息学特征、方法、模型等基本理论,构建相关知识体系,用理论辅助、提高实验的设计和数据分析水平,加强对生物学实验结果的预测与分析等能力。

本章小结

本章主要介绍了计算机类专业的划分以及不同要求,进而简要介绍了计算机学科的典型核心课程及其作用。

视频学习资源目录 18（标＊者为延伸学习视频）

＊1. 视频 18-1　计算机类专业典型课程

本章视频学习资源

参考文献

[1] WING J M. Computational thinking[J]. Communications of the ACM 49,33-35.

[2] WING J M. Computational thinking and thinking about computing[J]. Philosphical Transactions of the Royal Society A,366,3717-3725,2008.

[3] 战德臣,聂兰顺,徐晓飞. 计算之树——一种表述计算思维知识体系的多维框架[J]. 工业和信息化教育,2013(6):7.

[4] PERKOVICL, SETTLEA. Computational Thinking Across the Curriculum: A Conceptual Framework[M]. 北京:机械工业出版社,2009.

[5] HUTHM,RYANM. 面向计算机科学的数理逻辑:系统建模与推理[M]. 2版. 北京:机械工业出版社,2020.

[6] ABELSONH,SUSSMAN G J,SUSSMAN J. Structure and Interpretation of Computer Programs[M]. 2nd Edition. MIT Press,1996.

[7] SOARE R. 递归可枚举集和图灵度[M]. 北京:科学出版社,2007.

[8] 战德臣,孙大烈,等. 大学计算机[M]. 北京:高等教育出版社,2009.

[9] SEBESTA RW. 程序设计语言原理[M]. 8 版. 北京:机械工业出版社,2008.

[10] 战德臣,张丽杰,等. 大学计算机——计算思维与信息素养[M]. 3 版. 北京:高等教育出版社,2019.

[11] 罗娟,等. 计算与人工智能概论[M]. 北京:人民邮电出版社,2022.

[12] 李凤霞,陈宇峰,史树敏,等. 大学计算机[M]. 2 版. 北京:高等教育出版社,2020.

[13] 翟健宏. 信息安全导论[M]. 北京:科学出版社,2011.

[14] WILLIAM S. Cryptography and Network Security: Principles and Practice[M]. 北京:机械工业出版社,2021.

[15] 中华人民共和国网络安全法[J]. 中华人民共和国全国人民代表大会常务委员会公报,2020(3):9.

[16] COUNCIL N. Computer Science: Reflections on the Field, Reflections from the field[J]. National Academies Press, Washington D. C. ,2004.

[17] GRAY J. What next? A dozen information-technology research goals[J]. Journal of ACM, Vol. 50, Issue 1, 2003, pp. 41-57.

[18] LI Z, CHEN X, HAN Y. GraphRing: an HMC-Ring based Graph Processing Framework with Optimized Data Movement[C]//Proceedings of the 2022 Design Automation Conference (DAC'22).

[19] PEI J, DENG L, SONG S, et al. Towards artificial general intelligence with hybrid

Tianjic chip architecture[J]. Nature,572,106-111.

[20] ZHANG Y,QU P,JI Y,et al. A system hierarchy for brain-inspired computing [J].

Nature,586,378-384(2020).

[21] JIANG J,SUN X,TENG S,et al. Optimal Space-Depth Trade-Off of CNOT Circuits in Quantum Logic Synthesis[C]//Proceedings of The 30th ACM-SIAM Symposium on Discrete Algorithms (SODA 2020): 213-229.

[22] DENNING P J,COMER D E,GRIES D,et al. Computing as a discipline[J]. Communications of the ACM,1989,22(1):63-70.

图书在版编目（CIP）数据

计算机科学导论：计算+、互联网+与人工智能+ / 战德臣，张丽杰主编. --北京：高等教育出版社，2024. 8

ISBN 978-7-04-061040-6

Ⅰ. ①计… Ⅱ. ①战… ②张… Ⅲ. ①计算机科学-高等学校-教材 Ⅳ. ①TP3

中国国家版本馆 CIP 数据核字(2023)第 149803 号

Jisuanji Kexue Daolun

策划编辑　刘　茜
责任编辑　赵冠群
封面设计　王凌波　王　琰
版式设计　王凌波
责任绘图　于　博
责任校对　高　歌
责任印制　存　怡

出版发行　高等教育出版社
社　　址　北京市西城区德外大街 4 号
邮政编码　100120
印　　刷　北京华联印刷有限公司
开　　本　787 mm × 1092 mm　1/16
印　　张　40.25
字　　数　870 千字
购书热线　010-58581118
咨询电话　400-810-0598
网　　址　http://www.hep.edu.cn
　　　　　http://www.hep.com.cn
网上订购　http://www.hepmall.com.cn
　　　　　http://www.hepmall.com
　　　　　http://www.hepmall.cn
版　　次　2024 年 8 月第 1 版
印　　次　2024 年 9 月第 2 次印刷
定　　价　82.00 元

物 料 号　61040-00